"十二五"普通高等教育本科国家级规划教材

发酵食品工艺学
（第二版）

张兰威　主编

中国轻工业出版社

图书在版编目（CIP）数据

发酵食品工艺学/张兰威主编. —2 版. —北京：
中国轻工业出版社，2022.9
ISBN 978 – 7 – 5184 – 3813 – 6

Ⅰ.①发…　Ⅱ.①张…　Ⅲ.①发酵食品—生产工艺—
高等学校—教材　Ⅳ.①TS26

中国版本图书馆 CIP 数据核字（2021）第 277406 号

责任编辑：马　妍　巩孟悦
策划编辑：马　妍　　　责任终审：李建华　　　封面设计：锋尚设计
版式设计：砚祥志远　　责任校对：宋绿叶　　　责任监印：张　可

出版发行：中国轻工业出版社（北京东长安街 6 号，邮编：100740）
印　　刷：三河市万龙印装有限公司
经　　销：各地新华书店
版　　次：2022 年 9 月第 2 版第 1 次印刷
开　　本：787×1092　1/16　印张：33.25
字　　数：768 千字
书　　号：ISBN 978 – 7 – 5184 – 3813 – 6　定价：68.00 元
邮购电话：010 – 65241695
发行电话：010 – 85119835　传真：85113293
网　　址：http://www.chlip.com.cn
Email：club@ chlip.com.cn
如发现图书残缺请与我社邮购联系调换
151574J1X201ZBW

本书编写人员

主　　编　张兰威　中国海洋大学

副 主 编　乌日娜　沈阳农业大学
　　　　　范荣波　青岛农业大学
　　　　　陈继承　福建农村大学
　　　　　公丕民　中国海洋大学

参编人员　（按姓氏笔画排序）
　　　　　王淑梅　哈尔滨学院
　　　　　包怡红　东北林业大学
　　　　　刘同杰　中国海洋大学
　　　　　刘　珊　天津农学院
　　　　　许　倩　塔里木大学
　　　　　李冲伟　黑龙江大学
　　　　　李洪波　天津科技大学
　　　　　李鸿雁　天津商学院
　　　　　妥延峰　大连工业大学
　　　　　张莉丽　东北农业大学
　　　　　张　爽　东北农业大学
　　　　　张　喆　中国海洋大学
　　　　　武瑞俊　沈阳农业大学
　　　　　林　凯　中国海洋大学
　　　　　易华西　中国海洋大学
　　　　　金铁岩　延边大学
　　　　　单　艺　哈尔滨学院
　　　　　孟　利　黑龙江大学
　　　　　洛　雪　沈阳农业大学
　　　　　葛武鹏　西北农林科技大学
　　　　　韩　雪　哈尔滨工业大学
　　　　　曾小群　宁波大学

第一版前言 | Preface

  我国发酵食品生产历史悠久，种类繁多，口感风味多样，具有丰富的营养价值和保健功能，深受各地区人们的喜爱，在食品工业和人们日常生活中占据重要地位。然而，我国发酵食品尤其是传统发酵食品的总体工业化程度较低，技术发展滞后。在传统发酵食品生产中采用现代高新技术实现生产的现代化，是继承、发扬和发展传统发酵食品的方向。随着科学技术的快速发展，特别是现代分子生物学与生物技术、微生物学、自动控制及机械制造等相关领域的发展，对传统发酵食品产业的工业化进程起到了巨大的推动作用。

  本书内容由食品发酵共性技术，传统发酵食品和现代发酵工业产品基础理论、基本技术组成，分为九章。涵盖酒精、酿造酒、食醋、发酵豆制品、发酵乳制品、发酵肉制品、发酵蔬菜、发酵面制品等对国民经济有重大影响的发酵与酿造食品。在编写过程中本书力求：第一，理论联系实际，既保证有系统的理论知识，又努力反映发酵食品加工中的新工艺、新成就；第二，在陈述发酵食品工艺的同时，突出微生物作用及发酵食品形成的生化机制；第三，简要介绍产品生产的发展历史，使学生在学习科学技术的同时能了解发酵食品演变史，建立系统的科学发展观；第四，每章列有思考题，便于学生学习，掌握重点。

  本书适用于高等院校食品科学与工程、食品质量与安全、生物技术、生物工程、发酵工程、农产品贮运与加工、应用微生物等专业的本科、专科及研究生的课程教学使用，也可供从事食品发酵、食品加工的研究者和生产者参考。

  本书编写分工：张兰威（绪论、第七章第二节和第三节、第八章第一节、第二节）、冯镇（第一章）、梁金钟（第二章）、杜明（第八章第三节和第四节）、吕欣（第三章和第四章）、闵伟红（第三章部分内容）、孟利（第四章部分内容）、李靖（第五章、第八章第二节部分内容）、刘井权（第六章第一节、第二节和第三节）、易华西（第六章第四节）、范荣波（第六章第三节部分内容）、韩雪（第七章第一节）、孙俊良（第八章第二节部分内容）、陈晓红（前期编写的组织工作、第九章的部分内容）、包怡红（第九章部分内容），李艳华、焦月华（黑龙江中医药大学）、王淑梅（哈尔滨学院）参加了本书整理工作。本书编写过程中得到各位编者所在单位的大力支持，在此一并表示感谢。

  参加本书的编写人员均为有多年教学和科研经验的大学教师，在编写过程中根据教学和科研体会努力做到言简意赅、重点突出、深入浅出、科学系统、理论联系实际、实用性强。由于编者学识和水平有限，加之此领域发展较快，涉及内容范围较广，书中错误与疏漏之处在所难免，恳请读者批评指正。

张兰威

第二版前言 | Preface

发酵食品历史悠久，种类繁多，具有丰富的营养价值，口感风味多样，在食品工业中占据重要地位。科学技术的快速发展，特别是现代分子生物学与生物技术、微生物学、自动控制及机械制造等相关领域的发展，对传统发酵食品产业的工业化进程起到了巨大的推动作用。将高新技术应用于传统发酵食品生产过程、实现生产的现代化是继承、弘扬传统发酵食品的发展方向。

本书在第一版基础上组织教学一线的教师对内容进行修订、补充、删减与精炼，增加了地方特色的发酵食品。内容由食品发酵共性技术，传统发酵食品和现代发酵工业产品基础理论、基本技术组成。全书共十章，涵盖酒精、酒类、氨基酸、有机酸、核苷酸、单细胞蛋白、食醋、发酵豆制品、发酵乳制品、发酵肉制品、发酵果蔬、发酵面制品等对国民经济有重大影响的发酵与酿造食品。本书理论联系实际，既保证有系统的理论知识，又努力反映发酵食品加工中的新工艺、新成果；在陈述发酵食品工艺的同时，突出微生物作用及发酵食品形成的生化机制；本书简要介绍产品生产的发展历史，使学生在学习科学技术的同时，能了解发酵食品演变史，树立系统的科学发展观；每章后设置有思考题，便于学生学习、掌握重点。

本书编写人员均为有多年教学和科研经验的教师，具体编写分工为：张兰威（绪论、第八章第三节、第九章第二节、第四章第三节、参与第十章），单艺（参与第一章第一节），乌日娜（第七章、参与第一章第一、二节），王淑梅（参与第一章第二节），张爽（参与第一章第四节），李鸿雁（第六章第一节、参与第一章第三节、第二章第五、六节），张莉丽（第二章第一节），李洪波（第二章第二节），孟利（参与第二章第三节），易华西（第二章第四节），李冲伟（第三章第一节），陈维承（第四章、参与第五章第一节），妥延峰（第四章第三节），金铁岩（参与第四章第四节、第九章第二节），洛雪（参与第四章第四节），葛武鹏（第五章第二节、第三节、参与第八章第二节），曾小群（第六章第二节、第三节），范荣波（第八章第三节），刘珊（参与第九章第一节），武瑞俊（第八章第一节、参与第一章第四节），韩雪（第九章第一、三节），许倩（参与第九章第四节），刘同杰（参与第九章第七节），公丕民（第九章第八节），包怡红（参与第十章）。由张兰威、乌日娜、范荣波、陈继承、公丕民进行统稿，张喆、林凯参与统稿过程，并完成终稿。在编写过程中，努力做到科学系统、理论联系实际、重点突出、深入浅出、言简意赅、实用性强。本书编写过程中得到各位编者所在单位的大力支持，在此一并表示感谢。

本书适用于高等院校食品科学与工程、食品质量与安全、生物技术、生物工程、发酵工程、农产品贮运与加工、应用微生物等专业的本科、高职及研究生的课程教学使用，也可供从事食品发酵、食品加工的研究者和生产者参考。

由于编者学识和水平有限，加之此领域发展较快，涉及内容及范围较广，书中不足与疏漏之处在所难免，恳请读者批评指正。

主编

2022. 5

目录 | Contents

绪论

通过微生物的作用而制得的食品或食品配料都可以称为发酵食品，发酵食品是食物原料或农副产品经微生物产生的一系列酶所催化的生物化学反应及微生物细胞代谢产物的总和。这些反应既包括生物合成作用，也包括原料的降解作用，以及推动生物合成过程所必需的各种化学反应。原料中的不溶性高分子物质被分解为可溶性低分子化合物，不但提高了产品的生物有效性，而且由于这些分解物的相互组合，多级转化和微生物细胞的自溶，生成了种类繁多的呈味、生香和营养物质，从而形成了色、香、味、形独特的发酵食品门类。

一、 我国发酵食品历史及工业发展现状

1. 对发酵的认识过程及发展过程的里程碑

食品发酵与酿造最初大多是以促进自然保护、防腐、延长食品保存期，以及拓展在不同食用季节的可食性为目的。但发酵技术经过不断演变、分化，已成为一种独特的食品加工方法。因此，食品发酵技术是一种古老的食品保藏方法，发酵过程中可以依赖微生物的活性产物来抑制大部分有害微生物的生长，发酵食品技术已经有着上千年的历史（如图0-1）。我国发酵食品历史悠久，数千年前就在实践中借助自然条件对谷物、豆类、蔬菜及肉类等进行发酵，发明了酿酒、制醋、制酱、腌制蔬菜、制作风干肠等多种发酵工艺，依靠传统发酵工艺，利用天然微生物发酵而获得食物称为传统发酵食品。8000年前，在伊拉克干酪就被大量制作；公元前4000年至公元前2000年，埃及人和闪米特人就开始葡萄酒的酿造，这是最早发酵酒精的生产。埃及人还发明了用干发酵剂生产面包。

17世纪后叶的列文虎克（Leewenhoch）第一次通过显微镜发现了单细胞生命体—微生物，在人类历史上为微生物发现做出重大贡献。19世纪中叶，巴斯德（Louis Pasteur，1822—1895年）经过长期研究后，宣告发酵是微生物作用的结果。巴斯德在巴斯德瓶中加入肉汁，发现在加热情况下不发酵，不加热则产生发酵现象，并详细观察了发酵液中许许多多微小生命的生长情况等，由此他得出结论：发酵是由微生物进行的一种化学变化。在连续对当时的乳酸发酵、转化糖酒精发酵、葡萄酒酿造、食醋制造等各种发酵进行研究之后，巴斯德认识到这些不同类型的发酵，是由形态上可以区别的各种特定的微生物所引起的。但在巴斯德的研究中都是自然发生的混合培养，对微生物的控制技术还没有掌握。其后不久，科赫（Robert Koch，1843—1910年）建立了单种微生物的分离和纯培养技术，利用这种技术成功地获得各种纯培养微生物，把单一微生物菌种应用于各种发酵产品中，在质量的提高和稳定、产品的防腐等

方面起到了重要作用。因此，单种微生物分离和纯培养技术的建立是食品发酵与酿造技术发展的第一个转折点；发酵与酿造技术的发展中，好气性发酵工程技术成为发酵与酿造技术发展的第二个转折点；人工诱变育种和代谢控制发酵工程技术是发酵与酿造技术发展的第三个转折点；将化学合成与微生物发酵有机地结合形成了发酵与酿造技术发展的第四个转折点。

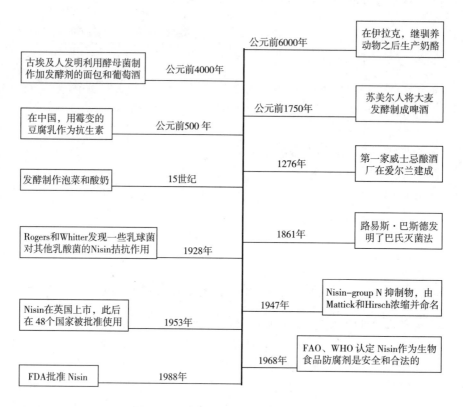

图 0 - 1 食品发酵与保藏的发展历史

2. 发酵食品的地位及现状

随着科技的进步和社会的发展，我国的发酵食品产业也取得了长足的进步，呈现出向高端化、集约化、规模化发展的新趋势。2019 年，中国酿酒行业规模以上企业完成酿酒产品 5.59 亿 kL，同比增长 0.3%，呈现出增速下降的趋势，但累计完成产品销售收入 8350.66 万元，比上年同期增长 6.8%，展现出酿酒行业向质量阶段发展的趋势。酸奶市场继续保持高速增长，市场规模达到 841.6 亿元，同比增长 23.8%，在酸奶市场面临着产品同质化和产品老化问题，创新力不足的窘迫局面下，高端酸奶成为推动酸奶市场销售额增长的主要力量，总比增长超过 4%。调味品行规模不断扩大，规模以上的企业酱油年产总量在 520.05 万 t 左右，同比增长 12.66%；食醋总量在 170.53 万 t 左右，同比增长 5.72%；酱类在 92 万 t 左右，同比增长 9.06%，而且发酵调味品行业集中度进一步提高。与现代发酵食品所呈现出的高集中度不同，传统发酵食品受地域分布分散的影响，区域性品牌效应明显，总体工业化程度不高，大多数传统发酵食品企业规模小、技术管理落后，成为制约传统发酵食品发展的关键因素。大多数传统发酵食品企业生产以传统的天然发酵工艺为主，生产过程和质量控制主要依靠技术人员的经验加以判断，产品的质量受外界因素（温度、湿度、pH 等）的影响非常明显，使得同一产品不同批次的品质、风味差异较大，难以实现标准化。我国大多数传统发酵食品企业仍沿袭天然发酵工艺，微生物菌群复杂且发酵过程难以控制，不少发酵过程中混有有害菌株而导致有害代谢产物累积，从而带来安全隐患。与其他食品产业一样，传统发酵产业的发展同样离不开工艺技术革新，有的企业在工艺革新过程中盲目追求效率和效益，而失去产品的传统特色，这种工艺革新的滞后严重制约了我国传统发酵食品产业的发展。

二、 发酵食品的发展趋势

中国传统发酵食品具有深厚的市场消费基础和丰富的营养保健价值，但如果在激烈的市场中占有优势，必须改变目前的原始加工手段，实现规模化、工业化和规范化生产，目前实现工业化生产或规模化的传统发酵食品包括白酒、酱油、醋等少数食品，数量众多的传统发酵食品的加工仍然停留在手工作坊的生产方式上，不但劳动强度大，生产水平低，而且产量质量也不稳定。中国传统发酵食品需要受到更多的重视并进行更为深入系统的调查研究，推进传统工艺合理化、数字化。我们应该加大力度对这些传统发酵食品的工艺进行改进，处理菌种的问题之外，先进设备的引进和现有设备的改造以及相关标准的完善与建立也非常必要，因为只有这样才可以减轻劳动强度，提高生产效率，并使生产更加规范、统一，产品质量更加稳定。传统发酵食品在产业化与产业化升级过程中，主要包括以下几方面。

应用现代生物技术分离、选育、改良发酵菌株，人为控制菌种比例和添加量，进行纯种发酵，既可以提高发酵效率，又能稳定产品质量。如欧美等国家率先使用的纯种发酵乳制品以及发酵肉制品，即先将这类发酵制品中的微生物进行分离、鉴定，然后制成发酵剂应用到产品中，做到了直接添加使用，人为控制菌种的添加量，特别有利于工业化生产。目前，部分酸菜的生产也做到了人工接种、纯化发酵。酱油、醋、腐乳、豆酱的生产也都部分使用了纯种发酵，但是由于我国传统发酵食品采用多菌种发酵，如果采用单一的纯种发酵，会使产品风格与传统发酵相差较远。如酱香型白酒、浓香型白酒、清香型白酒等，如果离开其特定环境，就无法实现其风味特征。尽管对发酵机制有了一定了解和掌握，但对于复杂体系如酒曲微生物区系构成及其各构成功能尚缺乏深入了解。因此，发酵食品趋势是分离出纯菌种，然后再按一定比例混合用于工业化生产，这样既能保持我国传统发酵食品的风味，又能实现工业化，稳定产品质量。

冷杀菌包括超高压杀菌、辐射杀菌、高压脉冲电场杀菌、磁力杀菌、感应电子杀菌、超声波灭菌、脉冲强光杀菌等。杀菌过程中食品的温度并不升高或升高有限，既有利于保持食品中功能成分的生理活性，又有利于保持产品的色、香、味及营养成分。冷杀菌技术可应用于酱菜、腐乳等非加热发酵食品的生产工艺中，也可以替代传统加热杀菌工艺，以改进传统生产中的减菌操作工艺，提高食品安全性。

一般说来，发酵食品的传统生产方式并不复杂，也不需要昂贵的生产设备。发酵设备中最关键的是发酵罐，它提供了一个适宜微生物生命活动和生物代谢的场所。发酵工业生产上应用的发酵设备其型式种类繁多，容量差异也很大。目前，发酵设备已日趋向大容量发展，特别是大型液体发酵罐具有简化管理，节约投资，降低成本以及利于自动化控制等优点。但是大型固态发酵设备还有待进一步研制和开发。生化反应器是生物化学反应得以进行的场所，其开发涉及流体力学、传热、传质和生物化学反应动力学等。此外，通过计算机来控制整个发酵过程，以实现发酵的过程控制也是发酵生产发展的必然趋势。

三、 食品发酵的特点及其分类

发酵这一概念在不同的领域有不同的含义，对微生物学家来说，是个较广义的概念，微生物进行的一切活动都可以称为发酵；而对生物化学家来说，发酵仅仅是指厌氧条件下有机化合物进行不彻底的分解代谢释放能量的过程。酿造则是我国对一些特定产品进行发酵生产的一种叫法，通常把成分复杂、风味要求较高，诸如黄酒、白酒、啤酒、葡萄酒等酒类以及酱油、酱、食醋、腐乳、豆豉、酱腌菜等副食佐餐调味品的生产称为酿造；而将成分单一、风味要求不高的产品，如酒精、柠檬酸、谷氨酸、单细胞蛋白等的生产称为发酵。

1. 食品发酵的特点

发酵与酿造工业和化学工业最大的区别，在于它是利用生物体或生物体产生的酶进行的化学反应，其主要特点为：

（1）安全简单　食品发酵与酿造过程绝大多数是在常温常压下进行的，生产过程安全，所需的生产条件比较简单。

（2）原料广泛　食品发酵与酿造通常以淀粉、糖蜜或其他农副产品为主原料，添加少量营养因子，就可以进行反应。

（3）反应专一　食品发酵与酿造过程是通过生物体的自动调节方式来完成的，反应的专一性强。因而，可以得到较为单一的代谢产物，避免不利或有害副产物混杂其中。

（4）代谢多样　由于各种各样生物体代谢方式、代谢过程的多样性，以及生物体化学反应的高度选择性，即使是极其复杂的高分子化合物，也能在自然界找到所需的代谢产物。因而，发酵与酿造适应的范围非常广。

（5）易受污染　由于发酵培养基营养丰富，各种来源的微生物都很容易生长，发酵与酿造过程要严格控制杂菌污染，有许多产品必须在密闭条件下进行发酵，在接种前设备和培养基必须灭菌，反应过程中所需的空气或流加营养物必须保持无菌状态。发酵过程避免杂菌污染是发酵成功的关键。

2. 发酵食品分类

食品发酵与酿造业是一个门类众多、规模宏大、与国民经济各部门密切相关，充满发展前途的产业。食品发酵与酿造的研究对象有各种不同的分类方法。

（1）按产业部门分类　食品发酵与酿造的研究对象有酿酒工业（黄酒、啤酒、白酒、葡萄酒等），传统酿造工业（酱、酱油、食醋、腐乳、豆豉、酸奶等），有机酸发酵工业（柠檬酸、苹果酸、葡萄糖酸等），酶制剂发酵工业（淀粉酶、蛋白酶等），氨基酸发酵工业（谷氨酸、赖氨酸等），功能性食品生产工业（低聚糖、真菌多糖、红曲等），食品添加剂生产工业（黄原胶、海藻糖等），菌体制造工业（单细胞蛋白、酵母等），维生素发酵工业（维生素 B_2、维生素 B_{12} 等）和核苷酸发酵工业（ATP、IMP、GMP）。

（2）按产品性质分类　包括生物代谢产物发酵、酶制剂发酵、生物转化发酵和菌体制造。

四、 学习方法

"发酵食品工艺学"是一门系统介绍食品发酵基本理论、基本技术及主要发酵食品生产工艺的一门课程，这门课的内容既涉及微生物又涉及食品工程，还涉及发酵工程等学科的课程，其主要技术内容包括微生物菌种的保藏、菌种的扩大培养及发酵剂的制备、发酵代谢的调控、微生物生态及作用、发酵产物的分离提取、发酵食品的工艺及控制等。学习者在学习时应该了解和掌握微生物发酵基础知识，发酵食品形成机制及工艺技术。

第一章

发酵食品微生物及食物成分代谢

第一节 发酵食品微生物的种类与用途

工业生产上常用的微生物主要是细菌、放线菌、酵母菌和霉菌，随着发酵工程本身的发展以及遗传工程的介入，藻类、病毒等也正在逐步地成为工业生产用的微生物。

一、 工业上常用的细菌

1. 革兰氏阴性无芽孢杆菌

（1）大肠埃希氏菌（*Escherichia coli*），又称大肠杆菌，作为基因工程受体菌，经改造后可作为工程菌，用于发酵行业。

①制取氨基酸：天门冬氨基酸、色氨酸、苏氨酸和缬氨酸等；

②制备多种酶：凝乳酶、溶菌酶、谷氨酸脱羧酶（味精工业中用于谷氨酸的定量分析）、多核苷酸化酶、α - 半乳糖苷酶等；

③制备丹参素［β -（3,4 - 二羟基苯基）乳酸］、维生素 B_{12} 等。

（2）醋酸杆菌（*Acetobacter*）

①生产食醋；②生产多种有机酸，如乙酸、酒石酸、葡萄糖酸等；③生产山梨糖（由山梨醇氧化为山梨糖，作为生产维生素 C 的中间体）。

2. 革兰氏阳性无芽孢杆菌

（1）短杆菌（*Brevibacterium*）

①发酵生产多种氨基酸（谷氨酸、苏氨酸、甲硫氨酸、赖氨酸、苯丙氨酸、丝氨酸、异亮氨酸、精氨酸、脯氨酸、瓜氨酸、组氨酸等）：主要菌种为黄色短杆菌（*B. flavum*）及其变种、乳糖发酵短杆菌（*B. lactofermentum*）及其基因工程菌；

②发酵生产核苷酸类产物：如腺嘌呤核苷三磷酸（ATP）、肌苷酸（IMP）、烟酰胺腺嘌呤二核苷酸（NAD）、辅酶Ⅰ（CoI）、辅酶A（CoA）、黄素腺嘌呤二核苷酸（FAD）等。主要菌种为产氨短杆菌（*B. ammoniagenium*）及其变异菌种。

（2）棒状杆菌（*Corynebacterium*）

①高产谷氨酸：味精生产中使用的主要菌种有谷氨酸棒状杆菌（*C. glutamicum*）、北京

棒状杆菌（*C. pekinense*）等；

②生产多种氨基酸：如鸟氨酸、高丝氨酸、丙氨酸、色氨酸、酪氨酸、苯丙氨酸、赖氨酸等，主要为棒状杆菌的变异株；

③生产 5′-核苷酸、丙酮酸、水杨酸、棒状杆菌素等。

（3）乳酸杆菌（*Lactobacillus*）

①工业生产乳酸：主要生产菌种是德氏乳杆菌（*L. delbrueckii*），其最适温度为 45℃；

②发酵生产乳制品：如酸奶（凝固型、搅拌型、稀释型）、干酪等。主要菌种是德氏乳杆菌保加利亚亚种（*L. delbrueckii* subsp. *bulgaricus*）、嗜酸奶杆菌（*L. acidophilus*）和干酪乳杆菌（*L. casei*）；

③生产其他乳酸发酵食品：如乳酸发酵蔬菜和蔬菜汁、豆类乳酸发酵饮料、乳酸发酵谷物和薯类制品、乳酸发酵肉制品（如香肠）等；

④生产药用乳酸菌制剂：用于保健、预防和治疗胃肠道疾病。药用乳杆菌主要有嗜酸奶杆菌、干酪乳杆菌、植物乳杆菌、莱氏乳杆菌和纤维二糖乳杆菌等。乳酸菌制剂的剂型主要有胶囊、片剂、口服液和嚼片等；

⑤生产微生态制剂：作为饲料添加剂，提高饲料利用率和禽畜生长速度；作为水质改良剂，改善水产养殖环境，促进水生养殖动物生长繁殖。产品剂型主要为水溶性粉剂。

（4）双歧杆菌（*Bifidobacterium*）

①生产微生态制剂：包括金双歧三联活菌片、双歧杆菌四联活菌片、双歧杆菌三联活菌散等双歧杆菌活菌口服制剂。临床上用于治疗肠道微生态平衡失调和肠功能紊乱，还具有抗肿瘤、免疫赋活、营养、降低胆固醇、控制内毒素和延缓机体衰老等作用。能入药的双歧杆菌包括短双歧杆菌（*B. breve*）、长双歧杆菌（*B. longum*）、青春双歧杆菌（*B. adolesce*）、婴儿双歧杆菌（*B. infantis*）和两歧双歧杆菌（*B. bifidum*）等。可与某些乳酸杆菌（如嗜酸奶杆菌）混种，再加入菊粉等功能性低聚糖类作为双歧促生因子，制成复合微生态制剂，其功能更佳。

②生产有活性双歧杆菌的乳制品：以双歧杆菌和嗜酸奶杆菌为主，再辅以嗜热链球菌和保加利亚乳杆菌等菌种，混种发酵生产而成的酸奶，是一种具有很好保健作用的功能性食品。

（5）丙酸杆菌（*Propionibacterium*）

①生产丙酸：主要菌种为薛氏丙酸杆菌（*P. shermanii*）和费氏丙酸杆菌（*P. freudenreichii*）。

②生产维生素 B_{12}（氰钴胺素）：工业生产用的菌种是费氏丙酸杆菌和薛氏丙酸杆菌，用乳酸可得较高的维生素 B_{12} 产量，在发酵液中加入前体氰化亚铜 35～50mg/kg 和钴离子 1～2mg/kg，可增加氰钴胺素的产量。

3. 革兰氏阳性芽孢杆菌

（1）枯草芽孢杆菌（*Bacillus subtilis*，俗称枯草杆菌）

①生产各种酶制剂：如 α-淀粉酶、蛋白酶、溶菌酶。

②生产各种多肽、蛋白质类药物和酶：经改造后的枯草杆菌是良好的基因工程受体菌，可在细胞中表达各种外源基因，其表达产物（酶、蛋白质）可分泌于胞外。

③生产饲料添加剂：其产生的多种抗生素能够抑制动物肠道病原菌，协调肠道菌群平衡；改善水产动物免疫反应和生长性能，提高动物生产性能。

（2）其他芽孢杆菌（*Bacillus*）

①嗜热脂肪芽孢杆菌（*B. stearothermophilus*）：产生 α – 半乳糖苷酶。

②环状芽孢杆菌（*B. circulans*）：生成环糊精葡基转移酶，丁酰苷酶 A、B 等。

③果糖芽孢杆菌（*B. fructosus*）：生成葡萄糖异构酶、溶菌酶等。

④甲基营养型芽孢杆菌（*Bacillus methylotrophicus*）：大量生成胞外多糖（Exopoly Saccharides，EPS），提取得到的 EPS 能够抑制 α – 葡萄糖苷酶，对降血糖有一定效果。

⑤蜡样芽孢杆菌（*Bacillus cereus*）：具有较高的吸附性能和耐受性能，应用于废水中钍的控制回收。

⑥特基拉芽孢杆菌（*Bacillus tequilensis*）：生成高效抑菌挥发性气体，用于稻瘟病菌的防治。

（3）芽孢梭菌（*Clostridium*）

丁酸梭状芽孢杆菌（*Cl. butylicum*）能产生丁酸，巴氏芽孢梭菌（*Cl. barkeri*）能产生己酸，丁酸和己酸在传统大曲酒生产中能形成赋予白酒浓香型香味成分，如丁酸乙酯、己酸乙酯等。

4. 革兰氏阳性球菌

（1）微球菌（*Micrococcus*）

①生产各种重要的氨基酸：如谷氨酸微球菌（*M. lysodeikticus*）及其变异株可用于生产谷氨酸、赖氨酸、缬氨酸、鸟氨酸和高丝氨酸等；

②生产多种酶类：如溶壁微球菌（*M. lysodeikticus*）和玫瑰色微球菌（*M. roseu ATCC515*）可用于生产青霉素酰化酶和溶壁酶；

③生产有机酸：如黄色微球菌（*M. flavus*）能氧化葡萄糖，生产葡萄糖酸和黄色色素。

（2）链球菌（*Streptococcus*）

①生产某些抗生素：乳链球菌（*S. lactis*）可用于生产乳链球菌肽（Nisin）和乳酸菌素（lactolin）。其中 Nisin 是一种细菌素，属多肽或蛋白质类抗菌物质，可作为一种高效、无毒的天然食品防腐剂，已被广泛应用于多种食品、饮料的防腐保鲜；

②生产乳制品：嗜热链球菌（*S. thermophilus*）常与保加利亚乳杆菌（*L. bulgaricus*）混合用作酸牛乳和干酪生产的发酵剂；

③生产乳酸菌制剂：粪链球菌（*S. faecalis*），现改称粪肠球菌（*Enterococcus faecalis*），用于生产乳酶生（biofermin），是我国最早的乳酸菌药品，用于治疗消化功能紊乱。现又加入乳杆菌以提高其疗效（称新表飞鸣）。

（3）明串珠菌（*Leuconostoc*）

①生产医药制剂：明串珠菌产生的右旋糖酐（dextran）可用作血液舒展剂或血流改善剂；其产生的甘露醇可作为利尿剂防治肾脏衰竭和水肿，低聚糖能够维持人消化道微生态平衡，防治肠道疾病；

②生产添加剂：明串珠菌可作为生产酸奶的辅料修饰乙醛味道，产生双乙酰风味，其胞外多糖分解产生的乙酸、乙醇、CO_2 等代谢物质可以提升产品感官质量与功能性；肠膜明串珠菌可作为饲料添加剂来提高饲料总蛋白、赖氨酸和蛋氨酸含量，具有增乳效果；

③生产葡萄糖异构酶：明串珠菌能够产生葡萄糖异构酶，用于制造高果糖浆。

二、 工业上有重要用途的酵母菌

1. 酿酒酵母（*Saccharomyces cerevisiae*）

酿酒酵母又称啤酒酵母，是糖酵母属中最主要的酵母种，也是发酵工业上最常用最重要的菌种之一。

①用于生产酒精（乙醇）：依纯度不同可分为工业用、医用、食用和试剂等级别；

②用于生产白酒和其他饮料酒：酿酒酵母除主要用于生产酒精外，也适用于淀粉质糖化原料液态生产白酒。用于酿造葡萄酒和果酒，也可用于酿造啤酒和白酒（小曲米酒、大曲酒）等饮料酒；

③用于食品工业生产多种食品：生产活性干酵母，用于制造面包；生产单细胞蛋白（SCP），用作食品或饲料添加剂；生产酵母精（含 IMP 和 CMP 钠盐），作为助鲜剂用于生产各种调味品（鸡精粉、鸡粒、鲜味剂等）；生产转化酶，用于水解蔗糖、制造果糖、人工蜂蜜等；

④用于有毒有害物质的处理和环境污染的治理：对抗生素、重金属离子、展青霉素具有良好的吸附效果；通过竞争作用、对病原菌的寄生作用及诱导寄主产生抗病性作用用于果蔬的病害防治。

2. 卡尔斯伯酵母（*Saccharomyces carlsbergensis*）

①用于生产啤酒：该菌种是发酵啤酒的主要生产菌种，国内啤酒酿造目前使用的菌种中，很多是来自卡氏酵母或变种；

②用于生产食用、药用和饲料酵母；

③用于提取麦角固醇（含量较高）；

④作为维生素测定菌，可用于测定泛酸、硫胺素、吡哆醇、肌醇等。

3. 异常汉逊氏酵母（*Hansenula anomala*）

①用于增加食品的风味：异常汉逊氏酵母能产生香味成分乙酸乙酯，故可用于白酒和清酒的浸香和串香，也可用于无盐发酵酱油的增香。

②用于生产单细胞蛋白：该菌种能利用烃类、甲醇、乙醇和甘油作为碳源而旺盛生长繁殖，故而可用这些原料生产菌体蛋白，用作饲料添加剂。

③制造发酵食品：该酵母与啤酒酵母、米根霉和米芽孢毛霉一起制成一种米粉发酵食品—拉兹（印度尼西亚食品）。

4. 假丝酵母（*Candida berkhout*）

生产酵母蛋白作为人畜用的蛋白质：产朊假丝酵母（*Candida utilis*）的蛋白质含量和维生素 B 含量均比酿酒酵母高。它能够在不需任何生长因子、只需少量氮源的条件下，利用造纸工业的亚硫酸废液，木材水解液及食品工厂的某些废料废液（五碳糖和六磷糖）。便可大量生长菌体，用于制取酵母蛋白。

5. 球拟酵母（*Torulopsis Berlese*）

①生产甘油等多元醇：甘油为重要的化工原料，广泛应用于国防、工农业和医药中。球形酵母某些种在合适条件下能将 40% 葡萄糖转化成多元醇，其中以甘油为主，还有赤藓醇、D - 阿拉伯糖醇和甘露醇等。

②利用烃类生产菌体蛋白：某些种氧化烃类能力较强，在 220 ~ 250℃ 石油馏分中培养，

能够得到70%的菌体蛋白，混合种更好。

③产生有机酸（柠檬酸）和油脂。

6. 红酵母（*Rhodotorula Harrison*）

①由菌体提取大量脂肪：如粘红酵母变种（*R. glutinisrar* var. *glutinis*）的脂肪含量可达细胞干重的50%~60%，产1g脂肪约需4.5g葡萄糖。

②生产β-胡萝卜素：某些种能合成较多的β-胡萝卜素（维生素A原），在人的肠黏膜中会转变成维生素A，是一种重要的维生素类药物。

③制取酶制剂：青霉素酰化酶、谷氨酸脱羧酶、酸性蛋白酶等。

三、 工业上有重要用途的霉菌

1. 根霉（*Rhizopus*）

（1）用于制曲酿酒　米根霉（*R. oryzae*）、中国根霉（*R. chinensis*）、河内根霉（*R. tonkinensis*）、代氏根霉（*R. delemar*）和白曲根霉（*R. peka*）等许多根霉具有活力强大的淀粉糖化酶，多用来作糖化菌，并与酵母菌配合制成小曲，用于生产小曲米酒（白酒）。由于根霉除具有糖化作用外，还能生产少量乙醇和乳酸，乳酸和乙醇能生成乳酸乙酯，赋予小曲米酒特有的风味。此外，单独用根霉制成甜酒曲（酒药），以糯米为原料，可配制出风味甚佳的甜酒或黄酒等传统性饮料酒。

（2）生产葡萄糖　根霉含有丰富的淀粉酶，其中糖化型淀粉酶与液化型淀粉酶的比例约为3.3:1，可见其糖化型淀粉酶特别丰富，酶活力强，能将淀粉结构中的$\alpha-1,4$糖苷键和$\alpha-1,6$糖苷键打断，最终较完全地将淀粉转化为纯度较高的葡萄糖。故利用根霉产生的糖化酶，再与$\alpha-$淀粉酶配合，可用于酶法生产葡萄糖。

（3）生产酶制剂　①淀粉糖化酶；②脂肪酶：水解脂肪，用作消化剂和洗涤剂，主要生产菌为少根根霉（*R. arrhizus*）和代氏根霉；③果胶酶：水解果胶，主要生产菌为匍枝根霉（*R. stolonifer*）；④酸性蛋白酶；⑤$\alpha-$半乳糖苷酶（用于制糖）。

（4）生产有机酸　米根霉产$L（+）-$乳酸量最强；匍枝根霉和少根根霉的某些菌株可生产反丁烯二酸（富马酸）和顺丁烯二酸（马来酸）。

（5）生产发酵食品　匍枝根霉、米根霉和少根根霉可用于发酵豆类和谷类食品，如大豆发酵食品——丹贝（Tempeh）便是其中的一种传统发酵食品。

（6）废物利用与废水治理　固定化米根霉可发酵大麦麸皮、米糠等食品加工废物生产脂肪酸，华根霉全细胞脂肪酶能够催化地沟油合成生物柴油，转化率高达80%；米根霉可降解大豆油脂废水，降解率最高可达95.6%，黑根霉等对重金属具有较强的吸附作用，应用于造纸废水产生的活性污泥的无害化处理。

2. 毛霉（*Mucor*）

（1）生产大豆制品　毛霉大部分都能生产活力强大的蛋白酶，有很强的分解大豆的能力。我国的传统食品腐乳就是用毛霉发酵生产的，四川的豆豉也是用毛霉（总状毛霉）发酵制成的。

（2）生产多种酶类

①生产蛋白酶，如雅致放射毛霉（*Actinomucor elegans*）；

②生产淀粉糖化酶，主要菌为高大毛霉（*Mucor mucedo*）、鲁氏毛霉（*Mucor rouxianus*）

和总状毛霉（*Mucor racemosus*）等；

③生产脂肪酶，如高大毛霉；

④生产果胶酶，如爪哇毛霉（*Mucor javanicus*）；

⑤生产凝乳酶，如微小毛霉（*Mucor pusillus*）、灰蓝毛霉（*Mucor griseocyanus*）和刺状毛霉（*Mucor spinosus*）等。

（3）生产有机酸等

①多数毛霉都产生草酸；

②生产乳酸，如鲁氏毛霉；

③生产琥珀酸，如高大毛霉、鲁氏毛霉；

④生产 3 – 羟基丁酮，如总状毛霉、高大毛霉；

⑤生产甘油，如鲁氏毛霉。

3. 犁头霉（*Absidia*）

①产生糖化酶：用于生产酒曲、酿酒，如蓝色犁头霉（*A. coerulea*）。

②产生 α – 半乳糖苷酶：用于制糖提高产率，如李克犁头霉（*A. lichtheimi*）、灰色犁头霉（*A. griseola*）等。

③产生淀粉分解酶：有利于生淀粉分解酶的进一步提纯精制和工业化的应用，如伞枝犁头霉（*Absidia corymbifera*）。

④产生酸性蛋白酶：用于提高蛋白利用率和产品产量。

⑤产生酯化酶：用于提高大曲中酯含量及提高优质酒率等。

4. 曲霉（*Aspergillus*）

（1）生产传统发酵食品　黄曲霉（*A. flavus*）和米曲霉（*A. oryzae*）都属于黄曲霉群，具有活力强大的酸性蛋白酶和淀粉酶，我国很早就利用它们来生产各种传统大豆发酵食品——酱油、豆酱、豆豉和面酱等。但黄曲霉群中的某些菌系能产生黄曲霉毒素，引起家禽、家畜中毒死亡，对人还有致癌作用。故对工业发酵菌要严格控制，对有关食品进行严格检测。

（2）生产多种重要的酶制剂　曲霉属的菌种具有很多活力强大的酶，可制成酶制剂应用于食品工业、发酵工业和医药工业上。

①淀粉酶：主要是 α – 淀粉酶和糖化型淀粉酶，尤以黑曲霉的糖化酶活力最强。我国自行选育的淀粉糖化酶高产菌株 uv – 11 – 111，酶活力高达 10000U/mL，酶液可糖化 100g/mL 以上淀粉。广泛用于酶法生产葡萄糖，淀粉水解糖（发酵工业用）、酒精工业和医药上的消化剂。

②蛋白酶：黄曲霉、黑曲霉（*A. niger*）、栖土曲霉（*A. terrucola*）和海枣曲霉（*A. phoenicis*）等产生酸性或中性蛋白酶，广泛用于蛋白质的分解、食品加工、药用消化剂、制化妆品、纺织工业上除胶浆等。

③果胶酶：用于果汁和果酒的澄清，制酒、酱油和糖浆，精炼植物纤维等。主要产生菌有米曲霉、黄曲霉、黑曲霉等。

④葡萄糖氧化酶：用于食品脱糖，氧化葡萄糖生产葡萄糖酸，除氧防锈，制医疗诊断用的检糖试纸等。主要生产菌有亮白曲霉（*A. candidus*）、黄柄曲霉（*A. flacipes*）和黑曲霉等。

⑤纤维素酶和半纤维素酶：纤维素酶用于分解纤维素产生葡萄糖，提高原料的糖化率或

利用率。黑曲霉和土曲霉（*A. terreus*）均产生纤维素酶。半纤维素酶用于软化植物组织，用于造纸工业、饲料加工、果汁澄清等，亮白曲霉和黑曲霉可产生此酶。

⑥柚苷酶和橙皮苷酶：用于柑橘类罐头去苦味或防止白浊。主要菌种为黑曲霉。

⑦其他酶类：α - 半乳糖苷酶（米曲霉、黄曲霉、海枣曲霉）、葡萄糖异构酶（米曲霉）、酰化氨基酸水解酶（用于拆分酰化 *dl* - 氨基酸，生产 *l* - 氨基酸和 *d* - 氨基酸，如米曲霉）、右旋糖酐酶［用于预防龋齿，如温特氏曲霉（*A. wentii*）］、脂肪酶（黑曲霉）、过氧化氢酶（用于加工食品、防腐杀菌、分解除去 H_2O_2，如亮白曲霉）、链激酶类（用于消除动脉及静脉血栓，如黄曲霉）。

（3）工业化大量生产柠檬酸　黑曲霉是目前工业发酵生产柠檬酸的主要菌种。我国用于淀粉质原料发酵生产柠檬酸的菌株主要有 5016、3008 及其变异株，用于糖蜜原料发酵的菌株主要有川宁 19 - 1、G23 - 4 及其变异株。柠檬酸的用途广泛，主要用于食品工业（约占 75%），还有医药工业（约 10%）、化学工业（约 15%）。

（4）生产多种其他有机酸　葡萄糖酸（黑曲霉、海枣曲霉）、抗坏血酸（黑曲霉、海枣曲霉）、苹果酸（黄曲霉）、没食子酸（黑曲霉，海枣曲霉）、延胡索酸（黄曲霉）、曲酸（黄曲霉）、衣康酸（衣康曲霉、土曲霉）。

5. 红曲霉（*Monascus*）

①生产红色食用色素：紫色红曲霉（*M. purpureus*）、红色红曲霉（*M. ruber*）等能产生鲜红的红曲霉红素和红曲霉黄素。可用于大量培养并提取红色食用色素或做成菌体粉末，应用于食品加工，作为食物染色剂和调味剂等。

②生产传统发酵食品：用红曲霉酿制红酒、红露酒、老酒、曲醋、红糟及红腐乳等中国传统发酵食品。

③工业生产葡萄糖：红曲霉能产生酶活力较强的淀粉糖化酶和麦芽糖酶，可用于工业化生产葡萄糖。

④制中药神曲和红曲：含有降低血清胆固醇、降血压成分，可防治痢疾和慢性肠炎等，有消食、活血、健脾胃、治疗赤白痢等作用。

6. 青霉（*Penicillium*）

（1）生产青霉素　点青霉（*P. notatum*）又称音符青霉，是第一个用于生产青霉素的菌种。1943 年开始改用产黄青霉（*P. chrysogenum*），又称橄榄型青霉，进行工业化大量生产青霉素。青霉素的发现和应用，被誉为人类科学史上的一项奇迹，是二次大战中与原子弹和雷达并驾齐驱的三大发现之一。青霉素应用于临床控制很多革兰氏阳性菌引起的感染效果显著，而且毒性小。为了克服青霉素不耐酸易失效、不耐酶易被水解和抗菌谱窄等缺点，人们已通过研制各类半合成新青霉素和新制剂得以解决。

（2）生产有机酸　葡萄糖酸［产黄青霉、点青霉、产紫青霉（*P. purpurogenum*）］、柠檬酸（点青霉、产黄青霉）、抗坏血酸（点青霉、产黄青霉）等。

（3）生产多种酶类　葡萄糖氧化酶（点青霉、产紫青霉、产黄青霉），中性、碱性蛋白酶（产黄青霉）、青霉素 V 酰化酶（产黄青霉），5′ - 磷酸二酯酶［水解 RNA，生产 4 种，5′ - 单核苷酸和 I + G 助鲜剂，可由橘青霉（*P. citrinum*）产生此酶］，脂肪酶［橘青霉、娄地青霉（*P. roqueforti*）］，凝乳酶（用于干酪，如橘青霉），真菌细胞壁溶解酶（产紫青霉）等。

第二节　发酵食品生产菌种的选育与保藏

一、菌种的选育

菌种是发酵食品生产的关键因素之一。只有具备优良的菌种，才能使发酵食品具有良好的色、香、味等食品特征。菌种的选与育是一个问题的两个方面，没有的菌种要向大自然索取，即是菌种的筛选；已有的菌种还要改造，以获得更好的发酵食品特征，即是育种。因此，菌种选育的任务是：不断发掘新菌种，向自然界索取发酵新产品；改造现有菌种，达到提高产量、改进质量、改革工艺、增加新产品的目的。

育种的理论基础是微生物的遗传与变异，遗传和变异现象是生物最基本的特性。遗传中包含变异，变异中也包含着遗传，遗传是相对的，而变异则是绝对的。微生物由于繁殖快速，生活周期短，在相同时间内，环境因素可以很大程度上重复影响微生物，使个体较易于变异，变异了的个体可以迅速繁殖而形成一个群体表现出来，便于自然选择和人工选择。

（一）自然选育

自然选育是菌种选育的最基本方法。微生物在自然条件下产生自发变异，通过分离、筛选，排除劣质性状的菌株，选择出维持原有生产水平或具有更优良生产性能的高产菌株。因此，通过自然选育可达到纯化与复壮菌种、保持稳定生产性能的目的。当然，在自发突变中正变概率是很低的，选出更高产菌株的概率一般来说也很低。由于自发突变的正突变率很低，多数菌种产生负变异，其结果是使生产水平不断下降。因此，在生产中需要经常进行自然选育工作，以维持正常生产的稳定。

自然选育又称自然分离，自然选育的主要作用是对菌种进行分离纯化，以获得遗传背景较为纯一的细胞群体。一般的菌种在长期的传代和保存过程中，由于自发突变使菌种变得不纯或生产能力下降，因此在工业生产和发酵研究中，要经常进行自然分离，对菌种进行纯化。其方法比较简单，尤其是单细胞细菌和产孢子的微生物，只需将它们制备成悬液，选择合适的稀释度，就能达到分离目的。而那些不产孢子的多细胞微生物（许多是异核的），则需要用原生质体再生法进行分离纯化。自然选育分以下几步进行：

1. 通过表现形态来淘汰不良菌株

这主要是从菌落形态包括菌落大小、生长速度、颜色、孢子形成等可直接观察到的形态特征，来加以分析判断，去除可能的低产菌落，将高产型菌落逐步分离筛选出来。此方法用于那些特征明显的微生物，如丝状真菌、放线菌及部分细菌。而有一些细菌，外观特征较难区别的微生物就不太适用。以抗生素菌种选育为例：一般低产菌的菌落不产生菌丝，菌落多光秃型；生长缓慢，菌落过小，产孢子少；孢子生长及孢子颜色不均匀，产生白斑、秃斑或角变。或生长过于旺盛，菌落大，孢子过于丰富等。这类菌落中也可能包含着高产型菌，但由于表现出严重的混杂，其后代容易分离和不稳定，也不宜作保存菌种；而判断高产菌落则根据：孢子生长有减弱趋势，菌落中等大小，菌落偏小但孢子生长丰富，孢子颜色有变浅趋势，菌落表面沟纹整齐，多、密且较直；分泌色素或逐渐加深或逐渐变浅。

2. 通过目的代谢物产量的考察

这种方法是建立在菌种分离或者诱变育种的基础上进行的，往往是在第一步初筛的基础上，对选出的高产菌落进行复筛，进一步淘汰不良菌株，复筛通过摇瓶培养（如系厌氧微生物，则通过厌氧液体培养基静置培养）进行，复筛可以考察出菌种生产能力的稳定性和传代稳定性，一般复筛的条件已较接近于发酵生产工艺。经过复筛的菌种，在生产中可表现出相近的产量水平。复筛出的菌种应及时进行保藏，避免过多传代而造成新的退化。

3. 以遗传基因型纯度试验考察菌种纯度

其方法是将复筛后得到的高产菌种进行分离，再次通过表观形态进行考察，分离后的菌落类型越少，则表示纯度越高，表明其遗传基因型（主型）占90%以上，表明其遗传基因型分离少而较稳定。

4. 传代的稳定性试验

在生产中根据生产规模需要逐级扩大菌种，必然要经过多次传代，这就要求菌种具有稳定的遗传性。在试验中一般需要进行斜面传代 3~5 次的连续传代，产量仍保持稳定的菌种方能用于生产。在传代试验中，要注意试验条件的一致性，以便能正确反映各代间生产能力的差异。

通过自然发生的突变和筛选法，筛选那些含有所需性状得到改良的菌种。随着富集筛选技术的不断完善和改进，自然育种技术的效率有所提高，如含有突变基因 naE、$mutD$、$mutT$、$mutM$、$mutH$、$mutI$ 等的大肠杆菌突变率相对较高。酒精发酵是最早把微生物遗传学原理应用于微生物育种实践而提高发酵产物水平的一个成功实例。自然选育是一种简单易行的选育方法，可以达到纯化菌种，防止菌种退化，提高产量的目的，但发生自然突变的概率特别低，一般为 $10^{-10} \sim 10^{-6}/bp$。这样低的突变率导致自然选育耗时长，工作量大，影响了育种工作效率。

（二）诱变育种

诱变育种就是利用物理、化学或生物的方法处理均匀分散的细胞群，促使其发生更多的突变，在此基础上，采用简便、实用、快速的筛选方法，从中挑选出符合某种目的的突变株，以供科学实验或实际生产。在现代育种领域，主要是提高突变菌株产生某种产物的能力。

1. 诱变育种的基本方法

（1）物理因子诱变　物理诱变剂包括紫外线、X 射线、γ 射线、激光、低能离子等。DNA 和 RNA 的嘌呤和嘧啶有很强的紫外光吸收能力，最大的吸收峰在 260nm，紫外辐射能作用于 DNA，因此在 260nm 的紫外辐射是最有效的致死剂。紫外辐射可以引起转换、颠换、移码突变或缺失等。紫外线是常用的物理诱变因子，是诱发微生物突变的一种非常有用的工具。由于紫外线的能量比 X 射线和 γ 射线低得多，在核酸中能造成比较单一的损伤，所以在 DNA 的损伤与修复的研究中，紫外线也具有一定的重要性。常用的电离辐射有 X 射线、γ 射线、β 射线和快中子等。如 γ 射线具有很高的能量，能产生电离作用，因而直接或间接地改变 DNA 结构；电离辐射还能引起染色体畸变，发生染色体断裂，形成染色体结构的缺失、易位和倒位等。

低能离子注入育种技术是近年来发展起来的物理诱变技术。该技术既能以较小的生理损伤得到较高的突变率、较广的突变谱，也具有设备简单、成本低廉、对人体和环境无害等优点。目前，利用离子注入进行微生物菌种选育时所选用的离子大多为气体单质离子，并且均为正离子，其中以 N^+ 为最多，也有报道使用其他离子的，如 H^+、Ar^+、O^{6+} 以及 C^{6+}，辐射能量大多集中在低能量辐射区。还有微波、双向复合磁场、红外射线和高能电子流等新诱变技术，与其他诱变源复合诱变，能起到很好的诱变效果，因此从某种意义上称这些诱变源为"增变剂"。

（2）化学因子诱变　化学诱变剂是一类能与 DNA 起作用而改变其结构，并引起 DNA 变异的物质。其作用机制都是与 DNA 起化学作用，从而引起遗传物质的改变。化学诱变剂包括烷化剂如甲基磺酸乙酯、硫酸二乙酯、亚硝基胍、亚硝基乙基脲、乙烯亚胺及氮芥等，天然碱基类似物，脱氨剂如亚硝酸，移码诱变剂，羟化剂和金属盐类如氯化锂及硫酸锰等。烷化剂是最有效，也是最常用的化学诱变剂之一，依靠其诱发的突变主要是 GC – AT 转换，另外还有小范围切除、移码突变及 GC 对的缺失。化学诱变剂的突变率通常要比电离辐射的高，并且十分经济，但这些物质大多是致癌剂，使用时必须十分谨慎。

（3）复合因子诱变与新型诱变剂　某一菌株长期使用诱变剂之后，除产生诱变剂"疲劳效应"外，还会引起菌种生长周期延长、孢子量减少、代谢减慢等，这对生产不利，在实际生产中多采用几种诱变剂复合处理、交叉使用的方法进行菌株诱变。复合诱变是指两种或多种诱变剂的先后使用、同一种诱变剂的重复作用、两种或多种诱变剂的同时使用等诱变方法。普遍认为，复合诱变具有协同效应。如果两种或两种以上诱变剂合理搭配使用，复合诱变较单一诱变效果好。

2004 年起，新疆大学先后对阿魏菇、白金针菇、鸡腿菇等食药用菌的孢子或者菌丝体进行离子束注入处理，获得了多个性状优良的食药用菌突变株；2014 年，李素玲等将杏鲍菇菌丝体用 N^+ 注入（离子束）诱变技术处理，筛选得到 1 个杏鲍菇突变株，出菇试验表明突变株比对照菌株产量高 17.43%；2016 年，李玉院士团队与神舟太空集团完成"实践十号"卫星搭载食药用菌菌种回收交接，搭载了金针菇、杏鲍菇、双孢菇等 50 多个菌种，为食药用菌太空育种的深入发展进一步拓宽了道路。此外，用红外射线诱变果胶酶产生菌、双向磁场应用于产腈水合酶的诺卡氏菌种的诱变育种都得到了较好效果。

2. 诱变育种的影响因素

（1）选择简便有效的诱变剂。诱变剂的种类繁多，应根据实际情况，选用方便的诱变剂。诱变剂所处理的微生物进行诱变育种时一般采用菌丝体、原生质体、孢子悬浮液，细胞尽可能分散且均匀地接受诱变剂，便于随后的培养形成一个一个的单菌落，避免形成不纯的菌落。

（2）诱变剂所处理的细胞中的细胞核（或核质体）越少越好，最好是处理单核的细胞。

（3）微生物的生理状态对于诱变的效果也有影响，一般以对数期的细菌对于诱变剂处理最敏感。用抗缬氨酸突变为指标，曾经测得大肠杆菌在对数期中所诱发的突变，比在停滞期中高出 4～10 倍。

（4）诱变剂的剂量选择。因为诱变剂往往也是杀菌剂，在接触低剂量诱变剂的细胞群体中，突变发生的频率较低，而高剂量的诱变剂可能造成大批细胞的死亡，不利于特定的选择。在产量性状的诱变育种中，凡在提高诱变率的基础上，既能变异幅度，又能促使变异移向正变范围的剂量，就是合适的剂量。

（5）选择合适的出发菌株。出发菌株就是用于育种的原始菌株，选用合适的出发菌株有利于提高育种效率，但对于什么是合适菌株，没有统一的标准，以往的研究均是选择综合性状优良、性状稳定、缺点较少、已经广泛推广的品种作为出发菌株。

3. 高产菌株筛选

一般诱变育种的目的在于提高微生物的生产量，但对于产量性状的突变来讲，一般不能用选择性培养方法筛选。因为高产菌株和低产菌株均在培养基上生长，没有一种因素对高产菌株和低产菌株显示差别性的杀菌作用。

一般测定一个菌株的产量高低采用摇瓶培养，然后测定发酵液中产物的数量。如果把经诱变剂处理后出现的菌落逐一用上述方法进行产量测定，工作量很大。如果能找到产量和某些形态指标的关联，甚至设法创造两者间的相关性，则可以大大提高育种的工作效率。因此在诱变育种工作中应该利用菌落可以鉴别的特性进行初筛，例如在琼脂平板培养基上，通过观察和测定某突变菌菌落周围蛋白酶水解圈的大小、淀粉酶变色圈的大小、色氨酸显色圈的大小、柠檬酸变色圈的大小、抗生素抑菌圈的大小、纤维素酶对纤维素水解圈的大小等，估计该菌落菌株产量的高低，然后再进行摇瓶培养法测定实际的产量，可以大大提高工作效率。

上述这一类方法所碰到的困难是对于产量高的菌株，作用圈的直径和产量并不呈直线关系。为了克服这一困难，在抗生素生产菌株的育种工作中，可以采用抗药性的菌株作为指示菌，或者在菌落和指示菌中间加一层吸附剂吸去一部分抗生素。

一个菌落的产量越高，它的产物必然扩散得也越远。对于特别容易扩散的抗生素，即使产量不高，同一培养皿上各个菌落之间也会相互干扰。为了克服产物扩散所造成的困难，可以采用琼脂挖块法。方法是在菌落刚开始出现时就用打孔器连同一块琼脂打下，把许多小块放在空的培养皿中培养，待菌落长到合适大小时，把小块移到已含有供试菌种的一大块琼脂平板上，分别测定各小块抑菌圈大小并判断其抗生素的效价。由于各琼脂块的大小一样，且该菌落的菌株所产生的抗生素都集中在琼脂块上，所以只要控制每一培养皿上的琼脂小块数和培养时间，或者再利用抗药性指示菌，就可以得到彼此不相干扰的抑菌圈。

（三）杂交育种

杂交育种，一般是指两个基因型不同的菌株通过吻合（接合）使遗传物质重新组合，从中分离和筛选具有新性状的菌株。杂交育种往往可以消除某一菌株在诱变处理后所出现的产量上升缓慢的现象，因而是一种重要的育种手段。但杂交育种方法较复杂，许多工业微生物有性世代不十分清楚，故没有像诱变育种那样得到普遍推广和使用。

1. 杂交育种的目的

（1）通过杂交育种使不同菌株的遗传物质进行交换和重新组合，从而改变原有菌株的遗传物质基础，获得杂种菌株（重组体）。

（2）通过杂交把不同菌株的优良性状汇集重组体菌株中，提高产量和质量，甚至改变菌种特性，获得新的品种。

（3）获得的重组体可能对诱变剂的敏感性得以提高和恢复，以便重新使用诱变方法进行选育。

通过一系列的区域性试验和综合试验，确定杂交菌株的生产价值，淘汰不良菌株，保存理想菌株，及时推广应用。杂交育种虽费工、费时，需要较好的实验设备和工作条件，成本比较高，但仍是目前最有效的育种方法。

2. 杂交育种的过程

（1）菌种准备　杂交育种中使用两种菌株：原始亲本和直接亲本菌株。原始亲本菌株是用来进行杂交的野生型菌株，可以是不同系谱的，也可以是相同系谱但代数相差较多的，主要是遗传基础差别要大，这样重组后的变异性也大；另外，菌种特性必须清楚，遗传标记明显，要具有生产上需要的特性，如高产、孢子丰富、代谢速度快、发酵液后处理容易等，两菌株的优点能互相补充，亲本菌株要有较广泛的适应性。所谓直接亲本菌株是直接用于进行配对的菌株，一般都是由原始亲本经诱变剂处理得到的。直接亲本菌株一般要做遗传标记，常用的标记有营养、形态、抗性、敏感性、产量、酶活力等，用得最多的是经诱变得到的营养缺陷型。

（2）营养缺陷型的筛选　它的诱变处理和一般处理基本相同。在经处理的群体中往往野生型占多数，因此必须设法把野生型淘汰，使缺陷型浓缩以便于检出。浓缩方法有青霉素浓缩法、菌丝过滤法、差别杀菌法、饥饿法等。

①青霉素浓缩法：青霉素能杀死细菌，是因为它能抑制细菌合成它的细胞壁。在含有青霉素的基本培养基中，野生型细菌细胞中的蛋白质等物质继续在合成增长，可是细胞壁却不再增大，造成细菌破裂死亡，而缺陷型细菌在基本培养基中不生长，而不被杀死，这便是用青霉素浓缩法淘汰野生型的原理。

②菌丝过滤法：野生型霉菌或放线菌的孢子能在基本培养液中萌发并长成菌丝，缺陷型的孢子一般不能萌发，或者虽能萌发却不能长成菌丝。所以把经诱变剂处理的孢子悬浮在基本培养液中，振荡培养若干小时后滤去菌丝，缺陷型孢子便得以浓缩。振荡培养和过滤应重复几次，每次培养时间不宜过长，这样才能收到充分浓缩的效果。

③差别杀菌法：细菌的芽孢远较营养体耐热。使经诱变剂处理的细菌形成芽孢，把芽孢在基本培养液中培养一段时间，然后加热（如80℃，15min）杀死营养体。由于野生型芽孢能萌发所以被杀死，缺陷型芽孢不能萌发所以不被杀死而得到浓缩。

酵母菌和子囊菌的孢子虽然不像细菌芽孢那样耐热，但是比起它们的营养体来也较为耐热，所以可用同样方法（如58℃，4min）浓缩缺陷型。

④饥饿法：微生物的某些缺陷型菌株在某些培养条件下会自行死亡，可是如果在某一细胞中发生了另一营养缺陷型突变，这一细胞反而会避免死亡，从而可被浓缩。譬如，胸腺嘧啶缺陷型细菌在不给以胸腺嘧啶时在短时间内细胞大量死亡，在残留下来的细菌中可以发现许多营养缺陷型。暂且不管这些突变是怎样发生的，但是只要由于发生了另一突变以后，它们往往就能避免死亡，便会积累起来。

（3）营养缺陷型的检出　营养缺陷型的检出可以采用以下几种方法：

①逐个测定法：把经过浓缩的缺陷型菌液接种在完全培养基上，待长出菌落后将每一菌落分别接种在基本培养基和完全培养基上。凡是在基本培养基上不能生长而在完全培养基上能生长的菌落就是营养缺陷型。

②夹层培养法：先在培养皿上倒上一层不含细菌的基本培养基，待冷凝以后加上一层含菌的基本培养基，冷凝以后再加上一层不含菌的基本培养基。经培养出现菌落以后在培养皿底上把菌落作标记，然后再加上一层完全培养基，再经培养以后出现的菌落多数是营养缺陷型。

③限量补给法：将经诱变剂处理的细菌接种在含有微量补充养料（例如0.01%蛋白胨）

的基本培养基上。野生型迅速长成为较大的菌落，缺陷型则较慢地长成较小的菌落。

④影印培养法：将经处理的细菌涂在完全培养基的表面，待出现菌落以后用灭菌丝绒将菌落影印接种到基本培养基表面。待菌落出现以后比较两个培养皿，凡在完全培养基上出现菌落而在基本培养基上的同一位置上不出现菌落者，便可以初步断定是一个缺陷型。

以上这些方法都可以应用在微生物的营养缺陷型的检出中，不过具体方法应随着研究的对象不同而改变。

（4）营养缺陷型的鉴定　营养缺陷型的鉴定方法可以分为两类。一类方法是在同一培养皿上测定一个缺陷型对于多种化合物的需要情况；另一类方法是在同一培养皿上测定许多缺陷型对于同一化合物的需要情况。

前一类方法是生长谱法，将待测微生物（$10^6 \sim 10^8$ CFU）混合在基本培养基中倒入培养皿，待冷凝后在标定的位置上放置少量氨基酸、碱基等结晶或粉末。经培养以后就可以看到在缺陷型所需要的化合物四周出现混浊生长圈。

如果要测定的不是一两个，而是几十个营养缺陷型的营养需要，为了进一步简化鉴定的程序，可以把几种化合物合成一组进行测定。这一方法是在一个培养皿中加入一种化合物，把许多待测菌株都接种在上面。不过这种方法对于同时需要两种化合物的缺陷型菌株无法测定。如果为了测定需要两种甚至三种化合物的缺陷型菌株，可以采用另一种方法，那就是使每一培养皿中缺少一种化合物。如果一个缺陷型菌株在缺 A 培养基上不能生长而在缺 B、C 等培养基上都能生长，可以知道它需要化合物 A。如果它在缺 A 培养基和缺 B 培养基上都不能生长，而在其他培养基上都能生长，可以知道它需要化合物 A 和 B。

此外，可以采用影印接种方法来代替多次重复接种。

3. 杂交育种使用的培养基

在杂交育种中通常使用的培养基有完全培养基、基本培养基、有限培养基、补充培养基。

（1）完全培养基　一种含有糖类、多种氨基酸、维生素及核酸碱基及无机盐等比较完全的营养基质，野生型和营养缺陷型菌株均可生长。

（2）基本培养基　只含纯的碳源、无机氮和无机盐类，不含有氨基酸、维生素、核苷酸等有机营养物，营养缺陷型菌株不能在其上生长，只允许野生型生长。这种培养基要求严格，所用器皿必须用洗液浸泡过，用蒸馏水冲净，琼脂也必须事先洗净。

（3）有限培养基　在基本培养基或蒸馏水中含有完全培养基成分。

（4）补充培养基（鉴别培养基）　在基本培养基中加入已知成分的氨基酸、维生素、核苷酸等。此培养基通常是在鉴别分离子的类型时使用。

在进一步考察所选出的杂交株的生产性能时，应该用生产试验中使用的种子和发酵用培养基。

4. 杂交育种的方法

（1）细菌杂交　将两个具有不同营养缺陷型、不能在基本培养基上生长的菌株，以 10^5 个/mL 的浓度在基本培养基中混合培养，结果可以有少量菌落生长，这些菌落就是杂交菌株。细菌杂交还可通过 F 因子转移、转化和转导等方式发生基因重组。

（2）放线菌的杂交育种　放线菌杂交育种一般为玻璃纸法和平板杂交法。放线菌杂交育种是在细菌杂交基础上建立起来的，虽然放线菌也是原核生物，但它有菌丝和孢子，其基因重组方式过程近似于细菌，但育种方法与霉菌有许多相似之处。

（3）霉菌的杂交育种 不产生有性孢子的霉菌是通过准性生殖进行杂交育种的。准性生殖是真菌中不通过有性生殖的基因重组过程。准性生殖包括三个相互联系的阶段：异核体形成、杂合二倍体的形成和体细胞重组。

霉菌的杂交通过四步完成：选择直接亲本—形成异核体—检出二倍体—检出分离子。

①选择直接亲本：两个用于杂交的野生型菌株即原始亲本，经过人工诱变得到的用于形成异核体的亲本菌株即称为直接亲本，直接亲本有多种遗传标记，在杂交育种中用得最多的是营养缺陷型菌株。

②异核体形成：把两个营养缺陷型直接亲本接种在基本培养基上，强迫其互补营养，使其菌丝细胞间吻合形成异核体。此外还有液体完全培养基混合培养法；完全培养基混合培养法；液体有限培养基混合培养法；有限培养基平板异核丛形成法等。

③二倍体的检出：一般有三种方法，一是将菌落表面有野生型颜色的斑点和扇面的孢子挑出进行分离纯化；二是将异核体菌丝打碎，在完全培养基和基本培养基上进行培养，出现异核体菌落，将具有野生型的斑点或扇面的孢子或菌丝挑出，进行分离纯化；三是将大量异核体孢子接于基本培养基平板上，将长出的野生型原养型菌落挑出分离纯化。

④检出分离子：将杂合二倍体的孢子制成孢子悬液，在完全培养基平板上分离成单孢子菌落，在一些菌落表面会出现斑点或扇面，每个菌落接出一个斑点或扇面的孢子于完全培养基的斜面上，经培养纯化，鉴别而得到分离子。也可用完全培养基加重组剂对氟苯丙氨或叫吖啶黄类物质制成选择性培养基，进行分离子的鉴别检出。

（4）酵母菌的杂交育种 酵母菌的杂交主要是通过有性杂交，有性杂交是利用两种不同接合型的单倍体菌株或子囊孢子进行的。有的酵母菌如假丝酵母不具有性生殖，即不产生子囊孢子，它们的杂交与霉菌一样，是通过准性生殖过程进行的。酵母菌杂交一般是指异接合型菌株的杂交。杂交过程包括子囊孢子接触、接合、合子形成，直至二倍体细胞出芽为止的一系列过程。

（四） 原生质体融合育种

原生质体融合，就是通过酶解作用将两个亲株的细胞壁去除，在高渗条件下释放出只有原生质膜包被着的球状原生质体。然后将两个亲株的原生质体在高渗条件下混合，加入融合促进剂聚乙二醇（化学）、仙台病毒（生物）或电融合等助融，使它们相互凝集。通过细胞质融合，促使两套基因组之间的接触、交换、遗传重组，在适宜条件下使细胞壁再生，在再生的细胞中获得重组体。

1. 原生质体融合技术的特点

（1）重组频率较高 由于没有细胞壁的阻碍，且在原生质体融合时又加入融合促进剂，所以微生物的原生质体间的杂交频率明显高于常规的杂交方法，如霉菌和放线菌的融合频率为 $10^{-3} \sim 10^{-1}$，天蓝色链霉菌的种内重组率可达20%；细菌、酵母菌的融合频率也达 $10^{-6} \sim 10^{-3}$。

（2）受接合型或致育性的限制较小 两亲株中任何一株都可能起受体或供体的作用，因而有利于不同属间微生物的杂交。另外，原生质体融合是和性无关的杂交，所以受接合型或致育性的限制比较小。

（3）重组体种类较多 由于原生质体融合后，两个亲株的整个基因组之间发生相互接触，有机会发生多次交换，产生各种各样的基因组而得到多种类型的重组子；参与融合的亲株不限于两株，这是常规杂交所达不到的。

（4）遗传物质的传递更为完整 由于原生质体的融合是两个亲株细胞质和细胞核进行类似合二为一的过程，因此，遗传物质的交换更为完整，原核生物中可以得到将两个或更多个完整的基因组携带到一起的融合产物，放线菌中甚至能形成短暂的或稳定的杂合二倍体或四倍体等多倍体。

各类不同参与食品发酵的微生物，它们的形态与结构不同、遗传特性各异，生理代谢类型差异也较大。20世纪60年代出现了原生质体融合技术，此后该技术不断发展。2004年李省印等得到4株可以生长结实的平燕菌杂交融合子。不同发酵微生物制备原生质体的融合程序有类似之处，原生质体融合的关键步骤也基本一致。微生物原生质体融合技术的基本程序包括：原生质体的制备与形成、原生质体融合与融合子形成、原生质体或融合子再生、正变融合子的筛选与保藏。

2. 微生物原生质体融合育种的过程

（1）标记菌株的筛选 原生质体融合过程中，两个亲本菌株需要带有遗传标记，以便于筛选，而且两亲本株应带有不同的遗传标记，以便筛选融合子。常用的遗传标记有营养缺陷型、抗药性和形态特征等，标记必须稳定，而且最好选择对生产性能无影响的标记。不同目的可选用合适的标记，如以提高抗生素产量为目的融合试验，用营养缺陷型就不理想，往往会影响产量，用抗药性标记就比较好。一般可以通过诱变的方法来获得遗传标记，但同时会影响到菌株的生产性能。因此，在选择标记时最好选取菌株本身原有的各种遗传标记，如营养缺陷、抗药、利用某些物质，产生某些产物、菌落特征、细胞形态，培养条件等。

（2）原生质体的制备 在制备原生质体时主要是通过酶解去除胞壁，根据不同微生物细胞壁的化学组分不同，因此要选用不同的酶处理。细菌和放线菌制备原生质体主要采用溶菌酶；制备酵母菌原生质体，一般采用蜗牛酶；制备丝状真菌原生质体时可用蜗牛酶、纤维素酶，对丝状真菌一般采用两种或三种酶混合进行处理才能收到好的效果。

（3）原生质体的再生试验 在进行原生质体融合前，需要对制备好的原生质体进行再生试验，测定其再生率，以判别亲本菌株的融合频率和再生频率，并可作为检查、改善原生质体再生条件，分析融合实验结果，改善融合条件的重要指标。

（4）原生质体的融合 为了使融合频率大大提高，必须加入表面活性剂聚乙二醇（PEG），又称为融合促进剂。具有强制性地促进原生质体融合的作用，同时还起到稳定作用。聚乙二醇的相对分子质量在1000~12000，作为微生物原生质体的促融剂的合适相对分子质量为100~6000、4000和6000使用更多一些。在链霉菌原生质体融合时，采用相对分子质量为1000的PEG，其浓度为50%，或40%~60%，低于40%时融合率较低。霉菌和细菌原生质体融合时用相对分子质量为4000或6000的PEG，其细菌浓度为40%，霉菌浓度为30%。在原生质体融合中除加PEG外，还要加钙、镁等阳离子，它们也有促进融合的作用（图1-1）。

（5）融合子的选择 原生质体经过融合得到的融合细胞出现两种情况，一种是真正的融合，产生杂合二倍体（融合后的二倍体细胞分裂而不分离，分裂后的细胞仍保持二倍体状态）或单倍重组体；第二种情况是暂时的融合，形成异核体。如何将真正的融合子从众多的细胞中选择出来，进一步做人工筛选，以得到所需要的变异菌株，这是极其重要的。根据微生物种类不同，其选择方法也不同。

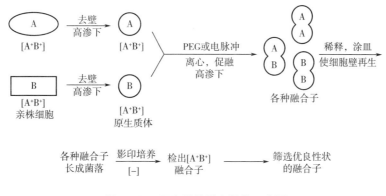

图1-1　原生质体融合操作示意图

（6）优良菌株的筛选　微生物原生质体融合实际是一种基因重组技术，它具有定向育种的含意，但原生质体经融合后所产生的融合子类型是多样性的，其性状和生产性能也不一样，因此，对得到的融合子仍要通过常规人工筛选方法，把优良菌株筛选出来。

3. 影响原生质体融合的因素

影响原生质体融合率的因素有很多，除了影响原生质体制备与原生质体再生的因素均与融合率有关以外，原生质体融合的聚合剂种类、剂量、型号以及融合处理的条件（如渗透压、离子种类浓度、pH、温度、时间）等，也都会直接影响到原生质体的融合率。

（1）培养基成分　培养基成分的改变，直接或间接地影响着细胞壁的状况，对原生质体的释放量也有显著影响。因此，选择适合的培养基成分是十分必要的。

（2）溶壁酶　用酶法破壁制备原生质体，酶的作用无疑是关键的。不同种类真菌的细胞壁成分和结构是不同的，鞭毛菌亚门是以纤维素和β-葡聚糖为主要成分；接合菌亚门是以脱乙酰几丁质为主要成分；子囊菌亚门（半子囊菌除外）和担子菌亚门则以几丁质、β-葡聚糖为主。同一种真菌的不同发育时期或不同菌态的细胞壁成分不同，因此分离原生质体时，不同的真菌、同一种真菌的不同发育时期、不同培养方式，对溶壁酶的种类和浓度要求有所不同。

（3）渗透压稳定剂　渗透压稳定剂对原生质体的形成之所以重要，在于其在菌丝与酶这样一个反应系统中起着一种媒介物的作用。首先，渗透压稳定剂的浓度是维持和控制原生质体数量的重要因素。它使菌丝细胞内外压力一致，使菌丝细胞保持生理状况的稳定，原生质体完整地释放出来，且保持原生质体不破裂也不收缩。其次，渗透压稳定剂的性质影响着裂解酶的反应活性。不同的裂解酶需要不同性质的渗透压稳定剂才能得到最佳的效果。方芳等在分离台湾根霉原生质体时以糖醇为渗透压稳定剂，酶解初期有原生质体释放，而3~4h后菌丝在酶液中生长起来，可见糖醇大大降低或是抑制了酶的反应活性，促使菌丝得以生长。而以KCl或NaCl为渗透压稳定剂，则可能有助于酶与底物的结合，对酶反应起促进作用。

（4）菌龄　菌丝体生理状况是决定原生质体产量的主要因素，而菌丝体的生理状况又受菌龄和培养基成分这两方面的影响。有人认为对数早期和中期的菌丝体是成败的关键。菌丝体的菌龄对原生质体释放的影响主要由于壁的成分和结构的变化引起。菌龄短的菌丝体的壁成分相对简单，壁也相对薄些；随着菌龄增加，壁上沉积色素等次生物质，酶的作用相对困难些，壁难以被溶解。但菌龄过短，又会造成菌丝量不足，或影响原生质体的再生。不同种类的真菌对酶解时最佳菌龄是不同的。

（五）基因工程育种

基因工程育种是指利用基因工程方法对生产菌株进行改造而获得高产工程菌，或者是通过微生物间的转基因而获得新菌种的育种方法，基因工程育种是真正意义上的理性选育，人们可以按照自己的愿望，进行严格的设计，通过体外 DNA 重组和转移等技术，对原物种进行定向改造，获得对人类有用的新性状，而且可以大大缩短时间。例如好多人类日常使用的药物，就是利用改造后的"工程菌"进行发酵，然后对发酵产物分离、提取，获得有用的产品。

1. 基因工程育种的过程

重组 DNA 技术一般包括四步，即目的基因的获得、与载体 DNA 分子的连接、重组 DNA 分子引入受体细胞及从中检测、鉴定以筛选出含有所需重组 DNA 分子的宿主细胞。作为发酵工业的工程菌株在此四步之后还需加上外源基因的表达及稳定性的考虑。

2. 基因工程育种的关键步骤

获取目的基因是实施基因工程的第一步。如植物的抗病（抗病毒、抗细菌）基因，种子的贮藏蛋白的基因，以及人的胰岛素基因干扰素基因等，都是目的基因。获取基因主要有两条途径：一条是从供体细胞的 DNA 中直接分离基因；另一条是人工合成基因。直接分离基因最常用的方法是"鸟枪法"，又称"散弹射击法"。鸟枪法的具体做法是：用限制酶将供体细胞中的 DNA 切成许多片段，将这些片段分别载入运载体，然后通过运载体分别转入不同的受体细胞，让供体细胞提供的 DNA（即外源 DNA）的所有片段分别在各个受体细胞中大量复制（在遗传学中称为扩增），从中找出含有目的基因的细胞，再用一定的方法把带有目的基因的 DNA 片段分离出来。用鸟枪法获得目的基因的优点是操作简便，缺点是工作量大，具有一定的盲目性。又由于真核细胞的基因含有不表达的 DNA 片段，一般使用人工合成的方法。目前人工合成基因的方法主要有两条，一条途径是以目的基因转录成的信使 RNA 为模版，反转录成互补的单链 DNA，然后在酶的作用下合成双链 DNA，从而获得所需要的基因。另一条途径是根据已知的蛋白质的氨基酸序列，推测出相应的信使 RNA 序列，然后按照碱基互补配对的原则，推测出它的基因的核苷酸序列，再通过化学方法，以单核苷酸为原料合成目的基因。如人的血红蛋白基因胰岛素基因等就可以通过人工合成基因的方法获得。

基因表达载体的构建（即目的基因与运载体结合）是实施基因工程的第二步，也是基因工程的核心。将目的基因与运载体结合的过程，实际上是不同来源的 DNA 重新组合的过程。如果以质粒作为运载体，首先要用一定的限制酶切割质粒，使质粒出现一个缺口，露出黏性末端。然后用同一种限制酶切断目的基因，使其产生相同的黏性末端。将切下的目的基因的片段插入质粒的切口处，再加入适量 DNA 连接酶，质粒的黏性末端与目的基因 DNA 片段的黏性末端就会因碱基互补配对而结合，形成一个重组 DNA 分子。如人的胰岛素基因就是通过这种方法与大肠杆菌中的质粒 DNA 分子结合，形成重组 DNA 分子（又称重组质粒）的。除此之外，Red/ET 同源重组技术（Red/ET recombineering）获取重组质粒的方法在 21 世纪后迅速发展，它是由来源于大肠杆菌 λ 噬菌体的蛋白对 Red α/Red β 或来源于 Rac 原噬菌体的蛋白对 Rec E/Rec T 所介导的基于短同源臂（40~50 bp）的同源重组技术，能对宿主 DNA

序列进行快速、高效、精确的修饰和操作。其中，以噬菌体蛋白为基础构建的同源重组系统在细菌基因修饰中应用广泛，不仅可以在大肠杆菌中高效地修饰 DNA 序列，同样可以在其他多种细菌中使用。

将目的基因导入受体细胞是实施基因工程的第三步。目的基因的片段与运载体在生物体外连接形成重组 DNA 分子后，下一步是将重组 DNA 分子引入受体细胞中进行扩增。基因工程中常用的受体细胞有大肠杆菌、枯草杆菌、土壤农杆菌、酵母菌和动植物细胞等。用人工方法使体外重组的 DNA 分子转移到受体细胞，主要是借鉴细菌或病毒侵染细胞的途径。例如，如果运载体是质粒，受体细胞是细菌，一般是将细菌用氯化钙处理，以增大细菌细胞壁的通透性，使含有目的基因的重组质粒进入受体细胞。目的基因导入受体细胞后，就可以随着受体细胞的繁殖而复制，由于细菌的繁殖速度非常快，在很短的时间内就能够获得大量的目的基因。

目的基因导入受体细胞后，是否可以稳定维持和表达其遗传特性，只有通过检测与鉴定才能知道。这是基因工程的第四步工作。以上步骤完成后，在全部的受体细胞中，真正能够摄入重组 DNA 分子的受体细胞是很少的。因此，必须通过一定的手段对受体细胞中是否导入了目的基因进行检测。检测的方法有很多种，例如，大肠杆菌的某种质粒具有青霉素抗性基因，当这种质粒与外源 DNA 组合在一起形成重组质粒，并被转入受体细胞后，就可以根据受体细胞是否具有青霉素抗性来判断受体细胞是否获得了目的基因。重组 DNA 分子进入受体细胞后，受体细胞必须表现出特定的性状，才能说明目的基因完成了表达过程。

通过基因工程方法生产的药物、疫苗、单克隆抗体及诊断试剂等已有几十种产品批准上市；通过基因工程方法已获得包括氨基酸类（苏氨酸、精氨酸、甲硫氨酸、脯氨酸、组氨酸、色氨酸、苯丙氨酸、赖氨酸、缬氨酸等）、工业用酶制剂（脂肪酶、纤维素酶、乙酰乳酸脱羧酶及淀粉酶等）以及头孢菌素 C 等的工程菌，大幅度提高了生产能力；通过基因工程方法改造传统发酵工艺也获得了巨大进展，如氧传递有关的血红蛋白基因克隆到远青链霉菌，降低了对氧的敏感性，在通气不足时，其目的产物放线红菌素的产量可提高 4 倍。

（六）基因组改组

20 世纪 90 年代，美国加州的 Maxgen 公司 Cardayr 等人提出了基因组改组技术的概念。基因组改组（genome shuffling）又称基因组重排技术，是微生物育种的新技术，基因组改组只需在进行首轮改组之前，通过经典诱变技术获得初始突变株，然后将包含若干正突变的突变株作为第一轮原生质体融合的出发菌株，此后经过递推式的多轮融合，最终使引起正性突变的不同基因重组到同一个细胞株中。基因组改组技术的重组对象是整个基因组，可以同时在整个基因组的不同位点重组，将多个亲本的优良表型通过多轮的重组集中于同一株菌株，不必了解整个基因组的序列数据和代谢网的信息。与经典的诱变方法相比，基因组改组技术可以快速、高效地筛选出优良菌株，而且这些菌株集多种正突变于一体，因此在很大程度上弥补了经典诱变方法的缺陷。

基因组改组技术是经典微生物诱变育种技术与原生质体融合技术的有机结合：在微生物经典诱变的基础上，通过原生质体融合，使多个带有正突变的亲本杂交，产生新的复合子。具体方法如下：

①利用传统诱变方法获得突变菌株库，并筛选出正向突变株；

②以筛选出来的正向突变株作为出发菌株，利用原生质体融合技术进行多轮递推原生质

体融合；

③最终从获得的突变体库中筛选出性状优良的目的菌株。

例如，2002 年，Ran jan Patnaik 等人将基因组改组应用于乳酸杆菌的低 pH 耐受性菌种筛选，通过 5 轮基因组改组得到在 pH 3.8 的酸性环境下生长良好的菌株，提高了乳酸杆菌的耐酸性能，在 pH 4.0 的条件下该菌株的乳酸产量比野生型菌株提高了 3 倍，这对乳酸的大规模工业生产具有重要的意义。2008 年，陆筑凤等利用基因组改组技术，以通过紫外诱变方法筛选获得的 5 个耐性有所提高的酿酒酵母正突变株作为出发菌，进行连续融合，复合筛选融合子，最终获得了能耐受 46℃和 16% vol 乙醇的酵母菌，耐高温和和耐酒精能力分别提高了 7% 和 33%。

基因组改组技术是将包含若干正突变株的突变体作为每一轮原生质融合的出发菌株，经过递推式的多轮融合，最终使引起正性突变的不同基因重组到同一个细胞株中。通过传统微生物诱变育种技术与细胞融合技术的结合，基因组改组技术不对微生物基因进行人工改造，而利用原有基因进行重组。这是在传统育种、原生质体融合的基础上对微生物育种技术的一次革命性的创新。基因组改组技术不需对微生物的遗传特性完全掌握，只需了解微生物遗传性状的基础上就实现了微生物的定向育种，获得了大幅度正突变的菌株，其也就成为发酵工程中的一种有效而安全的工具。

（七） 代谢控制育种

代谢控制育种兴起于 20 世纪 50 年代末，以 1957 年谷氨酸代谢控制发酵成功为标志，并促使发酵工业进入代谢控制发酵时期。近年来代谢工程取得了迅猛发展，尤其是基因组学、应用分子生物学和分析技术的发展，使得导入定向改造的基因及随后的在细胞水平上分析导入外源基因后的结果成为可能。快速代谢控制育种的活力在于以诱变育种为基础，获得各种解除或绕过微生物正常代谢途径的突变株，从而人为地使有用产物选择性地大量生成积累，打破了微生物调节这一障碍。从微生物育种史中可以看出，经典的诱变育种是最主要的育种手段，也是最基础的手段，但它具有一定盲目性，代谢控制育种的崛起标志着育种发展到理性阶段，作为微生物育种最为活跃的领域而得到广泛的应用，它与杂交育种结合在一起，反映了当代微生物育种的主要趋势。

代谢育种在工业上应用非常广泛。Tsuchida 等采用亚硝基胍诱变等方法处理乳糖发酵短杆菌 2256，最终选出一株 L – 亮氨酸高产菌，可在 13% 葡萄糖培养基中积累 L – 亮氨酸至 34g/L。代谢控制育种提供了大量工业发酵生产菌种，使得了氨基酸、核苷酸、抗生素等次级代谢产物产量成倍地提高，大大促进了相关产业的发展。

二、 菌种的衰退、 复壮与保藏

（一） 菌种退化现象及防止

菌种退化是指群体中退化细胞在数量上占一定数值后，表现出菌种生产性能下降的现象。常表现为，在形态上的分生孢子减少或颜色改变，甚至变形，如放线菌和霉菌在斜面上经多次传代后产生了“光秃”型，从而造成生产上用孢子接种的困难；在生理上常指产量的下降，例如，乳酸菌发酵性能的退化、黑曲霉的糖化能力、抗生素生产菌的抗生素发酵单位下降等。

1. 菌种衰退原因

菌种衰退不是突然发生的，而是从量变到质变的逐步演变过程。开始时，在群体细胞中仅有个别细胞发生自发突变（一般均为负变），不会使群体菌株性能发生改变。经过连续传代，群体中的负变个体达到一定数量，发展成为优势群体，从而使整个群体表现为严重的衰退。经分析发现，导致这一现象的原因有以下几方面。

（1）基因突变

①有关基因发生负突变导致菌种衰退：菌种衰退的主要原因是有关基因的负突变。如果控制产量的基因发生负突变，则表现为产量下降；如果控制孢子生成的基因发生负突变，则产生孢子的能力下降。菌种在移种传代过程中会发生自发突变。虽然自发突变的概率很低（一般为 $10^{-9} \sim 10^{-6}$），尤其是对于某一特定基因来说，突变频率更低。但是由于微生物具有极高的代谢繁殖能力，随着传代次数增加，衰退细胞的数目就会不断增加，在数量上逐渐占优势，最终成为一株衰退了的菌株。

②表型延迟造成菌种衰退：表型延迟现象也会造成菌种衰退。如在诱变育种过程中，经常会发现某菌株初筛时产量较高，进行复筛时产量却下降了。

③质粒脱落导致菌种衰退：质粒脱落导致菌种衰退的情况在抗生素生产中较多，不少抗生素合成是受质粒控制的。当菌株细胞由于自发突变或外界条件影响（如高温），致使控制产量的质粒脱落或者核内 DNA 和质粒复制不一致，即 DNA 复制速度超过质粒，经多次传代后，某些细胞中就不具有对产量起决定作用的质粒，这类细胞数量不断提高达到优势，则菌种表现为衰退。

（2）连续传代 连续传代是加速菌种衰退的一个重要原因。一方面，传代次数越多，发生自发突变（尤其是负变）的概率越高；另一方面，传代次数越多，群体中个别的衰退型细胞数量增加并占据优势越快，致使群体表型出现衰退。

（3）不适宜的培养和保藏条件 不适宜的培养和保藏条件是加速菌种衰退的另一个重要原因。不良的培养条件如营养成分、温度、湿度、pH、通气量等和保藏条件如营养、含水量、温度、氧气等，不仅会诱发衰退型细胞的出现，还会促进衰退细胞迅速繁殖，在数量上大大超过正常细胞，造成菌种衰退。

2. 菌种衰退的防止

根据菌种衰退原因的分析，可以制定出一些防治衰退的措施，主要从以下几方面考虑：

（1）控制传代次数 即尽量避免不必要的移种和传代，将必要的传代降低到最低限度，以减少发生突变的概率。微生物存在着自发突变，而突变都是在繁殖过程中发生或表现出来的。有数据显示在 DNA 的复制过程中，碱基发生错差的概率低于 5×10^{-1}，一般自发突变率在 $10^{-9} \sim 10^{-8}$。由此可以看出，菌种的传代次数越多，产生突变的概率就越高，因而发生衰退的机会也就越多。所以，不论在实验室还是在生产实践上，必须严格控制菌种的移种代数，而采用良好的菌种保藏方法，就可大大减少不必要的移种和传代次数。

（2）创造良好的培养条件 创造一个适合原种的良好培养条件，可以防止菌种衰退。如培养营养缺陷型菌株时应保证适当的营养成分，尤其是生长因子；培养一些抗性菌时应添加一定浓度的药物于培养基中，使回复的敏感型菌株的生长受到抑制，而生产菌能正常生长；控制好碳源、氮源等培养基成分和 pH、温度等培养条件，使之有利于正常菌株生长，限制退化菌株的数量，防止衰退。

（3）利用不易衰退的细胞移种传代 在放线菌和霉菌中，由于它们的菌丝细胞常含几个细胞核，甚至是异核体，因此用菌丝接种就会出现不纯和衰退，而孢子一般是单核的，用它接种时，就不会发生这种现象。在实践中，若用灭过菌的棉团轻巧地对放线菌进行斜面移种，由于避免了菌丝的接入，因而达到了防止衰退的效果；另外，有些霉菌（如构巢曲霉）若用其分生孢子传代就易衰退，而改用子囊孢子移种则能避免衰退。

（4）采用有效的菌种保藏方法　有效的菌种保藏方法是防止菌种衰退极其必要的措施。在实践中，应当有针对性地选择菌种保藏的方法。例如，啤酒酿造中常用的酿酒酵母，保持其优良发酵性能最有效的保藏方法是 $-70℃$ 低温保藏，其次是 $4℃$ 低温保藏，若采用对于绝大多数微生物保藏效果很好的冷冻干燥保藏法和液氮保藏法，其效果并不理想。

一般斜面冰箱保藏法只适用于短期保藏，而需要长期保藏的菌种，应当采用沙土保藏法、冷冻干燥保藏法及液氮保藏法等方法。对于比较重要的菌种，尽可能采用多种保藏方法。

（5）利用菌种选育技术　在菌种选育时，应尽量使用单核细胞或孢子，并采用较高剂量使单链突变而使另一单链丧失作为模板的能力，避免表型延迟现象。同时，在诱变处理后应进行充分的后培养及分离纯化，以保证菌种的纯度。

（6）定期进行分离纯化　定期进行分离纯化，对相应指标进行检查，也是有效防止菌种衰退的方法。此方法将在菌种复壮部分介绍。

（二）菌种的复壮

狭义的复壮是指在菌种已经发生衰退的情况下，通过纯种分离和测定典型性状、生产性能等指标，从已衰退的群体中筛选出少数尚未退化的个体，以达到恢复原菌株固有性状的相应措施。广义的复壮是指在菌种的典型特征或生产性状尚未衰退前，就经常有意识地采取纯种分离和生产性状测定工作，以期从中选择到自发的正突变个体。

由此可见，狭义的复壮是一种消极的措施，而广义的复壮是一种积极的措施，也是目前工业生产中积极提倡的措施。

1. 纯种分离法

通过纯种分离，可将衰退菌种细胞群体中一部分仍保持原有典型性状的单细胞分离出来，经扩大培养，就可恢复原菌株的典型性状。常用的分离纯化的方法可归纳成两类：一类较粗放，只能达到"菌落纯"的水平，即从种的水平来说是纯的。例如采用稀释平板法、涂布平板法、平板划线法等方法获得单菌落。另一类是较精细的单细胞或单孢子分离方法，它可以达到"细胞纯"即"菌株纯"的水平。这类方法应用较广，种类很多，既有简单地利用培养皿或凹玻片等作分离室的方法，也有利用复杂的显微操纵器的纯种分离方法。对于不长孢子的丝状菌，则可用无菌小刀切取菌落边缘的菌丝尖端进行分离移植，也可用无菌毛细管截取菌丝尖端单细胞进行纯种分离。

2. 宿主体内复壮法

对于寄生性微生物的衰退菌株，可通过接种到相应昆虫或动植物宿主体内来提高菌株的毒性。例如，苏云金芽孢杆菌经过长期人工培养会发生毒力减退、杀虫率降低等现象，可用退化的菌株去感染菜青虫的幼虫，然后再从病死的虫体内重新分离典型菌株。如此反复多次，就可提高菌株的杀虫率。根瘤菌属经人工移接，结瘤固氮能力减退，将其回接到相应豆科宿主植物上，令其侵染结瘤，再从根瘤中分离出根瘤菌，其结瘤固氮性能就可恢复甚至提高。

3. 淘汰法

将衰退菌种进行一定的处理（如药物，低温、高温等），往往可以起到淘汰已衰退个体而达到复壮的目的。如有人曾将"5406"的分生孢子在低温（−10～30℃）下处理5～7d，使其死亡率达到80%，结果发现在抗低温的存活个体中留下了未退化的健壮个体。

4. 遗传育种法

即把退化的菌种，重新进行遗传育种，从中再选出高产而不易退化的稳定性较好的生产菌种。

以上综合了一些在实践中收到一定效果的防止衰退和达到复壮某些经验。但是，在使用这类措施之前应仔细分析和判断一下自己的菌种究竟是发生了衰退，还是仅属一般性的表型变化（饰变），或只是杂菌的污染而已。只有对症下药，才能使复壮工作奏效。

（三） 菌种的保藏

微生物在使用和传代过程中容易发生污染、变异甚至死亡，因而常造成菌种的衰退，并有可能使优良菌种丢失。菌种保藏的重要意义就在于尽可能保持其原有性状和活力的稳定，确保菌种不死亡、不变异、不被污染，以达到便于研究、交换和使用等诸方面的需要。

首先应该挑选典型菌种的优良纯种来进行保藏，最好保藏它们的休眠体，如分生孢子、芽孢等。其次，应根据微生物生理、生化特点，人为地创造环境条件，使微生物长期处于代谢不活泼、生长繁殖受抑制的休眠状态。这些人工造成的环境主要是干燥、低温和缺氧，另外，避光、缺乏营养、添加保护剂或酸度中和剂也能有效提高保藏效果。

菌种的保藏方法多样，采取哪种方式，要根据保藏的时间、微生物种类、具备的条件等而定。生产中常用的保藏方法有斜面低温保藏法、石蜡油封藏法、沙土保藏法、麸皮保藏法、冷冻真空干燥保藏法、液氮超低温保藏法、甘油保藏法等。除了上述保藏方法外，还有低温保藏法（−80℃）、悬液保藏法、寄主保藏法、液氮保藏法等。

各种保藏法的技术细节可参阅专门参考书。现将实验室中最常用的五种菌种保藏方法比较列于表1−1中。

表1−1 五种常用菌种保藏方法的比较

方法名称	主要措施	适宜菌种	保藏期	评价
冰箱保藏法（斜面）	低温	各大类①	3～6月	简便
冰箱保藏法（半固体）	低温	细菌，母菌	6～12月	简便
石蜡油封藏法	低温，缺氧	各大类②	1～2年	简便
沙土保藏法	干燥，无营养	产孢子的微生物	1～10年	简便有效
冷冻干燥保藏法	干燥，无氧，低温，有保护剂	各大类	15年以上	繁而高效

注：①用斜面或半固体穿刺培养物均可，放在4℃冰箱保藏。

②石油发酵微生物不适宜。

（四） 国内外主要的菌种保藏机构

菌种是一种资源，是人类的共同财富。为了使分离到的可以用于科研、教学和生产的菌种能够妥善保存下来，便于互相交流和充分利用这些资源，以及避免不必要的混乱，国内外都成立了相应的机构，负责菌种的保存和管理，特别是对一些标准的模式菌种的保存尤为重要。

在各机构保藏的菌种中，第一类是模式菌种即标准菌种；第二类是用于教学科研的普通菌种；第三类是生产应用菌种。可用于生产的菌种价格较高。所以根据需要，可以向有关机构索购，保藏机构在寄售菌种时附送说明中包括该菌种的较适合的培养基、培养条件等。

1. 国内菌种保存的管理机构

1979 年 7 月在国家科委和中国科学院主持下，成立了中国微生物菌种保藏管理委员会，并确定有关单位首先组成了与普通、农业、工业、医学、抗生素和兽医等微生物学的有关保藏管理中心。中国微生物菌种保藏管理委员会的任务是：促进中国微生物菌种保藏的合作、协调与发展，以便更好地利用微生物资源为我国的经济建设、科学研究和教育事业服务。各保藏管理中心从事应用于微生物学各学科的微生物菌种的收集、保藏、管理、供应和交流。

我国现有的菌种保藏管理机构是中国微生物菌种保藏管理委员会，组成机构如下：

（1）中国普通微生物菌种保藏管理中心（CGMCC）：包括针对真菌、细菌的中国科学院微生物研究所（AS，北京）和针对病毒的中国科学院武汉病毒研究所（ASIV，武汉）。

（2）中国农业微生物菌种保藏管理中心（ACCC）：包括中国农业科学院土壤肥料研究所（ISF，北京）。

（3）中国工业微生物菌种保藏管理中心（CICC）：包括中国食品发酵工业科学研究院（IFFI，北京）。

（4）中国医学细菌菌种保藏管理中心（CMCC）：包括针对真菌中国医学科学院皮肤病研究所（ID，南京）和针对细菌的药品生物制品检定所（NICPBP，北京）、针对病毒的中国医学科学院病原生物学研究所（北京，IV）。

（5）中国抗生素菌种保藏管理中心（CACC）：包括中国医学科学院医药生物技术研究所（IMB，北京）和主要针对新抗生素菌种的四川抗生素工业研究所（SIA，成都）、生产用抗生素菌种的华北制药厂抗生素研究所（IANP，石家庄）。

（6）国家兽医微生物菌种保藏管理中心（CVCC）：包括中国兽医药品监察所（CIVBP，北京）。

（7）中国林业微生物菌种保藏管理中心（CFCC）：包括中国林业科学院森林生态环境保护研究所（北京）。

2. 国外主要菌种收集保藏机构

（1）美国标准菌种保藏中心（ATCC，美国马里兰州罗克维尔市）

（2）荷兰真菌中心收藏中心（CBS，荷兰巴尔恩市）

（3）英联邦真菌研究所（CMI，英国）

（4）美国冷泉港实验室（CSHL）

（5）日本东京大学应用微生物研究所（IAM）

（6）日本发酵研究所（IFO）

（7）日本科研化学有限公司（KCC）

（8）英国国立标准菌种贮藏中心（NCTC）

（9）美国国立卫生研究院（NIH）

（10）美国农业部北方开发利用研究部（NRRL）

（11）丹麦国立血清研究所（SSI，丹麦）

（12）美国威斯康星大学细菌学系（WB，美国威斯康星州马迪逊）

收藏的菌种在外国菌种收集保藏机构中，以 ATCC 最丰富，并且是模式菌种，在进行菌种鉴定时，往往以 ATCC 菌种为标准。

第三节　微生物基础代谢调节

微生物体内存在着相互联系、相互制约的代谢过程，其生长是细胞内所有反应的总和，这一系列生化反应都是由酶催化作用进行的。微生物具有极精细的代谢控制系统，具有遗传能力的典型细胞在瞬间可形成需要每一种恰当酶。当然，这些酶既受转录和转译有关基因表达控制，又受到某些营养因素的活化和调控。

一、　微生物的代谢

新陈代谢（metabolism）简称代谢，泛指发生在活细胞中的各种分解代谢和合成代谢的总和。分解代谢（catabolism）又称异化作用，是指复杂的有机分子通过分解代谢酶系的催化产生简单分子、能量（ATP）和还原力［H］的作用，在这个过程中产生能量。合成代谢（anabolism）又称同化作用，是指在合成酶系的催化下，由简单小分子、ATP 形式的能量和［H］形式的还原力一起，共同合成复杂的生物大分子的过程，要消耗能量。分解代谢与合成代谢联系紧密互不可分，连接分解代谢与合成代谢的中间产物有 12 种（图 1-2）。

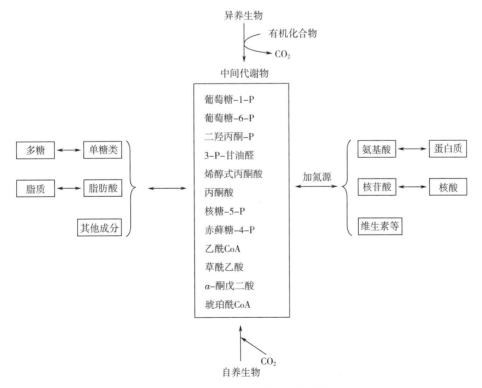

图 1-2　连接分解代谢和合成代谢的重要中间产物

某些微生物在代谢过程中除了产生其生命活动所必需的初级代谢产物和能量外，还会产生一些次级代谢产物。因此，按照代谢产物在机体中作用不同又可将代谢分为初级代谢（primary metabolism）和次级代谢（secondary metabolism）。初级代谢是指微生物从外界吸收各种营养物质，通过分解代谢和合成代谢生成维持生命活动所需要的物质和能量的过程。这一过程的产物，包括糖、氨基酸、脂肪酸、核苷酸以及由这些化合物聚合而成的如多糖、蛋白质、脂类和核酸等。次级代谢是指微生物在一定的生长时期，以初级代谢产物为前体物质，合成一些对于该微生物的生命活动没有明确功能，且非其生长和繁殖所必需的物质的过程。其中重要的次级代谢产物包括：抗生素、毒素、激素、色素等，这些次级代谢产物除了有利于这些微生物的生存外，还与人类的生产与生活密切相关。

二、 微生物的代谢调节

生命是靠代谢的正常运转维持的。在微生物有限的空间内同时有许多复杂的代谢途径在运转，所以微生物自身必须有灵巧而严密的调节机制，才能使代谢适应外界环境的变化与自身生长发育的需求，一旦调节失灵便会导致代谢障碍，甚至危及生命。微生物细胞的代谢调节方式很多，例如可调节营养物透过细胞膜而进入细胞的能力，通过酶的定位以限制它与相应底物的接近，以及调节代谢流等。其中调节代谢流的方式最为重要，它包括两个方面：一是调节酶的活性，调节的是已有酶分子的活性，是在酶化学水平上发生的；二是调节酶的合成，调节的是酶分子的合成量，这是在遗传学水平上发生的。在细胞内这两者往往密切配合、协调进行，以达到最佳调节效果。

（一） 酶活性的调节

酶活性的调节是指在酶分子水平上的一种代谢调节，它是通过改变酶分子活性来调节新陈代谢的速率，包括酶活性的激活和抑制两个方面。

1. 酶活性的激活

最常见的酶活性的激活是前体激活，它常见于分解代谢途径，即代谢途径中后面的反应可以被该途径较前面的一个产物所促进，如粪链球菌（*S. faecalis*）的乳酸脱氢酶活性被前体物质 1,6 - 二磷酸果糖所促进。

$$A \longrightarrow B \longrightarrow C \longrightarrow D$$
激活

2. 酶活性的抑制

酶活性的抑制主要是反馈抑制，它主要表现在某代谢途径的末端产物（终产物）过量时，这个产物可反过来直接抑制该途径中第一个酶的活性，促使整个反应过程减慢或停止，从而避免了末端产物的过多累积。反馈抑制具有作用直接、效果快速以及当末端产物浓度降低时又可重新解除等优点。

（1）直线代谢途径中的反馈抑制 这是一种最简单的反馈抑制类型。如大肠杆菌（*E. coli*）在合成异亮氨基酸时，当异亮氨酸过多时，可抑制途径中第一个酶苏氨酸脱氨酶的活性，从而使 α - 酮丁酸及其后一系列中间代谢物都无法合成，最终导致异亮氨酸合成的停止。

苏氨酸 ——苏氨酸脱氨酶——→ α-酮丁酸 ——→ ——→ ——→ 异亮氨酸

反馈抑制

（2）分支代谢途径中的反馈抑制　在有两种或两种以上的末端产物的分支代谢途径中，调节方式较为复杂。为避免在一个分支上的产物过多影响另一分支上产物的供应，微生物有下列多种调节方式。

①同工酶调节：同工酶（isoenzyme）是指能催化同一种化学反应，但其酶蛋白本身的分子结构组成却有所不同的一组酶。同工酶调节的特点是：在分支途径中第一个酶有几种结构不同的一组同工酶，每一分支代谢途径产生的终产物只对相应一种同工酶具有反馈抑制作用，对其他酶没影响，只有当几种终产物同时过量时，才能完全阻止反应的进行［图1-3（1）］。如大肠杆菌（E. coli）的天门冬氨酸族氨基酸合成中，有三种天门冬氨酸激酶催化该途径的第一步反应，这三种同工酶分别受赖氨酸、苏氨酸和甲硫氨酸的反馈调节作用。

②协同反馈抑制：又称多价反馈抑制，在分支代谢途径中，几种末端产物同时都过量时，才对共同途径中的第一个酶具有抑制作用。若某一末端产物单独过量则对途径的第一个酶无抑制作用［图1-3（2）］。如多黏芽孢杆菌（B. polymyxa）的天门冬氨酸激酶受终产物苏氨酸和赖氨酸协同反馈抑制，这种抑制在苏氨酸或赖氨酸单独过量存在时并不会发生。

③累积反馈抑制：在分支代谢途径中，任何一种末端产物过量时都能对共同途径中第一个酶产生部分反馈抑制，并且各终产物的反馈抑制作用互不影响，既无协作也无对抗。当多种终产物同时过剩时它们的反馈抑制作用是累积的［图1-3（3）］。例如，大肠杆菌（E. coli）中的谷氨酰胺合成酶受8种化合物的累积抑制。只有当8种终产物同时存在时，酶活力才全部被抑制。

④顺序反馈抑制：分支代谢途径有两个末端产物，某一末端产物过量时不直接抑制共同代谢途径的第一个酶，而是抑制分支点后的第一个酶［图1-3（4）］。当E过多时，可抑制C→D，这时由于C的浓度过大而促使反应向F、G方向进行，结果又造成了另一末端产物G浓度的增高。由于G过多就抑制了C→F，结果造成C的浓度进一步增高。C过多又对A→B间的酶发生抑制，从而达到了反馈抑制的效果。这种通过逐步有顺序的方式达到的调节，称为顺序反馈抑制。例如，大肠杆菌（E. coli）中芳香族氨基酸的代谢途径就采取这种方式进行调节。

⑤合作反馈抑制：又称增效反馈抑制，当任何一个终产物单独过剩时，都会部分地反馈抑制初始酶的活性，两个终产物同时过剩时，产生强烈的抑制作用，其抑制作用大于各自单独存在时的和［图1-3（5）］。例如在嘌呤核苷酸合成中，磷酸核糖焦磷酸酶受腺嘌呤苷酸（AMP）和鸟嘌呤苷酸（GMP）的合作反馈抑制，二者共同过量时，可以完全抑制该酶的活性。而二者单独过量时，分别抑制其活性的70%和10%。

（二）　酶合成的调节

酶合成的调节是一种通过调节酶的合成量进而调节代谢速率的调节机制，是一种在基因水平上的代谢调节。它包括酶的诱导和阻遏。

1. 诱导

凡能促进酶生物合成的现象，称为诱导（induction）。根据酶的生成是否与环境中存在的该酶底物或底物的结构类似物的关系，可把酶划分成组成酶（constitutive enzyme）和诱导酶（induced enzyme）两类。组成酶是细胞固有的酶类，任何条件下都存在，其合成是在相应的基因控制下进行的，经常以较高的浓度存在，如EMP途径的有关酶类。诱导酶则是细胞为适应外来底物或其结构类似物而临时合成的一类酶。在微生物的基因组上有合成多种诱导酶的基因，只有当某一诱导酶的底物或有关诱导物存在时才合成该酶，如大肠杆菌（*E.coli*）在含乳糖培养基中所产生的 β – 半乳糖苷酶、半乳糖苷渗透酶和巯基半乳糖苷转乙酰酶，三种酶协同作用，使得乳糖得以分解和利用。能促进诱导酶产生的物质称为诱导物（inducer），它可以是该酶的底物，也可以是底物类似物或底物前体物质。

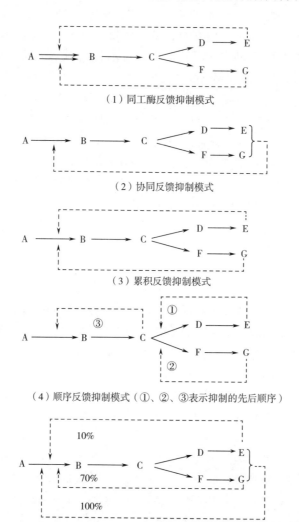

图 1-3　分支途径中的反馈抑制调节模式

注：虚线表示反馈抑制。

通过诱导调节，可以保证微生物在生长过程中不浪费能量与氨基酸，即不把它们用于合成暂时无用的酶上，只有在需要时细胞才迅速合成它们。这样微生物可最经济地利用其营养物，合成出能满足自己生长繁殖所需要的一切中间代谢物，并做到既不缺乏也不剩余，从而保证任何代谢物的高效"经济核算"。

2. 阻遏

凡能阻碍酶生物合成的现象称为阻遏（repression），酶合成的阻遏与酶合成的诱导相反是由于某种化合物的存在而阻止了酶的合成，可分为终产物阻遏（end-product repression）和分解代谢物阻遏（catabolite repression）。

（1）终产物阻遏 终产物阻遏又称末端产物阻遏，是指某代谢途径末端产物的过量累积而导致生物合成途径中酶合成受到阻遏的现象，末端产物阻遏又称反馈阻遏。这种调节常常发生在氨基酸、嘌呤和嘧啶等这些重要结构物质的生物合成中，这些物质一旦满足细胞的需求，其合成便会被彻底地控制，体现了微生物代谢的经济节约。

（2）分解代谢物阻遏 分解代谢物阻遏是指细胞内同时存在两种碳源（或两种氮源）时，利用快的那种碳源（或氮源）会阻遏利用慢的那种碳源（或氮源）分解所需的酶系合成的现象。分解代谢物阻遏作用，并非由于快速利用的碳源（或氮源）本身直接作用的结果，而是通过碳源（或氮源）在其分解过程中所产生的中间代谢物质所引起的阻遏作用。分解代谢物阻遏作用通常又称葡萄糖效应，如大肠杆菌（E. coli）在含有乳糖和葡萄糖的培养基上生长时，优先利用葡萄糖，葡萄糖分解代谢物阻遏了乳糖的分解利用，只有在葡萄糖耗尽后才开始利用乳糖。由于乳糖的降解需要诱导 β - 半乳糖苷酶等酶的合成，这就在两个对数生长期中间产生一段明显的延滞期，称为"二次生长（diauxic growth）"。

分解代谢物阻遏对微生物是很有利的，只要有一个容易同化的底物存在，细胞就不必耗费能量去合成效率较低的途径的酶系，而使其代谢作用能更多地用于产生生长所必需的成分，是微生物细胞代谢经济的一个方面。

三、 微生物发酵中的代谢调控

微生物在正常情况下，通过细胞自身的调节机制，包括酶活性的调节和酶合成的调节，维持各个代谢途径的相互协调，使其代谢产物既不少又不会过多的积累，因此通常情况下代谢产物不会大量积累而排出体外。在发酵工业中，为了大量积累人们所需要的某一代谢产物，常人为地打破微生物的代谢调节机制，使代谢朝人们所希望的方向进行，即代谢控制发酵（metabolic control fermentation），它是指用遗传学或其他生物化学的方法，人为地在脱氧核糖核酸（DNA）的分子水平上，改变和控制微生物的代谢，使有用的代谢产物大量生成、积累的发酵技术。常用的代谢控制微生物发酵的方法有：改变细胞膜透性以及改变微生物遗传特性等。

（一） 改变细胞膜的通透性

微生物的细胞膜对于物质的通透性具有选择性，细胞内的代谢产物不能随意通过细胞膜而分泌到细胞外。一些代谢产物在细胞内过量积累就会对自身合成产生反馈调节作用，从而停止代谢产物的进一步合成。如果能够改变细胞膜透性，使代谢产物不断地分泌到细胞外，在细胞内达不到引起反馈调节的程度，就能解除终产物的反馈调节作用，增加发酵产量。

例如在谷氨酸发酵中，以淀粉水解糖为原料，使用生物素缺陷型菌株进行谷氨酸发酵时，通过控制生物素的含量（亚适量），可控制细胞膜磷脂的合成，进而改变细胞膜的通透性，即可解除过量谷氨酸对自身合成的反馈调节，从而提高谷氨酸产量。生物素影响细胞膜透性的原因，是由于它是脂肪酸生物合成中乙酰 CoA 羧化酶的辅基，此酶可催化乙酰 CoA 的羧化并生成丙二酸单酰 CoA，进而合成细胞膜磷脂的主要成分——脂肪酸。因此，控制生物素的含量就可以影响细胞膜的成分，从而改变细胞膜的通透性。

在谷氨酸发酵生产中，类似的应用油酸缺陷型菌株或甘油缺陷型菌株，在限量添加油酸或甘油的条件下，也能增加细胞膜的通透性，使谷氨酸不断地分泌到细胞外，解除反馈调节，提高谷氨酸产量，其机理是油酸是含单烯的不饱和脂肪酸，它是细菌合成磷脂的重要脂肪酸；甘油也是磷脂合成的重要成分之一。

但是，谷氨酸发酵生产中，当使用糖蜜原料时，由于糖蜜中生物素含量很高，无法通过控制生物素亚适量来增加细胞膜的通透性，这时可在对数生长期添加适量的青霉素，通过抑制肽聚糖的合成抑制细胞壁的合成，造成细胞壁的缺损，使细胞膜处于无保护状态，由于细胞膜内外的渗透压差，进而导致细胞膜的物理损伤，促进了谷氨酸向胞外的渗透，也可解除过量谷氨酸对自身合成的反馈调节，提高谷氨酸产量。

（二）改变微生物的遗传特性

促进微生物代谢产物大量积累的另一重要途径是改变微生物的遗传特性，改变细胞原有的代谢调节机制，常用的方法是选育营养缺陷型菌株，解除终产物的反馈抑制或反馈阻遏作用，或者选育抗反馈调节突变株，使细胞内的调节酶不受过量的终产物的反馈调节，从而提高发酵产量。

1. 利用营养缺陷菌株

氨基酸发酵生产中，多数利用营养缺陷型菌株，如利用谷氨酸棒杆菌（*C. glutamicun*）高丝氨酸缺陷型菌株进行赖氨酸发酵。赖氨酸是通过分支途径合成的，它的前体是天冬氨酸。天门冬氨酸先经天冬氨酸激酶催化，生成天冬氨酸磷酸，再经一系列反应，最后合成三个产物：苏氨酸、甲硫氨酸和赖氨酸。其中苏氨酸和赖氨酸协同反馈抑制共同途径的第一个酶——天门冬氨酸激酶的活性。使用高丝氨酸缺陷型菌株，由于不能合成或缺乏高丝氨酸脱氢酶，故不能合成高丝氨酸，阻断了合成苏氨酸和甲硫氨酸的支路代谢，使天冬氨酸半醛全部转入赖氨酸的合成，通过限制高丝氨酸的补给量，使苏氨酸和甲硫氨酸的生成量有限，从而解除了苏氨酸和赖氨酸对天冬氨酸激酶的协同反馈抑制，使赖氨酸大量积累（图1-4）。

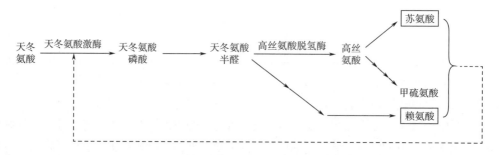

图1-4　谷氨酸棒杆菌的代谢调节与赖氨酸生产

注：虚线表示反馈抑制。

2. 选育抗反馈调节的突变株

解除微生物的代谢调节，使发酵产物积累的另一种方法是选育抗反馈调节的突变株，这种突变株也称为抗代谢类似物变异株，是指一种对反馈抑制不敏感或对阻遏有抗性的组成型菌株，或兼而有之的菌株。因其反馈抑制或阻遏已被解除，所以能分泌大量的末端代谢产物。

微生物生长时常需要一些代谢物如氨基酸、维生素、嘌呤和嘧啶等化合物用于细胞的生物合成。如果将这些代谢物的结构类似物（抗代谢物）添加于培养基内，它不能用于细胞的生物合成，但可以和正常的代谢物一样产生调节作用，因此使微生物不能够再合成正常的代谢物，结果使菌体不能正常生长。如果将菌体诱变，获得抗代谢物抗性的同时也能够正常生长，则证明该突变株的有关酶系对某抗代谢物已不敏感了。在一般情况下，该突变株的有关酶系对相应的代谢物也不敏感了，这样也就解除了某些代谢物对有关酶系的反馈抑制或阻遏。例如苏氨酸生产菌黄色短杆菌（*Brevibacterium flavum*）α-氨基-β-羟基戊酸（AHV）突变株的选育，AHV 是苏氨酸的结构类似物，黄色短杆菌的苏氨酸生物合成代谢调节特点是天冬氨酸激酶受苏氨酸和赖氨酸的协同反馈抑制（同图 1-4）。采用亚硝基胍进行诱变，结果获得了 AHV^r 突变株。AHV^r 突变株在代谢途径中解除了苏氨酸对高丝氨酸脱氢酶的反馈抑制，虽然该菌株对天冬氨酸激酶的控制仍是正常的，但由于苏氨酸优先合成的结果，使赖氨酸保持低浓度水平，不会发生和苏氨酸一起对天冬氨酸激酶的协同反馈抑制。该突变株可使发酵液中苏氨酸的质量浓度达 13g/L。通过对此突变株的进一步诱变，同时获得了甲硫氨酸缺陷，该突变株可使发酵液中苏氨酸的质量浓度达 18g/L。

四、 微生物的次级代谢及代谢调节

次级代谢是指微生物在一定的生长时期，以初级代谢产物为前体物质，合成一些对微生物的生命活动无明确功能的物质的过程，这一过程的产物，即为次级代谢产物。也有人把超出生理需求的过量初级代谢产物也看作是次级代谢产物。次级代谢产物大多是一类分子结构比较复杂的化合物，大多数分子中都含有苯环。

（一） 微生物次级代谢产物

许多次级代谢物具有重要的生物效应，因此，次生代谢产物的合成和应用也日益受到重视，其中重要的次级代谢产物包括：抗生素、毒素、激素、色素等。

（1）抗生素 是由某些微生物合成或半合成的一类次级代谢产物或衍生物，是能抑制其他微生物生长或杀死它们的化合物，抗生素主要是通过抑制细菌细胞壁合成、破坏细胞质膜、作用于呼吸链以干扰氧化磷酸化、抑制蛋白质和核酸合成等方式来抑制微生物的生长或杀死它们。因此，抗生素是临床上广泛使用的化学治疗剂。

（2）毒素 有些微生物在代谢过程中，能产生某些对人或动物有毒害的物质，称为毒素。微生物产生的毒素有细菌毒素和真菌毒素。

细菌毒素主要分外毒素和内毒素两大类。外毒素是细菌在生长过程中不断分泌到菌体外的毒性蛋白质，主要由革兰氏阳性菌产生，其毒力较强，如破伤风痉挛毒素、白喉毒素等。大多数外毒素均不耐热，加热至 70℃毒力即被破坏而减弱。内毒素是革兰氏阴性菌的外壁物质，主要成分是脂多糖（LPS），因其在活细菌中不分泌到体外，仅在细菌自溶或人工裂解后才释放，其毒力较外毒素弱，如沙门氏菌属（*Salmonella*）、大肠杆菌属（*Escherichia*）某些种所产生的内毒素。大多数内毒素较耐热，许多内毒素加热至 80~100℃，1h 才能被破坏。

真菌毒素是指存在于粮食、食品或饲料中由真菌产生的能引起人或动物病理变化或生理变态的代谢产物。目前已知的真菌毒素有数百种，有 14 种能致癌，其中的 2 种是剧毒致癌剂，它们是由部分黄曲霉菌（*Aspergillus flavus*）产生的黄曲霉毒素 B2 和由某些镰孢霉（*Fusarium* spp.）产生的单端孢烯毒素 T2。

（3）激素 某些微生物能产生刺激动物生长或性器官发育的激素类物质，称为激素。目前已发现微生物能产生 15 种激素，如赤霉素、细胞分裂素、生长素等。

（4）色素 许多微生物在生长过程中能合成不同颜色的色素。有的在细胞内，有的分泌到细胞外，色素是微生物分类的一个依据。微生物所产生的色素，根据它们的性状区分为水溶性和脂溶性色素。水溶性色素，如绿脓菌色素、蓝乳菌色素、荧光菌的荧光色素等。脂溶性色素，如八叠球菌属（*Sarcina*）的黄色素、灵杆菌（*Bacterium prodigiosum*）的红色素等。有的色素可用于食品，如红曲霉属（*Monascus*）的红曲色素。

（二）　微生物次级代谢的调节

次生代谢产物一般分子结构复杂、代谢途径独特、在生长后期合成、产量较低、生理功能不明确，其合成一般受核染色体和质粒遗传物质共同控制。从代谢产物的种类可以看出，次级代谢的代谢途径远比初级代谢复杂，因此，其代谢调节类型也不会像初级代谢那样简单。微生物体内的次级代谢和初级代谢一样，都受菌体代谢的调节，由于它们的代谢途径是相互交错的，所以在调节控制上是相互影响的。微生物的次级代谢调节同样依靠两个因素来实现，即调节参与代谢的有关酶的活性（激活或抑制）和酶的合成（诱导或阻遏）。其调节方式有下列几种：

1. 初级代谢对次级代谢的调节

次级代谢产物的生物合成途径是初级代谢产物生物合成途径的延长或者分支，由于次级代谢以初级代谢产物为前体，因此次级代谢必然会受到初级代谢的调节。如利用产黄青霉（*Penicillium chrysogenum*）合成青霉素时，青霉素的合成会受到赖氨酸的强烈抑制，这是因为 α – 氨基己二酸是合成青霉素和赖氨酸的共同前体，如果赖氨酸过量，它就会抑制这个反应途径中的第一个酶——同型柠檬酸合成酶，导致 α – 氨基己二酸的产量减少，从而进一步影响青霉素的合成（图 1 – 5）。

2. 分解代谢物的调节

一般情况下，凡是能被微生物快速利用、促进生产菌快速生长的碳源（速效碳源），对次级代谢产物生物合成都表现出抑制作用。这种抑制作用并不是由于快速利用碳源直接作用的结果，而是由于菌体在生长阶段，速效碳源（如葡萄糖）的分解产物阻遏了次级代谢过程中酶系的合成。因此，只有进入对数期后期或稳定期，这类碳源被消耗完后，解除了阻遏作用，才转入次级代谢产物的合成阶段。如青霉素发酵中以葡萄糖为碳源，虽然有利于菌体生长，却抑制了青霉素的合成，其主要原因是葡萄糖分解代谢物阻遏了 ACV 合成酶，IPN 合成酶（环化酶）和酰基转移酶的合成，因而不能把 α – 氨基己二酸 – 半胱氨酸和缬氨酸转化为青霉素 G（图 1 – 5）。

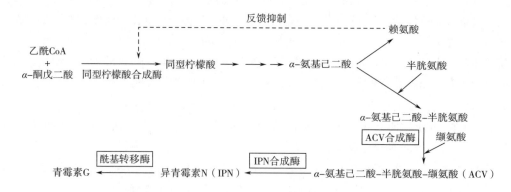

图 1 – 5　产黄青霉生物合成青霉素和赖氨酸的途径

3. 诱导作用及终产物的反馈抑制

在次级代谢中也存在着诱导作用，如巴比妥虽不是利福霉素的前体，也不掺入利福霉素，但具有将利福霉素 SV 转化为利福霉素 B 的能力。同样，次级代谢终产物的过量积累也能像初级代谢那样，反馈抑制其酶的活性。如用委内瑞拉链霉菌（*S. venezuelae*）产生氯霉素，当氯霉素大量积累时，则芳香氨合成酶受到终产物氯霉素的反馈抑制，其活性急剧下降，影响了氯霉素的生物合成。

此外，培养基中的磷酸盐、溶解氧、金属离子及细胞膜透性也会对次级代谢产生或多或少的影响。

第四节　食品发酵的生化机制

食品的发酵历程是原料中的无机物、有机物以及微生物复合体代谢的动态表现，其中，微生物的演替过程为：第一阶段，原料处理后，温度、pH 等条件适宜时，料醅表面的微生物迅速繁殖，经过一段时间竞争后各类生理类群的微生物按一定比例定居下来；第二阶段，微生物利用原料形成的代谢产物开始积累，使基质条件发生变化（酸、醇），微生物区系也发生改变，如酿酒的酵母菌、酿醋的醋酸菌等一群高度特异性的微生物的数量随之增加；第三阶段，高度特异的微生物由于对产物及环境的耐受，其代谢产物又抑制了其他的微生物的生长，最终成为优势菌群；结束阶段，当代谢产物积累过多时又抑制了高特异性微生物自身的生长，导致菌体自溶，发酵终止。在食品发酵过程中这几个阶段实际是同时交错进行。

古代劳动人民就是通过对发酵工艺的巧妙掌握，给不同时期、不同生理类群微生物以合适的外界条件，使其生长繁殖，以获得发酵食品。根据特定条件下微生物分解有机质过程，可以将食品发酵过程分为原料降解、目的产物形成、代谢产物的再平衡三个阶段，而且在发酵过程中菌群演替现象明显。在实际生产中，这三个阶段虽然界限不很分明，但却有条不紊交错进行着演替。通过工艺操作，可以控制和协调菌群演替过程，决定发酵最终产物的趋向，最终呈现特定的发酵食品特征品质。

一、　原料降解

这一阶段可以称为原料中大分子有机质的降解阶段，也可称为液化阶段，是原料中固有的酶和微生物产生的酶同时水解有机质的过程。当原料润水开始，它自身激活的酶便水解有机质。同时，物料本身就是一种选择性培养基，通过微生物的生长繁殖及其代谢活动造成原料的逐步降解。分解代谢释放出能量供细胞生命活动用，微生物合成细胞物质并使其迅速的生长繁殖。可见原料降解作用在微生物代谢中是十分重要。

（一）多糖的分解

糖类物质是微生物赖以生存的主要碳源物质与能源物质，自然界广泛存在的糖类物质主要是多糖，包括淀粉、纤维素、半纤维素、果胶和几丁质等。

1. 淀粉的分解

淀粉是葡萄糖通过糖苷键连接而成的一种大分子物质，淀粉有直链淀粉和支链淀粉两种。直链淀粉中的葡萄糖单位以 $\alpha-1,4$ 糖苷键连接而成，其相对分子质量可达 6 万 u，有 250 ~ 300 个葡萄糖单位。直链淀粉通常卷曲呈螺旋形，每一螺旋有 6 个葡萄糖分子；支链淀粉带有分枝，葡萄糖单位除以 $\alpha-1,4$ 糖苷键连接外，在直链与支链交接处以 $\alpha-1,6$ 糖苷键连接，相对分子质量在 20 万 u 以上。一般在自然淀粉中，直链淀粉占 10% ~ 20%，支链淀粉占 80% ~ 90%。以淀粉作为生长碳源与能源的微生物，它们能利用本身合成并分泌到胞外的淀粉酶，将淀粉水解生成双糖与单糖，进而吸收，然后再被分解与利用。淀粉酶主要包括下面几种类型。

（1）α - 淀粉酶 该酶可从淀粉分子内部任意水解 $\alpha-1,4$ 糖苷键，但不能作用于淀粉的 $\alpha-1,6$ 糖苷键以及靠近 $\alpha-1,6$ 糖苷键的 $\alpha-1,4$ 糖苷键。水解终产物为麦芽糖、低聚糖和含 $\alpha-1,6$ 糖苷键的糊精，作用的结果使原来淀粉溶液的黏度下降，故称为液化型淀粉酶。在微生物中许多细菌、放线菌和霉菌均能产生液化淀粉酶，枯草芽孢杆菌（*Bacillus subtilis*）通常用作 α - 淀粉酶的生产菌株。

（2）β - 淀粉酶 该酶从淀粉分子的非还原性末端开始作用，以双糖为单位，逐步作用于 $\alpha-1,4$ 糖苷键，生成麦芽糖。但它不能作用于淀粉分子中的 $\alpha-1,6$ 糖苷键，也不能越过 $\alpha-1,6$ 糖苷键去作用于 $\alpha-1,4$ 糖苷键，即遇到 $\alpha-1,6$ 糖苷键时，此酶的作用停止。水解终产物为麦芽糖和 β - 极限糊精。

（3）葡萄糖苷酶 该酶也是从淀粉分子的非还原性末端开始作用，依次以葡萄糖为单位，逐步作用于 $\alpha-1,4$ 糖苷键，生成葡萄糖。它虽也不能作用淀粉分子中的 $\alpha-1,6$ 糖苷键，但能够越过 $\alpha-1,6$ 糖苷键去继续作用于 $\alpha-1,4$ 糖苷键。因此，葡萄糖苷酶作用直链淀粉后的水解终产物几乎全是葡萄糖，作用支链淀粉后的水解终产物是葡萄糖与带有 $\alpha-1,6$ 糖苷键的寡糖。根霉和曲霉普遍都能合成与分泌葡萄糖苷酶。

（4）糖化酶 该酶从淀粉分子的非还原性端以葡萄糖为单位进行水解，不仅可以作用于 $\alpha-1,4$ 糖苷键，还可作用于 $\alpha-1,6$ 糖苷键，不过对后者的水解速度要慢得多。因此，不管是直链淀粉还是支链淀粉，在糖化酶作用下，最后都被水解成葡萄糖。

（5）异淀粉酶 该酶专门作用于淀粉分子中的 $\alpha-1,6$ 糖苷键，使整个侧支切下而生成直链糊精。

2. 纤维素的分解

纤维素是植物细胞壁的主要成分，它是葡萄糖通过 $\beta-1,4$ 糖苷键连接而成的直链大分子化合物。不溶于水，在环境中比较稳定。只有在产生纤维素酶的微生物作用下，才被分解成简单的糖类。纤维素酶根据作用方式大致可分为三种。

（1）C_1 酶 该酶主要是作用于天然纤维素，使之转变成水合非结晶纤维素。

（2）C_x 酶 该酶主要作用于水合非结晶纤维素。C_x 酶又分为两种类型：C_{x_1} 酶是一种内切的纤维素酶，它从水合非结晶纤维素分子内部作用于 $\beta-1,4$ 糖苷键，生成纤维糊精、纤维二糖和葡萄糖；C_{x_2} 酶则是一种外切型纤维素酶，它从水合非结晶纤维素分子的非还原性末端作用于 $\beta-1,4$ 糖苷键，逐步切断 $\beta-1,4$ 糖苷键生成葡萄糖。

（3）β - 葡萄糖苷酶 该酶水解纤维二糖、纤维三糖及低分子的纤维寡糖成为葡萄糖。然后葡萄糖在需氧性分解纤维素微生物作用下可彻底氧化成 CO_2 与 H_2O；在厌氧性分解纤维素微生物作用下进行丁酸型发酵，产生丁酸、丁醇、乙酸、乙醇、CO_2、H_2 等产物，如图 1-6 所示。

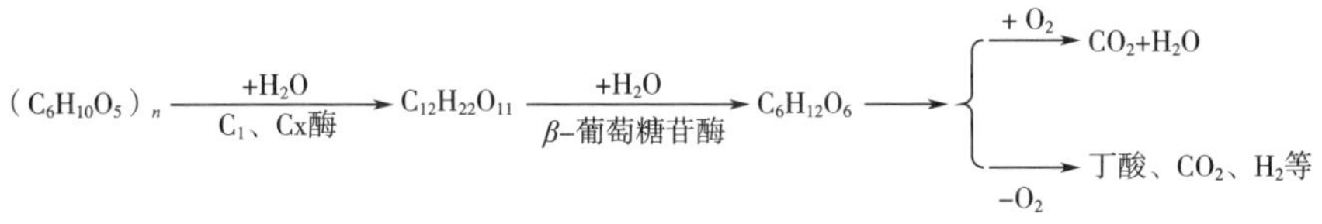

$$(C_6H_{10}O_5)_n \xrightarrow[C_1、Cx酶]{+H_2O} C_{12}H_{22}O_{11} \xrightarrow[\beta-葡萄糖苷酶]{+H_2O} C_6H_{12}O_6 \begin{cases} \xrightarrow{+O_2} CO_2+H_2O \\ \\ \xrightarrow[-O_2]{} 丁酸、CO_2、H_2等 \end{cases}$$

图 1-6　纤维素分解途径

分解纤维素的微生物种类很多。需氧细菌中有噬纤维素菌属（*Cytophaga*）、生孢噬纤维素菌属（*Sporocytophaga*）、纤维弧菌属（*Cellvibrio*）、纤维单胞菌属（*Cellulomonas*）等，厌氧菌以梭状芽孢杆菌属（*Clostridium*）为主。常见的高温厌氧菌为热纤芽孢梭菌（*Clostridium thermocellum*）。真菌中分解纤维素的有木霉（*Trichoderma*）、葡萄穗霉（*Stachybotrys*）、曲霉（*Aspergillus*）、青霉（*Penicillium*）、根霉（*Rhizopus*）、嗜热霉（*Thermomyces*）等属。放线菌中有诺卡氏菌（*Norcardia*）、小单孢菌（*Micromonospora*）及链霉菌（*Streptomyces*）等属中的某些种。

3. 半纤维素的分解

半纤维素在植物组织中的含量很高，仅次于纤维素，真菌的细胞壁中也含半纤维素。半纤维素是由各种五碳糖、六碳糖及糖醛酸组成的大分子。根据其结构可概括为两类：一类是同聚糖，仅包含一种单糖，如木聚糖、半乳聚糖、甘露聚糖等；另一类是异聚糖，包括两种以上的单糖或糖醛酸，几种不同的糖同时存在于一个半纤维素分子中。

与纤维素相比，半纤维素容易被微生物分解。但由于半纤维素的组成类型很多，因而分解它们的酶也各不相同。例如木聚糖水解由木聚糖酶催化，阿拉伯聚糖水解由阿拉伯聚糖酶催化等。生产半纤维素酶的微生物主要有曲霉（*Aspergillus*）、根霉（*Rhizopus*）与木霉（*Trichoderma*）等属。半纤维素酶通常与纤维素酶、果胶酶混合使用，从而可以改善植物性食物的质量，提高淀粉质发酵原料的利用率、果汁饮料的澄清与加酶洗涤的使用效果等。

4. 果胶质的分解

果胶质是构成高等植物细胞间质的主要物质。这种物质主要是由 D-半乳糖醛酸通过 $\alpha-1,4$ 糖苷键连接起来的直链高分子化合物，其分子中大部分羧基甲基化形成甲基酯。不含甲基酯的果胶质称为果胶酸，结构式如图 1-7 所示。

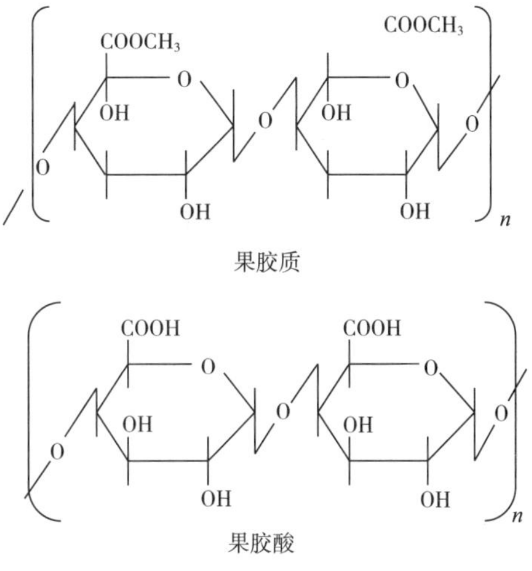

天然的果胶质是一种水不溶性的物质，它通常称为原果胶。在原果胶酶作用下，它被转化成水可溶性的果胶。再进一步被果胶甲酯水解酶催化去掉甲酯基团，生成果胶酸，最后被果胶酸酶水解，切断 $\alpha-1,4$ 糖苷键，生成半乳糖醛酸。半乳糖醛酸最后进入糖代

图 1-7　果胶质和果胶酸结构

谢途径被分解放出能量，可见分解果胶的酶也是一个多酶复合物。

分解果胶的微生物主要是一些细菌和真菌，例如芽孢杆菌（*Bacillus*）、梭状芽孢杆菌（*Clostridium*）、曲霉（*Aspergillus*）、葡萄孢霉（*Botrytis*）和镰刀霉（*Fusarium*）等都是分解果胶能力较强的微生物。

5. 几丁质的分解

几丁质是一种由 N - 乙酰葡萄糖胺通过 β - 1,4 糖苷键连接起来，不容易被分解的含氮多糖类物质，几丁质结构如图 1 - 8 所示。它是真菌细胞壁和昆虫体壁的组成成分，一般的生物都不能分解与利用它，只有某些细菌（如溶几丁质芽孢杆菌）和放线菌（链霉菌）能分解与利用它，进行生长。这些能分解几丁质的细菌能合成及分泌几丁质酶，使几丁质水解生成几丁二糖，再通过几丁二糖酶进一步水解生成 N - 乙酰葡萄糖胺。N - 乙酰葡萄糖胺再经脱氨基酶作用，生成葡萄糖和氨。

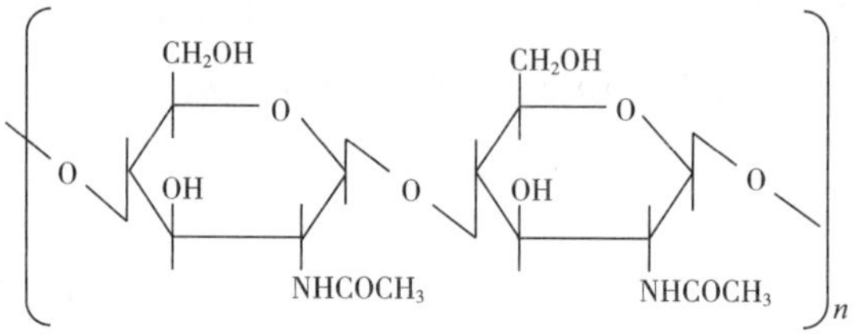

图 1 - 8　几丁质结构

（二）含氮有机物的分解

蛋白质、核酸及其不同程度的降解产物通常是作为微生物生长的氮源物质或作为生长因子（如氨基酸、嘌呤、嘧啶等），但在某些条件下，这些物质也可作为某些机体的能源物质。例如，某些氨基酸就可以作为厌氧条件下生长的梭状芽孢杆菌属（*Clostridium*）的能源物质。

1. 蛋白质的分解

蛋白质是由许多氨基酸通过肽键连接起来的大分子化合物。蛋白质的降解分两步完成：

$$\text{蛋白质} \xrightarrow{\text{蛋白酶}} \text{多肽} \xrightarrow{\text{肽酶}} \text{氨基酸}$$

首先，在微生物分泌的胞外蛋白酶的作用下水解生成短肽，然后，短肽在肽酶的作用下进一步被分解成氨基酸。

在许多微生物生长过程中，可以合成并分泌蛋白酶到胞外环境中，进而具有分解蛋白质的能力。但是，不同微生物，分解蛋白质的能力也不同。真菌通常分解蛋白质的能力强，并能分解天然的蛋白质，而大多数细菌不能分解天然蛋白质，只能分解变性蛋白以及蛋白质的降解产物，因而微生物分解蛋白质的能力是微生物分类依据之一。例如某些梭状芽孢杆菌属（*Clostridium*）、芽孢杆菌属（*Bacillus*）、变形杆菌属（*Proteus*）、假单胞菌属（*Pseudomonas*）、小球藻属（*Chlorella*）、许多放线菌属（*Actinomycete*）、曲霉属（*Aspergillus*）、毛霉属（*Mucor*）等分解蛋白质的能力强，而大肠杆菌（*Escherichia coli*）只能分解蛋白质的降解产物，不能分解蛋白质。

肽酶是一类作用于肽的酶，它使肽水解成氨基酸。根据肽酶作用部位的不同，可以将肽酶分为两种：一种是氨肽酶，它作用于有游离氨基端的肽键；另一种是羧肽酶，它作用于有游离羧基端的肽键。肽酶是一种胞内酶，它在细胞自溶后，释放到环境中。

在食品工业中，传统酱油、豆豉、腐乳等酱制品的制作均利用了微生物对蛋白质的分解作用。目前已能利用枯草杆菌、曲霉、放线菌等微生物来生产蛋白酶。

2. 氨基酸的分解

蛋白质分解的产物氨基酸通常是被微生物直接用来作为合成新的细胞质的原料，但在厌氧与缺乏碳源的条件下，也能被某些细菌用作能源，维持机体的生长。微生物分解氨基酸的方式很多，但主要通过脱羧与脱氨两种作用进行的，产生的分解物可进一步参与代谢。

（1）脱羧作用 许多微生物细胞内通常都具有氨基酸脱羧酶，它可以催化氨基酸脱羧生成相应的胺。如酪氨酸脱羧形成酪胺、精氨酸脱羧形成精胺、色氨酸形成色胺。这些物质可以作为制定食品新鲜程度的两个指标。

$$R—CH\ NH_2COOH \xrightarrow{\text{氨基酸脱羧酶}} R—CH_2NH_2 + CO_2$$

氨基酸脱羧酶具有高度的专一性，基本上是一种氨基酸由一种脱羧酶来催化它的分解。胺在有氧条件下可进一步被氧化成有机酸；在厌氧条件下可以被分解成各种醇和有机酸。

（2）脱氨作用 有机含氮化合物经微生物作用后放出氨的生物学过程，通常称为氨化作用（ammonifi-cation）。在氨基酸脱氨作用中，由于微生物类型、氨基酸种类与环境条件不同，脱氨的方式也不同，脱氨作用主要有以下几种：

①氧化脱氨：氨基酸在有氧条件下脱氨生成 α - 酮酸和氨，是好氧性微生物进行的脱氨的方式。

$$R—CHNH_2COOH + 1/2O_2 \longrightarrow R—COCOOH + NH_3$$

②还原脱氨：在无氧条件下，氨基酸经还原脱氨的方式转变成有机酸和氨。某些专性厌氧细菌如梭状芽孢杆菌属（Clostridium）在厌氧条件下生长时，可以进行还原脱氨。它们往往是利用一种氨基酸作为氢的供体，另一种氨基酸作为氢的受体，在这两种氨基酸之间进行氧化还原反应，并利用反应中放出的能量进行生长，这个反应被称为斯提克兰（Stikland）反应。在斯提克兰反应中，丙氨酸、缬氨酸、亮氨酸常用作氢供体；甘氨酸、羟脯氨酸、脯氨酸则常用作对应的氢受体。

$$CH_3CHNH_2COOH + CH_2NH_2COOH + H_2O \longrightarrow CH_3COCOOH + CH_3COOH + 2NH_3$$

③水解脱氨：氨基酸经水解产生羟酸与氨，羟酸经脱羧生成一元醇。因此，氨基酸在水解脱氨过程中同时伴随有脱羧过程并生成一元醇、氨和 CO_2。有些好氧性微生物可进行此种脱氨方式，如米曲霉（A. oryzae）可使亮氨酸水解脱氨后生成 α - 羟基 - γ - 甲基 - 戊酸。

$$CH（CH_3）_2CH_2CH\ NH_2COOH + H_2O \longrightarrow CH（CH_3）_2CH_2\ CH\ OH\ COOH + NH_3$$

④分解脱氨：氨基酸直接脱去氨基，生成不饱和酸与氨，即为分解脱氨基，如在大肠杆菌（E. coli）内有 L - 天冬氨酸酶，能催化 L - 天冬氨酸分解脱氨生成延胡索酸和氨。在细菌和酵母菌中都存在这种脱氨反应，此反应为可逆反应，也是合成氨基酸途径之一。

$$HOOCCH_2CHNH_2COOH \longleftrightarrow HOOCCH=CHCOOH + NH_3$$

氨基酸的氨化产物主要种类如图 1 - 9 所示。

微生物种类不同分解氨基酸的能力也不同，例如革兰氏阴性的大肠杆菌（E. coli）、变形杆菌属（Proteus）和铜绿假单胞菌（Pseudomonas aeruginosa）几乎能分解所有的氨基酸，而革兰氏阳性的乳杆菌属（Lactobacillus）、链球菌属（Streptococcus）则分解氨基酸的能力差。

由于微生物对氨基酸的分解方式不同，形成的产物也不同。因此，可根据微生物对氨基酸分解作用不同来对菌种进行鉴定。吲哚试验与硫化氢试验是常用的两个菌种鉴定试验。此外，氨基酸的分解产物对酱油、干酪、发酵香肠等许多发酵食品的挥发性风味组分有重要影响。

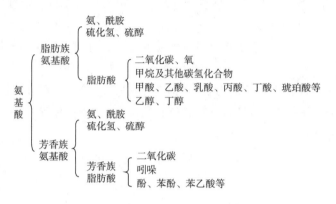

图 1 - 9　氨基酸的氨化产物示意图

3. 核酸的分解

核酸是由许多核苷酸以 3,5 - 磷酸二酯键连接而成的大分子化合物。异养型微生物可以分泌消化酶类来分解食物或体外的核蛋白和核酸类物质，以获得各种核苷酸。核酸分解代谢的第一步是水解连接核苷酸之间的磷酸二酯键，生成低级多核苷酸或单核苷酸。只能作用于核酸的磷酸二酯键的酶，称为核酸酶。水解核糖核酸的称核糖核酸酶（RNase）；水解脱氧核糖核酸的称脱氧核糖核酸酶（DNase）。核苷酸在核苷酸酶的作用下分解成磷酸和核苷，核苷再经核苷酶作用分解为嘌呤或嘧啶、核糖，核酸分解途径如图 1 - 10 所示。

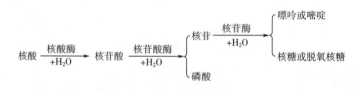

图 1 - 10　核酸分解途径

某些微生物能利用嘌呤或嘧啶作为生长因子、碳源和氮源。微生物分解嘌呤或嘧啶生成氨、CO_2、水以及各种有机酸。

（三）　脂肪和脂肪酸的分解

脂肪是自然界广泛存在的重要的脂类物质，它是由甘油与三个长链脂肪酸通过酯键连接起来的甘油三酯。当环境中有其他容易利用的碳源与能源物质时，脂类物质一般不被微生物利用，但当环境中不存在除脂肪类物质以外的其他能源与碳源物质时，许多微生物能分解与利用脂肪进行生长。

脂肪和脂肪酸作为微生物的碳源和能源，一般利用缓慢。脂肪不能进入细胞，细胞内贮藏的脂肪也不可直接进入糖的降解途径，因此，要在脂肪酶的作用下先行水解。

脂肪在微生物细胞合成的脂肪酶的作用下，即胞外酶对胞外的脂肪作用，胞内酶对胞内脂肪作用，水解成甘油和脂肪酸。甘油可按图 1 - 11 途径进行代谢。

$$\text{甘油} \xrightarrow[\text{ATP ADP}]{} \text{3-磷酸甘油} \xrightarrow[\text{FAD FADH}_2]{} \text{磷酸二羟丙酮} \longrightarrow \text{3-磷酸甘油} \xrightarrow[\text{ADP ATP}]{} \text{丙酮酸} \longrightarrow \text{TCA循环}$$

图 1-11 甘油的降解

绝大多数细菌对脂肪酸的分解能力很弱，然而一经诱导，它们的脂肪酸氧化活性就会增强。如大肠杆菌有一个可被诱导合成的用来利用脂肪酸的酶系，使含 6~16 个碳的脂肪酸靠基团转移机制进入细胞，同时形成酯酰 CoA。随后在细胞内进行脂肪酸的 β - 氧化。

$$\underset{\text{脂肪酸}}{RCH_2CH_2COOH + ATP + HSCoA} \xrightarrow{\text{酰基 CoA 合成酶（膜上）}} \underset{\text{酯酰 CoA}}{RCH_2CH_2COCoA + AMP + PPi}$$

脂肪酸的 β - 氧化，在原核细胞的细胞膜上和真核细胞的线粒体内进行。若脂肪酸分子的碳原子数为偶数，最终得乙酰 CoA；若脂肪酸分子的碳原子数为奇数，则同时也得到丙酰 CoA。乙酰 CoA 直接进入 TCA 循环降解，丙酰 CoA 则经琥珀酰 CoA 进入 TCA 循环被氧化降解，或以其他途径被氧化降解。反应式如下所示：

$$\text{丙酰 CoA} + CO_2 + ATP \xrightarrow{\text{丙酰 CoA 羧化酶}} \text{琥珀酰 CoA} + ADP + Pi$$

脂肪酶一般广泛存在于真菌中，假丝酵母（*Candida*）、镰刀菌（*Fusarium*）和青霉菌（*Penicillium*）等属的真菌产生脂肪酶能力较强，而细菌产生脂肪酶的能力较弱。

二、 单糖形成目的产物

在这一阶段，微生物在好氧及厌氧、高温或低温、前期或后期等条件下将大分子原料降解的同时进一步进行降解产物转化及合成，降解的产物主要有乙酸、乳酸、乙醇、甘油及酯类等。

1. 乙酸（CH_3COOH）

（1）在醋酸杆菌的代谢中，乙醇氧化产生乙酸，反应式如下所示：

$$\underset{\text{乙醇}}{CH_3CH_2OH} + O_2 \longrightarrow \underset{\text{乙酸}}{CH_3COOH} + H_2O + 493.7kJ$$

不同的醋酸菌在氧化乙醇产生乙酸的过程中，还可以氧化酒醪中的其他基质形成若干产物，如可以把乙二醇转变成乙醇酸，二甘醇转变成乙甘醇酸等。

（2）短乳杆菌的异型乳酸发酵产生乙酸的图解如图 1-12 所示。

（3）双歧杆菌在乳酸发酵中产生乙酸，在厌氧条件下，双歧杆菌的异型乳酸发酵可使葡萄糖产生乳酸和乙酸，见图 1-13。

总反应式如下：

$$2C_6H_{12}O_6 + 5ADP \longrightarrow 2\underset{\text{乳酸}}{CH_3CHOHCOOH} + 3\underset{\text{乙酸}}{CH_3COOH} + 5ATP$$

2. 乳酸（$CH_3CHOHCOOH$）

乳酸是发酵食品中的一种重要的不挥发酸。它能增加发酵食品的浓厚感，并赋予其特有的滋味。乳酸发酵从它的生化机制上可以分为两类：一类称为正型乳酸发酵，这种类型的乳酸发酵几乎可以将全部葡萄糖转化为乳酸（至少80%以上），没有或很少有其他产物。另一类称为异型乳酸发酵，它使葡萄糖分解为乳酸（约占50%）、乙醇、乙酸及 CO_2 等。

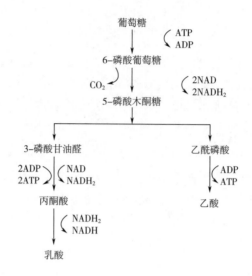

图 1-12　短乳杆菌乳酸发酵降解葡萄糖的过程

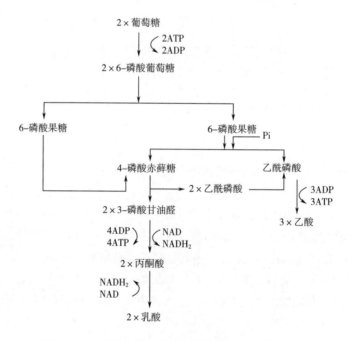

图 1-13　双歧杆菌异型乳酸发酵降解葡萄糖的过程

（1）同型乳酸发酵常见菌种有干酪乳杆菌、保加利亚乳杆菌等。正型乳酸发酵是葡萄糖经双磷酸己糖途径（HDP 或 EMP 途径）进行分解形成两个分子丙酮酸，最后丙酮酸接受氢还原为二分子的乳酸，其发酵方式如图 1-14 所示。

其总反应式为：

$$C_6H_{12}O_6 + 2ADP \longrightarrow 2CH_3CHOHCOOH + 2ATP$$

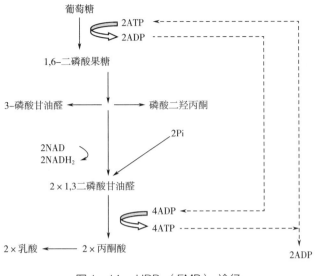

图 1-14 HDP (EMP) 途径

（2）异型乳酸发酵常见菌种有戊糖明串珠菌、短乳杆菌、双歧杆菌等。除以上介绍的短乳杆菌和双歧杆菌的异型乳酸发酵外，还有明串珠菌的异型乳酸发酵，它是按葡萄糖单磷酸己糖途径（HMP 途径）进行降解，这一途径的特点是葡萄糖经磷酸化形成 6 - 磷酸葡萄糖后脱羧脱氢形成 5 - 磷酸木酮糖（五碳糖），经 C_3—C_2 裂解成 3 - 磷酸甘油醛和乙酰磷酸。3 - 磷酸甘油醛按 EMP 途径形成乳酸；乙酰磷酸在脱氢酶的作用下还原为乙醇。明串珠菌的异型乳酸发酵降解葡萄糖过程如图 1 - 15 所示。

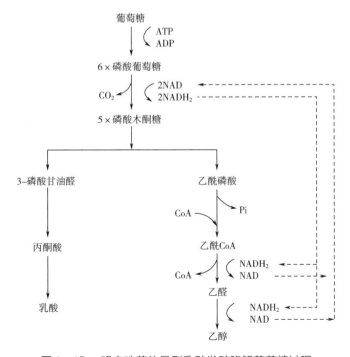

图 1-15 明串珠菌的异型乳酸发酵降解葡萄糖过程

其总反应式为：

$$C_6H_{12}O_6 + 2ADP \longrightarrow 2CH_3CHOHCOOH + CH_3CH_3OH + 2ATP$$

此外，一些微生物（如许多细菌）在发酵过程中也可以分解其他有机酸成为乳酸，如乳酸菌可将苹果酸分解为乳酸和 CO_2 等。

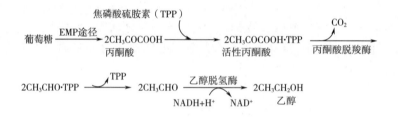

乳酸链球菌和乳酸杆菌均可分解蛋白胨及氨基酸、胺、酮酸、羟酸及简单的脂肪酸和其他水溶性物质。特别是氨基酸分解时所出现的挥发酸形成酯类后，有助于香味的形成。

3. 乙醇（CH_3CH_2OH）

目前酵母菌生成乙醇的途径主要是通过发酵法经 EMP 途径得到（图 1-16）。酒精发酵不需游离氧参加，否则酵母菌将糖彻底分解为水和 CO_2。

图 1-16　酵母菌发酵法 EMP 途径

还可通过单磷酸己糖途径（HMS 途径）生成乙醇，如图 1-17 所示。

4. 甘油（$CH_2OHCHOHCH_2OH$）

甘油可以使发酵食品（饮料）有浓厚感，呈甜味。啤酒酵母在酒精发酵时或多或少地形成一些甘油，耐高渗透压的鲁氏酵母（*S. rouxii*）及蜂蜜酵母（*S. mellis*）能转化 50% 的葡萄糖为甘油。另外，脂肪的水解产物中也有甘油。

5. 酯类（CR_2COOR_2）

酯类是具有芳香气味的挥发性化合物，是发酵食品中的重要组分。如乙酸乙酯有愉快的香蕉味，并带有微弱的苹果味，味淡；丙酸乙酯有芝麻香味；丁酸乙酯有甜菠萝味、凤梨味，微辣、微酸，量大时会有不愉快的臭味；己酸乙酯有愉快的窖底香味，凤梨香味，微有辣味等。酯的形成是由酰基辅酶 A（R—COCoA）和醇类缩合而成，泛酸盐对其形成有促进作用。

$$R_1CO \cdot SCoA + R_2OH \longrightarrow R_1COOR_2 + CoA - SH$$

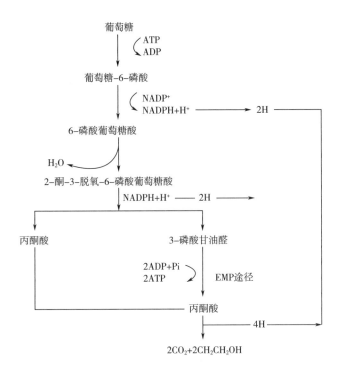

图 1−17 单磷酸己糖通路形成乙醇的过程

酯的生物合成与其他代谢途径的关系如下式表示：

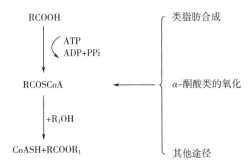

另外，还有其他的醛类、芳香化合物、脂肪酸、氨基酸等，在此不再详述。

三、 代谢产物间的再平衡

从表面上理解，代谢产物间的再平衡主要是指发酵食品的陈酿阶段（或称后发酵阶段），其实从原料的粉碎、浸泡等预处理直至产品端到餐桌上来这一漫长的过程中，产物的再平衡就一直没有停止过。代谢不仅包括分解代谢，还有合成代谢，在整个工艺过程中除一部分被彻底氧化为 CO_2、H_2O 和矿物质外，还有其他大部分物质彼此之间有着错综复杂的、往复交替的一系列物理化学变化，这与其中的微生物组成复杂性也有很大关系。因而，传统发酵食品发酵过程中的还有很多问题尚未解决。

思考题

1. 举例说明发酵食品工业常用的细菌有哪些。

2. 举例说明发酵食品工业常用的酵母菌有哪些。

3. 举例说明发酵食品工业常用的霉菌有哪些。

4. 简述菌种选育的常用方法。

5. 什么是菌种衰退？影响菌种衰退的原因有哪些？如何防止菌种衰退？

6. 菌种复壮的方法有哪些？

7. 举例说明微生物菌种的保藏方法。

8. 什么是新陈代谢、初级代谢和次级代谢？

9. 简要概括微生物的次级代谢调节方式有哪些。

10. 如何解除微生物的代谢调控？举例说明。

11. 简述微生物在食品发酵中的作用，举例说明。

第二章

微生物发酵及其过程控制

第一节　培养基及其制备

一、　培养基的种类和用途

配制的适合微生物生长繁殖或累积代谢产物的任何营养基质，都称为培养基。由于各类微生物对营养的要求不同，培养目的和检测需要不同，因而培养基的种类很多。根据不同的划分标准，可以将培养基划分为不同的类型。

1. 根据原料来源不同分类

根据原料来源不同，可将培养基分为合成培养基、半合成培养基与天然培养基。

（1）合成培养基　由已知化学成分的有机物和无机物配制而成。成分精确，重复性强。但营养局限，微生物生长缓慢。适用于菌种分离、选育、遗传分析及生物测定等。如培养乳酸菌的 M17 和 MRS 培养基、培养放线菌的高氏培养基、培养霉菌的察氏培养基以及各种化能自养菌培养基等。合成培养基只适用于做一些科学研究，例如营养、代谢的研究等。

（2）半合成培养基　由某些天然物质与少量已知成分的化学物质配制而成。营养全面，能有效满足微生物对营养的需求。广泛应用于微生物的培养。如培养乳酸菌的番茄汁培养基、培养细菌用的牛肉膏蛋白胨培养基，培养霉菌的马铃薯葡萄糖培养基，工业生产中常用的玉米粉等天然物质加无机盐配制的各种发酵培养基等。半合成培养基在生产实践和实验室中使用最多。

（3）天然培养基　由化学成分不清楚或不恒定的天然有机物配制而成。成分复杂，但营养丰富全面，常用于实验研究和生产。天然培养基多是利用各种动、植物或微生物的原料，其成分难以确切知道。用作这种培养基的主要原料有：牛肉膏、麦芽汁、蛋白胨、酵母膏、玉米粉、麸皮、各种饼粉、马铃薯、牛乳、血清等。用这些物质配成的培养基虽然不能确切知道它的化学成分，但一般来讲，营养是比较丰富的，微生物生长旺盛，而且来源广泛，配制方便，所以较为常用，尤其适合于配制实验室常用的培养基。这种培养基的稳定性常受生产厂或批号等因素的影响。

2. 根据培养基的物质状态分类

根据培养基的物质状态，可分为液体培养基、固体培养基和半固体培养基。

（1）液体培养基 用各种营养成分加水配成，或用天然物质的浸汁（麦芽汁、豆芽汁等）制成。所配制的培养基是液态的，其中的成分基本上溶于水，没有明显的固形物，液体培养基营养成分分布均匀，适宜各类微生物的营养生长，易于控制微生物的生长代谢状态。广泛应用于实验研究及大规模工业生产中，有利于广泛获得大量菌体或代谢产物。

（2）固体培养基 在液体培养基中加入凝固剂，或用麸皮等固体原料配制。凝固剂有琼脂、明胶、硅胶等，以琼脂最为常用，由石花菜等海藻中提取加工制成。市售琼脂为条状、片状或粉末状，主要成分为多聚半乳糖的硫酸酯，绝大多数微生物不能将其分解，在培养基中仅起支撑作用。其熔点约为98℃，凝固点为42℃，1.5%～2%的水溶液在一般培养温度下呈凝胶状态。固体培养基应用十分广泛，可以用作微生物的分离、鉴定、检验杂菌、计数、保藏、生物测定等。

（3）半固体培养基 液体培养基中加入0.2%～0.5%琼脂制成。半固体培养基可用于观察细菌的运动、菌种鉴定及测定噬菌体的效价等。

3. 根据培养基的用途分类

根据培养基的用途，可分为选择培养基、鉴别培养基、基础培养基、加富培养基等。

（1）选择培养基 根据某一类或某种微生物的特殊营养要求而设计的培养基，在培养基中加入某种物质以杀死或抑制不需要的菌种生长的培养基，称为选择培养基。用于提高所需微生物的分离效率。如分离固氮微生物的无氮培养基、加入滤纸条或纤维素粉为碳源分离纤维分解菌的培养基。在培养基中加入某种化合物，可有效地分离出对这种化合物有抗性的微生物，例如在放线菌培养基中加入数滴10%酚，可抑制细菌和霉菌的生长；加入一定量的青霉素、链霉素，可抑制细菌生长；链霉素、氯霉素等抑制原核微生物的生长；而制霉菌素、灰黄霉素等能抑制真核微生物的生长；结晶紫能抑制革兰氏阳性菌的生长等。

（2）鉴别培养基 根据微生物的代谢特点，在培养基中加入某种指示剂，通过显色反应以鉴别不同的微生物。例如检查乳制品和饮用水中是否有肠道细菌污染所用的伊红－美蓝培养基。当大肠杆菌等肠道细菌生长时，发酵培养基中的乳糖，使加入的伊红－美蓝变色，在菌落上沉积为紫黑色，并呈现金属光泽。

有些培养基是具有选择和鉴别双重作用。例如食品检验中常用的麦康凯培养基，它含有胆盐、乳糖和中性红。胆盐具有抑制肠道菌以外的细菌的作用（选择性），乳糖和中性红（指示剂）能帮助区别乳糖发酵肠道菌（如大肠杆菌）和不能发酵乳糖的肠道致病菌（如沙门氏菌和志贺氏菌）。

（3）基础培养基 尽管不同微生物的营养需求各不相同，但大多数微生物所需的基本营养物质是相同的。基础培养基是含有一般微生物生长繁殖所需的基本营养物质的培养基。牛肉膏蛋白胨培养基是最常用的基础培养基。基础培养基也可以作为一些特殊培养基的基础成分，再根据某种微生物的特殊营养需求，在基础培养基中加入所需营养物质。

（4）加富培养基 加富培养基又称营养培养基，即在基础培养基中加入某些特殊营养物质制成的一类营养丰富的培养基，这些特殊营养物质包括血液、血清、酵母浸膏、动植物组织液等。加富培养基一般用来培养营养要求比较苛刻的异养型微生物，加富培养基还可以用来富集和分离某种微生物，这是因为加富培养基含有某种微生物所需的特殊营养物质，该种微生物在这种培养基中较其他微生物生长速度快，并逐渐富集而占优势，逐步淘汰其他微生物，从而容易达到分离该种微生物的目的。

加富培养基类似选择培养基，两者区别在于，加富培养基是用来增加所要分离的微生物的数量，使其形成生长优势，从而分离到该种微生物；选择培养基则一般是抑制不需要的微生物的生长，使所需要的微生物增殖，从而达到分离所需微生物的目的。

二、 培养基的主要成分与工业发酵原料来源

目前，虽然采用的培养基或发酵基质相当多，种类各不相同，为了满足微生物的生长需要，不论何种培养基或发酵基质都有共同特点：一般都含有水、碳源、氮源、无机盐与微量元素、生长因子、前体和产物促进剂等。

1. 培养基的主要成分

（1）水　水是微生物的组成成分，也是一切代谢过程的介质和溶媒。它是生命活动过程中不可缺少的物质。配制培养基时多用蒸馏水，以保持培养基成分的精确性，防止贮藏过程发霉变质。大规模生产时可用净化水和自来水，要防成分的变化引起不良效果。恒定的水源是至关重要的，因为在不同水源中存在的各种因素对微生物发酵代谢影响甚大。水源质量的主要考虑参数包括 pH、溶解氧、可溶性固体、污染程度以及矿物质组成和含量。

（2）碳源　即提供微生物生长繁殖所需的能源和合成菌体所必需的碳成分，同时提供合成目的产物所必需的碳成分。常见的来源主要有糖类、油脂、有机酸、正烷烃等。工业上常用的糖类主要包括葡萄糖、糖蜜（制糖生产时的结晶母液）和淀粉等。

（3）氮源　氮源主要用于构成菌体细胞物质（氨基酸、蛋白质、核酸等）和含氮代谢物。常用的氮源可分为有机氮源和无机氮源两大类。有机氮源和无机氮源应当混合使用，在发酵早期应使用容易利用易同化的氮源，即无机氮源；到了中期，菌体的代谢酶系已形成，则利用蛋白质。

（4）无机盐与微量元素　这类物质的作用各不相同，主要在碳氮源基础上以盐的形式进行补充。在培养基的制备过程中经常使用 KNO_3、NH_4NO_3、KH_2PO_4、NaH_2PO_4、KCl、KNO_3、$MgSO_4 \cdot 7H_2O$、$CaCl_2 \cdot 2H_2O$、$FeSO_4 \cdot 7H_2O$、$MnSO_4 \cdot H_2O$ 来补充无机盐和微量元素。

（5）生长因子、前体和产物促进剂　从广义上讲，凡是微生物生长不可缺少的微量的有机物质，如氨基酸、嘌呤、嘧啶、维生素等均称生长因子。如以糖质原料为碳源的谷氨酸生产菌均为生物素缺陷型，以生物素为生长因子，生长因子对发酵的调控起到重要的作用。有机氮源是这些生长因子的重要来源，多数有机氮源含有较多的 B 族维生素和微量元素及一些微生物生长不可缺少的生长因子。

前体是指某些化合物加入到发酵培养基中，能直接为微生物在生物合成过程中合成到产物分子中去，而其自身的结构并没有多大变化，但是产物的产量却因加入前体而有较大的提高。

产物促进剂是指那些非细胞生长所必需的营养物，又称非前体，但加入后却能提高产量的添加剂。其提高产量的机制还不完全清楚，其原因可能是多方面的，主要包括：有些促进剂本身是酶的诱导物；有些促进剂是表面活性剂，可改善细胞的透性，改善细胞与氧的接触从而促进酶的分泌与生产，也有人认为表面活性剂对酶的表面失活有保护作用；有些促进剂的作用是沉淀或螯合有害的重金属离子。

2. 工业化发酵原料的选择

（1）工业原料选择标准　在进行工业化生产时，发酵原料往往与实验时存在较大差别，就发酵工业而言，其原料选择的标准如下：

①原料中碳的可利用率高；

②发酵产率高，而且尽可能使发酵残余物少；

③原料质量好，成分稳定，污染变质少，易灭菌；

④价廉，来源方便，易于贮存。

最便宜的原料并不一定是最合适的原料，例如谷氨酸发酵，日本早先就采用较纯的葡萄糖、生物素、液氨为原料；过去我国进行了许多用甘蔗或甜菜糖蜜、玉米浆和尿素的替代研究。由于粗原料成分变化大，难以控制，所以产酸率低，发酵周期长，还给产物的提取与精制以及废水处理带来很大问题。现在我国谷氨酸发酵已全部采用纯净的淀粉水解糖、生物素、液氨为原料。原来直接用淀粉发酵的柠檬酸等其他发酵工业也都尽可能地采用纯净的原料，可以促使产量增加和缩短发酵周期，同时提高产物的提取效率，反而比使用粗原料成本低、效益高。

（2）工业上常用作碳源的淀粉质原料　淀粉存在于各种植物组织中，淀粉的颗粒大致可分为圆形、椭圆形、多角形三种。淀粉没有还原性，也没有甜味，不溶于冷水和乙醇，淀粉在热水中膨胀，粒度增大，呈胶体状。淀粉可分为直链淀粉（amylose）和支链淀粉（amylopectin）两种。直链淀粉是葡萄糖经 $\alpha-1,4$ 糖苷键脱水缩聚而成螺旋形不分支长链，聚合度在 $100\sim6000$，相对分子质量达 1×10^5。用热水溶解时形成黏度较低的不稳定胶体溶液，在 $50\sim60℃$ 静置较长时间后会析出晶形沉淀。支链淀粉是枝叉分子，直链部分的葡萄糖以 $\alpha-1,4$ 糖苷键连接，分支点上葡萄糖以 $\alpha-1,6$ 糖苷键连接，聚合度为 $1000\sim30000$，相对分子质量可达 6×10^6，用热水溶解时形成糊状物。

淀粉质原料中含淀粉量较高，而且来源广泛、价格便宜。淀粉质原料及其水解液是发酵工业常用的碳源。使用最广的淀粉质原料是工业淀粉、谷类、薯类等。

①工业淀粉是以谷类、薯类等农产品为原料加工而成，是白色或微带浅黄色阴影的粉末。其中，谷类淀粉结构致密、颗粒较小，薯类淀粉结构疏松、颗粒较大，相比之下谷类淀粉较薯类淀粉更难水解。普通的谷类和薯类淀粉含直链淀粉 $17\%\sim27\%$，其余为支链淀粉；而黏玉米、黏高粱和糯米等淀粉不含直链淀粉，全部为支链淀粉。常用的工业淀粉有玉米淀粉、小麦淀粉、甘薯淀粉、马铃薯淀粉等。玉米淀粉及其水解糖液是抗生素、核苷酸、氨基酸、酶制剂等发酵常用的碳源，小麦淀粉、甘薯淀粉等常用在有机酸、乙醇等发酵中。

②薯类是适应性很强的高产作物，我国以甘薯、马铃薯和木薯等为主。甘薯晒晾成干后成为甘薯干，其淀粉含量可达 76%，并且纤维素含量少，蛋白质含量适度，是生产酒精、柠檬酸的好原料。马铃薯在我国东北、西北、内蒙古等地产量很大，作为发酵工业碳源的是淀粉含量高、蛋白质含量较低的工业用马铃薯。木薯盛产于我国南方的两广、福建、海南岛等地区。木薯干不仅淀粉含量可高达到 73% 左右，而且淀粉品质较纯、淀粉颗粒大，加工方便。因此，木薯是我国生产工业淀粉的第二位原料，同时也是南方地区酒精生产的主要原料。

（3）工业上常用作氮源的蛋白质类原料　发酵工业常用的蛋白质原料主要有黄豆饼粉、花生饼粉、棉籽饼粉、玉米浆、蛋白胨、酵母粉、鱼粉等。它们都含有丰富的蛋白质、多肽和游离氨基酸，是微生物生长良好的营养物质。在含有这些物质的培养基中，微生物一般都表现出生长旺盛的特点。黄豆饼粉被广泛用于抗生素发酵中的有机氮源。根据油脂的含量可将黄豆饼粉分为全脂黄豆粉（油脂含量在18%以上）、低脂黄豆粉（油脂含量在9%以下）和脱脂黄豆粉（油脂含量在2%以下）三类。

玉米浆是玉米淀粉生产的副产品，是用亚硫酸浸泡玉米所得的浸泡液的浓缩物。固体物质含量在50%以上，是一种非常容易被微生物利用的氮源，含有丰富的氨基酸、还原糖、磷、微量元素、生物素等。玉米浆的用量根据淀粉原料的不同、糖浓度及发酵条件不同而异。一般用量为0.4%~0.8%。蛋白胨、酵母粉、鱼粉、蚕蛹粉等也是很好的有机氮源。蛋白胨由各种动物组织和植物水解制备。工业上使用的蛋白胨有血胨、肉胨、鱼胨、骨胨等。不同蛋白胨之间磷含量差异较大，对于需控制磷浓度的发酵来说，要注意品种的选择和使用效果。酵母粉由水解啤酒酵母和面包酵母制得，其质量和含量与酵母品种有关。蚕蛹粉主要用在制霉菌素的发酵中。需要注意的是，以上各种蛋白质原料均是由天然原料加工制作而成的，成分复杂，且因原料产地、加工方法、原料品种等不同，营养物质的含量也随之变化，对发酵有较大影响。因此必须对这些蛋白质原料的来源、品种、质量加以适当的选择。最好在原料变动时进行小型发酵试验。

（4）发酵培养基中的无机盐和微量元素

①磷酸盐：磷是某些蛋白质和核酸的组成成分，腺苷二磷酸（ADP）、腺苷三磷酸（ATP）是重要的能量传递物质，参与一系列的代谢反应。磷酸盐在培养基中还有缓冲作用。微生物对磷的需要量一般为 $0.005 \sim 0.01 mol/L$。工业生产上常用 $K_2HPO_4 \cdot 3H_2O$、KH_2PO_4、$Na_2HPO_4 \cdot 2H_2O$、$NaH_2PO_4 \cdot 2H_2O$ 等磷酸盐，也可用磷酸。

②硫酸镁：镁是许多重要的酶（如己糖磷酸化酶、异柠檬酸脱氢酶、羧化酶等）的激活剂，而硫为菌体合成含硫蛋白质提供硫源。所以 $MgSO_4 \cdot 7H_2O$ 是发酵工业中常用的无机盐类。$MgSO_4 \cdot 7H_2O$ 中含镁9.87%，发酵培养基配用 $0.25 \sim 1g/L$ 时，镁浓度为 $25 \sim 90mg/L$。

③钾盐：微生物生长所需钾量一般约为 $0.1g/L$（以 K_2SO_4 计）。当培养基磷盐配用 $1g/L$ 的 $K_3PO_4 \cdot 3H_2O$ 时，同时供给了钾，应予以考虑。

④微量元素：一般作为碳源、氮源的农副产品天然原料中本身就含有某些微量元素，不必另加。但某些发酵可能对某些微量元素有特殊要求，例如以乙酸或石蜡为碳源发酵谷氨酸时对铜离子含量要求较高。因此，这些发酵需在培养基中补加一些含有微量元素的无机盐。工业上常用的含微量元素的无机盐有 $MnSO_4 \cdot 4H_2O$ 等。

（5）生长因子　工业上提供生长因子的主要是一些农副产品原料，常用的有玉米浆、麸皮水解液、糖蜜、酵母水解液等。玉米浆不仅含有丰富的蛋白质、多肽和游离氨基酸，而且含有丰富的维生素，既可作为有机氮源使用，又可提供生长因子。糖蜜是甘蔗或甜菜制糖后剩余的母液，其中含有大量的生物素，是作为提供生长因子的最常用原料。麸皮水解液是干麸皮与水按一定比例配合加压酸解而得，可以代替玉米浆。有些谷氨酸生产菌以维生素 B_1 为生长因子，可在其培养基中添加硫胺素盐酸盐水溶液。有些生产氨基酸的缺陷型菌种还以油酸、甘油、苏氨酸等为生长因子。

（6）发酵生产的促进剂　在某些氨基酸和酶制剂发酵生产过程中，可以在发酵培养基中加入促进剂。尤其是在酶制剂发酵过程中，加入促进剂，可以改进细胞的渗透性，同时增强氧的传递速度，改善了菌体对氧的有效利用，大大增加了产酶量。常用促进剂有各种表面活性剂（洗净剂、吐温 – 80、植酸等）、乙二胺四乙酸、大豆油提取物、黄血盐钾、甲醇等。如栖土曲霉 3942 生产蛋白酶时，在发酵 2 ~ 8h 添加 0.1% LS 洗净剂（即脂肪酰胺磺酸钠），就可使蛋白酶产量提高 50% 以上。添加培养基 0.02% ~ 1% 的植酸盐可显著地提高枯草杆菌、假单胞菌、酵母、曲霉等的产酶量。在 3536 葡萄糖氧化酶发酵时，加入金属螯合剂乙二胺四乙酸（EDTA）对酶的形成有显著影响，酶活力随乙二胺四乙酸用量增加而递增。又如添加大豆油提取物，米曲霉蛋白酶可提高 187% 的产量，脂肪酶可提高 150% 的产量。

三、培养基及发酵基质的制备

1. 培养基的设计与优化

培养基设计与优化贯穿于发酵工艺研究的各个阶段。无论是在微生物发酵的实验室研究阶段、中试放大阶段还是在发酵生产阶段，都要对发酵培养基的组成进行设计和优化。从理论上讲，微生物的营养需求和细胞生长及产物合成之间存在着化学平衡，即：

$$碳源 + 氮源 + 其他营养需求 \rightarrow 细胞 + 产物 + CO_2 + H_2O + 热量$$

根据上述方程，可以推算满足菌体细胞生长繁殖和合成代谢产物的元素需求量。设计发酵培养基的组成，就是使其营养成分满足生成一定数量菌体细胞的需求。但是，由于产生菌生理特性的差异、代谢产物合成途径（特别是次级代谢产物合成途径）的复杂性、天然原材料营养成分和杂质的不稳定性、灭菌对营养成分的破坏等原因，目前还不能完全从生化反应来推断和计算出适合某一菌种的培养基配方。

设计一个合适的培养基需要大量而细致的工作。一般来说，需要根据生物化学、细胞生物学、微生物学等学科的基本理论，在参照前人所使用的较适合某一类菌种的经验配方的基础上，选用价格低廉的培养基原料，最大限度满足菌体生长繁殖和合成代谢产物的需要。设计培养基主要包括下列几个步骤。

（1）确定培养基的基本组成　首先根据微生物的特性和培养目的，考虑碳源和氮源的种类，注意速效碳（氮）源和迟效碳（氮）源的相互配合。要避免某些培养基成分对代谢产物合成可能存在的阻遏和抑制作用。其次，要注意生理酸性物质和生理碱性物质，以及 pH 缓冲剂的加入和搭配。此外，一些菌种不能合成自身生长所需要的生长因子，对这些菌种，要选用含有生长因子的复合培养基或在培养基中添加生长因子。还要考虑菌种在代谢产物合成中对特殊成分，如前体、促进剂等的需要。最后，要考虑原材料对泡沫形成的影响、原材料来源地稳定性和长期供应情况，以及原材料彼此之间不能发生化学反应。

（2）确定培养基成分的基本配比和浓度

①碳源和氮源的浓度和比例：对于孢子培养基来说，营养不能太丰富（特别是有机氮源），否则不利产孢子；对于发酵培养基来说既要利于菌体的生长，又能充分发挥菌种合成代谢产物的能力。碳源与氮源的比例是一个影响发酵水平的重要的因素。因为碳源既作为碳架参与菌体和产物合成又作为生命活动的能源，所以一般情况下，碳源用量要比氮源用量高。应该指出的是：碳氮比也随碳源和氮源的种类以及通气搅拌等条件而异，因此很难确定一个统一的比值。一般来讲，碳氮比过大，菌体繁殖数量少，不利于产物的积累。碳氮比合适，但碳源和氮源浓度偏高，会导致菌体的大量繁殖，发酵液黏度增大，影响溶解氧浓度，容易引起菌体的代谢异常，影响产物合成。碳氮比合适，但碳源和氮源浓度过低，会影响菌体的繁殖，同样不利于产物的积累。在四环素发酵中，当发酵培养基的碳氮比维持在

25:1 时,四环素产量较高。除此以外,对于一些快速利用的碳源和氮源,要避免浓度过高导致的分解产物阻遏作用。如葡萄糖浓度过高会加快菌体的呼吸,使培养基中的溶解氧不能满足菌体生长的需要,葡萄糖分解代谢进入不完全氧化途径,一些酸性中间代谢产物会累积在菌体或培养基中,使 pH 降低,影响某些酶的活性,从而抑制微生物的生长和产物的合成。

②生理酸性物质和生理碱性物质的比例:生理酸性物质和生理碱性物质的用量也要适当,否则会引起发酵过程中发酵液的 pH 大幅度波动,影响菌体生长和产物的合成。因此,要根据菌种在现有工艺和设备条件下,其生长和合成产物时 pH 的变化情况以及最适 pH 大幅度波动,影响菌体生长和产物的合成。因此,要根据菌种在现有工艺和设备条件下,其生长和合成产物时 pH 的变化情况以及最适 pH 的控制范围等,综合考虑生理酸碱物质及其用量,从而保证在整个发酵过程中 pH 都能维持在最佳状态。

(3)无机盐浓度 孢子培养基中无机盐浓度会影响孢子数量和孢子颜色。发酵培养基中高浓度磷酸盐抑制次级代谢产物的生物合成。

(4)其他培养基成分的浓度 对于培养基中的每一个成分,都应考虑其浓度对菌体生长和产物合成的影响。

2. 培养基的筛选

设计后的培养基要通过实验进行筛选验证。大量的培养基筛选,一般采用摇瓶发酵的方法,这种方法筛选效率高,可在短时间内从大量的不同组成的培养基中筛选到较好的培养基组成。但摇瓶的发酵条件与罐上的发酵条件还有较大的不同,故由摇瓶筛选出的培养基,还要通过试验发酵罐的验证,并经过逐级放大实验和培养基成分的调整才能成为生产用的培养基。

培养基筛选可以采用单因子试验法,逐个改变发酵培养基中某一营养成分的种类或浓度,分析比较产生菌的菌体生长情况、碳氮代谢规律、pH 变化、产物合成速率等数据,从中确定应采用的原材料品种和浓度。单因子试验法工作量大,筛选效率低,需要时间长,故一般在考察少量因素时使用。

培养基筛选还可采用正交试验和均匀设计等数学方法以加速实验进程。正交试验能分析推断优化培养基的组分和浓度,还可以考察各因子之间的交互作用;均匀试验设计法试验结果的分析可以通过计算机对试验数据进行多元回归系统处理,求得回归方程式,通过此方程式来定量预测最优的条件和最优的结果。

在筛选培养基中,最后应综合考虑各因素的影响以及成本因素,得到一个比较适合该菌种的培养基配方。培养基中原材料质量的稳定性是获得连续、高产的关键。在工业化的发酵生产中,所有的培养基成分要建立和执行严格的质量标准。特别是对农副产品来源的(如花生饼粉、鱼粉、蛋白胨等)有机氮源,应特别注意原料的来源、加工方法和有效成分的含量。若原料来源发生变化,应先进行试验,正式投入生产后一般不得随意更换原料。

3. 培养基的制备

培养基是根据各类微生物生长繁殖的需要,用人工方法把多种物质混合而成的营养物。在制备培养基时,应掌握如下原则和要求:培养基必须含有微生物生长繁殖所需要的营养物质;所用的化学药品必须纯净,称取的质量务必准确;培养基的酸碱度应符合微生物生长要求。按各种培养基要求准确测定调节 pH。培养基的灭菌时间和温度,应按照各种培养基的规定进行，以保证灭菌效果及不损失培养基的必需营养成分。培养基经灭菌后，必须置37℃温箱中培养24h，无菌生长者方可应用；所用器皿须洁净，忌用铁或钢质器皿，要求没有抑制细菌生长的物质存在。

第二节　培养基及发酵基质的杀菌

在现代食品发酵生产中，一般均采用纯种发酵，为了保证发酵产品质量的稳定性和发酵生产的成功，必须采取严格的灭菌措施将培养基中的杂菌杀灭。灭菌（sterilization）是指采用某种物理或化学方法杀死或消除所有微生物体，包括病原微生物和非病原微生物。消毒（disinfection）是指杀死、抑制或清除病原微生物。消毒剂（disinfectant）通常为化学药剂，一般用于对非生物体进行消毒。消毒剂不能杀死芽孢及某些微生物，不能用于灭菌。

一、　主要的消毒及灭菌方法

实验室培养基和发酵生产的原料、物品、生产场地等的灭菌消毒方法是不同的，固体培养基和液体培养基的灭菌消毒方法、耐热培养基和不耐热培养基的灭菌消毒方法也是不同的，在实际工作中应根据具体情况采用不同的灭菌方法。

1. 加热灭菌

湿热灭菌的效果比同温度下干热灭菌的效果好（表2-1），这是因为湿热灭菌中菌体吸水，蛋白质容易凝固，因蛋白质含水量增加，所需凝固温度降低，水分子的存在有助于破坏维持蛋白质三维结构的氢键和其他相互作用弱键，更易使蛋白质变性，还可以使细胞膜磷脂溶解。湿热的蒸汽有潜热存在，当气体转变为液体时可放出大量热量，故可迅速提高灭菌物体的温度。另外湿热高温蒸汽的穿透力比干热空气穿透力强。因此，在相同温度下，湿热灭菌的效果比干热灭菌的效果要好。湿热灭菌能力强，为热力灭菌中最有效、应用最广泛的灭菌方法。

表2-1　　　　　　　　　　　干热与湿热空气对不同细胞的致死时间

细菌种类	90℃、干热	90℃、相对湿度20%	90℃、相对湿度80%
白喉棒杆菌	24h	2h	2min
痢疾杆菌	3h	2h	2min
伤寒杆菌	3h	2h	2min
葡萄球菌	8h	3h	2min

湿热灭菌条件通常采用121℃灭菌时间15~20min，有些不耐高温或易发生褐变的培养基可采用105~115℃，灭菌时间20~30min，或采用121℃灭菌时间8~10min，也可采用其他温度和时间参数。多数细菌和真菌的营养细胞在温度60~65℃处理10min即可杀死，要杀死酵母菌和真菌孢子需要80℃以上的温度。

（1）加热灭菌方法

①煮沸法：将物品置于水中，将水加热至沸点 100℃，维持 15min 以上，可杀死物品上存在的细菌、真菌的营养细胞和大多数病毒，但不能杀死细菌芽孢和全部真菌孢子。

②巴氏消毒法（pasteurization）：是用于牛乳、啤酒、果汁、果酒和酱油等不能进行高温灭菌液体的一种消毒方法。其主要目的是杀死其中无芽孢的病原菌（如牛乳中的结核杆菌或沙门氏菌），而又不影响它们的风味。巴氏消毒法是一种低温消毒法，具体的处理温度和时间各有不同，一般在 60~85℃ 下处理 15s 至 30min。

常用方法可分两种：第一种称为低温维持法（low temperature holding method，LTH），例如在 65℃ 下保持 30min 可进行牛乳消毒；另一种称为高温瞬时法（high temperature short time，HTST），用于牛乳消毒时只要在 71~75℃ 下保持 15s 即可。

③间歇灭菌法（fractional sterilization）：此法适用于不耐热培养基的灭菌。方法是将待灭菌的培养基在 80~100℃ 下蒸煮 15~60min，杀死其中所有微生物的营养细胞，然后置于室温或 37℃ 下保温 24~36h，诱导残留的芽孢和霉菌孢子发芽，第二天再以同法蒸煮和保温 24~36h，如此连续重复 3 次，即可在较低温度下达到彻底灭菌的效果。

对于不宜用高压蒸汽灭菌的培养基如明胶培养基、牛乳培养基，含糖培养基等可采用此法。

④常规加压灭菌法（normal autoclaving）：通常使用高压蒸汽灭菌锅，这是一种应用最为广泛的灭菌方法。为达到良好的灭菌效果，一般要求温度应达到 121℃（压力为 0.1013MPa），时间维持 15~20min，也可采用在较低的温度 115℃、35min，灭菌时间长短可根据灭菌物品的种类和数量不同有所变化。压力与温度对应关系见表 2-2。

表 2-2　　　　　　　　　　　　　压力与温度之间的对应关系

蒸汽压力		蒸汽温度/
atm	Pa	℃
1.00	101.3	100.0
1.25	126.6	107.0
1.50	51.6	112.0
1.75	75.9	115.0
2.00	101.3	121.0
2.50	151.9	128.0
3.00	202.6	134.5

物品经此温度的蒸汽处理，可杀死抗热性很强的细菌芽孢，破坏病毒核酸结构。需要指出的是，此法是通过增加温度，而不是压力来杀死微生物。

⑤连续加压灭菌法（continuous autoclaving）：在食品发酵行业也称"连消法"。此法只在大规模的发酵工厂中对培养基进行灭菌。主要操作是将培养基在发酵罐外通过高温换热器或"连消塔"连续不断地进行加热、维持和冷却，然后才进入发酵罐。培养基一般在 135~140℃ 下处理 5~15s。

此方法的优点是因采用高温瞬时灭菌，故既可杀灭微生物，又可最大限度地减少单糖、维生素及其他营养成分的破坏，从而提高原料的利用率。由于总的灭菌时间较分批灭菌法明显减少，所以缩短了发酵罐的占用周期，从而提高了它的利用率；由于蒸汽负荷均匀，故提高了锅炉的利用率。

（2）高温高压灭菌对培养基的影响

在高压蒸汽灭菌时，高温尤其是长时间的高温对培养基的色泽和营养成分会产生较大的影响。

高温高压灭菌后培养基中往往会形成肉眼可见的絮状物沉淀，沉淀物的多少与培养基的组成密切相关，尤其是与蛋白质的含量有关。有机物沉淀如蛋白多肽类，无机物如磷酸盐、碳酸盐等沉淀；同时培养基颜色加深、营养破坏，如产生氨基糖、焦糖或黑色素等，维生素被大量破坏；一般会使培养基的 pH 降低 $0.2 \sim 0.5$，降低多少与培养基的含糖量有关系，往往含糖量越高，pH 降低得就多。

（3）防止高温灭菌对培养基颜色和营养成分的影响措施

①对易形成颜色的含糖、氨基酸培养基进行灭菌时，应先将糖液与其他成分进行分别灭菌后再合并。

②对含 Ca^{2+} 或 Fe^{3+} 的培养基与磷酸盐先分别灭菌，然后再混合，就不易形成磷酸盐沉淀。

③对含有在高温下易破坏成分的培养基（如含糖、维生素组分培养基）可进行低压灭菌（在 112℃ 下灭菌 15min）或间歇灭菌。

④在大规模发酵工业中，可采用连续加压灭菌法进行培养基的灭菌等。

⑤在配制培养基时，为避免发生沉淀，一般应按配方逐一加入各种成分。另外，加入 0.01% EDTA 或 0.01% 氮川三乙酸（NTA）等螯合剂，可防止金属离子发生沉淀。

2. 过滤除菌

过滤除菌是利用细菌不能通过致密多孔滤材的原理以除去气体或液体中微生物的方法。常用于气体、热不稳定的药品溶液、含酶或维生素溶液、血清或对热敏感的液体原料的除菌，现已广泛用于食品如乳品、果汁、纯生啤酒、无菌空气、纯净水生产等。

过滤除菌一般采用滤膜过滤装置，膜过滤除菌技术耗能少、可在常温下操作、适于热敏性物料、工艺适应性强。膜过滤按截留分子量的大小又可分为微滤（MF）、超滤（UF）、纳滤（NF）和反渗透（RO）。

3. 辐射灭菌

（1）紫外线灭菌　紫外光由波长 $100 \sim 400nm$ 的光组成，但波长 $200 \sim 300nm$ 的紫外光杀菌作用最好，其中波长 $265 \sim 266nm$ 的紫外线杀菌作用最强。一般照射 $15 \sim 30min$，可杀死大部分细菌，杀菌效力与强度和时间的乘积成正比。紫外线穿透力极差，但紫外线可产生臭氧和过氧化氢，也有较强的杀菌作用。

（2）电离辐射灭菌　^{60}Co、X 射线、γ 射线等电离辐射有较强的杀菌能力，且穿透力强，能杀死包装内各种微生物。当 X 射线或 γ 射线撞击分子时，有足够的能量逐出分子中的电子和质子，形成离子和自由基分子，故称电离辐射。

电离辐射最重要的影响是对 H_2O 的作用，水分解为相关离子和游离基，这些离子与液体内存在的氧分子作用，产生一些具强氧化性的过氧化物，如 H_2O_2 等使细胞内某些重要蛋白质和酶发生变化,从而使细胞受到损伤或死亡。

主要用于其他方法所不能灭菌的药品、食品、不受辐射破坏的原料药及成品等,现已有专门用于不耐热的大体积物品消毒用的 γ 射线装置。

4. 超高压灭菌技术

通常液体或气体压力在 10 ~ 100MPa 称为高压,100MPa 以上称为超高压。超高压灭菌技术(ultra-high pressure processing,UHP)的主要原理是高压能引起菌体蛋白中的氢键、离子键、疏水键、二硫键等较弱的非共价键类变化,使蛋白质高级结构破坏,从而导致蛋白质凝固及酶失活。另外,超高压还可造成菌体细胞膜破裂,使菌体内化学组分产生外流等多种细胞损伤,这些因素的综合作用导致了微生物细胞死亡,从而达到灭酶、灭菌的目的。

还有电阻加热灭菌、脉冲高电压灭菌、脉冲磁场灭菌和微电解灭菌技术等。

二、 培养基加热灭菌的理论基础

(一) 微生物热阻的概念

微生物热阻是指在某一特定温度和加热方式条件下微生物的致死时间。相对热阻是指某一微生物在特定条件下的致死时间与另一微生物在相同条件下的致死时间的比值(表 2 - 3)。微生物热阻实际上就是微生物在某一条件下对热的抵抗力。微生物的耐热性也可以用同一温度下细胞的死亡速度常数 K 来表示。K 值越大,表示其耐热性越差,K 值越小,其耐热性越强,灭菌时间要适当增加。

表 2 - 3 微生物对湿热的相对热阻

微生物	相对热阻
细菌营养细胞,酵母	1
细菌芽孢	3×10^6
霉菌孢子	2 ~ 10
病毒和噬菌体	1 ~ 5

杀死微生物的极限温度称为致死温度。在致死温度下,杀死全部微生物所需要的时间称为致死时间。当温度超过最高限度时,微生物细胞中的原生质体和各种活性酶发生不可逆的凝固变性,使微生物在很短时间内死亡。在致死温度以上,温度越高,致死时间越短。致死温度和致死时间是衡量湿热灭菌的指标。

由于一般细菌、芽孢细菌、微生物细胞和微生物孢子,对热的抵抗力不同,因此,它们的致死温度和致死时间也不同。一般来说,细菌、霉菌、酵母和放线菌的营养细胞是不耐热的,在 50 ~ 60℃ 下 10min 就能将它们杀死。霉菌和放线菌孢子耐热性稍强,在 80 ~ 90℃ 下 30min 也能杀死。各种细菌的芽孢耐热性最强,有些细菌芽孢(如嗜热脂肪芽孢杆菌芽孢),需要 121℃、30min 才能被杀死。发酵工业培养基灭菌彻底与否,是以杀死所有芽孢为依据的。

(二) 微生物对数残留定律 (热致死定律)

在一定温度下,导致蛋白质凝固变性和酶失活,致使微生物细胞死亡的过程,可以认为是一个一级化学反应,它遵循分子反应速度方程,即在一定温度下微生物减少的速率与任一瞬间残存的微生物数成正比，这个规律称微生物热致死对数残留定律，用下式表示：

$$\frac{\mathrm{d}N}{\mathrm{d}t} = -KN$$

式中　N——培养基中残留的活菌数，个；

　　　t——灭菌时间，min；

　　　K——微生物灭菌死亡速度常数，或比死亡率常数，min^{-1}；

$\dfrac{\mathrm{d}N}{\mathrm{d}t}$——灭菌过程中某一时刻微生物的数量，它与该瞬间残留的活菌数 N 成正比，即在
灭菌过程中活菌数的减少随残留微生物的减少而递减。反应速率常数 K 随微生物的种类和加热温度而变化。

上式积分得：

$$\int_{N_0}^{N_t} \frac{\mathrm{d}N}{N} = -K\int_0^t \mathrm{d}t$$

$$N_t = N_0\mathrm{e}^{-Kt}$$

两边取自然对数得：

$$\ln\frac{N_0}{N_t} = -Kt$$

将上式变换得：

$$t = \frac{1}{K}\ln\frac{N_0}{N_t} \qquad 或 \qquad t = \frac{2.303}{K}\lg\frac{N_0}{N_t}$$

式中　N_0——开始灭菌时的活菌数，个；

　　　N_t——经过灭菌 t 时间后残留的活菌数，个。

上式是计算灭菌的基本公式，即对数残留定律，可以根据残留菌数 N_t 的要求计算灭菌时间 t。也可以计算出经一定时间 t 灭菌后，培养基中残留的活菌数 N_t。如果已知培养基中的活菌总数（N_0），并且确定发酵生产所规定的培养基灭菌的无菌程度（通常为 10^{-3}，即每千批灭菌允许有一次存在一个活菌的概率）和活菌的灭菌死亡速度常数 K，就可以计算出所需要的灭菌时间 t。

N_0 是总菌数，包括各种各样的微生物，有耐热菌和不耐热菌，如果将所有微生物均作为耐热的细菌芽孢来计算灭菌的温度和时间，就得延长时间并提高温度。因此，一般只考虑芽孢细菌和细菌的芽孢数之和作为计算依据较合理。

以菌的残留数的对数 $\ln\dfrac{N_0}{N}$ 与时间 t 作图，得出一条直线，其斜率为 $-K$，微生物热致死对数残留定律图解如下。

从图 2-1 中可以看出，灭菌期间活的微生物呈对数减少。N_t/N_0 的自然对数对处理时间 t 作图成直线关系，其斜率相当于 $-K$。显然，这个动力学所描述的状态表明，要使活微生物数减少到零，需要的时间为无穷大，事实上不可能这样做。一般

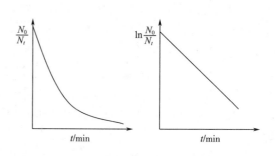

图 2-1　微生物群体热致死曲线

采用 $N_t = 0.001$，即 1000 次灭菌中有一次失败。

（三）　菌体死亡速度常数（K 值）

K 值是微生物耐热性的一种指标，可以用来判断微生物热死亡的难易，它随微生物种类和灭菌温度而异。从 $t = \dfrac{1}{K} \ln \dfrac{N_0}{N_t}$ 式中可以看出，在一定温度条件下，K 与灭菌时间的关系。相同温度下，K 值越小，则此微生物越耐热。同一种微生物在不同灭菌温度下，K 值不同，灭菌温度越低，K 值越小，温度越高，K 值越大。因此，提高灭菌温度，K 值增大，灭菌时间显著缩短。121℃某些细菌芽孢的 K 值见表 2 – 4。

表 2 – 4　　　　　　　　　　121℃某些细菌芽孢的 K 值

细菌芽孢名称	K 值/min^{-1}
枯草芽孢杆菌 FS5230	3.8 ~ 2.6
硬脂嗜热芽孢杆菌 FSl518	0.77
硬脂嗜热芽孢杆菌 FS617	2.9
产气梭状芽孢杆菌 PA3679	1.8

一般微生物的营养细胞的耐热性差，120℃时 K 为 $10 \sim 10^{10}\ min^{-1}$，因此短时间即可杀灭。而各种细菌芽孢的 K 值较小，故需较长时间才能杀灭。

（四）　灭菌温度 （T） 与死亡速度 K 之间的关系

微生物死亡速度常数 K 随温度升高而增大，且符合阿累尼乌斯（Arrhenius）方程，即：

$$K = Ae^{-E/RT}$$

式中　E——杀死细菌所需的活化能（4.18J/mol），其含义是反应分子必须达到活化态才能参与反应，或指获得活化能该微生物才能被杀灭；

　　　　R——摩尔气体常数，J/（mol·K）；

　　　　T——热力学温度，K；

　　　　A——阿伦尼乌斯常数，不同的菌种有不同的 A。

上式两边取对数得：

$$\ln K = \ln A - \frac{1}{T}\frac{E}{R}$$

此直线方程表示死亡速度常数 K 的自然对数与灭菌温度的热力学温度 T 的倒数呈线性关系，因此灭菌温度越高，灭菌死亡速度 K 越大，故在高温下，灭菌所需时间可缩短。

将方程式 $\ln \dfrac{N_0}{N_t} = -Kt$ 与 $K = Ae^{-E/RT}$ 合并，得到：

$$\ln \frac{N_0}{N_t} = -Ate^{-E/RT}$$

由于 N_0 为灭菌前培养基中活菌总数，N_t 为灭菌后要求达到的无菌度，即允许存在的活菌数，$\ln \dfrac{N_0}{N_t}$ 就成为灭菌效果的设计指数或灭菌标准。$\ln \dfrac{N_0}{N_t}$ 称为 Del 系数（用 V 表示），即：$V = \ln \dfrac{N_0}{N}$。

通常规定 N_t 为 10^{-3}，则 N_0 与培养基中的杂菌含量（个/mL 或个/g）和培养基的体积有关。

从 $\ln \dfrac{N_0}{N_t} = -Ate^{-E/RT}$ 关系式中可以看出，用不同的灭菌温度和灭菌时间都能达到同样的灭菌效果（即相同的 V）。也就是说采用低温长时间或高温短时间灭菌，灭菌效果是相同的。

三、 培养基加热灭菌温度和灭菌时间的计算

（一） 培养基灭菌温度的计算

微生物的死亡速度常数（K）与灭菌温度（T）密切相关，达到相同的灭菌效果时，温度 T 越高，K 值越大。但是随着温度的上升，培养基中营养成分的破坏速率也越大，色泽也越深。

在高温条件下大量氨基酸及维生素等受到破坏，如在 121℃ 、20min 有 59% 的赖氨酸和精氨酸及其他碱性氨基酸被破坏，甲硫氨酸和色氨酸也有相当数量被破坏，在高温条件下维生素几乎消失殆尽。在灭菌时应该考虑既能达到灭菌目的，又能使培养基成分破坏最少的灭菌条件。

培养基营养成分分解的动力学方程也符合一级分解反应动力学，即：

$$-\frac{dC}{dt} = k'c$$

上式进行积分得：

$$\int_{c_0}^{c} = \frac{dc}{c} = -k'\int_{0}^{t}dt$$

$$c = c_0 e^{-k't}$$

两边取对数：

$$\ln \frac{c}{c_0} = -k't$$

式中　$-\dfrac{dC}{dt}$——营养物降解速率，mol/（L·h）；

　　　c——培养基中剩余的营养物浓度，mol/L；

　　　c_0——培养基中原有营养物浓度，mol/L；

　　　k'——营养物降解反应速率常数；

　　　t——时间，s。

在化学反应中，其他条件不变，则反应速率常数的关系同样可用阿伦尼乌斯方程式表示。即：

$$k' = A'e^{-\frac{E'}{RT}}$$

式中　A'——阿伦尼乌斯常数，与菌种有关；

　　　R——摩尔气体常数，J/（mol·K）；

　　　T——热力学温度，K；

　　　E'——营养成分破坏所需的活化能，J/mol。

将 $k' = A \cdot e^{-\frac{E'}{RT}}$ 代入 $\ln \dfrac{c}{c_0} = -k't$

得：
$$\ln\frac{c}{c_0} = -A'te^{-\frac{E}{RT}}$$

一般微生物细胞的死亡速率常数增加倍数要大于培养基成分破坏速率的增加倍数，即，在同一温度下微生物被杀死而培养基成分可能并未完全被破坏，因此，可选择合适的灭菌温度和时间，使之既达到灭菌的目的，而营养成分又破坏最少。

（二） 培养基灭菌时间的计算

从公式 $t = \frac{1}{K}\ln\frac{N_0}{N}$ 可知，在一定温度下培养基的灭菌时间取决于：①培养基中所含的总菌数（N_0）；②该活菌的耐热性（灭菌死亡速度常数 K）；③灭菌后允许培养基中存在的杂菌数（N_t）。

天然发酵培养基中的杂菌数差异很大，一般杂菌数假设为 $10^4 \sim 10^6$ 个/mL，因此根据发酵液体积可计算出杂菌总数（N_0）。杂菌的耐热性，可取最耐热的细菌芽孢 K 值来计算。

例如：现有一台 12000L 发酵罐，装入 10000L 培养基，预测该发酵培养基中细菌芽孢数为 10^5 个/mL，该芽孢在 120℃时灭菌死亡速度常数 K 值为 1.8min^{-1}，工艺上允许 1000 批灭菌后可存在一个活菌，求在 120℃下灭菌时间 t？

解：根据公式 $t = \frac{2.303}{K}\lg\frac{N_0}{N_t}$

总菌数 $N_0 = 10^5 \times 10000 \times 1000 = 10^{12}$（个）

允许存在菌数 $N_t = 10^{-3}$（个）　　$K = 1.8\text{min}^{-1}$

代入公式　　　　　　　$t = \frac{2.303}{1.8}\lg\frac{10^{12}}{10^{-3}} = 19.2(\text{min})$

则该培养基在 120℃灭菌时间应可保持 20min。

在相同温度下杀灭细菌芽孢所需的时间不同是因为各种细菌芽孢对热的耐受力不同，同时，细菌芽孢生长条件和生长阶段不同，耐热性也有差别。所以，杀灭细菌芽孢的温度和时间需根据试验决定。表 2-5 所示为大多数细菌芽孢的杀灭温度和时间。

表 2-5　　　　　　　　　　大多数细菌芽孢被杀灭的温度和时间

温度/℃	100	110	115	121	125	130
时间/min	1200	150	51	15	6.4	2.4

在分批灭菌时，由于培养基加热升温至规定的维持温度和冷却降温这两段时间也能杀死一些细菌，特别是 100℃以上的温度灭菌效果较明显，所以大容量发酵罐分批实罐灭菌，实际所需的维持时间，要少于根据 $t = \frac{2.303}{K}\lg\frac{N_0}{N_t}$ 公式计算所得时间。

根据国外一些试验数据表明，大罐实罐灭菌时，升温、冷却和维持 3 个阶段所起的灭菌作用，分别占总灭菌作用的 20%、5% 和 75%。若依此推算，则上例中预热升温所起的灭菌作用为 20min × 20% = 4min，冷却阶段所起的灭菌作用相当于 20min × 5% = 1min，因此 120℃灭菌需要的维持时间应为 20min - 4min - 1min = 15min。

四、 影响培养基灭菌效果的因素分析

培养基灭菌是否彻底是发酵成败的关键，其中灭菌温度和灭菌时间是影响培养基灭菌效果的主要因素，此外，培养基的物理状态、组成成分、污染微生物种类的耐热性和数量、污染微生物细胞的生理状态和生长阶段、细胞含水量、pH、蒸汽中空气的排除情况、搅拌和泡沫等对灭菌效果也有一定的影响。

1. 培养基的物理状态的影响

由于液体培养基的营养物是溶解均相状态，液体培养基灭菌时，往往同时进行搅拌，热传递快而均匀。而固体培养基则只是通过热传导作用，受热不均匀，没有对流作用，热传导慢，液体培养基中水的传热系数要比有机固体物质大得多。因此，液体培养基比固体培养基容易灭菌，所需的时间短，而固体培养基灭菌要困难得多，所需的灭菌时间也长。在实际工作中，如果液体培养基中含有小于1mm的颗粒，可不必考虑颗粒对灭菌的影响，但对于含有大颗粒、团块及粗纤维培养基的灭菌，则要适当提高温度，且在不影响培养基质量的条件下，采用粉碎、粗过滤的方法预先处理，或者对较大颗粒的培养基进行适当的浸泡，使之吸水，以防止培养基结块内部含有大量的菌不能灭透而造成灭菌的不彻底。

2. 培养基组成成分的影响

培养基中脂肪、糖和蛋白质的含量越高，微生物的热死亡速率就越慢。这是因为在热致死温度下，脂肪、糖和蛋白质等有机物质在微生物细胞外面形成一层保护膜，该保护膜能有效地保护微生物细胞抵抗不良环境，所以灭菌时间相应要长些。相反，高浓度的盐类、色素等的存在会削弱微生物细胞的耐热性，故一般较易灭菌。因此，在实际灭菌时要适当考虑培养基的配方，根据其组成成分来确定具体的灭菌温度和灭菌时间。

3. 污染微生物的种类及耐热性的影响

不同种类的微生物对热的抵抗力是不同的，细菌的营养体、酵母、霉菌的菌丝体对热较为敏感，放线菌、霉菌孢子比营养细胞对热的抵抗能力要强，而细菌芽孢的抗热性就更强。一般来说，无芽孢的细菌、芽孢菌的营养体、霉菌孢子在100℃加热3~5min都可被杀死，细菌芽孢的热阻较大，100℃加热30min不能被杀死，要杀死细菌的芽孢需要更高的温度和更长的时间，所以灭菌温度和灭菌时间是以杀死细菌芽孢为标准。

4. 培养基中的微生物数量

培养基中微生物数量的多少与培养基的种类、营养组成、贮存季节、贮存时间等有关，一般天然有机培养基、农副产品培养基中的微生物数量较多。培养基中微生物数量越多，达到要求灭菌效果所需的灭菌时间就越长（表2-6）。在实际生产中，不宜采用严重霉变和腐败的原料，因为这类原料中不但微生物数量多，而且有效成分少，还可能含有有害的微生物代谢产物和毒素，彻底灭菌也比较困难。

表2-6　　　　　　　　　培养基中微生物孢子数目与灭菌时间的关系

培养基中微生物孢子数/（个/mL）	9	9×10^2	9×10^4	9×10^6	9×10^8
105℃灭菌所需的时间/min	2	14	20	36	48

5. 污染微生物生理状态的影响

污染微生物细胞的生理状态和生长阶段不同对温度的抵抗能力也不同，处于休眠状态、代谢不活跃及非生长繁殖旺盛期的细胞，对热的敏感性较差。年老细胞对不良环境的抵抗力要比年轻细胞强，这与细胞中蛋白质的含水量有关，年老细胞中水分含量低，年轻细胞含水量高，因此年轻细胞容易被杀死。

6. 微生物细胞中含水量的影响

在一定范围内，微生物细胞含水越多，则蛋白质的凝固温度越低，也就越容易受热凝固而丧失生命活力。

7. 培养基 pH 的影响

培养基的 pH 越低，灭菌所需的时间就越短。在 pH 6 ~ 8 时，微生物最耐热；pH<6，氢离子易渗入微生物细胞内，从而改变细胞的生理反应促使其死亡（表 2 - 7）。

表 2 - 7 培养基 pH 对灭菌时间的影响

温度/℃	芽孢数/（个/mL）	灭菌时间 / min				
		pH 6.1	pH 5.3	pH 5.0	pH 4.7	pH 4.5
120	10000	8	7	5	3	3
115	10000	25	25	12	13	13
110	10000	70	65	35	30	24
100	10000	740	720	180	150	150

8. 容器内空气排除彻底与否对灭菌效果的影响

蒸汽灭菌是依靠锅内的温度而不是压力来达到灭菌的目的。因此，只有在排尽锅内空气的前提下，锅内的压力与实际对应的温度才能一致。空气排不净会形成假压，压力表所显示的压力不单是罐内蒸汽压力，还包括了空气分压，因此，在利用加压蒸汽灭菌锅时，必须彻底排除灭菌锅内的残余空气。

9. 搅拌对灭菌效果的影响

在整个灭菌过程中，必须始终打开发酵罐的搅拌电机，使培养基在发酵罐内处于均匀充分地搅拌状态，这样才会使培养基热传递快且热交换均匀。如果不加以搅拌会形成局部过热，造成培养基受热不均，过热的部位营养物质受到破坏，而温度低的部位却杀菌不透（灭菌死角）。在控制好进汽、排汽阀门的同时，要保持培养基不停地搅拌，再保持一定的温度和罐压方能使培养基灭菌彻底。

10. 泡沫对灭菌效果的影响

在培养基灭菌过程中，很容易形成泡沫，泡沫的形成主要是与培养基的组成有关，蛋白质含量越高越容易形成泡沫，另外由于搅拌、进汽、排汽不均衡以及罐内外压力骤减使之形成泡沫，如果在灭菌过程中突然减少进汽或加大排汽，则容易出现大量泡沫。培养基产生的泡沫对灭菌极为不利，要注意防止培养基出现泡沫，因为泡沫中的空气形成隔层，使热量难以传递，使热量难以渗透进去，不易达到微生物的致死温度，从而导致灭菌不彻底。对极易发泡的培养基应在培养基配制时加入适量的消泡剂以减少泡沫量。

第三节 空气净化及溶氧技术

一、 空气过滤除菌

工业发酵分为厌氧发酵和好氧发酵，如抗生素、味精、有机酸、酶制剂、黄原胶、食用菌的发酵，在好氧发酵过程中，必须供给大量的氧气，氧气是好氧微生物生长、繁殖、分解代谢及合成代谢所必需的，工业生产中通常是采用通入大量的空气作为氧气的来源。

1. 空气过滤器的种类

空气净化是通过专门的空气净化设备来完成的，空气净化设备的种类较多，按过滤介质的可靠性和经济性主要有传统的棉花-活性炭过滤系统、涂覆超细玻璃纤维编织介质、镍金属烧结膜过滤介质和聚四氟乙烯等材料制成的滤膜介质。

（1）棉花-活性炭过滤系统 我国的发酵工业自 20 世纪 50 年代直至 80 年代中期，一直沿用以棉花、活性炭作为主要过滤介质的无菌空气制备工艺，这种制备系统的主要不足是过滤的可靠程度不够高，经过两级过滤之后，分过滤器出口的空气洁净度（以尘埃粒子计数器测量大于 0.3μm 尘粒数量）通常难以达到百级水平，进而导致发酵系统染菌，因此该系统逐步被淘汰。

（2）涂覆超细玻璃纤维编织介质 这种过滤介质与绝对过滤膜介质的过滤机理不同，属深层过滤，因此具有相对较高的容尘能力。在过滤精度水平、大于 0.3μm 尘粒的滤除率和单位体积过滤面积等技术指标上，两者基本处于同一层次，因此，也是能够满足可靠性要求的理想介质。

（3）镍金属烧结膜过滤介质 这种介质过滤精度相对较高，通过阻力降相对较低，耐高温性能优越，介质容尘量大，且可经反复清洗再生使用，金属膜过滤器的使用寿命可达到 5 年以上。其显著特点为：①系统可靠性强；②过滤机理先进；③系统性价比高。从 1988 年开始，金属膜空气过滤器大规模应用到我国的发酵行业，成功地将棉碳过滤器更新为金属膜过滤器。目前，我国采用纳米技术制作的金属膜过滤精度可以达到 0.01μm。

（4）聚四氟乙烯等材料制成的滤膜介质 用这种滤膜经折叠制成的滤芯，具有很大的单位体积过滤面积，过滤精度高达 0.01μm，对大于 0.3μm 以上尘粒的滤除率可达到99.9999%，耐高温性能好，潮湿环境下的强度变化小，初始阻力较小。制成的过滤器体积小巧，装拆方便。相比金属膜过滤器，产品价格低，几乎是相同流量金属膜过滤器的 1/3 ~ 1/2，是各种介质中最为理想的一种，是目前国内外普遍采用的过滤介质。

2. 空气过滤器的除菌原理

空气过滤器的作用是滤除空气中含有的固体微细颗粒、杂菌、水分、油分等各类杂质。空气过滤器所用的纤维状和颗粒状过滤介质，其孔径一般大于细胞微粒，空气中的尘埃、微生物菌体在通过滤层时，依靠滤层纤维的层层阻碍，迫使空气在流动过程中出现无数次改变气流速度大小和方向的绕行运动，从而导致微生物微粒与滤层纤维间产生拦截、撞击、布朗运动、重力及静电引力等作用，从而把微生物微粒截留、捕集在纤维表面上，实现了过滤的目的。

随着膜技术的日益成熟，膜过滤器在发酵行业空气系统除菌处理上得到了广泛应用。膜过滤器除菌原理是根据气体、细菌颗粒密度不同，细菌与气体分子直径的不同，通过过滤介质对细菌的惯性撞击、扩散拦截、直接拦截作用等方式实现除菌。

3. 空气过滤除菌工艺

空气过滤除菌工艺流程如图2-2。

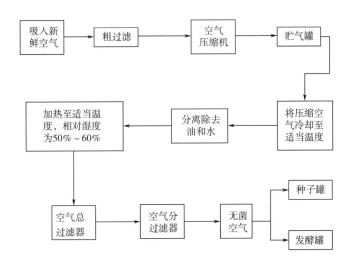

图2-2 空气过滤除菌工艺流程

在空气过滤器除菌时，其中过滤效率、过滤精度、空气阻力、空气处理能力、空气相对湿度、空气温度、耐蒸汽消毒性是考核空气过滤器质量的几个重要指标。

二、溶氧控制技术

氧是好氧微生物呼吸链末端的电子受体，在呼吸链的电子传递过程中合成大量的生物能量 ATP，供给细胞生长繁殖和代谢。因此，在发酵过程中必须供给适量的无菌空气，才能使菌体生长繁殖并积累所需要的代谢产物。

氧难溶于水，空气中的氧在水中的溶解度仅为 0.25mmol/L 左右，培养基中含有大量的无机盐和有机物，氧在培养基中的溶解度仅为 0.21mmol/L。在工业化深层发酵中，供氧往往采用强制性通入无菌空气的方法，为了提高溶解氧的量，在通风的同时还要加以搅拌，增加罐压，排除尾气等措施。

（一）发酵液中氧溶解及传质理论

通入发酵液的无菌空气，经过空气分布器及搅拌桨叶的搅拌，以气泡状态分散在发酵液中，而微生物细胞也分散在培养液中。氧从空气的气泡传递到微生物细胞内要经过两个过程：①供氧过程：空气中的氧气从空气泡里通过气膜、气液界面和液膜扩散到液体中。②耗氧过程：分散在发酵液中的氧分子从液体中通过液膜、菌体、细胞膜扩散到细胞内。氧的这种溶解传递过程称为氧传质双膜理论（图2-3）。

氧从空气的气泡传递到微生物细胞内要克服一系列传递阻力，才能传递到细胞内的呼吸酶而被利用，氧传递过程中要克服的阻力包括：

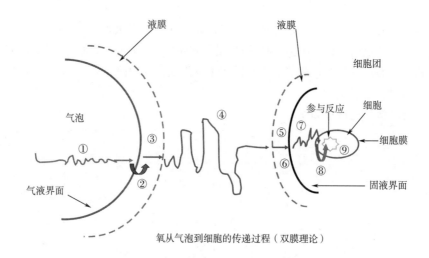

氧从气泡到细胞的传递过程（双膜理论）

图2-3　氧传质双膜理论模式图

注：①~④为供氧的传递阻力；⑤~⑨为好氧方面的传递阻力。

①$\dfrac{1}{k_G}$：从气相主体到气液界面的气膜传递阻力，与空气情况有关；

②$\dfrac{1}{k_I}$：气液界面的传递阻力，与空气情况有关，只有具备高能量的氧分子才能透到液相中去，而其余的则返回气相；

③$\dfrac{1}{k_L}$：从气液界面通过液膜的传递阻力，与发酵液的成分和浓度有关；

④$\dfrac{1}{k_{IB}}$：液相主体的传递阻力，与发酵液的成分和浓度有关，通常不作为重要阻力，因在液体主流中氧的浓度是假定不变的，但只有在适当搅拌的情况下才这样；

⑤$\dfrac{1}{k_{IC}}$：细胞或细胞团表面的传递阻力，与微生物的种类、生理特性状态有关，但细菌和酵母的细胞不存在这种阻力，对于菌丝这种阻力是最为突出的；

⑥$\dfrac{1}{k_{IS}}$：细胞或细胞团固液界面的传递阻力，与微生物的生理特性有关；

⑦$\dfrac{1}{k_A}$：细胞团内的传递阻力；

⑧$\dfrac{1}{k_W}$：细胞壁的阻力；

⑨$\dfrac{1}{k_R}$：反应阻力，指氧分子与细胞内呼吸酶反应时的阻力，与微生物的种类、生理特性有关。

这些阻力的相对大小与流体力学特性、温度、细胞的活性和浓度、液体的组成、界面特性等因素有关。这些阻力中①~④是供氧方面的氧传递阻力，⑤~⑨是耗氧方面的阻力。氧从空气泡传递到细胞内的总传递阻力是以上各项的总和，即：

$$\frac{1}{k_t} = \frac{1}{k_G} + \frac{1}{k_{IB}} + \frac{1}{k_L} + \frac{1}{k_{IC}} + \frac{1}{k_{IS}} + \frac{1}{k_A} + \frac{1}{k_W} + \frac{1}{k_R}$$

在某些情况下，其中的阻力是不存在的，例如，当以单细胞游离在发酵液中时，则 $\dfrac{1}{k_A}$ 消失，当细胞吸附在气液界面上时，则 $\dfrac{1}{k_{IB}}$、$\dfrac{1}{k_{IC}}$、$\dfrac{1}{k_{IS}}$、$\dfrac{1}{k_A}$ 消失。

（二） 影响氧传递速率的主要因素

1. 通风量对氧传递速率的影响

溶氧量的多少和氧传递速率的大小通风量是主要的因素。根据传氧速率方程：

$$N = k_G(p - p_{O_2}) = k_L(C_{O_2} - C_L)$$

由方程可知，通风量越大，气相主流中的氧含量越高，氧分压 P 越大，P 越大，氧传递速率就越大。因此，要提高发酵液中氧溶解度和氧的传速效率，最好的办法是加大通风量。

2. 搅拌对氧传递速率的影响

根据氧传递速率方程 $otr = k_L a(C_{O_2} - C_L)$，氧传递速率与氧传递推动力 $C_{O_2} - C_L$、氧传递常数和气液比表面积 a 因素有关，凡是影响 $C_{O_2} - C_L$ 和 $k_L a$ 的因素都会影响氧传递速率。

搅拌转速对 $k_L a$ 值有很大的影响，带有机械搅拌的通风发酵罐其搅拌器与氧传递速率常数 $k_L a$ 的关系可用下式表示：

$$k_L a = k \left(\frac{P_g}{V} \right)^{0.95} V_S^{0.65}$$

式中　P_g——通气时搅拌器的轴功率，W；

　　　V——发酵罐中发酵液的体积，m³；

　　　V_S——空气的线速度，m/s；

　　　k——常数。

从上式可知，$k_L a$ 与单位体积中的搅拌轴功率成正比。但这种关系取决于发酵罐的大小，$\dfrac{P_g}{V}$ 的指数随发酵设备大小而变化，如表 2 - 8 所示。

表 2 - 8　　　　　　　　　　$\dfrac{P_g}{V}$ 指数与发酵设备规模的关系

规模	$\dfrac{P_g}{V}$ 指数
实验室规模	0.95
中试规模	0.67
生产规模	0.50

搅拌促进氧传递的原因如下：

①搅拌能把大的空气泡分散成细小的气泡，小气泡上升的速度比大气泡慢，增加了氧与液体的接触面积（即气液比表面积 a）和接触时间；

②搅拌使发酵液作涡流运动，使气泡改变了上升路线，延长了气泡在发酵液中的停留时间，增大了 $k_L a$ 值；

③搅拌使菌体分散，避免结团，有利于固液传递中的接触面积的增加，使推动力均一，同时也减少了菌体表面液膜的厚度，有利于氧的传递；

④搅拌使发酵液产生湍流而降低气/液接触界面的液膜厚度，减小氧传递过程的阻力，因而增大了 $k_L a$ 值。

值得注意的是搅拌器的型式、直径大小、转速、组数、搅拌器间距及在罐内的相对位置等，对氧的传递速率都有很大的影响。

3. 发酵液的性质对氧传递速率的影响

在发酵过程中，随着微生物的代谢活动，菌体和代谢产物的积累，发酵液黏度、密度、表面张力等始终是变化的，因此，氧的扩散系数也是不断变化的。由于这些因素的变化，就会影响气泡大小和气泡稳定性，泡沫的大量形成也会使菌体与泡沫之间形成稳定的乳浊液，进而影响 $k_L a$ 值。黏度的增大，又会影响液体的湍流及液膜阻力，使氧传递系数 $k_L a$ 降低。

氧在非电解质溶液中，氧的溶解度随溶质浓度的增加而下降，其规律和电解质溶液相似，可用下式描述：

$$\lg \frac{C_W^{O_2}}{C_n^{O_2}} = KC_N$$

式中 $C_n^{O_2}$——氧在非电解质溶液中的溶解度，mol/m^3；

       $C_W^{O_2}$——与空气平衡的水中氧浓度，mol/m^3；

       C_N——非电解质或有机物浓度，kg/m^3；

       K——Sechenov 常数，该常数随气体种类、电解质种类和温度的变化而变化。

4. 罐容和罐内液柱高度对氧传递速率的影响

一般来说，体积大的发酵罐氧的利用率高，体积小的氧利用率低。不同大小的发酵罐，所需的搅拌转数和通风量也不同，大罐的转数可低些，通风量较小一些。在几何形状相似的条件下，发酵罐体积大的氧利用率可达 7% ~ 10%，而体积小的氧利用率只有 3% ~ 5%。这是因为在溶氧系数 $k_L a$ 值保持一定时，大罐气液接触时间长，氧的溶解率高，搅拌和通风均可小些。

一般在不增加功率消耗和空气流量不变时，增加发酵液体积会使通风效率降低，特别是在通风量较小时比较显著。但是在空气流量和单位发酵液体积消耗功率不变时，通风效率是随发酵罐的高径比 H/D 的增大而增加。根据经验数据，当 H/D 从 1 增到 2 时，$k_L a$ 值可增加 40% 左右；当 H/D 从 2 增加至 3 时，$k_L a$ 值增加 20%。由此可见，H/D 小的氧的利用率差。

目前在进行发酵罐设计时，一般 H/D 为 3 ~ 5；如果 H/D 太大，溶氧系数反而增加不大，相反由于罐身过高，液柱压差大，气泡体积缩小，以致造成气液界面积小。另外，H/D 太大，需要的厂房也高，一般罐高径比 $H/D = 3$ 为宜。

5. 空气分布管对氧传递速率的影响

发酵罐中空气分布管的形式、出气口直径及管口与罐底距离的相对位置都对氧溶解速率有较大的影响。

空气分布管有单管、多孔环管及多孔分支环管等几种。当通风量较小时（0.02 ~ 0.5mL/s），气泡的直径与空气喷口直径的 1/3 次方成正比，就是说，喷口直径越小，气泡的直径也越小，溶氧系数就越大。

6. 罐压对氧传递速率的影响

根据传氧方程： $N = K_G(P - P_{O_2}) = k_L(C_{O_2} - C_L)$

由上式可以看出，增加推动力 $P - P_{O_2}$ 或 $C_{O_2} - C_L$，可使氧的溶解度增加。

又根据亨利定律 $P = HC_{O_2}$，在平衡状态时液体中氧的溶解度等于 $C_{O_2} = \dfrac{P}{H}$。

因此，增加空气中氧的分压可使氧的溶解度增大，可采用增大罐压或用含氧较多的空气或纯氧都能增加氧的分压，适当提高空气压力（即罐压）对提高溶氧率是有好处的。

7. 空气的线速度对氧传递速率的影响

发酵罐的溶氧系数 $k_L a$ 与空气线速度 Vs 之间的关系为

$$k_L a \infty V_s^{\beta}$$

式中 V_s 单位为 m/s；指数 β 在 0.4~0.72，随着搅拌形式而异。从关系式可以看出，氧传递系数 $k_L a$ 与空气流量成正比，$k_L a$ 随着空气流量的增多而增大。当增加通风量时，空气线速度相应增加，从而增大溶氧；但是，在转速不变时，增加风量，功率会降低，反而又会使溶氧系数降低。同时，空气线速度过大时，会发生"过载"现象，此时桨叶不能打散空气，气流形成大气泡在轴的周围逸出，使搅拌效率和溶氧速率都大大降低。因而，单纯增大通风量来提高溶氧系数并不一定得到好的效果。

8. 温度对氧传递速率的影响

温度与溶氧系数 $k_L a$ 的关系可用下式表示：

$$\frac{k_L a(t_2)}{k_L a(t_1)} = \sqrt{\frac{T_2 \mu_1}{T_1 \mu_2}}$$

式中　$k_L a$ (t_1)、$k_L a$ (t_2) ——温度为 t_1、t_2 时的 $k_L a$ 值，kgO_2/h；

T_1、T_2 ——发酵液的热力学温度，K；

μ_1、μ_2 ——温度为 t_1、t_2 时的黏度。

由上式可见，温度升高能提高 $k_L a$ 值，但是超过一定温度溶氧量会降低。

（三）　增加发酵液中溶解氧的方法

在发酵过程中，不同的发酵类型所需要的溶氧量不同，不论哪种发酵，溶氧量应控制在一个适当的水平，溶氧不能太低，但也不必过高。溶氧量低影响发酵，溶氧量太高会造成动力浪费，发酵液中溶解氧浓度应当是供需平衡。

在发酵液中可分为供氧 $otr = \dfrac{dc}{dt} = k_L a$ $(C_{O_2} - C_L)$ 和微生物耗氧：

$$r = Q_{O_2} X$$

式中　r——耗氧速率，$mmol/L \cdot h$；

Q_{O_2}——微生物的呼吸强度或比耗氧速率，$mmol/g \cdot h$；

X——菌体细胞浓度，g/L。

在供氧方面，根据 $otr = \dfrac{dc}{dt} = k_L a(C_{O_2} - C_L)$，主要是设法提高氧的传递推动力和氧传递速率常数，影响供氧的因素主要有：①空气流量（通风量）；②搅拌转速；③气体组分中的氧分压；④罐压；⑤温度；⑥培养基的物理性质等。

而从 $r = Q_{O_2} X$ 可知，影响需氧的则是菌种、生长状况、细胞的数量、生理特性、培养基营养、培养温度等。要达到氧供需平衡，在控制发酵液中的溶解氧时下可从以下几个方面考虑：

1. 改变通气速率（增大通风量）

加大通气量可以增大 $k_L a$ 提高供氧能力，但是增大风量应当注意以下情况：

（1）在低通气量的情况下，增大通气量对提高溶氧浓度有十分显著的效果。

（2）在空气流速已经十分大的情况下，如不改变搅拌转速，由于搅拌功率的下降，反而会导致溶解氧浓度的下降，同时会产生某些副作用。比如：泡沫的形成、水分的蒸发、罐温的增加以及染菌概率增加等。

2. 改变搅拌速度

一般说来，改变搅拌速度的效果要比改变通气速率大，这是因为：

（1）通气泡沫被充分破碎，增加有效气液接触面积；

（2）液流滞流增加，气泡周围液膜厚度和菌丝表面液膜厚度减小，并延长了气泡在液体中的停留时间，因而就较明显地增加 $k_L a$ 提高了供氧能力。可用下式来表示用搅拌方式控制溶氧系统的特性：

$$K = A \frac{our}{n^\alpha}$$

式中 　our——摄氧率，为菌体的耗氧能力和菌体浓度的综合结果；

　　　　K——调节对象放大倍数，定义为：每变化单位转速所引起的溶解氧浓度的变化；

　　　　n——搅拌器转速；

A、α——设备系数，与通风量、设备及发酵液的物料特性有关。

由上式可以看出：

（1）当转速 n 较低时，增大 n 对 K 有明显作用；

（2）当转速 n 很高时，K 值趋向于零，此时，增大 n 就起不到调节的作用。同时增大转速，不仅会使消耗功率增大，还会由于搅拌的剪切作用，打碎菌丝体，促使菌体自溶并减少产量。

3. 改变增加气体中的氧含量

用通入纯氧方法来改变空气中氧的含量，提高了 C_{O_2} 值，因而提高了供氧能力。纯氧成本较高，但对于某些发酵需要时，如溶氧低于临界值时，短时间内加入纯氧是有效而可行的，这种方法在实验室动植物细胞培养中已被采用。目前一些富氧设备正处于研制开发阶段，但因成本太高，尚未在实际生产中得到应用。

4. 改变罐压

增加罐压实际上就是改变氧的分压 p_{O_2} 来提高 C_{O_2} 从而提高供氧能力，但此法有一定的局限，主要原因：

（1）提高罐压就要相应地增加卒压机的出口压力，也就是增加了动力消耗。

（2）发酵罐的强度要相应增加，加大发酵罐制造成本。

（3）提高罐压后，产生的 CO_2 溶解度也相应增加，会使培养液的 pH 发生变化，需要不断加碱调整。

第四节　发酵的一般工艺及过程控制

一、发酵的一般工艺过程

微生物发酵的生产水平不仅取决于生产菌种本身的性能，而且要赋以合适的环境条件才能使它的生产能力充分表达出来。为此我们必须通过各种研究方法了解有关生产菌种对环境条件的要求，如培养基、培养温度、pH、氧的需求等，并深入地了解生产菌在合成产物过程中的代谢调控机制以及可能的代谢途径，为设计合理的生产工艺提供理论基础。同时，为了掌握菌种在发酵过程中的代谢变化规律，可以通过各种监测手段如取样测定随时间变化的菌体浓度、糖、氮消耗及产物浓度，以及采用传感器测定发酵罐中的培养温度、pH、溶解氧等参数的情况，予以有效控制，使生产菌种处于产物合成的优化环境之中。

微生物发酵产物虽然多种多样，发酵类型不一，但总体上的工艺流程是相似的，包括：①原料的处理与灭菌；②空气的净化除菌；③菌种培养及扩大；④发酵的条件控制；⑤产品提取精制等阶段。这些阶段既有联系又有各自的特点。发酵不仅要有微生物细胞参加，而且要有一个适合微生物生长的环境和处理这些微生物及其产品的工艺。

（一）　菌种及扩大培养

在进行发酵生产之前，首先必须从自然界分离得到能产生所需产物的菌种，并经分离、纯化及选育后或是经基因工程改造后的"工程菌"，才能供给发酵使用。为了能保持和获得稳定的高产菌株或具有良好发酵特性的菌株，还需要定期进行菌种纯化和育种，筛选出高产量和高品质的优良菌株。

现代发酵工业的生产规模越来越大，发酵罐的容积有几十立方米甚至几百立方米，要使微生物在较短时间内完成如此巨大的发酵转化，必须具备数量巨大的微生物细胞。菌种扩大培养的目的就是为每次发酵罐的投料提供相当数量的、代谢旺盛的种子。因为发酵时间的长短和接种量的大小有关，接种量大，发酵时间短。将较多数量的成熟菌体接入发酵罐中，有利于缩短发酵时间，提高发酵罐利用率，也有利于减少染菌的机会。因此，种子扩大培养的任务，不但要得到纯而壮的培养物，而且要获得活力旺盛的、接种数量足够的培养物。对于不同产品的发酵过程来说，必须根据菌种生长繁殖速度的快慢决定种子扩大培养的级数。一般 50t 发酵罐多采用三级发酵，有的甚至采用四级发酵，三级发酵的流程如下：

斜面菌种→ 一级种子摇床培养 → 二级种子罐培养 → 三级种子罐扩大培养 → 发酵罐发酵

（二）　原料的处理与灭菌

培养基是微生物获得生存的营养来源，对微生物生长繁殖、酶的活性与产量都有直接的影响。不同微生物对营养要求不一样，但它们所需的基本营养大体上是一致的，其中以碳源、氮源、无机盐、生长素和金属离子等最重要。不同类型的微生物所需要的培养基成分与浓度配比并不完全相同，必须按照实际情况加以选择。在培养基和发酵基质配置完毕后需要对其进行灭菌，通常灭菌条件是在 120℃、20～30min。

（三）　发酵及过程控制

发酵是微生物合成大量产物的过程，是整个发酵工程的中心环节。它是在无菌状态下进行纯种培养的过程。因此，所用的培养基和培养设备都必须经过灭菌，通入的空气或中途的补料都是无菌的，转移种子也要采用无菌接种技术。空气除菌则采用介质过滤的方法，可用定期灭菌的干燥介质来阻截流过的空气中所含的微生物，从而制得无菌空气。

在发酵过程中根据实际情况，需要对发酵过程参数温度、pH 和搅拌速度等关键发酵参数进行调节和控制。此外，根据微生物对氧的需求，决定是否通气以及通气量的大小；根据投料方式，决定是否在发酵过程中进行补料操作。

染菌是微生物发酵生产的大敌，一旦发现染菌，应及时进行处理，以免造成更大的损失。染菌可能来源于设备、管道、阀门漏损，灭菌不彻底，空气净化不好，无菌操作不严或菌种不纯等问题。因此，要控制染菌继续发展，必须及时找出染菌的原因，采取措施，杜绝染菌事故再现。菌种发生染菌会使各个发酵罐都染菌，因此，必须加强接种室的消毒管理工作，定期检查消毒效果，严格无菌操作技术。如果新菌种不纯，则需反复分离，直至完全纯粹为止。对于已出现杂菌菌落或噬菌体噬斑的试管斜面菌种，应予以废弃。在平时应经常分离试管菌种，以防菌种衰退、变异和污染杂菌。对于菌种扩大培养的工艺条件要严格控制，对种子质量更要严格掌握，必要时可将种子罐冷却，取样做纯菌试验，确认种子无杂菌存在，才能向发酵培养基中接种。

二、 发酵的工艺类型

（一） 按微生物对氧的要求分类

按照微生物对氧的要求可分为好氧发酵、厌氧发酵和兼性厌氧发酵。

1. 好氧发酵

好氧发酵，又称好气发酵，是指发酵产物形成时需要充分的氧气，如柠檬酸发酵、草酸发酵、曲酸发酵、甲叉丁二酸发酵、谷氨酸发酵、石油脱蜡发酵，以及各种抗生素发酵等。

2. 厌氧发酵

厌氧发酵，又称嫌气发酵，是指发酵时不需供应氧气，如丙酮 – 丁醇发酵、乳酸发酵、丙酸发酵、丁酸发酵等。

3. 兼性厌氧发酵

生产酒精的酵母菌是一种兼性厌氧微生物，在缺氧条件下进行酒精发酵，积累酒精；在大量通气情况下则进行好氧发酵，产生大量酵母细胞。

（二） 按微生物发酵采用的培养基状态分类

按微生物发酵采用的培养基状态分类可分为固体发酵和液体发酵。

1. 固体发酵

我国的发酵生产大致经历了固体发酵—浅盘发酵—液体深层发酵的发展过程。固体发酵有着悠久的历史，其优点是投资少，设备简单，操作容易，并且可因陋就简，利用各种廉价农副产品及其下脚料进行生产。基质含水量低，可极大地减少生物反应器的体积。发酵副产品均可综合利用，不需废水处理，为清洁生产。供氧是由气体扩散或间歇通气完成，不一定需连续通风，能耗较低。能在一定程度上解除产物抑制，可获得较高的次级代谢产物。其缺点为厂房面积需要大，生物反应器设计还不完善，难以准确测定含水量、菌体量和 CO_2 生成量等发酵参数，微生物生长速度较慢，易污染，只适用于耐低活性水分的菌（如霉菌）等的发酵。

固体发酵即将发酵的原料加上一定比例的水分，置曲盘、草帘、深槽中灭菌，冷却后接种，进行发酵。现在已对固体发酵设计了密闭式的固体发酵罐，使固体发酵获得了新的发展。

2. 液体发酵

此法是将所用原料配制成液体状态，又有如下方式：①将培养基放在瓷盘内，进行静止培养，称浅盘发酵（亦称表面培养）。该法存在不少缺点，如劳动强度大，占地面积大，产量小，易染杂菌等，因此很快被液体深层发酵所代替。②将培养液加入铁或不锈钢制成的发酵罐，在罐内进行深层发酵。

目前我国和世界大多数国家发酵工厂都采用液体深层发酵。过去多采用单罐方式分批发酵，即在一个发酵罐内进行，发酵完毕即将产物进行提取。后来又发展为连续发酵、补料分批发酵等方式。

液体深层发酵同固体发酵、表面培养等发酵相比有很多优点，主要为：①液体悬浮状态为很多微生物提供需最适生长环境，菌体生长快，发酵产率高，发酵周期短；②在液体中，菌体、底物、产物以及发酵产生的热量易于扩散，使发酵可在均质或拟均质条件下进行，便于控制，易于扩大生产规模；③厂房面积小，生产效率高，易进行计算机等自动化控制，产品质量稳定；④产品易于提取、精制等。因而它在现代发酵工业中被广泛应用。但液体深层发酵尚存在消耗能源多、设备复杂、需要较大的投资、有废物（液）排放等缺点，仍需不断改进。

（三）　按投料方式分类

按照投料方式分类可分为分批发酵、连续发酵和补料分批发酵。

1. 分批发酵

实验室或工业生产中常用的分批发酵方法是单罐深层培养法，即将培养基装进容器中，灭菌后接种开始发酵，周期是数小时到几天（根据微生物种类不同而异），最后排空容器，进行分离提取产品，再进行下一批发酵准备。中间除了空气进入和尾气排出，与外部没有物料交换。传统的生物产品发酵多采用此法，它除了控制温度、pH 及通气量外，不进行任何其他控制。分批发酵方法的主要特征是所有的工艺参数都随时间（发酵过程）而变化。

分批发酵过程一般可粗分为四期，即延迟期、对数期、稳定期和衰亡期；也可分为六期：延迟期、加速期、对数期、减速期、停滞期（静止期）和死亡期。

（1）延迟期　即刚接种后一段时间内，细胞数目和菌量不变，因菌对新的生长环境有一适应过程，其长短主要取决于种子的活性、接种量、培养基配方和浓度。一般接种时应采用对数生长期的种子，且接种量要达到一定浓度。发酵培养基配方尽量接近种子培养基。实验和生产上要尽量缩短这一时期。

（2）加速期　在延迟期后和对数期之前，细胞生长速度逐渐加快，进入短暂的加速期。此时菌已完全适应周围环境，由于有充足的养分，而且无抑制生长的有害物质，菌便开始大量繁殖，很快进入对数期。

（3）对数期　对数生长期的细胞总量以几何级数增长。此时期的长短取决于培养基、溶氧的可利用性和有害代谢产物的积累。

（4）减速期　随着营养成分的减少、有害代谢物的积累，生长速度明显减缓。虽然细胞总量仍在增长，但其生长速率不断下降，细胞在代谢与形态方面逐渐衰退，经短时间的减速后进入静止期。

（5）停滞期（静止期）　此时期细胞数量的增长逐渐停止，生长和死亡处在动态平衡状态。此时期菌体的次级代谢十分活跃，许多次级代谢产物和大多数抗生素等在此时大量合成，菌的形态也发生较大变化，如：菌体染色变浅，芽孢杆菌出现芽孢，丝状菌出现液泡等。当养分耗竭，有害代谢产物在发酵液中大量积累，便进入死亡期。

（6）死亡期 进入死亡期后，生长呈现负增长，大多数细胞出现自溶、代谢停止、细胞能量耗尽。所有的发酵产品必须在进入死亡期以前结束发酵。

主罐发酵结束后，立即将发酵液送往提取、精制等后处理。

2. 连续发酵

在分批发酵中，营养物质不断被消耗，有害代谢产物不断积累，细菌生长不能长久地处于对数生长期。如果在反应器中不断补充新鲜的培养基，并不断地以同样速度排出培养物（包括菌体及代谢产物），从理论上讲，对数生长期就可无限延长。只要培养液的流入量等于流出量，使分裂繁殖增加的新菌数相当于流出的老菌数，就可保证反应器中总菌数量基本不变。20 世纪 50 年代以来发展起来的连续发酵就是根据此原理而设计的，这种方法称为连续发酵法。

（1）连续发酵的控制方式：主要有恒化器法和恒浊器法两类。恒浊器法即利用浊度来检测细胞的浓度，通过自控仪调节流入培养基的量，以控制发酵液中菌体浓度达到恒定值。恒化器法与前者相同之处是维持一定的体积，不同之处是不直接控制菌体浓度，而是控制恒定输入的培养基中某一种生长限制基质的浓度。常用的生长限制基质有作为碳源的葡萄糖、麦芽糖和乳糖，还有作为氮源的氨或氨基酸以及生长因子和无机盐类等。

（2）连续发酵使用的反应器：可以是搅拌式反应器（单罐、多罐串联），也可以是管式反应器（直线形、S 形、蛇形等）。培养液和培养好的种子不断流入管道反应器，微生物在其中生长。这种连续发酵方法主要用于厌氧发酵。也可在管道中用隔板加以分离，每一分隔等于一台发酵反应器，相当于多级反应器串联的连续发酵。在罐式反应器中，即使加入的物料中不含有菌体，只要罐中含有一定量的菌体，维持一定进料流量，就可以实现稳定操作。罐式连续发酵所用的罐与分批发酵罐无大的区别，可采用原有罐改装。

（3）连续发酵与分批发酵相比具有以下优点：①可以保持恒定的操作条件，有利于微生物的生长代谢，从而使产率和产品质量也相应保持稳定。②减少设备清洗、灭菌等辅助工作造成的停工时间，提高设备利用率，节省劳动力和工时，可以降低生产成本。③便于机械化和自动化管理，容易对过程进行优化。④大规模分批发酵，需要大型的后处理设备，进行纯化、精制以获目标产品；而在连续发酵中，一次收获只收获少量发酵液，下游所需的设备规模也可相应减少。

由于上述优点，连续发酵目前已用于啤酒、酒精、单细胞蛋白、有机酸生产以及有机废水的活性污泥处理等。而目前发展的一种发酵方法则是把固定化的细胞技术和连续发酵方法结合起来，用于生产丙酮、丁醇、正丁醇、异丙醇等重要的工业溶剂上。在工程菌的培养上，人们已研制出了实验室水平（约10L）及试生产水平（约1000L）的连续发酵体系，用于重组微生物生产蛋白。

（4）连续发酵也存在一些缺点：连续发酵在持续运转过程中，由于发酵周期长，容易造成杂菌污染，也会造成生产菌株的回复突变，或造成重组菌株的质粒丢失，使不含质粒的细胞由于细胞能量负担小，迅速分裂，成为反应器中的优势菌群，合成产物的细胞越来越少，从而降低产量。将外源基因整合到宿主染色体上可以避免这种情况的产生。黏性丝状菌容易附着在器壁上生长和在发酵液内结成团，给连续发酵操作带来困难等。由于以上情况，在近代发酵工业中应用连续发酵的例子不多。相信随着本学科及相关科学的发展，连续发酵定会获得更为广泛的应用。

3. 补料分批发酵

在分批发酵过程中，间歇或连续地补加新鲜培养基的发酵方法，称为补料分批发酵，又称半连续发酵或流加分批发酵法。此法能使发酵过程中的碳源保持在较低的浓度，避免阻遏效应和积累有害代谢产物。

补料分批发酵的应用是在 20 世纪初。由于利用麦芽糖生产酵母菌，出现酵母菌细胞旺盛生长而造成供氧不足，导致过多的乙醇产生，抑制酵母菌的生长，降低了酵母菌的产量。1915—1920 年，在发酵工业中采用了向初始培养基补加培养液的方法，抑制乙醇的产生，提高了酵母菌的产量。但这只是经验方法，直到 1973 年，日本学者 Yoshida 等人首次提出 "fed-batch fermentation" 这个术语，并从理论上建立了第一个数学模型，流加发酵的研究才开始进入理论研究阶段，大大丰富了流加发酵的内容。

（1）与传统分批发酵相比，补料分批发酵法有诸多优点。

①可以消除底物抑制：在分批发酵中高浓度的碳源往往抑制微生物的生长和代谢产物的积累，这也就限制了菌体浓度和产物浓度的提高。采用补料分批发酵法，可以从较低的碳源浓度开始培养，就不存在底物抑制问题，随后可以通过不断流加限制性底物，使菌体能够不断生长，代谢产物也能不断地积累。

②可以延长次级代谢产物的合成时间：次级代谢产物的合成是在静止期才开始。在分批发酵培养中这个时期比较短，因为营养物质已经大量消耗，有害代谢产物积累，很快进入细胞死亡期，如果及时补料就可以给微生物生长继续提供所需要的营养，并延长静止期的时间，因此能达到较高的次级代谢产物的生产水平。

③可以达到高密度细胞培养：由于补料分批发酵能不断地向发酵罐补充限制性底物，微生物始终能获得充分的营养，菌体密度就可以不断增加。通过选择适当的补料策略，并配合氧传递条件的改进，细胞密度可以达到较高的水平。对于以细胞本身或胞内产物作为目标产物的发酵过程，高密度培养可以大大提高生产效率。

④稀释有毒代谢产物、降低污染和避免遗传不稳定性：在发酵过程中，微生物利用营养物质生长繁殖，合成代谢产物的同时，也会分泌一些有毒的代谢副产物，对微生物生长不利。通过补料就能够稀释有毒的代谢产物，减轻毒害作用。又由于补料分批发酵操作时间有限，因此可以有效控制染菌和菌种的不稳定性。

（2）补料分批发酵可以分为单一补料分批发酵和反复补料分批发酵。前者是在发酵过程适时间歇或连续地补加碳源或氮源或二者同时按一定比例流加，直到发酵液体积达到发酵罐最大操作容积后停止补料，最后将发酵液一次全部放出。这种补料方式受发酵罐容积的限制，发酵周期只能控制在较短时间。后者是在前者的基础上，每隔一定时间按比例放出一部分发酵液，使发酵液体积始终不超过发酵罐的最大容积，从而在理论上可以延长发酵周期，直到发酵的目标产物明显下降，再放出全部发酵液，进行提取精制。这种补料方式保留了单一补料分批发酵的优点，又延长了发酵周期，提高了产率。

目前，补料分批发酵方法已广泛应用于发酵工业如氨基酸、抗生素、有机酸、生长激素发酵等液体发酵中，在固体发酵及混合发酵中也有应用。

三、　补料对发酵的影响及其控制

在分批发酵中糖量过多造成细胞生长过旺，供氧不足，解决这个问题可在过程中加补料。补料的作用是及时供给菌合成产物的需要。对酵母生产，过程补料可避免因葡萄糖效应引起的乙醇形成，导致发酵周期的延长和产率降低。通过补料控制可调节菌的呼吸，以免过程受氧的限制。这样做可减少酵母发芽，细胞易成熟，有利于酵母质量的提高。补料分批培养也可用于研究微生物动力学，比连续培养更易操作和更为精确。

1. 补料分批发酵存在的问题

补料分批发酵是分批发酵和连续发酵的过渡并兼有两者的优点，而且克服了两者的缺点，是发酵技术上一个划时代的进步，但是如何实现补料的优化控制还在研究之中。目前虽然已实现流加补料微机控制，但是发酵过程中的补料量或补料率，在生产中还只是凭经验确定，或根据几次基质残留量、pH、溶解氧浓度的检测的静态参数设定控制点，带有一定的盲目性，很难根据发酵罐内菌体生长的实际状况，同步地满足微生物生长和产物合成的需要，也不可能完全避免基质的调控反应。

2. 补料分批发酵的策略

近年来对补料的方法、时机和数量以及料液的成分、浓度有过许多研究。有的采用一次性大量或多次少量或连续流加的办法。连续流加式又可分为快速、恒速、指数和变速流加，采用一次性大量补料方法虽然操作简便，比分批发酵有所改进，但这种方法会使发酵液瞬时大量稀释，扰乱菌的生理代谢，难以控制过程在最适合于生产的状态。少量多次虽然操作麻烦些，但这种方法比一次大量补料合理，为国内大多数抗生素发酵车间所采纳。从补加的培养基成分来分，有用单一成分的，也有用多组分的料液。当然条件许可，如能用计算机进行在线监控，按需连续流加最为合理。优化补料速率要根据微生物对养分的消耗速率及所设定的发酵液中最低维持浓度而定。不论生物反应器的体积传质系数大小，它们均有一最佳补料速率。

3. 补料的判断和依据

补料时机的判断对发酵成败也很重要，时机未掌握好会弄巧成拙。一般用菌的形态，发酵液中糖浓度，溶解氧（DO）浓度，尾气中的 O_2 和 CO_2 含量，摄氧率或呼吸熵的变化为依据。不同的发酵品种有不同的依据。一般以发酵液中残糖浓度为指标，对次级代谢产物，还原糖浓度一般控制在 5g/L 左右的水平。也有用产物的形成来控制补料。

如现代酵母生产是借助测量尾气中的微量乙醇来严格控制糖蜜的流加。这种方法会导致低的生长速率，但其细胞得率接近理论值。青霉素发酵是补料系统用于次级代谢物生产的范例。在分批发酵中总菌量、黏度和氧的需求一直在增加，直到氧受到限制。据此，可通过补料速率的调节来控制生长和氧耗，使菌处于半饥饿状态，以使发酵液有足够的氧，从而达到高产目标。在青霉素发酵中加糖会引起尾气 CO_2 含量的增加和发酵液 pH 下降。糖、CO_2、pH 三者的相关性可作为青霉素工业生产上补料控制的参数。尾气 CO_2 的变化比 pH 更敏感，故可测定尾气 CO_2 的释放率来控制加糖速度。

此外，去除代谢终产物改变细胞膜的通透性，把属于反馈控制因子的终产物迅速不断地排出细胞外，不使终产物积累到可引起反馈调节的浓度，即可以预防反馈控制。发酵工艺优化的方法有很多，它们之间不是孤立的，而是相互联系的。在一种发酵中，往往是多种优化方法的结合，其目的就是要控制发酵，按照自己的设计，生产出更多、更好的产品。

四、 发酵过程有关数据的采集检测

微生物发酵过程可通过外部条件进行直接调控，发酵调控就是通过营养物、底物浓度和环境因素的调节使微生物细胞的生长繁殖、生理代谢或产物合成达到最有利的水平。因此，在发酵过程中需要随时掌握营养物、底物浓度和环境因素与微生物细胞生长繁殖、生理状态和产物合成有关的信息，了解它们之间的消长规律，使之朝着发酵控制反应的方向进行，应进行随时调整，所以需要对过程参数进行检测。

采集检测获取的信息越准确，数据越多，对发酵过程和发酵规律的掌握和了解就越正确，发酵过程的优化、建立的数学模型就越接近实际生产。自动化控制发酵过程中是通过取样检测或在反应器内进行传感器直接检测来获得相关信息的。随着计算机技术的迅速发展，在线检测技术的应用已越来越普遍。一般发酵设备都可在线检测温度、压力、pH、溶解氧、搅拌转速、功率输入等物理参数，化学参数检测技术中比较成熟的是尾气中 O_2 浓度和 CO_2 浓度。

目前较为缺乏的是用于检测发酵生物学参数的装置，如检测菌体量、基质和产物浓度等基本参数的传感器，这些重要的生物学参数仍然很难实现直接在线检测。由于缺乏可靠的生物传感器，有关微生物的信息反馈量极少，这就使得发酵过程中微生物的状态只能通过理化指标间接得到。

1. 物理参数采集测定

在物理参数中，温度、压力、流量、转速、补料速度和泡沫是发酵过程中最重要的需随时检测和控制的参数，它们可以直接在线准确测量和控制，发酵过程中需测定的物理参数如表 2－9。

表 2－9　　　　　　　　　　　　　发酵过程测定的物理参数

参数名称	单位	测定意义
温度	℃，K	维持生长、合成
罐压	Pa	维持正压、增加溶氧
空气流量	L/min，m^3/h	供氧，排出废气，提高 $k_L a$
搅拌转速	r/min	物料混合，提高 $k_L a$
搅拌功率	kW	反映搅拌情况，$k_L a$
黏度	Pa·s	反映菌体生长，$k_L a$
密度	g/cm^3	反映发酵液性质
装量	m^3，L	反映发酵液数量
浊度	%，透光度	反映菌体生长情况
泡沫	—	反映发酵代谢情况
传质系数 $k_L a$	h^{-1}	反映供氧效率
加消泡剂速率	kg/h	反映泡沫情况
加中间体或前体速率	kg/h	反映前体和基质利用情况
加其他基质速率	kg/h	反映基质利用情况

2. 化学参数采集测定

化学参数中，pH、溶解氧和尾气组成也可以进行在线检测，溶液成分的测定一般很难在线进行，发酵过程中需测定的化学参数如表2-10。

表2-10　　　　　　　　　　　　发酵过程需测定的化学参数

参数名称	单位	测定意义
酸碱度（pH）	—	反映菌的代谢情况
溶解氧	mg/kg	反映氧的供给和消耗情况
尾气氧浓度	%	了解耗氧情况
氧化还原电位	mV	反映菌的代谢情况
溶解 CO_2 浓度	%，饱和度	了解菌的代谢对发酵的影响
尾气 CO_2 浓度	%	了解菌的呼吸情况
总糖，葡萄糖，蔗糖，淀粉	kg/m^3	了解基质在发酵过程中的变化
前体或中间体浓度	mg/mL	产物生成情况
氨基酸浓度	mg/mL	了解氨基酸含量的变化情况
矿物盐浓度（Fe^{2+}，Mg^{2+}，Ca^{2+}）Na^+，NH_4^+，PO_4^{3-}，SO_4^{2-}	mol/L	了解离子含量对发酵的影响

3. 生物学参数采集测定

细胞形态图像分析仪可用于在线分析菌体的形态变化，且能快速、自动地给出细胞生物学形态数据，用以指导发酵过程的控制，但该仪器昂贵，技术尚未成熟，发酵过程中需测定的生物学参数如表2-11所示。

表2-11　　　　　　　　　　　发酵过程中需测定的生物学参数

参数名称	单位	测定方法	测定意义
菌体干细胞浓度	g/L	湿重法、干重法、浊度法	菌生长
菌体干细胞中 RNA、DNA 含量	mg/g	紫外分光光度法	解菌生长
菌体干细胞中 ATP 或 ADP 含量	mg/g	离线测定（荧光法）	菌能量代谢
菌体干细胞中 NADH 含量	mg/g	在线荧光法	菌生长和产物
效价或产物浓度	g/mL	取样（传感器）	菌生成
细胞形态	—	取样，离线	菌生长

目前无法在线检测的化学和生物学参数，往往采用离线检测的方法，但检测时间长，所得数据无法用于实时控制。此外，在发酵过程中还有一些间接参数是由以上参数经计算得到的。例如，对发酵尾气组分分析获得的数据进行计算，可以得到耗氧速率、二氧化碳释放率和呼吸熵，进而可计算出菌体浓度和基质消耗速率等。另外，如呼吸强度、氧传递系数、比生成速率、菌体生长速率、产物得率等都可以通过间接计算的方法获得，它们是分析、判断和衡量发酵过程的重要参数，是对发酵过程进行控制的依据。

第五节　固态发酵的特点及控制措施

微生物发酵方法可分为两大类：液态发酵与固态发酵。固态发酵是接近于自然状态的一种发酵，它与液态深层发酵有许多不同。由于固态发酵水分活度低，发酵过程中菌体生长、营养物质的传输及代谢物的分泌等均匀性差，给固态发酵参数检测及控制带来困难，难以达到纯种培养与大规模产业化要求。1945 年青霉素的大规模工业化生产开创了液体深层发酵技术及现代发酵工业，发酵工程与生化工程也由此应运而生，主要研究对象是纯种培养与大规模产业化。从而使固态发酵被隔离在现代发酵工业的大门之外，作为传统与落后的代表而被忽视。但实际上许多现代生物制品采用固态发酵的产率比液体深层发酵高得多。另外，液体深层发酵产生的大量发酵废水、通气与机械搅拌的高动力能耗，已成为液体深层发酵进一步发展的障碍，迫使其向高浓度、高黏度方向发展，然而高浓度、高黏度的极限就是固态发酵。因此，固态发酵将随着生物工程的深入开发而重新焕发活力。固态发酵的应用领域极其广阔，而且它可以直接用工农业废渣及其他木质纤维原料作基质生产各种有用产品。这是一个极为有潜力的优势。地球上植物生物体的构成60%以上是木质纤维，这种大量的资源是生物燃料、生物肥料、动物饲料、酶及其他生化产品和化学原料的潜在源泉。农作物残渣（稻草、玉米副产物、蔗渣等）尤其适合于这种用途，因为它们具有足够的供应量。农业残渣可以通过固态发酵被转化成富含微生物生物质、酶、生物促进剂等的动物饲料，更易于被消化。借助于固态发酵的生物制浆与生物漂白，木材的木质纤维可以被转化为纸制品。木质纤维废物可以通过堆制发酵生产生物肥料、生物杀虫剂及生物促进剂等产品。工农业纤维残渣可用丝状菌适当降解后返回土壤中，起到生物肥料和生态保护剂的作用。因此，发展固态发酵具有极其深远的意义。

一、　固态发酵的特点

1. 固态发酵的一般特征

（1）基质为非均相　在液态发酵基质中空气、搅拌等是均相的（溶氧、pH、基质补充等），但固态发酵中则存在非均质性，在发酵环境中（基质）形成一个个小环境（微环境）。这种不均质性给固态发酵调控带来了很大困难。

（2）原料需要前处理　固态基质，微生物初始只能作用于基质的表面，而真正对发酵有用的成分往往包裹在内部（如谷物），必须通过粉碎等物理措施及果胶酶、纤维素酶等生化作用消除屏障作用。

（3）基质成分大多不可直接利用　由于植物性原料多为不溶性的多聚物，如淀粉、纤维素、蛋白质，必须先降解成为小分子才能被利用。所以微生物生长、发酵速度往往取决于原料大分子转化速度。

（4）生长取决于水分活度　水分活度是固态发酵独有参数，固态发酵水分控制的下限用含水量表示一般为12%，而含水量上限往往由基质的吸水性来决定，吸水性越强，上限含水量越高，一般的固态发酵含水量上限不超过80%。对不同的微生物而言，对水分活度的要求是细菌＞酵母＞霉菌。正因为固态基质中没有或几乎没有游离水，所以往往是耐受低水分活度的菌占优势（霉菌）。

（5）微生物在固态基质上的扩散有限　固态发酵基质多呈颗粒状，相对运动性差，因此导致了微生物生长和扩散速度的局限性。所以固态发酵往往强调大量接种。一般霉菌菌丝体的渗透性易使之渗入基质内部，而细菌只能附着于表面生长，基质内部的作用往往依赖于菌体生长及酶解作用逐步向内扩散，所以要接种均匀，否则发酵中形成孤岛。

2. 固态发酵的优点

（1）培养基简单且来源广泛。多为便宜的天然基质或工业生产的下脚料。原料不需糖化、液化，处理简单。有一种趋势是利用工农业废渣，如木薯渣、蔗渣、甜菜渣、苹果渣、咖啡、豆壳、低级马铃薯等，它们在生产目标产物的同时，解决了工农业废渣污染问题，也使生产成本大大降低，使固态发酵的优势更突出。

（2）发酵过程一般不需要严格的无菌操作。固态发酵相对而言较能抵抗细菌污染，这是因为细菌的生长受低水分活度限制，因而在固态培养基上严重的染菌很少发生。

（3）培养过程供氧和温度可以采用直接空气强制通风来控制。一般可用间歇通风完成，不需要连续通风。与液体发酵相比，在产量不变的情况下，固体发酵节省能源30%，原料处理和产物提取可分别节省开支70%～80%。

（4）产物的产率较高，产物提取容易。固体发酵后的物料可直接作为产物；如果固态发酵产品的提取是必需的，那么它比液体发酵所需要溶剂少得多，回收费用也低得多。

（5）发酵残渣的处理简单。由于发酵残渣含水量很低，可直接干燥后作为饲料或肥料。废水排放量大大减少；基质含水量低，可大大减少生物反应器的体积，不需要废水处理，环境污染较少，后处理加工方便。

（6）对于传统制曲等固态发酵情况，分生孢子可用作为种子，这些孢子能长期保存并且能重复使用。

3. 固态发酵的缺点

（1）固态发酵是一种接近自然状态的发酵，最显著的特征就是水分活度低。微生物代谢、生长和产物的形成都在固体介质表面，培养基不均匀且不易搅拌，菌体的生长、对营养物质的吸收和代谢产物的分泌在各处都是不均匀的，使得发酵参数的检测和控制都比较困难，许多液态发酵的生物传感器也无法应用于固态发酵。由于培养基的搅拌是很困难的，并且有些菌对剪切力敏感，因而通常是采用静态培养方式，或者是采用转鼓和流化床式发酵罐。

（2）微生物呼吸和代谢所产生热量的温度控制非常困难，因为固体培养基具有低的热传导性。通常强制通风是控制培养温度的唯一的方法。但要实现整个料床的均匀、稳定通风是困难的，气流的短路经常发生。

（3）及时确定微生物生长和其他发酵参数很困难，因为仍没有传感器能直接测量这些参数。通常监控温度是控制微生物生长或是产物形成的一个唯一方法。因为对于发酵条件的分析目前没有一个可行的方法，这样使得连续操作和自动化变得很困难。

（4）微生物生长及代谢产生的热量使固体培养基的温度升高，导致水分的损失，这是固态发酵控制的一个难题。

（5）由于对影响高产固态发酵的因素了解不够，因而具体的培养方法大多是基于经验数据和操作员的经验。

一般情况下，微生物发酵生产的首选是液态深层发酵，除非有特别的理由，因为液态深层发酵具有较少的问题——传热较好，均匀性更好。在下列情况下，可考虑采用固态发酵：①经济条件的原因（如世界上某些地区用固态发酵进行某些酶的生产，而其他地区则用液态深层发酵生产相同的酶）；②产品只能用固态发酵生产，或固态发酵和液态发酵均能生产，但前者优越得多（如作为生物杀虫剂的真菌孢子的生产，采用固态发酵明显比液态发酵优越，对于某些真菌，采用液态发酵根本不能正常产孢子）；③强制性采用固态发酵（政府为了调节倾倒有机物导致的环境压力而制定的相应措施）。

二、　固态发酵的主要调控因素及其控制措施

迄今为止，还没有较为完善的固态发酵数学模型，对其控制仍然停留在以经验为主导的水平上。以下是在固态发酵研究中值得注意的主要调控因素及其控制措施。

1. 生产菌的改良

在固态发酵菌种研究方面，人们在努力开发丝状真菌和酵母用于生产各种产品的同时，也试图研究将细菌用于固态发酵系统的可行性。已经有几种细菌菌株被应用于酶生产领域，葡萄球菌属（*Staphylococcus* spp.）中的某些菌生产菊糖酶，另一个例子是利用短杆菌属（*Brevibacterium* spp.）中的某些菌以甘蔗渣为原料固态发酵生产 L - 谷氨酸。工业化生产的一个关键因素是必须具有可以接受的产率。野生菌株在用于生产之前，都必须经改良，改良后的产率通常可超过原来的 10 倍。传统突变技术对菌株进行改良的方法仍然是改进产率的最主要的方法。与液态深层发酵相反，固态发酵更喜欢有球状形态，更喜欢有丝状、快速扩散的形态，以便固态基质能被有效占据。通常改良后的菌株生长比原来野生菌株慢，而在生产目标产物方面变得更加高效。在产孢方面比原来菌株低的情况也非常普遍，导致它们在抗击感染方面的能力大大降低，这需要加以注意。

2. 基质的营养成分及粒度

固态发酵基质的选择需要考虑几个因素，如营养成分、成本、可得到性、通气性等，可能涉及几种工农业残渣的筛选，利用工农业废渣固态发酵，可以解决环境污染问题。如果选择的固体影响微生物的呼吸及通气，将导致生长较差。大颗粒提供较好的呼吸通气比（由于颗粒间的空隙较大），但微生物附着生长的表面积降低。因此，有必要对某一特定的过程选用折中的颗粒大小。在选择适当基质的研究方面主要围绕热带农作物和工农业残渣，其中包括木薯、大豆、甜菜、甘薯、马铃薯、甜高粱、农作物残渣（如麸皮、稻草、麦草、蔗渣、木薯渣）、咖啡加工工业残渣（如咖啡肉、咖啡壳、废碎渣等），以及水果加工工业残渣（如苹果渣或葡萄渣、香蕉废弃物）、油加工废弃物（如花生粕、大豆粕、椰子粕、菜籽油和棕榈油加工废弃物）和其他废渣（如锯末、玉米碎渣、豆荚、茶渣、菊苣根）等，由于它们富含有机物，可以作为微生物培养生产各种高附加值产品的理想基质。原料粉碎得细，可提高利用率和产量；但原料过细，又影响氧在基质内的传递。要解决这一问题，在固态发酵中，除供给养分的营养料外，还需要添加利于通风的填充料，增加基质间的空隙。

即固态发酵的原料可分为两部分：一是供给养分的营养料，如麸皮、豆粕、无机盐等；二是促进通风的填充料，如稻壳、玉米皮、花生皮等。所用原料，特别是营养料，一定要选用优质的，不能霉烂和变质。此外要特别注意营养物的配比。培养基中碳和氮的比例（C/N）

对微生物的生长和产物形成通常具有很大影响。碳氮比不当，会影响菌体吸收营养的平衡。氮源过多，菌体生长过于旺盛，不利于某些代谢产物的积累；氮源不足，菌体繁殖缓慢；碳源物质缺乏，菌体容易衰老和自溶。在不同的固态发酵工艺中，最适碳氮比在1:10～1:100变化。因而在固态发酵中，要通过实验确定最佳的营养物组成。此外碳源和氮源的可利用性以及氮源的品质，对固态发酵也是至关重要的。如在酶制剂的生产中，保持总含氮量不变，而只改变氮源，其蛋白酶活力就有可能发生很大变化。对于利用惰性基质的固体发酵过程，有两种方法可以采用：一是采用合成材料，如合成离子交换树脂或聚氨酯；二是天然材料，如甘蔗渣等。由于天然基质的非均匀性，在发酵动力学研究方面会产生问题，因此，采用合成惰性固态基质会较好。

3. 基质含水量

固态发酵介质含水量与水分活度有关，维持发酵过程一定的水分含量，是实现固态发酵过程成败的关键，水分活度影响到微生物生长状态，也是大部分固态发酵反应器设计的重要考虑因素，固态发酵中水分含量还影响到底物的物理状态、营养物质的扩散及利用、氧和CO_2的交换及传热、传质过程。基质的含水量应根据原料的性质（细度、持水性等）、微生物的特性（厌氧、兼性厌氧或需氧）、培养室条件（温度、湿度、通风状况）等来决定。含水量过高，导致基质多孔性降低，减少了基质内气体的体积和气体交换，难以通风、降温，增加了杂菌污染的危险；而含水量过低，造成基质膨胀程度低，微生物生长受抑制，后期由于蒸发造成物料较干，微生物难以生长，产量降低。在固态发酵中，基质水分含量应控制在发酵菌种能够生长而又低于细菌生长所需要的水分活度值，一般起始含水量控制在30%～75%。在发酵过程中，水分由于蒸发、菌体代谢活动和通风等因素而减少，应进行水分补充。一般可采用向发酵器内通湿空气、增加发酵器内空气的相对湿度或在翻料时进行加水等方式来解决。

4. 基质pH

pH也是影响微生物生长代谢的关键因素之一。但固态发酵中某些物料的优良缓冲性能有助于减少对pH控制的需要。所以固态发酵时，只要把初始pH调到所需要的值，发酵过程通常不用检测和控制pH。但培养基中氮源对pH影响较大，如使用铵盐做主要氮源时，易引起基质酸化。所以固态发酵中铵盐用量不可太大，可利用一些有机氮源或尿素来替代一部分铵盐。

5. 基质内氧气传递

氧的传递主要针对需氧的固态发酵而言。由于微生物的生长，在固体表面形成菌膜并使基质结块，基质被代谢而变黏，因而随着微生物的生长，可能造成基质内局部区域缺氧而影响生长。另外基质的高含水量或使用较细的基质料，也会影响基质内氧的传递。为了防止基质内缺氧和增加基质内氧的浓度，促进微生物生长，通常采用通风、搅拌或翻动来增大氧的传递。通风是最常用和有效的方法，除可以增加氧的传递，还有利于热交换。通风量的大小主要取决于介质量和菌种生产状态，同时还需要考虑物料水分的蒸发。为了满足固态发酵过程氧的需求而进行强制通风，可以在培养料中添加相对低活性的木质纤维素等滞留水能力强的介质，避免过分蒸发而引起水分的过量损失。

翻动或搅拌虽可防止物料结块，并且利于热交换，但过分的翻动或搅拌影响菌体与基质的接触，并可能损伤菌丝体，使水分蒸发过多而使物料变干，抑制菌体生长。生产中可将以上两种方式结合起来使用。此外增加氧传递的常用方式还有：①采用较薄的基质层；②使用多孔的、较粗的利于氧传递的疏松性材料作基质填充料，如稻壳等；③使用带孔的培养盘；④采用低含水量的物料，中间补水。

6. 培养温度

微生物在生长和代谢过程中需要释放大量的热量，尤其是在发酵前期，菌体生长旺盛，培养物的温度（俗称"品温"）上升很快。显然，这些热量如果不及时排除，菌体的生长和代谢就会受到严重影响，有时甚至会造成"烧曲"，菌体大量死亡，发酵彻底失败。降低品温的方法除了加大通气和喷淋无菌水外，适当翻曲也是必要的。如果生产处于夏季，降温困难（尤其在我国南方，夏季气温高，空气湿度大），采用短时间液氨制冷或空调制冷来降温也是可取的。

固态发酵的温度变化由系统散热效果好坏直接影响，一般温度调节是通过系统的热量去除效率来达到，系统热量去除效率降低对细胞生产影响最大，固态发酵系统放大设计的最大障碍也是研究如何较有效地去除发酵产生的热量，因为固态底物热传导性差，导致热量对流及传热效率低下，一般通过蒸发冷却作为固态发酵温度控制的有效手段，因此，在反应器设计时对温度的控制必须充分考虑热量去除效率，并能够较好地避免发酵介质中水分的过量损失，另外，还可对培养介质的多孔性等做出适当的调整。

7. 环境湿度

环境湿度是指发酵器内环境空气的湿度。空气湿度太小，物料容易因水分蒸发而变干，影响生长；湿度太大，影响空气中的含氧量，造成环境缺氧，往往又因冷凝使物料表面变湿，影响菌体生长或污染杂菌，影响产品质量。所以空气湿度应保持一适宜值，一般保持在85%～97%。

8. 发酵时间

发酵终点对提高产物的生产量有非常重要的意义。在发酵过程中，产物的浓度是变化的，一般产物高峰生成阶段时间越长，生产率就越高，但到一定时间产物产率提高减缓，甚至下降。因此无论是获得菌体还是代谢产物，微生物发酵都有一最佳时间阶段。时间过短，不足以获得所需的产量；时间过长，由于环境已不利于菌体生长，往往造成菌体自溶，产量下降，同时增加生产成本。所以发酵时间一定要根据不同菌种、不同工艺条件、不同的产物，通过实验来确定。

9. 菌体生长量

菌体生长量测定一直是固态发酵中重要的研究内容及技术难点之一，菌体生长得好坏从不同侧面反映了固态发酵过程参数控制的结果。有不少研究对此进行过描述，利用呼吸测定及各种代表性细胞成分分析方法对在不同培养基及培养条件下固态发酵进行了菌体生物量的测定研究，对菌体生长量测定研究建立了数学模型，提出了微生物细胞生长动力学模型以及固态发酵比生长速度的经验公式等，但在指导实际应用过程中还缺乏普遍性，有待于进一步完善。

三、　大规模固态发酵需要考虑的工程问题

固态发酵在生物工艺及多种增值产品的生产中具有很多潜在的优势。在酶、生物活性化合物等的生产例子上已经得到很好的证明。固态发酵生产的产品滴定度比液态发酵高很多

倍，虽然其原因还没有完全弄清楚。对各个领域上固态发酵的应用开发已有很多，如危险化合物的生物修复和生物降解、有毒工农业废渣的生物脱毒、农作物和农作物废渣的营养富集生物转化、生物制浆等；产品开发包括生物活性二次代谢物（如抗生素和其他药物）、酶、有机酸、生物杀虫剂（包括真菌杀虫剂和生物除草剂）、生物燃料（乙醇和其他有机溶剂）、生物表面活性剂、食品香味化合物等，这些将来均可用固态发酵工艺进行生产。考虑到固态发酵在大批量产品生产过程中处理大体积生物反应器方面的困难，目前实际操作上利用固态发酵工艺生产小体积、高产值的产品较为合适，如生物药物（包括抗生素和其他药物）等。固态发酵存在发酵罐的放大及控制较困难等问题，在大规模固态发酵过程中需要不断研究改进。

1. 基质灭菌

虽然固态发酵过程不需要严格的无菌控制，但基质灭菌非常重要，它可以保证培养菌种能够在培养前期生长占有绝对优势，否则发酵就有可能失败。固态基质含水量较低，其灭菌操作是一个工程难题。首先，固态基质通常是不良导体，尤其是麸皮、蔗渣、甜菜渣等农作物废渣。因此，单靠传导加热不会很有效，必须在灭菌过程中对基质进行混合。其次，固态基质发酵的基本要求是最终培养基应该具有很好的疏松性、呈薄片状，以便菌丝能有效扩散，并能提供良好的通气条件。如果在灭菌过程中出现过量的加热和剪切力（因混合过程产生），就有可能改变基质的松散性，使之不适合于正常的固态发酵。灭菌设备必须能够实现低剪切的良好混合和高效传热。最典型使用的是旋转式蒸煮机，但是灭菌过程需要进一步优化，这与灭菌基质的性质有关。灭菌设备同样要求能够实现灭菌后原位无菌冷却，以便于后续的接种操作。

2. 无菌控制

一般情况下，固态发酵所用的微生物在低水条件下生长相当迅速，如果在蒸煮过的培养基质中加入的接种物有足够活性，它将在发酵过程中打败感染微生物，这就意味着在固态发酵过程中生物反应器不必要求严格的无菌操作，当然，操作过程仍然需要在尽可能清洁的环境下进行。与液态发酵相比，固态发酵反应器的设计没有特别严格的要求，因此成本较低，这是固态发酵过程的一个有利点。但也有些固态发酵产品所用的微生物生长较慢，它们可能被感染菌压倒。如生产赤霉酸（gibberellic acid）所用的赤霉属（*Gibberella* spp.）的某些菌生长较慢，就有必要采用无菌操作的生物反应器。这种反应器的成本预计将与液态发酵生物反应器类似，如果要选用固态发酵，它必须具备另一些特别的优点，如高产品得率，或低下游加工成本等。

3. 接种物的制备

固态发酵接种物的制备可以用固态培养方式，也可以用液体培养方式。可以直接固态接种，也可以液体接种。前者是将固态培养接种物分散均匀后直接加入灭菌冷却后的固态基质中，后者则是针对液体培养接种物或固态培养接种物液化后接种的方式，可以由管道输送方式进行无菌输送，与灭菌冷却后的固态基质混合。很多工业上应用良好的菌株的产孢能力较低，难以利用这些菌株产生孢子作为接种物。而通常使用液态深层培养生产的菌丝作为接种物，由斜面种或甘油保存种开始需要经过 2~3 级扩大培养。这里强调的是开发出良好生长的液体菌丝或固态培养孢子液化液可以在无菌条件下直接输送到灭菌机中与发酵基质混合，在实际应用中具有较大的优势。

4. 发酵散热与水分蒸发

实现高效散热需要考虑的问题是基质本身的问题，因为基质是一个不良热导体，因此通风导致水分蒸发是发酵床冷却最有效的方法，因为水的蒸发潜热很高。即使通入的空气是饱和的，发酵基质仍然会出现水分损失，被转移到排气中，这是因为饱和空气中的相对湿度总是随着温度升高而下降，发酵热将驱动发酵床内的水分蒸发到空气中。但这种蒸发也导致发酵基质变干，使含水量不能达到最优化。

5. 固态发酵过程的混合问题

现有文献中已经有很多关于不同类型固态发酵罐设计的报道，都是采用深层发酵基质床的形式（高度 >10cm）。除了极少例子外，这些设备绝大部分的散热都是首选蒸发冷却的方式。将饱和冷空气通过发酵床，气流在基质床内被加热，变为不饱和，基质内的水分蒸发进入空气流中被带走，使基质床得到冷却。也就是说，空气流从进入点到排出点之间存在一个温度与饱和度的变化梯度，从而导致发酵基质内水分的损失，这些水分需要在发酵过程中予以补充。另外，当菌丝开始基质中生长的时候，基质颗粒将会相互凝集形成一个厚饼状对空气流形成很大的阻力。因此，这些系统中大部分都安装混合装置，其主要目的是保持床内基质疏松，并可在发酵过程中补充损失的水分后进行混合。但不幸的是，很大情况下混合将导致菌丝的损伤，使产率下降。在实际经验中，没有混合的浅盘培养系统的产率高于具有混合装置系统的产率。混合床的优势是在大规模系统中易于操作，可以批量处理原料，减少劳动力需求。因此，必须对搅拌导致的产率下降和不适当的温度、水分含量控制导致的产率下降进行比较，以确定适当的混合模式。

6. 二次代谢物的回收

除了发酵基质本身就是产品的场合，否则在发酵完成后，发酵基质将被收获并转移到提取装置中，用适当的提取溶剂进行产品提取，分离菌体和其他残渣。浅盘中的基质可以被自动倒入提取装置中，也可以用其他机械或气流输送方法将浅盘或混合床中的发酵基质传送到提取装置中。另一种回收产品的方法是采用压榨方法挤压出含有二次代谢物的水分。溶解于溶剂中的二次代谢物分离菌体后，被送至下一工序进一步提纯。分离出的废渣可以进一步堆肥，作为肥料出售。也可以直接作为牛饲料出售或被烧掉。

7. 生物安全

浅盘培养系统使操作者可以在浅盘充填过程和收获过程能够直接与产品接触。由于这一原因，浅盘培养系统只限用于生产那些被认为是安全的产品，如发酵食品和酶以及那些不产生细胞毒素的产品，如抗生素、免疫抑制剂等。有很多文献报道了用固态发酵生产医药产品，有些有导致过敏性反应的危险，另一些是细胞毒素，这种情况下采用的发酵系统必须保证不将操作者暴露于产品或微生物中。对于以孢子为产物的培养需要高的孢子产量。在这种情况下，收获过程中很可能产生孢子尘，不能采用具有人工操作的浅盘培养系统，而考虑使用混合床系统，则有可能完全不含有孢子尘或避免操作人员与孢子尘接触。例如，基质在其他地方灭菌及接种，然后转移到混合床中培养之后，发酵基质再转移到回收容器中。

固态发酵历史悠久，并在很多领域应用取得成功，如酶生产过程、各种生物杀虫剂的生产过程以及制曲产业等，即使它们仍然处于相对小的生产规模。我们必须看到前景，也要看到不足，不应该夸大，也不应该贬低，更不能简单地将固态发酵看成是一种取代液态深层发酵的技术。事实上，在固态发酵与液态发酵经济性相同的情况下，液态发酵具有很多特性使它成为首选的方法。然而，有很多产品采用固态发酵生产比液态发酵更合适，而且很多已开始大规模工业化操作。只要对此继续研究开发，固态发酵技术一定能在生物工程发展过程中发挥更大的作用。

四、固态发酵设备和设施

（一）固态发酵的特点及工艺流程

在固态发酵中，微生物在接近于自然条件的状况下生长，有可能产生一些通常在液体培养中不产生的酶和其他代谢产物，固态发酵可使微生物保持自然界中的生长存在状态，模拟自然的生长环境，这也是许多丝状真菌适宜采用固态发酵的主要原因。在固态发酵中，微生物附着于固体培养基颗粒的表面生长或菌丝体穿透固体颗粒基质，进入颗粒深层生长。为了适应微生物生长代谢，固体基质吸附一倍或几倍的水分，保持相对高的水分活度。

在相对低的压力下，空气混合在发酵料中，气固表面积是微生物快速生长的良好环境。在固态发酵中，微生物生长和代谢所需的氧大部分来自于气相，因此，固态发酵的气体传递速率比液体发酵高得多。在固态发酵中，有效的供氧和挥发性产物的排除较容易，但颗粒内部的传递取决于颗粒的孔隙率和颗粒内的含水率，减少颗粒直径和减低含水率易于氧传递。由于固态发酵是非均相反应，测定和控制都比较困难，用于工程设计参数较少，大多发酵过程都依赖经验。固态发酵工艺流程见图2-4。

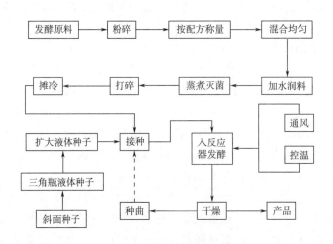

图2-4 固态发酵工艺流程

（二）固态发酵器的种类

K. E. Aidou 将不同形式的固态发酵反应器，以基质的运动情况分为两类：静态固态发酵反应器和动态固态发酵反应器。

无论何种形式的固态发酵反应器，都应考虑以下几方面的问题：①培养基的灭菌问题；②接种及无菌操作的问题；③装料、卸料及发酵基质的特性；④通风供氧及保湿问题；⑤结构简单及设备制造成本，操作方便；⑥参数的测量和控制是否容易。

1. 静态固态发酵反应器

静态固态发酵反应器内发酵基质在发酵过程中基本处于静止状态，优点：设备结构简单，操作方便，放大问题小；缺点：由于发酵基质的相对静止，热量、氧气和其他营养物质的传递困难，从而导致基质内部温度、湿度、酸碱度和菌体生长状态的严重不均匀。常见的静态固态发酵反应器的种类如表 2 – 12。

表 2 – 12 常见静态固态发酵反应器种类

反应器类型	优点	缺点
静态浅盘式	设计和操作简单	温度、湿度难以控制；装料量较少
圆柱式（无强制通风）	设计和操作简单；可作大量固态发酵基础研究，装料量多；清洗与灭菌彻底	温度、湿度难以控制；放大过程中难以消除床径扩大的影响
圆柱式（有强制通风）	温度、湿度相对来说容易控制，系统简单；供氧较容易；清洗与灭菌彻底	无菌空气用量大；温度随装料量的增加而波动较大；易导致气体短路、沟流
木盒式加盖盘式	系统简单，操作方便	温度、湿度难以控制；不易工程放大
垂直培养盒式	所需空间少适合实验室小试固态发酵系统	卸料困难；不易工程放大
倾斜接种盒	易于装卸料；同时也能有效防止湿润物料堆积成团	传热困难；不易工程放大；难以放大到工业规模；温度不易于控制

静态固态发酵反应器在实验室研究中应用较普遍，尤其是圆柱式固态发酵反应器，此系统多是将一个或多个静态圆柱式反应器平行放在一个恒温箱中并通以饱和空气。圆柱式固态发酵反应器克服了其他固态发酵法很难用摇瓶作大量基础研究的缺点，可做多条件的平行实验并且温度、湿度等条件均一，系统也较容易灭菌。但是，这种反应器无法准确控制气体和物料的湿度，只能供饱和湿空气，无法取样分析，放大过程中难以消除床径扩大的影响。

静态固态发酵反应器无论体积、高径比如何变化，其基本形式是不变的，但供气、保温、控温系统却各不相同。完善的固态发酵供气、保温、控温系统有以下特点：①能控制并测量进气组成、湿度及温度；②能测量尾气组成并反馈调节进气组成、湿度和温度；③在较大规模应用时采用循环供气；④完善的气体过滤设备。下面是工业中常见的几种固态生物反应器：

（1）浅盘式生物反应器 浅盘式生物反应器是最简单的固态发酵反应器（图 2 – 5），其特点是：①直接将发酵基质铺在一个托盘上，发酵基质比较薄，一般 5 ~ 10cm；②可直接向整个发酵器内进行通风，在托盘上可以有孔，通过这些孔氧气缓慢地传递到培养基内部或在托盘周围循环；③通过控制反应器的温度来控制发酵基质的温度，发酵基质内部散热控制较难；④ 发酵基质表面易失水而干燥，影响发酵效果。

这种反应器在各种规模的实验室和生产中都有应用，但是在大规模生产上却存在操作困难，多以手工为主，难以实现机械化，劳动强度大，占地面积大等问题。由于发酵基质是静态的，氧、发酵尾气传质和传热都较难，因此，托盘上发酵基质的厚度不能太厚。

（2）填充床式生物反应器 其特点是将发酵基质填充在圆柱中，圆柱的下面是打孔的支撑板，支撑板可分为几层，通过孔板从底部强制通风供氧，调节基质的湿度和温度可以让风通过水幕或加温的水槽。发酵基质可以填充在高而细的圆柱中，也可以做成木箱式、加盖平板式、垂直的或倾斜的培养室等多种形式。

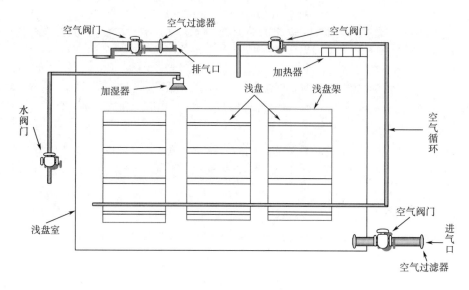

图2-5　浅盘式固态发酵反应器

填充床反应器的优点是设计要求简单，容易进行工艺控制，尤其是温度和湿度（图2-6）。这种反应器最大的缺点是出料比较困难，劳动强度大，微生物在反应器中的生长不均匀。

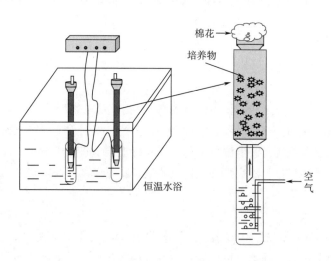

图2-6　实验室填充床式固态反应器装置图

2. 动态固态发酵反应器

（1）转鼓式固态发酵器　转鼓式固态发酵器是将一个圆柱形（鼓形）容器支架在一个转动系统上，转动系统主要起支撑及提供动力这两种作用。一般各类转鼓式发酵器转动速率为1~16r/min，最高可达到188r/min。反应器都有进、出气体设备，空气入口管装在容器底部，或者以多个支管分布于容器内各处，支管上有许多喷气口，有时还要在进气口的相对位置安装一个排气扇。空气进入发酵器前可安装空气过滤器，然后经过一个注有无菌水的增湿设备（图2-7）。转鼓式反应器的优点是：强化传热、供氧；自动化程度较高；微生物生长均一；取样容易。缺点是：机械部件多，易染菌；对菌丝体的损伤大；易导致固体培养培养基成团。

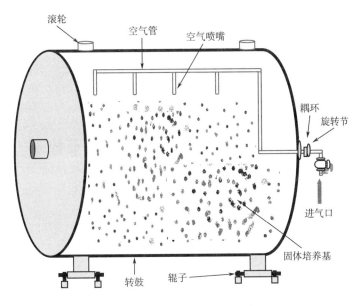

图2-7 转鼓式固态发酵反应器

（2）带机械搅拌的筒柱式固态发酵器 带机械搅拌的筒柱式固态发酵器特点是发酵器主体静止不动，而容器内的搅拌器使发酵过程中的物料处于连续的运动状态，在反应器的一端有取样、加料和通气口，灭菌方式采用直接通气灭菌。

转鼓式固态发酵器和带机械搅拌的筒柱式固态发酵器内微生物生长较快并且均一，放大过程中所遇到的困难是由于物料运动导致在生长过程中菌丝被伤害，伤害程度会随着发酵器容积的增大而增加。这两种发酵器在放大过程中还存在发酵体系温度难以控制，易染菌、发酵基质易聚集成团而影响传质传热和氧传递等问题。

（3）搅拌运动的盘式固态发酵器 通常盘式反应器长2m，宽0.8m，深2.2m。三个并排的螺旋式搅拌器在以65cm/min的速度水平运动的同时，还以22r/min的转速自转。在搅拌器载车上还有两个喷口，用于补料加水。盘式反应器底部由两层金属网制成，过滤空气由底部均匀进入1m厚的发酵基质。其缺点是：不能用于无菌操作过程，只能用于自然发酵和混合发酵过程，本系统易于放大。

（4）立式多层固态发酵罐 其特点是：占地面积小、自动化程度高、生产能力大、易于监测和控制，能量消耗低，具有高效节能、质量稳定、应用范围广、无三废排放、劳动强度度低等优点。发酵物料可以在发酵罐内进行蒸煮、灭菌、降温，可进行发酵罐内接种，自动翻料，温湿度自动检测控制，自动进出料等。可通入无菌空气进行供氧和冷却。由于在密闭条件下进行，而且进入发酵罐内的空气和水都经过灭菌处理，消除了杂菌污染的概率，产品质量稳定。

在投料前先进行空罐灭菌，发酵物料从发酵罐顶部加入，进入发酵罐底下第一层，然后翻起第二层堆料板，加第二层料，依次按此步骤进行加料，然后进行蒸煮、灭菌。每层物料都装设有机械搅拌器，通过轴向搅拌的翻料形式使物料上下翻动均匀。发酵罐外部每层都设有视镜、无菌取样口，发酵罐内的堆料板、搅拌器都可以拆卸，维护保养方便。

目前国内外研制开发和应用的固态发酵器还有强制通风物料静态固态发酵反应器、气相双动态固态发酵反应器、水平桨式搅拌反应器、带式混合固态发酵反应器、日本 Koji 工业制曲设备、法国搅拌式固态发酵反应器、圆盘回转制曲器机等。这些发酵罐已用于菌体蛋白、发酵饲料、纤维素酶、果胶酶、赤霉素、红曲、调味品（包括醋曲、酱曲、酱油）、生物制药、生物农药等生产领域。

第六节　液态发酵的特点及其调节控制

一般发酵工艺过程按照培养基物理性状不同，将发酵方式分为两大类：固态发酵和液态发酵。液态发酵主要有表面发酵和深层发酵。

一、　液态发酵的工艺特点

液态发酵主要有以下特点：

（1）培养基中有适量游离水的流动，水是培养基中主要组分，微生物从溶解水中吸收营养物，营养物浓度适中，不存在梯度。

（2）培养体系中大多涉及气、液两相，而固相所占比例低，是悬浮在液相中，液相为连续相，接种比比较小，<10%。

（3）微生物所需氧来自于溶解氧，需要消耗较大能耗用于微生物溶解氧需求，气体循环和通气仅提供氧气和排除挥发性产物，代谢热量需要冷却水排除。

（4）微生物均匀分布在培养体系中，发酵结束时，培养基是液体状态，产物浓度低。

（5）使用稀释的培养基和较大体积的生物反应器，因此生产率较低，高底物浓度产生非牛顿流体问题，需要补料系统。

（6）由于需要克服液位差和气体从气相到液相的阻力，系统需要较高气源压力。

（7）可实现有效混合，营养扩散通常不受限制，高水含量使发酵温度容易控制，发酵设备庞大。

（8）发酵均匀，适用于大多数微生物的生长，许多在线传感器的成熟，可以实现发酵过程控制。

（9）需要去除大量高浓度有机废水，分离设备的体积常很庞大，费用高，而产物纯化比较容易，一般发酵原料需要经过较复杂的加工，消耗能量大，在好氧发酵中，需要克服静液层阻力才能将供氧的通过较深的液层，消耗能量大。

（10）代谢热驱除容易通过冷却水控制，不存在通气造成水分缺乏，液态发酵环境抑制微生物分化代谢，不利于次生代谢产物生产。所需设备完善，自动化程度高，技术比较成熟。

二、　液态发酵的调控参数及其控制措施

一次成功的发酵同时受到两方面因素的制约：一是生产菌种的遗传特性，二是发酵

条件。优良的菌种固然是高产的基础，发酵条件也同样不可忽视。即使同一菌种，在不同厂家，由于设备、原材料来源等的差别，菌种的生产能力也不尽相同。因此，必须通过各种研究，了解有关环境条件对生产菌种的影响，因地制宜地熟悉菌种的特性，根据具体的条件制定最优的工艺和工艺过程控制。由于发酵过程的复杂性，使得工业生产过程的在线监控比其他行业落后。其中一个重要的原因是，能有效检测过程状态变量的传感器不足或质量不过关，以致很难实现在线分析和控制。目前较常测定的参数仅包括温度、罐压、空气流量、搅拌转速、pH、溶氧、效价、糖含量、菌体浓度、基质浓度等，且其中大多数是非在线测定的。不过，也就是通过对这几个有限的基本参数的检测和控制，使工业规模的发酵水平得以不断提高。以下对这几个基本参数对发酵的影响及控制方法逐一讨论。

（一）　温度对发酵的影响及其控制

1. 发酵热及其测量

发酵过程中随着菌体的生长以及机械搅拌的作用，将产生一定的热量；同时由于发酵罐壁的散热、水分的蒸发等将会带走部分热量。习惯上将发酵过程中释放的净热量称为发酵热。发酵热包括生物热、搅拌热、蒸发热和辐射热。分述如下：

（1）生物热　在发酵过程中，由于菌体的生长繁殖和形成代谢产物，不断地利用营养物质，将其分解氧化获得能量，其中一部分能量用于高能化合物，供合成细胞物质和合成代谢产物所需要的能量。其余部分则以热的形式散发出来，这就是生物热；

（2）搅拌热　机械搅拌通气发酵罐，由于机械搅拌带动发酵液进行运动，造成液体之间、液体与设备之间的摩擦作用，产生可观的热量，称为搅拌热；

（3）蒸发热　通气时，引起发酵液水分蒸发，发酵液因蒸发而被带走的热量；

（4）辐射热　因发酵液温度与周围环境温度不同，发酵液部分热量通过罐体向外辐射。辐射热大小，取决于罐内外温度差，冬天大些，夏天小些，一般相差不超过5%。

2. 发酵过程温度的影响和控制

由于微生物生长和产物的形成都是一系列酶促反应的结果，因此从酶动力学角度来看，酶促反应导致温度升高，反应速率加大，生长代谢加快，生产期提前。但因酶本身很易因热而失去活性，温度越高，酶的失活也越快，表现在菌体易于衰老，发酵周期缩短，影响产物的最终产量。对于温度还通过影响发酵液性质来间接影响发酵。例如温度影响基质和氧的溶解从而影响发酵，温度也会影响细胞中酶的活性，从而影响代谢调节途径，造成产物变化。一般来说，接种后应适当提高些培养温度，以利于孢子的萌发或加快微生物的生长、繁殖，而且此时发酵的温度大多数是下降的；待发酵液的温度表现为上升时，发酵液的温度应控制在微生物的最适生长温度；到主发酵旺盛阶段，温度的控制可比最适生长温度低些，即控制在微生物代谢产物合成的最适温度；到发酵的后期，温度出现下降的趋势，直至发酵成熟即可放罐。

在发酵过程中，如果所培养的微生物能承受高一些的温度进行生长和繁殖，对生产是有利的，可减少杂菌污染的机会和夏季培养所需的降温辅助设备，因此培育耐高温的微生物菌种有一定的意义。生产上为了使发酵温度控制在一定的范围，常在发酵设备上装有热交换设备，例如采用夹套、排管或蛇管进行调温，冬季发酵时空气还需进行加热。所谓发酵的最适温度，是指在该温度下最适于微生物的生长或发酵产物的生成。最适温度是一种相对的概念，它是在一定的条件下测得的结果。不同的微生物和不同的培养条件以及不同的酶反应和不同的生长阶段，最适温度也应有所不同。由于温度对微生物的生长、繁殖有重要的影响作用，因此为了使微生物的生长速度最快和代谢产物的产率最高，在发酵过程中必须根据微生物菌种的特性，选择和控制最适温度。

对于同一微生物细胞，细胞生长和代谢产物积累的最适温度也往往是不同的。例如在谷氨酸发酵中，在谷氨酸发酵前期长菌阶段和种子培养时应满足菌体生长最适温度。若温度过高，菌体容易衰老。生产上表现为光密度（OD）值增长慢，pH 高，耗糖慢，发酵周期长，谷氨酸生成少。严重时抑制生长。遇到这种情况，应及时降温，采用小通风，流加尿素应少量多次；必要时可补加玉米浆，以促进生长。在发酵中、后期菌体生长已停止，为了大量累积谷氨酸，需要适当提高温度。发酵温度的选择要参考其他的发酵条件灵活掌握。例如在通风条件较差的情况下，最合适的发酵温度也可能比正常良好通风条件下要低一些。这时候由于在较低温度下，氧溶解度大一些，同时微生物生长速度降低，从而弥补了因通风不足而造成的代谢异常。

因此，在各种微生物的培养过程中，各个发酵阶段的最合适温度的选择要从各个方面进行综合考虑，通过大量的生产实践才能确实掌握发酵的规律。生产上由于掌握了适当温度条件而使发酵产物的产量有较大幅度的提高的例子不胜枚举。近年来利用计算机模拟最佳的发酵条件，使发酵的温度能处于一个相对合适的条件成为现实。试验和生产均已证明，如能根据各个发酵阶段的矛盾特殊性，在不同的发酵阶段中控制不同温度进行发酵，则能更好发挥微生物的潜力。通过合适发酵温度的控制可以提高发酵产物的产量，进一步挖掘和发挥微生物的潜力。

（二） 溶解氧浓度对发酵的影响及监控

工业发酵使用的菌种多属好氧菌。生产上如何保证氧的供给，以满足生产菌对氧的需求，是稳定和提高产量、降低成本的关键之一。在好氧性发酵中，通常需要供给大量的空气才能满足菌体对氧的需求。同时，通过搅拌和在罐内设置挡板使气体分散，以增加氧的溶解度。但因氧气属于难溶性气体，因而它常常是发酵生产的限制性因素。

1. 溶解氧对发酵过程的影响

好氧微生物发酵时，主要是利用溶解于水中的氧。发酵受多方面因素的限制，而溶解氧含量（DO）往往最易成为控制因素。这是由于氧在水中的溶解度很低所致。在 28℃ 时氧在发酵液中的 100% 的空气饱和浓度只有 7mg/L 左右。在对数生长期即使发酵液中的溶氧能达到 100% 空气饱和度，若此时中止供氧，发酵液中 DO 可在几分钟之内便耗竭，使 DO 成为限制因素。在工业发酵中产率是否受氧的限制，单凭通气量的大小是难以确定的。因 DO 的高低不仅取决于供氧，通气搅拌等，还取决于需氧状况。故了解溶氧是否足够的最简便又有效的办法是就地监测发酵液中的溶氧浓度。从 DO 变化的情况可以了解氧的供需规律及其对生长和产物合成的影响。

溶解氧的测定方法主要有：①化学法（Winkler 法）；②压力法；③极谱法；④覆膜氧电极法。化学法及压力法等较为复杂，对条件要求高，不适于工业发酵，实际工业应用的一般是由极谱法发展而来的覆膜氧电极法。

值得注意的是，在培养过程中并不是维持 DO 越高越好。即使是专性好气菌，过高的 DO 对生长也可能不利。

2. 发酵过程中溶解氧的变化

每种微生物在确定的设备和发酵条件下，其溶氧浓度变化均有自己的规律。一般说来，发酵初期，菌体大量增殖，氧气消耗大，此时需氧量大于供氧量，溶氧浓度明显下降，同时菌体摄氧量则出现高峰；发酵中后期，对于分批发酵来说，溶氧浓度变化比较小。因为菌体已繁殖到一定程度，呼吸强度变化不大；到了发酵后期，由于菌体衰亡，呼吸强度减弱，溶氧浓度也会逐步上升，一旦菌体开始自溶，溶氧浓度上升更为明显。

3. 发酵过程中溶解氧控制

发酵液中的溶氧浓度，是由供氧和需氧两方面所决定的。也就是说，当发酵的供氧量大于需氧量，溶氧浓度就上升，直到饱和，反之就下降。因此要控制好发酵液中的溶氧浓度，需从这两方面着手。在供氧方面，主要是设法提高氧传递的推动力和液相体积氧传递系数（k_La）值，在可能的条件下，采取适当的措施来提高溶氧浓度，如调节搅拌转速或通气速率来控制供氧。但供氧量的大小还必须与需氧量的大小相协调，也就是说，要有适当的工艺条件来控制需氧量，使产生菌的生长和产物形成对氧的需求量不超过设备的供氧能力，使产生菌发挥出最大的生产能力。

（三）　pH 对发酵的影响及其控制

pH 对微生物的生长和代谢产物的形成都有很大影响。不同种类的微生物对 pH 的要求不同。大多数细菌的最适生长 pH 6.5 ~ 7.5；霉菌一般为 pH 4.0 ~ 5.8；酵母为 pH 3.8 ~ 6.0。

1. pH 对发酵过程的影响

pH 主要通过以下几方面影响微生物的生长和代谢产物形成。

（1）影响酶的活性，pH 过高或过低能抑制微生物体内某些酶的活性。

（2）影响微生物细胞膜所带电荷，从而改变细胞膜的渗透性，影响微生物对营养物质的吸收和代谢产物的排泄。

（3）影响培养基中某些营养物质和中间代谢产物的离解，从而影响微生物对这些物质的利用。

pH 的改变往往引起菌体代谢途径的改变，使代谢产物发生变化。例如，黑曲霉在 pH 2 ~ 3 时合成柠檬酸，在 pH 接近中性时积累草酸。谷氨酸生产菌在中性和微碱性条件下积累谷氨酸，在酸性条件下形成谷氨酰胺和 N – 乙酰谷氨酰胺。

2. 影响发酵过程 pH 变化的因素

发酵过程中 pH 的变化决定于微生物的种类、培养基的组成和培养条件。发酵过程中微生物细胞在一定的温度及通风条件下，随着微生物对培养基中的营养物质的利用以及某些物质的积累，发酵液的 pH 会发生一定的变化。一般来说，pH 变化的原因如下：

（1）基质代谢　①糖代谢特别是快速利用的糖，分解成小分子酸、醇，使 pH 下降，糖缺乏，pH 上升，是补料的标志之一。②氮代谢，当氨基酸中的—NH_2 被利用后 pH 会下降；尿素被分解成 NH_3，pH 上升，NH_3 利用后 pH 下降。③生理酸碱性物质利用后 pH 会上升或下降。生理酸性物质，如硫酸铵，被菌体作为氮源利用后，能形成酸性物质；生理碱性物质，如硝酸钠，被菌体作为氮源利用后，能形成碱性物质。

（2）产物形成　某些产物本身呈酸性或碱性，使发酵液 pH 变化。如有机酸类产生使 pH 下降，红霉素、林可霉素、螺旋霉素等抗生素呈碱性，使 pH 上升。

（3）菌体自溶　菌体自溶阶段，随着基质的耗尽、菌体蛋白酶的活跃，培养液中氨基氮增加，致使 pH 又上升，此时菌丝趋于自溶而代谢活动终止。

3. 发酵过程 pH 的控制

pH 对微生物生长和代谢产物的合成都有极大的影响，因此，为了使微生物能在最适的 pH 范围内生长、繁殖和发酵，首先应根据不同微生物的特性，不仅在原始培养基中要控制适当的 pH，而且整个发酵过程中，必须随时检测 pH 的变化情况，然后根据发酵过程中的 pH 变化规律，选用适当的方法对 pH 进行适当的调节和控制。

pH 调节和控制的方法，应根据实际生产情况加以分析再做出选择。pH 调节和控制的方法主要有：

（1）考虑发酵培养基的基础配方，特别是碳氮比（C/N），使之有适当的比例，使发酵过程 pH 的变化在适合的范围内。培养基中含有代谢产酸 [如葡萄糖产生酮酸、$(NH_4)_2SO_4$] 和产碱（如 $NaNO_3$、尿素）的物质，它们在发酵过程中要影响 pH 的变化。

（2）添加缓冲剂，$CaCO_3$ 能与酮酸等反应，而起到缓冲作用，在分批发酵中，可采用这种方法来控制 pH 的变化。或利用具有缓冲能力的试剂，如磷酸缓冲液等。

（3）通过补料调节 pH，在补料与调 pH 没有矛盾时采用补料调 pH，在发酵过程中根据糖氮消耗需要进行补料。当 NH_2—N 低，pH 低时补加尿素、氨水或液氨，尿素流加法，是以前国内谷氨酸生产厂家普遍采用的方法，现在多用于小试或中试，目前氨基酸发酵普遍采用液氨流加法，液氨作用快，对 pH 影响大，应采用连续流加为宜；当 NH_2—N 低，pH 高时补加（NH_4）$_2SO_4$。这些物质不仅可以调节 pH，还可以补充氮源。另外还可以通过补糖来调节 pH，例如青霉素的补料工艺，利用控制葡萄糖的补加速率来控制 pH 的变化范围（现已实现自动化），其青霉素产量比用恒定的加糖速率来控制 pH 的产量高 25%。

（4）当补料与调 pH 发生矛盾时，利用加酸碱调 pH。

（四）CO_2 和呼吸熵

1. CO_2 对发酵的影响

二氧化碳（CO_2）是呼吸和分解代谢的终产物。几乎所有发酵均产生大量 CO_2。溶解在发酵液中的 CO_2 对氨基酸、抗生素等发酵有抑制或刺激作用。大多数微生物适应低 CO_2 浓度（0.02% ~ 0.04%，体积分数）。当尾气 CO_2 浓度高于 4% 时，微生物的糖代谢与呼吸速率下降；当 CO_2 分压为 $0.08 \times 10^5 Pa$ 时，青霉素比合成速率降低 40%；又如发酵液中溶解 CO_2 浓度为 $1.6 \times 10^{-2} mol/L$ 时会强烈抑制酵母的生长，当进气 CO_2 含量占混合气体流量的 80% 时酵母活力只有对照值的 80%；在充分供氧下，即使细胞的最大摄氧率得到满足，发酵液中的 CO_2 浓度对精氨酸和组氨酸发酵仍有影响，组氨酸发酵中 CO_2 浓度大于 $0.05 \times 10^5 Pa$ 时其产量随 CO_2 分压的提高而下降，精氨酸发酵中有一最适 CO_2 分压，为 $1.25 \times 10^5 Pa$，高于此值对精氨酸合成有较大的影响。因此，即使供氧已足够，还应考虑通气量，需降低发酵液中 CO_2 的浓度。

CO_2 对细胞的作用机制是影响细胞膜的结构。溶解于发酵液中的 CO_2 主要作用于细胞膜的脂肪酸核心部位，而 HCO_3^- 则影响磷脂的亲水头部带电荷的表面及细胞膜表面上的蛋白质，当细胞膜的脂质相中 CO_2 浓度达到一临界值时，膜的流动性及表面电荷密度发生变化。这将导致许多基质的跨膜运输受阻，影响了细胞膜的运输效率，使细胞处于"麻醉"状态，生长受抑制，形态发生变化。CO_2 溶于发酵液中形成碳酸，还会造成发酵液 pH 的改变，从而影响菌体的生长代谢。

2. 发酵过程中 CO_2 浓度的控制

CO_2 在发酵液中的浓度变化不像溶解氧那样有一定的规律可循。它的大小受到培养基性质、菌种、工艺等多种因素的影响。在大规模发酵中，CO_2 对发酵的影响是一个突出的问题，因为发酵罐中的 CO_2 分压是液体深度的函数，在 10m 高的罐中，在 $1.01 \times 10^5 Pa$ 的气压下操作，底部的 CO_2 分压是顶部的两倍。为了控制 CO_2 的影响，必须综合考虑 CO_2 在发酵液中的溶解度、温度、通气情况等因素。在发酵过程中如遇到泡沫上升而引起溢液时，如采用增加罐压的方法消泡，这将增加 CO_2 的溶解度，对菌体生长有影响。

如前所述，不同的菌种，不同工艺的发酵，CO_2 的影响也不同，有的对合成产物有刺激作用，有的则有抑制作用。因此，对 CO_2 的控制也应视具体情况而定，如果对发酵有利，则应设法提高 CO_2 的浓度，反之，则应尽可能降低其浓度。一般工业上采用通气搅拌的方法来控制 CO_2 浓度。通气不仅能增加溶氧，量可以使发酵过程中产生的 CO_2 不断排出。降低通气量和搅拌速率，有利于增加 CO_2 在发酵液中的溶解度，反之，则会降低 CO_2 的溶解度。对于 CO_2 溶于发酵液中产生的碳酸造成 pH 下降的问题，可以用碱中和，但不能使用碳酸钙。

（五）　基质浓度对发酵的影响及补料控制

基质既是供微生物生长及生物合成产物的原料，也是培养基的组分。基质是菌种生长代谢的物质基础，又涉及产物的合成，因此基质的种类和浓度与发酵有着密切的关系。所以，发酵工业必须选择适当的基质和适当的浓度，以提高产物的合成量。

作为发酵底物的基质，首先必须注意的是其质量。在确定的工艺条件下，稳定的原料质量是保证稳产、高产的基础。在实际生产中，对基质质量的考察不能仅局限于原料主要成分的产量，而忽略其他方面。因为，工业发酵大多数采用天然有机碳源和氮源，无法全面测定其中的组分及含量。另外，某一碳源或氮源虽已被证明适于某种菌种发酵，但很可能对另一种生产菌来说就是不适的。因此，考察原料的质量，除规定的诸如外观、含水量、灰分、含量等参数外，更重要的是要经过实验来确定其对发酵的作用。在此主要讨论碳源、氮源和磷酸盐对发酵过程的影响和控制。

1. 碳源

碳源有快速利用的碳源和慢速利用的碳源之分。前者能迅速参与菌体生长代谢和产生能量，因此适于长菌。后者为菌体缓慢利用，有利于延长代谢产物的合成。发酵过程中采用混合碳源往往可以起到提高产率的作用。据报道，谷氨酸发酵时，采用葡萄糖和乙酸混合碳源比单一葡萄糖为碳源谷氨酸对糖转化率提高 30%。即使是全部为糖质原料，也可选用不同种原料混合使用，既可用部分廉价原料，又能提高产量。

碳源的浓度也有明显影响：因为碳源过于丰富，容易引起菌体异常增殖，菌体的代谢、产物的合成会受到明显的抑制。反之，碳源不足，仅仅供给维持量的碳源，菌体生长和产物合成都会停止。因此，控制适量的碳源浓度，对发酵工业是很重要的。控制碳源的浓度，可采用经验性方法和动力学方法，及在发酵过程中采用中间补料的方法来控制。例如谷氨酸生产菌 ATTCC13869，当发酵初糖为 60g/L，流加糖浓度控制 20~40g/L 时，总糖达 200g/L，谷氨酸浓度 93g/L，转化率为 46.3%。当改为初糖浓度 5g/L，流加糖浓度控制 2~5g/L，总糖 198g/L，谷氨酸浓度 100g/L，转化率 51%，提高 10% 左右。总之，补充碳源的时机不能简单以培养时间为依据，还要根据培养基中碳源的种类、用量和消耗速度、前期发酵条件、菌种特性和种子质量等因素综合考虑。

2. 氮源

氮源有无机氮源和有机氮源两类，同样也有快速利用氮源（如硫酸铵）和慢速利用氮源（如黄豆饼、花生粉）之分。快速氮源容易被菌体利用来生长。对某些产物的合成，特别是抗生素的合成有调节作用。慢速氮源对延长次级代谢产物的分泌期、提高产物产量有一定好处。

菌种发酵期间，除了培养基中的氮源外，往往还需中途补加氮源来控制浓度，调节 pH。一般生产上采用的方法有：①补充无机氮源：根据发酵情况，在发酵过程中添加某些无机氮源如氨水等，既可补充氮源，又可起到调节 pH 的作用；②补充有机氮源：在某些发酵过程中补充酵母粉、玉米浆等有机氮源，可以有效提高发酵单位；在谷氨酸发酵中，由于 pH 持续下降，对菌体生长不利，因此必须定时流加尿素，以控制 pH 在适定的范围，保证生产正常进行。

3. 磷酸

磷是核酸的成分之一，是微生物生长必需的元素，也是合成代谢产物所必需的。由于微生物生长所允许的和合成次级代谢物所允许的磷酸盐浓度相差较大（平均相差几十倍甚至上百倍），因此，要根据具体的发酵过程确定补加磷酸盐的时机和浓度。生产上常用的磷酸盐有磷酸二氢钾等。

为避免中间补料对菌体发酵造成抑制或组遏，每次补料的量应保持在出现毒性反应的量以下，以少量多次为好。在国内，大多采用人工控制补料，而且为了管理方便，采用延长间隔时间的办法，有间隔 2h 甚至 1d 补料一次的。补料间隔时间越长，一次加入的基质越多，造成的抑制或阻遏作用越不易消失，这种方式是不合理的。

（六）泡沫控制

1. 发酵过程中泡沫的产生及发酵的影响

在好氧发酵过程中，由于通气及搅拌，产生少量泡沫，是空气溶于发酵液和产生 CO_2 的结果。因此，发酵过程中产生少量泡沫是正常的，但当泡沫过多就会对发酵产生影响，主要表现在：①泡沫过多会上升到罐顶，可能从轴封渗漏，引起发酵液流出而造成浪费和污染；②泡沫过多就必须减少发酵罐的装填系数，降低设备利用率；③泡沫影响氧传递，影响通气搅拌效果；④当泡沫稳定，难以消除时，代谢产生的气体不能及时排出、影响菌体正常呼吸作用，甚至造成菌体自溶；⑤为将泡沫控制在一定范围内，就需要加入消泡剂，否则将对发酵工艺及后期分离提取工作造成不便。因此，控制发酵过程中产生的泡沫，是使发酵过程得以顺利进行和稳产、高产的重要因素之一。

发酵过程中产生泡沫主要有两个原因：一是出外界引进的气流被机械地分散形成；二是由发酵过程中产生的气体聚集形成的发酵泡沫。培养基的物理化学性质对于泡沫的形成及多少有一定影响。蛋白质原料，如蛋白胨、玉米浆、黄豆粉、酵母粉等是主要发泡剂。葡萄糖等本身起泡能力很低，但丰富培养基中浓度较高的糖类增加了培养基的浓度，起到稳定泡沫的作用、糊精含量多也会引起泡沫的形成。另外，细菌本身有稳定泡沫的作用。特别是当感染杂菌和噬菌体时，泡沫特别多，发酵条件不当，菌体自溶时泡沫也会增多。

发酵工业中所形成的泡沫的分散相是空气和 CO_2，连续相是发酵液。按发酵液的性质不同，一般有两种泡沫。一种是存在于发酵液的液面，称为表面泡沫。这类泡沫气相所占比例特别大，泡沫密集，含有许多被液膜隔开的单个气泡，其形状为多面体。另一种泡沫出现在黏稠的菌丝发酵液当中，这种气泡更为分散，而且很均匀，也较稳定，泡沫与液体之间没有明显的液面界限。

2. 发酵过程中泡沫的消除

发酵过程中的消泡方法有物理法、机械法、化学法几种。

（1）物理法消泡　就是利用改变温度等方法，使泡沫黏度或弹性降低，从而使泡沫破裂。这种方法在发酵工业上较少应用。

（2）机械消泡　就是靠机械力打碎泡沫或改变压力，促使气泡破裂。机械消泡的优点在于不需要加入其他物质，从而减少了染菌机会和对下游工艺的影响。缺点是效率不高，不能从根本上消除泡沫成因，因此作为消沫的辅助方法。

（3）化学消泡　是一种使用化学消泡剂进行消泡的方法。其优点是消泡效果好，作用迅速，用量少，不耗能，也不需要改造现有设备。这是目前应用最广泛的消泡方法。常用的消泡剂有天然油脂类、聚醚类、高级醇类和硅酮类，其中天然油脂类和聚醚类应用较多，聚醚类用得较多的是聚氧丙烯甘油（GP型消泡剂）和聚氧乙烯氧丙烯甘油（GPE型消泡剂，俗称泡敌）。

三、 发酵过程中杂菌的污染与防治

（一） 发酵过程中杂菌污染的检查

发酵过程中种子培养和发酵的异常现象是指发酵过程中的某些物理参数、化学参数或生物参数发生与原有规律不同的改变，这些现象必然影响发酵水平，使生产蒙受损失。对此，应及时查明原因，加以解决。发酵过程是否染菌应以无菌试验的结果为依据进行判断。在发酵过程中，如何及早发现杂菌的污染并及时采取措施加以处理，是避免染菌造成严重经济损失的重要手段。因此，生产上要求能准确、迅速地检查出杂菌的污染。目前常用于检查是否染菌的试验方法主要有显微镜检查法、肉汤培养法、平板（双碟）培养法、发酵过程的异常观察法等。

1. 显微镜检查法（镜检法）

此方法是用革兰氏染色法对样品进行涂片、染色，然后在显微镜下观察微生物的形态特征，根据生产菌与杂菌的特征进行区别，判断是否染菌。如发现有与生产菌形态特征不一样的其他微生物存在，就可判断为发生了染菌。此法检查杂菌最为简单、直接，也是最为常用的检查方法之一。必要时还可进行芽孢染色或鞭毛染色。

2. 肉汤培养法

通常用组成为0.3%牛肉膏、0.5%葡萄糖、0.5%氯化钠、0.8%蛋白胨、0.4%的酚红溶液（pH 7.2）的葡萄糖酚红肉汤作为培养基，将待检样品直接接入经完全灭菌后的肉汤培养基中，分别于37℃、27℃进行培养，随时观察微生物的生长情况，并取样进行镜检判断是否有杂菌。肉汤培养法常用于检查培养基和无菌空气是否带菌，同时此法也可用于噬菌体的检查。

3. 平板划线培养或斜面培养检查法

将待检样品在无菌平板上划线，分别于37℃、27℃进行培养，一般24h后即可进行镜检观察，检查是否有杂菌。有时为了提高平板培养法的灵敏度，也可以将需要检查的样品先置于37℃条件下培养6h，使杂菌迅速增殖后再划线培养。

无菌试验时，如果肉汤连续三次发生变色反应（由红色变为黄色）或产生混浊，或平板培养连续三次发现有异常菌落的出现，即可判断为染菌。有时肉汤培养的阳性反应不够明显，而发酵样品的各项参数显示确有可能染菌，并经镜检等其他方法确认连续三次样品有相同类型的异常菌存在，也应该判断为染菌。一般来讲，无菌试验的肉汤或培养平板应保存并观察至本批（罐）放罐后12h，确诊为无菌后才能弃去。无菌试验期间应每6h观察一次无菌试验样品，以便能及早发现染菌。

（二）　发酵过程中杂菌污染的原因

发酵染菌后，一定要找出染菌的原因，以总结经验教训，积极采取必要措施，预防染菌的发生。如果对已发生的染菌不作具体分析，不了解染菌原因，未采取相应的措施，将会对生产造成严重的后果。造成发酵染菌的原因有很多，且因生产工厂不同而有所不同。但从技术上分析，染菌的途径常见的有以下几个方面：种子包括发酵罐接种前在菌种室阶段染菌，培养基灭菌不彻底，空气净化达不到要求和技术管理不善等。不同的发酵生产，污染的杂菌种类有所不同。青霉素的发酵生产中常见的污染为细短产气杆菌和粗大杆菌，而细短产气杆菌的危害比粗大杆菌严重；链霉素发酵中常污染的杂菌有细短杆菌、假单胞杆菌、产气杆菌和粗大杆菌；四环素的发酵过程最怕污染双球菌、芽孢杆菌和荚膜杆菌；柠檬酸发酵中危害最大的是污染青霉菌；谷氨酸发酵常污染噬菌体，噬菌体蔓延迅速，难以防治，容易造成连续污染。

当培养基或发酵设备灭菌不彻底、设备存在死角时，就容易污染耐热的芽孢杆菌、球菌、无芽孢杆菌等一些不耐热的杂菌，可能污染的原因有种子带菌、空气过滤除菌不彻底、设备渗漏或操作不当等。无菌室灭菌不彻底或无菌操作不当，补加的糖液灭菌不彻底，设备渗漏等原因则有可能造成污染真菌。如果染菌发生在发酵前期，就有可能是种子带菌、灭菌不彻底；如果是发酵后期染菌，大部分是由于空气过滤系统的过滤效果达不到要求，补料发酵时由补料液带菌或补料管路带菌造成。如果在大批量发酵过程中只有个别发酵罐染菌，多是由于设备渗漏造成，应仔细检查设备的阀门、管道是否密封不严，发酵罐是否清洁。

（三）　发酵过程中杂菌污染的防治

1. 种子带菌的防治

种子带菌造成的污染是发酵前期染菌的重要原因之一，严重影响着发酵的成败，因而应高度重视对种子染菌的检查和染菌的防治。

（1）种子带菌的原因　种子带菌主要是由于：①培养基及用具灭菌不彻底：菌种培养基及用具灭菌在杀菌锅中进行，如果不能很好排气会造成假压，使灭菌时温度达不到要求。②菌种在移接过程中受污染：菌种的移接工作是在无菌室中按无菌操作进行，当菌种移接操作不当或无菌室管理不严，就可能引起污染。③菌种在培养过程或保藏过程中受污染：菌种在培养过程和保藏过程中，由于外界空气进入，也使杂菌进入二次污染。

（2）生产上可以采用相应措施进行防治

①严格无菌室的无菌要求：无菌室的建立应满足生产的要求，并经常对无菌室进行检查，除常用紫外线杀菌外，如发现无菌室已经污染了较多的细菌，可采用石炭酸或土霉素等进行灭菌；如发现无菌室有较多的霉菌，则可采用制霉菌素等进行灭菌；如发现噬菌体，可以采用甲醛、过氧化氢和高锰酸钾等灭菌剂进行处理；

②严格菌种管理：用斜面试管、沙土管保藏的菌种，要严格保管，并定期检查，防止杂菌进入而受到污染。短期贮藏的菌种采用试管，试管的棉花塞应有一定的紧密度，不宜太松，且有一定的长度，培养和保藏温度不宜变化太大。长期保存的菌种应采用真空冷冻干燥法或液氮超低温保藏法进行保藏；

③对逐级扩大用的培养基进行严格的无菌检查，确保任何一级种子均未被污染才能投入使用：方法是将未接种的培养基置于培养箱中进行培养，若无微生物生长，说明培养基是无菌的。

2. 空气带菌的防治

在好氧发酵中，通入的无菌空气带菌是造成发酵染菌的主要原因之一。要杜绝无菌空气带菌，就必须严格空气净化工艺，合理选择过滤介质并对过滤介质严格灭菌。加强生产环境的卫生管理，减少生产环境中空气的含菌量，提高采风口的位置，在空气进入空气过滤器之前进行粗过滤处理，提高进口空气的洁净度。设计合理的空气预处理工艺，尽可能减少生产环境中空气带油、水量，提高进入过滤器的空气温度，降低空气的相对湿度，保持过滤介质的干燥状态，防止空气冷却器漏水，防止冷却水进入空气系统等。设计和安装合理的空气过滤器，防止过滤器失效。选用除菌效率高的过滤介质，在过滤器灭菌时要防止过滤介质被破坏而造成短路，避免过滤介质烤焦或着火，防止过滤介质的装填不均而使空气走短路，保证一定的介质充填密度。当突然停止进空气时，要防止发酵液倒流入空气过滤器，在操作过程中要防止空气压力的剧变和流速的急增。

3. 培养基和设备灭菌不彻底导致染菌及防治

培养基和设备灭菌不彻底的原因，主要与以下几方面有关：

（1）实罐灭菌时未充分排除罐内空气，造成"假压"，使罐顶空间局部温度达不到灭菌要求，导致灭菌不彻底而污染。为此，在实罐灭菌升温时，应打开排气阀门及有关连接管的边阀、压力表接管边阀等，使蒸汽通过，达到彻底灭菌。

（2）培养基连续灭菌时，蒸汽压力波动大，培养基未达到灭菌温度，导致灭菌不彻底而污染。培养基连续灭菌温度，最好采用自动控制装置。

（3）设备、管道存在"死角"。由于操作、设备结构、安装或人为造成的屏障等原因，引起蒸汽不能有效达到或不能充分达到预定应该达到的"死角"，"死角"可以是设备、管道的某一部位，也可以是培养基或其他物料的某一部分。要加强清洗，消除积垢，安装边阀，使灭菌彻底。

（4）在培养基灭菌中，淀粉质含量较高的培养基在灭菌过程中容易结块，中心部分造成"夹生"而使灭菌不彻底，发酵时造成染菌。操作时应注意将原料充分混匀打散，并加入一定量的淀粉酶进行液化。在灭菌操作中，没有将灭菌容器内的空气排除干净，使灭菌温度的仪表显示值与实际值不符，造成灭菌效果达不到要求，在发酵时造成染菌。因此一定要注意在灭菌操作中，要将灭菌容器内的空气排除干净。

（5）培养基在灭菌过程中很容易产生泡沫，发泡严重时泡沫可上升至罐顶甚至溢出，以致泡沫顶罐，杂菌很容易藏在泡沫中，由于泡沫的薄膜及泡沫内的空气传热差，使泡沫内的温度低于灭菌温度，一旦灭菌操作完毕并进行冷却时，这些泡沫就会破裂，杂菌就会释放到培养基中，造成染菌。因此，要严防泡沫升顶，尽可能添加消泡剂防止泡沫的大量产生。在连续灭菌过程中，培养基灭菌的温度及灭菌时间必须符合灭菌的要求，保证全部培养基灭菌彻底。

四、 液态发酵系统组成

在微生物发酵工业中，底物通过不同微生物的有氧代谢或无氧代谢被转化成各种产物或细胞，这种生产代谢产物或生成细胞的过程，统称为发酵，这与生物化学上发酵的概念是不同的。各种发酵反应都是在生化反应器中进行的，因此，按微生物对氧的需求，发酵罐可分为厌氧发酵罐和好氧发酵罐，厌氧发酵罐主要用于酒精、啤酒、乳酸和丙酮丁醇等生产。好氧发酵罐多用于氨基酸、柠檬酸、抗生素和酶制剂等生产。按发酵液混合搅拌的形式，可以分为机械搅拌式、自吸式、鼓泡式和气升环流式几类，以下主要介绍机械搅拌式及气升式发酵罐。

1. 机械搅拌式发酵罐

这种发酵罐是靠机械搅拌形成涡流，以增大溶氧量，有助于散热和促使发酵均匀。这种发酵罐适应性最强，从牛顿型流体到非牛顿型的丝状菌发酵液，都能根据实际情况和需要，提供较高的传质速率和必要的混合速度。目前国内外大多使用机械搅拌式发酵罐，这种罐又称通用发酵罐。

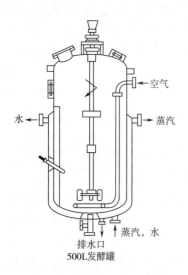

图 2-8 深层发酵通用发酵罐

它的缺点是机械搅拌产生的剪切力容易使耐剪切力较差的菌体造成损伤，影响菌体的生长和代谢。另外，机械搅拌器的驱动功率较高，一般需要为 $2\sim4kW/m^3$ 液体。这对大型的发酵罐是巨大的动力负担，因而其发酵容积受到一定的限制，好氧发酵单罐容积超过 $400m^3$ 的国内比较少见。

通用发酵罐的主要结构有罐体、搅拌装置、传热装置、通气部分、进出料口、溶氧、pH、温控测量系统、冷却和附属系统等，如图 2-8 所示。

常用的机械搅拌式发酵罐已标准化设计，可根据发酵种类、规模进行选择。目前，实验室发酵罐有 1L、3L、5L、10L 和 30L 罐；中试车间发酵罐有 50L、100L 及 500L；生产用的发酵罐有 $5m^3$、$10m^3$、$50m^3$、$100m^3$、$200m^3$，最大达到 $630m^3$。常用的机械搅拌发酵罐的几何比例如下：

$$\frac{H}{D} = 1.7\sim3.5; \frac{d}{D} = \frac{1}{3}\sim\frac{1}{2}; \frac{W}{D} = \frac{1}{12}\sim\frac{1}{8}; \frac{B}{d} = 0.8\sim1.0$$

$$\left(\frac{s}{d}\right)_2 = 1.5\sim2.5; \left(\frac{s}{d}\right)_3 = 1.0\sim2.0$$

式中　s——搅拌器间距，m；

B——下搅拌器距罐底的距离，m；

d——搅拌器直径，m；

W——挡板宽度，m；

D——发酵罐内径，m；

H——发酵罐筒身高度，m。

（下角 2，3 表示搅拌器的挡数）

发酵罐的大小用公称体积 V_0 表示，它指发酵罐的筒体体积 V_a 和底封头体积 V_b 之和。底封头的体积 V_b 可根据封头的形状、直径和壁厚查有关的化工容器设计手册求得，也可根据下式近似计算：

$$V_0 = V_a + V_b = \frac{\pi}{4}D^2H + 0.15D^3$$

机械搅拌器的主要功能是使罐内物料混合与传质，使通入的空气分散成气泡并与发酵液混合均匀，增加气液接触界面，提高气液间的传质速率，强化溶解氧及消泡；使发酵液中的固形物料保持悬浮状态，从而维持气–液–固三相混合传质，同时强化热量的传递。

搅拌器叶轮多采用涡轮式，最为常用的有平叶式、弯叶式和箭叶式，圆盘涡轮搅拌器，叶片数量一般为 6 个。此外还有推进式和 Lightnin 式搅拌器。

罐壁一般设有挡板，挡板的作用是防止液面中心产生旋涡，通常设 4~6 块挡板即可满足"全挡板条件"。所谓全挡板条件是指在发酵罐内再增加挡板或其他附件时，搅拌功率保持不变，而旋涡基本消失。发酵罐内立式冷却列管、排管和蛇管等装置也起到挡板作用。另外还有换热装置、通气装置、消泡装置等。

近年研制出一种新型机械搅拌式发酵罐——机械搅拌自吸式充气发酵罐，它由充气搅拌叶轮或循环泵来完成对发酵液的充气和搅拌。

自吸式充气发酵罐的优点是：①不用空气压缩机或鼓风机，节省投资；②在所有机械搅拌通气发酵罐形式中，自吸式充气发酵罐的充气质量是最好的，通入发酵液中的每立方米空气可形成 $2315m^2$ 的气液接触界面面积；③动力消耗低，据报道以糖蜜为基质培养酵母时，自吸式充气发酵罐生产 1kg 干酵母的电耗为 $0.5kW \cdot h$ 左右。

自吸式充气发酵罐的缺点是：①由于空气靠负压吸入罐内，所以要求使用低阻力、高除菌效率的空气净化系统；②由于结构上的特点，大型自吸式充气发酵罐的搅拌充气叶轮的线速度在 30m/s 左右，在叶轮周围形成强烈的剪切区域。据研究各种微生物中以酵母和杆菌耐受剪切应力的能力最强，因此应用于酵母生产时自吸式充气罐最能发挥其优势；③充气搅拌叶轮的通气量随发酵液的深度增大而减少，因此比拟放大有一最适范围，现时最大容积为 $250m^3$，目前自吸式发酵罐多用于乙酸和酵母的发酵生产中。

2. 气升式发酵罐

这类罐的基本原理是无菌空气从罐的下部通过喷嘴或喷孔喷射进入发酵液中，通过喷嘴和气液混合物的湍流作用使空气泡破碎，形成的气液混合物由于密度降低，加上无菌空气喷流的动能，向上运动，而含气率低的发酵液下降，形成反复循环，实现溶氧传质和混合，供给发酵液中微生物溶氧的需求（图 2–9）。常见的气升式发酵罐有气升环流式发酵罐、鼓泡式发酵罐、空气喷射式发酵罐等。

气升式环流发酵罐的特点：气液混合均匀，溶氧速率和溶氧效率高，剪切力小，微生物细胞受到的损伤较小，无机械搅拌，能耗低，设备结构简单，不存在机械轴封造成的渗漏问题引起的染菌现象。但是，气升式发酵罐不适于高黏度或固体含量大的发酵液。

气升式发酵罐主要结构参数：高径比 H/D，根据实验结果表明发酵罐高度 H 与直径 D 的比值以 5~9 为好，有利于混合溶氧。

导流筒直径 d 与罐径 D 之比 d/D 一般在 0.6~0.8 比较合适，确定发酵罐的 H 和 D 后，导流筒的直径和高度对发酵液的循环和溶氧也有较大影响，具体参数要根据发酵液的物化性质和发酵类型而定。此外，空气喷嘴直径和导流筒的上下端面到罐顶和罐底的距离对发酵液的混合、溶氧等都有重要的影响。

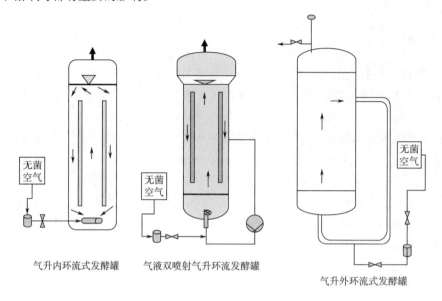

气升内环流式发酵罐　　气液双喷射气升环流发酵罐

气升外环流式发酵罐

图 2-9　气升式发酵罐

气升式发酵罐的几个重要参数：

① 循环周期：发酵液在环流筒内循环一次所需要的时间称为循环周期，由下式表示：

$$T_\tau = \frac{V_L}{V_C} = \frac{V_L}{\frac{4}{\pi}d^2\omega}$$

式中　T_τ——循环周期，s；

　　　V_L——发酵罐内发酵液的体积，m^3；

　　　V_C——发酵液的循环流量，m^3/s；

　　　d——导流筒的内径，m；

　　　ω——发酵液在导流筒的流速，m/s。

② 气液比：是指培养液的环流量 V_C 与通风量 V_G 之比，用下式表示：

$$R = \frac{V_C}{V_G}$$

通气量对气升式发酵罐的混合和溶氧起决定性的作用，而通气压强对发酵液的流动与溶氧也有相当的影响。通气压强是指空气在空气分布管出口前后的压强差。一般导流管中的环流速度可取 1.2~1.8m/s，有利于混合与气液传质，又避免环流阻力损失太多能量，若采用多段导流管或管内设塔板，环流速度可适当降低。

③ 溶氧传质：溶氧的传质速率与发酵液的湍动和气泡的剪切细碎状态有关，受反应器输入能量的影响。反应溶液的持气率 h 和空截面速率 v_s 的关系为：

$$h = Kv_s^{\ n}$$

K 和 n 为经验常数，由实验确定。

在鼓泡式发酵罐中，低通气速率时，$n = 0.7 \sim 1.2$，高通气速率时，$n = 0.4 \sim 0.7$。而体积溶氧系数是空截面速率 v_s 的函数

$$k = bv_s^{\ m}$$

式中，对水和电解质，$m = 0.8$；b 为常数，是空气分布器形式的函数，由实验决定。

🔍 思考题

1. 高压灭菌对培养基颜色和营养成分会造成什么影响？应如何防止？

2. 根据微生物对数残留定律，如何确定培养基的灭菌时间？

3. 影响培养基灭菌效果的因素有哪些？

4. 发酵时为什么要进行通气？通入的空气为什么要进行除菌？除菌的基本方法和原理是什么？

5. 为了增加发酵液的溶解氧，在发酵时可采用哪些措施？

6. 固态发酵有何特点？固态发酵器的种类包括哪些？各有什么优缺点？

7. 液态发酵有何特点？液态发酵罐的种类包括哪些？各有哪些特点？

8. 发酵过程中进行数据采集检测有什么意义？发酵过程中需进行检测的主要参数有哪些？

9. 简要介绍固态发酵的主要调控因素及其控制措施。

10. 简要介绍液态发酵的主要调控因素及其控制措施。

酒精发酵与白酒酿造

第一节　酒精发酵

　　酒精，又称乙醇水溶液，是乙醇（ethanol，化学式 C_2H_5OH）与水的混合物，正常大气压下，酒精溶液浓度最高可达到 96.1%（体积分数），特殊条件下（无水酒精）可达到 99.99%（体积分数）。酒精作为一种原料，广泛地应用于食品工业、化学工业、医药卫生和国防工业等部门。酒精的生产方法主要有酿造法和化学合成法。酿造法即发酵法，就是在酶作用下，将淀粉质原料、糖质原料或纤维素原料转化为葡萄糖，利用微生物——酵母菌进行发酵，发酵液蒸馏制得酒精。化学合成法是以石油工业中石油裂解产生的乙烯为原料加水合成，属于工业酒精。由于化学合成法生产酒精含有较多杂质，其应用受到限制，因此，在酒精生产领域发酵法占有主导地位。

一、酒精生产原料

　　酒精生产常用的原料有淀粉质原料、糖质原料、纤维质原料和其他原料，其中，淀粉质原料和糖质原料的酒精产量最大。酒精生产的原料大都含有碳水化合物、蛋白质、脂肪、无机元素和果胶质等成分。对淀粉质原料和生物质原料而言，碳水化合物需转化为葡萄糖才能被酵母利用，原料中碳水化合物的存在形式不同，被酵母利用的难易程度不同，糖质原料则可以直接被利用。

（一）淀粉质原料

　　淀粉质原料包括薯类原料和谷物原料，是酒精生产的主要原料，占酒精生产的80%，其中薯类原料约占30%，谷物原料占70%，这类原料碳水化合物含量较高。南方一些省份用木薯为原料，西北少数地区用马铃薯为原料，黑龙江和吉林主要用玉米为原料。在国外，美国以玉米为原料，巴西以甘蔗为原料，欧洲很多国家以马铃薯为原料。常用淀粉质原料的主要化学成分，见表3-1。

表 3 – 1　　　　　　　　　　　常用淀粉质原料的化学成分　　　　　　　　　　单位：%

种类	水分	粗蛋白	粗脂肪	碳水化合物	粗纤维	无机盐
甘薯干	12.9	6.1	0.5	76.7	1.4	2.4
鲜木薯	70.25	1.12	0.41	26.58	1.11	0.54
马铃薯干	12.0	7.4	0.4	74.0	2.3	3.9
玉米	6.0 ~ 15.0	8.5	5.0 ~ 7.0	65.0 ~ 73.0	1.3	1.7
高粱	12.0	8.2	2.2	78.0	0.3	0.4
小麦	12.8	10.3	2.1	71.8	1.2	1.3
大米	14.0	7.7	0.4	75.2	2.2	0.5

（二）糖质原料

糖质原料的可发酵性物质是糖分，包括葡萄糖、蔗糖、果糖以及其他三糖和四糖，酵母可以直接利用进行发酵，可省去淀粉质原料的蒸煮和糖液化等工序，因此，糖质原料能耗和成本都很低，是酒精发酵的理想原料，只是制糖工业和其他发酵工业都需要糖质原料，能用到酒精生产上的不多。

糖蜜是以甘蔗或甜菜为原料制糖过程中产生的一种副产物，又称废糖蜜。按制糖原料来分，可分为甘蔗糖蜜和甜菜糖蜜。甘蔗糖蜜产量是甘蔗加工量的 3%，甜菜糖蜜产量则是甜菜加工量的 3.5% ~ 5%。甘蔗糖蜜主要产于我国南方各省，含有蔗糖（30%）和转化糖（20%），其组成随产地、品种和制糖工艺的不同略有不同。甜菜糖蜜主要产于我国北方地区，以东北、西北、华北为主，其化学组成随甜菜品种和制糖工艺不同而存在较大差异。甜菜糖蜜平均含水量为 18%，含糖量在 50%，转化糖少，棉子糖 1.3%，pH 7.4，呈微碱性，不能直接进行发酵。近年来，甜高粱被广泛关注，因为高粱秆中含有较高糖分（可达 10% ~ 12%），生长适应性强，单位面积产糖量要高于甜菜。

（三）纤维质原料

植物生物体（Biomass）是地球上各类植物利用阳光的能量进行光合作用的产物。全世界植物生物体的年生成量高达 1.55×10^9 t 干物质，这些植物贮存的总能量是当前全世界能耗总量的 10 倍，因此，它是一种十分巨大的可再生能源。

20 世纪 90 年代，纤维素和半纤维素生产酒精的研究有了突破性进展，曾被认为是最具潜力的酒精原料。纤维素原料主要包括：农作物纤维下脚料，森林和木材工业下脚料，工厂纤维和半纤维素下脚料及城市废纤维垃圾等四类。然而，由于纤维素降解成本高的问题一直没有得到很好的解决，纤维素乙醇的发展没有达到预期目标。其他原料，如亚硫酸盐废液、乳清、马铃薯淀粉渣和甘薯淀粉渣等也有可以进行酒精发酵的报道，但均未见大规模工业化生产。

二、酒精发酵微生物

主要介绍酒精发酵微生物——酵母的特性、制备及质量评价。

1. 酵母的特性

用于酒精发酵的酵母（*Saccharomyces Cerevisiae*）是一种单细胞的微生物，属于子囊菌纲，正常环境下是芽生繁殖，在营养缺乏的环境下采用孢子繁殖。酵母的形状和大小随菌株不同各异，通常有卵圆形、椭圆形、腊肠形和圆形，大小在 $6 \sim 11 \mu m$。酒精生产中常用的酵母菌株有拉斯 2 号、拉斯 12 号、K 字酵母、南阳酵母（1300 和 1308）以及耐高温活性干酵母等。此外，细菌中，运动发酵单胞菌（*Zymomonas mobilis*）也可发酵生产酒精。粗糙脉孢霉、拟青霉、链孢霉也可用于酒精发酵（主要是生物质原料）。毕赤酵母等可直接发酵木糖（半纤维素的主要构成成分）生产酒精。

优良的酵母菌株应具备以下特征：①产酒精速度快，能将可发酵性糖迅速转变为酒精；②繁殖速度快，适应性强；③耐酒精能力强，能生成高浓度酒精并在高浓度酒精发酵醪中生长和发酵；④耐温性能好，能在较高温度下进行生长和发酵；⑤抵抗杂菌能力强；⑥耐酸能力强；⑦生产性能稳定，变异小；⑧发酵产生泡沫少。

2. 酵母制备及质量评价

（1）传统酵母制备方法 酵母的制备过程分为试管制备和扩大培养 2 个阶段。在实验室阶段，一般多采用米曲汁或麦芽汁来做培养基，流程如下：原始菌株→斜面培养→液体试管培养→三角瓶培养→卡氏罐。这一阶段的培养，要求得到健壮的酵母细胞纯培养，因此，无菌条件要求非常严格。原始菌株必须是生产性能优良的菌株，保藏时间较长的菌株需活化后才能使用。活化后的酵母菌在无菌条件下接入新鲜斜面试管，于 $28 \sim 30℃$ 保温培养 $2 \sim 3d$。自斜面试管用接种针挑取酵母菌体，接入装有 $10mL$ 米曲汁或麦芽汁的液体试管，置 $28 \sim 30℃$ 下保温培养 $24h$。将液体试管全部接入小三角瓶，$28 \sim 30℃$ 条件下保温培养 $15 \sim 20h$。三角瓶培养的酵母菌，依据比例加入小酒母罐中培养，培养基可直接使用原料糖化醪，使酵母逐渐适应生产条件。

扩大培养阶段的流程：小酒母罐→大酒母罐→成熟酒母。在这个阶段，酒母培养的原料为糖化醪，需另外添加一定量的氮源和无机盐等营养物质，以供酵母菌生长和繁殖。此外，为了抑制杂菌生长，还需调节糖化醪 pH。根据培养方式的不同，酒母扩大培养分为间歇培养法和半连续培养法。间歇培养法分小酒母罐与大酒母罐两个阶段进行培养。将培养成熟的酒母接入小酒母罐，通入无菌空气或机械搅拌，控制醪温在 $28 \sim 30℃$ 培养，待醪液糖分降低 $40\% \sim 45\%$，酒精含量在 $3\% \sim 4\%$（体积分数），并且液面有大量 CO_2 冒出，即培养成熟。将成熟的小酒母再接入装好糖化醪的大酒母罐，同法于 $28 \sim 30℃$ 继续培养，待大酒母罐中糖分消耗 $45\% \sim 50\%$，液面冒出大量 CO_2，即酒母培养成熟，可送往发酵车间。间歇培养虽然生产效率相对较低，但由于酵母质量易于控制，仍被工厂采用。半连续培养法又称循环培养法，它是将三角瓶酒母接入小酒母罐，培养成熟后，分割醪液的 2/3 接入大酒母罐进行培养，余下的 1/3 再补加糖化醪培养。培养成熟后再分割，如此反复以上操作，大酒母培养成熟则全部送往发酵车间。目前，大多数酒精厂均采用半连续培养法，利用这种方法培养酒母，$7 \sim 10d$ 需换一次新种，卫生管理较好的情况下，可 $1 \sim 2$ 个月换一次新种。

（2）活性干酵母制备方法 随着现代生物技术的飞速发展，国内外已采用现代工业技术大量培养酒精酵母，然后在保护剂共存下，低温真空脱水干燥，在惰性气体保护下，包装成活性干酵母产品。活性干酵母一般是浅黄色的圆形或圆柱形颗粒，含水量低于 5%，含蛋白质 $40\% \sim 45\%$，酵母细胞数 $(20 \sim 30) \times 10^9 CFU/g$，保存期长，$20℃$ 常温下保存 1 年失活率约 20%，$4℃$ 低温保存 1 年失活率仅 $5\% \sim 10\%$，它的保质期可达 24 个月，但启封后最好一次用完。

活性干酵母的用量视商品的酵母菌株、细胞数、贮存条件及贮存器、使用目的、使用方法等而异。活性干酵母不能直接投入糖化醪进行发酵，需经过复水活化、适应环境、防止污染这三个关键步骤。正确的使用方法如下：在35～42℃温水（或含糖5%的水溶液和稀麦芽汁）中加入10%的活性干酵母，小心混匀，静置使之复水活化，每隔10min轻轻搅拌一次，经20～30min，酵母已经活化，可直接添加到小酵母罐使用。

成熟酵母的质量指标有酵母细胞数、出芽率、死亡率、耗糖率、酒精含量和酸度等。酵母细胞数是反映酵母培养成熟的指标，一般为1×10^8CFU/mL左右。酵母出芽率高，说明酵母处于旺盛的生长期，反之，则说明酵母趋于衰老，成熟酵母的出芽率要求在15%～30%。如果酵母死亡率在1%以上，应及时查找原因并采取措施进行挽救。成熟酵母的耗糖率一般要求在40%～50%，酒精含量一般为3%～4%（体积分数）。酵母醪的酸度是反映细菌污染的指标，如果成熟酵母醪中酸度明显增高，说明酵母可能被产酸细菌（如乳酸菌）污染。

酵母质量的主要影响因素有接种量、接种时间、培养温度和通风等。接种量大，则培养时间短，酵母成熟快。但接种量过大，会增加培养次数，增加设备投资。在酵母培养中，酵母接种量多控制在1:(5～10)。接种后的醪液，经过10～12h培养，酵母细胞数可达0.8×10^8～1.2×10^8CFU/mL，此时可将成熟酵母送入发酵工段。对数生长期酵母菌生长旺盛，繁殖能力强，在这个时期进行酵母的扩大培养。酵母菌在适宜生长温度范围内，高温比低温繁殖稍快，但高温培养易导致酵母衰老，一般酒精生产中酒母培养温度为28～30℃。酵母培养的目的是获得大量酵母细胞，所以，在酵母培养过程中要通入适量的无菌空气，利于酵母的生长和繁殖。酒精生产过程中，除了对原始菌种进行定期分离纯化外，在培养过程中还需加强无菌管理。另外，在使用前应对罐体、管道进行彻底杀菌，尤其应注意法兰和管道等死角部位的灭菌。

三、　酒精发酵机理

（一）　酒精发酵的目的和要求

在酒母的作用下，糖化醪被发酵生成酒精和CO_2，糖化酶不断地将残存的糊化淀粉进行糖化转化成可发酵性糖，可发酵性糖再继续发酵，因此，酒精发酵和后糖化作用同时进行，也称为双边发酵，最终将醪中绝大部分的淀粉及糖转化成酒精和CO_2。

若想以最少的原料生产尽可能多的酒精，这就要求尽量减少发酵损失，因此，在酒精发酵时，应尽量创造和满足以下条件：

（1）在发酵前期，让酵母菌迅速繁殖，并成为优势菌株。

（2）保持一定量的糖化酶活力，使糖化醪中糊精等继续分解，生成可发酵性糖，即要保证后糖化的进行。

（3）发酵中期和后期，要造成厌氧条件，使酵母在无氧条件下进行酒精发酵。

（4）搞好杂菌污染的防止工作，避免因此造成的损失。

（5）采取必要的措施，提高酒精发酵强度，降低酒精厂的造价和酒精的生产成本。

（6）注意回收CO_2及其夹带的酒精，CO_2纯化后可进一步再利用。

（二）　酒精发酵机理

1. 酒精发酵过程

糖化醪在酵母细胞自身酶系统的作用下，生成酒精、CO_2和能量，一部分能量用作酵母细胞新陈代谢的能源，另一部分随酒精和 CO_2 通过细胞膜排出体外。

（1）前发酵期　糖化醪进入发酵罐与酒母进行混合，酵母密度不高，酵母在经过短时期的适应后，开始繁殖，由于这时醪液中含有一定量的溶解氧，醪液中各种营养物质也比较充分，不存在最终产品的抑制，所以酵母繁殖迅速。与此同时，后糖化作用继续进行，糊化淀粉和糊精进一步转化成葡萄糖。

前发酵期的长短与酵母的接种量有很大关系。如果接种量大，则前发酵期短，反之则长。实际生产时，酵母接种量都在 5% ~ 10%，前发酵期只有 6 ~ 8h，连续发酵时，通常不存在前发酵期。由于前发酵期的发酵作用并不强烈，所以醪液温度上升并不快。发酵醪温度控制在 28 ~ 30℃，超过 30℃，容易形起酵母早期衰老，表现为主发酵过早结束，造成发酵不彻底。前发酵期应特别注意防止杂菌污染。

（2）主发酵期　这个阶段酵母细胞已大量生成，可达 10^9 CFU/mL 以上，酵母细胞主要进行酒精发酵。在间歇发酵时，一旦发酵醪中酒精度达到 4% 以上，氧气和营养物质消耗殆尽，酵母细胞基本停止（连续发酵时，当酒精体积分数达到 7% 时，酵母还能出芽）。该阶段醪液中糖分迅速下降，酒精含量逐渐增加。从外表看，由于大量 CO_2 的逸出带动醪液上下翻动，并发出泡沫破裂的响声，气势甚为壮观。

由于主发酵期产生大量热能，醪液温度上升很快，应及时采用人工方法进行冷却。一般工厂都将发酵温度控制在 34℃ 以下，冷却方式有罐内蛇管冷却，喷淋罐壁冷却和罐外热交换器冷却三种类型。醪温超过 40℃，不仅酵母早衰，而且容易导致杂菌污染。主发酵期的长短，取决于醪液中可发酵性物质的浓度和其他营养成分的含量，发酵醪中糖分高，主发酵持续时间长，反之则短。主发酵时间一般为 12h。

（3）后发酵期　醪液中大部分糖分被酵母菌利用，酵母利用糖类物质的速度也变得缓慢，酒精和 CO_2 生成量很少。从醪液表面看，虽然仍有气泡不断产生，但不再发生醪液上下翻动的现象，酵母和固形物部分下沉。后发酵阶段发酵作用减弱，产生的热量较少，这时应控制醪液温度在 30 ~ 32℃，醪液温度太低，会影响后糖化作用和淀粉出酒率；淀粉质原料酒精生产的后发酵阶段一般需要持续 20h 左右。为了提高设备利用率和强化酒精发酵，国外有采用强制循环等措施来达到强化后发酵的目的。

上述三个阶段只是大体上的划分，不同发酵形式，各阶段时间也会有所不同。间歇发酵时间一般控制在 58 ~ 72h，顺流梯级式多罐连续发酵时间可减少到 60h 左右，最新研究的固定化活酵母细胞反应器和高温酵母，酒精发酵时间可进一步缩短。

在间歇发酵主发酵阶段，发酵醪外观糖度的降低速度一般为每小时下降 1%，理论上相当于每小时每升醪液消耗 8.47g 双糖，生成 5.58mL 或 4.43g 酒精，释放出 2.1L CO_2 和 1.13kJ 热量。发酵期间，酵母同化含氮物质导致醪液中可溶性氮含量减少，部分蛋白质因酒精浓度增加而凝固，可溶性含氮量从原来的 42% 降为 20%，总蛋白质含量（按含氮量计）从 7% 降为 3.8%。

酵母菌在厌氧条件下经 EMP 途径可发酵己糖生成酒精（乙醇），其生化过程如图 3 - 1 所示。

2. 发酵过程生成的 CO_2

乙醇从酵母细胞膜渗出，进入到周围介质中，因为乙醇可以任何比例与水混合，酵母细胞周围的乙醇得到稀释。CO_2 也会溶解在液体中，并很快达到饱和状态。产生的 CO_2 吸附在

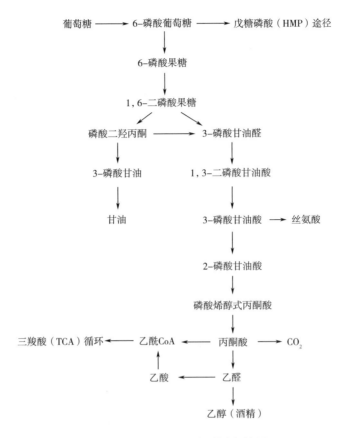

图3-1　酵母菌酒精代谢途径简图

细胞表面，直至超过细胞的吸附力，CO_2 转入气体状态，形成小气泡。当气泡增大，浮力克服细胞重力的时候，气泡就带着细胞上浮，直至气泡破裂，CO_2 释放到空气中，细胞慢慢下沉至醪中。由于 CO_2 的上升，带动了醪液中酵母细胞的上下游动，使酵母细胞更充分地与醪液糖分接触，发酵作用更充分。

在发酵后期，醪液中 CO_2 已经达到饱和，CO_2 不能再排出细胞，形成对发酵的阻碍，在这种情况下，为了使 CO_2 得以释放，必须使它和某种表面相接触。CO_2 与表面接触后易于释放的原因在于它的电荷。CO_2 和其他液体中的气体一样是带负电荷的，当它和带负电的发酵罐表面接触时，因为电荷的排斥力，使 CO_2 无法在罐壁停留而逸出。所以，CO_2 容易沿罐壁逸出。如果发酵醪较黏稠，气泡到达液面后并不破裂，逐渐形成持久不散的泡沫。严重时，泡沫会从罐顶溢出，造成可发酵性物质损失，这种类型的发酵称为泡沫型发酵。

葡萄糖发酵生成乙醇的总反应式为：

$$C_6H_{12}O_6 \longrightarrow 2C_2H_5OH + 2CO_2$$

由上式得到，乙醇理论得率为 51.11%，但因酵母的生长繁殖和副产物的生成，实际得率仅为 47% 左右。

（三）酒精发酵方式

酒精发酵方式分为三种：间歇式发酵、半连续式发酵和连续式发酵。

1. 间歇式发酵工艺

间歇式发酵的全过程是在一个发酵罐中完成。由于发酵罐体积和糖化醪流加方式等工艺操作的不同，间歇式发酵又可大致分为以下几种方法：

（1）一次加满法，此法是将糖化醪冷却到 27～30℃后，用泵送入发酵罐一次加满，同时接入 10% 的酒母成熟醪，经 60～72h 发酵即得发酵成熟醪，送去蒸馏车间。主发酵期间，温度超过 34℃时，用冷却水冷却。此法适用于糖化锅与发酵罐容积相等的小型酒精厂，蒸煮和糖化过程均采取间歇工艺。该方法的优点是操作简便，易于管理，缺点是发酵初期酵母密度低，发酵迟缓期延长。另外，开始时醪中可发酵性糖浓度高对酵母的生长和发酵速度也有影响。

（2）分次添加法，此法是糖化醪分几批加入发酵罐。首先，装入发酵罐容积 1/3 的糖化醪，接入 8%～10% 的酒母进行发酵。隔 1～3h（间歇时间视产量而异）加入第二次糖化醪，再隔 1～3h，加入第三次糖化醪，如此，直至加到发酵罐的 90% 为止。此法的优点是较一次加满法发酵旺盛，迟缓期短，有利于抑制杂菌繁殖。此法适用于糖化锅容量小于发酵罐的工厂，当酒母罐总容量不能生产足够的酒母时，也可采用这种方法。夏天缺少冷却水的工厂，采用这种方法可以使发酵醪的温度不会过快上升，节省冷却水，使发酵醪温不致过高。采用此法要注意的是，从第一次加糖液直至加满发酵罐为止，总时间不应超过 10h，否则，后加进去的淀粉和糊精将来不及彻底被转化成糖和进一步发酵成酒精，最后造成成熟发酵醪的残糖高，淀粉出酒率低。这种发酵方法曾一度被连续发酵法所取代，不过目前，这种间歇发酵法被许多国外大型酒精厂恢复使用。

（3）连续添加法，此法适用于连续蒸煮和连续糖化的酒精工厂。生产开始时，先将一定数量的酒母醪打入发酵罐，同时连续添加糖化醪。糖化醪的流加速度应根据工厂的生产量来定，一般应控制在 6～8h 内加满一个发酵罐。流加过快，则会造成发酵醪中酵母细胞密度低，无法形成酵母的群体优势，有可能发生杂菌污染；流加过慢，则满罐时间延长，造成可发酵性物质的损失。如果全部糖化醪同时流入一只发酵罐，满罐时间少于 6h，则可以将糖化醪同时流入 2 只或 3 只发酵罐，以求获得合适的满罐时间。连续添加法由于基本消除了发酵的迟缓期，所以总发酵时间要比一次满罐法短些。

（4）分割主发酵醪法，分割主发酵醪法的基础是要求发酵醪基本不染菌，此法只适用于卫生条件管理较好的酒精厂，此法是将处于旺盛主发酵阶段的发酵醪分割出 1/3～1/2 至第二罐，然后两罐同时补加新鲜糖化醪至满罐，继续发酵。当第二罐又处于主发酵阶段时，再次进行分割。此法的优点是可以节省酒母用量，由于接种量大，发酵时间也可相应缩短，但是易污染杂菌，一般不主张采用，当采用分割法时，可以加 0.005% 的甲醛以抑制杂菌生长。

上述间歇发酵采用的工艺条件是：

发酵温度 30～34℃，超过 34℃用冷却水冷却。

发酵时间 58～72h，由于采用了耐高温活性干酵母，发酵时间已相应缩短，一般 60h 发酵完毕。

发酵醪酒精度应超过 10%，达到 12% 左右。酒精含量低会造成设备利用率低，单耗增加等问题，在可能的情况下，工厂应尽可能地提高发酵醪的酒精含量。

2. 半连续式发酵工艺

半连续式发酵工艺是指主发酵阶段采用连续发酵，后发酵阶段采用间歇发酵的方法。

3. 连续式发酵工艺

1957 年，苏联彼得洛夫斯克酒精厂第一个实施了连续式发酵工艺。由于采用了耐酸型淀粉酶产生菌，可以采用酸化的方法来抑制杂菌繁殖，连续发酵的周期可超过 3 个月以上。

（1）连续发酵的意义　在间歇发酵过程中，发酵罐的培养液始终不更新，因此，发酵液的参数、菌体数、成分（营养成分和代谢产物）和 pH 等都不断地发生变化，菌体所处的生长阶段也在变化，这对研究微生物的生理状况是十分不利的。在工业生产上，间歇发酵法具有许多缺点，如有较长的非生产时间，由于环境变化微生物不能充分发挥潜力，难于自动化控制等。如采用培养液不断流加更新，发酵成熟醪不断排出的连续发酵方法，就能解决上述问题。当采取适当的培养液更新速度时，就能使发酵罐中的各个参数稳定在人们需要的状态，这对理论研究和生产实践具有重要的意义。

（2）连续发酵的形式　连续发酵可分为全混（均相）连续发酵和梯级连续发酵法两大类。全混（均相）连续发酵法是：微生物培养在一个设备中进行，液体培养基混合搅拌良好，以保证整个发酵液的均一性。均相连续发酵系统根据控制的方法，又可分为化学控制器（简称恒化器）和浊度控制器（简称恒浊器）两类。恒化器是通过对培养液中某一微生物生长的必要成分浓度的控制来进行调控，酒精生产就属于这一类，例如我们控制发酵液中总糖浓度为 18%，则通过调节糖化醪的流加速度，控制发酵罐中酵母细胞的密度，进而控制整个酒精发酵过程。恒浊器是通过调控培养液浊度的变化来实现控制。由于培养液的浊度与培养液中微生物的密度直接相关，所以，可以通过光电敏感仪表来自动测定培养液的浊度变化，并进而调节培养液的流加量，以达到控制微生物细胞密度的目的。

梯级式连续培养法：对于发酵时间要求较长的产品生产来说，一只发酵罐已无法适应，这时就应采用梯级式连续培养法。本方法的微生物培养和发酵过程是在一组罐内进行的，每个罐本身的各种参数保持基本不变，但罐与罐之间则并不相同，且按一定的规律形成一个梯度。酒精、溶剂等连续发酵大都是采用这种形式。

（3）连续发酵系统稳定的条件　酒精连续发酵是在培养液不断更新，成熟醪不断排出的前提下进行的。为此，保持整个系统的稳定是正常进行酒精发酵的关键，要保持系统的稳定，首先要保持各发酵罐中酵母细胞密度的稳定。

我们先来看一下单罐恒化器的细胞物料平衡情况，单罐恒化器示意图见图 3 - 2。

细胞的物料平衡：

进入系统的细胞数 - 排出系统的细胞数 + 增殖的细胞 - 死亡的细胞 = 细胞增加量，即：

$$(F/V)X_0 - (F/V)X + \mu X - aX = \mathrm{d}X/\mathrm{d}t$$

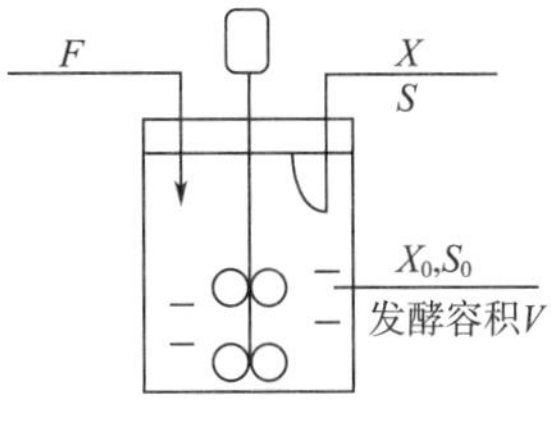

式中　F——培养液流加速度，L/h；

V——发酵液体积，L；

X_0——培养液中微生物细胞密度，g/h；

X——流出液中微生物细胞密度，g/h；

μ——细胞的比生长速率，h^{-1}；

a——细胞的比死亡速率，h^{-1}；

t——时间，h。

图 3 - 2　单罐恒化器示意图

对于一般的单罐恒化器和梯级式发酵罐组的首罐来说，$X_0 = 0$，而 $\mu \geqslant a$，则 a 可以忽略

不计，这样，上式变为

$$-(F/V)X + \mu X = dX/dt$$

当系统处于平衡时，罐中的细胞密度保持稳定，则 $dX/dt = 0$，则：

$$\mu X - (F/V)X = 0$$

$$\mu = F/V = D$$

式中 $D = F/V$——稀释比，即单位时间内醪液流加量和发酵罐内总醪液量的比值，h^{-1}。

可以得到下式：

$$(\mu - D)X = \frac{dX}{dt}$$

从该公式可知，当 $\mu > D$，即酵母的比生长速率大于稀释比时，dX/dt 是正值，即酵母的密度在增大；当 $\mu < D$ 时，dX/dt 是负值，则酵母的密度降低；当 $\mu = D$ 时，$dX/dt = 0$，即发酵液中酵母细胞数保持平衡不变，即整个系统处于平衡和稳定状态。因此 $\mu = D$ 是连续发酵系统保持平衡和稳定的条件。

（4）连续发酵物料消耗与细胞数量的关系 连续发酵时，基质消耗与细胞形成之间的关系可以根据物料平衡的方法求得。限制性营养物质的物料平衡可以表达为：

$$\begin{bmatrix} 进入系统的 \\ 营养物质 \end{bmatrix} - \begin{bmatrix} 排出系统的 \\ 营养物质 \end{bmatrix} - \begin{bmatrix} 生产菌体消耗 \\ 的营养物质 \end{bmatrix} - \begin{bmatrix} 维持生物体消 \\ 耗的营养物质 \end{bmatrix} - \begin{bmatrix} 生成产物消耗 \\ 的营养物质 \end{bmatrix} = \begin{bmatrix} 营养物质 \\ 的积累 \end{bmatrix}$$

即为： $$FS_0/V - FS/V - \mu X/Y - mX - Q_p X/Y_{p/s} = dS/dt$$

式中 Y——每消耗1g营养物质生成细胞数量的系数，g 细胞/g 营养物；

S_0 和 S——进、出发酵罐液体中限制性营养物质的浓度，g/L；

m——维持细胞的营养物消耗系数；

Q_p——生成产品的比速率，产量/（g 细胞·h）；

$Y_{p/s}$——基质转换成产品的转换系数（得率）。

通常情况下，维持生物体消耗的营养物质量远小于生成菌体消耗掉的营养物质量，即 $m < \mu X/Y$；而假设生成发酵产品的量很少，可以忽略不计，而系统平衡时 $dS/dt = 0$。则上式可改写为：

$$D(S_0 - S) = \mu X/Y$$

将 $D = \mu$ 代入，则得：

$$X = Y(S_0 - S)$$

从此可知，细胞产率和基质（限制性营养物质）的消耗量成正比，而与稀释比无关。

上式只有在满足以下诸条件时，才是正确的：一是 D 的变化范围不大时；二是除限制性营养物外，其他成分都处于过剩状态；三是除了限制性营养物质外，其他培养条件都保持不变（pH，t，溶解氧等）。

（5）连续发酵的控制

①稀释比的确定：已知连续发酵系统稳定的前提是 $D = \mu$。对于酒精发酵来说，就是要确定一个合适的 D，使得与之相应的酵母细胞密度能维持在 $0.8 \times 10^9 \sim 1 \times 10^9$ CFU/mL 水平。根据淀粉质原料连续发酵的实践，最佳的稀释比应控制在 $0.05 \sim 0.1$（采用固定化细胞或细胞回用时 D 可增大几倍）。

②稀释比 $D = F/V$：要改变 D 值，就必须改变流加速度 F 或发酵罐有效容积 V。F 值是与

生产能力直接有关的，不能随意变动，所以，只有改变 V 才求得最佳的稀释比。在设计一个新厂，或改建发酵设备时，发酵罐或罐组首罐（即流加糖化醪的罐）的有效容积应该根据 $V = F/D = 20F$ 来确定。利用原有发酵罐进行连续发酵时，一般都采用并联 $2 \sim 3$ 只发酵罐充当首罐的方法来增加 V，以求得到合适的 D。控制好合适的 D 值，在操作过程中不随便变动流加速度是连续发酵控制中最重要的措施，变动 F 引起的不平衡，往往要几个小时，甚至更长时间才能消除。

③滑流和滞留的防止：在进行连续发酵时，往往会发生滑流和滞留现象。所谓滑流是指后进的醪液先流出去，所谓滞留是指先进的醪液后流出去。滑流现象的存在会造成醪液发酵不完全。为了防止滑流造成的不良后果，发酵罐组的罐数不得少于 6 只，罐数越多，总体来说，滑流的概率越小。滞留现象是造成连续发酵污染的主要原因之一，防止滞留现象主要要从设备结构上下功夫，不能有造成死角的结构，发酵罐的直径不要太大，一定要有锥形底等，这是减少滞留的良好措施。

④污染的防止：对杂菌污染的控制是决定连续发酵成功的关键。连续发酵维持时间越长，其经济和技术效果越显著。但是，由于滞留现象的存在，使得连续发酵比间歇发酵更容易污染。而且，连续发酵一旦染菌，就会影响到整个发酵过程。为此，连续发酵一定要采取预防污染的措施。酒精连续发酵污染防止的方法有以下几种：加酸酸化，加抗生素或防腐剂。

⑤CO_2 气塞的防止：在安装连接发酵罐的溢流管时，特别是连接前一发酵罐底部和后一发酵罐上部的溢流管时，不要在上部进口处造成可能形成 CO_2 气塞的部位。发酵醪从前面一只发酵罐底部流出，沿溢流管流入后一个发酵罐时，由于压力的减小，会形成大量 CO_2 气体，如果在管道上部积留这些气体，等到一定数量时，就会形成气塞，影响溢流，甚至全部堵塞溢流管，只有当前面发酵罐的液面升高，压力加大到能冲破气塞时，溢流才恢复。但不久气塞再次形成，影响正常溢流。

（四）发酵成熟醪指标

发酵成熟醪是酒精生产的一个重要中间产物，它与从原料预处理到发酵的整个酒精生产过程（酒精蒸馏一回收酒精除外）的工艺条件，生产流程和方式，酵母菌种和糖化剂的质量以及工厂的管理水平等都是密切相关的。它的质量是上述许多因素的综合反映，通过对成熟发酵醪各项指标的分析（表 3 - 2），可以发现生产中哪些工序出了问题，从而采取相应的解决措施。

1. 外观糖

成熟醪用纱布过滤后，直接用糖度计测量所得的数值称为外观糖。这是一个假设的数值，它表示了用糖度计测得的发酵醪的密度。糖度计的数值与发酵醪中可溶性干物质的量有关，但它又与发酵醪的酒精含量有关。干物质浓度越低，酒精含量越高，糖度计测量的数值越小。在干物质含量较少，而酒精含量较高的情况下，外观糖会出现负值，这种情况在用糖度计测量糖浓度时，是不会发生的。外观糖出现负值的原因在于酒精的相对密度 <1，当因酒精含量对糖度计造成的影响大于干物质含量的影响时，外观糖就出现负值。如将成熟醪中的酒精蒸馏除去，再恢复成熟醪的原体积，并用糖度计测定，所得的效值称为真外观糖，它的数值基本上与干物质的浓度相适应。

外观糖的数值与原料质量，蒸煮工艺，糖化剂的品种和质量及其他一些因素有关，所以不同原料和不同生产工艺就会有不同的外观糖。当原始糖化醪浓度为 17°Bé 时，成熟醪外观糖每增加 1%，就意味着每吨淀粉少出酒精 34～39L（因原料而异）。

2. 还原糖

取过滤的发酵醪上清液，蒸去其中的酒精成分，加水恢复到原体积后，测定还原糖的含量。发酵醪中残余还原糖量越少越好，但不可能没有，因为即使葡萄糖全部被发酵，醪液中也会残留一些酵母无法利用的五碳糖。一般成熟发酵醪的还原糖量指标控制在 0.1%～0.3%，如果发酵醪中还原糖超标，则说明发酵所用的酵母质量可能有问题，应该予以重点检查。

3. 残总糖

发酵醪直接用 2%HCl 水解转化后测得的糖量为残总糖，不仅包括发酵醪中具有还原性的糖类（己糖和戊糖），还包括未被转化发酵的淀粉和糊精。总糖量超标有两种可能：如总糖高，还原糖也高，可能是糖化过程或糖化剂质量有问题，也可能是因为酵母质量有问题，也可能两者都有问题；如果总糖量高，但还原糖量不高，那就是糖化或糖化剂质量的问题了，发酵醪杂菌污染也是引起后糖化不良，造成总糖高的原因。

4. 酸度

酸度采用滴定法测定，它是判断发酵醪是否感染杂菌的可靠指标，因为酵母发酵基本不产酸，只有杂菌才会产酸。糖化醪的酸度不仅与原料的品种和质量有关，与所用糖化剂的品种和质量也有很大关系，有的工艺（如低温液化工艺）糖化醪要调酸，所以糖化醪的原始酸度范围很大，关键是要控制增酸量不能超标。每增加 1 个酸度，就相当于消耗总糖量的 0.6%，则每 1t 淀粉少出 9L 酒精。

5. 挥发酸

取发酵醪若干加入适量水后，以蒸馏方法蒸出相当于原发酵醪体积的馏出液，按测定酸度方法测定出的数值即为挥发酸的含量。挥发酸是由杂菌产生的，最典型的挥发酸是乙酸，挥发酸高就意味着杂菌感染程度大。

表 3-2　　　　　　　　　　　　　发酵成熟醪指标

项目	间歇发酵		连续发酵
	一般水平	优良水平	
镜检	酵母形态正常无杂菌	同左	酵母形态正常无杂菌
外观糖浓度/°Bx	0～0.5 以下	0	-1.0 以下
还原糖含量/%	0.25～0.3 以下	0.2	0.2 以下
残总糖含量/%	1	1 以下	0.3～0.6
含酒精量/%	8 左右	10 左右	9～11
总酸度/%	增酸不超过 2.0	1.0 以下	0.5 以下
挥发酸度/%	0.1～0.25	0.1 以下	0.15 以下

6. 酒精含量

用蒸馏方法测定。在发酵原料和浓度一定的情况下，发酵醪酒精含量越高，发酵越彻底，酒精生产全过程的质量愈好。在原料和浓度不变情况下，含酒精量降低，说明整个生产过程某个地方出了问题，应通过对上述各指标的综合分析找出原因。

（五）淀粉质原料酒精发酵工艺

酒精发酵工艺随着原料的不同而有所不同，淀粉质原料的间歇酒精发酵工艺过程如图3-3所示。

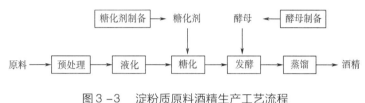

图3-3　淀粉质原料酒精生产工艺流程

1. 原料预处理

原料预处理包括原料除杂和原料粉碎。除杂是指在原料进入生产过程前，除去原料中的泥沙、石块、金属等杂质。常用的除杂方法有筛选、风选和磁力除铁。原料粉碎是为了使原料的表面积增加，利于淀粉颗粒吸水膨胀并破坏淀粉层结晶结构，有利于液化和糖化过程中酶与淀粉分子的接触，提高酶反应效率。常用的原料粉碎方法有干法粉碎和湿法粉碎。

2. 蒸煮

为利于后续糖化酶的作用，需将原料在粉碎后进行蒸煮和液化。蒸煮可以使淀粉颗粒吸水膨胀，使排列整齐的淀粉层结晶结构被破坏，变成复杂的网状结构，而这种网状结构会随着温度的升高被破坏，从而便于淀粉酶与淀粉分子的接触，利于液化过程。此外，蒸煮过程与后续的液化过程一起还可达到原料灭菌的目的。

3. 液化

液化工艺过程有间歇液化和连续液化过程两种。一般采用耐高温淀粉酶（α - amylase）对淀粉质原料进行液化，α - 淀粉酶可水解淀粉分子中的α - 1,4糖苷键，但不能水解α - 1,6糖苷键。通过液化，将淀粉水解为糊精和低聚糖，并使醪液黏度降低，有利于后续糖化过程。

液化方法有升温液化、高温液化、喷射液化和分段液化。pH、温度、淀粉含量和钙浓度均会影响α - 淀粉酶对淀粉的水解，一般pH控制在4~9，温度在95~105℃，淀粉含量30%~45%，钙浓度20mg/L，液化终点一般以碘液显色（棕红色）的方法判断。耐高温α - 淀粉酶有商品化的液体和固体酶制剂。

4. 糖化

淀粉和纤维素都是由葡萄糖单体构成的大分子，淀粉分子主要由葡萄糖单体通过α - 1,4糖苷键和α - 1,6糖苷键连接而形成直链和支链淀粉分子（图3-4），而纤维素主要由葡萄糖单体通过β - 1,4糖苷键连接而成（图3-5），酵母不能直接利用这两类大分子。因此，在用于酒精生产前需要将它们转化生成葡萄糖才能够被酵母利用，用于细胞的生长、繁殖和代谢产生酒精，将大分子碳水化合物（如淀粉和纤维素）转化生成可发酵性糖（如葡萄糖）的过程称为糖化。早期淀粉质原料的糖化采用糖化曲（包括固体曲和液体曲），现在大中型工厂主要采用双酶法（液化酶和糖化酶）液化糖化工艺。也曾有采用酸法糖化的，但已鲜见使用。生物质原料的糖化采用酶法（纤维素酶）较多。糖质原料中的蔗糖等糖分可直接被酵母利用，所以不需糖化过程。

液化后的醪液在糖化酶（又称葡萄糖淀粉酶，Glucoamylase）的作用下进一步水解生成可发酵性糖，供酵母菌生长和发酵产酒精。糖化酶自底物的非还原性末端开始，将 $\alpha-1,4$ 糖苷键和 $\alpha-1,6$ 糖苷键逐一水解，水解产物为葡萄糖，其中对 $\alpha-1,6$ 糖苷键的水解速度相对较慢。商品糖化酶制剂有液体和固体两类，糖化最适 pH 4.2～4.6，最适温度 60～62℃。

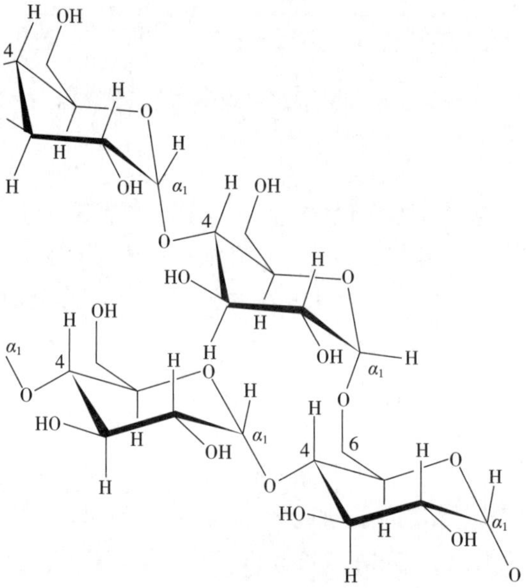

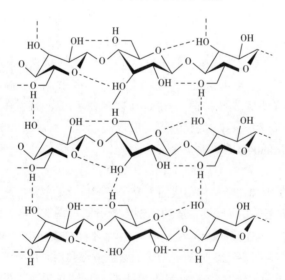

图 3-4　淀粉分子的化学结构

图 3-5　纤维素分子的化学结构

（六）糖质原料酒精发酵工艺

糖质原料酒精发酵工艺糖质原料不需糖化，可直接被酵母发酵生产酒精，工艺过程较为简单（图 3-6）。将原糖蜜稀释至糖含量 12%～18%，添加氮源、营养盐等，调节 pH 至 4.0～

4.5，接种发酵，发酵成熟醪的酒精含量为6%～9%。

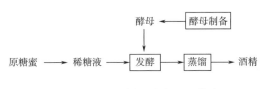

图3-6 糖质原料酒精生产工艺流程

（七） 纤维质原料酒精发酵工艺

纤维质原料是由纤维素、半纤维素和木质素等大分子构成的复合物。其中，纤维素形成晶体结构，难以直接被纤维素酶降解或降解过程极为缓慢。因此，生物质原料需要预处理，破坏纤维素的晶体结构，增加纤维素酶与纤维素的接触，提高后续纤维素酶的降解率。生物质原料的预处理方法有酸法预处理、碱法预处理、蒸汽爆破、热水和氨爆破等，其中酸法预处理和蒸汽爆破应用较为广泛。经预处理后的纤维素原料，在纤维素酶（内切葡聚糖酶、纤维二糖水解酶和 β - 葡萄糖苷酶）的作用下水解生成葡萄糖，供酵母生长、繁殖和代谢产生酒精。其中，内切葡聚糖酶随机水解纤维素 β - 1,4 糖苷键，其后纤维二糖水解酶（又称外切葡聚糖酶）从纤维素片段末端开始逐步水解纤维素得到纤维二糖或葡萄糖，β - 葡萄糖苷酶进一步水解纤维二糖生成葡萄糖。近年来，基因组学技术的广泛应用使新的纤维素酶基因不断被发现，为纤维素酶工程菌的构建以及生物质的快速高效糖化奠定了基础。

典型生物质原料酒精生产工艺如图3-7所示。目前，虽然美国和我国已经建立了中试规模的纤维素乙醇生产线，但纤维素乙醇的生产还面临着3大技术难题：低成本预处理技术、降低纤维素酶成本和戊糖/己糖共发酵产酒精，上述问题的解决将为纤维素乙醇大规模商业化运行奠定基础。

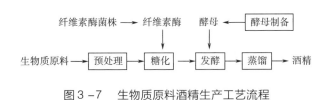

图3-7 生物质原料酒精生产工艺流程

四、 发酵成熟醪的蒸馏与精馏

（一） 发酵成熟醪化学组成

酒精发酵成熟醪是由水（82%～90%）、干物质（3%～7%）、乙醇及其他杂质组成的多组分混合液。发酵醪的组成在很大程度上取决于原料品种、醪液质量和所采取的工艺流程。

1. 不挥发性杂质

发酵醪中不挥发性杂质可分为不溶性杂质（如酵母菌体、原料皮壳等）、可溶性杂质（残糖、糊精、蛋白质、无机盐等营养物质和甘油、乳酸等微生物代谢产物）。成熟发酵醪中的不挥发性物质比较容易除去，这些杂质与醪液中的水在醪塔底部排出，这些被排出的混合物被称为酒精糟液，与中国固体发酵生产白酒的副产物称谓相同。每吨酒精可产生12～15t蒸馏废糟液，是酒精工业的主要污染物。这些酒精糟液中有机物浓度高，不经处理直接排放不仅浪费了这些有机物质，流入江河还对自然环境造成很大污染。谷物酒糟大多制成蛋白饲料，薯类酒糟则用沼气发酵法处理，糖蜜酒糟制成复合肥。

2. 挥发性杂质

发酵醪中的挥发性杂质种类则很多，已定性的就超过 70 种，但它们的总含量不大，一般是酒精含量的 0.5% ~0.7%。成熟醪中的不挥发性杂质较易分离，它们和大部分水一起从蒸馏塔底部排出，称为蒸馏废糟或酒精糟。

表 3 -3 挥发性杂质的来源

杂质	来源	杂质	来源
高级醇、乙醛、其他醛类和酸类	酵母菌代谢	醛类	醇类氧化
高级醇、酸类、缩醛、丙烯醛	杂菌代谢	糠醛和 H_2S	蒸馏过程中发酵醪过热分解
酯类	杂质间形成	萜烯、甲醇、糠醛、醛类、丙烯醛	高温蒸煮（传统工艺）

注：不同原料、不同工艺发酵成熟醪液的杂质成分和数量有较大差异。

挥发性杂质和酒精蒸气一起从蒸馏塔顶部排出并进入精馏塔。根据这些挥发性杂质的化学性质，可将它们归纳为醇类、醛类、酸类和酯类等四大类。此外，还有一些含氮、含硫化合物和其他不饱和化合物。挥发性杂质的组成和含量与酒精生产所用原料和加工工艺有关，其主要由微生物代谢而产生，但也有一些来自原料、水、辅助原料等以及在糖化醪制备过程中产生的（表 3 -3）。其中，醇类杂质主要是指甲醇、丙醇、异丁醇和异戊醇。甲醇来自原料中果胶质的分解，粮食原料发酵醪中甲醇含量小于酒精量的 0.2%，但甲醇对人体危害很大，GB 10343—2008《食用酒精》中对甲醇含量有严格规定，特级食用酒精的甲醇含量要求低于 2mg/L，优级食用酒精中甲醇含量小于 50mg/L，普通级食用酒精中甲醇含量小于 150mg/L。其他醇类，如丙醇、异丁醇和异戊醇等主要由酵母代谢产生，含量一般是酒精量的 0.3% ~0.35%。发酵醪中的挥发酸（如乙酸、丁酸、丙酸和戊酸）主要由发酵过程中杂菌产生，含量不大，为酒精量的 0.005% ~0.1%。氧气供应充足的条件下，醛类含量会急剧增加。此外，发酵醪中还含有酒精量 0.05% 的酯类，主要是乙酸乙酯、甲酸乙酯、乙酸甲酯和异丁酸乙酯。

（二） 酒精蒸馏原理

蒸馏是利用液体混合物中各组分挥发性能的不同来实现各组分的分离。蒸馏是目前从发酵成熟醪液中回收酒精的唯一方法，这是因为蒸馏产生的酒精纯度可以达到很高，且蒸馏过程中酒精损失极少。近年来，为了节省能耗，各种新型节能蒸馏和非蒸馏法回收酒精方法不断出现，但是，除了少数节能型蒸馏外，其他方法均尚处于实验室或中间试验阶段。

酒精蒸馏包括两个过程：一个是将酒精和所有挥发性物质从成熟发酵醪中分离出来的过程，称为粗馏；另一个是以粗馏产物为基础，进一步提高酒精浓度并除去粗酒精中的杂质，从而生产合格的成品酒精，称为精馏。实践中常将上述两个过程组成一个蒸馏系统，如典型的由粗馏塔和精馏塔两塔蒸馏设备构成的蒸馏系统。

由拉乌尔定律可知，在混合溶液中，沸点低的组分在气相中的含量总比液相中高，反之，沸点高的组分，在液相中的含量总比气相中高。由于成熟发酵醪中各种组分挥发性的不同，液相组成和气相组成是不同的，气相中含有较多的易挥发组分，液相中含有较多难挥发组分。经过反复汽化与冷凝，可将酒精浓缩和提纯，在常压下测得沸腾时酒精－水溶液和蒸气中酒精含量见表3－4。

表3－4　　　　　　　酒精－水溶液沸腾时，蒸气与溶液中酒精的含量

沸腾液中酒精的含量/% （体积分数）	沸点/℃	蒸气中酒精含量/% （体积分数）	蒸气中酒精含量与液体中酒精含量之比（挥发系数）
0	100.0	0	—
5	95.90	35.75	7.15
10	92.60	51.00	5.10
15	90.20	61.50	4.10
20	88.30	66.20	3.30
25	86.90	67.59	2.70
30	85.56	69.26	2.40
35	84.86	70.60	2.02
40	84.08	71.95	1.80
45	83.40	73.45	1.83
50	82.82	74.95	1.50
55	82.30	76.54	1.39
60	81.70	78.17	1.30
65	81.20	79.92	1.23
70	80.80	81.85	1.17
75	80.40	84.10	1.12
80	79.92	86.49	1.08
85	79.50	89.05	1.05
90	79.12	91.80	1.02
95	78.75	95.05	1.00
97.6	78.15	97.60	1.00

在酒精－水混合液沸腾时，平衡系统中，气相中酒精的含量都高于液相。如果我们用 A（%）表示气相中酒精含量，用 a（%）表示液相中酒精含量，两者比值称为挥发系数 K。挥发系数 K 表示酒精溶液中酒精挥发性的强弱，酒精挥发性（即 K 值）随着溶液中酒精浓度的增加而变小。当酒精含量增加到 95.57%（质量分数）时，K 值等于1，即这时气相中酒精浓度等于液相中酒精浓度（$A = a$），此时相应的沸点为 78.15℃，蒸馏到这个浓度时，气相中的酒精浓度不再增加，这个沸点称为酒精－水溶液的最低恒沸点，相应的酒精－水混合物称为恒沸混合物。可见，采用常规蒸馏手段在常压下是无法得到100%酒精。

但是，依据溶液蒸发所得蒸气的组成随压力的改变而变化的规律，若在减压情况下进行蒸馏，即真空蒸馏，就可以使恒沸点向酒精含量增加的方向移动，当压力降低到一定程度时，能得到100%酒精。

根据酒精水溶液的特点，当酒精水溶液加热沸腾时，蒸气中的酒精含量比溶液中酒精含量高。酒精水溶液的酒精含量越高，其升温和汽化所需热量越少，利用蒸馏塔可获得高浓度酒精。

图3-8为蒸馏塔工作原理图。A、B、C、D均为独立的蒸馏釜，每个釜的底部都有多孔加热蛇形管a、b、c、d。除蛇形管a与热源（蒸气）相连接，其余则与前一个蒸馏釜的蒸气导出管相接。每个釜底部还装有回流管O、Q、R、S。除A釜的S管可将蒸馏残液排出釜外，其余的蒸馏管都将蒸馏残液导致前一个蒸馏釜内，作为回流用。在蒸馏开始之前，假设A釜中装入已达沸点95℃的5%（体积分数）酒精水溶液，B釜中装入已达沸点83.5℃的36%（体积分数）酒精水溶液，C和D釜中也分别装入图示的沸腾酒精。蒸馏釜A导入100℃的水蒸气，由于釜中溶液温度为95℃，所以导入的水蒸气全部凝结成水，释放出来的潜热使釜中酒精溶液汽化，这时釜顶酒精蒸气中酒精浓度为36%（体积分数）（气液平衡状态），该气体经b蛇管导入B釜，B釜中液体温度仅83.5℃，故导入的酒精水蒸气又凝结成液体，释放出来潜热量使B釜液体汽化，得到73%

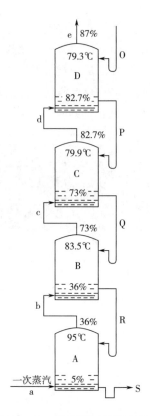

图3-8 蒸馏塔工作原理图

浓度的酒精蒸气，经c蛇管导入C釜，如此逐级推进，就能进行多级蒸馏。但是，如果不设回流管，则每个蒸馏釜中酒精浓度逐渐降低，沸点升高，各釜之间液件温差消失，上述蒸馏就将无法进行，更达不到酒精逐级浓缩的效果。酒精浓度按A、B、C、D逐级增高，沸点温度按A、B、C、D逐级降低，回流管的回流使下级酒精浓度降低，沸点增高。

（三）酒精精馏原理

蒸馏塔塔顶导出的酒精水蒸气（简称为粗酒精）中除含有酒精外，还含有种类众多的挥发性杂质，可分为醇类、醛类、酯类和酸类等四大类。根据挥发性的不同，这些杂质可分为头级杂质、中级杂质和尾级杂质（又称杂醇油）。头级杂质的挥发性强，它们的沸点比酒精低。乙醛、乙酸乙酯、甲酸乙酯等属于头级杂质。中级杂质的挥发性与酒精接近，因而最难分离，如异丁酸乙酯和异戊酸乙酯。尾级杂质的沸点比酒精高，也称为高沸点杂质，挥发性弱。高级醇，主要是戊醇、异戊醇、异丁醇、丙醇和异丙醇等属于尾级杂质（表3-5）。

酒精精馏的目的就是要除去上述挥发性杂质，从而获得高纯度酒精。头级杂质在气相中的浓度高于液相，这类杂质在精馏塔中越往上浓度越高。因此，头级杂质可在塔顶或冷凝器中排除。尾级杂质在高酒精浓度的塔板上，是向下移动的；而在低酒精浓度的塔板上，气相中该类杂质的浓度大于液相，尾级杂质向上移动，一般可在精馏塔进料管上部2~4块塔板处导出尾级杂质。头级和尾级杂质都是比较容易排除的，而中级杂质与酒精性质接近，因而分离十分困难。

表3-5　　　　　　酒精、水和杂质三元混合物中酒精和主要杂质的挥发系数

酒精浓度/%（体积分数）	酒精发挥系数	甲醇	异戊醇	乙醛	乙酸乙酯	乙酸甲酯	甲酸乙酯	乙酸异戊酯	异丁酸乙酯	异戊酸乙酯	异戊酸异戊酯
1	10.75		35.05								
10	5.10	2.96			29.0						
15	4.10				21.5						
20	3.31	2.61			18.0						
25	2.70		5.55		15.2						
30	2.31	2.21	3.00		12.6						
35	2.02		2.45		10.5	12.5					
40	1.80	2.08	1.92		8.6	10.5					
45	1.63		1.50	4.5	7.1	9.0		3.5			
50	1.50	1.09	1.20	4.3	5.8	7.9		2.8			
55	1.39		0.98	4.15	4.9	7.0	12.0	2.0			
60	1.30	1.71	0.80	4.0	4.3	6.4	10.4	1.7	4.2	2.3	1.3
65	1.23		0.65	3.9	3.9	5.9	9.4	1.4	2.9	1.9	1.05
70	1.17	1.55	0.54	3.8	3.6	5.4	8.5	1.1	2.3	1.7	0.82
75	1.12		0.44	3.7	3.2	5.0	7.8	0.9	1.8	1.5	0.65
80	1.08	1.49	0.34	3.6	2.9	4.6	7.2	0.8	1.4	1.3	0.5
85	1.05		0.32	3.5	2.7	4.3	6.5	0.7	1.2	1.1	0.4
90	1.02	1.52	0.30	3.4	2.4	4.1	5.8	0.6	1.1	0.9	0.35
95	1.004	1.93	0.23	3.3	2.1	3.8	5.1	0.55	0.95	0.8	0.3

　　杂醇油是饱和一元醇（主要是异戊醇、异丁醇、正丙醇）的混合物，是酒精蒸馏的主要副产物，其分离水平对成品酒质量有重大影响。从精馏塔（包括含杂馏分处理塔）取出的杂醇油是水、酒精和杂醇油的混合物，需要进一步处理才能从混合液中分离出来。杂醇油是淡黄色至棕褐色的透明液体，具有特殊的强烈刺激性臭味。在白酒中杂醇油含量过高，会导致酒辛辣苦涩，给酒带来不利影响，而且使人饮后上头。杂醇油的主要组成成分异戊醇在水中溶解度较低，但它在酒精中的溶解性较好，当酒精水溶液在酒精浓度 >60%（体积分数）时，异戊醇不会从溶液中析出。杂醇油的挥发性随酒精浓度的增加而减少。杂醇油组分的分离过程是一个液液萃取过程，向杂醇油液体中加水会导致混合物分成两层，下层含水和酒精，称萃取相，上层主要含杂醇油。在酒精浓度低于8.3%（质量分数）时，酒精被水吸收的量较多，当酒精浓度超过8.3%（质量分数）后，酒精在丁醇中的含量相对增加。据此，为了使杂醇油能较好地与酒精和水分层，应尽量减少杂醇油中酒精的含量，分层时的酒精浓度应控制在8.3%（质量分数）以下。

　　甲醇也是较难分离的物质。成熟醪中的甲醇主要是在发酵前原料热处理过程中由果胶质

的甲氧基水解而生成。在酒精蒸馏时，甲醇的高效排除需要增加甲醇塔或其他相应措施才能使成品酒精中的甲醇含量达标。不同的酒精浓度下，甲醇的挥发系数均大于 1，所以在酒精蒸馏中甲醇随粗酒精蒸气一起从醪塔排出进入精馏塔。在精馏塔中甲醇的运动方向也是始终向上的。但实验和实践证明，甲醇的精馏系数随酒精浓度的增长呈现非常特殊的现象，甲醇在酒精浓度低于 40%（体积分数）时精馏系数 <1，随着酒精浓度的升高而不断增大，在酒精浓度 95%（体积分数）时，其精馏系数达到 1.92（表 3 - 6），这时甲醇的挥发性能比酒精的挥发性能高近 1 倍。由此可见，要使甲醇和酒精彻底分离，最合理的方法就是在高酒精浓度时进行清除。

表 3 - 6　　　不同酒精浓度溶液中酒精挥发系数、甲醇挥发系数及甲醇精馏系数

酒精浓度/%（体积分数）	酒精挥发系数	甲醇挥发系数	甲醇精馏系数	酒精浓度/%（体积分数）	酒精挥发系数	甲醇挥发系数	甲醇精馏系数
10	5.10	2.96	0.58	70	1.17	1.55	1.32
20	3.30	2.61	0.79	80	1.08	1.49	1.38
30	2.40	2.21	0.92	90	1.02	1.52	1.49
40	1.80	2.08	1.16	93	1.006	1.69	1.68
50	1.50	1.89	1.26	95	1.004	1.93	1.92
60	1.30	1.71	1.32	—	—	—	—

（四）　酒精蒸馏工艺流程和操作

现在，基本上所有工厂均采用连续蒸馏精馏工艺流程，得到符合不同等级规格的成品酒精。成品酒精的质量与所采取的蒸馏工艺密切相关，下面就各种不同的蒸馏流程作简单介绍。

1. 两塔蒸馏

酒精的蒸馏和精馏分别在两个塔内进行，粗馏塔的作用是将酒精和挥发性杂质及一部分水从成熟发酵醪中分离出来，并排除由固形物、不挥发性杂质及大部分水组成的酒糟。精馏塔的作用是使酒精增浓和除杂，最后得到符合规格的成品酒精，并排除废水。根据精馏塔进料方式的不同，可将两塔流程分为汽相进塔和液相进塔两种型式。

2. 三塔蒸馏

两塔流程的主要缺点是无法生产优质的高纯度精馏酒精或食用级酒精，三塔流程则可解决两塔流程的上述问题。常规的三塔流程包括粗馏塔、排醛塔和精馏塔三个塔。排醛塔的作用是排除醛酯类头级杂质，因而进入精馏塔的酒精含有很少头级杂质，相应酒精蒸气中头级杂质含量明显下降，成品酒精的质量得到提高。

3. 五塔蒸馏

在三塔流程的基础上，增加甲醇塔和杂醇油塔就组成五塔流程，该流程可以制备高纯度酒精，成品率最高。来自粗馏塔的粗酒精进入排醛塔，随后排除大部分头级杂质的脱醛酒进入精馏塔进行精馏。精馏塔所得酒精进入甲醇塔（也称后馏塔），进一步除去甲醇和残留的头级杂质，从而得到高纯度酒精。在精馏塔相应部位得到的杂醇油进入杂醇油塔进行杂醇油

的浓缩，经处理得到杂醇油产品。

4. 节能蒸馏

用常规工艺生产酒精时，蒸馏工序能量消耗约占总能耗的60%，以薯干、玉米为原料的酒精蒸馏蒸气消耗为4.5~5.0t/t酒精，糖蜜为原料的酒精蒸馏蒸气消耗为5.5~6.0t/t酒精，因而降低蒸馏能耗是降低酒精生产能耗的关键。热量重复利用的差压蒸馏技术和热泵技术可取得明显的节能效果。

（1）差压蒸馏　差压蒸馏是多次重复利用蒸汽的热量，所以也称为多效蒸馏，一些国家采用差压蒸馏技术可将酒精蒸馏汽耗降至2.0~2.4t/t酒精，节能效果显著。多效蒸馏是在两个或两个以上塔系统内进行，各个塔在不同的压力下操作，前一效塔的压力高于后一效塔的压力，前一效塔顶蒸汽的冷凝温度略高于后一效塔底液体的沸腾温度。第一效蒸馏直接用蒸汽加热，其塔顶蒸汽作为第二效塔釜再沸器的加热介质，它本身在再沸器中冷凝，依次逐效进行，直到最后一效塔顶蒸汽用外来冷却水冷凝，图3-9即为多效蒸馏原理图。

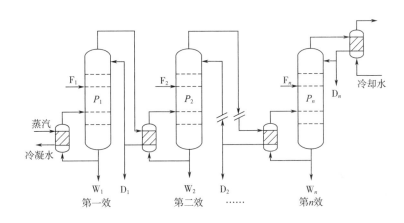

图3-9　多效蒸馏原理图

F_1，F_2，F_n—第一效，第二效，第n效的进料

P_1，P_2，P_n—第一效，第二效，第n效的压力（$P_1 > P_2 > \cdots > P_n$）

D_1，D_2，D_n—第一效，第二效，第n效的馏出液

W_1，W_2，W_n—第一效，第二效，第n效的余馏液

多效蒸馏利用固定冷热源之间过剩的温差。尽管总能量降级是相同的，但每个塔的塔底和塔顶间的温差减小了，减少了有效能的损失。多效差压蒸馏使得总能量逐塔降低，充分利用了各级品位的能量，从而节省了能量，降低了有效能损失，提高了系统的热力学效率。

（2）热泵蒸馏　传统蒸馏系统中，塔釜要用外加热剂，而塔顶则要外加冷剂将热量移走，因此，系统的热效率极低。如果按照热力学第二定律，给蒸馏过程施加外功（压缩），以达到提高塔顶余热的品温，并用它来作为塔釜的加热蒸气，这样就可提高蒸馏过程的热效率，达到降低蒸馏能耗的目的。人们把这种将热能从低能位向高能位转移的系统称为热泵。

塔顶蒸气经压缩机提高温度，然后送往再沸冷凝器，在凝结的同时使塔釜液汽化，作为塔加热用。冷凝液经节流阀回入塔顶作为回流或部分取出。压缩比由塔顶和塔釜之间的温差及再沸冷凝器的传热要求决定。热泵虽通过外界做功提高过程的热力学效率，但压缩式和吸收式热泵蒸馏的节能效果是十分明显。

五、 无水乙醇制备技术

多塔精馏系统生产杂质含量低的95%（体积分数）乙醇，可用分子脱水系统将水去除，得到试剂级的无水乙醇。其制备方法有：固体吸水剂法（如氧化钙脱水法、玉米淀粉脱水法和分子筛脱水法）；液体吸水剂法（如甘油）；共沸脱水法（如用苯、戊烷、环己烷等）；盐脱水法（如氯化钙、乙酸钾等）；真空脱水法；膜分离脱水法等。

（1）分子筛脱水技术　分子筛是人工合成的沸石，是以硅铝酸钾为原料制造的质地坚硬的粒状物，呈球状或圆柱状，是一种具三维网状结构的多微孔物质。由于沸石晶体颗粒的特性，其中复杂结构的小孔具有相同的孔径，一般它的等级范围在0.3~1.0nm。这种人工沸石最重要的特性是具有强吸附能力，依据其孔径大小的不同，它们能够快速或缓慢地、有选择性地修复或者根本不吸附，这就是所谓的"分子筛"效应——选择性吸附某种特定大小的分子而不吸附较大的分子。

（2）玉米粉吸附脱水技术　20世纪80年代初，美国普渡大学（Purdue University）再生资源实验室提出用玉米粉做填充料生产无水乙醇的方案。用生物质做吸附剂吸附乙醇中的水来制备无水乙醇，吸附剂不用再生，直接用于发酵制乙醇的原料，能够节省大量的能耗，因此，这种方法对燃料乙醇的生产具有重要的研究价值。在国内，也有相关研究报道，北京化工大学曾对淀粉质吸附进行过研究；2006年天津大学对玉米粉吸附性能进行了研究，指出吸附工艺能耗较精馏工艺小，具有一定的工业应用前景。

操作过程如下：取预先筛下的一定量的吸附剂，在105℃下干燥8h，称重烘干前和烘干后的质量，以计算吸附剂的含水量。整个蒸馏过程在吸附塔中进行，在塔底原料釜中加入一定浓度的乙醇-水溶液，开油浴加热塔釜，乙醇-水蒸气沸腾向上经过吸附塔内部，吸附塔内部是由填料+吸附剂+填料组成的材质，吸附剂吸附乙醇-水蒸气中的水分子，释放乙醇气体分子，乙醇气体分子在塔顶经过冷凝，得到高浓度乙醇溶液。

利用干燥玉米粉作脱水剂，对95%（体积分数）以上的乙醇进行脱水制备无水乙醇，不仅实验室和小型试验均取得理想的结果，而且有较大的规模酒精企业已经开始应用此项技术。

（3）渗透汽化膜吸附分离技术　乙醇脱水的渗透汽化技术开始研究于20世纪50年代，70年代能源危机后，1982年德国GFT公司率先开发成功亲水的GFT膜、板框式组件及其分离工艺，并应用于年生产能力500t无水乙醇，从而奠定了渗透汽化膜的工业应用基础。同年，在巴西也建成了年产400t无水乙醇，渗透汽化膜吸附分离技术的突出优点是以低能耗完成蒸馏、萃取、吸附等传统方法难以实现的分离任务。由于选择合适的膜可以对液体混合物组分有很大分离系数，单级就能达到很高的分离度。因此，用渗透汽化膜分离，过程简单、操作方便、不污染环境或对环境污染小，特别适用于蒸馏法难分离或不能分离的近沸点混合物和恒沸物的分离，对有机溶剂混合物中微量水的脱除具有明显的技术上和经济上的优势。

第二节 白酒酿造

白酒又称白干、烧酒和火酒，是与白兰地、威士忌、伏特加、朗姆酒和金酒齐名的世界六大著名蒸馏酒。它是以粮谷为主要原料，经过酵母菌发酵后，再经蒸馏、陈酿和勾兑调配制得的蒸馏酒。我国白酒制造历史悠久，关于我国白酒的起源，说法众多，至今还无统一认识，其中认为起源于宋代或元代有较多证据的支持。

一、 白酒的分类及特点

白酒种类繁多，按糖化发酵剂不同可分为大曲酒、小曲酒、麸曲酒、混曲酒和酶法白酒；按发酵方法不同可分为固态发酵法、半固态发酵法和液态发酵法；按照产品香型不同，白酒可分为浓香型、酱香型、清香型、凤香型、米香型和其他香型；按照酒精含量，白酒分为高度白酒（50% ~ 60%）、中度白酒（酒精体积分数40% ~ 50%）和低度白酒（酒精体积分数18% ~ 40%）。依据1989年第五届全国评酒会的评选结果，我国共有17个国家知名白酒，共12种香型。

二、 白酒的生产用曲及生物学特点

曲是用破碎的谷物富集自然界中的有益酿酒微生物菌群，经过培养获得酒曲，再用酒曲将原料糖化和发酵而酿成酒。白酒（蒸馏酒）是在用曲发酵酿酒的基础上，结合固态蒸馏、后熟、勾兑等工艺而得，我国白酒常用大曲、小曲和麸曲来酿酒。此外，还有采用酶法和活性干酵母生产白酒的工艺，但其所得白酒的风味等与传统工艺相比还存在较大差距，仅是传统白酒生产工艺过程中一个补充，如用于丢糟的追酒。

（一） 大曲的生产及其生物学特性

大曲是以小麦、大麦和豌豆等为原料，经破碎、加水拌料、压成块状的曲坯后，在一定温、湿度下培养而成。大曲含有霉菌、酵母、细菌等多种微生物及它们产生的各种酶类，其所含微生物的种类和数量，受到制曲原料、制曲温度和环境等因素的影响。大部分名优白酒都使用传统的大曲法酿制。

1. 大曲的特点及类型

（1）大曲的特点　大曲是酿制大曲酒用的糖化剂、发酵剂和增香剂。在制曲过程中，自然界中的各种微生物富集到曲坯上，经过人工培养，形成各种酿酒有益微生物菌系和酶系，再经过风干和贮存，即成为成品大曲。大曲原料的主要成分见表3-7。

表3-7		大曲原料的主要成分			单位：%
原料名称	水分	粗淀粉	粗蛋白质	粗脂肪	粗纤维	灰分
小麦	12.8 ~ 13.6	61 ~ 65	9.8 ~ 13.1	1.9 ~ 2.0	1.6 ~ 2.3	1.5 ~ 2.0
大麦	11.5 ~ 12.5	61 ~ 63.5	9.4 ~ 12.5	1.7 ~ 2.8	7.2 ~ 7.9	3.5 ~ 4.2
豌豆	10.0 ~ 12.0	45.2 ~ 51.5	25.5 ~ 27.5	3.9 ~ 4.0	1.3 ~ 1.6	3.0 ~ 3.1

一般我国南方的曲酒厂大多以小麦作为制备大曲的主要原料，北方的曲酒厂常以大麦、豌豆作为制曲的主要原料。小麦所含淀粉和蛋白质等营养成分丰富，适于曲霉菌等各类微生物生长；大麦皮多疏松，曲块成形后内部间隙大，因而水分和热量的散发快，不利于微生物在曲块内部的繁殖；豌豆黏着力强，蛋白质含量丰富，还含有香草醛、香草酸等香味物质，有利于酒香的形成，但豌豆粉易结块，不利于微生物的繁殖，因此在制曲时大麦与豌豆须进行适当的配比。

因大曲采用自然接种，使周围环境中的微生物转移到曲块上进行生长繁殖，所以微生物分布易受季节的影响，一般春末夏初到仲秋季节是制备大曲的最佳时期。在高温季节制得的曲，产酯酵母较多，因而曲香较浓；仲秋季节制得的曲，酒精发酵力较强。自然接种为大曲提供了丰富的微生物类群和酶，这些微生物和酶，分解原料后形成的代谢产物，如糖类、氨基酸、有机酸等，都是大曲酒香味成分的前体物质，它们与酿酒过程中的其他代谢产物一起，构成了大曲酒的各种风味物质。

大曲培养成熟后，需要经过 2 ~ 6 个月的贮存，成为陈曲后，才能投入使用。贮存过程中，酵母菌数量会减少，酶的活性部分被抑制，使发酵时可以实现品温的前缓、中挺和后缓落，达到有利于产酒和酒质提高的目的。同时，产酸细菌等有害菌会死亡，从而避免发酵过程中多产酸，影响产品质量。贮曲场所应保证通风和干燥，若贮曲过程中，环境湿度较高，通风不良，曲块就容易滋生较多的青霉菌或黑曲霉菌，曲的质量会严重下降。其次，还要防止曲块发生霉变和虫害，曲若受虫害侵袭，不但造成浪费，降低曲的效力，而且还会给成品酒带来虫粪臭味。

（2）大曲的类型　根据品温，大曲分为高温大曲（60 ~ 65℃）、中温大曲（50 ~ 60℃）和低温大曲（40 ~ 50℃）；按产品可分为酱香型大曲、浓香型大曲、清香型大曲和兼香型大曲等；按工艺可分为传统大曲、强化大曲和纯种大曲。

酱香型大曲酒一般使用高温曲，其最高制曲品温达 60℃ 以上，如茅台的制曲最高品温为60 ~ 65℃，其显著的制曲工艺特点是"堆曲"，即在制曲过程中，用稻草隔开的曲块堆放在一起，以提高曲块的培养温度，使品温高达 60℃ 以上；清香型大曲酒一般使用低温曲，如汾酒的制曲最高品温为 45 ~ 48℃，其最高制曲品温一般不超过 50℃；浓香型白酒多采用中温曲，如泸州老窖的制曲最高品温为 55 ~ 60℃，五粮液的制曲最高品温为 58 ~ 60℃。高温曲含水量低，酸度较高，氨基酸含量多，液化力强，所得酒质醇厚，酱香浓郁，但糖化力和发酵力弱，酒出率低。低温曲相对水分高，酸度偏低，糖化力和发酵力强，酒出率较高，曲的香气清淡。中温曲的特点介于高温曲和低温曲两者之间。不同类型的大曲，在酿酒过程中表现的生化特性不一样。因此，各类大曲可以分别制备，配合使用。根据制曲温度的不同，制曲原料的配比也有差异，典型的高温曲常采用纯小麦制曲，典型的低温曲常以大麦、豌豆作为制曲的原料，而其他的大曲常以小麦为主，添加不同比例的大麦、豌豆及高粱等。制曲温度还会影响大曲中各类微生物的生长繁殖，一般来说，前期以霉菌和酵母为主，中期各类微生物从曲块表面向内部繁殖，后期酵母和细菌大量死亡，而嗜热芽孢杆菌和少量的耐温红曲霉菌仍能存活。

2. 大曲中的微生物生态

大曲中的微生物主要有霉菌、酵母和细菌等，曲中微生物的数量和类别随着制曲原料、工艺条件和周围环境的不同而变化，大曲微生物直接影响曲酒的产量和质量。大曲中的酵母菌主要有卡氏酵母（*Saccharomyces carlsbergensis*）、异常汉逊酵母（*Hansenula anomala*）、假丝酵母（*Candida*）和拟内孢霉（*Endomycopsis*）以及白地霉（*Geotrichum candidum*）等，其中卡氏酵母产酒精能力较强，异常汉逊酵母产酯力较强；霉菌主要有根霉（*Rhizopus*）、毛霉（*Mucor*）、犁头霉（*Absidia*）、米曲霉（*Aspergillus oryzae*）、黑曲霉（*Aspergillus niger*）和红曲霉（*Monascus purpureus*）等；细菌主要有乳酸菌（*Lactobacillus*）、醋酸菌（*Acetobacterium*）、芽孢杆菌（*Bacillaceae*）和产气杆菌（*Aerobacter*）等。

制曲过程中，在较低温度时，细菌数量占优势，尤其杆菌较多，其次酵母，再次为霉菌。中期以霉菌、酵母占优势，细菌减少幅度较大，但此时耐热的芽孢杆菌的数量上升较快并达到最高值。后期又以霉菌占优势，霉菌主要分布于曲块表层，而曲心部位以酵母菌和细菌为主，尤其细菌中的芽孢杆菌较多。在大曲贮存过程中，微生物的总数随着贮存时间的延长而逐步减少。其中产酸杆菌数量的减少最为明显，霉菌、酵母菌的数量也有所减少。减少的速度先快后慢，随着贮存时间的延长，减少的速度渐趋变小。大曲贮存中，酶活性也逐渐被钝化，这与曲块的失水干燥相关。为了保持适当的酶活性，贮曲时间不宜过长，以3个月为最好。

大曲类型不同，所含的微生物种类和数量也不一样。低温曲制曲温度在50℃以下，因而其中微生物的种类和数量比高温曲多，相应的糖化力和发酵力也高。高温曲制曲温度高达60℃以上，微生物的种类和数量少。细菌多数为芽孢杆菌，少数的微球菌和产气杆菌；霉菌类主要为曲霉菌、毛霉菌，犁头霉、红曲霉等；酵母菌类主要为拟内孢霉、白地霉、汉逊酵母、假丝酵母、毕赤酵母、酿酒酵母和红酵母。对于中温大曲，其所含的霉菌、酵母数量低于低温曲，而细菌数量大致相近，生物总数比低温曲少。

3. 大曲生产工艺

（1）高温大曲生产工艺　典型高温大曲（如茅台酒大曲）的生产，采用全小麦原料，培曲最高温度达60~65℃，成品大曲酱香浓郁，酿酒时用曲量大，例如茅台酒酿造时，高粱原料与大曲用量之比达1:1。工艺流程如下：

曲母、水
↓

小麦→ 润麦 → 磨碎 → 粗麦粉 → 拌曲料 → 踩曲 →曲坯→ 堆积培养 →成品曲→ 贮存

①小麦粉碎：要求小麦的麦粒整齐，无霉变，无异味，无农药污染，并保持干燥。原料磨碎前要除杂并加2%~3%的60~80℃热水拌匀，润料3~4h，而后粉碎得到无大颗粒的粗麦粉。原料粉碎的粗细会影响成品大曲的质量，粉碎过粗，制成的曲坯黏性小，成型困难，空隙大，水分易于蒸发，热量易于散失，影响微生物生长繁殖；粉碎过细，曲坯透气性差，水分、热量难以散失，易使曲坯发生酸败或烧曲。若采用小麦、大麦、豌豆等混合制曲，则配料后不需润料，可直接粉碎。

②拌曲：将粗麦粉与曲母（夏天4%~5%，冬天5%~8%）、水按一定比例搅拌混匀，即为拌曲。拌曲所用曲母是从上年生产的质量较好的曲块中挑选而得。

拌曲是制曲生产中的重要环节。水量过多，曲坯不易成型，且易导致压曲过紧，不利于有益微生物向曲坯内部生长，而表面易于长出毛霉、黑曲霉等微生物。培曲时也会导致曲坯升温快，使酸败细菌大量繁殖，造成曲的质量下降。加水过少，曲坯不易黏合，培曲时易失水和升温过缓，致使有益微生物不能很好生长，同样影响成品曲的质量。加水量要依据原料品种、制曲季节、曲室条件、粉碎粗细等进行调节，一般全小麦原料制曲，加水量控制在原料量的37% ~40%，多种料混合制曲时，可控制在40% ~45%。加水时还须考虑水质和水温，要求水质清洁卫生，水温要根据气温调节，冬季须预先将水温调至30~35℃，其他季节可用自然水温拌曲。

③成型：拌好的曲料经踩制或压制成型，成为曲坯。曲坯的大小和硬度等均会影响曲的质量，曲坯太小不易保温，操作费工费时；曲坯太大、太厚，培曲时微生物不易均衡生长，也不便于操作。曲坯的硬度会影响曲块的透气性，进而影响曲坯微生物的种类和数量及其代谢产物的生成。

④培曲：高温堆曲是高温大曲制备的关键环节，分为晾曲堆曲、盖草洒水、翻曲、拆曲四个环节。

a. 晾曲、堆曲：将制得的曲坯侧立进行晾曲，一般需晾2~3h。晾曲后，将曲块移入曲室进行培养。曲室应可保温、保湿、通风和排潮。

b. 盖草洒水：堆曲结束后即用稻草盖在曲堆上面及四周，起保温、保湿作用，并能防止冷凝水直接滴入曲块，引起酸败。盖草还有助于曲块后期的干燥。培曲后期开门开窗进行翻曲时，曲块受盖草的保护，使品温不致急剧下降，保证曲块内部的水分缓慢蒸发，有利于曲块的干燥。盖草后，为了维持曲块的温度，对盖草可以洒水，以水不滴入曲块为准，洒水量夏季比冬季可以多些。

c. 翻曲：盖草洒水后，立即关闭门窗，微生物即开始在曲坯表面繁殖。曲坯品温也随之上升，夏季经5~6d，冬季经7~9d，曲块内部温度可高达63℃左右。曲室内的湿度也会接近或达到饱和。这时曲坯表面长出霉衣，80% ~90%的曲坯表面布满白色菌丝，主要是霉菌和酵母。此后，曲坯品温上升会稍缓，当品温升到最高点时，即可进行第一次翻曲。

大部分曲坯，第一次翻曲后，霉菌菌丝体由曲坯表面向内部生长，并随着曲坯水分的收缩，菌丝体逐渐伸入内部。第一次翻曲对曲的质量至关重要，翻曲过早，曲坯品温偏低，制成的成品曲，白色曲多；翻曲过迟，曲坯品温过高，黑色曲会增多。生产上要求黄色曲多，这种曲酿制的曲酒香味浓郁。一般，当曲块温度达到60℃左右时，淀粉和蛋白质的分解加剧，曲块中的氨基酸、多肽、糖类大为增加，形成的各类风味物质相应增多。第一次的翻曲时间主要依据曲块中层温度及口味，当曲块中层品温达到60~62℃，口尝曲块有甜香味，下层曲块已感发热，即可进行第一次翻曲。

经第一次翻曲后，曲块品温降至50℃以下，但经过1~2d后，品温又会上升，入房第14d左右品温升至第一次翻曲的温度，即可进行第二次翻曲。二次翻曲后，曲块温度还会回升，但已不出现前面的高温，此后品温就开始平稳下降。

d. 拆曲：每次翻曲，一般品温会下降7~12℃，约过一周，温度又会回升到最高点，以后逐渐降低，同时曲块变得干燥。培养40d以后（冬季50d）品温降至临近室温，曲块已经干燥（水分在15%以下），即可拆曲出房。

⑤陈曲：制成的高温曲，分黄、白、黑三种颜色。以具有菊花心、红心的金黄色大曲最好，这种曲酱香味浓郁。成熟的大曲出房贮存3~4个月后，成为陈曲即可投入使用。

（2）中温大曲生产工艺　中温大曲最高制曲温度在55℃左右，大部分的浓香型曲酒（如泸州老窖和五粮液）采用中温大曲。工艺流程如下：

小麦（大麦和豌豆）→ 配料 → 粉碎 → 拌料 → 踩曲 → 入房培养 → 前发酵 → 排潮 →

潮火 → 干火 → 后火 → 成品曲出房 → 贮存 →使用陈曲

①配料：以小麦、大麦、豌豆为原料，其配比各厂存在差异。

②粉碎拌料：原料经破碎，通过 40 目筛的细粉占 50% 左右，保证曲坯具有一定的黏性。粉料再添加 40% ~43% 的水搅拌均匀。

③成型排列：曲料拌匀后送入曲模成型，略干后送入曲房排列。曲房应可保温、保湿、通风和排潮。地面上铺 3~5cm 的新鲜稻壳，曲坯侧立放置，曲块间距 5~10mm，在其上面及四周盖上潮湿的稻草，封闭门窗，保温培菌。

④前酵阶段：在适宜的温、湿度下，微生物繁殖很快。第一天曲块表面开始出现白色斑点和菌丝体，2~3d 后，白色菌丝体可布满 80% ~90% 的曲块表面，品温上升很快，可达 50℃ 以上。此阶段夏季约 3~4d，冬季约 4~5d。此时，曲坯显棕色，表面有白斑和菌丝，断面呈棕黄色，略带酸味。当温度达到 55℃ 时，可开门降温排潮，将上下层曲块倒翻一次，并适当加大曲块间距，除去湿草换上干草，以此来降低发酵温度和排除部分水分，补充新鲜空气，控制微生物生长速度。

开门翻曲是制好大曲的重要环节，翻曲太早，曲块发酵不透；翻曲太迟，曲块温度太高，挂衣太厚，曲皮起皱，内部水分难以排出，后期微生物生长不易控制。要注意品温不能下降太多，一般要求在 27~30℃ 以上，否则影响后续的潮火发酵。水分排出也不宜过早，否则曲块外皮干硬，影响后期的培养。

⑤潮火阶段：开门翻曲后的 5~7d，此阶段温度应控制在 30~55℃，视温度情况，每天或隔天翻曲一次。此时，微生物大量繁殖，呼吸代谢强烈，产热很多，曲房潮湿，微生物由表皮向内部生长。

⑥干火阶段：入房 12d 左右开始进入干火阶段。此阶段一般维持 8~10d，品温控制在 35~50℃。此时，曲块外部水分大部分散失，易发生烧曲现象，故需特别注意品温的变化，每天或隔天翻曲一次，并通过开闭门窗来调节曲室温度。

⑦后火阶段：干火过后，品温逐渐下降，此时须将曲块间距缩小，进行拢火，使曲块温度再次回升，让它内部的水分继续散发，最后含水量达 15% 以下。后火阶段一般控制温度在 15~30℃，隔 1d 或 2d 翻曲一次。要注意使曲温缓慢下降到常温，让曲心部分的残余水分充分散发。

⑧贮存：成品曲出房后，在阴凉通风处贮存 3 个月左右，成为陈曲后再使用。

（3）低温大曲生产工艺　汾酒大曲是典型的低温曲，它分为清茬、后火、红心三种，制曲步骤相同但控制的品温不同，在酿制汾酒时三种不同类型的大曲按一定比例配合使用。工艺流程如下：

大麦和豌豆 → 混合 → 粉碎 → 加水搅拌 → 踩曲 →曲坯→ 入房排列 → 上霉 → 凉霉 → 起潮火 → 大火 → 后火 → 养曲 → 出房 → 贮存 →成品曲

①配料粉碎：将大麦和豌豆按照 6:4（也有 7:3）配料，混匀粉碎。通过 20 目筛孔的细粉，冬季占 20%，夏季占 30%；通不过的粗粉，冬季占 80%，夏季占 70%。

②踩曲：将粉碎所得原料加水拌匀，装入曲模制成曲坯，含水控制在 38% 左右。拌料水温应根据季节、气温调整，夏季以 14~16℃ 的凉水为宜；春、秋季 25~30℃ 的温水为宜；冬季以 30~35℃ 的温水为宜。制得的曲坯要求外形平整，四角饱满，厚薄一致。

③曲室培养：低温曲以晾为主，曲室要求保温和保湿的能力强，要有易于开闭的门窗和通风气孔，便于调温、调湿。以清茬曲为例，工艺操作如下：

a. 入房排列：预先将曲室温度调节至 15 ~ 20℃，夏季尽可能低些。地面铺上稻皮，将曲坯侧放排列成行，曲坯间距 2 ~ 3cm，冬近夏远，行距为 3 ~ 4cm。每层曲坯排完后上面放置苇秆或竹竿，然后依次排第二、三层，上下层曲块位置交错，呈"品"字形，便于空气流通。

b. 上霉：待曲坯稍微风干后，即封闭门窗。曲坯温度逐渐上升，曲坯品温可升至 38 ~ 39℃（夏季约需 36h、冬季 72h 左右），曲坯表面长出根霉菌丝和拟内孢霉的粉状霉点，还有乳白色或乳黄色的酵母菌落。过程中应控制品温缓慢上升，保证上霉良好。

c. 凉霉：当曲坯品温升高至 38 ~ 39℃，应打开曲室门窗，排除潮气，降低室温，并把曲坯上覆盖的保温材料揭去，将上、下层曲坯倒翻一次，并拉开曲坯间距，降低曲坯的水分和温度，控制其表面微生物的生长繁殖，防止菌丛生长过厚，这一操作称为凉霉。凉霉 2 ~ 3d，每天翻曲一次，凉霉时要防止曲皮干裂。

d. 起潮火：凉霉后，当曲坯表面不粘手时，即可封闭门窗进入潮火阶段。经 2 ~ 3d 后，品温升到 36 ~ 38℃时，进行翻曲，每 1 ~ 2d 翻曲一次，每天放潮两次，昼夜窗户两封两开，品温两起两落，品温由 38℃渐升到 45 ~ 46℃，这段时间需 4 ~ 5d，此后即进入大火期。

e. 大火阶段：此时，微生物的生长旺盛，菌丝由曲表向里生长，水分和热量向外散发，通过开闭门窗来调节曲坯品温，使其在 44 ~ 46℃下保持 7 ~ 8d，大火阶段每天翻曲一次。

f. 后火：该阶段曲块日趋干燥，品温逐渐下降，由 44 ~ 46℃降至 32 ~ 33℃，后火阶段一般 3 ~ 5d。

g. 养曲：后火期后，尚有 10% ~ 20% 曲块的曲心部分存有余水，需在 32℃左右的室温下使其蒸发，曲块品温控制在 28 ~ 30℃，待品温降至 20 ~ 25℃时，大曲即可出房。

h. 出房：培养成熟的曲块，叠放成堆，进行贮存。

（4）清茬、后火、红心三种大曲在品温控制方面的特点：

①清茬曲：最高曲温为 44 ~ 46℃，凉曲降温最低为 28 ~ 30℃，属于小热大凉。

②后火曲：从起潮火到大火阶段，最高曲温达 47 ~ 48℃，并在此温下维持 5 ~ 7d。凉曲降温最低为 30 ~ 32℃，属于大热中凉。

③红心曲：大曲培养时，无明显的凉霉阶段，升温速度快，很快到达 38℃，无昼夜升温两起两落及窗户两开两封，只依靠平时调节窗户开启大小来控制曲坯品温。从起潮火到大火阶段，最高曲温为 45 ~ 47℃，凉曲降温最低为 34 ~ 38℃，属于中热小凉。

由于制曲的工艺条件的区别，导致三种成品曲的特点也不同。清茬曲的外观光滑，断面清白，略带黄色，气味清香。后火曲的曲块断面内外呈浅青黄色，具有酱香或炒豌豆香味。红心曲的曲块断面周边青白，中心红色。其中，出酒率以红心曲最低，清茬曲次之，后火曲较高。在发酵过程中，红心曲前期升温略快，清茬、后火曲后期升温幅度稍高。在生产中三种曲分别制备，混合使用。

4. 大曲的质量与控制

大曲质量决定产酒量和酒的品质。大曲种类不同，对成品曲质量的要求也不同，目前尚无统一标准，一般从曲块颜色、曲香味、曲皮厚度、断面颜色等感官方面考察大曲的质量。此外，理化指标（如发酵力、酯化力、氨态氮、淀粉消耗率和容重等）也是衡量大曲质量的重要参考指标。

在制曲和贮曲过程中，还需要防止生虫生霉、受风、受火、生心、皮厚、白砂眼和反火生熟等不良现象的出现，保证大曲的质量。

5. 大曲生产的进展

随着科学技术的进步，大曲相关的理论研究和实践也在不断地深化，使传统的大曲生产得到改进。如全年制曲、高层制曲、架子曲和曲室的自动调节、机械压曲、强化大曲等新的制曲方法获得应用。

（二） 小曲的生产及其生物学特性

1. 小曲的特点及类型

小曲是我国南方生产小曲白酒和黄酒的糖化发酵剂，小曲白酒和黄酒都属于半固态发酵酒。小曲是用米粉或米糠以及麸皮为原料，有的添加少量中草药为辅料，有的添加少量白土为添料，接入一定量种曲或接入纯种根霉和酵母培养而成的，因其曲块体积小，所以称为小曲。小曲按添加中草药与否分为药小曲和无药小曲；按制曲原料可分为粮曲（全部用大米粉）与糠曲（全部用米糠或米糠中添加少量米粉）；按形状可分为酒曲丸、酒曲饼及散曲；按用途可分为甜酒曲与白酒曲。其中，邛崃米曲、广东玉冰烧酒饼和桂林酒曲丸等都是优良的小曲品种。小曲的糖化发酵力比大曲强，酿酒时用曲量较少，适于半固态发酵酿酒，在我国南方各省酿酒时普遍应用。小曲酿制的白酒，酒味纯净，香气幽雅，风格独特。桂林三花酒、广西湘山酒、广东长乐烧等都是小曲白酒中的上品，董酒也部分采用小曲酿造，人们还利用小曲来酿制黄酒。

2. 小曲中的微生物生态

小曲主要含有霉菌和酵母菌。霉菌一般包括根霉、毛霉、黄曲霉、黑曲霉等，其中主要是根霉。小曲中常见的根霉有河内根霉 (*Rhizopus tonkinesis*)、白曲根霉 (*Rhizopus peka*)、米根霉 (*Rhiziopus oryzae*)、日本根霉 (*Rhizopus japonicus*)、爪哇根霉 (*Rhizopus javanicus*)、华根霉 (*Rhizopus chinesis*)、德氏根霉 (*Rhizopus delemar*)、黑根霉 (*Rhizopus nigricans*) 和台湾根霉 (*Rhizopus formosaensis*) 等。根霉含有丰富的淀粉酶，其中液化型淀粉酶和糖化型淀粉酶的比例约为 1:3.3，而米曲霉的这两种淀粉酶比例为 1:1，黑曲霉则为 1:2.8，可见小曲的中糖化型淀粉酶含量丰富。根霉还含有酒化酶系，能边糖化边发酵，在小曲白酒酿造中能提高淀粉利用率。但根霉菌缺乏蛋白酶，因此对氮源的要求较严格，氮源不足将严重影响根霉的生长和产酶。小曲中的根霉菌要求生长迅速，适应力和糖化力强。此外，还应具有产酸能力，特别是产乳酸的能力，乳酸对于米香型白酒风味的起关键作用；其次，适量的有机酸有利于防止杂菌的污染。根霉形成酒精的能力强弱一般认为影响不大。最常使用的根霉菌株是河内根霉 3.866、白曲根霉、米根霉和 Q303 根霉等。

传统小曲中的酵母种类很多，有酵母属 (*Saccharomyces*) 汉逊酵母属 (*Hansenula*)、假丝酵母属 (*Candida*)、拟内孢霉属 (*Endomycopsis*)、丝孢酵母属 (*Trichosporon*) 及白地霉 (*Geotrichum candidum*) 等酵母。小曲常用的酵母有 Rasse Ⅻ、1308 和米酒酵母等。

3. 小曲生产工艺

添加中草药是我国古代人民的一大发明，也是小曲的显著特色，传统小曲中添加的中草药在促进有益菌繁殖、抑制杂菌等方面起到了一定作用，也给小曲白酒带来特殊的药香。药小曲又名酒药或酒曲丸，依据添加中草药种类的不同分别称为单一药小曲（如桂林酒曲丸）和多药小曲（五华长乐烧药小曲）。下面以桂林三花酒的单一药小曲生产工艺为例对小曲的生产进行说明。工艺流程如图 3 – 10 所示。

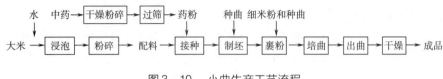

图 3 – 10　小曲生产工艺流程

（1）原料配比

①大米粉：总用量 20kg，其中酒药坯用米粉 15kg，裹粉用细米粉 5kg。

②中药（香药草粉）：桂林特有草药，干燥后磨碎，用量 13%（以制坯米粉质量计）。

③种曲：上批制曲所保留的少量酒药，用量为酒药坯的 2%（以米粉的质量计）。

④水：60% 左右（以坯粉计）。

（2）工艺要点

①浸米：大米加水浸泡，夏天为 2 ~ 3h，冬天约 6h 左右，浸后沥干备用。

②粉碎：先用石臼捣碎，再用粉碎机粉碎成米粉，取出其中的 1/4，用 180 目筛筛出约 5kg 细粉作裹粉用。

③制坯：每批用米粉 15kg，添加香药草粉 1.95kg，曲母 0.3kg，水 9kg，混匀，制成饼团，压平，切成约 2cm 见方的小粒，再用竹筛筛成圆形酒药坯。

④裹粉：将约 5kg 细米粉加入 0.2kg 曲母粉，混合均匀，作为裹粉。然后先撒小部分裹粉于簸箕中，并洒第一次水于酒药坯。倒入簸箕中，用振动筛圆成型后再裹粉一层。再洒水，再裹，直到细粉用完为止。总洒水量控制总量 0.5kg，药坯含水量控制 46%。所得圆形药坯，即可分装于小竹筛内摊平，入曲房培养。

⑤培曲：分三个阶段进行管理。a. 前期：酒药坯入房后，室温保持 28 ~ 31℃，培养 20h 左右，霉菌大量繁殖，待霉菌菌丝倒下，酒药坯表面起白泡时，可将药小曲坯上盖的覆盖物掀开。这时的品温应在 33 ~ 34℃，最高不得超过 37℃。b. 中期：24h 后，酵母开始大量繁殖，室温应控制在 28 ~ 30℃，品温不得超过 35℃，保持 24h。c. 后期：培养 48h 后，品温逐步下降，曲子成熟，即可出曲。

⑥出曲：出曲后放入烘房烘干或晒干（40 ~ 50℃，约 1d），贮存备用。

⑦成品曲：成品曲要求外观带白色或淡黄色，要求无黑色，质地疏松，具有酒药特殊芳香。水分 12% ~ 14%，总酸 ≤0.6%，大米出酒率 ≥60%〔以 58%（体积分数）白酒计〕。

4. 小曲的质量与控制

与大曲类似，小曲质量也是决定产酒量和酒的品质的关键。小曲种类不同，对成品曲质量的要求也不同，目前也无统一标准，一般从曲块颜色、质地和曲香味等感官方面考察小曲的质量。此外，理化指标（如水分、总酸和发酵力）也是衡量小曲质量的重要参考指标。

（三）麸曲的生产及其生物学特性

传统的麸曲是以麸皮为主要原料，接种霉菌，扩大培养而成，麸曲的糖化力强，原料淀粉的利用率高。采用麸曲生产白酒，发酵周期短，原料适用面广，适合于中、低档白酒的酿制。目前该法已逐步由固态法生产发展为液态法生产，并发展为使用酶制剂取代麸曲。

按所用菌种的不同，麸曲分为米曲霉麸曲、黄曲霉麸曲、黑曲霉麸曲、白曲霉麸曲和根霉麸曲等。黑曲霉麸曲酿酒，用曲量少（4%左右），出酒率高，原料适应范围广，但成品曲中蛋白酶含量少，同时缺乏形成白酒风味的前体物质，因而只适合于酿制普通麸曲白酒。白曲霉可产淀粉酶、蛋白酶等多种酶系，有利于酿酒过程中风味物质的形成，因而被广泛用于优质麸曲白酒的酿制。根霉具有边生长、边产酶和边糖化的特性，因而与曲霉曲和白曲相比，其用曲量少，仅为曲霉麸曲的1/40。此外，根霉曲还可用于生料酿酒。

常用的制麸曲的方法有：盒子曲法、帘子曲法、通风制曲法。制曲工艺分为固体斜面培养、扩大培养、曲种培养和麸曲培养4个阶段。麸曲的工艺流程为：

原菌试管→ 斜面试管培养 → 三角瓶扩大培养 →曲种→ 机械通风制曲或其他制曲法

（1）试管及三角瓶培养 同小曲根霉散曲的培养。

（2）曲种 麸皮与酒糟（85:15）加水混合拌匀，蒸料1h，冷却至34℃接种三角瓶原菌，置培养室（低于35℃）保温培养60h，出房干燥，称为种曲。

（3）成品麸曲 麸皮、酒糟、糠壳（80:15:5）加水拌匀，蒸料1h，冷却至34℃时接种0.3%~0.5%，入房堆积，28~35℃培养8~12h，待温度降至28~30℃时入池通风培养33~35h，即可出曲。

除麸曲外，糖化酶、纤维素酶、淀粉酶、酯化酶、果胶酶和蛋白酶等酶制剂和活性干酵母也广泛用于白酒生产过程。酶制剂与活性干酵母联合使用可起到提高出酒率、改善白酒风味的作用，但主要用于丢糟的追酒。

三、 典型香型白酒的生产工艺

（一）浓香型白酒生产工艺

浓香型白酒又称窖香型白酒，是以粮谷为原料，经传统固态法发酵、蒸馏、陈酿、勾兑而成的，未添加食用酒精及非白酒发酵产生的呈香呈味物质，具有以己酸乙酯为主体复合香的白酒，该类白酒的产量占我国大曲酒总量的一半以上。浓香型白酒酒体特征为窖香浓郁，绵柔甘洌，香味协调，尾净余长。传统浓香型白酒分为三个流派，以五粮液和剑南春为代表的浓香五粮型（跑窖法工艺），以酒体丰满为特征；以泸州老窖和全兴大曲为代表的原窖法（单粮），酒体以窖香浓郁为特征；以洋河、双沟和古井为代表的纯浓派（老五甑工艺），酒体以绵软为特征。

1. 浓香型白酒的酿造特点

浓香型白酒是以高粱、小麦、大米、糯米、大麦、玉米、豌豆等为主要原料酿制而得，仅以高粱为原料的称为单粮型，多种原料配合使用的称为多粮型。泥窖固态发酵、续糟配料、混蒸混烧是浓香型白酒的独特工艺。

浓香型白酒生产工艺分为原窖法工艺、跑窖法工艺和混烧老五甑法工艺。

（1）原窖法工艺，又称原窖分层堆糟法，以泸州老窖、成都全兴为代表。原窖是指将本窖的发酵糟醅经过加原料、辅料后，再经蒸煮糊化、打量水、摊凉下曲后仍然放回原来的窖池内密封发酵。分层堆糟是指窖内发酵完毕的糟醅在出窖时按照面糟、母糟分开出窖，面糟蒸酒后作丢糟处理，母糟出窖时由上而下逐层出糟堆放，经取糟配料、拌料、蒸酒、蒸粮、撒曲后仍投回原窖池发酵。原窖法强调保持原窖母糟风格和窖池的等级质量，窖的质量决定大曲酒的质量，也就是俗称的"千年老窖万年糟"。

（2）跑窖法工艺，又称跑窖分层蒸馏法工艺，以五粮液和剑南春为代表。跑窖是指将发酵完成的糟醅从窖中取出，经加原辅料、蒸馏曲酒、糊化、打量水、摊凉冷却、下曲粉后装入事先预备好的空窖池中，而不将发酵糟醅放回原窖。窖内发酵完成的糟醅逐甑进行蒸馏，因而称为分层蒸馏。分层蒸馏有利于量质摘酒和按质并坛等措施的实施。

（3）混烧老五甑法工艺，以洋河、双沟和古井为代表。混烧是指原料与出窖的香醅在同一个甑桶同时蒸馏和蒸煮糊化。老五甑法工艺，是在每次出窖蒸酒时，将每个窖的酒醅拌入新投的原料，分成五甑蒸馏，蒸后其中四甑料重新回入窖内发酵，另一甑料作为废糟。入窖发酵的四甑料，按加入新料的多少，分别被称为大渣、二渣和小渣，大渣和二渣所配的新料分别占新投原料总量的40%左右，剩下的20%左右原料拌入小渣。不加新料只加曲的称作回糟，回糟发酵蒸酒后即变成丢糟。老五甑操作法具有以下优点：原料经过多次发酵（一般三次以上），原料中淀粉利用率高，出酒率高；经多次发酵，有利于香味物质的积累，特别是以己酸乙酯为主的窖底香，有利于浓香型白酒的生产；采用混蒸混烧，热能利用率高，成本低；老五甑操作法的适用范围广，高粱、玉米和薯干等原料均可使用。

2. 浓香型白酒生产工艺

浓香型白酒最早称为泸型酒，是因泸州大曲的生产工艺代表了浓香型白酒生产的工艺特点，20世纪七八十年代开始统称浓香型。采用熟糠拌料、低温发酵、回酒发酵、双轮底发酵、续渣酿造、混蒸混糟、老窖续渣等典型工艺。浓香型大曲的生产大致分为3个阶段：主发酵期、生酸期和香味形成期。在主发酵期，主要进行谷物的糖化和酒精发酵，品温缓慢升高；在生酸期，乳酸、乙酸等有机酸大量生成，品温趋于稳定；在香味形成期，己酸乙酯、乙酸乙酯等酯类生成，品温下降并逐渐趋于稳定。其工艺流程如图3-11所示。

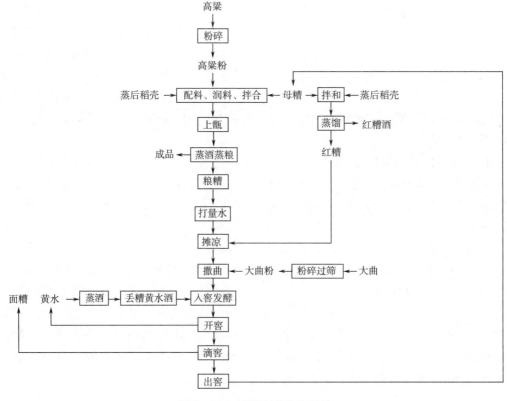

图3-11　泸州大曲生产工艺

（1）原料处理　高粱是浓香型白酒的主要原料之一，以糯高粱为好，要求高粱籽粒饱满、成熟、干净、淀粉含量高。采用高温曲或中温曲作为糖化发酵剂，要求曲块干燥并富有浓郁的曲香味，不带任何霉臭味和酸臭味，曲块断面整齐，内呈灰白或浅褐色，无其他杂色。

原料高粱要先进行粉碎，从而增加原料表面积，有利于淀粉颗粒的吸水膨胀和蒸煮糊化，糖化时增加与酶的接触，为糖化发酵创造良好的条件。但原料的粉碎要适中，粉碎过粗，蒸煮糊化不易透彻，影响出酒；原料粉碎过细，酒醅容易发腻或起疙瘩，蒸馏时容易压汽，会加大填充料用量，影响酒的质量。由于浓香型白酒采用续渣法工艺，原料要经过多次发酵，所以不必粉碎过细，一般能通过40目的筛孔即可。为了增加曲与粮粉的接触，大曲可加强粉碎，粒度如芝麻大小为宜。在固体白酒发酵中，还需加入稻壳作为填充剂和疏松剂，一般要求稻壳新鲜干燥，呈金黄色，不带霉烂味。

（2）开窖起糟　浓香型白酒均采用经多次循环发酵的酒醅（母糟）进行配料，人们把这种糟称为"万年糟"。开窖起糟时，按照剥窖皮、起丢糟、起上层母糟、滴窖、起下层母糟的顺序进行。酒醅出窖时，要对母糟和黄水进行鉴定，总结上排配料和入窖条件等的优缺点，根据母糟和黄水情况，确定下排配料和入窖条件。

（3）配料、拌和　除高粱外，小麦、大米、糯米、大麦、玉米和豌豆等也是浓香型白酒的生产原料，原料配比的不同会造成酒质和风格上的差异。多种原料配合使用，可充分利用各种粮食资源，并且能给微生物提供全面的营养成分，原料中的各类成分经过微生物发酵代谢，产生出多种代谢产物，使酒的香味、口味协调丰满。"高粱香、玉米甜、大米净、大麦冲"就是人们长期实践的总结。

配料是固态白酒生产的一个重要环节，要严格控制原料用量、配醅加糠的比例等，并根据原料性质、气候条件进行必要的调节，保证发酵的稳定。配料时主要控制粮醅比和粮糠比，蒸料后要控制粮曲比。配料首先要以甑和窖的容积为依据，同时要根据季节变化适当进行调整。配料时要加入较多的母糟（酒醅），使酸度控制在1.2～1.7，淀粉浓度在16%～22%。较多的母糟，可以增加发酵轮次，使其中的残余淀粉得到充分利用，并使酒醅与窖泥充分接触，利于产生更多香味物质。稻壳可疏松酒醅，稀释淀粉，降低酸度，吸收酒分，保持浆水，有利于发酵和蒸馏。但用量过多，会影响酒质。应适当控制用量，尽可能通过"滴窖"和"增醅"来达到所需要求。稻壳用量常为投料量的20%～22%。

出窖配料后，要进行润料。将所投的原料和酒醅拌匀并堆积1h左右，表面撒上一层稻壳，防止酒精的挥发损失。润料的目的是使生料预先吸收水分和酸度，有利于后续蒸煮糊化。润料时若发现上排酒醅因发酵不良而水分不足，可采取黄水润料、酒尾润料和打烟水（出甑前10min泼上80℃热水）的方法弥补。

（4）蒸酒蒸粮　"生香靠发酵，提香靠蒸馏"，因此蒸馏是白酒生产的关键环节之一。蒸馏使成熟酒醅中的酒精、香味物质等挥发、浓缩、提取出来；同时，通过蒸馏把杂质排除出去，得到所需的成品酒。

典型的浓香型白酒蒸馏是采用混蒸混烧，原料的蒸煮和酒的蒸馏在甑内同时进行的。一般先蒸面糟、后蒸粮糟。

①蒸面糟（回糟）：将蒸馏设备洗刷干净，黄水可倒入底锅与面糟一起蒸馏。蒸得的黄水丢糟酒，泼回窖内重新发酵，促进己酸菌生长繁殖和醇酸酯化，加强产香，达到以酒养窖的目的。此外，回酒发酵还能驱除酒中的窖底泥腥味，使酒质更加纯正，尾子干净。一般经

过回酒发酵，可使下一排的酒质明显提高，所以把这一措施称为"回酒升级"。不仅可以用黄水丢糟酒发酵，也可用较好的酒回酒发酵。

蒸面糟后的废糟，含淀粉在8%左右，一般用作饲料，也可加入糖化发酵剂再发酵一次，把酒醅用于串香或直接蒸馏，生产普通酒。目前有些酒厂，将废糟再行发酵做成饲料，也有将酒糟除去稻壳，加入其他营养成分，做成配合饲料。

②蒸粮糟：蒸完面糟后，再蒸粮糟。要求均匀进汽、缓火蒸馏、低温流酒。蒸馏时要控制流酒温度，一般应在25℃左右，不超过30℃。流酒开始，酒头香浓冲辣，可存放用来调香。以后流出的馏分，分段接取，量质取酒，并分级贮存。蒸酒断尾后要加大火力蒸粮，以达到原料淀粉糊化和降低酸度的目的。蒸粮总时间在70min左右，要求原料熟而不黏，内无生心，外无粘连。

③蒸红糟：红糟即回糟，指母糟蒸酒后，只加大曲，不加原料，再次入窖发酵，成为下一轮的面糟，这一操作称为蒸红糟。用来蒸红糟的酒醅在上部时，要提前拌入稻壳，疏松酒醅，并根据酒醅湿度大小调整加糠数量。红糟蒸酒后，一般不进行打量水，只需扬冷加曲，拌匀入窖，成为下轮的面糟。

（5）打量水、摊凉撒曲　粮糟蒸馏后，立即加入85℃以上的热水，这一操作称为打量水。热水温度要高，才能使淀粉颗粒进一步吸水，达到适宜入窖水分。热水温度过低，水分难以进入淀粉颗粒内部，导致淀粉难以糊化，并容易在入窖后出现淋浆现象，造成上部酒醅干燥，发酵不良。热水的用量视季节而定，夏季可多，冬季可少。泼热水后，最好堆积一定时间，让淀粉继续吸水糊化。

摊凉又称扬冷，是使出甑的粮糟迅速降低品温，挥发部分酸和表面的水分，吸入新鲜空气，为入窖发酵创造条件的过程。摊凉后的粮糟即可撒曲，加入原料量18%～20%的大曲粉，红糟因未加新料，用曲量可减少1/3～1/2，同时要根据季节而调整用量，一般夏季少而冬季多。用曲太少，会造成发酵困难，而用曲过多，会导致糖化发酵加快，升温太猛，容易生酸，同样抑制发酵，并使酒的口味变粗带苦。撒曲温度要略高于入窖温度，冬季高出3～4℃，其他季节与入窖温度持平。

（6）入窖　摊凉撒曲后即可入窖。入窖前，先在窖底撒上大曲粉，以促进生香。第一甑料入窖品温可以略高，每入完一甑料，就要踩紧踩平，造成厌氧条件。粮糟入窖完毕，撒上一层稻壳，再入面糟，扒平踩紧，即可封窖发酵。入窖时，注意窖内粮糟不得高出地面，加入面糟后，也不得高出地面50cm以上，并要严格控制入窖条件，包括入窖温度、酸度、水分和淀粉浓度。

①入窖温度：大曲酒生产要求低温入窖和定温发酵。低温入窖是为了保证酒醅在适宜的温度下进行缓慢有规律的发酵，达到"前缓、中挺、后缓落"。定温发酵是指在适宜的入窖条件下，使窖内酒醅的发酵温度达到酵母发酵的最适作用温度范围。

曲酒发酵时，每消耗1%的淀粉，酒醅品温约升高1.8℃。由于窖池和酒醅散热困难，因此，必须根据季节变化来调整入窖淀粉浓度和入窖温度，尽量做到低温入窖，延缓发酵速度，使酒醅品温不致迅速升高，协调好糖化和发酵速度，维持微生物和酶活性，使边糖化边发酵的作用正常进行。入窖温度高，糖化发酵迅速，酒醅升温快，升酸加快。一旦品温超过酵母的最适发酵温度（28～32℃），会使酒化酶过早钝化，发酵作用减弱。同时，高温使细菌产酸增多，又进一步抑制了酒精发酵，不仅使出酒率下降，而且酒质也将变差。入窖温度一般参照与窖池温度接近的地面温度。

②入窖淀粉含量：淀粉浓度取决于投料量、上轮酒醅的残余淀粉和填充料的量，即与粮醅比、粮糠比有关。入窖淀粉浓度应根据季节和原料淀粉的含量来调整，冬季气温低，入窖淀粉浓度可高些；夏季气温高，则入窖淀粉浓度应降低。入窖淀粉浓度控制适当，可使发酵正常，酒醅的升温，生酸恰到好处，出、入窖的酒醅含水量差距拉大，酒精含量高，出酒量多且稳定；入窖淀粉浓度偏低，会使发酵升温缓慢，升幅也小，生酸较少，酒醅含酒量低，当排出酒率不高，但下轮可能会回升。相反，入窖淀粉浓度太高，当轮出酒率可能高些，但下轮出酒率就会降低。

③入窖酸度：正常的入窖酸度是保证发酵顺利进行的重要条件。酒醅酸度过高，出酒率低，影响酒质。上轮酒糟的酸度对入窖酸度的影响最为显著，其次还取决于配料时的粮醅比、粮糠比、打量水的量等。发酵期越长，酒醅生酸越多，出窖酸度越高。通过配料，蒸酒蒸粮，酒醅酸度会明显下降。

入窖时，入窖温度、入窖淀粉浓度和入窖酸度三者相互影响。如果入窖淀粉浓度适当，而酸度偏高，应采用低温入窖，几轮过后就能使出酒率逐步恢复正常。如果底醅（母糟）酸度大而黏，又吸不进量水，这时不能加大填充料量。酸度大的底醅，也不能提高入窖温度，否则升酸会更大，甚至变成死醅。应减少辅料用量，多回底醅，坚持正常的入窖温度或适当降低入窖温度，经过二、三轮生产，出酒率可望恢复正常，待正常后，再逐步恢复正常的配醅用量。

④入窖水分：固态曲酒发酵需有适宜的入窖水分。水分太低，发酵不易进行；水分太高，微生物发酵旺盛会导致升温迅速，生酸幅度大而抑制发酵，影响出酒率。还会造成酒醅淋浆、发黏，给蒸馏造成困难，影响流酒，并使酒味寡淡。入窖水分要根据季节变化保持相对稳定，一般夏季高些，冬季低些。

（7）封窖发酵

①封窖：粮糟、面糟入窖踩紧后，可在面糟表面覆盖 4~6cm 的封窖泥。封窖泥是用优质黄泥和老窖皮泥混合揉制而成的，封窖可使酒醅与外界空气隔绝，造成厌氧条件，防止有害微生物的侵入，保证曲酒发酵正常进行。如封窖不严，就会引起酒醅发烧、霉变、生酸，还会使酒带上杂味。当窖泥出现裂缝时，应及时抹严，直到不裂为止，再在泥上盖塑料薄膜，膜上覆盖泥沙，以便隔热保温，并防止窖泥干裂。

②发酵管理：浓香型白酒发酵期间要做好清窖，其次要注意发酵酒醅的温度变化情况，要对酒醅水分、酸度、酒精含量、淀粉和糖分进行检测。

a. 清窖：渣子入窖后应注意清窖，不让窖皮产生裂缝。如有裂缝应及时抹严，并检查 CO_2 排气口是否畅通。

b. 温度的变化：大曲酒发酵要求其温度变化遵循前缓、中挺、后缓落的规律。在整个发酵期间，温度变化可以分为三个阶段：

• 前发酵期：封窖后 3~4d，由于酶的作用和微生物的生长繁殖，糖化发酵作用逐步加强，呼吸代谢所放出的热量促使酒醅品温逐渐升高，并达到最高值，升温时间的长短和粮糟入窖温度的高低、加曲量等因素有关。入窖温度高，到达最高发酵温度所需的时间就短，夏季入窖后一天就能达到最高发酵温度，冬季由于入窖温度低，一般封窖后 8~12d 才升至最高温度。由于入窖温度低，糖化较慢，相应地酵母发酵也慢，母糟升温缓慢，这就是前缓。

• 发酵稳定期：发酵温度达到最高峰，酒醅进入旺盛的酒精发酵，一般能维持 5~8d，要求发酵最高温度在 30~33℃停留较长时间，即中挺。高温持续一周左右会稍有下降，但降幅不大。封窖后 20d 之内，旺盛的酒精发酵阶段基本结束。酵母逐渐趋向衰老死亡，细菌和其他微生物数量增加，酒精含量、酸度和淀粉浓度逐渐趋于平稳。

● 缓落期：入窖 20d 后，直至出窖为止，品温缓慢下降，这称后缓落。最后品温降至 25~26℃或更低。此阶段酵母逐渐失去活力，细菌的作用增强。醇类和酸类进行酯化作用，这是发酵过程的后熟阶段，香味成分多在此阶段生成。

（二）清香型白酒生产工艺

清香型白酒是以粮谷为原料，经传统固态法发酵、蒸馏、陈酿、勾兑而成的，未添加食用酒精及非白酒发酵产生的呈香呈味物质，具有以乙酸乙酯为主体复合香的白酒，以汾酒为典型代表。它清香醇厚，绵柔回甜，尾净爽口，回味悠长。清香型流派较多，南方以小曲清香为主，北方以大曲清香和麸曲清香为主，发酵时间短，出酒率高，优质品率高。酒的组成成分相对简单，无特殊气味，是生产保健酒、药酒等最好的基酒。

汾酒是大曲清香的代表，产于山西省汾阳市杏花村，其酿造历史悠久，最早可追溯到殷商时代。其生产用大麦与豌豆制曲，高粱酿酒，清蒸清烧，地缸发酵，发酵期长，具有入口绵、落口甜、清香不冲鼻、饭后有余香的特点。工艺流程如图 3-12 所示。

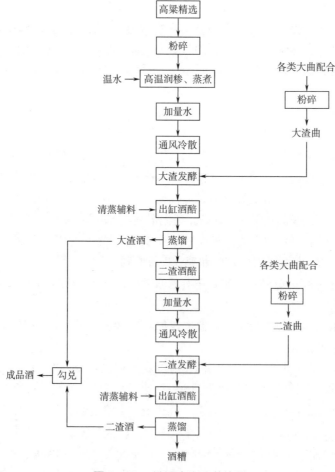

图 3-12 汾酒生产工艺流程

（1）原料粉碎 高粱要求籽粒饱满，皮薄壳少，无霉变虫蛀，经清选、除杂、粉碎后投入生产。原料粉碎要求见浓香型白酒生产工艺部分。大曲粉碎较粗，大渣发酵用的曲能通过1.2mm筛孔的细粉不超过55%；二渣发酵用的大曲粉，一般要求每颗高粱破碎成4~8瓣即可，能通过工1.2mm筛孔的细粉不超过70%~75%。大曲粉碎细度会影响发酵升温的快慢，粉碎较粗，发酵时升温较慢，有利于进行低温缓慢发酵；颗粒较细，发酵升温较快。大曲粉碎的粗细，也要考虑气候的变化，夏季应粗些，冬季可稍细。

（2）润糁 粉碎后的高粱原料称为红糁。蒸料前要用较高温的水润料，称为高温润糁。润糁的目的是让原料预先吸收部分水分，利于蒸煮糊化，而原料的吸水量和吸水速度常与原料的粉碎度和水温的高低有关。在粉碎细度一定时，原料的吸水能力随着水温的升高而增大。采用较高温度的水来润料可以增加原料的吸水量，使原料在蒸煮时糊化加快；同时使水分能渗透到淀粉颗粒的内部，发酵时不易淋浆，升温也较缓慢，酒的口味较为绵甜。另外，高温润糁能促进高粱所含的果胶质受热分解形成甲醇，在蒸料阶段先行排除，降低成品酒中的甲醇含量。

润糁操作是将粉碎后的红糁加入原料量55%~65%的热水，水温夏季控制在75~80℃，冬季控制在80~90℃。要多次翻拌，使吸水均匀，拌匀后堆积20~24h。堆积期间，料堆品温会上升，冬季可高达42~45℃，夏季可达47~52℃。堆积初期，可用苇席或麻袋等物覆盖料堆，每隔5~6h翻拌一次，如发现糁皮干燥，及时补加2%~3%的热水。堆积过程中，部分好气微生物能进行繁殖发酵，使某些芳香成分和口味物质逐步形成并有所积累，可增进酒的回甜感。

高温润糁操作要求严格，润糁水温过高，易使原料结成疙瘩；水温过低，原料入缸后容易发生淋浆。场地卫生不佳，润料水温过低，或者不按时搅拌，都会在堆积过程中发生酸败变馊。要求操作迅速，快翻快拌，既要把糁润透，无干糁，又要不淋浆，无疙瘩，无异味，手搓成面而无生心。

（3）蒸料 蒸料又称蒸糁。目的是使原料淀粉颗粒细胞壁受热破裂，淀粉糊化，便于大曲微生物和酶的糖化发酵，产酒生香。红糁经过蒸煮后，要求达到"熟而不黏、内无生心，有高粱香味，无异杂味"。

操作过程为：蒸料前，先煮沸底锅水，在甑箅上撒一层稻壳或谷壳，然后装甑上料，要求见汽撒料，装匀上平。圆汽后，在料面上泼加60℃的热水，称之"加闷头浆"，加水量为原料量的1.5%~3%。整个蒸煮时间约需80min，初期品温在98~99℃，以后加大蒸汽，品温会逐步升高，出甑前可达105℃左右。清蒸后的辅料，应单独存放，尽量当天用完。

（4）扬冷加曲 蒸后的红糁应趁热出甑并摊成长方形，泼入原料量30%左右的冷水（最好为18~20℃的井水），使原料颗粒分散，进一步吸水。随后翻拌，通风凉渣，一般冬季降温到比入缸温度高2~3℃即可，其他季节冷却到与入缸温度一样即可下曲。

清香型大曲白酒所用大曲有清茬、红心、后火三种，应按比例混合使用，一般清茬、红心各占30%、后火占40%。要求清茬曲断面呈青灰色或灰黄色，气味清香。红心曲断面中间呈一道红，无异圈、杂色，具有曲香味。后火曲断面呈灰黄色，有单耳、双耳，红心呈五花茬口，具有曲香或炒豌豆香。

下曲温度的高低影响曲酒的发酵，加曲温度过低，发酵缓慢；过高，发酵升温过快，醅子容易生酸，料温不易下降，翻拌扬冷时间变长，次数过多也易染杂菌，导致产酸，影响发酵正常进行。加曲温度一般控制如下：春季 20~22℃，夏季 20~25℃，秋季 23~25℃，冬季 25~28℃。加曲量关系到酒的出率和质量，用曲过多，既增加成本和粮耗，还会使醅子发酵升温加快，引起酸败，也会使有害副产物的含量增多，导致酒味变得粗糙，造成酒质下降。用曲过少，有可能出现发酵困难、迟缓、顶温不足，发酵不彻底，影响出酒率。加曲量一般为原料量的 9%~11%，可根据季节、发酵周期等加以调节。

（5）大渣入缸发酵 典型的汾香型大曲酒是采用地缸发酵的。地缸系陶缸，埋入地下，缸口与地面相平。渣子入缸前，应先清洗缸和缸盖，并用 0.4% 的花椒水洗刷缸的内壁。大渣入缸时，主要控制入缸温度和入缸水分。要坚持低温入缸，缓慢发酵。入缸温度常控制在 11~18℃之间。入缸温度也应根据气温变化而加以调整，在山西地区，一般 9~10 月份的入缸温度以 1~14℃为宜，11 月份以后 9~12℃为宜；寒冷季节，发酵室温约为 2℃左右，地温 6~8℃，入缸温度可提高到 13~15℃；3~4 月份气温和室温均已回升，入缸温度可降到 8~12℃；5~6 月份开始进入热季，入缸温度应尽量降低，最好比自然气温低 1~2℃。大渣入缸水分以 53%~54% 为好，最高不超过 54.5%。水分过少，醅子发干，发酵困难；水分过大，产酒较多，但因材料过湿，难以疏松，影响蒸酒，且酒味显得寡淡。

在边糖化边发酵的过程中，应着重控制发酵温度的变化，使之符合前缓、中挺、后缓落的规律。

①前缓：要根据季节气温的变化，掌握好入缸温度，防止前期升温过猛，生酸过多，但也不是前期升温越慢越好。若入缸温度控制过低，使醅子过凉，难以进行糖化发酵，导致升温过慢，不能适时顶火。入缸后 6~7d 能达到最高发酵温度较好，即所谓的适时顶火，季节不同，时间也会有所差别，夏季需要 5~6d，冬季需要 9~10d。如发现升温过于缓慢，不能适时顶火，应加强保温。但升温过快，提前顶火，甚至品温超过规定的顶火温度，易造成酒醅大量生酸，不但减少大渣产酒，还影响二渣发酵，此时应设法降温并调整入缸温度。当品温逐步达到 25~30℃时，微生物生长繁殖加快，糖化加剧，淀粉含量下降，还原糖量增多，酒精开始形成，酸度也以每天 0.05%~0.1% 的速度递增。一般入缸 4d 后，酒醅出现甜味，若 7d 后甜味不退，说明入缸温度偏低，酵母难以繁殖，不能进行酒精发酵。酒醅的味道若由甜变为微苦，最后呈苦涩味，这是发酵良好的标志。若醅色泽发暗，呈紫红色，发硬发糊都属于不正常现象。

②中挺：指酒醅发酵到达顶火温度后，需保持一段时间，一般要求在 3d 左右，该阶段也是主发酵阶段。中挺时醅温不再升高，要求达到适温顶火，大渣为 28~32℃，平常季节一般不应超过 32℃，冬季为 26~27℃最好。这个阶段是曲酒发酵的旺盛时期，从入缸后第 7~8d 延续至第 17~18d。在这个时间段内，微生物的生长繁殖和发酵作用均极旺盛，淀粉含量下降较快，酒精含量明显上升，80% 的酒精在该阶段形成，最高酒度可达 12%（体积分数）左右。酵母菌的旺盛发酵会抑制产酸菌的活动，所以该阶段醅子酸度增加缓慢。这时期要求温度保持稳定，并保持一定的时间，品温过早过快地下降，会导致发酵不完全，出酒率低而酒质差。但中挺时间也不宜过长，否则酒醅酸度偏高，同样影响大渣产酒和二渣发酵。

③后缓落：指主发酵阶段结束到出缸前一段时期，即后发酵时期。此时要求酒醅温度缓慢降低，每天醅温下降 0.5℃以内为好，整个后酵阶段 11~12d。在此阶段，糖化发酵变得微弱，酸度升高较快，到出缸时醅温降至 23~24℃。如品温下降过快，酵母过早停止发酵，不

利于酯化产香；但如品温不能及时下降，酒精则会因挥发而损失，有害杂菌也会继续繁殖生酸，有害副产物将会增多，故后发酵应控制温度缓慢降落。

汾香型大曲酒的发酵期一般为 21～28d，发酵周期的长短，与大曲的性能、原料粉碎度等有关。发酵时间过短，糖化发酵难以完全，影响出酒，酒质也不够绵软，酒的后味寡淡；发酵时间太长，酒质绵软，但欠爽净。

（6）出缸蒸馏（大渣） 发酵结束，将大渣酒醅拌入 18%～20% 的填充料疏松，上甑要求做到"轻、松、薄、匀、缓"，保证酒醅在甑内疏松均匀，不压气，不跑气。上甑时可采用"两干一湿"，即铺甑篦时辅料可适当多点，上甑到中间可少用点辅料，将要收口时，又可多用点辅料。也可采用"蒸气两小一大"，开始装甑时进气要小，中间因醅子较湿，阻力较大，可适当增大气量，装甑结束时，甑内醅子气路已通，可减小进气，缓气蒸酒，避免杂质因大火蒸馏而进入成品内，影响酒的质量。

开始的溜出液为酒头，酒精含量在 75%（体积分数）以上，含有较多的低沸点物质，口味冲辣，应单独接取存放。酒头摘取要适量，取得太多，会使酒的口味平淡；接取太少，会使酒的口味暴辣。酒头以后的馏分为大渣酒，其酸、酯含量都较高，香味浓郁。当馏分酒精含量低于 48.5%（体积分数）时，开始截取酒尾，酒尾回入下轮复蒸。蒸出的大渣酒，入库酒精含量控制在 67%（体积分数）。

（7）二渣发酵 为了充分利用原料中的淀粉，蒸完酒的大渣酒醅需再发酵一次，这称为二渣发酵。当大渣酒醅蒸酒结束，趁热泼入大渣投料量 2%～4% 的温水于酒醅中，水温在 35～40℃，称为"蒙头浆"。随后挖出酒醅，扬冷至 30～38℃，加投料量 9%～10% 的大曲粉，翻拌均匀，待品温降至 22～28℃（春、秋、冬三季）或 18～23℃（夏季）时，入缸进行二渣发酵。

二渣发酵主要控制入缸淀粉、酸度、水分、温度四个因素，其中淀粉浓度主要取决于大渣发酵的情况，一般多在 14%～20%。入缸酸度比大渣入缸时高，多在 1.1%～1.4%，以不超过 1.5% 为好。入缸水分常控制在 60%～62%，其加水量应根据大渣酒醅流酒多少而定，流酒多，底醅酸度不大，可适当多加新水，有利于二渣产酒。加水过多，会造成水分流入缸底，浸泡酒醅，导致酒醅过湿发黏，流酒反而减少。

入缸温度应视气候变化、酒醅淀粉浓度和酸度不同而灵活掌握，要求"前紧、中挺、后缓落"。所谓"前紧"，即二渣入缸后四天品温要达到 32～34℃ 的"顶火温度"。中挺能在顶火温度下保持 2～3d，就能让酒醅发酵良好。从入缸发酵 7d 后，发酵温度开始缓慢降落，这称为后缓落，直至品温降到发酵结束时的 24～26℃。

由于二渣醅子的淀粉含量比大渣低，糠含量大，酒醅比较疏松，入缸时会带入大量空气，对曲酒发酵不利。因此，二渣入缸时必须将酒醅适度压紧，并喷洒少量尾酒，进行回缸发酵。二渣的发酵期为 21～28d。二渣发酵结束后，出缸拌入少量小米壳，即可上甑蒸得二渣酒，如发酵不好，残余淀粉偏高，可进行三渣发酵，或加糖化酶和酵母进行发酵，使残余淀粉得到进一步的利用。

（8）贮存勾兑 蒸馏得到的大渣酒、二渣酒、合格酒和优质酒等，要分别贮存三年，在出厂前进行勾兑，然后灌装出厂。

（三）酱香型白酒生产工艺

酱香型白酒是以粮谷为原料，经传统固态法发酵、蒸馏、陈酿、勾兑而成的，未添加食用酒精及非白酒发酵产生的呈香呈味物质，具有其特征风格的白酒，以茅台酒为典型代表，其香气优雅、细腻，酒体醇厚丰满，酒色微黄透明，酒气酱香突出，以低而不淡、香而不艳、回味悠长、敞杯不饮、香气持久不散、空杯留香长久而著称。它与法国科克白兰地、英国苏格兰威士忌并列为世界三大名酒。

高温制曲、两次投料、多次发酵、堆集、回沙、高温流酒、长期贮存、精心勾兑是它生产工艺的主要特点，其生产工艺如图 3 – 13 所示。

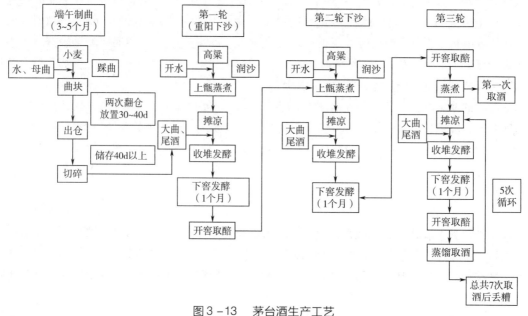

图 3 – 13　茅台酒生产工艺

（1）原料粉碎　酱香型酒生产把高粱原料称为沙。在每年大生产周期中，分两次投料，第一次投料称下沙，第二次投料称糙沙，投料后需经过八次发酵，每次发酵 1 个月左右，一个大周期 10 个月左右。由于原料要经过反复发酵，所以原料粉碎的比较粗，要求整粒与碎粒之比，下沙为 8∶2，糙沙为 7∶3，下沙和糙沙的投料量分别占投料总量的 50%。为了保证酒质的纯净，茅台酒生产基本上不加辅料，其疏松作用主要靠高粱原料粉碎的粗细来调节。

（2）大曲粉碎　茅台酒采用高温大曲糖化发酵，由于高温大曲的糖化发酵力较低，原料粉碎又较粗，故大曲粉碎越细越好，有利糖化发酵。

（3）下沙　茅台酒生产的第一次投料称为下沙，下沙的投料量占总投料量的 50%。

①泼水堆积：下沙时先将粉碎后的高粱泼上原料量 51% ～ 52% 的 90℃ 以上的热水（称为发粮水），泼水时边泼边拌，使原料吸水均匀。也可将水分成两次泼入，每泼一次，翻拌三次。注意防止水的流失，以免原料吸水不足、然后加入 5% ～ 7% 的母糟拌匀。母糟是上年最后一轮发酵出窖后不蒸酒的优质酒醅。发水后堆积润料 10h 左右。

②蒸粮（蒸生沙）：先在甑箅上撒上一层稻壳，上甑应见汽撒料，在 1h 内完成上甑任务，蒸料 2 ～ 3h，约有 70% 的原料蒸熟，即可出甑，不应过熟。出甑后再泼上 85℃ 的热水（称量水），量水用量为原料量的 12%。发粮水和量水的总用量为投料量的 56% ～ 60%。出甑的生沙含水量为 44% ～ 45%，淀粉含量为 38% ～ 39%，酸度为 0.34% ～ 0.36%。

③摊凉：泼水后的生沙，经摊凉扬冷，并适量补充因蒸发而损失的水分。当品温降低到

32℃左右时,加入约为下沙投料量的2%的尾酒拌匀。所加尾酒是由上一年生产的丢糟酒和每甑蒸得的酒头经过稀释制得。

④堆集:当生沙料的品温降到32℃左右时,加入大曲粉,加曲量控制在投料量的10%左右。加曲粉时应低撒扬匀,拌匀后收堆,品温为30℃左右,堆要圆、匀,冬季较高,夏季堆矮,堆集时间为4~5d,待品温上升到45~50℃时,取出的酒醅具有香甜酒味时,即可入窖发酵。

⑤入窖发酵:堆集后的生沙酒醅经拌匀,并在翻拌时加入次品酒2.6%左右。然后入窖,待窖加满后,用木板轻轻压平醅面,并撒上一薄层稻壳,最后用泥封窖,发酵30~33d。

(4)糙沙 茅台酒生产第二次投料称为糙沙。

①开窖配料:把发酵成熟的生沙酒醅分次取出,每次挖出半甑左右与润料后的高粱粉拌和。

②蒸酒蒸粮:将生沙酒醅与糙沙粮粉拌匀,装甑,混蒸。首次蒸得的酒称生沙酒,出酒率较低,而且生涩味重,生沙酒经稀释后全部泼回糙沙的酒醅,重新参与发酵。

③入窖发酵:把蒸熟的料醅扬凉,加曲拌匀,堆集发酵,工艺操作与生沙酒相同,然后入窖发酵。茅台酒每年只投两次料,即下沙和糙沙各一次,以后六个轮次不再投入新料,只将酒醅反复发酵和蒸酒。

④蒸糙沙酒:糙沙酒醅发酵时要注意品温、酸度、酒度的变化情况。发酵一个月后,即可开窖蒸酒,需多次蒸馏才能把窖内酒醅全部蒸完。为了减少酒分和香味物质的挥发损失,必须随起随蒸,当起到窖内最后一部分酒醅(也称香醅)时,应备好需回窖发酵并已堆集好的酒醅,待最后一甑香醅出窖后,立即将堆集酒醅入窖发酵。

蒸酒时应缓汽蒸馏,量质摘酒,分等存放。茅台酒的流酒温度控制较高,常在40℃以上,这也是它"三高"特点之一,即高温制曲、高温堆集、高温流酒。糙沙香醅蒸出的酒称为糙沙酒。酒质甜味好,但冲、生涩、酸味重,它是每年大生产周期中的第二轮酒,也是需要入库贮存的第一次原酒。

糙沙酒蒸馏结束,酒醅出甑后不再添加新料,经摊凉,加酒尾和大曲粉,拌匀堆集,再入窖发酵一个月,取出蒸酒,即得到第三轮酒,也就是第二次原酒,称回沙酒,此酒比糙沙酒香,醇和,略有涩味。以后的几个轮次均同回沙操作,分别接取三、四、五次原酒,统称大回酒,其酒质香浓,味醇厚,酒体较丰满,无杂味。第六轮次发酵蒸得的酒称小回酒,酒质醇和、糊香好,味长。第七次蒸得的酒为枯糟酒,又称追糟酒,酒质醇和,有糊香,但微苦、糟味较浓。第八次发酵蒸得的酒为丢糟酒,稍带枯糟的焦苦味,有糊香,一般作尾酒,经稀释后回窖发酵。

茅台酒的生产,一年一个周期,两次投料、八次发酵、七次流酒。从第三轮起,虽然不再投入新料,但由于原料粉碎较粗,醅内淀粉含量较高,随着发酵轮次的增加,淀粉被逐步消耗,直至八次发酵结束,丢糟中淀粉含量仍在10%左右。

茅台酒发酵,大曲用量很高,用曲总量与投料总量比例高达1:1左右,各轮次发酵时的加曲量应视气温变化,淀粉含量以及酒质情况而调整。气温低,适当多用,气温高,适当少用,基本上控制在投料量的10%左右,其中第三、四、五轮次可适当多加些,而六、七、八轮次可适当减少用曲。

生产中每次蒸完酒后的酒醅经过扬凉、加曲后都要堆集发酵4~5d,其目的是使醅子重新富集微生物,并使大曲中的霉菌,嗜热芽孢杆菌、酵母菌等进一步繁殖,起二次制曲的作用。堆集品温到达45～50℃时，微生物已繁殖得较旺盛，再移入窖内进行发酵，使酿酒微生物占据绝对优势，保证发酵的正常进行，这是酱香型曲酒生产独有的特点。

发酵时，糟醅采取原出原入，达到以醅养窖和以窖养醅的作用。每次醅子堆积发酵完后，准备入窖前都要用尾酒泼窖，保证发酵正常、产香良好。每轮酒醅都泼入尾酒，回沙发酵，加强产香，酒尾用量应根据上一轮产酒好坏，堆集时酒醅的干湿程度而定，随着发酵轮次的增加，逐渐减少泼入的酒量，最后丢糟不泼尾酒。回酒发酵是酱香型大曲白酒生产工艺的又一特点。由于回酒较大，入窖时酒醅酒精含量已达2%（体积分数）左右，对抑制有害微生物的生长繁殖起到积极的作用，使产出的酒绵柔、醇厚。

茅台酒的窖是用方块石与黏土砌成，容积较大，每年投产前必须用木柴烧窖，目的是杀灭窖内杂菌，除去枯糟味和提高窖温。烧完后的酒窖，待温度稍降，扫除灰烬，撒小量丢糟于窖底，再打扫一次，然后喷洒次品酒和大曲粉，使窖底含有的己酸菌得以活化。经上述处理后，方可投料使用。

由于酒醅在窖内所处的位置不同，酒的质量也不相同。蒸馏出的原酒基本上分为三种类型，即醇甜型、酱香型和窖底香型。其中酱香型风味的原酒是决定茅台酒质量的主要成分，大多是由窖中和窖顶部位的酒醅产生的，窖香型原酒则由窖底靠近窖泥的酒醅所产生；而醇甜型的原酒是由窖中酒醅所产生的。蒸酒时这三部分酒醅应分别蒸馏，酒液分开贮存。

（5）入库贮存　蒸馏所得的各种类型的原酒，要分开贮存，经过三年陈化使酒味醇和、绵柔。

（6）勾兑　贮存三年的原酒，先勾兑出小样，后放大调和，再贮存一年，经理化检测和品评合格后，才能包装出厂。在我国的白酒中，茅台酒是最完美的典范，以其低而不淡，香而不艳著称，酒倒杯内过夜，变化甚小，而且空杯比实杯香，酱香突出，幽雅细腻，酒体丰满醇厚、回味悠长。

四、 白酒的蒸馏、 陈酿与勾兑技术

（一） 蒸馏技术

大曲酒的蒸馏，是我国白酒特有的固态蒸馏工艺，历史悠久，延续至今（图3－14）。它是把发酵过程中形成的酒精成分和香味物质从酒醅中提取出来，使成品酒具有一定的酒精含量并使成品酒形成独特的风格。通过蒸馏还要排除有害杂质，保证白酒符合卫生要求。白酒蒸馏是一种特殊的蒸馏方式，它除了包含一般的蒸馏原理外，还涉及恒沸蒸馏和水蒸气蒸馏的原理，至今还没有被人们完全认识。

1. 固态蒸馏的基本原理

大曲酒醅含有较多的水分、较少的酒精和微量的风味物质，有些吸附在酒醅颗粒的表面，大多存在于颗粒内部的毛细管中以及微生物细胞的体内。酒醅的每个固体颗粒如一个微小的塔板，它比表面积大，无数个塔板形成了极大的气液接触界面，使固态蒸馏的传热、传质增强。

图3－14　我国古代蒸馏白酒
生产过程示意图

　　白酒固态蒸馏是边撒料上甑，边进行蒸馏的。蒸馏时由于蒸汽的加热，被蒸组分的分子运动加剧，当它的动能大于周围分子对它的引力时，颗粒表面的被蒸组分首先离开液相进入气相，在酒醅颗粒表面与内部之间形成被蒸组分的浓度差，促使颗粒内部的被蒸组分的分子受热向表面进行扩散，再汽化进入气相。被蒸组分分子的扩散要比它的汽化速度慢得多，所以蒸馏效率主要取决于被蒸组分的分子从酒醅颗粒内部向表面扩散的速度，这与颗粒内部和表面之间的被蒸组分的浓度差、酒醅疏松性和酒醅颗粒大小等因素有关。

　　大曲白酒的固态蒸馏设备，主要有甑桶、过汽管、冷凝器。其蒸馏操作是间歇分批进行的，分为上甑、接酒、拉尾、出糟等工序。蒸馏时，下层物料中的液态组分受底锅水蒸气加热，由液体汽化成气体，被蒸组分的蒸气上升，进入上层较冷的料层后又被冷凝成液体，使组分由于挥发性能的不同而得到不同程度的浓缩。以后，被蒸组分再受热、再汽化、再冷凝、再浓缩，如此反复进行，随着料层的升高而不断在酒醅颗粒的表面进行传热、传质过程，直到组分离开甑内物料层，汽化进入甑盖下的空间，经过汽管，最后在冷凝器中被冷凝成液体为止。由于各种组分的挥发性能不同，在蒸馏过程中被浓缩的快慢和馏分中聚集的时间也不同。

　　成熟酒醅所含的各种组分大致可分为醇水互溶、醇溶水难溶和水溶醇不溶三个大类。对醇水互溶的组分，在蒸馏时基本符合拉乌尔定律，这些组分在稀酒精的水溶液中，各组分在汽相中的浓度大小，主要受液相分子吸引力大小的影响。倾向于醇溶性的组分，根据氢键作用的原理，除甲醇和有机酸外，如丙醇、异丙醇等低碳链的高级醇、乙醛和其他醛类，在馏分中的含量为酒头＞酒身＞酒尾。而水溶性的乳酸等有机酸、高级脂肪酸，由于其酸根与水中氢键具有紧密的缔合力，难挥发，因此在馏分中的含量为酒尾＞酒身＞酒头。

　　对于醇溶水难溶的组分，如高级醇、酯类等，根据恒沸蒸馏的原理，可把稀浓度乙醇视作恒沸蒸馏中的第三组分，它的存在降低了被蒸组分的沸点，提高了它们的蒸气压，使高碳链的高级醇、乙酸乙酯、己酸乙酯、丁酸乙酯、油酸和亚油酸乙酯、棕榈酸乙酯等，在馏分中的含量为酒头＞酒身＞酒尾。

　　对于水溶醇难溶的矿质元素及其盐类，它们在水中呈离子状态。另外，一些高沸点，难挥发的水溶性有机酸（如乳酸）等，在蒸馏中主要受到水蒸气和雾沫的夹带作用，尤其在大气追尾时，水蒸气对它们的夹带更为突出。所以多数有机酸和糠醛等高沸点组分，在馏分中的含量为酒尾＞酒身＞酒头。

　　固态白酒蒸馏和液态酒精蒸馏是有较大区别的。在白酒蒸馏中，由于乙醇占的比例较低，水分占了绝大部分，水分子具有极强的氢键作用力，可以缔合其他分子，如对乙醇和异戊醇分子的缔合作用。异戊醇分子大，具有侧链结构，减弱了水分子对它的氢键缔合作用，相应地水对乙醇分子的缔合比它强，所以在蒸馏时，异戊醇就比乙醇易于挥发。同理，水分子对甲醇的缔合力大于对乙醇的缔合力，甲醇比乙醇更难挥发，使异戊醇聚集于酒头馏分中，甲醇多数在酒尾馏分中。这说明影响组分在蒸馏时分离效果的决定因素不是组分的沸点，而是组分间分子引力的大小所造成的挥发性能的强弱。在白酒固态蒸馏时，水分子对醇、酸、酯等各种成分的氢键作用力，表现为酸＞醇＞酯。

　　白酒蒸馏，因没有稳定的回流比，导致被蒸组分在液相和汽相中的浓度随蒸馏的进行而不断变化，所以，组分的挥发系数也在不断改变。

2. 上甑过程中酒精及其他成分的变化

上甑是固态蒸馏的关键操作，它涉及蒸馏效率、成品酒质量和能耗的高低。上甑要求物料疏松均匀，轻撒匀铺，探气上料，上气齐、装得平，不压气，不跑气，给蒸馏创造良好的条件。

随着酒醅层的增高，传热、传质过程不断进行，酒精和其他香味成分得到不同程度的浓缩，到满甑时，最高层酒醅的气相酒精浓度已达75%（体积分数）左右，乙酸乙酯、己酸乙酯的含量达原来的2倍多，丁酸乙酯含量是原来的4倍，乳酸乙酯的含量增加较久水分变化不大，酸度是随着醅层增高而逐渐降低。

上甑时，如果采用较低的水蒸气压力，可适当延长上甑时间，有利于传热、传质和酒精的扩散以及减少酒损。增加醅层高度，将会提高酒精浓度，但越到上层，酒精浓度的增幅越少，并且会使酒醅疏松性受影响，妨碍蒸馏效率的提高。

在大曲酒蒸馏过程中，酒精浓度不断变化，馏液中酒精浓度随酒醅中酒精的减少而降低，酒醅温度逐步上升，馏分中挥发性有机酸和高沸点物质的含量逐步增加。酒精主要在蒸馏开始时浓缩较快，并主要集中在酒醅上层，接着会很快下降。

大曲酒的风味物质达100余种，在蒸馏接酒过程中的含量不断发生变化。

（1）酯类物质在馏分中的变化　乙酸乙酯、丁酸乙酯、己酸乙酯难溶于水，易溶于乙醇，它们的馏出量与酒精浓度成正比。如果缓慢蒸馏，使酒精在甑内最大限度地浓缩，并有较长的保留时间，则酯类增多。反之，大气快馏，酒精快速馏出，酯类无法充分溶于酒精蒸气，则影响酯类的提取效率。乳酸乙酯由于羟基的作用，与水分子缔合力较大，易溶于水蒸气，酒精浓度较高时，馏出较少；酒精度降低，乳酸乙酯的馏出量则增加。有的曲酒糟味较重，后味很涩，主要是双乙酰和乙酸乙酯的含量过高造成的。

在浓香型白酒的流酒过程中，己酸乙酯与乳酸乙酯的比值是重要的质量指标之一。它随馏液酒精含量的降低而迅速下降，成品浓香型白酒中的己酸乙酯∶乳酸乙酯最好在1∶（1～0.5）。

（2）酸类物质在馏分中的变化　在蒸馏过程中，乙酸、丁酸、乳酸、己酸、戊酸等有机酸在流酒起始后，随酒精含量的改变而逐渐下降，以后又渐增。己酸在酒精含量60%（体积分数）以后会陡然增高，而乙酸增长较慢，丁酸在酒精含量55%（体积分数）以后才开始增加，戊酸含量低、变化小。在酒液中，己酸、乳酸含量较高，其他酸的含量较低，这与有机酸极性强、亲水性大有关，所以它们随酒精含量的降低而含量增高。

（3）高级醇在馏分中的变化　高级醇在馏酒过程中，其含量变化类似于酒精含量的变化，随酒精含量的升高而升高，以后又随酒精含量的降低而降低。高级醇含量最高约在酒精含量为75%（体积分数）时，其中，正丙醇、仲丁醇、异丁醇在酒精含量70%（体积分数）以后迅速下降，而后降速稍转慢，至酒精含量65%（体积分数）时异丁醇的含量几乎降到最低，正丁醇、异戊醇随酒精含量下降且降速均匀。高级醇主要聚集在蒸馏前期的馏分内。

从大曲白酒蒸馏的各种主要成分的变化情况可知，馏液的酒精含量较高时，各种香味成分的含量和配比也较适中。馏液酒精含量下降时，各种组分比例开始失调，酒的口味由香醇浓厚变得淡薄苦涩，质量明显下降，因此在蒸酒时除了要缓火上甑馏酒外，还应掐头去尾，量质摘酒，以达到优质高产的目的。

3. 大曲白酒的蒸馏设备

传统固态法白酒采用"甑"来进行蒸馏，甑是用来装填酒醅，浓缩酒精分，提出香味物质的设备。甑底设蒸馏加热釜（底锅），内装加热蒸汽管，当水、尾酒倒进底锅后，由锅炉蒸汽加热，产生二次蒸汽，穿过箅子进入酒醅层。顶部有甑盖（云盘），甑盖最好为锥形盖，这种盖下边的空间对酒蒸气起到缓冲作用。甑盖中央和冷凝器之间用过气管连通，把甑桶的酒蒸气引入冷凝器中冷凝为液体，如图3－15所示。

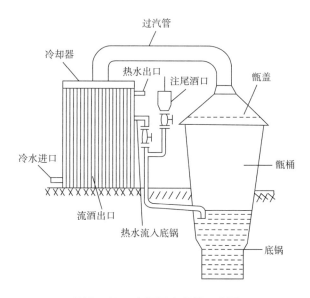

图3－15　白酒固态蒸馏示意图

甑呈花盆状，上口直径比下口直径一般大15%～20%，这样，蒸汽在醅层中上升速度较同步，蒸馏效率较高。若把甑桶上、下口直径之比由1.14:1扩大到1.38:1时，蒸馏效率将进一步提高，在这种比例下，甑内酒醅的断面积将达到最大，酒、气接触面增大并比较均匀，蒸气的钻边现象将减弱。为了克服蒸酒过程中出现的钻边现象，装甑时常装成凹形，四周醅层比中间高2～4cm。

甑桶容积必须根据工艺要求与窖容匹配，一般浓香型白酒的甑容积在1.2～1.5m³或稍大，由甑底箅子到上口的高度在0.8～1m，装醅高度在0.6～0.8m。醅层高度对成品酒蒸馏效率有明显影响，随层高增加蒸馏效率得以提高，醅层增高0.1m，蒸馏效率平均提高6%左右。己酸乙酯、乙酸乙酯、丁酸乙酯在馏液中的含量也将增加，而乳酸乙酯含量将降低。若醅层高度＜0.7m，流出的酒液中乳酸乙酯含量会过高，使己酸乙酯与它的比值失调，酒的涩味加重。在不影响操作和保持酒醅疏松的前提下，增加酒醅层高，能使己酸乙酯、乙酸乙酯、丁酸乙酯的提取量增加，降低乳酸乙酯的含量，并使己酸和乳酸的乙酯类比值更趋于合理。

大曲酒蒸馏，酒精含量随醅层增高而升高，它有利于酒醅风味物质的提出，也使蒸馏效率提高。但醅层高度的增高，会影响酒醅的疏松度，特别醅的含水量大时更为明显，会减低蒸馏效率，甚至出现压甑现象。为了解决这一矛盾，在甑内加设另一个箅子，把酒醅形成双层，这样可明显地使酒醅减轻自重压力，保持疏松，使蒸馏效率得以提高，酒的优质品率增加35%以上，产量也增加10%。为了使杂质在蒸馏时更有效地得到排除，可采取两段冷凝工艺：第一段控制冷凝温度60～70℃，第二段冷却温度为20℃，这样既保证有益香味物质的蒸出，又能增加排杂量，减少酒液的低沸点醛类等杂质含量，使酒消除暴辣，增进绵净。

（二）白酒陈酿

新蒸出的白酒，口味冲、燥辣、不醇和，需要贮存 1～3 年，使其老熟陈酿，然后才能勾兑调味，再贮存一段时间后，方可出厂。

1. 白酒的老熟机理

（1）杂味物质的挥发作用　新酒的冲、辣、不醇和的主要原因是含有刺激性大、挥发性强的化学成分，如硫化氢、硫醇、硫醚（二乙基硫）等挥发性的硫化物，以及丙烯醛、丁烯醛、游离氨等刺激性较强的杂味物质。这些物质在贮存过程中能自然挥发，经一年贮存，这些物质基本上挥发干净，从而使酒味改观。

（2）氢键缔合作用　酒精和水都是极性分子，分子间存在着较强的氢键缔合力，分子缔合使分子相互拉紧，自由分子数减少，酒的刺激性变小。贮存时间长，缔合构成的酒精 - 水分子群数目增多，自由分子数量减少，因此，对嗅觉、味觉的刺激也缩小，饮酒时就感到柔和。茅台酒传统酒精含量在 53%～55%，在这个酒精含量范围，酒精水分子缔合作用最强，也是茅台酒醇和绵柔的原因之一。

（3）化学变化　白酒贮存过程中，进行着氧化还原、酯化、缩合等化学反应，生成了香味物质和助香物质，使酒液中的醇、酸、醛、酯达到更好的平衡，使酒味好转。

2. 人工老熟（催陈）

白酒的自然老熟时间较长。为了缩短周期，降低成本，采取人工的方法促进酒的老熟，称之为人工老熟（催陈）。目前，用于白酒老熟的方法主要有物理法和化学法，其中，物理法有电场、磁场、微波、红外线、激光法、γ 射线法、超声波法、超高压法、紫外线法、超过滤法等；化学法有氧化法和催化法。这些方法均可加快白酒的老熟，然而，利用人工老熟的方法，一般酒质略差的酒，效果稍为明显，质量好的酒，处理后反而不明显。此外，还有基于黄浆水的生物法催陈的研究报道。

（三）白酒风味分析和勾兑技术

白酒中微量成分复杂，含量低的物质可能会对白酒的香气和口感产生影响，因此将感官分析与仪器分析相结合能更加系统全面地研究白酒。阈值是衔接仪器分析与感官分析的桥梁，美、英、法、德四国的标准均规定了阈值包含四种［觉察阈值（刺激阈值）、识别阈值、差别阈值、极限阈值］具体的风味阈值。香气活性值（odour active value，OAV）与味觉活性值（tasteactive value，TAV）指某一化合物的浓度与其阈值的比值，通过计算化合物的 OAV 值与 TAV 值的大小可以确定白酒中的香气和香味的关键成分。当前，评价白酒中风味成分贡献度主要通过风味稀释（flavor dilution，FD）因子、OAV 或 FD 因子结合 OAV 共同确定，少量通过样品稀释（sample dilution，SD）因子、杯测分数（Q - 值，Q Groder，评级）进行确定。

白酒中的高含量化合物通常对白酒特征香气贡献突出，如酯、醇、酸类等。酒体中的酯类物质是香气的主体成分，对酒体的果香或花香起决定性作用；醇类如乙醇、丙醇、丁醇在白酒中含量很高，是白酒醇香的来源；酸类物质在酒体中表现为酸味，适量的有机酸能够掩盖白酒中的苦涩味，改善白酒风味。某些低含量化合物同样会对酒体香气有贡献，如含硫、含氮以及呋喃类化合物等，它们虽然在白酒中的含量并不高，但阈值低，香气活力值高，对白酒的整体风味同样有着重要的贡献。其中，大曲白酒生产主要采用多菌种的固态双边发醇，参与发酵过程的微生物种类繁多，它们协同作用，发酵生成大曲白酒的各种成分。目前，对窖内酒醅中这些复杂的变化规律还缺乏充分认识，对这些物质的形成机理还不清楚。

1. 白酒风味

白酒除了酒精和水外，还含有2%左右的风味物质，这些物质的含量高低、相互配比是否恰当，直接决定白酒的质量和风格。迄今为止，已从白酒中检测出1800多种挥发性成分，归属于酸、醇、酯、醛等几大类化合物，它们大多是在发酵过程中由酵母、霉菌、细菌等各种微生物代谢而产生的。

（1）醇类　白酒发酵，除了生成大量的酒精外，微生物利用糖、果胶和氨基酸等还会代谢产生其他的醇类。醇是酒体的基本组成成分，又是酒的醇甜和助香物质。由醇类还能转化生成酯等香味物质。大曲酒所含的醇类，主要以一元醇为主，同时还有少量的高级醇和芳香醇。高级醇以异戊醇为主，包括活性戊醇、正丙醇和异丁醇等。高级醇的生成与酵母的氨基酸代谢密切相关，其形成量与酒醅中蛋白质的含量、酵母菌种、酵母接种量、发酵温度和含氧量有关。高级醇是一类高沸点物质，是白酒的一种助香成分，但在口味上却弊多利少，含量过多，会导致酒的苦、涩、辣味增大。除了甲醇、乙醇和高级醇外，白酒发酵过程中还有其他的醇类形成，如甘油（丙三醇）、2,3-丁二醇、1,3-丁二醇和甘露醇等。甘油可以增加酒的醇甜味，使酒体丰满醇厚。2,3-丁二醇和1,3-丁二醇都是白酒的醇甜物质。在大曲酒中其他的醇类常随着羟基数的增多而甜味增强，如丙三醇、赤藓糖醇、阿拉伯醇、甘露醇都是黏稠状的呈甜物质，其中以甘露醇在白酒中的含量最多。

（2）酸类　固态的大曲酒发酵过程，微生物会代谢产生各种酸类。酸类是形成白酒香味的主要物质之一，酒中缺乏酸，会使酒显得不柔和、不协调。酸类又是形成酯类的前体物质，酸还可以构成其他香味成分。含酸量少的酒，酒味寡淡，香味短，使酒缺乏白酒固有风格；如酸量大，则酒粗糙，杂味重，降低了酒的质量。适量的酸在酒中能起到缓冲作用，可消除饮酒后上头和口味的不协调，还能促进酒的甜味感。酸类主要有甲酸、乙酸、丁酸、己酸、乳酸和戊酸、琥珀酸和其他长链脂肪酸等。如琥珀酸具有酸味及轻微的咸味和苦味，易溶于酒，使酒味调和，它富于味觉反应，酒中的其他酸的酸味，与琥珀酸的酸味结合后口味才好。

（3）酯类　酯类是白酒的主要呈香物质，名优曲酒的酯含量均较高，其中乙酸乙酯、己酸乙酯和乳酸乙酯是决定白酒质量优劣和香型的三大酯类。酯是由醇和酸的酯化作用形成的，酯化作用可以通过微生物酯酶转化和化学反应两种途径进行。汉逊酵母和假丝酵母等生香酵母具有较强的产酯能力，可以将乙醇与有机酸进行酯化而形成酯。化学反应进行较慢，延长发酵时间或贮酒时间可改善酯化反应产物的生成。在白酒中，乙酸类酯的含量和种类最多。不同的酯类其呈香呈味有所差异，含量的多少也会使香气发生变化。乙酸乙酯具有水果香气，是清香型曲酒的主体香气成分，己酸乙酯具有窖香气，是浓香型曲酒的主体香气成分，但过多时会产生臭味和辣味。乳酸乙酯在各种曲酒中含量均较高，适量时能烘托主体香和使酒体完美，对酒体的后味起缓冲作用，但过多会造成酒的生涩味，抑制主体香。

（4）醛类　醛类具有香味，低级醛刺激性气味较强，中级醛有果香味，它们对曲酒的香气形成有一定的作用。例如茅台酒的总醛含量较其他名酒高，形成特殊的茅香酒体。但醛的种类不同，对白酒风影响也不同。醛类主要有乙醛、糠醛、乙缩醛、丙烯醛和高级醛酮等。"糟香"或"焦香"的主要呈香物质可能是以呋喃（如糠醛）为基础的分子。乙缩醛本身具有愉快的清香味，似果香，带甜味，是白酒老熟的重要标志，也是名优曲酒含量最高的醛类，它是曲酒主要香味成分之一，含量可高达 0.1% 以上。丙烯醛在固态或液态白酒发酵不正常时出现，冲辣刺眼，并有持续性的苦味。白酒中的醛、酮类是重要的香味成分，但含量过多会给白酒带来异杂味。一般而言，醛类物质过多，酒辛辣，刺激性强。

（5）α-联酮 α-联酮包括双乙酰、3-羟基丁酮、2,3-丁二醇等。α-联酮类物质是名优白酒共同具有的香味成分，在一定数值范围内，α-联酮类物质在酒中含量越多，酒质越好，是构成名优白酒进口喷香、醇甜、后味绵长的重要成分。堆集发酵、老窖发酵、缓慢发酵、缓汽蒸酒等均是提高 α-联酮含量的方法。

（6）芳香族化合物 芳香族化合物是苯及其衍生物的总称。它们在名优曲酒中含量虽少，但呈香作用大，在很低浓度时，也能呈现出强烈的香味。芳香族化合物主要来源是蛋白质的分解产物，其次是木质素、单宁等。另外，芳香族化合物相互转化也能形成新的芳香化合物。如阿魏酸、4-乙基愈创木酚、香草醛（酸）、丁香酸和对羟基苯乙醇等。阿魏酸、4-乙基愈创木酚、香草醛都是白酒的重要香味物质，它们可以使酒体浓稠、柔厚，回味悠长。它们主要由木质素的降解而生成。阿魏酸具有轻微的香味和辛味，4-乙基愈创木酚具有类似酱油的香味，其含量在 0.1mg/kg 时就可使人感觉出强烈的香气。丁香酸来自单宁，带有愉快的清香味。对羟基苯乙醇是由酪氨酸经酵母代谢而生成，含量适当可使白酒具有愉快的芳香气味，含量过高则变成苦味。当曲量过大、蛋白质分解过多，发酵温度又偏高，会增加对羟基苯乙醇的形成，使酒发苦，而且苦味延续性长。

（7）硫化物 白酒中的硫化物有硫化氢、硫醇、二乙基硫醇等。它们主要来自蛋白质分解产物的含硫氨基酸，如胱氨酸、半胱氨酸、甲硫氨酸等。霉菌、酵母、细菌均能作用于胱氨酸生成 H_2S 等，另外，当有较多的糠醛、乙醛存在时，高温蒸煮和蒸馏时，也会促进胱氨酸生成硫化氢。硫化物是形成新酒味的主要成分，通过贮存，这类物质会挥发除去。

（8）微量金属元素 微量金属元素一方面与负离子一起呈现出咸味特征，另一方面，能改变酒体口味的柔和程度。在适当金属离子浓度下，它能减小酒体刺激感，使酒体的口味变得浓厚。但当浓度超过一定界限，它反而会使酒体口味变得粗糙。此外，金属元素可能还参与白酒陈酿过程中的氧化还原反应。

2. 勾兑

生香靠发酵，提香靠蒸馏，成型靠勾兑，勾兑是一门技术也是一门艺术。勾兑技术由尝评、组合、调味三部分组成，三部分是不可分割的有机整体。勾兑就是把同等而具有不同口味、不同酒质、不同或相同时期、不同工艺的酒，按不同的量相互掺和，使之相互取长补短，变坏为好，改善酒质，在色、香、味方面均符合既定酒样的酒质，即符合标准的成品酒或半成品酒。勾兑是曲酒生产中的重要环节。白酒生产过程中由于发酵条件、操作工艺、蒸馏方式的影响，导致每一甑、每一池白酒的质量均有明显区别，因而需要勾兑工艺最大限度地消除质量差别，使成品酒风格一致。蒸馏白酒中98%的是乙醇和水，剩余的微量成分含量低（约2%）却对酒体风格影响巨大，因而勾兑技术实质是对酒中微量成分的掌握和应用。

为了勾兑的顺利进行并取得良好效果，须加强酿酒工艺管理，生产出优质的合格酒，同时还要加强对合格酒贮存管理，了解各罐合格酒的风格特点、成品酒的质量指标以及造成酒内杂味的原因。要求分糟蒸馏，按质摘酒，分类入库，为勾兑奠定基础。

（1）勾兑的原则

①各类糟醅酒的配比：不同甑次所得的酒具有不同的风味，如粮糟酒浓厚感好、甜味重、香较淡；红糟酒香味好、醇甜差、味较燥。将它们以适当比例混合，才能使酒质风格突出和协调。各类糟醅酒的配合比例依各厂有所不同。

②老酒和新酒的配比：老酒（贮存时间＞2年）醇和、绵软、陈味好，但香味淡；新酒（贮存时间约半年）口感燥，但香味较浓。两者搭配可使酒质全面，一般老酒20%～30%，新酒70%～80%较为合适。

③不同季节酒的配比：夏季所产酒香味浓厚，但味较杂；冬季所产酒香味淡，但绵甜度好，因而不同季节的酒的配比也需注意。

④老窖酒与新窖酒的配比：人工老窖的发展使新窖也能产出合格酒，但与老窖相比，新窖酒酒味寡淡。老窖酒则香气浓郁、味较正。根据产品的不同，老窖酒与新窖酒的配比可依产品变化。

⑤不同发酵期酒的配比：发酵期长的酒，香气浓、味醇厚，但放香差。发酵期短的酒，放香好，但欠持久，缺醇厚。可以把这两种合格酒配合，一般发酵期短的酒用量在5%～10%，具体根据产品来定。

（2）勾兑的步骤

①选酒：可将等级酒分为带酒、大宗酒和搭酒三类来使用。带酒是指具有特殊香味的酒，属于精华酒；大宗酒是指无独特香味的酒，香醇尾净，初步具备风格；搭酒是指有一定可取之处，但香味差，味道杂的酒。

②小样勾兑：小样勾兑就是通过小样试验，找到各种基酒之间的最佳搭配比例。小样勾兑的方法有数字组合法、逐步添加法、等量分析法等。

③大样勾兑：在小样勾兑的基础上，结合感官及理化分析，最终确定最佳样品配方。正式勾兑是对小样勾兑的比例放大。

④批量勾兑：在小样勾兑和大样勾兑的基础上进行批量的勾兑。

3. 调味

验收后的合格酒，经过勾兑成了基础酒，但还没有完全符合产品的质量标准，在香味或口味的某些方面还存在不足，需要通过调味来加以弥补。调味，就是对基础酒进行最后一道精加工，用极少量的精华酒，使基础酒完全符合质量标准。

（1）调味原理　调味是建立在勾兑基础上的加工技术，是通过添加少量特制调味酒（或精华酒）改变基础酒中各种芳香成分的配比，通过添加和平衡作用，达到某一产品固有香型的目的。

①添加作用：酒的香味是由所含的风味物质引起的，只有当某种香味物质达到一定浓度时，才能呈现香味。向基础酒中调加特制的调味酒，使基础酒中某些风味物质含量达到或超过其阈值，使人们感觉出酒质的提高，从而完善了酒体风格。

添加分两种情况：基础酒内根本没有这种风味物质，而在调味酒中含量却很多，这些物质添进基础酒得到稀释后，既符合它本身的放香阈值，呈现出愉快香味，又使能改善基础酒风味，最终突出酒体风格。基础酒中某种香味物质较少，达不到放香阈值，香味难以显出，而调味酒含这种香味物质较多，加入基础酒后，使之达到或超过该物质的放香阈值，来提高酒质。

②平衡作用：各种不同的白酒香型主要由它所含的香气、口味物质的数量和比例不同所形成的。当一种曲酒的某些成分含量达到一定含量，比例又恰当时，则会反映出这种酒的品质和风格。若某些物质的含量达不到阈值，比例又失调，则就会失去这种酒的品质和风格。酒中的酸、酯、醇、醛、酚等物质，都有它们的气味、强度和阈值，每种典型风格的酒，都是由这些不同气味的、不同浓度的、不同阈值的香味物质混合后，通过协调平衡形成该种酒的典型风格。主要由它们各自的阈值高低和含量多少来平衡决定的。调味就是加进调味酒，使基础酒向人们需要的方向移动，达到新的协调平衡。

为了使微量香气成分平衡，必须掌握各种香味物质的特性和作用，从而确定调味酒的比例。配比不当则酒体不协调，会产生异香、怪味或香味寡淡、暴辣、主体香不突出等。合理使用调味酒，使微量的香味成分在平衡、烘托、缓冲方面发生作用，这是勾兑调味的关键。

③化学反应：在基础酒中加入调味酒后，物质间进行化学反应。如醇、酸的酯化反应，醇、醛的缩合反应等，对曲酒香味起着十分重要的作用。但这些反应的速度较慢，并受环境因素的影响。

一般认为调味酒的添加作用、平衡作用和化学反应是同时发生的。因为调味酒中所含的芳香物质比较多，绝大部分高于基础酒。加入后需要贮存一段时间，才能使平衡过程稳定。所以新调好的酒，在存放 10d 左右后，还需检查品评一次，才能包装出厂。

（2）调味酒的制备　调味酒是采用特殊工艺酿制的，具有特殊性能的精华酒。常具有特香、特甜、特醇、特浓、特暴、特麻等特点。

①双轮或多轮底调味酒：双轮底酒即连续进行两次发酵后蒸得的酒。多轮底酒即在双轮底酒醅中加曲、回酒后，继续发酵多轮所得的酒。这类酒的酸、酯含量高，浓香、糟香突出，口味醇厚但燥辣。

②陈酿调味酒：即发酵期特别长的酒。可选用生香好的窖，把发酵期延长到半年或一年，充分使酒醅酯化产香，蒸得的酒陈香味浓，酸酯含量高，后味、糟香均较突出。

③陈化调味酒：又称老酒，将蒸得的优良合格酒贮存 3~5 年，使酒味醇厚、香浓，突出陈酒风味和醇厚感。

④曲香调味酒：选用香气和颜色均佳的大曲，粉碎代替部分原料粉进行发酵，或者用豌豆粉和大曲粉混合代替原料进行发酵，专门生产曲香调味酒，其曲香浓郁，带有苦涩味，可增强曲香压燥辣。

⑤窖香调味酒：用双轮底酒浸泡优质老窖泥，使窖泥中的丁酸、己酸以及它们的酯类和其他香味物质溶出，增加酒的香味，取密封浸泡一年左右的上清液做窖香调味酒。

⑥酯香调味酒：粮糟出甑后，打量水，摊凉加曲，在场地堆集发酵 20~24h，温度可达 50℃左右，搅拌均匀，入窖发酵 45~60d，出窖蒸酒，该酒酯含量高，酯香突出，可提高基础酒的前香。

⑦酒头调味酒：酒头是很好的调味酒，可摘取优质酒和双轮底酒酒头和优质老窖酒头，混合后作优质酒调味用。

⑧酒尾调味酒：酒尾中高沸点香味物质较多，酸、酯、多元醇、高级脂肪酸含量均较高，可以增强酒的后味，使酒浓厚，加强回味。常摘取双轮底酒尾或延长发酵期的酒醅的酒尾，贮存后供调配使用。也可调节酒尾收集液的 pH 进行酯化，然后用水蒸气蒸馏方法，将酯化液蒸馏获取香味物质，制得调味酒。

（3）调味方法 调味时，首先要了解基础酒的质量情况和调味酒的性能，以便选准所要使用的调味酒的类型，调味酒选得准，即使用量不大，也会取得明显的效果。在调味时，应先解决主要缺陷，后解决次要缺陷。先进行小样调味，再进行正式调味。调味酒的使用量一般从万分之一开始添加，不超过千分之一。如添加量超过千分之一时仍不奏效或反而出现新的缺陷，说明调味酒选择不当，应重新选用。

例如，若浓香型曲酒存在浓香不足、陈香差、略带燥辣的问题，可先用提高浓香的调味酒，少量逐渐添加，直至酒的浓香变好为止，然后再解决陈香不足的缺陷，最后解决燥辣的问题。

🔍 思考题

1. 酒精常用的发酵原料有哪些？各有什么特点？
2. 酒精发酵的生化机制是怎样的？
3. 简述淀粉质原料的酒精发酵工艺过程。
4. 简述酒精蒸馏的基本原理。
5. 什么是酒精蒸馏的头级杂质、中级杂质和尾级杂质。
6. 简述差压蒸馏的基本原理。
7. 我国白酒有哪些类型？
8. 大曲的类型有哪些？各有何特点？生产工艺有何异同？
9. 大曲中的主要微生物有哪些？在大曲生产中如何变化？
10. 小曲有哪些类型？各有何特点？
11. 简述单一药小曲的生产工艺过程。
12. 简述浓香型白酒的生产工艺过程。
13. 简述清香型白酒的生产工艺过程。
14. 简述酱香型白酒的生产工艺过程。
15. 简述白酒固态蒸馏的基本原理？
16. 影响白酒风味的主要物质有哪些？对白酒风味有何影响？
17. 白酒勾兑的原则是什么？勾兑的步骤如何？

黄酒、啤酒、葡萄酒和米酒酿造

第一节　黄酒酿造

黄酒是以稻米、黍米等谷物为原料，经过蒸料后加酒药糖化发酵作用酿造而成的低酒精含量的发酵原酒，酒精含量为8%~16%。黄酒是我国民间传统发酵食品，也是世界上最古老的饮料酒之一，具有悠久的发展历史。除了作为饮料酒以外，在日常生活中，人们还将其作为烹调菜肴的调味料及中药的药引。

一、　黄酒的分类及特点

（一）　按照产品风格分类

可以将黄酒分为传统型黄酒、清爽型黄酒、特型黄酒。

1. 传统型黄酒及其特点

传统型黄酒是指用稻米、黍米、玉米、小米、小麦等为主要原料、加酒曲，经蒸煮、糖化、发酵、压榨、过滤、煎酒、存储和勾兑而成的酒。成品呈橙黄色至深褐色，清亮透明有光泽；具有黄酒特有的香气；口味醇厚、爽口；酒精含量>8%（20℃、体积分数）。

2. 清爽型黄酒及其特点

清爽型黄酒是指用稻米、黍米、玉米、小米、小麦等为主要原料，加糖化发酵剂（霉菌或部分酶制剂）、酒曲，经蒸煮、糖化、发酵、压榨、过滤、煎酒、存储和勾兑而成的、口味清爽的酒。成品橙黄色至深褐色，清亮透明有光泽；具有本类黄酒特有的清雅醇香，无异香；口味柔和醇厚、鲜爽、无异味；酒精含量8%~15%（20℃、体积分数）。

3. 特型黄酒及其特点

特型黄酒是原辅料和（或）工艺发生改变，形成特殊风味但不改变黄酒风格的酒。具有特定风味，同时根据品种差异，分别具有传统型和清爽型黄酒特点。酒精含量8%~16%（20℃、体积分数）。

（二）　按照黄酒含糖量分类

可以将黄酒分为干型黄酒、半干型黄酒、甜型黄酒、半甜型黄酒。

1. 干型黄酒

干型黄酒是指糖分（按葡萄糖计算）含量低于15.0g/L的黄酒。

2. 半干型黄酒

干型黄酒是指糖分（按葡萄糖计算）含量介于15.1~40.0g/L的黄酒。

3. 甜型黄酒

甜型黄酒是指糖分（按葡萄糖计算）含量高于100.0g/L的黄酒。

4. 半甜型黄酒

半甜型黄酒是指糖分（按葡萄糖计算）含量介于40.1~99.9g/L的黄酒。

（三）　按照生产工艺分类

黄酒按生产方法可分为传统工艺和新工艺两种。传统工艺是采用传统的酿造方法，即以酒药、红曲、麦曲或米曲及一定量酒母为糖化剂，进行多菌种、自然、混合发酵而成，发酵时间比较长；新工艺是采用纯种酵母发酵剂取代自然发酵过程，实现大工业化生产，即小型手工操作被大型发酵生产设备取代。传统黄酒根据工艺可分为淋饭酒、摊饭酒、喂饭酒。

1. 淋饭酒

米饭蒸熟后，用冷水淋浇，急速冷却，随后拌入酒药搭窝，进行糖化发酵。这种方法生产的黄酒称为淋饭酒。浙江绍兴传统的黄酒生产中，常用这种方法来制备淋饭酒母，多数甜型黄酒也采用此法生产。采用淋饭法冷却蒸熟后的米饭，冷却速度快，饭粒表面光滑，便于拌药搭窝，有利于好氧性微生物在饭粒表面生长繁殖，但米饭的有机成分流失相对较多。

2. 摊饭酒

将蒸熟的热饭摊散在凉场上，用空气进行冷却，然后加酒曲、酒母等进行糖化发酵。这种方法制成的黄酒称为摊饭酒。绍兴元红酒、加饭酒是摊饭酒的典型代表。

3. 喂饭酒

将酿酒原料分成几批，第一批先做成酒母，然后再分批添加新原料，使发酵连续进行。这种方法酿成的黄酒称为喂饭酒。由于发酵过程采用分批喂饭，使酵母菌在发酵过程中能不断获得新鲜营养，保持持续旺盛的发酵状态，也有利于发酵温度的控制，增加酒的浓度，减少成品酒的苦味，提高出酒率。

二、　黄酒生产原料

黄酒生产的主要原料是米类原料和水，辅料是小麦。黄酒生产原料种类的不同和品质的优劣涉及黄酒酿酒工艺的调整和最终黄酒的产量与质量。

（一）　米类原料

糯米、粳米和籼米都能酿酒，也有使用黍米、粟米和玉米的，其中以糯米最好。

1. 酿造黄酒对米类原料总体要求

（1）淀粉含量高，蛋白质、脂肪含量低，以达到产酒多、酒气香、杂味少、酒质稳定的目的。

（2）淀粉颗粒中支链淀粉比例高，易于蒸煮糊化和糖化发酵，产酒多，酒糟少，酒液中残留的低聚糖较多，口味醇厚。

（3）胚乳结构疏松，吸水快而少，体积膨胀小。

2. 各种米类特点及要求

（1）糯米特点及要求 糯米可分为粳糯、籼糯两大类。粳糯中淀粉几乎全部是支链淀粉，而籼糯则含有 0.2% ~4.6% 的直链淀粉。支链淀粉结构疏松，易于蒸煮糊化；直链淀粉结构紧密，蒸煮时要消耗较多的能量，但吸水多，出饭率高。

生产黄酒的糯米，既要符合米类的一般要求外，还须尽量选用新鲜糯米。由于陈糯米精白时易碎，发酵较急，米饭的溶解性差；所含的脂类物质因氧化或水解转化成异臭味的醛酮化合物；浸米浆水常会带苦而不宜使用。此外，糯米中不得混有杂米，否则会导致浸米吸水、蒸煮糊化不均匀，饭粒返生老化，沉淀生酸，影响酒质，降低酒的出率。

（2）粳米特点及要求 粳米含有 15% ~23% 的直链淀粉。直链淀粉含量高的米粒，蒸煮时饭粒显得蓬松干燥、色暗、冷却后变硬发黄，熟饭伸长度大。在蒸煮、凉饭时要喷淋水，使米粒充分吸水，糊化彻底，以保证糖化发酵的正常进行。

（3）籼米特点及要求 籼米粒形瘦长，淀粉充实度低，精白时易碎。它所含直链淀粉比例高达 23% ~35%。杂交晚籼米可用来酿制黄酒，早、中籼米由于在蒸煮时吸水多，饭粒干燥蓬松，色泽发暗，淀粉易老化，出酒率较低，尽量不采用。老化淀粉在发酵时难以糖化，而成为产酸细菌的营养源，使黄酒酒醪升酸，风味变差。

直链淀粉的含量高低直接影响米饭蒸煮的难易程度，应尽量选用直链淀粉比例低，支链淀粉比例高的米来生产黄酒。

（4）黑米特点及要求 黑米又称墨米、贡米。黑米淀粉、蛋白质等含量与普通大米相接近，富含人体必需的赖氨酸及钙、镁、锌、铁等微量元素。以黑米为原料酿成的酒，营养特别丰富，并具有增强人体新陈代谢的作用。

（5）黍米特点及要求 我国北方地区生产黄酒常用黍米做原料。根据黍米的外观颜色，可将其分为黑色、白色、黄色三种，以大粒黑脐的黄色黍米最好，誉为龙眼黍米，俗称大黄米，色泽光亮，颗粒饱满，米粒呈金黄色。它易蒸煮糊化，属糯性品种，适于酿酒。

（6）玉米特点及要求 玉米也可以作为原料酿造黄酒，需要注意的是玉米的胚中油脂含量高，含量占胚芽干物质的 30% ~40%，直接使用会影响黄酒品质。因此，用玉米作为原料时，需要先脱去玉米胚。玉米淀粉贮存在胚乳内，淀粉颗粒呈不规则形状，堆积紧密、坚硬，呈玻璃质状态，直链淀粉占 10% ~15%，支链淀粉为 85% ~90%，黄色玉米的淀粉含量比白色的高。玉米淀粉糊化温度高，蒸煮糊化较难，生产时要注意粉碎，选择适当的浸泡时间和温度，调整蒸煮压力和时间，防止因蒸煮糊化不透而老化回生，或水分过高，饭粒过烂，不利发酵，引起酸度高、酒精含量低的异常情况。

玉米必须去皮、脱胚，粉碎成玉米渣，才能酿造黄酒。玉米所含的蛋白质大多为醇溶性蛋白，不含 β - 球蛋白，非常有利于黄酒的稳定。

（二）小麦

小麦是酿造黄酒的重要辅料，主要用来制备麦曲。小麦含有丰富的糖类、蛋白质、适量的无机盐和生长素。小麦片疏松适度，很适宜微生物的生长繁殖，它的皮层还含有丰富的 β - 淀粉酶。小麦的糖类中含有 2% ~3% 的糊精和 2% ~4% 的蔗糖、葡萄糖和果糖。小麦蛋白质含量比大米高，大多为麸胶蛋白和谷蛋白质，麸胶蛋白的氨基酸中以谷氨酸为最多，它是黄酒鲜味的主要来源。

黄酒麦曲所用小麦，应尽量选用当年收获的红色软质小麦。

(三) 大麦

大麦由于皮厚而硬，粉碎后非常疏松，制曲时，在小麦中混入 10% ~ 20% 的大麦，能改善曲块的透气性，促进好氧微生物的生长繁殖，有利于提高曲的酶活力。

大麦的原料特性及原料选择标准参见"啤酒发酵"章节。

(四) 水

水在黄酒成品中占 80% 以上，水质好坏直接影响黄酒的风味和品质。水中的金属元素和离子既是微生物生长必需的养分和激活剂，又对调节酒的 pH 和维持胶体稳定性起重要作用。酿造用水要符合饮用水的标准，自来水经除氯去铁后也可使用。黄酒生产用水的特殊要求为：

(1) 水感官品质优 无色、无味、无臭、清亮透明、无异常。

(2) pH 接近中性 水的 pH 6.5 ~ 7.8，理想 pH 6.8 ~ 7.2。高酸高碱的水质酿造黄酒口味较差。

(3) 水的硬度 最适宜酿造黄酒的水硬度为 0.5 ~ 1.7mmol/L。酿造用水保持适量的 Ca^{2+}、Mg^{2+}，能提高酶的稳定性，加快生化反应速度，促进蛋白质变性沉淀。但含量不可过高，否则影响酒的风味。水的硬度高，使原辅材料中的有机物质和有害物质溶出量增多，黄酒出现苦涩感觉。此外，水的硬度太高，会导致水的 pH 偏向碱性而改变微生物发酵的代谢途径。

(4) 铁含量 <0.5mg/L 酿造黄酒的水中含铁太高可影响酒的色、香、味和胶体稳定性。铁含量 ≥1.0mg/L 时，黄酒有不愉快的铁腥味，酒色发暗，口感粗糙。亚铁离子氧化后，还能产生红褐色的沉淀，并促使酒中的蛋白质形成氧化混浊。另外，水中过高的铁也不利于酵母菌的发酵，影响黄酒的酒精含量。

(5) 锰含量 <0.1mg/L 水中微量的锰有利于酵母菌的繁殖，但过量则使黄酒口感粗糙、发涩，还影响酒体的稳定。

(6) 重金属 对微生物和人体有毒，抑制酶促反应，能引起酒混浊。因此，黄酒酿造水质应该避免重金属的存在。

(7) 有机物含量 表示水被污染的轻重指标，常用 $KMnO_4$ 耗用量表示。酿造黄酒用水要求高锰酸钾耗用量 <5.0mg/L。

(8) NH_3、NO_3^- 和 NO_2^- 氨态氮的存在 表明水受过严重污染，水中有机物被微生物分解而形成氨态氮。NO_3^- 大多是由动物性物质污染分解而来。NO_2^- 是致癌物质，能引起酵母功能损害。酿造用水中要求检不出 NH_3 和 NO_2^-、而 $NO_3^- <0.2mg/L$。

(9) 硅酸盐 (以 SiO_3^{2-} 计) <50mg/L 水中硅酸盐含量过多，易形成胶团，妨碍黄酒发酵和过滤，并使酒味粗糙，容易产生混浊。

(10) 微生物要求 要求不存在产酸细菌和大肠杆菌群，尤其要防止病源菌或病毒侵入，保证水质卫生安全。

三、 黄酒酿造的主要微生物及作用

传统的黄酒酿造是以小曲（酒药）、麦曲或米曲作为糖化发酵剂，即利用它们所含的多种微生物来进行混合发酵。酒曲中主要的微生物有以下几类。

1. 曲霉

曲霉菌主要存在于麦曲、米曲中，在黄酒酿造中起糖化作用，其中以黄曲霉（或米曲霉）为主，还有较少的黑曲霉菌等。

黄曲霉菌能分泌 α-淀粉酶、β-淀粉酶等液化型淀粉酶和蛋白质分解酶。液化型淀粉酶能分解淀粉产生糊精、麦芽糖和葡萄糖，该酶不耐酸，在黄酒发酵过程中，随着酒醪 pH 的下降其活性较快地丧失，并随着被作用的淀粉链的变短而分解速度减慢。蛋白质分解酶对原料中的蛋白质进行水解形成多肽、低肽及氨基酸等含氮化合物，能赋予黄酒以特有的风味并提供给酵母作为营养物质。黑曲霉菌主要产生葡萄糖淀粉酶，该酶有规则地水解液化淀粉酶酶解产物生成葡萄糖，并耐酸，所以糖化持续性强，酿酒时淀粉利用率高。黑曲霉产生的葡萄糖苷转移酶，能使可发酵性的葡萄糖经过转苷作用生成不发酵性的异麦芽糖或潘糖，降低出酒率而加大酒的醇厚性。但是，黑曲霉的孢子常会使黄酒加重苦味。

为了弥补黄曲霉（或米曲霉）的糖化力不足，在黄酒酿造过中可适量添加少量黑曲霉糖化剂或食品级的糖化酶，以减少麦曲用量，增强糖化效率。

2. 根霉

根霉菌是黄酒小曲（酒药）中含有的主要糖化菌。根霉糖化力强，几乎能使淀粉全部水解成葡萄糖，还能分泌乳酸、琥珀酸和延胡索酸等有机酸，降低基质的 pH，抑制细菌的侵袭，并使黄酒口味鲜美丰满。

3. 红曲霉

红曲霉菌能分泌红色素红曲而使曲呈现紫红色。红曲霉菌耐湿、耐酸，最适 pH 3.5 ~ 5.0。在 pH 3.5 时能压倒其他霉菌而旺盛地生长，使不耐酸的霉菌受抑制或死亡，红曲霉菌所耐最低 pH 2.5，耐 10% 的酒精，能产生淀粉酶、蛋白酶等，水解淀粉最终生成葡萄糖，并能产生柠檬酸、琥珀酸、乙醇，还分泌红色素或黄色素等。

4. 酵母菌

绍兴黄酒采用淋饭法制备酒母，通过酒药中酵母菌的扩大培养，形成酿造摊饭黄酒所需的酒母醪，这种酒母醪包含着多种酵母菌，不但有发酵酒精成分的，还有产生黄酒特有香味物质的不同酵母菌株。目前，黄酒使用的是优良纯种酵母菌，不但有很强的酒精发酵力，也能产生传统黄酒的风味。在选育优良黄酒酵母菌时，除了鉴定其常规特性外，还必须考察它产生尿素的能力，因为在发酵时产生的尿素可以与乙醇作用生成致癌的氨基甲酸乙酯。中科院微生物所保藏的 As2.1392 是酿造糯米黄酒的优良菌种，该菌能发酵葡萄糖、半乳糖、蔗糖、麦芽糖及棉子糖产生乙醇并形成典型的黄酒风味。其抗杂菌污染能力强，生产性能稳定，在国内普遍使用。

酵母菌的酒精代谢途径参见第三章酒精发酵与白酒酿造。

四、 黄酒酿造工艺

（一） 黄酒酒曲生产方法

传统工艺黄酒的酿造是以黄酒酒曲作为糖化发酵剂，依据制曲原料和工艺的不同分为小曲（酒药）、麦曲或米曲等类型。

1. 小曲生产方法

小曲又称酒药、酒饼、白药等，主要用于生产淋饭酒母或以淋饭法酿制甜黄酒。小曲中含有根霉、毛霉、酵母及少量的细菌和犁头霉等微生物。小曲具有制作简单，储存使用方便，糖化发酵力强而用量少的优点，目前小曲的制造有传统的白药（蓼曲）或药曲及纯粹培养的根霉曲等几种。

（1）白药　白药的制造工艺流程如图4-1所示。

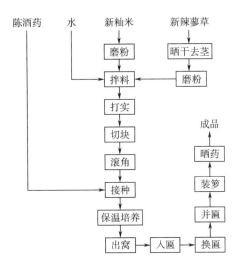

图4-1　白药制造的工艺流程图

①白药一般在初秋前后，气温30℃左右时制作，有利于发酵微生物的生长繁殖。

②要选择老熟、无霉变的早籼稻谷，在白药制作前一天去壳磨成粉，米粉以过60目筛为佳。新鲜糙米富有蛋白质、灰分等营养，有利于小曲中微生物生长。陈米的表面与内部寄附着众多的细菌、放线菌、霉菌和植物病原菌等微生物，有损酒药的质量，一般不宜采用。

③辣蓼草要求在农历小暑到大暑之间采集梗红、叶厚、软而无黑点、无茸毛即将开花的辣蓼草，拣净水洗，烈日暴晒数小时，去茎留叶，当日晒干舂碎，过筛密封备用。添加辣蓼草目的，是因为它含有根霉、酵母等所需的生长因子，在制药时还能起到疏松的作用。

④选择糖化发酵力强、生产正常、温度易于掌握、生酸低、酒的香味浓的优质陈酒药作为种母，使用量为1%～3%，可稳定和提高酒药质量。也可选用纯种根霉菌、酵母菌经扩大培养后再接入米粉，进一步提高酒药的糖化发酵力。

⑤制曲的配料为糙米粉∶辣蓼草∶水＝20∶（0.4～0.6）∶（10～11），使混合料的含水量达45%～50%，培养温度为32～35℃，控制最高品温37～38℃。

⑥酒药成品率约为原料量的85%。成品酒药应表面白色，口咬质地疏松，无不良气味，糖化发酵力强，口味香甜。

⑦酒药生产中添加各种中药制成的小曲成为药曲。中药的加入可能提供了酿酒微生物所需的营养，或能抑制杂菌的繁殖，使发酵正常并带来特殊的香味。但大多数中药对酿酒微生物具有不同的抑制作用，所以应该避免盲目地添加中药材，以降低成本。

⑧酒药是多种微生物的共同载体，是形成黄酒独特风味的因素之一。为了进行多菌种混合发酵，防止产酸菌过多繁殖而造成升酸或酸败，必须选择低温季节酿酒，故传统的黄酒生产具有明显的季节性。

（2）纯种根霉曲　纯种根霉曲是采用人工培育纯粹根霉菌和酵母菌制成的小曲。用它生产黄酒能节约粮食，减少杂菌污染，发酵产酸低，成品酒的质量均匀一致，口味清爽，还可

提高 5% ~10% 的出酒率。纯种根霉曲的生产工艺
流程如图 4-2 所示。

①根霉试管斜面采用米曲汁或黄豆芽汁琼脂
培养基。

②三角瓶种曲培养基采用麸皮或早籼米粉：
麸皮加水量为 80% ~90%，籼米粉加水量为 30%
左右，拌匀，装入三角瓶，料层厚度在 1.5cm 以
内，经 121℃ 灭菌 30min。冷至 35℃ 左右接种，
28 ~30℃ 保温培养，20 ~24h 后，长出菌丝，摇瓶
一次，促进繁殖。再培养 1 ~2d，出现孢子，菌丝
满布培养基表面并结成饼状，进行扣饼，增加培

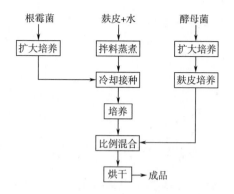

图 4-2 纯种根霉曲生产工艺流程图

养基与空气的接触面，促进根霉菌进一步生长，直至成熟。取出装入灭菌过的牛皮纸袋里，
置于 37 ~40℃ 下干燥至含水 10% 以下。

③帘子曲培养：麸皮加水 80% ~90%，拌匀堆积半小时使其吸水，经常压蒸煮灭菌，摊
冷至 34℃，接入 0.3% ~0.5% 的三角瓶种曲，拌匀，堆积保温、保湿促使根霉菌孢子萌发。
经 4 ~6h，品温开始上升，进行装帘，控制料层厚度 1.5 ~2.0cm。保温培养，控制室温 28 ~
30℃，相对湿度 95% ~100%，经 10 ~16h 培养，菌丝把麸皮连接成块状，这时最高品温应
控制在 35℃，相对湿度 85% ~90%。再经 24 ~28h 培养，麸皮表面布满大量菌丝，即可取出
曲干燥。要求帘子曲菌丝生长茂盛，并有浅灰色孢子，无杂色异味，成品曲酸度在 0.5 以
下，水分在 10% 以下。

④通风制曲：用粗麸皮作原料，麸皮加水 60% ~70%，应视季节和原料粗细进行适当调
整，然后常压蒸汽灭菌 2h。摊冷至 35 ~37℃，接入 0.3% ~0.5% 的种曲，拌匀，堆积数小
时，装入通风曲箱内。要求装箱疏松均匀，控制装箱后品温为 30 ~32℃，料层厚度 30cm，
先静止培养 4 ~6h，促进孢子萌发，室温控制 30 ~31℃，相对湿度 90% ~95%。随着菌丝生
长，品温逐步升高，当品温上升到 33 ~34℃ 时，开始间断通风，保证根霉菌获得新鲜氧气。
当品温降低到 30℃ 时，停止通风。接种后 12 ~14h，根霉菌生长进入旺盛期，呼吸发热加剧，
品温上升迅猛，曲料逐渐结块坚实，散热比较困难，需要进行连续通风，最高品温可控制
35 ~36℃，这时尽量要加大风量和风压，通入的空气温度应在 25 ~26℃。通风后期由于水分
不断减少，菌丝生长缓慢，逐步产生孢子，品温降到 35℃ 以下，可暂停通风。整个培养时间
为 24 ~26h。培养完毕可通入干燥空气进行干燥，使水分下降到 10% 左右。

⑤麸皮固体酵母：传统的酒药是根霉、酵母和其他微生物的混合体，所以，在培养纯种
根霉曲的同时，还要培养酵母，然后混合使用。

以米曲汁或麦芽汁作为黄酒酵母菌的固体试管斜面、液体试管和液体三角瓶的培养基，
在 28 ~30℃ 下逐级扩大，保温培养 24h，然后用麸皮作为固体酵母曲的培养基，加入 95% ~
100% 的水经蒸煮灭菌，接入 2% 的三角瓶酵母成熟培养液和 0.1% ~0.2% 的根霉曲，使根霉
对淀粉进行糖化，供给酵母必要的糖分。接种拌匀后装帘培养。装帘时要求料层疏松均匀，
料层厚度为 1.5 ~2.0cm，在品温 30℃ 下培养 8 ~10h，进行划帘，使酵母呼吸新鲜空气，排
除料层内的 CO_2，降低品温，促使酵母均衡繁殖。继续保温培养，品温升高至 36 ~38℃，再
次划帘。培养 24h 后，品温开始下降，待数小时后，培养结束，进行低温干燥。

将培养成的根霉曲和酵母曲按一定的比例混合成纯种根霉曲，混合时一般以酵母细胞数4亿个/g计算，加入根霉曲中的酵母曲量应为6%最适宜。

2. 麦曲生产方法

麦曲是指在破碎的小麦粒上培养繁殖糖化菌而制成的黄酒生产糖化剂。麦曲分为块曲和散曲。块曲主要是踏曲、挂曲、草包曲等，一般经自然培养而成。散曲主要有纯种生麦曲、爆麦曲、熟麦曲等，常采用纯种培养制成。

麦曲中的微生物主要有黄曲霉（或米曲霉）、根霉、毛霉和少量的黑曲霉、灰绿曲霉、青霉、酵母等。为了弥补麦曲糖化力或液化力的不足，减少用曲量，在不影响成品黄酒风味的前提下，可适量添加纯种麸曲或食品级淀粉酶制剂加以强化。它为黄酒酿造提供淀粉酶和蛋白酶等各种酶类，促使原料所含的淀粉、蛋白质等高分子物质的水解；同时在制曲过程中形成的各种代谢物，以及由这些代谢产物相互作用产生的色泽、香味等，赋予黄酒酒体独特的风格。传统的麦曲生产采用自然培育微生物的方法，目前已有不少工厂采用纯粹培育的方法制得纯种麦曲。

（1）踏曲 踏曲是块曲的代表，又称闹箱曲。常在农历八九月间制作。踏曲的工艺流程见图4-3。踏曲工艺要点如下：

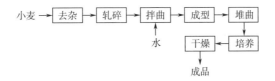

图4-3 踏曲的工艺流程图

①轧碎：原料小麦经筛选除去杂质并使制曲小麦颗粒大小均匀。过筛后的小麦入轧麦机破碎成3~5片，呈梅花形，麦皮破裂，胚乳内含物外露，使微生物易于生长繁殖。

②加水拌曲：轧碎的麦粒放入拌曲箱中，加入20%~22%的清水，迅速拌匀，使之吸水。要避免白心或水块，防止产生黑曲或烂曲。拌曲时也可加进少量的优质陈麦曲作种子，稳定麦曲的质量。

③踩曲成型：为了便于堆积、运输，须将曲料在曲模木框中踩实成型，压倒不散为度，再用刀切成块状。

④入室堆曲：在预先打扫干净的曲室中铺上谷皮和竹簟，将曲块搬入室内，侧立成丁字形叠为两层，并在上面散铺稻草保温，以适应糖化菌的生长繁殖。

⑤保温培养：堆曲完毕，关闭门窗，经3~5d后，品温上升至50℃左右，麦粒表面菌丝繁殖旺盛，水分大量蒸发，取掉保温覆盖物并适当开启门窗降温。继续培养20d左右，品温逐步下降，曲块随水分散失而变得坚硬，将其按井字形叠起，通风干燥后使用或入库储存。为了保证麦曲质量，培菌过程中的最高品温可控制在50~55℃，使黄曲霉不易形成分生孢子，有利于菌丝体内淀粉酶的积累，提高麦曲的糖化力。并且对青霉之类的有害微生物起到抑制作用。避免产生黑曲或烂曲现象，同时加剧美拉德反应，增加麦曲的色素和香味成分。

成品麦曲应该具有正常的曲香味，白色菌丝均匀密布，无霉味或生腥味，无霉烂夹心，含水量为14%~16%，糖化力较高，在30℃时，每克曲每小时能产生700~1000mg葡萄糖。

（2）纯种麦曲　采用纯种黄曲霉（或米曲霉）菌种在人工控制的条件下进行扩大培养制成的麦曲成为纯种麦曲。它比自然培养的麦曲的酶活性高，用曲量少，适合于机械化新工艺黄酒的生产。纯种麦曲可分为纯种生麦曲、熟麦曲、爆麦曲等。它们在制曲原料的处理上有不同之处，其他操作基本相同，都可采用厚层通风制曲法（图4-4）。

菌种 → 试管培养 → 三角瓶培养 → 麦曲培养 → 成品

图4-4　纯种麦曲工艺流程图

①制造麦曲的菌种应具备以下特性：淀粉酶活力强而蛋白酶活力较弱；培养条件粗放，抵抗杂菌能力强，在小麦上能迅速生长，孢子密集健壮；能产生特有的曲香；不产生黄曲霉毒素。

②种曲的扩大培养：

a. 试管菌种的培养：一般采用米曲汁琼脂培养基，30℃培养4～5d，要求菌丝健壮、整齐，孢子丛生丰满，菌丝呈深绿色或黄绿色，无杂菌污染。

b. 三角瓶种曲培养：以麸皮为培养基，操作与根霉曲相似。要求孢子粗壮、整齐、密集，无杂菌。

c. 帘子种曲（或盒子种曲）的培养操作与根霉帘子曲相似。

③麦曲培养：通风培养纯种的生麦曲、熟麦曲、爆麦曲主要在原料处理上不同。生麦曲在原料小麦轧碎后，直接加水拌匀接入种曲，进行通风扩大培养。爆麦曲是先将原料小麦在爆麦机里炒熟，趁热破碎，冷却后加水接种，装箱通风培养。熟麦曲是先将原料小麦破碎，然后加水配料，在常压下蒸熟，冷却后，接入种曲，装箱通风培养。

④成品曲的质量：成品曲应表现为菌丝稠密粗壮，不能有明显的黄绿色孢子，有曲香，无霉酸味，曲的糖化力在1000单位以上，曲的含水量在25%上下。

3. 乌衣红曲生产方法

我国浙江、福建部分地区以籼米为原料生产黄酒，采用乌衣红曲作糖化发酵剂。乌衣红曲是米曲的一种，它主要含有红曲霉、黑曲霉、酵母菌等微生物，具有糖化发酵力强耐温耐酸等特点，酿制出的黄酒色泽鲜红，酒味醇厚，但酒的苦涩味较重。

乌衣红曲生产工艺流程见图4-5，要点如下。

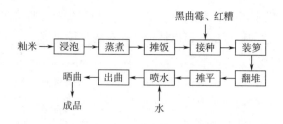

图4-5　乌衣红曲生产工艺流程图

①浸渍、蒸饭：籼米加水浸渍，一般在气温15℃以下时，浸渍2.5h；气温15～20℃时，浸渍2h；气温在20℃以上时，浸渍1～1.5h。浸后用清水漂洗干净，沥干后常压蒸煮5min即可，要求米饭既无白心，又不开裂。

②摊饭、接种：蒸熟的米饭散冷到34～39℃，接入0.01%的黑曲霉菌种和0.01%红糟，拌匀后装笼。

③装笼、翻堆：接种后的米饭盛入竹笼内，轻轻摊平，盖上洁净麻袋，入曲房保温，促进霉菌孢子萌发繁殖。室温在22℃以上，约经24h左右，笼中心的品温可升到43℃，气温低时，保温时间需延长，当品温达43℃时，米粒有1/3出现白色菌丝和少量红色斑点，其余尚未改变。这是由于不同微生物繁殖所需的温度不同所致，笼心温度高，适于红曲霉生长，笼心外缘温度在40℃以下，黑曲霉生长旺盛，当笼内品温升到40℃以上时，将米饭倒出，加以翻拌，重新堆积。待品温降到38℃时，翻拌堆积1次，当品温降到36℃和34℃时各进行翻拌堆积1次。每次翻拌堆积的间距时间为气温在22℃以上时约1.5h左右；气温在10℃左右，需5～7h才翻拌堆积。

④平摊、喷水：当饭粒70%～80%出现白色菌丝，按先后把各堆翻拌摊平，耙成波浪形，凹处约3.5cm，凸处约15cm。平摊后，待品温上升到一定程度，进行喷水。但冷热天气操作略有不同。

如气温在22℃以上时，曲料品温上升到32℃时，每100kg米的饭喷水9kg，经2h耗其翻拌1次，约2h后品温又上升到32℃，再喷水14kg，每隔3h左右翻拌1次，共翻拌2次，至第2天再喷水10kg，经3h后品温上升到34℃，再喷水13kg。这次喷水应按饭粒上霉菌繁殖来决定，如用水过多，则饭粒容易腐烂而使杂菌滋生，用水过少，曲菌繁殖不好，容易产生硬粒而影响质量。总计每100kg米用水量在46kg左右，最后一次喷水后每隔3～4h要翻耙1次，共翻2次。至喷水的第3天，品温高达35～36℃，为霉菌繁殖最旺盛时期，过数小时后，品温才开始下降。整个制曲过程要将天窗全部打开，一般控制室温在28℃左右。

气温在10℃左右时，因曲房保温难，曲室内温度只能保持在23℃左右，曲料平摊后，经11h左右品温才逐渐上升到28℃左右，此时每100kg米的饭翻拌喷水7kg，经5h左右品温又上升到28℃左右，再翻拌喷水8.5kg，再经4h，品温又上升到28℃，再翻拌喷水10kg，经3h又翻拌一次。喷水的第2天同样喷水3次，时间操作基本上与前一天相同，以品温升到28～30℃才进行喷水和翻拌，只是前2次喷水每翻拌100kg米用水9kg，第3次用水量也以饭粒霉菌繁殖程度决定，用水量与天热时大致相同。每100kg米的饭总计用水约53kg。最后一次喷水翻拌后3h要检查曲中有无硬粒，如有硬粒，第二天再需加水翻拌1次。天冷时用水次数多，量也多，因为气温低，温度上升慢，如果喷水次数少而喷水量多，饭粒一下吸收不了，易使曲变质，杂菌滋生。

⑤出曲、晒曲：一般在曲室中到第6、第7天，品温已无变化，即可出曲，摊在竹簟上，经阳光晒干，保存。

⑥红糟：红糟是红曲霉和酵母菌的扩大培养产物，是制备乌衣红曲的种子之一。其制备方法是先将粳米量的三倍清水煮沸，再将淘洗干净的粳米投入锅中，继续煮沸并除去水面白沫，直至米身开裂后停煮。取出散冷至32℃，加粳米量45%～50%的红曲拌匀，灌入清洁杀菌过的大口酒坛中，前10天敞口发酵，每天早晨及下午各搅拌一次。气温在25℃以上时，15d左右可使用。气温低，培养时间应延长，一般要求红糟酒精含量14%左右，有刺口、并带辣味为好，如有甜味表示发酵不足。

⑦黑曲霉：用米饭纯粹培养黑曲霉菌。

（二） 生产黄酒的酒母

黄酒发酵需要大量酵母菌的共同作用，在传统的绍兴酒发酵时，发酵醪液中酵母密度高达 $(6 \sim 9) \times 10^8$ 个/mL，发酵后的酒精含量可达 18% 以上，因而酵母的数量及质量直接影响黄酒的产率和风味。

1. 黄酒发酵所用酵母菌的特性要求

（1）酿造黄酒酵母 必须符合以下要求：

①所含酒化酶强，发酵迅速并有持续性。

②具有较强的繁殖能力，繁殖速度快。

③抗酒精能力强，耐酸、耐温、耐高浓度和渗透压，并有一定的抗杂菌能力。

④发酵过程中形成尿素的能力弱，使成品黄酒中的氨基甲酸乙酯尽量减少。

⑤发酵后的黄酒应具有传统的特殊风味。

（2）黄酒酒母的种类 根据培养方法可分为两大类：

①用酒药通过淋饭酒醅的制造自然繁殖培养酵母菌，这种酒母称为淋饭酒母。

②用纯粹黄酒酵母菌，通过纯种逐级扩大培养，增殖到发酵所需的酒母醪量，称为纯种培养酒母。按制备方法差异，又分为速酿酒母和高温糖化酒母。

2. 淋饭酒母

淋饭酒母又称酒酿，在传统的摊饭酒生产以前 20 ~ 30d，要先制作淋饭酒母，以便酿制摊饭酒时使用。在生产淋饭酒母（或淋饭酒）时，用冷水浇蒸熟的米饭，然后进行搭窝和糖化发酵，把质量上乘的淋饭酒醅挑选出来作为酒母，其余的经压榨煎酒成为商品淋饭酒。也可把淋饭酒醅掺入摊饭酒主发酵结束时的酒醪中，提高摊饭酒醪的后发酵能力。工艺流程见图 4-6。

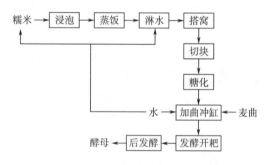

图 4-6 淋饭酒母制作工艺流程

（1）酒母的挑选 可采用理化分析和感官品尝结合的方法，从淋饭酒醅中挑选品质优良的作为酒母，其要求酒醅发酵正常、酒精含量在 16% 左右，酸度在 0.31 ~ 0.37g/100mL，口味老嫩适中，爽口无异杂味。

（2）工艺要点

①配料：制备淋饭酒母常以每缸投料米量为基准，根据气候的不同有 100kg 和 125kg 两种，麦曲用量为原料米的 15% ~ 18%，酒药用量为原料米的 0.15% ~ 0.2%，控制饭水总重量为原料米量的 300%。

②浸米、蒸饭、淋水：在洁净的陶缸中装好清水，将米倒入，水量超过米面 5 ~ 6cm 为宜，浸渍时间根据气温不同控制在 42 ~ 48h。然后捞出冲洗，淋净浆水，常压煎煮。要求饭粒松软，熟而不糊，内无白心。并将热饭进行淋水，目的是迅速降低饭温，达到落缸要求，并且增加米饭的含水量，同时使饭粒光滑软化，分离松散，以利于糖化菌繁殖生长，促进糖化发酵。淋后饭温一般要求在 31℃ 左右。

③落缸搭窝：将发酵缸洗刷干净并用沸水和石灰水泡洗，用时再用沸水泡缸一次，达到消毒灭菌的目的。将淋冷后的米饭，沥去水分，放入大缸，米饭落缸温度一般控制在 27 ~

30℃，并视气温而定，在寒冷的天气可高至32℃。

在米饭中拌入酒药粉末，翻拌均匀，并将米饭中央搭成V形或U形的凹圆窝，在米饭上面再洒些酒药粉，这个操作称为搭窝。搭窝的目的是为了增加米饭和空气的接触，有利于好气性糖化菌的生长繁殖，释放热量，故而要求搭得较为疏松，以不塌陷为度。搭窝又能便于观察和检查糖液的发酵情况。

④糖化、加曲：冲缸搭窝后应及时做好保温工作。酒药中的糖化菌、酵母菌在米饭的适宜温度、湿度下迅速生长繁殖。根霉菌等糖化菌类分泌淀粉酶将淀粉分解成葡萄糖，使窝内逐渐积聚甜液，此时酵母菌得到营养和氧气，也进行繁殖。由于根霉、毛霉产生乳酸、延胡索酸等酸类物质，使酿窝甜液的pH维持在3.5左右，有力地控制了产酸细菌的侵袭，纯化了强壮的酵母菌，使整个糖化过程处于稳定状态。一般经过36~48h糖化以后，饭粒软化，甜液满至酿窝的4/5高度，此时甜液浓度约35°Bx，还原糖为15%~25%，酒精含量在3%以上，而酵母由于处在这种高浓度、高渗透压、低pH的环境下，细胞浓度仅在0.7×10^8个/mL左右，基本上镜检不出杂菌。这时酿窝已成熟，可以加入一定比例的麦曲和水，进行冲缸，充分搅拌，酒醅由半固体状态转为液体状态，浓度得以稀释，渗透压有较大的下降，但醪液pH仍能维持在4.0以下，并补充了新鲜的溶解氧，强化了糖化能力，这一环境条件的变化，促使酵母菌迅速的繁殖，24h以后酵母细胞浓度可升至（7~10）$\times 10^8$个/mL，糖化和发酵作用得到大大的加强。冲缸时品温约下降10℃左右，应根据气温冷热情况，及时做好适当的保温工作，维持正常发酵。

⑤发酵：开耙加曲冲缸后，由于酵母的大量繁殖并逐步开始旺盛的酒精发酵，使品温迅速上升，8~15h后，品温达到一定值，米饭和部分曲漂浮于液面上，形成泡盖，泡盖内温度更高。可用木耙进行搅拌，俗称开耙。开耙目的，一是为了降低和控制发酵温度，使各部位的醪液品温趋于一致；二是排出发酵醪液中积聚的CO_2气体，供给新鲜氧气，以促进酵母繁殖，防止杂菌滋长。第一次开耙的温度和时间的掌握尤为重要，应根据气温高低和保温条件灵活掌握。在第一次开耙以后，每隔3~5h就进行第二、第三和第四次开耙，使醪液品温保持在26~30℃。

⑥后发酵：第一次开耙以后，酒精含量增长很快，冲缸48h后酒精含量可达10%以上，糖化发酵作用仍在继续进行。为了降低醪液品温，减少酒醅与空气的接触面，使酒醅在较低温度下继续缓慢发酵，生成更多的酒精，提高酒母质量，在落缸后第七天左右，即可将发酵醪灌入酒坛，进行后发酵，俗称灌坛养醅。经过20~30d的后发酵，酒精含量达15%以上，对酵母的驯化有一定的作用，再经挑选，优良者可用来酿制摊饭黄酒。

3. 纯种酒母

纯种酒母是用纯粹扩大培养方法制备的黄酒发酵所需的酒母，根据具体操作不同分为速酿酒母和高温糖化酒母。首先从传统的淋饭酒醅或黄酒醅中分离出性能优良的黄酒酵母菌种，然后逐级扩大培养而成。纯种酒母培养不受季节限制，所需设备少，操作时劳动强度低，适合新工艺大罐发酵黄酒的生产，对稳定黄酒成品的质量非常必要。

（1）速酿酒母 速酿酒母是一种仿照黄酒生产方式制备的双边发酵酒母，而它的制作周期比淋饭酒母短得多。在醅中添加适量乳酸，调节pH，以抑制杂菌的繁殖。

①配比：制造酒母的用米量为发酵大米投料量的5%左右，米和水的比例在1:3以上，麦曲用量为酒母用米量的12%~14%（纯种曲），如用自然培养的踏曲则用15%。

②投料方法：先将水放好，然后把米饭和麦曲倒入罐内，混合后加乳酸调节 pH 至 3.8～4.1，再接入三角瓶酒母，接种量 1% 左右，充分搅拌，保温培养。

③温度管理：入罐品温视气温高低而定，一般掌握在 25～27℃。入罐后 10～12h，品温升到 30℃，进行开耙搅拌，以后每隔 2～3h 搅拌一次，或通入无菌空气充氧，使品温保持在28～30℃。品温过高时必须冷却降温，否则容易升酸，酒母衰老。总培养时间为 1～2d。酒母质量要求酵母细胞粗壮整齐，酵母浓度在 3×10^8 个/mL 以上，酸度 0.24g/mL 以下，杂菌数每个视野不超过 2 个，酒精含量 3%～4%。

（2）高温糖化酒母　制备这种酒母时，先采用 55～60℃ 的高温糖化，然后高温灭菌，培养液经冷却后接入酵母，扩大培养，以便提高酒母的纯度，避免黄酒发酵的酸败。

①糖化醪配料：以糯米或粳米作原料，使用部分麦曲和淀粉酶制剂，每罐配料如下：大米 600kg，曲 10kg，液化酶（3000U）0.5kg，糖化酶（15000U）0.5kg，水 2050kg。

②操作要点：预先在糖化锅内加入部分温水，然后将蒸熟的米饭倒入锅内，混合均匀，加水调节品温在 60℃，控制米与水的体积比 >1:3.5，再加一定比例的麦曲、液化酶、糖化酶，于 55～60℃ 糖化 3～4h，使糖度达 14～16°Bx。糖化结束，将糖化液升温到 90℃ 以上，保温杀菌 10min，再迅速冷却到 30℃，转入酒母罐内，接入酒母醪容量 1% 的三角瓶酵母培养液，搅拌均匀，在 28～30℃ 以下培养 12～16h 即可使用。

③酒母成熟醪的质量要求：酵母浓度 >（1～1.5）$\times 10^8$ 个/mL，芽生率 15%～30%，杂菌数每个视野 <1.0 个，酵母死亡率 <1%，酒精含量 3%～4%，酸度 0.12～0.15g/100mL。

（3）稀醪酒母　这法主要是减少了渗透压对酵母菌繁殖的影响，加快了酒母的成熟速度，培养时间短，酵母强壮。

①原料蒸煮糊化大米先在高压蒸煮锅内加压蒸煮糊化，米:水为 1:3，在 0.294～0.392MPa 压力下保持 30min 糊化。

②高温糖化糊化醪从蒸煮锅压入糖化酒母罐，边冷却边加入自来水稀释水达 1:7 的稀醪，当品温降到 60℃ 时，加入米量 15% 的糖化曲。静止糖化 34h，使糖度达 15～16°Bx。

③灭菌、接种：糖化结束，将糖化醪加热到 85℃，保温灭菌 20min，然后冷却到 60℃ 左右，加入乳酸调 pH 4.0 左右，继续冷至 28～30℃，接入三角瓶酵母培养液，培养 14～16h。

④酒母成熟醪质量要求：酵母浓度 3×10^8 个/mL，芽生率 >20%，耗糖率 40%～50%，杂菌数和酵母死亡率几乎为零。

使用纯种酵母酿酒，可能会出现黄酒香味淡薄的缺点。为了克服这一缺点，可采用纯种根霉和酵母混合培养的阿明诺酒母法，也可使用多种优良酵母混合发酵进行弥补。

（三）黄酒发酵工艺

1. 黄酒发酵工艺的特点

无论是传统发酵工艺还是新发酵工艺生产黄酒，其酒醪（醨）的发酵都是敞口式发酵，典型的边糖化边发酵，高浓度醪液和低温长时间发酵。这些是黄酒发酵过程最主要的特点。

（1）敞口式发酵　黄酒的发酵实质上是霉菌、酵母、细菌的多菌种混合发酵过程。发酵醪是不灭菌的敞口式发酵，投入的曲、水、酒母和各种用具都存在着大量的微生物，发酵过程中空气里的有益、有害微生物都有机会侵入。但黄酒在制备淋饭酒母、摊饭法发酵时，有其自身微生物系的变化和产物，来保障安全发酵和防止酸败。

在黄酒醪发酵中，进行合理开耙是保证正常发酵的重要一环，它起到调节醪液品温，混匀醪液，输送溶解氧，平衡糖化发酵速度等作用，强化了酵母活性，控制了有害菌的生长。

（2）典型的边糖化边发酵　酵母糖代谢的各种酶绝大多数是胞内酶，低糖分子必须渗透过细胞膜才能参与代谢活动，酵母细胞膜是具有选择性渗透功能的生物膜，溶液渗透压的高低对细胞影响甚大，在黄酒醪发酵时，降低醪液的渗透压是发酵成败的重要因素。黄酒醪渗透压的高低主要与它所含的低糖分子的浓度有关。高含量糖分所产生的高渗透压严重地抑制酵母的代谢活动，而边糖化边发酵的代谢形式避免了高糖分和高渗透压，保证了酵母细胞的代谢能力，使糖逐步发酵产生酒精。为了保持糖化与发酵的平衡，不使任何一方过快或过慢，在生产上通过合理的落罐条件和恰当的开耙进行调节，保证酒醪的正常发酵。

（3）酒醪的高浓度发酵　黄酒醪发酵时，醪浓度居所有酿造酒首位。这种高浓度醪液发热量大，流动性差，散热极其困难。所以，发酵温度的控制就显得特别重要，关键是掌握好开耙操作，尤其是头耙影响最大。另外在传统的黄酒发酵中，常用减少发酵醪的容积扩大其散热面积来避免形成高温，防止酸败，故而习惯用缸进行主发酵，而把酒醪分散在酒坛中进行后发酵，使热量容易散失。

（4）低温长时间后发酵和高酒精度酒醪的形成　黄酒是饮料酒，不仅要求含有一定的酒精，而且更需要调谐的风味。黄酒发酵有一个低温长时间的后发酵阶段，短的 20~25d，长的 80~100d。由于此阶段酒醪品温较低，淀粉酶和酵母酒化酶活性仍然保持较强的水平，进行缓慢的糖化发酵作用，形成酒精及如高级醇、有机酸、酯类、醛类、酮类和微生物细胞自身的含氮物质等各种副产物，低沸点的易挥发性成分逐步消散，使酒味变得细腻柔和。一般低温长时间发酵的酒比高温短时间发酵的酒香气足、口味好。

2. 典型的黄酒发酵工艺

（1）传统的摊饭法发酵　摊饭法发酵是黄酒生产常用的一种方法，干型黄酒和半干型黄酒中具有典型代表性的绍兴元红酒及加饭酒等都是应用摊饭法生产的，它们仅在原料醅比与某些具体操作上略有调整。摊饭发酵是传统黄酒酿造的典型方法之一，其工艺流程如图 4-7 所示。

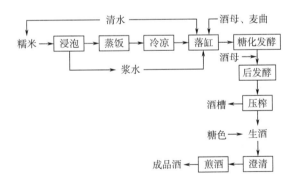

图 4-7　摊饭酒酿造工艺流程

①摊饭发酵的主要特点：

a. 传统的摊饭法发酵酿酒，常在 11 月下旬至来年 2 月初进行，强调使用"冬浆冬水"，以利于酒的发酵和防止升酸。另外低温长时间发酵，对改善酒的色、香、味都是有利的。

b. 采用酸浆水配料发酵是摊饭酒的重要特点，新收获的糯米经过 18~20d 的浸渍，浆水的酸度达 0.5 ~ 1.0g/100mL，并富含生长素等营养物质，对抑制发酵过程中产酸菌的污染和促进酵母生长繁殖极其有利。为了保证成品酒酸度在 0.45g/100mL 以下，必须把浆水按三分酸浆水加四分清水的比例稀释，使发酵醪酸度保持在 0.3 ~ 0.35g/100mL，使发酵正常进行，并改善成品酒的风味。

c. 摊饭法发酵前，热饭采用风冷，使米饭中的有用成分得以保留，并把不良气味挥发掉，使摊饭酒的酒体醇厚、口味丰满。

d. 摊饭法发酵以淋饭酒母作发酵剂，由于淋饭酒母是从淋饭酒醪中经认真挑选而来的，其酵母具有发酵力强、产酸低、耐渗透压和酒精含量高的特点，故一旦落缸投入发酵，繁殖速度和产酒能力大增，发酵较为彻底。

e. 传统摊饭法发酵采用自然培养的生麦曲作糖化剂。生麦曲所含酶系丰富，糖化后代谢产物种类繁多，给摊饭酒的色、香、味带来益处。

②摊饭法发酵：蒸熟后的米饭经过摊冷降温到 60 ~ 65℃，投入盛有水的发酵缸内，打碎饭块后，依次投入麦曲、淋饭酒母和浆水，搅拌均匀，使缸内物料上下温度均匀，糖化发酵剂与米饭很好接触，防止"烫酿"，造成发酵不良，最后控制落缸品温在 27 ~ 29℃，并做好保温工作，使糖化、发酵和酵母繁殖顺利进行。

传统的发酵是在陶缸中分散进行的，有利于发酵热量的散发和进行开耙。物料落缸后，便开始糖化发酵，前期主要是增殖酵母细胞，品温上升缓慢。投入的淋饭酒母，由于醪液稀释而酵母浓度仅在 1×10^7 个/mL 以下，但由于加入了营养丰富的浆水，淋饭酒母中的酵母菌从高酒精含量的环境转入低酒精含量的环境后，生长繁殖能力大增，经过 10 多个小时，酵母浓度可达 5×10^8 个/mL 左右，即进入主发酵阶段，此时温度上升较快，由于二氧化碳气的冲力，使发酵醪表面积聚一厚的饭层，阻碍热量的散发和新鲜氧的进入。必须及时开耙（搅拌），控制酒醪的品温，促进酵母增殖，使酒醪糖化、发酵趋于平衡。开耙时以饭面下 15 ~ 20cm 缸心温度为依据，结合气温高低灵活掌握。开耙温度的高低影响成品酒的风味，高温开耙（头耙在 35℃ 以上），酵母易于早衰，发酵能力不会持久，使酒醪残糖含量增多，酿成的酒口味较甜，俗称热作酒；低温开耙（头耙温度不超过 30℃），发酵较完全，酿成的酒甜味少而辣口，俗称冷作酒。

开头耙后品温一般下降 4 ~ 8℃，以后，各次开耙的品温下降较少。头耙、二耙主要依据品温高低进行开耙，三、四耙则主要根据酒醪发酵的成熟程度来进行，四耙以后，每天搅耙 2 ~ 3 次，直至品温接近室温，一般主发酵在 3 ~ 5d 结束。为了防止酒精过多地挥发损失，应及时灌坛，进行后发酵。这时酒精含量一般达 13% ~ 14%。

后发酵使一部分残留的淀粉和糖分继续糖化发酵，转化为酒精，并使酒成熟增香，一般后发酵 2 个月左右。从主发酵缸转入后发酵酒坛，醪液由于翻动而接触了新鲜氧气，使原来活力减弱的酵母又重新活跃起来，增强了后发酵能力，因为后发酵时醪液处于静止状态，热量散发困难，所以，要用透气性好的酒坛作为容器，并能缩小发酵醪的容积，促使热量散发，并能使酒醪保持微量的溶解氧（在后发酵期间，应保持每小时、每克酵母 0.1mg 溶解氧），使酵母仍能保持活力，几十天后，酒醪中存活的酵母浓度仍可达 4×10^8 个/mL。

后发酵的品温常随自然温度而变化。所以，前期气温较低的酒醪应堆在温暖的地方，以加快后发酵的速度；在后期气温转暖时的酒醪，则应堆在阴凉的地方，防止温度过高，一般以控制室温在 20℃ 以下为宜，否则易引起酒醪的升酸。

（2）喂饭法发酵 喂饭法发酵是将酿酒原料分成几批，第一批先做成酒母，在培养成熟阶段，陆续分批加入新原料，起扩大培养、连续发酵的作用，是使发酵继续进行的一种酿酒方法，类同于近代酿造学上的补料。喂饭法发酵可使产品风味醇厚，出率提高，酒质优美，不仅适合于陶缸发酵，也很适合大罐发酵生产和浓醪发酵的自动开耙。喂饭法发酵工艺流程见图4-8。

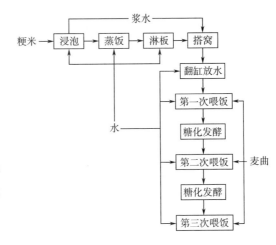

图4-8 喂饭法发酵工艺流程图

①喂饭法发酵的主要特点：

a. 酒药用量少，仅是用作淋饭酒母原料的0.4%~0.5%，对整个酿酒原料来讲，其比例更微。酒药内含量不高的酵母，在淋饭酒醅中得到扩大培养、驯养、复壮，并迅速繁殖。

b. 由于多次喂饭，酵母能不断获得新鲜营养，并起到多次扩大培养的作用，酵母不易衰老，新细胞比例高，发酵力始终很旺盛。

c. 由于多次喂饭，醪液在边糖化边发酵过程中，从稠厚转变为稀薄，同时酒醅中不会形成过高的糖分，而影响酵母活力，仍可以生成较高含量的酒精，出酒率也较其他方法高。

d. 多次投料连续发酵，可在每次喂饭时调节控制饭水的温度，增强了发酵对气候的适应性。由于喂饭法发酵使主发酵时间延长，酒醅翻动剧烈，有利于大罐发酵的自动开耙，使发酵温度易于掌握，对防止酸败有利。

②喂饭发酵的工艺：

a. 酿缸的制作。酿缸实际就是淋饭酒母，其功用是以米饭做培养基，繁殖根霉菌，以产生淀粉酶，再以淀粉酶水解淀粉产生糖液培养酒母；同时根霉、毛霉产生一定的有机酸，合理调节发酵醪的pH。根霉、梨头霉、念珠霉的滋生，也有一定的产酯能力，形成酒酿特有的香气。因此，酒酿具有米曲和酒母的双重作用，考察酿缸质量应从淀粉酶和酵母活性两方面考虑。

粳米喂饭法发酵的要点是"双淋双蒸，小搭大喂"，粳米原料经浸渍吸足水分后，进行蒸饭，"双淋双蒸"是粳米蒸饭的质量关键，所谓"双淋"即在蒸饭过程中两次用40℃左右的温水淋洒米饭炒拌均匀，使米粒吸足水分，保证糊化。"双蒸"即同一原料经过两次蒸煮，要求米饭熟而不烂。然后淋冷，拌入原料量0.4%~0.5%的酒药搭窝，并做好保温工作，经18~22h开始升温，24~36h品温略有回降时出现酿液，此时品温为29~33℃，以后酿液逐渐增多，趋于成熟。

一般来说，酿液清，酒精含量低，酸度低时，它的淀粉酶活性高，反之活性低。因此，从淀粉酶的活性要求看，酿液酒精含量低、糖度高、酸度低的较好；但要求酵母细胞数多，发酵力强时，一般酿液品温较高，泡沫多，呈乳白色，酒精含量、酸度也较高。

酒药中酵母数的多少，酒药接种量的高低、米饭蒸煮时饭水的量、糖液浓度和温度的高低等都会影响酿缸中浆液酵母菌浓度的变化〔（0.1~3）×10^8个/mL〕。如果酿液酵母数过少，翻缸放水后温度偏低，酵母繁殖特别慢，在主发酵前期（第一和第二次喂饭后）酒精生成少，糖分过于积累，容易导致主发酵后期杂菌繁殖而酸败；如酿液酵母数较多，则翻缸放水后，酵母迅速繁殖和发酵，使主发酵时出现前期高温，促使酵母早衰。一般酿液酵母浓度在 1×10^8 个/mL 左右为好。

另外，酿缸培养时间短的，酵母繁殖能力强；培养时间长的，酵母比较老，繁殖能力相对减弱。培养时间过长，还会使酵母有氧呼吸所消耗的糖分增加，而降低原料出酒率。可把传统的搭窝 48~72h，待甜浆满到 2/3 缸时放水转入主发酵，改变成搭窝 30h 就放水转入主发酵，以减少有氧糖代谢比例而提高出酒率。

因此，淀粉酶活性的大小，酒酿糖浓度的高低，酵母细胞数的多少，酵母繁殖能力的强弱，都直接影响整个喂饭法发酵，特别是使用大罐进行喂饭法发酵时，由于投料量多，醪容量大，以上因素的影响更为显著。

b. 翻缸放水。喂饭发酵一般在搭窝 48~72h 后，酿液高度已达 2/3 的醅深，糖度达 20% 以上，酵母数在 1×10^8 个/mL 左右，酒精含量在 4% 以下，即可翻转酒醅并加入清水。加水量控制每 100kg 原料总醪量为 310%~330%。翻缸 24h 后，可分次喂饭，加曲进行发酵，并应注意开耙。

喂饭次数三次最佳，其次是二次。酒酿原料：喂饭总原料比为 1:3 左右，第一至第三次喂饭的原料比例分配为：18%、28%、54%。喂饭量逐级提高，有利于发酵和酒的质量。

利用酒酿发酵能提供一定量的有机酸和形成酯的能力，可以调节 pH，提高原料利用率。但酒酿原料比例过大，有机酸和杂质过多，会给黄酒带来苦涩味和异杂味，所以，必须有一个合适的比例。如果一次喂饭，喂饭比例又高，必然会冲淡酸度，降低醪液的缓冲能力，使 pH 升高，对发酵前期抑制杂菌不利，容易发生酸败。若喂饭次数过多，第一次与最末次喂饭间隔过长，不但淀粉酶活性减弱，酵母衰老，而且长时间处于较高品温下，也会造成酸败，所以，三次喂饭较为合理，这种多次喂饭，使糖化发酵总过程延长，热量分步散发，有利于品温的控制。同时分次喂饭和分次下水，可以利用水温来调节品温，整个发酵过程的温度易于控制。多次喂饭，可以减少酿缸的用量，扩大总的投料量，在同等设备数量下提高产量。

喂饭各次所占比例，应前小后大。由于前期主要是酵母的扩大培养，故前期喂饭少，使醪液 pH 较低，开耙搅拌容易，温度也易控制，对酵母生长繁殖是有利的，后期是主发酵作用，有了优质的酵母菌，保证了它在最末次喂饭后产生一个发酵高峰期，使发酵完善彻底，所以，要求喂饭法发酵做到"小搭大喂""分次续添""前少后多"。

加曲量按每次喂饭原料量的 8%~12%，在喂饭时加入，用于弥补发酵过程中的淀粉酶不足，并增添营养物质供酵母利用。由于麦曲带有杂菌如生酸杆菌和野生酵母等，为防止杂菌提前繁殖，不宜过早加入。

喂饭法发酵的温度应前低后高，缓慢上升，最末次喂饭后，出现主发酵高峰。前期控制较低温度，有利于增强酵母的耐酒精能力和维持淀粉酶活性，在低 pH，较低温度下，更有利于抑制杂菌，但到主发酵后期，由于酵母浓度已经很高，并有一定的酒精浓度，所以，在主发酵后期出现温度高峰也不致轻易造成酸败。

喂饭时间间隔以 24h 为宜，在整个喂饭法发酵过程中，酒醅 pH 变化不大，维持在 4.0 左右，有利于酵母的生长繁殖和发酵，而不利于生酸杆菌的繁殖。最后一次喂饭 36~48h 以后，酒精含量达15%以上。如敞口时间过长，酒精挥发损失较多，酵母也逐趋衰老，抑制杂菌能力减弱，因此，可以灌醅或转入后发酵罐，在15℃以下发酵。

（3）黄酒大罐发酵和自动开耙　传统黄酒生产是用大缸，酒坛作发酵容器的，容量小，占地多，质量波动大，劳动强度高。人们在传统工艺基础上研究了大容器发酵，克服传统发酵的缺点，并为黄酒机械化奠定了基础。黄酒大罐发酵新工艺流程如图4-9所示。

①大罐发酵新工艺流程要点：原料大米经精白除杂，通过机械输送送入浸米槽或浸米罐，投料量为前发酵罐容量。控温浸米24~72h使米吸足水分，再经蒸饭机蒸煮、冷却，入大罐发酵，同时加入麦曲，纯种酒母和水，进行前发酵3~5d后，醅温逐步下

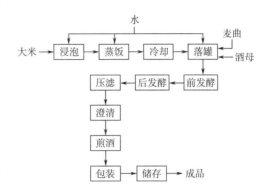

图4-9　黄酒大罐发酵新工艺流程

降，接近室温，用无菌空气将酒醪压入后发酵罐，在室温13~18℃下静止后醪20d左右，再用板框压滤机压滤出酒液，经澄清、煎酒、灌装、储陈为成品酒。其发酵所用麦曲可以用块曲、爆麦曲、纯种生麦曲，并适当添加少量酶制剂。整个生产过程基本上实现了机械化。

②大罐发酵的基本特点：大罐发酵具有容积大、醪层深、发热量大而散热难、厌氧条件好，CO_2集中等特点。

传统大缸容积不到$1.0m^3$，醪层深度$1.0m$左右，而目前国内最大的前发酵罐容积已达45~50m。醪液深度有9~10m，成为典型的深层发酵。

大罐发酵时，因酒醪容积大，表面积小，发酵热量产生多而散发困难，光靠表面自然冷却无法控制适宜的发酵品温，必须要有强制冷却装置才能够去废热，并且大罐发酵的厌氧条件也因容积大、醪层深而大为加强，这种状况在静止后发酵时尤其突出。

③自动开耙的形成：开耙问题是大罐发酵的关键所在。醪层深、发热量大而散热难、厌氧条件好，二氧化碳气集中，酵母与细菌（乳酸杆菌）密度非常高，醪液浓度大，发酵非常剧烈，随着CO_2的上升，在头耙前、后或后几耙之间，产生自动翻滚现象（开耙）。必须设法利用醪液自己翻动来代替人工开耙，才能使大罐发酵安全地进行下去，当米饭、麦曲、酒母和水混匀落罐后，由于酵母呼吸产生的CO_2的上升力，使上部物料显得干厚而下部物料含水较多，经过8~10h糖化及酵母繁殖，酵母细胞浓度上升到（3~5）×10^8个/mL，发酵作用首先在厌氧条件较好的底部旺盛起来。由于底部物料开始糖化发酵较早，醪液较早变稀，流动性较好，在酵母产生的CO_2气体的上浮冲力作用下，底部醪液较早地开始翻腾，随着发酵时间的推移，酒醪翻腾的范围逐步向上扩展。落罐后10~14h，酒醪上部的醪盖被冲破，整个醪液全部自动翻腾，这时醪液品温正好达到传统发酵的头耙温度33~35℃。以后酵液一直处于翻腾状态，直到主发酵阶段结束。同时，为了较快地移去发酵产生的热量，不使醪液品温升高，必须进行人工强制冷却，调节发酵温度。醪液自动翻腾代替了人工搅拌开耙，同样达到调温、散热、排除CO_2，吸收新鲜氧气的作用。

在大罐前发酵过程中，必须加强温度管理，经常测定品温，随时加以调整。大罐进行后发酵，由于酒醪基本处于静止状态，由发酵产生的热量较难从中心部位向外传递散发，以及

由于酵母处于严重缺氧的情况下，活性降低而与生酸菌活动失去平衡，常常易发生后酵升酸。因此，主发酵醪移入后发酵大罐后，要加强温度、酸度、酒精含量变化的检测工作，并适时通氧散热，维持酵母的活性，避免后发酵升酸现象的发生。

（4）抑制式发酵 半甜型黄酒（善酿酒、惠泉酒）、甜型黄酒（香雪酒、封缸酒）要求保留较高的糖分和其他成分，它们是采用以酒代水的方法酿制的酒中之酒。

酒精既是酵母的代谢产物，又是酵母的抑制剂，当酒精含量超过 5% 时，随着酒精含量的提高，抑制作用越加明显，在同等条件下，淀粉糖化酶所受的抑制相对要小。配料时以酒代水，使酒醪在开始发酵时就有较高的酒精含量，对酵母形成一定的抑制作用，使发酵速度减慢甚至停止，使淀粉糖化形成的糖分（以葡萄糖为主）不能顺利地让酵母转化为酒精，但由于配入的陈年酒芬芳浓郁，故而半甜型黄酒和甜型黄酒不但残留的糖分较多，口味醇厚甘甜，而且具有特殊的芳香。这就是抑制式发酵生产黄酒原理。

①利用抑制式发酵生产半甜型黄酒：要求成品酒的含糖量在 3%～10%，它是采用摊饭法酿制而成。在米饭落缸时，以陈年状元红酒代水加入，故而发酵速度缓慢，发酵周期延长。为了维持适当的糖化发酵速度，配料中增加块曲和酒母的用量，并且添加酸度为 0.3～0.5g/100mL 的浆水，用以强化酵母营养与调和酒味，由于开始发酵时酒醪中已有 6% 以上的酒精含量，酵母的生长繁殖受到阻碍，发酵进行得较慢。要求落缸品温控制稍高 2～3℃，一般在 30～31℃，并做好保温工作，常被安排在不太冷的气候酿制。米饭落缸后 20h 左右，随着糖化发酵的进行，品温略有升高，便可开耙。耙后品温可下降 4～6℃，应该注意保温，又过 10h 后品温又恢复到 30～31℃，即开二耙，以后再继续发酵数小时开三耙，并开始做好降温措施。此后要注意捣冷耙降温。避免发酵太老，糖分降低太多。一般发酵 3～4d，便灌醅后发酵，经过 70d 左右可榨酒。

②大接种量方法生产半甜型黄酒：原料糯米经精米机精白后，用气力输送分选，整粒精白米入池浸渍达到标准浸渍度，经淘洗后进入连续蒸饭机蒸煮，冷却，米饭落罐时，配入原料米重 120% 的陈年糯米酒、4% 的远年糟烧酒或高纯度酒精、18% 的麦曲及经 48h 发酵的老酒醪 1/2 罐，相当于酒母接种量达到 100%，在大罐中进行糖化发酵 4d，然后用空气将醪液压入后发酵大罐，后发酵 36d 左右，检验符合理化指标后，进行压榨。消毒、包装，贮存 3 年以上即为成品酒。

该工艺中，加曲量增加主要为了提高糖化能力以便使淀粉尽量转化为糖分。考虑到当醪液酒精含量超过 6% 时，酵母难以繁殖，因此，采用高比例酒母接种使酵母在开始发酵时就具有足够的浓度，保证缓慢发酵的安全进行，维持一定的发酵速度，这是既节约又保险的措施。同样，酵母的发酵受到酒精的抑制作用，使酒醪中残存下部分糖分。采用陈年糯米黄酒和少量糟烧，一方面为了使酒醪在发酵开始时就存在一定含量的酒精，另一方面也给黄酒增加色、香、味，使惠泉酒色呈黄褐，香气芬芳馥郁，甘甜爽口有余香。

③甜型黄酒的抑制式发酵：甜型黄酒含糖分在 10% 以上，一般都采用淋饭法酿制，即在饭料中拌入糖化发酵剂，当糖化发酵到一定程度时，加入 40%～50% 的白酒，抑制酵母菌的发酵作用，以保持酒醪中有较高的含糖量，同时，由于酒醪加入白酒后，酒精含量较高，不致被杂菌污染，所以，生产不受季节的限制。甜型黄酒的抑制性发酵作用比半甜型黄酒的更强烈，酵母的发酵作用更加微弱，故保留的糖分更多，酒液更甜。

香雪酒是甜型黄酒的一种，它首先采用淋饭法制成酒酿，再加麦曲继续糖化，然后加入白酒浸泡，再经压榨，煎酒而成。酿制香雪酒时，关键是蒸饭要达到熟透不糊，酿窝甜液要满，窝内添加麦曲（俗称窝曲）和投酒必须及时。

首先，米饭要蒸熟，糊化透，吸水要多，以利于淀粉被糖化为糖分，但若米饭蒸得太糊太烂，不但淋水困难，搭窝不疏松，影响糖化菌生长繁殖，而且糖化困难，糖分形成少，窝曲是为了补充淀粉糖化酶量，加强淀粉的继续糖化，同时也赋予酒液特有的色、香、味。窝曲后，为防止酒醅中酵母大量繁殖并形成强烈的酒精发酵，造成糖分消耗，所以，在窝曲糖化到一定程度时，必须及时投入白酒来提高酒醅的酒精含量，强烈抑制酵母的发酵作用。白酒投入一定要适时，一般掌握在酿窝糖液满至90%，糖液口味鲜甜时，投入麦曲，充分拌匀，保温糖化12~14h，待固体部分向上浮起，形成醪盖，下面积聚10cm多的醪液时，便可投入白酒，充分搅拌均匀，加盖静止发酵1d，即灌醅转入后发酵。白酒投入太早，虽然糖分会高些，但是麦曲中酶的分解作用没能充分发挥，使醅醪黏厚，造成压榨困难，出酒率降低，酒液生麦味重等弊病；白酒添加太迟，则酵母的酒精发酵过度，糖分消耗太多，酒的鲜味也差，同样影响成品酒质量。所以，要选择糖化已进行得差不多，酵母已开始进行酒精发酵，其产生的CO_2已能使固体酒醅层上浮，而还没进入旺盛的酒精发酵时投入白酒，迅速抑制酵母菌的发酵作用，使醪液残留较高的糖分。

香雪酒的后发酵时间长达4~5个月。在后发酵中，酒精含量会稍有下降，因为酵母的酒精发酵能力被抑制得很微弱或处于停滞状态，而后发酵时酒精成分仍稍有挥发，致使酒精含量略有降低。后发酵中，淀粉酶的糖化作用虽被钝化，但并没全部破坏，淀粉水解为糖分的生化反应仍在缓慢地进行，故而糖度、酸度仍有增加。酒醅中的酵母总数在后发酵前半时期仍有1×10^8个/mL左右，细胞芽生率在5%~10%，这充分表明黄酒酵母是具有较强的耐酒精能力。

经后发酵后，酒液中的白酒气味已消失，各项理化指标已合格时，便进行压滤。由于甜型黄酒酒精含量、糖度都较高，无杀菌必要，但煎酒可以凝结酒液中存在的胶体物质，使之沉淀，维持酒液的清澈透明和酒体的稳定性。所以，可进行短时间杀菌。

（四）　黄酒醅的压滤、澄清、煎酒和储存

黄酒醅经过较长时间的后发酵，一般酒精含量能升高2%~4%，并生成多种代谢产物，使酒质更趋完美协调。为了及时把酒醅中的酒液和糟粕加以分离，必须进行压滤。

1. 压滤

压滤操作包括过滤和压榨两个阶段。压滤以前，首先应该检测后发酵酒醅是否成熟，以便及时处理，避免发生"失榨"现象。

（1）压滤的基本要求　黄酒酒醅具有固体部分和液体部分密度接近，黏稠呈糊状，滤饼是糟板（需要回收利用，因而不得添加助滤剂），最终产品是酒液等特点。它不能采用一般的过滤、沉降方法取出全部酒液，必须采用过滤和压榨相结合的方法来完成固、液的分离。

黄酒醅的压滤过程一般分为两个阶段，开始酒醅进入压滤机时，由于液体成分多，固体成分少，主要是过滤作用，称为"流清"。随着时间延长，液体部分逐渐减少，酒糟等固体部分的比例增大，过滤阻力越来越大，必须外加压力，强制地把酒液从黏湿的酒醅中榨出来，这就是压榨或榨酒阶段。

无论是过滤还是压榨过程，酒液流出的快慢基本符合过滤公式，即液体分离流出速度与滤液的可透性系数、过滤介质两边的压差及过滤面积成正比，而与液体的黏度、过滤介质厚

度成反比。因此，在酒醅压滤时，压力应缓慢加大，才能保证滤出的酒液自始至终保持清亮透明，故黄酒的压滤过程需要较长的时间。

（2）压滤操作注意事项　压滤时要求滤出的酒液要澄清，糟板要干燥，压滤时间要短，要达到以上要求，必须做到以下几点：

①过滤面积要大，过滤层薄而均匀。

②滤布选择要合适，既要流酒爽快，又要使糟粕不易粘在滤布上，要求糟粕易于和滤布分离。另外要考虑吸水性能差，经久耐用等。在传统的木榨压滤时，都采用生丝绸袋，而现在的气膜式板框压滤机，常使用 36 号锦纶布作滤布。

③加压要缓慢，不论何种形式的压滤，开始时应让酒液依靠自身的重力进行过滤，并逐步形成滤层，待清液流速因滤层加厚，过滤阻力加大而减慢时，才逐级加大压力，避免加压过快。最后升压到最大值，维持数小时，将糟板榨干。

2. 澄清

压滤流出的酒液称为生酒，应集中到澄清池（罐）内让其自然沉淀数天，或添加澄清剂，加速其澄清速度。澄清的目的如下：

（1）沉降出微小的固形物、菌体、酱色中的杂质。

（2）让酒液中的淀粉酶、蛋白酶继续对高分子淀粉、蛋白质进行水解，变为低分子物质。例如糖分在澄清期间，每天可增加 0.028% 左右的糖分，使生酒的口味由粗辣变得甜醇。

（3）澄清时，挥发掉酒液中部分低沸点成分，如乙醛、硫化氢、双乙酚等，可改善酒味。经澄清沉淀出的“酒脚”，其主要成分是淀粉糊精、纤维素、不溶性蛋白、微生物菌体、酶及其他固形物质。

在澄清时，为了防止酒液再发酵出现泛浑现象及酸败，澄清温度要低，澄清时间也不宜过长，一般在 3d 左右。澄清设备可采用地下池，或在温度较低的室内设置澄清罐，以减少气温波动带来的影响。要认真搞好环境卫生和澄清池（罐）、输酒管道的消毒灭菌工作，防止酒液染菌生酸。每批酒液出空后，必须彻底清洗灭菌，避免发生上、下批酒之间的杂菌感染。

经过澄清，酒液中大部分固形物已被除去，可能某些颗粒极小，质量较轻的悬浮粒子还会存在，仍能影响酒液的清澈度，所以，澄清后的酒液还需通过棉饼、硅藻土或其他介质的过滤，使酒液透明光亮，现代酿酒工业已采用硅藻土粗滤和纸板精滤来加快酒液的澄清。

3. 煎酒

把澄清后的生酒加热煮沸，杀灭其中所有的微生物，以便于贮存、保管，这一操作过程称为“煎酒”。

（1）煎酒的目的

①通过加热杀菌，使酒中的微生物完全死亡，破坏残存酶的活性，基本上固定酒的成分，防止成品酒的酸败变质。

②在加热杀菌过程中，加速黄酒的成熟，除去生酒杂味，改善酒质。

③利用加热过程促进高分子蛋白质和其他胶体物质的凝固，使黄酒色泽清亮，提高黄酒的稳定性。

（2）煎酒温度的选择　目前各厂的煎酒温度均不相同，一般在 83～93℃。煎酒温度与煎酒时间，酒液 pH 和酒精含量的高低都有关系。如煎酒温度高，酒液 pH 低，酒精含量高，则煎酒所需的时间可缩短，反之，则需延长。

煎酒温度高，能使酒的稳定性提高，但随着煎酒温度的升高，酒液中尿素和乙醇会加速形成有害的氨基甲酸乙酯，据测试，氨基甲酸乙酯主要在煎酒和储存过程中形成。煎酒温度越高，煎酒时间越长，则形成的氨基甲酸乙酯越多。同时，由于煎酒温度的升高，酒精成分的挥发损耗加大，糖和氨基化合物反应生成的色素物质增多，焦糖含量上升，酒色会加深，因此，在保证微生物被杀灭的前提下，适当降低煎酒温度是可行的。这样，可使黄酒的营养成分不致破坏过多，生成的有害副产物也可减少，日本清酒仅在60℃下杀菌2～3min。

在煎酒过程中，酒精的挥发损失0.3%～0.6%，挥发出来的酒精蒸气经收集、冷凝，成液体，称为"酒汗"。酒汗香气浓郁，可用作酒的勾兑或甜型黄酒的配料。

4. 包装、储存

（1）包装　灭菌后的黄酒，应趁热灌装，入坛储存。因酒坛具有良好的透气性，对黄酒的老熟极其有利。黄酒灌装前，要做好酒坛的清洗灭菌，检查是否渗漏。黄酒灌装后，立即用荷叶、箬壳扎紧封口，以便在酒液上方形成一个酒气饱和层，使酒气冷凝液回到酒液里，造成一个缺氧，近似真空的保护空间。

传统的绍兴黄酒，常在封口后套上石膏或泥头，用来隔绝空气中的微生物，使其在储存期间不能从外界侵入酒坛内，并便于酒坛的堆积储存，减少占地面积。

（2）黄酒的储存　新酒成分的分子排列紊乱，酒精分子活度较大，很不稳定，因此，其口味粗糙欠柔和，香气不足缺乏协调，必须经过储存，促使黄酒老熟，因此，常把新酒的储存过程称为"陈酿"。普通黄酒要求陈酿1年，名、优黄酒要求陈酿3～5年。经过储存，黄酒的色、香、味及其他成分都会发生变化，酒体变得醇香、绵软，口味协调，在香气和口味各方面与新酒大不一样。

在黄酒储存时，酒液中的尿素和乙醇继续反应，生成有害的氨基甲酸乙酯。成品酒的尿素含量越多，储存温度越高，储存时间越长，则形成的氨基甲酸乙酯越多。所以，要根据酒的种类、储酒的条件、温度的变化，掌握适宜的储存期，保证黄酒色、香、味的改善，又能防止有害成分生成过多。

五、　影响黄酒质量的关键因素及控制

黄酒酿造从原料开始到最终产品的形成涉及许多生产工艺，其中关键控制点监督与控制是影响产品质量的主要因素。

1. 影响黄酒质量的关键因素

（1）原料　各种食品原料采购时可能混有异物、虫害、霉变颗粒或未成熟颗粒，储藏不当可出现霉变、生虫、被有毒有害物质污染等情况。被污染的食品原料不经过分选、清洗即进行蒸煮发酵，酿造用水被污染、重金属离子超标或硬度太大等均可影响成品的卫生质量。

（2）菌种保藏　黄酒发酵菌种保存周期长，容易引起菌种可能被污染、退化或变异。尤其是购买商品种曲，由于运输、保存不当，均可影响菌种质量，从而危及黄酒的品质。

（3）加工过程　浸米、蒸米、冷凉工艺操作不当，会导致米饭夹生或粘连，导致黄酒发酸、产酒量下降。发酵、压榨、陈酿、过滤过程中，设备、管道内残存物可导致发酵污染；环境、人为污染、空气不洁净均可影响产品的卫生质量和口感。

（4）分装容器卫生　无论是特制玻璃瓶，还是食品级塑料容器，在出厂前、运输、存放过程中均可受到污染，污染主要来自空气尘埃、昆虫携带、人为因素等。

（5）容器消毒　过滤后和灌装前的半成品及装瓶后的成品进行巴氏消毒、包装容器消毒和清洗是否规范也是影响黄酒品质的关键。在消毒各环节中，如温度、时间、冷却水质控制不当，容器清洗不彻底，灌装车间空气污染，灌装机使用前未经清洗、消毒，消毒后的瓶盖再次受到污染等，均可严重影响成品卫生质量。

2. 关键因素控制措施

（1）原料控制措施　落实原料采购、验收、保管制度，严把原料验收关，确保采购的食品原料符合卫生标准要求；食品原料库设温度、湿度计，温度控制在20℃，水分含量控制在14%以下。所有原料投产前必须经过筛选、除杂处理。废弃物必须随时清理，及时清除出厂，设密闭废弃物临时存放容器和场所，并及时清洗、消毒。另外，酿造用水应符合国家饮用水质量标准。

（2）菌种保藏控制措施　菌种应在0~10℃的冷藏柜内保存，时间不得超过360d，不得使用已退化、变异、污染的菌种。

（3）加工过程控制措施　原料要根据不同季节，采取不同浸泡时间，使原料要泡透。原料采用水蒸，不采用水煮，米饭一定要蒸透。蒸熟后的米饭一定要凉透，如果采用冷水淋饭，要控制好用水量，避免米饭粘连。生产后所有用具、管道和容器要及时彻底清理、消毒和清洗。

（4）容器卫生控制措施　专人配制容器消毒试剂，严格控制容器消清洗。需要热消毒、灭菌的容器，要控制好温度、时间，确保效果。清洗干净的容器要注意卫生保存，避免再次污染。

（5）健全和落实管理制度　生产企业应该健全维护产品质量的各项管理制度，并能将各项制度落实到实处。加强各种制度的监督和检查。

第二节　啤酒酿造

啤酒是指以麦芽（包括特种麦芽）、啤酒花（包括酒花制品）和水为主要原料，经酵母发酵而成，是一种具有起泡沫的低酒精度发酵酒。啤酒中含有二氧化碳，营养价值高，所含低分子糖和氨基酸易被消化吸收，可在体内产生大量热能，因此啤酒被人们称为"液体面包"。啤酒的历史悠久，据考证大约起源于九千年前的地中海南岸地区，之后传入欧、美及东亚等地区。我国最早的啤酒厂是1900年俄国人在哈尔滨建立的乌卢布列夫斯基啤酒厂，即哈尔滨啤酒厂的前身，1903年英国和德国商人在青岛开办英德酿酒有限公司，即现在青岛啤酒厂的前身。中国啤酒产量世界第一，但目前我国啤酒企业的装备水平、管理水平、原料及能源消耗、酒损失率、劳动生产率等方面，还落后于世界先进水平。

一、啤酒的分类及特点

（一）啤酒类型

1. 根据生产工艺分类

（1）熟啤酒（pasteurized beer）　熟啤酒是指经过巴氏杀菌或超高温瞬时灭菌等加热处理

的啤酒。熟啤酒可以长期贮存，不发生混浊沉淀，但口味不如鲜啤酒新鲜。

（2）鲜啤酒（fresh beer）　指经过滤澄清，不经过巴氏杀菌或超高温瞬时灭菌、成品中允许含有一定量活酵母、具有一定生物稳定性的啤酒。在10℃以下，保鲜期一般为5～10d，如桶装啤酒。

（3）（纯）生啤酒（draft beer）　是指纯种发酵，不经过巴氏杀菌或超高温瞬时灭菌而采用物理过滤方法除菌，并经无菌灌装的具有一定生物稳定性的啤酒。保鲜期一般与熟啤酒基本相同。

（4）特种啤酒（special beer）　由于原辅材料或工艺有较大改变，使之具有特殊风格的啤酒。目前主要有如下几种：

①淡色（爽）啤酒：原麦汁浓度为7～9°P，酒精含量在1%～3.4%的低酒精、低热量的啤酒。

②干啤酒：发酵度高、二氧化碳含量高、残糖低、口味干爽的低热值啤酒。

③冰啤酒：除满足淡色啤酒的技术要求外，在滤酒前，须经冰晶化工艺处理（通过深冷出现冰晶以析出冷浑浊物然后滤除），口味纯净、清澈、浊度≤0.8EBC。酒精含量在5.6%以上，高者可达10%。冰啤色泽特别清亮、口味柔和、醇厚、爽口。

④低醇啤酒：酒精含量0.6%～2.5%，其他指标符合各类啤酒要求。

⑤小麦啤酒：以小麦麦芽为主要原料（占总原料40%以上）、具有小麦芽的香味。

2. 根据酵母性质分类

（1）下面发酵啤酒　用蒸煮糖化法制备麦汁及下面酵母发酵。世界上大多数国家采用下面发酵制啤酒，国际上著名的下面发酵啤酒有比尔森（Pilsener beer）淡色啤酒、多特蒙德（Dortmund）淡色啤酒和慕尼黑（Munich）黑色啤酒等。国内均为下面发酵啤酒，最有代表性的是青岛啤酒。

（2）上面发酵啤酒　多利用浸出法制备麦汁，经上面酵母发酵而制成。主要应用于英国，其次有比利时、加拿大、澳大利亚等。国际上著名的上面发酵啤酒有爱尔（Ale）淡色啤酒、爱尔浓色啤酒、司陶特（Stout）黑啤酒和波特（Porter）黑啤酒等。

3. 根据啤酒色度分类

（1）淡色啤酒　淡色啤酒是啤酒中产量最大的一种，我国绝大部分啤酒属于此类型。其色度为2～14 EBC，外观呈淡黄色、金黄色或棕黄色，口味淡爽醇和。

（2）浓色啤酒　啤酒色泽呈红棕色或红褐色，色度在14～40EBC。此种啤酒要求麦芽香味突出、口味醇厚、苦味较轻。

（3）黑色啤酒　色泽多呈深红褐色至黑褐色，色度一般≥40EBC，产品比例较小。黑色啤酒要求原麦汁浓度较高，麦芽香味突出、苦味醇厚、泡沫细腻、苦味根据产品类型而定。

4. 根据原麦汁浓度分类

（1）低浓度啤酒　原麦汁浓度为2.5～8°P，酒精含量0.8%～2.2%，随着人们对低酒精度饮料需求的增加，近年来产量日益上升。酒精含量低于0.5%的所谓无醇啤酒也应属此类。

（2）中浓度啤酒　原麦汁浓度9～12°P，酒精含量为2.5%～3.5%，我国大部分啤酒属于此类。

（3）高浓度啤酒　原麦汁浓度为13～22°P，酒精含量3.6%～5.5%，多为浓色啤酒。

（二） 啤酒的主要化学组成

（1）酒精　酒精是表示啤酒强度的一种方法，其含量由原麦汁浓度和啤酒发酵度决定。酒精是啤酒热价的主要来源，它可以增加啤酒浓度和泡沫浓度，使啤酒泡沫细腻。

（2）浸出物　指啤酒发酵后残存于啤酒中的固形物浓度，称为真浓度，通常为4%左右，主要是酵母不能利用的糊精、三糖、四糖和戊糖等。

（3）含氮物　麦汁中的含氮物质，经发酵后残存的含氮量为啤酒浸出物的8%～10%，总氮量342～426mg/L。

（4）CO_2　啤酒中CO_2含量取决于贮酒温度和贮酒压力，一般啤酒中CO_2含量为0.35%～0.45（质量分数）。

（5）无机盐　啤酒浸出物中无机盐的含量为3%～4%，其含量与原料特别是水质有关。

（6）啤酒中的风味物质　主要包括高级醇类、醛类（主要是乙醛）、脂肪酸和其他有机酸、酯类、硫化物及双乙酰等。

二、 啤酒生产原辅料

（一） 大麦

啤酒酿造以大麦为主要原料。这是由于大麦便于发芽，发芽后产生大量水解酶类，大麦的化学成分适宜酿造啤酒。按大麦籽粒在穗轴上的分布形态，大麦可分为六棱大麦、四棱大麦、二棱大麦。二棱大麦淀粉含量较高，蛋白质含量相对较低，浸出物含量高，啤酒生产中一般都采用二棱大麦。

1. 大麦的形态

大麦粒由胚、胚乳和皮层组成。

（1）胚　胚是大麦籽粒有生命力的部分，由原始胚芽、胚根、盾状体和上皮层组成，约占麦粒质量的2%～5%。胚部含有麦粒发芽时所需的原始营养，胚一旦被破坏，麦粒将失去发芽能力。

（2）胚乳　胚乳是胚的营养库，约占麦粒质量的80%～85%。胚乳的核心是贮藏淀粉的细胞层。在发芽过程中，胚乳成分不断地分解成低分子糖类和氨基酸，部分供给胚部发育和呼吸消耗，成为制麦损失。但胚乳的绝大部分发芽时只适当分解，仍存于大麦中为啤酒酿造所用。

（3）皮层　皮层分为谷皮、果皮和种皮。谷皮是由麦粒腹部的内皮和背部的外皮组成，外皮的延长部分为麦芒，谷皮占麦粒总质量的7%～13%。谷皮在麦汁过滤时是良好的天然滤层。但谷皮中的内含物如硅酸、单宁和苦味质等，这些成分对啤酒酿造的风味和稳定性不利。在谷皮的下面是果皮，再里面是种皮。

2. 大麦的化学成分

（1）淀粉　淀粉是大麦胚乳中最主要的贮藏物，分为大颗粒淀粉和小颗粒淀粉。从结构上分，大麦淀粉可分为直链淀粉和支链淀粉。直链淀粉在麦芽水解酶的作用下，几乎全部转化为麦芽糖。而支链淀粉除生成麦芽糖和葡萄糖外，还生成大量的糊精和异麦芽糖。糊精不能被酵母利用而发酵成醇。

（2）半纤维素和麦胶物质　半纤维素和麦胶物质是胚乳细胞壁的组成部分。在发芽过程中，半纤维素酶将胚乳细胞壁分解之后，其他水解酶类才能进入胚乳细胞分解淀粉等大分子物质，构成半纤维素和麦胶物质的主要成分是 β-葡聚糖。

（3）蛋白质　大麦蛋白质是啤酒酿造中最重要的物质之一。大麦中蛋白质的含量和类型直接影响大麦的发芽力、酵母营养、啤酒风味、啤酒稳定性、啤酒泡沫及适口性等。按蛋白质在不同溶液中的溶解度和沉淀性可分为下面四类：

①清蛋白：溶于水、稀的中性盐溶液及酸、碱溶液中，它是唯一能溶于水的高分子蛋白，对啤酒的泡持性起重要作用。但加热时从 52℃ 开始，又从溶液中凝固析出，随着麦汁的煮沸，其凝固速度加快，与单宁结合而沉淀。

②球蛋白：不溶于纯水，溶于稀酸和稀碱溶液。温度达到 90℃ 以上时部分凝固，但在麦汁煮沸中不可能全部凝固析出，部分存于麦汁和啤酒中。β-球蛋白含有活性—SH 基，在有氧存在的条件下，通过生成 R—S—S—R 键形成难溶物质，造成啤酒混浊。

③醇溶蛋白：不溶于水、无水乙醇及其他中性盐溶液，而溶于 50%~90% 的乙醇溶液或酸、碱溶液，受热不凝固。是造成啤酒冷混浊和氧化混浊的主要成分。

④谷蛋白：不溶于水和中性盐溶液，溶于稀碱溶液。

谷蛋白和醇溶蛋白是构成麦糟蛋白质的主要成分。

（4）多酚物质　大麦中含有 0.1%~0.3% 的多酚物质，其中最重要的是花色苷。花色苷和蛋白质结合是造成啤酒混浊的主要原因。如果这一反应发生在麦汁煮沸和发酵过程中，可除去某些凝固性蛋白质沉淀，有利于提高啤酒的非生物稳定性。

3. 啤酒酿造对大麦质量的要求

（1）外观　良好大麦呈淡黄色，有光泽，具有新鲜稻草香味，皮薄而有细密纹道，夹杂物不超过 2%，颗粒饱满。

（2）物理检验　按国际通用标准，酿造大麦的腹径分为 2.8mm，2.5mm，2.2mm 三级。2.5mm 以上麦粒达 85% 属一级大麦；大麦的千粒重应达到 30~40g；胚乳状态为粉状的应达到 80% 以上；大麦发芽率不低于 96%。

（3）化学检验　大麦含水率应在 12%~13%，过高容易发霉，过低不利于大麦的生理活性。淀粉含量应在 65% 以上，蛋白质含量要求为 9%~13%，总浸出物为 72%~80%（干物质计）。

（二）啤酒酿造的辅助原料

1. 大米

大米是啤酒酿造中最常使用的辅料。大米淀粉含量高，蛋白质含量低，用部分大米代替麦芽，不仅出酒率高，而且可以改善啤酒的风味和色泽。我国在大米的使用量上多在 25% 左右，过高则要求麦芽糖化力强。所有大米品种均可用于啤酒酿造，但从啤酒风味而言，粳米优于籼米，糯米优于非糯米。使用大米作辅料可以降低成本，但用米过多容易引起酵母繁殖衰退，发酵迟缓，须经常更换酵母。

2. 玉米

我国少数厂用玉米作辅料。玉米淀粉含量比大米少，但比大麦高。玉米胚芽富含油脂，因油脂破坏啤酒的泡持性，降低起泡能力，氧化后产生异味，所以在使用时应预先除去胚芽。

3. 其他辅料

小麦发芽制成麦芽或小麦面粉均可作为啤酒酿造的辅助原料，但目前我国生产中应用较少。有的啤酒厂为了简化工艺，直接使用蔗糖、葡萄糖和淀粉糖浆为辅料，有利于提高发酵度，降低色度。

（三） 啤酒花和酒花制品

啤酒花又称蛇麻花、忽布，为多年生蔓性攀缘草本植物，雌雄异株，用于啤酒酿造者为成熟的雌花。啤酒花的功能是赋予啤酒特有的香味和爽口的苦味，增加麦汁和啤酒的防腐能力，提高啤酒的起泡性和泡持性，与麦汁共沸时促进蛋白凝固，增强啤酒的稳定性。

1. 啤酒花的主要化学成分

在啤酒花的化学组成中，对啤酒酿造有特殊意义的三种主要成分为苦味物质、酒花精油和多酚物质。

（1）苦味物质　苦味物质是赋予啤酒愉快、爽口苦味的物质，主要包括 α-酸、β-酸及一系列氧化、聚合产物。

α-酸是酒花中的重要成分，新鲜酒花中 α-酸含量为 5%~11%，它具有苦味和防腐力，是衡量酒花质量的重要标准。α-酸微溶于沸水，在加热、碱、光照条件下易发生异构形成异 α-酸。异 α-酸的溶解度比 α-酸大，它是啤酒苦味的主要物质。β-酸的苦味不如 α-酸强，防腐力也低，很难溶于水，在新鲜酒花中含量约为 11%。β-酸易氧化形成苦味较大的 β-软树脂，赋予啤酒宝贵的柔和苦味。

（2）酒花精油　酒花精油是酒花腺体的另一分泌物，其味芳香，是赋予啤酒香气的主要物质。酒花精油极易挥发，在煮沸时几乎全部挥发掉，采用分次添加酒花的目的就是要保留适量的酒花精油。苦型酒花含酒花精油仅为 0.1%~0.75%，而香型酒花含酒花精油一般达 1.5%~2.5%。我国啤酒生产目前使用的多为苦型酒花，因此缺乏典型酒花香气。

（3）多酚物质　酒花中含多酚物质 4%~8%，在啤酒酿造中多酚物质有双重作用，在麦汁煮沸和冷却时，与蛋白质结合形成热凝固物和冷凝固物，利于麦汁的澄清及啤酒的稳定性。但残存于啤酒中的多酚物质又是造成啤酒混浊的主要因素之一。在啤酒过滤时，可采用 PVPP（聚乙烯聚吡咯烷酮）吸附除去啤酒中的多酚物质。

2. 酒花制品

酒花在麦汁煮沸时直接添加，利用率较低，且酒花球果在运输、贮藏和使用上都不方便。因此酒花制品越来越受到酿造者的欢迎。

（1）酒花粉　把酒花在 45~55℃ 下干燥至水分含量 5%~7%，然后进行粉碎，在密封容器中用惰性气体保护贮存。酒花粉可提高利用率 10%，使用方便，不需要酒花分离器。

（2）酒花颗粒　将碾压后的结球果在专用的模具中压碎，然后置于托盘上烘干。托盘都被放置于真空或充氮环境下以减少氧化的可能。球粒的形状适于往容器中添加。

（3）酒花浸膏　酒花结球果的提取液现在广泛应用在所有的啤酒品种中，而提取方法的不同会产生迥然不同的口味。应用有机溶剂或 CO_2 萃取酒花中的有效成分，有效物可浓缩 5~10 倍。提取液应在煮沸或发酵成熟后添加，这样更有利于控制最终的苦味轻重。

（4）酒花油　酒花油主要是香味成分，在煮沸时加酒花的方法，酒花油成分被挥发或氧化。人们制出纯度很高的酒花油制品，直接在成品啤酒中添加。

（四） 啤酒酿造用水

酿造用水直接影响着啤酒的质量。啤酒生产用水主要包括加工用水和洗涤、冷却用水两大部分。加工用水中投料水、洗槽水、啤酒稀释用水直接参与啤酒酿造，是啤酒的重要原料之一，习惯上称为酿造水。

酿造用水首先应符合国家公布的饮用水标准，若某些指标不符合啤酒酿造的要求，如水质硬度和碱度太大，可采用煮沸法、加酸、加石膏、进行离子交换或电渗析来改善；Fe^{2+}、Mn^{2+}超标，可通过活性炭过滤、石灰处理、硼砂过滤等方法进行改善。

三、 麦芽制备

由原料大麦制成麦芽，习惯称为制麦。麦芽的品种和质量决定了啤酒的类型和成品啤酒的质量。通过大麦发芽而产生各种水解酶，在这些酶的作用下使胚乳中的淀粉、蛋白质等物质适度分解，通过麦芽干燥除去绿麦芽中的水分和生腥味，产生麦芽特有的色、香、味。工艺过程如下：

（一） 大麦浸渍

大麦浸渍就是用水浸泡大麦，目的是使大麦吸水和吸氧，为发芽提供条件。在浸水的同时，可达到洗涤、除尘、除菌的目的，在浸麦水中添加石灰、碱、甲醛等可浸出谷皮中的有害物质。

1. 浸麦理论及浸麦度

新收获的大麦具有休眠特性，需经 $6 \sim 8$ 周的贮藏，充分完成休眠期之后才可使用。大麦吸水后，呼吸增强，需氧增大，若不及时供氧，将导致分子间呼吸，产生 CO_2、乙醇、醛、酸等物质，破坏胚的生命力。充足供氧，可以促进大麦提前萌发，缩短发芽时间，提高成品率。在浸麦过程中，大麦吸水的速度与麦粒大小、水温直接相关。麦粒越小吸水越快；水温越高吸水越快。但生产中不宜采用高温浸麦，水温过高，水中溶氧少，浸麦不均匀，易污染杂菌导致腐烂。正常浸麦水温为 $14 \sim 18℃$。

大麦浸渍后的含水率称为浸麦度，计算公式为：

$$浸麦度(\%) = \frac{(浸后大麦质量 - 原大麦质量) + 原大麦水分}{浸麦后质量} \times 100$$

浸麦度低，也就是发芽时大麦含水率低，易造成发芽迟缓，根、叶芽不整齐，胚乳溶解不完全，麦汁得率低，啤酒易混浊；浸麦度过高，易破坏种皮的半渗透性，引起发芽过急，制麦损失高，对水敏感性大麦，过量吸水会抑制发芽。目前，我国生产上常采用的浸麦度为 $43\% \sim 48\%$。

2. 浸麦方法

浸麦在浸麦槽中进行，有断水浸麦方法和喷雾浸麦方法两种。

（1）断水浸麦法 断水浸麦法又称浸水断水交替法，是将大麦在水中浸渍一段时间，然后排掉水，让麦粒暴露于空气中，然后再浸水、断水，反复进行直至达到要求的浸麦度。在浸水、断水过程中，均要进行通风供氧、排除 CO_2，此法能促进麦粒吸氧，使麦粒提前萌发，缩短发芽时间。常用的浸水方法是水浸时间 4h，断水时间 4h。

（2）喷雾浸麦法 喷雾浸麦法的优点是耗水量小，供氧充足，发芽速度快。细密的水雾既可以保持麦粒表面的水分，也可以排除麦层中的热量和 CO_2，明显缩短浸麦和发芽时间。

（二） 发芽

大麦浸渍后，在适当的温度和足够的空气下，便开始发芽。在发芽过程中麦粒产生各种水解酶，并将胚乳中的物质进行适当分解。

1. 发芽条件

（1）水分 大麦发芽是一个生理变化过程，必须有水分存在。当麦粒含水达35%时即可萌发，38%时可均匀发芽，但要达到胚乳充分溶解，麦粒含水量必须保持43%以上。发芽时，水分蒸发，发芽车间的相对湿度应维持85%以上，通风时应采用饱和湿空气。

（2）温度 适宜的温度是发芽的必要条件。发芽温度可分为低温、高温、低高温结合几种方法。发芽温度的选择应根据大麦的品种及麦芽类型确定。

①低温发芽：低温发芽时，温度一般为12~16℃，大麦的根、叶芽生长缓慢、均匀，水解酶活性高，浸出物含量高，因呼吸强度弱，制麦损失低，成品麦芽色度低。但发芽时间明显延长。

②高温发芽：发芽温度超过18℃则为高温发芽，以不超过22℃为宜。高温发芽制成的麦芽色度高，适宜制深色麦芽。由于高温时麦粒呼吸增强，根、叶芽生长快，造成制麦损失高，浸出物下降，酶活力低，胚乳溶解不良等缺点。

③低高温结合发芽：对于蛋白质含量高，难溶解的大麦，可采用此法。前3~4d在12~16℃下，以后在18~20℃下发芽，甚至采用22℃，以保证胚乳充分溶解。

（3）通风量 发芽过程中，适当调节麦层空气中氧和二氧化碳的浓度，可以控制麦粒的呼吸作用、麦根的生长和制麦损失。

发芽初期及时通风供氧，排出麦层中的二氧化碳。在氧气充足的条件下，有利于各种水解酶的形成。如果麦层中二氧化碳含量过高，会导致酶活性降低，严重时可以导致麦粒窒息。

发芽后期，应适当减小通风量，麦层空气中二氧化碳含量应增大，维持在4%~8%。一方面可抑制胚芽过度生长，减少制麦损失；同时有利于麦芽胚乳溶解。

（4）发芽周期 发芽周期长短是由其他发芽条件决定的。发芽温度越低，水分越少，麦层含氧量越小，发芽时间就要延长。另外，发芽时间还与大麦品种和所制麦芽类型有关，难溶大麦发芽时间长，制造深色麦芽的发芽时间比浅色麦芽长。

传统发芽方法浅色麦芽发芽周期为7d，深色麦芽为9d。目前通过采用新技术如添加GA_3、选育优良大麦品种、发芽箱喷水等，发芽时间已缩短至4~4.5d。

2. 麦芽中酶的形成及主要酶类

（1）酶的形成 未发芽的大麦中仅含有少量酶，而且多数为非活性的。发芽过程中，酶被激活，同时形成大量新的酶类。麦芽中存在的酶种类很多，和啤酒酿造关系较大的有淀粉酶、蛋白酶、半纤维素酶、磷酸酯酶、氧化还原酶。

发芽开始，胚芽的叶芽和根芽开始发育，同时释放出多种赤霉酸，分泌至糊粉层，诱导产生一系列水解酶。水解酶的形成是大麦转变成麦芽的关键。

（2）淀粉酶 麦芽中主要有两种淀粉酶，即α-淀粉酶和β-淀粉酶。成熟大麦几乎不含α-淀粉酶，但存在β-淀粉酶。

α-淀粉酶是内切淀粉酶，作用于淀粉分子内任意α-1,4糖苷键，产生较小分子的糊精，使淀粉溶液迅速液化。α-淀粉酶作用于直链淀粉，其分解产物为6~7个葡萄糖单位的短链糊精及少量的麦芽糖和葡萄糖。作用于支链淀粉时，只能任意水解，但不能水解 $\alpha-1,6$ 糖苷键，也不能越过 $\alpha-1,6$ 糖苷键。其分解产物为 $\alpha-$ 极限糊精、麦芽糖、葡萄糖。$\alpha-$ 淀粉酶对纯淀粉溶液作用的最适 pH 5.6～5.8，最适温度为 60～65℃，失活温度为 70℃。作用于未煮沸的糖化醪，其最适 pH 5.6～5.8，最适温度为 70～75℃，失活温度为 80℃。

$\beta-$ 淀粉酶是含有巯基的外切酶，作用于淀粉分子的非还原性末端，依次水解下一分子的麦芽糖，所以作用速度缓慢。$\alpha-$ 淀粉酶作用后，产生大量糊精，为 $\beta-$ 淀粉酶提供大量非还原性末端，淀粉液可快速实现糖化。$\beta-$ 淀粉酶只能作用于 $\alpha-1,4$ 糖苷键，遇到 $\alpha-1,6$ 键糖苷即停止水解。$\beta-$ 淀粉酶对纯淀粉溶液最适 pH 4.6，最适温度为 40～45℃，失活温度为 60℃。对未蒸煮的糖化醪最适 pH 5.4～4.6，最适温度为 60～65℃，失活温度为 70℃。

（3）蛋白酶　蛋白酶分为内肽酶和端肽酶。内肽酶能切断蛋白质分子内部的肽键，分解产物为小分子多肽。端肽酶又分为羧肽酶和氨肽酶，羧肽酶是从游离羧基端切断肽键，而氨肽酶是从游离氨基端切断肽键。

①内肽酶分解高分子蛋白质的产物主要为多肽、少量的小分子肽和氨基酸。作用的最适 pH 4.7，最适温度为 40℃，失活温度为 70℃。对糖化醪最适 pH 5.0～5.2，最适温度为 50～60℃，失活温度为 80℃。

②羧肽酶有三种，作用的最适 pH 分别为 4.8、5.2 和 5.7，最适温度为 50～60℃，失活温度为 70℃。

③氨肽酶作用的最适 pH 7.2 和 5.8～6.5。

④二肽酶作用的最适 pH 8.6 和 7.8，最适温度为 40～50℃。

（4）半纤维素酶　半纤维素酶包括内、外 $\beta-$ 葡聚糖酶、纤维二糖酶、昆布二糖酶、内-木聚糖酶、外-木聚糖酶、木二糖酶、阿拉伯糖苷酶。

$\beta-$ 葡聚糖酶一般在发芽 4～5d 达到高峰，作用的最适 pH 5.5，最适温度为 40℃。

3. 发芽过程中的物质变化

（1）糖类的变化　发芽过程中最主要的物质变化是淀粉在发芽过程中受淀粉酶的作用，逐步分解为糊精和糖类，其分解产物部分供给合成新的幼根和幼芽，部分作为呼吸作用的能源，部分以糊精和糖类的形式留在胚乳中。

发芽过程中，淀粉的分解量约为原含量的 18%，淀粉的制麦损失为干物质量的 4%～5%。制麦过程中，可溶性糖大部分有积累，这是由于淀粉、半纤维素及其他多糖被水解。但葡二果糖和棉籽糖都逐渐下降，它们作为发芽开始的营养源而被消耗了。

（2）蛋白质的变化　蛋白质分解所引起的物质变化，是整个制麦过程中最复杂而且最重要的变化，它不仅影响麦芽质量，而且关系到啤酒风味、泡沫、啤酒的非生物稳定性。

（3）半纤维素和麦胶物质的变化　$\beta-$ 葡聚糖是半纤维素和麦胶物质的主要成分，易溶于水形成黏性溶液，其相对分子质量越小，黏度越小。发芽中，随着胚乳的不断溶解，$\beta-$ 葡聚糖被分解，浸出物溶液黏度也不断下降，可以通过测定黏度来衡量 $\beta-$ 葡聚糖含量的相对值。溶解良好的麦芽，其 $\beta-$ 葡聚糖分解较充分，用手指捻压胚乳可呈粉状散开，溶解不良的麦芽，手指捻压时呈胶团状。

4. 发芽方法

传统的老式发芽是在普通的水泥地板上进行，称为地板式发芽。虽然能制出优良麦芽，但因其劳动强度大，生产效率低，生长能力小，已被淘汰。目前流行的发芽方法和设备如下：

（1）萨拉丁（Saladin）发芽箱 它是以发明该方法的法国工程师萨拉丁的名字命名的，它是使用最早、最广泛的箱式发芽设备，我国的发芽设备基本属于此类型。这种设备设有翻麦机，用来翻动麦层防止麦芽结块，以利通风。发芽箱用开有条孔的不锈钢板做假底，下方为空气室。

大麦经浸渍后送至发芽箱，前期控制温度14℃左右，至第四或第五天，温度升至18～20℃，以后逐渐下降。最好采用连续通风，若间歇通风，每天早、中、晚各通风一次，每次15min，空气相对湿度95%以上，后期通风次数和风量应减少。

（2）麦堆移动式（wanderhaufen）发芽体系 这是一种半连续式生产设备，实际是6～7个萨拉丁发芽箱首尾相连形成一条"发芽作业线"，箱的主要部分与萨拉丁发芽箱结构相同，假底下面的空间分隔成12～16个分室，整个发芽过程每12h为一个单元，每次翻动麦堆向前移动一个分室，经6～8d完成全发芽过程，最后入单层干燥炉。通风方式与传统萨拉丁发芽箱类似，可在每条作业线上设1～2台风机和冷却装置，按要求送入新鲜空气和回流空气，或先将二者送入混合室，按比例混合后送入发芽箱。

在麦堆移动式发芽中，还有劳斯曼（Lausmann）转移箱式制麦体系。整个发芽体系分为六个独立的箱，每箱正好接收一个浸麦槽一批的投料量，每箱单设空调室和通风装置。

每个箱底均有升降装置，翻麦机为刮板式，长度正好跨两个箱。翻麦时，翻麦机位于箱顶，出料箱的箱底逐渐升起，接收箱的箱底逐渐下降。翻麦从干燥箱的出料开始，逐个进行至浸麦槽下料结束。

（3）发芽－干燥两用箱 这种设备在我国最早应用于20世纪70年代，其优点是免去了干燥炉的高层建筑，节省了基建投资；免去了绿麦芽输送设备和操作；适用于多期扩建，不必停产施工。

但这种设备也有缺点：①在同一箱内低温发芽，高温干燥，建筑物自身吸热和降温能量消耗大，能源利用不合理；设备条件要求较高；②发芽床单位面积负荷量比正常萨拉丁发芽箱有所降低；③必须分设热风和冷风两个风道系统。由于以上缺点，发芽－干燥两用箱在我国的应用仍处于徘徊状态。

（三）绿麦芽干燥

1. 干燥的目的

（1）发芽结束时，绿麦芽水分在41%～46%，不能贮存。通过干燥将水分降低到5%以下，终止酶的作用，停止麦芽的生长和胚乳的溶解。

（2）除去绿麦芽的生青味，使麦芽产生特有的色、香、味。

（3）使麦根干燥而易于除去，避免麦根的不良味道带入啤酒。

2. 干燥过程中物质的变化

（1）酶的变化 当麦芽含水分≥15%，温度≤40℃时，麦芽继续生长，胚乳的溶解继续进行。在麦芽干燥阶段，水分逐渐降低，温度逐步升高，各种酶的活性均有不同程度的降低，其变化情况视采用的干燥温度而异。

（2）糖类的变化 干燥前期，麦芽水分含量大，干燥温度在40℃时，各种淀粉水解酶继续作用，短链糊精和低分子糖有所增加。但水分降至15%以下，温度继续升高时，淀粉水解作用停止。

（3）蛋白质的变化　在干燥初期，蛋白酶继续形成，在一定的水分和温度下，蛋白分解作用继续进行。当温度继续升高，麦芽的凝固性氮含量降低。低分子氮由于消耗于类黑素的形成而降低。

（4）类黑素的形成　麦芽在干燥中形成的色泽和香味，都是类黑素的形成所致。类黑素的形成除了应具备低分子糖与某些氨基酸外，麦芽水分应不低于5%。干燥温度达到110℃时，麦芽香味强烈产生，色素物质大量形成。类黑素的形成还与pH有关，pH 5时最有利于类黑素的形成。类黑素是棕褐色物质，有香味和着色力，具胶体性质，有利于啤酒的起泡性和泡持性。

（5）二甲基硫（DMS）的形成　二甲基硫是影响啤酒风味的一种物质，它的前体物质是S–甲基甲硫氨酸（S-methyl methionin），在发芽时已经形成，由于这种物质不耐热，易受热分解，形成二甲基硫。但不是所有绿麦芽中的二甲基硫前体物质都生成二甲基硫，只有焙焦麦芽的S–甲基甲硫氨酸才能形成二甲基硫。

3. 干燥工艺

麦芽干燥是利用逐步升温的热空气去干燥绿麦芽，多采用间接式加热，也有直火加热的，我国基本上都是间接加热方式。用烧煤的烟道气加热空气或用锅炉蒸汽加热空气送入麦层，逐步升温，使麦芽干燥至预定的水分。国内常见的干燥炉有双层和三层水平式干燥炉、单层高效干燥炉、发芽干燥两用箱。

（四）麦芽质量的评定

1. 感官评定

（1）将绿麦芽的麦皮剥开，用拇指和食指搓开胚乳，呈粉状散开且感觉细腻者为溶解良好；虽能搓开但感觉粗重者为溶解一般；不能搓开而成胶团状者为溶解不良。

（2）将干麦芽切断，其断面为粉状者为溶解良好；呈玻璃状者为溶解不良；呈半玻璃状者介于两者之间。用口咬干麦芽，疏松易碎者为溶解良好；坚硬不易咬断者为溶解不良。

（3）叶芽长度越均匀越好，浅色麦芽叶芽长度为麦粒长度的3/4者占75%左右，平均长度为麦粒长的0.75左右，不发芽粒少于5%，认为优良。深色麦芽的叶芽长度应为麦粒长度的0.8以上，露头芽少于5%，不发芽粒少于5%，可认为良好。

2. 理化标准

（1）水分　我国浅色麦芽出炉水分为5%以下，经贮藏后可达8%左右。

（2）无水浸出物　一般为72%～80%。

（3）糖化时间　优良浅色麦芽为10～15min，深色麦芽20～30min。糖化时间代表着麦芽淀粉酶的活力，糖化时间越短越好。

（4）色度　正常浅色麦芽色度为2.5～4.5EBC单位，相当于0.1mol/L碘液0.14～0.25mL。深色麦芽为9.5～15.0EBC单位，相当于0.1mol/L碘液0.6～1.0mL。

（5）细胞溶解度　目前国际上通用的方法是测定麦芽粗细粉浸出物差值。使用EBC型粉碎机，按标准操作条件进行粉碎，按粗细粉差判断麦芽溶解度的经验值为：优＜1.5%、良好1.6%～2.2%、不良2.8%～3.2%、满意2.3%～2.7%、很差＞3.2%。

（6）蛋白溶解度

①库尔巴哈值：可溶性氮和总氮之百分比表示蛋白溶解度，此值越高溶解越好。经验值为：优＞41%、良好38%～41%、一般35%～38%、35%以下为差。

②隆丁区分（Lundin Fraction）：隆丁区分是将麦芽中的蛋白分解物分成三个组分，用不同沉淀剂将协定法麦汁中的蛋白分解物分成 A、B、C 三组。A 组分子质量 60000Da 以上，约占 15% 以上；B 组分子质量为 12000 ~ 60000Da，约占 25%；C 组分子质量 12000Da 以下，约占 60%。以上为经验值，不作为常规项目。

③甲醛氮和 α - 氨基氮表示法：甲醛氮和 α - 氨基氮也可以反映蛋白溶解的程度，具体如表 4 - 1 所示。

表 4 - 1   麦芽质量的甲醛氮和 α - 氨基氮表示法

等级	甲醛氮（mg/100g 干麦芽）	α - 氨基氮（mg/100g 干麦芽）
优	>220	>150
良好	≥200，<220	≥135，<150
满意	≥180，<200	≥120，<135
不良	<180	<120

（7）糖化力 麦芽的糖化力是表示麦芽中淀粉酶使淀粉水解成还原糖（以麦芽糖计）的能力，我国国家标准以 WK（维柯单位）表示。1WK 是表示 100g 绝干麦芽在 20℃ 和 pH 4.3 条件下，分解可溶性淀粉，每 30min 产生 1g 麦芽糖。

浅色麦芽的糖化力常在 200 ~ 300WK，深色麦芽糖化力通常只有 80 ~ 120WK。

（五）特种麦芽

1. 焦糖麦芽

又称焦香麦芽、琥珀麦芽，其制备方法是将成品浅色麦芽或半成品绿麦芽在高水分下，经过 60 ~ 75℃ 的糖化处理，最后以 110 ~ 150℃ 高温焙焦，使糖类焦化。这种焦糖麦芽多用于制中等深色啤酒，能增进啤酒的醇厚性、非生物稳定性和麦芽香味。

2. 类黑素麦芽

制作方法是将高蛋白大麦经发芽充分溶解后，于干燥炉中 50℃ 保温 24h，使蛋白充分溶解，然后按常法干燥，焙焦温度为 100 ~ 110℃。这种麦芽含有丰富的类黑素，呈黄褐色，胚乳为黑褐色，色度不低于 14mL0.1mol/L 碘液，麦芽香味浓，无苦味，用于制深色啤酒。

3. 乳酸麦芽

制作方法是将发芽 4 ~ 5d 的绿麦芽，喷洒 0.4% ~ 0.6% 的乳酸液，取出干燥为成品麦芽。乳酸麦芽可用于改进碱性糖化用水，降低糖化醪液的 pH。使用乳酸麦芽可提高酶活力，增加浸出物，改良啤酒口味，降低色度，提高泡持性。

四、麦汁制备工艺

麦芽汁制备俗称糖化，将麦芽及其他辅料粉碎与温水混合，利用麦芽自身的水解酶，将淀粉、蛋白质等高分子物质进一步分解成可溶性低分子糖类、糊精、氨基酸、胨、肽等，制成麦芽汁。糖化后未分离麦糟的混合液称为糖化醪，滤除麦糟后称为麦汁，从麦芽中浸出的物质称为浸出物，一般麦芽浸出率为 80%，其中 60% 在糖化过程。

麦汁制备包括原料的粉碎、原料的糊化、糖化、糖化醪的过滤、混合麦汁加酒花煮沸、麦汁澄清、冷却、加氧等一系列加工过程。

（一）麦芽及辅料的粉碎

麦芽在糖化前必须粉碎，粉碎后的麦芽，可溶性物质容易浸出，增大了淀粉粒与酶的接触面积，利于酶的作用。麦芽粉碎度应适当，若麦芽皮壳粉碎过细，会增加皮壳有害物质的溶解，影响啤酒风味；麦汁过滤时不能形成性能良好的过滤层，造成过滤阻力增加，影响过滤操作。若淀粉等物质粉碎过细，不但影响酶促反应速度，也影响最终麦汁组成。

（二）糖化

糖化是指麦芽及辅助原料中的淀粉、蛋白质等不溶性高分子物质，在麦芽中各种水解酶及热力的作用下，分解成水溶性低分子物质的过程。由此制备的浸出物溶液就是麦芽汁。

1. 淀粉的分解

麦芽的淀粉含量为干物质的 58%～60%，麦芽淀粉的性质与大麦淀粉的性质基本一致，只是麦芽的淀粉颗粒，在发芽过程中因受到酶的作用，外围蛋白质和细胞壁的半纤维素物质已被分解，淀粉更易受到酶的作用而分解。

糖化中，淀粉分解完全与否，对麦汁收得率和啤酒的发酵度有绝对重要的关系。但为了保持啤酒的风味和酒体，麦汁中还应保留一定量的糊精。因此，在麦汁制备过程中，对淀粉分解程度应进行控制和检查，常用方法为：

（1）碘液反应　在麦汁制备中，淀粉必须分解至不与碘液起呈色反应为止。至此，麦汁中的淀粉已全部分解为糊精和可发酵性糖，其比例约为 2:7。

（2）糖与非糖之比（糖：非糖）　在这里糖的概念是指麦汁中与斐林试剂（Fehling Solution）起反应的糖类，麦汁中不与斐林试剂起反应的物质，统称非糖，它包括糊精和其他全部有机和无机成分。糖与非糖之比的控制，视所制啤酒的类型不同而有差别，国内制造 $12°P$ 淡色啤酒多控制在 1:（0.23～0.35），在制造深色啤酒时，非糖比例应适当提高。

2. 蛋白质的变化

大麦中的蛋白质的分解大部分是在发芽过程中完成的，麦芽在糖化过程中总可溶性氮仅增加 20%～30%，啤酒麦汁中氨基酸的 70% 以上直接来自于麦芽，而只有 10%～30% 是由糖化过程产生的。

蛋白质的分解产物对啤酒发酵有重要影响。氨基酸是合成啤酒酵母含氮物质的主要来源，如果麦汁中缺乏氨基酸，酵母增殖困难，最后导致发酵迟缓。酵母要经过"哈里斯"（Harris）路线合成必需氨基酸，由于酮酸积累导致形成过多的高级醇。如果麦汁中氨基酸过多，也会使酵母体内积累过多的蛋白质，影响增殖和发酵。酵母经过"伊氏"路线同化，相应也会形成较多的高级醇。氨基酸和高级醇均是影响啤酒风味的物质。

麦汁中的可溶性氮及其分解产物——肽是啤酒风味和泡持性的重要物质，它们赋予啤酒醇厚丰满的口感。如果缺乏可溶性氮，则啤酒寡淡、苦硬、淡泊、泡持性差。麦汁中若含有较多的大分子可溶性氮，将使啤酒的胶体稳定性变差。

水解蛋白质的主要蛋白酶，糖化时的作用温度为 40～65℃，如采用较高的蛋白休止温度（50～65℃）有利于积累总可溶性氮，而采用较低的温度（40～50℃），则有利于形成较多的 α-氨基氮。为了促进麦芽蛋白质分解，糖化时应将糖化醪的 pH 调节到 5.0～5.5。

（三）糖化方法

糖化的方法很多，传统的糖化方法有两大类：煮出糖化法、浸出糖化法。其他糖化方法均是由这两种方法演变而来。

1. 煮出糖化法

煮出糖化法是麦芽醪利用酶的生化作用和热力的物理作用进行糖化的方法，其特点是将糖化醪液的一部分，分批地加热到沸点，然后与其余未煮沸的醪液混合使全部醪液温度逐次提高到不同酶分解所需的温度，最后达到糖化终了温度。煮出糖化法可以弥补一些麦芽溶解不良的缺点，发酵啤酒多利用此法制造。

煮出糖化法又分为一次、二次、三次煮出法。我国大多数厂生产淡色啤酒，几乎都用二次煮出法。三次煮出法用于酿造浓色啤酒。

（1）二次煮出法

首先辅料和部分麦芽粉在糊化锅中与水混合，并升温煮沸糊化（即第一次煮沸）。同时，麦芽和水在糖化锅内混合，44～45℃保温30～90min，以防止蛋白质过度溶解。将糊化锅内的糊化醪泵入糖化锅，糖化温度65～68℃，保温糖化至无碘反应后，再从糖化锅中取出部分醪液泵入糊化锅进行第二次煮沸，而后泵入糖化锅使醪温升至75～78℃保持10min，过滤（保持78℃）。此法目的在于将麦糟中残余生淀粉再进行一次糊化，即当两者再次混合后，为煮沸部分中的麦芽酶再作用于已糊化后的残淀粉，因而提高了浸出物的得率。

二次煮出法适用于处理各种性质的麦芽和制造各种类型的啤酒，用浅色麦芽制造淡色贮藏啤酒普遍采用此法。

（2）三次煮出法

①麦芽粉投入糖化锅，与37℃热水混合，保温30～60min。然后将部分醪液送至糊化锅，加热至70℃保温15～20min，然后以每1℃/min的速度升温至沸，并煮沸10～20min。

②煮沸醪液泵回糖化锅，边泵入边搅拌，混合均匀后，使醪液温度达到50℃，进行蛋白休止，休止时间为20～90min。休止时每隔15min搅拌一次，使醪液上下均匀。

③将糖化锅中部分醪液，第二次泵入糊化锅加热，至70℃保温10min，再以每1℃/min的速度加热至沸，煮沸0～10min。煮沸后的醪液泵回糖化锅，使混合后的全部醪液温度达到设定的糖化温度（65～70℃），在此温度下糖化30～60min，至无碘液反应为止。

④第三次泵出部分醪液至糊化锅，迅速加热至沸，煮沸后泵回糖化锅，使混合醪液温度达到糖化终了温度78～80℃，搅拌10min，然后进行过滤操作。

三次煮出法，因有部分醪液经受三次煮沸，麦汁色度较深，适宜制造浓色啤酒。

2. 浸出糖化法

浸出糖化法是将粉碎麦芽与冷水混合，然后逐渐通入蒸汽加热或添加热水是醪液温度提高到所需温度，此法在英国较为流行。

浸出糖化法又可分为升温浸出法和降温浸出法。升温浸出法中各种水解酶在醪液逐步升温时对麦芽成分进行分解，常采用二段式糖化。首先经过62.5℃糖化，在此温度下，β-淀粉酶有最高活性，有利于形成较多的可发酵性糖，一些蛋白酶类也有一定活性，可补充蛋白质的分解，此温度一般保持20～40min。然后升温至68～70℃进行第二段糖化，此段主要发挥α-淀粉酶的作用，提高麦汁收率。降温浸出法一开始就在68～70℃下进行糖化，然后再降温进行第二段浸出，这时蛋白酶已受到破坏，这种先高温后低温的方法不够合理，目前啤酒厂很少采用。

3. 复式糖化法

当使用部分未发芽谷物作辅料时，由于未发芽谷物中的淀粉包含在胚乳细胞中，须经过破除淀粉细胞壁，使淀粉溶出，再经糊化和液化形成淀粉浆，才能受到麦芽中淀粉酶作用形成可发酵性糖和糊精。未发芽谷物的处理，一般是在糊化锅内加水加麦芽，升温至沸，由于包含了辅料的酶和煮沸处理，故称复式糖化。采用本法时，辅料大米、玉米应适当磨细，磨得越细，糊化和液化越容易。但磨得太细会造成麦汁过滤困难，麦汁混浊，一般以通过 40 目筛为宜，添加麦芽或酶有利于辅料液化。在各种糖化方法中物料的主要变化均是依据麦芽中各种水解酶的催化，糖化条件控制就是创造适合各类酶作用的最适条件，糖化控制的原理包括：

（1）酸休止 利于麦芽中磷酸酯酶对麦芽中菲汀的水解，产生酸性磷酸盐，有时还利用乳酸菌繁殖产生乳酸。工艺条件是温度 35~37℃，pH 5.2~5.4，时间为 30~90min。

（2）蛋白质休止 利用麦芽中的蛋白酶类分解蛋白质为多肽和氨基酸。此作用的最佳 pH 5.2~5.3，形成 α-氨基氮的最适温度为 45~50℃，形成可溶性多肽的温度为 50~55℃，作用的时间为 10~120min。

（3）糖化分解 此作用是淀粉水解成可溶性糊精和可发酵性糖，对麦芽中 β-淀粉酶催化形成可发酵性糖，最适温度为 60~65℃。α-淀粉酶作用的最适温度为 70℃。这两种酶共同作用的最适 pH 5.5~5.6，作用时间为 30~120min。

（4）糖化终了 糖化终了必须使醪液中除 α-淀粉酶外的其他酶类失活或钝化，此温度为 70~80℃。保留 α-淀粉酶是考虑到过滤的需要，若采用上限温度醪液黏度小，过滤快，有害物质溶解多，α-淀粉酶残留少。

（5）煮沸 部分醪液加热至沸，主要利用热力作用，促进物料的水解，特别是使生淀粉彻底糊化、液化，提高浸出物收率。

（四）麦芽醪的过滤

糖化结束后，应在最短的时间内，将糖化醪中溶于水的浸出物与不溶性的麦糟分开，得到澄清的麦汁，此分离过程称麦芽醪的过滤。

1. 麦汁过滤过程

（1）残存的 α-淀粉酶继续将少量的高分子糊精分解成短链糊精和可发酵性糖，提高原料浸出物收得率。

（2）以麦糟为滤层，从麦芽醪中分离出"头号麦汁"。

（3）用热水洗出残存于麦糟中的可溶性固形物，得到洗涤麦汁或称为"二号麦汁"。

2. 麦汁过滤方法

（1）过滤槽法 以麦芽醪液柱高度（1.5~2.0m）产生的静压力为推动力实现过滤的。麦汁过滤设备是过滤槽，槽体是由不锈钢制成的圆筒形，配有弧球形顶盖，槽底为平底，上层为水平筛底，下层是麦汁收集底，最外层还有可保温的夹底。过滤槽法是最古老的也是至今采用最普遍的方法。

（2）压滤机法 依靠泵送醪的正压为推动力通过滤布而实现过滤。常用设备为板框式压滤机，它由容纳糖化醪液的板框和分离麦汁的滤布及沟纹板组成若干个滤框室，再配以顶板、支架、压紧螺杆组成。

（3）快速渗出槽法 依靠液柱正压和麦汁泵抽吸造成的局部负压为推动力。快速渗出槽有矩形槽和圆柱锥底槽两种，均为不锈钢制造。圆柱锥底槽的槽身下半部装有七层不锈钢渗滤管，滤管上铣有长形滤孔。糖化醪液泵入快速渗出槽内，通过分配器将醪液均匀分布在槽内，当醪液盖没渗滤管后，开始用泵抽滤。开始所得滤液不澄清，可进行回流，澄清麦汁流入煮沸锅。头号麦汁大部分滤出后，开始自动洗糟。洗糟完毕，由槽底出糟。

（五）麦汁煮沸与酒花添加

1. 麦汁煮沸

（1）煮沸的目的

①蒸发水分、浓缩麦汁：过滤得到的头号麦汁与洗涤麦汁混合后，形成的混合麦汁，浓度比定型麦汁浓度低，通过煮沸，蒸发浓缩至规定浓度。

②酶的破坏和麦汁灭菌：过滤后的麦汁仍有少量残存的酶活性，主要是 α - 淀粉酶，为了发酵时麦汁成分的稳定，通过煮沸破坏残存酶的活性。经过 $1 \sim 2h$ 的煮沸，能杀死全部对啤酒发酵有危害的微生物，保证了发酵的安全性。

③蛋白变性沉淀：过滤麦汁中含有易造成啤酒混浊的高分子蛋白质，在煮沸时利于蛋白热变性和与单宁结合等反应，使麦汁中的高分子蛋白质变性沉淀，在后面的工序中分离除去。

④酒花成分的浸出：在麦汁煮沸过程中添加酒花，将其所含有的苦味质、多酚物质、芳香成分等溶出，以提高麦汁的生物和非生物稳定性，并赋予麦汁独特的苦味和香味。

⑤排除麦汁中的异杂味：把一些挥发性的恶味蒸出，其中也包括一部分酒花油中风味不良的碳氢化合物，如香叶烯等。

⑥还原物质的形成：在麦汁煮沸过程中，麦汁色泽逐步加深，并且形成一些成分复杂的还原物质，如类黑素等，这些物质对保持啤酒的风味稳定性和非生物稳定性有很大作用。

（2）麦汁煮沸设备　麦汁煮沸是在麦汁煮沸锅中进行的，煮沸锅是糖化设备中发展变化最多的设备。传统的煮沸锅均用紫铜板制成，近代较普遍采用不锈钢板。外形有圆筒球底、圆筒 W 底（梨形）、矩形不等边锥底等各种形式，比较普遍的是圆筒球底，配以球形或锥形盖。

（3）煮沸强度　煮沸强度是指煮沸锅单位时间（h）蒸发麦汁水分的百分数，又称蒸发强度。

$$\Phi = \frac{V_1 - V_2}{V_1 \cdot t} \times 100\%$$

式中　V_1——煮沸前混合麦汁体积，m^3；

　　　V_2——煮沸后热麦汁的体积，m^3；

　　　t——煮沸时间，h；

　　　Φ——煮沸强度，$\%/h$。

为了获得澄清透明并含有较低热凝固氮的麦汁，煮沸强度一般应在 $8\% \sim 12\%$。煮沸强度不够是许多啤酒厂生产的啤酒易发生消毒混浊的主要原因之一。

2. 酒花的添加

（1）酒花有效成分的溶出

①酒花中的多酚物质：酒花中含有 $3\% \sim 5\%$ 的多酚物质，它们易溶于水，在热麦汁中溶解迅速。多酚中的单宁，很容易和煮沸麦汁中的清蛋白、球蛋白及高分子肽结合，形成不溶性的单宁 - 蛋白质复合物，即形成絮状热凝固物沉淀。非单宁化合物与蛋白质结合力弱，而且形成的复合物在热麦汁中是可溶性的，只有麦汁冷却到 35℃ 才析出，故称为"冷凝固

物"，这些相对分子质量低的多酚物质，将较多地残留在麦汁中，它和冷凝固物一起是造成啤酒非生物混浊的主要物质。

②酒花精油：酒花精油是构成啤酒挥发性香气的重要物质。酒花在麦汁煮沸时，酒花精油的绝大部分（85%～95%）随水蒸气而挥发掉，煮沸时间越长，挥发越多，而且最易挥发的是酒花精油中香叶烯。残留在麦汁中的酒花精油成分主要是葎草烯、石竹烯及香叶醇，它们使啤酒带有典雅的香气。酒花精油在麦汁煮沸时如果接触过多的氧，很容易氧化形成脂肪臭。

③酒花的苦味质：酒花的苦味物质在麦汁煮沸过程中的变化十分复杂，随麦汁组分和煮沸条件不同而有很大差别。进入麦汁的苦味物质，在加热的情况下容易发生变化，如α-酸异构为异α-酸，这是啤酒苦味的主要来源，还有一部分（15%～25%）α-酸在煮沸时形成衍生异α-酸和α-软树脂，它们溶解度较小，苦味值和防腐力较低。β-酸在麦汁煮沸中形成无定形的β-软树脂，增加了溶解度，并且使它的苦味变得更加细腻柔和。

（2）酒花的添加量和添加方法　酒花添加量根据所制啤酒的类型，酒花本身的质量和消费者的爱好而不同。

啤酒苦味值（Bu）是体现酒花加量的重要指标，测定 Bu 的方法是采用 EBC 方法，即从酸化的啤酒中用异辛烷萃取其苦味物质，在波长 275nm 下比色，吸光值乘以 50，所得值为Bu 值。此值反映的主要是异α-酸和氧化α-酸、氧化异α-酸，不包括β-部分。通常情况下，10～14°P 浅色啤酒 Bu 值为 15～40。

（六）麦汁的处理

由煮沸结束的热麦汁，在进行啤酒发酵前还需要进行酒花糟分离、热凝固物分离、冷凝固物分离、麦汁冷却、充氧等一系列处理，才能制成发酵麦汁。国内目前采用较多的流程如图 4－10 所示。

图 4－10　发酵麦汁制备工艺流程图

在回旋沉淀槽内，分离酒花糟和热凝固物的同时，麦汁温度降低到 55℃。然后利用薄板换热器将麦汁冷却到接种温度。

1. 热凝固物分离

热凝固物又称煮沸凝固物，是在煮沸过程中，麦汁中的蛋白质变性和多酚物质的不断氧化聚合而形成，同时吸附了部分酒花树脂，在 60℃以前，此类凝固物仍继续析出。发酵前热凝固物应尽量彻底分离，否则在发酵时会吸附大量的活性酵母，造成发酵不正常。如分散后进入成品啤酒，将影响啤酒的非生物稳定性和风味。

80%～90%的工厂采用回旋沉淀槽法分离热凝固物，利用麦汁旋转产生的离心力进行分离，也有少量工厂采用离心机或硅藻土过滤法分离。

2. 冷凝固物分离

冷凝固物是分离热凝固物后澄清的麦汁，在冷却到 50℃以下，随着冷却进行，麦汁中重新析出的混浊物质，在 25℃左右析出最多。这种混浊是可逆的，麦汁加热到 60℃以上，麦汁又恢复澄清透明，这和瓶装啤酒的"冷雾浊"是完全相同的。分离冷凝固物主要方法有：

（1）酵母繁殖槽法 在传统的两段发酵法中，冷却麦汁添加酵母后，在开口的酵母繁殖槽内停留 14～20h，开始起沫后移入前发酵槽，可分离出残留在槽底的冷、热凝固物及死酵母。

（2）冷沉降法 未加酵母的冷麦汁，经 24～48h 的静置，待冷凝固物沉降后，分离上层澄清麦汁。由于未加酵母，有可能受到污染，使用此法需要严格的卫生条件，或在发酵前对麦汁进行消毒后再接种。

（3）硅藻土过滤法 用硅藻土过滤机过滤冷麦汁，可以分离 80% 左右的冷凝固物。此法虽能去除绝大部分冷凝固物，但需消耗助滤剂，而且会增加麦汁污染的危险。

（4）麦汁离心分离法 冷却后的麦汁利用离心机可分离 60%～70% 的冷凝固物，啤酒厂广泛采用盘式离心机。此法优点是：系统封闭，易于防止污染，体积小，自动化程度高，清洗用水少，不需要辅助材料。其缺点是：投资大，能量消耗大，麦汁损耗大，维修费用高。

（5）浮选法 将冷却麦汁通入无菌空气，混合后送入密闭浮选罐，空气微小气泡从麦汁中溢出时，冷凝固物被吸附在细密气泡表面，形成泡沫聚集在液面上，撇除泡沫或放出麦汁将泡沫留在罐内，可将冷凝固物分离。

冷凝固物的分离不是所有啤酒厂，生产任何啤酒都需要的。如果所生产的啤酒不需要太长的保质期，不分离冷凝固物也可以，而且对啤酒的泡沫性能有利。

3. 麦汁的充氧

（1）热麦汁氧化 麦汁在高温下接触氧，多是对麦汁中各类物质进行氧化，很少以溶解形式存在，但对热麦汁氧化的利弊众说不一。

（2）冷麦汁的充氧 麦汁冷却至接种温度后，采用无菌压缩空气通风，此时氧反应微弱，氧在麦汁中呈溶解态，这部分溶解氧是酵母前期发酵繁殖所必需的，也有极少数厂采用纯氧通风麦汁。通风充氧不可在发酵期间进行，否则会延长酵母停滞期，增加双乙酰，并使罐内泡沫增加，影响罐有效容积。

五、 啤酒发酵

冷麦汁接种酵母后，开始进行发酵作用。啤酒发酵是一项非常复杂的生化变化过程，在啤酒酵母所含酶系的作用下，其主要产物是酒精和二氧化碳，另外还有一系列发酵副产物，如高级醇类、醛类、酸类、酯类、连二酮类和硫化物等。这些发酵产物决定了啤酒的风味、泡沫、色泽和稳定性等指标，使啤酒具有独特的典型性。

（一）啤酒酵母

1. 啤酒酵母种类

酿造啤酒的酵母，在分类学上属：半子囊菌纲—原子囊菌亚纲—内孢霉目—酵母科—出芽酵母亚科—酵母属。用于酿造的主要有两个种：

（1）啤酒酵母（*S. cerevisiae* Hansen） 呈圆形、卵圆形或腊肠形，根据细胞的长宽比可分为三组。

第一组细胞长宽比为 1～2（<2），主要用于酒精和白酒等蒸馏酒的生产。

第二组细胞长宽比为 1:2，此组酵母细胞出芽长大后不脱落，再出芽，易形成芽簇假菌丝。主要用于啤酒、果酒酿造和面包发酵。在啤酒酿造中，酵母易飘浮在泡沫层中，在液面发酵和收集，所以这类酵母又称上面发酵酵母（top fermentation yeast）。英国 Ale Stout 型啤酒用此类酵母酿造。

第三组细胞长宽比 >2，此类酵母能够忍耐高渗透压，用于糖蜜酒精和朗姆酒生产。

啤酒酵母能发酵葡萄糖、麦芽糖、蔗糖，不能发酵蜜二糖和乳糖，棉子糖发酵 1/3。

（2）葡萄汁酵母（S. urarum）　在啤酒酿造界习惯称为"卡尔酵母"或"卡尔斯伯酵母"。此类酵母糖类发酵特征相同，均能全部发酵棉子糖。在啤酒酿造中，发酵结束酵母沉于容器底部，所以称为"下面发酵酵母"（bottom fermentation yeast）。

利用上面酵母在较高温度下发酵，称为上面发酵；利用下面酵母在较低温度下发酵称为下面发酵。我国生产的啤酒均采用下面发酵。

2. 优良啤酒酵母的评估和筛选

优良酵母的评估和筛选对啤酒厂是十分重要的，应经常进行。一些厂不重视此项工作，造成生产菌株退化，表现为起酵迟缓；发酵力衰退；发酵不彻底，发酵度降低；双乙酰含量增高，后期还原慢；酵母凝聚性差，过滤困难；啤酒风味变差，如喝后上头。严重影响了啤酒的正常生产和啤酒的质量。

（1）酵母形态　下面啤酒酵母呈圆形或卵圆形，细胞拉长是变异的结果或发酵后期营养不足造成的。细胞大小有两类，大型为（6.8 ~ 8.0）μm ×（8.0 ~ 9.0）μm；中小型（3.6 ~ 6.5）μm ×（6.0 ~ 6.8）μm。在液体培养基中培养，细胞是单个的或有一个子细胞，子细胞大到母体的 2/3 体积即脱落，若发现细胞成链，表明不是下面酵母（卡尔酵母）特征。

（2）酵母繁殖速度　啤酒酵母繁殖方式为出芽生殖，一般在长轴一端，单端多边芽殖，理论上可形成 9 ~ 43 个芽，实际一般 1 ~ 6 个，少数 12 ~ 15 个，脱落后形成芽痕。目前啤酒生产酵母使用代数低（不超过 5 代），希望选择繁殖速度快的菌株，可缩短酵母扩大培养时间和发酵前期的酵母增殖时间。

（3）发酵力　酵母的发酵力包括起酵速度、发酵最高降糖能力、啤酒发酵度、酵母对麦汁的极限发酵度。

麦汁接种酵母后，酵母要适应发酵环境，有一个明显的延滞期，以后酵母数增殖到（20 ~ 25）×10^6 个/mL，发酵液表面出现白色泡沫，从接种到起沫的时间称为起酵时间。生产中要求起酵时间短的菌株。酵母起酵快，繁殖速度快，容易在麦汁中形成优势，不易污染杂菌。

发酵开始后，进入旺盛发酵期——高泡期，此阶段是整个发酵过程中降糖最快的阶段，优良的菌株表现为高泡期降糖速度快（2.5°P/d），并且能维持 2 ~ 3d 的时间。快速发酵菌株发酵周期短，pH 降低快，有利于酿造淡爽型啤酒，啤酒稳定性好。

啤酒主酵发酵度目前倾向高发酵度，我国 12°P 淡爽型啤酒的发酵度，优级啤酒大多在 65% ~ 68%，而传统酵母酿造的啤酒多在 62% ~ 63%。优质啤酒的发酵度均应高于 60%。

麦汁极限发酵度是指在最有利的发酵温度 25 ~ 27℃下，酵母对麦汁中可发酵性糖类的最大可能发酵程度。实际主要反映的是酵母对麦汁中麦芽三糖的发酵能力和发酵极限。优良菌株的极限发酵度和啤酒主酵发酵度的差值很小，低于 1.0%，目前啤酒主酵的最高温度也不超过 12℃，差值越小说明此菌株对发酵温度的适应能力越强，发酵得到的啤酒口味清爽，生物稳定性好。如果二者差值大于 5.0%，啤酒的口味黏稠并带有不爽口的甜味。

（4）凝聚性　啤酒酵母的凝聚性在生产上具有特殊的重要性，它受酵母的遗传和外界条件影响，我国传统啤酒生产常用凝聚性酵母，发酵后便于收集，啤酒过滤快。但凝聚性太强的菌株，一般发酵速度慢，发酵度低，后期双乙酰还原慢。在优选啤酒酵母时，应选择凝聚性中等或强的酵母，对于凝聚性差的酵母应选择发酵后沉淀良好的菌株。

凝聚性的测定可采用直观判别或利用本斯值判定。直观判别的方法是：本斯值 > 0.5mL 的酵母为中、强凝聚性，0 ~ 0.5mL 为弱凝聚性。酵母在发酵麦汁中开始凝聚时的发酵度，称为"凝聚点"。凝聚点不宜过小，优良凝聚性酵母的凝聚点应在 45% 以上。而我国北京、青岛所使用的酵母，凝聚点在 30% ~ 35%。

（5）双乙酰 优良的啤酒酵母在啤酒发酵过程中应表现出双乙酰峰值低，出现早；主酵后期还原快，含量迅速下降；双乙酰前体物质在啤酒中残留少，成品啤酒中双乙酰含量低。

（6）酵母的耐压能力 近代啤酒厂多采用大罐发酵，罐高常常达到 10 ~ 20m，液柱压力和 CO_2 浓度对酵母的繁殖和代谢产物均可能产生影响。大罐发酵采用的酵母应有较强的耐压性。

（7）酵母的稳定性 筛选优良酵母菌株应对该菌株的遗传稳定性进行测定，比较该酵母的 10 ~ 12 代，如果在 7 代酵母中发酵速度、发酵度、双乙酰含量没有明显变化，可以认为该菌株十分稳定。

（8）啤酒的风味和泡沫性 不同的酵母菌株，在发酵中的代谢产物不完全相同，因而酒的风味也不同。优良酵母发酵的啤酒应具有优美的风味，而且风味稳定。对产生特殊异香、异味的菌株可完全否定。在相同的条件下，不同菌株发酵的啤酒泡沫性有很大差异，泡沫洁白细腻如奶油状的为优。

3. 啤酒酵母扩大培养

啤酒酵母是啤酒发酵和啤酒品质的决定因素。啤酒工厂生产使用的酵母是由保存的纯种酵母，经过扩大培养，达到一定数量后，供生产使用。

（1）斜面菌种 作为扩大培养的出发菌种，必须是经单细胞分离，并经过一系列生理特性和生产性能测定，确认为生产需要的优良菌种才允许投入扩大培养。

（2）酵母活化 试管内加麦汁 10mL 进行灭菌，将斜面试管中的菌种移接到液体培养基，28℃恒温培养 2 ~ 3d，每天定时摇动试管，使沉淀的酵母重新悬浮。同一种酵母每次培养 3 ~ 4 支，以供选择。

（3）三角瓶培养 从液体试管到小三角瓶，再到大三角瓶，由于培养温度高，酵母增殖快，无菌条件易控制，可采用较大的扩大比例，可用 1:(10 ~ 20)。

（4）卡氏罐培养 卡氏罐容积一般为 10 ~ 20L，放入约一半的麦汁，加热煮沸灭菌，灭菌后的培养基中接入 1 ~ 2 个大三角瓶的酵母液，混合均匀后在 20℃下保温培养 3 ~ 5d，即可进行下一级扩大。

（5）汉森罐培养 采用糖化工段的麦汁，取 100L 冷却麦汁于麦汁杀菌罐内，加热煮沸 60min，灭菌后冷却到 12 ~ 13℃，倒入汉森罐。在无菌操作下将卡氏罐内的酵母加入汉森罐，用无菌空气通风 5 ~ 10min，在 13 ~ 15℃恒温培养 2d 可用于生产。

（6）汉森罐以后的扩大培养 在生产现场进行，因为培养温度较低，酵母增殖慢，扩大比例不宜过大，一般采用 1:(4 ~ 5)。在酵母扩大培养过程中，应特别注意几个方面：

①扩大过程中的无菌操作：现在的扩大培养都是严格建立在纯种的基础上，无菌操作是整个扩大过程成败的关键。从培养器皿、设备、移种操作、通风等环节均须严格无菌操作，

在汉森罐以后从麦汁进罐至移种结束，必须保证汉森罐处于正压操作，避免吸入带菌空气。

②培养基：麦汁是啤酒厂最方便的酵母培养基，但酵母扩大培养用的麦汁和酿造啤酒用的麦汁不完全相同。实验室培养用麦汁，一般由实验室自己制备，糖化后的麦汁在煮沸时加蛋清以提高麦汁中氮源。分装入培养器皿内，在蒸汽杀菌釜内灭菌备用。

③从卡氏罐以后各级扩大培养，麦汁培养基使用量太大，一般由生产车间制备。此麦汁是专为酵母扩大用，一般辅料和酒花用量小，麦汁总氮和 α - 氨基氮含量高，以充分满足酵母繁殖所需。

④移种时间：酵母在一级扩大培养中，将经历迟缓期、对数生长期、稳定期、衰亡期等阶段。每阶段扩大培养的酵母最好在酵母的对数生长期移种，就是在酵母的增殖率开始回降以前。此时酵母细胞虽没有达到最大饱和值，但出芽率却在90%以上，死亡率最小。

移种太早，虽然出芽率高，但细胞太幼嫩，不但会延迟下一级扩大培养时间，而且会增加下一级酵母死亡率；移种太晚，虽细胞总数多，但出芽率低，下一级培养后细胞大小差异大。

（二） 啤酒发酵过程中酵母的代谢作用

冷却的麦汁中添加酵母后，啤酒发酵便开始了。酵母开始在有氧的条件下，以麦汁中的氨基酸和可发酵性糖为营养源，通过呼吸作用而获得能量。此后便在无氧的条件下，进行酒精发酵，经过对麦汁组成分进行一系列复杂的代谢，产生酒精和各种风味物质，构成有独特风味的饮料酒。

1. 糖类代谢

在啤酒发酵过程中，绝大部分可发酵性糖被酵母代谢生成酒精和二氧化碳，它们被利用的顺序是：葡萄糖 > 果糖 > 蔗糖 > 麦芽糖 > 麦芽三糖。麦芽四糖以上的寡糖、戊糖、异麦芽糖等均不能发酵，它们将成为啤酒中浸出物的主体。

葡萄糖和果糖首先进入酵母细胞内，直接进行发酵；蔗糖须经酵母表面的蔗糖酶转化为葡萄糖和果糖后，才能进入酵母细胞进行发酵；啤酒酵母对麦芽糖和麦芽三糖的利用，是当麦汁中葡萄糖和果糖的浓度降低到一定程度后，酵母细胞分泌麦芽糖和麦芽三糖的渗透酶，此两类糖在渗透酶的输送下进入酵母细胞内，再通过细胞壁分泌的水解酶水解成单糖，然后再进入代谢途径。

啤酒酵母对各种可发酵性糖类的发酵，均是通过 EMP 途径代谢生成丙酮酸，之后在有氧时转入 TCA 循环，无氧条件下便进行酵解。在有氧情况下酵母可获得更多生物能，同时抑制无氧发酵代谢，这种现象称"巴斯德效应"。

2. 氮的同化

麦汁中含有氨基酸、肽类、蛋白质、嘌呤、嘧啶以及其他含氮物质。这些含氮物可供酵母繁殖时同化所用，并且对啤酒的理化性能和风味品质起主导地位。健康的酵母，其胞外蛋白酶活力很微弱，在啤酒发酵时，对麦汁中的蛋白质分解作用很弱。酵母繁殖、代谢所需氮源主要依靠麦汁中的氨基酸，麦汁中应有足够的氨基酸才能保证酵母的生长繁殖和发酵作用的顺利进行。

啤酒发酵初期，啤酒酵母必须吸收麦汁中的含氮物，合成酵母细胞蛋白质、核酸和其他含氮化合物，繁殖细胞。残存于啤酒中的含氮物对啤酒的风味影响很大，它决定着啤酒的浓醇性，当啤酒中含氮物达到450mg/L以上，就显得浓醇，含量为 300 ~ 400mg/L 就显得爽口，低于 300mg/L 会显得寡淡如水。

3. 啤酒中风味物质的形成

（1）高级醇类 高级醇类是啤酒发酵副产物的主要组分，对啤酒风味具有重大影响。

①高级醇的代谢途径：高级醇可通过两条途径形成，一是由氨基酸转氨成 α - 酮酸、酮酸脱羧成醛、醛还原为醇。过程可用下式表示：

$$R-\underset{\underset{NH_2}{|}}{CH}-COOH + R'-\underset{\underset{O}{||}}{C}-COOH \xrightarrow{转氨酶} R-\underset{\underset{O}{||}}{C}-COOH \xrightarrow{-CO_2} R-CHO \xrightarrow{脱氢酶} RCH_2OH$$

另一条途径是利用糖代谢合成氨基酸的最后阶段，形成了中间产物 α - 酮酸，由此脱羧、还原而形成高级醇。其代谢过程如下：

$$\begin{array}{c} R-CH（NH_2）COOH \\ +NH_3\uparrow \\ RCOCOOH \longrightarrow RCHO \xrightarrow[乙醇脱氢酶]{+2H^+} RCH_2OH \\ \uparrow \\ 糖代谢生物合成氨基酸 \end{array}$$

②高级醇对啤酒风味的影响：高级醇是各种酒类的主要香味和口味物质之一，能使酒类具有丰满的香味和口味，并增加酒的协调性。但高级醇含量过高，便成了酒中的异杂味，苦味不细腻。但高级醇含量过低将会导致啤酒寡淡，酒体不丰满。

③影响啤酒中高级醇含量的主要因素：

a. 酵母菌种：不同酵母菌种，生成高级醇的差别很大，制造不同类型的啤酒，酵母品种的选择很重要。

b. 麦汁成分和麦汁浓度：高级醇的形成随麦汁浓度增高而增加，在高浓度发酵时，产生较多的高级醇；麦汁中氨基酸含量越高，形成高级醇也越多，但氨基酸含量过高，则会抑制高级醇的生成；麦汁中可利用的氨基氮含量低，高级醇形成得少，但氨基氮含量过低，也会产生较多的高级醇。添加过多的辅料或蔗糖，常导致麦汁中缺乏 α - 氨基氮，使高级醇的形成增多。11～12°P 麦汁中含 α - 氨基氮 160～180mg/L，可有效降低高级醇的形成。

c. 发酵条件：增加通风量、提高发酵温度和 pH、搅拌发酵、加快酵母增殖速度、糖的流加均有利于高级醇的形成；高接种量和加压发酵可减少高级醇的生成。

（2）醛类 啤酒中检出的醛类有 20 多种，其中乙醛是啤酒发酵过程中产生的主要醛类。它是酵母代谢时由丙酮酸不可逆脱羧而形成的。乙醛对啤酒风味的影响很大，当啤酒中乙醛含量高于 10mg/L 时就有不成熟口感，给人以不愉快的粗糙苦味感觉；达到 25mg/L 以上，就有强烈的刺激性辛辣感；含量超过 50mg/L 有无法下咽的刺激感。

乙醛在啤酒发酵的前期大量形成，而后很快下降。下面发酵至发酵度 35%～60% 时，乙醛含量最高。提高麦汁 pH、增加麦汁通风、增大酵母接种量均有利于乙醛的形成；发酵温度越高，乙醛生成量越低，发酵后期其含量下降也快。加压发酵时，发酵压力越高，乙醛形成越多，而且后期含量几乎不下降。菌种对乙醛形成的影响不大。

（3）有机酸

①啤酒中酸的来源：啤酒中的总酸来自于麦芽等原料、糖化发酵的生化反应、水及工艺调节外加酸。我国麦汁和啤酒酸度的表示方法是用 1mol/L NaOH 滴定 100mL 啤酒，滴至 pH 9.0 为终点，用消耗的 NaOH 的体积（mL）表示酸度。我国啤酒国标 GB/T 4927—2008《啤酒》规定啤酒总酸的上限值，12° 啤酒的总酸 <2.6mL/100mL（1mol/LNaOH）。在国标允许

范围内，应根据啤酒类型、发酵度、啤酒原麦汁浓度等进行调节，原麦汁浓度高、发酵度低，可适当提高啤酒总酸含量，使啤酒风味更协调。淡爽型啤酒总酸应低一些，否则会使啤酒感觉发酸，影响口味。

②总酸对啤酒风味的影响：酸类物质虽然不构成啤酒的香味，但它是主要呈味物质。啤酒中含有适量的酸，会使啤酒口感活泼、爽口。如果缺乏酸类，啤酒口感呆滞、不爽口，而过量的酸又使啤酒口感粗糙、不柔和、协调性差，同时过量的酸意味着啤酒发酵不正常。

③啤酒总酸的控制：控制总酸首先要控制麦汁总酸，目前有的啤酒厂酿造用水碱度太大，糖化时大量加酸调节，使麦汁总酸高达 2.0mL/100mL 左右。麦汁总酸抑制了发酵过程中酵母的产酸，即使啤酒总酸符合国家标准，但由于酸太单调，风味也不协调。

（4）酯类

啤酒中酯类含量虽少，但对啤酒风味影响很大，啤酒中的酯类大都是在啤酒主发酵过程中产生的。

①啤酒中酯类的形成：酯类可由醇类和羧酸通过单纯酯化反应生成：

$$RCH_2OH + R'COOH \longrightarrow RCH_2COOR' + H_2O$$

酯化反应速度十分缓慢，在常温下需几年才能达到酯化反应平衡。因此，在发酵中酯的生成主要依赖于酵母的生物合成，由脂肪酸生成的酰基 CoA 与醇类在酵母酯酶的催化下缩合而成。酶促反应的速度是同温下化学反应速度的 1000 倍。

$$RCH_2OH + R'COSCoA \longrightarrow RCH_2COOR' + CoASH$$

酰基 CoA 是酯类合成的关键物质，它是一种高能化合物，可以通过脂肪酸的活化、α - 酮酸的氧化及高级脂肪酸合成的中间产物等途径形成。CoA 存在于酵母体内，酯类是脂肪酸渗入酵母细胞内形成的。形成的酯一部分通过酵母细胞膜返回发酵液中，一部分被酵母吸附，滞留于细胞内。被酵母吸附的量随酯的分子量增加而增加，因此，高于己酸乙酯的酯在啤酒中含量较少。

②挥发性酯类对啤酒风味的影响：挥发性酯类是啤酒香味的主要来源之一，也是主要风味物质，赋予啤酒独特的香气，同时使啤酒香味丰满协调。传统的啤酒以酒花香气为主体香，过高的酯含量或超过阈值的酯含量，啤酒往往会有不愉快的、粗糙的口味和异香味。

目前大多啤酒厂，由于追求啤酒不太苦，大幅度减少酒花用量，酒花香味常常不足，由于酵母菌种的改变，发酵技术的变化，啤酒中挥发性酯普遍有升高趋势，消费者也逐渐接受了有淡雅乙酸乙酯香味的啤酒。有强烈酯香味的啤酒至今仍不能被人们接受。

（5）联二酮类（VDK） 联二酮是双乙酰和 2,3 - 戊二酮的总称。其中 2,3 - 戊二酮在啤酒中的含量较低，对啤酒的风味不起作用。对啤酒风味起主要作用的是双乙酰，双乙酰在啤酒中的风味阈值在 0.1 ~ 0.2mg/L，当含量 >0.5mg/L 时有明显不愉快的刺激味，似馊饭味；当含量 >0.2mg/L 时有似烧焦的麦芽味。在淡爽型啤酒中当含量 >0.15mg/L 时，就能辨别出不愉快的刺激味。在深色啤酒中，由于突出麦芽香味和酒花香味，即使双乙酰含量达到 0.2 ~ 0.3mg/L，也能接受。优质淡爽型啤酒的双乙酰含量应控制在 0.10mg/L 以下。

①双乙酰的形成途径：酵母形成双乙酰的生物合成途径有两条：

a. 直接由乙酰 CoA 和活性乙醛缩合而成：

$$丙酮酸 + TPP \longrightarrow 活性乙醛 （CH_3CHO - TPP） + CO_2$$

$$活性乙醛 + 乙酰 CoA \longrightarrow 双乙酰 + CoA$$

b. 由 α - 乙酰乳酸的非酶分解形成双乙酰：

$$丙酮酸 + 活性乙醛 \longrightarrow \alpha - 乙酰乳酸 \longrightarrow \alpha - 酮基异戊酸 \longrightarrow 缬氨酸$$

$$\downarrow 非酶分解$$

$$双乙酰 \longrightarrow 2,3 - 丁二醇$$

α - 乙酰乳酸是缬氨酸生物合成的中间产物，α - 乙酰乳酸分解成双乙酰的反应是一非酶反应，至今未找到相应的催化酶。形成的双乙酰在酵母的还原酶作用下，还原成 2,3 - 丁二醇，此步还原反应是在还原酶的作用下完成的，反应速度是 α - 乙酰乳酸非酶分解成双乙酰速度的 10 倍，而且 2,3 - 丁二醇的风味阈值远大于双乙酰。

②降低双乙酰的措施：

a. 减少 α - 乙酰乳酸的生成：酵母菌种不同，由活性乙醛和酮酸合成 α - 乙酰乳酸的缩合酶活性差异很大，生产上采用优良菌种可降低双乙酰前体物的形成。

提高麦汁中 α - 氨基氮的含量。α - 乙酰乳酸是酵母生物合成缬氨酸时形成的，通过反馈作用抑制从丙酮酸合成缬氨酸的支路代谢作用，可以减少双乙酰前体物的生成。

b. 加速 α - 乙酰乳酸的非酶分解：在 α - 乙酰乳酸非酶分解形成双乙酰后，双乙酰在酶的作用下还原成 2,3 - 丁二酮的速度远远大于双乙酰的形成速度，α - 乙酰乳酸的分解就成了决定步骤，加快它的分解速度，也就能最终降低双乙酰的含量。

常用的加速 α - 乙酰乳酸分解速度的措施有：提高发酵温度，温度越高，分解越快；提高麦汁溶氧，发酵前期适当进行通风搅拌，降低发酵液的 pH，均有利于 α - 乙酰乳酸的分解。

α - 乙酰乳酸是酵母增殖细胞的伴随产物，通过提高酵母接种量控制酵母增殖，可降低 α - 乙酰乳酸的生成量。

c. 加速双乙酰的还原：双乙酰的还原是在酵母体内进行的，不同的酵母菌种，细胞壁透过双乙酰的能力差异很大，严重影响双乙酰的还原速度。选择优良菌种，在主发酵结束前适当保持较高的发酵温度，或者进行后发酵时保存适当的酵母浓度，利用酵母的还原酶，将双乙酰还原为 2,3 - 丁二醇。

d. 利用 CO_2 洗涤，排除双乙酰：后酵开始时，将发酵产生的 CO_2，或人工充 CO_2 进行洗涤，可将挥发性的双乙酰带走。

（6）含硫化合物　硫是酵母代谢过程中不可缺少的微量元素，但某些硫的代谢产物对啤酒的风味有破坏作用。啤酒中存在多种含硫化合物，其中绝大部分是非挥发性硫化物，它们和啤酒香气关系不大。而挥发性硫化物含量虽小，但会影响啤酒风味，主要是 H_2S、SO_2 和硫醇。

①H_2S：啤酒中的 H_2S 是来自酵母对胱氨酸代谢，形成半胱氨酸，再经半胱氨酸脱巯基酶的作用产生的。甲硫氨酸对半胱氨酸脱巯基酶有抑制作用。

H_2S 在啤酒中的风味阈值为 $5 \sim 10 \mu g/L$，当啤酒中 H_2S 含量高于 $10 \mu g/L$，啤酒出现生酒味，当高于 $50 \mu g/L$，啤酒有坏鸡蛋的气味。成熟的优质啤酒中 H_2S 含量只有 $1 \sim 5 \mu g/L$。降低 H_2S 的有效方法是在啤酒后发酵时进行 CO_2 洗涤。

②SO_2：麦芽若采用硫进行熏蒸，或在麦汁制备时用亚硫酸盐作抗氧化剂，就会给麦汁带来过高的 SO_2，但在麦汁煮沸过程中 SO_2 容易氧化和挥发，残存很少。在发酵时形成的 SO_2 是酵母对硫酸盐还原形成的，在贮酒和装瓶后，游离的 SO_2 被醛、酮、糖等结合，形成不挥发性硫，不影响口味。在啤酒中，只要 SO_2 含量不高于 $10 mg/L$，品尝时不会带来不愉快的

风味。

③二甲基硫（DMS）：二甲基硫有腐烂卷心菜味，风味阈值为 30~50μg/L。麦芽制造时，在绿麦芽中就形成了二甲基硫的前体物质，大部分二甲基硫的前体物质在绿麦芽焙焦阶段就蒸发掉了，少部分在焙焦和煮沸时形成二甲基硫。啤酒中的二甲基硫主要是酵母的代谢产物。它的形成过程为：

在 ATP 的参与下，甲硫氨酸形成活化的硫-腺苷甲硫氨酸（SAM），由于高能键的存在，SAM 极易转变为甲基供体。在甲基转移酶的作用下，SAM 的甲基被转移至高半胱氨酸，形成硫-甲基甲硫氨酸（SMM）和硫-腺苷高半胱氨酸（SAH）。SMM 经甲基甲硫氨酸水解酶水解后生成高丝氨酸和二甲基硫。

SMM 和高半胱氨酸是二甲基硫的前驱物质。高半胱氨酸是酵母从有机硫源合成甲硫氨酸的中间体，因此二甲基硫的生成能被甲硫氨酸的代谢作用所控制。

（三）传统的啤酒发酵工艺

传统的啤酒发酵工艺分上面发酵和下面发酵两大类型。两者由于所采用的酵母菌种不同，发酵工艺和设备也不相同，制出的啤酒风味也不同。我国都是采用下面发酵。啤酒生产工艺主要流程见图 4-11。

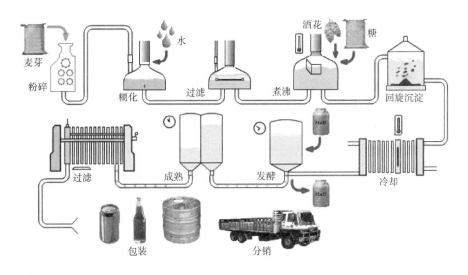

图 4-11　传统的啤酒发酵工艺流程

传统的下面发酵分为主发酵和后发酵两个阶段，生产时间比较长。整个工艺过程包括添加酵母、前发酵（酵母增殖）、主发酵、后发酵和贮酒等几个工序。一般前发酵室温度 7~8℃，主发酵室温度 6~7℃，后发酵和贮酒室温度 0~2℃。

1. 前发酵期

即酵母繁殖期，麦汁接种酵母后 8~16h，此时酵母与麦汁接触，逐渐克服生长滞缓期，开始出芽，液面上出现二氧化碳小气泡，逐渐形成白色的、乳脂状泡沫。经过 20h 的酵母繁殖，发酵麦汁移入主发酵池，分离池底沉淀的杂质。如果麦汁添加酵母 16h 后仍不起泡，可能是由于室温或接种温度太低、酵母衰老、酵母添加量不足、麦汁含氧量低、麦汁中 α-氨基氮和嘌呤、嘧啶等含氮物质不足等原因所引起。常采用的补救措施为适当提高液温、增加麦汁的通风量、增加酵母量、改善糖化方法以加强蛋白质的分解作用，提高麦汁中 α - 氨基氮含量等。

2. 主发酵

此阶段为酵母活性期，麦汁中绝大部分可发酵性糖在此期内发酵，酵母的一些主要代谢产物也在此期间完成。

主发酵前期酵母吸收麦汁中氨基酸和营养物质，利用糖类发酵获得能量合成酵母细胞，此阶段降糖较缓慢，而 α - 氨基氮下降迅速。此时在麦汁表面逐渐形成更多的泡沫，由四周渐渐拥向中间，洁白细腻，如花菜状。此时发酵液温每天上升 $0.5 \sim 0.8^{\circ}C$，降糖（麦芽糖浓度下降） $0.3 \sim 0.5^{\circ}P$，不需人工降温。

随着酵母浓度的增加，降糖速度加快，泡沫增高至 $25 \sim 30cm$，并因酒内酒花树脂和蛋白质 - 单宁氧化物开始析出泡沫变成棕黄色。当酵母浓度达到最大时，降糖最快，每天表观降糖可达 $1.5 \sim 2.0^{\circ}P$，此时发酵液温度达到要求的最高温，需人工冷却以保持发酵最高温度。

当发酵度达到 $35\% \sim 45\%$ 时，酵母开始凝聚，发酵液中悬浮酵母数量开始下降，降糖速度随之降低，每天降糖 $0.5 \sim 0.8^{\circ}P$，泡沫由于酒内析出物增多而变成棕褐色。发酵温度逐步降低，控制液温每天下降 $0.5^{\circ}C$，后期使发酵温度接近后发酵温度。

当主发酵后期每天降糖小于 $0.3^{\circ}P$ 时，发酵变缓，液面泡沫逐渐回落形成泡盖。泡盖是凝固的高分子蛋白质、多酚和酒花树脂的氧化物、死酵母等，随二氧化碳浮至液面，带有不良苦味，在发酵结束前，要小心撇去。此时可下酒至后发酵和回收沉淀于池底的酵母泥。

对于 12% 浅色啤酒，一般下酒时表观浓度 $3.6 \sim 4.0^{\circ}P$，如可发酵性糖太少，则后发酵不充分，二氧化碳不足，酒中异杂味排除不彻底，啤酒非生物温度性差。保留过多的可发酵性糖，在低温后酵结束时残糖较高，使啤酒风味变差、发甜，生物稳定性差。下酒温度为 $4.2 \sim 5.5^{\circ}C$，应根据酒中双乙酰含量和后发酵时间而定。如下酒时双乙酰含量比较高，应采用较高温度，缩短发酵时间。为了加速双乙酰的还原，下酒时适当提高酵母浓度，目前常控制在 $(10 \sim 20) \times 10^{6}$ 个/mL。若酵母衰老，高浓度酵母不仅不能加速双乙酰的还原，反而增加啤酒中酵母的自溶味，可在后发酵中加高泡酒进行改善。

3. 后发酵

麦汁经主发酵后的发酵液称为嫩啤酒（green beer），此时酒的二氧化碳含量不足，口味不成熟，不适宜饮用。大量的悬浮酵母和凝固析出的物质尚未沉淀下来，酒液不够澄清，一般需要经数周或数月的贮藏期，此贮藏期即称为啤酒的后发酵期，又称啤酒的贮酒阶段。啤酒的成熟和澄清均在后发酵期中完成。

（1）后发酵的作用　在后发酵过程中，嫩啤酒中残留的可发酵性糖继续发酵，产生的 CO_2 在密闭的贮酒罐内，不断溶解于酒内，使其达到饱和状态；后发酵初期产生的 CO_2，在排出罐外时，将酒中所含的一些生酒味的挥发性成分，如乙醛、硫化氢、双乙酰等同时排出，减少啤酒的不成熟味觉，加快啤酒成熟；在较长的后发酵期内，悬浮的酵母冷凝固物、酒花树脂等，在低温和低 pH 的情况下，缓慢沉淀下来，使啤酒逐渐澄清，便于过滤；一些易形成混浊的蛋白质 - 单宁复合物逐渐析出而沉淀下来或被过滤除去，改善了啤酒的非生物稳定性，从而提高了成品啤酒的保存期。

（2）后发酵的工艺要点

①发酵完毕的发酵液，倒入经事先杀菌的贮酒罐内。贮酒罐可用单批发酵液装满，也可

几批发酵液混合分装几个贮酒罐内，每个罐分几次加满。混合分装可使啤酒质量均一，同时酵母分布较好，加速后发酵作用，若采用分装应在最短时间内完成。

后发酵罐内先用水排除罐内空气，再用 CO_2 将水置换，使下酒的嫩啤酒尽量不与氧接触，防止酒的氧化。

②发酵液送入后发酵罐后，液面上部留出 10～15cm 的空隙，有利于排除液面上的空气。如果发酵液含残糖过低，不足以进行后发酵，需要添加 10%～20% 的起泡酒（发酵度 20% 左右），添加起泡酒的目的是使后发酵旺盛，有利于排除生酒味物质，促进酒的成熟。同时提供发酵旺盛的酵母，有利于双乙酰的还原。啤酒由于发酵度高，也容易澄清。

下酒装满后酵罐后，敞口发酵 2～7d，发酵正常情况下为 2～3d，以排除啤酒中的生青味物质。而后封罐并将罐上口连接压力计，控制一定压力（49～58.8kPa），使 CO_2 气压逐步上升。一周后气压达到要求，即控制稳定不变。发酵产生的 CO_2，部分溶解于酒内，达到饱和，多余的通过压力计慢慢逸出，罐压应根据设备条件和酒的要求进行控制，不得过高或过低。过低则 CO_2 含量不足，酒味平淡；过高则在减压时容易窜沫。

③后发酵多是利用室温控制酒温，或贮酒罐本身具备冷却设施，进行自身冷却。传统方法的室温控制多采用先高后低的贮酒温度，降温速度因啤酒类型不同而异。现代发酵技术前期温度控制较高，以期尽快降低双乙酰含量，后期则在一定时间内保持低温（-1～1℃）贮藏，以利于酒内 CO_2 达到饱和，同时利于酒的沉淀与澄清。

④后发酵时间根据啤酒类型、原麦汁浓度和贮酒温度而定。淡色啤酒要求酒花苦味柔和，一般贮酒时间较长；浓色啤酒要求麦芽香味突出，一般贮酒时间较短，过长则有损于麦芽香味。外销啤酒要求保存期长，贮酒时间要长；内销啤酒则贮酒期相对较短。原麦汁浓度高的啤酒贮酒期长，浓度低的贮酒期短。贮酒温度低，要求贮酒时间长。

（3）影响啤酒澄清的主要因素　在发酵全部结束后，啤酒中还存在悬浮酵母、大分子蛋白质、酒花树脂、多酚等悬浮物质。在低温、长时间的贮酒期内，上述悬浮物质逐渐下沉，使酒液达到一定程度的澄清，但要使得啤酒澄清透明，最后需对啤酒进行机械处理，最后除去啤酒中的微细悬浮物。

（四）其他的啤酒发酵工艺

1. 啤酒大型发酵罐发酵

为了满足日益增长的消费需要，啤酒工厂不断扩大产量，发酵设备容积从 10～30m³ 逐步发展为大型化，目前发酵罐容积可达 100～500m³，这些大罐自身具备冷却设施，可设置在室外，适用于一罐发酵法。我国目前常用的大型罐为圆柱锥底罐（简称锥形罐）。

（1）锥形发酵罐的特点

①发酵罐具有锥底，主发酵后便于回收酵母，采用的酵母菌株应该是凝聚型酵母菌种。

②罐本身具有冷却夹套或盘管，冷却面积能够满足工艺上的降温要求。一般在圆柱体部分，视罐体高度可分为 2～3 段冷却，锥底部分一般设有一段冷却，有利于酵母的沉降和保存。

③圆柱锥底发酵罐是密闭罐，可以进行 CO_2 洗涤，也可以回收 CO_2，可以做发酵罐，也可以做贮酒罐。

④罐内的发酵液由于罐体高度而产生的 CO_2 梯度；罐底酵母浓度大，发酵快，酒精生成多，造成罐上、下部密度差；以及冷却控制罐上部温度低，下部温度高，可以使发酵液形成

上下的自然对流，罐体越高，对流作用越强。

⑤在主发酵结束后不排出酵母，全部酵母都参与后发酵中双乙酰的还原，可缩短后发酵周期。

⑥锥形罐的发酵冷却是直接冷却发酵罐和酒液，而且冷却介质在强制循环下，传热系数高，冷耗小。

⑦发酵罐清洗、消毒可实现自动化、程序化，采用原位清洗（CIP）自动程序清洗，工艺卫生更易得到保证。

（2）锥形发酵罐发酵工艺条件

①进罐方式：以前采用麦汁混合酵母后每二批到三批麦汁用一繁殖罐，使酵母克服滞缓期，进入对数生长期，再泵入发酵罐。现在采用直接进罐法，即冷却麦汁通风后用酵母计量泵定量添加酵母，直接泵入发酵罐。

②接种温度和接种量：为了缩短发酵期，大多采用较高接种量（0.6%~0.8%），接种后酵母浓度约为 1.5×10^7 个/mL。

麦汁接种温度是用来控制发酵前期酵母繁殖阶段温度的，一般低于主发酵温度 2~3℃。

③主发酵温度　锥形罐发酵国内采用低温发酵温度为 9~10℃，中温发酵温度为 10~11℃。

（3）主发酵结束后，进行双乙酰的还原，此时可不排出酵母，让全部酵母参与双乙酰的还原。当双乙酰还原到工艺要求后，尽快排出酵母，以利于改善酵母泥的品质。

锥形罐主发酵阶段采用微压（0.01~0.02MPa），主发酵后期封罐使罐压逐步升高，还原阶段才升至最高值。由于罐耐压强度和实际要求，罐压最大控制在 0.07~0.08MPa，以后保持此值至啤酒成熟。

2. 高浓度酿造法

20 世纪 70 年代，美国、加拿大等国啤酒厂推出"高浓度酿造，后稀释工艺"。采用高浓度麦汁糖化和发酵，啤酒成熟以后，在过滤前用饱和 CO_2 的无菌水稀释成传统浓度的成品啤酒。传统浅色啤酒的浓度，通常在 14°P 以下，对于超过 15°P 以上酿造，以后再稀释到传统的 8~12°P 啤酒，在工业上称"高浓度酿造稀释法"。

$$稀释度（\%）= \frac{高浓酿造时啤酒原麦汁浓度}{成品啤酒原麦汁浓度} \times 100$$

国外较普遍采用的稀释度在 20%~40%。我国在 20 世纪 60~70 年代，就有高浓度酿造的探索，80 年代初华光啤酒厂首先推出由 12°P 酿造，成熟后稀释到 10.5°P 的工艺。现在许多啤酒厂均采用 12~13°P 酿造成熟后稀释成 8~10°P，严格讲此工艺不属于高浓酿造法。近年来，国外致力于高浓酿造法的研究，发酵麦汁浓度已经提高到 18~24°P，甚至 30~36°P，稀释度达 60%~300%。如此高浓度酿造对技术要求更高，难度更大。目前投入生产的较多采用稀释度 30%~60%。

（1）高浓度酿造法的特点

①优点：糖化和发酵设备的利用率高，建设投资少；劳动生产率高，生产费用降低，热能和冷量显著降低，成本降低；啤酒非生物稳定性和香味稳定性提高；淡爽风格更突出。

②缺点：糖化时原料浸出物收率下降；酒花中苦味质利用率下降；不适合制造浓醇风格的啤酒。

（2）高浓度酿造的稀释方法

①麦汁稀释：糖化麦汁采用高浓度，在回旋沉淀槽稀释，此方法只应用于糖化能力不足的啤酒厂。

②前稀释：主发酵采用高浓度，在后发酵时稀释，此方法对稀释用水的脱氧要求低。

③后稀释：啤酒发酵、贮酒结束，成熟啤酒在后处理或过滤前稀释，此方法是典型的高浓酿造后稀释法。

（3）高浓度酿造法的要点

①高浓度麦汁制备：要制备高浓度麦汁，每锅投入的麦芽和辅料多，加水少，但加水比不得太小，否则会影响麦汁的流动性。例如麦芽和辅料的总无水浸出率 $A = 80\%$，加水比 $M:W = 1:2.8$，头号麦汁浓度为 P_0。则

$$P_0 = \frac{A}{A + W} = \frac{80\%}{80\% + 2.8} = 22.2\%$$

在高浓度糖化时，由于投料量增加，麦糟层厚度增加，麦汁黏度增加，过滤时间要延长。头号麦汁过滤完后，麦糟中吸附的浸出物增加，洗糟终点浓度提高，残余麦汁浓度达 $2.5 \sim 3.5°P$，应考虑回收利用。提高麦汁浓度的另一个方法是在煮沸时加糖或糖浆，国内许多啤酒厂在生产时添加投料量 $6\% \sim 8\%$ 的蔗糖代替大米辅料，不仅能提高麦汁浓度，而且能降低麦汁色度，但大量添加糖或糖浆会改变麦汁组成，减少麦汁中 α - 氨基氮、维生素等酵母生长营养物质，影响酵母的生长和发酵。

传统酒花的添加，在高浓麦汁制造中酒花利用率下降。这是由于 α - 酸的溶解度随酒花添加量的增加而降低，总收率减少，但异 α - 酸收率几乎不变。高浓麦汁的 pH 比正常麦汁低，α - 酸的收率明显降低。

②高浓度麦汁发酵：

a. 溶解氧对发酵的影响：由于麦汁浓度高，麦汁溶氧水平降低，酵母增殖受到影响，发酵度降低。可采用通纯氧的办法提高麦汁含氧量。

b. 种量对发酵的影响：常规 $12°P$ 麦汁发酵时接种量为 1.2×10^7 个/mL，发酵最旺盛时细胞浓度增加到 6.0×10^7 个/mL。在高浓度麦汁发酵中，要保持发酵降糖速度，接种量和最高浓度一定要增加，当接种量为 3.0×10^7 个/mL，发酵最高酵母浓度为 1.30×10^8 个/mL 时，发酵至真发酵度 58% 只需 8d。

c. 高浓度发酵的风味物质：在高浓发酵中，α - 氨基氮的减少会使有害副产物增加，比如双乙酰。虽然在发酵中代谢副产物增加，但经稀释成正常浓度后，风味物质变化不大，而且是可以接受的。

d. 稀释用水：在高浓酿造啤酒中，稀释用水比例较大，水对啤酒风味和稳定性影响巨大。稀释水使用时温度应和混合啤酒的温度一致，水中 CO_2 含量接近或略高于混合啤酒中的含量。

六、啤酒包装与成品啤酒

啤酒经过后发酵或后处理，口味已经成熟，CO_2 已经饱和，酒液也逐渐澄清，再经机械处理，除去酒中悬浮微粒，酒液达到澄清透明，即可进行包装。

（一）酒的过滤与分离

经过后发酵的成熟啤酒，大部分蛋白质颗粒和酵母已经沉淀，少量悬浮于酒中，须过滤

除去。常用的方法有：滤棉过滤法、硅藻土过滤法、离心分离法、板式过滤法、微孔薄膜过滤法。滤棉过滤法较古老，国外已淘汰，我国少数啤酒厂仍在使用。较合理的工艺是不同方法联合使用。

1. 硅藻土过滤法

硅藻土是硅藻的化石，它的直径只有几微米，有一层薄而坚硬的壳，是一种松软而质轻的粉状矿质，可作过滤介质。大约在 1930 年，英国开始使用硅藻土单独过滤啤酒，20 世纪中美国普遍推广此法，我国进入 80 年代开始推广硅藻土过滤机，硅藻土过滤机可分为三个类型：板框式硅藻土过滤机、叶片式硅藻土过滤机、柱式硅藻土过滤机。

2. 板式过滤机

板式过滤机是棉饼过滤机的发展，是用精制木材纤维、棉纤维掺和石棉或硅藻土等吸附剂压制成的滤板作过滤介质。其中的纤维素形成骨架，要求其具有良好的抗腐能力和强度，石棉和硅藻土包埋在纤维素骨架内，石棉起吸附作用，硅藻土可提高通透性。

用板式过滤机可用作精滤，能滤出无菌啤酒，只要包装系统严格无菌可用于制造纯生啤酒。过滤前先用硅藻土过滤机进行粗滤，或采用离心分离法去除啤酒中较大的颗粒物质和酵母，在用板式过滤机精滤。过滤结束后，滤板可用反冲法清洗，用热水逆流而入。

3. 微孔薄膜过滤法

使用生物和化学稳定性很强的合成纤维和塑料制成的薄膜作过滤介质，薄膜有很多规格。微孔的孔径 $0.05 \sim 14\text{nm}$，开孔率在 80% 左右。啤酒过滤可用孔径为 1.2nm 的薄膜，生产能力为 $(20 \sim 22) \times 10^3 \text{L/h}$，膜的寿命为 $(5 \sim 6) \times 10^5 \text{L}$。微孔薄膜过滤主要用于无菌过滤，其效能取决于薄膜过滤之前啤酒中沉淀物和微小粒子去除的程度。啤酒先经离心机或硅藻土过滤机粗滤，再经薄膜除菌。微孔薄膜过滤可以直接滤出无菌啤酒，若配以无菌包装可省去巴氏杀菌。

4. 离心机分离法

离心机分离的应用始于 20 世纪初，它是利用离心力将固体粒子从液体中分离出来。通常在自然沉降时，粒子的沉降速度可用下式表示：

$$V_s = \frac{D^2 \times \Delta\rho \times G}{18\eta}$$

式中　　D——固体粒子直径，m；

　　　　G——重力，N；

　　　　$\Delta\rho$——相对密度差，kg/m^3；

　　　　η——溶液动力黏度，Pa·s。

离心机的沉降速度用下式表示：

$$V_2 = \frac{D^2 \times \Delta\rho \times r \times \omega^2}{18\eta}$$

式中　　r——旋转半径，m；

　　　　CO——离心角速度，rod/s。

离心分离机转鼓体积小，啤酒损失小；不易污染；但操作时由于转鼓高速转动而摩擦生热，使已经降温的啤酒升温，会使已析出的部分啤酒混浊物质再度溶解，降低了啤酒的非生物稳定性。离心分离的效率主要取决于贮酒罐内酒的透明度，上层清酒分离快，下层接近罐底的混浊物分离较慢。

（二） 啤酒的包装与灭菌

啤酒包装是啤酒生产的最后一道工序，对啤酒质量和外观有直接影响。过滤完毕的啤酒，在清酒罐低温存放准备包装，通常同一批酒应在24h内包装完毕。

啤酒包装是根据市场需要而选择包装形式，一般当地销售的啤酒以瓶装、罐装或桶装的鲜啤酒为主；而外销啤酒或出口啤酒则多采用瓶装或罐装的杀菌啤酒。瓶装的包装费用较低，但玻璃瓶易破碎，需回收清洗，携带不方便。罐装虽然容器成本高，由于节省了包装容器的运费，省去贴标，降低灭菌蒸汽用量，便于旅游携带，所以也很受消费者欢迎。瓶装啤酒包装工序的生产流程如下：

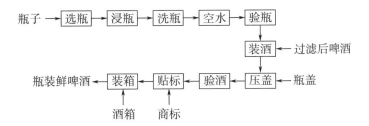

（三） 啤酒的稳定性

1. 啤酒的生物稳定性

啤酒是经酵母发酵的产品，过滤后的啤酒中仍存在少量的细菌和野生酵母，在啤酒存放过程中，这些微生物进行繁殖，当数量达到10^5个/mL以上时，啤酒就会发生口味的破坏，出现混浊和沉淀，此时啤酒就称"生物稳定性破坏"或"生物混浊"。

经除菌处理的啤酒，能保持长期的生物稳定性。除菌的方法有两种，一种是低热消毒法（巴氏杀菌法），消毒后的啤酒称为"熟啤酒"。另一种是过滤除菌法，称为"纯生啤酒"。

2. 啤酒的非生物稳定性

啤酒非生物稳定性指不是由于微生物污染而产生混浊沉淀现象的可能性。啤酒是一种胶体溶液，它含有糊精、β-葡聚糖、蛋白质、多肽、多酚、酒花树脂、少量酵母等。这些胶体物质在啤酒保存过程中受到O_2、光线等的作用，发生一系列变化，使啤酒的胶体稳定性破坏，形成混浊甚至沉淀。经常遇到的是蛋白质-多酚引起的混浊。

（1） 蛋白质混浊 蛋白质混浊是啤酒中最常见的非生物混浊，可分为以下几种：

①消毒混浊：过滤后的澄清啤酒在巴氏杀菌时出现絮状或小颗粒悬浮物质，主要是由于啤酒中的大分子蛋白质或高肽含量高，在加热时，失去电荷，变性凝聚而形成沉淀。

②冷雾浊（可逆混浊）：啤酒中的β-球蛋白、δ-醇溶蛋白在20℃以上可以与水形成氢键，为水溶性。但在20℃以下时它与多酚以氢键结合形成微小颗粒（$0.1 \sim 1\mu m$），造成啤酒混浊失光。将啤酒加热到50℃以上，与多酚结合的氢键断裂，重又与水结合形成氢键，失光消除，所以称为"可逆混浊"。

③氧化混浊（永久混浊）：啤酒中含巯基蛋白质，被氧化而以二硫键形成更大的分子。酒中多酚发生聚合形成聚多酚，聚多酚又和氧化聚合蛋白质结合形成沉淀，使啤酒混浊。这种混浊即使加热也无法消除，所以称"永久混浊"。

④铁蛋白混浊：啤酒中含铁量大于0.5mg/L，就容易引起铁蛋白混浊，引起铁蛋白混浊

的是 Fe^{3+}，如果啤酒中氧含量高，就会使 Fe^{2+} 变为 Fe^{3+}，并与高分子蛋白结合形成铁－蛋白质络合物。

蛋白质是引起啤酒混浊的主要因素之一，但它又是赋予啤酒浓醇性、柔和性的主要物质，是构成啤酒泡沫、泡持性、挂杯等特性不可缺少的物质。所以不可能全部除去，重点是在不影响啤酒风味和酒体的前提下，尽量减少啤酒中高分子蛋白和多酚物质的含量。

减少高分子蛋白质的措施有：

采用含氮量适中（9.5%～11.0%）的大麦品种进行制麦；制麦时提高麦芽溶解度，加强蛋白分解；糖化时适当添加辅料，并努力促进蛋白质的进一步分解；发酵中采用强壮酵母，使发酵液 pH 迅速下降，促进大分子蛋白形成沉淀而除去；采用低温长时间贮酒，使大分子蛋白质充分沉淀，从而减少啤酒中蛋白质含量；过滤时采用硅藻土过滤、纸板精滤，也可有效除去大分子蛋白质；在啤酒过滤前添加单宁，让它和酒中高分子蛋白质形成络合物沉淀，过滤时除去；在后酵和贮酒过程中加入蛋白酶缓慢水解蛋白质，对啤酒抗冷雾浊有明显作用。

（2）多酚物质引起啤酒非生物混浊　　多酚物质主要来自于麦芽、酒花及辅料中，它对啤酒的色泽、泡沫、口味、杀口性、风格等有显著影响，而且会引起啤酒的非生物混浊和啤酒喷涌病。引起啤酒混浊的多酚物质主要是儿茶酸类化合物和花色素原，它们与高分子蛋白结合形成啤酒的"冷雾浊"。由 2 个或 2 个以上的单体花色素原结合形成"聚多酚"，多酚的聚合物与蛋白质结合，形成啤酒的"永久混浊"。冷雾浊物也会缓慢聚合形成永久混浊。

减少啤酒中多酚物质的方法有：

①选择皮壳含量低的大麦，制麦时在浸麦水中添加 NaOH 或甲醛，以利于多酚物质在浸麦时的溶解，可使大麦中多酚物质下降50%以上。

②麦芽充分焙焦，可减少多酚氧化酶，也可减少由于多酚氧化酶催化而形成的聚多酚。

③选择无多酚物质的大米和多酚含量低的玉米作辅料，可减少麦汁中总多酚含量。

④糖化时降低糖化醪的 pH，减少多酚物质的溶解。适当提高洗糟终点浓度，减少因洗糟而增加多酚的溶解。糖化时添加甲醛也能部分除去多酚物质。

⑤煮沸时尽可能添加未被氧化的酒花或使用不含多酚的酒花浸膏。

⑥使用交联聚乙烯吡咯烷酮（PVPP）吸附，PVPP 是聚酰胺化合物，分子中含有大量的酰胺键，能选择性吸附和蛋白质交联的多酚，能预防冷雾浊，推迟永久混浊的出现，延长啤酒的保质期。

3. 啤酒的风味稳定性

啤酒包装以后，随着时间的延长，酒花新鲜香味减少和消失，接着啤酒出现如面包和焦糖的味道，然后出现纸板味，这是由于啤酒风味物质不断氧化造成的，所以称为"氧化味"或"老化味"。

（1）氧和啤酒的关系

①啤酒氧化后，加剧了冷混浊和氧化混浊的形成，影响啤酒的非生物稳定性。

②多酚物质氧化后，加深了啤酒的色泽。

③啤酒氧化后，风味改变，酒花香味消失，出现老化味。

④诱发喷涌，出现生物混浊。

⑤使双乙酰含量回升。

⑥促进美拉德反应。

（2）降低啤酒中氧含量的措施

①主发酵结束后，如采用两罐法，在倒罐操作时用 CO_2 从后酵罐底部进入以排除罐内的空气。管路用无氧水排除空气，再用 CO_2 将水顶出，然后走酒。

②现代啤酒厂多采用多级过滤，管路长，空气进入途径多，过滤前整个系统应用脱氧水排除设备和管路内空气。

③清酒罐内采用 CO_2 背压。

④灌装时尽可能缩短从清酒罐到灌装车间的距离，灌装机应预抽真空，用 CO_2 背压灌装机。灌装后，采用引沫装置，喷射 CO_2 或无菌水于瓶颈酒液表面，刺激啤酒中产生细腻泡沫溢出，排出瓶颈内空气，然后迅速压盖。

⑤啤酒中添加抗氧化剂。

4. 啤酒的泡沫

当啤酒注入杯中，酒液上部应有洁白细腻的泡沫产生，泡沫应持久挂杯，良好的啤酒往往在饮完后仍未消失，空酒杯内壁应均匀布满残留的泡沫。泡沫的性能在一定程度上决定了啤酒的质量。

要达到良好的泡沫性能，啤酒中必须含有充足的表面活性物质，糖蛋白聚合物是最主要的表面活性物质，其次是酒花树脂等。蛋白质、麦胶物质、异 - α - 酸、酒精等物质对啤酒泡沫的持久性和挂杯性能有利。而脂肪酸、高级醇对泡沫性能有害。改进啤酒泡沫的措施有：

（1）麦汁添加酒花煮沸，能增进啤酒泡持性，并赋予泡沫挂杯的性能；不加酒花虽也能形成良好的泡沫，但不挂杯。

（2）使用谷物辅料，特别是小麦，含糖蛋白的量比较高，可明显改进泡沫性能。

（3）生产过程中尽量少产生泡沫，因为产生的泡沫越多，损失的泡沫稳定物质越多，相应的啤酒中的泡沫稳定物质就少了，啤酒泡沫的性能就差。

（4）在酿造过程的每一个环节，应防止油类物质混入麦汁或酒中。

影响泡沫的因素还有其他物理条件或化学成分。同样 10cm 厚的泡沫，在 15℃，20℃，25℃条件下，其消失时间分别为 100s，93s，77s。即温度越高，泡持性越差。检测啤酒泡沫性能的简便方法，我国目前流行的是将啤酒在 20℃ 水浴中恒温，于 20℃ 室温倒杯，满杯后目测记录泡沫消失时间，通常泡沫持续 4.5min 以上较好。

第三节　葡萄酒酿造

根据《国际葡萄与葡萄酒组织（OIV）法规》（2008 版）、《中国葡萄酿酒技术规范》和 GB/T 15037—2006《葡萄酒》：葡萄酒是以鲜葡萄或葡萄汁为原料，经全部或部分发酵酿制而成的，含有一定酒精度的发酵酒。一般其酒精含量不能低于 7.0%（体积分数）。葡萄酒起源于公元前 6000 年小亚细亚一带，公元前 2000 年尼罗河流域的埃及有葡萄酿酒的记载，《史记》的《大宛列传》中记载中国 2000 多年前有了葡萄酒。

一、葡萄酒分类及酿酒原料

（一）葡萄酒的种类

葡萄酒品种众多，各葡萄酒生产国都有各自不同的分类命名方法，一般按颜色、糖分含量、酿造方法、是否添加白兰地或酒精，是否含有二氧化碳，或酒的产地来分类。

1. 以葡萄酒颜色分类

（1）红葡萄酒 用有色葡萄不去果皮酿成，含有果皮或果肉中的有色物质。酒色深红，鲜红，红宝石色。黄褐、棕褐或土褐颜色，均不符合红葡萄酒的色泽要求。干红葡萄酒具有浓郁醇和的风味和优雅的葡萄酒香味，没有涩口或刺激性味道，糖度一般 < 0.3g/100mL，如红干布地根酒。

（2）桃红葡萄酒 其酿造工艺与红葡萄酒相似，但皮渣在葡萄醪中的浸出时间短。酒色为淡红、桃红、橘红或玫瑰色。桃红葡萄酒在风味上具有新鲜感和明显的果香，玫瑰香葡萄、黑皮诺、佳利酿、法国蓝等品种都适合酿制桃红葡萄酒。

（3）白葡萄酒 白葡萄酒系用白葡萄或红葡萄果汁酿成。色泽淡黄或金黄色，酒精含量为 9% ~ 13%。白葡萄酒应该澄清透明，酒味清新，柔和，口味圆滑，爽口，令人愉快，品种不同的白葡萄酒，应具有独特的典型风格。

2. 以含糖量分类

按含糖量可分为干葡萄酒、半干葡萄酒、半甜葡萄酒和甜葡萄酒等。

（1）干葡萄酒 含糖（以葡萄糖计）≤4.0g/L 的葡萄酒。

（2）半干甜葡萄酒 含糖为 4.0 ~ 12.0g/L 的葡萄酒。

（3）半甜葡萄酒 含糖为 12.0 ~ 45.0g/L 的葡萄酒。

（4）甜葡萄酒 含糖 >45.0g/L 的葡萄酒。天然甜葡萄酒是用含糖量较高的葡萄为原料，在主发酵结束即停止发酵，使糖分残留下来。有的是在发酵后添加葡萄汁或糖浆来提高糖分的。非天然甜葡萄酒是采用葡萄汁和白兰地或食用酒精兑制。

3. 按酿造工艺分类

（1）天然葡萄酒 完全用葡萄汁发酵，不添加酒精、糖分及香料的葡萄酒。

（2）加强葡萄酒 在葡萄酒的酿造过程中，用人工添加白兰地或酒精，提高酒精度，及添加浓缩葡萄汁或糖浆来提高含糖量的称加强甜葡萄酒，我国叫浓甜葡萄酒。

（3）加香葡萄酒 采用葡萄原酒浸泡芳香植物，再经调配制成，属于开胃型葡萄酒，如味美思、丁香葡萄酒、桂花陈酒；或采用葡萄原酒浸泡药材，精心调配而成，属于滋补型葡萄酒，如人参葡萄酒。

4. 以 CO_2 含量分类

（1）平静葡萄酒（still wines，静酒） 在 20℃ 时，二氧化碳压力 < 0.05MPa 的葡萄酒。除蒸馏酒和汽酒以外的所有用葡萄酿制的酒都属于这一类酒。

（2）起泡葡萄酒（sparkling wines） 在 20℃ 时，二氧化碳压力 ≥0.05MPa 的葡萄酒，又称为汽酒。法国香槟地区生产的含汽葡萄酒又称为香槟酒。含汽葡萄酒可划分为两类，一类是天然汽酒，二氧化碳是由发酵产生的；另一类是人工汽酒，二氧化碳是用充汽的方法添加到酒里去的，这种酒一般称为人工汽酒。

天然汽酒可再分为：低泡葡萄酒（semi-sparkling wines）在 20℃ 时，二氧化碳（全部自然发酵产生）压力在 0.05 ~ 0.34MPa 的起泡葡萄酒；高泡葡萄酒（sparkling wines）在 20℃ 时，二氧化碳（全部自然发酵产生）压力 ≥ 0.35MPa（对于容量小于 250mL 的瓶子二氧化碳压力 ≥ 0.3MPa）的起泡葡萄酒。

5. 特种葡萄酒

是指用鲜葡萄或葡萄汁在采摘或酿造工艺中使用特定方法酿制而成的葡萄酒。

（1）利口葡萄酒（fortified wines）　由葡萄生成总酒精含量为 12%（体积分数）以上的葡萄酒中，加入葡萄白兰地、食用酒精或葡萄酒精以及葡萄汁、浓缩葡萄汁、含焦糖葡萄汁、白砂糖等，使其终产品酒精含量为 15.0% ~ 22.0%（体积分数）的葡萄酒。

（2）葡萄汽酒（carbonated wines）　酒中所含二氧化碳是部分或全部由人工添加的，具有同起泡葡萄酒类似物理特性的葡萄酒。

（3）冰葡萄酒（ice wines）　将葡萄推迟采收，当气温低于 -7℃ 使葡萄在树枝上保持一定时间，结冰，采收，在结冰状态下压榨，发酵，酿制而成的葡萄酒（在生产过程中不允许外加糖源）。

（4）贵腐葡萄酒（noble rot wines）　在葡萄的成熟后期，葡萄果实感染了灰绿葡萄孢，使果实的成分发生了明显的变化，用这种葡萄酿制而成的葡萄酒。

（5）产膜葡萄酒（flor or film wines）　葡萄汁经过全部酒精发酵，在酒的自由表面产生一层典型的酵母膜后，可加入葡萄白兰地、葡萄酒精或食用酒精，所含酒精含量 ≥ 15.0%（体积分数）的葡萄酒。

（6）加香葡萄酒（wine flavoring）　以葡萄酒为酒基，经浸泡芳香植物或加入芳香植物的浸出液（或馏出液）而制成的葡萄酒。

（7）低醇葡萄酒（low alcohol wines）　采用鲜葡萄或葡萄汁经全部或部分发酵，采用特种工艺加工而成的、酒精含量为 1.0% ~ 7.0%（体积分数）的葡萄酒。

（8）脱醇葡萄酒（non-alcohol wines）　采用鲜葡萄或葡萄汁经全部或部分发酵，采用特种工艺加工而成的、酒精含量为 0.5% ~ 1.0%（体积分数）葡萄酒。

（9）山葡萄酒（wild grape wines）　采用鲜山葡萄或山葡萄汁经过全部或部分发酵酿制而成的葡萄酒。

（二）酿酒葡萄及辅料

1. 葡萄品种

葡萄是酿制葡萄酒的主要原料，葡萄的品质对酿成的葡萄酒的风味起着决定性的作用。国外，对酿酒葡萄的品种十分重视，一些著名葡萄酒都是用特定的葡萄品种酿造的。目前，我国的酿酒葡萄品种，除本土原有的野生葡萄品种外，有很大一部分是由国外引进的。

（1）山葡萄（*Vitis amurensis*）　山葡萄是我国野生葡萄，又称葛芦刺葡萄等。山葡萄的适应性很强，它遍布我国境内，用它酿制的葡萄酒在世界上独树一帜。

（2）意斯林（Italian Riesling）　又称贵人香。原产意大利。目前在我国西北、华北及山东、河南、江苏等地已有较大面积栽培，是世界上酿造白色葡萄酒的主要品种，也是制汁的好品种。果皮薄，黄绿色，果粉中等。果肉多汁，含糖 21.2%，含酸 0.7%，出汁率 72% ~ 76%。酿制的葡萄酒酒质优良，酒色金黄，酒味清香，柔和爽口，回味良好。

（3）赤霞珠（Cabernet Sauvignon）　原产法国，是世界上著名的酿造红葡萄酒的优良品种。果皮厚，紫黑色，果粉厚。果肉多汁，有香草味，含糖 15.00% ~ 19.24%，含酸 0.56% ~

0.57%，出汁率达 73% ~80%。烟台地区 9 月中旬成熟。属酿酒晚熟品种，酿制的葡萄酒酒质极佳，酒红宝石色。

（4）白羽（Rkatsiteli） 又称尔卡其杰里、白翼、苏 58 号，原产格鲁吉亚，是当地最古老的品种之一。在我国华北地区和黄河故道已有大量栽培。果皮薄，绿黄色，果粉薄。果肉多汁，味酸甜，含糖 18.3%，含酸 0.88%，出汁率 78%。辽宁省兴城地区 9 月下旬至 10 月上旬果实成熟，果实较耐贮运。用以酿酒，酒质优良，清香幽微，柔和爽口，回味长。

（5）北醇 是中国科学院北京植物园以玫瑰香与山葡萄杂交育成。北京、河北、山东、吉林等地都有栽培。果皮中等厚，紫黑色。肉软多汁，果汁淡紫红色，甜酸味浓。含糖 19.1% ~20.4%，含酸 0.75% ~0.97%，出汁率 77.4%。为中晚熟酿酒品种，酿制的葡萄酒酒质良好，澄清透明，红宝石色，柔和爽口，风味醇厚。

（6）公酿 2 号 是吉林省农业科学院果树研究所用山葡萄与玫瑰香杂交育成。果皮中厚，蓝黑色，果肉汁多味甜。果汁淡红色，含糖 17.6%，含酸 1.98%，出汁率 73.64%。酿酒酒质较好，淡红宝石色，有法国蓝香味，较爽口，回味良好，适于较寒地区发展。

（7）法国蓝（Blue French） 原产奥地利。在我国东北、华北都有栽培。果皮厚，紫黑色，果粉厚。肉软味甜，多汁，含糖 17% ~19%，含酸 0.5% ~1.0%，出汁率 75% ~78%。属中熟酿酒品种，酿酒酒质优，红宝石色，酒香味佳，回味长。

（8）梅洛（Merlot） 别名梅鹿汁，原产法国，欧亚种。世界著名的红色酿酒葡萄品种。我国最早是在 1892 年由西欧引入山东烟台。酿酒特性：宝石红色，酒体丰满，柔和，果香浓郁，清爽和谐。单宁含量低，酒体柔和顺口，具有解百纳典型性，有时有李果香气，其酒体优劣程度与其土壤品质密切相关。

（9）佳丽酿（Carignane） 原产西班牙，是世界古老酿红酒的品种之一。我国华北、西北和黄河故道地区已有栽培。果皮厚，黑紫色，果肉多汁，透明，味甜。含糖 18% ~20%，含酸 1.0% ~1.4%。用以酿酒，出汁率为 85% ~88%，所酿酒酒红宝石色，酒质优良，酒味正，浓香。

（10）蛇龙珠（Cabernet Gernischet） 原产法国，与赤露珠、品丽珠为姊妹系。1892 年由法国引入山东省，目前在山东省的烟台、黄县、蓬莱，山西省的太谷等地区均有较大面积栽培。果实含糖 15% ~19.2%，含酸 0.59%，出汁率 75.5%，酒质优良，为红宝石色，柔和爽口。是世界酿红葡萄酒的名贵品种。

（11）黑皮诺（Pinat Nair） 又称黑美酿，法国品种，为布根地酒主要原料。中熟品种，含糖量 18% 以上，高的可达 24%，酸度 0.6% ~0.7%，出汁率 75% 以上，晚采的果实，酒质更好。张裕公司引进的大宛香，为白色皮诺，李将军为灰色皮诺，均属于优秀酿酒品种。

（12）雷司令（Grag Riesling） 原产地德国莱茵湖流域，20 世纪初张裕公司自欧洲引进，现在北京、兴城均有栽培，中熟品种。果皮薄，含糖量约 21%，含酸约 0.5g/100mL，出汁率 70% ~75%。

2. 葡萄酒酿造的辅料

优良品种的葡萄，如果在栽培季节一切条件合适，常常可以得到满意的葡萄汁。由于气候条件等因素，使榨出的葡萄汁成分不一样，需要对葡萄汁糖酸等成分进行发酵前调整，称为葡萄汁的改良。一款葡萄酒的诞生承载了很多物质之间的相辅相成和共同作用，才使得酒体呈现各种各样不同的风味。在葡萄酒酿造中常见的辅料有可发酵糖、酸度调节剂、二氧化硫等。

（1）可发酵糖 糖分调整的目的是为了使生成的酒精含量接近成品酒标准的要求。葡萄汁必须含17%的糖，才能生成含10%（体积分数）酒精的葡萄酒。若葡萄酒酒精含量低于10%，一般称为弱酒，不易保存。

糖的用量一般以葡萄原来的平均含糖量为标准。例如某一种葡萄完全成熟时，平均含糖20%，则调整糖分时仍添加到含糖20%。加糖过多会影响成品质量。欧美各个生产葡萄酒的国家，对于果汁改良，法律上有严格的规定，对于佐餐酒，大多数国家不准加糖，瑞士法律规定可以添加固体砂糖，但不许加水，美国不准加糖但允许添加浓缩葡萄汁，调节糖分。

糖分浓度一般用巴林或勃力克司表示，但在瑞士、德国、奥地利的葡萄酒厂，传统用爱克司尔度（Echesle）表示糖分。每一爱克司尔度等于相对密度减1乘1000，例如相对密度1.080，即80爱克司尔度（80°），每4爱克司尔度约为1度糖，所以80爱克司尔度为20%的糖。但葡萄汁所含浸出物有3%是非糖成分，所以测糖时将它除去，上述80%的葡萄汁实际含糖量约为17%。理论上所有可发酵糖都可以作为调整葡萄汁发酵初始糖度的原料，如葡萄糖、果糖、蔗糖、麦芽糖、乳糖及半乳糖以及含有这些可发酵糖的天然原料等。

（2）酸度调节剂 一般认为酸度应在4~4.5g/L。调节酸度的目的是有利于酿成的酒的口感，有利于酒贮存期的稳定性，有利于发酵的顺利进行。调节酸度常用的酸为酒石酸、柠檬酸等。当酸度太高时应降低酸度，降低葡萄汁酸度的方法有：

①化学降酸法：在葡萄汁（酒）中加入碱性盐以中和其中过量的有机酸，从而降低酸度。常用的降酸剂有碳酸钙，碳酸氢钾和酒石钾，其中碳酸钙作用最快，价格便宜。

②物理降酸法：采用冷冻法促进酒石酸沉淀降酸。

③生物降酸法：使苹果酸－乳酸发酵和采用裂殖酵母将苹果酸分解为酒精和CO_2。

（3）SO_2 无水亚硫酸为法律上唯一准许使用在葡萄酒酿造的杀菌药品，它用于制酒用具的消毒与葡萄汁和葡萄酒的杀菌已有很悠久的历史。

①SO_2的作用：

a. 杀菌作用：SO_2是一种杀菌剂，它能抑制各种微生物的生命活动，高浓度的SO_2可杀死各种微生物。不同的微生物对SO_2的抵抗力不一样，细菌最敏感，尖端酵母次之，葡萄酒酵母对SO_2的抵抗力较强。因此，使用适量的亚硫酸净化发酵醪，能使优良酵母获得最好的发育条件，保证葡萄醪正常发酵。

b. 澄清作用：添加适量的SO_2，能抑制微生物活动，使发酵开始延滞一定的时间，能使葡萄汁很快获得澄清。这对于制造白葡萄酒、淡红葡萄酒及葡萄汁杀菌常常有很大好处。

c. 溶解作用：SO_2添加到葡萄醪中，立刻生成亚硫酸（H_2SO_3），有利于果皮上成分的溶解。此溶解作用增加了葡萄醪中的不挥发酸浸出物，在某种程度上增加了葡萄酒的颜色。

d. 增酸作用：增酸是杀菌与溶解两个作用的结果。一方面SO_2阻止了分解苹果酸与酒石酸的细菌活动，另一方面SO_2本身也可转化为酸，与苹果酸及酒石酸的钾、钙等盐类作用，使它们的酸游离，因此增加了不挥发酸的含量，使葡萄酒的酸度增多。在炎热地区出产的葡萄一般酸度不足，SO_2的增酸作用更有重要意义。

e. 抗氧作用：SO_2具有很强的防止葡萄醪与葡萄酒氧化的作用，特别是它能阻止腐烂葡萄所含的大量氧化酶，对于单宁及色素的氧化作用。SO_2的抗氧作用，在某种程度上用来防止葡萄酒的铁质浑浊和过早褐变。

f. 改善口味：综合了杀菌、澄清、溶解、增酸和抗氧等作用外，在适量条件下使用SO_2，可明显改善葡萄酒的风味，保护芳香物质。由于 SO_2 与乙醛结合，使过氧化味减弱或消失。

②SO_2 的使用方法：在专门的容器中燃烧硫黄块、硫黄绳、硫黄纸生成 SO_2，对制酒器具的杀菌。SO_2 在 $0.49 \sim 0.588\mu Pa$ 的压力下液化后装在钢管中，钢管有里面装有特殊形状的管子，可以根据钢瓶的位置，放出液体或气体 SO_2。将偏重亚硫酸钾（$K_2S_2O_5$）配成 10% 水溶液（含 SO_2 为 5% 左右）。

③SO_2 的用量：

a. 完全杀菌：如果要完全杀菌，停止一些发酵，使葡萄醪能长期保存，须添加 SO_2 $1.2 \sim 2.0g/L$，对葡萄醪杀菌。具体用量可根据糖分及酸度的多少而定，对于糖分很高而酸度较低的葡萄醪应使用最大量的 SO_2。

b. 发酵醪的杀菌：仅为了葡萄醪的杀菌，如一般葡萄酒生产所用的方法，$150 \sim 300mg/L$ SO_2。具体用量可根据葡萄的情况，酸度糖分的高低，发酵池的大小，外界温度，有无冷冻设备，酿造的方式等而定。酿造者往往根据葡萄原料的霉烂程度来决定 SO_2 的用量。加过 SO_2 后，进行一次倒池，然后用发酵旺盛的酒母接种。

④添加 SO_2 的时间：在任何情况下，SO_2 应一次添加到葡萄醪中，在破碎葡萄醪液下池时一同加入，不可在发酵过程中分数次添加，这是保证酵母选育的有效方法。为了降温，有在旺盛发酵时加 SO_2，去阻止发酵，避免温度升得太高的，但此法会造成酒中含有过多的 SO_2，对酒的保存性没有一点好处。最好使用排管冷却设备来保持合适的发酵温度。

下池时在葡萄醪中一次添加 SO_2 $200 \sim 500mg/L$，制成酒之后 SO_2 含量不超过 $100 \sim 250mg/L$，这说明大部分 SO_2 已在发酵过程中消失。如果将 SO_2 分几次加到在旺盛发酵的葡萄醪中，则成品葡萄酒就含较多的 SO_2。我国要求 SO_2 的含量为应 $<250mg/L$（游离状态为 $30mg/L$）。

（4）其他辅料　包括葡萄酒在生产过程中使用的添加剂及洗涤剂

果胶酶：果胶酶用于澄清葡萄汁，在较低温度下贮存。

维生素 C：维生素 C 为葡萄汁及发酵酒的抗氧剂和酵母营养源。

活性炭：去除白葡萄酒过重的苦味。除此之外活性炭还可用于颜色变褐或粉红色的白葡萄酒的脱色。

二、 葡萄酒酿造的微生物及作用

（一） 葡萄酒酿造酵母

1. 葡萄酒酵母种类

从原料葡萄到葡萄酒的整个酿造过程中分离到的酵母菌，归属于 25 属，约 150 个种。而直接参与葡萄酒发酵的只是其中的一部分。在葡萄酒的发酵过程中，通常把具有良好发酵力的酵母称为葡萄酒酵母，把对葡萄酒发酵无用处的酵母统称为野生酵母。

这些酵母主要有酿酒酵母（*Saccharomyces cerevisiae*），葡萄酒有孢汉逊酵母（*Hanseniaspora vineae*），葡萄汁有孢汉逊酵母（*Hanseniaspora uvarum*）等。这些酵母菌的形态有椭圆形、卵形、圆球形、腊肠形、柠檬形等。酵母细胞的形态依种类培养时间环境条件等不同而异。在葡萄酒酿造中，酵母以无性繁殖为主，绝大多数酵母菌采取出芽的方式繁殖，少数裂殖酵母采取横分裂方式繁殖，也有些酵母菌进行有性繁殖，形成子囊孢子。在葡萄浆果表面占主导地位的酵母主要有葡萄汁有孢汉逊酵母、假丝酵母、红酵母及克鲁维酵母等。非酿酒酵母在发酵初期生长良好，随后被耐酒精能力更强及在低糖环境中更具竞争力的酵母属酵母所替代。

2. 葡萄酒酵母的作用

酒精发酵酵母菌把可发酵性的糖，经过细胞内酒化酶的作用，生成乙醇和 CO_2，然后通过细胞膜将这些产物排出体外，酵母就是通过这种形式进行酒精发酵作用的。从酵母菌体中可以分离出三十多种酶，但直接参与酒精发酵的只有十多种。酵母菌体内与酒精发酵关系密切的酶主要有两类，一类为水解酶，另一类为酒化酶。成熟的葡萄破碎后不必接种人工培养酵母，不久就会自己发酵起来，这些自然引起发酵的酵母是来自葡萄和空气。

目前，在我国、美国、澳大利亚、日本、非洲及欧洲某些地区大多数葡萄酒厂已采用了添加优良培养酵母进行发酵的方法。葡萄酒酿造中使用最广泛的是酿酒酵母，作为葡萄酒酿造酵母应该具有以下共同的要求：

（1）能适应葡萄醪发酵的特点：即葡萄醪中含有大量的多种的野生酵母菌，而且它们的变动性很大；pH 比较低，为 3.0~3.4，总酸含量 0.4%~0.8%，主要有机酸是酒石酸和苹果酸；含糖量较高，一般在 18°Bé 以上；发酵前通常添加 50~100mg/L SO_2。

（2）生成的葡萄酒酒质好。

（3）发酵生产管理容易。

根据这三个基本要求，可提出选择优良酵母菌株应考虑的若干基本项目。近年来，随着对葡萄酒发酵过程中酵母的作用及香味化合物的生成等研究的进展，在选择优良酵母时又增加了一些考虑项，实际上要挑选一个具有全面优良特性，而无任何不良性能的酵母菌株是很难的，选择酵母时应根据使用要求和目的抓住主要的特性基准来考虑。另外，同一优良酵母对不同品种葡萄发酵的效果也不完全一样，选择时还要注意菌株对葡萄品种的适应性。

（二）葡萄酒酵母的培养及制剂

1. 葡萄酒酵母的纯培养

纯培养的葡萄酒酵母是在灭菌的葡萄汁中添纯种优良酵母培养而成的。过程如下：

斜面葡萄酒酵母→液体试管培养→三角瓶培养→卡氏罐（或大玻璃瓶培养）→酒母罐（桶）培养→成熟酵母培养液

将发酵桶用硫黄熏蒸杀菌，再将压榨过滤好的葡萄汁加热到 75℃左右，杀菌数分钟，冷却。冷却后和葡萄汁放入下桶，然后在下桶的接种口处用 75% 的酒精杀菌，再接入培养好的玻璃瓶葡萄酒酵母，装上发酵栓。玻璃瓶酒母的用量为 2%~3%。以后上罐不断杀菌，冷却新的葡萄汁放入下罐进行连续培养。酵母经过多次反复培养后会变得不纯，此时应放出全部酵母液，对容器进行彻底消毒，接入新的大玻璃瓶酵母，以免影响生产。

也可在上桶中放入新的完全成熟的葡萄汁，加入 SO_2 15g/100L，静置过夜，取上清液，接入 5%~10% 玻璃瓶酵母液，培养 4~6d，达到旺盛期即可用作酒母，此法为半纯种培养，缺点是葡萄汁经 SO_2 灭菌，发酵速度较缓慢。

2. 天然葡萄酒酵母的培养

天然葡萄酒酵母的培养法是利用葡萄表皮上生存的野生酵母在人工培养和驯化下，经发酵高浓度的酒精后，使适合于葡萄酒发酵的酵母生存下来，不耐高浓度酒精的酵母及其他杂菌，便被自然淘汰了。葡萄酒发酵的酵母在 pH 3.0~3.5 的条件下繁殖，而细菌在此条件下则不能繁殖。糖分高的，健康的葡萄一般酸度较低。在酸度不够时，还须人工添加柠檬酸或酒石酸调节酸度。

由于选来制作天然葡萄酒母的葡萄一般是很健康的葡萄，杂菌污染较少，较为清洁，因此在发酵前只需添加 8 ~ 18g/100L 的 SO_2。葡萄醪在加入 SO_2，混合均匀后，放在适温下，让其自然发酵。在酒母缸上盖一层塑料布，发酵醪的酒精含量在9%（体积分数）以下时，有较多的尖端酵母（*S. apiculatus*）和圆酵母（*Candida utilis*），酒精含量在10%（体积分数）以上时葡萄酒酵母占绝对优势，此时的发酵醪方可作为天然葡萄酒酵母用。如发酵醪出现过异常现象，则勿用作酒母。只能任其继续发酵成为葡萄酒。

3. 经典酵母扩大培养法

用添加酒精的方法培养葡萄酒酵母是葡萄酒酿造时酵母扩大培养较常用和方便有效的方法。在葡萄的含糖量不高时可采用此法培养葡萄酒酵母。

在破碎处理好的葡萄醪中，加入食用酒精、白兰地或成熟的葡萄酒，使葡萄醪的酒精含量达到4%（体积分数），并添加少量的 SO_2，由于发酵醪中开始的酒精含量就达到4%（体积分数），这样就可抑制尖端酵母及其他杂菌的生长，有益于葡萄酒酵母的生长。既可使发酵缓慢进行，防止升温较快，又可达到优选葡萄酒酵母的目的。

4. 葡萄酒活性干酵母

活性干酵母是由特殊培养的鲜酵母经压榨干燥脱水后仍保持强的发酵能力的干燥酵母制品。将压榨酵母挤压成细条状或小球状，利用低湿度的循环空气经流化床连续干燥，使最终发酵水分达8%左右，并保持酵母的发酵能力。

活性干酵母的生产技术的发展，为社会提供了高质量、便于运输的活性干酵母产品，更加促进了酵母在边远地区和工厂的流通，方便了人们的生活，提高了产品质量，促进了酵母更广泛的应用。葡萄酒酿造中，活性干酵母的使用量一般为 0.02% ~ 0.25%。

三、 葡萄酒原料的处理

1. 酿酒前的准备工作

根据葡萄的调查情况，基定基本的收购数量和加工工艺后，在酿酒前要对酿酒的材料和设备进行检查，不足部分应予补充。才能做到井井有条，不致临时措手不及，造成混乱。主要准备工作为原材料、酿酒菌种、酿酒容器与设备及加工场地的卫生等。

2. 葡萄采收与运输

决定采收葡萄的最适当时期，对酿酒具有重要意义。除了以葡萄外表特征观察葡萄的成熟度（葡萄形状，果粒大小，颜色及风味）外，应该测定200粒重和葡萄汁的糖分，滴定酸、苹果酸、pH，糖酸比。

葡萄园如果离酒厂很远，长途运输往往造成很大损失，在这种情况下，可在葡萄产地设立破碎站，葡萄采摘后当地破碎，去梗，放在适当容器内，添加 SO_2 防腐，再送往酒厂，或者先在产地制成新葡萄酒，再运回酒厂进行陈化、澄清等手续。

3. 葡萄的破碎与除梗

不论酿制红或白葡萄酒，都须先将葡萄去梗，根据压榨机的型式确定是否需破碎。现在除了欧洲极少数地区，仍有按传统习惯用脚踩以外，多已改用机器破碎。

这种除梗破碎机是先除梗后破碎。葡萄穗从受料斗中落入，整穗葡萄由螺旋输送器输入除梗装置内，由除梗器打落或打碎的葡萄粒从筛筒上孔眼落入破碎滚中，葡萄梗从机尾部排出，排出的梗用鼓风机吹至堆场，葡萄破碎后，用泵经出汁口输出。

四、 葡萄酒酿造

（一） 白葡萄酒的生产工艺

1. 工艺流程及葡萄品种

干白葡萄酒近似无色或呈淡黄，金黄色，酒精含量一般为 9% ~ 13%。它是选用白葡萄或红皮白肉葡萄为原料，经果汁分离，果汁澄清控温发酵，贮存陈酿及后加工处理而成。白葡萄酒生产工艺流程如图 4 – 12 所示。

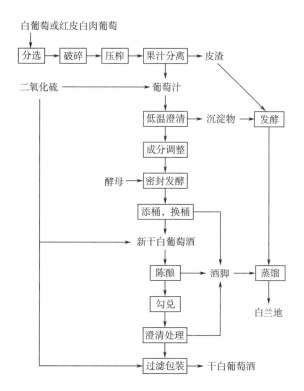

图 4 – 12 干白葡萄酒生产工艺流程

2. 果汁分离与预处理

白葡萄酒与红葡萄酒前加工工艺不同。白葡萄酒是葡萄经破碎（压榨）果汁分离，果汁单独进行发酵。

（1）分离方法

①螺旋式连续压榨机分离果汁：分离果汁时，应尽量避免果籽、皮渣的摩擦。为了提高果汁质量，一般采用分级取汁或二次压榨。由于压榨力和出汁率不同，所得果汁质量也不同。通常情况下，出汁率 < 60% 时，总糖、总酸、浸出物变化不大，出汁率 > 70% 时，总糖、总酸大幅度下降，所制的白葡萄酒口感较粗糙，苦涩味过重，因此在酿制优质白葡萄酒时应注意控制出汁率和分等级取汁。应用螺旋式连续压榨机具有连续进料、出料，生产效率高，结构简单、维修方便、造价低等优点。

②气囊式压榨机分离果汁：以气囊缓慢加压，压力分布均匀，而且由里向外垂直或辐射施加压力，可获得最佳质量的果汁。根据果浆情况，可自控压力，出汁率的选择性强。

③果汁分离机分离果汁：将葡萄破碎除梗（或不除梗）后，或果浆直接输入果汁分离机进行果汁分离。

④双压板（或单压板）压榨机分离果汁：将葡萄直接输送（不经破碎）至双压板（或单压板）压榨机进行压榨取汁。

（2）澄清方法　果汁澄清的目的是在发酵前将果汁中的杂质尽量减少到最低含量，以避免葡萄汁中的杂质，因参与发酵而产生不良的成分，给酒带来异杂味。尤其是酿制优质干型、半干型的白葡萄酒，从质量上越来越趋向于新鲜、保持天然水果的芳香和滋味。

①用红葡萄酿制白葡萄酒的果汁处理：红葡萄中除染色葡萄以外，它的汁都是无色的。色素在葡萄皮的细胞内，在50℃的温度或含有酒精的液体中方能溶解，否则它不易溶解。

②用红葡萄制造白葡萄酒时，除需把皮与汁较快分开外，皮与汁分开的过程中，要尽可能避免将葡萄皮的细胞破裂，如果分裂便会使一部分色素渗出。同时，皮与汁分开要在发酵以前，如果汁中有了酒精，它就会将色素溶解于汁中了。

在葡萄过分成熟的情况下，要想获得较多的白葡萄汁，则需进行脱色。脱色的方法有四种：亚硫酸脱色法、活性炭与亚硫酸脱色法、用通风与活性炭同时进行脱色、用通风与亚硫酸脱色法等。

3. 白葡萄酒发酵的控制

葡萄汁经二氧化硫处理、静置澄清和成分改良后，即送入发酵容器中；容器先需经洗净后用硫黄熏蒸消毒。投料时发酵池或槽不可完全加满，因发酵时会生成大量泡沫，应该在液面留出1/5左右的空隙。加过二氧化硫的白葡萄汁，不论有未经过澄清，一般发酵开始比较迟缓。这是因为添加二氧化硫，液面又没有皮糟的盖子，酵母缺乏寄托的地方，所以必须添加正在旺盛发酵的酒母5%～10%。在白葡萄酒的生产过程中，为了防止发酵醪与空气接触，过度氧化多采用密闭发酵。为让二氧化碳逸出，在投料接种后，装上发酵栓密闭发酵。白葡萄酒发酵系在发酵桶、池、罐中进行。传统发酵方法采用橡木桶和发酵池进行发酵，现代白葡萄酒发酵用大型的有控温装置的不锈钢桶进行发酵。

（1）发酵管理　正常发酵是酿制优质葡萄酒的重要措施之一。在较低的温度下缓慢发酵能获得较高品质的白葡萄酒，一般在一些不适合酵母繁殖和新陈代谢的条件下，即可收到抑止发酵的效果。最常用的方法是降低温度，如发酵温度超出28℃，会影响干白葡萄酒的色泽、香气和滋味。最适宜的温度是在15℃左右，当控制在这一温度下，发酵的速度要比高温下慢，一般可达21～28d，得到酒的质量要比高温好。因此在发酵进行时，控制发酵温度是必要的，特别是在大容器发酵。

发酵进行时，将糖分转变成酒精和二氧化碳，同时也产生热量，这些热量会使葡萄发酵汁的品温升高。而我们发酵的要求是要将品温控制在28℃以下，否则会影响到白葡萄酒的品质。为了达到发酵液降温的要求，通常采用以下几种方法：

①发酵前进行降温：葡萄在天明前即采摘进行压榨，这时葡萄的温度最低。或是采摘后不使太阳直晒，放阴凉处，或是将葡萄摊放开进行散热，这是使原料本身散热降温的方法。另外是将压榨后的葡萄汁进行冷却，冷到15℃后，再放入桶（或池、缸）中。

②应用小型容器进行发酵：用200～1000L的木桶进行发酵，散热较容易，如进桶的温度在15℃左右，则发酵最高温度不致超出28℃，如能再配合室内降温，则收效更加显著。室内降温的方法，可采取白天密闭门窗，不使外界较高温度进入室内，晚间则开启门窗换入较

冷空气，或是以送风机送入冷风。有时根据需要可用冷冻设备送入冷风。

③发酵过程中进行冷却：如发酵池内装设冷却管，管内通冷却水或冰盐水，木桶可将发酵液打入板式热交换器进行循环的方法进行冷却，这是控制发酵温度最有效的办法。

a. 冷却降温发酵优点：进行酒精发酵时，不容易发生有害微生物感染；挥发性的芳香物质保存较好。酿成的酒具有水果酯香味，并有一种新鲜感；减少酒精损失，同时酒石沉淀较快、较完全；酿成的葡萄酒澄清得好；制作甜酒时，可以在任何时间降到更低的温度而停止发酵；可以用任何形式的容器进行发酵。

b. 冷却抑制发酵的缺点：投资费用及生产费用较大；使用冷控制发酵时，用劳动力较多，除非使用自动控制；发酵过程中，没有酸的生物分解作用。

在控制发酵时，也有使用二氧化硫来阻止或迟缓发酵的。国外还有使用耐压罐，调节罐中二氧化碳含量多少来控制发酵速度，一般是在1L葡萄汁中含有15g二氧化碳时，发酵就受到抑止。将上列二氧化碳含量换算成压力为：在温度15℃下0.8MPa。

在发酵进行中，有时会产生停止现象。这种现象往往是由于发酵温度过高或冷却温度过低，或空气过少等引起的。在低温（18～20℃）密闭发酵时，如超出4～6周时，也应采取措施。遇上述情况，应进行一次换桶与空气接触。如因温度过高时，除换桶和进行降温外，并加入发酵旺盛的发酵液（20%～30%），使酒精发酵正常，不使杂菌有繁殖的机会。如因温度过低而影响的，除换桶外并适当加温以提高发酵温度。在投料初期，由于白葡萄酒生产发酵温度较低，发酵隔离空气和不带皮渣，使酵母繁殖变慢和失去依托；出现发酵缓慢或不发酵的现象是常见的，此时可提供一些有益于酵母繁殖和代谢条件，可加剧发酵的进行。加入代谢旺盛的酵母菌种加速发酵进行是必要措施之一。

（2）添桶和后发酵　待葡萄醪相对密度已降到1.005～1.006，发酵几乎停止，即进行添桶。添桶是及时用同品种和同类型的酒将桶添至桶容的90%～95%，添完后再用发酵栓密封，添桶后的白葡萄酒，尚有少量的糖分，在后酵槽或贮酒桶继续进行发酵，直到相对密度为0.992～0.996，制成含残糖低的干白葡萄酒（糖分＜4g/L），这是使白葡萄酒澄清透明及保存性良好的必要条件。后发酵的管理工作必须和红葡萄酒同样的仔细严密，如果发酵酵母活力有衰退现象，应该立即采取适当措施加以补救。约一个月，添过酒的发酵罐中的发酵已完全停止，此时再作第二次添桶。第二次添桶要完全添满，盖严封好进行存放，使酒中的酒石和沉淀物析出沉淀，使新酒清亮透明。

4. 换桶与贮存

葡萄汁经发酵酿成的酒，一般称为原酒，再经过陈酿后制成的含残糖低的葡萄酒称为干酒。白葡萄酒称为干白葡萄酒。经过第一次添桶后的原酒，即进入陈酿阶段。在陈酿过程中的主要工作是添桶和换桶。

后发酵结束，酒液澄清后，就可进行第一次换桶。换桶的目的是除去酵母及酒石等沉淀物。换桶的方法主要有氧化型方法和还原型方法。氧化型方法是使酒尽可能与空气中的氧接触，使酒容易成熟。此法主要用于干红葡萄酒和甜葡萄酒的换桶。还原型方法是使酒避免与空气接触，防止酒的氧化，以保持酒的原有果香味。

（二）　红葡萄酒的生产工艺

红葡萄酒呈宝石红色、紫红色、石榴红色、红棕色等，酒精含量在9%～13%，它是以有色葡萄为原料，经去梗、破碎、发酵、压榨等工艺生产而成的。生产干红葡萄酒生产的工艺流程如图 4 - 13 所示。

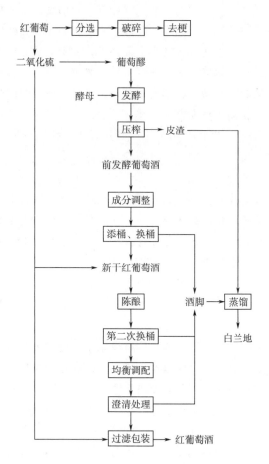

图 4 - 13 干红葡萄酒生产工艺流程

1. 葡萄的采收与处理

酿制干红葡萄酒的葡萄，采摘期最好是在葡萄的含糖量达 20% ~ 23% 时最恰当。霉烂粒必须在采摘时剔除。对青葡萄或青粒葡萄不应采摘。如采摘时带有青粒，也应剔除，保存作为酸度低、含糖过高的葡萄酒调酸使用。采摘下的葡萄应使用清洁而牢固的容器装盛，及时运到工厂进行加工。从严要求的角度，葡萄采收到破碎不应超过 4h。

破碎去梗后的葡萄浆，用送浆泵送到用硫黄熏过的发酵容器中，放入量也不应超出容器容积的 80%，以免发酵时浮在池面的皮槽因发酵产生二氧化碳而溢出。

2. 干红葡萄酒的发酵

（1）干红葡萄酒发酵过程物理化学变化 这个工序从葡萄浆送入发酵池，一直到主发酵完毕的新葡萄酒出池为止，这期间所发生的物理的和化学的变化主要有下列五个方面：

①由于酵母的作用，葡萄浆中的糖分大部分转变为乙醇与二氧化碳，及少量发酵副产物。

②由于二氧化碳的排出越来越旺盛，使发酵醪出现沸腾现象。

③发酵醪的温度迅速升高。

④果皮上的色素及其他成分逐渐溶解在发酵醪中。

⑤在发酵池表面，生成浮槽的盖子。由于发酵产生的二氧化碳将醪液中的葡萄皮和其他固形物质带到醪液表面，生成很厚而疏松的浮槽，一部分露出液面，另一部分浸在醪液内。

（2）干红葡萄酒的发酵操作　红葡萄酒发酵有不同操作方法，主要是果汁与皮渣共同发酵，酒精发酵和色素、香味成分的浸提同时在果汁、皮渣中进行。待色素或酒精指标达到工艺要求时进行皮渣分离。常用方式有以下几种：

①葡萄皮渣浮在液面的开放式发酵：这是最古老也是最简单的传统发酵方法，但目前不少酒厂还在采用。为了避免浮盖在液面发生酸败及醪液品温升高，在一定的时间内要将皮渣浮盖压入汁中，并搅拌均匀，使发酵桶中的醪液温度保持上下一致。

②葡萄皮糟压在醪液内的开放式发酵：这种发酵方法是在发酵池上面 3/4 的地方，钉上卡口，将木制的篦子或用电镀锡的金属，一条一条地盖在醪液表面，最后用两根横木嵌在突起的边上卡住篦子，使不能浮动。发酵开始之后，皮糟被二氧化碳推到表面形成浮渣，因为果皮与籽实被篦子压住，只有醪液升到篦子上面，生成厚度达 25～30cm 的液层，这层醪液的容积相当于浮渣膨胀的最大容积，压在篦子下面的浮渣处在上下两层醪液之间。在发酵过程中，至少将醪液循环流动两次，使醪液和皮糟浮渣充分接触。

③密闭式发酵：这种发酵池上面装有盖子，有的可与白葡萄酒发酵一样装上发酵栓。它可以用作葡萄酒的贮存槽，发酵期间也须常常使醪液流过皮糟浮渣或用捣池喷淋装置，使皮糟表面，醪液能完全淋到。密闭式发酵方法可选用皮糟浮于液面或皮糟压在醪液中的密闭式发酵方法。

④自动翻汁发酵：这种形式的发酵池最早出现在阿尔及利亚，适于用在炎热地区。这是一个上部开放的密闭发酵池，上部的容量为主发酵池的 1/4 或至少 1/5，发酵时葡萄浆一直加到密闭池口上。中间插入一个四方形约 0.2m 见方的木篦，上部口径比底下稍为大一点，与池底接触部分作锯齿形，木管上端比池口约高 0.15m，用木架子固定在池中央，勿使动摇，木管周围用木条篦子将皮糟浮渣压住，防止葡萄皮糟从池口冒出。

红葡萄破碎后，由中心口送入，皮渣沉于池底。此时可将篦子放入。发酵开始后，皮糟浮到液面，被篦子挡住，只有醪液通过篦子，升入发酵池的上部，同时带出二氧化碳，由池底涌上的醪液也通过木篦上升，但到了一定时间，上层醪液的量与皮糟浮渣上的压力相等时，达到了平衡。待二氧化碳排出后，则相对密度加大，使醪液穿过皮糟盖子回到下底。这样上下循环穿式皮糟盖子，使皮糟上的色素单宁及芳香物质得到充分浸提。

⑤旋转罐发酵法：旋转罐法是采用可旋转的密闭发酵容器进行色素香气成分的浸提和葡萄浆的酒精发酵。其工艺操作是：在葡萄破碎后，输入罐中，在罐中进行密闭控温隔氧并保持一定压力的条件下浸提葡萄皮上的色素和芳香物质。当发酵醪中色素等物质的含量不再增加时，即可进行皮渣分离，将果汁输入另外发酵罐中进行纯汁发酵。目前，旋转罐主要有种类型：一种是 CMMC 公司的 Vaslin 型，另一种是罗马尼亚采用的 Seitz 型，这两种旋转罐的结构不同发酵方法也不同。

旋转罐法生产红葡萄酒优点：a. 生产的葡萄酒是在隔氧情况下浸提色素及香气成分，葡萄酒的口感细腻，并有利于控制杂菌的感染，使葡萄酒中挥发酸含量佳，酒中的单宁浸提适当，减少了酒的苦涩味。b. 缩短了酒龄，可加速资金周转。c. 进料出渣全部机械化，便于操作，并能降低劳动强度，提高生产力。

⑥CO_2浸渍法生产红葡萄酒：CO_2浸渍法（carbonic maceration）酿制红葡萄酒，就是葡萄果粒在充满CO_2的密闭容器中进行厌氧代谢。CO_2浸渍技术，最先由法国人（Flanzy）研究，该项技术的研究应用，在20世纪六七十年代进行得较多。意大利于20世纪70年代初推广应用于生产。CO_2浸渍法不仅用于红葡萄酒、桃红葡萄酒的酿造，而且用于一些原料酸度较高的白葡萄酒的酿造。

⑦连续发酵法生产红葡萄酒：红葡萄酒的连续发酵是指连续供给原料，连续取出产品的一种发酵方法。连续发酵法罐内葡萄浆总是处于旺盛发酵状态，因此温度较难控制，往往罐内设升、降温装置。我国的红葡萄酒的连续发酵主要应用于规模较大、原料来源稳定的葡萄酒厂，我国现生产使用的均属于一罐法连续发酵。

⑧纯汁发酵法：该法是在葡萄破碎后，先进行色素香气成分的浸提，再分离果汁进行纯汁发酵。例如：热浸提方式，热浸提方法生产红葡萄酒是利用加热果浆，充分提取果皮和果肉中的色素和香味物质，然后进行皮渣分离，纯汁进行发酵。

（3）主发酵的管理　在主发酵过程中，在红葡萄浆发酵时，必须仔细地判断发酵的进程。为了进行检查，需有温度计和测定相对密度（1.000～1.200）的相对密度表。开始发酵随着温度的升高，发酵时汁中含糖量的降低和酒精的增加，发酵液的相对密度逐渐降低了。如果在进桶后一昼夜内相对密度和温度没有变化的话，必须了解其停滞发酵的原因，采取相应的措施。在大多数的情况下是由于皮渣的温度过低，则需提高发酵汁的温度。有时停滞发酵是因为二氧化硫含量过高，在这种情况下，则需进行放汁、通空气或者再次添加经二氧化硫培养过的纯粹培养酵母液2%～3%。停滞发酵的原因，也可能是因为酵母的关系，如果酵母液桶内微生物的检查疏忽大意，添加了已经发酵完了不旺盛的酵母液，因此必须对酵母进行显微镜检查。如果发现它们不很旺盛，则需再次添加正处在发酵旺盛期的纯粹培养酵母液。

如果在发酵时醪温度超过了计算的规定温度，最好是在发酵开始时即进行冷却。高温发酵除对葡萄酒质量有不良的影响以外，为了冷却发酵汁，将汁放出降温，会蒸发一些酒精，造成损失。除此以外，还需做好以下管理工作。

①测定发酵醪的浓度与温度：每日早晚对每个发酵池必须测定两次浓度及品温，测定时须将葡萄皮糟掀开，在它下面测定，每次仔细把测得数字，记录在发酵卡上。

②捣池翻汁：主发酵过程中，进行三次捣池，使发酵醪循环流动，以利于醪液通风，并且可以充分浸提葡萄皮所含色素与芳香成分。第二次和第三次捣池往往在发酵醪相对密度降到1.060～1.030时进行。捣池除了通风之外，同时达到冷却的效果。

③冷却：主发酵期间，发酵醪的温度必须控制不超过32～33℃，最好能不超过30℃。在气候暖热地区，这是获得发酵完全、残糖量少，保存性良好的葡萄酒的主要条件。一般采用排管式热交换器，外用喷淋冷水，可以保证在任何情况下，使发酵醪不超过规定的温度。

④发酵迟缓或停止：主发酵过程中出现发酵停止现象，是极其稀有的，即使发酵醪温度超过了20℃，出池以后在后酵槽有时会出现发酵迟缓或发酵力衰退的现象。这种现象的出现往往是因为冷却不充分。

⑤主发酵的时间：主张在醪液糖分下降，相对密度达到1.020附近时即分离皮槽。在炎热地区，大抵只需经过2～3d，根据葡萄含糖量，发酵温度和酵母接种数量而不同。一般在相对密度下降到1.020左右时，皮槽的浸提已很充分，制成的红葡萄酒色泽鲜艳，爽口，柔

和，有浓郁果实香味，而且保存性能良好。如果皮糟浸在醪液内，待发酵到糖分全部变成酒精，则发酵时间可能超过一星期，酿成的酒色泽过深，酒味粗糙涩口。

用自动捣池翻汁的发酵槽，主发酵时间更短，只需 24～30h。使用大量酒母时，主醛期尚能缩短。

某些葡萄产地生产糖分极高的葡萄（含糖 24%～22%，相当于酒精含量 14%～16%），而且富于单宁和色素。对于这种葡萄，浸提时间须相应缩短，有时醪液相对密度降到 1.030～1.040，即下酒分离皮糟，否则制成的酒过于浓厚而涩口。

3. 出池、压榨与后发酵

（1）出池操作　发酵醪相对密度降到 1.020 左右，主发酵完毕后，即可出池，下池时如果品温高于 33℃，应先进行冷却，在自动翻汁的发酵池，须在出酒前 1～2h，停止翻池。操作是先打开发酵槽阀门上的出酒管，将自流酒放出，构成浮渣的皮糟沉淀在发酵池的底上，将这种含有葡萄酒的皮糟取出压榨。压榨是指使酒液和皮糟分开这个工序。

（2）压榨　压榨一般在自流酒完全流出之后，经 2～3h 即进行，也可以将皮糟在发酵槽放置一夜再压榨，因含有二氧化碳，不致氧化变酸。红葡萄酒生产中常使用水压式压榨机。水压压榨机在法国、意大利、西班牙等尚在广泛使用。由于压榨速度慢，操作费事，且不易保持清洁，美国许多葡萄酒厂已改用卧式压榨机或连续式压榨机。

其他葡萄皮糟压榨设备：连续式压榨机，这种设备的有利条件使人工管理费用大量节约，但是榨出的酒液比较混浊，因为中心轴的推动和在网上摩擦，使皮糟较易破碎，如果榨出的酒用于蒸馏，这种缺点可不考虑。连续式压榨机可以用绞笼装料，葡萄皮糟直接从发酵池送往压榨机；或者用输送泵将尚含有少量酒液的葡萄皮糟送往连续压榨机。连续压榨机出来的糟粕，相当干燥，可用运输带直接送入酒糟库。卧式压榨机，为了弥补立式压榨机速度慢，费人工的缺点，将榨筐由立式改成卧式，加长榨筐长度。这种装置适于白葡萄酒的制造，缩短葡萄汁与皮糟接触时间，有利于提高白葡萄酒质量。

（3）葡萄酒糟粕的贮藏　糟粕中含有相当于本身重量 40%～50% 的不同浓度的葡萄酒，不是压榨机所能榨出的，它的酒精度和原来的葡萄酒一样，100kg 新鲜葡萄酒糟，含酒精 4～6L。从压榨机出来的糟粕应该立即送到贮糟池或堆积在干净的水泥台上。葡萄糟应一层一层地仔细堆上去，面上铲平或周围筑堤，以避免接触空气。

糟粕堆满之后，用塑料薄膜盖严，上面再铺上 25～30cm 的泥土，一直保存到需要蒸馏的时候。有蒸馏设备的葡萄酒厂，压榨皮糟立即可送去蒸馏，必须不受日晒，以免损失酒精。

（4）后发酵的管理　将自流原酒或压榨酒，单独或混合后送入后发酵池进行后发酵。后酵池尽可能在 24h 内装满。自流酒的收得率，因葡萄品种及发酵情况而有差异。后酵槽上面须留出 5～15cm 空间，以防止生成更多的泡沫。后酵期间一般不需要冷却，因为发酵醪只有少量的残糖，不可能使温度上升到危险程度。

根据酒精度和浸出物的含量，得到的新葡萄酒的相对密度下降到 0.993～0.998 时，发酵已完全停止，可以认为发酵已经完全，糖分已全部转化（残糖少于 2g/L）。对于色调中等，酒精含量高（14%～15%）的干红葡萄酒，相对密度应达到 0.998～0.997。但已经霉烂的或受过虫害的葡萄酿的酒，即使完全不含糖分，相对密度可能达到或超过 1.000，因为酒内含有较多的浸出物（树胶，果胶等），使葡萄酒的相对密度较大。为了确定酒内是否有残余糖分，应该进行化学分析。

含少量残糖的葡萄酒，发酵完毕时，口味显得比干酒柔和醇厚。但在过了二三个月后，这种酒容易受细菌感染和生成较多的挥发酸。尤其是对于既有少量残糖，而且不挥发酸含量低的新酒，容易被微生物感染。13.5% ~ 15%（体积分数）的酒精含量高的葡萄酒，后发酵需较长的时间，因高酒精阻滞了酵母的活力。但应注意醪液相对密度逐渐有规则的下降，经过 6 ~ 8d 或更长一点时间，糖分全部发酵完毕。

后发酵常常不是顺利完成的，如果主发酵醪的温度升到 35℃ 以上，发酵越来越迟缓，最后在糖分尚未完全分解之前，发酵就完全停止。在这种情况下，不能等待依靠酵母本身的活力将残糖完全发酵。从观察发酵醪的相对密度下降越来越少，并根据经验，就可预测后发酵不可能正常完成。应该在发酵尚未完全停止前，就应采取适当措施。在实际生产时，可采用以下几种处理方式。

①捣池翻汁：捣池使醪液接触空气，经过通风使陷于瘫痪的酵母，重新恢复发酵活力。

②通空气：用泵从后酵槽底部通入经过杀菌的空气，使全部发酵液得到良好的通风，并使已经下沉的酵母，重新分散悬浮在发酵液中。

③换桶：换桶时进行通风，并除去酒脚。

④添加少量正在旺盛发酵的葡萄汁：投入一部分正在旺盛发酵的葡萄汁，可以促进后发酵的完成。

4. 葡萄酒贮存管理

（1）贮存期间的操作　低温密闭贮存：葡萄酒传统的贮存工艺，只强调长期恒温贮存，自然澄清。酒在陈酿过程中易接触空气而过度氧化，降低酒的风格。随着技术进步，采取低温密闭贮存新技术，使酒保持在还原状态下陈酿，可有效地防止氧化而降低酒的品质，常采取以下隔氧措施。充氮赶氧：贮存容器应为密闭式，并安装有压力表和安全阀（当压力超过时 CO_2 能自动排除）。当原酒进入贮存罐时，应迅速充气赶氧，用 CO_2 或 N_2 封罐（压力为 10 ~ 20kPa），避免酒与空气中的氧接触，防止氧化和需氧细菌繁殖。

（2）添加 SO_2　SO_2 在贮存过程中，用于保护葡萄酒，达到防止氧化、防腐，保持葡萄酒原有香味的目的。发酵结束后残留的 SO_2，虽可以达到上述目的，但葡萄酒中的 SO_2 大部分已化合，只有游离 SO_2 才有防腐、消毒作用，所以必须经常补充 SO_2。

（3）换桶　在贮存过程中，酒中胶体物质、酒石酸盐等自然沉淀，定期将桶（池）中上层清酒泵入另一桶（池）中，除去酒脚的操作称换桶。换桶可起通气作用，可使酒接触空气溶解适量氧，促进酵母最终发酵结束。新酒被 CO_2 饱和，换桶可使过量的挥发性物质挥发逸出。使桶（池）中澄清的酒和池底部酵母，酒石等沉淀物分离，除去酒脚，并使桶（池）中酒质混合均一。换桶时通过加亚硫酸溶液来调节 SO_2 含量。

换桶次数取决于葡萄酒的品种，葡萄酒内在质量和成分。贮存初期换桶的次数多，随着贮存期的延长而逐渐减少。对于酒质粗糙、浸出物含量高、澄清不好的酒，换桶次数可多一些。换桶时应尽量选用贮存过同品种酒的容器，洗净、硫熏消毒，并用 CO_2 赶走池内空气方可进酒。其用量视葡萄酒酒龄、成分、氧化程度、病害倾向等因素而定。

（4）添酒　葡萄酒在贮存过程中，因挥发等因素影响，使桶（池）里形成空隙，应及时用同品种、同酒龄的酒加满容器，这一操作称为添酒，也称满桶。

新酿制的葡萄原酒，进入贮存阶段，由于各种因素影响，酒的体积减小，桶（池）口和葡萄酒表面形成空间，酒易氧化或发生醋酸菌污染，必须及时进行添酒，保持满桶（池）状态，避免葡萄酒与空气接触而造成氧化和污染。添酒的葡萄酒应选择同品种、同酒龄、同质量健康的酒。若无同质量的酒添酒时，只能用老酒添往新酒。添酒后调整 SO_2，并在葡萄酒液面上，按产品等级要求分别加入皮渣白兰地，或食用酒精再封池。

5. 葡萄酒在贮存过程中变化

新酿制的葡萄酒，口味粗糙，极不稳定，必须经过一个时期贮存陈酿，发生一系列物理、化学和生物学变化，以保持产品的果香味和酒体醇厚完整，并提高酒的稳定性，达到成品葡萄酒的全部质量标准。

（1）葡萄酒在贮存过程中的物理变化　葡萄酒中果胶、蛋白质等杂质在贮存过程中会沉淀下来，酒石酸盐析出，酒液变得清亮透明。乙醇分子与水分子由于氢键聚合，使口感变得柔和。由于葡萄酒中的有机酸和醇的酯化作用，增加酒的香气，使酒变得醇厚适口。

（2）葡萄酒在贮存过程中的成分变化

①糖分的变化：葡萄酒在后发酵的过程中，可酵性糖分几乎完全被转化；但在陈酿期间葡萄糖苷的水解作用，还原糖略有增加。

②有机酸的变化：葡萄酒中的酒石酸系以饱和酒石酸氢钾状态存在。在陈酿过程中，由于溶解度的降低而析出，使含量降低。在陈酿过程中，由于苹果酸 – 乳酸发酵，使苹果酸减少而乳酸增加。琥珀酸主要在发酵过程中产生，陈酿过程中变化不大。乙酸的增加是由于在陈酿过程中管理不善，醋酸菌污染所产生。

③单宁和色泽变化：在葡萄酒贮存期间部分单宁与醛结合，部分与蛋白质结合并沉淀下来而减少。红葡萄酒在贮存过程中色泽变深是由于酒中花白色素转变成有色物质。白葡萄酒褐化，是由于酚类物质氧化所致。

④葡萄酒中香味物质的形成：酯类是构成葡萄酒芳香成分，它是由有机酸和乙醇在陈酿过程中由于氧化或产膜酵母的作用酯化而成。葡萄酒中甘油主要由发酵产生，少数是由酵母细胞所含卵磷脂质分解生成。

⑤含氮物质的变化：在葡萄酒的贮存初期，由于部分酵母菌体自溶，氨基酸和蛋白质氮均有增加，通过换桶澄清等过程，含氮物质有所降低。

6. 红葡萄酒的其他酿造方法

（1）赛密冲（Semjchon）酿酒法　法国葡萄酒专家赛密冲建议在葡萄汁发酵以前，加一部分做好的葡萄酒，使酒精含量达到4%，两者的比例约为2:1。据赛密冲报道，这样的酒精浓度可以抑止尖端酵母的繁殖，使真正葡萄酒酵母立刻可以开始发酵，提高了糖分的有效的利用。

（2）用浓缩葡萄汁补充糖分的方法　欧美各国大都法律上允许用浓缩葡萄汁补充葡萄汁糖分，用量各国有不同的规定。商品浓缩葡萄汁有不同浓度，在 $25 \sim 40°Bé$，相当于含糖 $500 \sim 934g/L$。

红葡萄酒酿造时不宜将浓缩汁直接加到有皮糟的主发酵池中，因为浓醪液发酵比较困难，而且皮糟含有部分酒精。所以浓缩葡萄汁须待主酵完毕后，将它慢慢加入后发酵槽中，在不带糟的情况下，完成发酵。如果浓缩汁质量好，无焦化或煮熟味，可以使某些低度酒质量明显提高。

五、 葡萄酒的调配、澄清、过滤和灌装

葡萄酒的调配是酿酒艺术关键性的一步。应由具有丰富经验和技巧的配酒师，根据品尝和化验分析结果，经过精心操作来实现。为了得到高品质的葡萄酒和符合市场要求，葡萄酒在出厂前要进行调配。使各具特色的原酒，合理勾兑，加入葡萄酒允许加入的食品添加剂进行调配，形成较稳定的化学平衡，保持其固有特色和良好稳定性。

1. 葡萄酒的调配

葡萄酒因葡萄品种、葡萄栽培地区、葡萄的成熟度，以及发酵工艺、贮存条件和酒龄的不同，原酒的色、香、味也各异。应选择：（1）香气好，滋味小的酒；（2）香气不足，而滋味醇厚的酒；（3）残糖高或高糖发酵的酒；（4）酸度高低不同的酒进行分型。调配时应根据质量要求，选择不同类型的原酒，进行勾兑，取长补短，设计出一个理想的配酒方案。

葡萄酒是以纯葡萄发酵，陈酿而成的。作为商品来讲，应根据消费者需要，设计出不同类型和质量标准的各种风格的葡萄酒，供应市场。

2. 葡萄酒的澄清

所谓澄清是指通过在葡萄酒内加入澄清剂让它和葡萄酒中的胶体物质相互作用，而使葡萄酒澄清的操作。澄清目的是为了保证葡萄酒具有一定的稳定性，且透明度好，保持一定贮存期。

正常的葡萄酒的外观品质需澄清透明。葡萄酒是一种胶体溶液，胶体溶液中的颗粒有由小变大的趋势，颗粒越大，散射的光线就越多，溶液也就越显浑浊，从而导致葡萄酒不稳定。葡萄酒是复杂的液体，其主要成分是水分和酒精分子，其他物质如有机酸、金属盐类、单宁、糖、蛋白质等。新酒中还含有悬浮状态的酵母、细菌、凝聚的蛋白质和单宁物质、黏液质、酒石酸钾和钙等，这些都是形成浑浊的原因。

澄清需要经过两个过程：一是凝聚过程，通过凝聚作用使微粒增大；二是沉淀过程，通过沉降作用，使固形物沉淀析出。因此，澄清过程需要几天或几周时间，才能达到预计效果。

（1）凝聚过程 葡萄酒中成分比较复杂，而参与凝聚沉淀作用的成分，主要是聚苯酚、单宁、色素物质和含氮物质，因此澄清过程与这些因素有关。红葡萄酒单宁含量高，下胶以后几分钟就有絮状体形成，便很快凝聚沉淀。白葡萄酒单宁含量低，下胶后需要几小时，甚至三四天才形成絮状体。单宁和蛋白质浓度越高，形成单宁盐、鞣酸蛋白质的速度，及其他沉淀速度越快。

下胶是葡萄酒澄清过程中一项重要操作。下胶过程是以加到葡萄酒中的澄清剂和酒中胶体物质相互作用为基础的，要提高澄清效果，必须按一定的工艺操作进行。常用的澄清剂主要有：明胶、鱼胶、蛋清、干酪素、皂土、单宁（单宁酸、鞣酸）、果胶酶等。下胶时如明胶用量过多，与单宁用量不相适应，酒液澄清不好。有时即使酒完全透明，但酒中仍同时存在单宁和蛋白质，与空气接触，装瓶后由于温度变化会发生浑浊沉淀。纠正下胶过量的葡萄酒中必须加入适量单宁，将酒中过量的胶沉淀除去或加皂土，这种胶质黏土，有吸附作用，能除去剩余的明胶。

（2）离心澄清 葡萄酒中悬浮杂质，靠自然沉降与酒液分离所需的时间较长，而酒通过离心机产生的离心力场比重力场大很多，且与旋转速度的平方成正比，因此离心加速了酒中

杂质和微生物细胞的沉降过程，在几分钟内沉降下来，使葡萄酒迅速澄清。

3. 葡萄酒的过滤

葡萄酒的透明度，是葡萄酒质量的一项重要指标。欲获得清亮透明的葡萄酒，除采取下胶等工艺处理外，过滤是一项必不可少的技术手段。

过滤是用多孔隔膜进行固相物质与液相物质分离的操作。过滤介质是由结构精细的纤维或粉末状物质制成的。根据不同厚度、紧密度，装到过滤机内，以达到不同的过滤性能。常用过滤介质有硅藻土、纤维等。葡萄酒通过过滤层多孔的过筛与吸附作用，液体中的悬浮颗粒、胶体、酵母细胞和细菌等，都留在过滤介质表面或内部。过滤效率取决于过滤介质（过滤板）面积，液体通过的压力及构成浑浊物质的性质。由于过滤是一种物理作用，只是将悬浮物滤去或吸走，而澄清却是一种化学、物理作用，所以两者结合使用，才有更好的效果。

葡萄酒的过滤，主要经过两种过程：一是葡萄酒中微粒比过滤介质孔隙大，不能通过滤层而被截留下来。二是葡萄酒中微粒比过滤介质孔目小，由于微粒和过滤介质所带电荷不同，在过滤过程中则产生吸附作用，将微粒吸附在过滤介质的表面上，因此最初滤液很清。过滤过程实际上是筛分和吸附两种作用的过程。所以要根据酒质情况分别选用不同的过滤方法。

常用的过滤设备有棉饼过滤机、硅藻土过滤机、除菌滤膜过滤机和真空过滤机等。

4. 葡萄酒的冷热处理

低温对新酿制的葡萄酒起到较好的作用，所以一般都要经过一两个寒冬的陈酿，再经过后处理而加工成成品出售。现代化葡萄酒厂，广泛采用冷冻技术进行冷处理，加速葡萄酒陈酿和提高葡萄酒的稳定性，以防止成品葡萄酒在低温存放时，或瓶装葡萄酒可能形成盐类和胶体物质浑浊、沉淀现象，影响酒的质量。

葡萄酒冷处理强化了氧化作用，加速了新酒的陈酿，使酒的生青、酸涩感减少，口味协调、适口，改善了葡萄酒的质量；温度降低，酒石溶解度降低，使酒石析出加快；加速葡萄酒中铁和磷化物沉淀，经过冷处理后，可降低其含量，提高酒的稳定性；葡萄酒经过冷处理后，可加速果胶类、蛋白质、单宁色素物质的凝聚，产生絮状沉淀，从而起到稳定酒的作用。

葡萄酒经过热处理不仅可以改善葡萄酒的品质，增加葡萄酒的稳定性；而且，较高处理温度还有杀死微生物，起巴氏杀菌的作用。葡萄酒经过热处理，色、香、味有所改善，产生老酒味，pH 上升，总酸、挥发酸和氧化还原电位下降，并使部分蛋白质凝固析出，酒香味好，口味柔和醇厚。所以葡萄酒热处理是加速葡萄酒老熟的有效措施之一。葡萄酒经过热处理，对保护胶体的形成，晶体核的破坏，酒石酸氢盐结晶的溶解，蛋白质雾化形成及自然澄清白葡萄酒内铜的沉淀和红葡萄酒内铁——单宁混合体的溶解等均起一定作用。可除去所有有害物质，特别是氧化酶，达到酶促稳定。可除去酵母、醋酸菌、乳酸菌等，达到生物稳定。

热处理一般在一个密闭容器内，将酒间接加热到 67℃ 处理 15min，或 70℃ 处理 10min。

5. 葡萄酒的灌装

灌装是最后一道工序。一般可分为：洗瓶、装瓶、打塞（压盖）、贴商标、套锡帽（胶套）、包纸、装盒（套草套）、装箱、钉箱和入库等十个工序。

（1）瓶子　瓶子式样很多，有长颈瓶、方形瓶、椰子形瓶、偏形瓶等。有的酒瓶瓶底向内凹进一块，也就是瓶内底部凸起一个小丘，这种瓶的优点是，对在瓶内贮存多年后生了沉淀的酒，只要立着静置一段时间，沉淀物即可沉在瓶底壁与小丘周围的沟隙里，因而倒酒时不易将沉淀物倒出。瓶子的形状、大小，一般应具备洗刷方便、坚固、好拿、好倒的特点，并且向外倒酒时不向口内起泡，以减少酒的翻动。如果采用机械化包装，由于洗瓶、装酒、打塞或压盖时速度较大，很易引起破碎，因此对瓶子的形状、大小和强度都应在瓶子定型时加以充分考虑。

（2）瓶子的色泽　一般白葡萄酒用的瓶子多为无色、绿色、棕绿色或棕色；红葡萄酒或淡红葡萄酒多使用深绿或棕绿色。棕绿色的玻璃能将大部分对葡萄酒有影响的光波滤去。

（3）软木塞　软木俗称木栓、栓皮。植物木栓层非常发达的树种的外皮产物，茎和根加粗生长后的表面保护组织。生产软木的主要树种有木栓栎、栓皮栎。软木由许多辐射排列的扁平细胞组成。细胞腔内往往含有树脂和单宁化合物，细胞内充满空气，因而软木常有颜色，质地轻软，富有弹性，不透水，不易受化学药品的作用，而且是电、热和声的不良导体。

（4）灌装　世界范围内葡萄酒的灌装已经实现规模化和机械化，这些自动化灌装系统主要包括上瓶、洗瓶、灌装、打塞、烘干、封胶帽、贴标及装箱等。

①洗瓶：无论是新瓶还是回收瓶在使用前都要进行清洗。清洗好的酒瓶应该无水印、刷子印、水锈、刷毛、沙土等杂物，残留水应该<1mL。洗干净的瓶子同时检查瓶子的完整性。为达到良好的洗涤效果，清洗过程包括：

a. 预冲洗：在罐底的沉渣放了一半之后进行，每次预冲洗时间为30s，进行10次，是通过回转喷嘴进行的。

b. 碱液清洗：清洗剂为一种氯化了的碱性洗涤剂，其总碱度在3000~3300mg/L，用这种碱液循环17min。就地清洗系统（CIP）控制温度为32℃。

c. 清水冲洗4min及30s的喷水清洗。

d. 碱液喷洗15min，条件同上面的碱液清洗。

e. 用清水冲洗。

f. 最后用酸性水冲洗循环，以中和残留物的碱性，放走洗涤水使罐保持弱酸状态。至此完成了全部清洗过程。

g. 无菌水冲洗和热无菌空气吹干。

②装瓶：目前灌装设备分为等压灌装和负压灌装。负压灌装是先将瓶内抽成真空形成负压状态，从而实现灌装操作。灌装设备目前主要有用于小型生产线的虹吸灌装机、具有良好气体保持能力的等压灌装机以及操作性能较好的负压灌装机。灌装环节应该注意的是管路及死角的无菌、装瓶温度和瓶颈空间的关系和瓶颈空气的排除等。

六、　副产物的综合利用

葡萄主要用来酿制葡萄酒，但生产上可利用残次果和酿酒下脚制取多种综合利用产品。残次果约含果汁70%、果胶4%、果皮20%和种子2%。葡萄酒在酿造过程中，有不少副产物，充分利用这些副产物，妥善地解决了废渣处理问题，既可解决环境污染，又创造了较好的经济效益。

1. 白兰地的制取

对于葡萄酒酿造过程中，发酵完全结束后得到的酒糟仍含有一定量的酒精，所以也可将其在葡萄酒贮存转罐时剩下的酒脚收集起来用于白兰地的酿制。白兰地蒸馏出酒后截去头尾留中间，酒头和酒尾单独存放，两者合并后重新蒸馏。蒸馏酒的酒精含量一般在 50% ~ 70%，其可以直接加入葡萄酒中，增加葡萄酒的酒精含量，也可以贮存在橡木桶中密闭陈酿。制取过程为：皮渣→ 堆积发酵 → 蒸馏 → 初馏液 → 二次蒸馏 →皮渣白兰地。

2. 酒石酸、酒石酸盐的提取

酒石酸是一种用途广泛的多羟基有机酸，主要用于制备医药、媒染剂、鞣剂等精细化学品以及果子精油和饮料，可用作金属螯合剂和其他抗氧化剂的增效剂和调味剂、奶制品稳定剂等。利用富含酒石酸氢钾的葡萄皮渣为原料提取酒石酸是获取最为重要的高纯度右旋酒石酸的重要途径。

提取酒石酸的方法依各种下脚略有不同。酒石先行蒸馏回收酒精，废液经澄清、石灰乳和氯化钙处理、沉淀、过滤、洗涤，制得粗酒石酸钙；粗酒石先用沸水溶解，白兰地蒸馏液先行加热、过滤、结晶、离心分离、洗涤、干燥，则可制成酒石酸钙，经酸处理、过滤、脱色、浓缩、结晶、离心分离、洗涤、干燥，则可制成酒石酸，或可以进一步深加工成多种酒石酸盐。

3. 多酚类化合物的提取

近年来，植物来源的生理活性物质的研究开发已成为国际焦点。其中多酚是最突出的一类。很多研究表明，多酚类化合物对严重危害人体健康心脏病、癌症、冠心病、动脉硬化等有独到的治疗和预防作用。而葡萄作为一种常见的水果，含有大量的多酚类物质，其功效已引进起世人的注目。葡萄中的多酚类主要存于果皮和种子中，在红葡萄中分别占 63% 和 33%，在白葡萄中占 71% 和 23%，果皮中的多酚主要为花色素类、白藜芦醇以及黄酮类等，种子主要为儿茶素、槲皮苷、原花色素、单宁等。

4. 色素类物质提取

天然葡萄皮色素属花色苷类化合物。红葡萄皮深红或紫红、紫黑色，其色素主要为花青素、甲基花青素、牵牛花青素、锦葵色素及花翠素、翠雀素等。

含色素较高的葡萄皮渣，除去籽以后，可在 70°C 的热水中浸提，然后将浸提液冷却、沉淀，分离杂质后通过树脂柱，使色素被适当的树脂吸附下来。用乙醇溶液洗脱被树脂吸附的色素，并进行减压蒸馏，最后的色素溶液经喷粉干燥即可制得色素粉。

5. 白藜芦醇

白藜芦醇量在葡萄果皮和红葡萄酒中含最多，其次为籽。应用超临界 CO_2 萃取法提取、逆向高效液相色谱法测定葡萄皮渣中的白藜芦醇是目前科研人员采取的新方法。

6. 单宁的提取

葡萄籽可以提取葡萄籽油，而提取籽油后的残渣，含有 10% 的单宁，又是提取单宁的极好原料。将残渣用乙醇在常温压下浸提 2 次（每次 5 ~ 7d），然后过滤除渣、合并滤液。母液真空浓缩或直接加热浓缩，沉淀干燥后即得单宁（提取时隔氧操作，可避免氧化变黑）。单宁除供药用外，还可以添加剂，是制造墨水、日用化工和染料工业的原料，也是皮革工业很好的鞣料。

第四节　传统米酒酿造

米酒又名酒酿、甜酒，常以糯米为原料，经过浸泡、蒸煮、冲淋、加曲、糖化发酵等发酵工艺所得的一类低度酒类饮品。传统米酒定义是利用曲将谷物中的淀粉经糖化分解成小分子的单糖、二糖后，利用酵母发酵酿制而成的乙醇饮料，其酒精含量3%～14%（体积分数）。

一、传统米酒分类与品质

1. 传统米酒的分类

传统米酒盛产于大部分亚洲国家，包括中国、韩国、日本、越南、印度和泰国等。尽管在不同的国家，米酒的名字及原料都不同，但是发酵的过程是相似的。传统酿造米酒通常为醪糟或酒酿，是一种发酵类酒精饮料，有些经过粗滤有些未经粗滤，其制作时间较短，酒精含量比较低，甜味较浓。

按照原料将米酒分为：糯米、大米、红米、香米、黑米和紫米米酒。

按照国家分类：中国米酒、韩国米酒、日本米酒、越南米酒等。

按照不同的酒精含量分为：甜型低醇米酒，酒精含量为1%～2%（体积分数）、饮料型无醇米酒，酒精含量为1%（体积分数）、饮料型干醇米酒，酒精含量为2%～4%（体积分数）。

在我国，米酒是传统特产酒，米酒种类繁多，有朝鲜族米酒、孝感米酒、客家米酒、云南米酒、贵州米酒、湖北麻城老米酒等。

2. 传统米酒的品质

成品的质量与原料、酒曲、发酵条件及成熟条件有密切的关系。米酒发酵的过程是由多种微生物的共同作用，与啤酒的酿造较为类似但又更为复杂，发酵期间霉菌、酵母菌和乳酸菌起着重要的作用，它们通过改变原材料的化学成分强化了产品的营养价值；同时通过提高风味和质地丰富了饮食特色；并且延长食品保质期；增加了食品的必需脂肪酸、生物活性物质，维生素和矿物质；降解了非理想成分及抗营养因子；赋予了食品抗氧化和抗炎活性。随着米酒药理和营养价值的体现，目前已有很多学者致力于对中国传统米酒及酒曲的研究，其中微生物的种类和作用是米酒成型的关键。

二、朝鲜族传统米酒

朝鲜族传统米酒一般是以精米率为95%左右的大米等谷物为原料，经过浸米、熬煮（或蒸米）、糖化、发酵、过滤、调配等工序酿制而成，其酒精含量为4%～6%（体积分数），口感酸甜可口，但略偏酸，因其酒体为乳白色或微黄色，又被称为浊酒。这种酒比黄酒的色稍白一点，而且还略带甜味，有气感，米酒本身静止状态下会有分层现象，喝前需摇一摇。

其工艺流程及加工技术如图4-14所示。

图 4 - 14 朝鲜族米酒制作工艺流程

1. 原料

（1）原料米 朝鲜族传统米酒是以大米为原料，以传统曲为发酵剂进行自然发酵。大米中淀粉（碳水化合物）含量占 75% 左右，85% 左右的蛋白质、约 1% 的脂肪、少量纤维、维生素和其他微量元素。大米中淀粉作为植物中的多糖是酿酒的主原料，在吸水膨胀以后，在一定温度或者酸度条件下发生变性，产生小分子的糊精、葡萄糖、麦芽糖低聚糖等，一部分用于米酒曲中微生物自身的生长繁殖，一部分被霉菌、酵母菌利用产生酒精，还有一部分被留在酒中，赋予酒体甜味。除大米以外，小米、玉米、大麦、面粉、糯米均可作为原料。

（2）酒曲 是以糯米粉和发芽玉米粉为原料，加水混合制成曲坯，自然接种环境中的微生物而成。曲的制备是东方发酵食品中必不可少的一个步骤，这一过程实质上就是固态培养霉菌来生产水解大豆或其他谷物的一类水解酶，故曲可用来作为各种酶的酶原。这些酶可加速固态原料的分解，产生酵母和细菌在发酵中所需的可溶性物质。曲除了可提供一些关键酶外，还产生了构成产品风味所必需的各种化学物质。

（3）水 在传统米酒酿造过程中所使用的水一般不含铁，铜等金属离子，允许含少量不纯物，呈微酸性，不然会影响酒的色、香、味等品质。

2. 原料米处理

（1）原料米浸泡 浸泡过程中，原料在夏季浸泡时间一般为 3 ~ 4h，冬季一般为 5 ~ 6h，具体时间可因生产环境加以调整，从而使其含水量达到 30% ~ 35%。

（2）原料米蒸煮 蒸煮过程中，原料经浸泡后沥干水后，在 121℃ 条件下蒸煮 10 ~ 20min 或是在 100℃ 条件下蒸煮 40 ~ 50min。

3. 酒曲及发酵

（1）酒曲及制备 朝鲜族米酒发酵常用的曲主要分为两类，传统曲和改良曲。曲按照制作时所用谷物，可分为米曲和麦曲，在米酒酿造过程中所使用的酒曲一般为米曲。发酵期间米曲中米曲霉作用于大米原料使淀粉、蛋白质水解，同时酵母菌利用淀粉水解后的糖类产出酒精，传统曲的糖化力是 600 ~ 800U，改良后的曲糖化力为 1200 ~ 1500U，现在朝鲜族米酒已经大部分采用改良曲进行发酵，保证了米酒发酵的品质。朝鲜族米酒中主要优势菌为乳杆菌属、肠杆菌属、酵母属和丝孢毕赤氏酵母属；而酒曲中主要优势菌为假单胞菌属、肠杆菌属、青霉菌属和兰久浩酵母属。曲的制备流程如图 4 - 15。

面粉+水 → 混合 → 空气中放置 → 微生物生长繁殖 → 曲

图 4 - 15 朝鲜族米酒酒曲制作工艺流程

（2）发酵 发酵过程中，原料经蒸煮后自然冷却到室温后添加曲，在常温不超过 25℃ 条件下发酵 5 ~ 7d，曲的添加量是以曲的糖化力来确定，传统曲一般添加量多，约为 50g/

（kg 大米），改良曲添加量少，约为 30g/（kg 大米），从而制得米酒即浊酒，进一步过滤可得到澄清酒。

4. 贮藏方法

（1）低温加热杀菌法　低温加热杀菌又称作巴氏杀菌法，其杀菌原理是通过热交换使微生物的蛋白质及核酸变性导致其死亡，同时在较大程度上保留原料的营养物质，维持产品良好风味的一种杀菌方法。

（2）紫外线杀菌　紫外线杀菌技术，作为一种对微生物采用非热杀菌方法，在国外不仅用于固体液体等食品或包装的表面杀菌，在液体内部的杀菌也有研究。研究表明，紫外线杀菌的最适波长为 250~260nm，并且对霉菌的杀菌效果较差，对于富含脂肪和蛋白质的产品不适于紫外线杀菌。

（3）超高压杀菌技术　食品超高压杀菌是利用常温或较低的温度，在液体介质的辅助下对已包装好的食品，在 100~1000MPa 压力下保压一段时间，破坏微生物的细胞膜，抑制酶的活性进而达到杀菌的作用。

（4）超高温瞬间灭菌　超高温灭菌简称 UHT 杀菌。一般加热温度至 120~150℃，灭菌时间 1~30s，杀灭产品中的微生物和耐热酶，经过热处理后制品中将不再含有在室温贮存条件下可生长繁殖的微生物。

5. 营养特性及功效

米酒中的营养成分更有利于人体的消化和吸收，并且还能刺激消化腺分泌，增进食欲，是中老年人、孕产妇和身体虚弱者补气养血之佳品；对下列症状也有一定作用，如面色不华、自汗或体质虚弱、头晕眼眩、面色萎黄、少气乏力、中虚胃痛等。

米酒中富含有利于人体吸收的单糖、低聚糖、氨基酸、有机酸及 B 族维生素等，其中少量的酒精可促进血液循环，有利于消化及增进食欲的功能。与其他传统酒相比，浊酒含有生酵母，在营养方面更为优秀。

米酒因其酿造工艺的特点酒色混浊，酒精含量低，一般在 2%~6%，酒精发酵时不添加酵母，发酵过程为糖分解和酒精发酵同时进行的复发酵，发酵时间短一般为 7d，并且成品保质期短，一般为 5~7d。

三、 其他米酒

（一） 客家米酒

客家米酒是一种特色传统名酒，称为水酒，酒清淡爽口，入口香甜。广东客家米酒，又称客家黄酒、客家娘酒、月子酒等，作为我国老酒之一，是我国传统黄酒的重要分支。其酒体醇厚，气味芳香浓郁，色泽红褐透亮，集低度、营养、保健于一体，是岭南地区客家人传统发酵型黄酒，主要集中在广东梅州、河源、惠州一带。客家米酒是粮食类酿造酒中较为基础的品种，原料单一、发酵过程简单，因此成为老百姓家中自酿酒的首选。客家米酒酿造中主要用小曲作为糖化发酵剂，利用小曲中的主要微生物根霉、酵母、毛霉和梨头霉等进行糖化发酵。客家米酒的总糖含量较高，长期以来客家米酒都属于半干型或半甜型黄酒。

1. 客家米酒的传统酿造工艺

经过千年来的发展以及与岭南特点的融合，已经形成了一套具有岭南客家特色独具一格的酿造工艺，具体工艺流程如图 4-16 所示。

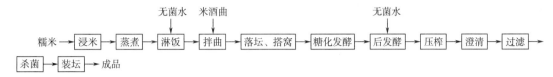

图4-16　客家米酒制作工艺流程

2. 工艺操作要点

（1）浸米　糯米洗净除杂后，放入清水，保持水面高出米面20cm左右，春夏浸泡10～14h，秋冬浸泡12～16h。要求米粒充分吸水膨胀并保持米粒完整，手指捻米呈粉状为适度。

（2）蒸饭　将浸泡后的糯米冲洗后沥干，倒入木甑常压蒸煮，待米面上汽均匀后盖住木盖蒸10min，冲淋适量85℃温开水，再蒸20～30min。蒸煮要求达到熟而不糊、透而不烂、米粒完整、外硬内软、内无白心。

（3）淋饭、拌曲　糯米蒸熟后，用适量无菌水冲淋，尽快将饭温降至30～35℃。沥干后将米酒曲分3次均匀撒入冷却的米饭中，拌料，使米饭和米酒曲混合均匀。

（4）落坛、搭窝　将拌好曲的米饭装入坛中，用木棍在饭中央搭出一个U形窝，坛口用新闻纸封口。

（5）前发酵糖化　前发酵主要是糖化阶段，控制温度在（30±2）℃，糖化时间2～3d。

（6）后发酵　后发酵主要为酵母发酵阶段，将可发酵糖转变为乙醇，前发酵结束后，加入一定比例无菌水搅拌混合均匀，控制发酵温度在（16±2）℃，发酵周期为15～25d。

（7）压榨、澄清、过滤、杀菌、装坛　将发酵结束的酒醪液进行压榨，酒液中添加黄酒澄清剂，混匀后静置澄清8～12h，澄清酒液进行硅藻土、膜过滤，然后将澄清酒液加热至85℃保温45min，趁热装坛封口。

3. 营养特点

客家米酒与其他类型的黄酒一样，含有丰富的营养物质。其甘甜芳醇，能刺激消化腺分泌，增进食欲，有助消化，是集低度、营养、保健于一体。酿制出来的客家米酒营养成分非常丰富，易于人体吸收，适当饮用有能增进食欲、提神解乏、解渴消暑、促进血液循环、滋润皮肤、帮助消化及消除疲劳等效果，而且其适合各种人群饮用。

（二）麻城老米酒

麻城老米酒已有1000多年酿造历史，主要产于麻城市东部地区的木子店、东古城等地。其由糯米和特制酒曲制成，色泽清亮，味道醇甜，含有丰富的营养物质和功能成分。麻城老米酒属于黄酒的一种，与黄酒相同的也含有酚类物质。

1. 麻城老米传统酿造工艺

糯米→选料→浸泡→滤水→水洗→蒸饭→摊凉→拌曲、加水→装缸→发酵→压榨→澄清→灭菌→成品

2. 工艺操作要点

（1）选料　选取颗粒饱满，无杂质，无霉变的糯米。

（2）浸泡　秋季浸米的时长8～10h，浸米水温20～25℃；冬季浸米的时长12～15h，浸米水温10～15℃。

（3）滤水、水洗　把浸米的水滤掉之后，再用清水清洗2～3遍即可。

（4）蒸饭 蒸米以蒸汽冒出时开始计时，出蒸汽 15~20min，蒸米要求米粒松、软、透、不粘连。

（5）摊凉 是在洁净卫生竹制凉席上自然降温，冷却至 20~30℃。

（6）拌曲 先在缸内撒一层曲，然后一层米一层曲，直到把原料放完（一缸是 50kg 米），最后倒入水，再撒入剩余的曲，封缸发酵（发酵中途不能开缸）。

（7）发酵 在 20℃左右的情况下，发酵一个月。

（8）压榨、澄清 经 30d 发酵，酒液开始澄清，说明发酵基本结束，此时可以开坛取酒，把酒装入压榨机进行压榨，让酒糟分离。压榨出来的酒通过沉淀后，装入酒瓶中。

（三）孝感米酒

孝感米酒，选料考究，制法独特，价格低廉，它以孝感出产的优质糯米为原料，以孝感历史承传的蜂窝酒曲发酵酿制而成。孝感米酒白如玉液，清香袭人，甜润爽口，浓而不沾，稀而不流，食后生津暖胃，回味深长，富含多种维生素，具有生津、健胃等保健作用。配合不同的原料还可以做成多种不同口味的风味米酒小吃，如桂圆米酒、西瓜米酒等，更是深受人们的喜爱。具体工艺过程如下：

选米 → 水料配比 → 蒸煮 → 菌选 → 菌米配比 → 发酵 → 灭菌 → 检验 → 包装 → 储藏

（四）贵州黑糯米酒

贵州黑糯米酒是布依族用当地的特产黑糯米为原料，用布依族代代相传的古老方法酿制而成的低度美酒。过去布依族虽把它作为待客的上品，但从未把酿制的方法向外族人传授。直到 1979 年贵州省惠水县酒厂才发掘出这一珍贵品种。在收集整理此酒古老的酿制方法后，再结合现代酿酒工艺，反复研制，酿制出风格独特的黑糯米酒。1983 年被评为"贵州名酒"。

黑糯米酒中富含各种特殊性风味物质，米酒中除主要成分水、糖类、乙醇、可溶性物及酸类物质外，还有酚类物质、酯类、醛类、高级醇类和羰基化合物等。具体工艺流程如下：

糖化酶
↓
黑糯米 → 清洗 → 浸泡 → 蒸煮 → 淋饭冷却 → 糖化 → 发酵 → 酒液分离 → 灌装 → 灭菌 → 成品

（五）湘中米酒

湘中米酒是湘中的民间传统酒，以大米（糯米尤佳）为原料，纯种小曲或传统酒药发酵后蒸馏而成。米酒的生产工艺如下：

酒曲
↓
糯米 → 过筛 → 淘洗 → 蒸煮 → 冷却 → 配料 → 下缸 → 发酵 → 加水后酵 → 蒸馏（锅蒸）→ 成品

（六）侗乡糯米酒

侗乡糯米酒俗称甜水酒，该酒味甜，呈乳白色，其酒精含量与啤酒差不多，所以又称"中国啤酒"。因其营养丰富，味甜鲜美，老少皆宜而成为侗家常备的保健饮料。该酒夏天可直接饮用，以酒代茶；冬天可加温后饮用，暖体活血。侗乡糯米酒的生产工艺如下：

酒曲→粉碎

糯米→过筛→淘洗→蒸煮→冷泉水冲凉→下瓦缸→火塘边发酵→成品

（七）云南米酒

云南米酒是云南昆明的特产。选用云南优质粳米、糯米，配以一定比例，经发酵酿造，压榨过滤，澄清盛装于鲜竹筒中。随着存放时间延长，酒色增浓，固形物增多，酒精含量回降，溶量渐减，但不影响饮用。

🔍 **思考题**

1. 什么是黄酒？黄酒的分类及特点？

2. 酒曲中主要的微生物有哪几类？

3. 简述传统的摊饭法发酵黄酒工艺。

4. 简述喂饭法发酵发酵黄酒工艺。

5. 简述大罐发酵黄酒新工艺。

6. 简述影响黄酒质量的关键因素。

7. 熟悉以下名词：生啤酒、熟啤酒、鲜啤酒、特种啤酒、冰啤酒、干啤酒、蛋白质休止、浸麦度、发酵度、麦汁制备、定型麦汁。

8. 根据生啤酒和熟啤酒的工艺特点，简述生啤酒和熟啤酒品质控制的关键点有哪些不同。

9. 简述啤酒浑浊沉淀的原因。

10. 啤酒酿造的主要原、辅料有哪些？

11. 浸麦度对麦芽质量有什么影响？

12. 试述大麦发芽对于啤酒酿造的意义。

13. 添加啤酒花的作用是什么？

14. 简述上面发酵啤酒和下面发酵啤酒的工艺特点及产品特点。

15. 啤酒的风味物质有哪些？对啤酒有什么影响？如何控制其含量？

16. 葡萄酒分类的依据有哪些？

17. 红葡萄酒与白葡萄酒的酿造工艺有何异同？

18. SO_2 在葡萄酒酿造过程中有什么作用？

19. 为什么新葡萄酒要进行陈酿？

20. 怎样用红皮白肉的葡萄酿制白葡萄酒？

21. 试论葡萄酒酵母在葡萄酒酿造中的作用。

22. 传统米酒的分类有哪些？

23. 传统米酒发酵期间微生物起到什么作用？

24. 朝鲜族米酒制作工艺流程是什么？

25. 米酒贮藏方法有哪些？

26. 米酒的营养特性及功效是什么？

27. 客家米酒的特性及生产工艺是什么？

28. 孝感米酒和贵州黑糯米酒主要区别有哪些？

食醋酿造及有机酸发酵

第一节　食醋酿造

食醋又称酿造食醋（fermented vinegar），是单独或混合使用各种含有淀粉、糖的物料、食用酒精，经微生物发酵酿制而成的液体酸性调味品。甜醋是单独或混合使用糯米、大米等粮食、酒类或食用酒精，经微生物发酵后再添加食糖等辅料制成的食醋。食醋总酸（以乙酸计）指标≥3.5g/100mL，甜醋总酸（以乙酸计）指标≥2.5g/100mL。我国是世界上最早用谷物酿醋的国家，酿醋有3000多年的历史，公元5世纪的著名农学家贾思勰在《齐民要术》中对发酵醋制品的工艺方法有详细记述。食醋主要成分为乙酸，还含有对身体有益的其他营养成分，如乳酸、葡萄糖酸、琥珀酸、氨基酸、糖、钙、磷、铁、维生素 B_2 等。它不仅味酸而醇厚，液香而柔和，是烹饪中一种不可缺少的调味品，而且有软化血管、帮助消化、杀菌消炎、促进食欲、抗衰老等功效。根据产地品种的不同，食醋中所含乙酸的量也不同，一般在5%~8%，食醋的酸味强度的高低主要是其中所含乙酸量的大小所决定。目前，整个食醋行业形成了以四大名醋（江苏镇江香醋、山西老陈醋、四川保宁醋、福建永春老醋）和地方区域品牌割据一方的市场格局。

一、　食醋的分类及酿造原料

（一）食醋分类

由于食醋酿造的地区不同，地理环境、原料与工艺存在差异，形成了品种繁多、风味不同的食醋。按制醋的工艺来分，可分为酿造醋和调配醋。按原料处理方法分类，粮食原料不经过蒸煮糊化处理，直接用来制醋，称为生料醋；经过蒸煮糊化处理后酿制的醋，称为熟料醋。若按制醋用糖化曲分类，则有麸曲醋、老法曲醋之分。若按乙酸发酵方式分类，则有固态发酵、液态发酵醋和固稀发酵醋之分。若按食醋的颜色分类，则有浓色醋、淡色醋、白醋之分。若按风味分类，陈醋的醋香味较浓、熏醋具有特殊的焦香味、甜醋则添加有中药材、植物性香料等。GB 2719—2018《食品安全国家标准 食醋》删除了配制食醋，将酿造食醋改为食醋。该食醋的标准不再适用于配制食醋。根据生产原料不同将食醋分为5种：

1. 粮谷醋

以各种谷类或薯类为主要原料制成的酿造醋。

（1）陈醋 以高粱为主要原料，大曲为发酵剂，采用固态乙酸发酵，经陈酿而成的粮谷醋。

（2）香醋 以糯米为主要原料，小曲为发酵剂，采用固态分层乙酸发酵，经陈酿而成的粮谷醋。

（3）麸醋 以麸皮为主要原料，采用固态发酵工艺酿制而成的粮谷醋。

（4）米醋 以大米（糯米、粳米、籼米，下同）为主要原料，采用固态或液态发酵工艺酿制而成的粮谷醋。

（5）熏醋 将固态发酵成熟的全部或部分醋醅，经间接加热熏烤成为熏醅，再经浸淋而成的粮谷醋。

（6）谷薯醋 以谷类（大米除外）或薯类为原料，采用固态或液态发酵工艺酿制而成的粮谷醋。

2. 酒精醋

以酒精为主要原料制成的酿造醋。

3. 糖醋

以各种糖类为主要原料制成的酿造醋。

4. 酒醋

以各种酒类为主要原料制成的酿造醋。

5. 果醋

以各种水果为主要原料制成的酿造醋。

（二）食醋酿造原料

酿醋原料一般分为主料、辅料、填充料和添加剂四类。

1. 主料

酿造食醋的主要原料有淀粉质原料如谷物、薯类、野生植物，糖质原料如果蔬、糖蜜，酒质原料如酒精、酒糟等。我国长江以南习惯采用大米和糯米为酿醋原料，长江以北多以高粱、玉米、小米为酿醋原料，而制曲原料常用小麦、大麦、豌豆等；东北地区以酒精、白酒为主料酿制酒醋的较多。

采用原料不同，酿造出食醋成品的风味也有所不同。比如高粱含有一定量的单宁，由高粱酿制的食醋芳香；糯米酿制的食醋残留的糊精和低聚糖较多，口味浓甜；大米蛋白质含量低、杂质少，酿制出的食醋纯净；玉米含有较多的植酸，发酵时能促进醇甜物质的生成，所以玉米醋甜味突出。

（1）粮食类 我国目前制醋多以含淀粉质的粮食为基本原料。粮食原料中淀粉含量丰富，还含有蛋白质、脂肪、纤维素、维生素和矿物质等成分。常用于制醋的粮食主要有高粱、玉米、大米（糯米、粳米、籼米）、小米、青稞、大麦、小麦等。

（2）薯类 薯类作物产量高，块根或块茎中含有丰富的淀粉，并且原料淀粉颗粒大，蒸煮易糊化，是经济易得的酿醋原料。用薯类原料酿醋可以大大节约粮食，常用的薯类原料有甘薯、马铃薯、木薯等。

（3）农产品加工副产物 一些农产品加工后的副产物，含有较为丰富的淀粉、糖或酒精，可以作为酿醋的代用原料，以节约粮食。常用有碎米、麸皮、细谷糠、米糠、高粱糠、淀粉渣、甘薯、醪糟、糖蜜等。生产中要注意进行成分调整。

（4）果蔬类原料　可以利用水果和含有较多糖分和淀粉的蔬菜为原料酿醋。常用的有柿子、苹果、菠萝等水果的残果、次果、落果或果品加工后的皮、屑、仁等。能用于酿醋的蔬菜有番茄、山药、瓜类等。

（5）野生植物原料　如橡子、酸枣、蕨根等目前也可用于酿醋。

（6）酒类　如白酒、酒精等。

2. 辅料

酿醋需要较多的辅助原料，它们不但含有碳水化合物，而且还有丰富的蛋白质和矿物质，能为微生物提供碳源、氮源等营养物质，并增加食醋中的糖分和氨基酸含量，形成食醋的色、香、味成分。一般采用细谷糠、麸皮、豆粕等作为辅助原料。在固态发酵中，辅料还起着吸收水分、疏松醋醅、贮存空气的作用。

3. 填充料

固态发酵酿醋及速酿法制醋都需要填充料，其主要作用是疏松醋醅，使空气流通，以利醋酸菌好氧发酵。填充料要求疏松，有适当的硬度和惰性，没有异味，表面积大。酿醋常使用的填充料一般有谷壳、稻壳、粗谷糠、高粱壳、木刨花、玉米秸、玉米芯、木炭、瓷料、多孔玻璃纤维等。

4. 添加剂

添加剂能不同程度地提高固形物在食醋中的含量，同时对食醋的色、香、味、体的改善有益。酿制食醋的添加剂主要有以下几种：

（1）食盐　起到调和食醋风味的作用，醋醅发酵成熟后加入食盐能抑制醋酸菌的活动，防止醋酸菌分解乙酸。

（2）砂糖　砂糖有增加甜味的作用。

（3）香辛料　茴香、桂皮、生姜等香辛料赋予食醋特殊的风味。

（4）炒米色　增加成品醋的色泽及香气。

（三）名特优食醋品质特性

我国食醋的种类很多，生产在世界上也独树一帜，其名、特产品如山西老陈醋、镇江香醋、北京熏醋、福建红曲醋、浙江玫瑰醋、上海米醋、广东糖醋等。

1. 山西老陈醋

山西老陈醋是以优质高粱为主要原料，经蒸煮、糖化、酒化等工艺过程，然后再以高温快速醋化，温火焙烤醋醅和伏晒抽水陈酿而成。典型风味特征为：色泽棕红，有光泽，体态均一，较浓稠；有特有的醋香、酯香、熏香、陈香相互衬托、协调；食而绵酸，醇厚柔和，酸甜适度，微鲜，口味绵长，具有山西老陈醋"香、酸、绵、长"的独特风格。

2. 镇江香醋

镇江香醋是以优质糯米为主要原料，采用独特的加工技术，经过酿酒、制醅、淋醋等三大工艺过程，有40多道工序，前后需50~60d，才能酿造出来。具有"色、香、酸、醇、浓"的特点，"酸而不涩，香而微甜，色浓味鲜"，以江南使用该醋为最多。存放时间越久，口味越香醇。与山西陈醋相比，镇江醋的最大特点在于微甜。

3. 福建红曲醋

福建红曲老醋是选用优质糯米、红曲芝麻为原料，采用分次添加，液体发酵并经过多年（三年以上）陈酿后精制而成。这种醋的特点是：色泽棕黑，酸而不涩、酸中带甜，加入芝麻进行调味调香，香气独特，十分诱人。

4. 浙江玫瑰醋

浙江玫瑰醋是以优质大米为酿醋原料，酿造出独具风格的米醋。其最大特点是醋的颜色呈鲜艳透明的玫瑰红色，具有浓郁的能促进食欲的特殊清香，并且乙酸的含量不高，故醋味不烈，非常适口，尤其适用于凉拌菜、小吃的佐料。

二、食醋酿造的主要微生物及糖化发酵剂

酿醋工艺多种多样，如果使用淀粉质原料，一般要经过淀粉糖化、酒精发酵、乙酸发酵三道工序。参与这些工序的微生物主要有曲霉菌、酵母菌和醋酸菌。曲霉菌能使淀粉水解成糖，使蛋白质水解成氨基酸；酵母菌能使糖转变成酒精；醋酸菌能使酒精氧化成乙酸。食醋发酵就是这些菌群参与并协同作用的结果。

（一）食醋酿造的主要微生物特点

1. 曲霉菌

曲霉属（Aspergillns）中有些种含有丰富的淀粉酶、糖化酶、蛋白酶等酶系，因此常用以制糖化曲。该属可分为黑曲霉群和黄曲霉群两大类。从酶系种类活力而言，以黑曲霉更适合酿醋工业的制曲。

（1）黑曲霉（Asp. niger）　广泛分布于世界各地的粮食、植物性产品和土壤中，是重要的发酵工业菌种。生长适宜温度37℃，最适 pH 4.5~5。分生孢子穗呈黑色或紫褐色，故菌丛呈黑褐色，顶囊大，球形，有二层小梗，着生球形分生孢子。除分泌较强的糖化酶、液化酶、蛋白酶、单宁酶外，还有果胶酶、纤维素酶、脂肪酶、氧化酶的活性。常用于酿醋的优良菌株有下列几种：

①乌沙米曲霉（Asp. usamii）：又称宇佐美曲霉，为日本选育的糖化力较强的菌株，我国常用菌株为 As. 3.758。菌丛黑色至褐色，生酸能力较强。富含糖化型淀粉酶，糖化力较强，且耐酸性也较强。还含有较强的单宁酶，对生产原料的适应性较广。

②黑曲霉 As. 3.4309（UV-11）：菌丛黑褐色，顶囊呈大球形，小梗分枝，孢子球形，多数表面有刺，有的为光滑形。其特点是酶系较纯，糖化酶活力很强，耐酸，但液化力不高，适于固体和液体法制曲。固体糖化力达 3000U/g 以上，液体曲糖化力已达 5000U/g 以上。该菌株适宜低温生长，培养最适温度为 32℃。菌丝纤细，分生孢子柄短。在制曲时，前期菌丝生长缓慢，当出现分生孢子时，菌丝迅速蔓延。温度急剧上升至 37℃时，易发生"烧心"，导致曲的糖化力下降，故应加强控温管理，在孢子未大量形成前宜于出曲。

③甘薯曲霉（Asp. batatae）：常用菌株为 As. 3.324，该菌培养初期菌丝为白色，繁殖后菌丛黑褐色，生长适温 37℃，含有单宁酶及酸性蛋白酶，适于甘薯及野生植物酿醋用菌。易于培养，故应用较广。

（2）黄曲霉（Asp. flavus）　多见于发霉的粮食、粮制品及其他霉腐的有机物上。最适生长温度为 37℃。菌落生长较快，结构疏松，表面灰绿色，背面无色或略呈褐色。菌体有许多复杂的分枝菌丝构成。营养菌丝具有分隔；气生菌丝的一部分形成长而粗糙的分生孢子梗，

顶端产生烧瓶形或近球形顶囊，表面产生许多小梗（一般为双层），小梗上着生成串的表面粗糙的球形分生孢子。黄曲霉的分生孢子穗呈黄绿色，发育过程中菌丛由白色转为黄色，最后变成黄绿色，衰老的菌落则呈黄褐色。分生孢子梗、顶囊、小梗和分生孢子合成孢子头，可用于产生淀粉酶、蛋白酶和磷酸二酯酶等。黄曲霉群的菌株还有纤维素酶、转化酶、菊糖酶、脂肪酶、氧化酶等，是酿造工业中的常见菌种。黄曲霉群包括黄曲霉和米曲霉。它们的主要区别是前者小梗多为双层，而后者小梗多数是一层，很少有双层的。黄曲霉中的某些菌株会产生对人体致癌的黄曲霉毒素，为安全起见，必须对菌株进行严格检测，确证无黄曲毒毒素时方能使用。米曲毒常用菌株有沪酿 3.040、沪酿 3.042（As. 3.951）、As. 3.863 等，黄曲霉菌株有 As. 3.800、As. 3.384 等。

2. 酵母菌（Yeast）

在食醋酿造过程中，淀粉质原料经糖化曲的作用产生葡萄糖，酵母菌则通过其酒化酶系将葡萄糖转化为乙醇和二氧化碳，完成酿醋过程中的酒精发酵阶段。除酒化酶系外，酵母菌还有麦芽糖酶、蔗糖酶、转化酶、乳糖分解酶及脂肪酶等。在酵母菌的酒精发酵中，除生成酒精外还有少量有机酸、杂醇油、酯类等物质生成，这些物质对形成醋的风味有一定作用。酵母菌培养和发酵的最适温度为 25~30℃，酿醋用的酵母菌与生产酒类使用的酵母菌相同。北方地区常用 1300 酵母，上海香醋酿制使用黄酒酵母工农 501。南阳混合酵母（1308 酵母）适合于高粱原料及速酿醋生产；K 氏酵母适用于高粱、大米、甘薯等多种原料酿制普通食醋；适用于淀粉质原料酿醋的有 As. 2.109、As. 2.399；适用于糖蜜原料的有 As. 2.1189、As. 2.1190。另外，为了增加食醋香气，有的厂还添加产酯能力强的产酯酵母进行混合发酵，使用的菌株有 As. 2.300、As. 2.338 以及中国食品发酵科研院的 1295 和 1312 等产酯酵母。

3. 醋酸菌（Acetobacter）

醋酸菌属于醋酸单胞菌属，能将酒精氧化生成乙酸。按照醋酸菌的生理生化特性，可将醋酸菌分为醋酸杆菌属（*Acetobacter*）和葡萄糖氧化杆菌属（*Gluconobocter*）两大类。前者在 39℃下可以生长，增殖最适温度在 30℃以上，主要作用是将乙醇氧化为乙酸，在缺少乙醇的醋醅中，会继续把乙酸氧化成 CO_2 和 H_2O，也能微弱氧化葡萄糖为葡萄糖酸；后者能在低温下生长，增殖最适温度在 30℃以下，主要作用是将葡萄糖氧化为葡萄糖酸，也能微弱氧化酒精成乙酸，但不能继续把乙酸氧化为 CO_2 和 H_2O。酿醋用醋酸菌菌株，大多属于醋酸杆菌属，仅在老法酿醋醋醅中发现葡萄糖氧化杆菌属的菌株。

（1）常用的醋酸菌

①沪酿 1.01 醋酸菌（*A. lovaniense*）：由上海醋厂从丹东速酿醋中分离而得，是我国食醋生产企业常用菌种之一。该菌细胞呈杆形，常呈链状排列，菌体无运动性，不形成芽孢。在酵母膏、葡萄糖、淡酒琼脂平板上菌落为乳白色。在含酒精的培养液中于表面生长，形成淡青灰色薄层菌膜。在不良条件下，细胞伸长，变成线状或棒状，有的呈膨大状、分枝状。该菌由酒精产醋酸的转化率平均达到 93%~95%。能氧化葡萄糖为葡萄糖酸。氧化乙酸为 CO_2 和 H_2O。

②恶臭醋酸杆菌（*A. rancens*）：它是我国酿醋常用的菌种之一。该菌在液面形成菌膜，并沿容器壁上爬，菌膜下液体不混浊。一般能产酸 6%~8%。有的亚种能产 2% 葡萄糖酸，还能进一步氧化乙酸为 CO_2 和 H_2O。

③As. 1.41 醋酸菌（*A. pasteurianus*）：属于恶臭醋酸杆菌，是我国酿酒醋常用菌株之一，

该菌细胞杆状，常呈链状排列，大小为（0.3～0.4）μm×（1～2）μm，无运动性，无芽孢。在不良条件下，细胞会伸长，变成线形或棒形，管状膨大。平板培养时菌落隆起，表面平滑，菌落呈灰白色，液体培养时形成菌膜。该菌生长适宜温度为28～33℃，最适pH为3.5～6.0，耐受酒精含量8%（体积分数），最高产乙酸7%～9%，产葡萄糖酸能力弱。能氧化分解乙酸为CO_2和H_2O。

④许氏醋酸杆菌（*A. schutzenbachii*）：它是国外有名的速酿醋菌种，也是目前制醋企业比较重要的菌种之一。该菌产酸高达11.5%，在液体中生长的最适温度为25～27.5℃，固体培养的最适温度为28～30℃，最高生长温度为37℃。它对乙酸不能进一步氧化。

（二）酿醋用糖化发酵剂

1. 糖化剂

淀粉质原料要经过经糖化、酒精发酵、乙酸发酵三个生化阶段。糖化剂就是把淀粉转变成可发酵性糖所用的催化剂。我国食醋生产采用的糖化剂，主要有以下六种类型：

（1）大曲　大曲也作为生产大曲白酒的糖化发酵剂，我国一些名优食醋生产企业采用大曲作为糖化发酵剂来酿醋。它是以根霉、毛霉、曲霉和酵母为主，兼有其他野生菌杂生而培制成的糖化剂。大曲作为糖化剂优点是微生物种类多，成醋风味佳，香气浓，质量好，也便于保管和运输；其缺点是制作工艺复杂，糖化力弱，淀粉利用率低，用曲量大，生产周期长，出醋率低，成本较高。

（2）小曲　小曲酿制的醋品味纯净，颇受江南消费者欢迎，小曲也是我国的传统曲种之一。小曲是以碎米、统糠为制曲原料，有的添加中草药、利用野生菌或接入曲母制曲。曲中主要的微生物是根霉及酵母。小曲的优点糖化力强，用量少，便于运输和保管；其缺点对原料的选择性强，适用于糯米、大米、高粱等原料，对于薯类及野生植物原料的适应性差。

（3）麸曲　麸曲是国内酿醋厂普遍采用的糖化剂。它是以麸皮为制曲原料，接种纯培养的曲霉菌，以固体法培养而制得的曲。其优点糖化力强，出醋率高，生产成本低，对原料适应性强，制曲周期短。

（4）液体曲　液体曲就是经发酵罐内深层培养制得的霉菌培养液，含有淀粉酶及糖化酶，可直接代替固体曲用于酿醋。液体曲的优点是生产机械化程度高，生产效率高，出醋率高；缺点是生产设备投资大，技术要求高，酿制出的醋香气较淡，醋质较差，这也是日后还需改进和提高的方向。

（5）红曲　红曲是我国特色曲之一。红曲被广泛用于食品增色剂及红曲醋、玫瑰醋的酿造。红曲是将红曲霉接种培养于米饭上，使其分泌出红色素和黄色素，并产生较强活力的糖化酶。

（6）酶制剂　采用酶制剂作为生产食醋的糖化剂，还是比较新型的生产技术。酶制剂在酿醋中作为单一糖化剂应用不多，常用作辅助糖化剂以提高糖化质量。淀粉酶制剂是从深层培养法生产中提取的微生物酶制剂，比如用于淀粉液化的枯草杆菌α-淀粉酶及用于糖化的葡萄糖淀粉酶即可加工成酶制剂。

2. 酿醋发酵剂

（1）酒母　酵母菌来完成将糖化醪进行酒精发酵的任务。酒母就是含有大量能将糖类发酵成乙醇的人工酵母培养液，在酿酒、酿醋中被使用。传统的酿醋工艺是在酒精发酵基础上依靠曲中以及空气中落入物料的酵母菌自然接种、繁殖后进行生产的。由于依靠自然接种，菌种多而杂，优点是酿制出的食醋风味好、口味醇厚复杂，缺点是质量很难保持稳定，而且出醋率低。现在常采用人工选育优良酵母菌菌种用于酿醋，大大提高了生产效率，出醋率提高，产品质量稳定性好。在菌种的选择方面，酿醋常用的酵母基本上与酿酒相同。发酵性能良好的酵母有拉斯 2 号、拉斯 12 号、K 氏酵母、南阳 5 号（1300）等菌株，还有一些产醋酵母，如 As. 2300、As. 2.338、汉逊酵母等。

（2）醋母　醋母原意是"乙酸发酵之母"，就是含有大量醋酸菌的培养液，是完成将酒精发酵生成乙酸的任务。传统法酿醋，是依靠空气、原料、曲子、用具等上面附着的野生醋酸菌，自然进入醋醅进行乙酸发酵的，因此，生产周期长、出醋率低。现在多使用人工选育的醋酸菌，通过扩大培养得到醋酸菌种子即醋母，再将其接入醋醅或醋醪中进行乙酸发酵，使生产效率大为提高。目前国内生产厂家应用的纯种培养大多为沪酿 1.01 和中科 1.41。

三、　食醋酿造基本原理

酿醋采用淀粉质原料要先经蒸煮、糊化、液化及糖化，使淀粉转变为糖，再由酵母使酒精发酵生成乙醇，然后在醋酸菌作用下发酵产生乙酸，将乙醇氧化生产乙酸。以糖质原料酿醋，可使用葡萄、苹果、柿、枣等酿制各种果汁醋，也可使用蜂蜜及糖蜜为原料，需经酒精发酵和乙酸发酵两个生化阶段制醋。以酒类为原料，加醋酸菌经乙酸发酵产生乙酸。食醋生产中的乙酸发酵大多数是敞口操作的，酿醋过程中由于微生物的活动，发生着复杂的生化作用，这些复杂性反应形成了食醋的主体成分和色、香、味、体。

（一）　酿醋中的生化作用

1. 糖化作用

淀粉质原料经润水、蒸煮糊化及酶的液化成为溶解状态，由于酵母菌缺少淀粉水解酶系，因此，需要借助糖化的作用使淀粉转化为葡萄糖供酵母菌利用。成曲中起糖化作用的酶主要有：属于内切酶的小淀粉酶（$\alpha-1,4$ 糊精酶），又称液化酶。液化酶能将淀粉分子的 $\alpha-1,4$ 糖苷键在任意位置上切断的，迅速形成糊精及少量的麦芽糖和葡萄糖，使淀粉糊的黏度很快下降，流动性上升，但该酶对 $\alpha-1,6$ 糖苷键不起作用；属于外切酶的 $\alpha-1,4$ 葡萄糖苷酶（又称糖化酶）以及 $\alpha-1,6$ 糊精酶和 $\alpha-1,6$ 葡萄糖苷酶。$\alpha-1,6$ 糊精酶专一性地作用于分支淀粉的分支点，即专一性切断 $\alpha-1,6$ 糖苷键，将整个侧支切掉，而 $\alpha-1,6$ 葡萄糖苷酶仅对分支淀粉中带有一条多糖直链的分支的 $\alpha-1,6$ 糖苷键有作用，形成一条单独的多糖直链和去掉直链的残余部分。糖化酶则是从淀粉链的非还原端顺次逐个切开 $\alpha-1,4$ 糖苷键，水解成葡萄糖分子。由于以上酶的共同作用，淀粉被水解成葡萄糖：

$$(C_6H_{10}O_5)_n + nH_2O \xrightarrow{\text{淀粉酶系}} n(C_6H_{12}O_6)$$
$$\text{淀粉} \qquad \text{水} \qquad\qquad \text{葡萄糖}$$

用曲对淀粉质原料进行糖化时，淀粉浓度对糖化效果有很大影响，淀粉浓度越高，糖化效果越差。这是因为酶与底物结合，当底物浓度低时，底物糖化完全；当底物浓度高时，因为底物不能完全与酶结合，所以就会出现底物过剩。只有当产物移去或被消耗时，余下的底物与酶结合再生成产物。因此，进行固态发酵时，一般采取边糖化边发酵的方法，而进行液态发酵时，则可将糖化和发酵分开，目的都是为了提高糖化和发酵效果。糖化曲用量公式：

$$m_1 = \frac{m_2}{0.9 \times \dfrac{A}{1000}}$$

式中　m_1——糖化曲用量，g；

　　　m_2——投料淀粉总量（以纯淀粉计），g；

　　　A——曲糖化力（1g 曲在 60℃下对淀粉作用 1h 产生出葡萄糖的质量），mg/g；

　　0.9——将葡萄糖折算为淀粉的系数；

　1000——换算系数，将 mg 换算为 g。

糖化曲用量应适当，并非越多越好。曲使用过量会使醋产生苦涩味，并造成酵母增殖过多而增加耗糖量，导致原料利用率下降。糖化速度过快，糖积累过多时，容易招致生酸细菌生长繁殖，从而影响酒精发酵。另外，用曲量大会使生产成本上升；但用曲量过少时，糖化速度变慢，糖的生成速度跟不上酵母菌对糖的需求，会使酿醋周期延长。

采用固态发酵法酿醋，每 100kg 醅料用麸曲量为 5～7kg。如使用大曲酿醋，由于大曲糖化力低，则用量就要加大。有些醋厂使用酶制剂替代曲作糖化剂；α - 淀粉酶用量为 4～6U/g 淀粉，糖化酶用量为 100～300U/g 淀粉。

2. 酒精发酵（alcohol fermentation）

酵母菌是兼性厌氧菌，酒精发酵是酵母菌在厌氧条件下，经细胞内一系列酶的催化作用，把可发酵性糖转化成乙醇和 CO_2，然后排出体外。把参与酒精发酵的酶称为酒化酶系，它包括糖酵解（EMP）途径的各种酶以及丙酮酸脱羧酶、乙醇脱氢酶。由葡萄糖发酵生成乙醇的反应如下：

$$C_6H_{12}O_6 + 2NAD + 2H_3PO_4 + 2ADP \xrightarrow{\text{EMP 途径的酶}} 2CH_3COCOOH + 2NADH_2 + 2ATP$$

$$CH_3COCOOH \xrightarrow[Mg^{2+}]{\text{丙酮酸脱羧酶}} CH_3CHO + CO_2$$

$$CH_3CHO \xrightarrow[NADH_2\ \ NAD]{\text{乙醇脱氢酶}} CH_3CH_2OH$$

总反应式为：

$$C_6H_{12}O_6 + 2ADP + 2H_3PO_4 \xrightarrow{\text{酒化酶系}} 2C_2H_5OH + 2ATP + 2CO_2$$

在酒精发酵中约有 94.8% 的葡萄糖被转化为乙醇和 CO_2，酵母菌的增殖和生成副产物消耗 5.2% 葡萄糖。发酵后除生成乙醇和 CO_2 外，每 100g 葡萄糖还可生成醛类物质 0.01g，甘油 2.5～3.6g，高级醇 0.4g，有机酸 0.5～0.9g，酯类微量。采用边糖化边发酵的酿醋工艺，发酵结束后会有较多的糊精和残糖，成为食醋固形物的组分，它们使醋的甜味足、体态好。

3. 乙酸发酵（acetic fermentation）

酒精在醋酸菌氧化酶的作用下生成乙酸的过程，总反应式：

$$CH_3CH_2OH + O_2 \xrightarrow{\text{氧化酶系}} CH_3COOH + H_2O$$

根据上述反应式可知，乙酸与乙醇的质量比为 1.304∶1。但由于发酵过程中乙酸的挥发、再氧化以及形成酯等原因。实际得到的乙酸与乙醇的质量比仅为 1∶1。有些醋酸菌之所以能将乙酸分解为 CO_2 和水，是因为它们有极强的乙酰 CoA 合成酶活力，该酶能催化乙酸生成乙酰 CoA，然后进入三羧酸（TCA）循环，经呼吸链氧化，进一步生成 CO_2 和水。

$$CH_3COOH + CoASH \xrightarrow[\substack{CoA}]{\substack{乙酰CoA合成酶 \\ ATP \quad AMP+Pi}} CH_3CO-SCoA + H_2O$$
$$乙酰CoA$$

$$CH_3CO-SCoA + 2O_2 \xrightarrow{TCA循环} 2CO_2 + H_2O + CoASH$$

用醋酸菌进行乙酸发酵，除生成乙酸外，也会有少量其他有机酸和酯类物质生成。

（二）食醋色、香、味、体的形成

食醋的品质取决于本身的色、香、味三要素，而色、香、味的形成经历了错综复杂的过程。除了发酵过程中形成风味外，很大一部分还与成熟陈酿有关。

1. 色

食醋的"色"来源于原料本身的色素带入醋中，原料预处理时发生化学反应而产生的有色物质进入食醋中，发酵过程中由化学反应、酶反应而生成的色素，微生物的有色代谢产物，熏醅时产生的色素以及进行配制时人工添加的色素。醋中的糖分与氨基酸结合发生美拉德反应是酿造食醋过程中色素形成的主要途径。熏醅时产生的主要是焦糖色素，是多种糖经脱水、缩合而成的混合物，能溶于水，呈黑褐色或红褐色。

2. 香

食醋的"香"来源于食醋酿造过程中产生的酯类、醇类、醛类、酚类等物质。有些食醋还添加香辛料，茴香、桂皮、陈皮等。酯类以乙酸乙酯为主，其他还有乙酸异戊酯、乳酸乙酯、琥珀酸乙酯、乙酸异丁酯、乙酸甲酯、异戊酸乙酯等。酯类物质一部分是由微生物代谢产生的，另一部分是由有机酸和醇经酯化反应生成的，但酯化反应速度缓慢，需要经陈酿来提高酯类含量，所以速酿醋香气较差。食醋中醇类物质除乙醇外，还含有甲醇、丙醇、异丁醇、戊醇等；醛类有乙醛、糖醛、乙缩醛、香草醛、甘油醛、异丁醛、异戊醛等；酚类有4-乙基愈创木酚等。发酵产生的双乙酰、3-羟基丁酮等成分一旦过量会造成食醋香气不良甚至异味等问题。

3. 味

食醋的味道主要是由"酸、甜、鲜、咸"构成。

（1）酸味　食醋是一种酸性调味品，其主体酸味是乙酸。乙酸是挥发性酸，酸味强，尖酸突出，有刺激性气味。此外，食醋还含有一定量的不挥发性有机酸，如琥珀酸、苹果酸、柠檬酸、葡萄糖酸、乳酸等，它们的存在可使食醋的酸味变得柔和，假如缺少这些不挥发性有机酸，食醋口感会显得刺激、单薄。

（2）甜味　食醋中的甜味主要是发酵后的残糖。另外，发酵过程中形成的甘油、麦芽糖、丁二酮等也有甜味，对于甜味不够的醋，可以添加适量蔗糖来提高其甜度。

（3）鲜味　原料中的蛋白质水解产生氨基酸；酵母菌、细菌的菌体自溶后产生出各种核苷酸，如：5′-鸟苷酸、5′-肌苷酸，它们是强烈助鲜剂；钠离子是由酿醋过程中加入食盐提供的；食醋中的鲜味就是因为存在氨基酸、核苷酸的钠盐而呈鲜味。

（4）咸味　酿醋过程中添加食盐，可以使食醋具有适当的咸味，从而使醋的酸味得到缓冲，口感更好。

4. 体

构成食醋的体态主要是由固形物含量决定的。固形物包括有机酸、酯类、糖分、氨基酸、蛋白质、糊精、色素、盐类等。采用淀粉质原料酿制的醋因固形物含量高，所以体态好。

四、 食醋酿造工艺

食醋发酵工艺主要分固态发酵醋、固稀发酵醋和液态发酵醋三种类型。

（一） 原料处理

生产前原料要经过检验，霉变等不合格的原料不能用于生产。无论选用何种原料、何种工艺酿造食醋，对原料都要进行处理。

1. 除去泥沙杂质

制醋原料多为植物原料，在收割、采集和储运过程中，往往会混入泥土、沙石、金属之类杂物。除去泥沙杂质常用处理方法为谷物原料在投产前采用风选、筛选等方式处理，使原料中的尘土和轻质杂物吹出，并经过几层筛网把谷粒筛选出来。鲜薯要经洗涤除去表面附着的沙土，洗涤薯类多用搅拌棒式洗涤机。

2. 粉碎与水磨

为了扩大原料同糖化曲的接触面积，使有效成分被充分利用，因此，粮食原料应先粉碎，然后再进行蒸煮、糖化。常用设备有锤击式粉碎机、刀片轧碎机和钢磨等。采用酶法液化通风回流制醋工艺时，用水磨法粉碎原料，淀粉更容易被酶水解，并可避免粉尘飞扬。磨浆时，先浸泡原料，再加水，加水比例为 1∶（1.5~2）为宜。

3. 原料蒸煮

原料蒸煮的目的是使原料在高温下灭菌，使粉碎后的淀粉质原料，润水后在高温条件下蒸煮，使植物组织和细胞破裂，细胞中淀粉被释放出来，淀粉由颗粒状转变为溶胶状态，在糖化时更易被淀粉酶水解。

蒸煮方法随制醋工艺而异，一般分为煮料发酵法和蒸料发酵法两种。蒸料发酵法是目前固态发酵酿醋中用得最广的一种方法，为了便于蒸料糊化，以利于下一步糖化发酵，必须在原料中加入定量的水进行润料，并搅拌均匀，然后再蒸料。润料所用水量，视原料种类而定。高粱原料用水量为 50% 左右，时间约 12h。大米原料可采用浸泡方法，夏季 6~8h，冬季 10~12h，浸泡后捞出沥干。蒸料一般在常压下进行。如采用加压蒸料可缩短蒸料时间。许多大型生产厂采用旋转加压蒸锅，使料受热均匀又不致焦化。例如制造麸曲时将麸皮、豆粕和水拌和，装入旋转蒸锅，以 0.1MPa（表压）加压蒸料 30min 即可达到要求。传统的固态煮料法是先将主料（如高粱）浸泡于其重量的 3 倍水中约 3h，然后煮熟达到无硬心，呈粥状，冷却后进行糖化，再进行酒化。

蒸煮中淀粉在蒸煮或浸泡时，先吸水膨胀，随着温度升高，分子运动加剧，至 60℃ 以上时其颗粒体积扩大几倍至几十倍，黏度大大增加，呈海绵糊状（即糊化），温度继续上升至100℃ 以上时，淀粉分子间的氢键被破坏，分子变成疏松状态，最后与水分子组成氢键而被溶于水，因而黏度下降，冷却至 60~70℃，能有效地被淀粉酶糖化；糖分在高温条件下也会发生分解，如醛糖变成酮糖，己糖脱水生成羟甲基糠醛，后者容易与氨基酸作用生成黑色素，色素积累的速度与还原糖、氨基酸浓度成正比。为抑制色素的大量生成，在原料蒸煮时可适当增加水量，使底物浓度减小，这样蒸煮后物料的色泽就较浅。糖分在接近熔点的温度下加热，可形成红褐色的脱水产物，称为焦糖。焦糖不能被发酵，并有阻碍糖化及酒精发酵的作用，使酒精产率降低；在常压蒸煮时，蛋白质发生凝固变性，使可溶性态氮含量下降，不易分解。而原料中的氨态氮却溶解于水，使可溶性氮有所增加；脂肪在高压下产生游离脂肪酸，易产生酸败气味，而常压下变化甚少；纤维素吸水后产生膨胀，但在蒸煮过程中不发生化学变化；半纤维素在碱性或酸性情况下加热时有一定程度的分解，生成物视组成分中糖单元不同而异。制醋原料一般在中性、较低温度下加热蒸煮，对半纤维素基本上无影响；果胶质薯类原料中含果胶质比谷类原料多，果胶质在蒸煮过程中加热分解形成果胶酸和甲醇，高压和长时间蒸煮后使成品产生有怪味的醛类、萜烯等物质；在蒸煮过程中单宁是形成香草醛、丁香酸等芳香成分的前体物质，能赋予食醋特殊的芳香。

（二） 固态发酵法酿醋

固态发酵食醋是以粮食及其副产品为原料，采用固态醋醅发酵酿制而成的食醋。我国食醋生产的传统工艺，大都为固态发酵法。采用这类发酵工艺生产的产品，在体态和风味上都具有独特风格。其特点是：发酵醅中配有较多的疏松料，使醋醅呈蓬松的固态，创造一个利于多种微生物生长繁殖的环境。固态发酵培养周期长，发酵方式为开放式，发酵体系中菌种复杂，所以生产出的食醋香气浓郁、口味醇厚、色泽优良。我国著名的大曲醋如山西老陈醋，小曲醋如镇江香醋，药曲醋如四川保宁醋等，都是用固态发酵法生产的。采用该酿醋工艺，一般每100kg甘薯粉能产含5%乙酸的食醋700kg。下面利用固态发酵法制麸曲醋为例说明。工艺流程如图5-1。

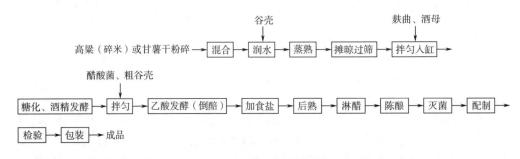

图5-1 食醋酿造工艺流程

1. 原料配比

高粱粉或薯干100kg，酒母40kg，醋酸菌种子40kg，食盐4~7kg，麸曲20~30kg，麸皮30~60kg，谷壳120~150kg。

2. 原料处理

（1）粉碎和润水 薯干粉碎至2mm以下，高粱粉碎为粗细粉状比例约为1:1。按每100kg高粱粉粒与100kg谷壳的比例配合，拌匀。加入50%的水润料3~4h，使原料充分吸收水分。润料时间夏天短，冬天稍长。用手握成团，指缝中有水而不滴为宜。

（2）蒸料 蒸料分常压蒸料和加压蒸料。常压蒸料是把润好水的原料用扬料机打散，装入常压蒸锅中。注意边上气边轻撒，装完待上大气后计时，蒸1h，停火焖1h。加压蒸料常采用旋转式蒸煮锅，在140~150kPa的蒸煮压力下蒸料30min。

（3）摊晾 过筛熟料出锅后立即用扬料机打散过筛、摊晾降温。冬、春季晾至30~

32℃，夏季晾至比室温低1~2℃，撒入麸曲、泼下酒母，翻拌均匀，加入冷水25%~30%，使入池料醅含水量达65%~68%。再通过扬料机打散料团入缸行糖化和酒精发酵。

3. 糖化、酒精发酵

原料入缸后，压实，赶走醅内空气，用无毒塑料布密封缸口发酵。糖化和酒精发酵应做到低温下曲、低温入缸、低温发酵。品温过高容易烧曲降低糖化力，所以，把下曲温度控制在30~32℃。入缸温度低是低温发酵的前提，冬季把入缸温度控制在18~25℃，夏季入缸温度不超过28℃，夏季气温高，可在凉爽的时刻入缸；酒精发酵期间采用降低室温和倒缸的方法使发酵温度控制在28~32℃。夏季采用倒缸降温的效果不理想，多采用严密封缸减少氧气控制品温，使发酵期间品温不超过36℃。冬季发酵6~7d，夏季发酵5~6d，品温自动下降，抽样检查酒精含量6%~8%时，酒精发酵基本结束。

4. 乙酸发酵

酒精发酵结束后的醋醅拌入谷壳、粗谷糠，麸皮和醋酸菌种子液，调制好的醅料蓬松装入缸或池中进行乙酸发酵。传统酿醋一般不接种醋酸菌，利用自然落入的醋酸菌在醅内繁殖。乙酸发酵过程中品温的变化总是由低到高，再逐渐降低。乙酸发酵室温控制在25~30℃，品温一般为39~42℃。每天按时检查温度，品温定时翻醅倒缸。倒缸操作要迅速倒醅，要分层，缸底缸壁要扫尽，做到倒散、倒匀、倒彻底，倒后表面摊平，严封缸口。经过12~15d乙酸发酵，品温开始下降，每天应抽样检查乙酸和酒精的含量。当相连两次化验结果乙酸含量不再增长、残留酒精量甚微、品温降36℃以下，乙酸发酵基本结束，乙酸含量能达到7%~7.5%。

5. 加食盐

食盐一定要在乙酸发酵结束时及时加入，目的是为了防止成熟醋醅过度氧化。通常夏季加盐量为醋醅的2%；冬季稍少一些，为醋醅的1.5%。加盐操作先将应加的食盐一半与上半缸醋醅拌匀移入另一空缸，次日再将剩下的一半盐与下半缸醋醅拌匀，再与上半缸醋醅并为一缸。加盐后盖紧放置2~3d，有时更长的时间，以作后熟或陈酿，使食醋的香气和色泽得到改善。

6. 淋醋

淋醋采用淋缸三套循环法，循环萃取。淋醋设备有陶瓷淋缸或有涂料耐酸水泥池，缸或池内安装木箅，下面设漏口或阀门。淋头醋需浸泡20~24h，淋二醋浸泡10~16h，用清水浸泡淋三醋，浸泡的时间可更短些。三醋淋完后，醋渣中含醋0.1%。最后得到的醋渣可作饲料。淋醋具体工艺如图5-2所示。

图5-2 淋醋工艺流程图

7. 陈酿

品质较好的醋须在约20℃的室温下放置一个月或数月，来提高醋的品质、风味、色泽。陈酿分醋醅陈酿和醋液陈酿两种。醋醅陈酿是将加盐后熟的醋醅移入缸内砸实，加盖面盐压层，以泥密封缸口，经过 15～20d 即行淋醋，并放入室外陶瓷缸内，加盖竹编的尖顶帽，每隔 1～2d 揭开缸帽晒 1d，促进酯化并提高固形物浓度，增加香气，调和滋味，使之澄清透明，色泽鲜艳。醋液陈酿是将淋出的头醋放入缸中，加盖放置 1～2 个月，注意头醋含酸量应在 5% 以上。经过陈酿的醋称为陈醋，镇江香醋陈酿期一般为 30d，山西老陈醋陈酿期一般为 9～12 个月。

8. 灭菌

食醋的灭菌又称煎醋。煎醋是通过加热的方法把陈醋或新淋醋中的微生物杀死，并破坏残存的酶，使醋的成分基本固定下来。同时经过加热处理，醋中各成分也会变化，香气更浓，味道更和润。灭菌常用的方法有直火加热和盘管热交换器加热等，直接加热法应防止焦煳，灭菌温度应控制在 85～90℃，灭菌时间为 40min 左右。

9. 配制

灭菌后的食醋应迅速冷却，加入 0.1% 苯甲酸钠或山梨酸钾起到防腐的作用，注意高档醋一般不加防腐剂。澄清后装坛封口即为成品。

（三） 固稀发酵法酿醋

固稀发酵法酿醋是在食醋酿造过程中酒精发酵阶段采用稀醪发酵，在乙酸发酵阶段采用固态发酵的一种制醋工艺。其特点是出醋率高，并具有固态发酵的特点。北京龙门米醋及现代应用的酶法通风制醋工艺都属于固稀发酵法制醋。酶法液化通风回流制醋的产生，运用了细菌 α-淀粉酶对原料处理、液化，提高了原料利用率；以通风回流代替了倒醅，减轻工人劳动量，改善了生产条件，使原料出醋率提高。一般每千克碎米可得 8kg 成品食醋。下面以酶法液化通风回流制醋为例，介绍固稀发酵法制醋。工艺流程如图 5-3。

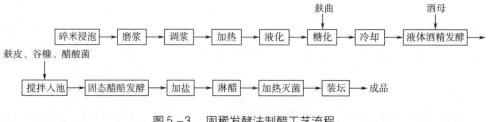

图 5-3 固稀发酵法制醋工艺流程

1. 原料配比

碎米 1200kg，碳酸钠 1.2kg（碎米的 0.1%），氯化钙 2.4kg（0.2%），细菌 α-淀粉酶 3.75kg（以每克碎米 125 单位，淀粉酶活力为 40000U），麸曲 60kg（50%），酒母液 500kg（4%），麸皮 1400kg，砻糠 1650kg，醋酸菌种子液 200kg，水 3250kg，食盐 100kg。

2. 磨浆、调浆

将碎米浸泡 1～2h，使米粒充分膨胀，再将米与水按 1∶1.5 比例均匀送入磨浆机，磨成 70 目以上细度的粉浆（浓度约为 18～20°Bé）用泵输入粉浆桶调浆。

加入 Na_2CO_3，溶液调至 pH 6.2～6.4，再加入 $CaCl_2$ 充分搅拌，最后加入 α-淀粉酶，这样可保护细菌 α-淀粉酶不被高温破坏。搅拌均匀，缓慢放入液化及糖化设备进行糖化。

3. 液化、糖化

液化品温控制在 85～90℃。待粉浆全部进入液化及糖化桶后维持 10～15min，以碘液检查呈棕黄色时，表示已达液化终点，再缓慢升温。将温度升至100℃，保持10min，达到灭菌和使酶失活的目的。

液化完毕，开启冷却管将品温迅速冷却至63℃左右，加入麸曲保温糖化3~4h。用碘液检查糖化醪无显色反应时，表明糖化完全。再开冷却管使糖化醪冷却至50℃左右，泵入酒精发酵罐。

4. 酒精发酵

糖化醪泵入酒精发酵罐后，加入水，调节pH至4.2~4.4，醪液温度28~30℃，投入酒母，控制醪温30~33℃。发酵64~72h，酒醪的酒精含量达到8.5%左右，残糖0.5%左右就可以转入乙酸发酵。

5. 乙酸发酵

成熟的酒醪进入池后，添加麸皮、谷糠及醋酸菌种子，拌匀，过粗筛入发酵池，入池品温以35~38℃为宜。值得注意的是料醅应拌匀拌散，疏松一致，装池宜轻撒，避免急卸猛倒造成醅料部分紧实和池内各处醅料松紧不一，最好采用扬醅法装池；可将料醅各成分按比例分次定量拌入，最后一次要加大醋酸菌种比例，这样可提高出醋率。醅料入池完毕，将醅面耙平，盖上塑料布，即开始乙酸发酵。

现代应用的酶法液化通风回流制醋中通风和回流是控制发酵的重要手段。开启发酵池通风口，使空气自然进入，在发酵池中缓慢地穿过料层逐渐上升，并和料醅中的气体进行交换，增加料醅中的含氧量，带走醅中的部分热量，还有疏松醅料的作用。抽吸醋醅下渗的醋液从面层淋浇回流，淋浇的淡醋液经过料层缓慢下渗，解吸醅中的物质并起回流降温作用。用控制通风口启闭和回流次数及回流量来达到控制发酵的目的。通风自下而上，回流从上而下，两个方向使料醅发酵趋向均一平衡。

料醅入池后，面层醋酸菌繁殖较快，升温也快，24h品温可升至40℃，中层醅温较低，这就造成醅料发酵温度不均匀，此时应揭去塑料布开启通风口通风松醅1次，以供给新鲜空气并使上、中、下层温度趋向一致，促进全池醋酸菌的繁殖。松醅后，每逢醅温升至40℃就进行回流，使料温降低至36~38℃。发酵前期的控温可在42~44℃，后期控制在36~38℃。若降温速度快，可关闭通风口。如冬季回流醋液温度很低，可导出醋液预热至38~40℃再回流。一般每天回流6次，每次放出100~200kg醋汁回流，发酵30~35d，总共回流120~160次。当酸度达到6.5%~7.0%不再上升时，可视为发酵成熟。

6. 加盐、淋醋

醋醅成熟后立即加盐，以抑制醋酸菌的氧化作用。将食盐撒在醅面，借回流醋液使其全部溶解渗入醅中，加盐后应立即淋醋。

淋醋仍在乙酸发酵池中进行。先开醋汁管阀门，再将二醋分次缓缓地浇于醋醅面层。从池下收集头醋，当淋出的醋液其乙酸含量降至5g/100mL时停止。以上淋出的头醋是半成品，可用以配制成品。头醋收集完毕，再在醋醅面层分次添加三淋醋，下面收集的称为二淋醋。最后浇清水，收三淋醋。二淋醋和三淋醋循环使用，头醋经煎醋调配即为成品。

采用先液后固的工艺酿醋时会产生大量富含纤维的废渣，该废渣具有很好的固态发酵特性，可以其为培养基，利用两种康氏木霉菌种固态发酵生产纤维素酶，并在此基础上水解醋渣中的纤维素获取还原糖，可以取得可观的经济效益。

（四） 液态发酵法酿醋

液态发酵食醋是以粮食、糖类、果类或酒精为原料，采用液态醋醪发酵酿制而成的食醋。液态发酵法生产的食醋风味不及传统发酵的食醋风味好，但比固态发酵法酿醋工艺有生产周期短，便于连续化和机械化生产，具有原料利用率高，产品质量较稳定等优点。现代液态发酵酿醋有液体回流发酵法、液体深层发酵法、酶法静置速酿法、连续浅层发酵法等多种方法。适用生产原料可以是淀粉质原料，也可以酒精、糖蜜、果蔬类等为原料。下面主要介绍液体回流发酵法制醋和液体深层发酵法制醋。

1. 液体回流发酵法

液体回流发酵法又称淋浇发酵法，又称速酿法。常用的原料为白酒或酒精或酒精生产后的酒精残液。整个发酵过程都在醋塔中完成，食醋卫生条件好，不易污染杂菌，生产稳定，成品洁白透明，质量高。

塔内填充料要疏松多孔，比表面积大，纤维质具有适当硬度，经醋液浸渍不变软、无影响醋品质的物质溶出。一般采用木刨花、玉米芯、甘蔗渣、木炭、多孔玻璃等。在使用前，先用清水洗净，再用食醋浸泡。

丹东白醋就是以 50℃ 白酒为原料，在速酿塔中淋浇发酵酿制而成，其工艺流程如图 5 −4。

将酸度为 9% ~ 9.5% 的醋液，分流出一部分作为循环醋液，加入白酒、酵母液和热水，混合均匀，使混合液酸

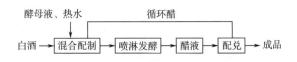

图 5 −4 液体回流发酵法酿醋工艺流程

度为 7.0% ~ 7.2%，酒精含量为 2.2% ~ 2.5%，酵母液用量为 1%，配制出混合液的温度为 32 ~ 34℃，泵入速酿塔进行乙酸发酵。发酵室温为 28 ~ 30℃，用玻璃喷射管每隔 1h 至塔顶喷洒 1 次，每天喷洒 16 次。每次喷洒的时间和喷洒量依据具体生产而定，丹东醋厂每次喷洒量为 4.5kg。夜间停止喷洒 8h，促使醋酸菌繁殖。从塔底流出的即为半成品醋液，其酸度回复到原来的 9.0% ~ 9.5%，分流一部分入成品罐，加水稀释调配为成品醋出厂，其余部分继续循环配料使用。

2. 液态深层发酵法

液态深层发酵法生产原料可采用淀粉质原料、糖蜜、果蔬类原料先制成的酒醪或酒液，然后在发酵罐中完成乙酸发酵。该方法具有操作简便、生产效率高、不易污染杂菌等优点。液态深层发酵法是多采用自吸式发酵罐。该罐既能满足乙酸发酵需要气泡小，溶氧多，避免酒精和乙酸挥发的要求，又省去用压缩机和空气净化设备，有乙酸转化率高、节约设备投资、降低动力消耗的优点。工艺流程如图 5 −5。

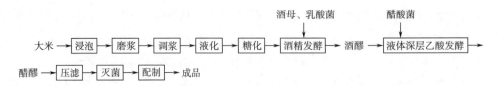

图 5 −5 液态深层发酵法酿醋工艺流程

（1）液化、糖化　大米浸泡磨浆，将浓度为 18～20°Bé 的粉浆置于液化、糖化桶内，在 30℃ 左右下加入为米重 0.1%～0.2% 的 Na_2CO_3，0.2% 的 $CaCl_2$，粉浆调至 pH 6.2～6.4。通蒸气升温至 50℃ 时，加入为米重 0.25% 的细菌 α-淀粉酶，搅拌均匀，升温，达到液化品温 90℃，保持 15min，之后再升温至 100℃，煮沸 20min，使淀粉充分液化，以碘液测试为红黄色，表示液化完全。开启冷却管，使醪液冷却至 63～65℃，此时再按 1g 淀粉加入 100U 糖化酶制剂，糖化 1～1.5h。

（2）酒精发酵　将糖化醪液泵入酒精发酵罐中，加水使醪液浓度为 8.5°Bé，并使温度降至 32℃ 左右。向醪液中接种酒母液 10%，并添加占酒母量 2% 的乳酸菌液及 20% 的生香酵母，共同进行酒精发酵，发酵时间为 5～7d。适量的乳酸菌与酒精酵母混合进行酒精发酵，对酵母产酒精影响不大，当乳酸含量在 0.9% 以下时，对酵母还有一定的促进作用。接入的酒精酵母、生香酵母、乳酸菌等多菌共同发酵的目的是使酒醪中的不挥发性酸、香味成分增加，同时也延长了酒精发酵时间，使酒液变得比较澄清，也是改善深层发酵醋风味的有效措施。

（3）乙酸发酵　发酵成熟的酒醪可直接进行乙酸发酵，也可将酒醪过滤后，再用以进行乙酸发酵。以酒精发酵醪为原料的，在乙酸发酵结束后，还须经过滤才能得到澄清醋液。酒醪或酒液泵入乙酸发酵罐，通入蒸汽，在 150kPa 压力下灭菌 30min。将 6°～7° 的酒醪或酒液泵入发酵罐中，装入量为发酵罐容积的 70%。当料液淹没自吸式发酵罐转子时，再启动转子让其自吸通风搅拌，装完料后，接入醋酸菌种子液 10%，此时要求料液酸度在 2% 以上，保持品温 32～35℃ 进行乙酸发酵。发酵前期通风量为 1:0.08。在正常情况下，发酵 24h 产酸在 1.5%～2.0%，每隔 2h 取样测定乙酸 1 次，后期每隔 1h 测定 1 次。当乙酸不再增加，酒精基本无残留时，发酵结束。发酵时间为 40～72h，发酵时间的长短取决于菌种、酒精浓度、发酵温度、搅拌通风情况等。在生产上可采取分割发酵法、半连续化发酵法，这样可使发酵迅速，节约醋酸菌种子液用量，缩短生产周期，简化生产工序，提高出醋率。

为了改善液态发酵醋的风味，可采用熏醅增香、增色；也有把液态发酵醋和固态发酵醋勾兑，来弥补液态发酵醋的不足；也可以通过陈酿来提高液态发酵醋的风味。最后将生醋加热至 85～90℃，并加入 0.1% 的苯甲酸钠，同时加入炒米色，并调整到成品要求的酸度即为成品。

（五）　其他新型酿醋工艺

上面介绍的回流发酵法制醋和液体深层发酵法制醋都是新型制醋工艺，除此之外还有生料法、新型固态法等新工艺。

生料制醋与一般的制醋工艺不同的是原料不需要蒸煮，粉碎之后加水进行浸泡，直接进行糖化和发酵。由于未经过蒸煮，淀粉糖化相对困难，所需的糖化时间也相对延长，故糖化时需大量的麸曲，一般为主料的 40%～50%。此外，生料制醋在乙酸发酵阶段要加入较多的麸皮填充料，这样更利于醋酸菌发酵。

新型固态法酿醋采用自动酿醋设备，它结合了固态发酵和液态发酵酿醋的优点，翻醅自动化，回流自动化，回收酸气，产醋率高，发酵醋醅温度可控，实现 10d 发酵，超高温灭菌，全年酿醋达到稳产高产。

五、　我国名优食醋酿造工艺

我国生产的名醋很多，如用高粱为原料的山西老陈醋；用糯米为原料的镇江香醋；用麸皮为原料的四川麸醋；用大米为原料的江泊玫瑰米醋等等。

（一）山西陈醋酿造工艺

山西老陈醋选用优质高粱、大麦、豌豆等五谷，经蒸、酵、熏、淋、晒的过程酿就而成，是中国四大名醋之一，至今已有300余年的历史，素有"天下第一醋"的盛誉，以色、香、醇、浓、酸五大特征著称于世。色泽呈酱红色，口感绵、酸、香、甜、鲜。含有丰富的氨基酸、有机酸、糖类、维生素和盐等。有软化血管、降低甘油三酯等功效。

1. 酿造特点

（1）以曲带粮　山西老陈醋的高粱、麸皮的用量比高至1:1，使用大麦豌豆大曲为糖化发酵剂，大麦豌豆比为7:3，大曲与高粱的配料比高达55%～62.5%，称为糖化发酵剂，实为以曲代粮，其原料品种之多，营养成分之全，特别是蛋白质含量较高。经检测，山西老陈醋含有18种氨基酸，有较好的增鲜和融味作用。

（2）曲质优良　微生物种类丰富，山西老陈醋采用红心大曲酿造，红心大曲的微生物种群主要有根霉、酵母、黄曲霉、红曲霉等，使山西老陈醋形成特有的香气和气味。

（3）熏醅技术　熏香味是山西食醋的典型风味，熏醅是山西食醋的独特技艺，可使山西老陈醋的酯香、熏香、陈香有机复合；同时熏醅也可获得山西老陈醋的满意色泽，与其他名优食醋相比，不需外加调色剂。

（4）突出陈酿　山西老陈醋是以新醋陈酿代替醋醅陈酿，陈酿期一般为9～12个月，有的长达数年之久。传统工艺称为"夏伏晒，冬捞冰"，新醋经日晒蒸发和冬捞冰后，其浓缩倍数达3倍以上。山西老陈醋总酸在9%～11%，其相对密度、浓度、黏稠度、可溶性固形物以及不挥发酸、总糖、还原糖、总酯、氨基酸态氮等质量指标，均可名列全国食醋之首。并由于陈酿过程中酯酸转化，醇醛缩合，不挥发酸比例增加，使老陈醋陈香细腻，酸味柔和。

2. 酿造工艺

山西陈醋工艺流程如图5-6。

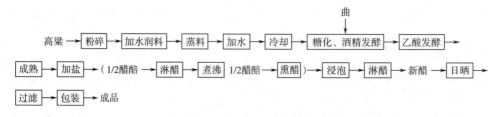

图5-6　山西陈醋酿造工艺流程

（1）原料配比　高粱100kg，大曲62.5kg，麸皮3kg，谷糠73kg，食盐5kg，水340kg，香辛料0.05kg（包括花椒、茴香、丁香、陈皮等）。

（2）原料处理　高粱粉碎后，加5%水拌匀，浸润6～12h。水温高低与浸润时间成反比。将料放入常压蒸锅中蒸1.5～2h，蒸后料要无硬心，蒸透可出锅。出锅后，加2～2.5倍70～80℃热水，拌匀后焖20～30min，使之充分吸水。将料冷却至25℃左右备用。

（3）酒精发酵　山西老陈醋发酵要经过四个阶段：前发酵、主发酵、后发酵、养醪阶段。山西老陈醋生产中大曲用量高达55%～62.5%，曲粉按比例加入冷却的高粱中，搅拌均匀入缸。入缸温度一般为20～26℃，立即加入60%的水，发酵采用固态细醪发酵法。入缸后

18~24h，酵母逐渐适应环境，进行生长繁殖，产生的 CO_2 逐步增加，此时要进行人工搅拌，调节料温。发酵处于旺盛阶段即为主发酵，一般持续2d，品温一般控制在32~35℃。经过主发酵后，酵母活力逐渐减弱，品温回落，产生气泡越来越少进入后发酵。醪液液面处于平静状态，进行养醪。主要目的是利用养醪阶段使微生物产生乙酸及乙酸乙酯等风味物质。发酵周期一般为15~16d。

（4）乙酸发酵　酒精发酵结束，及时拌入约1.5倍的麸皮、谷糠等辅料，搅拌均匀入缸，进行固态乙酸发酵。入缸半天后，缸内醋醅呈凹型，接入已经发酵3d的"火醅"，堆成凸型，然后在四周撒一层新醅，用草帘盖在上面。等待醋酸菌生长繁殖、发酵一段时间后，醋醅的温度会上升到40℃，这时要及时翻醅。发酵第二天一般要翻醅2次。发酵第三天时，品温升高到45℃左右，及时翻醅。这个阶段主要进行醋酸菌增殖，提高醋酸菌活力及其在醅中的浓度。第四天先取火醅，以备另一批新醅使用。余下的火醅翻拌均匀，顶部呈凸型，并盖好草盖。控制温度在38℃左右，持续到第七天。第八天醋酸菌的发酵力明显减弱，醋醅温度显著下降，此时应该加入食盐。加入食盐抑制醋酸菌的活力，防止其继续氧化乙酸。加入醅料5%的食盐，充分翻拌均匀，待第九天温度降至室温时，可出缸转入熏醋、淋醋工艺。此时醅中乙酸的含量可达7g/100mL，此时醋醅称为"白醅"。

（5）熏醅　熏醅是山西食醋的独特技艺，可使山西老陈醋的酯香、熏香、陈香有机复合，同时也可获得山西老陈醋的满意色泽。

熏醅是在坑灶熏缸中进行的，周期为4d，其最高温度可达85~100℃，熏醅要用温火，不易火力过猛。为了保证醋醅熏烤程度一致，每天要进行翻缸一次。熏好的醋醅呈黑紫色，此时醋醅称为"红醅"。

（6）淋醋　白醅送入淋醋池，加入原二醋浸泡，浸泡12h后即可淋醋，淋出的醋称为白醅醋。将白醅醋煮沸，加入0.1%的香辛料，煮沸后可放入红醅中浸泡4h，可淋出的原醋即为新醋。红醅、白醅都要淋过3次才可出糟，第一遍淋出的是新醋，第二、第三次淋出的醋称为淡醋，只能用来浸泡红醅和白醅。

（7）陈酿　新醋只是半成品，还要经过一年左右的陈酿才能成为老陈醋。新醋要经过"夏伏晒，冬捞冰"，日晒蒸发和冬捞冰后，其浓缩倍数达3倍以上。浓缩后的老陈醋经过过滤后方可包装出厂。

近几年山西老陈醋技术改造试验中，通过添加优良菌株优化微生物群落结构，总酸度提高了20.57%，乙酸乙酯产量提高了41.83%，酒精转化率提高了15.17%，口感品评良好。山西老陈醋熏醅过程中香气成分变化的研究中，发现在熏醅过程中发生了美拉德反应，产生了糠醛。乙酸丙酯的含量在熏醅过程中由少到多，随后因挥发而有所减少；乙醇、乙酸乙酯的含量有明显的下降；乙醛、3-羟基-2-丁酮和乙酸的含量变化不大。因此以一半醋醅进行熏醅、淋醋，另一半直接淋醋，然后混合的传统熏醅工艺具有合理性。它既产生了熏香味，又最大限度地保留了醋醅中原有粮食香气。

（二）镇江香醋酿造工艺

镇江醋又称镇江香醋，享誉海外。具有"色、香、酸、醇、浓"的特点，"酸而不涩，香而微甜，色浓味鲜"，多次获得国内外的嘉奖。存放时间越久，口味越香醇。这是因为它具有得天独厚的地理环境与独特的精湛工艺。与山西陈醋相比，镇江醋的最大特点在于微甜。一百多年来，香醋生产直采用传统工艺，即在大缸内采用"固体分层发酵"。每100kg

糯米可产一级香醋 300 ~ 350kg。其工艺流程如图 5 - 7。

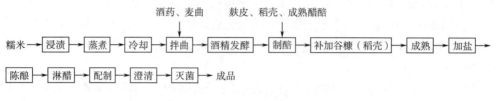

图 5 - 7 镇江香醋酿造工艺流程

1. 原料配比

糯米 100kg，麸皮 150 ~ 170kg，酒药 0.3kg，稻壳 80 ~ 100kg，麸曲 6kg，炒米色 27kg，食盐 4kg，糖 1.2kg，水 300kg。

2. 原料处理

选用优质糯米，淀粉含量在 72% 左右，无霉变。加水浸渍糯米，使淀粉组织吸水膨胀，体积约增加 40%，便于充分糊化。米与浸渍水的比例为 1:2。将料放入常压蒸锅中蒸 1.5 ~ 2h，蒸后料要无硬心蒸透可出锅。使淀粉糊化，便于微生物利用。通过加热，淀粉发生膨胀黏度增大。应迅速用凉水冲淋，其目的是降温，其次使饭粒遇冷收缩，降低黏度，以利于通气，适合于微生物繁殖。温度降至 28℃ 左右。

3. 糖化、酒精发酵

利用酒药中所含的根霉菌和酵母菌的作用，将淀粉糖化，再发酵成为酒精。发酵温度 26 ~ 28℃，发酵时间为 7 ~ 10d。一般的用量为原料的 0.2% ~ 0.3%。例如每 100kg 糯米加 200kg 清水浸泡，24h 后，用竹箩捞起，沥尽余水。蒸熟后用凉水冲淋到 28℃，倒入缸中并加酒药 300g，拌匀，在 26℃ 下糖化 72h，再加水 150kg，28℃ 下保温 7d，即得成熟酒醅。

4. 乙酸发酵

乙酸发酵是决定香醋产量、质量的关键工序。把传统的"固体分层发酵"工艺应用在水泥池发酵工艺中，整个乙酸发酵的时间为 20d。乙酸发酵阶段的主要生产设备为防腐、防漏水泥池，池长 10m、宽 1.5m，高 0.8m。整个乙酸发酵分三个阶段进行。

（1）接种培菌阶段 将醋酸菌接入混合料中，逐步培养、扩大，经过 1d 时间，使所有原料中都含有大量的醋酸菌。为了使醋酸菌正常繁殖，必须掌握、调节让醋酸菌繁殖的各种适宜条件。根据实践经验，醋酸菌生长最适宜的环境是在固体混合料中，酒精含量 6% 左右；水分控制在 60% 左右；温度掌握在 38 ~ 44℃；并供给足够的空气。这个阶段为前期发酵。

（2）产酸阶段 经过 13d 培菌以后，混合料中所含的醋酸菌在 7 ~ 8d 逐步将酒精氧化成乙酸，接着，相应地减少空气供给，醋酸菌即进入死亡阶段，品温也每天下降，原料中酒精含量逐渐减少，乙酸含量上升。当乙酸含量不上升时，必须立即将醋醅密封隔绝空气，防止乙酸继续氧化从而转化成水和二氧化碳。此阶段为中期发酵，大约需 20d 的时间。

（3）酯化阶段 接种培菌、产酸两个阶段结束后，将发酵成熟的醋醅表面撒入食盐 2kg，进行密封隔绝空气防止乙酸再度氧化。在常温下，历时 30 ~ 45d，使醋醅内酸类（乙酸）和少量的乙醇，进行酯化反应，产生乙酸乙酯，其中尚有微量的各种有机酸与高级醇类进行酯化，这是产生香味的主要来源。这个阶段为后期发酵。

5. 淋醋

淋醋，利用物理的方法将醋醅内所含的乙酸溶解在水中。方法是取陈酿结束的醋醅150kg，置于淋醋缸中，按比例添加炒米色和100kg二淋醋，浸泡4h，从缸底放出头醋。再以100kg三淋醋浸泡4h，放出二淋醋。再用热水浸泡醋醅2h，放出三淋醋。

6. 杀菌、配制

过滤淋下的生醋加入食糖配制，再用常压煮沸灭菌、温度降到80℃，灌坛、密封，即可长期贮存不变质。

六、 食醋的质量标准

1. 固态发酵法酿醋质量标准

以粮食为原料酿造的食醋其质量指标如下：

（1）感官指标 琥珀色或棕红色；具有食醋特有香气，无不良气味；酸味柔和，稍有甜味，不涩，无异味；澄清，无悬浮物及沉淀物，无霉花浮膜。

（2）理化指标

一级醋：总酸5.0g/100mL以上（以乙酸计），氨基酸态氮0.12g/100mL以上，还原糖（以葡萄糖计）1.5g/mL，密度5.0°Bé以上。

二级醋：总酸3.5g/100mL以上，氨基酸态氮0.08g/100mL以上，还原糖（以葡萄糖计）1.0g/mL，密度3.5°Bé以上。

（3）卫生指标 砷（以As计）不超过0.5mg/kg，铅（以Pb计）不超过1mg/kg，游离矿酸不得检出；黄曲霉毒素不得超过5μg/kg；细菌总数不得超过5000个/mL；大肠杆菌最近似值不超过1个/100mL，致病菌不得检出。

2. 液态发酵法酿醋质量标准

参照我国ZB X 66004—86《液态法食醋质量标准》，此标准适用于以粮食、糖类、酒类、果类为原料，采用液态乙酸发酵法酿造而成的酸性调味料。

（1）感官指标 具有本品种固有的色泽；有正常酿造食醋的滋味。

（2）理化指标 总酸（以乙酸计）3.5g/100mL以上；无盐固形物：粮食醋1.5g/100mL以上，其他醋1.0g/100mL以上。

（3）卫生指标 砷不超过0.5mg/kg，铅不超过1.0mg/kg，游离矿酸不得检出；黄曲霉毒素不得超过5μg/kg；细菌总数不得超过5000个/mL；食品添加剂按GB 2760—2014《食品安全国家标准 食品添加剂使用标准》规定；大肠杆菌最近似值不超过3个/100mL，致病菌不得检出。

第二节 柠檬酸发酵

柠檬酸（citric acid）又名枸橼酸，化学名称为2-羟基丙烷-1,2,3-三羧酸，为无色半透明晶体，或白色颗粒，或白色结晶性粉末，无臭，虽有强烈酸味但令人愉快，稍带有后涩味。柠檬酸在温暖空气中会逸出风化，在潮湿空气中微有潮解性。柠檬酸结晶形态因结晶条件而不同，商品柠檬酸可分为无水柠檬酸（$C_6H_8O_7$）和一水柠檬酸（$C_6H_8O_7 \cdot H_2O$），一水柠檬酸转变为无水柠檬酸的临界温度为36.6℃。

一、 柠檬酸及发酵法生产原料

（一） 柠檬酸生产方法

柠檬酸的生产方法有水果提取法，化学合成法和微生物发酵法三种。

（1）水果提取法　是指从柠檬、橘子、苹果等柠檬酸含量较高的水果中提取，此法成本较高，不利于工业化生产。

（2）化学合成法　原料是丙酮、二氯丙酮或乙烯酮，此法工艺复杂成本高，经济效能无法与微生物发酵法相比较，且安全性低。

（3）微生物发酵法　生产菌种有曲霉、青霉和酵母，生产周期短，产率高，便于实现自动化控制和连续化生产。随着发酵工业技术及装备水平的不断提升，现已成为世界上柠檬酸生产的主流技术。

（二） 柠檬酸发酵生产原料

柠檬酸发酵原料的种类丰富多样，任何含淀粉和可发酵糖的农产品、农产品加工品及其副产品；某些有机化合物，以及石油中的某些成分都可以采用。工业上选择生产原料时，不但要考虑工艺上的要求，还要考虑生产管理的能耗环保、绿色安全等因素。工业使用原料种类包括：

（1）淀粉质原料　甘薯、木薯、马铃薯和制成的薯干、薯粉、薯渣及淀粉、淀粉渣、玉米粉等；

（2）粗制糖类　粗蔗糖、水解糖（葡萄糖）、饴糖等；

（3）制糖工业副产品　糖蜜、葡萄糖母液、冰糖母液等；

（4）含正烷烃较多的石油馏分；

（5）废弃资源、秸秆等农业废弃物；

（6）辅料　米糠、麦芽、营养盐类、消泡剂类，以及各种产酸促进剂。

（三） 淀粉质原料及其处理

1. 淀粉原料的成分

（1）甘薯类　甘薯是高产作物，是典型的淀粉质原料，生产成本低，但鲜甘薯含有大量水分和糖分，极易受微生物污染而腐烂。因此，柠檬酸生产原料常用薯干或薯干粉，它们是甘薯经切片（日晒）干燥或粉碎制成的，便于保藏运输。

甘薯成分：含有丰富的碳源和部分氮源。主要包括水分、碳水化合物、粗蛋白质、粗脂肪、粗纤维等。其中灰分中，K_2O 约8%，P_2O_5 约9%，CaO 约13%，MgO 约4%，其他71%。含氮物质中，蛋白质约2/3，酰胺类约1/3，另外还有核酸碱基、甜菜碱、胆碱等。

（2）木薯类　木薯是亚热带高产经济作物，我国华南、西南、台湾等地均有种植，与甘薯成分相近，木薯也应制成薯干、薯淀粉等加工品。木薯中含有氰的配糖体，经酶水解可放出氰化氢（HCN），对人体有毒，但晒干制成薯干后，会大部分消失，另外，在发酵前的蒸煮和液化中也基本被除尽，不会影响产酸发酵。

（3）马铃薯　我国马铃薯栽培区域广泛，主要以东北、内蒙古和西北地区为主，产量较大。与甘薯相比，马铃薯的储存较为容易，除了用马铃薯粉和薯干外，鲜马铃薯也是常用原料。马铃薯灰分中，主要是 K_2O 占 60%，其次是磷，P_2O_5 占 17%。马铃薯干中碳水化合物高达 74.6%，且含氮量丰富，是柠檬酸发酵的良好培养基。

（4）玉米 玉米又称苞米、苞谷等，也是我国盛产的淀粉质原料。玉米的特点是脂肪含量高，但脂肪主要集中在玉米胚芽中，玉米一般由制粉厂制成玉米粉，可食用，也可供工业用，其中胚乳蛋白 9.4%，淀粉 86.4%，而作为柠檬酸发酵原料要除去部分蛋白质。

2. 淀粉质原料预处理

（1）淀粉质原料粉碎 薯干为片状或条状，必须先行粉碎，粉碎在工厂中常称为磨粉。原料经过磁选装置除去原料中含铁杂物，以保护设备，然后原料进入粗粉碎机，将薯干先轧成 1~3cm 大小的小块，这样做可以提高磨粉机的效率，便于物料的输送，粗粉碎后由斗式提升机将物料提送至储仓，物料由储仓落入磨粉机粉碎，粉碎后由螺旋输送机输出。玉米等谷物类原料或用锤式粉碎机将谷物颗粒粉碎。

（2）淀粉质原料的液化和糖化 黑曲霉虽有糖化能力，但柠檬酸发酵菌种的糖化或液化能力不强，为了缩短发酵时间，淀粉原料要经过糖化或液化处理。国外淀粉原料处理多采用糖化法，而我国主要采用液化法，具体何种方法适宜也与原料种类有关，玉米淀粉适宜用糖化法，而薯类淀粉适宜用液化法。

①淀粉质原料的糖化：糖化方法因催化剂不同分为酸法糖化和酶法糖化。酸法糖化催化剂：硫酸、盐酸和草酸等。草酸能阻止淀粉过度分解，糖化率达 80%~86%，柠檬酸产率也可达 56%~59%，但草酸价格昂贵，工业上常用硫酸作糖化的催化剂。

杂质少的原料（如小麦淀粉，甘薯淀粉、玉米淀粉等）的糖化率较高，可达 90% 以上，因为它们生成阻碍发酵的物质较少，对于杂质较多的原料（如薯干、淀粉渣、木薯干等）则糖化率低，在 30%~80%。这种不彻底糖化对于柠檬酸发酵是允许的，因为黑曲霉本身具有一定的糖化能力。

合适的碳氮比是高产柠檬酸的关键。对于淀粉等高碳源原料，其中含氮物质较少，需要补充外源氮源（如硫酸铵）才能发酵。$(NH_4)_2SO_4$ 用量在 0.3%~0.35%；薯干等原料本身含氮，外源添加用量较少，仅需 0.1%~0.25%。对于每批每种原料，氮源的最适用量都需经过试验确定。

②淀粉质原料的液化：液化法是我国柠檬酸工业上的特色方法，是由外加液化酶完成，在此基础上由发酵菌种黑曲霉具有的糖化能力完成糖化。

a. 淀粉糊化：淀粉在加水调浆至液化这段时间内还伴有糊化作用。淀粉颗粒本身可以吸收水分而膨胀，温度升高则吸水膨胀程度增大。当温度达到一定范围时，淀粉颗粒就会解体，使淀粉分子释放出来，这称为淀粉的糊化。

此时的糊化体系为均一液体，其温度范围称为糊化温度，糊化温度随原料种类、淀粉颗粒大小和体系的酸度等因素而异。对于甘薯淀粉，糊化温度为 70~76℃、木薯淀粉 59~70℃、马铃薯淀粉为 56~67℃、玉米淀粉 65~75℃。

b. 淀粉液化：是由 α-淀粉酶催化完成的。这种酶能够水解淀粉分子内部的 α-1,4 糖苷键，生成短链糊精及低聚糖。随着淀粉中糖苷键的断裂，葡聚糖的分子越来越小，反应体系的黏度不断降低，流动性增强，故此称为液化。

c. 液化操作的好坏将直接影响到后续黑曲霉的糖化作用、发酵残糖量和产酸量等工艺指标，因此，必须严格把关。液化方法有间歇法和连续法两种，间歇液化和液化后的灭菌都直接在生产罐内进行。玉米原料的预处理工艺流程，如图5-8所示。

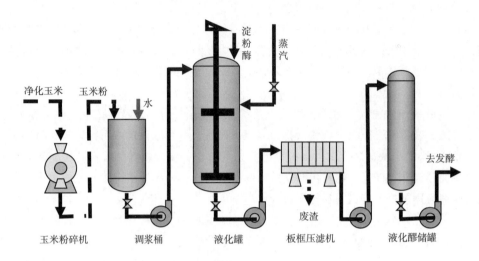

图5-8 柠檬酸玉米原料预处理工艺流程

③液化及灭菌的操作规程：

a. 用锤式（或辊式）粉碎机将薯干粉碎至粒度0.4mm左右，即通过40目孔筛。磨粉时须清除金属、石块等杂物，进料速度不能太快，以防磨粉机堵塞。如发现筛子打坏，粗粉漏出，应立即停机检查。

b. 称量玉米粉，送到拌料桶内，加入3.5~4倍玉米粉质量的水，搅拌均匀，经网式过滤器滤除粗渣后，泵送至发酵罐。

c. 在搅拌下升温，同时加入α-淀粉酶5~8U/g淀粉和$CaCl_2$ 1g/L，两者都要先用50℃左右的热水溶化均匀，升温至85~90℃维持20~30min进行液化，不停搅拌，液化20min后用0.1%碘液检测，直到不显蓝色为止。

d. 通蒸汽升温灭酶灭菌。开始时打开三路蒸汽，一路由罐底通入，一路由进风管通入，一路由取样管通入，同时打开各排汽阀，以排出罐内冷空气和消灭死角。待有大量蒸汽排出时应关小排汽阀，只使其稍有出汽以升高罐压。当温度升到121℃时，只留出风口出汽和进风口进汽，并确保其余进汽和出汽阀门关闭，在121℃保温15min灭菌。

e. 开启冷却水，并逐步通入无菌空气以维持罐内正压，冷却至30~32℃时接种发酵。

④连续液化的设备：有喷射加热器或液化罐。利用喷射加热器可以将蒸汽直接喷入淀粉乳中，从而在短时间内达到所需温度。操作时，先通蒸汽将其升温预热至80~90℃，再用匀浆泵将淀粉乳打入，同时不断喷入压力为0.3~0.4MPa的饱和蒸汽，蒸汽喷射产生的湍流使淀粉乳受热快而均匀，黏度降低也快。

培养基连续灭菌的设备有连消塔或板式换热器，淀粉酶在拌料桶中加入，通过喷射加热器升温后进入液化罐，达到液化要求以后加入培养基其他成分，泵入连消塔升温灭菌，进入维持罐，最后喷淋冷却，进入发酵罐。

⑤连续液化及灭菌的操作规程：

a. 在拌料桶内加水，再在搅拌条件下加入玉米粉和α-淀粉酶，加水量和加酶量与间歇液化法相同，搅拌均匀。

b. 通过匀浆泵打入喷射加热器，与蒸汽混合，升温至 80 ~ 85℃，温度由进料和进汽两方面配合调节，进蒸汽压力维持在 0.3 ~ 0.4MPa。升温后进入维持罐。维持罐的容积应使料液的保温时间在 20 ~ 30min 完成液化。保温时间不符合要求也可以调节进料与出料速度。

c. 连续泵送至连消塔灭菌，并加入已溶于水的其他培养基成分。连消塔的操作温度控制在 130℃ 左右，工作压力 0.3MPa 左右，温度和压力可以由进汽和进料速度两方面配合调节，但要控制料液滞留时间保持 50 ~ 70s，再进入维持罐。

d. 维持罐的工作压力为 0.1MPa，即温度 121℃ 左右。维持罐应从底部进料，罐容量应使料液保温时间在 15min 左右。罐内料满即进入喷淋冷却器或发酵罐。

e. 喷淋冷却至 32 ~ 34℃ 送入发酵罐，或直接送入发酵罐内冷却，黏度较大的物料在发酵罐内冷却为好，否则在喷淋冷却器管道内降温后黏度进一步增大，增加流动阻力，在发酵罐内冷却时，冷却水升温后还可二次利用，以节约热能。

⑥连续液化及灭菌时注意事项：

a. 液化时适宜的 pH 在 6.0 左右，一般不需调节，而灭菌前可以将 pH 调低，以增强灭菌效果。一般用 H_2SO_4 将 pH 调至 5，因为发酵开始的适宜 pH 在 4 ~ 4.5。但 pH 过低会造成设备腐蚀，进而增加培养基中的铁含量，对发酵不利。

b. 液化和灭菌时可能产生大量泡沫，可以加少许消泡剂处理，消泡剂可选择植物油、高级醇或泡敌等。

3. 糖类原料及其处理

（1）蔗糖与葡萄糖　糖类原料主要是工业用粗制糖类，如粗蔗糖、工业葡萄糖、饴糖等。柠檬酸发酵中，以蔗糖最为适宜，因原料不同可分为甘蔗糖和甜菜糖，因产地及生产工艺不同又有白糖、棕糖、红糖、黑砂糖之分。工业粗蔗糖除了含蔗糖95% ~ 97%之外，还含有少量灰分和蛋白质等杂质，尤其深色糖含杂较多，粗蔗糖液中的金属元素主要有：铜、铁、锌、锰。

工业葡萄糖品质一般不及蔗糖，主要原因是蔗糖灰分中锌含量超过葡萄糖 5 倍，而葡萄糖灰分中铁、锰、铜等元素含量虽远比蔗糖高，但这 4 种金属元素对产酸效率影响很大，尤其是锰的负效应最强。

（2）糖蜜及其处理　糖蜜是制糖工业的副产品，其中含有大量可发酵糖。由于我国制糖工业发展很快，糖蜜的产量也逐年大幅度增加，为发酵工业提供了大量廉价原料，糖蜜产量较大的有甜菜糖蜜、甘蔗糖蜜、葡萄糖蜜，产量较小的有转化糖蜜、精制糖蜜等。

①甜菜糖蜜：甜菜糖蜜外观是稠厚、黑褐色、带特殊气味的液体，这种气味是三甲胺和甲硫醚引起的。甜菜糖蜜成分较为复杂，它与甜菜的生长环境、栽培和收获方法、保藏条件和时间、制糖工艺等因素有关。甜菜糖蜜平均含干物质为80%，含转化糖较少，还含有少量含氮物质、有机酸、糖分解产物，芳香族化合物等。

糖蜜中约含3%胶体物质，其中包括葡聚糖、阿拉伯聚糖、色素等成分。根据乙醇沉淀后的再溶性可以分为可逆和不可逆胶体。甜菜糖蜜中的胶体大部分是可逆的。另外，带负电荷的胶体会在酸性介质 pH 3 时絮凝，带正电荷的胶体在碱性介质 pH 8 以上时絮凝，在加热等条件下也能絮凝。胶体的存在会降低柠檬酸产量。因此，在糖蜜处理中应尽量除去。

②甘蔗糖蜜：甘蔗糖蜜是甘蔗制糖工业的副产品，在我国南方产量很高，它的成分与甜

菜糖蜜差别很大，主要区别包括：

a. 蔗糖少，转化糖含量高；

b. 总氮低，不含甜菜碱和谷氨酸；

c. 胶体多，色度高；

d. 棉子糖少，有机非糖分一般较高；

e. 缓冲度低，呈弱酸性（甜菜糖蜜呈弱碱性），也有弱碱性，缓冲度高；

f. 灰分中 Fe、Mn 含量较高，Cu、Zn 含量较低。

③糖蜜预处理：糖蜜不经处理而直接稀释后发酵时，柠檬酸产率往往很低，因为糖蜜中所含的金属离子和营养物会促进菌体过度生长，阻碍产酸。预处理方法主要包括：

a. 糖蜜的稀释：糖蜜在处理前要先加水稀释，加水量一般为 1:1，否则黏度太高不利于后续操作，糖蜜稀释后的体积并不是原蜜加水的体积之和，而是有所缩小，这种收缩比因原蜜来源而异，一般为 6.5% ~ 8.2%。为了节约用水，糖蜜稀释可以采用生产中的各种废水回用，例如：钙盐洗涤水，储罐洗涤水，晶体洗涤水等，用柠檬酸钙洗涤水稀释糖蜜，可改善后来的发酵产酸，具体而言，对于含干物质 0.5% ~ 3.5% 钙盐洗涤水，用量可以为总培养基体积的 30% ~ 50%。

b. 调节 pH：糖蜜原料本身有酸性的（蔗糖糖蜜），也有碱性的（甜菜糖蜜），在黄血盐或其他方法处理前要根据不同的情况加以调节，为了得到较高和稳定的发酵产酸率，调酸度时还要考虑温度和加热时间的影响。pH 调节一般用 H_2SO_4 或 Na_2CO_3，调节范围在 pH 6 ~ 7.2。

c. 黄血盐处理法：黄血盐是浅黄色薄片状的八面晶体，在空气中稳定，在水中可以逐步离解：

$$K_4\left[Fe\left(CN\right)_6\right] \longleftrightarrow 4K^+ + \left[Fe\left(CN\right)_6\right]^{4-}$$

黄血盐　　　　　　　络离子

此化合物中络离子很稳定，所以在水中既无 Fe^{2+} 反应，又无 CN^- 反应。黄血盐在水中也可以发生局部水解：

$$\left[Fe\left(CN\right)_6\right]^{4-} + H_2O \longleftrightarrow H\left[Fe\left(CN\right)_6\right]^{3-} + OH^-$$

当金属离子与 $H\left[Fe\left(CN\right)_6\right]^{3-}$ 结合成不溶性物质时，此平衡向右移动，因此，糖蜜加黄血盐煮沸后，会有所碱化。黄血盐在弱酸性培养基中与蛋白质形成不溶性化合物：

$$4K-CH-NH_4^+ + \left[Fe\left(CN\right)_6\right]^{4-} \longrightarrow \left(\begin{array}{c} K-CH-NH_3 \\ | \\ COOH \end{array}\right)_4 \left[Fe\left(CN\right)_6\right]$$

（左侧 $4K-CH-NH_4^+$ 下有 COOH）

黄血盐也能除掉一部分蛋白质，但是黄血盐处理时的酸度不能太高，因为在酸性条件加热时，黄血盐会按下式分解：

$$\left[Fe\left(CN\right)_6\right]^{4-} + H^+ + H_2O \Longrightarrow \left[Fe\left(CN\right)_5OH_2\right]^{3-} + HCN$$

有氧存在时，在中性和碱性培养基中，$Fe\left(OH\right)_3$ 会沉淀下来：

$$4\left[Fe\left(CN\right)_6\right]^{4-} + O_2 + 10H_2O \longrightarrow 4Fe\left(OH\right)_3 + 8HCN + 16CN^-$$

多数倾向于采用微酸性条件，即 pH 6.5 ~ 6.8。Fe^{3+} 与黄血盐形成普鲁士蓝沉淀：

$$4FeCl_3 + 3K_4\left[Fe\left(CN\right)_6\right] \longrightarrow Fe_4\left[Fe\left(CN\right)_6\right]_3 + 12KCl$$

黄色　　淡黄色　　　　　　　普鲁士蓝

黄血盐具体用量都要根据每批原料试验确定，它与原料中含氮量和金属离子量等因素有关，参考用量为 0.6 ~ 3g/kg。在稀释调 pH 后，先加入预定总量的 2/3，煮沸后再加剩余的 1/3，这称为二次添加法。黄血盐也可以一次添加，然后煮沸。冷却后调节游离黄血盐浓度在 20mg/L 左右，pH 6.5 ~ 6.8。黄血盐处理后也可配合 EDTA 处理或吸附处理，也可用季铵碱代替 20% ~ 40% 黄血盐，即在 60℃时添加黄血盐 30min 后加入季铵碱，这样对提高柠檬酸产量显著有利，但是应当注意加季铵碱后，培养基的 pH 上升 2 ~ 3。

d. EDTA 处理法：EDTA 较为贵重，一般不单独使用，而是配合黄血盐使用，用量根据试验而定。处理方法：先加入部分黄血盐，煮沸后加入 EDTA - 2Na，续煮 20min，用试纸检测黄血盐，当阴性反应时再加入预定用量 10% 黄血盐，煮沸 5min 后再检，依此直至阳性反应，这样做可以调节无机盐和痕量元素含量在适当水平，避免金属元素水平不当对发酵的影响，提升后序发酵的柠檬酸产率。

e. 离子交换法：糖蜜的离子交换处理一般只要通过阳离子交换柱，以除去大部分金属离子，但也有用阴离子交换柱处理的报道，目的是除去 PO_4^{3-}，现在认为，柠檬酸发酵通过阳离子交换柱处理已能满足要求。处理前，要用 4mol/L 盐酸将离子交换柱转换成 H 型，再洗至中性，糖蜜溶液先用 1 ~ 2 倍水稀释，通过离子交换柱后，pH 可能下降到 3 左右，用氨水回调至 pH 4.5 ~ 5，配制培养基发酵。

二、　柠檬酸发酵菌种及发酵机理

（一）　柠檬酸发酵菌种

许多微生物都能向体外分泌和在环境中积累柠檬酸，但在工业生产上有价值的菌种只有几种曲霉菌和酵母菌。其中，黑曲霉是现在工业应用中最具竞争力的菌种，优良的柠檬酸产生菌种黑曲霉 5016、3008、CO_{827}^{60}、T - 419 等都是经过诱变处理的突变菌株。黑曲霉代谢过程失调的一种特殊过程，从而达到柠檬酸的量化积累。这种失调来源于营养条件、环境条件、细胞化学组成结构和酶系的一系列复杂变化。在酵母种类中，竞争力强的菌种有解脂假丝酵母、季也蒙毕赤酵母等。

1. 黑曲霉的细胞组成

柠檬酸发酵是黑曲霉代谢过程调控的一种特殊过程。

（1）黑曲霉细胞化学组成

①水分：黑曲霉水分含量可达 85% ~ 90%。含水量随环境和生长阶段的变化差异明显。柠檬酸发酵中由于渗透压较高，菌丝含水量较低。表面发酵中幼龄菌丝含水 74% ~ 84%，老年菌丝只含 65% ~ 67%。

②碳水化合物：碳水化合物占 38% ~ 46%，黑曲霉菌体干物质中包括多糖、几丁质、纤维素、半纤维素和少量低糖、单糖等。一般霉菌细胞壁中，几丁质的化学结构是 β - 1,4 - 聚乙酰葡糖胺，而黑曲霉中对应的结构为 β - 1,4 - 聚乙酰半乳糖胺，它借助于半纤维素和蛋白质结合成大分子复合体。

③含氮化合物：氨基酸、蛋白质和核酸类物质等，表面发酵中，幼龄菌体中含氮 5.6% ~ 5.9%，其中蛋白质氮为 1.1% ~ 1.3%；发酵结束时菌体含氮为 3.8% ~ 4.4%，蛋白质氮为 3.0% ~ 3.5%（以上均以干物质计）。

NH_4^+ 在柠檬酸发酵中也有重要作用。库比切克（Kudicek）等发现，锰离子缺乏导致柠檬酸积累的情况下，细胞内氨基酸和 NH_4^+ 水平升高。在高产柠檬酸的情况下，产生等量菌丝球的氮消耗量较少。

④脂类：是黑曲霉细胞膜的组成部分，也是营养储备物，它在黑曲霉干物质中约占 2.5%，其中卵磷脂 1.5%，固醇 0.3%～0.6%。

⑤无机物、微量元素、维生素：黑曲霉细胞中含有较多的有机酸和多元醇（D-甘露醇、D-阿拉伯糖醇、L-赤藓醇、肌醇、甘油等），它们约占细胞干重的 27%。无机物占细胞的干重：CaO 0.3%～1.0%；K_2O 0.8%～1.1%；P_2O_5 0.2%～0.5%；ZnO 0.05%～0.1%。微量元素：Mg 140～510μg/g；Fe 21～44μg/g；Cu 7～20μg/g；Al 20～30μg/g；Co 1.0～1.5μg/g。维生素：维生素 B_1 150μg/g；维生素 B_2 70～85μg/g；泛酸 244～727μg/g；烟酰胺 120～840μg/g；叶酸 210μg/g；维生素 B_{12} 178μg/g。

（2）黑曲霉酶系

①淀粉水解酶：黑曲霉水解葡萄糖由 α-淀粉酶和糖化酶完成，α-淀粉酶有耐酸性和非耐酸性两种。黑曲霉中的 α-淀粉酶主要是耐酸性的，在 pH 2.0 仍能保持原活力 80% 以上，在 pH 2.5，40℃下 30min 尚不失活。柠檬酸发酵用的黑曲霉的 α-淀粉酶活力并不高，在薯干粉培养基发酵之前，尚需加入 α-淀粉酶使培养基迅速液化。黑曲霉糖化酶的条件：最适 pH 4.0～4.6，最适温度 60～65℃。

②蛋白酶：黑曲霉以产酸性蛋白酶为主，酶活性低。最适 pH 2.5～3.0，最适温度 47℃，在 55℃条件下 60min 失活。

③果胶酶系：黑曲霉是生产果胶酶的著名菌种，果胶的结构为多聚 D-半乳糖醛酸甲酯，从黑曲霉菌丝中提取出的外聚半乳糖醛酸酶（exo-PG）还可以分成两种（Ⅰ和Ⅱ），且有显著差异。PG Ⅰ最适 pH 4.5；PG Ⅱ最适 pH 5.1，金属离子或螯合剂对它无作用。

④葡萄糖氧化酶：葡萄糖氧化酶的最适 pH 5.6，在 pH 3.5～6.5 有很好的稳定性，pH 高于 8.0 或低于 2.0 时失活。因此，柠檬酸发酵在长菌期结束后，如果 pH 降到 3.5 以下，会有葡糖酸生成，对发酵带来不利影响。

⑤黑曲霉脂肪酶：最适 pH 6.6，最适温度 25℃，但它的活性一般很低，脂肪酶在柠檬酸发酵中似乎作用并不重要，但加入发酵液中的消泡剂可以被水解消耗，这表明黑曲霉脂肪酶是存在的。

2. 黑曲霉生长的营养条件

生产柠檬酸一方面要考虑控制营养物质的供给量，使菌体生长可控和代谢调控；另一方面要考虑包括代谢产物柠檬酸在内的化学物质平衡，柠檬酸发酵代谢调控原则是采用的糖浓度和供氧量很高，而对磷、锰、铁、锌等物质的含量控制在较低水平。

（1）碳源　碳源除了用来合成代谢产物外，还要合成细胞物质和提供能量，黑曲霉能很好地利用淀粉、麦芽糖、葡萄糖、果糖、甘露糖、蔗糖、蔗果三糖等，也能利用 D-木糖、L-阿拉伯糖、L-鼠李糖，而不能利用 L-木糖、D-阿拉伯糖、D-半乳糖和乳糖。

对于柠檬酸深层发酵，起始的蔗糖浓度很重要，最适浓度为 15%～18%，蔗糖同化率可达 96%～98%；若浓度升高到 20% 时，蔗糖只能同化 92%，留下较多残糖；若糖浓度低于 10% 时，不但产酸浓度低，而且还积累草酸；而对于 1.5%～2.5% 的稀糖液，甚至不产柠檬酸。

我国薯干粉的深层发酵，最适粉浆浓度也达到 16%～18%，但由于黑曲霉的液化型淀粉酶系作用缓慢，所以淀粉培养基都要先进行液化。

（2）氮源　是合成细胞物质（蛋白质、氨基酸、核酸、维生素等）及调节代谢作用的物质，例如 NH_4^+ 的调节。由于淀粉等原料中含氮物质较少，所以需要补充外源氮源（如硫酸铵）才能发酵。$(NH_4)_2SO_4$ 用量在 0.3% ~0.35%；薯干等粗原料含氮本身较多，故用量仅需 0.1% ~0.25%。对于每批每种原料，氮源的最适用量都需经过试验来确定。

黑曲霉可以利用很多无机和有机氮源，黑曲霉偏好于无机氮源，当有机和无机氮源同时存在时，无机氮源首先被利用。无机氮源被用尽后，培养基 pH 会受到影响。NH_4^+ 被利用后，培养基会变酸，因而铵盐称为"生理酸性盐"；NO_3^- 被利用后培养基变碱性，故硝酸盐称为"生理酸性盐"，而 NH_4NO_3 则是生理两（中）性盐。利用铵盐消耗导致培养基变酸这一特点，可以使发酵中黑曲霉生长阶段结束 pH 下降到较低水平，以转入产酸阶段。因为，低 pH 值是积累柠檬酸的先决条件，所以，柠檬酸工业上使用 NH_4^+ 盐具有两方面的优点，即：控制 pH 和进行代谢调节。

（3）磷　磷也是黑曲霉的基本营养元素之一，核酸、磷蛋白、磷脂和许多辅酶中都含有磷，磷也参与能量代谢和许多有机化合物的磷酸化作用，黑曲霉可以利用正磷酸盐或含磷有机化合物，柠檬酸生产一般以 K_2HPO_4 作为磷源，但多数情况下不需专门添加。

（4）硫　硫是某些氨基酸、蛋白质、维生素、辅酶的组成部分。培养基中硫含量约需 0.07g/L。硫过量时，尤其是在磷和氮也过量时，将造成菌体陡长，降低柠檬酸产率；硫缺乏时，菌体生长缓慢。对于薯干粉、马铃薯粉和糖蜜等为原料柠檬酸发酵，原培养基中含硫量已足够，不必额外添加。

（5）铁　铁是生物体内的过氧化氢酶、过氧化物酶、细胞色素、细胞色素氧化酶、黄素蛋白等的组成部分。Fe^{2+} 对柠檬酸发酵有着重要的作用，其中最引人注目的是它和乌头酸水合酶及异柠檬酸脱氢酶的关系。现在普遍认为，Fe^{2+} 是这两种酶的激活剂。已经证实，Fe^{2+} 缺乏并非是柠檬酸积累的必要条件，而只是在其他营养元素（如磷、锌、锰等）都充足的情况下才是如此。

（6）铜　铜是一些氧化还原酶的组成部分，它也能激活许多其他酶。Cu^{2+} 被络合的能力很强，能与许多官能团（羧基、多羟基、烯醇基、羰基、磺酸基、巯基）起反应，也能与许多氨基酸、肽类及蛋白质形成络合物。当缺乏铜时，黑曲霉酶系有所变化，影响发育和色素形成。当其他元素不缺乏时，黑曲霉生长只要 0.5mg/kg Cu^{2+} 就已足够，在一般情况下不会缺乏，当 Cu^{2+} 浓度在 1mg/kg 以上时就会有毒害作用。

（7）锰　锰参与许多代谢反应，它是异柠檬酸脱氢酶和草酰乙酸酶的组成部分。锰缺乏时，黑曲霉形态异常，蛋白质代谢紊乱，细胞壁组成也发生变化。

（8）镁　Mg^{2+} 是细胞内多种酶的激活剂，核酸的合成也需要 Mg^{2+} 和 Mn^{2+}。据报道，只有 Mg^{2+} 和 Cd^{2+} 存在，Zn^{2+} 才对黑曲霉生长有良好影响。

（9）锌　Zn^{2+} 是许多酶不可分割的组成部分或非专一性激活剂。培养基中 Zn^{2+} 含量适当，能抑制葡萄糖氧化酶活性，所以形成葡糖酸较少，柠檬酸产率也较高。

（10）钾和钠　钾是所有活性生物体必须含有的元素，参与糖的磷酸化作用（当形成己糖二磷酸时）、ATP 水解作用，以及脱羧作用。K^+ 能激活丙酮酸激酶、丙酮酸羧化酶、柠檬酸合成酶等。K^+ 对维持细胞内渗透压也有重要作用。K^+ 缺乏时能抑制蛋白质合成和菌体生长。K^+ 过量对柠檬酸合成并不表现出不良影响，但菌体含 K^+ 过多会形成大量草酸。碱金属（K^+ 和 Na^+）量与磷含量的比例对黑曲霉的呼吸和生长也能产生影响。m（Na^+）:m（K^+）= 19:1

时，呼吸加强；$m(Na^+):m(K^+)=4:1$ 时有利于菌体生长。表面发酵法正常 K^+ 含量约为 $0.15g/L$，深层发酵法为 $0.08g/L$。

（11）钙 Ca^{2+} 是多种酶的激活剂和稳定剂，还影响到细胞对外界物质的选择性吸附，由于黑曲霉细胞中有时会沉积草酸晶体，所以能中和对菌体有毒性的草酸。培养基中含 Ca^{2+} 量达 $4g/L$ 一般不表现对黑曲霉有任何影响，但对某些深层发酵菌株会降低产酸量，培养基中供菌体生长必需的 Ca^{2+} 含量约为 $4mg/L$。

（12）其他金属元素 钼已确定为黑曲霉需要的元素，钼的独特作用不能被其他元素所代替。它是还原硝酸盐为氨的硝酸根还原酶的辅基，氨可以直接被黑曲霉用于合成氨基酸和蛋白质。氰化物能使硝酸根还原酶失活，钼的存在能使该酶不致失活。培养基中钼的最适含量约为 $0.15mg/L$。

钴现在也被证实是黑曲霉的必需元素。Co^{2+} 是维生素 B_{12} 的组成部分，无 Co^{2+} 存在将导致细胞死亡。合成培养基中 Co^{2+} 的浓度在 $0.052\sim0.104mg/L$ 时，对柠檬酸发酵有促进作用。

总之，微量元素对黑曲霉生长和柠檬酸发酵具有重要作用。

3. 黑曲霉生长促进剂和毒害剂

对于黑曲霉生长来说，营养物质一般可以说是促进剂。应用这些物质的前提是它们要与产品易于分离或在发酵结束前被分解掉，以不影响产品质量为原则，也要考虑应用这些物质的经济可行性。从微生物生长和产酸的不同角度看，促进剂与毒害剂只具有相对意义。同一种物质在柠檬酸发酵的不同阶段作用不同、利弊不同。对于生长的毒害剂不一定是产酸的毒害剂，反之亦然。从现有资料看，许多产酸促进剂正是菌体生长的毒害剂，它们的作用包括抑制过度长菌、调节代谢和改变细胞结构等方面。

（1）低级醇类 1942 年日本学者首先报道了在碳源培养基中添加低级醇的优越性。用黑曲霉 2 号变种发酵时，加入 1% 甲醇与对照相比，柠檬酸产率提高至 112%。培养基中甲醇浓度在 3%～4% 抑制菌体生长，推迟孢子萌发，增加柠檬酸产率。孟佼等发现，在接种前向发酵基质中加入甲醇，能够提高产物产量。甲醇的上述作用本质还不清楚，但既然痕量元素与细胞膜的组成有关，可以推测，低级醇的作用也与细胞膜的结构或透性有关。

（2）多元醇类 利奥波德（Leopold）确证，对糖蜜培养基加黄血盐、H_2SO_4 调 pH 6.6 后，再加入 $20\sim50g/L$ 甘油可以提高柠檬酸产率，但对蔗糖培养基效果却较差。当加入 $25g/L$ 甘油时，黑曲霉在糖蜜培养基中 32℃ 发酵 8d，柠檬酸产量可达 $109g/L$，而对照只有 $88g/L$。添加赤藓醇、甘露醇和山梨醇等也有类似结果。但这种柠檬酸增加量与甘油消耗量相当，似乎是甘油作为碳源被代谢，转化成柠檬酸的结果。

（3）络合剂类 马丁（Martin）研究了黄血盐对黑曲霉生长和柠檬酸产量的影响，发现当黄血盐用量 $660\sim3000mg/kg$，有 80%～90% 消耗于沉淀中，仅有 10%～20% 留在培养基中，保留的黄血盐中约有一半处于结合状态，另一半处于游离状态，当游离黄血盐浓度超过 $40\sim50mg/L$ 时，会抑制菌体生长，产酸效率降低，葡糖酸生成量却增多，但这可能不是黄血盐本身的作用，而是与某些微量元素的缺乏有关。

（4）有机酸及无机酸类 酸类具有调节 pH 的作用，但有些酸类对柠檬酸发酵的影响不仅是关系到 pH 变化。对于有机酸，有些可以直接作为合成柠檬酸的碳源，如乙酸、苹果酸、丙酮酸等，但挥发性脂肪酸可能有毒性。硫酸是最常用于调节 pH 的无机酸，它还兼有提供硫源的作用。在不控制磷含量的情况下，则必须考虑硫酸带入的硫含量，否则过多的硫会造成菌体过度生长，影响柠檬酸产量。

（5）脂类　脂类常用在发酵中作为消泡剂，但很多脂类对于柠檬酸发酵的促进作用还不限于此。它们还可以表现出改良发酵条件、增加产酸率和发酵速率等作用。

沙迪（Ahu Shady）确证，柠檬酸产率与菌体内合成的总脂及某些脂类的相对比例失调有关，特别与总脂中存在的磷脂和不饱和脂肪酸有关，添加一些不饱和脂和富含这些脂的天然油类增加了柠檬酸产率约 1 倍，促进柠檬酸生成的脂类之优劣次序为：大豆油 > 花生油 > 磷脂 > 亚麻籽油和油酸，而硬脂酸、麦角固醇和棉籽油无效。

（6）氧化剂类　马肖尔（Masior）等报道，糖蜜培养基中加入 H_2O_2 使氧化还原电位升高了 24 单位，柠檬酸产量提高了 10%，但增加通气量使电位升高却没有正效果，因此 H_2O_2 的作用原理仍不能简单地用氧化还原电位来解释。

（7）酰胺和胺类　添加季铵化合物或铵肟类化合物以促进柠檬酸生产的方法，这些化合物起着金属元素拮抗剂的作用。在糖蜜培养基深层发酵中，加入苹果酸酰肼浓度在 0.4g/kg 的糖蜜，可以使黑曲霉柠檬酸产率达到 70%，而对照只有 30%。也有人试验用过芳香族酰胺，但效果不大，不过它们可以用来防治杂菌污染。

（8）无机盐类　除了常用作为营养盐的铵盐、硝酸盐、磷酸盐、硫酸盐等之外，其他无机盐如 $Na_2S_2O_4$、$NaHSO_3$ 和 $K_2S_3O_5$ 等都有明显促进柠檬酸增产效果。

（9）天然高分子化合物与浸出物　微量明胶及其他胶体物质，如：甲基纤维素、蛋白质、琼脂等，都可以缩短柠檬酸发酵时间，在深层发酵中加 0.5g/L 乳粉液或无菌牛乳，用黑曲霉在 18～25℃ 通气搅拌发酵 7～9d，获得了 90%～92% 的柠檬酸得率。

淀粉可以作为辅助碳源，它能降低孢子的生成量，缩短发酵时间。具有增产效果的还有黑曲霉菌体本身的自溶液、酒花浸出汁、面包酵母、米糠等。

4. 黑曲霉生长的环境条件

同一株黑曲霉，随环境条件变化就会有柠檬酸、草酸、葡糖酸、酮酸及各种酶的积累，对于任何工业发酵过程，环境条件变化都会影响到代谢途径并导致目标产物的变化。熊俊君在研究用黑曲霉发酵产柠檬酸的发酵条件如何影响产酸时，通过保持其他发酵条件一致，有规律地改变待测的发酵条件后确证，柠檬酸的效率受到 pH、温度、溶解氧等条件的影响。

（1）pH　黑曲霉的生长 pH 范围为 1.5～11，且 pH 3～7 时比较适宜。黑曲霉生长时，在含糖的合成培养基中，分生孢子在 pH 6.8～7.2 时发芽良好。起始 pH 在 4.5 以下时，会强烈抑制菌体的发育，在 pH < 2.5 时，分生孢子不膨胀，在 pH > 7.5 时，分生孢子会剧烈膨胀，甚至破裂。

产酸期 pH 3.0 以上易产生草酸，pH 5.0 时，易形成葡糖酸（葡萄糖氧化酶最适 pH 5.6），pH 3.0 以下积累柠檬酸，产酸期完成以后，pH 要降到 3.5。在发酵过程中引起 pH 下降的因素是：

①NH_4^+ 被利用和柠檬酸的生成。

②异常情况下，如菌种退化、中毒、发酵染杂菌等，pH 可能降不到预定要求。pH 的下降速度不能太快，太快会导致长菌不足和菌体早衰，在糖化未完成以前应控制 pH 在 2.5 以上，否则会导致残糖过高。发酵过程中控制 pH 的方法有控制通风量和添加调节剂等。

（2）温度　黑曲霉属于嗜温微生物，最适生长温度为 33～37℃，最低发育温度 7～10℃，最高 40～43℃，积累柠檬酸的最适温度多数报道为 32℃。产酸期的温度应维持在 26℃ 左右，这样可提高产酸率10% ~20%，但发酵期延长2~3d。

（3）溶解氧　黑曲霉是严格好氧微生物，对培养基中的溶氧分压及其变化都很敏感，菌体生长和产柠檬酸的临界溶氧分压是关键的参数之一。产酸期，逐步降低溶氧分压，产酸速率几乎与溶氧分压成正比，溶氧分压降到2.5kPa以下，导致产酸能力的完全丧失。库比切克（Kudicek）等研究发现菌体进入产酸阶段以后，机制中的溶解氧含量与产酸量之间有一定的相关关系，若是发酵基质较长时间处于静止状态，黑曲霉菌体会因缺氧而失活，丧失产酸能力。溶氧效应具有不可逆性，在低溶氧下产酸能力丧失以后，不能重新恢复，溶氧对细胞呼吸的影响，由糖发酵转化成柠檬酸的总反应可以表示为：

$$C_6H_{12}O_6 + 1.5O_2 \longrightarrow C_6H_8O_7 + 2H_2O$$

O_2在细胞内的另一个重要作用是参与能量代谢，呼吸作用。如果糖完全被呼吸氧化，则最终产物是CO_2和H_2O，并释放大量能量：

$$C_6H_{12}O_6 + 6O_2 \longrightarrow 6CO_2 + 6H_2O + 2822kJ/mol$$

（4）氧化还原电位　柠檬酸合成过程中牵涉到很多氧化还原反应，因此，氧化还原电位也起着至关重要的作用，柠檬酸积累必须具有一定的氧化还原条件。

氧化还原电位的符号为Eh，单位为伏（V），它也可以用培养基中H_2分压的负对数（rH_2）表示，因为Eh在很大程度上取决于培养基中的氢离子有效浓度。它们之间的关系为：

$$rH_2 = \frac{Eh}{0.03} + 2pH$$

微生物培养基中影响氧化还原电位的因素是多方面的，且较为复杂，但氧化还原电位却能给人们提供有关发酵中微生物代谢的有效信息，也有人提议用监测氧化还原电位的方法来控制发酵过程中的溶解氧。

（5）黏度和表面张力　对于液体培养基来说，黏度是影响运输和扩散的重要因素，也是影响菌体生长和产物积累的重要因素，柠檬酸深层发酵中，黏度高会导致溶氧效率降低，搅拌动力消耗增加，营养物质的运输也会受阻，甚至发酵不能正常进行。影响黏度的因素有：

①多数溶质的量会使黏度升高。

②O_2、CO_2等气体含量使黏度降低。

③菌体浓度高和扩散性生长使黏度升高，但菌体表面电荷、表面吸附物等也会影响到黏度。

④温度上升一般会使黏度下降。

表面张力是与黏度有关的一项指标，一般说来，黏度高则表面张力也高，但它们之间无对应的数量关系，表面张力对发酵过程的影响主要表现在泡沫的形成，表面张力高则易于起泡，而且泡沫持久难以破灭，甚至溢出发酵容器导致损失或污染。另外，表面张力也可能影响到菌体的性质，尤其是菌体表面的性质，如吸附性和通透性等。

对微生物生长有影响的环境条件还有渗透压和水活度等。

（二）柠檬酸发酵机理

黑曲霉可以由糖类、乙醇和乙酸等发酵产生柠檬酸，这是一个非常复杂的生理生化过程。雷斯特里克（Raistrick）和克拉克（Clark）在1919年提出的假说最接近于现代的理论，他们认为柠檬酸是由草酰乙酸和乙酸缩合成的，而现在普遍认为柠檬酸是经过EMP途径、丙酮酸羧化和三羧酸循环形成的。

1. EMP 途径的证实

随着酵母酒精发酵的机理（EMP 途径）被揭示和克雷布斯（Krebs）在 1940 年提出三羧酸循环学说以来，柠檬酸的发酵机理才渐渐被人们所认识。1953 年贾甘纳森（Jagnnathan）等证明，黑曲霉中存在 EMP 途径所有的酶系。1954 年 Shu 等证实葡萄糖分解代谢中，约 80% 走 EMP 途径。1958 年麦克唐纳（McDonough）等发现，在形成柠檬酸的条件下，磷酸戊糖循环（HMP）的酶也存在于黑曲霉中，但磷酸戊糖循环主要在孢子产生阶段活跃，因为它提供了核酸合成等所需要的前体物质。现在已统一认为，EMP 途径在己糖的柠檬酸发酵中起主要作用，丙酮酸是由这个途径产生的：

$$葡萄糖 \xrightarrow{\text{EMP}} 2 \,丙酮酸$$

2. 三羧酸循环的证实

根据克雷布斯（Krebs）理论，柠檬酸是三羧酸循环成员之一。经过许多研究者的工作，发现黑曲霉中也存在三羧酸循环所有的酶系。另外，克莱兰德（Cleland）和约翰逊（Johnson）发现完整的三羧酸循环途径是形成产柠檬酸的草酰乙酸的一条途径。

3. 丙酮酸羧化途径的证实

在积累柠檬酸的情况下，三羧酸循环已被阻断，显然必须要有另外的途径提供草酰乙酸。按照拉玛克里希南（Ramakrishman）等的说法，由苹果酸酶使丙酮酸还原羧化，先生成苹果酸，再提供草酰乙酸。

后来更多的研究者证实，黑曲霉中存在丙酮酸羧化酶，而且此酶是组成酶。因此，现在已公认草酰乙酸是由丙酮酸或磷酸烯醇丙酮酸羧化形成的。

约翰逊（Johnson）等在研究黑曲霉的 CO_2 固定机理时发现，有两个系统可以使 CO_2 固定，这两个系统都需要 Mg^{2+} 和 K^+。

一是磷酸烯醇丙酮酸（PEP）水平上羧化，生成 ATP：

$$PEP + CO_2 + ADP \longrightarrow 草酰乙酸 + ATP$$

另一个系统是在丙酮酸水平上羧化，需要 ATP 和生物素：

$$PYR + CO_2 + ATP \longrightarrow 草酰乙酸 + ADP + Pi$$

4. 柠檬酸积累的生物调节

在正常生长情况下，柠檬酸在细胞内不会积累，而且柠檬酸是黑曲霉的良好碳源，毫无疑问，柠檬酸积累是菌体代谢失调的结果，乌头酸水合酶失活，三羧酸循环阻断是积累柠檬酸的必要条件之一。柠檬酸的积累机理可以概括如下：

（1）由锰缺乏抑制了蛋白质合成而导致细胞内 NH_4^+ 浓度升高和一条呼吸活性强的旁系呼吸链不产生 ATP，这两方面的因素分别解除了对磷酸果糖激酶的代谢调节，促进了 EMP 途径畅通。

（2）由组成型的丙酮酸羧化酶源源不断提供草酰乙酸。

（3）在控制 Fe^{2+} 含量的情况下，乌头酸水合酶活性低而不能及时转化柠檬酸。

（4）一旦柠檬酸浓度升高，就会抑制异柠檬酸脱氢酶，从而进一步促进了柠檬酸自身的积累。因为 1mol 己糖理论上可以生成 1mol 柠檬酸，所以柠檬酸的理论产率为 106.6%。

5. 乙醛酸循环的证实

上述理论只能解释由糖质原料可以产生柠檬酸，而不能解释由乙醇、乙酸或烷烃（酵母）发酵也可以生成柠檬酸。

已经证明黑曲霉中有异柠檬酸裂解酶存在，它催化异柠檬酸裂解为乙醛酸和琥珀酸，并存在乙醛酸循环。由于乙醛酸循环合成柠檬酸的这个途径的原始底物只有乙酰 CoA 一种，理论上 3mol 乙酰 CoA 可以合成 1mol 柠檬酸。虽然许多研究者证明在这种情况下异柠檬酸裂解酶和乌头酸水合酶活性较高，但在糖质原料发酵时异柠檬酸裂解酶活性丧失，乌头酸水合酶活性降低。

三、 柠檬酸发酵工艺

（一） 柠檬酸发酵方法

柠檬酸工业上的发酵方法有三种，即表面发酵、固体发酵和液态深层发酵，前两种方法是好氧菌种利用气态氧，后者主要是利用液态中的溶解氧。这三种方法各有优劣，目前工业上采用的是液态深层发酵方法。

1. 表面发酵

利用生长在液体培养基表面的微生物之代谢作用，将可发酵性原料转化为柠檬酸的这种工艺出现最早，它在 1923 年首先由美国辉瑞公司实现了工业化，但主要用于糖蜜原料的发酵。采用表面发酵工艺具有下述优点：设备简单，投资少，投产快；操作技术简单，能耗低；原料粗放，对于糖蜜等粗原料也能适应，而且适于高浓度发酵，产酸浓度也高。

表面发酵存在的问题是设备占地面积大，劳动强度高，发酵时间长，菌体生成量多而影响产酸率等。

2. 固体发酵

将发酵原料及菌体被吸附在疏松的固体支持物载体上，经过微生物的代谢活动，将原料中的可发酵成分转化为柠檬酸的工艺。采用固体发酵工艺具有下述优点：

（1）设备简单，投资少，可以因陋就简，利用其他原有固体发酵设备；

（2）操作简单，能耗低，适应性强；

（3）原料粗放，可利用很多种其他发酵工艺无法利用的粮食加工下脚料或废料进行生产；

（4）发酵时间短，一般只需 2～3d。

固体发酵工艺存在的缺点是设备占地面积大，劳动强度大，传质传热困难，能耗高，产率和回收率较低，副产物多等。随着技术进步，固体发酵在有些国家已实现机械化，这些机械化设备避免了固体发酵易受杂菌污染的问题。

3. 深层发酵

微生物菌体均匀分散在液相中，利用溶解氧，发酵时不产生分生孢子，全部菌体细胞都参与合成柠檬酸的代谢。自从 1951 年美国迈尔斯（Miles）公司首先在工业规模上采用深层发酵工艺以来，这种工艺逐渐在柠檬酸工业上成为主流技术，深层发酵的特点：

（1）传热传质良好，均匀无死区。

（2）设备占地面积小，生产规模大。

（3）发酵速率高，采用预培养菌丝球接种发酵时只需 50～70h 即可。

（4）产酸率高，柠檬酸产率几乎接近理论水平，菌体生成量少，培养基消耗少。

（5）原料消耗低。

（6）发酵设备密闭，杂菌污染概率小，方便管理。

（7）完全机械化操作，实现了工业自动化控制。

（8）发酵副产物少，利于后续提取纯化。

深层发酵要求的技术水平高，借助现代工业技术，可实现全程可视化自控（PLC）操作，生产系统安全性高，装备水平的提升减少了因个人操作失误造成损失的风险。

（二）　菌种的扩大培养

黑曲霉菌种的扩大培养一般要经过三个阶段，依次称为一级、二级和三级种子培养。扩大培养的工艺流程和各级的扩培方法因地而异，按照最终成品的形式可以区分为麸曲生产和孢子生产，前者是用固体醅培养，类似于白酒生产中的制曲，后者是液体表面培养或固体表面培养，收集经过活化的纯黑曲霉孢子。

1. 斜面培养

又称一级种子培养，斜面培养物可以用作进一步扩大培养的接种物，又可以短期保藏。

（1）用于斜面培养的培养基有天然和合成两类。天然培养基有麦芽汁琼脂、米曲汁琼脂等，合成培养基有察氏琼脂等。

米曲汁琼脂培养基：1 份米曲加 4 倍重量的水，于 55℃糖化 3~4h 后煮沸过滤，加水调整浓度至 10°Bx，调 pH 6.0，加琼脂 20g/L。

（2）培养基溶化均匀之后分装试管，灭菌制成斜面试管。

（3）移接菌种，在 32℃保温箱中培养 3~4d。培养时观察生长情况，用于保藏的斜面只要一部分出现成熟的颜色即可，不宜培养过度。

2. 二级种子培养

二级种子扩大培养有琼脂固体培养和液体表面培养两种方法，前者培养基与斜面培养基相同，后者的培养液组成：麦芽汁 70°Bx 加 NH₄Cl 2g/L、尿素 1g/L。

琼脂培养基的制备与上述斜面培养相同，只是用 250 或 500mL 茄子瓶代替试管，以制成较大的斜面，瓶口包扎用 8 层纱布或较松棉塞，以防培养时氧气不足。茄子瓶的装液量：500mL 装 80mL，250mL 装 50mL，灭菌后摆成斜面，摆放时培养基前沿离瓶颈约 1cm 即可，培养基冷却固化以后，于 32℃培养 1d，无污染即可使用。

接种时将斜面试管中注入适量无菌水，用接种环或无菌玻棒搅动，制成孢子悬浮液。液体培养基接种后摇匀，而茄子瓶斜面上的孢子液要来回振荡，使之分布均匀，接种后均用 8 层纱布扎口，待培养。

培养温度均在 32℃左右，表面培养 7~10d，琼脂固体培养 6~7d。培养时观察到整个表面孢子着色均匀，显出成熟特征的颜色即可。

3. 三级种子培养

三级种子扩大培养可以采用：麸曲固体培养（新鲜小麦麸皮 1kg、水 1.1~1.3kg）、液体表面培养（与二级培养基相同）、琼脂固体培养（与斜面培养基相同）。

麸曲培养简便，成本低，但麸曲不易制备纯干孢子，不能长期贮存。表面和琼脂固体培养后皆易制成干孢子，而干孢子可以长期贮存，使用方便。

（1）麸曲培养基制备　麸皮原料应新鲜，用 60 目分子筛筛分，以减少蛋白质含量，拌料时先加等重量的水，要拌匀至无干粉或结团现象，根据情况补水加料。拌匀后分装到 1000 或 2000mL 三角瓶中。每只 1000mL 三角瓶装湿麸皮 50g，2000mL 三角瓶加倍。用 8 层纱布封扎瓶口，在表压 0.1MPa 下灭菌 40min，然后在 35℃培养 1d，未发现气味异常或染菌即可使用。表面培养可以在 1000 或 2000mL 三角瓶中进行，表面培养基的配制与灭菌方法均与二级扩培法相同，液层厚为 4~5cm。接种物可以是干孢子或孢子悬浮液。对于在茄子瓶中培养的二级种子，最好用无菌水制成悬浮液，再注射到三角瓶的麸曲或液体培养基中。采用注射器接种污染小，简单方便。

（2）麸曲培养　液体表面培养条件为 30~32℃，相对湿度在 70%以上。正常情况下，24h 的菌盖占液面的 1/3，白色，40h 开始着生孢子，逐渐变黑，4~5d 后孢子即成熟。固体培养温度为 30~32℃，14~16h 后，白色菌丝已盖满曲层表面，这时应翻曲一次，使结块的培养基疏松，铺平，继续培养。再经 6~8h，即约培养 1d 之后培养基再次结成块状，这时白色菌丝生长旺盛，但未产生孢子，应第二次翻曲，由于菌丝较多，这次翻曲比第一次困难，但必须充分使培养基疏散，铺平后继续培养，再经数小时后培养基重新结块时，翻转三角瓶，再培养 3~4d，使瓶内长满丰盛的孢子即可使用。

（3）孢子收集　孢子培养成熟之后，最好单独收集，而菌体和残余培养基混入生产罐中对后续发酵有不良影响。孢子的收集可采用孢子收集器（吸尘原理）。收集的干孢子可以分装到适当大小的玻璃瓶内，密封，于 5~10℃干燥条件下储存。每平方米菌盖可以制得干孢子 60~70g，含孢子数（2.5~3）×10^{10}个/g。琼脂固体培养的孢子也可以用类似的方法收集，但麸曲中的孢子不易收集。

（4）孢子质量要求　形态整齐均一、无杂菌混入、发芽率高、发芽后生长速率适当、产酸活力高、无退化现象。

（三） 玉米粉培养基深层发酵

柠檬酸深层发酵工艺流程见图 5-9。

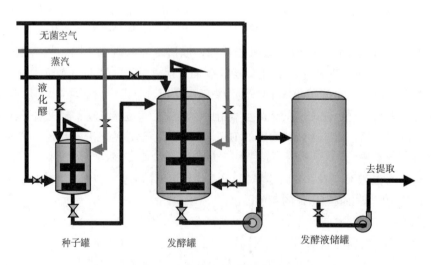

图 5-9　柠檬酸深层发酵工艺流程

1. 玉米粉培养基深层发酵工艺参数控制

（1）温度控制　整个发酵过程控制温度 32℃、34℃或 35℃，一般采用自动控制。

（2）罐压控制　一般控制在表压 0.1MPa 下通风，系统压力不足时，可降低罐压，以维持适当的通风量。

（3）风量控制 50m³机械搅拌发酵罐的参考通风量标准如下：

发酵0~18h：通风量0.08~0.1v/v·min；18~30h时0.12v/v·min；30h以后为0.15v/v·min。

罐体积小于50m³时通风量要适当增大，大于50m³则要减小，通风量还应该根据发酵过程的产酸情况灵活掌握。加大风量可使产酸速率加快，但菌体呼吸强度和杂酸生成量可能增加，减小风量会降低产酸速率，各厂可以根据实际情况规定发酵过程中的产酸速率，包括残糖的控制，绘制出合理的发酵过程曲线。

（4）搅拌转速 国内玉米粉深层发酵的发酵罐均采用箭叶涡轮搅拌浆，转速控制如下：

罐容积5m³，搅拌转速150~200r/min；30m³，110~120r/min；50m³，90~115r/min；80m³，90~110r/min。

柠檬酸发酵的黑曲霉菌丝球，在发酵前期并不怕被搅拌的剪切作用破碎，提高了搅拌转速，可以提高溶氧水平，但溶氧水平过高对发酵并不利，且增大了功率消耗。

（5）发酵过程控制 黑曲霉完成糖化的任务，适宜pH在4.0左右，在糖化基本完成之前，必须控制低风量使pH缓慢降到2.5，这个过程需16~18h。当产酸量加上还原糖最接近起始可发酵糖总量时，则可认为糖化已经完成，这时，可适当加大风量，使发酵进入旺盛产酸期。在产酸期内控制风量使产酸速率维持在2~3g/（h·L），不得过快，以进一步利用糖化作用和防止菌体过早衰老，为了防止pH下降过快，可以在发酵的第18~40h加入少许CaCO₃（5~10g/L）以中和酸度，但不得使pH超过3.0，否则会多产草酸。

（6）发酵过程监测 发酵过程的上述参数可以通过仪表检测，而酸度和残糖一般靠化学方法检测。接种后半小时测总糖一次，以后每班次（8h）测残糖和酸度一次，最后一个班次检测频次增加，每2h一次。

（7）放罐条件 以酸度不再增加或残糖不再降低为放罐条件，正常发酵能达到预定的酸度和预定的残糖量，否则为不正常发酵，不正常发酵时该两项指标均不达标，只要不升酸或不降糖就要放罐。在杂菌污染情况下放罐还要适当提早，整个发酵时间需要90~100h。

2. 影响深层发酵的因素

（1）温度 玉米粉发酵的适宜温度比糖蜜高得多，前者为34~35℃，后者仅28~30℃。玉米粉培养基中含有较多的固形物，有保护作用，而糖蜜培养基中含有较多的干扰物质，高温时影响较大。蔗糖和水解糖发酵的适宜温度与糖蜜接近。

（2）pH 发酵液中氮源和磷源种类或数量对发酵最适pH有很大影响。例如以NaNO₃、(NH₄)₂CO₃、尿素为氮源时，即使发酵液pH在2.6仍然产生很多草酸，最高达11.8g/L。这是因为在NO₃⁻被利用，碳酸铵和尿素被分解放出NH₃时，都会使细胞内微环境变为碱性。在磷酸盐含量少时，蔗糖发酵起始pH 5.0，比pH 2.0时产生的柠檬酸多；而磷酸盐含量高时，不论pH在什么水平，所产生的柠檬酸极少而草酸很多。

在糖化未彻底以前，通常应维持pH在2.5~3.0。另外，pH降到1.5以下时则阻碍持续产酸，这时用中和手段往往也难以挽回，因为柠檬酸根也有抑制作用。

（3）种子质量 种子培养好后要立即使用，无时间再做发酵产酸能力试验或无法得出结果。一般在培养20h的种子，其糖化酶活力已相当高。根据生产上的经验，种子要在糖化酶活力达到高峰之后几小时接入发酵罐为宜，种龄不超过24h。

（4）中和剂 在黑曲酶玉米粉发酵前期24~48h添加CaCO₃5~10kg/m³，使pH回升到

2.8 可以促进后续产酸和降低残糖，主因是保护了糖化酶和菌体稳定性，而 pH 的作用是次要的，因为添加其他中和剂无效，添加 NaOH 或 KOH 更容易形成草酸。

（5）通气与搅拌　这两个参数不仅影响到溶氧水平，而且影响到发酵体系的传质和菌体的形态。通气量的增加理论上应该使得溶氧水平增加，但对于某些易于起泡的培养液并非如此，因为通气量增加导致泡沫增多，在机械消泡不奏效时，需要借助于消泡剂，过量消泡剂的主要副作用是降低溶氧效率，因为它严重阻碍了氧向液相和菌体细胞内的传递。因此，对于每一种培养液来说，通气和搅拌速度的增加是有限的，深层发酵的溶氧水平也是有限的，又因为培养基浓度增加时，一般会导致溶氧效率降低，从而在高浓度发酵时，必须综合考虑这些因素。

（6）消泡剂　消泡剂对深层发酵的影响国外也有报道，可以用化学消泡剂，如泡敌、植物油等进行消泡处理。

（7）停电事故　停电对深层发酵来说意味着断氧，给深层发酵往往带来致命危害。因为在发酵过程中，尤其是旺盛产酸期，即使是短暂的断氧，菌体的产酸活力也会遭到不可逆的破坏。当进入产酸期以后，停电的影响更加严重，再恢复供氧并调 pH 后，虽然可以使菌体继续生长，产酸活力仍然难以恢复。在这种情况下，原有菌体已不能再用，可以升温杀死菌体后放罐，滤去菌体，培养液灭菌后在适当时间掺到下一批发酵液中完成发酵。如果事故发生在产酸后期，残糖已降到 50g/L 以下，可以进行提取操作。如果因本厂电源、电动机或搅拌器发生故障使搅拌停止，可用加大风量的办法来临时弥补，并迅速检修，尽快恢复搅拌。

四、 柠檬酸的分离提取精制

成熟发酵醪液中含有柠檬酸、残糖、菌体、蛋白质、色素和胶体物质、无机盐、有机杂酸，以及原料带入的各种杂质。在复杂的混合体系中获得符合质量要求的柠檬酸成品，必须采用一系列物理和化学方法进行处理，这一系列过程称为分离提取精制工艺。

（一） 发酵醪液组成

柠檬酸成熟发酵醪液含固形物为深层法 90～180g/L。深层发酵时，玉米粉原料发酵醪液固形物较多，在浓醪发酵醪液时可达 200g/L 以上，其固体渣滓含量远高于糖蜜或石油原料发酵醪液，深层发酵菌体为 50～150g/L。

1. 总酸及柠檬酸含量

表面法 120～200g/L（以柠檬酸计，除去菌盖以后），深层发酵法 70～140g/L。其中柠檬酸占总酸，表面法为 97%～99%；深层法为 80%～95%，pH 1.5～2.5；酵母石油发酵柠檬酸占比 40%～60%，pH 4～6。

2. 杂酸含量

表面法主要是葡糖酸 0.5%～1%；深层法主要是葡糖酸 0.2%～0.3%、草酸 0.1%～0.3%；石油发酵主要是异柠檬酸 30%～40%。另外，三羧酸循环中的其他酸，琥珀酸、苹果酸、草酰乙酸和 α - 酮戊二酸等，也有少量存在。

3. 残糖含量

正常发酵情况下表面法为 5～20g/L，深层发酵为 2～5g/L，糖蜜发酵残糖较多，为 10～20g/L，其中，含有较多非发酵性糖和糖的分解产物。

4. 色泽

柠檬酸成熟发酵醪液呈黄褐色至深褐色，具颜色深浅与所用原料等因素有关。发酵醪色泽深浅顺序为：甘蔗糖蜜＞甜菜糖蜜＞薯干粉＞正烷烃。须注意影响色度的因素还有灭菌条件，高温长时间灭菌会色泽加深，杂菌污染等。

（二）柠檬酸提取工艺

发酵生产柠檬酸的提取方法有钙盐法、萃取法、离子变换法、电渗析法。

用钙盐法提取柠檬酸的工艺流程如图5－10所示。发酵液经过加热处理后，滤去菌体等残渣，在中和桶中加入$CaCO_3$或石灰乳中和，使柠檬酸以钙盐形式沉淀下来，废糖水和可溶杂质则过滤除去。柠檬酸钙在酸解槽中加入H_2SO_4酸解；使柠檬酸游离出来，形成的硫酸钙（石膏渣）被滤除，作为副产品利用。这时，得到的粗柠檬酸溶液通过脱色和离子交换净化，除去色素和胶体杂质，以及无机杂质离子。

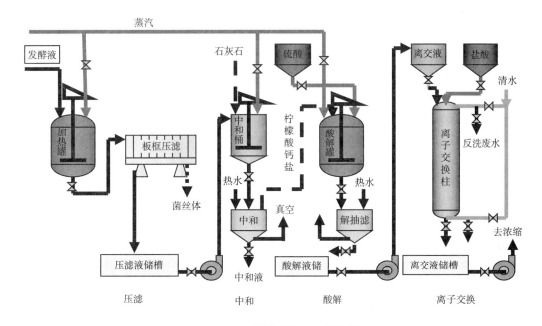

图5－10　柠檬酸提取工艺流程

1. 发酵醪预处理

（1）深层发酵醪液的预热处理　深层发酵醪菌体直接混在液相内，防止柠檬酸被代谢分解，在发酵结束之后应及时停止通空气，同时加热发酵醪至80～90℃，不停地搅拌，放料过滤，热处理作用如下：

①杀死菌体和杂菌，终止发酵，防止柠檬酸被代谢分解。

②使蛋白质等胶体物质变性凝固，降低发酵液黏度，有利于过滤。

③使菌体中柠檬酸释放，提高收率。但升温过高使菌体破裂会释放出较多杂质，反而使黏度升高。

（2）固体发酵醅预处理　固体发酵醅中的柠檬酸需要用水浸提，采用80℃热水，水面正好淹没醅层，浸泡30min。依机械化工艺流程，可将成熟醅以带式输送机送到浸出器内，将数只浸出器串联操作，每只浸出器配一只泵和喷淋装置，醅中所有稀酸液可以机械挤压出来，一并过滤或作为滤饼洗涤水，以提高得率。

2. 发酵液过滤

发酵液过滤是柠檬酸提取工艺中第一步操作，要求尽量除去固相杂质，使滤液澄清，同时，还要求滤渣中残留柠檬酸尽量少。过滤是常用的固－液两相分离方法，其原理是利用过滤介质两侧的压力差，透过介质让液相与固相分离。过滤的压差大则过滤速度快，但压差增大的幅度并不与过滤速度成正比，因为过滤速度还受下述各因素的影响。

（1）温度　温度对过滤速度有较大的影响，高温可降低料液黏度，提高过滤速度。但在温度过高的酸性条件下，菌体可能裂解或释放出内容物，反而增大黏度，使过滤条件恶化。另外，温度过高还能使料液发生一些副反应，使色泽加深，给后续工作带来不利影响。

（2）过滤介质　过滤介质越厚、越紧密，过滤阻力越大，而滤液则越澄清，这是一对互相制约的因素，因此，正确选择过滤介质对保证过滤速度和滤液质量均很重要，发酵液常用滤布为过滤介质，滤布的物理性质、编织方法和线型都是选择时应考虑的因素，实践得出选用斜纹涤纶滤布效果佳。

（3）助滤剂　加入助滤剂后，可使滤饼疏松，滤饼也是过滤介质的一部分，疏松的滤饼可以降低过滤阻力，助滤剂可选用硅藻土、高岭土或结晶程度较好的石膏渣。

3. 发酵液中和沉淀

柠檬酸与钙盐或钙碱反应可以生成柠檬酸钙，因溶解度不同，柠檬酸钙会在液相中沉淀析出，从而达到与可溶性杂质分离的目的，常用的中和剂是碳酸钙粉或石灰乳，它们与柠檬酸的反应如下：

$$2C_6H_8O_7 \cdot H_2O + 3CaCO_3 \longrightarrow Ca_3 (C_6H_5O_7)_2 \cdot 4H_2O + 3CO_2 + H_2O$$
$$2C_6H_8O_7 \cdot H_2O + 3Ca (OH)_3 \longrightarrow Ca_3 (C_6H_5O_7)_2 \cdot 4H_2O + 4H_2O$$

根据上述反应式，可以算出中和所需的加碱量，即每中和 100kg 一水柠檬酸，需要 $CaCO_3$ 71.5kg 或 Ca (OH)$_2$ 53kg（折合成 CaO 40kg）。

另外，发酵液中存在的主要杂酸草酸和葡糖酸，也能在中和时形成钙盐：

$$草酸 \quad C_2H_2O_4 + Ca^{2+} \longrightarrow CaC_2O_4$$
$$葡糖酸 \quad 2C_6H_{12}O_7 + Ca^{2+} \longrightarrow Ca (C_6H_{11}O_7)_2$$

在热中和液中，草酸钙可以在 pH 3 以下沉淀析出，从而可以先分离出来，葡糖酸钙溶解度很大，一直处于溶解状态，不会混到柠檬酸钙沉淀之中。

4. 沉淀柠檬酸钙酸解

柠檬酸钙用硫酸酸解的反应式如下：

$$Ca_3 (C_6H_5O_7)_2 \cdot 4H_2O + 3H_2SO_4 + 4H_2O \longrightarrow 2C_6H_8O_7 \cdot H_2O + 3CaSO_4 \cdot 2H_2O$$

酸解时硫酸是逐步添加的，所以柠檬酸三钙先变成柠檬酸氢钙，再变成柠檬酸一钙，最后游离出柠檬酸。酸解之前，必须准确分析柠檬酸钙盐中柠檬酸含量，以确定硫酸用量。每 1kg 柠檬酸需要工业硫酸（相对密度 1.80 ~ 1.84）0.425L。

如果硫酸用量不足，则柠檬酸一钙混在石膏中会造成损失。酸解时硫酸过量。在后续酸液浓缩时浓度升高，在蒸发温度 70 ~ 75℃ 下会使柠檬酸分解。不但造成损失，而且分解产物中有许多挥发酸，特别是甲酸会强烈腐蚀蒸发器，还会加深成品的色度，降低成品质量。所以硫酸用量是酸解操作的关键。硫酸过量不能超过 0.2%，这样还可以避免草酸钙分解，不至于使草酸转入溶液。

柠檬酸钙盐与硫酸的复分解反应所形成的以二水硫酸钙为主要成分且伴有半水石膏的副产石膏或石膏废渣，其硫酸钙含量、杂质及化学组分、酸度、色泽、粒度等指标也呈现不同的特性。为了便于硫酸钙压滤及对滤饼水洗，减少柠檬酸石膏中残酸的含量，因此该复分解反应过程的温度一般控制在不低于80℃。尽可能提高以片状结晶形式的半水石膏生成比例。

5. 柠檬酸溶液的净化

酸解后的粗柠檬酸溶液中含有的色素、胶体物质和 Fe^{3+}、Ca^{2+}、Cu^{2+}、Mg^{2+} 等多种金属阳离子，以及 SO_4^{2-} 等阴离子杂质。净化的目的除去这些杂质，使最终成品的质量符合标准要求、现行柠檬酸工业上采用的净化方法，主要是吸附脱色和离子交换。

（1）吸附脱色　色素和蛋白质分子的分子质量一般在 $10^3 \sim 10^6 u$，分子大小在 $1 \sim 100nm$，属于胶体物质范围。它们具有巨大的比表面积和表面能，较易被吸附剂吸附。另外，它们多数是两性电解质，在酸性条件下带有正电荷，在碱性条件下带有负电荷。

色素和胶体物质在发酵液过滤时可以穿透过滤介质，被菌体和残渣带走的只是极少一部分；它们在中和时，虽大部分随同滤液被除去；但仍有相当一部分吸附到钙盐上；因此在酸解时它们也能随石膏渣被部分除掉。尽管如此，酸解后的粗柠檬酸滤液仍呈淡黄至黄色，如不进行脱色，柠檬酸液的色度在浓缩后还会加深致使成品呈黄至黄褐色。

柠檬酸生产上常用的脱色剂有粉状活性炭、GH-15 颗粒活性炭和 122 号弱酸型阳离子交换树脂等。活性炭和离子交树脂表面都有多孔网状结构，具有很大的比表面积。它们对被吸附物的吸附作用，以及相应的吸附力（范德华力和离子引力）大小，哪一种吸附作用占优势，由吸附剂和被吸附物两方面的性质决定。简言之，活性炭的物理吸附作用较强，离子交换树脂具有较多可电离基团，其化学吸附作用较强，被吸附物分子大，则范德华力作用较强，小分子的物质主要依靠静电引力。

（2）离子交换原理　离子交换是一种可逆化学反应；

$$R—SO_3 \cdot H + M^+ \underset{再生}{\overset{交换}{\rightleftharpoons}} R—SO_3 \cdot M + H^+$$

式中，$SO_3 \cdot H$ 是常用的 732 号强酸型离子交换树脂的活性基团，M^+ 代表杂质金属阳离子，其反应的平衡常数可表示为：

$$K = \frac{[R-SO_3 \cdot M][H^+]}{[R-SO_3 \cdot H][M^+]}$$

式中方括号表示其内各物质浓度。当 $K < 1$ 则表示树脂与 M^+ 的结合力占优势，代表离子交换时的情况；而 $K > 1$ 表示树脂与 H^+ 的结合作用占优势，M^+ 被洗脱下来，代表再生时的情况。要想增大 K 的数值可以增加 H^+ 浓度，即增加再生用 HCl 的浓度，以保证再生完全。

随着粗柠檬酸液不断输入，732 树脂上的 H^+ 逐渐被 Fe^{3+}、Ca^{2+} 等离子取代，在柱的上端形成了饱和层，此层中 H^+ 浓度为零，金属离子浓度为饱和浓度 C_s。往下的树脂层中金属离子浓度逐渐降为零，H^+ 浓度上升为 C_s，这一区域称为交换带、而饱和层和 H^+ 为 C_s 的区域不发生交换反应称为非交换带。交换带的宽度用 z 表示。随着粗酸液不断流入，交换带逐渐向下移动，最后达到底部，使金属离子漏出，此点称为漏出点。漏出金属离子浓度由零上升到 C_s 所需的时间用 Δt 表示，则交换带的宽度 z 可用下式计算。

$$z = \frac{\Delta c}{\Delta Q} \times v \times \Delta t$$

式中　Δc——进液和离子交换流出液的离子浓度差，mol/m^3；

ΔQ——树脂再生前后的可交换容量差，mol/m^3；

v——料液流速，m/h。

交换带的宽度一般为 $0.2 \sim 1.0m$，与多种因素有关。料液流速高，料液中金属离子浓度高，操作温度低、树脂老化等因素都会使交换带加宽，反之则使之变窄。生产上要求交换带宽度越窄越好，这样树脂的有效交换容量就大，柱的利用率高。但上述几种因素的控制都是有限的，降低料液流速则降低生产能力，提高温度又受树脂性质等因素的限制。生产上可以在开始上柱交换时加快流速，提高生产效率，最后降低流速来减小交换带宽度，以提高交换柱的利用率。

为了保证净化质量，生产上在离子交换柱底部要留有保护层，即不参加交换反应层，以免杂质离子漏出。加上保护层的高 h'，树脂层的总高度应为：

$$H = h + h' + z$$

式中 h——每个操作周期交换带移动的距离，m；

z——交换带宽度，m。

在用活性炭脱色的情况下，溶液中往往残留较多的 SO_4^{2-} 等阴离子，这可以再通过 OH^- 型阴离交柱去除，离子交换反应可表示为：

$$2R-N(CH_3)_3OH + H_2SO_4 \longrightarrow [R-N(CH_3)_3]_2SO_4 + 2H_2O$$

式中，$-N(CH_3)_3^+$ 是 711 或 717 强碱型阴离子交换树脂的活性基团，阴离子交柱的再生可用 $1mol/L$ NaOH 溶液。当然，柠檬酸根也会发生类似的交换作用造成一部分损失。

五、 浓缩与结晶

净化后的柠檬酸溶液浓缩后结晶出来，离心分离晶体，母液则重新净化后浓缩，结晶，其工艺过程见图 5-11。

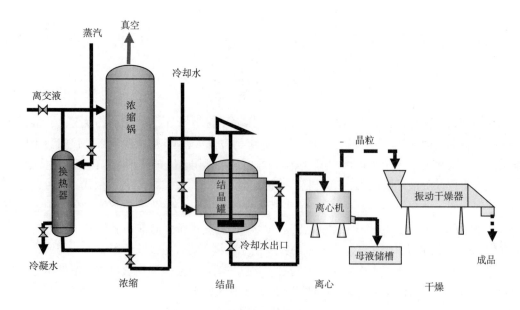

图 5-11　柠檬酸浓缩结晶工艺流程

（一） 柠檬酸浓缩

柠檬酸水溶液在沸腾状态下其水分迅速蒸发，以提高溶液中酸的浓度，这一物理过程称为浓缩。酸解净化后的柠檬酸溶液浓度只有 20%~25%（质量分数），如不及时处理则很易被微生物污染，必须浓缩到含酸 40% 以上，才能完全抑制微生物的生命活动，可长期保存。另外，浓缩到 70%（质量分数）以上才能进行结晶操作。

1. 浓缩工艺

有直接浓缩法和两段浓缩法。前者是一次将溶液浓缩到所需浓度，适用于净化后溶液中 $CaSO_4$ 含量已符合要求的情况。后者是先将酸液浓缩到 55% 左右（相对密度 1.25 左右），放入沉淀槽保温，让所含的 $CaSO_4$ 结晶析出而滤除，再进行第二段浓缩。

2. 柠檬酸溶液浓缩条件

柠檬酸溶液浓缩时温度不能太高，开始一般不超过 70℃，当溶液浓缩至 35% 以上，酸度增高时，温度则不超过 60℃，否则柠檬酸会发生部分分解，生成乌头酸、衣康酸、甲酸等产物，而且溶液中尚存的杂质也发生变化，使色泽加深，黏度升高，致产品质量下降。

为了使浓缩过程中料温不超过 60℃，就要维持较高的真空度，蒸发室内的压力不得超过 14kPa（105mmHg），加热蒸气压不超过 100kPa 表压，蒸发速度要与抽气速度相配合，蒸发过快则难以维持必要的真空度。

（二） 柠檬酸结晶

结晶是固体物质以晶体状态从蒸气、溶液或熔融物中析出的过程，工业上柠檬酸的结晶则是从溶液中析出晶体柠檬酸的过程。柠檬酸结晶不仅要求产品纯度高、回收率高，而且对产品的晶形、晶体粒度和粒度分布也有规定要求。晶体的外观形态与各晶面的生长速率及所处的生长环境密切相关。

1. 过饱和度和溶解曲线

柠檬酸在水中有一定的溶解度，其浓度达到正常溶解度的溶液称为"饱和溶液"，超过正常溶解度则称为"过饱和溶液"，相应的状态称为"饱和状态"和"过饱和状态"。溶液的饱和程度可以用过饱和度 α 表示，α 定义为一定温度下溶质的浓度与溶解度之比，即：

$$\alpha = c/c_s$$

式中，c 为溶质浓度；c_s 为饱和浓度（即溶解度），两者单位应该相同，则 α 是一个无量纲数值，它是结晶操作中一个重要技术参数。

物质的溶解度与温度的关系绘成曲线，此曲线称为"溶解度曲线"。该曲线是两段直线，在 36.6℃ 处有一转折点，转折点的出现是由于在此温度上下的结晶形态不同。在 36.6℃ 以上从溶液中结晶出来的是无水柠檬酸。而 36.6℃ 以下结晶出来的是一水柠檬酸。

溶液的起晶难易程度和结晶速度也受过饱和度的影响。在介稳区内，越接近起晶曲线区域 α 值越大，越容易刺激起晶，结晶速度也越快，而在育晶时需要较低的过饱和度。因此，介稳区还可以分成"刺激起晶区"和"育晶区"，但它们之间并无严格界限。总之，介稳区内溶液的性质也是不一样的，它的稳定性和结晶性还受溶质、溶剂和杂质性质的影响，在实践中还要具体考虑。

2. 起晶过程

溶质从溶液中结晶出来要经历两个过程：①产生微观的晶粒作为结晶的核心，称为"晶核"，产生晶核的过程称为"起晶"；②晶核长大成为宏观的晶体，这一过程称为晶体生长。

无论"起晶"还是晶体生长，其推动力都是溶质分子间的引力，这种引力与溶液的过饱和度有关。当过饱和度增大时，溶质分子的密度增大，分子间距离缩小而引力增大，同时溶剂分子对溶质分子的分散作用减弱。当过饱和度达到一定程度时，溶质分子间的引力就可以达到足以使它们有规则地聚集和排列，即形成了晶核。

降温或浓缩使溶液的过饱和度增大面到达不稳定区时，溶液中即可以自发产生晶核，这种方法称为"自然起晶"。因为自然起晶的难易程度与这些因素有关。自然起晶形成的晶核数目往往太多，难以控制，故工业上不常采用。

当溶液处于介稳区域内时，采用刺激手段（如机械振荡、剧烈搅拌，超声波处理等）也可以起晶，这称为"刺激起晶"。调节刺激强度可以控制刺激起晶的晶核数目，例如控制搅拌转速和搅拌时间可以获得一定数目的晶核，但是晶核形成数目还受多种因素的影响，上述控制往往是经验性的，须在实践中掌握。

晶核也可以人为地加入，即溶液在介稳状态时，加入一定数量和粒度的晶体粉末，这种做法称为添加晶种。添加晶种是控制晶粒数目的最有效方法。总之，溶液只有处在介稳区域内时，才能对晶粒数目以及结晶速度进行控制，因此结晶操作都是在介稳区内进行的。

3. 结晶速度

溶液中一旦形成了晶核以后，便分成了固液两相。固相晶核周围的溶质分子不断排列到晶核上，使紧靠晶粒的区域溶质浓度降低，同时由于结晶放出能量，使该区域内温度升高，这两方面的因素导致该区域内的过饱和度降低。因此，紧靠晶粒的区域 $\alpha = 1$，即溶质浓度等于饱和浓度 c_s。如果维持母液的浓度为 $c > c > c_s$，则在晶粒周围形成了一层具有浓度梯度的液膜，称为境界膜，在此浓度差的推动下，液质分于就会不断透过膜向晶粒表面扩散，又不断排列到晶粒表面上使晶体长大，直到母液浓度降到 c_s 为止。

晶体的生长是由上述扩散过程和溶质分子在晶粒上排列过程组成的，若扩散是限速过程，则晶体生长的速度可以用扩散运动的公式表示：

$$\frac{\mathrm{d}W}{\mathrm{d}t} = D\frac{\Delta c \cdot A}{\delta}$$

式中 Δc——境界膜两边的浓度差，可以认为 $\Delta c = c - c_s$，mol/L；

       A——晶粒表面积，m^2；

       δ——境界膜厚度，m；

       D——扩散系数，m^2/s，与热力学温度 T 成正比，与黏度 η 成反比，即：

$$D = D' \cdot T/\eta$$

则晶体生长速度又可以写成：

$$\frac{\mathrm{d}W}{\mathrm{d}t} = D'\frac{\Delta c \cdot A \cdot T}{\delta \cdot \eta}$$

式中，D' 是结晶系数，它与溶质的性质及杂质含量有关。

4. 影响结晶速度的因素

（1）过饱和度   溶液的过饱和度决定了境界膜两边的浓度差 Δc。过饱和度大，则结晶速度快。前面已提到过饱和度可以用过饱和系数来描述。如果 α 值落在不稳定区范围内，就会使过量的溶质分子来不及都扩散到原有晶粒表面，而是自行聚集成新晶核，或无规则堆积在晶粒表面形成伪晶。这样形成的次级晶核会使产品粒度下降，伪晶的存在也严重影响晶体的外观和质量。如果 α 为 1，则 Δc 为 0，结晶速度就会太慢。要使晶体不断长大，就必须维

持一定的 α 值，即维持在育晶区范围内，α 约为 1.1。这样形成的晶粒均匀整齐，也可以溶液中产生次级晶核。由于晶体不断长大，母液的过饱和度会不断降低，工业上可以采用补充浓缩液，蒸发或降温的方法来维持一定的 α 值，直到晶体长到预定大小为止。

（2）晶粒表面积　一定浓度的溶液中所能结晶出的溶质量是有限的。当固相的量一定时，粒度越细则其表面积越大，由此溶液进入不稳定区形成大量晶核后，结晶的速度极快，几乎可以瞬时完成。但这种晶体很细小，与母液的分离不易。控制添加晶种的数量和粒度可以调节晶粒表面积，从而控制结晶速度。当晶粒数目一定时，晶体越大则表面积越大，因此在结晶后期若无其他因素影响，结晶速度将加快。由此可知，晶种的粒度分布是一个至关重要的因素，因为在同一溶液中，大粒晶的生长速度较快，晶种应该仔细过筛，以保证结晶质量。

（3）温度　结晶的速度与绝对温度成正比，这是因为高温增加了溶质分子的动能，使扩散加快。提高温度还可以使溶液的黏度降低和过饱和度降低，前者可以促进溶质分子扩散，而后者又使扩散的动力降低。温度变化幅度较大时，还使结晶形态受到影响，因此，柠檬酸结晶操作要求在一定的温度范围内进行。

（4）境界膜厚度　境界膜厚度与结晶速度成反比，这是因为在 Δc 一定的条件下，浓度梯度（$\Delta c/\delta$）与境界膜厚度成反比，境界膜的厚度与晶粒的运动状况等因素有关，运动着的比静止着的晶粒 δ 值要小。因此采用搅拌、晶浆循环等方法可以使晶粒相对液相运动，加快结晶速度，但是运动剧烈的晶粒可能断裂或擦伤，形成的碎屑相当于次级晶核，因此搅拌和晶浆循环的速度应小心控制。

（5）黏度　黏度与结晶速度成反比，这主要是黏度与溶质的扩散速度有关，黏度大，扩散速度就低，高黏度导致的最大问题是晶体与母液的分离困难，增加洗涤水用量和降低结晶回收率。

六、　干燥与包装

经过离心洗涤与母液分离后的柠檬酸晶体，其表面上吸附有少量水分，称为湿晶体，湿晶体含有 2% ~ 3% 游离水，干燥的目的则是除去这种游离水，使成品游离水含量降到 1%（无水柠檬酸）或 0.4%（一水柠檬酸）以下，经干燥和检验合格后包装出厂。

1. 干燥过程

干燥包括两个基本过程：其一是提供能量使水分蒸发，其二是除去汽化后的水分，前者是传热和相变过程，后者是传质过程。柠檬酸工业上一般采用空气直接干燥法，干燥介质是热空气流，它一方面向物料提供蒸发水分需要的热量，并同时带走汽化的水分，因此，空气既是载热体也是载湿体。

2. 干燥速度

干燥速度定义为单位时间内所能除去水分的质量（kg/s），它与温度、干燥介质的湿含量及物料的蒸发面积有关。

（1）温度越高，蒸发速度越快，则干燥速度也越快。但是，柠檬酸干燥时的温度有限，特别是一水柠檬酸干燥时，温度不能超过临界点（36.6℃），否则不但游离水被蒸发，而且，晶体还会失去结晶水而风化，使晶体表面层变成无水柠檬酸，形成白色薄片状结晶而失去光泽，产品也因失重而造成损失。一水柠檬酸干燥时的气流温度要控制在35℃以下。

无水柠檬酸晶体干燥时，其温度反而要高于临界点36.6℃，一般控制在40℃以上，否则干燥时表面的液相被浓缩，结晶析出一水柠檬酸，使产品质量下降，表面失光，即使再提高温度进行干燥，也不能恢复光泽。但无水柠檬酸的干燥温度也不宜超过80℃，以防成品受热分解或杂质含量发生变化。

（2）空气流的湿含量，作为干燥介质的必要条件是其相对湿度要低于100%，否则不但不能带走水分，而且介质中的水分反而会凝集到物料上，因为较热的空气流遇到较冷的物料以后，温度降低而相对湿度升高，超过100%会发生冷凝现象。作为干燥介质的空气流的相对湿度越低，能带走水分的潜力就越大，干燥速度也越快。空气经过干燥器之前的预热不但升高了温度，也降低了相对湿度。

（3）干燥介质与物料的混合程度，混合程度对传热传质速率的影响是显而易见的，使物料相对于干燥介质运动而加强混合程度时，不但增加了干燥面积，而且提高了传热传质系数。因此，气流干燥器和沸腾干燥器的生产能力远大于烘房干燥器。

（4）干燥介质流速，当进气的温度和湿含量一定时，增加气流速度可以使干燥区域内的温度升高，湿含量降低和混合程度增加，提高干燥速率。但增加气流速度会增加能量消耗，在沸腾干燥器中，气流速度还会影响物料的沸腾状况。

第三节　乳酸发酵

一、乳酸分类及生产现状

乳酸学名为 α - 羟基丙酸（α - hydrxy-propionic acid），其分子式为 C_2H_5OCOOH，是一种简单的羟基酸，相对分子质量为 90.08。由于乳酸分子中有一个不对称碳原子，因此，具有旋光性，且根据乳酸分子中碳原子的对称性，乳酸可以分为三种构型：L（+）- 乳酸，D（-）- 乳酸，或 L 和 D 的外消旋混合物，如图 5 - 12 所示。

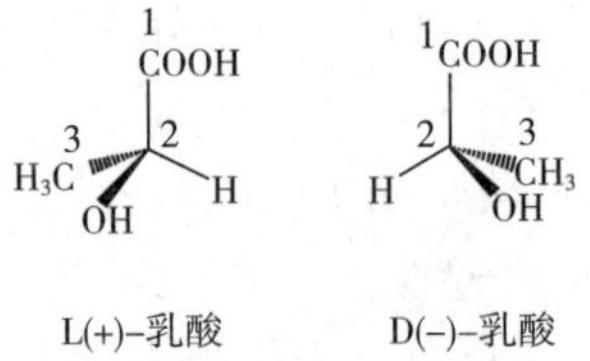

1. 乳酸的理化性质

乳酸为无色或浅黄色稠厚液体，纯净的无水乳酸是白色的晶状固体，熔点是 16.8℃，沸点 122℃，

图 5 - 12　L（+）- 乳酸及 D（-）- 乳酸的构型

相对密度在 25℃时，约为 1.206。乳酸与水可以完全互溶，不易结晶出来。浓度在 60% 以上的乳酸溶液有很强的吸湿性，在 67~133Pa 的真空条件下反复分馏，可以得到纯品的乳酸结晶。乳酸异构体的理化性质如表 5 - 1 所示。

表 5 - 1　　　　　　　　　乳酸异构体理化性质

构型	熔点/℃	比旋光度 $[\alpha]_D^{20}$	沸点/℃	解离常数/25℃	熔化/kg/mol
L	25~26	+3.3°		1.37×10^{-4}	16.87
D	25~26	-3.3°		1.37×10^{-4}	16.87
DL	18	0	122	1.37×10^{-4}	11.35

乳酸易与水互溶，很不容易结晶析出。乳酸浓度达 60% 以上已有很高的吸湿性，所以商品乳酸通常为 60% 溶液，药典级乳酸含量为 85.0% ~ 90.0%，食品级乳酸含量为 80% 以上。通常乳酸为无色或微黄色液体，在 67 ~ 133Pa 的真空条件下反复分馏，可得到高纯度的乳酸，进而获得单斜晶体的结晶乳酸。煮沸缩合为乳酰乳酸和 α - 乳酰羟基 - 丙酸，加热稀释又转化为乳酸。

乳酸具有自动酯化能力，乳酸越浓这种趋势就越强，例如总酸为 85%，其中游离酸61%、聚合体 21%，水 18% 组成，见图 5 - 13。充分脱水而完全由聚合体构成的浓乳酸，水解后的总酸浓度为 125% 左右（以单体乳酸计）。

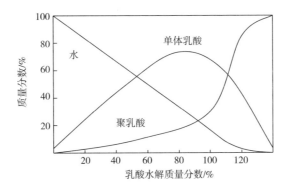

图 5 - 13　乳酸水解质量分数与总酸质量分数关系

一般浓乳酸溶液中 20% 或更大浓度的乳酸，自动酯化生成直链形式的乳酰乳酸的聚合体，又称聚乳酸。其反应可表示为：

$$n\text{CH}_3\text{CHOHCOOH} \xrightleftharpoons{-\text{H}_2\text{O}} [\text{HOC}(\text{CH}_3)\ \text{CO}]_n\text{H} + (n-1)\ \text{H}_2\text{O}$$

若加热脱水，乳酰乳酸可通过自身酯化为环状的内交酯，形成树脂状高分子的聚乳酸，其结构如下：

$$\left(\begin{array}{c} \text{CH}_3 - \text{CHCOOH}\cdots \\ | \\ \text{O} \quad \text{OH} \\ | \\ \cdots\text{O}=\text{C} - \text{CH} - \text{CH}_3 \end{array}\right) \underset{+\text{H}_2\text{O}}{\overset{-\text{H}_2\text{O}}{\rightleftharpoons}} \left(\begin{array}{c} \text{CH}_3 - \text{CH} - \text{C}=\text{O}\cdots \\ | \quad\quad | \\ \text{O} \quad\quad \text{O} \\ | \quad\quad | \\ \cdots\text{O}=\text{C} - \text{CH} - \text{CH}_3 \end{array}\right)_n$$

2. 乳酸生产方法

（1）化学合成法制备乳酸　化学合成的乳酸主要是通过乳腈即 2 - 羟基丙腈、丙醇腈法获得。乙醛与氢氰酸经碱性催化作用生成乳腈，此反应是一个常压下进行的液相反应，产生的乳腈通过蒸馏、回收、纯化并用浓盐酸或硫酸水解而获得乳酸并产生相应的铵盐。然后将乳酸用甲醇酯化成乳酸甲酯，用蒸馏法去除杂质、纯化。乳酸甲酯在酸催化剂的催化下，水解产生乳酸和甲醇，可以循环再利用。

（2）酶法合成乳酸　1,2 - 氯丙酸法是酶法中用于生产乳酸的主要方法，此法由日本东京大学的本崎等研究。他们分别从恶臭假单胞菌（*Pseudomonas putida*）113 细胞中提取纯化 L - 2 - 卤代酸脱卤酶和 DL - 2 - 卤代酸脱卤酶，作用于底物 DL - 2 - 氯丙酸，制得 L - 乳酸或 D - 乳酸。用此酶法生产乳酸工艺较为复杂，还未用于工业化生产。

（3）微生物发酵发制备乳酸　发酵法制备乳酸可通过菌种和培养条件的选择而获得具有

立体专一性的 D－乳酸、L－乳酸或 DL－乳酸，以满足生产聚 L－乳酸的需要。此外发酵法生产除能以葡萄糖和乳糖等单糖为原料外，还能以淀粉和纤维素等多糖为原料发酵生产乳酸。

由于合成法所用的原料是乙醛和剧毒物质氢氰酸，尽管美国食品和药物管理局已将合成乳酸列为安全品，但消费者还是不能放心将其作为食品级乳酸来添加食用到食物中。因而合成法生产乳酸受到了限制，化学合成法的缺点是产物为外消旋乳酸即 DL－乳酸，此外，生产成本也比较高。酶法生产乳酸虽可以得到旋光性专一的乳酸，但工艺比较复杂，应用到工业上还有待于研究。

微生物发酵法生产乳酸，可以通过菌种和培养条件的选择而获得具有立体专一性的 D－乳酸或 L－乳酸或者两种异构体以一定比例混合的消旋体，以满足生产聚乳酸的需要。发酵法生产乳酸除能以葡萄糖、乳糖等为原料外，还能以淀粉、纤维素、食物废弃物、糖厂残渣等为原料发酵，具有环保、保护资源的作用。因此，微生物发酵法生产乳酸，由于其原料来源广泛、生产成本低、产品光学纯度与安全性高等优点，而成为生产乳酸的重要方法。

3. 发酵法生产乳酸现状

早在 1780 年瑞典化学家希勒（Sheele）从废乳中发现了乳酸并提炼制得。1857 年，巴斯德（Pasteur）发现使乳变酸的乳酸菌。1878 年，李斯特成功地分离出乳酸细菌，为纯种培养乳酸菌、进行工业化生产奠定基础。1936 年，沃德（Ward）分离获得优良 L－乳酸产生菌米根霉，并进行表面培养生产 L－乳酸。1989 年，杭（Hang）等采用米根霉 NRRL395 以玉米为原料直接发酵生产 L－乳酸，产酸 354g/kg。

纯种发酵工业化生产乳酸是 1881 年由查尔斯·埃弗里（Charles E. Avery）公司开始；而大规模工业化生产 L－乳酸则是在 20 世纪 90 年代初期形成。世界乳酸的生产能力已超过 10 万吨/年，其中发酵法占 40%，化学合成法占 60%。发酵法生产的乳酸有 L（＋）－右旋乳酸（L－乳酸）和 D（－）－左旋乳酸（D－乳酸）。中国用德氏乳杆菌厌氧发酵生产的乳酸中 D－乳酸含量占 96% 以上，L－乳酸不足 4%，故只能称为 D－乳酸。而化学合成法生产的乳酸中 D－型和 L－型各占 50%，故可称为 DL－乳酸。

世界卫生组织鉴于 D－乳酸对人体有危害作用，提倡在食品、医药领域使用 L－乳酸，不要使用 DL－乳酸，因而，L－乳酸生产有突破性发展。

4. 乳酸及其衍生物的应用

（1）在食品领域中的应用 由于乳酸的酸性柔和且稳定，在食品工业中用作酸味剂、风味剂，pH 调节剂和细菌抑制剂。乳酸是一种优良的防腐剂和腌渍剂。此外，乳酸水溶液可以延长禽肉和鱼肉的货架期，与柠檬酸、苹果酸等食用酸味剂相比，具有很强的竞争力。世界上 1/4 的乳酸用来生产硬脂酰乳酸酯，硬脂酰乳酸酯钙和软脂酰乳酸酯钠作为乳化剂大量用于面包加工，可使面包质地松软，而且可延长保质期，全世界 85% 的乳酸被用于食品及食品相关的行业。

（2）在医药领域中的应用 乳酸可直接配制成药物，乳酸盐可作为消毒。乳酸盐具有亲水性，能溶解蛋白质、角质及许多难溶药物，且对病变组织腐蚀作用敏感，能增加药物吸收量，防止副作用。此外，用乳酸可制取红霉素糖衣，在收敛性杀菌方面用作含漱剂、洗净剂等。乳酸、乳酸钠与葡萄糖、氨基酸等复合配制成输液，可治疗酸中毒及高钾血症。乳酸铁、乳酸钠、乳酸钙是补充金属元素的良好药品。高度光学异构的聚 L－乳酸在骨外科、人造手术缝合线、血管外科及药物释放材料方面都有良好的应用前景。

（3）在工业领域中的应用　在工业生产中，乳酸可用于制革工业的脱石灰，能使石灰变成可溶性的乳酸钙而除去，使皮革柔软、细致，生产高级皮革。乳酸可用来处理纺织纤维，可使之易于着色，增加光泽，使触感柔软。乳酸还可以添加于烟草中，能保持烟草的湿度，提高卷烟的质量。乳酸衍生物乳酸乙酯，可用作绿色溶剂，具有高沸点、无毒和可降解等特点。

（4）生物可降解材料聚乳酸　近年来，乳酸在制备生物可降解塑料领域显示出巨大的潜力。聚乳酸具有良好的初期机械性能，熔点约170℃，其膜材对氧和水蒸气具有良好的透过性，同时又具有较好的透明性和较好的抗菌和防霉性能，使用寿命可达2~3年，是一种良好的绿色材料。乳酸聚合物可以代替聚氯乙烯（PVC）和聚丙烯（PP）类塑料用于生产透明的、可生物降解的热塑性塑料，通过调整其组成及相对分子质量来控制其货架寿命，在塑料食品器具、医用服装、个人卫生用品、婴儿尿布、垃圾袋、农用薄膜及各种包装行业中都具有重要的应用。聚乳酸在自然环境中可以被微生物完全降解为CO_2与H_2O，不会造成"白色污染"，克服了化工塑料最大的弊病，2~10个低相对分子质量的L－乳酸聚合物还具有植物刺激生长的作用。

目前，世界上大部分的乳酸主要应用在传统领域中，但随着聚乳酸技术的开发和市场需求的发展，L－乳酸作为聚乳酸原料这一新的用途，年需求量平均递增速度在30%以上。聚L－乳酸塑料取代PVC、PP类塑料的研究成功，不仅消除了"白色污染"，而且在自然界形成了一个良性环境循环，如图5－14，并将衍生出新的产品。

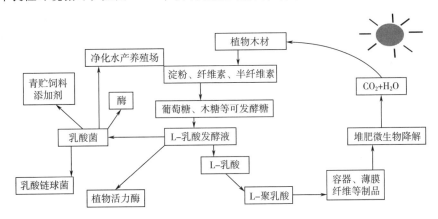

图5－14　L－乳酸的优化环境循环

二、 乳酸发酵菌种及发酵生化机制

（一） 乳酸发酵菌种

目前，国外主要以德氏乳杆菌、干酪乳杆菌或保加利亚乳杆菌为主进行乳酸的发酵生产，国内则多以德氏乳杆菌、米根霉进行乳酸发酵生产的研究。米根霉营养要求简单，只需要无机氮及少量其他无机盐。乳酸细菌属于化能异养型微生物，它们缺少对许多有机化合物的合成能力，必须由外界提供多种营养物质和生长因子，如各种氨基酸、维生素和核酸碱基等才能很好地生长发育。表5－2列出主要产乳酸的同型乳酸发酵细菌。

表 5 −2　　　　　　　　　　　　　　产乳酸的主要细菌

乳杆菌属菌种	利用底物	发酵类型	产酸构型
德氏乳杆菌	葡萄糖、蔗糖、半乳糖	同型	D – 乳酸及 DL – 乳酸
保加利亚乳杆菌	乳糖、菊粉	同型	D – 乳酸及 DL – 乳酸
赖氏乳杆菌	菊粉	同型	D – 乳酸
嗜热乳杆菌	葡萄糖	同型	L – 乳酸
乳酸乳杆菌	乳糖、菊粉	同型	D – 乳酸
清酒乳杆菌	葡萄糖	同型	L – 乳酸及少量 D – 乳酸
干酪乳杆菌	乳糖、葡萄糖	同型	L – 乳酸
植物乳杆菌	乳糖、阿拉伯糖	同型	DL – 乳酸
发酵乳杆菌	葡萄糖	异型	DL – 乳酸
嗜酸乳杆菌	乳糖	同型	L – 乳酸及少量 D – 乳酸
戊糖乳杆菌	戊糖	同型	L – 乳酸及少量 D – 乳酸
链球菌属	葡萄糖、乳糖	同型	L – 乳酸
木糖乳杆菌	木糖	同型	L – 乳酸及少量 D – 乳酸
明串珠菌属	葡萄糖、蔗糖	同型	D – 乳酸
戊糖乳杆菌	戊糖	同型	L – 乳酸及少量 D – 乳酸

1. 德氏乳杆菌

德氏乳杆菌是国内外乳酸生产中常用的乳酸菌。该菌能利用麦芽糖、蔗糖、葡萄糖、果糖、半乳糖、糊精等，发酵产生 D – 乳酸，少数菌株产生 DL – 乳酸。在不加中和剂的情况下，最高生成乳酸浓度可达 16g/L，最适生长温度为 45℃，在 50℃ 仍能旺盛发育、产酸，最高能耐 55℃。在琼脂平板上菌落小、扁平、呈锯齿状。工业生产一般采用乳酸旋光性的测定来初步鉴定。

2. 米根霉菌

米根霉菌可以产乳酸，该菌菌落疏松或稠密，最初为白色后变为灰褐色至黑褐色。匍匐枝爬行，无色、假根发生，指状或根状分枝、褐色。孢囊梗直立或稍弯曲，2 ~ 4 根群生，与假根对生，有时膨大或分枝。囊托楔形，菌丝形成厚垣孢子，无接合孢子。

最适发育温度 37℃，41℃ 也能生长。有淀粉糖化能力，发酵生产乳酸最适温度为 30℃，可利用无机氮，如尿素、硝酸铵、硫酸铵等。

（二）乳酸发酵机制

1. 乳酸菌发酵类型

按乳酸菌发酵糖类的过程和生成产物的不同，乳酸的发酵途径可分为：

（1）同型乳酸发酵（homofermentation）　葡萄糖经糖酵解途径（embden-meyerhof-parnas pathway，EMP）降解为丙酮酸，丙酮酸在乳酸脱氢酶的催化下还原为乳酸。此发酵过程中，1mol 葡萄糖可以生成 2mol 乳酸，理论转化率为 100%，实际的转化率不可能达到 100%，一般转化率在 80% 以上，即视为同型乳酸发酵，工业上采用德氏乳杆菌转化率达 96%。总反应式为：

$$C_6H_{12}O_6 + 2ADP + 2Pi \longrightarrow 2CH_3CHOHCOOH + 2ATP$$

（2）异型乳酸发酵（heterofermentation）　异型乳酸发酵分解葡萄糖为5-磷酸核酮糖，再经差向异构酶作用变成5-磷酸木酮糖，然后，经磷酸酮解酶催化裂解反应，生成3-磷酸甘油醛和乙酰磷酸。磷酸酮解酶是异型乳酸发酵的关键酶。乙酰磷酸进一步还原为乙醇，同时放出磷酸。而3-磷酸甘油醛经EMP途径后半部分转化为乳酸，同时，产生两分子ATP，去除发酵时激活葡萄糖消耗的1分子ATP，净得1分子ATP。因此，由葡萄糖进行异型乳酸发酵，其产能水平比同型乳酸发酵低一半。异型乳酸发酵产物除乳酸外还有乙醇、CO_2和ATP。据报道，除 *Lactobacillus delbruekii* 外的乳酸菌均是兼性异型乳酸发酵，此过程1mol己糖生成1mol乙醇、1mol CO_2和1mol乳酸，乳酸对糖的转化率50%。

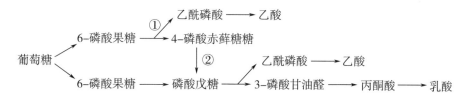

其总反应式为：

$$C_6H_{12}O_6 + ADP + Pi \longrightarrow CH_3CHOHCOOH + CH_3CH_2OH + CO_2 + ATP$$

（3）双歧（bifidus）途径发酵　双歧杆菌发酵葡萄糖产生乳酸的一条途径。此途径中有两种酮解酶参与反应，即6-磷酸果糖磷酸酮解酶和5-磷酸木酮糖磷酸酮解酶，分别催化6-磷酸果糖和5-磷酸木酮糖的裂解反应，产生乙酰磷酸、4磷酸赤藓糖和3-磷酸甘油醛、乙酰磷酸。

![双歧途径发酵]
注：①6-磷酸果糖磷酸酮解酶　②5-磷酸木酮糖磷酸酮解酶

其发酵总反应式为：

$$2C_6H_{12}O_6 \longrightarrow 2CH_3CHOHCOOH + 3CH_3COOH$$

途径中2mol葡萄糖生成3mol乙酸和2mol乳酸，乳酸的转化率为50%。

（4）混合酸发酵（mixed acid fermentation）　同型乳酸发酵菌在特殊的情况下，如葡萄糖浓度受到了限制，pH提高或温度降低，而采用的一种乳酸发酵机制，它经由与同型乳酸发酵相同的途径即EMP途径，但丙酮酸的代谢途径发生了改变，从而除生成乳酸外，还生成了甲酸等副产物。丙酮酸可在丙酮酸甲酸裂解酶（PFL）的作用下生成甲酸和乙酰CoA，当有氧存在时，这种裂解酶失活，丙酮酸便在丙酮酸脱氢酶系（PDH）的作用下生成CO_2、乙酰CoA和NADH，乙酰CoA近而生成乙醇或乙酸。

2. 米根霉发酵机制

传统意义上的同型乳酸发酵或异型乳酸发酵是针对乳酸细菌而言，米根霉作为好氧真菌，靠呼吸产能并提供合成菌体的中间体，就发酵产物而言，其发酵类型属异型乳酸发酵，它经由 EMP 途径生成丙酮酸，然后再进入三羧酸循环，副产物有机酸是乳酸的前体物质丙酮酸在一些酶的作用下生成的。代谢总反应式为：

$$2C_6H_{12}O_6 \longrightarrow 3C_3H_6O_3 + C_2H_5OH + CO_2$$

即 2mol 葡萄糖产生 3mol 乳酸，理论转化率 75%。同时，产生的杂酸在提取过程中很难去除，使乳酸产品纯度下降，严重时会有白色沉淀。

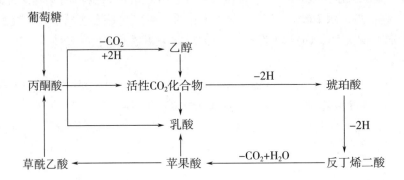

米根霉能产生淀粉酶和糖化酶，它能利用糖，也可以利用淀粉或淀粉质原料直接发酵生成 L - 乳酸。米根霉能将大部分糖转化为乳酸，但同时伴随着产生乙醇、反丁烯二酸、琥珀酸。苹果酸、乙酸等其他产物。它们之间的比例随着菌种和工艺的不同而异。米根霉的糖代谢主要有以下几种反应。

a. 正常呼吸：$C_6H_{12}O_6 + 6O_2 \longrightarrow 6CO_2 + 6H_2O$。

b. 同化作用：干菌体量的 95% 来自碳水化合物。

c. 反丁烯二酸发酵：$C_6H_{12}O_6 + 3O_2 \longrightarrow C_4H_4O_4 + 2CO_2 + 4H_2O$。

d. 酒精发酵：$C_6H_{12}O_6 \longrightarrow 2C_2H_5OH + 2CO_2$。

e. L - 乳酸发酵：$C_6H_{12}O_6 \longrightarrow 2C_3H_6O_3$。

若抑制 a、c、d 反应，乳酸产率就可以提高。

根据瓦克斯曼（Waksmann）和福斯特（Foster）试验，米根霉在好气或厌气发酵条件下由葡萄糖生成 L - 乳酸和乙醇，若在好气条件，合理添加营养盐和微量金属元素，异型乳酸发酵可转变为同型乳酸发酵，只产生 L - 乳酸。此时，糖酸转化率接近乳酸细菌的同型乳酸发酵。

三、　乳酸发酵

（一）　乳酸发酵原料及其预处理

1. 乳酸发酵原料

乳酸发酵原料包括：

（1）糖类原料　蔗糖、水解糖、糖蜜等原料。

（2）淀粉质原料　常用的有大米、小麦、玉米等谷物和马铃薯、红薯、木薯等含有淀粉的植物等。

（3）农业及其他废弃物资源　秸秆、稻草、木材造纸的亚硫酸废液、乳清工业废水、淀粉工业废水、厨房垃圾等。这些原料有的只需补充含必须营养成分的辅料，即可直接进行乳酸发酵。

除了糖作为碳源为主要原料外，乳酸细菌的生长和发酵还需要复杂的外来的营养物。必须提供各种氨基酸、维生素、核酸等营养因子。工业上考虑经济性，在乳酸发酵液中添加含有所需营养成分的天然廉价辅助原料，如：大麦根、麸皮、米糠、玉米浆等。米根霉能分泌大量的淀粉酶、糖化酶，可直接利用淀粉、淀粉质原料进行 L – 乳酸发酵。

2. 乳酸发酵原料的预处理

目前，国内普遍采用淀粉质原料进行发酵，有两种工艺：一种是将淀粉质原料粉碎、加酶液化、糖化，制得糖液后接入乳酸菌进行发酵，称为单行发酵工艺。另一种是工业生产中采用"双酶法"制取水解糖，即采用耐高温的 α – 淀粉酶和糖化酶联合作用制取水解糖，或将糖化酶和乳酸生产菌同时接入糊化醪中，糖化和发酵是同时进行的，称"并行"发酵工艺。

以淀粉、淀粉质为主要原料大规模地生产乳酸的方法，已被世界各国广泛采用。从降低生产成本考虑，近几年来我国各乳酸厂普遍采用玉米、大米、红薯等含淀粉高的原料进行乳酸的发酵法生产。乳酸细菌缺乏产生淀粉酶、蛋白酶等水解酶类的能力，不能直接利用淀粉进行乳酸发酵。因此，在接入乳酸细菌进行发酵之前，必须先将原料中的淀粉分解成己糖或低聚糖等可发酵性糖。

如果采用糖蜜原料，其预处理需经过糖蜜的稀释、调节 pH、黄血盐处理除铁、去蛋白、离子交换法等过程。

（二）乳酸菌的扩大培养

1. 乳酸细菌的扩大培养

乳酸发酵生产必须用纯种培养，接种量一般为 5% ~ 10%，因此生产上需要采用菌种扩大培养的操作。扩大培养可按下述步骤进行：

试管原种→10mL 试管→200mL 三角瓶→1 ~ 3L 三角瓶→20 ~ 30L 罐→200 ~ 300L 罐→2000 ~ 3000L 罐。

三角瓶培养的种子液接入装有 2 ~ 3L 培养液的大三角瓶中。培养液的组成为糖化液 6 ~ 8°Bx，玉米浆 1.5g/dL。培养基在 90kPa 表压下灭菌 25 ~ 30min，接种，在 48 ~ 52℃静止培养 12h 后，pH 下降至 3.5 左右，加入少量已灭菌的 $CaCO_3$，继续培养。溶液中出现大量泡沫，镜检无杂菌为正常。

后续培养每一步培养液的量扩大 10 ~ 15 倍，在 48 ~ 52℃下培养。一般采用 20 ~ 30L、200 ~ 300L、2000 ~ 3000L 等种子罐。为节省设备，最后一步培养可直接在发酵罐中进行。

2. 米根霉菌种的扩大培养

（1）米根霉三角瓶孢子的制备　把麸皮培养基放入三角瓶中，在 121℃灭菌 30min，冷却至 30℃，接入斜面上成熟的孢子，培养 4d。当孢子充分长出后、加无菌水制成孢子悬浮液作为种子。

（2）培养基制备

种子培养基：葡萄糖 100g/L，酵母膏 10g/L，$CaCO_3$ 10g/L。

发酵培养基：玉米粉 130g/L，玉米浆 10g/L，$CaCO_3$ 过量添加。

（3）种子和发酵培养条件控制　一级和二级种子的接种量均为 5% ~ 10%，通风量为

$0.5m^3/$ （$m^3 \cdot min$），34℃下培养 16～24h；发酵培养控制接种量为 5%，通风量为 0.3～
$0.8m^3/$ （$m^3 \cdot min$），于 34℃下，发酵培养 32～34h。

（三） 乳酸菌发酵乳酸工艺

乳酸发酵采用不同原料、不同菌种，所选用的发酵工艺也各有不相同，以玉米为原料，
发酵乳酸工艺流程如图 5-15 所示。

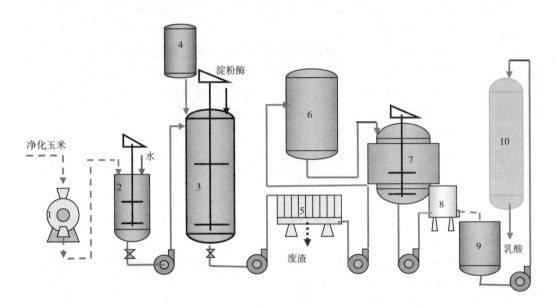

图 5-15 玉米原料发酵乳酸工艺流程

1—粉碎机 2—拌料罐 3—发酵罐 4—种子罐 5—压滤机 6—浓缩罐
7—结晶罐 8—离心机 9—酸解罐 10—脱色柱

1. 以水解糖为原料发酵技术

（1）培养基配方 种子培养基与发酵培养基配方相同，是由葡萄糖 150g/L、麦根
3.75g/L、（NH_4）$_2$$HPO_4$ 2.5g/L、$CaCO_3$ 100g/L 组成。

在种子罐中装入按上述配方的种子培养基，填充系数为 0.8，若是刚从 60℃降温至 50℃
的培养基不必灭菌，直接接入三角瓶中培养合格的德氏乳杆菌种子液，接种量为 1%～10%，
在 50℃培养 24h。

（2）发酵操作 发酵罐用温水 40～60℃洗净，在发酵罐内按上述配方配制发酵培养基，
填充系数为 0.80 左右。一般液面离罐顶为 30～40cm，防止发酵过程中泡沫溢出。培养基中
的 $CaCO_3$ 是中和剂，可以分批添加。培养基无须灭菌，直接接入上述培养好的种子液，接种
量为 5%～10%。发酵温度控制在 50℃。如采用分批添加 $CaCO_3$ 的工艺，应注意不要使 pH
降到 5.0 以下。否则会影响发酵速度。

发酵过程中，每个班次要检查 2～3 次 pH 和残糖，观察发酵过程是否正常。因发酵温度
控制在 50℃，已远远高于一般微生物的生长发育温度，所以一般不会发生污染。发酵罐口敞
开，以利 CO_2 自由逸出。当残糖降至 1g/L 发酵完成。由于初糖浓度较高，整个过程需 5～
6d。水解糖发酵快结束时，乳酸菌活力降低，料液温度开始下降，发酵醪带有一定黏性，从
而影响产品的纯度和产率。因此应及时加入石灰乳，将 pH 提高到 10 左右。同时升高温度至

90℃，使菌体和其他悬浮物下沉，澄清后将上清液和沉淀物分别放出，进入提取工序。发酵罐用热水洗净后再使用。

2. 以糖蜜为原料发酵技术

将发酵罐用水洗净，打入经预处理的糖蜜至规定的液位。再加入辅料和中和剂。培养基组成为：总糖 100g/L、CaHPO$_4$ 10g/L、CaCO$_3$15g/L、玉米浆或麦根 10g/L。

培养基配好后不再灭菌，直接接入德氏乳杆菌培养物 5% ~ 10%，维持温度 50℃发酵，间歇缓慢搅拌。pH 由 CaCO$_3$ 调节，维持在 5.0 以上，每隔 2h 检测一次，一般发酵时间为 4 ~ 6d，当残糖降至 5g/L 以下时，即视为发酵已完成。

3. 大米原料发酵技术

大米粉碎（粒径 < 0.25mm），先在糊化罐内放一定量的底水，开动搅拌，将大米粉与米糠按 10:1 的比例送入罐内，按淀粉计加入 5 ~ 10U/g 耐高温淀粉酶。加水调成米:糠:水 = 10:1:12.5（质量比）的醪液。搅拌均匀后，直接通入蒸汽，排尽冷空气罐压 0.1 ~ 0.2MPa，温度 120℃维持 15 ~ 20min。糊化醪的要求是大米充分膨胀，无夹生米、糊化完毕，降罐压至 0MPa，放出多余蒸汽，夹套中通入冷却水。使糊化醪液温度降至 60℃ 以下，放入发酵罐中。

发酵罐中先放入一定量的底水，水温在 50 ~ 55℃，放入糊化醪并加水至规定容量。发酵培养基的总糖浓度为 10g/dL 左右，往罐中通入压缩空气，使料液翻匀。同时，加乳酸调 pH 至 4.8 ~ 5.0。温度在 50 ~ 52℃ 时，按淀粉计加入糖化酶 120U/g，再接入 10% 合格的菌种培养物搅匀。

由于乳酸菌不能耐很高的酸度，因此在发酵过程中不能使 pH 降至 4.0 以下。发酵开始后约 6h，就开始加 CaCO$_3$ 进行中和，必须要通入压缩空气翻匀。发酵过程中醪温维持在 50℃，每 2h 检测调节一次。当残糖降至 1g/L 以下时，表明发酵已经结束，总发酵时间约 70h。

4. 薯干粉原料发酵技术

先将薯干粉在糖化罐中调浆，其比例为：薯干粉:麸皮:水 = 1:0.05:10，其总糖浓度为 70 ~ 80g/L。加入液化型淀粉酶 100u/L，升温至 80 ~ 90℃，搅匀、液化至常规碘法试验达到合格。再调温至 100℃灭菌、灭酶 20min。

将液化醪冷却至 50 ~ 52℃，打入发酵罐中。用乳酸调 pH 至 5.0 ~ 5.5，按淀粉计加入糖化酶 100U/g。同时接入乳酸菌种子培养物 10%，通气搅拌均匀。在 50 ~ 52℃下发酵。在发酵过程必须分批加入 CaCO$_3$ 以中和生成的乳酸，以维持发酵醪 pH 5.5 以上。当残糖降至 1g/L 以下时，表明发酵已经完成，发酵时间约 70h。

5. 玉米原料发酵乳酸技术

经高压喷射液化及糖化所获得的糖化醪，泵入板框压滤机进行过滤。过滤残渣留做饲料，清液打入发酵罐。调整好糖度，使糖含量为 8 ~ 10g/L，添加玉米量的 10% 的麦根或米糠，冷却降温至 50℃，接入已培养好的乳酸菌种子液，接种量为 10%，接种 4h 后测 pH，若 6h 内 pH 下降达不到 4.0，应及时查找原因，采取补救措施。待 pH 下降至 3.8 以下时，继续维持 2h，抑制其他杂菌的生长。在缓慢搅拌状态下，添加石灰粉，中和至 pH 4.8 ~ 5.0。再加碳酸钙，继续发酵。整个发酵过程保持温度 50℃，pH 4.0 ~ 5.5；每隔 2h 搅拌一次，每次 5 ~ 10min；每 4h 根据 pH 添加碳酸钙，碳酸钙的添加量应前期稍大些，后期稍小些。发酵周期控制在 50 ~ 70h 为宜，转化率应 ≥90%。

（四） 细菌乳酸发酵控制

1. 细菌乳酸发酵营养物质的控制

乳酸细菌大多数缺乏合成代谢途径，它们的生长和发酵都需要复杂的外源营养物质，如各种氨基酸、维生素、核酸碱基等。具体所需营养成分因菌种和菌株不同而异。硫胺素（维生素 B_1）可抑制德氏乳杆菌，而核黄素（维生素 B_2）、烟酸和叶酸有促进作用。丙氨酸不能促进保加利亚乳杆菌的乳酸生成，在丙氨酸和甘氨酸存在下，乳酸生成反而减少。对乳酸细菌而言，最重要的营养是可溶性蛋白、二肽、氨基酸、磷酸盐、铵盐及维生素物质。

在乳酸发酵中，若添加营养物（辅料）太少，菌体生长缓慢，pH 变化不活跃，发酵速度很低，残糖高，产量低，周期长。相反，若添加营养物（辅料）太多，会使菌体生长旺盛，发酵加快，但由于菌体过多地消耗营养物而使发酵产率降低。因此，乳酸菌必须在丰富的种子培养基中多次活化培养，一旦进入发酵，营养物质（辅料）添加必须控制在生长的亚适量水平。

2. 杂菌污染的控制

控制乳酸细菌的乳酸发酵温度，为 50℃左右，一般杂菌难以在此环境中生存，而使乳酸发酵安全进行。但乳酸细菌发酵是兼气发酵，发酵罐是敞开或半密闭的。发酵过程中需分批添加碳酸钙并通气搅拌，难免混入大量杂菌。若控制不当，杂菌生长繁殖，则抑制正常乳酸菌的生长和发酵，不但影响乳酸产酸率，而且因污染杂菌，尤其是污染产 D - 乳酸杂菌后，会使产品 L - 型乳酸比例下降。工业生产上常采用措施控制杂菌的污染：

（1）加强发酵罐的清洁与灭菌　投料前先检查罐内情况，清除杂物后，用高锰酸钾配合甲醛熏蒸或用其溶液喷刷，灭菌 2h 再用水冲洗干净，或用蒸汽灭菌。

（2）严格控制发酵温度　每种菌的最适发酵温度是特定的，必须控制好该菌的发酵温度，以保证该菌株的正常发酵而抑制其他杂菌的生长。

（3）加大接种量　在发酵时加大接种量以使生产菌株生长旺盛，占据绝对优势，从而抑制其他杂菌的生长。

四、 乳酸的分离提取

（一） 发酵液的预处理方法

从发酵液中提取和精制乳酸的主要生产过程为：

发酵液→ 预处理 → 提取 →粗乳酸→ 精制 →成品乳酸

乳酸菌一般不耐酸，通常乳酸发酵是在过剩 $CaCO_3$ 存在的条件下进行的。乳酸和 $CaCO_3$ 反应，生成 5 个水的水合型乳酸钙。由于杂质的存在，发酵终了时，发酵醪变黏稠。尤其当初糖浓度高时，甚至会使整个发酵醪固化，给后续操作带来麻烦。因此，当乳酸菌活动减弱，发酵醪温度开始下降时，要及时升温至 90 ~ 100℃，并同时加入石灰乳，将 pH 调高至 9.5 ~ 10.0，如果 pH 再高则残糖与氨基酸或蛋白质易发生褐色反应。搅拌均匀后，静止 4 ~ 6h 使菌体等悬浮物下沉。为了避免乳酸钙结晶析出，澄清过程中需保温 55℃，然后将上清液放出，沉渣单独处理。

在上述沉渣部分中加入等量的硫酸钙作助滤剂，在 70 ~ 80℃温度下经板框压滤机压滤。

压滤前必须先通热水或热蒸汽预热板框至 70～80℃，否则热的溶液遇冷会析出乳酸钙结晶，造成损失，并使过滤操作困难。同时，滤饼用少量热水洗涤且压干滤饼。将上述清液和滤液混合，加入 1.5%～2.0%（用量视原料种类、含杂程度、产品色度和要求而定）的活性炭，于 60～70℃进行脱色，趁热过滤，获得清液。

（二）传统的乳酸分离提取工艺

1. 钙盐法提取乳酸

提取乳酸最成熟的方法就是乳酸钙结晶—酸解工艺，见图 5-16。

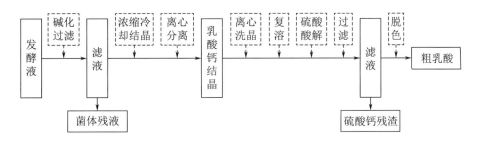

图 5-16 钙盐法提取乳酸的工艺流程图

发酵液经升温、碱化处理后，除去菌体、蛋白质等杂质。得到的乳酸钙滤液经过适当浓缩、结晶。再离心分离除去母液，同时使用流动水快速洗去残留的母液和一些蛋白质、糖类及色素，得到乳酸钙的白色晶体，后加热溶解晶体，用硫酸进行酸解，再加入适量的活性炭进行脱色、过滤、去除硫酸钙及活性炭滤渣，得到粗乳酸溶液。再利用阴阳离子交换树脂处理经过浓缩后的粗乳酸液，除去 Na^+、Ca^{2+}、Fe^{2+}、Cl^-、SO_4^{2-} 等阴阳离子，经过离子交换树脂处理过的乳酸溶液经过浓缩，浓度可以达到 80%以上。

（1）浓缩工艺 为了从乳酸钙溶液中提取乳酸钙。可将溶液浓缩达过饱和，使结晶析出。将沉降罐中的上清液，打入双效蒸发罐中，剩余的含有沉淀物的料液，返回板框再次过滤。浓缩一般采用减压蒸发，温度控制在 70℃以下，因高温下，过滤沉降液中的残糖易生成焦糖，使色泽加重，影响乳酸钙结晶质量。

乳酸钙浓度达 11～14°Bé 时，常温下可自然形成结晶。一般生产中掌握在 12～13°Bé，乳酸钙含量达 26%～28%。浓缩液的浓度是结晶的关键，若浓度过高，会使料液一放入结晶糟，立即凝结成块，母液难以分离。也会出现结晶堵塞放料管现象，使晶浆放不出来。若浓缩浓度过低，则增加降温负荷，也影响乳酸钙的结晶收率。溶液中所含杂质量的多少，对乳酸钙溶解度影响很大。一般来说，杂质含量增加 1% 乳酸钙溶解度增加 10%，因此浓缩放料时的浓度掌握就要偏高些；反之，则控制偏低些。若杂质含量太高，则很难继续进行浓缩结晶，严重时只能废弃。

（2）结晶工艺 趁热将浓缩锅中的乳酸钙溶液打入结晶罐中，冷却结晶。结晶起始温度控制在 30℃，用 1h 将乳酸钙溶液从 30℃降至 23℃，再用 1.5h 使之降至 18℃，当达到这个温度时，开始有大量结晶析出。此后冷却速度减缓到每 1h 降 2℃，达到最终温度 10℃，保持 3～5h。为了缩短结晶时间，可在起晶前即 30℃时投入 6%～7% 的晶种。

结晶过程包括晶核的形成和晶体长大两个阶段。

乳酸钙溶液通过真空浓缩，乳酸钙的浓度逐渐升高，分子间距离缩小，而分子间的引力增大。当乳酸钙溶液浓度达 11～14°Bé 时（介稳区），放入结晶槽中，采用冷却降温和添加晶种等方法，刺激乳酸钙溶液进入不稳定区。当达到一定的过饱和程度时，乳酸钙分子会相互吸引，自然聚合，生成晶核（即起晶）。然后继续冷却降温，降低乳酸钙的溶解度，使乳酸钙分子继续被吸附到已形成的晶核表面，使晶体不断长大。

值得特别注意的是，在形成晶核的前后一段时间内，不能搅动或震动液体，否则会使乳酸钙分子间的排列次序打乱，形成粥样结晶，即"伪晶"，使晶体和母液无法分离。

（3）洗晶工艺　结晶完成后，倾去母液（采用精原料发酵的时液可进行二次浓缩结晶），取出粗结晶。将珊瑚状结晶块通过搅碎机打散成小颗粒状结晶，注意搅碎机的转速不能太高，避免将乳酸钙结晶打碎成粉状，造成流失。也不可留有直径 >5mm 的大颗粒结晶，否则，结晶颗粒内部包含的母液不易去除干净，给后工序精制工作带来困难。

将打散的乳酸钙结晶装入离心机，甩出母液，并在离心机开动情况下，用水洗涤结晶，使洗水迅速穿过结晶层，既可洗净结晶表面黏附的母液及杂质，又可避免洗水与结晶长时间接触，使结晶溶解。结晶洗至洁白后，用纯水再洗涤一次。即可获得粗品乳酸钙。

（4）溶晶、酸解、过滤、脱色工艺　将乳酸钙结晶放在溶解槽内，加入上批的石膏洗涤水，通入蒸汽，使之溶解。

将溶液打入酸解罐内，添加 50% 浓 H_2SO_4 进行酸解。酸解时产生大量热量，注意冷却，使料温不超过 80℃，以防乳酸钙分解。用 0.1% 甲基紫溶液检验，酸解当量合适时呈橘黄色，硫酸过量时呈绿色，乳酸钙过量时呈紫色。硫酸或乳酸钙过量时可以相应被加乳酸钙或硫酸来中和。中和完全后静止 1～2h 使 $CaSO_4$ 充分析出。石膏渣经过过滤机或减压抽滤和乳酸分离，洗涤滤饼水可作为下批溶解乳酸钙之用。

滤液视颜色深浅添加 0.5%～3.0% 粉状活性炭，70～80℃脱色 30min，滤去活性炭渣滓，获得约 20% 浓度的粗乳酸。

（5）技术要点

①乳酸钙浓缩液浓度，即乳酸钙结晶起始浓度应控制在 26%～28%，必须趁热放出。当浓度提高时，晶核形成加速。而使溶液黏度增加，使晶体生长减慢。

②乳酸钙分子在水溶液中处于水合状态，其溶解度随溶液中含的杂质增加而增大。杂质含量增加 1%，乳酸钙溶解度就增大 10%。所以浓缩前脱色是必要的。

③乳酸钙起晶温度以 30℃ 为好。当温度较低时，诱导时间和总的结晶时间要大大延长。最终结晶温度不应高于 10℃。

④酸解中要严格控制乳酸的浓度。在生产中，当乳酸含量高于 20% 时，石膏的溶解度变化最小。当微少过量的硫酸存在时，石膏在乳酸溶液中溶解度降低；当硫酸含量达 5g/kg 时，石膏的溶解度反而随硫酸浓度增加而上升。为了获得大颗粒石膏结晶，便于过滤操作，必须严格控制如下工艺条件：

a. 溶液中石膏的过饱和系数为 1.3～1.4；

b. 乳酸含量不超过 22%；

c. 温度控制在 80℃ 左右；

d. 硫酸过量 0.5% 以下；

e. 石膏晶体成熟时间为 1h。

（6）乳酸钙前结晶工艺优缺点

优点：乳酸钙前结晶工艺可以使乳酸钙与溶液中95%以上的杂质分离，使精制工序简单化，可制成高纯度乳酸。

缺点：由于乳酸钙溶解度大，有约30%的乳酸钙残留在结晶母液中，不能结晶出来。而母液黏稠、杂质含量高，不能继续参与结晶，因而造成大量发酵好的乳酸钙流失，提取收率很低。许多采用前结晶工艺工厂的提取收率仅为50%左右。

2. 锌盐法提取乳酸

乳酸锌与乳酸钙相比更容易结晶，利于纯化。锌盐法提取乳酸是在发酵液中加入计算量的硫酸锌，维持在80℃以上进行反应。生成乳酸锌和硫酸钙，趁热滤去石膏，然后冷却结晶。乳酸锌的结晶体经溶化、脱色后，进入硫化氢置换乳酸。生成的硫化锌沉淀可以加硫酸溶解再生成硫酸锌和硫化氢，两者均可用于提取过程。其化学反应原理为：

$$(CH_3CHOHCOO)_2Ca + ZnSO_4 \longrightarrow (CH_3CHOHCOO)_2Zn + CaSO_4$$

$$(CH_3CHOHCOO)_2Zn + H_2S \longrightarrow 2CH_3CHOHCOOH + ZnS\downarrow$$

$$ZnS + H_2SO_4 \longrightarrow ZnSO_4 + H_2S\uparrow$$

与钙盐法相比，采用锌盐法乳酸粗制品制备的回收率可以由70%提高到80%以上，总提取收率由40%~50%提高到60%~65%。

（三）乳酸的分离提取新方法

除了传统的乳酸分离方法，目前许多企业和研究人员也采用新的分离方法。原位分离技术（in situ product removal，IS-PR）是在发酵产物形成的同时，边产生边分离的方法。乳酸发酵过程中，通过从培养介质中及时移走乳酸，达到减少产物抑制、控制pH的目的，从而提高原料的利用率和产品得率，对于实现连续发酵过程有着重要的意义。原位分离方法可采用：溶剂萃取分离法；离子交换树脂、活性炭、高分子树脂材料的吸附法；渗析、电渗析、中空纤维超滤膜、反渗透膜的膜法分离。

1. 萃取法提取乳酸

萃取法是利用相似相容的原理，从发酵液中提取乳酸。萃取法使用不溶或微溶于水的有机溶剂，通过物理或化学作用从粗乳酸中提取乳酸，然后再把乳酸从萃取相中分离出来。萃取法是提取化工产品的重要方法，具有操作简单、占地面积小、可以连续自动化操作等优点。

近年来，许多新的萃取技术相继出现，乳双水相萃取、乳状膜分离、有机溶剂萃取、反胶团萃取和超临界萃取等，这些技术主要应用于以下两个方面：利用无毒或低毒的萃取剂与发酵过程同步进行原位分离产物以及发酵结束后进行乳酸提取。

权（Kwon）等人采用两种廉价的聚合物来萃取分离乳酸。一种是聚合阳离子-聚乙烯亚胺，另一种是非离子型聚合物-羟乙基纤维素。乳状液膜萃取是利用有机溶剂与水互不相溶而形成的膜来选择分离水溶液中乳酸的方法，其中的乳状液膜由三相组成：外相、内相和膜相。

2. 树脂吸附法提取乳酸

树脂吸附法常作为分离和浓缩产品的手段，用来提取发酵液中的乳酸。树脂能够对物质进行有选择性吸附，吸附树脂对物质的这种作用力可分为氢键力、极性分子之间的定向力、极性分子与非极性分子之间的诱导力以及非极性分子之间的色散力。不同分子间的引力不同，在选用吸附树脂时，应该考虑到需要吸附物质的结构和树脂之间是否能形成氢键、是否具有较大的作用力，关系到树脂对需要分离提取物质的选择性强弱问题。吸附法主要有离子交换树脂吸附与高分子树脂吸附。

（1）离子交换树脂吸附法 离子交换吸附作为一种有效的纯化手段，在提纯乳酸上有广泛的应用。该法选择性高、交换容量大、操作简便、设备简单和易于操作等优点。阿拉德那（Aradhana）等人用离子交换法提取乳酸，采用离子交换树脂 Ameberlite IRA - 400 消除了产物抑制。王博彦等人研究用碳酸钠或者氨水作为乳酸发酵的中和剂，发酵液滤去菌体后，得到乳酸钠或乳酸铵溶液，在添加除糖剂后，除掉糖类物质，经过离子交换树脂转型可以得到纯净的乳酸溶液。其反应原理为：

$$CH_3CHOHCOONa + RSO_3H \longrightarrow CH_3CHOHCOOH + RSO_3Na$$

$$CH_3CHOHCOONH_4 + RSO_3H \longrightarrow CH_3CHOHCOOH + RSO_3NH_4$$

柳萍等人用固定化乳杆菌细胞的离子交换吸附发酵法生产乳酸。该法以海藻酸钙凝胶为载体包埋固定化细胞，用深层乳酸发酵，将离子交换树脂填充柱与发酵反应器相连。用于从发酵液中及时地分离出产乳酸。这种方法成功地消除了产物乳酸对乳酸菌生长和产物形成的抑制作用。陈碧娥等人将米根霉发酵液滤去菌体后经过活性炭脱色处理，直接用离子交换树脂除钙，再经过阴离子交换树脂除去杂质离子，连续从发酵液中提取乳酸，经过真空浓缩，获得质量较好的乳酸，且提取率达到了70%。

（2）高分子树脂吸附法 与钙盐法相比，离子交换法有着巨大的进步，杜绝了硫酸钙的产生，产品的回收率也可达到85%~99%。但离子交换树脂需要频繁再生，会产生大量的废液，如用氨水洗脱时，会产生大量的硫酸铵废液。离子交换树脂是一种大孔结构的及大表面积的不溶的坚硬球状聚合物，对有机物有较大的吸附能力。聚乙烯基吡啶（PVP）就是其中之一，研究结果表明，PVP 基本上不吸附大部分无机盐、对乳酸的吸附属于物理吸附范畴，脱附比较容易，甲醇就是一种良好的脱附剂。也有人首先将 PVP 树脂应用于乳酸的发酵和分离，取得良好的效果。

（3）影响树脂吸附和洗脱的因素主要有 ①吸附树脂本身的极性、孔径、比表面积和孔容等综合性能，对它的应用特性起着决定作用。②被分离化合物分子极性的大小直接影响分离效果，极性大的化合物一般适于中极性树脂分离，而极性小的化合物适于非极性树脂分离。在一定条件下，化合物体积越大，吸附力越强。同时分子体积的大小是选择树脂型号的主要因素之一，分子体积较大的化合物应选择较大孔径的树脂，否则将直接影响到分离效果。③样品溶液的浓度对树脂的吸附作用有显著影响。低浓度条件下的吸附主要是第一层吸附，属于型单分子层吸附，随着浓度的增加则建立第二层，以至多层吸附。样品溶液的值对化合物的吸附作用也很重要，根据化合物的结构特点改变溶液的值，可改变树脂对样品的吸附效果。一般情况下，酸性化合物、碱性化合物和中性化合物分别在适当酸性、碱性和中性条件下被较好吸附。④根据吸附力强弱选择不同的洗脱剂及其浓度。对非极性大孔树脂，洗脱剂极性越小，洗脱能力越强。对于中极性和极性大孔树脂则选择极性较大的溶剂较为合适。洗脱剂的上柱流速也是影响洗脱效果的一个重要因素，上柱流速加快，吸附质从树脂相到液相的扩散速度也随之加快，但流速过快洗脱体积也会变的过大，随之就会增加溶剂回收的工作量。因此，选择合适的洗脱流速和洗脱体积也十分重要。

3. 膜技术——电渗析法提取乳酸

膜技术是一门新技术，乳酸提取工艺中可以使用不同类型的膜：电渗析、渗析、微滤和超滤等。

电渗析依靠电场的推动力，可使用具有选择透过的离子交换膜。这种离子交换膜的选择作用包括孔隙选择和电荷选择两个方面，孔隙选择相当于半透膜，而离子选择相当于离子交换作用。电渗析法提取乳酸的原理是利用阴、阳离子交换膜的选择透过性能力，在直流电场作用下使电解质溶液中形成电位差，从而产生阴、阳离子的定向迁移，达到乳酸溶液分离、提取和浓缩的目的。

4. 酯化法提取乳酸

酯化法是乳酸或乳酸钙在有催化剂存在的条件下，即使在较低的浓度下也易与低级醇形成酯，这些酯遇到水蒸气也易水解。酯化法提取乳酸正是基于该原理。常见的方法是：从填满陶瓷片的反应器顶端，注入浓度在26%以上的粗乳酸和少量硫酸的混合液，从下端融入甲醇蒸气，再将馏出的水、甲醇和酯的混合物引入分馏塔。经过这次分离，甲醇被完全分离出来，而水和酯的共沸物则被导入水解器中，通入水蒸气进行水解，即可得到纯正的乳酸溶液。水解出来的甲醇通过另一分馏塔与前述分馏出的甲醇混合后可再回用与酯化反应。但该法由于使用了甲醇，对环境造成了一定的危害，这种方法生产的乳酸通常不能用于食品和医药工业。

5. 乳酸提取纯化方法比较

将乳酸分离的几种主要方法进行比较，结果见表5-3，综合分析可见，离子交换树脂法具有生产周期短，自动化程度高，劳动强度低等优点，操作简便，节约能量，该法的操作温度接近于常温，操作压力为常压，克服了蒸馏法的缺点。但离子交换树脂的交换容量是有限的，含高浓度菌体或菌体残骸及其他悬浮杂质和会污染树脂，减小树脂的使用寿命，降低处理能力。

表5-3　　　　　　　　　　　乳酸主要分离方法的优缺点

方法	优点	缺点
钙（锌）盐结晶法	工艺成熟，易控制	原料消耗多，产生大量废渣，收率低
萃取法	操作简便，可连续化、自动化操作	反萃难，萃取剂有毒
离子交换法	收率高，能耗小	树脂再生消耗大量的酸、碱和水
高分子树脂吸附法	能耗低，无污染	吸附选择性差
电渗析法	能耗原料少，能耗低，便于实现工业化生产和自动化控制	膜易受污染，分离后的 L-乳酸还需进一步精制
酯化法	乳酸纯度高	能耗大
蒸馏法	操作简便，产品纯度高	设备要求高，能耗大

思考题

1. 食醋的种类有哪些？
2. 食醋的生产原料有哪些？
3. 食醋生产主要利用的微生物有哪些？生产过程中主要生物化学变化是什么？
4. 食醋的色、香、味、体是如何形成的？
5. 食醋发酵工艺主要有哪些类型？
6. 如何改善速酿法生产的食醋口味单薄的缺点？
7. 山西陈醋的酿造特点是什么？
8. 分别叙述乳酸菌发酵生成乳酸机理。
9. 玉米原料细菌发酵乳酸的技术要点有哪些？
10. 黑曲霉生长发酵的环境因素和营养条件是什么？
11. 淀粉质原料间歇液化法及其灭菌流程？
12. 柠檬酸提取前加热发酵醪液作用？
13. 柠檬酸提取过程中和、酸解的原理是什么？

氨基酸与核酸发酵

早在 1820 年，Braconnot 首次将蛋白质用酸水解后分离出甘氨酸。1866 年，德国的瑞豪森（H. Ritthausen）利用硫酸水解小麦面筋，分离得到谷氨酸。1908 年，日本东大教授池田菊苗（K. Ikeda）从海带煮出汁提取到谷氨酸钠，于 1909 年由味之素公司开始工业化生产味精。美国农业部研究所的洛克伍德（L. B. Lockwood）发现在葡萄糖培养基中，通过好气培养荧光杆菌时能积累 α - 酮戊二酸，并发表了用酶法或化学法将 α - 酮戊二酸转换为 L - 谷氨酸的研究报告。1957 年日本协和发酵公司首先开始发酵法生产味精，以后日本味之素、三乐公司等也相继投产，从此发酵法生产谷氨酸研究迅速发展。随后发现能大量累积 L - 赖氨酸、L - 鸟氨酸、L - 缬氨酸等新菌株，从而使 L - 赖氨酸发酵（高丝氨酸缺陷型）、L - 鸟氨酸发酵（瓜氨酸缺陷型）、L - 缬氨酸发酵（亮氨酸缺陷型）等的生产得以实现。我国从 1923 年开始利用酸水解小麦面筋的方法生产味精，1958 年开始筛选谷氨酸产生菌，1964 年分离选育出北京棒杆菌 ASl. 299 和钝齿棒杆菌 ASl. 542 二株谷氨酸产生菌，开始投入工业化生产。

由微生物发酵所生成的氨基酸都是微生物的中间代谢产物，代谢控制理论是氨基酸发酵的理论基础。氨基酸生产包括从投入原料到最终产品获得的整个过程，其中发酵是氨基酸生产的关键，但后处理提纯操作和提纯设备选用也会大大影响总的得率。所以，其生产既有微生物生化代谢和生化工程问题，也有机械装备问题。

目前，通过微生物发酵技术生产的氨基酸包括谷氨酸、赖氨酸、苏氨酸、色氨酸、甲硫氨酸、苯丙氨酸等，其中大规模工业化生产的氨基酸主要是谷氨酸和赖氨酸，其生产工艺和技术水平已经成熟。

第一节　谷氨酸生产

一、　谷氨酸生产原料及预处理方法

谷氨酸发酵的主要原料有淀粉、甘蔗糖蜜、甜菜糖蜜，另外还有乙酸、乙醇、正烷烃（液体石蜡）等。国内多数谷氨酸生产厂家以淀粉为原料生产谷氨酸，少数厂家以糖蜜为原料。对淀粉的糖化方法及糖蜜的预处理方法如下：

（一）淀粉的糖化

绝大多数的谷氨酸生产菌都不能直接利用淀粉，因此以淀粉为原料进行谷氨酸生产时，必须将淀粉质原料水解成葡萄糖。淀粉原料很多，主要有玉米、薯类、大米等，我国大部分以玉米或地瓜干粉制备水解糖。下面介绍几种水解糖的制备方法：

1. 酸解法

酸解法生产水解糖，工艺流程如下：

$$\boxed{原料调浆} \rightarrow \boxed{加热糖化} \rightarrow \boxed{冷却} \rightarrow \boxed{中和脱色} \rightarrow \boxed{过滤} \rightarrow \boxed{除杂} \rightarrow 糖液$$

（1）调浆　原料淀粉加水调成 10% ~ 15% 的淀粉乳，用盐酸调 pH 1.5 左右。

（2）糖化　在水解锅内加部分水预热至 100 ~ 105℃，然后加入淀粉乳，迅速升温，0.25 ~ 0.4MPa 保压，水解 10 ~ 30min。注意温度过高易形成焦糖，会增加脱色难度；温度过低，糖液黏度大，又会增大过滤压力。

（3）冷却　一般将糖化液冷却到 80℃ 以下比较适宜。

（4）中和　淀粉水解完毕，酸解液 pH 1.5 左右，需用碱中和后才能用于发酵。中和的终点 pH 4.5 ~ 5.0，以便使蛋白质等胶体物质沉淀析出。

（5）脱色　一般采用活性炭吸附的方法对酸解液中的色素和杂质进行脱色。

（6）过滤除杂　经中和脱色的糖化液静止沉淀 1 ~ 2h，液温降至 45 ~ 50℃，进行过滤除杂质处理，过滤后的糖液送至暂存罐供发酵使用。

2. 酶解法

酶解法即先用 α-淀粉酶将淀粉水解成糊精和低聚糖，然后再用糖化酶将糊精和低聚糖进一步水解成葡萄糖。

（1）酶解法优点

①酶解反应条件温和，不需耐酸碱和高温、高压的设备。

②由于酶作用的专一性，淀粉水解过程中很少有副反应，淀粉水解的转化率较高，葡萄糖当量（DE 值）可达 98% 以上。

③淀粉乳浓度可提高到 34% ~ 40%。

④用酶解法制成的糖液色泽较浅，质量高。

（2）酶解法工艺条件

①淀粉的液化：淀粉在 α-淀粉酶的作用下，分子内部的 α-1,4 糖苷键不断发生断裂。随着酶解进行，淀粉的分子质量变得越来越小，酶解液黏度不断下降，流动性增强，最终生成了能溶于水的糊精和低聚糖，这个过程称为液化。根据 α-淀粉酶的最适作用温度可分为中温酶和耐高温酶，目前较新的工艺是利用耐高温 α-淀粉酶进行蒸汽喷射液化，喷射液化法又依加热设备的不同分为一次喷射液化法和二次喷射液化法。一次喷射液化法由于能耗低，设备少而得到了广泛的应用。

一次喷射液化法要求首先用 Na_2CO_3 溶液将 30% ~ 40% 淀粉乳调整 pH 6.0 ~ 6.4，然后加入 $CaCl_2$ 和耐高温 α-淀粉酶，α-淀粉酶用量为 0.6 ~ 0.7kg/t 干淀粉，搅匀后用泵输送通过喷射蒸煮器，用蒸汽加热到 105℃，随后通过一系列维持管路提供 5min 的停留时间，以便使淀粉充分糊化。通过闪蒸罐使部分液化的淀粉温度降至 97 ~ 99℃，进入层流罐使酶在此温度下继续作用 1 ~ 2h。直至 DE 值达到 11% ~ 15%，液化完毕，用碘液检查，合格后，无须灭酶，降温至

$60 \sim 62℃$，进入糖化罐。液化主要是为下一步糖化做准备，所以液化程度的控制应该以有利于糖化酶的作用为目标。糖化酶对底物的要求是以 $20 \sim 30$ 个葡萄糖单位的底物分子效果最好，因此，液化终点以 $20 \sim 30$ 个葡萄糖单位为适宜，根据碘液显色反应链长 $20 \sim 30$ 个葡萄糖单位与碘液反应显棕红色，因此以液化后溶液与碘液显棕红色为淀粉的液化终点。

②糖化：由糖化酶将淀粉的液化产物糊精和低聚糖进一步水解成葡萄糖的过程，称为糖化。

工业上生产的糖化酶，主要来自于曲霉、根霉和拟内孢霉。曲霉中以黑曲霉产酶活力较高，酶的稳定性也好，能在较高温度和较低 pH 条件下进行反应。糖化过程首先要将已达适宜液化程度的淀粉乳泵入带有搅拌器和保温装置的糖化罐内，调到适宜的 pH 和温度，糖化时的温度和 pH 取决于糖化酶制剂的性质。来自曲霉的糖化酶，一般以 $55 \sim 60℃$、pH $4.0 \sim 4.5$ 为宜；由根霉产生的糖化酶以 $50 \sim 60℃$、pH $4.5 \sim 5.5$ 为宜，按每克淀粉加 $80 \sim 100g$ 糖化酶计算加入糖化酶，当糖化达到要求的 DE 值时，升温至 $80 \sim 100℃$，加热 $5 \sim 10min$，灭活糖化酶，糖化结束。糖化酶的底物专一性很低，它除了能从淀粉链的非还原性末端切开 $\alpha - 1,4$ 糖苷键外，还能缓慢水解 $\alpha - 1,6$ 糖苷键和 $\alpha - 1,3$ 糖苷键释放葡萄糖，因此糖化酶作用于直链淀粉和支链淀粉时，能将它们全部水解为葡萄糖。

3. 酸酶法和酶酸法

（1）酸酶法　对于有些特殊颗粒坚实的原料，淀粉酶很难在短时间内将它们液化完全。针对这种情况，可以先用酸解法将淀粉水解成糊精和低聚糖，然后再用糖化酶将酸解产物糖化成葡萄糖。

（2）酶酸法　酶酸法是将淀粉乳先用 $\alpha -$ 淀粉酶液化，然后用酸水解成葡萄糖的工艺。该工艺适合于大米或粗淀粉原料，可省去大米或粗淀粉原料加工成精淀粉的过程。

（二）糖蜜的预处理

糖蜜是制糖工业的副产物，主要成分为蔗糖，是发酵工业物美价廉的原料。根据来源不同，可分为甘蔗糖蜜和甜菜糖蜜。糖蜜中含有较多胶体物质，黏度大，致使发酵中泡沫较多，且含有较多钙质物质，给谷氨酸的提取带来困难，故糖蜜用于谷氨酸发酵时，需要脱除胶体物质和钙质物质，即澄清处理和脱钙处理。另外糖蜜中含有过剩金属离子和营养物质如生物素等促进菌体过度生长，阻碍产酸，糖蜜也含有黑褐色色素影响成品色泽，所以应对糖蜜进行预处理：

（1）活性炭处理法　活性炭加入量一般为糖蜜的 $30\% \sim 40\%$，成本较高。如果在活性炭吸附前先加次氯酸钠或通氯气处理糖蜜，可减少活性炭的用量。国内曾有人进行过用盐酸水解甘蔗糖蜜，再用活性炭处理的方法去除生物素的实验，并应用于生产。

（2）树脂处理法　甜菜糖蜜也可用非离子化脱色树脂除去生物素，这样可以大大提高谷氨酸对糖的转化率。处理时将糖蜜稀释，杀菌，再调至适合的 pH，然后通过脱色树脂交换柱后调配成发酵液。

（3）金属物质的沉积　糖蜜预先加水稀释成质量比为 1:1 的混合溶液，用 $1mol/L$ 的 HCl 调 pH 7.0，于沸水中加热 30min，加入质量分数 0.01% 的 EDTA 以加速重金属物质的沉积。

（4）脱钙处理　目前生产中常用 Na_2CO_3（纯碱）作为钙盐沉淀剂进行处理，再经固液分离而脱除。

（5）澄清处理　糖蜜预先加水稀释成质量比为 1:1 的混合溶液，用浓 H_2SO_4 调 pH 4.0

左右，进行酸化。通蒸汽加热煮沸 60min，促使胶体蛋白凝固沉淀，同时要通风以赶走有害气体和挥发性物质。然后用 15% 石灰乳中和调 pH 5.0～5.5，经过滤或离心即可得到澄清糖液。

二、谷氨酸产生菌及发酵机理

（一）谷氨酸产生菌

1. 产生谷氨酸的微生物

（1）常见谷氨酸发酵菌的微生物学种类及特征　合成谷氨酸的菌株主要集中在棒状杆菌属（*Corynebacterium*）、短杆菌属（*Brevibacterium*）、小杆菌属（*Microbacterium*）以及节杆菌属（*Arthrobacter*），这四个细菌属在细菌的分类系统中彼此比较接近。短杆菌属隶属于短杆菌科（Brevibacteriaceae），而棒状杆菌属、小杆菌属及节杆菌属等都属于棒状杆菌科（Corynebacteriaceae）。它们在形态和生理方面仍有许多共同的特点：革兰氏染色呈阳性、细胞的形态呈球形、棒形以至短杆形、不形成芽孢、无鞭毛不能运动、都是需氧性的微生物、都需要生物素作为生长因子、都具有一定的谷氨酸发酵能力，每 100mL 培养液中能积累谷氨酸达 3g 以上。

（2）谷氨酸生产菌发酵特性　上述四个细菌属中除节杆菌属外，其他三个属中有许多菌种适用于糖质原料的谷氨酸发酵。棒状杆菌属、短杆菌属及小杆菌属中的一些菌株除适用于糖质原料的谷氨酸发酵外，还适用于乙酸原料、乙醇原料等的谷氨酸发酵。节杆菌属中的谷氨酸发酵菌，有些能适用于以烷烃为碳源的谷氨酸发酵，也有一些适用于糖质原料的谷氨酸发酵。以糖质为原料的谷氨酸发酵菌往往都需要生物素作为生长因子。菌体的生长与生物素的供给量之间成一定的比例，但谷氨酸发酵时必须控制生物素的浓度在亚适量的范围才能生成较多的谷氨酸。

谷氨酸发酵中还应用了许多变异株，其中以营养缺陷型变异株为最重要。营养缺陷型变异株往往是用从自然界中分离筛选得到的谷氨酸发酵菌作为亲株，通过物理或化学等诱变因素处理后选育获得的，例如油酸缺陷型变异株和甘油缺陷型变异株等。油酸缺陷型变异株最初是从要求生物素的谷氨酸发酵菌——硫殖短杆菌（*Brevibactium thiogenitalis*）经过诱变处理后选育得到的。此变异株的生长需要供给油酸，控制油酸供给量处于亚适量时，便能积累较多的谷氨酸。油酸缺陷型变异株适用于生物素过量情况下的糖蜜谷氨酸发酵。在用烷烃作碳源的谷氨酸发酵中，一般情况下需要添加青霉素或使用耐青霉素的变异株才能提高谷氨酸的生成量。但从溶烷棒状杆菌（*Corynebacterium alkanolytieum*）用 N – 甲基 – N' – 硝基 – N – 亚硝基胍（NTG）处理后得到的甘油缺陷型变异株 GL – 21，需要供给甘油才能生长。当以葡萄糖或烷烃作为唯一碳源时，培养基中甘油浓度控制在 0.02%，不需要添加青霉素就可以生成 4%～7% 的谷氨酸，而其亲株溶烷棒状杆菌必须添加青霉素才能生成谷氨酸。此外，在生物素过量的情况下，还有应用组氨酸缺陷型变异株、精氨酸缺陷型变异株及鸟嘌呤缺陷型变异株等进行谷氨酸发酵的例子。

（3）我国谷氨酸发酵生产中使用的菌株　我国谷氨酸发酵生产中使用的菌株主要有北京棒杆菌 ASl. 299、钝齿棒杆菌 ASl. 542、HU7251、7338、B9、T613 及 617、672、天津短杆菌 T913、FM8209、FM – 415、CMTC6282、TG863、TG866 及 S9114、D850 等。其中北京棒杆菌 ASl. 299、钝齿棒杆菌 ASl. 542 等菌株分别是从土壤样品中筛选获得的，B9 和 7338 等菌株分别是通过 HU7251、ASl. 299 诱变选育获得的。

2. 谷氨酸产生菌的筛选方法

筛选不同类型的微生物，在筛选的方法上有所不同，谷氨酸产生菌的筛选过程大致分为样品采集、平板分离、初筛、复筛及发酵试验五个基本步骤。

（1）样品的采集　谷氨酸产生菌一般是好气性的腐生菌，例如节杆菌属的细菌是典型的土壤微生物，棒状杆菌属中的谷氨酸发酵菌多数是腐生性的。筛选谷氨酸发酵菌的样品从森林、田园、草地，动物园、植物园及一些工厂（如淀粉厂、酱油厂、食品厂、面粉厂等）采集较适宜。从这些地方中采集的土样含有机质丰富，因而分离筛选出谷氨酸发酵菌概率较高。也可以采集富有微生物的其他样品，如水果、蜜饯甚至动物的粪便等。采集土样时，应当剥去表土 5～10cm，然后采集，一般春季及秋季较适宜，因为此时气温适中，微生物繁殖旺盛。

（2）平板分离　土壤中往往霉菌、酵母菌、细菌，放线菌四大类微生物同时存在，要采取适当措施避免微生物之间的相互干扰。平板分离培养时往往受到霉菌的严重干扰，在平板分离培养基中适当添加一些抑制霉菌生长的药剂（如灰黄霉素、制霉菌素等）会有一定的效果。

平板分离培养基一般是用加 0.1% 葡萄糖的普通肉汤培养基。根据所筛选的微生物的营养要求，采用含有机氮较多丰富培养基或含有机氮较少的贫乏培养基。筛选谷氨酸生产菌时，在平板培养基中可以加入溴百里酚蓝（B. T. B）酸碱指示剂，产酸的谷氨酸菌菌落周围的培养基变为黄色，从产酸的细菌中可以进一步筛选谷氨酸发酵的菌种。

（3）初筛　初筛的目的就是平板分离得到能生酸的菌株之后，进一步从中筛选出能生成谷氨酸的菌株，淘汰生成其他酸的菌株。要检验菌株是否具有生成谷氨酸的能力，一般可以采用摇管发酵法或生物图谱法等技术。

摇管发酵法是将供初筛用的菌株分别进行液体振荡培养，然后再从液体培养物中检验有无谷氨酸生成。初筛要处理的分离株数量很多，种子用固体斜面，接种量很难严格控制。初筛时由于接种量不一致，加上检测一般用氨基酸的纸上层析法，即通过大致定量、点样、显色，用视觉观察颜色的深浅来判定谷氨酸的含量，只能得出定性的结论，而不能准确地定量测定出各菌株的实际产酸水平，因而精确度低。

生物图谱法是利用微生物法测定谷氨酸的原理与平板培养相结合，检出能生成谷氨酸的菌株。粪链球菌及阿拉伯聚糖乳杆菌等一些菌种缺乏合成谷氨酸的能力，它们生长时必须供给谷氨酸，并且在一定的范围内生长的数量与供给的谷氨酸量之间有比例关系。这些微生物可以用作生物测定谷氨酸的菌株。具体的操作是把平板分离出来的菌株，移接于适合于产谷氨酸试验的平板培养基上，并且以同样方式培养两组，同样编号。当培养至菌体繁殖旺盛时，用强烈紫外光杀死其中一组的所有微生物，然后铺上一层谷氨酸生物测定用的琼脂培养基（生物测定用的菌株的菌体悬浮于培养基中）。应当注意，试验用培养基和测定用琼脂培养基均不得含有谷氨酸；并且制作测定菌株的悬浮液时也要预先将菌体充分洗涤。这样在 37℃ 保温培养后，如果分离株生成谷氨酸的话，生物测定菌株就会在其周围生长。根据菌落的编号，在另一组平板上将生成谷氨酸的菌落移接于斜面供进一步试验。采用生物图谱法一次也能处理较多的样品，但操作中的要求比较严格。

初筛的工作量很大，而且是筛选工作中的重要环节，往往是在几百甚至几千个分离出的菌株中挑选出几个有希望的菌株。初筛过程中的培养基的组成及培养条件的选择十分重要。应当使每个供试的菌株都充分表现出有无生成谷氨酸的能力，必要时需设计几种培养条件或培养基配方，这样就可尽量避免漏筛。

初筛中如能找出产谷氨酸在 1.5% 左右的菌株，就可进一步进行复筛。

（4）复筛　复筛就是将初筛得到的菌株作进一步试验，考察其生成谷氨酸的能力。复筛的方法一般是用三角瓶反复进行摇瓶发酵试验，一方面考察供试菌株的产谷氨酸的水平，同时也摸索供试菌株进行谷氨酸发酵时的最佳工艺条件。

复筛中所选出的菌株产谷氨酸的水平，如能接近或超过现有生产菌种的产酸水平，就可以进行发酵试验。

（5）发酵试验　发酵试验的目的是为了进一步验证摇瓶试验的结果。一般情况下是逐级扩大进行试验。如果发酵罐的自动化控制程度较高的话，也可以把从小型发酵罐试验中所得到的工艺参数直接用于大罐发酵试验。通过发酵试验明确新菌株的产酸水平和该菌株用于生产时的工艺条件。

新菌株如证明具有实际应用价值，还需要对该菌株的细胞形态、培养特征及生理生化的特性作全面的鉴定，确定该菌株在分类中的地位，并正式确定新菌株的名称。

3. 菌种的分离选育与保藏

（1）谷氨酸发酵菌的分离选育　发酵过程中菌种性能的优劣对发酵转化率及产量都有密切关系。微生物的自然变异是比较容易发生的，生产中使用的斜面菌种如果移接次数较多，往往由于有少量菌体细胞的自然变异，致使斜面菌种退化不纯而影响发酵结果。为了使生产稳定，就需要定期进行菌种的分离纯化工作。

根据生产实践中的经验，认为在发酵生产中出现下列现象就必须考虑进行菌种的分离选育的工作。

①种子培养 6h 以后镜检时，细胞的形态多样化，大小不均匀。

②菌种的生长繁殖慢，前期出现生长迟缓现象，积累谷氨酸的情况虽然正常，但发酵周期延长。

③菌种的生长繁殖正常，但发酵过程中出现耗糖慢，周期长并产酸低等现象。

④发酵后期只耗糖，产酸低。

上述现象的产生可能还有其他的原因，但是菌种退化可能是原因之一。一般菌种的分离选育约每隔三个月进行一次。菌种的分离选育工作不应当仅消极地作为预防菌种变异的措施。微生物会发生对生产有利或不利的变异，虽然发生对生产有利变异的可能性是很小的，但也可能在经常进行的分离纯化工作中获得产量较高的菌株。

菌种的分离纯化是一种人工选择，要优中选优。生产不正常时固然要重视菌种的分离纯化，但生产正常，产酸高时同样要坚持菌种的分离纯化，不断分离出高产优良菌株，供生产使用。菌种经常分离纯化，对预防种子带杂菌或噬菌体也有一定效果。

（2）菌种的保藏　保藏菌种一般出于两种情况。一为了随时供生产应用，要求菌种经常处于一定的活化状态，通常保存的是斜面菌种。另一种是为了长期保存，要求菌种处于休眠状态，一般使用的方法是真空冷冻干燥法或沙土管保存等。

（二）谷氨酸的发酵机理

谷氨酸的生物合成包括糖酵解途径（EMP 途径）、磷酸戊糖途径（HMP 途径）、三羧酸循环（TCA 环）、乙醛酸循环、伍德－沃曼反应（CO_2的固定反应）等。发酵过程中 NH_4^+ 被还原氨基化，与糖代谢生成的 α－酮戊二酸生成谷氨酸主要是通过两个反应：

1. 还原性氨基化

此反应是在糖代谢生成的 α－酮戊二酸存在下，在谷氨酸脱氢酶的参与下将铵离子还原氨基化：

$$\alpha-酮戊二酸 + NH_4^+ + NADPH_2 \xrightarrow{\text{谷氨酸脱氢酶}} 谷氨酸 + H_2O + NADP^+$$

式中：$NADPH_2$—还原型辅酶Ⅱ；$NADP^+$—氧化型辅酶Ⅱ。

2. 转氨作用

这一反应是利用已存在的其他氨基酸，经过转氨酶的作用，将其他氨基酸与 α－酮戊二酸生成 L－谷氨酸。

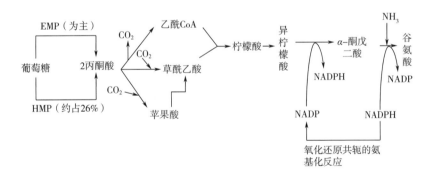

上述两个反应比较起来，还原氨基化是主导性的反应。由葡萄糖发酵谷氨酸的理想途径如图 6－1。

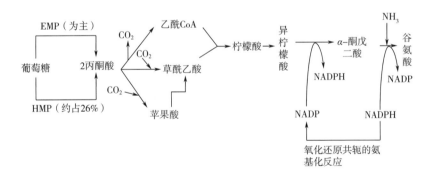

图 6－1　葡萄糖发酵谷氨酸的理想途径

在谷氨酸发酵时，谷氨酸生物合成过程主要有以下几个途径：

（1）糖酵解途径　又称 EMP 途径，葡萄糖在糖酵解途径中首先被降解为丙酮酸，同时有 ATP 和 $NADH_2$ 生成。它是一切生物有机体中普遍存在的葡萄糖降解的途径。糖酵解途径在无氧及有氧条件下都能进行，而丙酮酸在有氧条件下进入三羧酸循环能被继续降解。

（2）磷酸戊糖途径　磷酸戊糖途径又称单磷酸己糖途径（HMP 途径）。葡萄糖生成 6－磷酸葡萄糖后，经磷酸戊糖途径，可以生成核糖、乙酰 CoA 和 4－磷酸赤藓糖等芳香族氨基酸的前体物质，这些都是细菌构建细胞所必需的。同时，过程中有 6－磷酸果糖、3－磷酸甘油醛和多量的 $NADPH_2$ 生成，前两者可以跟糖酵解途径联系起来，进一步生成丙酮酸；后

者是 α‐酮戊二酸进行还原氨基化反应所必需的供氢体。

（3）三羧酸循环　又称柠檬酸循环或 TCA 循环，三羧酸循环不仅是糖的有氧降解的主要途径，而且微生物细胞内许多物质的合成和分解也是通过三羧酸循环相互转变和彼此联系的，它是联系各类物质代谢的枢纽。例如脂肪、蛋白质的分解，最终也都可以进入三羧酸循环而被彻底氧化。

（4）二氧化碳固定反应　由于合成谷氨酸不断消耗 α‐酮戊二酸，从而引起草酰乙酸缺乏。为了保证三羧酸循环不被中断和源源不断供给 α‐酮戊二酸，在苹果酸酶和丙酮酸羧化酶的催化下，分别生成苹果酸和草酰乙酸，前者再在苹果酸脱氢酶催化下，被氧化成草酰乙酸，从而使草酰乙酸得到了补充。

（5）乙醛酸循环　谷氨酸生产菌的 α‐酮戊二酸脱氢酶活力很弱。因此，琥珀酸的生成量尚难满足菌体生长的需要。通过乙醛酸循环异柠檬裂解酶的催化作用，使琥珀酸、延胡索酸和苹果酸的量得到补足。

（6）还原氨基化反应　α‐酮戊二酸在谷氨酸脱氢酶的催化下，发生还原氨基化反应，生成谷氨酸。异柠檬酸脱氢过程中产生的 $NADPH_2$ 为还原氨基化反应提供了必需的供氢体。由葡萄糖生物合成谷氨酸的代谢途径如图 6‐2 所示。

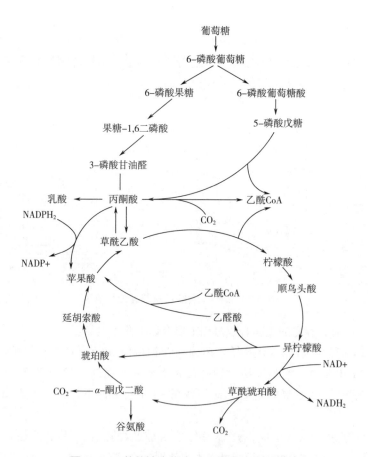

图 6‐2　葡萄糖生物合成谷氨酸的代谢途径

在生物素充足时 HMP 途径合成占的比例约 38%，如果控制生物素亚适量，HMP 途径合成占的比例约 26%，大部分从 EMP 途径进行合成。

糖质原料发酵法生产谷氨酸时，应尽量控制通过 CO_2 固定反应供给 C_4 二羧酸，而在乙酸发酵谷氨酸或石油发酵谷氨酸时，却只能经乙醛酸循环供给 C_4 二羧酸，如图 6-3 所示。

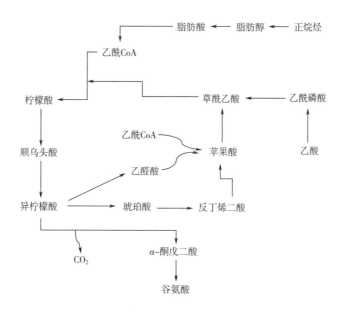

图 6-3　乙酸或正烷烃生物合成谷氨酸的代谢途径

谷氨酸产生菌糖代谢的一个重要特征就是 α-酮戊二酸氧化力微弱，尤其在生物素缺乏条件下，三羧酸循环到达 α-酮戊二酸时，即受到阻挡。在 NH_4^+ 存在下，α-酮戊二酸因谷氨酸脱氢酶的催化作用，经还原氨基化反应生成谷氨酸。

谷氨酸产生菌的谷氨酸脱氢酶活性都很强，这种酶以 NADP 为专一性辅酶，谷氨酸发酵的氨同化过程，是通过连接 NADP 的 L-谷氨酸脱氢酶催化完成的。沿着由柠檬酸至 α-酮戊二酸的氧化途径，谷氨酸产生菌有两种 NADP 专性脱氢酶，即异柠檬酸脱氢酶和 L-谷氨酸脱氢酶。

在缺失异柠檬酸脱氢酶的谷氨酸缺陷型中，虽有 L-谷氨酸脱氢酶，却不能生成谷氨酸，结果导致积累丙酮酸或二甲基丙酮。所以，在谷氨酸的生物合成中必须有谷氨酸脱氢酶和异柠檬酸脱氢酶的共轭反应。在 NH_4^+ 存在下，两者非常密切地偶联起来，形成一个完整的氧化还原共轭体系，不与 NADPH 的末端氧化系相连接，使 α-酮戊二酸还原氨基化生成谷氨酸。

谷氨酸产生菌需要氧化型 NADP，以供异柠檬酸氧化用。生成的还原型 NADPH 又因 α-酮戊二酸的还原氨基化而再生成 NADP。由于谷氨酸产生菌的谷氨酸脱氢酶比其他微生物活力强得多，所以，由三羧酸循环所得的柠檬酸氧化中间物，就不再继续氧化，而以谷氨酸形式积累起来。若 NH_4^+ 进一步过剩供给，发酵液偏酸性，当 pH 5.5~6.5 时，谷氨酸会进一步生成谷氨酰胺。

因为在谷氨酸发酵的菌体生长期，需要异柠檬酸裂解酶反应，以获得能量和产生生物合成反应所需的中间产物，菌种代谢进行乙醛酸循环途径。但是，在菌体生长期之后，进入谷氨酸生成期，为了大量生成积累谷氨酸，最好没有异柠檬酸裂解酶反应，封闭乙醛酸循环。

这就说明在谷氨酸发酵中，菌体生长期的最适条件和谷氨酸生成积累期的最适条件是不一样的。在生长之后，发酵按如下反应进行：

$$C_6H_{12}O_6 + NH_3 + 1.5O_2 \longrightarrow C_5H_9O_4N + CO_2 + 3H_2O$$

1mol 葡萄糖可以生成 1mol 的谷氨酸。最高理论收率为 81.7%。上式中，C_4二羧酸是 100% 通过 CO_2 固定反应供给。如 CO_2 固定反应完全不起作用，丙酮酸在丙酮酸脱氢酶的催化作用下，脱氢脱羧全部氧化成乙酰 CoA，通过乙醛酸循环供给 C_4二羧酸。反应如下：

$$3C_6H_{12}O_6 \longrightarrow 6C_3H_4O_3 \longrightarrow 6CH_3COOH + 6CO_2$$
$$6CH_3COOH + 2NH_3 + 3O_2 \longrightarrow 2C_5H_9O_4N + 2CO_2 + 6H_2O$$

最高理论收率仅为 54.4%。实际谷氨酸发酵时，因控制的好坏，加之形成菌体、微量副产物和生物合成消费的能量等，消耗了一部分糖，所以实际收率处于中间值。换言之，当以葡萄糖为碳源时 CO_2 固定反应与乙醛酸循环的比率，对谷氨酸产率有影响，乙醛酸循环活性越高，谷氨酸生成收率越低。

三、 谷氨酸发酵生产工艺及调控

我国 1964 年实现了以葡萄糖为底物微生物发酵法工业化生产谷氨酸及其钠盐（味精），逐渐淘汰了以面筋为原料盐酸水解生产味精的老工艺。

发酵法生产谷氨酸生产分为菌种培养、发酵、提取等主要步骤，其生产过程如图 6-4 所示。

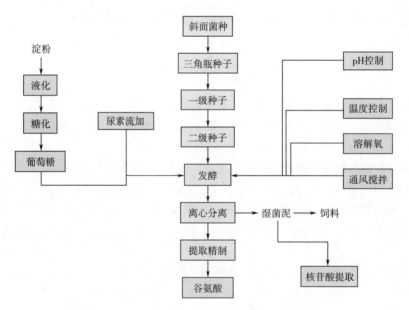

图 6-4 发酵法生产谷氨酸生产流程图

1. 菌种培养

（1）斜面培养 斜面菌种的培养基配方：蛋白胨 1%、牛肉膏 1%、氯化钠 0.5%、葡萄糖 0.1%、琼脂 2%、pH 7.0~7.2。菌种的培养条件一般是 32℃培养 18~24h。培养完成后，要仔细检查是否有杂菌感染，合格后保存于冰箱中待用。

（2）一级种子培养　一级种子培养基配方如表 6-1 所示。在 1000mL 三角瓶中装培养液 250mL，于 120℃灭菌 15min，冷却后，培养基接入经挑选的耐高糖高产菌种斜面，每支斜面菌种接种三只一级种子三角瓶，于 32℃摇床培养 10.5~11h。培养好的一级种子，其培养液的光密度值（OD 值）应净增加 0.7~0.8，符合产酸试验要求。并检查无杂菌及噬菌体感染后方可接入二级种子罐。

表 6-1 　　　　　　　　　　　　各级培养基组成　　　　　　　　　　单位：%

组成	耐高糖菌种培养基	一级种子培养	二级种子培养	发酵培养
蛋白胨	0.5			
牛肉膏	0.5			
氯化钠	0.5			
葡萄糖	2.0	2.5		
琼脂	2.6			
pH	7.0	7.0	6.7	7.0
水解糖			3~4	15~21
尿素		0.55	0.4	0.4~0.8（初期）
K_2HPO_4		0.12	0.22	0.2~0.25
$MgSO_4$		0.04	0.045	0.065
Fe^{2+}、Mn^{2+}		2mg/kg	2mg/kg	3mg/kg
玉米浆		2.6~2.8	3.5	0.7~1.1

（3）二级种子培养　二级种子培养基配方如表 6-1 所示。培养基于 110℃灭菌 10min，冷却至 33℃时接入一级种子，接种量 8%，通风搅拌培养 6~8h。培养成熟的二级种子 OD 值净增加大于 0.4，pH 升至 6.8~7.1，镜检菌体形态均匀，革兰氏阳性明显，无杂菌及无噬菌体感染。

2. 发酵

水解糖液由大米、玉米、薯干等经水解制成（见谷氨酸生产原料及预处理方法），配好的培养基（表 6-1）在 105℃灭菌 5~8min，冷却至 32℃时接入二级种子，接种量 5%~10%，于 31~37℃通风培养并搅拌 36~48h。在发酵期间通过流加尿素来控制 pH，为了获得最大的谷氨酸产量应当控制好发酵参数。影响发酵过程中谷氨酸的产量，有以下几个方面因素。

（1）生物素含量　利用糖质为原料的谷氨酸产生菌绝大多数为生物素缺陷型，以生物素为生长因子。生物素的作用主要是影响细胞膜的渗透性，同时影响代谢途径。生物素的含量对菌体生长繁殖和谷氨酸积累都有影响，大量积累谷氨酸时，生物素的浓度远比菌种生长的需要量低，即为菌种生长的亚适量。谷氨酸发酵最适的生物素浓度由于菌种不同，碳源种类和浓度不同以及供氧条件不同而异，但一般为 2~5μg/L。如果生物素含量太高，菌体生长繁殖快，结果长菌不产酸，或者产乳酸、琥珀酸等；若生物素不足，菌体生长不好，谷氨酸产量也低。

在生产上前者表现为长菌快，耗糖快，pH 低，尿素随加随耗，谷氨酸产量少或不产谷氨酸。后者表现为长菌慢，耗糖慢，pH 偏高，发酵周期长，谷氨酸产量低。当氧不足，生物素过量时，发酵向乳酸发酵转换；当供氧充足而生物素过量时，葡萄糖倾向于完全氧化，长菌不产酸。当供氧充足而生物素适量给予，在尿素或 NH_4^+ 不足的条件下，进行 α-酮戊二酸的积累；如果尿素或 NH_4^+ 充分，则积累谷氨酸。这时再提高尿素的浓度，并将 pH 调节成偏酸性，谷氨酸的生物合成就更加活跃。微生物呈现这种微妙的自控机制，在谷氨酸发酵和生物素的关系上是最明显的例子。

菌体从培养液中摄取生物素的速度很快，远超过菌体繁殖所需要的生物素量。因此，培养液中残存的生物素量很少，在培养过程中菌体内的生物素含量由丰富转向贫乏，而达到亚适量，保证谷氨酸的积累。有人利用乳糖发酵短杆菌试验，菌体内生物素从 $20\mu g/g$ 干菌体降到 $0.5\mu g/g$ 干菌体，菌体就停止增殖，继续培养就在体外积累谷氨酸。

生物素是 B 族维生素的一种，又称辅酶 R 或维生素 H。存在于动植物的组织中，多与蛋白质呈结合状态存在，见表 6-2。

表 6-2   常用作生物素来源的原料

原料	玉米浆	米糠	甘蔗糖蜜	麸皮	干酵母
生物素含量/（μg/kg）	18	270	1200	200	600~1800

由于这些原料品种、产地、加工方法等不同，其生物素含量有较大的差别。高糖发酵中生物素的用量随糖浓度的提高可适当提高。

（2）pH 和流加尿素的速度   pH 对微生物的生长和代谢产物积累都有很大影响。谷氨酸产生菌的最适 pH 6.5~8.0，各种菌种又略有不同，例如黄色短杆菌 672 的最适 pH 7.0~7.5，ASl. 299 最适 pH 6.0~7.5，T6-13 最适 pH 7.0~8.0。

谷氨酸产生菌的生长和产酸最适 pH 是有差异的，所以在不同的培养阶段对 pH 的要求也往往不同。在发酵前期，菌体生长是主要矛盾。因此 pH 偏低些，一般控制在 6.7~7.0，菌体生长旺盛，消耗营养成分快，长菌而不产谷氨酸。

在发酵的中、后期，应控制菌体生长而大量产酸，一般控制 pH 7.2 左右，因为谷氨酸脱羧酶的最适作用 pH 7.0~7.2，氨基转移酶的最适 pH 7.2~7.4，发酵过程中 pH 的控制是通过添加尿素或氨水的方法来实现的。由于氨水作用快，对发酵液的 pH 波动影响大，只能用 pH 电极自动控制连续添加。要求操作技术高，但成本低，国外许多大厂应用此法。我国味精多采用尿素添加法，操作技术简单。流加的尿素既作为氮源的补充又调节 pH。添加的尿素被菌体脲酶作用分解放出氨，使 pH 上升。

氨和培养基其他组分被菌体利用并形成有机酸等中间代谢产物，使 pH 下降，这样反复进行，以维持一定的 pH。添加尿素的量和时间主要根据 pH 的变化而定，同时还应考虑到菌体的生长、耗糖、不同的发酵阶段等因素。一般在发酵 6h 左右，培养液中的尿素基本被耗尽，pH 开始下降，可加入第一次尿素，加量为 0.4%~0.5%；在发酵 12h 左右，菌体生长已在指数期中期，代谢旺盛，氮源消耗大，应少量多次添加尿素，几乎是每 2h 加一次，使 pH 基本稳定在 7.2±0.1，有利于产酸。

如果在发酵前期，长菌缓慢，耗糖慢，需采用少量多次地添加，避免 pH 过高影响菌体生长。当长菌快，耗糖快，添加量可大些，pH 适当高些，以抑制长菌。

在发酵后期，当残糖已很少，接近放罐时，不加或少加尿素，以避免造成浪费和增加提取工序的困难。经验证明，少量多次添加尿素，控制稳定的 pH，有利于谷氨酸的形成。

（3）搅拌与通风量　发酵不同阶段对氧的要求不同，一般在菌体生长繁殖期比谷氨酸生成期对溶氧要求低，菌体生长阶段要求溶氧系数 k_La 为 $2.8 \sim 5.0 \times 10^{-6}$ mol/（mL·min）（比中、低糖发酵 k_La 值大得多）。在长菌阶段，若供氧过量，在生物素限量的情况下，抑制菌体生长，表现为耗糖慢、菌体生长慢，pH 偏高，不易下降。

在发酵产酸阶段，若供氧不足，发酵的产物由谷氨酸转化为乳酸，如果供氧过量，不利于 α - 酮戊二酸进一步还原氨基化，而积累 α - 酮戊二酸。溶氧大小是由通风与搅拌两方面决定的。

在发酵罐结构确定条件下，增大风量，可增大通气线速度，提高溶氧系数，搅拌比通风对溶氧的影响更大，即增大搅拌转速比增加通风量对溶氧系数提高更为显著。

此外，发酵液黏度大，氧的传递阻力大，溶氧系数小，故高糖发酵对通风和搅拌的要求高。大发酵罐比小发酵罐的氧利用率高。在生产中，常固定搅拌转速，通过调节通风量来调节供氧，在发酵前期，以低通风量为宜，从发酵 6h 起随发酵液 OD 值的增长，逐步增大通风量，在发酵 12 ~ 14h 增至最高风量，整个发酵过程采用 3 ~ 4 级风量。

（4）温度　谷氨酸产生菌的生长最适温度 30 ~ 34℃，产生谷氨酸的最适温度一般比生长温度高，为 34 ~ 38℃。在发酵前期控制在 30 ~ 32℃，以后每 6 ~ 8h 提高 1℃，到放罐时在 36 ~ 37℃，整个发酵过程温度曲线平稳地上升，有利于产酸。为了适应谷氨酸发酵工艺的需要，现已筛选出耐高温菌种。

3. 提取

在发酵结束时，由于菌体内酶活力下降，不再形成谷氨酸，必须及时放罐，在发酵液中，除了主产物谷氨酸外，还存在菌体、残糖、色素、胶体物质以及其他发酵副产物。从发酵液中，将产物谷氨酸和杂质分离的方法有：等电点法、离子交换法、盐酸盐法、锌盐法、电渗析法、溶剂抽提法等。这些方法单独使用，提取收率都不太高，通常是将两种方法综合使用，目前生产中常用等电点 - 离子交换法、等电点 - 锌盐法。

（1）等电点 - 离子交换法　等电点 - 离子交换法的工艺流程如图 6 - 5。

将发酵液放入等电桶中搅拌冷却，加入沉降分液得的菌体细麸酸，使液温降至 3 ~ 5℃，加盐酸调 pH。前期加酸速度稍快，1h 左右将发酵液的 pH 调至 5.0，中期加酸要慢，约经过 2h 将 pH 调至 4.0 ~ 4.5，停止加酸，让晶核长大，经过 1 ~ 2h 育晶，然后缓慢加酸使 pH 调至谷氨酸等电点 3.0 ~ 3.2，继续搅拌 12 ~ 14h，使晶体不断长大。

然后静置沉降 4 ~ 6h，放出上清液。然后把谷氨酸结晶沉淀层表面的少量菌体细麸酸清除，放入另一罐中回收利用。底部的谷氨酸结晶取出后，送离心分离，洁净冷水冲洗离心，所得湿谷氨酸结晶即可供精制或制味精用，分离的母液和洗水则合并入等电点上层清液，作为一次母液。由低温等电点结晶这一步所得的谷氨酸提取率达 70% ~ 80%，母液中还残存谷氨酸含量 1.0% ~ 1.3%，因此，通常只有上离子交换柱或锌盐沉淀法回收母液中的谷氨酸。上柱前一次母液常用离子交换洗脱时的后流分调 pH 至 5 ~ 6。

离子交换法提取谷氨酸常用 732 阳离子交换树脂，几柱并联，交替使用。从交换柱底进

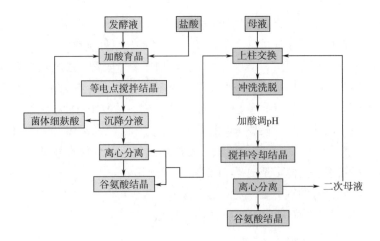

图6-5 等电点-离子交换法的工艺流程图

料，料液不断从柱上部溢出。上柱过程中，要严格控制流速。流速太慢，上液时间太长，且 NH_4^+ 被吸附多，不利于生产；流速太快，谷氨酸来不及同树脂交换从流出液中跑掉。正常流速时，检查流出液的 pH 变化即可知，柱是否已达交换容量。达交换容量时停止加上柱液，用水冲洗柱子，除去柱内残存菌体等杂质，然后再用75℃热水预热树脂，防止因温度升降骤冷骤热，导致树脂破碎，同时防止谷氨酸在柱中析出。当柱温预热到60℃时，放净热水，自柱上部用60℃的4.5% NaOH 洗脱液。在正常情况下，洗脱开始流出液 pH 2.0～2.5，收集为前流分，谷氨酸含量很低，作冲洗水用。

接着是谷氨酸含量高的流分，流出液颜色发白黄、酸味很浓，pH 维持3.0～3.5。高流分快完时 pH 迅速上升，分开收集为后流分，谷氨酸含量减少，含铵离子量较多，当流出液 pH 至9～11时，停止收集，这部分供调节上柱母液 pH 使用，并回收其中的谷氨酸。收集得到的高流分用少量的酸调整 pH 至3.0～3.2。高流分中谷氨酸含量高，自然冷却易析出细小的 β - 型结晶。因此，一般采用加晶种快速冷却法结晶，以生成大的 α - 型结晶。要求在半小时内从流出时的60～70℃冷却至25℃以下，继续搅拌冷却45～60min，谷氨酸结晶大量析出，静置一段时间后真空抽滤得湿谷氨酸，水洗并离心分离得到谷氨酸，离心分离得的二次母液回收配上柱液用。

采用等电点-离子交换法的提取工艺，发酵液的谷氨酸总收率可达90%～93%。

（2）等电点-锌盐法 在等电点法和锌盐法结合应用中，有先将发酵液用锌盐法得谷氨酸锌盐，再酸解冷却结晶谷氨酸的，但这种方法中谷氨酸锌盐沉淀时排放的菌体废液中谷氨酸含量高（2～4g/L），锌离子浓度大（2～3g/L），环境污染严重。所以，应该先用等电点法，再用锌盐法回收母液中的谷氨酸，这样可比锌盐-等电点法少耗用硫酸锌和盐酸（或硫酸），而且，排放的废液中锌离子浓度和谷氨酸浓度都降低了，减少了环境的污染。此法与等电点-离子交换法相似，只是将等电点法得的母液用锌盐法处理。前面的等电点法操作同等电点-离子交换法，等电点-锌盐法工艺过程如图6-6。

等电点法所得谷氨酸母液含谷氨酸量较低，用二次母液（含谷氨酸含量3.3～3.8g/100mL，Zn^{2+} 含量6～7g/100mL）后，补加少量的硫酸锌，使料液中谷氨酸:Zn^{2+} =2:105（质量比）即可。

接着用 NaOH 溶液调 pH 至6.3，使其生成谷氨酸锌盐沉淀，搅拌5～6h，静止沉淀4～

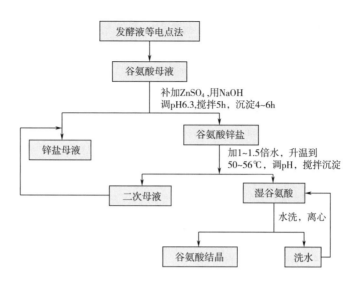

图6-6 等电点-锌盐法工艺流程图

6h，搅拌转速30r/min。操作中应注意一次调整pH至6.3，可得到粗粒谷氨酸锌沉淀，如pH过大，用HCl回调会使Zn（OH）$_2$分离困难。谷氨酸锌完全沉淀后，弃去锌盐母液（其中含谷氨酸和锌离子浓度都较低），谷氨酸锌沉淀加后序工序结晶谷氨酸洗水1~1.5倍，加热升温至50~55℃，用HCl或H$_2$SO$_4$调pH至3.2~3.5，使谷氨酸锌盐沉淀完全溶解。操作时，要掌握好温度、浓度和pH三者之间的关系，严格控制谷氨酸锌盐未溶完前就析出谷氨酸。谷氨酸锌溶解完后，再加酸调pH。谷氨酸起晶前加酸速度要慢，一般在pH 2.8~2.9，温度在45℃左右时开始出现晶核后，就应停酸育晶1~2h，之后再慢慢调pH至2.4，继续搅拌16~32h，使谷氨酸结晶，然后静置沉淀2~4h。

谷氨酸完全沉淀后，吸出二次母液，内含锌离子为60~70mg/mL，谷氨酸为33~38mg/mL，可回入下批母液中循环使用，谷氨酸结晶则离心去母液，水洗一次，即得谷氨酸结晶，送下道工序制造味精。

4. 味精生产工艺

从发酵液中提取的谷氨酸，仅仅是味精生产过程中的半成品。谷氨酸制味精的工艺过程为：

中和→除铁、脱色→浓缩→结晶→干燥→成品。

下面介绍各操作步骤的要点：

（1）中和 谷氨酸结晶用干净水溶解后，加Na$_2$CO$_3$中和至pH 6.7~7.0。中和液pH不能超过7.0，超过7.0时，生成的是谷氨酸二钠，不具有味精（谷氨酸一钠）的鲜味。此外，还会促使L-谷氨酸一钠转变为D-谷氨酸一钠的消旋化反应。消旋化反应除受pH影响外，还受温度等因素的影响。因此中和反应应在较低的温度下进行，如果pH超过7，可加谷氨酸结晶重新调整到中性，此时谷氨酸二钠就重新变成谷氨酸一钠。

（2）除铁、脱色 在谷氨酸的发酵和提取过程中，由于设备的腐蚀及原材料不纯等原因，使中和液中带有少量铁离子、大分子色素等杂质。这些有色杂质如不除去，会使产品色泽发黄。因此，要采用除铁脱色工艺。

在实际操作中，是在中和操作中就加入部分活性炭，中和完成后接着就加硫化钠除铁，生成硫化铁沉淀后再加活性炭进一步脱色。脱色时一般控制温度在 $50 \sim 60℃$，并适当搅拌。活性炭除有脱色的作用外，在后续的过滤操作中还起着过滤介质的作用，有助于除去一些细小的悬浮状态的杂质。

目前，国内也有一些味精厂采用大孔 717 强碱性季铵型阴离子交换树脂及多孔性苯乙烯伯胺型弱碱性阴离子交换树脂 360 等进行离子交换除铁脱色的。

（3）浓缩　要得到纯净的谷氨酸一钠晶体，必须将除铁脱色后的中和液进行浓缩。中和液的浓缩不宜在高温下进行，因为谷氨酸一钠在高温下容易脱水环化，生成焦谷氨酸钠。

目前，味精生产的浓缩过程普遍采用减压浓缩的工艺，主要设备为减压蒸发结晶罐。一般控制真空度在 600mmHg 以上，料液的温度控制在 20℃ 以下，浓缩时真空度越高，料液的沸点就越低，这样既可加快浓缩的过程，又可避免谷氨酸一钠的脱水环化。

（4）结晶　根据产品是粉状还是晶体状，结晶操作有所不同。由于粉状味精的晶体在制成成品时还要磨成粉状，所以对晶体的外形和大小要求不严格，操作是将浓缩液放入带搅拌（搅拌转速 $20 \sim 25r/min$）的不锈钢结晶缸中，自然降温结晶，约需 16h 形成细小的针状味精晶体，经过离心分离得到针状晶体并剩下母液。

母液中仍含有大量的谷氨酸一钠，同时原有的杂质也都残留在母液中。各味精厂处理方式不同，有的厂把分离出的母液并入下批未经除铁、脱色的中和液中一起进行处理。这种处理母液的方式虽然简便，但有缺陷，母液中用脱色和除铁处理不能除去的杂质始终留在母液中，并且每循环一次，杂质的数量就有所增加，最终会影响成品味精的色泽和质量。

一般味精厂对母液处理方式都采用分别集中、分开处理。第一次结晶所得到晶体称为味精原粉，原粉的质量最好，色泽白而纯度高。从味精原粉中分离出的母液称为一道母液。每批的一道母液集中在一起，聚集到一定数量后适当稀释并与中和液一样进行除铁、脱色处理。然后进行浓缩，浓缩到 $33.5°Bé$（比上道增加 $0.5°Bé$）后进行结晶。此次结晶后所得到的晶体称为一道粉，分离的母液称为二道母液，二道母液也分别收集，积聚到一定数量后单独进行除铁、脱色、浓缩、结晶从而得到二道粉和三道母液。所得的各道味精由于母液中杂质含量逐渐增加，因此其色泽和纯度就一道比一道差。最后与味精原粉按比例混合，磨成粉后制成含量为 80% 的粉状味精。有的味精厂为了提高成品味精的质量，保证产品色泽均匀，把含杂质较多的四道粉集中后用水溶解，加盐酸调 pH 至 3.2 使谷氨酸重新沉淀析出，再用这些谷氨酸进行中和反应制作味精。

结晶味精的成品要求晶体具有一定大小而且颗粒均匀、透明、光洁。制作结晶味精所用的中和液要求杂质含量少，透光率在 90%。结晶味精的结晶操作是在同一减压蒸发器中中和浓缩操作交替进行的。

主要操作过程可分为：浓缩、起晶、整晶、育晶等几个阶段。

操作开始时，$3m^3$ 的减压蒸发器加入浓度为 $20 \sim 22°Bé$ 的中和液作底料，底料的总量约为 3000L。浓缩的工艺条件为：真空度保持在 600mmHg 以上，料液温度 70℃ 以下。

在浓缩过程中可以适当地补充底料，浓缩后浓度达到 $30 \sim 30.5°Bé$（70℃）时可以加入晶种，此时的浓度已接近饱和浓度，故加入晶种不会溶化。晶种的规格，数量各厂尚未统一标准。加入晶种后继续浓缩，浓度达到 $33°Bé$ 时，溶液已接近不稳定区的过饱和状态，不仅晶种的晶粒稍有长大，同时也出现了细小的晶核。

随着料液浓度增高，这些晶核不仅逐渐变大而且数量也增多，当浓度提高到 $34 \sim 35°Bé$

时，由于新晶核长大迅速，因此需要整晶。所谓整晶就是加入与料液温度接近的温水，使晶核全部溶解掉，晶核溶解后立即停止整晶。在整晶过程中，由于晶核颗粒相对比晶粒颗粒小，也就是晶核的比表面积大于晶粒，因此其溶解速度比晶粒要快，整晶过程中温水主要是避免料液温度的波动而引起溶解度的变化。整晶以后继续浓缩，如再出现新晶核就要多次进行整晶。在浓缩过程中，为了促进晶粒的长大需要进行补料，补料的总量与底料的数量相等。补料时有的厂使用低浓度的中和液（10°Bé），也有的厂使用与底料浓度相同的中和液。补料分数次进行。在补料过程中尽量使补料速度、浓缩速度与结晶速度三者之间保持适当的平衡，也就是要保持适当的过饱和系数，有利于晶粒的长大而避免晶核的产生。

通过补料而促使晶粒长大的过程称为育晶。育晶的过程中出现新晶核后也要进行整晶。补料结束后，待晶粒长成所要求的大小时，可以准备出料。出料时要预先加入同温度的温水，使浓度降低至 $29 \sim 29.5°Bé$，这样做主要是防止由于出料后温度下降而使晶体产生伪晶。从而影响晶体的外观。出料后放在贮槽内，立即进行离心分离。母液的处理方法与粉状味精相同。结晶味精的操作周期各厂不同，在 $16 \sim 24h$。

结晶完成后，离心分离晶体，离心分离时用 50℃ 温水淋洗一次，用水量为晶体的 $6\% \sim 10\%$，经过离心分离后，晶体的含水量为 $2\% \sim 5\%$，然后送入箱式烘房中干燥，一般保持在 80℃ 左右，干燥 10h 以上，即可达到成品水分含量 $0.2\% \sim 0.8\%$。也有采用真空箱式干燥，传送带式干燥，振动床式干燥的。经干燥后晶体过筛整理后，包装即得成品。

四、 影响谷氨酸产量的关键因素及控制

（一） 生物素对谷氨酸生物合成的影响

谷氨酸发酵的一个重要特点是生物素对谷氨酸积累有显著影响，只有在生物素限量下，谷氨酸才能大量分泌。关于生物素对 L－谷氨酸生物合成途径的影响，经大量研究结果阐明，生物素主要是影响糖酵解速率，而不是 EMP 与 HMP 的比率。以前有人认为，菌体生长期以 EMP 途径为主，发酵产酸期以 HMP 途径为主，现在看来这种观点是错误的。

据日本的研究结果，生物素充足时，HMP 途径所占的比例是 38%，生物素亚适量时为 26%，确认了生物素对由糖开始到丙酮酸为止的糖降解途径的比率并没有显著的影响。在生物素充足条件下，丙酮酸以后的氧化活性虽然也有提高，但由于糖降解速度显著提高，打破了糖降解速度与丙酮酸氧化速度之间的平衡，丙酮酸趋于生成乳酸的反应，因而会引起乳酸的生成。生物素对丙酮酸以后的代谢有更大的影响，能左右碳水化合物完全氧化与否，与谷氨酸生物合成收率有密切的关系。在生物素缺乏时，葡萄糖氧化力降低，特别是乙酸、琥珀酸的氧化力显著减弱。在生物素缺乏的菌体内，NAD 及 $NADH_2$ 含量减少到 $1/4 \sim 1/2$。NAD 水平降低的结果可间接地引起 C_4 二羧酸氧化力下降。

乙醛酸循环的关键酶异柠檬酸裂解酶受葡萄糖、琥珀酸阻遏，为乙酸所诱导。以葡萄糖为碳源发酵生产谷氨酸时，通过控制生物素亚适量（$2 \sim 5\mu g/L$），几乎看不到异柠檬酸裂解酶的活性。原因大概是因为丙酮酸氧化力下降，乙酸的生成速度慢，所以为乙酸所诱导形成的异柠檬酸裂解酶就很少。再者，由于该酶受琥珀酸阻遏，在生物素亚适量条件下，因琥珀酸氧化力降低而积累的琥珀酸就会反馈抑制该酶活性，并阻遏该酶的生成。乙醛酸循环基本上是封闭的，代谢流向沿异柠檬酸→α－酮戊二酸→L－谷氨酸的方向高效率地移动。若以乙

酸为原料发酵谷氨酸，由于存在大量乙酸，就会迅速诱导形成异柠檬酸裂解酶，经乙醛酸循环供给 C_4 – 二羧酸，进而生物合成谷氨酸。

据报道，有的谷氨酸产生菌，尽管在限量生物素的葡萄糖培养基中仍残存有异柠檬酸裂解酶活性，但 C_4 – 二羧酸，特别是苹果酸和草酰乙酸的分解力很弱，也能积累谷氨酸，不过收率会相应地降低。从氮代谢的角度来看，谷氨酸产生菌在发酵培养基中几乎没有谷氨酸分解能力，也没有 α – 酮戊二酸分解能力。为了合成充足的菌体蛋白质，必须有各种氨基酸、蛋白质、核酸的合成及供给足够的能量，在生物素充足的条件下，随异柠檬酸裂解酶的活力增大，通过乙醛酸循环供给能量，进行蛋白质合成。在生物素缺乏条件下，通过乙醛酸循环的供能降低，使蛋白质合成受到控制。图 6 – 7 所示为不同生物素条件下异柠檬酸的代谢途径：

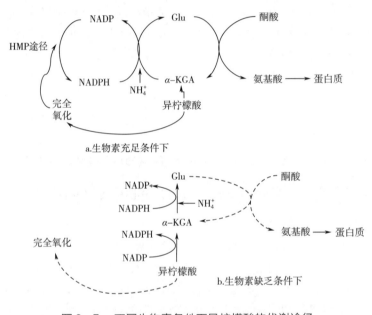

图 6 –7 不同生物素条件下异柠檬酸的代谢途径

在生物素缺乏条件下，异柠檬酸通过氧化还原共轭反应生成谷氨酸。生成的谷氨酸向其他氨基酸的转换微弱。相反，在生物素充足条件下，完全氧化系统加强，生成的谷氨酸在转氨酶的催化作用下，又转成其他氨基酸，蛋白质合成加强。总之，在生物素限量下，几乎没有异柠檬酸裂解酶，琥珀酸氧化力弱，苹果酸和草酰乙酸的脱羧反应停滞，同时又由于完全氧化降低的结果，使腺嘌呤核苷三磷酸（ATP）的形成减少，导致蛋白质的合成活动停滞，在铵离子存在下，生成、积累谷氨酸。反之，异柠檬酸倾向于完全氧化，琥珀酸氧化力增强，丙酮酸氧化力加强，乙醛酸循环比例增大，草酰乙酸、苹果酸脱羧，蛋白质合成增强，谷氨酸减少。

（二） 细胞膜通透性的调节

在黄色短杆菌中，谷氨酸与天冬氨酸生物合成的调节机制，如图 6 – 8 所示。

由于三羧酸循环介于合成与分解之间，谷氨酸比天冬氨酸优先合成，谷氨酸合成过剩时，就会反馈控制谷氨酸脱氢酶（GDH），使从草酰乙酸开始的生物合成转向天冬氨酸。当天冬氨酸的生物合成过量时，就会反馈控制为磷酸烯醇丙酮酸羧化酶（PC 酶）所催化的反应，停止草酰乙酸的生成。所以，在正常情况下，谷氨酸并不积累。

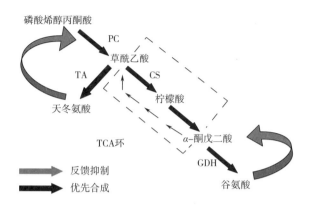

图 6 - 8　谷氨酸与天冬氨酸生物合成的调节机制

假若能设法改变细胞膜的通透性，使细胞膜转变成有利于谷氨酸的渗透，终产物谷氨酸不断排出于细胞外，这样，通过不断除去终产物的方法，使细胞内的谷氨酸终产物不能积累到引起反馈调节的浓度，谷氨酸就会在细胞内继续不断地被优先合成。例如，使用生物素缺陷型菌株发酵时，通过限量供应生物素、在生物素过量时添加脂肪酸类似物或添加青霉素等方法，影响细菌细胞膜或细胞壁的生物合成，改变细胞膜通透性，使终产物谷氨酸不断地透过细胞膜，分泌到发酵培养基中，就能积累氨基酸。

前面介绍了生物素对谷氨酸生物合成途径的影响，但是生物素更本质的作用是影响细胞膜通透性。在低浓度生物素下，细胞膜能使谷氨酸渗透到培养基中，当过量生物素存在时，由于细胞内有大量的磷脂质，谷氨酸即不能渗出，细胞内蛋白质组成则不受生物素影响。通过对比研究在生物素贫乏（限量）及生物素丰富的培养基中生长起来的谷氨酸棒杆菌（No1. 541）的氨基酸含量，得知在生物素限量下，排出的谷氨酸量占总氨基酸量的 92% 左右。而在生物素丰富条件下，排出的谷氨酸量仅占总氨基酸量的 12% 左右，并且主要是丙氨酸。在不同含量生物素培养基中生长的谷氨酸生产菌菌体内的氨基酸，用阳离子表面活性剂洗出，结果表明，谷氨酸生产菌在正常状态时（生物素丰富），保持一定的细胞结构，谷氨酸于体内，不向细胞外泄漏。只有在生物素限量下，谷氨酸才能大量分泌。在谷氨酸发酵中，控制谷氨酸产生菌对谷氨酸渗透的因子以生物素、油酸、表面活性剂、青霉素、甘油 5 个因子最为重要（图 6 - 9）。

生物素作为催化脂肪酸生物合成最初反应的关键酶乙酰 CoA 羧化酶的辅酶，参与了脂肪酸的合成，而由脂肪酸形成了细菌的磷脂。生物素对脂肪酸的合成有促进作用，为了形成有利于谷氨酸向外渗透的磷脂合成不足的细胞膜，必须控制生物素亚适量。生物素最初认为是谷氨酸发酵的关键物质，后来发现可由油酸代替。菌体内生物素的水平高时，添加聚氧乙烯乙二醇的棕榈酸（C_{18}）、十七烷酸（C_{17}）、硬脂酸（C_{16}）等的饱和脂肪酸酯类或饱和脂肪酸，也可使大量谷氨酸排出于菌体外。即在饱和脂肪酸存在时，生物素丰富的细胞，也能在胞外积累谷氨酸。

表面活性剂、高级饱和脂肪酸的作用，并不在于它的表面效果，而是在不饱和脂肪酸的合成过程中，作为抗代谢物具有抑制作用，对生物素有拮抗作用。由于饱和脂肪酸对脂肪酸生物合成的生物素具有拮抗作用，拮抗脂肪酸的生物合成。因此，在饱和脂肪酸存在下，因油酸合成量减少，导致磷脂合成不足，由于磷脂形成减少，结果形成了磷脂不足的不完全的细胞膜，提高了细胞膜对谷氨酸的渗透性。

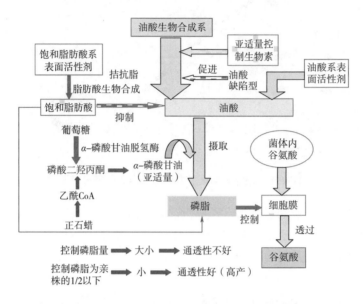

图6-9 谷氨酸发酵控制关系图（遗传缺陷位置）

通过选育丧失脂肪酸生物合成能力的硫殖短杆菌的油酸缺陷型，明确了油酸与谷氨酸产生的关系。前面已知，生物素、高级饱和脂肪酸或表面活性剂都是作用于脂肪酸的生物合成。由于油酸缺陷型已经切断了油酸的后期合成，使菌体丧失了自身合成油酸的能力，所以，对该菌谷氨酸产生能力来说，最重要的因子是细胞内的油酸含量，必须控制油酸亚适量，而细胞内生物素，棕榈酸等饱和脂肪酸的含量多少却影响很小。因为油酸含量的多少，直接影响到磷脂合成量的多少。当高浓度油酸存在时，添加表面活性剂、高级饱和脂肪酸无效，必须控制油酸向下的反应，即控制磷脂、细胞膜的形成，或破坏细胞壁的生物合成，以解除谷氨酸的渗透障碍。如设法控制甘油的合成量，进而控制磷脂的合成量，或通过添加青霉素阻碍细胞壁合成才是有效的。

谷氨酸渗透的控制因子可大致分为两种类型：一是生物素、表面活性剂，高级饱和脂肪酸、油酸、甘油及其衍生物的作用；二是青霉素的作用，在培养过程中，若添加青霉素、头孢菌素 C 等抗生素，可解除生物素过剩的影响，使谷氨酸生成。1971 年用人工诱变法获得的抗青霉素突变株，又将谷氨酸的产率提高到 8.4%。添加青霉素的时间是影响产酸的关键，如果加得太早，会抑制菌体生长，不能获得足够的菌体量，加得太迟，菌体已充分增殖，形成完整的细胞壁，青霉素不起作用。必须要在增殖过程的适当时期添加，并且必须在添加后进行一定的增殖。

一般应考虑在接种后菌体开始进入对数生长期时加入，添加青霉素的时间与浓度，因菌种、接种量、培养基、发酵条件而异。发酵过程中还要根据菌体形态、产酸、OD 等变化情况，确定是否需要补加青霉素以及补加的时间与浓度。

加入青霉素后，进而在菌体量倍增的期间，形成谷氨酸产生力高的酶系，使新增殖的细胞没有充足的细胞壁合成，菌体形态急剧变化，多呈现伸涨、膨润的菌型，完成从谷氨酸非积累型细胞向谷氨酸积累型细胞的转变，此转移期间是非常重要的。如果在加入青霉素后，再加入抑制蛋白质合成的氯霉素，尽管抑制增殖，但是向谷氨酸积累型细胞的转变却是微弱的，不能形成谷氨酸产生力高的酶系，也就不产谷氨酸。

青霉素的作用机制与控制生物素、控制油酸或添加表面活性剂及控制甘油的机制均不同，添加青霉素是抑制细菌细胞壁的后期合成，对细胞壁糖肽生物合成系统起作用。主要机制是抑制糖肽转肽酶，因为青霉素的结构和糖肽的 D – Ala – D – Ala 末端结构类似，因而它能取代合成糖肽的底物而和酶的活性中心结合。因此，如有青霉素存在，则在糖肽合成的最后一步，转肽酶把青霉素误认为五肽最末端的两个丙氨酸而与之结合，结果五肽末端的丙氨酸未被转肽酶移去，甘氨酸五肽桥一头无法与它前面一个丙氨酸相接，因此交联不能形成，网状结构连接不起来，糖肽合成就不能完成。于是菌体内尿二磷和 N – 乙酰基胞壁酸大量堆积，结果形成不完全的细胞壁，导致形成不完全的细胞膜。细胞膜的主要功能之一，是起选择性的渗透膜屏障作用，使营养物质如氨基酸、核苷酸及无机盐等能从外界渗入菌体，而不使菌体内物质向外漏出。但细胞膜本质很脆弱，并不能挡住菌体内很高的渗透压，维持这一内渗压则是细胞壁的作用。

添加青霉素后，使细胞壁的生物合成受阻，细胞壁失去了保护细胞膜的性能，又由于膜内外渗透压差引起了二次膜的变化，而使细胞膜受到机械损伤，失去渗透障碍物，遂使谷氨酸排出。同时，还发现细胞膜组成成分磷脂和细胞壁组成成分 N – 乙酰葡糖胺向外分泌于培养基中。由于磷脂的分泌，细胞膜的渗透障碍物被破坏了。总之，由于添加青霉素，使细菌细胞壁、细胞膜的合成受到损伤，从而引起细胞内的谷氨酸向外泄漏。

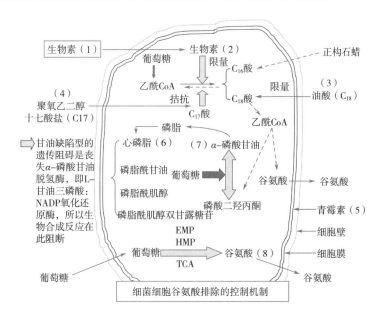

图 6 – 10　细菌细胞谷氨酸排除控制图

使用生物素过量的糖质原料发酵生产谷氨酸时，通过添加表面活性剂、高级饱和脂肪酸，同样能清除渗透障碍物，而使谷氨酸发酵正常进行。但没有发现像添加青霉素那样的菌型变化。值得注意的是，无论是添加青霉素，或是添加表面活性剂（如吐温 – 60），或是添加饱和脂肪酸，都必须要控制好药剂的添加时间，都必须要在药剂加入之后，在这些药剂的存在下，再次进行菌的分裂增殖，完成谷氨酸非积累型细胞向谷氨酸积累型细胞的转变。假若对生物素充足条件下生长菌的休止细胞，添加青霉素、表面活性剂、饱和脂肪酸都不会发生这种转变。

在谷氨酸发酵中，限量生物素，或生物素过量时添加表面活性剂、高级饱和脂肪酸等药剂，或使用油酸缺陷型限量油酸及使用甘油缺陷型限量甘油的作用，都必须要在菌体的倍增期间，完成谷氨酸非积累型细胞向谷氨酸积累型细胞的转变，都是随着抑制增殖的效果，同时由化学变化除去渗透障碍物。它们的作用主要是影响脂肪酸的生物合成、磷脂的生物合成，以便控制细胞内磷脂含量，形成磷脂不足的不完全的细胞膜，从而引起细胞膜的渗透性变化，使谷氨酸向外漏出。

为了稳定产酸，克服因发酵培养基中某些营养不易控制（如生物素的含量）所造成的影响，在谷氨酸发酵中，也可采取"强制控制"的方法，如"高生物素、高吐温"或"高生物素、高青霉素"的方法。即在发酵培养基中预先配加一定量（过剩）的纯生物素，大大削弱原每批发酵培养基中生物素含量变化的影响，同时高生物素、大接种量能促进菌体迅速增殖。再在菌体倍增的早期加入相对高一些的吐温量或青霉素量，以充分形成新的产酸型细胞。固定其他条件，寻找最佳控制条件，达到稳产高产的目的。

（三） 温度敏感型的突变株

为了选育能在高温、高生物素条件下高产谷氨酸的优良生产菌株，由乳糖发酵短杆菌2256菌株诱变选育出一批对温度敏感的突变株，在基本培养基上30℃培养时，生长良好，若在37℃培养时，不能生长或仅微弱生长。并发现其中20株温度敏感性突变株，在生长的适当阶段把发酵温度从30℃转换为37℃以后，能在富有生物素的培养基中生产谷氨酸，而野生型的乳糖发酵短杆菌2256菌株在同样的培养条件下却根本不产谷氨酸。

一株代表性的温度敏感性突变株 ts-88，能在含 $33\mu g/L$ 生物素，含糖3.6%的甜菜糖蜜发酵培养基中，产谷氨酸达1.91g/dL，对糖转化率大于55%，已达到现有的生产水平。使用 ts-88 菌株发酵生产谷氨酸，在发酵期间只需控制好温度转换（如在适当的生长期把发酵温度由30℃提高到40℃），不需任何化学控制（如添加表面活性剂、抗生素等），就能在富有生物素的培养基中高产谷氨酸，具有工艺简单、易于控制、可节约冷却水等优点。

谷氨酸的发酵机制表明，谷氨酸发酵的关键在于培养期间细菌细胞膜结构与功能上的特异性变化，也就是说，只有通过特殊的方法，使谷氨酸产生菌处于异常的生理状态，由谷氨酸非积累型细胞充分转变成谷氨酸积累型细胞时，才能积累谷氨酸。如前所述，已知有如下方法：

（1）使用生物素缺陷型菌株时，限制发酵培养基中的生物素浓度。

（2）在富含生物素的培养基中，添加表面活性剂，如吐温-60等，或添加抗生素，如青霉素等。

（3）使用营养缺陷性菌株（如甘油、油酸等）时，限量供应与细胞膜结构有关的物质（如甘油、油酸）。

这些方法都是控制发酵培养基中的化学成分，从这个意义上讲，可以把这些方法归类为谷氨酸发酵的化学控制方法的范畴。另一方面，利用温度敏感性突变株进行谷氨酸发酵时，由于仅控制温度就能实现谷氨酸生产，所以，可以把这种新工艺称为物理控制方法。

利用温度敏感性突变株进行谷氨酸发酵时，在生长的什么阶段转换温度是影响产酸的关键。必须要控制好温度转换的时间（由 30℃提高到 40℃的时间），并且要在温度转换之后进行适度的剩余生长。每个菌株都有其自己的温度转换的最适时间，并且因接种量、培养基组成和发酵条件而异。温度转换对谷氨酸生产性的影响还清楚地表明，为了在富有生物素的培养基中高产谷氨酸，在温度转移之后，必须进行适度地剩余生长，完成从谷氨酸非积累型细胞向谷氨酸积累型细胞的转变。剩余生长太多，意味着细胞未能进行有效的生理学变化；剩余生长太少，意味着细胞没有机会完成这种转变，这可能是由于剧烈的不利条件损害了整体细胞活性的结果。

第二节　发酵法生产 L－赖氨酸

一、概述

赖氨酸是人体 8 种必需的基本氨基酸（赖氨酸、苏氨酸、亮氨酸、异亮氨酸、甲硫氨酸、缬氨酸、苯丙氨酸及色氨酸）之一。赖氨酸是 8 种氨基酸中唯一的仅 L－型成分才能有效利用的氨基酸，其他几种氨基酸一般均能为其 α－酮基或羟基的类似物或 D－型光学异构体所代替。由于赖氨酸不能在人体中由还原氨化作用或转氨作用来生成，必须从食物中摄取，因此，赖氨酸是一种最重要的基本氨基酸。

1. 赖氨酸的化学性质

赖氨酸的化学名称为 2,6－二氨基己酸，或 α，ε－二氨基己酸，其化学组成为 $C_6H_{14}O_2N_2$，含碳 49.29%，含氢 9.65%，含氧 21.89%，含氮 19.16%，相对分子质量为 146.2。因赖氨酸具有不对称的 α－碳原子，故有不同的光学活性异构体，L－型（左旋）、D－型（右旋）和 DL 型（消旋）三种光学异构体（图 6－11）。

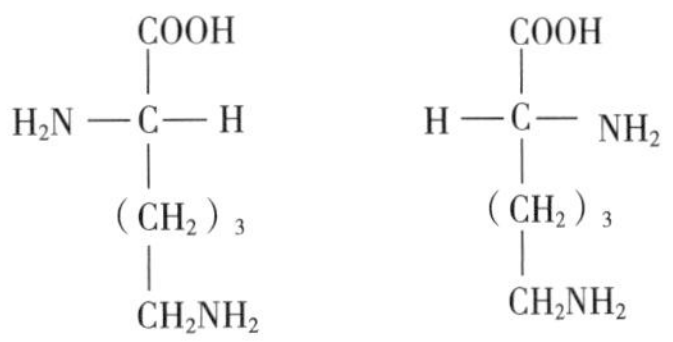

游离的赖氨酸易吸收空气中的二氧化碳，故制取结晶比较困难。一般商品都以赖氨酸盐酸盐的形式生产。L－赖氨酸盐酸盐的化学式为 $C_6H_{15}O_2N_2Cl$ 或 $C_6H_{14}O_2N_2 \cdot HCl$，含氮 15.34%，含氯 19.41%（或含 HCl 19.97%），相对分子质量为 182.65，其结构式如下：

$$[H_3^+N \cdot CH_2 \cdot CH_2 \cdot CH_2 \cdot CH_2 \cdot CH \cdot COO^-]Cl^-$$
$$\overset{|}{NH_3^+}$$

图 6－11　L（D）－赖氨酸分子结构式

熔点 263℃，比旋光度 $[\alpha]_D^{20} = +21°$ $[c = 8g/100mL，6mol/L 浓度的 HCl]$。在水溶液中的溶解度，0℃时为 53.6g/100mL，25℃时为 89g/100mL，50℃时为 111.5g/100mL，70℃时为 142.8g/100mL。5%～10%水溶液的 pH 为 5～6（$c = 3g/100mL$，$t = 25℃$时，pH = 5.2）。

在水溶液中游离赖氨酸的解离常数：$pK_1 = 2.20$（—COOH）、$pK_2 = 8.90$（α—NH—NH$_3$）、$pK_3 = 10.28$（ε—NH—NH$_3$）与酸反应：

$$L－赖氨酸 \xrightarrow{+HCl, pH 5-6} L－赖氨酸－盐酸盐 \xrightarrow{+HCl, pH 2} L－赖氨酸－二盐酸盐$$

赖氨酸结晶在 60℃以下及相对湿度 60% 以下稳定，相对湿度在 60% 以上时容易吸水生成 $C_6H_{14}N_2O_2 \cdot 2H_2O$。1% ~5% 的赖氨酸盐酸水溶液在 pH 3 ~11 于 120℃加热 30min，不着色，也不分解。3.3% 的赖氨酸水溶液在 100℃加热 3h，残存率为 97%。

人类和动物可吸收利用的赖氨酸只有 L – 型，是人体必需氨基酸之一，具有增强免疫和提高中枢神经组织的功能，对调节体内代谢平衡、提高体内对谷类蛋白质的吸收、改善人类膳食营养和动物营养、促进生长发育均有重要作用。赖氨酸含有 α – 及 ε – 两个氨基，其 ε – 氨基必须为游离（非结合）状态时，才能被动物所利用，故具有游离 ε – 氨基的赖氨酸称为有效氨基酸。

2. 赖氨酸的生产方法

赖氨酸的生产方法有微生物发酵法、化学合成法、提取法和酶转化法，但主要的生产方法是微生物发酵法。L – 赖氨酸的发酵生产是采用短杆菌属、棒杆菌属细菌的各种变异株，通过解除其生物合成系统中的调节机制实现的。1958 年协和发酵对谷氨酸棒杆菌进行紫外线照射处理获得的高丝氨酸缺陷型变异株，经发酵产生了大量的赖氨酸，并很快实现了工业化生产。20 世纪 70 年代，日本味之素则采用黄色短杆菌的赖氨酸类似物 S – （2 – 氨基乙基）L – 半胱氨酸（AEC）抗性变异株，进行赖氨酸发酵，结果产酸达 34g/L。其后，各国科学家积极开展了 L – 赖氨酸生产菌种改良工作，获得了各种 L – 赖氨酸高产菌及发酵生产 L – 赖氨酸的方法。

二、 赖氨酸生产菌种及发酵机制

（一） L – 赖氨酸的生产菌种

赖氨酸发酵包括支路生物合成途径，属于天门冬氨酸族，如表 6 – 3 所示：

表6 – 3　　　　　　　　　　赖氨酸及其他氨基酸发酵支路生物合成途径

前体	产物	族
α – 酮戊二酸—谷氨酸	谷氨酸、精氨酸、脯氨酸	谷氨酸
草酰乙酸—天门冬氨酸	天门冬酰胺、甲硫氨酸、苏氨酸 异亮氨酸（部分）、赖氨酸（部分）	天门冬氨酸
磷酸烯醇丙酮酸—赤藓糖 – 4 磷酸	苯丙氨酸（部分）、酪氨酸（部分） 色氨酸（部分）	芳香族氨基醚
丙酮酸	丙氨酸、缬氨酸、亮氨酸（部分）	丙酮酸

1. 营养缺陷型变异菌株

（1）谷氨酸棒杆菌的高丝氨酸、苏氨酸、亮氨酸、异亮氨酸或亮氨酸加异亮氨酸的缺陷型。

（2）黄色短杆菌的高丝氨酸、苏氨酸缺陷型。

（3）乳糖发酵杆菌的高丝氨酸缺陷型。

（4）嗜醋酸棒杆菌的高丝氨酸缺陷型。

2. 调节突变型菌种

抗 S – 氨基乙基 – L – 半胱氨酸（AEC）的黄色短杆菌。

3. 非营养缺陷型的赖氨酸生产菌

用对苏氨酸或甲硫氨酸敏感的黄色短杆菌，其生长受甲硫氨酸或苏氨酸抑制，分别用 30 ~

$100\mu g/mL$ 的苏氨酸或 $50\sim100\mu g/mL$ 的甲硫氨酸处理后能恢复其生长的，则赖氨酸的生成量增加。有以下三种类型：

（1）苏氨酸抑制，甲硫氨酸可使其生长恢复。

（2）甲硫氨酸抑制，苏氨酸可使其生长恢复。

（3）苏氨酸或甲硫氨酸抑制，苏氨酸及甲硫氨酸可使其生长恢复。我国的赖氨酸发酵研究始于 1965 年，中科院微生物所用硫酸二乙酯诱变处理产谷氨酸菌北京棒杆菌 AS1.299，选育得到产赖氨酸的高丝氨酸缺陷性突变株 AS1.563。目前国内外采用基因重组和原生质体融合技术改进菌种性能，获得了产酸率高，生长速度快的优良菌株。

（二）赖氨酸生产菌种的筛选

1. 赖氨酸产生菌——谷氨酸棒杆菌 AS1.563 菌株

（1）诱变方法　以谷氨酸棒杆菌 AS1.299 新鲜斜面为出发菌种，接种于液体完全培养基上，在 30℃ 摇床振荡培养 18h，然后离心收集菌体，所得菌体以生理盐水洗两次，并以 $0.1mol/L$，pH 7.0 的磷酸缓冲液制成浓度为 5×10^8 CFU/mL 的菌悬液。取 10mL 菌液置于 200mL 三角瓶中，加入 0.2mL 硫酸二乙酯，于 30℃ 摇床振荡 20min 后，吸取 0.1mL 菌液（硫酸二乙酯未去除），加入 10mL 完全培养基，于 30℃ 摇床振荡培养 18h，然后以生理盐水作适当稀释后，涂在完全培养基平板上，置 30℃ 恒温箱培养 48h。

为了分离营养缺陷型，用影印培养法测定上述平板上菌落，所得到的营养缺陷型菌落再进一步用基本培养基和基本培养基加酪素水解液测定氨基酸缺陷型。测定结果确定是氨基酸缺陷型者，接种于肉汤斜面上，供发酵筛选用，同时用生长图谱法测定其营养需要，经以上操作选出高丝氨酸缺陷型 AS1.563 产赖氨酸优良菌株（图 6－12）。

（2）培养基

完全培养基：牛肉膏 10g，蛋白胨 10g，酵母膏 5g，氯化钠 5g，琼脂 20g，自来水 1000mL，pH 7.0。

基本培养基：葡萄糖 20.0g，磷酸氢二铵 2.0g，硫酸镁 0.4g，硫酸亚铁及硫酸锰各 20mg，生物素 $20\mu g$，硫胺素 $200\mu g$，琼脂 20.0g，蒸馏水 1000mL，pH 7.0。

发酵培养基：葡萄糖 100.0g，硫酸铵 20.0g，磷酸氢二钾 0.5g，磷酸二氢钾 0.5g，硫酸镁 0.25g，酪蛋白胨 5.0g，生物素 $20\mu g$，硫胺素 $200\mu g$，硫酸亚铁及硫酸锰各 20mg，碳酸钙 10.0g，自来水 1000mL，pH 7.2。

2. S - 氨基乙基 - L - 半胱氨酸抗性菌株（AEC^r）

（1）亲株　黄色短杆菌 2247（ATCC14067）。

（2）抗性菌株的筛选方法　在培养基 A 中培养过夜的 No.2246 菌种，用新鲜培养基按 1:40 比例稀释并在 30℃ 活化 5h，以获得对数期生长菌。菌液用 2mg/mL 浓度的硝基胍（NTG，即 N - 甲基 - N' - 硝基 - N' - 亚硝基胍）在 $0.1mol/L$ 磷酸缓冲液中，于 0℃ 处理 30min，洗涤后立即接入基本培养基 B－1 并补充 AEC 及苏氨酸（浓度各为 2mg/mL）。经培养 $2\sim7d$ 后在平板上出现菌落，即为 AEC 抗性菌株。

（3）培养基组成

培养基 A：蛋白胨 10.0g，酵母膏 10.0g，氯化钠 5.0g，自来水 1000mL，pH 7.2。

培养基 B：葡萄糖 5.0g，硫酸铵 1.5g，尿素 1.5g，磷酸二氢钾 1.0g，磷酸氢二钾 3.0g，硫酸镁 0.1g，氯化钙 0.001g，生物素 $30\mu g$，硫胺素 $100\mu g$，微量元素溶液 1mL，蒸馏水

1000mL，pH 7.0。

微量元素溶液：硫酸锌 8.8mg，氯化铁 970mg，硫酸铜 393mg，硼酸钠 88mg，氯化锰 72mg，锰酸铵 37mg，蒸馏水 1000mL。

培养基 B-1：由培养基 B 及 1% 促进短杆菌生长的生长因子溶液所组成。此生长因子溶液是巨大芽孢杆菌在培养基 B 中培养 48h 所得的上清培养液（该溶液含很少氨基酸及核酸）。

培养基 C（发酵用）：葡萄糖 10.0%、硫酸铵 4.0%、磷酸二氢钾 0.1%、硫酸镁 0.04%，铁、锰各 2mg/kg、生物素 300μg/L、硫胺素 200μg/L、碳酸钙 5.0%、氨基酸混合液 0.2%（含苏氨酸 5.1mg/mL、甲硫氨酸 1.2mg/mL、异亮氨酸 4.9mg/mL）。

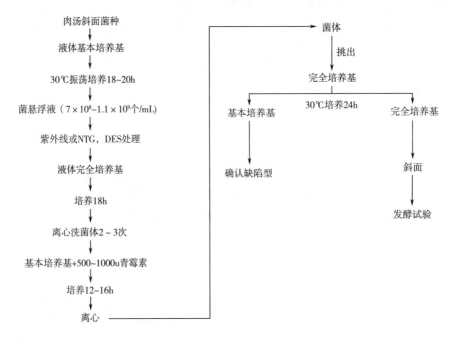

图 6-12 营养缺陷型菌株筛选方法

（三）L-赖氨酸生物合成机制

L-赖氨酸生物合成途径有两种，一种是天冬氨酸途径又称二氨基庚二酸途径（DAP），此途径多存在于细菌、绿藻、原虫和高等植物中，以天冬氨酸为起始物质，还可以合成苏氨酸、甲硫氨酸和异亮氨酸。另外一种是 α-氨基己二酸途径，该途径存在于酵母和霉菌中。酵母主要是酿酒酵母（*Saccharomyces cerevisia*），霉菌主要是粗糙脉孢菌（*Neurspora crassa*）。赖氨酸的实际生产中应用的是细菌，其合成途径如图 6-13。

细菌中葡萄糖生产赖氨酸的代谢途径包括 EMP 途径、TCA 循环、乙醛酸循环、二氧化碳固定反应。

草酰乙酸氨基化反应生成天冬氨酸、天冬氨酸在天冬氨酸激酶和天冬氨酸-β-半醛脱氢酶催化下生成环天冬氨酸-β-半醛，然后分成两路，一方面在 DDP 合成酶等一系列酶催化下生成赖氨酸，另一方面在高丝氨酸脱氢酶催化下生成高丝氨酸，又分为两路：一路在琥珀酰高丝氨酸合成酶等一系列酶催化下生成甲硫氨酸，另一方面在高丝氨酸激酶等酶催化下

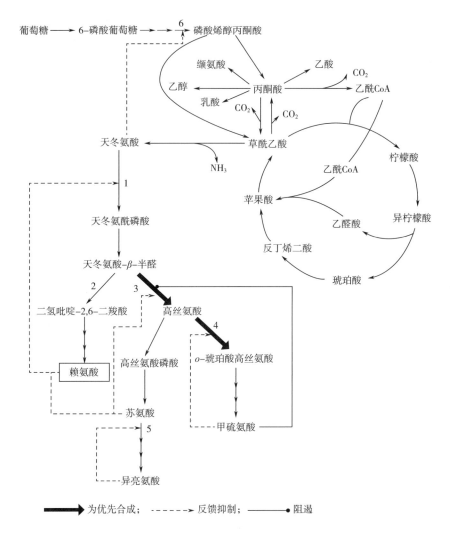

图 6-13　黄色短杆菌赖氨酸生物合成调节机制

1—天冬氨酸激酶　2—二氢吡啶-2,6-二羧酸（DDP）合成酶　3—高丝氨酸脱氢酶
4—琥珀酰高丝氨酸合成酶　5—苏氨酸脱氢酶　6—磷酸烯醇丙酮酸羧化酶

生成苏氨酸，苏氨酸又在苏氨酸脱氢酶等催化下生成异亮氨酸。

　　增加前体物质的合成、减弱或切断支路代谢和促进产物的分泌是提高赖氨酸产量的思路。酮酸是合成天冬氨酸的前体物质，在胞内丙酮酸能生成缬氨酸，使用氨基酸分析仪测得缬氨酸占总氨基酸的 10%，所以定向选育缬氨酸缺陷型，能很大程度上增加丙酮酸的量，从而增加了赖氨酸合成的前体物质；同样在胞内丙酮酸能生成乙酸和乙醇，因此添加乙酸和乙醇能会促进丙酮酸含量的增加从而增加赖氨酸的积累；在发酵过程中添加吐温-80和二甲基亚砜来改变细胞表面结构，使细胞转向分泌型，以增加赖氨酸的积累；天冬氨酸合成过量，会反馈抑制 PEP 羧化酶的活性，因此选育天冬氨酸结构类似物抗性突变株能防止 PEP 羧化酶活性的减弱，从而提高糖质生产赖氨酸的转化率。

　　（1）黄色短杆菌合成赖氨酸的调节机制及育种思路

　　黄色短杆菌的代谢有以下特点：

①天冬氨酸激酶（AK），在黄色短杆菌中是一个变构酶，并有两个活性中心，分别受 Lys、Thr 的协同反馈抑制。协同反馈抑制就是该酶有多个活性中心，抑制物可以分别和某一个特定的活性中心结合，但是并不影响该酶的活性，只有当该酶的所有的活性中心都被抑制物结合后，其活性才受到抑制。

②黄色短杆菌中，存在两个分支点的优先合成机制，即优先合成 Hom，然后再优先合成 Met，当 Met 过量时，阻遏高丝氨酸生成琥珀酰高丝氨酸所需要的酶的合成（即琥珀酰高丝氨酸合成酶），使代谢流向合成 Thr 的方向进行，当 Thr 过量时，反馈抑制 Asp-β-半醛生成高丝氨酸（Hom）所需要酶的活性（即高丝氨酸脱氢酶），使代谢流向 Lys 的合成进行（图 6-14）。

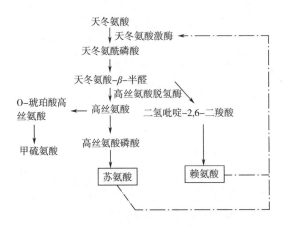

图 6-14　黄色短杆菌赖氨酸合成的途径

根据以上代谢特点，利用黄色短杆菌生产 Lys，需要选育 Hom⁻，其意义在于：

①解除了 Hom 的优先合成机制，阻断了代谢向 Met、Thr 的方向进行，节省了原料，可以使 Asp-β-半醛这个中间代谢产物全部转入 Lys 的生物合成上。

②在培养基中限量的供给 Met、Thr（或者 Hom），对于 AK 酶活性的调节有着重要意义。因为 AK 酶是一个协同反馈抑制的变构酶，限制了其中某一个抑制物（Thr），则 Lys 的浓度再高，也不会影响到 AK 酶的活性，那么，代谢一直向着赖氨酸合成的方向进行，使得产物的合成畅通。

（2）大肠杆菌合成赖氨酸的调节机制及育种思路　大肠杆菌中的 Lys 生物合成途径要比黄色短杆菌、谷氨酸棒杆菌、乳糖发酵短杆菌的代谢调控要复杂。大肠杆菌赖氨酸代谢的关键酶——天冬氨酸激酶是一个同工酶，分别受三个代谢产物的抑制，这三个终产物分别是：Lys、Met 和 Thr，只有当这三个代谢产物同时过量时，Asp 激酶的活性才能完全被抑制。

根据上述代谢特点，要使菌体合成并积累 Lys，可以选育高丝氨酸缺陷型 Hom⁻，这样既可以解除天冬氨酸 β-半醛的代谢支路，使代谢流向 Lys 的方向进行，提高了从底物葡萄糖到产物的转化率；更重要的是由于 Hom⁻，使得代谢过程中不可能产生过量的 Met、Thr，尽管产生了大量的 Lys，Lys 可以抑制关键酶——天冬氨酸激酶，但天冬氨酸激酶 2、3 的活性由于 Met、Thr 的限量，并没有受到抑制，即天冬氨酸 β-半醛仍可以大量的生成，这就保证了 Lys 的生物合成途径的畅通。

三、　赖氨酸发酵工艺及生产控制

（一）发酵工艺

1. 赖氨酸发酵工艺流程

赖氨酸发酵的碳源一般用玉米淀粉水解糖液或红薯粉直接水解液，见图 6 – 15。也可用葡萄糖结晶母液、甜菜糖蜜、甘蔗糖蜜。常用的氮源是硫酸铵及氯化铵，也可用尿素或氨水。氮是赖氨酸的组成元素，因赖氨酸是二氨基的碱性氨基酸，所以赖氨酸发酵所用的氮源比普通发酵要大得多。菌体利用无机氮比较迅速，氨氮及尿素比硝基氮易被利用，因硝基氮需先经过还原成氨以后才能被利用。因硫酸铵及氯化铵是生理酸性氮源，氨氮利用后 pH 下降，游离出的酸根除部分与游离的赖氨酸结合外，其余部分要用碳酸钙或尿素中和，以维持发酵培养基中性。发酵过程中也经常用液氨或氨水调节 pH。赖氨酸发酵的生长因子及其他营养物质一般由玉米浆或豆饼水解液提供。

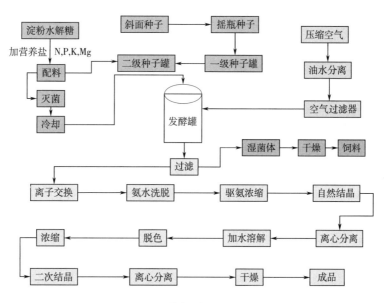

图 6 – 15　赖氨酸发酵工艺流程

2. 斜面培养基组成及培养条件

下面以 AS1.563 菌株为例说明其生产工艺条件：

培养液组成：葡萄糖 0.5%，蛋白胨 1.0%，氯化钠 0.25%，琼脂 2.5%，pH 7.2。121℃，灭菌 15min，灭菌后在 32℃ 保温，检验无杂菌后，接入 AS1.563 菌种，置于 32℃ 恒温箱培养 24h 后取出，贮藏于 4℃ 冰箱中待用。

3. 种子培养

培养基组成：葡萄糖 2.0%，硫酸铵 0.4%，磷酸二氢钾 0.1%，硫酸镁 0.04%，玉米浆 1.0%，豆饼水解液 1.5%，CaCO₃1.0%，pH 7.2。

培养条件：1000mL 三角瓶中，装入 200mL 培养液，在 121℃ 下灭菌 30min，冷至 32℃，无菌操作下接入斜面培养的菌种，在 (32 ±1)℃ 培养 18h。依同样条件，按生产中发酵接种量 5% ~10% 的需要量，扩大二级种子培养，培养时间 10 ~12h。

4. 发酵工艺条件

发酵罐中培养基组成：淀粉水解糖 10.0% ~12.0%，（NH$_4$）$_2$SO$_4$ 3.0%，K$_2$HPO$_3$ 0.1%，MgSO$_4$ · 7H$_2$O 0.04%，玉米浆 1.0%，毛发水解液 1.5%，尿素 0.4%，pH 7.0。

发酵罐中的发酵培养基以 115℃ 的蒸汽灭菌 15min，按 5% ~10% 接种量接入二级种子，在 140r/min 的搅拌速度下，于 （32 ±1）℃ 发酵 50h 左右。罐内保持 9.8 × 10^{4}Pa 的压力，发酵 16h 以前通风量 1:0.1，16h 后通风量 1:0.15。发酵过程中，每隔 6h 取样分别测定残糖（钼蓝比色法）、pH（精密试纸）和光密度值（取发酵液 0.5mL，加 9.5mL 蒸馏水摇匀后，在 721 型分光光度计上用 620nm 波长测定）。发酵 24h 后测定赖氨酸的含量（用尸胺杆菌脱羧酶检压法测定）。

当检验残糖至 1% 以下时，赖氨酸量不再上升，将罐升温到 80℃，10min 后放料进行提取与精制。

发酵过程中添加甘氨酸、亮氨酸、丝氨酸、抗生素、青霉素、去垢剂、抗氧剂、20mg/kg 的铜离子等，均可提高产酸效果。

（二）　L - 赖氨酸的提取与精制

用离子交换工艺，可获得纯度为 99% 的产品。其工艺操作如下：

采用 732 型阳离子交换树脂，通常 1.5t 树脂可以交换发酵液 4t 左右。先将树脂转为氨型，并在上柱前，将发酵液用浓盐酸调 pH 至 4.0 ~5.0，沉淀 1 ~2h，吸取上层清液，以每秒钟 8kg 的流速上柱，流出液 pH 下降到 5.5 ~6.0 以后，用 0.5% 茚三酮溶液作显色反应检查，如出现较深的紫红色显色斑点，则表示树脂交换已达饱和，停止上柱。然后用水冲洗，空气翻动至流出澄清为止，以备洗脱。

先用 1mol/L 左右稀氨水预洗脱到 pH 8.0，然后用 2 ~2.5mol/L 氨水进行洗脱，连续收集，流速为 4300L/h，随着用氨水不断地洗脱，pH 从 9 增加到 13 时，为赖氨酸最高峰，洗脱至显色反应呈淡紫色为止。一般中等规模生产收集 3 ~4t。赖氨酸收集液真空浓缩到相对密度为 1.178 ~1.188，加浓盐酸调到 pH 4.9，搅拌，冷却，过滤自然结晶，离心分离得赖氨酸盐酸盐粗品。

将粗制品加蒸馏水溶解，加热到 80℃，使完全溶解，其相对密度为 1.074 ~1.090，再加活性炭粉脱色至清，过滤，真空浓缩至相对密度为 1.169 ~1.188，搅拌冷却结晶，离心得赖氨酸盐酸盐精制品，于 60 ~80℃ 烘干，纯度一般可达 98%，总产率约为 50%。

如果生产饲料级赖氨酸，也可不经过精制，直接将发酵液浓缩，然后进行喷雾干燥，可大大降低生产成本。

四、　影响赖氨酸产量的关键因素及控制

影响赖氨酸产量的因素很多，根据赖氨酸发酵机理，为获得赖氨酸的最大产率，即使底物最大限度地用于合成赖氨酸，一般可采用以下措施和控制方法。

1. 选育高产优良菌种

（1）常规的菌种筛选

①定期分纯：一般 1 ~2 个月分纯一次，把产酸高、无噬菌体感染的菌株挑选出来；

②小剂量诱变刺激：用紫外线（10 ~20s）、电路、激光等轻微照射，可以淘汰生长微弱

的菌株，并能激发溶原性噬菌体，使挑选出来的菌是产酸高、生长旺盛、无噬菌体感染的优良菌株；

③高产菌株制作安瓿管：通过诱变育种或分纯挑出来的高产酸菌要马上做安瓿管，以防止菌种变异。

（2）选育耐高渗透压菌株

①耐高糖：选育在 20%～30% 葡萄糖的平板上生长好的突变株；

②耐高赖氨酸：选育在 15%～20% 赖氨酸的平板上生长好的突变株；

③耐高糖、高赖氨酸的双重突变株：选育在 20% 葡萄糖 + 15% 赖氨酸的平板上生长好的突变株。

（3）选育不分解利用赖氨酸的突变株　选育不分解利用赖氨酸的突变株，即选育以赖氨酸为唯一碳源的培养基中不长或生长微弱的菌株。筛选方法有两种：

①平板法：选育不长或生长微弱的菌株；

②摇瓶法：选育光密度 OD_{600} 值净增极少的菌株。

（4）选育细胞膜渗透性好的突变株

（5）选育解除赖氨酸反馈抑制的突变株

（6）利用 DNA 重组技术构建赖氨酸工程菌株　最重要的是根据赖氨酸的代谢途径和调控机制，找到赖氨酸生物合成的关键酶，然后应用基因重组方法将这些关键酶的基因分离、克隆，连接到多拷贝的质粒上，再导入宿主细胞中，以增强这些酶在细胞内的合成，从而达到提高活性、代谢速度和提高产量的目的。

2. 控制最适宜的发酵条件进行赖氨酸积累

赖氨酸菌种能够在菌体外大量积累赖氨酸，是因为菌体的代谢调节处于异常状态，只有具有异常生理特征的菌体才能大量积累赖氨酸，赖氨酸发酵是受多种发酵条件支配的。因此，控制最适宜的环境条件是提高赖氨酸产率的重要条件。

在赖氨酸发酵中，应根据菌种特性，控制好碳源、氮源、磷、NH_3、pH、氧传递速率、排气中 CO_2 和 O_2 含量、氧化还原电位以及温度等，从而控制好菌体增殖与产物形成，能量代谢与产物合成，副产物与主产物合成等关系，使底物最大限度地利用来合成主产物。为了实现发酵过程工艺条件最佳化，可利用电子计算机进行资料收集、数据解析、程序控制。在线收集准确的数据，如搅拌转速、液量、通风量、发酵温度、冷却水入口温度和流量、pH、溶解氧、氧化还原电位等。还可准确地取样，并按操作者的要求进行检测和及时处理比增殖速率、比产物形成速率、比营养吸取速率、氧的消耗速度等数据，使操作条件最佳化。

3. 采用流加糖液发酵法

流加糖液发酵法是赖氨酸发酵普遍采用的方法，此法采用较低浓度的初糖和大接种量，以利于菌体迅速繁殖，获得生产需要的足够量强壮的菌体。然后在有利的环境条件下使菌体从长菌阶段转入产酸阶段，缩短发酵时间。当菌体处在生长对数期的末期时，追加糖液，继续发酵，维持一定的稳定的糖浓度，提高温度到 36～37℃，控制 pH 在 7.0～7.5。

流加发酵法的优点是低浓度发酵，以利菌体生长和发酵产酸，总糖浓度达 20% 左右，产酸高达 10% 以上，又采用大种量，促进菌体迅速繁殖，缩短了发酵周期。由于产酸水平高，设备利用率高，提取收得率高，从而节约了大量的原材料、设备和动力等，降低了成本。

第三节　单细胞蛋白与核苷酸生产

一、　单细胞蛋白生产

利用非粮食资源和废弃的可再生资源生产单细胞蛋白（SCP），不仅可以解决蛋白质资源匮乏的问题，而且能够缓解全球粮食危机，减少环境污染，在循环经济和可持续发展战略中具有重大作用。

（一）　单细胞蛋白及生产特点

单细胞蛋白（single cell protein，SCP）又称菌体蛋白或者微生物蛋白（microbial protein），1967 年由麻省理工学院的学者首次提出，指利用各种基质在适宜的培养条件下大规模培养各种单细胞生物获得的微生物菌体蛋白质。

单细胞蛋白具有动植物蛋白质无法比拟的诸多优点：①SCP 产品蛋白质含量高，氨基酸种类齐全，富含维生素，营养价值高；②SCP 产品的生产用原料种类广、数量多；③单细胞蛋白可以实现连续发酵生产，能够提供稳定的蛋白质来源；④单细胞蛋白以液体发酵生产为主，生产设备简单，占地面积小；⑤单细胞蛋白生产具有快速、高效以及生产周期短的特点；⑥单细胞生物易于进行遗传性状改良，能较好地获得理想的目的生物；⑦单细胞蛋白的生产不受季节因素的影响。

（二）　生产单细胞蛋白的微生物

1. 单细胞蛋白生产用微生物基本要求

单细胞蛋白（SCP）往往作为营养添加剂添加于饲料和食品之中，所以单细胞蛋白的营养性和安全性是其最基本的要求。故单细胞蛋白（SCP）生产用微生物需要具备如下条件：

①非致病性和非产毒素性；

②菌体细胞个体形态较大，并富含蛋白质；

③具有较好的耐热、耐高渗性能；

④对基质要求简单，营养谱广；

⑤生长速率常数大，菌体生物量得率高。

2. 单细胞蛋白（SCP）生产用微生物种类

单细胞蛋白（SCP）生产用微生物包括细菌、酵母、霉菌和单细胞的藻类。

（1）酵母菌　酵母菌是一群属于真菌的单细胞微生物，其个体大、高蛋白、氨基酸种类齐全、低核苷酸以及富含维生素，适宜偏酸环境（pH 4.5~5.5）生长的特性，使之成为生产 SCP 的最为关注的微生物。酿酒酵母（*Saccharomyces cerevisiae*）、产朊假丝酵母（*Candida utilis*）、隐球酵母（*Cryptococcus*）、葡萄汁酵母（*S. uvarum*）、汉逊德巴利酵母（*Debaryomyces hansenii*）、头状双足囊菌（*Dipodascus capitatus*）、白假丝酵母（*Candida albicans*）、金黄色隐球酵母（*Cryptococcus aureus*），粟酒裂殖酵母（*Schizosaccharomyces pombe*）、热带假丝酵母（*Candida tropicalis*）、解脂假丝酵母解脂变种（*Candida lipolytica* var. *lipolytica*）、脆壁酵母（*Saccharomyces fragilis*）、脆壁克鲁维酵母（*Kluyveromyces fragilis*）、红法夫酵母（*Xanthophyllomyces dendrorhous*）等是单细胞蛋白生产常用的酵母菌。各种酵母由于各自的碳源营养谱的差异，其各自的发酵基质相差甚远。啤酒酵母只能利用己糖，所以，往往以糖蜜作为发酵基质生产食品级安全酵母；而产朊假丝酵母（*Candida utilis*）可以利用亚硫酸纸浆废液、木材水解液、糖蜜等作为生产用培养基；红法夫酵母（*X. dendrorhous*）则能够利用泥煤生产菌体蛋白。

（2）细菌　单细胞蛋白生产用细菌较多，包括专性甲烷细菌、光合细菌、氢细菌等。其原料主要为植物性纤维素及甲醇、乙醇等或石油衍生物。例如，甲烷氧化菌中的荚膜甲基球菌（*Methylococcus capsulatus*）、甲烷假单胞菌、嗜甲烷单胞菌等能够利用甲烷为唯一碳源生成单细胞蛋白；甲醇菌则利用甲醇为发酵基质；芽孢杆菌属、纤维单胞菌、乳酸菌也往往是单细胞蛋白生产用微生物。细菌源性单细胞蛋白的生产原料广泛，生产周期短，但是细菌个体较小，消化性、核酸含量较高，营养性相对较弱。

（3）丝状真菌-霉菌　灰变青霉（*Penicillium canescens*）、白地霉（*Geotrichum candidum*）、拟青霉（*Paecilomyces varioti*）、米曲霉（*Aspergillus oryzae*）、黑曲霉（*Aspergillus niger*）、木霉（*Trichoderma* sp.）等往往是单细胞蛋白的生产用微生物。霉菌耐酸，能够抑制细菌的污染；其菌丝生产慢，易受酵母污染，须在无菌条件下培养；霉菌分离、收获容易，具有较强的淀粉酶和纤维素酶的活力。故能以淀粉质、纤维素质原料为发酵基质生产单细胞蛋白，糖蜜、酒糟、纤维类农副产品下脚料是霉菌生产单细胞蛋白常见原料。

（4）微藻　微藻是原核藻类和真核藻类的统称，分布最广、蛋白质含量很高的微小光合水生生物，繁殖快、光能利用率是陆生植物的十几到二十倍，是良好的单细胞蛋白生产用微生物。例如，极大螺旋藻（*Spirulina maxima*）生长在温度30℃、pH 8.5~11.0且富含碳酸氢盐的浅水层中；可以从池塘中获得，烘干后作为食物。研究发现，绿藻、硅藻、金藻等真核微藻往往富含油脂，例如葡萄藻（绿藻）、小球藻（绿藻）、杜氏藻（绿藻）、三角褐指藻（硅藻）、高油脂蓝细菌（原核微藻）。因此，蓝细菌中螺旋藻和鱼腥藻是单细胞蛋白生产的常用微生物，特别是螺旋藻是国家重点开发的藻类蛋白项目，由于螺旋藻不含内毒素，不在细胞内形成蛋白质包涵体，其蛋白质含量高，氨基酸、维生素和矿物质含量丰富（表6-4），被誉为"超级营养品"。目前，钝顶螺旋藻（*S. platensis*）、极大螺旋藻（*S. maxima*）和盐泽螺旋藻（*S. subsalsa*）是实现大规模生产、开发的螺旋藻。自然环境中螺旋藻主要分布于中非乍得湖、墨西哥特西科科湖和中国云南永胜程海湖，适于高温碱性环境。

小球藻（*Chlorella*）是一类单细胞绿藻，属于绿藻门、绿藻纲、小球藻属，是一种高效的光合植物，以光合自养生长繁殖，分布极广。小球藻以淡水水域种类最多；易于培养，不仅能利用光能自养，还能在异养条件下利用有机碳源进行生长、繁殖；并且生长繁殖速度快，是地球上动植物中唯一能在20h增长4倍的生物，是良好的单细胞蛋白生产用微生物。小球藻粉中蛋白质含量可达63.36%~63.98%，优于其他植物性蛋白源，接近鱼粉及啤酒酵母的蛋白质水平。其高蛋白、高多糖、低脂肪、富含多种维生素及矿物质的特性，可作为功能食品和营养强化剂应用于食品工业。

表6-4 　　　　　　　　　　　螺旋藻的营养成分 　　　　　　　　　单位： /100g

成分	含量	成分	含量	成分	含量
蛋白质/g	60~70	维生素 A/mg	100~200	赖氨酸/g	4.4
脂肪/g	5~9	维生素 C/mg	21~30	甲硫氨酸/g	1.8
碳水化合物/g	15~25	维生素 B_1/mg	1.5~4	丙氨酸/g	4.7
纤维/g	2~4	维生素 B_2/mg	3~5	精氨酸/g	4.3
灰分/g	6~8	维生素 B_{12}/mg	0.05~0.2	胱氨酸/g	0.3
水分/g	3~7	维生素 E/mg	5~20	谷氨酸/g	9.1
叶绿素/g	0.8~2	肌醇/mg	40~100	甘氨酸/g	3.0
类胡萝卜素/g	0.2~0.4	泛酸/mg	0.1~0.5	苯丙氨酸/g	2.8
藻蓝色素/g	15~20	叶酸/mg	0.05	苏氨酸/g	3.2
钙/mg	400	烟酸/mg	305	色氨酸/g	1.2
铁/mg	100	亚油酸/mg	970	缬氨酸/g	4.4
锌/mg	3	λ-亚麻酸/mg	1 350	组氨酸/g	1.0
镁/mg	300	小分子多糖/g	3	脯氨酸/g	2.1
铜/mg	1.2	天冬氨酸/g	8.1	丝氨酸/g	2.8
磷/mg	900	异亮氨酸/g	4.1	酪氨酸/g	2.5
维生素 B_6/mg	0.5~0.7	亮氨酸/g	5.4		

（三） 单细胞蛋白生产用原料

单细胞蛋白生产原料可以归纳为碳水化合物类、碳氢化合物类、石油产品类、无机气体类、工业"三废"，目前，改变了传统的糖蜜、石油为主要原料的思路，逐渐利用工农业生产的废弃物作为单细胞蛋白生产用原料，趋向于资源再生和环境的生物除污。

1. 碳水化合物和碳氢化合物类原料

碳水化合物原料主要包括淀粉质原料、糖质原料和纤维素质原料。常用的淀粉质原料为马铃薯、玉米、红薯以及菊芋粉；糖质原料为糖、硫酸纸浆废液、纤维素水解液等；纤维素质原料有牧豆树粉、甘蔗渣、玉米芯、秸秆、木屑等。碳氢化合物类原料以石油、石蜡、柴油、天然气、正烷烃、甲醇、乙醇、乙酸为主。传统的单细胞蛋白的生产颜料主要以糖蜜和石油化工产品为主，由于以石油化工原料为基质，生产单细胞蛋白的成本较高，加之能源危机的加剧，当今，单细胞蛋白的生产方向转向了以工农业废弃物等可再生资源为培养基质，优化发酵条件，获得高质量单细胞蛋白。

2. 工农业"三废"

工农业生产过程中的废渣、废水、废气往往残留部分碳水化合物、碳氢化合物、蛋白质、维生素等物质，可为微生物生长提供必要的碳源、氮源等营养素，是生产单细胞蛋白（SCP）的良好资源。造纸、酿酒、味精生产、制糖工业等产生的废水，酱油、淀粉、糖蜜、甲醇、乙酸等生产加工时产生的富含有机物的工业废渣；木薯、玉米秸、花生茎、山药皮、橘皮、香蕉皮、菠萝皮、可可豆、豆荚、棕榈粉、米糠、木屑等纤维素类材料；菜籽饼粕、棉籽饼粕、桐饼、芝麻饼等蛋白质的下脚料；屠宰厂废弃的毛、血、骨、蹄、壳、皮等，鸡、猪等畜禽粪便；鱼、虾等海产品深加工产生的废弃物；城市生活垃圾，以及石油化工产品原料和副产品都可以生产单细胞蛋白。

（1）淀粉生产废渣、废水　淀粉生产废渣、废水中含有较多的蛋白质和糖类，如鲜薯生产淀粉的废水中合糖高达 1% 以上，马铃薯渣的主要成分是淀粉、纤维素、半纤维素及蛋白质。

（2）大豆制品生产废水　豆制品厂废水中含可溶性蛋白 1.04%、糖 2.4%、还原糖 0.5%，其中以蔗糖、棉子糖为主，其次为半乳糖和果糖。南京发酵厂用豆制品废水培养白地霉年产 240 多吨（干粉）。日本用豆制品废水培养胶质红色假单胞菌（*Rhodopseudomonas gelatinosa*），日产 22m³ 豆制品废水的工厂，每天可得 SCP 236kg。据统计，每加工 1t 大豆将排放 2~5t 大豆蛋白废水，废水中可生物降解的有机物浓度生化耗氧量（Biochemical Oxygen Demand，BOD）可高达 10000m/L，化学需氧量（Chemical Oxygen Demand，COD）一般为 12000~20000mg/L，油脂为 1700mg/L 左右，蛋白质为 3800~4000mg/L，总糖为 7000~20000m/L，总氮（TN）为 800~1700mg/L，总磷（TP）为 100~200mg/L，pH 偏酸性、水温适中。而白地霉（*Geotrichum candidum lin*）、产朊假丝酵母（*C. utilis*）、热带假丝酵母（*C. tropicalis*）、解脂假丝酵母（*C. 1ipolytica*）和扣囊拟内孢霉酵母（*Endomycopsis fiburiger*）均能在含糖较高、偏酸性及 25℃ 左右的环境中生长，故大豆蛋白生产废水可以利用菌种的复配，将其中可再生资源转化为单细胞蛋白（SCP）。腐乳生产过程中有大量的有机废水（俗称黄浆水或黄泔水），是大豆质量的 5.5~7 倍，含有 0.2%~0.4% 蛋白质，0.1% 左右的还原糖、多糖类，COD 高达 48100mg/L，SS（悬浮物）400mg/g；经白地霉 1315（*G. candidum*1315）生物转化，可以获得 10g/L 蛋白粉产品，COD 除去率 71.1%，SS 除去率 73.4%。

（3）酒精发酵废渣、废水　酒精发酵生产的废弃物主要是酒糟、洗糟废水。在啤酒生产中，糖化后的洗糟废水是和其他工序的废水一道进行处理，而这一废水中通常含有较多的糖分，其 COD 高达 3000~7000mg/L，利用热带假丝酵母可以发酵洗糟废水降低其 COD，获得菌体蛋白。以产朊假丝酵母 117（*C. utilis*117）、热带假丝酵母 136（*C. tropicalis*136）、白地霉（*G. candidum*）和扣囊拟内孢霉（*Endomycopsis fiburiger*）混合发酵酒糟，发酵最适起始 pH 5.0 左右，适宜的发酵培养基配方为：80% 酒糟、15% 麦麸、3% 玉米粉、1% 豆饼、1% 尿素、0.05% 磷酸酸二氢钾。发酵前用适量糖化酶预处理酒糟能明显提高酒糟蛋白质含量，100g 酒糟中粗蛋白含量能够提高 10.5g，必需氨基酸及钙、磷含量显著增加，粗纤维和单宁含量明显减少。而啤酒生产的主要废弃物 – 麦糟经盐酸水解后，调 pH 5.5，添加 0.08% 磷酸盐，接入热带假丝酵母（*C. tropicalis*），30℃、18h 发酵，可获得干菌体 4g/100g 麦糟；1t 酒槽加水浸泡后得 1°Bé 的浸泡液 10t，添加 0.1% 硫酸铵，可生产白地霉干粉 45~48kg。

（四）单细胞蛋白生产工艺

1. 单细胞蛋白生产的培养方式

微生物培养方式是发酵工艺中的重要内容，能够影响到产物的浓度、得率、生产效率、底物浓度、副产物种类和浓度、工艺复杂程度以及生产性能的稳定性等，生物反应器及其培养方式的选择对生产单细胞蛋白的生产成本和产物分离提纯成本影响较大。连续培养（continuous culture）、分批培养（batch culture）是最基本的微生物培养方式，微生物培养技术发展趋向于大规模培养、混菌发酵、高密度培养、在线控制的自动发酵罐培养。

目前，按照单细胞蛋白生产用基质和培养装置可以分为固态培养（solid-state

fermentation，简称 SSF）和液态培养（liquid culture），其中纤维素质原料为主的废渣，例如米糠、蔗渣、玉米芯、木薯渣等，常用固态发酵法；而有机废水类基质，味精生产废水、红霉素废液、淀粉废水、餐饮泔水，则液态发酵法居多。固态培养（SSF）方法分为好氧菌的曲法培养和厌氧菌的堆积培养法。其中，根据曲容器的形状和生产规模大小分为瓶曲、袋曲、盘曲、帘子曲、转鼓曲和通风曲；液态发酵分为浅盘培养和深层液体通气培养，是单细胞蛋白生产发展的主流技术。

2. 生产单细胞蛋白常规工艺流程

培养方式的不同，发酵基质的差异，致使各种微生物生产单细胞蛋白的工艺略有不同，其生产的常规工艺流程如图 6 – 16。

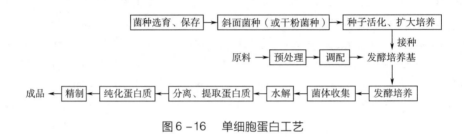

图 6 – 16　单细胞蛋白工艺

3. 固态发酵法单细胞蛋白生产举例

（1）苹果渣固态发酵生产单细胞蛋白　苹果榨汁后的副产物苹果渣，主要由果皮、果核和残余果肉组成，约占鲜果质量的 25%，我国每年可产苹果渣近 300 万 t。苹果渣含有较多的粗蛋白、粗脂肪、粗纤维以及钙、磷和无氮浸出物，可作为单细胞蛋白（SCP）生产用原料，生产饲料用或食品用单细胞蛋白（SCP），其生产具体工艺为：

①原料的处理：鲜果渣，60℃烘干或自然干燥、粉碎过 40 目筛或粉碎≤0.25mm；添加麸皮 15%、尿素 2%、硫酸铵 2%、磷酸二氢钾 2%，料:水 = 1:4（质量比），自然 pH，备用。

②灭菌：视原料和发酵剂而定，常用 121℃、20min，混菌发酵可以考虑不灭菌，而直接接种。

斜面菌种的制备：产朊假丝酵母（C. utilis）、绿色木霉（Trichoderma viride）、果酒酵母斜面菌种活化扩大培养 48h 至成熟，4℃ 保存备用。

③发酵剂的制备：以无菌的 0.85% 生理盐水溶液或者无菌 pH 7.0 磷酸缓冲液为冲洗液，将 18mL 冲洗液注入备用斜面菌种试管，分 2 次冲洗，血球计数板计孢子数，获得适宜孢子或菌体数量的菌悬液，按照产朊假丝酵母:绿色木霉:果酒酵母 =4.5:3:1（质量比）混合作为发酵剂，备用。

④接种、培养：调配处理完毕的苹果渣按照料:水 =1:1.75（质量比）润水，摊成料层厚度 2.5cm 料层。将活化获得的混合发酵剂，以 10mL/g 接种量接种，30～34℃ 恒湿、96h 培养。

⑤固态发酵基质的处理：发酵成熟苹果渣 65℃烘干至恒重，固态干燥单细胞蛋白粗料的应用。

（2）脱脂米糠（de-oiled rice bran，DOB）固态发酵生产单细胞蛋白　脱脂米糠（DOB）

是稻谷加工中的副产物，含有9%蛋白质，36%纤维素，28%半纤维素以及21%木质素，是真菌生产单细胞蛋白（SCP）的良好培养基。目前，米糠粕产品较多，作为优质的饲料原料，主要用于家禽饲养，其常规生产工艺见图6－17。脱脂米糠固态发酵生产单细胞蛋白（SCP）的具体工艺为：

①原料预处理：水稻脱壳后的米糠，反复水洗去除杂质；50℃、24h烘干。

②发酵培养基制备：烘干的米糠用0.25mol/L NaOH浸泡和121℃、10min脱脂；冷却、过滤；流水冲洗至pH 7.0；50℃、24h烘干，粉碎过50目筛，颗粒约为0.3mm；添加$FeSO_4 \cdot 7H_2O$ 0.8g/kg、$MgSO_4 \cdot 7H_2O$ 40g/kg、$(NH_4)_2SO_4$ 24g/kg、K_2HPO_4 8g/kg。按照10:8润水，121℃、15min灭菌，备用。

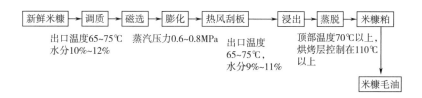

图6－17　米糠粕制作常规工艺流程

③发酵剂的制备：

菌种：米曲霉MTCC 1846（*Aspergillus oryzae* MTCC 1846）、绿色木霉NRRL 1186（*Trichoderma viride* NRRL 1186）、黑曲霉MTCC 1842（*Aspergillus niger* MTCC 1842）PDA斜面菌种。

种子培养基（g/L）：葡萄糖30、纤维素30、麦芽糖30、$FeSO_4 \cdot 7H_2O$ 0.1、$MgSO_4 . 7H_2O$ 5、$(NH_4)_2SO_4$ 3、K_2HPO_4 1、pH 6.0，121℃、15min灭菌。

按照孢子量要求为10^9/mL接种种子培养基，28℃培养3d，备用。

④接种、培养：发酵培养基按照2%（mL/g）的接种量接种、混匀，28℃、培养8d。

⑤固态发酵基质的处理：发酵成熟的脱脂米糠50℃、24h烘干至恒重，固态干燥单细胞蛋白粗料的深加工和应用。

实验证明，以米曲霉MTCC 1846（*Aspergillus oryzae* MTCC 1846）、绿色木霉NRRL 1186（*Trichoderma viride* NRRL 1186）、黑曲霉MTCC 1842（*Aspergillus niger* MTCC 1842）为发酵剂的脱脂米糠干燥菌粉中，蛋白质含量分别为43%、44%、36%。

另外，淀粉质原料、纤维料类原料可以结合物理、化学和生物降解处理，再进行固态培养发酵生产，单细胞蛋白（SCP）得率也较高。例如，含有大约4.92%粗蛋白、1.96%粗脂肪、14.46%粗纤维、47.72%非氮化合物、23.36%粗灰分的木薯渣加入氮源改良后，采用高压灭菌预处理，经工业糖化酶60～62℃、30min糖化分解淀粉后，利用产朊假丝酵母（*C. utilis*）固态发酵生产单细胞蛋白（SCP）产量较高。较佳的工艺条件为：糖化酶用量4%、培养基初始含水量70%、尿素3%、硫酸铵6%，接种量10%，30℃发酵培养72h。产物粗蛋白含量最高可达28.28%，较发酵前提高了16.69%。

（3）脱脂米糠液态发酵生产单细胞蛋白

①原料及调配：以脱脂米糠为唯一碳源和能源，添加无机盐调配成改良无机盐发酵培养基（g/L）：KH_2PO_4 0.25，$CaCl_2$ 0.025，KCl 0.5，$MgSO_4$ 0.025，酵母浸膏0.3，尿素4.22

［或者（NH₄）₂SO₄ 5.0］，脱脂米糠 9.0。用 1mol/L NaOH 或 1mol/L HCl 调 pH 至 6.0，发酵罐在位灭菌。

②斜面菌种：产朊假丝酵母 PPY 12（*Candida utilis* PPY 12）米糠琼脂斜面保存菌种。

③发酵种子制备：接种环转接斜面种子接种到种子培养基（g/L）：KH₂PO₄ 5.0，（NH₄）₂SO₄ 5.0，CaCl₂ 0.13，MgSO₄ 0.5，酵母浸膏 0.5，pH 6.0，温度 30℃、转速 150r/min 振荡培养 3d。扩大培养，浓缩调整到干细胞重为 2.24g/L，备用。

④通气搅拌发酵罐发酵培养：14L 发酵罐装添改良无机盐发酵培养基 9L，50L 发酵罐装添改良无机盐发酵培养基 30L；最优培养条件：接种量 10%，接种 24h 菌龄发酵剂，培养温度 35℃、转速 400r/min；pH 控制在 6.0；消泡剂、空气流量 2m³/（m³·min），DO 值全程控制在 50% 的饱和度。

⑤收集菌体、干燥：离心收集菌体，70℃ 烘干至恒重，饲料级 SCP。

（4）双稃草液态发酵法生产单细胞蛋白　双稃草（*Leptochloa fusca*）（含有 55% 纤维素和 23% 半纤维素）经碱处理，进行 SCP 生产工艺类似于脱脂米糠的液态发酵。

①原料预处理：双稃草碱处理，耐热纤维素酶降解，平均含总糖量为 1.5g/L。

②原料调配：以预处理的双稃草草唯一碳源和能源，添加无机盐调配成改良无机盐发酵培养基（g/L）：KH₂PO₄ 1.0，NaNO₃ 4.0，KCl 1.0，MgSO₄ 0.5，FeSO₄ 0.1，酵母浸膏 2.0，预处理双稃草（总糖量 1.5g）。1mol/L NaOH 或 1mol/L HCl 调 pH 7.3，发酵罐高位灭菌。

③发酵种子制备及接种：斜面菌种：双氮纤维单胞菌 NIAB 442（*Cellulomonas biazotea* NIAB 442）Sigmacell 100 微晶纤维素（Dubos-Sigmacell – 100）琼脂斜面，保存菌种。

发酵种子制备：接种环转接斜面种子接种种子培养基（g/L）：KH₂PO₄ 1.0，NaNO₃ 0.5，KCl 1.0，MgSO₄ 0.5，酵母浸膏 0.2，pH 7.0，温度 30℃，转速 150r/min 振荡培养 24h。610nm 下，OD 值判定种子液干细胞含量，控制在干细胞含量为 2.5g/L。

接种：接种 10% 种子液。

④通气搅拌发酵罐发酵培养：6L 发酵罐装添改良无机盐发酵培养基 4L；pH、温度、搅拌速度、空气流速、溶氧量（DOT）自动控制；最优培养条件：培养温度 30℃、振荡 400r/min；pH 控制在 7.3；消泡剂为硅酮油，空气流量 2m³/（m³·min）。

⑤菌体获得：离心收集菌体，冲洗去杂，70℃ 烘干至恒重，单细胞蛋白粗料。

单细胞蛋白（Single-cell protein，SCP）的液态发酵生产中，气升式生物反应器比机械搅拌发酵罐具有优势。所以，气升式发酵罐也常用来液态发酵生产单细胞蛋白。例如，以稻谷壳水解液为原料，产朊假丝酵母 AS 1.257（*Candida utilis* AS 1.257）为发酵剂，在罐体高径比为 2.9 和上升管与下降管的直径之比为 6.6 的外循环气升式生物反应器中，培养条件为发酵前 24h 的通风量为 1.1m³/min，后 24h 的通风量为 14～1.5m³/min，装料量为 8.5～9.0L，起始 pH 4.5～5.0，发酵温度为 29±1℃的 48h 的发酵。在无筛板、带 1 块筛板和带 2 块筛板的外循环气升式生物反应器中，发酵 48h 后的干基粗蛋白含量分别为：61.3%、62.9%、64.5%，发酵液中干物质重分别为：20.8mg/mL、21.2mg/mL、21.3mg/mL，总糖利用率分别为 78.2%、83.9%、81.4%，均高于机械搅拌生物反应器，气升式生物反应器内加装筛板可提高发酵得率。

4. 啤酒废酵母生产单细胞蛋白

啤酒废酵母是啤酒生产的副产物，占啤酒产量的 1.5%～3%，我国每年有 30 万～50 万 t

产量。由于啤酒废酵母富含蛋白质（40%～50%）、核酸（6%～8%）、碳水化合物（30%～50%）、脂肪（2.8%～3.0%）等，营养价值较高，是生产单细胞蛋白的良好原料。目前，啤酒酵母泥的深加工主要为酵母干粉和酵母提取蛋白。

（1）啤酒废酵母粉的生产

啤酒废酵母粉的生产基本工艺如下：

啤酒酵母废渣→ 离心过滤 → 滤饼 → 洗涤、过筛 → 脱苦味酸 → 过滤洗涤 → 加热自溶

　　　　　　　↓　　　　　　　　　　　　　　　　　　　　　　　　　↓

　　　　　　回收啤酒　　　　　　　　　　　　　　　成品← 喷雾干燥

其操作要点：

①离心过滤：板框过滤或酵母离心分离机过滤。采用板框过滤压滤机，压力245kPa，过滤两次，得滤饼。

②洗涤、过筛：按照滤饼:水=1:5的比例稀释，80目过滤筛除杂，清水反复冲洗除去蛋白质、糖和无机盐。

③脱苦味酸：洗涤后的酵母液，添加1mol/L NaCO₃调pH至6.8～7.0，添加NaOH 4.5g，清水冲洗，5%磷酸溶液调pH至6.8～7.0，5000r/min离心获得酵母，清水洗涤酵母，检不到磷酸根为止，离心收集高纯酵母。

④加热自溶：高纯酵母放于夹层蒸煮锅内或水浴锅，90℃、蒸煮1h的胶体状溶液，备用。

⑤喷雾干燥：胶体状溶液泵入高速离心喷雾干燥机，进料温度：320℃，出口温度110～120℃，3～5s即得粉状成品。该成品含有水分3.5%～7.5%（质量分数），粗蛋白质53%～61%（质量分数）。

超微粉碎可破壁获得利于消化和吸收酵母粉，例如选用"贝里"BM－100S型微粉机，进料频率设定3.4Hz，出料频率设定20Hz，原料要求为安琪面用酵母，颗粒直径≤500μm，水分≤80%；自动进料、粉碎和出料；获得的超微食用营养酵母粉，其细胞破壁率80%、水分4%、颗粒直径≤10μm、粗蛋白48%、灰分5.6%。目前，食用、药用营养酵母粉其生产工艺与啤酒废酵母粉类似。但营养酵母粉的菌体的选择、培养基的优化及后期菌体破壁等工艺异于啤酒废酵母粉的生产，其营养价值更高，例如安琪即食酵母粉。

（2）啤酒废酵母泥中蛋白质的提取

啤酒废酵母泥提取蛋白质的工艺流程如图6－18。

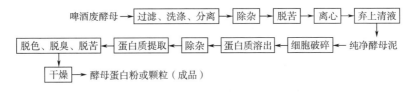

图6－18　啤酒废酵母泥提取蛋白质的工艺流程图

其具体操作要求如下：

①过滤：利用板框过滤压滤机，压力245kPa，过滤两次，得滤饼。

②洗涤、分离压按照滤饼：水为1:5的比例稀释，100目过滤筛除杂，静止沉淀，上清液或清水反复冲洗除去蛋白质、糖和无机盐获得粗滤液，粗滤液3000r/min、20min离心，弃

上清液，得啤酒酵母泥。

③脱苦：啤酒酵母泥于5%酒石酸中、脱苦30min，清水洗涤去除酒石酸，3000r/min、20min 离心，弃上清液，得纯净啤酒酵母泥。

④细胞破碎：细胞破碎的方法有化学法、物理法以及生物酶法；10%的菌悬液可以采用添加1mol/L的Tween20，按照酵母:Tween20 为1:1 的比例混匀；超声波频率（24±1.5）kHz、功率250W、20min 超声波辅助破碎。

⑤蛋白质提取：破碎细胞的4%酵母悬液，用4% NaOH 调pH 至13.5，温度75℃，保温90min 进行蛋白质的溶出，获得蛋白质粗提液。蛋白质粗提液4000r/min、10min 离心，弃沉淀物，上清液加入1% HCl 调节pH 4.2~4.5，静止沉淀蛋白质；悬浮液10000r/min、10min 离心，弃上清液，调pH 4.2~4.5 洗涤液清洗2次，得酵母蛋白膏。

⑥蛋白质的精制：采用60%酒精处理酵母浸膏，较好的脱苦、脱臭；也可以采用将酵母浸膏用水调成干物质为15%（质量分数）的浆液，加入1%~2%的NaCl，同时加入Na_2CO_3调节pH 至7.5~8，搅拌1~2h，木炭吸附，脱苦、除去异味和脱色，10000r/min、10min 离心，弃上清液。

⑦干燥：可采用喷雾干燥、冷冻干燥等方法干燥脱水，获得蛋白粉。采用压力式喷雾干燥机，可以将酵母蛋白浸膏调配为30%~40%浆液、保持温度60~80℃、150kg/h 流量，控制进口温度为160~200℃、出口温度为70~80℃，干燥获得干粉状成品。

5. 螺旋藻单细胞蛋白的生产

（1）螺旋藻培养技术要求

①生产用菌株：钝顶螺旋藻（*S. platensis*）、极大螺旋藻（*S. maxima*）和盐泽螺旋藻（*S. subsalsa*）是优选的大规模生产用菌种。菌株选育方面，往往以三种菌种为出发菌株，选育抗高光抑制、宽泛的温度适应范围、耐高渗透压、较强光合作用、耐高氧浓度的改良螺旋藻菌株，以满足生产和营养的需求。例如，^{60}Co 诱变获得高产多糖钝顶螺旋藻（*S. platensis*），甲基磺酸乙酯（EMS）诱变获得的耐低温钝顶螺旋藻（*S. platensis*）菌株。

②生态条件：螺旋藻喜高温（25~36℃）、碱性（pH 8~12）环境，需要光照，兼性自养，无性繁殖。经驯化的菌株可以生长在淡水、海水中，其最适温度为24~30℃，最适光照强度范围为30000~35000lx，适应的pH 8.6~9.5。无机盐浓度示菌种的不同而优化其浓度和配比，螺旋藻培养液中，碳酸氢钠必须添加；同时，兼顾磷酸根、二氧化碳微量元素等含量。

③培养方式：根据螺旋藻生产的方式和装置划分，螺旋藻的培养方法分为：开放池式反应器、密封式反应器和新型光型反应器。开放式培养模式主要有天然碱性湖泊生产模式和方形池建沟渠道搅拌循环培养模式（如叶轮混合跑道式开放养藻池）。密封式培养模式有螺旋管式光生物反应器半连续培养；封闭式太阳能管式光生物反应器，在封闭式光生物反应器的各种类型中，管式反应器和板式反应器是最常用、效率最高和培养规模最大的2种类型。光型反应器根据光源不同可以分为外置光源式和内置光源式。根据形状可分为管状式、平板式、柱状（罐装）式；根据循环动力的不同可分为泵式循环、气升式循环等。具体生产要根据规模、气候以及水体条件选择合适培养模式，优化培养条件，以期获得高质量、高产量的螺旋藻菌体。

（2）螺旋藻培养生产要求　螺旋藻养殖培养流程如图6-19。

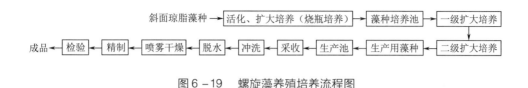

图6-19 螺旋藻养殖培养流程图

其操作要点如下：

①斜面琼脂藻种：以 Zarrouk 培养基为基础培养基，添加 2% 琼脂，pH 9.5，121℃、20min 灭菌；接种生产用藻种，置于 20℃ 恒温室内，散射光（2000lx）下培养、保存；30 ~ 60d 转接种继代保存。

②液体藻种保存：以 Zarrouk 培养液为培养基，250mL 三角瓶装液量 100mL，10% 接种量接种生产用藻种，置于 20℃ 恒温室内，散射光（2000lx）下培养、保存；30 ~ 40d 换新鲜培养液培养续存。菌种均可低温或超低温保存，但保存工艺、保护剂选择因菌种不同而差异较大。

③种子制备：以 Zarrouk 培养液为种子培养基，挑取斜面琼脂藻种，接种于含有 100mL Zarrouk 培养液的 250mL 三角瓶中，置于 20℃ 恒温室内，散射光（2000lx）下活化、扩大培养 7d。随后，按照 5 倍扩大培养获得一级种子，二级种子（如需要可以继续扩大）。二级种子按照 10 倍扩大接种于藻种池，扩大培养。藻种池内往往扩大到三级，到五级种子藻种池 OD 值 ≥1 为宜，备用。

④培养池培养：培养池清洗，加培养用水，水深 15 ~ 30cm，以 Zarrouk 培养液为基础培养基，添加碳酸氢钠（2.8g/L）、氯化钠（1.0g/L）等配制生产用培养基。根据实际情况确定，添加培养液的要求添加营养组分、搅拌溶解混匀，pH 9 ~ 10。按照 10% 接种量接种种子液，光照强度 10000 ~ 30000lx，藻体密度低要降低光强度。接种宜在晴天傍晚进行，接种后避光 2 ~ 3d，随藻体浓度增加而增加光强度。

⑤采收：目测藻液墨绿色时，可以采收. 常用 200 ~ 300 目筛床，潜水泵抽吸、喷洒过滤收集，一般产量为干藻体重为 7 ~ 12g/（$m^3 \cdot d$）。也可以采用平板滤框挤压法、离心沉淀法、微孔滤筛法等收集藻体。收集到藻泥以料:水 > 1:10，淡水冲洗 2 ~ 3 遍后，脱水收集菌体。清晨采集，蛋白质含量较高。

⑥干燥：可以采用日光自然干燥、日晒干燥器、喷雾干燥、低温冷冻干燥等技术干燥获得螺旋藻干粉。喷雾干燥工时，控制干燥塔进风温度 ≤180℃，出风温度 ≤80℃。

⑦检测指标：质量要求参照 GB/T 16919—1997《食用螺旋藻粉》。

二、 发酵法生产核苷酸

核苷酸是遗传物质 RNA、DNA 的前体，并参与细胞的生长代谢、能量储存和转化、免疫反应及信号传导，在医药、食品、保健品及农业等领域均有重要的应用价值。食品行业中核苷酸可以作为食品助鲜剂，提高生物体免疫功能的功能性食品添加剂；医药方面核苷酸具有抗癌，抗病毒，治疗心血管疾病、糖尿病及干扰诱导等功能，常常被用于多种药物的合成。核苷酸是核酸的基本结构单位，可以通过核酸降解获得。

发酵法生产核酸始于 20 世纪 60 年代，核酸发酵研究的开展以及核酸类物质的应用研究的深入，促进了核苷酸生产技术的革新和迅猛发展。

（一）核苷酸生产的主要方法

核苷酸生产方法主要为核酸降解法、化学合成法和直接发酵法。

1. 核酸降解法

核酸降解法生产核苷酸可以分为酶降解和化学降解。化学法降解主要是酸降解和碱降解，核酸在不同条件下降解时所断裂的键不同，导致其产物有所差异，主要为寡核苷酸、核苷酸、核苷和碱基等。酶法降解是目前较成熟的降解法生产核苷酸的主要方法，核酸酶法降解主要是利用橘青霉（*Penicillium citrinum*）和金色链霉菌（*Streptomyces aureus*）生产的 5′-磷酸二酯酶，以酵母 RNA 为原料生产 5′-核苷酸。酶解法生产核苷酸的优点是生产工艺简单、原料来源丰富、成本低廉；缺点则是降解产物为核苷酸的混合物，后续提取、分离纯化精制的难度大，生产周期长，提取工艺烦琐，产品纯度低。

2. 化学法合成

化学合成法主要是利用磷酸或者焦磷酸的活性衍生物对核苷进行磷酸酯化反应，三卤氧化磷、焦磷酰氯、双-对硝基苯焦磷酸是常用的焦磷酸的活性衍生物。在得到 5′-核苷酸前，需要适当的保护剂保护核苷上核糖的 2′，3′位的羟基，然后在核苷 5′位上导入磷酸基而得到 5′-核苷酸，完成磷酸化后脱去保护剂，常采用乙酰基、苄基、ω-亚异丙基或苯亚甲基的功能化基团保护。

3. 发酵法生产

微生物发酵法生产核苷酸主要是利用微生物的生物合成途径来生产核苷酸。发酵法生产核苷酸的菌株具有共同的特点：利用诱变营养缺陷型及核苷类似物抗性突变株，解除代谢调节中的反馈抑制和反馈阻遏，运用代谢控制技术大量累积核苷酸。枯草芽孢杆菌（*Bacillus subtilis*）、产氨短杆菌（*Brevibacterium ammoniagenes*）现归属为产氨棒杆菌（*Corynebacterium ammoniagenes*），是常用菌株，其中枯草芽孢杆菌（*B. subtilis*）主要用于生产核苷和嘌呤核苷酸，产氨短杆菌（*Br. ammoniagenes*）主要用于合成核苷酸及其高级衍生物。发酵法生产核苷酸具有产率高、生产周期短、易控制、产量高的优点。

另外，半生物合成法、提取法和菌体自溶法也能够生产核苷酸。异常毕赤酵母 HA-2 突变体（*Pichia anomala* HA-2）在 60℃、pH 7.0、自溶 6h，能够获得最高产量 5′-核苷酸：肌苷单磷酸（IMP）6.2mg/g 和鸟苷单磷酸（GMP）35.5mg/g；腺苷单磷酸（AMP）在 pH 6.5，60℃、自溶 6h 时产量最高，达到 7.8mg/g。

（二）核苷酸的生物合成途径及其代谢调节

根据核苷酸分子碱基的不同，可以将其分为四种：5′-腺苷酸（AMP）、5′-鸟苷酸（GMP）、5′-胞苷酸（CMP）和 5′-尿苷酸（UMP），其在生物体内具有各自的合成途径。

1. 嘌呤核苷酸生物合成

生物体内嘌呤核苷酸生物合成途径分为两种：①以氨基酸和某些小分子物质为原料，从 5-磷酸核糖焦磷酸（PRPP）开始，经过一系列酶促反应产生次黄嘌呤（IMP），然后转为其他嘌呤核苷酸的从头合成途径；②利用细胞内自由存在的碱基和核苷合成核苷酸，称为补救途径或重新利用途径；例如，可以利用产氨棒杆菌（*C. ammoniagenes*）的补救途径生产嘌呤核苷酸。

$$\text{腺嘌呤} + \text{PRPP} \xrightleftharpoons{\text{腺苷酸焦磷酸化酶}} \text{AMP} + \text{PPi}$$

$$鸟嘌呤 + PRPP \xleftrightarrow{\text{鸟苷酸焦磷酸化酶}} GMP + PPi$$

嘌呤核苷酸合成途径（图 6 - 20）中的 IMP、AMP、GMP 反馈抑制调节嘌呤核苷酸的合成速度，磷酸戊糖焦磷酸激酶（又称 PRPP 合成酶）、磷酸核糖酰胺转移酶、IMP 脱氢酶和腺苷酸代琥珀酸合成酶是腺嘌呤核苷酸合成途径中的关键酶。当细胞中 IMP、AMP、GMP 高水平时，累积反馈抑制 PRPP 合成酶；细胞中 AMP 和 GMP 的高水平，协同反馈抑制磷酸核糖酰胺转移酶；IMP 是 AMP、GMP 的共同前体物质，AMP 高水平反馈抑制腺苷酸代琥珀酸合成酶，GMP 高水平反馈抑制 IMP 脱氢酶。所以，欲想细胞大量累计 IMP、AMP、GMP，则必须解除或减弱反馈抑制的突变菌株，以此高产量的生产嘌呤核苷酸。另外，嘌呤类似物、氨基酸类似物和叶酸类似物也反馈调节嘌呤核苷酸的生物合成。例如，IMP 的结构类似物 6 - 巯基嘌呤能够抑制 AMP 和 GMP 累积，竞争性抑制次黄嘌呤 - 鸟苷酸磷酸核糖转移酶，阻止 PRPP 中磷酸核糖转移给 IMP 和 GMP，抑制核酸的合成。

2. 嘧啶核苷酸的生物合成

生物体内嘧啶核苷酸的合成途径类似于嘌呤核苷酸的合成途径。

①补救合成途径：嘧啶磷酸核糖转移酶催化的细胞内自由存在的嘧啶碱和 PRPP 合成嘧啶核苷酸；

②从头合成途径：谷氨酰胺（Gln）和二氧化碳缩合起始的从头合成（图 6 - 21）。

嘧啶核苷酸从头合成途径中，氨甲酰磷酸合成酶是一个关键酶，控制着第 1 个限速反应；天门冬氨酸转氨甲酰酶催化的天冬氨酸与氨甲酰磷酸合成氨甲酰天冬氨酸的反应是第 2 个限速反应。氨甲酰磷酸合成酶受尿苷酸抑制，氨甲酰磷酸合成酶、天冬氨酸转氨甲酰酶、二氢乳清酸酶、二氢乳清酸脱氢酶、乳清酸磷酸核糖转移酶、乳清酸脱羧酶等分别受尿苷酸阻遏，胞苷三磷酸合成酶受胞苷三磷酸的抑制和阻遏。

另外，嘧啶生物合成途径与某些氨基酸的代谢关系更为密切，主要是作为前体物质的天门冬氨酸盐能经天门冬氨酸 - β - 半醛生成高丝氨酸，进入 ASP 族氨基酸合成途径，被高丝氨酸脱氢酶催化生成甲硫氨酸及苏氨酸；苏氨酸代谢可以精密地调节嘌呤核苷酸平衡。因此，选育高丝氨酸脱氢酶缺陷菌株，切断分支代谢途径，阻断甲硫氨酸、苏氨酸副产物产生的菌株，是发酵产生核苷酸的前提。

（三）发酵法生产核苷酸基本工艺

1. 发酵法生产核苷酸方法

5′ - 肌苷酸（5′ - IMP）、5′ - 鸟苷酸（5′ - GMP）是一类优良的食品增鲜剂，并且 5′ - IMP、5′ - GMP 的钠盐与谷氨酸单钠盐（MSG）具有鲜味协同强化作用，广泛应用于食品工业中。目前，大规模生产呈味核苷酸采用的是"一步发酵"法和"二步发酵"法，其中日本发酵技术成熟，居国际领先水平，年产量数千吨。

（1）一步发酵法 "一步法"直接发酵生产核苷酸工艺，见图 6 - 22。

（2）"发酵"转化合成法 生产核苷酸工艺 发酵生产先获得肌苷、鸟苷、腺苷等核苷，浓缩、提取、纯化核苷后，进一步磷酸化获得相应的核苷酸。

2. 5′ - 肌苷酸（5′ - IMP）生产

（1）5′ - IMP 生产菌株及代谢特点 IMP 产生菌有枯草芽孢杆菌（*B. subtilus*）、产氨棒杆菌（*C. ammoniagenes*）、谷氨棒杆菌（*C. glutamicum*），由于枯草芽孢杆菌（*B. subtilus*）的

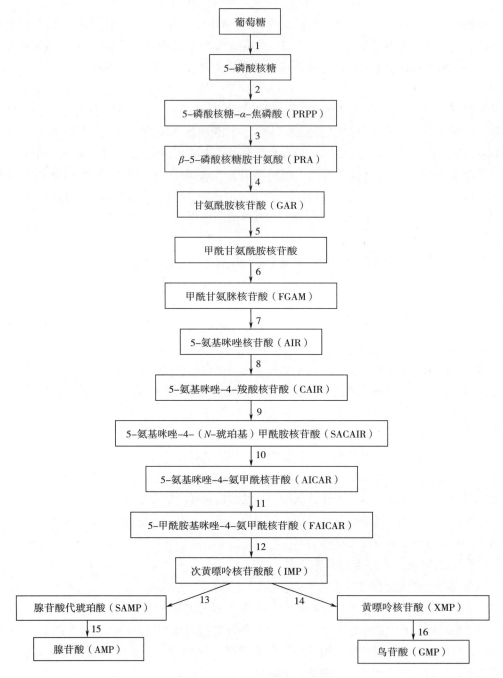

图6-20　嘌呤核苷酸合成途径

1—系列反应的酶　2—磷酸戊糖焦磷酸激酶　3—磷酸核糖酰胺转移酶　4—甘氨酰胺核苷酸合成酶
5—磷酸核糖苷氨酰胺转甲酰基酶　6—磷酸核糖甲酰甘氨脒合成酶　7—氨基咪唑核苷酸合成酶
8—氨基咪唑核苷酸羧化酶　9—氨基咪唑琥珀酸氨甲酰核苷酸合成酶　10—腺苷酸—琥珀酸裂解酶
11—磷酸核糖—氨基咪唑甲酰胺转甲酰基酶　12—次黄嘌呤核苷酸环化水解酶　13—腺苷酸代琥珀酸合成酶
14—腺苷酸代琥珀酸裂解酶　15—脱氢酶　16—鸟嘌呤核苷酸合成酶

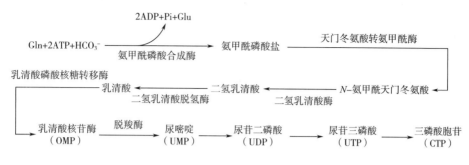

图6-21　嘧啶核苷酸生物合成途径

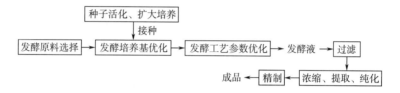

图6-22　"一步法"直接发酵生产核苷酸工艺

核苷酸分解酶活力较强，易降解生成的核苷酸，故往往选择谷氨酸棒杆菌（*C. glutamicum*）和产氨棒杆菌（*C. ammoniagenes*）为出发菌株选育IMP高产菌株。代谢特点如下：

①SAMP合成酶缺陷，阻断IMP进一步生成AMP；②解除$5'$-IMP生物合成途径中的反馈抑制或者阻遏；③$5'$-IMP降解酶缺陷；④菌株细胞壁渗透性要强；⑤较大的HMP途径通量和较弱的EMP通量等多重特征，才能保证$5'$-IMP的累积。

（2）"发酵"转化法生产$5'$-IMP　"发酵"转化法就是先微生物发酵生产肌苷，后化学法磷酸化获得$5'$-IMP的生产方法，"发酵"转化法是日本味之素生产呈味核苷酸的主要方法，主要是利用枯草芽孢杆菌（*B. subtilis*）、短小芽孢杆菌（*B. pumilus*）、产氨棒杆菌（*C. ammoniagenes*）等肌苷高产菌株，利用温度分段控制的方法进行种子培养和发酵，生成肌苷（IR），采用离子交换树脂脂等方法将肌苷分离，后化学法磷酸化得到$5'$-IMP。枯草芽孢杆菌（*B. subtilis*）"发酵"转化法生产$5'$-IMP实例：

①菌株：枯草芽孢杆菌（*B. subtilis*）诱变选育的多种遗传性状标记的菌株。例如：枯草芽孢杆菌162#菌株［*B. subtilis* 162#（Ade$^-$、8-Ag^r）］或枯草芽孢杆菌TSXB3菌株［*B. subtilis* TSXB3（Ade$^-$、8-Ag^r、Thi$^-$、SG^r）］。

②培养基：

斜面培养基（g/L）：葡萄糖5；蛋白胨10；酵母浸膏10；NaCl 2.5；琼脂20；pH 7.0；121℃ 20min灭菌，32℃培养24~30h获得斜面活化菌种。

种子培养基（g/L）：葡萄糖20；蛋白胨10；酵母浸膏15；玉米浆7；尿素2；NaCl 2.5；30% NaCl调节pH至7.0~7.2；121℃、20min灭菌；尿素单独灭菌（过滤灭菌）后添加。

斜面菌种用无菌水洗涤获得菌悬液，每次10mL，重复洗涤三次；按照5%接种量接种种子培养基，220r/min摇床振荡、32~34℃恒温培养6~8h。

发酵培养基g/L：葡萄糖130~140；玉米浆16；酵母浸膏（粉）16；尿素9；（NH$_4$）$_2$SO$_4$ 10~16；MgSO$_4$·7H$_2$O 1~4；K$_2$HPO$_4$ 3~5；CaCO$_3$ 20；pH 6.5~7.2；消

泡剂：有机硅油 0.05%。按照发酵设备要求实消或连消，尿素、碳酸钙单独灭菌后添加。

③接种培养：接种量 8%～10%，32～36℃、1:0.25m³/（m³·min）通风、230r/min 搅拌培养 56～80h，获得初发酵液。

多重遗传性状标记枯草芽孢杆菌（$B. subtilis$）的肌苷发酵条件要根据菌株的特点，优化获得最佳生产工艺，同时要兼顾金属离子、前体物质、促进剂等得影响。常采用分段控制温度，兼顾菌株发酵内外影响因素获得肌苷高产量。

种子培养和发酵初期（0～18h）控制温度在 33℃左右，18h 后，温度控制为 36℃左右；溶氧（DO）适宜，菌体生长期，P（DO）＜60.6kPa，P（CO_2）＜30.3kPa；当产生肌苷时，则充足供氧，P（CO_2）＜45.45kPa；发酵过程中，流加糖和脲既提供足够的 C 源和 N 源，又能控制最适 pH，利于肌苷生产；若增加 2% 蛋白胨，发酵 24h 后补加 0.5% 的次黄嘌呤，产苷率提高约 200%。

枯草芽孢杆菌 162# 菌株初始发酵培养基中添加 $0.05g/LMnSO_4$，放瓶时肌苷产量提高 25%，达到 14.92g/L；这与 Mn^{2+} 增加了萄糖脱氢酶的活力，增大 HMP 代谢通量相关，添加葡萄糖酸钙也能达到 Mn^{2+} 同样的效果；而柠檬酸钠则能改变某些关键酶的活力，降低糖酵解途径中 6-磷酸果糖激酶和丙酮酸激酶的活力，减弱 EMP 途径的通量，促进肌苷的积累。研究证明，柠檬酸钠对枯草芽孢杆菌的肌苷产量影响也较大，基础料中添加浓度为 0.2g/L 时，肌苷产量提高 18%，肌苷对葡萄糖得率增加 38%。

④肌苷的提取：阳离子交换柱吸附、洗脱。工业盐酸调节发酵液 pH 至 3.0，流速 100L/min，经二条串联的 001×7 强酸型阳离子交换柱 [柱子直径（D）与高度（H）比为 1800:5400] 正向吸附，清水冲洗菌体至肌苷流出为止，用 1mol/L NaOH 溶液串联流洗至 pH 13～14，使树脂充分转化为 Na 型；又用水串联正向洗至 pH 11 后，再反向洗至 pH 接近中性；最后，用 2mol/L HCl 串联洗至流出液约 pH 2.0 再生交换柱；工业盐酸 pH 3.0，流速 130L/min 正向洗脱 52h；

活性炭吸附、洗脱。769 型活性（$D:H = 1800:5400$）炭三柱并联，43L/min 流速吸附。2～3 倍体积的水洗涤，再用 70～80℃ 水洗，70～80℃、1mol/LNaOH 溶液浸泡 30min，最后用 0.01mol/LNaOH 溶液洗脱肌苷，收集洗脱液；

浓缩、结晶。可采用 0.095Mpa，60℃ 旋转蒸发浓缩；4℃ 下、48h 结晶，得肌苷粗品。

⑤肌苷化学磷酸化获得 5′-IMP：主要在含有三氯氧磷的反应体系中进行。例如，肌苷 1g、丙酮 3.75mL、三氯氧磷 1.5mL、甲醇 0.2mL、吡啶 0.72mL，冰浴中反应 6h。

（3）"一步法"发酵直接生产 5′-IMP　产氨短杆菌（$C. ammoniagenes$）或谷氨酸产生菌突变菌株是常用的"一步"发酵法生产用菌株，主要原因在于枯草芽孢杆菌（$B. subtilis$）具有较强的核酸酸分解酶活力，生成的核苷酸易被分解为核苷，所以往往以产氨棒杆菌（$C. ammoniagenes$）作为出发菌株选育获得高产 IMP 菌株，产量可达 20～27mg/mL。当然，枯草芽孢杆菌（$B. subtilis$）突变株也可以作为 5′-IMP 发酵生产用菌株；例如，腺嘌呤缺陷、黄嘌呤缺陷、德夸菌素抗性和利福平抗性的枯草芽孢杆菌 AJ11820 FERM-P6441（$B. subtilis$ AJ11820 FERM-P6441，Ade^-、Xan^-、Dec^r、Rif^r）菌株发酵液的 5′-IMP 钠盐含量可达 2.2g/L。

"一步法"发酵生产 5′-IMP 采用的是多重缺陷型菌株，所以发酵培养基的优化以及发酵条件的控制对于目标产物尤为关键。因此，培养该类突变体菌株的培养基含有碳、氮、无机盐类、腺嘌呤及必要的生长因子。种子培养基和发酵培养基的碳源一般为葡萄糖、糖蜜、淀粉水解液、豆粕水解液、有机酸、醇类；氮源常利用硫酸铵、硝酸铵、盐酸铵、NH_4Cl、磷酸铵、尿素、氨水；添加腺嘌呤、腺嘌呤无机盐、腺苷、腺苷酸、聚核酸等营养物质。添加相应的维生素、氨基酸、鸟嘌呤、肌醇、肌苷、次黄嘌呤、铁、锰、钙和镍等离子、泛酸钙等生长因子无机盐也能促进 5′ - IMP 的累积。

"一步法"发酵生产 5′ - IMP 过程中，高细胞透性也是 5′ - IMP 累积兼顾的一方面，发酵调控中应该设法促进 5′ - IMP 向胞外空间的渗透。而对 Mn^{2+} IMP 的调控就是基于细胞膜透性影响的结果，Mn^{2+} 对 IMP 发酵生产的影响恰恰与肌苷发酵累积相悖，Mn^{2+} 只有严格控制在亚适量（$10 \sim 20\mu g/L$）的限量范围，会导致细胞伸长或膨胀，增强了 IMP 的膜透性，促进了 IMP 的积累；当 Mn^{2+} 过量时，细胞形态呈生长型，IMP 难以渗透到膜外，IMP 产量产少，发酵转向肌苷生产；加之，Mn^{2+} 的过量，增加了萄糖脱氢酶的活力，强化了 HMP 代谢通量，利于肌苷生产。

另外，大型发酵罐的工业化生产中，将 Mn^{2+} 控制在 $10 \sim 20\mu g/L$ 非常困难，而且发酵原料和工业用水中 Mn^{2+} 含量较高。因此，解决 Mn^{2+} 调控影响的有效途径是：选育 Mn^{2+} 抗性突变株，添加抗生素提高膜的渗透性；抗生素添加影响着各种代谢过程的特性，与合成细胞壁没有直接关系，而以间接方式来改变细胞透性，可使肌苷酸生物合成得以强化。所以，产氨短杆菌突变株发酵生产 IMP 时，在发酵 $36 \sim 72h$ 时添加规定浓度的各种抗生素都能刺激肌苷酸的积累，抗生素的刺激效果与提高细胞透性有关；研究证明添加抗生素能使非正常的伸长和膨大细胞数目增多，培养液的上清液中蛋白质含量增加；最有效的抗生素是链霉素和卡那霉素，能将肌苷酸产量从 $10.4g/L$ 提高到了 $17.5g/L$，而发酵初期添加青霉素，能诱导菌体发生形态上的改变和蛋白质的分泌；表面活性剂如吐温 - 60、吐温 - 80 由于能够提高细胞膜透性，也能提高 IMP 产量。

"一步法"发酵生产 5′ - IMP 实例：

①菌株：产氨短杆菌（C. ammoniagenes）Ade⁻、Gua⁻菌株；

②培养基：

斜面种子培养基（g/L）：葡萄糖 20；酵母浸膏 10；NaCl 5；腺嘌呤 0.1；鸟嘌呤 0.1；琼脂 20；pH 7.2；121℃、20min 灭菌。

种子培养基（g/L）：葡糖糖 30；酵母浸膏 10；蛋白胨 10；NaCl 3；腺嘌呤 0.02；鸟嘌呤 0.02；琼脂 20；pH 7.2；121℃、20min 灭菌。

发酵培养基（g/L）：葡糖糖 100；酵母浸膏 10；生物素 $30\mu g/L$；$MgSO_4 \cdot 7H_2O$ 10；K_2HPO_4 10；KH_2PO_4 10；$CaCl_2$ 0.1；尿素 6；泛酸钙 0.01，盐酸硫胺 0.005，腺嘌呤 0.2；鸟嘌呤 0.2；pH 8.2。尿素单独灭菌后添加，其他 121℃、20min 灭菌。

③种子制备：斜面菌种 32℃、培养 24h，接种环转接种子培养基；32℃、100r/min、培养 18h。

④发酵培养：按照接种量 10% 接种量，接种、发酵，30℃摇瓶、110r/min 振荡培养 5d，获得初发酵液。

⑤初发酵液过滤、除杂：初发酵液预热到 40℃，在膜间压力 $0.5 \sim 3.0atm$（1atm = 101.325kPa）下，过薄膜过滤器（空隙 $0.1\mu m$，面积 $1.0m^2$），获得过滤液。

⑥浓缩：过滤液在 0.09MPa、55℃下减压干燥为原体积 1/3 左右的浓缩液。

⑦结晶：用1mol/LNaOH调节浓缩液pH=7.5，注入结晶管内，后将1.5倍浓缩液的95%的甲醇溶液，8.5mL/min的流速注入结晶管，结晶管初始温度70℃，温度冷却到30℃，分离结晶，获得5'-IMP二钠盐。

3. 5'-鸟苷酸（5'-GMP）的生产

5'-GMP的微生物直接发酵生产非常困难，主要由于菌体细胞中普遍存在核苷酸酶，其能够将鸟苷酸降解成鸟苷，直接通过细胞膜；加之鸟苷溶解度很低，容易结晶析出。所以，菌体基本不会对嘌呤合成造成反馈抑制，野生菌株基本不累积GMP。目前，鸟苷的化学或生物磷酸化形成GMP的工艺趋于成熟，故通过鸟苷发酵的"二步法"生产GMP是工业化生产的主流技术。

（1）"发酵"转化法生产5'-GMP

"发酵"转化法生产5'-GMP包括三种生产技术路线：

①发酵法产生鸟苷，后磷酸化为5'-GMP：鸟苷产生菌可以将腺嘌呤缺陷型肌苷产生菌作为出发筛选育5'-GMP高产菌株，发酵条件对鸟苷产量影响较大。例如，以枯草芽孢杆菌T1001为出发菌株，紫外线协同硫酸二乙酯逐级诱变育种，定向选育出的鸟苷高产菌TA208，在优化发酵培养基中，pH 6.4，36℃、培养60h，5L自控发酵罐发酵，鸟苷达23.68g/L；发酵培养基中添加生物素100mg/mL、硫酸锰5mg/mL和KH_2PO_4 0.4%，初始pH 7.0，装液量30mL，36℃、发酵12h后添加2g/L次黄嘌呤，鸟苷的摇瓶发酵产量可达19.79g/L，鸟苷产量比优化前（14.38g/L）提高37.6%。鸟苷发酵过程中，存在着所谓的"40h现象"，即发酵12h后开始进入高速产苷期，但在40h左右，糖耗速率增加时，产苷速率却在下降，糖苷转化率明显下降。研究证明"40h现象"原因在于40h前后发生了从HMP到EMP途径的代谢流迁移，迁移的碳源主要生成了氨基酸和有机酸；要克服鸟苷发酵过程中的"40h现象"，就必须在40h之前采取措施，阻止代谢流从HMP到EMP的迁移，以让更多的碳源流向产苷途径；抑制NH_4^+的离子积累，可以改变代谢流，提高70%鸟苷的产量。

②发酵法生产5-氨基4-咪唑基羧基酰胺核苷（AICAR），后化学合成5'-GMP：利用巨大芽孢杆菌（B. megaterium No366）发酵生产AICAR，添加红霉素能防止回复突变，添加酪酸、表面活性剂、Mg^{2+}、Ca^{2+}、水溶性维生素等可防止孢子形成；AICAR的产量可以达到16g/L。以AICAR为原料化学合成5'-GMP得率可达到60%~70%。

③发酵法生产黄苷或5'-XMP，然后酶法转化为5'-GMP：黄苷酸（XMP）经酶法转换为GMP的生产反应工艺三要素为XMP的发酵获得、转化酶或转化微生物催化、转换反应的实施；可以采用双菌"两步发酵法"完成GMP的发酵转化生产。研究发现，利用巨大芽孢杆菌腺嘌呤缺陷和鸟嘌呤缺陷的KY13215菌株发酵生产XMP；巨大芽孢杆菌KY13510菌株（德夸菌素、核苷酸酶）作为转化酶生产菌株；XMP和转化细胞混合，反应体系含有聚氧代乙烯硬酯酰胺（POESA）表面活性剂、PO_4^{3-}、Mg^{2+}、葡萄糖、42℃、pH 7.4（NH_4OH调节），搅拌通气发酵；40mg/mL的XMP反应12h得到34.8mg/mL的GMP，转换率达86.9%，具有一定工业应用和开发价值。

（2）直接发酵生成5'-GMP 利用诱变筛选得到的枯草芽孢杆菌可以发酵直接生产鸟苷酸，枯草芽孢杆菌AJ1161腺嘌呤缺陷、德夸菌素抗性、甲硫氨酸亚砜耐性突变株，在含有8%葡萄糖培养基中，培养72h，GMP产量为2.5g/L。若添加抗生素、结晶紫和二恶烷，利于GMP的积累。

目前 GMP 产量太低，关键技术问题未能解决，工业化大规模生产仍然存在困难，需要进一步的深入研究和开发。

🔍 **思考题**

1. 国内目前主要 L-谷氨酸生产菌株有哪些？具有哪些主要特征？
2. 谷氨酸发酵中，生成谷氨酸的关键酶有哪几种？
3. 简述由葡萄糖生物合成谷氨酸的代谢途径。
4. 谷氨酸棒杆菌生物合成谷氨酸是如何调节的？
5. 生物素对谷氨酸生物合成途径有哪些影响？
6. 在谷氨酸发酵过程中，控制细胞膜的渗透性有哪些方法？
7. 谷氨酸发酵条件控制包括哪些方面？如果发酵条件控制不当代谢产物会有什么变化？
8. 溶解氧的大小对谷氨酸发酵有何影响？
9. 目前生产 L-赖氨酸的菌株有哪些？具有什么主要特征？
10. 简述由葡萄糖生物合成 L-赖氨酸的代谢途径。
11. L-赖氨酸发酵中，生物合成赖氨酸的关键酶是什么？
12. 影响赖氨酸产量的关键因素是什么？

第七章

CHAPTER

7

发酵豆制品

第一节　酱油酿造

酱油是以大豆和（或）脱脂大豆、小麦和（或）小麦粉和（或）麦麸为主要原料，经微生物发酵制成的具有特殊色、香、味的液体调味品。酱油起源于中国，迄今已有数千年的悠久历史，在中国饮食中占有重要地位。近年来，随着调味品工业的发展，同时为满足人民生活日益增长和健康的需要，酱油的生产、品质、种类等都有了很大提高和丰富。

一、酱油的分类及原料

（一）酱油的分类

根据 2019 年 12 月 21 日起正式实施的 GB 2717—2018《食品安全国家标准 酱油》和 GB 31644—2018《食品安全国家标准 复合调味料》等，采用酸水解植物蛋白液配制工艺生产的配制酱油，将按照复合调味料管理，不能再自称酱油，因此，今后提到酱油即指经微生物发酵而成的酿造酱油（fermented soy sauce）。目前，其分类如下。

1. 按生产原料分类

根据世界各地的食用习惯，酱油大致可分为三大类：我国和日本大部分地区均以大豆和脱脂大豆为主要原料，中国南方也用豌豆、葵花籽饼、花生饼、棉籽饼等代用大豆酿制酱油；欧美一些国家以食用蛋白质酸水解液为主；东南亚一些国家和我国广州、福建等地以海产小鱼，小虾为原料酿造鱼露。

2. 按加工方法分类

（1）酿造酱油按照加工方法分类

①高盐稀态发酵酱油（含固稀发酵）：以大豆和（或）脱脂大豆、小麦和（或）小麦粉为原料，经蒸煮、曲霉菌制曲后与盐水混合成稀醪，再经发酵制成的酱油。

②低盐固态发酵酱油：以脱脂大豆及麦麸为原料，经蒸煮、曲霉菌制曲后与盐水混合成固态酱醪，再经发酵制成的酱油。

（2）花色酱油　是以酿造酱油为原料，再配以辅料制成。它具有辅料的特殊风味，如虾子酱油、蘑菇酱油、五香酱油等。

（3）营养强化酱油　例如，铁强化酱油就是在普通酱油中添加了铁成分，以达到吃酱油时就能补铁的目的。

（4）高端酱油　目前市场上推出了一些酱油的高端产品，如有机酱油、儿童酱油等，丰富了产品种类，提高了酱油产品的质量。

3. 按发酵方法分类

（1）根据加温条件的不同分类

①天然晒露法：它是经过日晒夜露的自然发酵制成的，此法酿制的酱油具有优良的风味，但生产周期较长，成熟时间要半年以上，目前除传统生产酱油外，一般很少采用。

②保温速酿法：用人工保温法，提高发酵温度，缩短发酵周期，是目前常用的方法。

（2）以成曲拌水量分类　成曲拌盐水后所形成的混合物，如果呈固态称为酱醅；呈流动状态是酱醪。

①稀醪发酵法：拌水量为成曲重量200%～250%，制成稀薄的酱醪进行发酵，适合大规模的机械化生产，酱油品质优良，但设备占地面积大。

②固态发酵法：成曲拌水量为65%～100%，是目前生产常用的方法。

③固稀发酵法：固态发酵法和稀醪发酵法相结合进行生产。

（3）按拌盐水浓度分类

①高盐发酵法：拌曲盐水浓度为19～20°Bé，发酵周期长。

②低盐发酵法：拌曲盐水浓度为10～14°Bé，是目前生产常用的方法。

（4）按成曲的种类不同分类

①单菌种制曲发酵：以一种微生物为主制曲的发酵方法。

②多菌种制曲发酵方法：以各种性能不同的微生物混合制曲，发酵，如米曲霉、绿色木霉、产酯酵母等混合制曲的发酵方法。

③液体曲：在制曲过程中处于液体状态，酶的活力较高，原料利用率高，适合于机械化，自动化生产。

4. 按物理状态分类

（1）液体酱油　酱油呈液体状态。

（2）固体酱油　把液体酱油配以蔗糖、精盐、助鲜剂等原料，用真空低温浓缩的方法加工定型制成。

（3）粉末酱油　将酱油直接干燥而制成的。

（4）膏体酱油　将酱油浓缩制成膏体状。

5. 按酱油的颜色分类

（1）浓色酱油　颜色呈深棕色或棕褐色。

（2）淡色酱油　又称白酱油，颜色为淡黄色。

6. 根据成品中含盐量分类

（1）含盐酱油　在生产过程中加入食盐而酿造的酱油。

（2）忌盐酱油　为肾病患者的特殊需要而制成的，不加食盐而加入氯化钾的酱油。

（二）原料

酱油生产中主要原料有蛋白质原料、淀粉质原料、食盐、水。辅助原料有增色剂、助鲜剂、香辛料、防腐剂、营养强化剂等。

1. 蛋白质原料

目前我国酱油生产企业普遍采用大豆或脱脂大豆作为酱油的蛋白质原料。主要成分见表7-1。

（1）大豆　大豆为黄豆、青豆及黑豆的统称，富含蛋白质及脂肪。酱油传统的生产方法用大豆作为蛋白质原料，提供了大部分氮素。使用转基因大豆应进行标注。

（2）脱脂大豆　大豆中含油脂较高，在提取油脂后，可得到豆粕或豆饼，其区别在于两者提取油脂的方式不同。

①豆粕：豆粕是将大豆中的油脂用有机溶剂提取后的产物，又称脱脂大豆。一般是呈颗粒状，蛋白质含量高，未经高温处理蛋白质变性程度小，在蒸煮时，时间和压力容易掌握。豆粕中含脂肪极少，水分也低，易于粉碎，是酱油生产的理想原料。

②豆饼：是大豆用压榨法提取油脂后的产物，又称脱脂豆饼。为了提高大豆压榨时油脂的出油率，预先将大豆轧成片，加热蒸炒，使大豆细胞组织得到破坏，同时降低了油脂的黏度，这样制成的豆饼称为热榨豆饼。如果大豆软化轧成片后，直接榨油所制成的豆饼称为冷榨豆饼。

热榨豆饼蛋白质含量相对较高，容易粉碎，大豆蛋白已经受到一定程度地变性，部分蛋白质变成不能溶于水、食盐及碱液的不溶性蛋白质。

（3）花生饼　花生饼是花生经机械加工，将油脂榨出后所剩余的饼状物。花生中的蛋白质主要为球蛋白。由于花生饼霉变后极易产生黄曲霉毒素，因此必须选择新鲜干燥、无霉烂变质者。

（4）葵花籽饼　葵花籽饼是葵花籽经压榨提取油脂后的饼状物质。由于葵花籽饼蛋白质含量较高，也无特殊气味，适于作为酱油原料。葵花籽饼的蛋白质一般在40%左右。

（5）菜籽饼　是油菜种子经过压榨提取油脂后的饼状物质。菜籽饼富含蛋白质，有特殊的气味及并含有有毒物质菜油酚，菜油酚一般可用0.2%~0.5%浓度的稀酸和稀碱除去，酿造原料需经严格检验，得到有关部门批准后方可使用。

（6）棉籽饼　棉籽饼是棉籽经过压榨提取油脂后的物质，蛋白质含量也较高，但由于棉籽饼中含有有毒物质棉酚，因此必须先设法去除此有毒物质，并经过有关部门批准后方可使用。

表7-1　　　　　　　　　各种蛋白质原料一般成分含量　　　　　　　　　单位：%

原料	水分	粗蛋白质	粗脂肪	碳水化合物	粗纤维	灰分
黄豆	13.12	19.29	38.45	21.55	2.94	4.59
豆粕	7~10	46~51	0.5~1.5	19~22	—	5左右
冷榨豆饼	12	44~47	6~7	18~21	—	5~6
热榨豆饼	11	45~48	3~4.5	18~21	—	5.5~6.5
花生饼	9~12	40~45	5~7	20~30	4~6	6~7
菜籽饼	8.81	36.91	3.45	30.21	—	7.12
棉籽饼	8~10	40~45	7~9	20~30	5~10	5~7

（7）其他蛋白质原料　其他如芝麻饼、椰子饼、玉米浆干粉及豆渣也可综合利用来酿造酱油。主要成分见表7-2。

表 7-2　　　　　　　　　　　　其他蛋白质原料的成分　　　　　　　　　　单位：%

原料	水分	粗蛋白质	碳水化合物	粗脂肪	粗纤维	灰分
芝麻饼	10.96	48.24	26.42	5.29	5.1~7.2	11.42
椰子饼	8.45	21.75	26.50	7.69	12	4.95
豆渣（鲜）	79.59	7.06	3.58	4.32	>50	0.91
玉米浆干粉	10.40	39.70	36.42	—	—	11.12

2. 淀粉质原料

酱油生产中的淀粉质原料，目前大部分都用麸皮和小麦作为主要的淀粉质原料。

（1）小麦　采用小麦为淀粉质原料不仅以同等数量提供较多的蛋白质及淀粉，而且小麦炒熟破碎处理有利于制曲过程中通风，炒熟后的小麦的香气，构成酱油的特殊香气成分。小麦中的碳水化合物（无氮浸出物），除含有70%左右淀粉外，还存在少量的蔗糖、葡萄糖、果糖等，含量为2%~4%，糊精类占2%~3%。小麦中蛋白质含量为10%~14%，蛋白质的组成以麸胶蛋白质与谷蛋白质为主。麸胶蛋白质中的氨基酸以谷氨酸最多，它是产生酱油鲜味的一种成分。

（2）麸皮　麸皮是小麦经过制粉后的副产品，是目前酱油生产的主要淀粉质原料。麸皮中含有丰富的多聚糖和一定量的蛋白质，体质疏松，易于制曲，含有的残糖可与氨基酸类物质进行反应，氨基酸与糖分（特别是戊糖）结合，形成酱油的色泽，麸皮中的木质素经过酵母发酵后又生成4-乙基愈创木酚，是酱油香气主要成分之一。麸皮中还含有多量的维生素及钙、铁等无机元素，因此采用麸皮为原料，可以促进米曲霉的生长繁殖和提高酶的分泌能力。

酱油生产中的其他淀粉质原料还有玉米、碎米、高粱等。

3. 食盐、水

（1）食盐　酱油生产中的食盐应选用氯化钠含量高，颜色洁白，水分及杂质物少，卤汁少的食盐。含卤汁过多的食盐会给酱油带来苦味，使成品质量下降。卤汁过多的食盐可放入盐库中，让卤汁自然吸收空气中的水分进行潮解而脱苦。食盐可分为海盐、井盐、湖盐和岩盐等。

食盐能使酱油具有适当的咸味，并具有杀菌防腐作用，可以使发酵在一定程度上减少杂菌的污染，在成品中有防止腐败的功能。大豆蛋白质在盐水溶液中可增加蛋白质的溶解度，使成品中的含氮量增加，提高了原料的利用率。食盐还可以和氨基酸结合构成酱油的鲜味。

低浓度的盐对于耐盐性酵母的生长有激活作用。只有在盐存在条件下，耐盐酵母和非产膜酵母才能起到酒精发酵的作用。食盐在运输和保管过程中要防止雨淋，受潮和杂质混入，不可与有毒，有异味物质相接触。食盐的密度较大，为2.16g/mL（25℃）。在制盐水时应不断搅拌防止食盐下沉，食盐的溶解度与温度的关系不大，所以在溶解食盐时也可不必加热。

（2）水　水是酱油的主要成分之一，又是物料和酶的溶解剂，每生产1t酱油需要6~7t水。水中的微量无机盐类，既是微生物发育繁殖所必需的养分和不可缺少的物质，同时又是调节酸碱浓度的缓冲剂，水质影响酱油质量，一般使用饮用水。

4. 辅助原料

（1）增色剂

①红曲米：在酱油生产中以红曲与米曲霉成曲混合发酵酿造酱油，色泽可提高30%，氨

基酸态氮提高 8%，还原糖提高 20% 以上。

②焦糖色素：焦糖色素具有水溶性好，色率高，着色能力强，可赋予酱油特有的红褐色，红润、亮丽，性质稳定等优点，在酱油企业中得到了广泛应用。

酱油一般食盐含量都比较高，而且多数偏酸性，所以，酱油中所使用的焦糖色素必须具有耐盐性，否则极易出现沉淀，而为了提高酱油的红亮度和挂壁性，则需要选择红色指数大和固形物含量高的品种，普通法生产和氨法生产的焦糖色素适用于酱油生产。

（2）助鲜剂

①谷氨酸钠：俗称味精，含有一分子结晶水，是一种白色结晶体。在碱性条件下，生成二钠盐而鲜味消失；pH 5 以下的酸性条件下，加热发生吡咯酮化，变成焦谷氨酸，使鲜味下降；酱油长时间加热或在高于 120℃ 时，鲜味丧失，并产生毒素。

②核苷酸盐：核苷酸盐分为肌苷酸盐和鸟苷酸盐两种。肌苷酸盐是无色的结晶状，分子式：$C_{10}H_{11}N_4O_8PNa_2$；鸟苷酸盐分子式：$C_{10}H_{12}N_5O_8PNa_2$。均能溶解于水，难溶于乙醇，一般用量为 0.01% ~ 0.03%。为防止米曲霉分泌的磷酸单脂酶分解，必须将酱油在 95℃ 以上灭菌 20min 后加入。谷氨酸钠和核苷酸盐混合后加入效果更佳。

（3）香辛料　香辛料是一类能够使酱油呈现具有各种辛香、麻辣、苦甜等典型气味的食用植物香料的统称。它可以提供令人愉快的味道和滋味。在酱油中允许加入的香辛料有甘草、肉桂、白芷、陈皮、丁香、砂仁、高良姜等。

①香辛料的作用：香辛料成分可以为成品提供特殊香气；抑制产膜酵母的繁殖与代谢，提高产品的风味和感官质量；香辛料的一些成分还具有保健功能。

②香辛料的保管：库房要凉爽干燥，相对湿度应控制在 60% ~ 65%，防止返潮后造成霉变和香辛料中所含的芳香油挥发散失，使其香味下降，不得和带有异味的物品混合存放，以免发生串味。

（4）防腐剂

①苯甲酸钠：又称安息香酸钠，分子式为 $C_7H_5O_2Na$。白色颗粒或结晶性粉末状，无臭或微带安息香气味，味微甜而有收敛性，易溶于水，25℃ 时溶解度为 53%，在空气中较稳定。在酸性和微酸性溶液中，它具有很强的防腐能力。

②山梨酸钾：分子式为 $C_6H_7O_2K$。呈无色或白色鳞片状结晶以及结晶状粉末，无臭或稍有臭味，有吸湿性，在空气中不稳定，易溶于水和乙醇，包装时要注意密封。

③酯类和乙醇：在酱油中添加有机酸酯类和与乙醇，能起到防腐作用。添加酯类物质可增加酱油的香气，提高成品的质量，添加的酯类有乳酸乙酯、琥珀酸乙酯、柠檬酸乙酯、丙二酸二乙酯、马来酸二乙酯等，可单独使用或混合使用，灭菌后加入可防止酯、醇的挥发和分解，效果较佳。

（5）营养强化剂　铁强化，NaFeEDTA，分子式 $C_{10}H_{12}N_2O_8FeNa \cdot 3H_2O$，中文名称为乙二胺四乙酸铁钠，是金属离子 Fe^{3+} 和络合剂 EDTA 形成的稳定络合物（lg K = 25.1，K 即稳定常数），铁锈味弱、水溶性好、性质稳定。NaFeEDTA 是世界粮农组织和世界卫生组织食品添加剂联合专家组向全世界推荐的铁强化剂，其铁吸收率高，NaFeEDTA 强化酱油中铁的人体吸收率为 10.51%，约是硫酸亚铁的 2 倍。

2003 年，我国开始推广铁强化酱油项目。中国疾病预防控制中心食物强化办公室（FFO）作为铁强化酱油项目实施机构，与铁强化酱油推动合作伙伴、中国调味品协会、卫生部卫生监督中心、各级疾病预防控制中心、铁强化酱油定点生产企业、铁强化酱油销售行业、新闻媒体建立了广泛的铁联盟，充分运用教育策略、社会策略、环境策略及资源策略，开展铁强化酱油的宣传教育和市场营销工作，让百姓了解缺铁的危害及铁强化酱油的作用，自愿选择铁强化酱油。

二、　酿造中主要微生物及生化机制

酱油酿造是利用微生物分泌的各种酶类对原料进行水解，如蛋白酶把蛋白质分解为氨基酸、淀粉酶把淀粉分解为葡萄糖等，经过复杂的生物化学变化从而形成酱油的色、香、味、体的过程。

（一）　酱油酿造主要微生物

1. 酱油酿造用曲霉菌

（1）菌种的选择　酱油发酵的动力来源于曲霉菌，曲霉菌是决定酱油性质的重要因素，而且会影响酱油的色、香、味、体，以及原料利用率等。我国酱油生产主要用的菌种是米曲霉（Aspergillus oryzae），有很多变种。选择菌种的条件如下：

①安全，不产生黄曲霉毒素等；

②蛋白酶及糖化酶活力高；

③生长繁殖快，对杂菌抵抗力强；

④发酵后具有酱油固有的香气而不产生异味者。

（2）酱油酿造米曲霉　使用最广泛的是沪酿3.042号米曲霉。沪酿3.042号米曲霉是上海酿造实验工场将中科3.863号米曲霉进行诱变育种，从而获得的更高性能的优良新菌株经中科院微生物所审核，编号为中科3.951号米曲霉。在酱油生产中其他霉菌还有珲辣1号米曲霉、3.860米曲霉、UE-336米曲霉、渝3.811米曲霉、Xi-3米曲霉、Cr-1米曲霉、B_1米曲霉、961-2号等。

①沪酿3.042米曲霉：沪酿3.042米曲霉蛋白酶活力比原菌株显著提高；分生孢子形状大，数量多，生长繁殖速度比原菌株更快，制曲时间大大缩短；对杂菌抵抗力强，使制曲容易；发酵后的酱油香气好，其原料蛋白质利用率也可以达到75%左右。该菌种制曲时间仅需30h左右，为发展生产，实现厚层通风制曲创造了极为有利的条件。

米曲霉的营养需求比较广泛，碳源有单糖、双糖、多糖、有机酸、醇类、脂类等，能直接利用淀粉。在生产中小麦、玉米粉、麸皮等均可作为碳源。氮源以大豆蛋白质为主。无机盐类包括磷酸盐、硫酸盐以及钾、钙、镁的需要量是极其微小的，在生产原料中已经具备。米曲霉是一种好氧性微生物，空气不足，就会抑制其生长，在制曲时加入疏松物料如麸皮、稻壳等，通入空气满足气性霉菌的繁殖，生长的最适宜温度为28~30℃。高温（35℃以上），菌丝是灰色的，影响蛋白酶的活力，制曲时就会造成米曲霉在曲料繁殖中温度过高，造成米曲霉繁殖停止或死亡，酶活力急剧下降的"烧曲"现象。要求水分较高，熟料水分在50%左右为宜。制曲阶段的温度要根据不同的时期调节。最后pH 6左右。培养目的不同而有差异，制种曲是为了获得发芽率高、数量多的孢子，所以时间为72h左右。制成曲要获得酶活力高的成曲，时间为30h左右。

②珲辣1号米曲霉：由吉林省珲春县酿造厂从山辣椒秧子花瓣提取液中分离而得到，用它酿制的散装酱油25d（20℃）不生霉。珲辣1号米曲霉与沪酿3.042米曲霉各半制曲使用

效果较好。

③3.860 米曲霉：由四川江津酿造厂以中科 3.863 米曲霉育种而得到，该菌株孢子多繁殖力强，蛋白酶活力比中科 3.863 提高一倍。

④沪酿 UE - 336 米曲霉：上海酿造科学研究所以沪酿 3.042 为出发菌株育出的变异新菌株，其蛋白酶活力比沪酿 3.042 提高 1.8 倍。

⑤渝 3.811 米曲霉：由重庆市调味研究所从 50 余年老曲室土墙中分离而得到。生长繁殖快，耐热性强，蛋白酶活力高。

各地进行新菌株的选育工作很多，但能在生产实际中普遍推广并得到显著经济效益的不多，因诱变育种都是以提高中性、碱性蛋白酶活力为主；评价其菌种优劣，大部分以蛋白质利用率为主；往往蛋白酶活力高，而肽酶活力低，影响了酱油的风味，大部分菌种都比较娇嫩，在小型试验中效果较佳，大规模生产时就可能会出现许多问题解决不了。所以对新菌株的要求应是：多酶系，繁殖快，分解率高，适应性强，具有可靠的安全性。

2. 酱油生产中主要的酵母菌

在低盐固态发酵中食盐含量一般为 7% ~ 8%，氮的含量比较高，活跃在这一特殊环境中的酱油酵母是一种耐盐性强的酵母，包括鲁氏酵母、球拟酵母等。

（1）鲁氏酵母是常见的嗜高渗透压酵母，能生长在含糖量极高的物料中，也能在 18% 食盐的基质中繁殖。制曲及酱醪发酵期间，是由空气中自然落入有酒精发酵能力的酵母，能由醇生成酯，并能生成琥珀酸及酱油香味成分之一的糠醇，从而增加酱香及酱油的风味。

（2）球拟酵母的细胞为球形、卵形或略长形，营养繁殖为多边芽殖，在液体培养基中有沉渣及环，有时生菌醭。球拟酵母是产生酱油香味成分（4 - 乙基愈创木酚、4 - 乙基苯酚等）的主要菌种之一。它在酱醪的发酵后期显示的作用最为明显，鲁氏酵母的自溶解能促进球拟酵母的生长繁殖。因此，可以在酱醪发酵中先以 30℃ 培养促进鲁氏酵母大量繁殖，然后提高温度促使鲁氏酵母自溶，再降低温度使球拟酵母生长，改善酱油的风味。

3. 酱油生产中的乳酸菌

乳酸菌和酱油的风味有很大关系，乳酸菌是指能在酱醪发酵过程中耐盐的乳酸菌，活动于这些菌体内的酶有耐盐性，尽管是在高浓度食盐环境下仍可以发挥其活性作用。耐盐性乳酸菌的细胞膜有抵制食盐侵入的功能，乳酸菌中酱油四联球菌、嗜盐足球菌是形成酱油良好风味的主要菌种，它们的形态多为球形，微好氧到厌氧，在 pH 5.5 的条件下生长良好，在酱醪发酵过程中足球菌多，后期酱油四联球菌多些。

乳酸菌的主要作用是利用糖产生乳酸。乳酸和乙醇可以生成香气很浓的乳酸乙酯。当发酵酱醪 pH 降至 5 左右时，促进了鲁氏酵母的繁殖和酵母菌联合作用，赋予酱油特殊的香味，根据经验、酱油乳酸含量为 1.5mg/mL，则酱油质量较好；乳酸含量在 0.5mg/mL，酱油质量较差。但乳酸菌若在酱醪发酵的初期大量繁殖产酸，酱醪的 pH 过低，抑制了中、碱性蛋白酶活力会影响蛋白质的利用率。

在发酵的过程中加入乳酸菌，不会使酱醪的酸度过大，如果在制曲时加入乳酸菌，就会大量繁殖，代谢产生许多的酸，增加了成曲的酸度。目前大部分厂家都是开放式制曲，产酸菌已经大量生酸，加入乳酸菌后就使成曲酸度过高；影响酱醪的发酵，不利于原料利用率的提高。

（二）酱油酿造机理

1. 米曲霉所分泌酶类及产物

（1）米曲霉所产生的蛋白酶的特点　根据作用最适宜 pH 可分为：酸性蛋白酶（pH 3）；中性蛋白酶（pH 7）；碱性蛋白酶（pH 9 ~ 10）三大类。在目前所采用的菌种和制曲条件限制下，一般碱性、中性蛋白酶的产生和制曲时曲料的 pH 有关。制曲时的 pH 控制在 4 ~ 7，在此范围内，pH 越高，碱性越强，碱性蛋白酶活力越强。如果在曲料中加入碱性物质，使曲料的 pH 上升进行制曲，则碱性蛋白酶的生成就会增加，并抑制酸性蛋白酶的生成。反之添加酸性物质，酸性蛋白酶的活性增强，碱性蛋白酶的活力下降。成曲中的蛋白酶的组成要受制曲原料的种类，蛋白质与淀粉质原料比例所限制。原料中的碳氮比值小，所产生的蛋白酶的活力降低。这主要是因为蛋白质原料分解成氨基酸，易使培养基变为碱性，碳源高则产生许多有机酸和二氧化碳气体而使培养基变成酸性的缘故。

为了充分分解原料中的蛋白质，不仅要使米曲霉具有一定的蛋白酶活力，而且还要具有耐盐性及酶活降低缓慢的优良特性。在一般情况下，米曲霉蛋白酶的耐盐性不强，但在酱油生产过程中所采用的菌种所分泌的酶都具有一定的耐盐性。酱醪中的盐度过高会抑制酶活力，米曲霉产生的酸性或中性蛋白酶活力比较耐盐。

米曲霉所产生的蛋白水解酶系是由蛋白酶和肽酶所组成的。蛋白酶的作用是使蛋白质的多肽链的内链切断而形成肽。肽酶的作用是把经蛋白酶作用而产生的肽链进一步进行裂解并生成游离的氨基酸。蛋白质酶水解是由上述两种酶共同作用的结果，可使蛋白质发生可溶化和肽化作用。

（2）淀粉水解酶系　米曲霉菌所产生的淀粉酶是分解原料中的淀粉进行糖化，使之成为微生物的碳源并将原料中的碳变成可被吸收的状态，这些糖不仅在制曲中成了曲霉菌的营养源，在酱醪发酵以后，还构成了对酿成酱醪的风味有重要作用的酵母和乳酸菌的营养基质。酵母所生成的乙醇和乳酸菌产生的乳酸均是构成酱油风味的重要因素。酵母菌在酱油酿造中，与酒精发酵作用、酸类发酵作用、酯化作用等都有直接或间接的关系，对酱油的香气影响很大。这些酵母都是在制曲发酵时由空气中落入的或通过人工的方法加入的有益耐盐酵母菌。

原料中的蛋白质酶解成为低分子肽类、氨基酸等可溶性含氮物，淀粉质物质首先被水解成己糖和戊糖，而这些糖则被足球菌转化成为 1% 的乳酸和其他有机酸，被酵母转化成为 2% ~ 3% 的乙醇和其他的风味物质。在最终发酵液中含有 2% ~ 4% 的葡萄糖和微量的木糖。酱油的颜色取决于这些生成的成分，同时在发酵后期还发生美拉德反应。

2. 酱油发酵机理

酱油生产的本质就是微生物逐级扩大培养积累酶、原料分解、合成酱油成分的过程。酱油生产中微生物的生理生化特性决定酱油的色、香、味、原料利用率及食用安全性的重要因素。

（1）酱油色素的形成途径

①酱油的色素主要由非酶褐变反应形成的：在酿造过程中原料成分经过制曲、发酵，由蛋白酶将蛋白质分解成氨基酸；将淀粉水解成糖类。糖类与氨基酸结合发生美拉德反应（也称为羰基氨反应）。褐变形成色素的温度越高，反应速度越快，时间越长，色泽越深。

②酶褐变反应主要是氨基酸在有氧存在的条件下进行的：所产生的色泽比非酶褐变所生

成的深而发黑。如酪氨酸经氧化聚合为黑色素。我们常见到瓶装酱油长久贮存后，与空气接触的瓶壁形成一圈黑色环，就是酪氨酸发生的氧化褐变所致。酱醪的氧化层主要由酶褐变反应形成。

在一定条件下发酵拌盐水量的多少与水解率、原料利用率关系很大。拌盐水量少，酱醪的黏稠度高，品温上升快，对酱油色泽的提高有很大的促进作用，但对于水解率与原料利用率不利；拌盐水量多，酱醪品温上升缓慢，酱油的色泽淡，但可提高原料利用率。

考虑出油率或原料利用率以先中（40~45℃）后高（50~55℃）型的工艺最好，而考虑酱油的色素则以高温型为最好。原料利用率低，大多由于发酵时间短、温度高、酶失活所致，但低温发酵（36~35℃）盐水浓度需提高，否则容易引起酱醪酸败。我国大部分地区多采用先高后低及先中后高型，它有利于提高原料利用率。但这种发酵酱醪浓度很高，酵母菌和乳酸菌的发酵作用受到抑制，影响酱油的香气和风味。

（2）酱油香气的形成 酱油的香气是评价成品质量优劣的主要标准之一。主要是由原料成分、微生物发酵作用以及化学反应中生成的复杂成分所组成，大约有200余种，其中起主要作用的有20~30种。除了乙醇、高级醇、有机酸和脂类外，还有羰基化合物、缩醛类化合物和含硫化合物。由小麦中的配糖体和木质素经曲霉分解后生成的4-乙基酚等烷基酚类的含量，对酱油的香气影响也很大。

酱油香气的好坏关系到酱油质量优劣。酱油的香气成分，是由原料中的蛋白质、碳水化合物、脂肪及其主要成分是由霉菌中的有关酶系及耐盐酵母和耐盐乳酸菌共同发酵生成的。其来源可分为：

①来源于原料的有醇、乙醇、壬基甲醇等（由大豆油脂氧化物生成）。

②曲霉菌的代谢产物，如柠檬酸等。

③耐盐乳酸菌生成的如乳酸及其酯等。

④耐盐酵母生成的如酒精和异戊醇等。

⑤从化学反应生生成物来看，有氨基酸、肽类、糖类、脂肪等生成；根据化合物的性质分有醇类、酯类等。

酱油中的香气成分包括醇、酮、醛、酯、酚及含硫化合物等，它们都是大豆和小麦中的氨基酸、碳水化合物、脂肪及其他成分经曲霉菌的酶分解和耐盐酵母如鲁氏酵母、球拟酵母和耐盐乳酸菌发酵生成的。

（3）酱油五味的形成 优质酱油滋味应鲜美而醇厚、调和，不应有酸、苦涩味，虽然在酱油中含有18%左右的食盐，但在味觉上不能突出咸味；含有多种有机酸而不能感觉其酸味，含有多种氨基酸而应突出其鲜味，含有多种醇类而不突出酒味，含有多种脂类、酚类、醛类化合物不产生异味，这就是五味调和的好酱油。

①甜味：酱油中的甜味主要来源于糖类。主要有葡萄糖、果糖、阿拉伯糖、木糖、麦芽糖、异麦芽糖等。另外具有甜味的氨基酸如甘氨酸、丙氨酸、丝氨酸等也构成甜味。其含量因酱油品种和原料配比而有显著的差别。在发酵过程中，淀粉质原料分解后形成糖类物质，所以为了提高酱油的甜味，要适当增加淀粉类原料的比例，一些多元醇如甘油、肌醇等也都具有甜味。大豆中的糖如棉子糖、水苏糖等加热处理和酶水解均转化葡萄糖。小麦中的淀粉和戊糖，经酶水解均变为葡萄糖。

②酸味：酱油中酸具有爽口调味，帮助消化，增加食欲，防止腐败等功用。从酱油中分

离出的有机乳酸、谷氨酸、琥珀酸、丙酮酸、己醇酸、丙酸乙酸、α-酮戊二酸、异丁酸等。这些有机酸在酱油中所存在，使酱油的强烈咸味变得温和。这些有机酸来自原料和微生物的生化反应，主要取决于生产过程中微生物的活动状态。在制曲的前一阶段柠檬酸、苹果酸、琥珀酸逐渐减少，而后又逐渐增加，乳酸则在这阶段急剧上升，以后又下降，至于乙酸到后半阶段开始下降，以后变化不大。制酱醅初期，温度越低，生酸也愈多。

③咸味：酱油中的咸味来自于所含的食盐。成品中食盐含盐量一般为18%左右，由于酱油中含有大量的有机酸，氨基酸使得酱油的咸味不那样强烈。随着酱油的成熟，肽及氨基酸含量的增加，这样就会感到咸味变得柔和，如果加入甜味料或味精，就会缓和咸味。酱油的强烈咸味能刺激人的味觉而增进食欲，除其本身具有这些作用外，与其他成分形成平衡混合而促进其作用也是不可忽视的，人对食盐的摄取量少，会引起乏力及至虚脱，但是饮食中盐分长期过量也往往是高血压症的起因之一。在市场上有忌盐酱油，来满足高血压病人的需求。

④苦味：普通酱油尝不出任何苦味，但如果发酵过程中产生的谷氨酸量较少，就会有苦味出现。苦味的来源有两个：一是某些苦味氨基酸及肽，在酒精发酵过程中也产生一些苦味的物质，如乙醛有苦杏仁味。一般情况下，发酵初期有苦味成分，随着水解的进行，苦味逐渐消失，增加了鲜味，最后成为调和的良好风味。二是食盐中的杂质所带苦味，食盐中的杂质氯化镁、氯化钙等氯化物均有一定的苦味。所以使用食盐时尽可能使用优质盐或陈盐避免苦味过大，影响酱油的风味。

⑤鲜味：主要有氨基酸及肽类，有少部分是来自葡萄糖生成的谷氨酸。这些鲜味成分几乎全部来自大豆蛋白及小表蛋白质的分解。

⑥酱油的异味：是指成品中的鲜、甜、酸、咸、苦味不调和，酸苦味突出而有臭味。

造成酱油的酸味突出的主要原因是制曲过程中产酸菌污染严重造成的。使之在发酵初期产生了大量的有机酸；发酵时，温度低，含盐量少也容易造成产酸过多的现象。

酱油中的苦味主要来源于食盐中杂质如卤汁等；成曲培养时间过长，形成了大量的孢子，也会增加酱油的苦味；高温发酵也是酱油高温臭和苦味的来源之一。

造成成品有臭味的因素较多。制曲时，污染了腐败性细菌如枯草芽孢杆菌，在发酵时它会分解氨基酸生成游离的氨，形成了酱油的"氨臭味"。制醅时，使用了长膜、有异味的三淋水拌曲，发酵时，这些腐败性细菌迅速繁殖，代谢一定量的异味物质。水浴保温层中的水，由于发酵池（如水泥池）的有透水现象，也会进入酱醅和成品中，加重了成品酱油中的异臭味。在春、冬季、室内外温差较大，发酵室内有许多冷凝水进入到酱醅中这些污染了大量杂菌的冷凝水，会在表面封闭不严、盖面盐少的酱醅表面繁殖生长，长出一层绒毛状的菌丝，增加了酱醅表面的黏度和恶臭味。因此制曲时，要防止冷凝水的侵入，经常检查发酵池是否漏水，适当增加酱醅表面的盐度和水分，不要用高温发酵的方法，避免"高温臭"的产生。

三、　种曲

酱油酿造所用的种曲是曲霉经过分离、筛选、纯培养，产生繁殖能力强的孢子，用来接种于制曲的原料上而得到的培养物。种曲是由一代种子斜面试管菌种、二代种子三角瓶种曲和三代种子种曲逐级扩大培养得到的生产酱油的种子。优良的种曲能使曲霉充分繁殖，不仅直接影响酱油曲的质量，而且影响酱醅的成熟速度和成品的质量。

（一） 斜面试管菌种的培养及保藏

斜面试管菌种的培养要在选出的优良菌株的基础上，培养出纯粹、新鲜、繁殖能力强、孢子多、色泽正常的曲种以供扩大培养使用。

1. 培养基制备

沪酿 3.042 米曲霉采用的培养基配方：5°Bé 豆汁 1000mL，可溶性淀粉 20g，硫酸镁（$MgSO_4 \cdot 7H_2O$）0.5g，硫酸铵 [（NH_4）$_2SO_4$] 0.5g，磷酸二氢钾（KH_2PO_4）1.0g，琼脂 20g，pH6 左右。

豆汁制备：豆粕（或豆饼）加水 5 倍，小火煮 1h，边煮边搅拌，然后过滤。每 100g 豆粕可制成 5°Bé 豆汁 100mL（多则浓缩，少则补水）。

把各种营养盐及琼脂放入豆汁中，加热熔化后，倒入洁净的试管中，装入量为制成的斜面占试管全长的 2/3 左右，塞上棉塞，包扎玻璃纸和防潮纸，在 0.1MPa 压力灭菌 30min，摆成斜面后放入 30℃ 培养箱中培养 72h，无杂菌即可接菌。

2. 接种和培养

在无菌的条件下，把原菌的孢子接于新鲜无杂菌的斜面上，放入 28~30℃ 恒温箱内，保温培养三天，菌株发育成熟，结满黄绿色的孢子，即可使用或保藏。

3. 保藏

每月接种一次，接种后置于 30℃ 恒温箱内 3d，待菌株全部发育繁殖，长满孢子呈黄绿色后取出。菌株可保藏在冰箱内，保持 4℃ 左右，接种时间就可延长至 3 个月移植一次，应专人负责。

（二） 三角瓶种曲扩大培养

三角瓶种曲是斜面试管菌种的扩大培养、要求成熟的三角瓶种曲的孢子发育肥壮整齐、稠密、布满曲料，呈鲜艳黄绿色，无杂菌，无异味，内部无白心，具有种曲固有的曲香味。

三角瓶种曲的制备过程：

1. 三角瓶的准备

用容量为 250mL 或 300mL 的三角瓶做扩大培养。三角瓶要洗刷干净，四壁无水珠，然后晾干，塞上棉塞，160℃ 干热灭菌 1h 或 150℃ 干热灭菌 2h，备用。

2. 配制培养基

用 85% 的新鲜麸皮，加 15% 过 50 目筛的豆饼粉，拌匀后，加入按混合干料重 95%~105% 的水拌和均匀后，每瓶装湿料 20g，厚度约为 1cm，置于高压灭菌器里，经 0.1MPa 灭菌 30~40min，趁热把料摇匀，防止曲料结块。

3. 接种和培养

待曲料冷却至 25℃ 时，放入无菌室内，在无菌的条件下，用接种针挑取 2~3 针斜面试管菌种的孢子，接入三角瓶曲料中，塞好棉塞，摇瓶使米曲霉的孢子均匀分布在曲料内部。把曲料堆积在瓶底的一角，放入 31℃ 恒温培养箱内。

4. 保温培养

培养 18~20h，曲料已长满白色菌丝，为了防止代谢热的积累和供给氧气，排除代谢气体，要进行摇瓶，把结块的曲料摇碎，以利于分生孢子的形成，把曲料摊平于瓶底，继续培养 16h，菌丝大量生长、繁殖，结成曲饼时，即可扣瓶。扣瓶可使曲饼脱离瓶底，底部曲料能充分接触空气，促进米曲霉的生长繁殖。扣瓶后将三角瓶横放继续恒温培养，自接种起培养72h，孢子长满曲料，即停止培养，取出备用。新鲜的三角瓶种曲，发芽力强、发芽率高，尽量及时使用。

5. 保藏

如需保藏，可将种曲置于灭菌纸袋中，经38~40℃烘干至水分在10%以下，再放入4℃冰箱中保存即可。把新鲜的三角瓶种曲直接放入4℃的冰箱内，也可保藏10d左右。但保藏的时间越长，发芽率也相应降低。

（三）种曲制备

1. 种曲的分类

（1）种曲的种类 根据菌种种类的多少可分为单菌种制曲、多菌种制曲（强化种曲）。单菌株种曲是目前大多数厂家采用的方法，它具有工艺条件容易控制、操作简单、劳动强度小等优点。多菌种制作种曲是在米曲霉中再加入一些其他微生物，如黑曲霉、酵母菌、乳酸菌、绿色木霉等，但工艺复杂，制备种曲条件不易控制，要防止菌种之间的交叉污染。

（2）种曲根据制作的方法不同分为木盘种曲、自动种曲培养机种曲和曲精等。

用木盘作为制作种曲的容器是常见的工具。木盘具有原料来源广泛、制作简单、保温保湿性能好等优点。但木盘底部不利于通风，倒盘时劳动强度大，易损坏，不易灭菌。

自动种曲培养机特点：种曲培养机的功能齐全，从原料投放到种曲培育成功，均处在一个密闭的环境中，不受外界杂菌感染，能保持一个最有利于米曲霉生长的温度和湿度的环境；自动化程度高；孢子数多，酶活力高，杂菌少；比常规方法制配种曲占用厂房面积少，并节省劳动力，减轻劳动强度，改善了劳动环境。主要有培养罐体、接种装置、空气除菌装置、加湿除菌装置、温度调节装置、湿度调节装置、控制柜等组成。

曲精是成熟种曲孢子的集合体，是专业化企业生产的酱油制曲的种子。制曲时用量只有曲料的0.05%。曲精水分少，长期保存失活速度慢，适合于中小型企业使用。

2. 种曲制作过程（木盘种曲）

种曲制作过程如图7-1。

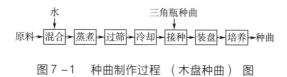

图7-1 种曲制作过程（木盘种曲）图

（1）曲室的灭菌 曲室内可用硫黄甲醛熏蒸法灭菌，每立方米空间用硫黄25g或用甲醛10mL。甲醛对酵母和细菌有较强的杀伤力，硫黄对霉菌有较强的杀菌效果。二者可交替使用，对杀死杂菌的效果更好。操作人员的手要用75%的酒精消毒。曲盘可先用0.02%漂白粉或0.2%甲醛水擦洗后放入曲室内熏蒸灭菌。阳光曝晒也可起一定的灭菌效果，但易使木盘产生裂缝。

（2）原料配比及处理

南方配比为：麸皮80、面粉20、水70左右或麸皮100、水95~100。

北方配比为：麸皮85、豆粕15、水95。

豆粕先粉碎过3.5目筛子，堆积吸水1h，装入蒸锅0.1MPa，蒸煮30min，迅速冷却。打碎料块、过筛。过筛后再加入剩余30%~35%的无菌冷水拌匀。熟料水分为50%~54%。

（3）接种培养　把曲料迅速移至种曲室的操作台上，翻拌、摊冷、上盖灭菌纱布，当曲料品温下降到38（夏）~40℃（冬）时，就可加入料重的0.1%的三角瓶种曲。三角瓶种曲加入前要加入少量灭菌的干麸皮，拌和均匀后，摊在全部曲料上，装盘。每盘装料0.25kg左右，厚度为1.2cm，上盖灭菌干纱布，移入种曲培养室保温。曲盒入室后，放在木架上，先柱形堆放，有利于保湿，顶上倒扣一个空盘，当培养6h左右时，米曲霉孢子开始发芽、繁殖，上层曲盘品温上升至35~36℃，可利用倒盘的方式，调节上、下层曲盘的品温。培养16h以后，品温升至33~35℃，曲料上有白色菌丝出现，并有结块现象，应进行第一次搓曲。用手将曲块轻轻搓碎，尽量使其松散，获得充足的氧气，此时曲盘上要盖上无菌湿纱布，防止曲料中的水分蒸发。搓曲后把曲盘进行品字型堆放，室温应控制在28~30℃，可通过开启门窗等手段，使室温不超过30℃，尽量减少开启门窗的次数，减少杂菌的污染。搓曲后4~5h，曲料上布满菌丝，品温上升至30℃，可进行划曲或翻曲。划曲是用灭菌的筷子把曲料划成2cm×2cm的方块，或把曲料进行翻曲。翻曲后仍盖上湿布，曲盘仍以品字型堆放，以利于降温、供氧。品温不可超过40℃，否则会严重影响米曲霉的繁殖和孢子的形成。如果米曲霉繁殖时曲料水分蒸发过多，可添加适量的冷开水，增加孢子的数量。室内的湿度应保持在100%，室温应为25~28℃，再经过8~10h，菌丝上有黄绿色孢子出现。自盖布帘后48~50h，可去掉布帘，继续培养一天，作为孢子后熟，使米曲霉孢子繁殖良好，全部达到黄绿色。室温应为30~32℃，排除室内的潮气，有利于种曲的水分蒸发及保存。72h种曲成熟。

3. 种曲质量检验

（1）外观检查　孢子旺盛，呈新鲜的黄绿色，具有种曲特有的曲香，无夹心，无根霉（灰黑绒毛）、无青霉及其他异色。

（2）孢子数测定　镜检孢子数法：每克种曲孢子数一般在25亿~30亿个（湿基计）。

（3）发芽率测定　必要时需要测定孢子发芽率。测定方法采用悬滴培养法，观察米曲霉发芽及生长。新鲜种曲要求孢子发芽率在90%以上。

检验时如果发现种曲不正常，孢子发芽率低或发芽缓慢，则此批种曲不应作为生产用种曲。

四、制曲

制曲是种曲的扩大培养过程，是酿造酱油的重要工序，是微生物分泌、积累酶的过程。成曲质量直接影响原料利用率、成品风味。因此要创造良好的生产环境，适应微生物的生长规律，积累大量的酶类。

（一）制曲工艺流程

制曲的工艺流程如图7-2。

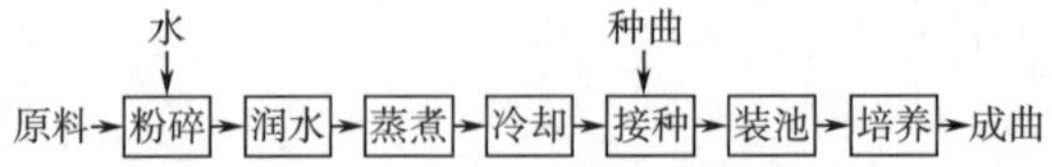

图7-2　制曲工艺流程

（二）酱油生产用曲种类及特点

酱油生产用曲包括大曲、厚层通风制曲、圆盘制曲、液体曲等。

1. 大曲

大曲又称天然曲，是由曲料（小麦和大豆）加水混合后，利用环境中的微生物繁殖而获得的成曲。大曲的制作受温度限制，一般在春末夏初制作的效果较佳，不能常年生产。天然菌种的繁殖使成曲蛋白酶活力和淀粉酶活力低，原料利用率低。但天然曲中含有多种微生物（除霉菌外还含有酵母、细菌等），所以在发酵过程中各种微生物综合作用使得成品风味较佳，发酵期长，现在采用的较少，只在某些传统产品生产和纯种制曲有困难的偏僻地区使用。

2. 厚层通风制曲

就是将曲料置于曲池（曲箱）内，厚度一般为 20～30cm，利用风机供给氧气，调节温湿度，促进米曲霉在较厚的曲料上生长繁殖和积累酶类的过程。厚层通风制曲具有占地面积小、温度容易控制、供氧量充足等优点，广泛用于酱油中。

3. 圆盘制曲机

自动调节温度和湿度，机械化、自动化程度较高，是最近应用比较广泛的制曲方法。圆盘制曲机的主要特点：实现了机械化操作，入料、出料、培养过程中的翻料，均由机械实现操作，在整个操作过程中，人与物料不直接接触，避免了人为的污染；温度、湿度、风量的调控实现了自动化，有利于微生物的培养；水、电、气等能源消耗低；提高劳动生产率，降低工人劳动强度，改善工人工作环境；微生物在整个培养过程中，始终处于一个密闭的环境里，只要通过观察窗进行控制即可完成工作。

4. 液体曲

采用液体培养基加入米曲霉后进行培养的一种方法，适合于管道化生产和自动化生产，但由于菌种单一，制作的成品风味欠佳、色泽浅，是有待于提高的一种制曲方法。

（三）　制曲原料的处理

制曲原料的处理是酱油生产过程中的一个重要阶段，处理是否得当直接影响制曲的难易、曲的质量、酱醪的成熟、出油的多少、酱油的质量以及原料利用率等。原料处理得好，对产品质量及原料利用率的提高是有很大帮助的。

1. 粉碎

原料越细表面积越大，曲霉的繁殖接触面也越大，在发酵中分解效果就越好，原料利用率可以提高。但原料过细，辅料比例又少，那么润水时易结块，制曲时通风不畅，就制不好曲，发酵酱醪发黏，结果淋油不爽，反而给以后的工序带来困难，还会影响原料利用率。所以，细碎度应当适宜。

（1）豆粕　豆粕的颗粒已呈片状，一般不需轧碎，若发现豆粕中有较大颗粒及小团块时，必须设法筛除并轧碎。

（2）豆饼轧碎　轧碎是给豆饼润水、蒸熟创造条件的重要工序。豆饼颗粒过大，不容易吸足水分，因而不能蒸熟。同时在制曲过程中，影响菌丝的深入繁殖，减少了曲霉繁殖的总面积，相关地减少了酶的分泌量，同时酶不能与颗粒内部接触发挥其分解作用，致使发酵不良，影响酱油产量和质量。因此豆饼轧碎的程度以细而匀为宜，但过细对制曲、发酵、滤油均不利，也需要特别注意。

2. 润水

豆粕或细碎豆饼与大豆不同，因其原形已被破坏，如用大量水加以浸泡，就会将其中的成分浸出而损失，因此必须有加水和润水两道连续的工序。即加入所需要的水量，并设法使其均匀而完全的吸收，一般称此为润水，润水还需要一定的时间。

（1）加水量　加水量的多少是个复杂的问题，必须考虑各种条件：如原料含水量的多少、性质、配比、气候季节与地区的不同、蒸料的方法、操作中水分散发情况、曲箱内装料数量以及曲室保温与通风情况等等。

按照各地制曲的原料配比来决定用水量，可以根据季节的不同，掌握曲料水分。冬天曲料水分为45% ~47%，春秋为47% ~49%，夏天为49% ~51%。又如我国北方地区采用厚层通风制曲，由于原料配比用豆饼（或豆粕）60kg及麸皮40kg，则其豆饼（或豆粕）的加水量为69 ~78kg（即加水量为豆饼量的115% ~130%）。

（2）加水与润水的方法　豆粕（或豆饼）原料为了缩短润水时间，现在大多加入温水或热水。但加水和润水的方法，随各厂设备条件不同而不同。目前使用的方法主要有三种：一种是将豆粕及麸皮送入螺旋输送机（绞龙）内，一面加水，一面拌和，促使均匀地吸收水分；一种是直接利用旋转式加压蒸锅，即将豆粕及麸皮装入锅内后，一面回转蒸锅，一面喷水入锅内，使曲料得到润水，另一种是豆粕及麸皮在投料及吸料时尽可能混合均匀，再在螺旋输送机内，边输送边加水，使湿料在下锅时含水量已比较均匀，湿料进入旋转式加压蒸锅后，在蒸锅回转的条件下，再润水半小时，使水分尽可能分布均匀及渗入料粒内部。如果采用冷榨豆饼为原料，则应先行干蒸一次，然后再按上述方法进行润水，其目的是使蛋白质凝固，防止产生结块现象。

3. 蒸料

蒸料的目的主要使豆粕（或豆饼）及麸皮内的蛋白质完成适度变性，即成为酶容易作用的状态。未经变性的蛋白质，虽然能溶于10%以上的食盐水中，但不能为酶所分解，只有经过变性后才能消化。变性的方法，最容易的就是加水加热，因为如果没有一定的水分和温度，就不能完成适当变性。但如果温度过高以及时间过长，均会使蛋白质过度变性，部分蛋白质又变成非溶性的，则酶不能分解，还会形成褐色而降低原料利用率。因此应该以褐变来判定豆粕（或豆饼）蒸熟程度的方法。另一方面不要采取高压长时间的蒸熟法，以免过度变性。常压蒸料的时间如过长，同样会引起过度变性。其次蛋白质经过蒸煮，一部分变成可溶性蛋白或氨基酸；淀粉先是吸水而产生膨化现象，随着蒸料温度的上升，淀粉粒的体积逐渐增大，当增大到一定程度后，促使各巨大分子间的联系削弱，达到颗粒解体，这便是糊化。淀粉糊化变成可溶性淀粉和糖分，这些都是米曲霉繁殖最合适的营养物和容易被酶所分解的。另外，蒸料还有一个目的，就是在蒸料过程中，能将附着在原料上的微生物杀灭，使米曲霉能正常生长发育和繁殖。

蒸料设备有常压及加压蒸锅之分。常压蒸锅通常为小型酿造厂所选用，使用常压蒸锅曲料蒸熟不易均匀，耗煤又多，进料和出料劳动强度较大。因此，中大型酿造厂改用加压蒸锅，加压蒸锅经过多次改进，目前普遍使用的加压蒸锅有旋转式蒸煮锅和刮刀式蒸煮锅两种，改善了常压蒸锅存在的问题。

（1）旋转式蒸煮锅蒸料方法　曲料润水完毕，开始蒸料。加压蒸煮的压力一般在0.08 ~0.14MPa，维持15 ~30min，在蒸煮过程中，转锅不停旋转。蒸煮完毕，到需要的品温时，即可出料。

（2）刮刀式蒸煮锅蒸料方法　曲料润水完毕，用机械设备（进料绞龙）装入蒸锅内，装锅时要缓慢均匀，上料后 2 ~ 5min，先开动刮刀半分钟，使原料平铺在锅底，加压至 0.12MPa 左右，保持 15min，关闭蒸汽，再焖锅 15min，最后开启排气阀，放尽蒸汽，即行出锅。

（3）其他原料的处理

①油料作物榨油后的饼类其处理方法基本上与豆饼相同。

②综合利用的下脚料，如新鲜的醪糟、豆渣及甘薯渣等，由于本身含水量高，不宜久贮，应及时与适量的干料掺和使用。

③米糠使用方法与麸皮相同。唯使用榨油后的米糠饼，其处理方法先要经过粉碎。

④使用小麦、大麦、玉米、碎米、小米或高粱等作为制曲原料时，一般先要经过焙炒，焙炒的目的是使淀粉容易糊化及糖化，杀灭附着在原料上的微生物，并增加色泽和香气。焙炒后含水量显著减少，便于粉碎，能增加辅料的吸水作用。例如炒熟的小麦或大麦应为金黄色，其中焦糊粒不超过 5% ~ 20%，每汤勺熟麦投水试验下沉生粒不超过 4 ~ 5 粒，大麦爆花率为 90% 以上，小麦裂嘴为 90% 以上。有的地区，为了提高淀粉利用率，将淀粉质原料磨细、液化、糖化后，直接应用于发酵。

4. 冷却

原料经高温蒸煮后，为了达到接种的适宜温度，要进行冷却。冷却的时间越短越好。迅速冷却可以防止曲料冷却时，由于长时间的高温下引起蛋白质的二次变性，影响酶的分解，也能减少在冷却过程中的杂菌污染。冷却时间长，造成曲料中的杂菌数增多，给制曲造成困难。短时间冷却，还能预防淀粉的"回生"，增加淀粉酶的分解效果，提高淀粉的利用率。

缩短曲料冷却时间的方法很多，常压蒸煮可以通过扬料机达到迅速冷却的效果。NK 罐蒸煮时可以采取风冷机冷却、增大排气管径，还可以增加水力喷射真空泵，都能缩短冷却时间。

（四）　酱油制曲工艺　（厚层通风制曲）

厚层通风制曲就是将曲料置于曲箱货曲池内，其厚度增至 30cm 左右，利用通风机供给空气及调节温度，促使米曲霉迅速生长繁殖。厚层通风制曲有许多优越性：①成曲质量稳定；②节约制曲面积，为增产创造条件；③管理集中，操作方便；④改善制曲劳动条件，减轻劳动强度；⑤便于实现机械化，从而节约劳动力，提高劳动生产率。

通风制曲的操作方法，各厂根据实际情况都有所不同，但总的说是大同小异。为了便于记忆，将通风制曲操作要点归纳为"一熟、二大、三低、四均匀"。

1. 一熟

要求原料蒸得熟，不夹生，使蛋白质达到适度变性及淀粉质全部糊化的程度，可被米曲霉吸收，生长繁殖，适于酶类的分解。

2. 二大

（1）大水　曲料水分大，在制得好曲的前提下，成曲酶活力高。熟料水分要求在 45% ~ 51%（根据季节及具体条件而定），但若制曲初期水分过大，不适宜微生物的繁殖，而细菌则显著地繁殖。

（2）大风　通的风制曲料层厚达 30cm 左右，米曲霉生长时，需要足够空气，繁殖旺盛期又产生大量地热量。因此必须要通入大量的风和一定的风压，才能够透过料层维持到适宜于米曲霉繁殖最适宜的温度范围之内。通风小了，就会促使链球菌的繁殖，甚至在通风不良的角落处，会造成厌气性梭菌（*Clostridium*）的繁殖。但若温度低于25℃，通风量大后，小球菌就会大量的繁殖。通风是制好曲的关键之一，须特别注意。

3. 三低

（1）装池料温低　熟料装池后，通入冷风或热风将料温调整至32℃左右，此温度是米曲霉孢子最适的发芽温度，它便迅速发芽生长，从而抑制其他杂菌的繁殖。

（2）制曲品温低　低温制曲能增强酶的活力，同时能控制杂菌繁殖，因此制曲品温要求控制在30~35℃，最适品温为33℃。

（3）进风风温低　为了保证在较低的温度下制曲，通入的风温要低些。进入的风温一般在30℃左右。风温、风湿可通过空调箱进行调节。

4. 四均匀

（1）原料混合及润水均匀　原料混合均匀才能使营养成分基本一致。在加水量多的情况下，更要求曲料内水分均匀。否则由于润水不匀，必然是部分曲料含水量高，杂菌易繁殖，而部分曲料含水低，则使制曲后酶活力低。

（2）接种均匀　接种均匀对制曲来讲是个关键问题。如果接种不均匀，接种多的曲料上米曲霉很快发芽生长，并产生热量，迅速繁殖。接种少的曲料上米曲霉生长缓慢。没有接种到曲料上，杂菌繁殖。品温也不一样，不易管理，对制曲带来极为不利的影响，为此一定要做到接种均匀。

（3）装池疏松均匀　装池疏松与否，对制曲时的空气、温度及湿度有着很大关系。如果装料有松有紧，会影响品温不一致，易于烧曲。

（4）料层厚薄均匀　因为通风制曲料层较厚，可根据曲池前后通风量的大小，对料层厚薄作适当的调整。如果通风量是均匀的，则要求料层也要均匀，否则会产生温差，影响质量。

（五）成曲质量的鉴定

1. 感官鉴定

（1）外观　优良的成曲外观成块状，用手捏之，曲疏松；内部白色菌丝茂盛，并密集着生嫩黄绿色的孢子，但由于原料及配比的不同，色泽也稍有各异；成曲应无黑色或褐色的夹心。

（2）香气　优良的成曲应具有正常的浓厚曲香，而不带有酸味、豆豉臭、氨臭或其他异味。

2. 生化鉴定

水分测定：测定方法参阅水分测定。

蛋白酶活力简易测定方法：称取成曲10g，放入150mL三角瓶内，加水50mL，搅匀后，置于55±1℃水浴锅上分解3h，煮沸，再稀释至100mL，然后取滤液5mL滴去酸度，再以5mL中性甲醛测定其氨基酸态氮的含量。

五、酱油发酵

发酵是酿造酱油过程中极为重要的一个工艺环节，直接影响酱油的质量与原料的利用率。发酵方法的种类很多，根据醅和醪的状态不同，可分为稀醪发酵、固态发酵及固稀发酵三种；根据加盐多少的不同，又分为有盐发酵、低盐发酵及无盐发酵三种；此外由于加温状态的不同，又分为日晒夜露及保温速酿两种。

（一）低盐固态发酵法

低盐固态发酵是以脱脂大豆及麦麸为原料，经蒸煮、曲霉菌制曲后与 11~13°Bé 盐水混合成固态酱醅，经微生物分泌的酶分解，形成酱油色、香、味、体的过程。低盐固态发酵法工艺流程如图 7-3。

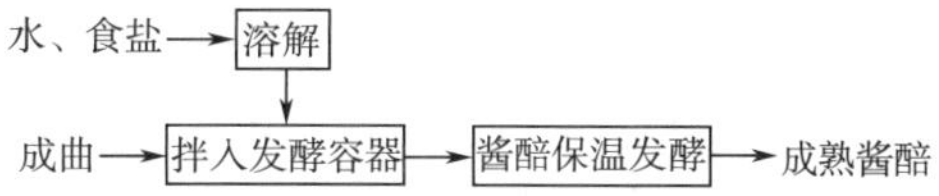

水、食盐 ——→ 溶解

成曲 ——→ 拌入发酵容器 ——→ 酱醅保温发酵 ——→ 成熟酱醅

图 7-3　低盐固态发酵法工艺流程

1. 成曲的堆积及粉碎

厚层通风成曲，其生理作用并未停止，呼吸作用仍很旺盛。因此，制曲完成后，要经过适当时间堆积，提高成曲的品温，一般品温为 40℃ 左右，若温度过高，易造成酶的失活，若成曲品温低，为了达到入池所要求的品温，提高盐水的温度，也会造成酶的失活。

2. 制醅

制醅就是把盐水加入成曲中混匀后入池的工序。固态低盐发酵拌曲盐水的浓度可用波美比重计直接测量，酱醅中食盐的含量不能低于 5%，以 7% 左右为宜，拌曲时盐水的浓度可调配至 11~13°Bé 进行拌曲。拌曲盐水的温度应为 55~60℃。一般情况下酱醅的含水量为 52%~53% 为宜，不应低于 50%，既有利于酶的分解作用，又利于成品的浸出。

制醅时可采取分层加水的方法，调节酱醅的含水量。成曲拌盐水时，应使盐水和成曲拌和均匀，不得有过湿过干现象。分层加水制醅是指随着酱醅层的上移，逐渐加大拌水量的过程。在发酵过程中随着时间的延长，酱醅的水分逐渐趋向一致，达到较好的分解效果。

酱醅入池后，在酱醅的表面要盖一层盖面盐，防止杂菌的污染和酱醅中热量的散发，发酵池上加盖木板。

3. 发酵

酱醅在发酵过程中存在着一系列的、错综复杂的、各种酶系参与的生物化学反应，既有合成酱油中大分子化合物的过程，又有大分子原料分解成小分子的有效成分的过程。因此在发酵时要尽量保持较高的酶活力，延长酶作用时间，提供最适宜的酶作用条件。由于原料中的各种有机物质转移到成品中，既要求数量多，又要求速度快。因此要适当控制发酵的温度。发酵工艺有先高温后低温的消化型工艺；发酵品温控制在不超过 50℃ 先低后高的发酵型工艺。低盐固态发酵属消化型，采用酱醅品温先高后低或先中后高再低的方法，具有周期短、产量高、风味好、色泽深的优点。

发酵采用高温池 45~48℃，发酵 7~8d，倒入中温池的品温在 43~45℃，发酵 7~8d；倒入低温池品温在 30~32℃ 发酵 7d，酱醅即可成熟。也有厂家的酱醅入池后品温在 42~43℃，维持 4d 左右，然后逐渐升温至 48~50℃ 发酵 3~4d，酱醅已经基本成熟，为了增加后熟的效果，适当延长发酵期为 12~15d。

成熟的酱醅应呈红褐色，有光泽，不发乌，氧化层薄，酱醅柔软，松散不黏，无干心、硬心现象，酱香味较浓，味鲜美，pH 不低于 5.0，无苦、涩、霉味等异味，细菌数不超过 3.0×10^5 CFU/g 醅，这样的酱醅才有利于酱油的浸出。

（二）淋浇法发酵

淋浇法就是将发酵池架底下的酱汁，用水泵抽取回浇于酱醅表面的方法。淋浇法发酵是低盐固态发酵方法的一种。它改变了厚层发酵法中酱醅中的酶不易浸出、品温上升快、不易控制等不足之处。但淋浇发酵法需要增加一些淋浇设备，如三相电泵等。淋浇时一般采用自循环淋浇较好，它可以减少酱汁中的热量损失，动力消耗，设备比较简单。

固态低盐发酵淋浇法酿造酱油的操作方法是：先将发酵盐水加温40~50℃，先用加水量的1/3拌曲制醅，需分层加水，装入发酵池。把酱醅表面加入重物压住，防止淋浇时酱醅浮动。然后把剩余的2/3盐水全部加入，加入时要慢，要求均匀地加到酱醅表面上。盖上木板池盖保温40~50℃进行发酵，2h后，盐水开始进入架底，需自循环淋浇一次，从而保证酶和水分均匀。发酵前四天每天淋浇两次，后四天每天淋浇一次，这样就可以通过淋浇来增加酱醅的溶氧量，排除二氧化碳，以便溶出的各种酶类能充分均匀地渗于酱醅中，同时也排除了原料分解时产生的分解热，调节了酱醅的品温，防止了发酵时代谢热较多，致使一些酶失活的现象产生，充分发挥品温易管理优点。发酵后期可通过淋浇控制酱醅的温度，供给氧气，促使酱醅后熟时酵母菌、乳酸菌等有益微生物繁殖生长，改善了酱油的风味，并抑制了厌氧型微生物的繁殖发酵作用，提高了发酵的安全性。可减少氧化层，降低了氨基酸与淀粉的损失，提高了酱油的质量。

利用淋浇还能根据不同发酵时期调节食盐的含量，使酶促反应迅速进行，对发酵的进行可以人为地加以控制。淋浇还能根据发酵的不同阶段添加不同的营养物质如糖盐水，可促进酱油的后熟和提高成品的含糖量，给增加酱油的香气成分提供了充分的基质。

（三）高盐稀态发酵

高盐稀态发酵法是指成曲中加入大量高浓度的盐水，使酱醪呈流动状态进行的发酵方法。高盐稀态发酵酱油酯香气足，色泽浅，有利于机械化和自动化生产。发酵时间一般为3个月左右，需要庞大的保温设备，如50~300m³发酵罐，输送设备和空气搅拌装置等。高盐稀态发酵工艺如图7-4。

图7-4 高盐稀态发酵工艺

1. 盐水调配

盐水浓度18~20°Bé。消化型和一贯型盐水温度50℃，低温型在夏天需要加冰降温，使前期发酵的品温达到15℃。

2. 制醪

成曲加盐水的数量为成曲重量的250%，经搅拌均匀后入发酵罐发酵。

3. 发酵

根据发酵类型对发酵品温进行控制。消化型是发酵前期品温高，一般为42~45℃，保持15d，使酱醪中的营养成分充分分解。然后逐渐降低品温使耐盐酵母发酵生成酒精，并使酱醪成熟，发酵周期为3个月。发酵型的品温是先低后高，先进行酒精发酵和缓慢水解，然后逐步提高品温为42~45℃，加快原料的分解，发酵期为3个月。酱醪一般品温保持在42℃，由于发酵温度较高，发酵期为2个月。低温型发酵品温从15℃开始到30℃结束，发酵期为6个月以上。

发酵时要适时搅拌，搅拌时压力要大，时间要短，防止酱醪黏度加大，不利于压榨提取酱油。

4. 压榨

成熟酱醪通过压榨设备提取酱油。

六、　酱油的提取

酱醅成熟后利用浸出方法提取酱油的工艺简称为浸出法，它包括浸取、洗涤和过滤三个主要过程：浸取即将酱醅所含的可溶性有效成分渗透到浸出液中的过程；洗涤即将浸取后还残留在酱醅颗粒表面及颗粒与颗粒之间所夹带的浸出液以水洗涤加以回收；过滤是将浸出液、洗涤液与固体酱醅（渣）分离过程。浸出法工艺流程如图 7 – 5。

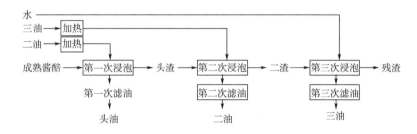

图 7 –5　浸出法工艺流程

1. 浸泡

酱醅成熟后，即可加入二油。二油应先加热至 70 ~ 80℃，利用水泵直接加入。加入二油时，在酱醅的表面层须垫一块竹帘，以防酱层被冲散影响滤油。二油用量应根据生产酱油的品种、蛋白质总量及出品率等来决定。热二油加入完毕后，发酵容器仍须盖严，防止散热。经过 2h，酱醅慢慢地上浮，然后逐步散开，此属于正常。如果酱醅整块上浮后，一直不散开，或者在滤油时，发酵容器底部有黏块者，表示发酵不良，滤油会受到一定影响。浸泡时间一般在 20h 左右。浸泡期间，品温不宜低于 55℃，一般在 60℃以上。温度适当提高与浸泡时间的延长，对酱油色泽的加深，有明显作用。

2. 滤油

浸泡时间达到后，生头油可从浸淋容器的底部放出，流入酱油池中。池内预先置备滤网，将每批所需要的食盐置于滤网中，流出的头油通过盐层而逐渐将盐溶解。待头油放完后（不宜放得太干），关闭阀门，再加入 70 ~ 80℃的三油，浸泡 8 ~ 12h，滤出二油（备下批浸泡用）。再加入热水（为防止出渣时太热，也可加入自来水），浸泡 2h 左右，滤出三油，作为下批套二油之用。

在滤油过程中，头油是产品，二油套头油，三油套二油，热水淋三油，如此循环使用。若头油数量不足，则应在滤二油时补充之。一般头油滤出速度最快，二油、三油逐步缓慢。特别是连续滤油法，如头油滤得过干，对二油、三油过滤速度有着明显的影响。因此当头油滤干时，酱油颗粒之间紧缩结实又没有适当时间的浸泡，会给再次滤油造成影响。

3. 出渣

滤油结束，发酵容器内剩余的酱渣，用人工或机械出渣，输送至酱渣场上存放，供作饲料。机械出渣一般用平胶带输送机，出渣完毕，清洗发酵容器，检查架底上的竹帘或篾席是否损坏，四壁是否有漏缝，防止酱醅漏入发酵容器底部堵塞滤油管道而影响滤油。

4. 影响滤油速度的因素

（1）酱醅发黏　如果成曲质量差，或发酵温度不适当等，均分解不彻底，而使酱醅黏滞，过滤时不但缓慢，而且严重到滤不出油来。

（2）料层厚度　酱醅料层厚，滤油速度慢，但对设备利用率高；酱醅薄，相对的滤油速度快，而设备利用率低。

（3）拌曲盐水的多少　对滤油速度也有一定的影响。有时酱醅料层虽厚，由于适当掌握拌曲用水量，仍可以达到滤油畅爽的目的。

（4）浸泡油的温度　温度高对滤油速度、质量及溶出均有帮助，温度低则相反。尤其是浸泡油中遇到盐分不足，尚不能起到防腐的作用，要依靠调整温度来抑制杂菌的侵入，特别是液面，散发热量快，杂菌最容易繁殖，若浸泡的温度低，则浸泡油易变质，甚至于发黏，这必然影响滤油的速度。

（5）浸泡油的食盐浓度　食盐浓度高，滤油慢，成分不易淋尽（主要是物质的溶解度低）；食盐浓度低，滤油快，成分易于淋出。

七、 酱油的杀菌、 配制

酱油加热杀菌及配制工艺流程见图7-6。

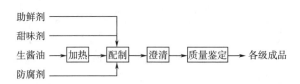

图7-6　酱油加热杀菌及配制工艺流程

（一） 酱油的加热灭菌

1. 加热的目的

（1）灭菌作用　加热使微生物迅速死亡；

（2）调和香气和风味　经过加热作用，可使酱油香气变得醇厚，口感好；

（3）增加色泽　生酱油色泽较浅，加热后部分转化成色素，可增加酱油的色泽；

（4）除去悬浮物　加热后部分高分子蛋白质发生絮状沉淀，可以带动悬浮物及其他杂质一起下沉，从而起到澄清酱油的作用。

2. 加热的方法

间接蒸汽法用夹层锅及盘管加热器。现国内大多用列管式热交换器，它结构简单，清洁卫生，操作和管理比较方便，成品质量好，生产效率也较高。

3. 加热的温度

酱油的加热温度因设备条件及品温要求不同而略有差异，一般间隙式为65~70℃维持30min。如果采用连续式热交换器，以出口温度控制在80℃为宜。如果酱油中添加核酸系列调味料，为了破坏酱油中存在核酸分解酶—磷酸单酯酶，则需把加热度提高到90~95℃保持

15~20min。

（二）成品酱油的配制

因为每批酿造酱油，其质量会出现差异，故需进行适当的配制。配制是将每批生产的头油和二油按统一的质量标准进行配兑，使成品达到感官指标、理化指标和卫生指标的质量标准。此外，由于各地风俗习惯不同，口味不同，对酱油的要求也不同，因此还可以在原来酱油的基础上，分别调配助鲜剂、甜味剂以及其他某些香辛料等以增加酱油的花色品种。常用的助鲜剂有谷氨酸钠（味精）；强烈助鲜剂有肌苷酸和鸟苷酸；甜味剂有砂糖、饴糖和甘草；香辛料有花椒、丁香、桂皮、大茴香、小茴香等。

1. 酱油配制计算

酱油的理化指标有多项，一般均以氨基酸态氮，全氮和氨基酸生成率来计算，例如二级酱油标准为氨基酸态氮 0.6g/100mL；全氮 1.20g/100mL；氨基酸生成率是 50%。如果生产的酱油氨基酸生成率都低于 50% 时，可不计全氮而按氨基酸态氮配制；如果氨基酸生成率高于50% 时，则可不计算氨基酸态氮而以全氮含量计算配制。

配制时可按下列公式计算：

$$a_1/b_1 = (c - b)/(a - c)$$

式中　a——高于等级标准的酱油质量，g；

a_1——高于等级标准的酱油质量，g；

b——低于等级标准的酱油质量，g；

b_1——低于等级标准的酱油质量，g；

c——标准酱油的质量，g。

例：甲批酱油，全氮 1.35g/100mL，氨基酸态氮 0.68g/100mL；乙批酱油全氮 1.10g/100mL；氨基酸态氮 0.56g/100mL，其数量为 15t，问需要多少 t 甲批酱油才可并成二级酱油（全氮 1.20g/100mL，氨基酸态氮 0.60g/100mL）。

解：先求出各批酱油的氨基酸生成率

氨基酸生成率 = 氨基酸态氮/全氮 × 100

甲批酱油氨基酸生成率 = 0.68/1.35 × 100% = 50.37（%）

乙批酱油氨基酸生成率 = 0.56/1.10 × 100% = 50.91（%）

二批酱油的氨基酸生成率均超过 50%（标准二级酱油），所以用全氮来计算配制：

根据公式　　　　　　　　$a_1/b_1 = (c - b)/(a - c)$

代入　　　　　$a_1/15 = (1.2 - 1.1)/(1.35 - 1.2) = 0.1/0.15$

$$a_1 = 15 × 0.1/0.15 = 10(t)$$

所以需甲批酱油 10t 配成二级酱油。

由于检验工作上不可避免地会存在一些误差（置信度 99% 左右），因此在配制时应留有一定的保险系数。

2. 成品酱油的质量标准

质量标准的内容包括三个部分：一是感官要求，即通过视觉、嗅觉与味觉来检验酱油的色泽、香气、味道和体态；二是理化指标，就是利用物理分析和化学分析的方法来测定酱油中各种成分；三是卫生指标，主要指重金属等污染物、黄曲霉毒素等的限量，以及细菌数、大肠杆菌群含量和致病菌等是否符合食品卫生标准。目前，酱油产品应符合 GB 2717—2018

《食品安全国家标准　酱油》中的最新规定。

（1）酱油的感官质量鉴别

①色泽：优质酱油色泽为红褐色，鲜艳，有光泽，不发乌；劣质酱油无光泽、发乌，一般多为添加色素过多所致。

②体态：优质酱油体态澄清，浓度适当，无沉淀物，无霉花、浮膜；劣质酱油浓度较低，其黏稠度较小，因此流动稍快。存放很久后摇动瓶子时，酱油变浑浊，有沉淀，有霉花浮膜。

③气味：优质酱油具有酱香或酯香等特有的芳香味，无其他不良气味；劣质酱油无酱油的芳香或香气平淡，且有焦煳、酸败、霉变和其他令人厌恶的气味。

④滋味：优质酱油味道鲜美适口而醇厚，柔和味长，咸甜适度，无异味；劣质酱油有苦、涩、酸等不良异味和霉味，醇味薄，没有酱香味。

其检验方法是取混合均匀的适量试样置于直径 60～90mm 的白色瓷盘中，在自然光线下观察色泽和状态，闻其气味，并用吸管吸取适量试样进行滋味品尝。

（2）酱油理化指标

①氨基酸态氮：氨基酸是蛋白质分解而来的产物，其中以谷氨酸占比例最高，全氮中氨基酸态氮的含量越高，表明蛋白质分解越好。GB 2717—2018《食品安全国家标准　酱油》中规定酱油中氨基酸态氮需 ≥0.4g/100mL，其检测方法见 GB 5009.235—2016《食品安全国家标准　食品中氨基酸态氮的测定》。

②全氮：酱油的全氮包括氨基酸态氮、蛋白质水解的中间产物、胨、肽以及氨态氮等，它的含量高低是代表酱油中成分优劣的重要标志之一。

③无盐固形物：无盐固形物是指不含食盐的固形物，即总固形物减去食盐所得的数值，也称主成分，表示酱油中除食盐以外的可溶性成分的含量，故而与酱油成分的浓淡有关系。

④此外，酱油中食品添加剂的使用应符合 GB 2760—2014《食品安全国家标准　食品添加剂使用标准》的规定，食品营养强化剂的使用应符合 GB 14880—2012《食品安全国家标准　食品营养强化剂使用标准》的规定，铁强化酱油中乙二胺四乙酸铁钠的测定使用 GB 5009.249—2016《食品安全国家标准　铁强化酱油中乙二胺四乙酸铁钠的测定》的方法。

（3）微生物限量　酱油致病菌主要包括沙门氏菌、金黄色葡萄球菌、副溶血性弧菌等，其限量应符合国家标准 GB 29921—2021《食品安全国家标准　预包装食品中致病菌限量》的规定。大肠菌群数的检测依据国家标准 GB 4789.3—2016《食品安全国家标准　食品微生物检验　大肠菌群计数》平板计数法。

八、 酱油澄清、 贮存及包装

1. 酱油的澄清

生酱油经过加热灭菌后一些可溶性较差的物质发生"聚结"现象，使酱油成品混浊。澄清就是把这些沉淀物除去，提高酱油澄清度和产品质量。澄清一般需要专用设备，比如用不锈钢和内涂环氧树脂的底部呈漏斗状钢制的澄清器。根据产量而决定澄清器的数量，澄清的时间一般要一周。形成酱油沉淀物的原因，如 N 性蛋白质的存在，原料分解不彻底，杂菌污染，淋油引起的等。当发现澄清期间酱油澄清缓慢时，应及时分析其原因，采取适当的措施来改善酱油工艺中的不合理因素，夏季澄清时防止雨水进入，但不应密闭，以防止闷热变质。澄清产生的沉淀物，可以进入二次过滤（回淋），也可以作制醅用水拌曲，进入重新发酵，每天生产的酱油应注入贮藏罐中，沉淀贮藏容器基本以罐为主。酱油在贮藏时，发生生物化学变化和色泽加深、香气的改善、水分的减少等。贮藏时要防止冷热酱油的混合引起酱油风味变化和变质。贮藏时最好能在低温下，要经常搅动以避免酱油生白。定期清洗贮藏容器，消除剩余的混浊物。

2. 包装

酱油包装容器有瓶（袋）、塑料桶和缸等。瓶（袋）装适合于家庭，销售时以瓶（袋）装为最佳，因为瓶装易于清洗灭菌，容器小、食用期短不易运输等特点；塑料桶、缸、木桶多用于商店、食堂。装油前，所用容器必须刷洗干净，并进行灭菌，防止杂菌污染而引起酱油的腐败。灌装车间应具有空气消毒和净化设施。标签的标注内容应符合 GB 7718—2011《食品安全国家标准　预包装食品标签通则》的规定，要标明出厂日期，以随时检查产品质量和贮藏效果；应标明氨基酸态氮的含量等。

3. 贮存、运输

产品应贮存在阴凉、干燥、通风的专用仓库内；瓶装产品的保质期不应低于 12 个月；袋装产品的保质期不应低于 6 个月。产品在运输过程中应轻拿轻放，防止日晒雨淋，运输工具应清洁卫生，不得与有毒、有污染的物品混运。

以上酱油的生产应符合 GB 8953—2018《食品安全国家标准 酱油生产卫生规范》。

第二节　发酵酱类制品

发酵酱又称酿造酱，是指以谷物和（或）豆类为主要原料经微生物发酵而制成的半固态的调味品，如豆酱、蚕豆酱、面酱等不仅可以可直接佐餐，也可以在烹调时使用。

一、　发酵酱制品的分类

1. 豆酱

以豆类为主要原料，经过曲菌酶等微生物酶的分解，酿制而成的有光泽、滋味鲜甜的调味酱。

（1）大豆酱　以大豆为主要原料加工酿制的酱类称为大豆酱。豆酱与豆瓣酱等的区别在于其体态中无豆瓣，是经过磨碎工艺处理的。

①干态大豆酱：是指原料在发酵过程中控制较少水量，成品外观呈干涸状态的大豆酱。

②稀态大豆酱：是指原料住发酵过程中控制较多水量，成品外观呈稀稠状态的大豆酱。

（2）蚕豆酱　蚕豆为主要原料，蚕豆脱壳后经制曲、发酵而制成的调味酱。

①生料蚕豆酱：蚕豆不经过蒸煮酿制的蚕豆酱。

②熟料蚕豆酱：蚕豆经过蒸煮酿制的蚕豆酱。

（3）杂豆酱　以豌豆或其他豆类及其副产品为主要原料加工酿制酱类称为杂豆酱。

（4）豆豉　大豆原料经润水蒸煮，拌麦粉（或不拌麦粉）制曲发酵，利用微生物酶类，将原料中蛋白质降解至一定程度，再采取加盐、加酒或干燥等措施，抑制酶的活性，延缓分解过程，使原料中部分蛋白质和酶解产物共同保存下来，呈干态或半干态的颗粒状，此种发酵性制品称为豆豉。按照制曲时参加的微生物不同，豆豉分为曲霉型豆豉、毛霉型豆豉和细菌型豆豉等。

①曲霉型豆豉：利用米曲霉为豆豉生产的主要微生物，曲霉型豆豉色泽黝黑光亮，清香鲜美，有特殊的豉香味。

②毛霉型豆豉：制曲的主要微生物是毛霉。毛霉型豆豉的成品酱香浓郁、滋味鲜美、颗粒完整，很受消费者欢迎。

③细菌型豆豉：制曲的主要微生物是细菌。细菌型豆豉口味鲜美、辛香、咸淡适宜，黏稠适度。

2. 面酱

以谷类为主要原料，经过曲菌酶分解，使其发酵熟成的酱类。可直接佐餐和供复制用或作为制作酱菜的腌制料。

（1）小麦面酱　以小麦面为主要原料加工酿制的酱类称为小麦面酱。

（2）杂面酱　以其他谷类淀粉及其副产品为主要原料加工酿制的酱类称为杂面酱。

3. 花色酱

以黄豆酱、甜面酱为基础原料，配加不同的辅料，如香肠、花生、火腿、猪肉、蘑菇等，再加入味精、辣椒、芝麻油等调味料，即可调制成不同名称的花色酱，如甜辣酱、虾子辣酱、芝麻辣酱。

二、 发酵酱制品的主要生产原料及作用

酱类制品的原料可分为主要原料如蛋白质原料、淀粉质原料、食盐和水等和辅助原料如增色剂、增鲜剂、防腐剂等。

1. 蛋白质原料

蛋白质原料是生产酱类的重要原料，它的质量直接影响成品的优劣。蛋白质原料是构成酱类鲜味的主要来源，是形成酱类固形物主要成分，是生成酱类色泽基质之一。

（1）大豆　大豆是生产豆酱、豆豉等酱类的主要原料，有黄豆、黑豆、青豆等。应选用蛋白质含量高、色泽黄、无腐烂、无霉变、无虫蛀和颗粒均匀的优质大豆做原料。可用筛选机除去大豆中部分杂质，然后用色选机除去剩余杂质，做酱最好使用商品大豆做原料。

（2）脱脂大豆　脱脂大豆是利用萃取和压榨提取油脂后的副产品。大豆脱脂前期处理时将大豆轧扁，破坏了大豆的细胞膜，其组织有了显著的改变，很容易吸水，酶容易与分解底物接触，加快作用速度，从而可以缩短酿造周期，提高全氮利用率。而且，脱脂大豆粒度比较小，容易粉碎，可以在一定程度上降低动力消耗。使用豆粕应符合国家标准 GB/T 13382—2008《食用大豆粕》。

（3）蚕豆　蚕豆为一年生或越年生草本植物，属豆科植物。蚕豆也称胡豆、罗汉豆、佛豆或寒豆。是豆类蔬菜中重要的食用豆之一，它既可以炒菜、凉拌，又可以制成各种小食品，是一种大众食物。我国蚕豆种植面积广泛，以四川、云南、江苏、湖北等地为多。蚕豆是蚕豆瓣酱的主要原料。

2. 淀粉质原料

淀粉质原料是生产面酱类的重要原料，是构成面酱类甜味的主要基质，也是酿造豆酱的

主要原料。主要有面粉、大米等。

（1）面粉　面粉能提供微生物繁殖和代谢所需要的碳源，是成品甜味的重要来源之一，又是酱品酯香成分的主要来源。

面粉可以吸收大豆表面的水分并附着在其表面，有利于微生物在大豆上的繁殖与酶的积累。有的厂家为了追求利润，使用不合格面粉或霉变的面粉而影响产品质量。面粉霉变主要是由于霉菌的生长繁殖而引起的。霉菌在适宜的温度下将原料分解，进行同化作用，放出二氧化碳，产生热量和水，这些又会促进霉菌的生长繁殖。所以我们看到的霉点就是无数个微小菌体的聚合体。发生霉变的原料营养价值下降，产生了氨气、腐败气味及一些毒素，影响成曲的质量。

（2）大米　大米是稻谷经清理、碾米、成品整理等工序去皮层和胚芽，留下的胚乳制成的成品。一般应选择米粒洁白，颗粒饱满，气味良好，当年生产，无杂质的大米为宜。用陈米酿造的成品风味欠佳。大米的安全水分在14%以下，大米中的淀粉以淀粉粒的状态存在。直链淀粉含量较高，用大米酿制的酱品有较好的稠度，味道醇厚。

3. 食盐

食盐的含量在酱成品中一般占10%～15%。它赋予酱制品的咸味，并具有杀菌防腐作用，可以使发酵能够安全地进行。食盐还可以增加豆类蛋白质的溶解度，使成品鲜味增加。食盐对于形成风味物质的耐盐酵母菌有激活作用，可以提高酱品的风味。酱类生产中为了防止杂质进入，食盐应选用氯化钠含量高、颜色洁白、杂质少的水洗盐或精盐做原料。如果食盐中含卤汁过多则会带来苦味，使酱类品质下降。

4. 水

酱类成品中含水量应≤65%，一般含水量在50%～62%，生产用水必须符合饮用水标准。水质对成品质量有较大的影响，含铁过多会影响酱类的香气和风味并使成品颜色加深；硬度大的水对酱类后熟发酵不利，影响产酯酵母的作用，使成品酯香味差；用酸性水会使产品酸度增加，影响酱品的口味和质量指标。

三、　发酵酱制品生产工艺

发酵酱的制备涉及原料的处理、成曲的制备及发酵等步骤。发酵豆酱使用的菌种和发酵机理与酱油基本相同。主要不同点：酱油是提取发酵中产生可溶性有效成分；发酵豆酱是以大豆为主要原料，经浸泡、蒸煮、拌和面粉制曲、发酵，酿制而成的色泽棕红、有光泽、滋味鲜甜的调味酱。

（一）传统大酱

传统豆酱主要以黄豆、盐、水为原料，不添加辅料，利用自然环境中的微生物发酵而成。例如东北大酱，其制作主要分为制醅和发酵两个阶段。由于长期处于开放性的发酵环境中，使其菌群结构复杂多样，由此赋予其独特的酱香、风味和适口性。为了提高工业生产酱的风味，探明其中的微生物组成及变化规律至关重要。

随着分子生物学的发展，宏基因组、宏蛋白质组、宏转录组学技术和代谢组学技术在发酵食品领域中的应用，使我们能够更精确地获得微生物信息并探究其功能。目前研究发现，酱醅发酵过程中的优势菌门为厚壁菌门（Firmicutes）和子囊菌门（Ascomycota）。在属水平上，酱醅主要真菌属为青霉菌属（Penicillium）和毛霉菌属（Mucor），主要细菌属为四联球菌属

（*Tetragenococcus*）、明串珠菌属（*Leuconostoc*）、肠球菌属（*Enterococcus*）、芽孢杆菌属（*Bacillus*）和乳杆菌属（*Lactobacillus*），并与碳水化合物代谢、氨基酸代谢、物质转运、无机离子转运与代谢和能量代谢等有关。其中乳杆菌（*Lactobacillus*）、四联球菌（*Tetragenococcus*）、蜂房蜜蜂球菌（*Melissococcus*）和明串珠菌（*Leuconostoc*）对大酱风味形成有密切关系。因而，在强化大曲酱和纯种发酵豆酱工艺的基础上，探索多菌种纯种混合发酵是豆酱工艺改进途径之一。

（二）强化大曲酱

依据传统大酱的制作方法，目前工业生产的大酱大都为强化大曲酱，即在制曲时添加一些纯种微生物，从而弥补天然大曲的不足。因为大曲的生产受季节限制，一般在春、秋生产的成曲效果较好，所以不能常年生产。而且在发酵时，将新的酱醪与部分旧酱醪（上次发酵保留的种子）混合，也是一种维持产品风味的途径之一。其工艺流程如图7-7。

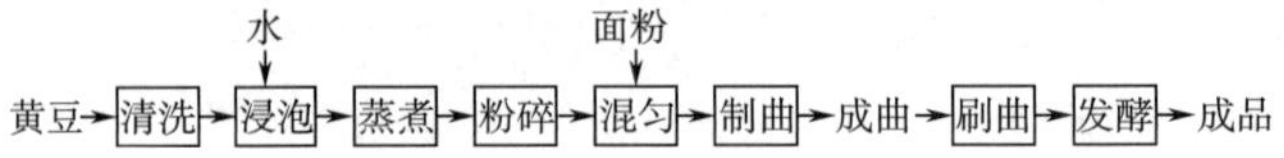

图7-7　强化大曲酱工艺流程

1. 配料

黄豆100kg，面粉50kg。

2. 浸泡

把经过筛选的优质大豆，进行清洗，除去漂浮物和沉积的杂质，清水浸泡4~12h，使大豆子叶吸水膨胀，制曲的水分主要来源于大豆吸收的水分，大豆的质量要增加2~2.2倍。

3. 蒸煮

加压蒸煮0.1MPa，30min；常压蒸煮圆汽后微火蒸煮时间约3h。熟豆应红褐色，软度均匀。

4. 粉碎

把蒸好的大豆加入面粉拌匀，放在大豆轧扁机上碾轧。

5. 制曲

（1）微生物的来源

①一种是来源于原料和环境：原料、曲房中霉菌多，场地酵母菌多，空气中细菌多，细菌繁殖能力强，所以制曲前期占有优势。新鲜的草席有草香味，并附有大量的霉菌，有保湿，保温的特点，所以应采用新鲜草席作为制曲的覆盖物。春、秋两季空气中霉菌较多制成的成曲酶活力较高，是制曲的黄金季节。

②另一种是强化大曲：为了提高成曲酶活力加入纯种培养的酶活力较高的霉菌，加入（或不加入）对成品风味影响较大的菌类如产酯酵母，乳酸菌等而进行的大曲制作方法。强化大曲菌种的选择。大曲酱是一种风味特殊的酱品，既要有传统风味，又要能提高产品的品质，菌种来源主要有目前使用的酶活力较高生产菌株，还应从传统优质酱中分离的新菌种进行生产。因为加入了纯种微生物，在培养过程中，温度不宜过高，注意通风，在曲坯中要有控制品温、湿度的调节孔，要用制曲机来满足工艺的要求，强化大曲制曲时间比天然大曲时间短。

（2）制曲微生物群体的生长变化

①适应恢复期：曲坯入房后的10h之内菌体、孢子吸水膨胀，孢子及细胞内溶物开始溶解，酶在细胞内开始活动，为孢子萌发做准备。

②恢复期：细菌开始繁殖，霉菌和酵母菌发芽入曲房12h左右，注意保温，需氧量较高。

③快速生长期：多种微生物快速生长，菌数迅速增加，细胞内生理活动极为旺盛，此时是保湿与排潮阶段，是看曲的重要时期，要注意保温、保湿，并及时调整品温及湿度。生长期产生的淀粉酶活力较高。

④平缓期：菌体生长速度减慢，时间为4~15d。积累的蛋白酶活力较高称为晾霉阶段。

⑤衰老期：入房16~20d，由于基质中营养成分、代谢产物积累，水分及pH变化，细菌及酵母已停止繁殖，霉菌仍不断增长，应加强管理。

（3）培养

①下曲：曲架、曲坯2层间距为下层紧上层松，下层约1cm，上层约1.5cm，行间距为2cm。曲坯上盖草席，待曲坯全部入室后，洒水保持湿度，关闭门窗，待其自然升温。

②排潮：曲坯入房后3~4d，品温上升40~45℃，可开启门窗，揭去草席，将曲坯由2层码成3层，起到调温、通风排潮和供给氧气的作用。曲坯外面为棕色，有白色霉点，断面呈橙黄色，略带微酸味，继续保温、保湿（10d以后）。

③大火期：排潮后15d内，品温上升至48℃以上，每隔1d翻一次曲，曲坯品温仍需保持35℃以上，35d出曲。酸性蛋白酶活力以25~35d时酶活力最高。架子曲酶活力高，细菌少，原因是通风好，氧气足抑制了细菌的繁殖。

④大曲的贮存：一般25~30d为宜，超过30d酶活力下降。

（4）注意事项

①保湿目的：微生物的水分活性较大，只有在适应的水分下才能生长、繁殖、代谢、积累酶量，为了保持曲料的水分，满足微生物的生长和酶的积累，曲室要保持一定的湿度。方法：曲房内加入水蒸气；地面洒水；草席洒水；加塑料布敷盖。有的厂家用报纸包裹曲块保湿有很大的危害性：曲块内氧气供给不足；不利排潮；油墨对身体有害。

②排潮作用：随着曲料水分蒸发，使曲块中水分在下降过程中积累大量酶；曲块水分下降，湿度下降，有效抑制产酸菌的大量繁殖；水分下降，温度下降，有利于有益菌的生长和酶的积累；供给新鲜O_2，有利于微生物的呼吸作用，促进其发育代谢；排潮可以排出CO_2，曲室内CO_2浓度>1%使有益菌体增殖受到阻碍，酶活力也随之下降。方法：排潮可以采取轴流风机、开启门窗、提高室温等方法。

6. 刷曲

大曲制曲时间要20d以上，成曲表面会粘一些草席上的碎末，通风时曲室内会进入灰尘等杂物，所以在大曲成熟后要刷曲，用刷曲机刷去成曲表面杂质和菌丝。

7. 发酵、成品

刷净的成曲入缸或入池，大曲100kg，食盐50kg，水200kg。大曲入缸后，每天用耙搅动，促使成曲逐渐软碎，然后过筛，搓开块状，筛去杂质。为了通风防雨，缸口或池口上要罩上一顶"酱缸帽子"，如果生水进入发酵酱醪中就会有寄生虫繁殖，影响酱品的质量和食欲。每天早、中、晚各打耙一次，把上面由菌丝形成的沫子除掉，直到将酱醪表面产出的沫状物彻底除净。每天打耙使酱变得很细，1～3个月大曲酱即成熟，酱醪发酵过度会产生异味。

（三） 纯种发酵大豆酱

纯种发酵大豆酱是以大豆为主要原料，经浸泡、蒸煮、拌和面粉，纯种微生物制曲，发酵等步骤，在微生物分泌的各种酶的作用下，将大分子的原料分解成小分子的过程。

影响纯种发酵大豆酱质量的主要因素是成曲的质量。纯种发酵大豆酱是以分泌蛋白酶活力较高的霉菌为生产菌株，制曲时间为48～72h，酶活力高，原料分解速度快，产品质量比较稳定。制曲时，大豆经蒸煮后，有部分黄浆水滞留在种皮内。拌入面粉后，曲料黏度上升，不利于制曲。通风制曲要注意前期通风时间、风量和风压的选择，以保证成曲的质量。大豆酱制曲时，霉菌生长时间长，曲料升温慢，曲料中的水分大部分来自大豆的吸收水，水分少，加之辅料面粉中的水分较低，曲料中的霉菌的生长缓慢。霉菌在生长繁殖过程中，是以水为媒介吸收营养物质和分泌各种酶类及排泄代谢产物。水分和温度是霉菌孢子发芽的充分条件，因此制曲时要防止温度低，而产生酸曲等不良现象，可采取提高种曲质量，提高室温等方法促进霉菌的生长繁殖。工艺流程如图7－8。

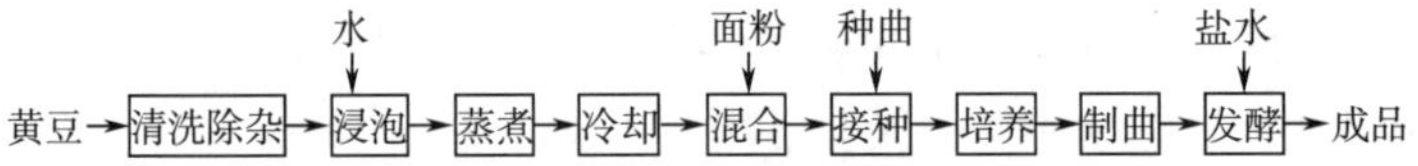

图7－8　纯种发酵大豆酱工艺流程

1. 原料配方

大豆100kg，标准面粉20～30kg。

脱脂大豆蛋白质含量高，制成的成品鲜味足。另外，在大豆脱脂时经机械加工破坏了外皮纤维及大豆颗粒结构，所以，制曲时间比用大豆制曲时间缩短。脱脂大豆是大豆提取油脂后的副产品，更适合于发酵豆酱的生产，其配料为脱脂大豆70%、面粉30%。

2. 原料处理

（1）大豆处理

①清洗除杂：大豆于清水中搅拌，可使轻杂质除去，然后，经过多次连续冲洗，可使沙砾等重物与大豆分离，沉积在清洗槽底部，从而达到大豆清洗除杂的目的。

②浸泡：清洗除杂后的大豆要经过浸泡4～12h使其充分吸水，有利于大豆蛋白质的适度变性、淀粉的糊化和微生物的分解和利用。

③蒸煮：加压蒸煮0.1MPa，30～60min；常压蒸煮圆汽后微火蒸煮时间约3h。熟豆应红褐色，达到熟而不烂，既酥又软，用手捻时，可使皮脱落，豆瓣分开的程度。

④冷却：熟豆冷却至35～45℃时就可以拌入面粉。

（2）面粉　是主要的碳源，通常使用标准粉。面粉可焙炒或干蒸，亦可加少量水蒸熟，但蒸后水分增加，不利于制曲。面粉比例大，制曲时面粉不能完全粘在大豆表面，会滞留在曲池假底上，减少了曲料的孔隙率，通风不畅，影响成曲质量。

3. 接种

制曲接入的菌种主要是沪酿3.042米曲霉，接种量为原料量的0.15%～0.30%，使用前应与少量灭菌后的面粉拌匀。

4. 制曲

制曲方法基本与酱油生产相同，多采用厚层通风制曲法，曲料入池摊平，保持品温在32℃左右，静置培养，待品温升至 36 ~ 37℃，通风降温至 32℃，促使菌丝迅速生长。虽经通风，上下层温差仍较高时，即可进行第一次翻曲，一般翻 1 ~ 2 次。翻曲后的品温维持 33 ~ 35℃，直至长出茂盛的黄绿色孢子，停止培养，即可出曲。由于大豆外面布满了面粉，面粉水分少，菌丝生长缓慢，米曲霉菌丝深入到大豆子叶中速度慢，水分又不易挥发，故制曲时间应适当延长，大多用 2 日曲。根据成曲含水量不同，可在制醪添加盐水时酌情增减。

5. 发酵

豆酱发酵方法与酱油生产相同，有晒露法、保温速酿法及固态低盐发酵法等。目前普遍采用低盐固态发酵法，其成品色泽浓厚、味浓醇、后味强、香气好，能与晒酱相媲美。发酵容器多采用保温发酵罐和水浴发酵罐（池），其中水浴发酵罐最适宜酱类生产。

（1）大豆成曲入池升温　大豆曲移入发酵容器，摊平，稍稍压紧，其目的是使盐分能缓慢渗透，使面层也充分吸足盐水，并且利于保温升温。入容器后，在酶及微生物作用下，发酵产热，品温很快自然升至 40℃，在面层上淋入占大豆成曲重量 90%，温度为 60 ~ 65℃，浓度为 14.5°Bé 的盐水，使之缓慢吸收。这样既让物料吸足盐水，保证温度达到 45℃ 左右的发酵适温，又能保证酱醪含盐量为 9% ~ 10%，抑制非耐盐性微生物的生长。当盐水基本渗完后，在面层上加封一层细盐，盖好罐盖，进入发酵阶段。

（2）保温发酵　品温保持 45℃，酱醪水分控制在 53% ~ 55% 较为适宜。大豆成曲中的各种微生物及各种酶在适宜条件下，作用于原料中的蛋白质和淀粉，使它们降解并生成新物质，从而形成豆酱特有的色、香、味、体，发酵前期约为 10d。发酵温度不宜过高，高于 50℃ 时酱醪色泽加深并伴有苦味，影响豆酱的鲜味和口感。10d 时补加大豆曲重量 40% 的 24°Bé 的盐水及约 10% 的细盐（包括封面盐），以压缩空气或翻酱机充分搅拌酱醪，使食盐全部溶化。置室温下再发酵 4 ~ 5d，可改善制品风味。为了增加豆酱风味，也可把成熟酱醪品温降温至 30 ~ 35℃，人工添加增香酵母培养液，再发酵 1 个月。

6. 成品磨细、杀菌和包装

由于各地消费习惯不同，成品豆酱呈颗粒黏稠状，则可以不磨细；豆酱呈细糜稠状，则需磨细，用磨酱机研磨。

豆酱杀菌与否主要由包装容器决定，如果生产袋装即食酱就要进行灭菌。因豆酱一般是经过烹调后才食用，所以习惯上不再进行加热杀菌，但要求达到卫生指标。

（四）蚕豆酱

用蚕豆代替大豆制酱，在我国南方地区尤为普遍。由于蚕豆酱具有它特有的风味，制成蚕豆辣酱，酱红、鲜美、味辣，更受到市场的青睐。

蚕豆酱生产工艺与大豆酱基本相同，只是增加了蚕豆脱壳工序。工艺流程如图 7 -9。

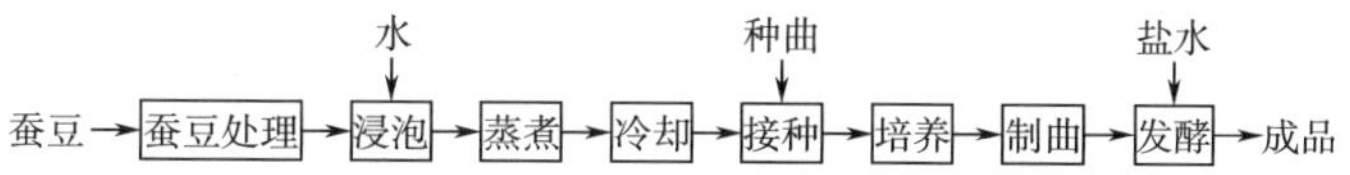

蚕豆 → 蚕豆处理 → 浸泡 → 蒸煮 → 冷却 → 接种 → 培养 → 制曲 → 发酵 → 成品

（浸泡 ← 水；接种 ← 种曲；发酵 ← 盐水）

图 7 -9　蚕豆酱生产工艺流程

1. 原料配比

去皮蚕豆 100kg，面粉 30kg，盐 8kg，水 10kg。

2. 蚕豆处理

蚕豆要脱壳，去皮壳的方法按要求不同而不同。如果要求在豆酱内豆瓣能保持原来形状者，可采用湿法处理；如果不需要考虑豆瓣形状者，就用干法处理。

（1）湿法处理　蚕豆经除去泥沙后，投入清水中浸泡，让其渐渐吸收水分，至豆粒无瘪无皱纹，豆瓣用两指折断后，断而无白心，即达到浸泡的适度。蚕豆吸水速度依种类、粒状、干燥度及水温而不同，尤其是水温的影响最大，浸豆时春秋两季 30h 左右，夏季应予缩短，冬季则宜延长至 72h。浸泡完毕，将浸好的蚕豆用橡皮双辊筒轧豆机脱皮，再由人工用竹箩在水中漂去大部分已脱落的皮壳，最后用人工将不能漂出的皮屑及杂物等拣清，即得到洁白的豆瓣。脱皮及浸泡时间不宜过长，尤其是热天，容易使豆瓣发酸而僵硬，所以要经常换水，防止浸泡液中微生物的繁殖产酸。僵硬后的豆瓣小但难蒸熟，而且影响成品质量，这是湿法处理的主要缺点。

（2）干法处理　干法处理简单，生产效率高，豆瓣容易保存，因此凡产品中的豆瓣形状不作要求者，均可以采用此法。最简单的办法是将除去泥沙杂物的蚕豆在日光下充分晒干，以钢磨磨碎后，用风扇去皮壳，拣去尚未去掉皮壳的蚕豆，再放入磨内重磨，最后用筛子将豆瓣分出，选取整而较大的豆瓣备用。

现在大多数酿造厂均采用机械方法处理。其机械去皮是以锤式粉碎机和干法比重去石机为主体，并配以升高机、筛子和吸尘等没备，联合装置成蚕豆干法去皮壳机。

3. 浸泡

将脱壳干豆瓣，按颗粒大小分别倒在浸泡容器，用不同的水量浸泡，使豆瓣充分吸收水分后泡胀，浸泡时间水温 10℃ 左右浸泡 2h、水温 20℃ 浸泡 1.5h，水温 30℃ 左右仅需浸泡 1h。浸泡后蚕豆瓣重量增加 1.8～2 倍，体积胀大 2～2.5 倍，断面无白色硬心，即为适度。浸泡时，可溶性成分略有溶出，水温高，渗出物多，因此，水温偏高并不适宜。为了不使可溶性成分溶出流失，目前各厂均采用旋转蒸煮锅，将干豆瓣放入锅内，再加入定数量的水，蒸煮锅旋转使水分均匀地与豆瓣接触。

4. 蒸煮

有两种方法：一种是常压蒸熟，将浸泡的湿豆瓣沥干，装入常压锅内，圆汽后保持 5～10min，留锅 10～15min 再出锅。另一种是将干豆瓣盛入旋转式蒸煮锅内，按豆瓣量加水 70%，间歇旋转浸泡 30～50min，使水比较均匀地被豆瓣吸收，在 0.1MPa 压力下蒸料 10min，即可出料。蒸熟的程度，以豆瓣不带水珠，用手指轻捏易成粉状，口尝无生腥味为宜。

5. 制曲

豆瓣蒸熟出锅后，应迅速冷却至 40℃ 左右，接入种曲，接种量为 0.1%～0.3%。由于豆瓣颗粒较大，制曲时间需适当延长。一般采用厚层机械通风制曲时间约为 2d。

6. 制醅、发酵

制醅原料配比是：蚕豆曲 100kg，15°Bé 盐水 140kg，再制盐 8kg 及水 10kg。

先将蚕豆曲送入发酵池或发酵罐内，表面摊平，稍予压实，待品温自然升温至 40℃ 左右，再按一定的比将 15°Bé、60～65℃ 热盐水从面层四周徐徐注入曲中，让它逐渐全部渗入曲内；或用制醅机拌和，将蚕豆曲与盐水拌匀入发酵容器中，加盖面盐，并将盖盖好。蚕豆曲加入盐水后，品温保持45℃左右。发酵10d后，酱醅成熟，按每100kg蚕豆曲补加再制盐8kg及水10kg，并以压缩空气或翻酱机充分搅拌均匀，促使食盐全部溶化，再保温发酵3～5d或移室外数天，则香气更为浓厚，风味也更佳。

几种蚕豆辣酱配比如下。

（1）元红豆瓣　以原汁豆瓣100计，加辣椒酱100，混合搅匀而成。

（2）香油豆瓣　以原汁豆瓣100计，加香油4，辣椒酱16，芝麻酱6，麻油0.6，面酱2，白糖1，香料粉0.2，混合搅拌均匀而成。

（3）红油豆瓣　以原汁豆瓣100计，加红油10，辣椒酱30，芝麻酱12，白糖2.4，香料粉0.3，甜酒酿5，混合搅匀而成。

（4）金钩豆瓣　以原汁豆瓣100计，加金钩5，辣椒酱30，芝麻酱12，麻油4，香油8，白糖2.4，香料粉0.3，甜酒酿适量，混合搅匀而成。

（5）火腿豆瓣　除不加金钩外，其余均与金钩豆瓣相同。但加肉干10，混合搅匀而成。

7. 成品杀菌、包装及质量标准

由于各地消费习惯不同，需要蚕豆酱呈颗粒黏稠状，则可以不磨细；需要蚕豆酱呈细糜稠状，则需磨细，常用磨酱机磨成酱体。

风味酱一般用纸罐、陶瓷坛、塑料包装，将新配制的各种蚕豆酱，再封坛后熟半个月包装出厂，风味更好。蚕豆酱杀菌与否主要由包装容器决定，如果袋装即食酱就要进行灭菌。因蚕豆酱一般是经过烹调后才食用，所以习惯上不再进行加热杀菌，但要求达到卫生指标。

（五）面酱

面酱又称甜面酱，它是以面粉为主要原料经制曲和保温发酵，利用米曲霉分泌的淀粉酶和蛋白酶等，将面粉中的淀粉和蛋白质分解为糊精、麦芽糖、葡萄糖和各种氨基酸等，从而使面酱成为含有多种风味物质和营养成分的调味佳品。面酱不仅色泽鲜亮、黏稠适度，而且滋味鲜美、独特，香气纯正、浓厚。面酱是酱制酱腌菜的主要辅料。工艺流程如图7－10。

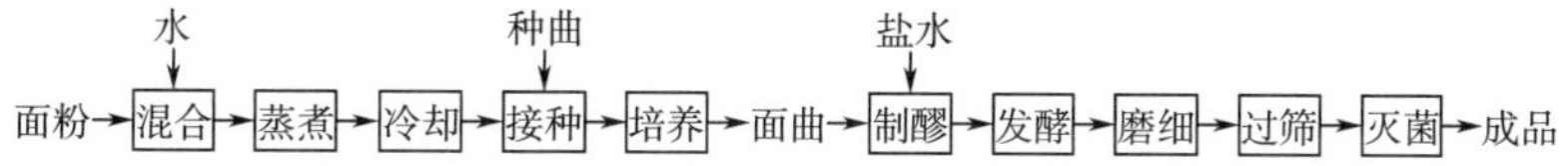

图7－10　面酱工艺流程

1. 原料配比

面粉100kg，水28～30kg。

2. 处理原料

目前各厂采用的方法有两种：一种是用拌和机将面粉与水充分拌和，使其成为蚕豆大小的面疙瘩，然后及时送入常压蒸锅中，当最后一部分碎面块入蒸锅后，待上汽5min即为成熟；采用加压蒸煮，蒸煮压力0.05MPa，维持2min即可。蒸熟的标准是熟面块呈玉白色，咀嚼时不粘牙齿而稍有甜味为适度；二种是用面糕连续蒸料组合机处理，它是由蒸面机、拌和机、熟料输送绞龙、落熟料器和鼓风机等组成，处理量大，产品质量稳定，工作条件好，是大型工厂采用的设备。

3. 接种

熟料出锅后，应迅速冷却至40℃左右，接入种曲，接种量为0.1%~0.3%，由于对面酱要求口感细腻而无渣，接种用曲精为宜，曲精100g，可投400kg料。

4. 制曲

厚层机械通风制曲，方法与豆酱基本相同。由于面曲所要求米曲霉分泌糖化酶活力高，因此培养品温可以适当提高到40℃左右。米曲霉培养后，要求菌丝发育旺盛，即肉眼能见到曲料全部发白，有少量黄绿色米曲霉孢子即为成熟面曲。培养时间过长，产生的大量孢子污染环境，工人操作条件差，成品苦味加重，大量的原料生成孢子而飞扬，影响原料利用率。

5. 制醪发酵

制醪：面曲100kg、14°Bé盐水100kg。先将面曲送入发酵容器内，摊平后自然升温，从面层四周徐徐一次注入制备好的浓度为14°Bé，温度为60~65℃热盐水，让它逐渐全部渗入曲内，最后将面层压实，加盖，保温发酵。品温维持在53~55℃，每天搅拌一次，至4~5d面曲已吸足盐水而糖化。30d后酱醪成熟，变成浓稠带甜的酱醪。面酱成熟后，当温度在20℃以下时，可移至室外储存容器中保存，若温度在20℃以上时，贮藏时必须经过加热处理和添加防腐剂，防止酵母二次发酵而变质。

6. 磨细、杀菌和包装

用钢磨将成熟面酱中的细小疙瘩磨细，然后加热杀菌、包装，方法同大豆酱。

为了满足需求，可以利用蚕豆酱和面酱加入不同品种的配料，加工成各种酱类制品。

①猪肉辣酱：将新鲜猪肉洗净蒸熟，切成1cm³大小，拌入少量五香粉，称取拌好的猪肉块3.3kg、蚕豆辣酱10kg、面酱8kg、辣椒酱4kg、芝麻酱1.7kg、鲜酱油3.3kg、砂糖1kg、麻油1.7kg，加入0.1%五香粉和0.1%味精。煮沸后装瓶，表面层加入少量麻油而成。

②鸡肉辣酱：将鸡肉切成1cm³大小块状，煮熟后称取鸡肉2.6kg、蚕豆辣酱3kg、面酱5kg、辣椒酱1.4kg、芝麻酱2kg、鲜酱油4kg、砂糖1kg、麻油1kg，加入0.1%五香粉和0.1%味精。煮沸后装瓶，表面层加入少量麻油而成。

③虾米辣酱：将虾米切成小段煮熟后，称取2kg，加入蚕豆辣酱6.6kg、面酱4kg、辣椒酱3kg、芝麻酱1kg、鲜酱油2kg、砂糖0.4kg、麻油1kg以及加入五香粉0.05%、味精0.05%和苯甲酸钠0.1%，煮沸后装瓶，在表面层加入少量麻油而成。

④烤鸭面酱是在甜面酱的基础上调配而成的，其配料为甜面酱60kg、白砂糖3kg、食用油2kg、酱油5kg、味精0.5kg、香油2kg、保鲜剂50g、水适量。

四、 其他发酵酱制品

味噌是由大豆、米或大麦、食盐发酵所得的半固体含盐调味品，是日本人每餐必食的传统调味品，常用于做酱汤、腌渍鱼、肉、蔬菜。经日本相关机构研究证明味噌有：抑制胆固醇；预防癌症；防止胃溃疡；抗衰老；清除体内放射性物质等功能。

味噌最早发源于中国。来自中国"末酱"的谐音。据说是由唐朝鉴真和尚传到日本的，初见于日本平安末期的《扶桑略记》。关于味噌的起源，也有一种说法是通过朝鲜半岛传到日本，认为"味噌"或来自于朝鲜语的"密祖"（miso）的谐音，或由唐郡国渤海经与日本的大规模贸易而将制酱技术传入日本，或为日本列岛先住民在公元前1世纪，用盐使谷物（豆、米、麦等）发酵而始。

（一）　味噌及原料种类

味噌的种类比较多，主要是原料的成分和比例的不同。用作制造味噌的原料为豆、米、麦等。因地区不同，大豆和米、麦比例及颜色的不同，构成了富有地方特色、种类繁多的味道。每种味噌又有各自的特色。

1. 根据原料味噌可以分成三类

（1）米味噌　由米曲、大豆、食盐为原料生产，米味噌的产量最多，占味噌总产量的80%左右。

（2）大麦味噌　由大麦曲、大豆、食盐生产而成。

（3）大豆味噌　由大豆曲、食盐生产而成。

2. 根据地区不同大体有四种

（1）西京味噌　大米制作，白色、甜味，又称白味噌，贮藏性能差，不易长期保存。产于日本京都中心关西地区。

（2）仙台味噌　大米制作，红色辣味，贮藏性能好，在日本全国各地均有出售。

（3）信州味噌　大豆制作，淡色辣味，是日本有代表性的味噌。产于因出产优质"西山大豆"而闻名的信州松本一带，当地也因味噌好吃而被称为"味噌王国"。

（4）八丁味噌　大豆制作，色深味浓，是日本有代表性的名牌味噌。产于爱知县冈崎市八丁町（现为八帖町）。

3. 根据口味来分

可分为"辛口味噌"及"甘口味噌"两种，这种口味上的差异是因为原料比例不同所造成的。

（1）辛口味噌　是指味道比较咸的味噌。通常曲的比例较重口味，做出来的味噌也较咸，名气颇响亮的"信州味噌"，便是这类辛口味噌的代表；

（2）甘口味噌　味道比较甜、比较淡的味噌。日本关西等地平日饮食清淡，制作出的味增口味也较淡，关西的白味噌及九州味噌，都是颇具代表性的甘味噌。

4. 按产品颜色

可分为"赤色味噌"及"淡色味噌"两大类，味噌颜色的淡浅主要是受制曲时间的影响，制曲时间短，颜色就淡，时间拉长，颜色也就变深，"仙台味噌"是较具代表性的赤色味噌。

（二）　发酵中的微生物及生化机制

1. 发酵中的微生物及作用

味噌发酵生产中利用的微生物有霉菌、酵母菌和乳酸菌等，其中霉菌是主要微生物。大豆、米、麦通过酶分解产生的鲜味（氨基酸类）、甜味（糖类）与生产过程中添加的咸味充分地调和起来，加上酵母、乳酸菌等发酵生成的香气及酸、酯、醇等，使得味噌的风味更丰富醇厚。

（1）霉菌　与其他传统发酵豆制品一样，味噌生产也需要制种曲。目前使用最多的微生物是米曲霉（*A. oryzae*），发酵温度一般在30～35℃，发酵时间一般在48h左右。米曲霉所产生的蛋白酶、纤维素酶、淀粉酶和脂肪酶等分解大豆、米等原料，从而产生味噌特有的风味。

（2）酵母菌与乳酸菌　霉菌分泌的酶类作用于大豆等原料，产生的多肽、氨基酸、糖类等物质，为酵母菌和乳酸菌的生长繁殖提供了营养，使得酵母菌和乳酸菌也参与到发酵过程中。味噌中特有的有机酸、酯、醇等风味物质部分来源于酵母菌和乳酸菌等发酵。

2. 味噌形成的生化机制

在味噌的发酵过程中，主要涉及以下生化过程：首先是种曲中的曲霉（如薏米丝状菌等）生长产生一些酶（如淀粉酶和蛋白酶），在这些酶的作用下，原料中的淀粉和蛋白质被分解产生葡萄糖，麦芽糖，肽和氨基酸。氨基酸是味噌的主要呈味成分。葡萄糖，麦芽糖则是甜味的主要来源，同时也是酵母和乳酸菌的营养源。接下来，则是耐盐性乳酸菌（如 *Pediococcus halophilus* 等）开始增殖，产生乳酸等有机酸，pH 下降。乳酸可使得原料中的一些气味消失。pH 下降后，有利于酵母的生长繁殖，鲁氏接合酵母和念珠菌属的耐盐性酵母开始增殖，伴随酵母的增殖可由糖分产生乙醇，同时也产生微量的有机酸，酯类，以及由氨基酸产生一些高级醇类物质。这些成分对于味噌香味起着至关重要的作用。

味噌的过程是由霉菌、酵母、细菌及各种酶类参与的一系列相关联的生化反应构成的，历时数日至一年的时间才能获得美味的味噌。此外，制曲、发酵和成熟的温度、湿度、酸度、时间等也对味噌的味道起着重要作用。为了制造出更加美味的味噌，目前人们还在不断地研究和改善味噌的制作方法。

（三） 生产工艺

味噌的传统制法是把大豆煮熟搅拌搓揉后，加入盐调味，搓匀后放入米曲或麦曲，最后放入木桶内封存发酵，经过成熟，便可得到又香又浓的味噌。

1. 味噌的生产工艺流程

味噌在制作过程中虽然方法因地区、原料的不同而各异，但基本制作原理大致相同，基本的工艺流程如图 7 – 11。

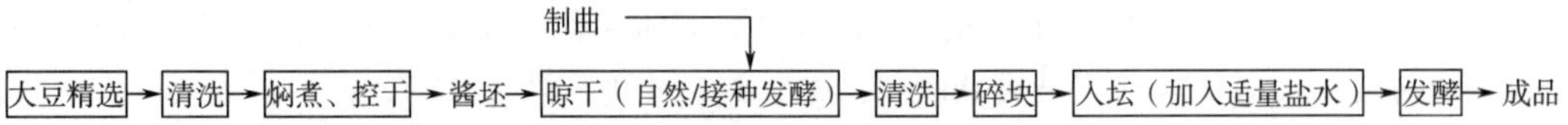

制曲 ──────┐

大豆精选 → 清洗 → 焖煮、控干 → 酱坯 → 晾干（自然/接种发酵） → 清洗 → 碎块 → 入坛（加入适量盐水） → 发酵 → 成品

图 7 – 11　味噌的生产工艺流程

味噌的制作方法与我国北方的盘酱加工工艺非常相似。近年来，日本对味噌的制作过程进行了改进，采用自动化设备和连续制作过程，特别是在大米日本曲和大麦日本曲的制备过程中，采用循环的发酵器大大提高了生产效率。

2. 主要操作要点

（1）原料　选颗粒饱满、颜色淡黄的黄豆。

（2）制曲　一般利用大米或大麦为基质原料，使用的微生物为米曲霉（*A. oryzae*）。制曲时间的长短直接影响味噌产品的颜色。制曲时间短，产品颜色淡；制曲时间长，产品颜色深。

（3）发酵　经过发酵，蛋白质彻底分解成各种氨基酸、酯和醇等风味物质。不同品种的味噌发酵时间不一样。浅色味噌的酿造时间一般需 5 ~ 20d，深色味噌则需要 3 ~ 12 个月。总的来说，酿造时间越长，味噌的风味越浓郁。

（四） 质量缺陷及控制

微生物污染是味噌生产与贮藏中的关键问题。味噌存放要注意防止霉变，尤其是甜味噌，其含盐量低，不耐贮藏，一般开启后尽快食用。

（五）发展趋势

随着饮食文化的国际交流，味噌已经广泛使用于东南亚和欧美国家。我国烹饪行业也开始使用味噌。味噌不仅是重要的调味品，也是很好的保健品。味噌的营养价值很高，其中含有多种氨基酸和碳水化合物以及多种矿物质。研究表明，味噌有一定防癌、保肝、预防动脉硬化、降低血压、防止贫血、预防中风、抑制血糖升高和杀灭氧化自由基等多种保健功效。科学推动味噌生产的不断发展，工艺不断优化，品种不断丰富。

第三节　腐乳

腐乳又称乳腐、霉豆腐等，是早在魏代就发明的发酵豆制品之一。腐乳是以大豆为原料，经加工磨浆、制坯、培菌、发酵而制成的调味、佐餐制品。腐乳中富含蛋白质及其分解产物如多肽、二肽等多种营养成分，不含胆固醇，在欧美等地区被称为"中国干酪"。

一、腐乳的分类及原料

（一）腐乳的分类

1. 腐乳按工艺分类

（1）腌制腐乳　豆腐坯经灭菌、腌制、添加各种辅料制成的腐乳。发酵动力来源于面曲、红曲、酒类等，由于蛋白酶活力低，后期发酵时间长、产品不够细腻，滋味差。但厂房设备少，操作简单，如山西太原的一些腐乳，绍兴腐乳中的棋方都是腌制腐乳。

（2）发霉腐乳　在豆腐坯表面进行微生物培养，经腌制、添加各种辅料制成的腐乳。

2. 腐乳按发酵微生物分类：

（1）毛霉腐乳　毛霉能分泌的蛋白酶活力较高，使豆腐坯中蛋白质水解度较大，在腐乳的生产中大致可以占到90%以上，但是毛霉不耐高温，高温季节培养霉菌易产生脱霉现象，不能全年生产。腐乳质地柔糯、滋味鲜美。

（2）根霉腐乳　根霉耐高温，是伏天炎热季节生产腐乳的主要微生物。腐乳质地细腻、滋味鲜美。

（3）细菌型腐乳　北方以藤黄球菌为主，南方以枯草杆菌占优。细菌型腐乳菌种易培养，酶活力高，质地细腻，有特殊香气，但成型性差，不易长途运输，使用范围非常有限。

3. 按产地分类：

如北京王致和腐乳、上海鼎丰腐乳、绍兴腐乳、桂林腐乳、克东腐乳、夹江腐乳等。

4. 按腐乳标准分类

（1）红腐乳　在后期发酵的汤料中，配以着色剂红曲酿制而成的腐乳。是腐乳中的主要产品，由于添加红曲表面腐乳呈红色或紫红色，内部为杏黄色，滋味鲜美、质地细腻。

（2）白腐乳　在后期发酵过程中，不添加任何着色剂，汤料以黄酒、酒酿、白酒，食用酒精、香料为主酿制而成的腐乳。在酿制过程中因添加不同的调味辅料，使其呈现不同的风味特色，如糟方、油方、霉方、醉方、辣方等。白腐乳在南方产量较大。白腐乳呈乳黄色、青白色，质地细腻，鲜味突出，盐度低、发酵期短、在成品中易产生白色结晶。

（3）青腐乳 在后期发酵时，以低浓度盐水为汤料酿制而成的腐乳。具有特有的气味，表面呈青色，又称为"臭豆腐"，它的主要呈味物质是甲硫醇和二甲基二硫醚等。

（4）酱腐乳 在后期发酵过程中，以酱曲（大豆酱曲、蚕豆酱曲、面酱曲等）为主要辅料酿制而成的腐乳。产品具有红褐色或棕褐色、酱香浓郁、质地细腻等特点。

（5）花色腐乳 在产品中添加不同风味的添加剂酿制而成的腐乳。有辣味、甜味、香辛味、咸鲜味等。

（二） 腐乳生产主要原料及辅助原料

正确选择原料是提高腐乳质量的保证。大豆是产品质量的基础，应采用高蛋白大豆，贮藏时要防止大豆"走油"现象。面曲中蛋白酶和淀粉酶活力直接影响产品质量和发酵周期。食盐应采用水洗盐或精盐，避免食盐杂质造成腐乳风味欠佳。软水和中性水能提高蛋白质的利用率。生产中应使用价格低廉，质量稳定，风味好的酒类。香辛料是细菌型腐乳必加的添加剂，加入时要严格遵守国家规定，只能加入保健食品中规定的既是食品又是药品的添加剂。

1. 主料

用于生产腐乳的主要原料是大豆，以东北地区种植的大豆质量最佳。大豆中的主要成分如蛋白质、脂肪、碳水化合物等都是腐乳的主要营养成分，蛋白质的分解产物又是构成产品鲜味的主要来源。大豆蛋白质的氨基酸组成合理，氨基酸中谷氨酸、亮氨酸较多，与谷物比较赖氨酸多，甲硫氨酸和半胱氨酸稍少。大豆中亚油酸是人体必需脂肪酸并有防止胆固醇在血管中沉积的功效。大豆有特有的气味成分，在微生物分泌的各种酶的作用下，也会产生腐乳的香气物质。腐乳的质量首先取决于大豆的品质，选取优质的大豆是生产腐乳的最基本条件，研究显示大豆中的蛋白质与腐乳中的蛋白质呈极显著正相关，与腐乳的得率呈显著正相关。所以要求大豆蛋白质含量高，相对密度大，干燥无霉烂变质，颗粒均匀无皱皮，无僵豆（石豆）、青豆，皮薄，富有光泽，无泥沙，杂质少。大豆中蛋白质含量一般为30% ~40%，粗脂肪15% ~20%，无氮浸出物25% ~35%，灰分5%左右。

2. 辅料

配料中所用的原料因生产的品种不同而异，统称为辅助原料。腐乳色、味品种繁多与所用的辅助原料在后熟中产生独特的色、香、味有密切关系。腐乳中主要辅料有食盐、酒类、面曲、红曲、酱曲、凝固剂、香辛料等。

（1）食盐 食盐是腐乳生产中重要辅料。食盐是腐乳咸味的主要来源；食盐和氨基酸结合构成产品的鲜味；有较强的防腐功能。食盐能析出豆腐坯内的水分。腐乳腌坯所用盐要符合食用盐标准，尽量使用氯化钠含量高，颜色洁白，水分及杂质少的水洗盐或精盐。当钙和镁含量高时产品有苦味，杂质多则会导致产品质地粗硬，不够滑腻，使成品质量下降。

（2）酒类 南方生产的腐乳品种所用酒类以黄酒和酒酿为主，北方以白酒为主。酒类能增加腐乳的酒香成分，如白酒中乙醇和腐乳发酵时产生的有机酸反应生成各种酯类为成品提供香气成分；提高红曲色素的溶解性；抑制甲硫氨酸分解生成甲硫醇和二甲基二硫醚；防止腐败性细菌和产膜酵母菌的繁殖，增加成品的安全性。

①黄酒：以谷物为主要原料，利用酒药、麦曲或米曲中含有的多种微生物的共同作用酿制而成，酒精含量12% ~18%，酸度低于0.45%，糖分在7%左右。黄酒营养价值高，含有

多种淀粉质分解的产物多糖、麦芽糖、葡萄糖等，9 种必需氨基酸、维生素、微量元素等。腐乳生产中使用的黄酒以采用纯种酵母和纯种曲结合的发酵期短、产酒率高的新工艺酒为主。

②酒酿：以糯米为主要原料，经过根霉、酵母菌、细菌等共同作用，将淀粉质分解为糊精、双糖、葡萄糖、酒精等成分酿制而成。糟方用发酵期短的甜酒酿，其他腐乳用酒酿卤较多。酒酿指标：糖度≥20°Bé，酒精含量 11% ~12%，总酸≤0.6%，固形物≥25%。

③白酒：腐乳使用的白酒，一般是以高粱为主要原料，经麸曲和酵母菌发酵酿制成的，酒精含量为 50% ~60% 的无混浊、无异味、风味好的白酒。

（3）面曲 面曲是面粉加水后经发酵（或不发酵）、添加米曲霉制成的辅助原料。要求面曲颜色均匀，酶活力高，杂菌少。

①前期不发酵面曲：用 38% 冷水将面粉搅拌均匀，制成面穗，蒸熟透后，趁热将面块打碎，摊晾至 40℃加入 0.3% 米曲霉种曲，32 ~35℃培养 3 ~4d，晒干后备用。此方法简单，由于米曲霉菌丝不易在面曲内部繁殖，面曲长势不均，酿制的成品风味欠佳，食用后有时会引起胃部不适有胃酸过多的感觉。

②前期发酵面曲：面粉加水经发酵后制成馒头，把馒头分割成小块，待品温达到 40℃时加入 0.3% 米曲霉种曲，32 ~35℃培养 3 ~4d，晒干后备用。馒头中水分均匀，营养丰富，米曲霉容易生长繁殖，用发酵面曲制成的腐乳风味好，虽然制作工艺复杂，但成品质量稳定。

（4）红曲 红曲即红曲米，将红曲霉菌接种于蒸熟的籼米中，经培养而得到的含有红曲色素的食品添加剂。红曲为不规则的碎米，外表呈棕红色或紫红色，质轻脆，断面为粉红色，易溶于热水及酸、碱溶液。在腐乳中红曲既提供红色素，又是淀粉酶、酒化酶、蛋白酶的来源之一。小型腐乳厂，由于条件限制，可以采用外购解决红曲原料问题。外购红曲酶活力（特别是酒化酶）、色素均有所下降，用量上要适当增加。大型厂家一般自己生产红曲，避免红曲在高温干燥时酶活力下降对产品质量的影响。用籼米生产的红曲品率较高，但色素不如粳米生产的红曲。在培养红曲时，氮源增大时，产生的色素偏向紫色；碳源增大时产生的色素偏向黄色，因此，在生产红曲时，应增加蛋白质的含量，提高红曲色素。

红曲应有红曲特有的香气，手感柔软。淀粉：50% ~60%，水分：7% ~10%，总氮：2.4% ~2.6%，粗蛋白质：15% ~16%，色度：1.6 ~2.0，糖化酶活力：900 ~1200U/g。

（5）水 水是腐乳的主要成分之一，又是大豆蛋白质的溶解剂。水中的微量无机盐类是豆腐坯微生物发育繁殖所必需的营养成分和不可缺少的物质。

酿造腐乳用水，一般饮用水均可使用，生酸菌群和大肠杆菌群，致病菌群不得检出。腐乳酿造用水一般软水为宜，硬度大的水影响大豆蛋白质的提取率。水质最好采用中性水，酸性大的水会降低蛋白质的水溶性，影响蛋白质利用率；用酸性水会使产品酸度增加，影响腐乳的口味。

（6）香辛料 在腐乳加入的香辛料有甘草、肉桂、白芷、陈皮、丁香、砂仁、高良姜等。

①甘草：为多年生草本植物，是甘草的干燥根和根状茎，多为野生。主成分：干草甜素为甘草酸的钙、钾盐。甘草对各种药物和毒素有解毒作用。甘草以条粗长、外色红内色黄、粉性大、中央抽缩成小坑者为佳。甘草又称"甜草"。有微弱的特异气味。具甜味，并带有苦味。甘草提出物的性状因制法而异，甘草水为淡黄色溶液，浓缩物通常为黑褐色黏稠液

体，有特有的甜味及微弱香气，并带有苦味。

②肉桂：为樟科植物肉桂的树皮，产于广东、广西等地。挥发油主成分：桂皮醛有镇静、解热作用；桂皮油对胃肠有缓和的刺激作用，排除积气，缓解痉挛性疼痛。桂皮醛即肉桂醛，是黄色液体，具有肉桂特有的香气，不溶于水，溶于乙醇等有机溶剂中，久露空气中易氧化变质，宜密闭贮存于阴凉处。

③白芷：白芷按种分有兴安白芷、川白芷、杭白芷三种。白芷根含有香豆精类化合物，白芷素、白芷醚、香柠檬内酯、珊瑚菜素。气味芳香，除作调味外，药用上具有祛风散寒，消肿排脓，生肌止痛等作用。白芷以根条肥大均匀、坚硬、粉质足，香气浓厚者为佳品。

④陈皮：为芸香料植物常绿小乔木，是多种柑橘成熟果实的干燥果皮，因药用以陈者良，故称陈皮。陈皮以含有挥发油，主要成分是右旋柠檬烯，柠檬醛，川皮酮，橙皮甙，中肌醇等。除作调味外，药用功能，理气健脾，燥湿化痰。陈皮以片张完整，内外颜色鲜艳，气味香甜浓郁者为佳。

⑤丁香：丁香主要成分含挥发油15%～20%，邻苯三酚鞣质12%，丁香素1.5%，还含有少量脂肪和蜡质。挥发油中的主要成分为丁香酚，丁子香酚醋酸酯等。味麻辣，有令人愉快的强烈芳香气，除作调味品外，药用具有暖胃降逆，温肾助阳等功能。丁香的花蕾的花期在6～7月，采后把花蕾和花柄分开，经4～5d日晒，花蕾呈紫褐色，所得产品为公丁香，也称为"公丁"，以花大油足、紫红色为佳。7～8月份浆果成熟，浆果红棕色，稍有光泽，椭圆形，其成熟果实为母丁香，也称为"母丁"，以瓣整齐、黑棕色、香味辣者为佳。

⑥砂仁：多年生草本植物，为姜科植物砂仁种子的种仁。砂仁含挥发油1.7%～3%，挥发油的主要成分是右旋樟脑，龙脑，乙酸龙脑酯，芳樟醇，橙花椒醇等，味香凉，多用作调料，药用具有理气解郁，健胃消食等功能。砂仁以个大成熟，籽仁饱满，棕红色，气味浓厚者为佳。

⑦高良姜：为姜料多年生草本植物高难度良姜的干燥根茎，产于广东、海南、广西等地。高良姜呈圆柱形，体质坚实，长5～10cm，外部呈锈色，有白色环节，内部呈棕黄色，断后呈纤维状，气芳香，有似生姜和胡椒的混合气味，挥发油中主要成分为桉油精、桂皮酸甲酯、高良姜酚等，并含有黄酮类化合物。除作调味外，药用有暖胃、散寒、止痛、驱除瘴气，治疗皮肤病等功能。高良姜以肥大、结实、油多、色红棕、干爽、味香辣而无沙泥为佳。

腐乳生产中香辛料最好使用浸出剂。香辛料的使用一般都以粉末的形式使用，粉末香辛料在腐乳发酵时颗粒不发生改变，吸附在腐乳的表面，影响成品的感官效果。由于食盐浓度较大抑制了香气成分的浸出，为了提高腐乳的香气，往往加大香辛料的用量，增加了生产成本。香辛料的浸出溶剂一般以水、乙醇、白酒为主。常用的浸出方法有煎煮法、浸渍法、渗滤法、二氧化碳超临界萃取法等。

香辛料由于含水量较低，本身又含有芳香油，具有一定的防腐作用，因此较易贮存保管。库房要凉爽干燥，相对湿度应控制在60%～65%，防止返潮后造成霉变；香辛料中所含的芳香油，多属于低沸点的挥发性物质，在高温下容易挥发散失，使其香味下降，因此要相应控制库房温度，不得和带有异味的物品混合存放，以免发生串味，影响其本身纯正香味；香辛料在装运和保管中，应防摔、防压以减少破损。

（7）凝固剂　凝固剂是加快蛋白质形成凝胶的物质。制作腐乳豆腐坯以盐卤为主。盐卤是海水制盐后的副产品。主要成分是氯化镁含量约为 30%，盐卤的用量为黄豆量的 5% ~ 7%。盐卤用量过多，蛋白质收缩过度，保水性差，豆腐坯粗糙，无弹性。盐卤用量少，大豆蛋白质凝聚不完全，形成的凝胶不稳定。

二、 腐乳发酵中微生物及生化机制

（一） 腐乳生产菌种及特点

在腐乳生产中，人工接入的菌种有毛霉、根霉、细菌、米曲霉、红曲霉和酵母菌等，腐乳的前期培养是在开放式的自然条件下进行的，外界微生物极容易侵入，另外配料过程中同时带入很多微生物，所以腐乳发酵的微生物十分复杂。虽然在腐乳行业称腐乳发酵为纯种发酵，实际上，在扩大培养各种菌类的同时已非常自然地混入许多种非人工培养的菌类。腐乳发酵实际上是多种菌类的混合发酵。从腐乳中分离出的微生物有霉菌、细菌、酵母菌等 20 余种。

1. 腐乳生产菌种选择

（1）不产生毒素（特别是黄曲霉毒素 B1 等），符合食品的安全和卫生要求。

（2）培养条件粗放，繁殖速度快。

（3）菌种性能稳定，不易退化，抗杂菌能力强。

（4）培养温度范围大，受季节限制小。

（5）能够分泌蛋白酶、脂肪酶、肽酶及有益于腐乳产品质量的酶系。

（6）能使产品质地细腻柔糯，气味鲜香。

2. 腐乳生产中常用菌株

在发酵腐乳中，毛霉占主要地位，因为毛霉生长的菌丝又细又高，能够将腐乳坯完好地包围住，从而保持腐乳成品整齐的外部形态。当前，全国各地生产腐乳应用的菌种多数是毛霉菌，还有根霉、藤黄小球菌等其他菌类。

（1）五通桥毛霉（AS3.25） 五通桥毛霉是我国腐乳生产应用最多的菌种。该菌种的形态如下：菌丛高 10 ~ 35mm；菌丝白色，老后稍黄；孢子梗不分支，很少成串或有假分支，宽 20 ~ 30μm；孢子囊呈圆形，直径为 60 ~ 130μm，色淡；囊膜成熟后，多溶于水，有小须；中轴呈圆形或卵形（6 ~ 9.5）μm×（7 ~ 13）μm；厚垣孢子很多，梗口都有孢子囊 20 ~ 30μm。五通桥毛霉的最适生长温度为 10 ~ 25℃，低于 4℃勉强能生长，高于 37℃不能生长。

（2）腐乳毛霉 腐乳毛霉是从浙江绍兴、江苏镇江和苏州等地生产的腐乳上分离得到的。菌丝初期为白色，后期为灰黄色；孢子囊为球性，呈灰黄色，直径 1.46 ~ 28.4μm；孢子轴为圆形，直径 8.12 ~ 12.08μm；孢子呈椭圆形，表面平滑。它的最适生长温度为 30℃。

（3）总状毛霉 菌丝初期为白色，后期为黄褐色，高 10 ~ 35mm；孢子梗初期不分枝，后期为单轴或不规则分枝，长短不一；孢子囊为球形，呈褐色，直径 20 ~ 100μm；孢子较短，呈卵形；厚垣孢子的形成数量很多，大小均匀，表面光滑，为无色或黄色。该菌种的最适生长温度为 23℃，在低于 4℃或高于 37℃的环境下都不生长。

（4）雅致放射毛霉 是从北京腐乳和台湾省腐乳中分离得到的，它也是当前我国推广应用的优良菌种之一。该菌种的菌丝呈棉絮状，高约为 10mm，白色或浅橙黄色，有匍匐菌丝和不发达的假根，孢子梗直立，分枝多集中于顶端；主枝顶端有一较大的孢子囊，孢子囊呈球形，直径为 30～120μm，老后为深黄色，囊壁粗糙，有草酸钙结晶；成熟后孢子囊壁溶解或裂开，留有囊领，孢子轴在较大的孢子囊内呈球形或扁球形；孢子为圆形，光滑或粗糙，壁厚；厚垣孢子产生于气生菌丝，为圆形，壁厚，呈黄色，内含油脂。生长最适温度为30℃。

（5）根霉 由于根霉的生长温度比毛霉高，在夏季高温情况下也能生长，而且生长速度又较快，前期培养只需要 2d，而且菌丝生长健壮，均匀紧密，在高温季节能减轻杂菌的污染，打破了季节对生产的限制。虽然根霉的菌丝不如毛霉柔软细致，但它耐高温，可以保证腐乳常年生产。有的厂家用毛霉和根霉混合效果也较好。根霉生长最适温度为32℃。

（6）藤黄微球菌 在豆粉营养盐培养基上生长速度快，易培养，不易退化。在豆腐坯表面形成的菌膜厚，成品成型性好，蛋白酶活力高，成熟期短，成品具有细菌型腐乳的特有香味，无异味，在嗅觉上，感官上都有较好的特性，风味较好。菌株球形，直径 0.95～1.10μm，成对、四联或成簇排列；革兰氏阳性；不运动；不生芽孢；严格好氧；菌落呈浅金黄色，培养时间长呈粉红色；不能利用葡萄糖产酸；接触酶阳性；耐盐，可以在含盐量5%培养基上生长。该菌株产蛋白酶的最适 pH 为 6.6，最适温度为33℃。

（二）发酵种子的制备

1. 毛霉种子制备

（1）一代种子试管菌种的制备 常用的培养基有豆浆固体培养基或察氏培养基两种。保藏菌种以察氏培养基为宜，可防止菌种退化；生产培养基以豆浆培养基为佳。

豆浆固体培养基：将大豆粉，加水 8 倍，制成豆浆汁，加 2.5% 蔗糖和 2.5% 琼脂，灌装培养基约为试管高的 1/5，0.1MPa 灭菌 30min，摆斜面，冷却凝固即成斜面培养基。

察氏培养基配方：蔗糖30g、硝酸钠2g、磷酸二氢钾1g、硫酸镁0.5g、硫酸亚铁0.01g、琼脂2.5g。将上述原料用蒸馏水稀释至 1000mL，加热至沸，灌装培养基约为试管高的 1/5，0.1MPa 灭菌 30min，摆斜面，冷却凝固即成斜面培养基。

接种：选用以上培养基在无菌条件下接入毛霉菌种，于 20～22℃培养箱中培养 7d 左右，待长出白色菌丝即为毛霉试管菌种。

（2）二代种子培养

①固体种子（克氏瓶种子）：取大豆粉与大米粉质量比为1∶1混合，装入克氏瓶中，料层厚度为 2～3cm。加塞，0.1MPa 灭菌 30min，冷却至室温后在无菌条件下接种，20～25℃培养 6～7d，要求制得的克氏瓶种子菌丝饱满、粗壮、有浓厚的曲香味，无杂菌。将克氏瓶种子低温干燥后破碎，与大米粉以 1∶（2～2.5）混合，即成生产的二代菌种，可直接用于生产中。

②液体种子：将固体试管菌种，接种于经0.1MPa 灭菌 30min 的豆浆汁中（大豆粉加水 8 倍，制成豆浆汁，加 2.5% 蔗糖），23～26℃摇瓶培养 4～5d。将培养瓶中添加冷开水，用纱布将菌丝滤出，菌液调 pH 4.6 左右，即可喷雾在豆腐坯上。

2. 根霉 As3.2746 种子培养

（1）一代种子 选用马铃薯葡萄糖琼脂（PDA）培养基，取去皮马铃薯200g，挖去芽眼，切成片状或丝状，加水 1000mL，煮沸 15min，用纱布过滤，加20g 葡萄糖，加20g 琼脂，再加热溶解，补水至1000mL，灌装培养基约为试管高的 1/5，0.1MPa 灭菌 30min，摆斜面，冷却凝固即成斜面培养基。在无菌条件下接入原菌菌种，28～30℃，培养 72h。

（2）二代种子　麸皮：水 = 100:120，将麸皮与水拌匀，装入 500mL 三角瓶（厚度为 1.0cm），0.1MPa 灭菌 30min，冷却至室温，在无菌条件下接入一代种子，28～30℃，培养 72h。

3. 细菌种子培养

（1）一代种子　豆粉营养盐培养基：豆粉 3%，硫酸镁 0.05%，硫酸铵 0.05%，磷酸二氢钾 0.1%，氯化钠 5%，琼脂 2%，自然 pH。灌装培养基约为试管高的 1/5，0.1MPa 灭菌 30min，摆斜面，冷却凝固即成斜面培养基。在无菌条件下接入藤黄球菌菌种，于 30～33℃ 培养箱中培养 5d 左右，待长出金黄色菌落即为藤黄球菌一代种子。

（2）二代种子　豆粉液体培养基：豆粉 3%，氯化钠 5%，磷酸二氢钾 0.9%，硫酸镁 0.045%，硫酸铵 0.045%。0.1MPa 灭菌 30min，冷却至 30℃，在无菌条件下接入藤黄球菌一代种子，于 30～33℃ 培养 2d 左右，即为藤黄球菌二代种子。

（三）腐乳形成的化学机制

1. 腐乳发酵时的生物化学变化

腐乳发酵是利用豆腐坯上培养的微生物和腌制期间由外界侵入的微生物的繁殖，以及配料中加入的各种辅料，如红曲的红曲霉、面曲的米曲霉、酒类中的酵母菌等所分泌的各种酶类，在发酵期时产生极其复杂的生物化学变化，促使蛋白质水解成可溶性的低分子量含氮化合物；淀粉糖化，糖分发酵生成乙醇、其他醇类以及有机酸，同时辅料中的酒类及添加的各种香辛料也共同参与合成复杂的酯类，最后形成腐乳特有的颜色、香气、味道和体态，使成品细腻、柔糯可口。

腐乳发酵的生物化学变化主要是蛋白质与氨基酸的消长过程，蛋白质水解成氨基酸不仅仅在后期发酵进行，而是从前期培菌开始到腌制、后期发酵每一道工序，都发生着变化。经毛霉菌进行前发酵后，在毛霉菌等微生物分泌的蛋白酶作用下，豆腐坯中的蛋白质部分水解而溶出，此时可溶性蛋白质和氨基酸均有所增加，水溶蛋白质的增加大大超过氨基酸态氮的增长。蛋白质在发酵完成后，只有 40% 左右的蛋白质能变成水溶性的，其余蛋白质虽然不能保持原始的大分子状态，但还不到能溶于水的小分子蛋白质状态。因为蛋白质大多被水解成小分子，虽然不溶于水但存在的状态改变了，在口感上就感到细腻柔糯。

在腐乳发酵过程中除去了对人体不利的溶血素和胰蛋白酶抑制物，在微生物的作用下，产生了相当数量的核黄素和维生素 B_{12}，增加了腐乳的营养素。

2. 腐乳的色、香、味、体及营养

（1）色　红腐乳表面呈红色；白腐乳表内颜色一致，呈黄白色或金黄色；青腐乳呈豆青色或青灰色；酱色腐乳内外颜色相同，呈棕褐色。

腐乳的颜色由两方面的因素形成：一是添加的辅料决定了腐乳成品的颜色。如红腐乳，在生产过程中添加的含有红曲红色素的红曲；酱腐乳在生产过程中添加了大量的酱曲或酱类，成品的颜色因酱类的影响，也变成了棕褐色；二是在发酵过程中发生生物氧化反应形成的，发酵作用使颜色有较大的改变，因为腐乳原料大豆中含有一种可溶于水的黄酮类色素，在磨浆的时候，黄酮类色素就会溶于水中，在点浆时，加凝固剂于豆浆中使蛋白质凝结时，小部分黄酮类色素和水分便会一起被包围在蛋白质的凝胶内。腐乳在汤汁中时，氧化反应较难进行。在后期发酵的长时间内，在毛霉（或根霉）以及细菌的氧化酶作用下，黄酮类色素也逐渐被氧化，因而成熟的腐乳呈现黄白色或金黄色。如果要使成熟的腐乳具有金黄色泽，应在前发酵阶段让毛霉（或根霉）老熟一些。当腐乳离开汁液时，会逐渐变黑，这是毛霉（或根霉）中的酪氨酸酶在空气中的氧气作用下，氧化酪氨酸使其聚合成黑色素的结果。为了防止白腐乳变黑，应尽量避免离开汁液而在空气中暴露。有的工厂在后期发酵时用纸盖在腐乳表面，让腐乳汁液封盖腐乳表面，后发酵结束时将纸取出；添加封面食用油脂，从而减少空气与腐乳的接触机会。

青腐乳的颜色为豆青色或灰青色，这是硫的金属化合物形成的，如豆青色的硫化钠等。

（2）香　腐乳的香气主要成分是酯类、醇、醛、有机酸等。白腐乳的主要香气成分是茴香脑，红腐乳的香气成分主要是酯和醇。腐乳的香气是在发酵后期产生的，香气的形成主要有两个途径，一是生产所添加的辅料对风味的贡献，另一个是参与发酵的各微生物的协同作用。

腐乳发酵主要依靠毛霉（或根霉）蛋白酶的作用，但整个生产过程是在一个开放的自然条件下进行，在后期发酵过程中添加了许多辅料，各种辅料又会把许多的微生物带进腐乳发酵中，使参与腐乳发酵的微生物十分复杂，如霉菌、细菌、酵母菌产生的复杂的酶系统。它们协同作用形成了多种醇类、有机酸、酯类、醛类、酮类等，这些微量成分与人为添加的香辛料一起构成腐乳极为特殊的香气。

（3）味　腐乳的味道是在发酵后期产生的。味道的形成有两个渠道：一是添加的辅料而引入的呈味物质的味道，如咸味、甜味、辣味、香辛料味等。另一个来自参与发酵的各种微生物的协同作用，如腐乳鲜味主要来源于蛋白质的水解产物氨基酸的钠盐，其中谷氨酸钠是鲜味的主要成分；另外微生物菌体中的核酸经有关核酸酶水解后，生成的 $5'$ - 鸟苷酸及 $5'$ - 肌苷酸也增加了腐乳的鲜味。但是微生物过度的反应也会产生胱氨酸、蛋氨酸和组氨酸等苦味物质，严重影响腐乳的口味。腐乳中的甜味主要来源于汤汁中的酒酿和面曲，这些淀粉经淀粉酶水解生成的葡萄糖、麦芽糖形成腐乳的甜味。发酵过程中生成的乳酸和琥珀酸会增加一些酸味。在腌制加入的食盐赋予了腐乳的咸味。

（4）体　腐乳的体表现为两个方面：一是要保持一定的块形；二是在完整的块形里面有细腻、柔糯的质地。在腐乳的前期培养过程中，毛霉生长良好，毛霉菌丝生长均匀，能形成坚韧的菌膜，将豆腐坯完整地包住，在较长的发酵后期中豆腐坯不碎不烂，直至产品成熟，块形保持完好。前期培养产生蛋白酶，在后期发酵时将蛋白质分解成氨基酸。氨基酸生成率过高，腐乳中蛋白质就会分解过多，固形物分解也多，造成腐乳失去骨架，变得很软，不易成型，不能保持一定的形态。相反，生成率过低，腐乳中蛋白质水解过少，固形物分解也少，造成了腐乳成品虽然体态完好，但会偏硬、粗糙、不细腻，风味也差。细菌型腐乳没有菌丝体包围，所以成型性差。

（5）营养　腐乳是经过多种微生物共同作用生产的发酵性豆制品。腐乳中含有大量水解蛋白质、游离氨基酸，蛋白质消化率可以达到 92% ~ 96%，可与动物蛋白质相媲美。含有的不饱和游离脂肪可以减少脂肪在血管内的沉积。腐乳中不含胆固醇，由于大豆蛋白质具有与胆固醇结合将其排出体外的功能，腐乳又是降低胆固醇的功能性食品。腐乳中含有的维生素 B_{12} 仅次于乳制品中维生素 B_{12} 的含量，核黄素的含量比豆腐高 6 ~ 7 倍，还含有促进人体正常发育或维持正常生理机能所必需的钙、磷、铁和锌等矿物质，含量高于一般性食品。

三、　腐乳生产工艺

腐乳生产工艺流程如图 7 - 12。

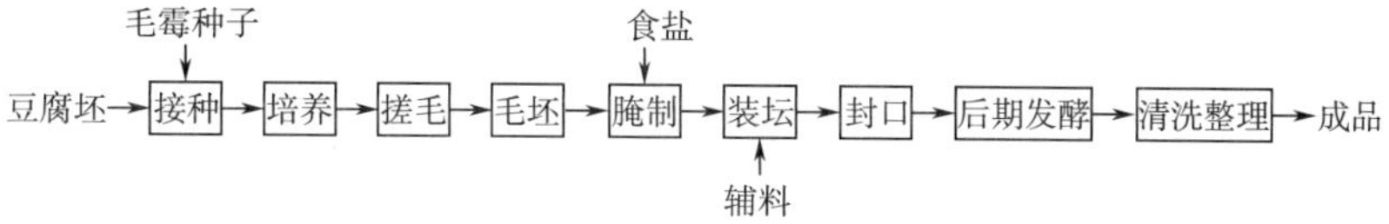

图 7 – 12　腐乳生产工艺流程

（一）　豆腐坯制作

豆腐坯制作工艺流程如图 7 – 13。

大豆→清选浸泡→磨浆→滤浆→煮浆→点浆→养脑→压榨→划坯→豆腐坯

图 7 – 13　豆腐坯制作工艺流程

1. 大豆清选、浸泡

大豆的清选是浸泡的准备工作，其作用是为了除去杂草、石块、铁物和附着的其他杂质，清洗时还要除去霉豆和虫蛀豆。大豆的清选方法中湿选法利用了大豆与杂物相对密度不同，如淌槽湿选、振动式洗料机湿选和旋水分离器湿选三种；干选法利用了大豆与杂质形状和密度不同，如人工筛选和机械化筛选。

大豆组织是以胶体的大豆蛋白质为主，浸泡时使大豆组织软化，大豆蛋白质吸水膨胀，体积增长 1.8 ~ 2.0 倍，提高了大豆胶体分散程度，有利于蛋白质的萃取，增加水溶性蛋白质的浸出。浸泡大豆的水应符合饮用水的标准，以软水和中性水为佳。酸性水会使大豆吸水慢，膨胀不佳而影响蛋白质浸出效果。浸泡时间以夏天 4 ~ 5h，冬季 8 ~ 10h 为佳。浸泡时间短，大豆颗粒不能充分吸水膨胀，大豆中的蛋白质不能转变为溶胶性蛋白质，影响蛋白质的浸出率；浸泡时间长，增加了微生物繁殖的机会，容易使泡豆水 pH 下降，磨浆后豆浆泡沫多，夏季浸泡时应经常换水。因为浸泡水温度高，而引起微生物的繁殖，产生异味。浸泡大豆用水量一般以 1:3.5 左右为宜。为了提高大豆中碱溶蛋白质的溶解度和中和泡豆中产生的酸，在大豆浸泡时可以加入 0.2% ~ 0.3% 的碳酸钠。

当浸泡水上面有少量泡沫出现，用手搓豆很容易把子叶分开，开面光滑平整，中心部位和边缘色泽一致，无白心存在即可。

2. 磨浆

磨浆就是使大豆蛋白质受到摩擦、剪切等机械力的破坏，使大豆蛋白质形成溶胶状态豆乳的过程。磨浆的设备有钢磨、砂轮磨合、冷轧粉碎、棒式针磨等。

磨浆的粒度要适宜，一般为 1.5μm。粒度小易使一些豆渣透过筛网混入豆浆中，制成的豆腐坯无弹性、粗糙易碎，腐乳成品有豆腥味；粒度大，阻碍了大豆蛋白质的释放，大豆蛋白质溶出率低，影响产品收得率。

磨浆的加水量一般为 1:6 左右。加水量少，豆糊浓度大，分离困难；加水量大，豆浆浓度低，影响蛋白质的凝固和成型，黄浆水增多。

3. 滤浆

滤浆是使大豆蛋白质等可溶物和滤渣分离的过程。采用的方式有人工扯浆、电动扯浆与刮浆、六角滚筛和离心机滤浆。在常用的离心分离时一般采用4次洗涤。洗涤的淡浆水为套用，来降低豆渣中蛋白质含量，提高豆浆的浓度和原料利用率。常用的是锥形离心机，滤布的孔径为100目左右。豆浆浓度为5°Bé左右为宜，100kg大豆可出豆浆为1000kg左右。

4. 煮浆（又称烧浆）

就是把豆浆加热使大豆蛋白质适度变性的过程。采用的设备有敞口式常压煮浆锅、封闭式高压煮浆锅、阶梯式密闭溢流煮浆罐。

（1）目的 一是使豆浆中的蛋白质发生适度变性，为蛋白质由溶胶变成凝胶打好基础，提高大豆蛋白质的消化率，使点脑时形成洁白、柔软有劲、富有光泽和保水性好的豆腐脑；二是去除大豆中的有害成分，降低豆腥味；三是杀灭豆浆本身存在的以蛋白酶为首的各种酶系，保护大豆蛋白质，达到灭菌的效果。

（2）工艺条件 煮浆的工艺条件一般为100℃，5min为宜。煮浆温度低，豆浆煮浆不透，有生浆使豆腐坯内部变质、出水发黏，成品风味不好，有异味；温度高，大豆蛋白质过度变性，豆浆发红，豆腐坯粗糙、发脆。煮浆过程中，豆浆表面会产生起泡现象，造成溢锅。煮浆时会生产大量的泡沫，形成"假沸"现象，点浆时影响凝固剂的分散。生产中要采用消泡剂来灭泡。通常消泡剂如硅有机树脂用量为十万分之五；脂肪酸甘油酯用量为豆浆的1%。油脚因为杂质含量高，毒性大色泽深，危害健康；油脚膏含有酸败油脂，对身体有害，所以油脚和油脚膏在腐乳中被禁止使用。

5. 点浆

在豆浆中加入适量的凝固剂，将发生热变性的蛋白质表面的电荷和水合膜破坏，使蛋白质分子链状结构相互交连，形成网络状结构，大豆蛋白质由溶胶变为凝胶，制成豆腐脑。点浆操作直接决定着豆腐坯的细腻度和弹性。

操作过程如下：在点浆操作中最关键是保证凝固剂与豆浆的混合接触。豆浆灌满装浆容器后，待品温达到80℃时，先搅拌，使豆浆在缸内上下翻动起来后再加卤水，卤水量要先大后小，搅拌也要先快后慢，边搅拌边下卤水，缸内出现脑花50%时，搅拌的速度要减慢，卤水流量也应该相应减少。脑花量达80%时，结束下卤，当脑花游动缓慢并且开始下沉时停止搅拌。值得注意的是，在搅拌过程中，动作一定要缓慢，避免剧烈的搅拌，以免使已经形成的凝胶被破坏掉。

点浆应注意问题：

（1）豆浆的浓度 豆浆的浓度必须控制在4~5°Bé，浓度大小对豆腐坯的出品率及质量均有很大影响。

（2）盐卤的浓度 盐卤浓度取决于豆浆的浓度，一般豆浆浓度在4~5°Bé时，盐卤浓度应掌握在14~18°Bé。

（3）点浆的温度 点浆的温度高，凝固过快，脱水强烈，豆腐坯松脆，颜色发红；温度过低，蛋白质凝固缓慢，但凝固不完全，豆腐坯易碎，蛋白质流失过多，影响出品率和蛋白质利用率。点浆温度一般控制在75~85℃比较适合。

（4）pH的控制 点浆时，酸性蛋白质和碱性蛋白质的凝固受pH影响很大，一般要控制在pH为6.6~6.8。

6. 养脑

点浆结束后，蛋白质凝胶网状结构尚不牢固，必须经过一段时间的静止，使大豆球蛋白疏水基团充分暴露在分子表面，疏水性基团倾向于建立稳定的网状结构。

点浆以后必须静止15～20min，保证热变性后的大豆蛋白质与凝固剂的作用能够继续进行，联结成稳定的空间网络。如果时间过短凝固物无力，外形不整，蛋白质组织容易破裂，制成的豆腐坯质地粗糙，保水性差；时间过长，温度过低，豆腐坯成型困难。只有凝固时间适当，制出的豆腐坯结构才会细腻，保水性好。

7. 压榨

压榨是使豆腐脑内部分散的蛋白质凝胶更好地接近及黏合，使制品内部组织紧密，同时排出豆腐脑内部的水分的过程。豆腐压榨成型设备目前有两种：一种是间歇式设备如杠杆式木制压榨床、电动和液压制坯机；另一种是自动成型设备如连续式压榨机。

压榨的时豆腐脑温度应在65℃以上，压力在15～20kPa，时间为15～20min为宜。

压榨出的豆腐坯感官要求为：薄厚均匀、四角方正、软硬合适、无水泡和烂心现象、有弹性能折弯。豆腐坯春秋季节含水量为70%～72%，冬季含水量为71%～73%。豆腐坯蛋白质含量在14%以上。

8. 划坯、冷却

划坯是将已压榨成型的豆腐坯翻到另外一块豆腐板上，经冷却，再送到划块操作台，用豆腐坯切块机进行划块，成为制作腐乳所需大小的豆腐坯，对缺角、发泡、水分高、厚度不符合标准的次品剔出。划坯的设备有多刀式豆腐坯切块机、把手式切块刀和木棍式划块刀等。

刚刚压榨成型的豆腐坯刚刚卸榨时品温还在60℃以上，必须经过冷却之后，再送到切块机进行切块。因为在较高的温度下，大豆蛋白质凝胶的可塑性很强，形状不稳定。经过冷却之后切块才能保持住豆腐坯的块形，否则会失去原有正规的形状。

（二）腐乳发酵

1. 毛霉腐乳发酵

毛霉腐乳发酵分为前期培菌和后期发酵两个阶段。

（1）前期培菌　是指在豆腐坯上接入毛霉，使其经过充分繁殖，在豆腐坯上长满菌丝，形成柔软、细密而坚韧的白色菌膜，同时利用微生物的生长，积累大量的酶类，如蛋白酶、淀粉酶、脂肪酶等的过程。现在大部分企业都采用自己培养的毛霉为种子。培养和育种条件不具备的企业可以用购买专业厂家生产的毛霉菌粉作为种子。前期培菌工艺流程如图7-14。

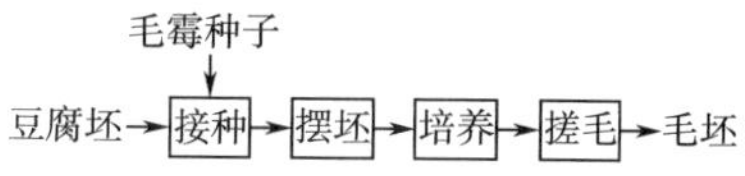

图7-14　前期培菌工艺流程

①接种：在接种前豆腐坯的品温必须降至30℃。达到毛霉生长的最适温度，如果温度高接种，生产的腐乳食用后会造成胃酸过多的现象。豆腐坯的降温方法有两种：一是自然冷凉，豆腐坯品温均匀，但时间长会增加污染杂菌的机会；二是强制通风降温，强制通风降温会吹干豆腐坯表面水分并使豆腐坯收缩变形，有时还可能出现豆腐坯品温和水分不一致等对前期培菌十分不利的现象，所以要根据气温调节风压和风量。

腐乳生产中，制备菌种和使用菌种的方法分为：一是固体培养，液体使用；二是固体培养，固体使用；三是液体培养，液体使用。

第一种，将固体培养的菌种粉碎，用无菌水稀释后采用喷雾器喷洒在豆腐坯上，接种均匀，但在夏季种子容易感染杂菌，影响前期培菌的质量。第二种，将菌块破碎成粉，按比例混合到载体（大米粉），然后将扩大的菌粉均匀地撒到豆腐坯上，进行前期培菌，存在的问题是接种不均匀。第三种，液体培养，液体使用，是目前国内最先进的方法。培养过程中必须保证在种子罐中进行，必须使用无菌空气，技术要求高，设备投入大，效果好。

液体种子要采用喷雾法接种，喷洒时菌液浓度要适当。如菌液量过大，就会增加豆腐坯表面的含水量，使豆腐坯水分活性降低，就会增加污染杂菌的机会，影响毛霉的正常生长。菌液量少，易造成接种不均现象。菌液不能放置时间过长，要防止杂菌污染，如果有异常，则不能使用。接种量50kg大豆用800mL培养瓶一个（配成菌悬液1000mL），若使用固体菌粉，必须均匀地洒在豆腐坯上，要求六面都要沾上菌粉。

②摆坯：摆坯就是将接菌后的豆腐坯码放到培养器内，常用的有培养屉和多层培养床。将接完种的豆腐坯侧面竖立码放在培养屉中的空格里，培养屉的每行间距为3cm，以保证豆腐坯之间通风顺畅，调节温度。培养屉堆码的层数要根据季节与室温变化而定，一般上面的培养屉要倒扣一个培养屉，然后用无毒塑料布或苫布盖严，调节培养室的温湿度，以便保温、保湿，防止豆腐坯风干，影响豆腐坯发霉效果。多层培养床把菌后的豆腐坯摆放在多层培养床上，用食品级塑料盖严。

③培养：摆好的豆腐坯培养屉要立即送到培养室进行培养。培养室温度要控制在20～25℃，最高不能超过28℃，培养室内相对湿度95%。夏季气温高，必须利用通风降温设备进行降温。为了调节各培养屉中豆腐坯的品温，培养过程中，要进行倒屉。一般在25℃室温下，22h左右时菌丝生长旺盛，产生大量呼吸热，此时进行第一次上下倒屉，以散发热量，调节品温，补给新鲜空气。到28h时进入生长旺盛期，品温增长很快，这时需要第二次倒屉。48h左右，菌丝大部分已近成熟，此时要打开培养室门窗（俗称凉花），通风降温，一般48h菌丝开始发黄，生长成熟的菌如棉絮状，长度为6～10mm。

在前期培菌阶段，应特别注意：一是采用毛霉菌，品温不要超过30℃；如果使用根霉菌，品温不能超过35℃。因为品温过高、会影响霉菌的生长及蛋白酶的分泌，最终会影响腐乳的质量。二是注意控制好湿度，因为毛霉菌的气生菌丝是十分娇嫩的，只有湿度达到95%以上，毛霉菌丝才正常生长。三是在培菌期间，注意检查菌丝生长情况，如出现起黏、有异味等现象，必须立即采取通风降温措施。

④搓毛：搓毛是将长在豆腐坯表面的菌丝用手搓掉，将块与块之间粘连的菌丝搓断，把豆腐坯一块块分开，促使棉絮状的菌丝将豆腐坯紧紧包住，为豆腐坯穿上"外衣"，这一操作与成品腐乳的外形关系十分密切，搓毛后的豆腐坯称为毛坯。防止搓毛过早，影响腐乳的鲜度及光泽，毛霉凉透后，才可以搓毛。

搓完毛的毛坯整齐地码入特制的腌制盒内进行腌制。要求毛坯六个面都长好菌丝并包住豆腐坯，保证正常的、不黏、不臭毛坯。

（2）后期发酵 后期发酵指毛坯经过腌制后，在微生物以及各种辅料的作用下进行后期成熟过程。由于地区的差异、腐乳品种不同，后期发酵的成熟期也有所不同。后期发酵工艺流程如图7-15。

①腌制：毛坯经搓毛之后，即可加盐进行腌制，制成盐坯。腌坯的目的：一是降低豆腐坯中的水分，盐分的渗透作用使豆腐坯内的水分排出毛坯，使霉菌菌丝及豆腐坯发生收缩，

毛坯变得硬挺，菌丝在豆腐坯外面形成了一层皮膜，保证后期发酵不会松散。腌制后的盐坯含水量从豆腐坯的75%左右，下降到56%左右；二是利用食盐的防腐功能，防止后发酵期间杂菌感染，提高生产的安全性；三是高浓度的食盐对蛋白酶活力有抑制作用，缓解蛋白酶的作用来控制各种水解作用进行的速度，保持成品的外形；四是提供咸味，和氨基酸作用产生鲜味物质，起到调味的作用。

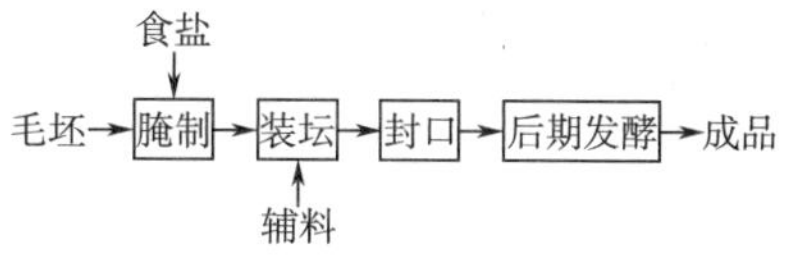

图7-15　后期发酵工艺流程

　　腌坯时，用盐量及腌制时间必须严格控制。食盐用量过多，腌制时间过长，会造成成品过咸和蛋白酶的活性受到抑制导致的后期发酵的延长，盐坯硬度加大，成品组织不细腻。食盐用量过少，腌制时间过长，会造成豆腐坯腐败的发生和由于各种酶活动旺盛导致的腌制过程中发生糜烂，成型性差。已经被杂菌感染较严重的毛坯，在夏季腌制时盐要多些而腌制时间要短些，才能保住坯的块型。我国各个地区的腌坯时间差异很大，腌坯时间要结合当地气温等因素综合考虑，一般为5~12d为宜。

　　腌坯工具有大缸、水泥池、竹筐和塑料方盒。大缸、水泥池和竹筐投资少、投入生产速度快但占地面积大、劳动强度大、卫生条件差。塑料盒造价高，但盒子小、质量轻、使用方便，劳动强度低，工作环境好。腌制用盐量：毛坯100kg，用盐18~20kg；腌制后的豆腐坯含盐量：腐乳14%~17%，臭豆腐11%~14%。

　　加盐的方法为：先在容器底部撒食盐，再采取分层与逐层增加的方法，即码一层撒一层盐，用盐虽逐渐增大，最后到缸面时撒盐应稍厚。因为腌制过程中食盐被溶化后会流向下层，致使下层盐量增大，因而会导致下层盐坯含盐高而上层含盐低。当上层豆腐坯下面的食盐全部溶化时，可以再延长1d后打开缸的下放水口，放出咸汤，或把盒内盐汤倒去即成盐坯。

　　②装坛（瓶）与配料：为了形成腐乳特有的风味，使不同品种的腐乳具有特有的颜色、香气和味道，盐坯进入装坛阶段时，要将配好的含有各种风味物质的汤料灌入坛中与豆腐坯进行后期发酵。汤料中添加酒类会使成品具有格外的芳香醇厚感，酒类不仅是腐乳风味的主要来源，而且也是发酵过程的调节剂，更是发酵成熟后的保鲜剂。红曲米是生产红腐乳不可缺少的一种天然红色着色剂，它加入腐乳后，腐乳色彩鲜艳亮丽，增加消费者的食欲。面曲能为成品腐乳增加甜度，使口味浓厚而绵长，并能使汤料浓度增稠，以保腐乳存长期的后发酵中不碎块。

　　盐坯放入汤料盒内，用手转动盐坯，使每块坯子的六面都蘸上汤料，再装入坛中。而在瓶子里进行后酵的盐坯，则可以直接装入瓶中，不必六面沾上汤料，但必须保证盐坯基本分开不得粘连，从而保证向瓶内灌汤时六面都能接触汤料，否则成品会有异味影响产品风味。

　　灌汤时一定要高过盐坯表面3~5cm，抑制各种杂菌污染，防止腐乳在发酵时由于水分挥发使豆腐坯暴露在液面上发生氧化反应。如果是坛装，灌汤后，有时要撒一层封口盐，或加入少量50%封坛白酒，或加少许防腐剂。

　　腐乳汤料的配制品种随地区的不同也不同。

　　青方腐乳在装坛时不灌含酒类的汤料，而是根据口味每坛或瓶中加花椒少许后，灌入

7~8°Bé 盐水。盐水是加盐的豆腐黄浆水，或者是腌制毛坯后剩余的咸汤调至 7°Bé，灌入坛或瓶中进行后期发酵。青腐乳靠食盐量控制发酵，在较低的食盐环境中，除了蛋白酶作用外，细菌中的脱氨酶和脱硫酶类起作用，从而使青腐乳含有硫化物和氨的臭味。

红腐乳或一些地区性腐乳汤料配方差距很大，现举几个实例。

红腐乳：一般用红曲醅 145kg、面酱 50kg，混合后磨成糊状，再加入黄酒 255kg，调成 10°Bé 的汤料 500kg，再加酒精含量 60%（体积分数）的白酒 1.5kg，甜味剂适量，药料 500g，搅拌均匀，即成红腐乳汤料。

桂林腐乳：每 100kg 黄豆生产的腐乳坯所用配料：食盐 18~20kg，酒精含量 50%（体积分数）的白酒 22~23kg，辣椒面 4kg，白酒用水调为酒精含量 19%~20%（体积分数）后再使用。因桂林腐乳以白腐乳出名，其汤料不加红曲。

南京某品牌腐乳配料如下。

红辣方（以每坛 160 块计）：酒精含量 46%（体积分数）的白酒 650g，辣椒粉 125g，红曲米 150g，酒精含量 12%（体积分数）的甜酒 1.7kg，白糖 200g，味精 15g。

红方（以每坛 280 块计）：酒精含量 46%（体积分数）的白酒 550g，面曲 175g，红曲米 100g，酒精含量 12%（体积分数）的甜酒 1.65kg，封口盐 50g。

青方（以每坛 280 块计）：用 15~16°Bé 盐水灌满，封口盐 50g。

糟方（以每坛 280 块计）：酒精含量 46%（体积分数）的白酒 100g，甜酒酿 800g，酒精含量为 12%（体积分数）的甜酒 1.65kg。

③封口：腐乳按品种配料装入坛内后，擦净坛口，加盖，再封口。封口方法有用纸板盖在坛口后再用食品级塑料布盖严；有的用猪血拌石灰粉，搅拌成糊状，刷在纸上，封口等。

④后期发酵：腐乳的后期发酵方法有两种，即天然发酵法和人工保温发酵法。

天然发酵法是利用气温较高的季节，腐乳封坛后即放在通风干燥之处，利用户外的自然气温进行发酵。但要避免雨淋和日光暴晒。在室外发酵时在坛子上面要盖上苇席或苦布，或将坛子放在大的罩棚底下进行发酵。由于受气温限制，后期发酵时间为 3~6 个月，天然发酵时间长，但是经过日晒夜露，形成白天水解，晚上合成的发酵作用，生产出来的腐乳在风味和品质上十分优良。

人工保温发酵法是利用人工控制发酵室的温度，进行的后期发酵。室温一般掌握在 25~30℃，发酵时间为 2~3 个月。温度过低会延长后发酵时间；温度过高会使腐乳汤汁快速挥发，抑制坛中微生物的发酵作用，豆腐坯变硬，暴露的腐乳坯会发生氧化反应，形成色素，腐乳的颜色变成深棕色或棕黑色，成为废品。所以在人工保温发酵中，一定要严格控制温度。

⑤成品：当腐乳达到规定发酵时间后，进行理化和感官鉴定，当鉴定产品组织细腻，具有产品特有的香气，理化检验符合标准时，即为合格产品。

2. 毛霉和根霉混合生产腐乳

根霉耐高温可以在高温天气下培养，但根霉蛋白酶活力较毛霉低，根霉并具有一定的酒化力，能将毛坯和辅料中的淀粉转变成糖，再转化为酒精，以提高腐乳的风味。毛霉不耐高温但蛋白酶活力较高，利用这两种菌各自的优点来弥补相互的弱点，以利于腐乳坯中蛋白质的分解，减少酒的用量，变季节性生产为常年生产。工艺流程如图 7-16。

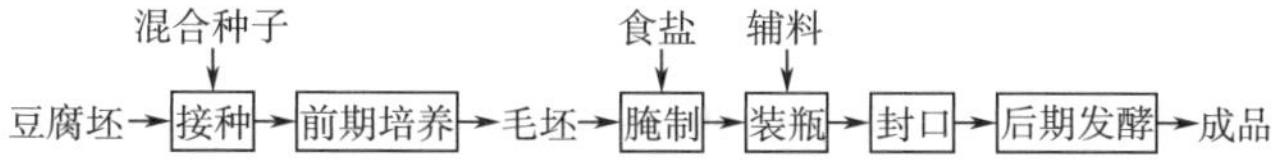

图 7 –16 毛霉和根霉混合生产腐乳

（1）混合种子悬浮液制备

①种子悬浮液制备：选择生长良好的二级种子 AS3.25、华新 10 号和 AS3.2746 各 100g（湿基），分别加冷开水 200mL，充分摇匀后，用三层纱布滤去培养基，即制成孢子悬浮液。随配随用，不能久置，以免污染杂菌。

②混合种子悬浮液制备：将上述制备的种子悬浮液，按 AS3.25:AS3.2746 = 7:3，华新 10:AS3.2746 = 7:3 混合，即得混合种子悬浮液。随配随用，要求新鲜，不能久置。

（2）接种 将豆腐坯码放到多层培养床内，培养的每行间距为 3cm，以保证豆腐坯之间通风顺畅，调节温度。然后接入 0.3% 的混合种子悬浮液。

（3）前期培养 在 36℃温度下培养 48h，得到毛坯。

（4）腌制 前期培养结束后腌坯，加盐量为每 300 块用盐约 1.25kg，腌坯时间为 2～3d。毛坯中 NaCl 含量达 12% 左右，咸坯含水分在 57%～60%。

（5）装瓶 将腌制好的毛坯装瓶。混合菌种培养的毛坯中分别加入酒精含量为 7%（体积分数）的白酒和 5°Bé 的盐水，同时每瓶放入花椒 1.5g、生姜 10g。

（6）后期发酵 在 32℃条件下嫌气发酵 60d 后成熟。

（7）成品 达到规定发酵时间后，当产品感官指标和理化检验指标都符合标准时，即为合格产品。

3. 细菌型腐乳发酵

细菌型腐乳是以大豆为主要原料，经过磨浆、成坯、蒸坯、腌坯、培养、干燥、通过藤黄微球菌发酵、添加香辛料等特殊工艺，酿制了特殊风味的佐餐食品。细菌型腐乳生产工艺与其他类型腐乳制作方法差异较大，采取了"一蒸、二腌、三培养、四干燥、五香料"的特殊工艺。在黑龙江省生产的厂家较多，以克东腐乳最为著名。工艺流程（以藤黄微球菌工艺为例）如图 7 – 17 所示。

图 7 – 17 细菌型腐乳发酵工艺流程

（1）蒸坯 豆腐坯入锅蒸，压力 0.1MPa，20min，常压蒸 30min，出锅后凉坯至 20～30℃。蒸坯时间长，蛋白质过度变性，豆腐坯蜂窝状，影响藤黄微球菌的生长和繁殖；蒸坯时间短，豆腐坯上附着的微生物灭菌不彻底，排出豆腐坯中的黄浆水少，豆腐坯中的水分活性高，杂菌污染的机会加大，影响前期培菌的效果。

（2）腌坯 将凉好的蒸坯，入槽内腌制，腌坯时间为 20h 左右。腌制时间短，豆腐坯中盐度不均匀，豆腐坯脱水少，藤黄微球菌长势不均，在豆腐坯中容易发生腐败现象，产生异味和变色；腌制时间长，豆腐坯盐度大硬度增加，脱水过度，藤黄微球菌生长速度慢。用盐水腌制浓度为 20°Bé 左右。直接用盐腌制用盐量：毛坯 100kg，用盐 18 ~ 20kg。腌制 24h 后用清水冲洗，装入培养盘。

（3）接种　液体种子要采用喷雾法接种，喷洒时菌液浓度要适当。如菌液量过大，就会增加豆腐坯表面的含水量，使豆腐坯水分活性降低，就会增加污染杂菌的机会，影响藤黄微球菌的正常生长。菌液量少，易造成接种不均现象。菌液不能放置时间过长，防止杂菌污染，如果有异常，则不能使用。

（4）摆坯　摆坯就是将接菌后的豆腐坯码放到培养容器内。将接完种的豆腐坯侧面竖立码放在培养屉中的空格里，培养屉的每行间距为 2cm，以保证豆腐坯之间通风顺畅，调节温度。培养屉堆码的层数要根据季节与室温变化而定，一般上面的培养屉要倒扣一个培养屉，调节培养室的温湿度，以便保温、保湿，防止豆腐坯风干，影响豆腐坯前期培养效果。

（5）培养　培养室温度为 32 ~ 35℃，培养时间 5 ~ 6d。培养时每天要倒盘一次，使豆腐坯的品温趋向一致，待腌坯上长满细菌并分泌大量的粉黄色分泌物时即为成熟坯。

（6）干燥　干燥是细菌型腐乳的特殊工艺，干燥是降低豆腐坯中的水分，提高成品的成型性；促进蛋白酶分解速度，提高成品品质，是前期发酵过程。成熟坯干燥室温 50 ~ 60℃，时间 8 ~ 10h。干燥室温高，蛋白酶等酶系容易失活，影响后期发酵效果；干燥室温低，干燥时间长，蛋白酶等对豆腐坯进行过度分解，产品成型性差。干燥时要定时开启天窗，排除水蒸气，干燥坯应软硬合适，富有弹性。干燥时要倒盘 2 ~ 3 次。在豆腐坯干燥时由于美拉德反应和酶褐变反应，颜色由粉黄色变成黑灰色。

（7）装坛　汤液配制配料：17°Bé 盐水 500kg、面曲 36kg、红曲 12kg（视色素而增减）、50% 白酒 66kg、香辛料 0.125kg。

方法：将面曲、红曲、加盐水浸泡，然后加入白酒、香辛料，磨成粥状，即成汤汁。汤液用钢磨磨细后再用胶体磨加工一次，保证腐乳汤的细腻度。

干燥坯入坛，装一层坯，淋一层汤液，坯与坯之间要留有空隙，摆成扇形。磨汤液要高过干燥坯 2.0cm，每坛上面要加入 50mL 50% 封坛酒，封坛口。

（8）后期发酵　后期发酵指成熟坯经过干燥后，在微生物以及各种辅料的作用下进行后期成熟过程。发酵室温 35℃，时间 20d。再加入第二遍汤液。封口发酵 50d 即为成品红方。

（9）成品　当腐乳达到规定发酵时间后，当鉴定产品感官指标和理化检验指标都符合标准时，即为合格产品。

四、 影响腐乳质量因素、 产品缺陷及控制

（一） 影响豆腐坯质量因素、 产品缺陷及控制

1. 豆腐坯表面无光泽

（1）大豆"走油"　当大豆水分超过 13%，温度高于 25℃ 的情况下，在靠近胚芽的部位出现红色的斑点，接着红色范围扩大，颜色逐渐加深，呈赤褐色，种皮失去光泽，用手压碾容易破碎脱落被称为大豆"走油"。"走油"不仅会使豆腐坯表面无光泽，还会影响大豆蛋白质的利用率。因为高温破坏了大豆蛋白质与脂肪共有的乳化结构，使蛋白质凝固，脂肪游离析出，发生大豆"走油"而生霉。因此，要控制大豆的保藏水分一般 10% 为宜；搞好仓库通风与铺垫隔潮。

（2）减少僵豆（石豆）和陈豆的数量　僵豆中水溶性蛋白质含量较低，磨浆后大部分

直接进入豆渣中，在浸泡时加入少量铸铁可增加水溶性蛋白质的含量；陈豆贮藏条件不好时，容易造成水溶性蛋白质降低，影响豆腐坯的光泽性。

（3）大豆中异物的影响　大豆浸泡前要彻底除去各种异物，浸泡用水要每次更换，否则即会影响豆腐坯的质量。

（4）用高温快速干燥的大豆为原料生产也会造成豆腐坯无光泽。

2. 豆腐坯粗糙

（1）筛网孔径大　使豆渣进入到豆浆中，使大豆蛋白质凝胶中豆渣含量多，减弱了蛋白质的弹性使豆腐坯粗糙、发硬。

（2）豆浆浓度小　为了片面的追求蛋白质利用率，豆浆的收得率高，豆浆中蛋白质含量低，在下盐卤时大量凝固剂与少量蛋白质接触，导致蛋白质过度脱水，形成鱼子状，俗称"点煞浆"，从而造成豆腐坯发硬与粗糙。

（3）点浆温度高　蛋白质形成凝胶速度快，固相包不住液相的水分，从而制成的豆腐坯粗糙。

（4）盐卤浓度大　盐卤浓度大蛋白质凝固速度加快，导致大豆蛋白质凝胶微结构形成不完全，凝胶中水分快速析出，使豆腐坯粗糙、保水性差。

（二）　影响毛霉培菌质量因素、产品缺陷及控制

1. "黄衣"

"黄衣"又称"黄身"，豆腐坯接种后，经 4~6h 培养，豆腐坯会渗透出现黄色滴状物，有一股刺鼻性异味并使豆腐坯发黏。发生这种现是豆腐坯被嗜温性芽孢杆菌污染造成的。

（1）要采用新鲜、健壮、繁殖力强，生长力速度快，抗杂菌能力强的菌株。毛霉原菌要经常复壮，筛选。

（2）嗜温性芽孢杆菌生长最适温度为 30~36℃，毛霉最适温度为 20~25℃，当豆腐坯品温达到 25~30℃再入培养室，抑制了嗜温性芽孢杆菌的生长，为毛霉生长繁殖创造一个有利条件。

（3）如果发现有"黄衣"现象，培养室要彻底灭菌，防止杂菌相互污染；培养室做好调温、排湿、卫生工作。

（4）豆腐坯接种要均匀，使毛霉菌处于优势地位，可以防止杂菌侵入。

2. 红色斑点

红色斑点是当豆腐坯污染黏质沙雷氏菌，培养24h左右出现红色的分泌物——灵菌素色素，使豆腐坯发黏，有异味的现象。

在生产中发现污染这种细菌，要立即进行彻底消毒和灭菌。能进行灭菌的工具要进行灭菌。不能灭菌的要进行彻底消毒，为了防止杂菌的抗药性，可以采用硫黄与甲醛交替进行消毒处理。

3. 脱毛

当菌膜与豆腐坯之间产生气泡，菌丝脱离豆腐坯的现象。脱毛原因如下：

（1）豆腐坯含水量大于75%容易生长杂菌而产生脱毛；接菌时菌液浓度低，接种量大，室内相对湿度大。

（2）原菌不纯，在前期培养时容易产生脱毛。

（3）豆腐坯中含豆渣多，影响了毛霉菌丝和豆腐坯之间的连接，就容易产生脱毛。

（4）培养温度高，时间长。

（三） 影响后期发酵质量因素、 产品缺陷及控制

1. 白腐乳的褐变

白腐乳中含有大量的酪氨酸，当腐乳离开汁液与空气接触时，原来毛霉生长过程中积累的儿茶酚氧化酶催化腐乳中的酪氨酸氧化聚合成为黑色素，其机理如下：酪氨酸经酶催化氧化成为多巴，多巴经酶催化氧化成为多巴醌，多巴醌经分子内部加成及重排（非酶反应）形成一种吲哚衍生物，称为无色多巴色素，继续被酶催化氧化成为红色（醌式）的多巴色素，经脱羧及异构化，形成 5,6 - 二羟基吲哚，再经酶催化氧化成为吲哚 5,6 - 醌。5,6 - 二羟基吲哚与吲哚 5,6 - 醌氧化耦合形成二聚体，二聚体借氧化作用继续与二羟基吲哚耦合，形成三聚体，如此继续偶合成为黑色素高聚体。

防止腐乳褐变不能简单地采用破坏或者抑制儿茶酚氧化酶活力的办法，相反地还要确保一定量的儿茶酚氧化酶活力，以使大豆中的黄酮类色素缓慢氧化成黄豆素及其衍生物。因儿茶酚氧化酶催化酪氨酸形成黑色素的反应必须要有游离分子氧的参与，故隔绝氧气是防止褐变的必要条件。

因此，在后发酵和贮存、运输、销售过程中，腐乳容器的密封性是很重要的。在后发酵时用纸盖在腐乳表面，让腐乳汁液布满腐乳表面，后发酵成熟时将纸取出；添加封面食用油脂，可以防止腐乳变黑都可以有效防止白腐乳的褐变。

2. 腐乳"白点"

（1）腐乳"白点"产生的原因 腐乳"白点"是指附着于成熟腐乳表面上的直径约为 1mm 左右的乳白色硬质圆粒状小点，有时呈片状，有时附着于腐乳表层松散的毛霉菌丝上，或悬浮于腐乳汁液中，或沉积于容器底部，严重影响了成品的外观质量和市场销售。腐乳"白点"主要成分是水溶性较差的酪氨酸。酪氨酸是构成蛋白质的 20 种氨基酸之一，属芳香族氨基酸。在人体内，酪氨酸除合成多种蛋白质、肽酶等生命物质外，也是儿茶酚胺、甲状腺素等能代谢前体。但是，游离态的酪氨酸在水中溶解度仅为 0.045%，因此是难溶于水的氨基酸。在腐乳后熟过程中，酪氨酸含量增高，并游离析出，而且发酵时间越长，酪氨酸积累越多。毛霉蛋白酶由于其酶切点的特性，有将酪氨酸带入可溶性肽的趋势，当含有多量酪氨酸的小肽进入汤汁后，如果遇到足够数量的外肽酶时便可产生大量的酪氨酸而形成"白点"。

（2）对腐乳"白点"控制措施

①前期培养时间应控制在 42~48h：毛霉培养时间越长，蛋白质水解酶系中酪氨酸酶积聚越多，因而分解出的酪氨酸也越多，"白点"形成得也越多。因此，筛选前期生长快的菌株，能加速腐乳前期培养过程，降低酪氨酸酶的积累。

②调节培养条件：室温宜在 26~28℃，品温应控制在 28~30℃，室内相对湿度宜在 90% 以上，可以使毛霉迅速生长，抑制"白点"的生成。

③腐乳汤汁在偏酸条件下可以降低"白点"的形成。

④汤汁中游离酪氨酸的浓度低于 2mg/g。

3. 腐乳"产气"

（1）腐乳"产气"的原因 腐乳是以大豆蛋白质及其他辅料为原料，经过微生物发酵而成一种营养丰富的食品，容易造成微生物的感染，产生 CO_2，导致产品"产气"和变质。

因为腐乳在生产过程中的制浆、制坯、培菌、腌制及装坛都处于开放式操作，环境和生产环节均有杂菌感染的可能性。"产气"主要是酵母菌，还有大肠杆菌、中温芽孢杆菌、中温梭状芽孢杆菌、不产芽孢杆菌、丁酸菌、乳酸菌、葡萄球菌及荚膜菌等，这些杂菌均能排泄出CO_2，使产品"产气"。

（2）对腐乳"产气"控制措施

①在生产环境和生产工艺中减少杂菌污染的机会。

②提高辅料的质量　红曲杂菌要少，最好使用干燥后的红曲。要使用经过前期发酵的面曲，杂菌数目要少。发酵时间短的酒酿，酵母正处在发酵活跃期，作为腐乳生产用酒，就会生成大量CO_2。汤汁中酒精度低，不能抑制产气菌的代谢，也会"产气"。

五、　发展趋势

随着人们对健康的重视，减盐行动正在进行，这也影响着我国传统发酵豆制品的生产和销售。唯有开发新的产品，对传统既有继承同时创新，才能不断发展。例如，新型益生菌发酵腐乳产品，该方法是通过利用酵母菌和乳酸菌等益生菌发酵液与酶法生产相结合的方法来获得腐乳，不仅可以减少生产环节，缩短生产周期，摆脱传统的手工操作方式，更有利于对腐乳产品质量进行量化管理。只有不断推陈出新、与时俱进，将中国传统发酵食品走得更远。

第四节　发酵豆豉制品

豆豉与酱油、豆酱、腐乳并称为我国四大传统大豆发酵制品。古代称豆豉为"幽菽"，又称"嗜"。最早的记载见于汉代刘熙《释名·释饮食》一书中，公元 2 ~ 5 世纪的《食经》一书中还有"作豉法"的记载。我国豆豉的生产，最早是由江西泰和县流传开来的，后经不断发展和提高，使豆豉成为独具特色，成为人们所喜爱的调味佳品，而且传到海外。古人不但把豆豉用于调味，而且用于入药，对它极为看重。我国长江以南地区、东南亚各国常用豆豉作为调料，也可直接蘸食。

一、　豆豉

豆豉（glycinemax）是以大豆为主要原料，利用毛霉、曲霉或者细菌蛋白酶的作用，分解大豆蛋白质达到一定程度时，通过加盐、加酒、干燥等方法，抑制酶的活力，延缓发酵过程而制成。现代科学发现豆豉不仅富含蛋白质、各种氨基酸、乳酸、磷、镁、钙及多种维生素，还含有大量的具有溶解血栓作用的尿激酶。因此，越来越受到广泛关注。

（一）豆豉的分类及原料种类

1. 豆豉的分类

豆豉是以黑豆、黄豆为主要原料，利用微生物发酵制成的一种调味品。豆豉的种类很多，分类方法也很多。

（1）按原料分类　包括黑豆豆豉和黄豆豆豉两种，湖口豆豉就是一种黑豆豆豉。

（2）按体态和商品名称分类　包括干豆豉、风味干豆豉、湿豆豉水豆豉团块等。

（3）按口味分类　包括咸豆豉和淡豆豉。

（4）按添加辅料不同分类　包括酒豉、姜豉、茄豉、瓜豉、葱豉、香油豉等。

（5）按制曲微生物的不同分类　细菌型（如四川水豆豉、日本纳豆）、毛霉型（如四川永川豆豉、潼川豆豉）、根霉型（如印尼丹贝）和曲霉型（如广东阳江豆豉、湖南浏阳豆豉）。

我国主要生产毛霉型、曲霉型豆豉及少量的细菌型豆豉（俗称水豆豉）。曲霉型豆豉在我国分布最广，由于空气中含有大量的曲霉孢子，所以天然发酵生产的豆豉一般为曲霉型豆豉。我国较为有名的豆豉有：云南双柏的妥甸豆豉、广东阳江豆豉、开封西瓜豆豉、广西黄姚豆豉、山东八宝豆豉、四川潼川豆豉和永川豆豉、湖南浏阳豆豉、陕西汉中香辣豆豉和风干豆豉等。

2. 原料种类

豆豉生产原料分为主料和辅料两类。

（1）主料　生产豆豉的主要原料一般为黄豆或黑豆，其质量应符合 GB 1352—2009《大豆》的相关规定。

①黄豆：黄豆有"豆中之王"之称，营养价值丰富。干黄豆中含有高品质的蛋白质，还含有丰富的脂肪、卵磷脂、异黄酮、维生素 E、维生素 A、胡萝卜素、矿物质、纤维素、碳水化合物等。由黄豆为原料加工制作的豆豉具有黄豆的一些功能特性，在黄豆所具有的功能的基础上，增加了对人体有利的一些成分和功能。

②黑豆：生产黑豆豉要求选择蛋白质含量丰富，颗粒饱满，皮薄，苦味质含量较少的小型豆为适宜。在选择豆型的同时要十分注意豆质的新鲜度，长时间贮藏的黑豆表皮单宁及配糖体受酶的水解和氧化，易产生苦涩味。

（2）辅料　由于豆豉品种多样，所添加辅料种类和配比也不尽相同，一般有以下几种：

①水：应符合 GB 5749—2006《生活饮用水卫生标准》的要求：水主要用于大豆浸泡，使大豆中蛋白质吸收一定的水分，以便在蒸煮时迅速变性，利于微生物所分泌的酶的作用。

②白酒：一般用酒精含量50%以上的白酒，质量符合 GB 2757—2012《食品安全国家标准 蒸馏酒及其配制酒》要求，添加量为1%～2%。

③白砂糖：应符合 GB/T 317—2018《白砂糖》的要求。

④食盐：应符合 GB/T 5461—2016《食用盐》的要求。

⑤食用植物油：应符合 GB 2716—2018《食品安全国家标准　植物油》的要求。

⑥味精：应符合 GB 2720—2015《食品安全国家标准　味精》规定。

⑦大蒜、生姜：应符合 DB 43/T 152—2001《无公害蔬菜》规定。

⑧其他调味料：应符合有关规定。比如红辣椒选择色泽鲜红，无虫害、无霉变，以当年采收的干辣椒为佳。

（二）发酵中的微生物及生化机制

1. 发酵中的微生物及作用

豆豉是以大豆等为主要原料，利用微生物发酵制成的一种传统发酵食品。传统工艺多为自然发酵，涉及的微生物非常复杂。目前，对豆豉发酵的微生物分析多限于优势菌群（表7－3），而对于其他微生物功效菌群报道甚少。豆豉发酵分为制曲阶段和后发酵阶段，其主要的微生物菌群为霉菌和细菌，酵母菌较少，为非主要作用微生物。我国的豆豉生产多采用优势发酵菌——霉菌或细菌发酵法。

表7-3 不同豆豉中的优势微生物菌群

豆豉名称	类型	优势菌群
浏阳豆豉	细菌型	杆菌属
土家豆豉	细菌型	长杆菌、短杆菌属
Hawaijar（印度）	细菌型	枯草芽孢杆菌、蜡样芽孢杆菌
纳豆	细菌型	纳豆杆菌
浏阳豆豉	霉菌型	毛霉、根霉、曲霉和青霉
土家豆豉	霉菌型	毛霉、根霉、曲霉和青霉
浏阳豆豉	曲霉型	埃及曲霉，米曲霉原变种
丹贝	根霉型	米根霉、少孢根霉

（1）霉菌 曲霉型豆豉在我国分布最广，我国霉菌型的土家豆豉有毛霉、根霉、曲霉和青霉四种类型，随着培养基和温度的不同而不同。霉菌是豆豉生产制曲和发酵过程中的主要菌系。曲霉型豆豉中的曲霉菌可以占霉菌总数的90%以上。制曲阶段的微生物中霉菌占绝对优势，主要包括米曲霉、酱油曲霉、高大毛霉和黑曲霉。研究发现我国曲霉型浏阳豆豉的主要发酵菌株是埃及曲霉（A. Egyptiacus）和米曲霉原变种（A. oryzae），也发现存在烟曲霉（A. fumigatus）和寄生曲霉（A. parasiticus），表明自然发酵的豆豉存在着一定的安全隐患。丹贝是由我国豆豉传到国外后，为适应当地气候和文化而形成产品，源于根霉型豆豉。尽管米根霉、少根根霉和葡枝根霉也适于丹贝生产，自然发酵的丹贝中主要发酵微生物为米根霉、少孢根霉等。

制曲结束后，在发酵原料中添加食盐及调料进行后发酵，由于较高的食盐浓度和缺乏氧气，霉菌的生长受到抑制。从发酵条件来看，霉菌很难在发酵罐中生长繁殖，但在发酵中期有时候也可能检测到一定数目的霉菌，这可能是曲中孢子残存的结果。在后发酵过程中霉菌虽数量不多，但在制曲过程制曲过程中霉菌所产生的蛋白酶、纤维素酶、淀粉酶和脂肪酶等一直作用于后发酵过程中，为后发酵阶段酵母菌和乳酸菌提供营养，也就是说豆豉的发酵始终离不开霉菌的作用。

（2）细菌

①芽孢杆菌：细菌型豆豉是利用枯草杆菌（Bacillus subtilis）在较高温度下，繁殖于蒸熟大豆上，借助其较强的蛋白酶生产出风味独特具有特异功能性的食品，其最大特点是产生黏性物质，并可拉丝。我国细菌型的土家豆豉以长杆菌、短杆菌属的细菌为主。用于制作纳豆的纳豆菌也是枯草杆菌属，1905年北海道大学尺村博士发现纳豆上所繁殖拉丝的枯草芽孢杆菌有其特性，提出单独作为一"种"，命名为纳豆芽孢杆菌（Bacillus nattosawamura）。但欧美学者Smith等研究纳豆芽孢杆菌的生理生化特征后，认为其生理学性质及其他性质与枯草芽孢杆菌相同，《伯杰氏细菌手册（第6版）》也将纳豆菌归入枯草杆菌属内，目前在国际上还未把纳豆菌列为独立的菌种，但习惯上仍称之为纳豆杆菌。目前日本对纳豆的拉丝物质、酶、噬菌体、遗传学等的性质等均进行了深入研究与开发。

②乳酸菌：在豆豉后发酵过程中，发酵环境为高盐环境，大部分菌体都不能生长。但是由于豆豉的发酵不是纯种发酵，所以会经常混有大量的耐盐细菌。耐盐细菌主要是乳酸菌，乳酸菌可以产生乳酸和乙酸等有机酸，是豆豉滋味的重要成分。后发酵阶段主要是通过乳酸

菌及酵母菌的作用产生风味物质。

③酵母菌：制曲过程中酵母菌的数量不是太多，进入后发酵以后，酵母菌数量会升高一段时间，这主要是由于在豆豉后发酵过程中，由于芽孢杆菌、乳酸菌等菌体的作用及霉菌分泌的淀粉酶、蛋白酶的作用，再加上厌氧的环境，促使酵母菌大量生长。但是发酵过程中添加了大量的食盐，因此酵母菌在发酵过程中逐渐减少。但它能够产生大量的酶类，利用这些酶类通过一系列复杂的生化反应，形成豆豉所特有的色、香、味及豆豉所特有的功能性营养成分。

2. 豆豉形成的生化机制

豆豉的生产主要为大豆前处理、制曲、后发酵和成熟阶段，每个阶段都涉及一系列复杂的物理和生物化学反应。

（1）大豆前处理阶段　涉及的主要变化为蛋白质变性，可溶性蛋白和糖的溶出。具体通过浸泡、蒸煮条件的改变使大豆中水分适宜、蛋白质变性适当，从而改变营养物质的利用率，影响微生物对营养物质的吸收，影响代谢过程中酶的活性。研究表明，使大豆中可溶性蛋白含量和氨基氮含量最高的处理条件为豆豉前处理工艺最佳条件。

（2）制曲阶段　涉及的变化主要是依靠微生物分泌大量的酶，如蛋白酶、淀粉酶、脂肪酶和 β - 葡萄糖苷酶等，并利用这些酶分解大分子物质。如蛋白酶将蛋白质水解成氨基酸和多肽，淀粉酶将淀粉水解成单糖等。纯种制曲过程中，种曲微生物主要利用脂肪和碳水化合物作为能源，而蛋白质被利用较少。大豆粗脂肪含量下降较快，粗蛋白含量不断上升，而还原糖含量先升后降。

（3）后发酵阶段　发酵过程中的温度、湿度、发酵时间等对微生物的生长和产酶具有直接影响。后发酵阶段主要是通过乳酸菌及酵母菌的作用产生风味物质。游离氨基酸主要在后酵阶段形成，谷氨酸和天门冬氨酸是豆豉中主要的氨基酸成分。豆豉发酵过程中的氨基酸组成变化不大，但赖氨酸有损失。豆豉中有机酸以乳酸和乙酸为主，主要是在后发酵期间产生的。豆豉中异黄酮在发酵过程中，普遍存在糖苷型异黄酮向苷元型异黄酮转化的趋势。

（三）生产工艺

豆豉种类很多，但主要生产工序基本相同，只是使用的菌种及发酵参数等存在一定差异。

1. 曲霉型豆豉的生产工艺

曲霉发酵法生产的豆豉，不但发酵时间及生产周期大为缩短，而且突破了季节性限制。曲霉的作用使大豆中的蛋白质和淀粉得到了较好的分解，生产的豆豉颗粒松散，清香鲜美，各项理化指标大大提高，具较高的实用价值。生产工艺流程如图 7 - 18。

大豆 → 筛选 → 浸泡 → 蒸煮 → 接种 → 制曲 → 洗曲 → 配料 → 装罐 → 晾干 → 成品

图 7 - 18　曲霉型豆豉的生产工艺流程

（1）操作要点

①筛选：选颗粒硕大饱满、粒径大小一致、充分成熟、皮薄肉多、表皮无皱、无霉变虫蛀、有光泽，并且有一定新鲜度的大豆为宜。如采用黑豆，更应注意其新鲜程度。因为长期贮存的黑豆表皮中，由于单宁及配糖体受酶的水解和氧化，会使苦涩味增加，影响成品风味，而且长期贮存的黑豆，表面蜡状物由于受酶的作用而使油润性变淡，失去光泽。

②浸泡：按1:2（质量比）加水泡豆，水温控制在20～25℃，pH 6.5以上，不同季节浸泡时间不一样，一般冬天浸泡4～5h，春秋浸泡3～4h，夏天浸泡2～3h；以大豆膨胀无皱皮，手感有劲，豆皮不轻易脱离为宜。浸泡的目的是使大豆吸收一定水分，以便在蒸料时迅速达到适度变性，使淀粉质易于糊化。浸泡时间不宜过短。当大豆吸收率＜67%时，制曲过程明显延长，且经发酵后制成的豆豉不松软。若浸泡时间延长，吸收率＞95%时，大豆吸水过多而胀破失去完整性，制曲时会发生"烧曲"现象。经发酵后制成的豆豉味苦，且易霉烂变质。一般在生产加工中使大豆粒吸收率在82%左右，大豆体积膨胀率约为130%。

生产实践表明，大豆浸泡后的含水量在45%左右为宜。大豆含水量＜40%，不利于微生物生长繁殖，发酵后的豆豉坚硬，豉内不疏松，俗称"生核"；含水量超过55%，曲料过湿，制曲品温控制困难，常常出现"烧曲"现象，杂菌乘机侵入，使曲料酸败、发黏，发酵后的豆豉味苦，表皮无光，不油润。

③蒸煮：用常压锅蒸煮，保证所煮豆粒熟而不烂，内无生心。确定蒸煮条件为98kPa、15min或常压、150min。当大豆散发出大量的豆香时，可取出少许豆粒，用手压迫，如果10粒有6～7粒呈粉碎状态，3～4粒尚硬，即可停止蒸煮。蒸煮目的是破坏大豆内部分子结构，使蛋白质适度变性，易于水解，淀粉达到糊化程度，同时可起到灭菌的作用。

④接种：若是纯种发酵则需要接种筛选的专用菌种。将蒸煮大豆摊晾在曲台上待温度降为35℃左右时，接入曲霉，种曲与熟豆拌时要迅速而均匀。

⑤制曲：最好采用低温制曲。将曲料以丘形堆积于曲盘中央，保持室温28～30℃，品温最高不超过36℃。制毛霉曲品温不超过20℃，低温有利于霉菌酶的分泌。一般制曲过程要多次翻曲，翻曲时用力进行搓曲，不允许豆粒黏结，使曲料松散，以免结成菌丝难以深入豆内生长，致使发酵后成品豆豉不酥松。搓曲后12h左右豆粒普遍呈黄绿色孢子，品温趋于缓和，曲子成熟。

⑥洗曲：豆豉成曲表面附着许多孢子和菌丝，如果不经洗除残留在成曲表面，由于孢子有苦涩味，会给豆豉带来苦涩味，并造成色泽暗淡。将成曲放入冷水中洗净曲霉，反复用清水冲洗至没有黄水，用手抓不成团为宜。然后滴干余水，放入垫有茅草的箩内。洗曲时应尽量避免脱皮，要求豆粒表面无孢子，无菌丝，油润不脱皮。

⑦配料：将洗曲后的豆曲边堆积边洒水，当水分含量50%左右时，用草垫或麻袋片盖上保温，当品温上升到38℃时，按照大豆原料重添加15%～18%的食盐、鲜姜碎、白酒、发酵型米酒、红糖、花椒、桂皮、大茴等调味料，充分拌匀。

⑧装罐：把配制好的豆曲料装入浮水罐，每罐必装满，压紧罐口部位，在上面撒一层盐，封好罐口，加盖，装满浮水。保持勤换水不干涸，绝对不能让发酵罐漏气、浸水。

⑨晾干：将封好的发酵罐放置在阴凉通风处，晾干至水分含量在20%以下即可。

⑩成品：将成熟的豆豉掺入调料制成不同口味的豆豉，用玻瓶、瓦罐、复合塑料袋等包装灭菌，检验合格，即为成品。

（2）米曲霉型香豆豉的评价　关于传统发酵豆制品目前还没有统一的规范，多为企业标准、地方标准或团体标准。但总体而言都应该符合以下标准：

①感官评定：

色泽：黑褐色、油润光亮；

香气：酱香、酯香浓郁无不良气味；

滋味：鲜美、咸淡可口，无苦涩味；

体态：颗粒完整、松散、质地较硬。

②安全性：应用 HACCP 对生产工艺进行实时监控，确保了豆豉不会被杂菌和鼠虫污染，保证了豆豉的安全卫生。

2. 细菌型豆豉的生产工艺

细菌型豆豉大多是利用草杆菌在较高温度下繁殖于蒸熟的大豆上，借助其蛋白酶生产出风味独特的食品，典型的代表是水豆豉。其生产工艺流程如下：

大豆→ 筛选 → 浸泡 → 蒸煮 → 沥干 → 保温发酵 → 配料 → 后熟 → 灭菌 → 装罐 →成品

（1）筛选 选颗粒饱满、无霉变虫蛀、新鲜大豆。要求与霉菌型豆豉基本一样。

（2）浸泡 按 1:3 加水泡豆，不同季节浸泡时间不一样，一般秋冬天浸泡 18~20h，春夏天浸泡 10~12h，大豆体积膨胀率为 110%~130%。

（3）蒸煮 121℃，30min 或煮沸 5~6h，松软易碎即可停止。

（4）保温发酵 若是纯种发酵则需要接种菌种，如纳豆芽孢杆菌。搅拌，使菌种均匀分布。若是自然发酵，则保温 25℃左右，使空气中的耐热微生物（主要是乳杆菌和小球菌）发酵繁殖，当产生黏液和特殊气味时，停止发酵。

（5）配料 按照配方添加食盐、鲜姜碎、辣椒、花椒等调味料，充分拌匀。

（6）后熟 装满容器，压紧，室温保存 1~2 个月。

（7）灭菌 成熟的豆豉在 80℃灭菌 30min，分装密封，检验合格产品，即为成品。

（四）质量缺陷及控制

在豆豉发酵过程中，往往发现豆豉在坛口部分有生白现象发生。生白豆豉香气减少，口味不良，外观不正，主要是产膜酵母生长繁殖所导致的。豆豉生产过程都是暴露在空气中进行，制曲过程也是自然制曲，产膜酵母污染的概率很大。当外界环境适宜时，产膜酵母就会大量生长，造成豆豉生白。在豆豉生产可以从以下几个方面预防豆豉生白现象。

（1）加强工艺过程的管理，做好发酵容器、环境卫生清洁等防治措施。为了减少产膜酵母从空气中传入污染，坛口密封时，可先用热水对封布或胶进行热烫杀菌处理。

（2）在发酵过程中，定时调整发酵容器的位置，可有效减少豆豉生白现象。如采用露天瓦罐发酵生产豆豉，往往是太阳西斜未晒到的一面表面层豆豉生得最多，其原因是太阳西斜时对瓦罐的一面照射时间较长，热量较高，容器里豆豉受热水分蒸发，冷却后使未晒到的另一面豆豉水分增加，相对降低了盐度，所以产膜酵母得以生长繁殖，出现生白现象。

（五）发展趋势

我国对豆豉的研究起步早，近年来有强化米曲霉菌、毛霉菌、细菌或混菌的强化发酵工艺，但是风味与传统发酵豆豉还有待提高。为了控制发酵，实现生产的工业化，必须探索利用纯种发酵代替自然发酵的工艺改进之路。

二、纳豆酿造

纳豆是以大豆为主要原料，经纳豆芽孢杆菌发酵后的大豆深加工制品。纳豆源于中国，初始于中国的豆豉。古书记载有：纳豆自中国秦汉以来开始制作。纳豆传入日本后，根据日本的风土发展成了风靡世界的纳豆及其产品。

研究显示，纳豆具有较高的医疗保健功能。纳豆中蛋白质消化率可以达到90%；纳豆发酵过程中破坏了大豆中胰蛋白抑制物；纤维素酶使纤维素水解生成单糖，提高了大豆纤维素的吸收率；纳豆所富含的维生素K有增加骨骼密度，防止骨质疏松的作用；其含有丰富的纳豆激酶和异黄酮成分，能溶解血栓，对预防和治疗心脑血管疾病具有显著作用，可用于预防和治疗脑梗死等疾病的发生；其含有的吡啶二羧酸、有机酸和抗菌肽具有杀死病原性微生物如大肠杆菌、霍乱菌、伤寒菌、痢疾菌、结核菌的作用；此外，纳豆具有抗氧化、延缓衰老和降低血压等保健作用，还能够壮体强身、护肝美容、预防感冒和防止醉酒，而且还具有助消化、抗癌、抗肿瘤、抗氧化以及延缓衰老等多种功效。

（一）纳豆的生产工艺流程

纳豆的生产流程见图7－19。

水 → 浸渍；纳豆种子 → 接种

大豆→精选→浸渍→蒸煮→接种→培养→后熟→无菌包装→冷藏→制品

图7－19　纳豆的生产工艺流程

（二）主要操作要点

1. 原料选择

选用充分自然干燥的小、中粒优质大豆，除去杂质。

2. 浸泡

经水洗后，用大豆三倍水量浸泡。浸泡时间随大豆种类和水温而有不同。一般夏季浸泡4~6h，冬季需浸泡6~12h。但最有影响的是水温。在10℃水温要浸渍23~24h，15℃时17~18h，20℃时13~14h，25℃以上时7~8h。

3. 蒸煮

蒸煮能杀死大豆表面的土壤微生物，软化大豆组织，使籽实可溶成分浸到豆皮表面。将浸泡好的大豆放入蒸煮罐中，一般在0.1MPa，蒸煮20min。如果压力大，时间长会使熟豆和成品颜色加深，具体根据大豆品种、粒形，变更压力与时间。

4. 接种

待熟豆冷却至60℃以后，用喷淋接种机接入23mL/kg（按干豆）纯种培养的纳豆菌，拌匀。装入无菌的浅盘中，每盘装1.0kg，厚度为2~3cm，料层薄，大豆容易干燥，太厚又容易造成料层上下发酵品温不均，中部湿度大，透气性不好，影响发酵效果。

5. 培养

每盘接种的大豆用木质纸、竹皮、塑料包好放入箱中重叠堆放，盖好箱盖。将箱置于温度为37~42℃、湿度为70%~80%左右的发酵室内。经20h发酵后，由于发酵品温上升，要注意发酵室的透气性，供给氧气，空气流通量小，成品苦味重，空气流通量大使大豆表面过于干燥影响成品拉丝性、黏质感、色泽、软硬度及各种活性物质的产出。将室温下降到37℃左右，再发酵约20h，熟豆表面部分发灰色并有皱褶，室内有氨味和纳豆特殊芳香味时可终止发酵。

6. 后熟

从发酵室内取出在后熟室0~4℃后熟一周，纳豆的黏滞感、拉丝性、香气和口味正常，即为成品。后熟时间长会使部分氨基酸结晶，造成砂质感，影响纳豆的适口性。

7. 无菌包装

纳豆成熟后用无菌自动包装机进行无菌包装。

8. 冷藏

包装后放入冷库内冷藏。

（三） 发展趋势

随着我国居民生活水平的不断提高，心脑血管疾病患者数量也呈逐年上升趋势。开发天然、绿色的纳豆保健食品，对于预防和治疗心脑血管疾病有积极的意义。纳豆菌不仅能发酵大豆，生产出营养丰富、功能多样的纳豆产品，还能用于生产保健药品、调味品以及微生态制剂，是美国 FDA 公布的 40 种益生菌之一。我国是世界上大豆及其制品的生产大国，也是消费大国。可以结合我国人们消费的实际情况和市场发展需要，进一步加强纳豆发酵生产基础研究，比如加强对纳豆菌种发酵特性的研究和特种使用性能菌株的开发，解决纳豆加工生产中一些关键核心技术和难题，使纳豆制品及其代谢产物得到充分的运用，以便改善纳豆的口味，在保证营养功能的同时使纳豆的口味特点更加适合中国人的饮食习惯，生产出具有中国特色的纳豆产品。

三、 丹贝

丹贝（tempeh），又名天培、天贝等，是由大豆为主原料制成的发酵食品。丹贝的生产菌株主要为少孢根霉，和少量的米根霉、无根根霉、黑根霉等。丹贝在 20 世纪 50 年代末引起西方各国科学家关注和兴趣，生产技术也随之传入西方。

研究显示，丹贝具有改善认知、降低脂多糖、护肝、改善肠道环境、抗肿瘤、抗氧化等保健功能，具有风味鲜美、价格低廉、营养丰富、发酵周期短、制作方法简易等特点。丹贝中必需氨基酸占氨基酸总量的22.1%，其真实蛋白质消化率和净蛋白质比值分别达94.4%和2.6%。与大豆中脂肪酸相比，丹贝中的不饱和脂肪酸、必需脂肪酸中的亚油酸和亚麻酸的含量均显著性增加，分别增加了 5.52、6.01、4.68 倍。而且在丹贝发酵过程中积累了维生素 B_2、维生素 B_6、维生素 B_{12}及烟酸，同时也产生了异黄酮，对脂肪氧化酶有抑制作用，且具有良好的抑菌效果。

（一） 丹贝的生产工艺流程

丹贝的生产工艺流程见图 7 - 20。

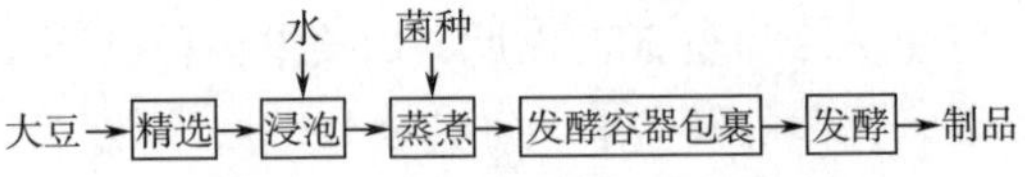

（二） 主要操作要点

1. 原料选择

精选油脂含量低，蛋白质和糖质含量高，颗粒饱满，无虫蚀，无霉变的优质大豆。

图 7 -20　丹贝的生产工艺流程

2. 浸泡

经水洗后，向其中添加水（大豆:水质量比为 1:3）进行浸泡，浸泡时间随大豆种类和水温而有不同。一般夏季浸泡6～7h，冬季需浸泡 12h 左右。在气温高于 30℃ 的季节，为了防止细菌生长。可在水中加入 0.1% 左右的乳酸或者白醋，降低溶液 pH 至 4～5，或者向浸泡溶液中添加乳酸菌。较低的 pH 不利于少根霉菌生长。

3. 蒸煮

将浸泡好的大豆手工去皮，去皮有利于霉菌繁殖、除去纤维素和多缩戊糖等难消化成分，能够提高产品质量，能有效抑制发酵过程大豆颜色变化。去皮后的大豆放入蒸煮罐中，100℃蒸煮50min左右，然后将煮熟的大豆捞出冷却，当温度降低至90℃左右时，向其中添加1%的淀粉混匀，使部分淀粉糊化，目的是促进霉菌发育。蒸煮过程不可压力大，时间长会使熟豆和成品颜色加深，具体根据大豆品种、粒形，改变压力与时间。

4. 接种

（1）传统丹贝的接种方法，将少量发酵好的丹贝作为菌种，干燥后制成粉末状或者将新鲜的丹贝揉碎，撒入处理好的大豆中，混合均匀。

（2）接种纯培养物，制备孢子悬液或孢子粉进行接种，即将少孢根霉接种于斜面培养基中，于25~28℃培养7d左右，用2~3mL无菌水将产生的孢子囊从斜面上冲洗下来，制成悬液或冻干处理。

5. 发酵

接种后的大豆向发酵容器添加时应压紧。传统方法所用容器为香蕉叶子，现在多采用打孔的塑料袋或塑料盘，其中小孔的作用是气体扩散通道，排出发酵过程中蒸发的过量水分。接种大豆添加完毕后扎紧袋口，否则表面水分会大量蒸发影响霉菌生长。丹贝发酵时间随温度而定，温度越高发酵时间越短。35~38℃下发酵时间需15~18h，在25℃下需要80h，即获得成品。

思考题

1. 请列举酱油酿造过程中的主要微生物及其作用。
2. 请简述酱油酿造过程中种曲的制备。
3. 请简述酱油酿造过程中制曲工艺的步骤及影响因素有哪些。
4. 请比较分析低盐固态发酵法和高盐稀态发酵生产酱油的工艺。
5. 酱油的提取工艺及影响滤油速度的因素有哪些？
6. 请简述酱油的杀菌和配制工艺及其质量标准。
7. 请简述影响酱油质量的主要因素及其控制方法。
8. 请简述纯种发酵大豆酱的生产工艺。
9. 请列举腐乳生产中常用菌株及其特点。
10. 请简述细菌型腐乳的生产工艺。
11. 请简述霉菌型腐乳的生产工艺。
12. 请简述影响豆腐坯质量的主要因素以及如何控制。
13. 影响毛霉培菌质量的主要因素有什么？如何控制？
14. 参与豆豉发酵的微生物有哪些？其作用是什么？
15. 请简述豆豉形成的微生物基础及其机制。
16. 请简述曲霉型豆豉的生产工艺。
17. 请简述细菌型豆豉的生产工艺。
18. 请简述味噌的生产工艺。
19. 请简述纳豆的生产工艺。
20. 请简述丹贝的生产工艺。

第八章

发酵肉及发酵乳制品

第一节　发酵肉制品

　　发酵肉制品是人们最初通过自然发酵使肉类贮藏更长时间而获得的一种肉制品。我国传统发酵肉制种类繁多，如传统中式香肠、腊肉、火腿等都是通过原料肉中含有或加工过程混入的微生物自然发酵而成的发酵肉制品。自然发酵肉制品中微生物复杂多样，发酵条件不稳定，发酵菌种数量增长缓慢，生长周期较长，产品质量也难以控制。为了确保产品风味和质量稳定、缩短生产周期，传统的自然发酵现已逐渐被人工接种发酵所取代。目前，意大利、美国和西班牙等国，已实现了人工接种发酵肉制品的规模化生产了。我国于 20 世纪 80 年代末引进西式发酵香肠生产加工技术，并随之开展了加工工艺、发酵菌种筛选、发酵剂配制等大量研究工作。

一、　发酵肉制品定义及种类

（一）发酵肉制品定义

　　发酵肉制品（fermented meat），是指在自然或人工控制条件下，利用微生物或酶的发酵作用，使原料肉发生一系列生物化学变化及物理变化，而形成具有特殊风味、色泽和质地以及较长保藏期的肉制品。其主要特点是营养丰富、风味独特、保质期长。通过有益微生物的发酵，引起肉中蛋白质变性和降解，既改善了产品质地，也提高了蛋白质的吸收率；在微生物发酵及内源酶的共同作用下，形成醇类、酸类、杂环化合物、核苷酸等大量芳香类物质，赋予产品独特的风味；肉中有益微生物可产生乳酸、乳酸菌素等代谢产物，降低肉品 pH，对致病菌和腐败菌形成竞争性抑制，而发酵的同时还会降低肉品水分含量，这些将提高产品安全性并延长产品货架期。

（二）发酵肉制品分类

　　发酵肉制品种类很多，主要包括发酵灌肠制品（也称馅状发酵肉制品）和发酵火腿（块状发酵肉制品）两大类，其中发酵香肠是发酵肉制品中产量最大的一类产品，也是发酵肉制品的代表。

　　1. 发酵香肠

　　发酵香肠（fermented sausage）是指将绞碎的肉（通常为猪肉或牛肉）和动物脂肪同盐、

糖、发酵剂和香辛料混合后灌进肠衣，经过微生物发酵而制成的具有稳定的微生物特性和典型的发酵香味的肉制品。是人们用食盐和干燥的方法设法贮藏鲜肉的结果。西式发酵香肠的生产起源于地中海地区，那里的气候温和，湿度大，适宜于发酵香肠的生产。

由于各国和地区的传统、文化差异以及宗教信仰的不同，发酵香肠的配方及生产工艺条件因国家而异，具有不同风味和特点。这些制品通常可根据其脱水程度、发酵程度（酸性高低）、发酵温度等进行分类。从微生物学的角度看，发酵香肠按照水分活度（A_w）和外观处理分类（表8-1）。

表8-1　　　　　　　　　　　　　　发酵香肠的分类

种类	最终水分活度	利用烟熏	成熟时间（周）	主要产品
干、霉菌成熟	<0.90	无	>4	正宗意大利香肠，法式香肠（Saucission）
干、霉菌成熟	<0.90	有（发酵中）	>4	正宗匈牙利香肠
干、无霉菌	<0.90	有或无	>4	德国的耐贮香肠（Dauerwurst）
半干、霉菌成熟	0.90~0.95	无	<4	法国和西班牙生香肠
半干、无霉菌	0.90~0.95	有（有例外）	<4（通常10~20d）	德国、新西兰、斯堪的纳维亚、美国的多数香肠
未干、可涂挂抹	0.94~0.96	有或无	<2	德国的软香肠（Streichmentt Wurst）西班牙辣味大香肠（Sorbrasada）

2. 发酵火腿

发酵火腿（fermented ham）又称生熏火腿或干火腿，大约有2500多年的加工历史了。世界各地产品名称和风味各异，但加工工艺基本相似。有的国家将牛、羊等不同家畜肥肉或整块肉加工出的腌腊制品也统称为火腿，可以生食（如欧洲）或熟食（如中国）。

我国常见的发酵火腿大都是腌腊制品，这是我国传统肉制品的典型代表。因为其漫长的发展过程，腌腊制品的加工工艺与产品特性在我国的不同地域有着显著的差异。大部分此类制品的制作是采用猪胴体后腿（带脚爪），经食盐低温腌制、堆码、上挂、整形等工序，在自体酶和微生物作用下，经过长期成熟而成，形成色、香、味、形俱佳的一类肉制品。其中以浙江的金华火腿、云南的宣威火腿和江苏的如皋火腿名气最大，质量最佳，被誉为我国的"三大名腿"。

二、 发酵肉制品微生物及发酵剂

（一） 发酵肉制品发酵成熟过程中微生物学变化

发酵肉制品的生产是一个极其复杂的微生物发酵过程。传统发酵肉制品中的微生物是原料中本身存在或从环境中混入的野生菌，这些野生菌经发酵肉制品的内在环境的淘汰，最终会形成一个独特的微生态系统，完成整个肉品的发酵过程。

这些微生物在肉制品的发酵制备过程中呈现一定的菌相变化。在传统的发酵过程中，明串珠菌、葡萄球菌、米酒乳杆菌和球拟酵母占优势，主发酵菌前期是明串珠菌，中后期是米酒乳杆菌、球拟酵母和德巴利氏酵母，中国传统酸肉发酵期间乳酸菌及酵母菌菌群的消长变化见表8-2和表8-3。发酵酸肉成品中主要微生物及所占比例见表8-4。

表8-2　　　　　　中国传统酸肉发酵期间乳酸菌菌群的消长变化　　　　单位：个菌落

微生物类群	发酵时间/d						合计
	0	20	40	60	180	360	
米酒乳杆菌（L. sake）	3	11	17	26	21	19	97
其他乳杆菌（other Lactobacilla）	9	10	7	6	4	7	43
片球菌（Pediococcus）	4	2	5	5	13	11	40
明串球菌（L. leucona）	14	16	2	0	0	1	33
链球菌（Streptococcus）	7	0	7	3	1	2	20
合计	37	39	38	40	39	40	233

表8-3　　　　　　中国传统酸肉发酵期间酵母菌菌群的消长变化　　　　单位：个菌落

微生物类群	发酵时间/d						合计
	0	20	40	60	180	360	
德巴利氏酵母（Debaryomyces）	13	18	29	28	3	5	96
假丝酵母（Candida）	1	2	1	4	19	6	33
球拟酵母（Torulopsis）	1	1	7	8	15	27	59
毕赤酵母（Pichia）	12	15	3	0	2	1	33
隐球酵母（Cryptococcus）	7	3	0	0	1	1	12
丝孢酵母（Trichosproom）	6	1	0	0	0	0	7
合计	40	40	40	40	40	40	240

表8-4　　　　　　中国传统酸肉成品中的主要微生物种群及分布　　　　单位：个菌落

微生物	分布	微生物	分布
乳酸细菌（LAB）	269	乳酸片球菌（P. acidilactici）	23/269
乳杆菌（Lactobacillus）	150	链球菌/肠球菌（Streptococcus and Enterococcus）	24/269
米酒乳杆菌（L. sake）	101/269		
卷曲乳杆菌（L. crispatus）	11/269	MSA 分离物	128
弯曲乳杆菌（L. curvatus）	4/269	微球菌（Microoccei Micrococcus）	27/269
植物乳杆菌（L. plantarum）	12/269	葡萄球菌（Staphylococcus）	101/269
双发酵乳杆菌（L. bifermentas）	8/269	酵母菌（Yeast）	160
耐酸奶杆菌（L. acetotolerans）	6/269	德巴利氏酵母（Debaryomyces）	77/160
干酪乳杆菌（L. casei）	8/269	毕赤酵母（Pichia）	19/160
明串珠菌（Leuconostoc）	37/269	假丝酵母（Candida）	18/160
片球菌（Pediococci）	58/269	隐球酵母（Cryptococcus）	39/160
小片球菌（P. parvulus）	4/269	球拟酵母（Torulopsis）	39/160
戊糖片球菌（P. pentosaceus）	31/269	丝孢酵母（Trichosproom）	2/160

在接种发酵剂快速发酵生产的香肠中，由于接种了大量乳酸菌，在发酵的初期产酸就很快，因此，葡萄球菌和微球菌数量迅速下降。在欧式干香肠中，微球菌通常作为发酵剂，其成为初始发酵阶段的主导，以后其主导地位逐渐下降，让位于乳杆菌。微球菌同时还为严格的好氧菌，在成熟的风干肠产品中，一般检测不到此类菌的存在。

中国传统酸肉中微生物之间的生态关系见图8-1。

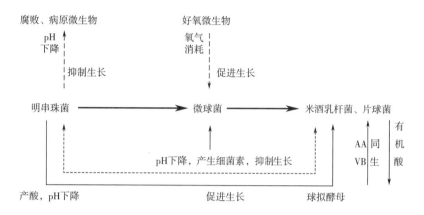

图8-1　中国传统酸肉中微生物之间的生态关系
注：AA—氨基酸；VB—B族维生素。

（二）发酵微生物作用

目前，应用于肉制品发酵剂的微生物主要包括细菌、酵母菌和霉菌，它们对发酵肉制品品质的形成所起的作用各自不同。发酵香肠中常见微生物的作用如表8-5所示。

表8-5　　　　　　　　　　　微生物在发酵香肠中的作用

微生物群	代谢活性	在香肠中的作用
乳酸菌	产生乳酸	抑制病原菌；加速色泽形成和干燥
过氧化氢酶阳性球菌	还原硝酸盐；还原亚硝酸盐；消耗氧，破坏过氧化物；形成羟基和酯	形成和稳定色泽；去除多余的硝酸盐，延缓酸败；形成香味和风味
酵母菌	消耗氧	延缓酸败，稳定色泽；形成香味和风味
霉菌	形成表面菌落；消耗氧气；氧化乳酸；降解蛋白质和脂肪	抑制不需要的霉菌；利于干燥；延缓酸败；稳定色泽；形成风味

1. 细菌

目前，发酵肉制品生产中应用较多的细菌包括乳杆菌属、片球菌属和微球菌属等属的部分菌种。

（1）乳杆菌　乳杆菌在肉的自然发酵过程中占主导地位，其在肉发酵中的主要作用包括：将碳水化合物分解成乳酸从而降低pH，促进蛋白质变性和分解，改善肉制品的组织结构，提高营养价值，形成良好的风味（发酵酸味）；促进 H_2O_2 的还原和 NO_2 的分解，从而促进发色，防止肉色的氧化变色；产生乳酸菌素等抗菌物质，抑制病原微生物的生长和毒素的产生。

（2）片球菌　片球菌是最早作为发酵剂用于发酵肉制品生产的细菌，也是发酵肉制品中使用较多的微生物，可利用葡萄糖发酵产生乳酸，不能利用蛋白质和还原硝酸盐。较早应用的是啤酒片球菌（*Pediococcus cerevisiae*），而随后应用较多的是乳酸片球菌（*Pediococcus acidilactici*）和戊糖片球菌（*Pediococcus pentosaceus*）。

（3）微球菌　微球菌发酵产酸速度慢，主要作用是还原亚硝酸盐和形成过氧化氢酶，从而利于肉品发色，促进过氧化物分解，改善产品色泽，延缓酸败，此外也可通过分解蛋白质和脂肪而改善产品风味。变异微球菌（*Micrococcus varians*）是用于肉制品发酵的主要微球菌种。

2. 霉菌

霉菌的酶系非常发达、代谢能力较强。我国以霉菌发酵的肉制品较少，而欧洲有许多霉菌发酵香肠和火腿。传统发酵肉制品表面的霉菌并非人为接种而是直接来自于周围环境。

用于肉制品发酵的霉菌主要是青霉，包括产黄青霉（*P. chrysogenum*）和纳地青霉（*P. nalgiovense*）等，也有将白地青霉（*P. cundidum*）和娄地青霉（*P. roqueforti*）成功应用于发酵肉制品生产中。霉菌在肉制品发酵中的作用主要包括：通过发达的酶系，分解蛋白质、脂肪，产生特殊的风味物质；霉菌是好氧菌，具有过氧化氢酶活性，可通过消耗氧，抑制其他好氧腐败菌的生长，并防止氧化褐色和减少酸败；霉菌在发酵肉制品中主要分布在肉表面和紧接表面的下层部分，霉菌在发酵肉制品上生长，其菌丝体在肉制品表面形成"保护膜"，减少肉品感染杂菌的概率，并能控制水分的散失，防止出现肉制品出现"硬壳"现象，赋予发酵肉制品特有的组织状态，更重要的是使肉制品阻氧避光。

但是某些霉菌的代谢会产生毒素从而对人体造成危害。M. Luisa Garcia 等学者研究表明，青霉菌（譬如 *Penicillium chrysogenum* 和 *Penicillium nalsiovense*）作为发酵剂存在于发酵食品或腌制食品中会产生青霉素，青霉素对人体会产生过敏反应并会增强人体致病菌对青霉素产生抵抗力。因而，霉菌作为发酵剂来发酵肉制品具有一定的危害性，如果开发应用于生产必须进行严格的化学或生物学的测试以保证产品的安全性。

霉菌发酵剂必须具备以下特性：

（1）不产毒素，无潜在的病原性威胁；（2）在产品表面竞争性地抑制其他微生物的生长；（3）菌丝可使产品表面致密坚固，颜色为纯白，黄色或乌黑；（4）良好均衡的蛋白质和脂肪降解活性；（5）霉菌特有的芳香。

3. 酵母菌

酵母菌是发酵肉制品中常用的微生物（尤其是在自然发酵制备的肉制品中）。发酵香肠常用酵母菌为汉逊氏巴利酵母和法马塔假丝酵母（*Candida famata*）。其主要作用是发酵时逐渐消耗肉品中的氧，降低肉中 pH，抑制酸败；分解脂肪和蛋白质，产生多肽、酚及醇类物质，改善产品风味、延缓酸败；形成过氧化氢酶，防止肉品氧化变色，有利于发色稳定。此外，酵母菌还能一定程度的抑制金黄色葡萄球菌的生长。

法国有一种发酵香肠，将酵母菌接种于香肠表面生长，使产品外表披上一层"白衣"，是深受当地人喜爱的地方风味产品。这种酵母菌可提高发酵肉的香气指数。可以说，发酵肉制品最终香味的形成很大程度上来源于酵母菌。在发酵过程中酵母菌通过消耗肉中残留氧从而抑制酸败并有分解脂肪蛋白质的作用，经过一系列化学反应使得肉制品具有一定的酵母味和酯香风味，并有利于发色的稳定性。这种酵母本身不仅能还原硝酸盐，而且对微球菌和金黄色葡萄球菌的硝酸盐还原性也有轻微抑制作用。研究表明，金华火腿中也存在酵母（$10^3 \sim 10^5$ CFU/g），但尚未进行具体的分类研究。

4. 放线菌

链霉菌（*Streptomyces griseus*）也称为灰色链球菌，是自然发酵肉中唯一的放线菌，有报道称可提高发酵香肠的风味。在未经控制的天然发酵香肠中，链霉菌的数量甚微，因为其不能在发酵肉品环境中良好生长。

（三）肉品发酵剂

1. 肉品发酵剂的发展及作用

肉品发酵剂是用于肉品发酵的活菌的培养物，其主要菌系为乳酸菌、青霉菌、酵母菌、微球菌等。肉类发酵剂的研究与应用起源于 20 世纪 40 年代，Jensen 和 Paddock 首先应用乳酸杆菌发酵剂制作干香肠，缩短成熟时间，改善产品风味，从而开始了使用纯培养的微生物发酵剂生产发酵香肠的第一步。1955 年，Niven 等在美国最早采用乳酸片球菌做发酵剂生产夏季香肠；1957 年，冷冻发酵剂被允许使用，用于控制发酵过程。单菌和混合菌株的冷冻商品发酵剂的开发，更加快了发酵剂在干香肠和半干香肠中的广泛使用。肉品发酵剂发酵肉制品中的主要作用有：

（1）分解糖类产生乳酸；

（2）通过脂类分解改善产品的风味和质构。由于释放出的脂肪酸和肽类可以形成与风味和色泽有关的化合物，改善产品的品质；

（3）可破坏导致变色作用的过氧化物和产生不良气味的过氧化酶；

（4）通过形成亚硝基肌红蛋白改善色泽；

（5）规范腌制过程；

（6）降低 pH，抑制腐败。

2. 菌种作为发酵剂应具备的条件

选育优良的微生物菌种作为发酵剂是发酵肉制品加工的关键，从传统发酵食品中筛选和通过微生物育种改造菌种是研究的中心目标。当今的欧美国家，通过对微生物发酵肉制品的特性进行了较为深入的研究，已经完成了从传统的自然发酵向微生物定向接种发酵的工业化生产的转变，发酵肉制品的生产已具备相当成熟的生产工艺。在现代工艺条件下，作为肉制品的发酵剂应该具备以下特性：

（1）安全性　作为发酵剂的菌种，必须对人体无害，应是革兰氏阳性非致病菌，不产内源毒素，不产生物胺，不产氨基甲酸乙酯；

（2）耐盐性　在 6% 的盐水仍能正常生长；

（3）耐亚硝酸盐　在 $80 \sim 100 \mu g/g$ 的浓度下生长良好；

（4）能在 $15 \sim 40$℃生长，且最适生长温度 $30 \sim 37$℃；

（5）乳酸菌必须是同型发酵，具有产生适量乳酸的能力，与原料肉中的乳酸能够有效竞争；

（6）发酵不会使产品产生异味；

（7）代谢不产黏液，不产 H_2S，不产 CO_2，不产过氧化氢，分解精氨酸不产 NH_3；

（8）可产过氧化氢酶和硝酸还原酶；

（9）应具有提高产品风味的能力；

（10）对致病菌和腐败菌有拮抗作用，对其他发酵剂菌株有协同作用；

（11）具有抗冷冻干燥特性。

三、 肉发酵成熟过程中的生物化学变化

（一） 发酵肉制品的颜色形成

发酵香肠通常具有诱人的玫瑰红色外观，其发色的机理与其他含亚硝酸盐的肉制品相同。不同之处在于，发酵香肠的低 pH 有利于亚硝酸盐分解为 NO，生成的 NO 与肌红蛋白相结合生成亚硝基肌红蛋白，从而使肉制品呈亮红色。这种色泽具有颜色鲜艳度好，稳定的优点。腌制肉及发酵香肠的颜色变化机制如图 8 - 2 所示。

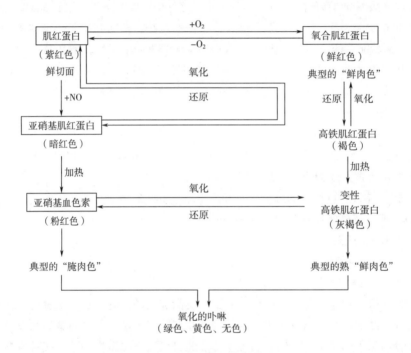

图 8 -2　腌制肉中的颜色变化机制

（1）氧合肌红蛋白（MbO_2）与亚硝酸盐反应生成褐色的高铁肌红蛋白（MetMb）；

（2）肉中固有的或外加的还原剂将高铁肌红蛋白还原为肌红蛋白（Mb）；

（3）亚硝酸盐在肉中的酸性条件下形成亚硝酸，亚硝酸不稳定，进一步分解为 NO；

（4）肌红蛋白与 NO 反应生成亚硝基肌红蛋白（MbNO）。

肉的红色是肌肉中的肌红蛋白和血红蛋白起决定性作用的，肉在空气中放置久了会变成褐色，是因为肌红蛋白被氧化成变性肌红蛋白，通常我们需要添加硝酸盐和亚硝酸盐来稳定颜色。在肉中亚硝酸盐可以与仲胺类物质反应，生成 N - 亚硝基化合物，这种物质具有致癌性、致畸性，特别与脑瘤和胃肠道癌变密切相关。因此，引发了大量替代亚硝酸盐的研究。各种物质替代亚硝酸盐的研究报道已屡见不鲜，而微生物发酵法替代亚硝酸盐是一个较新的研究领域。

能否还原硝酸盐是肉品发酵剂菌株选择时的一个重要指标，其中，乳酸菌中的植物乳杆菌、清酒乳杆菌等，大部分葡萄球菌和微球菌都具有还原硝酸盐的能力；菌株是否具有

H_2O_2还原酶是发酵剂筛选的另一个重要指标，因为有些发酵剂如异型发酵的乳酸菌会产生H_2O_2，H_2O_2是一种强氧化剂，在肉中可能导致高铁肌红蛋白（绿色）和胆绿素（黄色）的存在，二者和肉中的红色结合会形成灰色调，严重影响产品的外观，菌株产生的H_2O_2还原酶可将H_2O_2分解成H_2O和O_2，就可以阻断过氧化物的形成。

（二） 发酵肉制品的风味形成

风味是衡量肉制品品质的一个重要指标，主要包括滋味和香味两个方面：滋味来源于肉中的滋味呈味物，如无机盐、游离氨基酸和小肽、核酸代谢产物如肌苷酸、核糖等；香味主要由肌肉在受热过程中产生的挥发性风味物质如不饱和醛酮、含硫化合物及一些杂环化合物产生。

风味物质包括挥发性和非挥发性的风味化合物。发酵肉制品成熟的时间越长，除乳酸菌之外的微生物的活性越高，具有低感官阈值的挥发性物质的量也越高。发酵肉制品的风味主要来自三个方面，一是添加到香肠内的成分（如盐、香辛料等），二是非微生物直接参与的反应（如脂肪的自动氧化）产物，三是微生物酶降解脂类、蛋白质和碳水化合物形成的风味物质。

1. 碳水化合物的降解

风干肠的肉馅制好后不久，碳水化合物的代谢就开始了。一般情况下，发酵过程中大约有50%的葡萄糖发生了代谢，其中大约74%生成了有机酸，主要是乳酸，但同时还有乙酸及少量的中间产物丙酮酸等。

碳水化合物在乳酸菌作用下产生 D－/L－乳酸，在发酵香肠发酵的开始阶段主要是产生 D－型乳酸，随后 L－型乳酸和 D－型乳酸以相近的速度增加，一般来说，最终产物中 L－型乳酸和 D－型乳酸的量几乎相同。在发酵肉制品中，D－型乳酸含量过高会使产品产生不愉快的酸味，它的含量在$30 \sim 60 \mu mol/g$，产品的口感较为适宜。乳酸菌异型发酵还会产生醋酸，这种风味是北欧肠及快速发酵肠的特点。乳酸菌产生的酸虽然没有典型的风味化合物的特征，但可以提供特征酸味，是发酵肉中酸味的主要来源，并可以在某些条件下强化产品的咸味。而且较低的 pH 可以抑制产品中蛋白分解酶和脂肪分解酶的活性而改善产品的风味。

碳水化合物发酵也导致低分子量化合物的释放，如双乙酰、乙醇、2－羟基丁酮、1,3－丁二酮和2,3－丁二酮。发酵过程也可能产生丙酸乙酯、乙酸丙酯、丁酸乙酯等酯类物质。

2. 脂肪分解和氧化

脂肪是发酵肉制品的主要化学成分之一。在发酵肠成熟过程中，脂肪发生分解和氧化，包括甘油三酯分解释放脂肪酸以及不饱和脂肪酸，特别是多不饱和脂肪酸氧化生成羰基化合物，这些物质的产生赋予发酵肠特有的风味物质。

脂肪分解是中性脂肪、磷脂及胆固醇在脂肪酶的作用下水解产生游离脂肪酸，是发酵肠成熟过程中的主要变化。细菌脂酶和内源脂酶是影响脂肪分解的主要因素，但两者哪一个更重要仍需进一步研究。细菌脂酶对脂肪酸释放有重要作用，乳杆菌和脂分解微球菌能分解短链脂肪酸甘油酯。不管脂肪酸释放的机理如何，它都是重要的风味物质，短链脂肪酸（C<5）有刺激性烟熏味，与油脂的酸败有关。中性脂肪酸（$C_{5 \sim 12}$）有肥皂味，对风味影响不大。长链脂肪酸（C>12）对食品香味无明显影响，但对风味产生有害影响。不过，香肠上的菌群可将它们进一步降解为羰基化合物和短链脂肪酸，而形成增加香肠理想香味的物质。

脂肪氧化是发酵肠风味的重要来源。首先，不饱和脂肪酸通过自由基链反应形成过氧化物，次级反应产生大量醇、醛、酮等挥发性化合物。脂肪氧化所产生的风味物质占总风味物质的60%。不饱和脂肪酸氧化生成风味物质如烃类（从戊烷到癸烷）、链烷、甲基酮（从丙酮到2-辛酮）、醛（从戊醛到壬醛）、醇（1-辛烯-3-醇）及呋喃（2-甲基呋喃和2-乙基呋喃）。醛可能是来自脂肪的挥发性化合物中最有价值的成分，其风味阈值很低，己醛是其中最丰富的风味物质。甲基酮是饱和脂肪酸经β-氧化后，由β-酮酸脱羧产生。甲基酮比同分异构的醛阈值高，对发酵肠的风味影响不太重要，但可能会增加芳香味、水果味、脂肪味。醇是由脂肪氧化产生的醛在醇脱氢酶的作用下产生的。另外，羟基脂肪酸内酯化及脂肪氧化可能会产生内酯。

3. 含氮化合物的代谢

蛋白质水解在发酵香肠成熟过程中十分重要。在发酵肉成熟期间，蛋白质也发生水解产生多肽、游离氨基酸等。香肠中蛋白质水解的程度主要取决于肉中微生物菌群的种类和香肠加工时的外部条件。香肠中的粗蛋白含量主要在成熟过程中的第14至15天发生变化，总含量会下降大约20%~45%。而非蛋白氮提高30%以上，非蛋白氮由游离氨基酸、核苷和核苷酸组成。在成熟期的最初三天，蛋白质分解产生的$\alpha-NH_3-N$减少，而游离NH_3-N在成熟末期从原来的35%提高到50%。核苷含量下降，而核苷酸增加。在成熟末期，α-氨基酸是主要的非蛋白氮。

蛋白质分解过程主要受肉中内源酶的调控，如钙激活蛋白酶和组织蛋白酶。微生物对影响非蛋白氮的组成及不同游离氨基酸的相对含量很重要。三种不同发酵剂易变小球菌（*Micrococcus varians*）、戊糖片球菌（*Pediococcus pentosaceous*）及乳酸片球菌（*Pediococcus acidilatici*）相比较，戊糖片球菌产生的非蛋白氮最多。不同菌种产生不同的氨基酸（见表8-6）。氨基酸产生存在差异可能是由于不同菌种生长需要不同的氨基酸。

表8-6　　　　　　　　　　　不同发酵剂菌种产生的主要氨基酸

发酵剂菌种	乳酸片球菌	戊糖片球菌	易变小球菌
产生氨基酸	缬氨酸、亮氨酸、谷氨酸、牛黄氨酸	牛黄氨酸、亮氨酸、谷氨酸、缬氨酸	丙氨酸、牛黄氨酸、亮氨酸、谷氨酸

4. 美拉德反应

酸肉在生产过程中，水分活度不断降低，在这种条件下长时间的生产过程有利于美拉德反应的进行，该反应既有氨基酸与还原糖之间的反应，也有氨基酸与醛之间的反应，美拉德反应的过程复杂，形成的风味物质很多，其最终产物主要是含N、O和S的杂环化合物，如糠醛、呋喃酮、吡咯、吡嗪等物质。经美拉德反应产生的风味物质的风味特征与参与反应的还原糖、氨基酸和醛的种类密切相关，如糖与甘氨酸反应产生牛肉汤味，与谷氨酸反应产生鸡肉味，与赖氨酸反应产生油炸马铃薯味，与甲硫氨酸反应产生豆汤味。而葡萄糖与甲硫氨酸反应产生卷心菜味，与苯丙氨酸产生焦糖味。

5. 香辛料

在发酵肉制品加工时，一般要加入胡椒、大蒜或洋葱等香辛料，这些香料会给发酵肠以特色风味。大蒜中的大蒜素可以转化成含有芳香味的含硫化合物及其衍生物，胡椒可以产生萜类物质，一些如胡椒等香辛料中锰的含量较高，可以促进乳酸菌的生长和代谢，从而刺激乳酸的生成，另外，亚硝酸盐对风味也起一定的促进作用。

（三）　发酵肉制品的水分含量变化

大多数肉制品中水分含量的变化主要取决于以下几个因素：水的添加量、盐的添加量、脱水程度、脂肪比例等。对于发酵香肠而言，鲜肉馅的初始水分活度值主要取决于其中氯化钠和脂肪的含量，其数值范围保证在发酵初期有利于小球菌和葡萄球菌等细菌的生长，但不足以形成对其他微生物尤其是各种有害微生物的抑制作用。在发酵后的干燥过程中，香肠的水分活度随脱水程度的增加和溶质浓度的增加逐渐下降。因此，发酵香肠的最终水分活度对于控制微生物的存活和生长非常重要，同时对香肠的质地均匀性也会产生巨大的影响。干燥过程中水分活度的降低会使许多酶的活性下降，从而影响香肠成熟的进程，这主要是由于酶分子不能获得最佳的活性构象造成的结果。水分活度对酶活的这种影响通常要到 0.94 以下时，才明显表现出来。

四、　典型发酵肉制品生产工艺

（一）　意大利色拉米肠

色拉米肠（salami）是一种调味较浓的猪牛肉混合、经过发酵的香肠，品种有风干而稍硬型、新鲜而柔软型，有生有熟。色拉米肠起源于意大利，在德国得到了一定改进，所以常称作意大利色拉米。

1. 配方

去骨牛肩肉 26kg，冻猪肩瘦肉修整碎肉 48kg，冷冻猪背脂修整碎肉 20kg，肩部脂肪 12kg，食盐 3.4kg，整粒胡椒 31g，硝酸钠 16g，亚硝酸钠 8g，鲜蒜（或相当的大蒜）63g，乳杆菌发酵剂适量，添加调味料有：整粒肉豆蔻 1 个，丁香 35g，肉桂 14g。

2. 工艺步骤

（1）将肉豆蔻和肉桂放在袋内与酒一起，在低于沸点温度下煮 10～15min，过滤并冷却。

（2）冷却时把酒与腌制剂、胡椒和大蒜一起混合。

（3）牛肉通过 3.2mm 孔板、猪肉通过 12.7mm 孔板的绞肉机绞碎，并与上述配料一起搅拌均匀。

（4）肠馅充填到猪直肠内，吊挂在贮藏间 24～36h 干燥。

（5）肠衣晾干后，把香肠的小端用细绳结扎起来。每隔一定距离系一个扣。

（6）将香肠在 10℃干燥室内吊挂 9～10 周。

原料肉 pH 不能过低，否则成品感观色泽不佳。添加发酵剂可保证香肠加工工艺及成品微生物的稳定性。发酵室相对湿度采用 92% 和 80% 交替，使香肠处于较佳干燥状态。

（二）　金华火腿

金华火腿产于浙江省金华地区，产品皮薄、色黄亮、爪细，以色、香、味、形"四绝"享誉海内外。相传金华火腿起源于宋朝，早在公元 1100 年间，距今 900 多年前民间已有生产，它是一种具有独特风味的传统肉制品（图 8-3）。

工艺流程如下：

选料 → 修整 → 腌制 → 洗晒 → 整形 → 发酵 → 修整 → 堆码 → 保藏

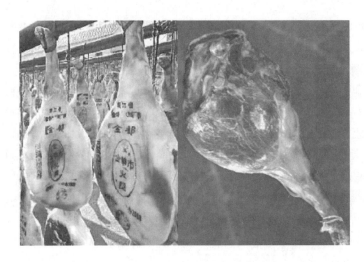

图 8 - 3　金华火腿

1. 原辅材料的选择

按照 GB/T 19088—2008《地理标志产品　金华火腿》，选用符合 GB/T 2417—2008《金华猪》规定的金华猪或以金华猪为母本杂交的商品猪的后腿为火腿加工原料。一般单腿质量应为 4.5～9.5kg。要求 24h 以内的鲜腿，腿皮厚≤0.35cm，肥膘厚度（以腿头处肥膘为准）≤3.5cm。肌肉鲜红，脂肪洁白，皮色白润或淡黄，干燥无软化发黏的状况，腿心丰满，脚杆细小，皮肉完整无损。腌制所用的食用盐应符合 GB/T 5461—2016《食用盐》的规定，要求洁白、味咸、粒细、结晶一致、无杂质、无异味。

2. 修整

（1）整理　刮净腿皮上的细毛和脚趾间的细毛、黑皮、污垢等。

（2）修骨　用刀削平腿部耻骨、股关节和脊椎骨。修后的荐椎仅留两节荐椎体的斜面，腰椎仅留椎孔侧沿与肉面水平，防止造成裂缝。

（3）修整腿面　腿坯平置于案板上，使皮面向下，腿干向右，捋平腿皮，从膝关节中央起将疏松的腿皮割开一半圆形，前至后肋部，后至臂部。再平而轻地割下皮下结缔组织。切割方向应顺着肌纤维的方向进行。修后的腿面应光滑、平整。

（4）修腿皮　用尖刀从臀部起弧形割除过多的皮下脂肪及皮，捋平腹肌，弧形割去腿前侧过多的皮肉。修后的腿坯形似竹叶，左右对称。用手指挤出股骨前、后及盆腔壁三个血管中的瘀血。鲜腿雏形即已形成。

3. 腌制

腌制是加工火腿的主要工艺环节，也是决定火腿加工质量的重要过程。根据不同气温，恰当地控制时间、加盐数量、翻倒次数，是加工火腿的技术关键。由于食盐溶解吸热一般要低于自然温度，大致在 4～5℃，因此，腌制火腿的最适宜温度应是腿温不低于 0℃，室温不高于 8℃。

在正常气温条件下，金华火腿在腌制过程中共上盐与翻倒 7 次。上盐主要是前三次，其余四次是根据火腿大小、气温差异和不同部位而控制盐量。总用盐量占腿重的 9%～10%。一般 6～10kg 的大火腿需腌制 40d 左右。

每次擦盐的数量：第一次用盐量占总用盐量的 15%～20%，第二次用盐量最多，占总用盐量的 50% ~60% ，第三次用盐量变动较大，根据第二次加盐量和温度灵活掌握，一般在 15% 左右。

（1）第一次上盐　将鲜腿露出的全部肉面上均匀地撒上一薄层盐。并在腰椎骨节、耻骨节以及肌肉厚处敷少许硝酸钠，然后以肉面向上，重复依次堆叠，并在每层间隔以竹条，一般可堆叠 12 ~14 层。在第一次上盐后若气温超过 20℃ ，表面食盐在 12h 左右就溶化时，必须立即补充擦盐。

（2）第二次上盐（上大盐）　在第一次上盐 24h 后进行，加盐的数量最多，并在三签头上略用少许硝酸盐。

（3）第三次上盐（复三盐）　第二次上盐 3d 后进行第三次上盐，根据火腿大小及三签头处的余盐情况控制用盐量。火腿较大、脂肪层较厚，三签头处余盐少者适当增加盐量。

（4）第四次上盐（复四盐）　第三次上盐堆叠 4 ~5d 后，进行第四次上盐。用盐量少，一般占总用盐量的 5% 左右。目的是经上下翻堆后调整腿质、温度，并检查三签头处盐溶化程度。如不够再补盐，并抹去脚皮上黏附的盐，以防腿的皮色不光亮。

（5）第五次和第六次上盐　当第五、六次上盐时，火腿腌制 10 ~15d ，上盐部位更明显地收拢在三签头部位，露出更大的肉面。此时火腿大部分已腌透，只是脊椎骨下部肌肉处还要敷盐少许。火腿肌肉颜色由暗红色变成鲜艳的红色，小腿部变得坚硬呈橘黄色。

大腿坯可进行第七次上盐。

在翻倒几次后，经 30 ~35d 即可结束腌制。

4. 洗腿

将腌好的火腿放入清水中浸泡一定的时间，其目的是减少肉表面过多的盐分和污物，使火腿的含盐量适宜。浸泡的时间 10℃ 左右约 10h 。

浸泡后即进行洗刷。肉面的肌纤维由于洗刷而呈绒毛状，可防止晾晒时水分蒸发和内部盐分向外部的扩散，不致使火腿表面出现盐霜。

第二次浸泡，水温 5 ~10℃ ，时间 4h 左右。如果火腿浸泡后肌肉颜色发暗，说明火腿含盐量小，浸泡时间需相应缩短；如肌肉面颜色发白而且坚实，说明火腿含盐量较高，浸泡时间需酌情延长。如用流水浸泡，则应当缩短时间。

5. 晒腿

浸泡洗刷后的火腿要进行吊挂晾晒。待皮面无水而微干后进行打印商标，再晾晒 3 ~4h 即可开始整形。

6. 整形

整形是在晾晒过程中将火腿逐渐校成一定形状。将小腿骨校直，脚爪弯曲成镰刀形，皮面压平，腿心饱满，使火腿外形美观，而且使肌肉经排压后更加紧缩，有利于贮藏发酵。

整形之后继续晾晒。气温在 10℃ 左右时，晾晒 3 ~4d ，晒至皮紧而红亮，并开始出油为度。

7. 发酵

经过腌制、洗晒和整形等工序的火腿，在外形、颜色、气味、坚实度等方面尚没有达到应有的要求，特别是没有产生火腿特有的芳香味。通过发酵成熟使腿中的水分继续蒸发，进一步干燥，同时促使肌肉中的蛋白质、脂肪等发酵分解，产生特殊的风味物质，使肉色、肉味和香气更加诱人。发酵时将火腿挂在木架或不锈钢架上，两腿之间应间隔 5 ~7cm ，以免相互碰撞。发酵场地要求保持一定温度、湿度，通风良好。发酵期一般为 3~4 个月。

8. 修整

发酵完成后，腿部肌肉干燥而收缩，腿骨外露。为使腿形美观，要进一步修整。修整包括修平耻骨、修正股骨、修平坐骨，并从腿脚向上割去脚皮，达到腿正直，两旁对称均匀，腿身呈柳叶形。

9. 堆码

经发酵成形后的火腿，视干燥程度分批落架。用火腿滴下的油涂抹腿面，使腿表面滋润油亮，即成新腿。然后再按腿的大小，使其肉面朝上，皮面朝下，层层堆叠于腿床上。堆高不超过 15 层。每隔一周翻倒一次。如此堆叠过夏的火腿就称为陈腿。火腿可用真空包装，于 20℃ 以下可保存 3~6 个月。

（三）　中式香肠

中式香肠又称腊肠、风干肠。我国在 GB/T 23493—2009《中式香肠》中将中式香肠定义为：以畜禽等肉为主要原料，经切碎或绞碎后按一定比例加入食盐、酒、白砂糖等辅料拌匀，腌渍后充填入肠衣中，经烘熔或晾晒或风干等工艺制成的生干肠制品。如图 8-4 所示。

图 8-4　中式香肠

传统中式香肠以猪肉为主要原料，瘦肉不经绞碎或斩拌，而是与肥膘都切成小肉丁，或用粗孔眼筛板绞成肉粒，原料不经长时间腌制，而有较长时间的晾挂或烘烤成熟过程，使肉组织蛋白质和脂肪在适宜的温度、湿度条件下受微生物作用自然发酵，产生独特的风味，辅料一般不用淀粉和玉果粉，成品有生、熟两种，以生制品为多，生干肠耐贮藏。

我国较有名的腊肠有广东腊肠、武汉香肠、哈尔滨风干肠等。由于原材料配制和产地不同，风味及命名不尽相同，但生产方法大致相同。一般工艺流程见图 8-5。

1. 原辅料的选择

（1）原料肉　中式香肠对于原料肉的选择具体取决于当地的肉类资源、饮食习惯，以及人们的宗教信仰。其中，以猪肉用于香肠的生产最为普遍，但在有的产品中也加入牛肉、羊

原料肉选择与修整 → 切丁 → 拌馅、腌制 → 灌制 → 漂洗 → 晾晒或烘烤 → 成品

图 8 - 5　中式香肠生产工艺流程

肉和禽肉乃至一些植物成分。用于香肠生产的肉馅中瘦肉的比例一般为 55% ~ 80%。香肠生产中所用的原料肉对香肠产品的色泽、质构、风味和外观具有重要的影响。用于香肠生产的肉应无微生物污染、物理和化学缺陷。要求新鲜，最好是不经过排酸鲜冻成熟的肉。瘦肉以腿臀肉为最好，肥膘以背部硬膘为好，腿膘次之。加工其他肉制品切割下来的碎肉也可作原料。

（2）配料　腌制剂是中式香肠必备的主要配料，包括氯化钠、亚硝酸钠、硝酸钠、抗坏血酸等。氯化钠在香肠中的添加量通常为 2.4% ~ 3%，使得初始原料的水分活度达到 0.96 ~ 0.97。亚硝酸盐在符合 GB 2760—2014《食品安全国家标准　食品添加剂使用标准》相关要求的前提下可直接加入。一般加入硝酸盐其风味要优于直接添加亚硝酸盐。中式香肠根据工艺和配方不同，往往还要添加不同的香辛料等配料。常见的中式香肠配方如下：

广式香肠配料（kg）：瘦肉 70，肥肉 30，精盐 2.2，砂糖 7.6，白酒（酒精含量 50%）2.5，白酱油 5，硝酸钠 0.05。

哈尔滨香肠配料（kg）：瘦肉 75，肥肉 25，食盐 2.5，酱油 1.5，白糖 1.5，白酒 0.5，硝石 0.1，苏砂 0.018，大茴香 0.01，豆蔻 0.017，小茴香 0.01，桂皮粉 0.018，白芷 0.018，丁香 0.01。

川式香肠配料（kg）：瘦肉 80，肥肉 20，精盐 3.0，白糖 1.0，酱油 3.0，曲酒 1.0，硝酸钠 0.005，花椒 0.1，混合香料 0.15（大茴香、山奈 1 份，桂皮 3 份，甘草 2 份，荜拨 3 份）。

2. 原料肉和脂肪的修整和切丁

原料肉的修整是指除去原料肉中的骨、腱、腺体和有血污的部分，剔除不合格的原料肉。对猪背膘的修整主要是去除非脂肪部分。为了有利于斩拌的进行，在斩拌前对原料肉和脂肪还要进行切丁处理。瘦肉用绞肉机以 0.4 ~ 1.0cm 的筛板绞碎，肥肉切成 0.6 ~ 1.0cm³ 大小的肉丁。肥肉丁切好后用温水清洗一次，以除去浮油及杂质，捞入筛内，沥干水分待用，肥瘦肉要分别存放。

3. 拌馅与腌制

按选择的配料标准，把肉和辅料混合均匀。搅拌时可逐渐加入 20% 左右的温水，以调节黏度和硬度，使肉馅更滑润、致密。在清洁室内放置 1 ~ 2h。当瘦肉变为内外一致的鲜红色，用手触摸有坚实感，不绵软，肉馅中有汁液渗出，手摸有滑腻感时，即完成腌制。此时加入白酒拌匀，即可灌制。

4. 天然肠衣准备

用干或盐渍肠衣，在清水中浸泡柔软，洗去盐分后备用。肠衣用量，每 100kg 肉馅，约需 300m 猪小肠衣。

5. 灌制

将肠衣套在灌嘴上，使肉馅均匀地灌入肠衣中。要掌握松紧程度，不能过紧或过松。

6. 排气

用排气针扎刺湿肠，排出内部空气。

7. 捆线结扎

按品种、规格要求每隔 10~20cm 用细线结扎一道。生产枣肠时，每隔 2~2.5cm 用细棉绳捆扎分节，挤出多余的肉馅，使成枣形。

8. 漂洗

将湿肠用 35℃ 左右的清水漂洗一次，除去表面污物，然后依次分别挂在竹竿上，以便晾晒、烘烤。

9. 晾晒和烘烤

将悬挂好的香肠放在日光下曝晒 2~3d，在日晒过程中，有胀气处应针刺排气。晚间送入烘烤房内烘烤，温度保持在 40~60℃。温度过高易脂肪熔化，同时瘦肉也会烤熟。这不仅降低了成品率，而且色泽变暗；温度过低又难以干燥，易引起发酵变质。因此，必须注意温度的控制。一般经过三昼夜的烘晒即完成。然后再晾挂到通风良好的场所风干 10~15d 即为成品。

10. 包装

为了便于运输和贮藏，以及保持产品的良好品质，成熟后的香肠通常要进行包装。真空包装是目前常用的方法。对切片后包装销售香肠的颜色保持和防止脂肪氧化很有益处。包装材料应符合相关标准的规定。

第二节 发酵乳制品

发酵乳起源于近东的自游牧地区，后来在东欧和中欧逐渐普及。最早的发酵乳可能是放牧人偶然得到的，乳品在某些微生物作用下"变酸"并凝结，恰好这些微生物是无害的、可产酸而不产毒素的有益菌。随着现代科技的发展及人们对发酵乳的口味、香气、质地、营养、健康和安全的不断追求，极大地推动了发酵乳在菌种、工艺、设备、包装和质量控制等方面的发展。发酵乳制品目前已成为乳制品中增长最快的发酵食品。

一、 发酵乳定义及种类

国际乳品联合会（IDF）规定：乳或乳制品在特征菌的作用下发酵而成的酸性凝乳状产品，在保质期内其特征菌须大量存在并能继续存活且具有活性。发酵乳种类有很多，包括酸奶、开菲尔、发酵酪乳、酸奶油、乳酒（以马奶为主）等，Marshall 提出了根据主体微生物菌群的分类法，将传统的发酵乳制品划分为四类。

1. I 型发酵乳

属于典型的斯堪的纳维亚和中东欧地区的发酵食品，占优势的微生物菌群是嗜温性的乳酸链球菌和明串珠菌，通常生长在 10~40℃ 的温度范围内，最佳生长温度约为 30℃。其重要特征是它的黏稠性和芳香风味（由柠檬酸和乳糖发酵而形成）。具体包括发酵酪乳、酸奶油、斯堪的纳维亚酪乳（Langfil）、威利（Viili）、北欧特有的两种发酵乳（Taetmjolk 和 Kjaddermilk）、中东欧地区发酵乳（Aerin 和 Smetanka）等。

所包含的菌种有乳球菌乳酸亚种、乳球菌乳脂亚种、乳球菌丁二酮变种、肠膜明串珠菌乳脂亚种和肠膜明串珠菌等。前两个种主要是产生乳酸，被称为有机酸生产者；而后者主要是发酵柠檬酸形成一些重要的代谢产物如乙醛、CO_2 和丁二酮等，被称为风味物质生产菌。

2. Ⅱ型发酵乳

主要指保加利亚和阿塞拜疆部分地区极富特色的乳制品。参与发酵过程的菌种是嗜热型杆菌菌株如德氏保加利亚乳杆菌。包括保加利亚酸奶、Yakult 和嗜酸奶杆菌乳等品种。

3. Ⅲ型发酵乳

源于中欧、东欧及地中海地区，因为这些地区的夏季温度常超过40℃，所以微生物属于嗜热型的乳酸细菌。包括酸奶、俄罗斯的焙乳亚任卡（Ryazhenka 和 Prostokvasha）、瓦伦涅（Varenets）、Gioddu、Skyr、保加利亚传统发酵乳（Snezhanka）和土耳其咸酸奶（Ayran）等品种。

这类乳品的乳酸菌仅有嗜热链球菌和德氏乳杆菌保加利亚亚种两种，德氏保加利亚乳杆菌产生2%~2.5%的乳酸，主要由 D（-）- 型乳酸构成；而嗜热链球菌产生较少的乳酸（0.6%~0.8%），并且基本上是 L（+）- 型乳酸。嗜热链球菌的最佳生长温度是在38~45℃，而德氏保加利亚乳杆菌的最佳生长温度范围较窄，在42~45℃。

4. Ⅳ型发酵乳

在亚洲和中东地区十分普遍的，特别适宜于家庭发酵乳产品的制作。主要微生物除乳酸菌外，还包括酵母菌。乳酸菌来自不同的种，既可以是嗜温性的，也可以是嗜热性的菌株。酵母菌主要由克鲁维氏酵母、假丝酵母和糖酵母的菌株构成。发酵乳中的主要代谢产物是乳酸和乙醇，所以这类产品也可以被称作乳酸 - 酒精性发酵乳。包括开菲奶、酸马奶酒和Maconi 等品种。

二、　发酵乳中主要微生物及生化机制

发酵乳制品生产所涉及的微生物有几个类型，不仅包括细菌，而且还有酵母和霉菌。细菌中有乳球菌、链球菌、明串珠菌、乳杆菌、足球菌，双歧杆菌和醋酸菌等；酵母主要有孢圆酵母、假丝酵母、酿酒酵母和克鲁维氏酵母等。发酵乳制品中所含有的不同化学组分取决于所用的乳源和微生物代谢乳成分的特定作用。不同特征的菌株及其组合，可以生产出一系列不同的发酵乳产品。

（一）　发酵微生物及发酵剂制备

1. 发酵微生物

发酵乳生产中常用的微生物有两类：嗜温菌和嗜热菌。发酵剂依据其不同类型的微生物可分为嗜温发酵剂和嗜热发酵剂两大类。

（1）嗜温菌发酵剂　此类发酵剂菌种通常能在10~40℃生长，最适生长温度为20~30℃。常用的嗜温菌发酵剂菌种有：乳酸链球菌、乳脂链球菌、丁二酮乳酸链球菌、乳明串珠菌属等。前两种主要是利用乳糖产生乳酸，常作为酸生成菌；后两种能发酵柠檬酸，产生的主要代谢产物是二氧化碳、乙醛和丁二酮，常作为风味生成菌。而丁二酮乳酸链球菌既能发酵柠檬酸又能发酵乳糖，既能产生酸又能产生风味物质，可用于多种干酪、酸奶油，黏稠

状乳制品的生产，如北欧黏性乳（Nordic）、芬兰固态酸奶威利（Villi）、瑞典斯堪的纳维亚酪乳（Langfil），其与酵母菌或其他乳酸菌组合可生产乳酒。

（2）嗜热菌发酵剂　这种发酵剂的最适生长温度为 40～45℃，最常见的是由嗜热链球菌和保加利亚乳杆菌组合的发酵剂，可用于酸奶、乳酸菌饮料及一些干酪的生产。常用乳酸菌的生长温度及培养条件等信息见表 8-7。

表 8-7　　　　　　　　　常用乳酸菌的特性、培养条件及适用性

细菌名称	细菌形状	菌落形状	发育最适温度/℃	最适温度凝乳时间	极限酸度/°T	凝块性质	滋味	组织形态	适用的发酵乳
乳酸链球菌（Str. Lactis）	双球菌	光滑微白菌落有光泽	30～35	12h	120	均匀稠密	微酸	针刺状	酸奶、酸稀奶油、牛乳酒、酸性奶油、干酪
乳油链球菌（Str. Cremoris）	链状	光滑微白菌落有光泽	30	12～24h	110～115	均匀稠密	微酸	酸稀奶油状	酸奶、酸稀奶油、牛乳酒、酸性奶油、干酪
柠檬明串珠菌戊糖明串珠菌丁二酮乳酸链球菌	单球单状、双球状、长短不同的细长链状	光滑微白菌落有光泽	30	不凝结2～3d18～48h	70～80100～105				酸奶、酸稀奶油、牛乳酒、酸性奶油、干酪
嗜热链球菌（Str. Thermophiles）	链状	光滑微白菌落有光泽	37～42	12～24h	110～115	均匀	微酸	酸稀奶油状	酸奶、干酪
保加利亚乳杆菌、干酪乳杆菌、嗜酸奶杆菌	长杆状、有时呈颗粒状	无色的小菌落如絮状	42～45	12h	300～400	均匀稠密	酸	针刺状	酸牛乳、马乳酒、干酪、乳酸菌制剂

注：°T 是指滴定 100mL 牛乳样品消耗 0.1mol/L 的 NaOH 的体积（mL）。

2. 发酵剂制备

乳制品发酵剂是指用于制造酸奶、开菲尔等发酵乳制品，以及制作奶油、干酪等乳制品的特定微生物培养物。用于乳酸菌发酵的发酵剂可以是单一菌种、也可以是两种或两种以上混合发酵剂，如保加利亚乳杆菌和嗜热链球菌按 1:1 或 1:2 比例混合的酸奶发酵剂。

（1）发酵乳用发酵剂制备

①菌种选择：选择菌种对发酵剂的质量至关重要，应根据生产目的不同选择合适的菌种。

选择时以产品的主要技术特性，如产香、产酸、发黏及蛋白水解力等因素作为选择依据。

②菌种复壮及保存：菌种通常保存在试管或安瓿瓶中，用时需恢复其活力，即在无菌操作条件下接种到灭菌的脱脂乳试管中多次传代、培养。而后保存在0~4℃冰箱中，每隔1~2周移植一次。但在长期移植过程中，可能会有菌比失调及杂菌污染风险，造成菌种退化或老化、裂解。因此，菌种须不定期的纯化、复壮，现大规模生产也常用商业直投式菌种（DVI）。

③母发酵剂调制：将充分活化的菌种接种于盛有灭菌脱脂乳的三角瓶中，混匀后，放入恒温箱中进行培养。凝固后再移入灭菌脱脂乳中，如此反复2~3次，使乳酸菌保持一定活力，然后再制备生产发酵剂。

④生产发酵剂制备：将脱脂乳、新鲜全脂乳或复原脱脂乳（总固形物含量10%~12%）加热到90℃，保持30~60min后，冷却到42℃（或菌种要求的温度）接入母发酵剂，发酵到酸度>0.8%后冷却到4℃。此时生产发酵剂的活菌数应达到（1×10^8）~（1×10^9）CFU/mL。制取生产发酵剂的培养基最好与成品的原料相同，以缩短因基料不同所致的菌种适应期，提高生产效率。湿基生产发酵剂的添加量为发酵乳的2%~4%，最高不超过5%。

生产发酵剂要提前制备，一般情况下将活化好的德氏乳杆菌保加利亚亚种与嗜热链球菌以（1:2）~（2:1）混合接种到杀菌后的标准化的原料乳中培养制成生产发酵剂，在低温条件下短时间贮藏。

（2）发酵剂质量要求　发酵乳用发酵剂的质量，应符合下列指标要求：

①凝块应有适当的硬度，均匀而细滑，富有弹性，组织状态均匀一致，表面光滑，无龟裂，无皱纹，未产生气泡及乳清分离等现象。

②具有优良的风味，不得有腐败味、苦味、饲料味和酵母味等异味。

③若将凝块完全粉碎后，质地均匀，细腻爽滑，略带黏性，不含块状物。

④按工艺方法接种后，在规定时间内产生凝固，无延长凝固的现象。测定活力（酸度）时符合规定指标要求。

（二）发酵微生物作用及酸奶形成机制

1. 化学变化

（1）乳糖代谢　乳酸菌利用原料乳中的乳糖作为其生长与增殖的能量来源，使碳水化合物转变为有机酸的过程。如牛乳进行乳酸发酵形成乳酸，使乳pH降低，进而促使酪蛋白凝固，产品形成均匀细腻的凝块，并产生良好的风味。在乳酸菌增殖过程中，其生成的各种酶将乳糖转化成乳酸，同时生成半乳糖，及其他寡糖、多糖、乙醛、双乙酰、丁酮和丙酮等风味物质。乳酸菌产生的乳酸有L（+）、D（-）或DL型。此外，在发酵过程中，代谢产生的其他重要的酸类还有甲酸、乙酸、丙酸、丁酸、己酸、辛酸和异戊酸，还包括少量在乳糖和柠檬酸发酵中形成的CO_2，可能使某些发酵乳制品产生碳酸气。图8-6中详列了乳糖的代谢途径。

（2）酒精发酵　牛乳酒、马乳酒之类的酒精发酵乳，是含有酵母菌作为发酵剂，将乳酸发酵后逐步分解产生酒精的过程。由于酵母菌适于酸性环境中生长，因此，通常采用酵母菌和乳酸菌作为混合发酵剂进行生产。

（3）蛋白和脂肪分解　乳杆菌在代谢过程中能生成蛋白酶，具有蛋白分解作用；乳酸链球菌和干酪乳杆菌也具有分解脂肪的能力。蛋白质水解，使肽类、游离氨基酸和氨含量显著增加，乳杆菌与链球菌的比例影响氨基酸的释放量，比例为1:1时形成的游离氨基酸最多。脂肪的微弱水解，产生游离脂肪酸，部分甘油酯类在乳酸菌中脂肪分解酶的作用下，逐步转

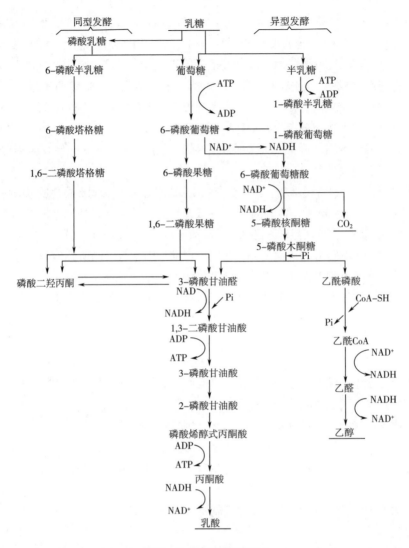

图 8-6 乳糖代谢途径

化成脂肪酸和甘油、酯类，影响发酵乳成品的风味。

（4）产生风味 在风味贡献方面起重要作用的为柠檬酸代谢，相关的微生物包括：明串球菌属、部分链球菌（如丁二酮乳酸链球菌）和乳杆菌。这些产生风味的细菌，分解柠檬酸会生成丁二酮（双乙酰）、羟丁酮、丁二醇等四碳化合物和微量的挥发酸、乙醇、乙醛等，这些成分均为风味贡献组分，其中对风味贡献度最大的是双乙酰，即使很低浓度（3~5mg/kg）也会形成"奶油"香味。但产生风味的浓厚程度受菌种和培养条件的影响，如发酵时添加柠檬酸可促进双乙酰等风味物的产生。柠檬酸形成双乙酰途径如图 8-7。

在发酵乳制品中由乳酸菌产生的另一种重要的羰基风味化合物是乙醛。乙醛是酸奶和其他发酵乳制品中十分重要的风味物质，要使酸奶达到典型的、新鲜的香味，乙醛浓度应在10~15mg/L。乙醛可由乳糖代谢形成，也可由含氮物质如苏氨酸代谢产生，在德氏乳杆菌保加利亚亚种和嗜酸乳杆菌中已发现有高活性的苏氨酸醛缩酶，但在嗜热链球菌中缺少这种酶。德氏乳杆菌保加利亚亚种对酸奶风味贡献很大，不同菌种产生乙醛的量可达到 1.4~

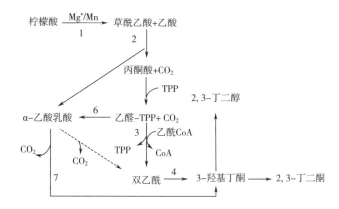

图 8 - 7 柠檬酸形成双乙酰途径

1—柠檬酸裂解酶 2—草酰乙酸脱羧酶 3—无特征性酶 4—复合丙酮酸脱氢酶
5—乳酸脱氢酶 6—双乙酰合成酶 7—α - 乙酰乳酸脱羧酶

12.2mg/kg，当与嗜热链球菌混合使用时，乙醛生成量可高达41mg/kg。

（5）维生素变化 乳酸菌在生长过程中，一些会消耗原料乳中的部分维生素，如维生素 B_{12}、生物素和泛酸，也有部分乳酸菌产生维生素，如嗜热链球菌和保加利亚乳杆菌在生长增殖过程中会产生烟酸、叶酸和维生素 B_6 等。

（6）矿物质变化 乳在发酵代谢过程中矿物质的存在形式发生改变，其中可溶性矿物盐含量增加，分子形态的盐类减少，如钙形成不稳定的酪蛋白磷酸钙复合体，使离子增加。

（7）其他变化 乳发酵可使核苷酸含量增加，并产生甲酸和 CO_2，也能产生抑菌剂和微量抗肿瘤物质。

2. 物理性质变化

乳酸发酵后乳的 pH 降低，使乳清蛋白和酪蛋白复合体因其中的磷酸钙和柠檬酸钙的逐渐溶解而变得越来越不稳定。当体系内的 pH 达到酪蛋白的等电点时（pH 4.6 ~ 4.7），酪蛋白胶粒开始聚集沉降，逐渐形成一种蛋白质网络立体结构，其中包含乳清蛋白、脂肪和水溶液。这种变化使原料乳变成了半流动状态的凝胶体，形成凝乳（图 8 - 8）。

3. 感官指标的变化

乳酸发酵后使发酵乳呈圆润、黏稠、均一的软质凝乳，体态硬度因乳固形物含量、菌种、发酵技术等因素而异，且具有典型、柔和的乳酸酸味。能呈现出这种愉悦的发酵乳风味，乙醛和双乙酰功不可没。

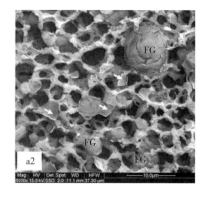

图 8 - 8 酸凝乳扫描电镜图 （FG 为脂肪球，10 μm）

4. 微生物指标的变化

乳品发酵时产生的酸度和某些抗菌剂可防止有害微生物生长。由于保加利亚乳杆菌和嗜热链球菌的共生作用，酸奶中的活菌数大于 10^7CFU/g，同时还会产生乳糖酶（β - 半乳糖苷酶）。

三、 酸奶及其加工

酸奶（yoghurt）是指在乳中接种保加利亚杆菌和嗜热链球菌，经过乳酸发酵而成的凝乳状产品，成品中必须含有大量相应的活菌。

（一） 酸奶分类

根据成品的组织状态、口味、原料中乳脂肪含量、生产工艺和菌种的组成可以将酸奶分成不同类别。

1. 按成品的组织状态分类

（1）凝固型酸奶 乳品在包装容器中发酵和冷却，成品因发酵而保留其凝乳状态。

（2）搅拌型酸奶 乳品在罐中发酵，并在灌装前进行破乳搅拌，使其形成黏稠状组织状态，再进行灌装。

2. 按成品的口味分类

（1）天然纯酸奶 原料乳中只加入菌种发酵而成，不含任何辅料和添加剂。

（2）加糖酸奶 由原料乳和糖混合后加入菌种发酵而成。在我国市场上很常见，糖添加量较低，一般为 6% ~ 7%。

（3）调味酸奶 在天然酸奶或加糖酸奶中加入香料而成。酸奶容器的底部加有果酱的酸奶称为圣代（sundae）酸奶。

（4）果料酸奶 成品是由天然酸奶与糖、果料混合而成。

（5）复合型或营养健康型酸奶 通常指在酸奶中强化不同的营养素（维生素、膳食纤维素等）或在酸奶中混入不同的辅料（如谷物、干果、菇类、蔬菜汁等）而成。这种酸奶在西方国家很流行，人们常在早餐中食用。

（6）疗效酸奶 包括低乳糖酸奶、低热量酸奶、维生素酸奶或蛋白质强化酸奶等。

3. 按发酵的加工工艺分类

（1）浓缩酸奶 将正常酸奶中的部分乳清除去而得到的浓缩产品。因其除去乳清的方式与加工干酪方式类似，也被称为酸奶酪。

（2）冷冻酸奶 在酸奶中加入果料、增稠剂或乳化剂，然后将其进行冷冻处理而得到的产品。

（3）充气酸奶 发酵后在酸奶中加入稳定剂和起泡剂（通常是碳酸盐），经过均质处理后得到的产品。这类产品通常是以充入 CO_2 气体的酸奶饮料形式存在。

（4）酸奶粉 使用冷冻干燥法或喷雾干燥法将酸奶中约 95% 的水分除去而制成的产品。

（二） 酸奶生产工艺

就酸奶发酵过程而言，在发酵初期嗜热链球菌增殖活跃，而在发酵后期保加利亚乳杆菌增殖活跃，两者之间存在共生作用，其共生作用机理为：发酵初期乳杆菌生长缓慢，但其有微弱的蛋白质分解能力，可产生一定量的肽和氨基酸，对球菌的生长有刺激作用。嗜热链球菌的旺盛生长将使乳糖及其他糖类产生乳酸、乙酸、双乙酰和甲醛等，如图 8 - 9 所示。

当酸奶 pH 下降到 5.5 时，嗜热链球菌的生长将被抑制，此时有利于保加利亚乳杆菌的生长。酸奶的特殊风味是由乳酸和乙醛、双乙酰等形成，其中乙醛被认为是酸奶主要的风味物质，在乙醛含量为 23.0mg/kg、pH 4.4 ~ 4.0 时酸奶香味和风味最佳。酸奶生产工艺流程如图 8 – 10。

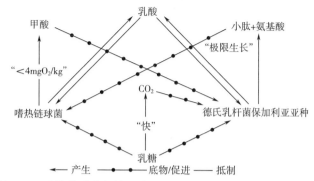

图 8 –9 嗜热链球菌与德氏乳杆菌保加利亚亚种共生互补代谢图

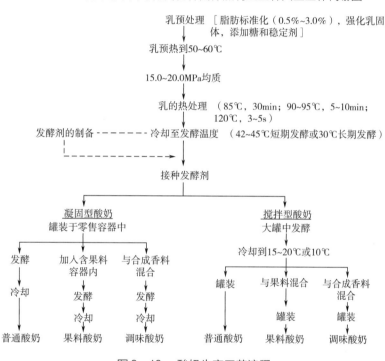

图 8 –10 酸奶生产工艺流程

1. 酸奶生产的原辅料及预加工

（1）原料乳

用于酸奶加工的原料乳可以是牛乳、羊乳、骆驼乳等各种家畜的常乳，普遍以牛乳为主。乳品质量要求高，其中酸度不得高于 $18°T$，杂菌数不得高于 $5 \times 10^5 CFU/mL$，总乳固体（TS）不得低于 11.5%。不得含有抗生素、农药以及防腐剂、掺碱或掺水。

主要辅料包括：

①脱脂乳粉：用作发酵乳的脱脂乳粉要求质量高、无抗生素和防腐剂。脱脂乳粉可提高产品的干物质含量，改善产品质构特性，促进乳酸菌产酸，一般添加量为 $1\% \sim 1.5\%$。

②稳定剂：在搅拌型酸奶生产中，通常会向其中添加稳定剂，常用的稳定剂有低甲氧基果胶、耐酸羧甲基纤维素钠（CMC）、黄原胶等，其添加量应控制在 $0.1\% \sim 0.5\%$。

③糖及果料：在酸奶生产中，常添加 $6.5\% \sim 8\%$ 蔗糖或葡萄糖。在搅拌型酸奶中常使用

单一或复合果料及调香物质，如果酱等；凝固型酸奶中很少用果料。

（2）配合料的预处理

①均质：均质处理可使原料充分混匀，有利于提高酸奶的稳定性和稠度，并使酸奶质地细腻，口感良好。所采用的均质压力一般为20~25MPa。

②杀菌与冷却：生产酸奶的原料乳杀菌条件不同于液态乳的杀菌条件。其目的在于杀灭原料乳中的杂菌，确保接种乳酸菌后的正常生长和繁殖；钝化原料乳中对发酵菌有抑制作用的天然抑制物；使牛乳中的乳清蛋白变性，以达到改善组织状态，提高产品黏稠度和防止成品乳清析出。杀菌条件一般为：90~95℃、5min。

（3）发酵剂制备及接种 杀菌后的乳应快速降温至45℃左右，并接入生产发酵剂。接种量应根据菌种活力、发酵方法、生产时间的安排和混合菌种配比的不同而定。一般生产发酵剂，其产酸活力应在0.7%~1.0%，此时接种量应为2%~4%。加入的发酵剂应提前在无菌操作条件下搅拌成均匀细腻的状态，不得出现大凝块，以免影响成品质量。

2. 凝固型酸奶的加工

（1）灌装 可根据市场需要选择玻璃瓶或塑料杯，在灌装前需对玻璃瓶进行清洗及蒸汽灭菌，一次性塑料杯可直接使用。

（2）发酵 用保加利亚乳杆菌与嗜热链球菌的混合发酵剂时，温度保持在41~42℃，培养时间2.5~4.0h，达到凝固状态时即可终止发酵。一般发酵终点可依据如下条件来判断：

①滴定酸度达到80°T以上；

②pH低于4.6；

③表面有少量水痕；

④变黏稠状。发酵应注意避免震动，否则会影响组织状态；发酵温度应恒定，避免忽高忽低；掌握好发酵时间，防止酸度不够或过度以及乳清析出。

（3）冷却 发酵好的凝固酸奶并非成品，应立即移入0~4℃的冷库中完成"后成熟"，旨在迅速抑制乳酸菌的生长，以免继续发酵而造成酸度过高，影响风味。在冷藏期间，酸度仍会有小幅度上升，同时风味物质双乙酰含量也会增加。试验表明冷却24h，双乙酰含量达到最高，超过24h则会减少。因此，发酵凝固后须在0~4℃贮藏24h再出售，通常把该过程称为后成熟，一般最大冷藏期为7~14d。

3. 搅拌型酸奶的发酵及加工

搅拌型酸奶的加工工艺及技术要求基本与凝固型酸奶相同，其不同点主要表现在：凝固型酸奶是先灌装、后发酵，而搅拌型酸奶是先发酵、再搅拌、后灌装，即多了一道搅拌混合工艺，这也是搅拌型酸奶的特点。根据加工过程中是否添加果蔬料或果酱，搅拌型酸奶也可分为天然搅拌型酸奶和加料搅拌型酸奶。

（1）发酵 搅拌型酸奶的发酵是在发酵罐中进行，所以要控制好发酵罐的温度，避免忽高忽低，且发酵罐上部和下部温度差不应超过1.5℃。

（2）冷却 搅拌型酸奶冷却的目的是快速抑制细菌的生长和酶的活性，以防止发酵过程产酸过度及搅拌时脱水。冷却在酸奶完全凝固（pH 4.6~4.7）后开始，冷却过程应平稳进行，冷却过快将导致凝块收缩迅速，导致乳清分离；冷却过慢则会导致产品过酸和添加果料的脱色。搅拌型酸奶的冷却可采用片式冷却器、管式冷却器、表面刮板式热交换器、冷却罐等方式完成。

（3）搅拌破乳 通过机械力破碎凝胶体，使凝胶体的粒子直径达到0.01～0.4mm，并使酸奶的硬度和黏度及组织状态发生变化。在搅拌型酸奶的生产工艺中，这是一道重要工序。

①搅拌方法：机械搅拌使用宽叶片搅拌器，搅拌过程中应注意既不可过于激烈，又不可过长时间。搅拌时应注意凝胶体的温度、pH及固体含量等。通常搅拌开始先用低速，后用较快的速度。

②搅拌要求：搅拌的最适温度0～7℃，但在实际生产中要使40℃的发酵乳降到0～7℃较为困难，所以搅拌时的温度以20～25℃为宜。且应在凝胶体的pH达4.7以下时进行搅拌，若在pH 4.7以上搅拌，则因酸奶凝固不完全、黏性不足而影响其质量。较高的乳干物质（TS）含量对防止搅拌型酸奶乳清分离能起到较好的作用。

（4）泵和管道移送 凝胶体流经片式冷却器和灌装过程中，凝胶流动性会受到不同程度的破坏，最终影响到产品的黏度，酸奶凝胶体在经管道输送过程中应以低于0.5m/s的层流形式流动，管道直径不应随着包装线的延长而改变，尤其应避免管道直径突然变小。

（5）混合及罐装 果蔬丁粒、果酱和各种类型的调香辅料等需在酸奶从缓冲罐到包装机的输送过程中加入，可通过一台变速的计量泵连续加入到酸奶中。在果料处理中，杀菌是十分重要的，对带固体颗粒的水果或浆果进行温和的巴氏杀菌，其杀菌温度应控制在能抑制一切有生长能力的细菌，而又不影响果料的风味和质地的范围内。酸奶可根据需要，确定包装量、包装形式及灌装机。

（6）后熟 将灌装好的酸奶于0～7℃冷库中冷藏24h进行后熟，进一步促使芳香物质的产生和黏稠度的恢复改善。

四、 其他发酵乳

（一） 开菲尔乳

开菲尔乳是用开菲尔粒发酵牛乳或山羊乳、绵羊乳而成的一种古老的发酵乳制品。起源于高加索地区，盛行于俄罗斯及中亚国家，其中俄罗斯消费量最大，每人每年大约消费5L。产品黏稠、均匀、表面有光泽，口味新鲜酸甜，略带一些酵母味，pH通常为4.3～4.4。

用于生产的特殊发酵剂即开菲尔粒。粒中主要菌群有酵母菌（如 *Sac. Kefir*、*Torula* 或 *Candida kefir*）和细菌（如 *Lb. kefir*、*Leuconostoc* spp. 和 *Lactococci*），还有产乙酸的细菌，在整个菌落群中酵母菌占5%～10%。有时开菲尔粒表面还覆有白色霉菌，如白地霉，它的存在不会影响开菲尔粒的质量。在发酵过程中，乳酸菌产生乳酸，酵母菌发酵乳糖并产生乙醇和二氧化碳。乳酸、乙醇和二氧化碳的含量可由生产时的培养温度来控制。开菲尔粒外观呈淡黄色，大小如小菜花，直径为15～20mm，形状不规则，不溶于水和大部分溶剂，浸泡在奶中膨胀并变成白色。

（二） 马奶酒

原始的马奶酒（Koumys、Kumis 或 Koumiss）起源于生活在亚洲的空旷草原地区（如西伯利亚的大草原地带）"Kumanes"的部落，是由马乳发酵制作而来的，马乳中的乳糖含量为7%左右。马奶酒对肺结核有一定的食疗功效。马乳在酪蛋白等电点并不会凝固，所以马奶酒不是一种凝乳状产品。马奶酒清凉爽口，味美醇香，生津止渴，营养价值很高。

马奶酒的微生物组成变化非常大，占优势的微生物主要是德氏乳杆菌保加利亚亚种、嗜酸奶杆菌以及能够发酵乳糖的马克西努克鲁维氏酵母菌和高加索假丝酵母等。早期人们为了提高马奶酒的发酵速度，常把马肉片或马腱子肉以及一些蔬菜添加到装有马乳的羊皮袋中，供发酵用的微生物生长繁殖。

（三） 牛奶酒

东欧国家（如俄罗斯）大量生产和消费的酸牛乳酒，其加工原料来自山羊、绵羊和奶牛的乳。这类产品通常有一个复杂的混合菌群，包括乳酸菌和不同种类的酵母菌。在酸牛乳酒中，乳杆菌通常占整个微生物总数的 65% ~ 80%，其余的 20% ~ 35% 由乳球菌、链球菌、不同类型的乳糖和非乳糖发酵的酵母菌组成（如啤酒酵母和开菲尔假丝酵母）。

（四） 发酵酪乳

酪乳是从甜奶油或酸奶油分离出来的副产品，脂肪含量约 0.5%，含有较高的脂肪球膜成分如卵磷脂等。酪乳发酵剂主要由乳酸奶球菌乳酸亚种、乳酸奶球菌乳脂亚种、乳酸奶球菌丁二酮变种以及肠膜明串珠菌乳脂亚种构成。酪乳发酵剂产香与产酸菌株间的平衡非常重要，通常产香菌株在整个发酵剂中占的比例应不超过 20%。在酪乳生产中，双乙酰的含量应至少在 2 ~ 5mg/kg 水平，这样浓度的双乙酰含量可以赋予酪乳产品典型的"黄油"般风味和香气。由于乳糖作为唯一碳源时，双乙酰的形成量较低，故在大多数情况下，发酵前酪乳中会添加 0.2% ~ 0.25% 的柠檬酸钠以增加发酵后产品的风味。

酪乳生产发酵剂制备可在 18 ~ 32℃ 扩培，常采用 20 ~ 23℃，发酵剂的最终酸度为 0.8% ~ 0.9%，pH 4.3 ~ 4.5。

（五） Viili

"Viili"或 vilia、filia 起源于芬兰，这种发酵乳制品具有黏稠状的质地，愉快的辛辣气味和良好的丁二酮风味。"Viili"是用能够产荚膜的乳酸奶球菌乳酸亚种、乳酸奶球菌乳脂亚种、乳酸奶球菌丁二酮变种、肠膜明串珠菌乳脂亚种菌株和白地霉菌株的发酵剂生产的。

（六） 斯堪的纳维亚酪乳

斯堪的纳维亚酪乳（Scandinavian buttermilk）包括"Filmjolk""Lattfil"和"Langfil"，是挪威和瑞典著名的发酵乳制品。"Filmjolk"和"Lattfil"是由含有乳酸奶球菌乳酸亚种和乳酸奶球菌乳脂亚种以及产香的乳酸奶球菌丁二酮变种和肠膜明串珠菌乳脂亚种的混合菌株发酵生产的。

第三节 天然干酪加工

干酪（cheese）是一种发酵乳制品，其制作工艺起源于中东地区底格里斯 - 幼发拉底河两河流域的游牧民族，传播轨迹大致为由西亚传到欧洲，并以意大利为中心，在欧洲各国得到广泛普及和发展，随后由欧洲传入美洲。现代的干酪是经过仔细筛选的优良菌种发酵，且操作过程可控，受乳种、地域、菌种、成熟等因素影响而品种各异，但其操作并非在无菌状态下，因此污染也是不可避免的，对产品质量的影响客观存在。

一、 干酪分类及生产原料

干酪是以乳、稀奶油、脱脂乳或部分脱脂乳、酪乳或这些产品的混合物为原料，经凝乳酶（rennin）或其他凝乳剂凝乳，并排除乳清而制得的新鲜或发酵成熟的产品。

（一）干酪分类

世界上干酪品种繁多，制作方法多样，据不完全统计种类超过 900 余种，其中较著名的干酪有 400 种之多。其中有些干酪间的区别仅是在大小、包装形式、原产地或名称上不同，其加工方法、产品风味、质地都很相似。

1. 按照干酪硬度分类

（1）软质干酪水分含量 40% ~ 60%。如农家干酪（cottage cheese）、稀奶油干酪（cream cheese）、里科塔干酪（ricotta kiss）、比利时干酪（limburg cheese）、手工干酪（hand cheese）、法国浓味干酪（camembert cheese）、布尔干酪（brie cheese）。

（2）半硬质干酪 水分含量 38% ~ 45%。如砖状干酪（brick cheese）、马苏里拉干酪（mozzarella cheese）、罗克福干酪（roquefort cheese）、蓝纹干酪（blue cheese）。

（3）硬质干酪 水分含量 30% ~ 40%。如高达干酪（gouda cheese）、荷兰硬质干酪（dutch-type cheese）、埃蒙塔尔干酪（emmental cheese）、瑞士干酪（swiss cheese）。

2. 按照凝乳方式分类

干酪可分为酸凝干酪和酶凝干酪。酶凝干酪和酸凝干酪的主要区别在于凝乳方式前者是凝乳酶作用，后者是酸的作用。酶凝干酪更富弹性和伸缩性，水分含量较少。目前，在世界的干酪总产量中，酸凝干酪约占 25%，酶凝干酪约占 75%。

3. 按照是否成熟分类

干酪可分为新鲜干酪和成熟干酪，其中未经发酵成熟的产品成为新鲜干酪，如农家干酪、稀奶油干酪、里科塔干酪等；经长时间发酵成熟而制成的产品称为成熟干酪。酸凝干酪常常不经成熟鲜食。

4. 传统分类

通常可将干酪划分为天然干酪、再制干酪和干酪食品 3 类。

（二）干酪生产用原料

1. 原料乳

制作干酪的原料乳种类及要求同酸奶。另外，还可以从乳粉、复原乳为原料生产干酪。原料乳对干酪的品质影响很大，脂肪与酪蛋白的比值过高，则质地疏松；过低，则质地太硬，二者之间推荐比值为（1:0.68）~（1:0.7）。大多数生鲜乳都不能达到这个标准，因此，生产前要进行标准化。另外，乳中体细胞（somatic cell）要低，抗生素不得检出。

2. 皱胃酶及其代用酶

凝乳酶（rennin）的主要作用是促进乳的凝结，并为乳清的排出创造条件。皱胃酶是最常用的凝乳酶，代用酶分为植物性、动物性及微生物代用凝乳酶，但还没有达到完全代替的程度。

3. 添加剂

为了改善乳的凝固性能，提高干酪质量，需要向乳中加入某些添加剂：

（1）氯化钙 一定浓度的钙离子可以促进凝乳酶的作用，促进酪蛋白凝块的形成。在凝乳酶使酪蛋白凝结的过程中，钙离子起了非常重要的作用，而且对于随后的凝块加工影响较大。因此，加入氯化钙是干酪生产通用的做法。氯化钙的允许使用量不超过 20g/100kg 牛乳，可促使凝乳时间缩短一半。

（2）色素　乳脂肪中的胡萝卜素使干酪呈黄色的主要原因之一，但胡萝卜素含量随季节而变化，允许添加使用胭脂树橙（annatto）或 β - 胡萝卜素来改善奶酪产品的感观色泽，它们的最大添加量分别为 20mg/kg 干酪和 40mg/kg 干酪。

（3）硝酸盐　向乳中加入硝酸盐的目的在于抑制产气菌的生长，防止干酪发生鼓胀现象。产气菌包括大肠杆菌、丁酸梭状芽孢杆菌等。通常硝酸钾加入量为 20g/100kg 牛乳，而对于高酸度干酪品种无须添加。

二、 干酪中主要微生物及形成机制

干酪制作过程中在微生物和酶作用下乳发生了一系列微生物学、生物化学和化学反应，例如糖酵解、脂解和蛋白质水解。干酪成熟过程中微生物菌群不是一成不变的，而是动态的，在这些微生物共同作用下，参与干酪成熟过程的理化及感官性能变化。

（一） 干酪中主要微生物及其作用

干酪内微生物分为发酵菌群和非发酵剂菌群两类：发酵剂菌群在干酪制作过程中主要起到产酸作用并对干酪的成熟发挥作用，而非发酵剂菌群在干酪制作过程中不产酸或产酸很少，但对于干酪的后期成熟发挥重要作用。

1. 主要发酵剂微生物

用来使干酪发酵与成熟的特定微生物培养物称为干酪发酵剂（cheese starter）。干酪发酵剂可分为细菌发酵剂与霉菌发酵剂两大类。

（1）乳酸菌　在干酪生产中乳酸菌是以产酸和风味物质为主要目的细菌。大部分干酪使用的是嗜温性乳酸菌株，这些菌在生长速度、代谢活性、代谢产物等方面各不相同，从而影响干酪的质地和风味，如明串珠菌与乳酸菌的明显区别是前者产酸能力低，经磷酸激酶途径异型发酵，代谢产物除乳酸外，还产生 CO_2 和乙醇，还能利用柠檬酸盐生成乙醇或乙酸。一般和乳酸菌混合使用以增强产品风味，尤其应用在新鲜非成熟的干酪生产中。

（2）丙酸菌　为了使干燥形成特有的组织状态，有时还要使用丙酸菌。丙酸发酵使乳酸菌所产生的乳酸还原，产生丙酸和 CO_2，形成独特的风味，而产生的 CO_2 是干酪形成空穴的原因。在某些硬质干酪中产生特殊的孔眼特征，如瑞士干酪。

（3）霉菌发酵剂　干酪成熟另一重要的微生物是霉菌，对脂肪有分解能力典型菌株有坎培波尔特青霉（Pen. camemberti）、洛克菲特青霉（Pen. roqueforti）等霉菌种。娄地青霉菌是一种能在干酪内部生长并使干酪形成蓝色纹理结构的微生物，例如斯提尔顿干酪和丹麦青纹干酪；而沙门柏干酪青霉是一种生长在干酪表面并使干酪表面有层白膜的霉菌，如 Brie 干酪。主要发酵剂微生物及其应用见表 8 - 8。

表 8 - 8　　　　　　　　　　　　　发酵剂微生物及其使用制品

发酵剂微生物		用途
一般名	菌种名	
乳酸球菌	嗜热乳链球菌（Str. thermophilus）	各种干酪，产酸及风味
	乳酸链球菌（Str. lactis）	各种干酪，产酸
	乳脂链球菌（Str. cremoris）	各种干酪，产酸
	粪链球菌（Str. faecalis）	切达干酪

续表

发酵剂微生物		用途
一般名	菌种名	
乳酸杆菌	乳酸杆菌 (*L. lactis*)	瑞士干酪
	干酪乳杆菌 (*L. casei*)	各种干酪，产酸、风味
	嗜热乳杆菌 (*L. thermophilus*)	干酪，产酸、风味
	胚芽乳杆菌 (*L. plantarum*)	切达干酪
丙酸菌	薛氏丙酸菌 (*Prop. shermanii*)	瑞士干酪
短密青霉菌	短密青霉菌 (*Brevi. 1ines*)	砖状干酪、林堡干酪
酵母类	解脂假丝酵母 (*Cand. 1ypolytica*)	青纹干酪、瑞士干酪
曲霉菌	米曲菌 (*Asp. Oryzae*)	
	娄地青霉 (*Pen. roqueforti*)	法国绵羊乳干酪
	卡门培尔特干酪青霉 (*Pen. camenberti*)	法国卡门培尔干酪

2. 非发酵剂微生物

非发酵剂微生物又称次生菌群、辅助发酵剂。是指不作为发酵剂人工添加，而是自然存在的微生物，在大多数干酪品种中都含有。成熟干酪的次生菌群是相当复杂的，包括非发酵乳酸菌、丙酸菌、黏细菌、霉菌和酵母菌。原料乳及环境中的微生物是干酪中 NSLAB 的主要来源，多为未知菌群。向干酪中添加辅助发酵剂，主要是因为其具有某些特殊的生理及生化特征，可促进并协调干酪风味物质及色素的形成，改善干酪产品的组织结构，加快干酪后期成熟过程，提高干酪产品的质量，如成熟干酪品种的表面产黏细菌和酵母菌等。可以有效弥补主发酵剂菌株在这些方面的缺陷和不足。这些特征主要包括耐盐性、低 pH 环境的生长能力、乳酸盐代谢能力、形成 CO_2 能力、蛋白（肽）水解以及脂肪水解和氨基酸转化能力等。辅助发酵剂菌株的生长和繁殖速度较慢，酸化活力有限，不具有酸化活力，其原因在于这些菌株采取有氧代谢方式，或者不代谢乳糖。

（1）乳酸菌　干酪中非发酵剂的乳酸菌（non-starter lactic acid bacteria，NSLAB）被称为次级乳酸菌，一般在牛乳中生长缓慢，对产酸不起作用，主要有 *Lb. farciminis*，*Lb. casei*，*Lb. paracasei*，*Lb. plantarum*，*Lb. curvatus* 和 *Lb. rhamnosus* 等。

在干酪成熟初期 NSLAB 数量很低，数量 <100CFU/g 干酪。成熟温度和干酪中水分含量对这些菌的生长有重要的影响，一般高温和高水分有利于其生长，在 4 周成熟时间里可达到 $10^7 \sim 10^8$ CFU/g 干酪，成为干酪中的优势菌，因此 NSLAB 对干酪成熟的过程起着重要的作用，有利于小相对分子质量的肽和游离氨基酸的产生。高肽酶活性的 NSLAB 可以作为干酪的附属发酵剂，用于改善干酪的风味和加速干酪成熟。

（2）酵母菌　酵母菌在很多干酪里都能发现，这是因为在干酪成熟时低 pH、低水分含量、低温和高的含盐量有利于酵母菌的生长。酵母菌能够刺激乳酸菌异型发酵，使干酪质地松散多孔，对干酪质地和风味有积极作用，代表菌株有汉逊德巴利氏酵母、皱褶假丝酵母和接合酵母、马克西努克鲁维氏酵母菌等。

（二） 干酪发酵与成熟生化机制

1. 乳糖代谢

发酵剂微生物可以代谢乳糖生成乳酸，干酪生产过程中，尽管大部分乳糖（98%）随乳清一起被排出，但新鲜的干酪凝块当中仍然残留 1%~2% 的乳糖。大多数干酪品种凝块成型时的 pH 在 6.2~6.4，干酪中的发酵剂微生物可以在 12h 之内将其中存留的乳糖完全代谢。如果在加工过程中采用加入热水的方式进行热烫处理（如荷兰干酪），则糖代谢之后凝块中的乳酸含量大约为 1.0g/100g 干酪；而对于不用热水处理的干酪，如瑞士埃门塔尔干酪和意大利帕尔玛（Parmigiano）干酪，乳酸浓度大约为 1.5g/100g 干酪。在未成熟干酪中形成强烈的乳酸风味，在成熟干酪中乳酸的生成还可抑菌，降低干酪中的氧化还原电位和 pH，这一条件有利于酶促反应的缓慢进行并产生许多风味化合物，以形成良好的风味。同时较低的氧化还原电位也能确保含硫化合物以还原形式存在，而含硫化合物在形成干酪风味中必不可少。

对于表面成熟的干酪，表皮的乳酸被霉菌和酵母菌代谢生成 CO_2 和 H_2O。由此导致了干酪表皮的 pH 升高，内部乳酸向外扩散，其他的微生物开始生长。在成熟阶段，干酪的 pH 在从表皮到核心的方向上呈梯度递减趋势，而乳酸浓度则在同方向上呈相应的梯度递增趋势。对于霉菌表面成熟（surface mould-ripened cheese）或棒状杆菌表面成熟（surface smear-ripened cheese）的干酪而言，pH 升高有助于软化干酪的质地，改善产品的组织状态。

在瑞士干酪中，丙酸菌代谢乳酸生成丙酸、乙酸、CO_2 和 H_2O，其中 CO_2 主要体现在干酪中孔眼的形成，而丙酸和丁酸有助于改善干酪的风味。丙酸发酵过程如下：

$$3C_6H_{12}O_6 \rightarrow 6CH_3CHOHCOOH \rightarrow 4CH_3CH_2COOH + 2CH_3COOH + 2CO_2 + 2H_2O$$

$$\text{葡萄糖} \qquad\qquad \text{乳酸} \qquad\qquad \text{丙酸} \qquad \text{乙酸}$$

2. 柠檬酸代谢

柠檬酸盐是牛乳中正常的成分，乳中含有约 1.8g/L 的柠檬酸，其中 94% 以溶解状态存在于乳清中，在干酪加工过程中随乳清一起排出干酪体系，而其余少量柠檬酸则以胶体状态存在于干酪的凝块当中，且能被乳酸球菌所代谢。而丁二酮乳酸菌和明串珠菌可将其分解成 CO_2 和丁二酮（双乙酰）等羰基化合物。双乙酰是干酪重要的风味物质，而 CO_2 决定荷兰干酪特有的小型孔眼的形成。在契达干酪中，柠檬酸被嗜温性的乳酸杆菌和片球菌缓慢代谢，主要生成甲酸和 CO_2，片球菌会导致干酪质地疏松，易于碎裂。

3. 脂肪水解

牛乳脂肪是干酪中的主要酯类，磷脂是脂肪球膜和细菌结构的组成物。不被降解，但甘油三酯因干酪品种差异会发生不同程度分解。许多硬质和半硬质干酪依赖乳酸菌分解乳脂肪生成游离脂肪酸，尤其是挥发性的短链脂肪酸，有助于产品的风味及口感。但是脂肪水解过量便会导致干酪风味变差，一般认为干酪良好风味的游离脂肪酸含量在 0.3~100mg/kg。这些游离脂肪酸可以通过微生物产生的酯酶或简单的化学反应转化成多种风味化合物，如甲基酮类、酯类、硫酯类、内酯类以及乙醛和乙醇等物质，赋予了干酪特有的芳香气味。相对于巴氏杀菌乳制成的干酪而言，采用生乳制成的干酪具有较高的脂肪分解率，其主要原因是生乳中含有某种特殊微生物，能够分解大量耐热性的脂肪酶。

脂肪降解在霉菌干酪中较为普遍，主因在于霉菌能够分泌大量具有高活力的脂肪酶，促使脂肪分解，形成其特殊风味的化合物——甲基酮类物质，而这种物质是脂肪降解之后的脂

肪酸进行 β - 氧化反应的重要产物，因此脂肪分解直接影响着蓝纹干酪的感官品质。

4. 蛋白质降解

干酪成熟过程中蛋白质水解作用可以改善干酪特殊的组织结构，蛋白质降解能够生成多种氨基酸和短肽等具有典型风味的化合物，可以进一步转化成多种具有良好风味的小分子物质，如胺类化合物、有机酸、羰基化合物、氨以及含硫化合物等。

干酪中参与蛋白质水解的酶类主要来源于凝乳剂、原料乳、发酵剂乳酸菌、非发酵剂乳酸菌，如丙酸细菌、短杆菌、节杆菌和青霉菌等。其中，凝乳酶和纤溶酶分别水解 α_{s1} - 酪蛋白和 β - 酪蛋白生成大量不溶于水的肽段，如 α_{s1} - CN（f24 - 199）、α_{s1} - CN（f102 - 199）、α_{s1} - CN（f33 - 199）、β - CN（f29 - 209）、β - CN（f106 - 209）和 β - CN（f108 - 209）等。这些肽段再经过乳酸球菌胞膜蛋白酶水解生成水溶性的肽段。

三、 半硬质或硬质干酪加工工艺

各种天然干酪的生产工艺基本相同，仅在个别工艺环节上有所差异。下面介绍典型的半硬质或硬质干酪生产的基本工艺，工艺流程如图 8 - 11：

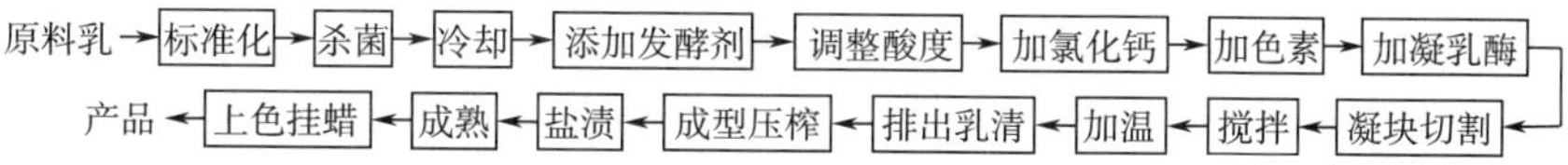

原料乳→标准化→杀菌→冷却→添加发酵剂→调整酸度→加氯化钙→加色素→加凝乳酶→

产品←上色挂蜡←成熟←盐渍←成型压榨←排出乳清←加温←搅拌←凝块切割←

图 8 - 11 干酪生产工艺

1. 原料乳的预处理

生产干酪的原料乳，必须经过严格的检验，要求抗生素检验阴性等。除牛乳外也可使用羊奶。检查合格后，进行原料乳的预处理。

（1）净乳 采用离心除菌机进行净乳处理，不仅可以除去乳中大量杂质，而且可以将乳中 90% 的细菌除去，尤其对比重较大的芽孢菌体特别有效。

（2）标准化 为了保证每批干酪的成分均一，在加工之前要对原料乳进行标准化处理，包括对脂肪标准化和对酪蛋白以及酪蛋白/脂肪的比例（C/F）的标准化，一般要求 $C/F = 0.7$。

（3）杀菌 在实际生产中多采用 $63 \sim 65℃$、30min 的保温杀菌（LTLT）或 $75℃$、15s 的高温短时杀菌（HTST）。常采用的杀菌设备为保温杀菌缸或片式热交换杀菌机。为了确保杀菌效果，防止或抑制丁酸菌等产气芽孢菌，在生产中常添加适量的硝酸盐（硝酸钠或硝酸钾）或过氧化氢。硝酸盐的添加量一般为 $0.02 \sim 0.05g/kg$ 牛乳，过多的硝酸盐既抑制发酵剂的正常发酵，又影响干酪的成熟和成品风味及产品安全性。

2. 添加发酵剂和预酸化

原料乳经杀菌后，直接打入干酪槽中，待牛乳冷却到 $30 \sim 32℃$ 后，加入发酵剂。首先应根据干酪制品的质量和特征，选择合适的发酵剂种类和组成。工作发酵剂接种量为 $1\% \sim 2\%$，边搅拌边加入，要求在 $30 \sim 32℃$ 条件下充分搅拌 $3 \sim 5min$。在上述条件下发酵 1h，保证充足的乳酸菌数量和达到一定的酸度，此过程称为预酸化。

3. 酸度调整与添加剂的加入

（1）调整酸度 预酸化后取样测定酸度，用浓度为 1mol/L 的盐酸调整酸度至 $0.20\% \sim 0.22\%$。

（2）添加剂的加入　为了改善凝乳性能，提高干酪质量，可添加氯化钙来调节盐类平衡，促进凝块形成，抑或用黄色素以改善和调和颜色。氯化钙须先预配成10%溶液，原料乳中氯化钙添加量5～20g/100kg牛乳。黄色素常用胭脂树橙（Annato），通常添加量3～6g/100kg牛乳，色素应预先用水稀释约六倍，充分混匀后加入。

4. 添加凝乳酶和凝乳的形成

（1）凝乳酶的添加　通常按凝乳酶效价和原料乳的量计算凝乳酶的用量。用1%的食盐水将酶配成2%溶液，加入到乳中后充分搅拌均匀。

（2）凝乳的形成　添加凝乳酶后，在32℃条件静置40min左右，即可使乳凝固。

5. 凝块切割

当乳凝块达到适当硬度时，要进行切割以利于乳清析出。正确判断恰当的切割时机非常重要，如果在尚未充分凝固时进行切割，酪蛋白或脂肪损失大，且生成柔软的干酪；反之，切割时间迟，凝乳变硬不易脱水。

切割时机的判定方法：用消毒过的温度计以45°角度插入凝块中，挑开凝块，如裂口恰如锐刀切痕，并呈现透明乳清，即可开始切割。

6. 凝块的搅拌及加温

凝块切割后若乳清酸度达到0.17%～0.18%时，开始用干酪耙或干酪搅拌器轻轻搅拌，搅拌速度宜先慢后快。与此同时，在干酪槽的夹层中通入热水，使温度逐渐升高。升温的速度应严格控制，初始时每3～5min升高1℃，当温度升至35℃时，则每隔3min升高1℃。当温度达到38～42℃（应根据干酪的品种具体确定终止温度）时，停止加热并维持此时的温度。在整个升温过程中应不停地搅拌，以促进凝块的收缩和乳清的渗出，防止凝块沉淀和相互粘连。在升温过程中应高频次测定乳清的酸度以便控制升温和搅拌的速度。总之，升温和搅拌是干酪制作工艺中的重要过程，它关系到生产的成败和成品质量的好坏，因此，必须按工艺要求严格控制和操作。

7. 乳清排除

乳清排除时期对干酪品质大有影响，不同干酪品种排除乳清时的适当酸度有不同要求。乳清由干酪槽底部通过金属网排出，排除的乳清脂肪含量一般约为0.3%，蛋白质0.9%。若脂肪含量在0.4%以上，证明操作不理想，应将乳清回收。

8. 堆积

乳清排除后，将干酪粒堆积在干酪槽的一端或专用的堆积槽中，上面用带孔木板或不锈钢板压5～10min，压出乳清使其成块，这一过程即为堆积。

9. 成型压榨

将堆积后的干酪块切成方砖形或小立方体，装入成型器中。在内衬网成型器内装满干酪块后，放入压榨机上进行压榨定型。压榨的压力与时间依干酪的品种各异。先进行预压榨，一般压力为0.2～0.3MPa，时间为20～30min；或直接正式压榨，压力为0.4～0.5MPa，时间为12～24h，压榨结束后，从成型器中取出的干酪称为生干酪（green cheese 或 unripened cheese）。软质干酪凝乳不须压榨。

10. 加盐

加盐的目的在于改进干酪的风味、组织和外观，排出内部乳清或水分，增加干酪硬度，限制乳酸菌的活力，调节乳酸生成和干酪的成熟，防止和抑制杂菌的繁殖。加盐的量应按成品的含盐量确定，一般在 1.5% ~2.5%。加盐的方法有三种：

（1）干腌法　在定型压榨前，将所需的食盐撒布在干酪粒中或者将食盐涂布于生干酪表面（如 camembert）；

（2）湿盐法　将压榨后的生干酪浸于盐水池中腌制，盐水浓度第 1~2d 为 17% ~18%，之后浓度保持在 20% ~23%。为了防止干酪内部产生气体，盐水温度应控制在 8℃左右，浸盐时间 4~6d（如荷兰球形干酪，高达奶酪）；

（3）混合法　是指在定型压榨后先涂布食盐，过一段时间后再浸入食盐水中的方法（如 swiss brick），因干酪品种不同加盐方法也不同。

11. 干酪的成熟

将生鲜干酪置于一定温度（10~12℃）和湿度（相对湿度 85% ~90%）条件下，在乳酸菌等有益微生物和凝乳酶的作用下，经一定时期（3~6 个月），使干酪发生一系列物理和生物化学变化的过程，称为干酪的成熟。成熟的主要目的是改善干酪的组织状态和营养价值，增加干酪的特有风味。

（1）成熟的条件　干酪的成熟通常在成熟库（室）内进行。成熟时低温比高温效果好，一般为 5~15℃；相对湿度一般为 85% ~95%，因干酪品种而异。当相对湿度一定时，硬质干酪在 7℃条件下需 8 个月以上的成熟，在 10℃时需 6 个月以上，而在 15℃时则需 4 个月左右。软质干酪或霉菌成熟干酪则需 20~30d。

（2）成熟过程的管理

①前期成熟：将待成熟的新鲜干酪放入温度、湿度适宜的成熟库中，每天用洁净的棉布擦拭其表面，防止霉菌的繁殖。为了使表面的水分蒸发均匀，擦拭后要反转放置。此过程一般要持续 15~20d。

②上色挂蜡：为了防止霉菌生长和增加美观，将前期成熟后的干酪清洗干净后，用食用色素染成红色（也有不染色的）。待色素完全干燥后，在 160℃的石蜡中进行挂蜡。所选石蜡的熔点以 54~56℃为宜。

③后期成熟和贮藏：为了使干酪完全成熟，以形成良好的口感、风味，还要将挂蜡后的干酪放在成熟库中继续成熟 2~6 个月。成品干酪应放在 5℃及相对湿度 80% ~90% 条件下贮藏。

（3）加速干酪成熟的方法　加速干酪成熟的传统方法是加入蛋白酶、肽酶和脂肪酶；现在的方法是加入脂质体包裹的酶类、基因工程修饰的乳酸菌等，以加速干酪的成熟；提高温度也可加速干酪的成熟。

四、　干酪的质量控制

1. 物理性缺陷及其防控方法

（1）质地干燥　凝乳块在较高温度下"热烫"引起干酪中水分排出过多导致制品干燥，凝乳切割过小、搅拌时温度过高、酸度过高、处理时间过长及原料含脂率低等都能引起质地干燥。防控措施：除改进加工工艺外，也可利用表面挂石蜡、塑料袋真空包装及在高温条件下进行成熟等措施来改进。

（2）组织疏松　即凝乳中存在裂隙。酸度不足，乳清残留于凝乳块中，压榨时间短或成熟前期温度过高等均能引起此种缺陷。防控方法：①进行充分压榨；②在低温下成熟。

（3）多脂性　指脂肪过量存在于凝乳块表面或其中。其原因大多是由于操作温度过高，凝块处理不当（如堆积过高）而使脂肪压出。可通过调整生产工艺来改进。

（4）斑纹　操作不当引起。特别在切割和热烫工艺中由于操作过于剧烈或过于缓慢引起。

（5）发汗　指成熟过程中干酪渗出液体。其可能的原因是干酪内部的游离液体多及内部压力过大所致，多见于酸度过高的干酪。所以除改进工艺外，控制酸度十分必要。

2. 化学性缺陷及其防控方法

（1）金属性黑变　由铁、铅等金属与干酪成分生成黑色硫化物，根据干酪质地的状态不同而呈绿、灰和褐色等颜色。操作时除考虑设备、模具本身外，还要注意外部污染。

（2）桃红或赤变　当使用色素（如安那妥）时，色素与干酪中的硝酸盐结合而成更浓的有色化合物，对此应认真选用色素、严控添加量。

3. 微生物性缺陷及其防控方法

（1）酸度过高　主要原因是微生物生长速度过快。防控方法：降低预发酵温度，并加食盐以抑制乳酸菌过度繁殖；加大凝乳酶添加量；切割时切成微细凝乳粒；高温处理；迅速排除乳清以缩短制造时间。

（2）干酪液化　由于干酪中存在有液化酪蛋白的微生物而引起干酪液化现象。此现象多发生于干酪表面，引起液化的微生物一般在中性或微酸性条件下生长。

（3）发酵产气　通常在干酪成熟过程中能缓缓生成微量气体，但能自行在干酪中扩散，故不形成大量的气孔，而由微生物引起干酪产生大量气体则是缺陷之一。在成熟前期产气是由于大肠杆菌污染所致，后期产气则是由梭状芽孢杆菌、丙酸菌及酵母菌繁殖导致的。防控对策：可将原料乳离心除菌或使用产乳酸链球菌肽的乳酸菌作为发酵剂，也可添加适量硝酸盐，调整干酪水分和盐分。

（4）苦味生成　干酪的苦味是极为常见的质量缺陷。主因是酵母或非发酵剂菌株引起的干酪苦味。极微弱的苦味可构成切达干酪（cheddar cheese）的特征风味成分之一，这是由特定的蛋白胨、肽所产生的。另外，高温杀菌、原料乳酸度高、凝乳酶添加量大以及成熟温度高均可能产生苦味。食盐添加量多时，可降低苦味的强度。

（5）恶臭　干酪中如存在厌气性芽孢杆菌，会分解蛋白质生成硫化氢、硫醇、亚胺等成分，此类物质会产生恶臭味，生产过程中要防止这类菌的污染。

（6）酸败　由污染微生物分解乳糖或脂肪等生成丁酸及其衍生物所引起。污染菌主要来自于原料乳、牛粪或土壤等。

五、 霉菌型干酪生产工艺

最为典型的半硬质霉菌干酪是蓝纹干酪和罗克福干酪，其共性特点是内部有娄地青霉的生长，以罗克福干酪为例介绍其加工方法。

1. 乳的处理

原料乳经标准化、巴氏杀菌后，全部或部分均质处理（压力 20 ~ 25MPa）以获得更白的外观，使质地更加均匀，避免切割时间过长所造成的脂肪损失，均质还能促进脂肪水解。

2. 添加物

（1）发酵剂　在制作罗克福干酪时，生乳中加入很少或者不加入嗜温性发酵剂，在巴氏杀菌乳中可添加嗜温性发酵剂和嗜热性发酵剂。

（2）娄地青霉的孢子 选择的霉菌能够在很低的氧分压下生长（例如5%的氧气），耐受高浓度的 CO_2，在 $5 \sim 10℃$ 的低温下顺利生长。蓝纹干酪的凝乳用娄地青霉的孢子接种，将刚制作的干酪暴露于空气中，孢子先在表面开始生长，随后干酪内部也长满霉菌。

（3）凝乳酶 每100L乳加30mL凝乳酶，凝乳温度为 $30 \sim 33℃$，凝乳时间在30min至数小时不等，制作罗克福干酪凝乳时间较长。

3. 干酪缸中凝块的处理

为了促进霉菌的分布，一般凝块被粗略切割，并进行短时间温和搅拌，然后热烫处理。

4. 成型和排乳清

干酪凝块稍作冷却，就可排出乳清。由于产酸慢（允许明串珠菌缓慢生长），乳清的排除时间长，凝块无须压制。明串珠菌产生 CO_2 形成的孔洞使干酪具有了开放式的质构，便于霉菌的生长，分布均匀。在排乳清的整个过程中应不断翻动凝块直到pH降至 $4.6 \sim 4.8$。

5. 加盐

罗克福干酪采用干盐法制作，而蓝纹干酪一般应用盐渍或者干盐法制作，斯蒂尔顿（stilton）干酪在堆叠之后凝块须经盐水盐渍。

6. 穿孔

为了促进霉菌的生长，一般蓝纹干酪要穿孔以利于空气的进入。

7. 成熟

成熟温度 $5 \sim 10℃$，相对湿度90%。在霉菌生长期间，要保持表面清洁以防止孔洞的淤积，故要再次打孔。成熟时间一般为3周到几个月，成熟干酪pH约为6.0。成熟之后干酪用金属铝箔或锡箔包装以阻止氧气的进入。

对用生绵羊乳制成的罗克福干酪进行的研究表明，霉菌干酪的微生物区系非常复杂。

（1）在排乳清后期微生物区系由以下菌株组成：

①乳酸链球菌和乳脂链球菌，活菌数达 10^9CFU/g；

②明串珠菌菌数为 10^6CFU/g，随着蛋白质水解，链球菌产生的含氮化合物增加，促进了明串珠菌的生长。这些菌株一般不能发酵柠檬酸盐，所以产生 CO_2 量非常少；

③肠球菌菌数可达 10^7CFU/g，某些菌如粪链球菌、嗜温性链球菌的生长，能促进其生长和产酸。通过明串珠菌的生长能促进其产 CO_2，肠球菌的生长能产生小分子的肽和氨基酸，CO_2 也能刺激嗜温性链球菌的生长；

④酵母菌数为 10^8CFU/g，包括乳酸发酵的、耐盐的种类，如酵母菌、念珠菌、球拟酵母菌等。它们同样可以促进嗜温性链球菌的生长和明串珠菌产生 CO_2。由于盐渍，酵母菌系转变成以非乳糖发酵、耐盐的种类为主。主要包括毕赤酵母菌、汉逊酵母菌、德巴利酵母菌等；

⑤其他微生物，包括微球菌、葡萄球菌、乳杆菌等。

通过明串珠菌和酵母菌产生的 CO_2 形成的孔洞，为娄地青霉的生长创造了更大的表面积，这些霉菌能够稳定的生长，源于干酪中的空洞提高了氧气的供给量。

（2）在成熟时发生的一些其他变化：

①罗克福干酪表面pH增加，主要由于酵母发酵消耗了乳酸以及耐盐耗气型微球菌和棒状杆菌的生长。

②分解蛋白质的微球菌污染，可能导致干酪的气孔开张不充分，因此不适合霉菌的生长，但这不影响明串珠菌的生长，阻碍它们产生气体。

总之，为了促进罗克福干酪的质构形成，通常在干酪乳中加入具有柠檬酸发酵和产生CO_2能力的乳脂明串珠菌。蓝纹干酪的特殊风味决定其感官特性，制造方法和原料的不同影响其质量，例如用绵羊乳和牛乳制成的蓝纹干酪风味明显不同。

思考题

1. 简述发酵肉制品的概念和种类。
2. 简述发酵肉制品中常见的微生物及其变化规律。
3. 简述各种微生物在发酵肉制品加工中发挥的作用。
4. 简述肉品发酵剂的概念、作用和应具备的条件。
5. 根据发酵肉制品颜色的形成机理，谈谈如何在实践中确保产品形成良好的色泽。
6. 简述发酵肉制品风味的来源及形成途径。
7. 简述举例说明发酵肉制品加工的主要工艺及注意事项。
8. 简述发酵乳的概念和种类。
9. 简述发酵剂的概念、种类和制备方法。
10. 简述发酵乳的形成机理。
11. 酸奶加工中对原料乳有什么要求？
12. 详述酸奶的种类、加工工艺及要点。
13. 简述干酪的概念和种类。
14. 详述天然干酪的一般生产工艺和操作要点。
15. 干酪常见的质量缺陷包括哪几方面？如何防控？

第九章

CHAPTER

9

发酵果蔬及发酵面制品

第一节　蔬菜发酵

　　发酵蔬菜是将新鲜的蔬菜用食盐溶解或卤水腌泡，再经乳酸发酵而制成的一类酸味的腌制品。蔬菜发酵利用有益微生物的作用，控制一定生产条件，成为保存蔬菜的一种冷加工方式，在保持原料本身营养价值的同时，增进了蔬菜的风味和口感。蔬菜发酵具有数千年的历史，长期以来这些产品多数都是小规模生产，极具地域特色和民族特色，如韩国的泡菜和中国的酸白菜均为传统发酵食品。

一、　发酵蔬菜制品分类及原料菜的选择

　　发酵蔬菜分为盐水渍菜和盐渍菜两大类。盐水渍菜主要有泡菜和酸菜两类，盐渍菜使用的食盐浓度较高，但仍存在发酵作用，分为半干态和干态两种形式。我国蔬菜种植面积与产量均处于世界前列，不同地域的发酵蔬菜种类丰富，代表性的有四川泡菜、东北酸菜、湖南剁辣椒、榨菜和大头菜等。发酵蔬菜的主要原料是新鲜的富含营养物质的蔬菜品种，包括橄榄、黄瓜、萝卜、白菜、甘蓝、莴苣、竹笋和芹菜等。

　　（1）白菜　白菜原产自我国，是我国北方重要的冬季蔬菜。白菜含有蛋白质、脂肪、多种维生素和钙、磷等矿物质以及大量粗纤维。大白菜的选择应以鲜嫩、不枯萎、无腐烂叶、无干缩黄叶、无病虫害等为原则。叠抱封口的白菜，虽然外形美观，但包心过于紧实，菜叶层叠多，白菜心很难渍透，容易腐烂，不适合使用；而白菜心占八成的白菜，盐水很容易渗透至菜心和帮叶之间，使菜体完全浸泡在水中，达到乳酸菌充分发酵的目的。

　　（2）甘蓝　甘蓝口味淡爽、偏甜，含可发酵性糖的浓度大约为5%，其中果糖和葡萄糖含量几乎相同（各占2.5%），蔗糖含量较少。应选择外部绿叶较少或没有绿叶的甘蓝作原料，这样腌制出的产品色泽好，呈半透明乳白色。

　　（3）黄瓜　用于腌制的黄瓜应选择没有成熟或没有完全成熟的黄瓜，因为成熟后的果实过大，颜色和形状会改变，并且含有大量的种子，生产的发酵产品过软。

　　（4）萝卜　萝卜原产我国，品种极多，应选择个体肥大、色泽鲜艳、不皱皮、无腐烂、无病虫害、成熟度适中的萝卜。

（5）橄榄　橄榄营养丰富，果肉内含蛋白质、碳水化合物、脂肪、维生素 C 以及钙、磷、铁等矿物质，主要品种有油橄榄、青橄榄、茶橄榄等。其中油橄榄是发酵蔬菜中常用的品种。橄榄果肉占总重的 70% ~ 90%，主要的可发酵性糖为葡萄糖，还有少量的果糖和蔗糖。橄榄中的苦味主要来自糖苷酚橄榄苦苷，除去橄榄苦苷的橄榄才能食用。

二、蔬菜发酵基本原理

将蔬菜原料置于一定盐度和调料的液体中，在厌氧环境利用蔬菜表面天然附着的微生物或添加人工筛选的发酵菌种，以蔬菜中的可发酵物质产酸、醇、甘油等风味物质，形成发酵蔬菜的特殊风味，同时在高浓度盐的高渗透压作用下，发酵过程中的有害微生物生长受到抑制，达到长期保存食用的目的。

（一）食盐的高渗透压作用

食盐能够提高渗透压和降低水分活度，在蔬菜腌制中起防腐、脱水、脆化等作用，食盐含量越高，作用效果也越明显。微生物的生长通常是在等渗的环境中进行的，不同的微生物耐盐能力不同，多数有害微生物如大肠杆菌、变形杆菌等耐盐能力较弱。提高渗透压，能够有效抑制杂菌的生长，保证腌制品的安全性。在酸性环境下，食盐的防腐能力会增强，实现联合防腐的效果。此外，由于氧在盐溶液中的溶解度要小于在水中的溶解度，并且随着盐溶液浓度的增加，氧的溶解度下降。产品组织内的溶解氧在盐溶液浓度高时会被排除，从而抑制氧化反应及好氧性微生物的活动。

（二）微生物的发酵作用

蔬菜发酵体系是包含酵母菌、乳酸菌、醋酸菌等多种微生物的微生态环境。在蔬菜腌制过程中，微生物的发酵作用以乳酸发酵为主，同时存在酒精发酵和乙酸发酵。乳酸发酵是指乳酸菌将可发酵的糖类物质转化为乳酸的生物化学过程。乳酸菌为兼性厌氧细菌，耐酸性较强，有的可耐受环境 pH 3 ~ 3.5。乳酸菌可利用蔬菜中的可溶性物质进行乳酸发酵，但不会破坏植物细胞组织，或使蛋白质和氨基酸分解。根据乳酸菌对糖分转化为乳酸的多少可以将乳酸发酵分为同型乳酸发酵和异型乳酸发酵。同型乳酸发酵可以将糖分中的 80% ~ 90% 转化为乳酸；而异型乳酸发酵将糖分中的 50% 转化为乳酸，其余的糖分转化为其他产物，如乙醇、乙酸，二氧化碳等。酒精发酵是指酵母菌将糖类物质发酵成乙醇，有利于腌制品后熟阶段发生酯化反应和芳香物质的形成。蔬菜腌制过程中也存在轻微的乙酸发酵，仅在空气存在的条件下，乙醇才能转化成乙酸。因此少量的乙酸对腌制蔬菜的品质影响不大，只要及时装坛封口、隔绝空气，就可以避免生成过多的乙酸。

（三）蛋白质的分解作用

蔬菜中的蛋白质受其自身所含蛋白酶的作用或微生物分泌的蛋白酶的作用，逐步分解为氨基酸，其中谷氨酸、天冬氨酸是鲜味的主要来源之一；酪氨酸在蔬菜自身或微生物分泌的酪氨酸酶作用下，氧化产生黑褐色物质；此外，氨基酸与还原糖反应生成类黑素，也会使制品色泽加深。

（四）香辛料和调味料的防腐作用

蔬菜腌制中加入的香辛料和调味料如辣椒、大蒜、花椒、八角、醋、酒等，在调和风味的同时，也起到不同程度的抗菌防腐作用。

三、 蔬菜发酵微生物及作用

自然发酵蔬菜主要是借助于附着在蔬菜表面上的微生物的作用来进行的。蔬菜收获后表面含有不同数量、种类繁多的微生物，如大白菜外叶含有约 1.3×10^8 CFU/g 微生物。这些微生物大部分属于假单胞菌、早生欧文菌、黄单胞菌属、聚团肠杆菌、酵母菌以及少量的乳酸菌，如肠膜明串珠菌和乳杆菌。但有益菌一般数量都较低，例如黄瓜含有 1×10^7 CFU/g 好氧菌，乳酸菌仅为 5×10^3 CFU/g。

（一） 蔬菜发酵中的主要微生物

1. 乳酸菌

当蔬菜全部浸入盐水中时，就进入了微生物发酵阶段，最初为异型发酵或产气阶段，然后是同型发酵或不产气阶段，主要的乳酸菌为明串珠菌、乳杆菌和片球菌。肠膜明串珠菌属于异型发酵，一般认为，能为其他种类乳酸菌的繁殖创造适宜环境。发酵初期，肠膜明串珠菌快速生长繁殖，使 pH 降低，从而抑制有害微生物的生长，防止蔬菜的软化；产生的 CO_2形成厌氧环境，不仅有利于稳定蔬菜中的维生素 C 和色泽，而且有利于其他乳酸菌按一定的顺序生长；产生的酸和醇等与其他产物结合起来，使产品具有特有的风味。将明串珠菌作为接种剂应用于酸菜的工业化生产，可以抑制蔬菜发酵过早进入同型发酵阶段，减少食盐用量，并能产生更多的风味物质。但是，肠膜明串珠菌耐酸性较弱，随着发酵的进行和 pH 的降低，其生长受到抑制，随后耐酸性高的乳杆菌属在发酵液中生长繁殖（如图 9 – 1）。

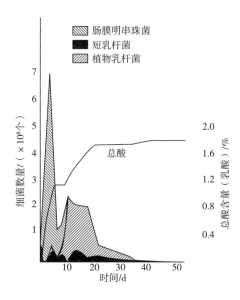

图 9 – 1 在 18℃含盐量 2.25% 的蔬菜发酵中乳酸菌的生长与产酸量

植物乳杆菌是蔬菜发酵中的重要乳酸菌，产酸能力高，利用存在的碳水化合物产生大量的乳酸，使溶液的 pH 进一步降低。短乳杆菌能够发酵戊糖，将果糖还原为甘露醇。戊糖片球菌进行同型发酵，分解葡萄糖产生 DL – 乳酸盐，某些菌株还能产生细菌素。自然发酵阶段微生物群落的消长规律对于生产纯正的酸菜十分重要。人们从发酵的酸菜中还分离得到弯曲乳杆菌、米酒醋杆菌、粪肠球菌、融合乳杆菌、醋酸片球菌和啤酒片球菌，这些微生物在发酵中的作用还有待研究。

2. 酵母菌

蔬菜发酵早期存在各种酵母菌，常见的酵母菌包括啤酒酵母、产醭酵母、鲁氏酵母、假丝酵母等。酵母菌在主发酵阶段和二次发酵阶段均可生长，直至可发酵的碳水化合物耗尽。发酵性酵母菌可产生乙醇、乙酸乙酯和乙醛等风味物质，其中，乙醇对腌制品在后熟阶段发生酯化反应和生成芳香物质起重要作用，同时作为醋酸菌进行乙酸发酵的基质。蔬菜腌制的实际过程中，参与发酵的酵母菌种类各异，并受到盐浓度、pH 等环境的影响而变化。

当酵母菌在发酵过程成为优势菌，会影响乳酸菌的正常发酵，引起不良微生物的生长，甚至产生大量气体，影响发酵产品质量。氧化性酵母能代谢乳酸，提高 pH，引起产品的腐败，对于发酵有害。例如小红酵母和深红酵母能引起腌制油橄榄变软。脆壁酵母和酿酒酵母能水解果胶质，引起黄瓜变软。

3. 醋酸菌

醋酸菌有较高的耐酸性，在蔬菜的正常腌制过程中，会有少量的醋酸菌生长繁殖，在好氧条件下将酒精转化为乙酸。例如膜醋酸杆菌、黑醋酸杆菌和红醋酸菌等可对醇类进行不完全氧化，积累酸类物质。乙酸在蔬菜腌制过程中的生成量很少，但有益于产品的风味形成。此外，乙酸可以与乙醇形成乙酸乙酯，增加芳香气味。但过量的乙酸发酵会对产品产生不良风味，因此在蔬菜发酵过程中注意保持厌氧环境，减少醋酸菌的生长繁殖。

4. 霉菌

蔬菜发酵中常见的霉菌有草酸青霉、黄瓜壳二孢霉、粉红链孢霉、牙枝状枝孢霉、交链孢霉和镰刀霉等。霉菌在蔬菜腌制过程中为有害菌，尤其是具有高果胶酶活性的菌株，会引起蔬菜组织的软化，使产品腐败。因此在蔬菜腌制过程中注意控制厌氧条件和一定食盐含量，避免霉菌的污染。

（二） 蔬菜发酵的四个阶段

在蔬菜腌制时，各类微生物都按一定顺序进行自然发酵，一般可分为初始发酵、主发酵、二次发酵和后发酵四个阶段。

1. 初始发酵阶段

主要生长繁殖的是附着在新鲜蔬菜上的许多兼性和严格厌氧微生物。最先繁殖的乳酸菌是肠膜明串珠菌，产生的有机酸和 CO_2 使 pH 降低，抑制腐败微生物繁殖。产生的 CO_2 还有利于形成厌氧环境，抑制好气性微生物的生长。因此，成品腌菜的质量主要取决于乳酸菌开始生长的速度和有害微生物被抑制的程度。

2. 主发酵阶段

主要生长繁殖的微生物是乳酸菌和发酵性酵母。随着发酵的进行，氧气含量逐渐降低，有机酸含量逐渐增加，乳酸菌的生长顺序为，肠膜明串珠菌、短乳杆菌、啤酒片球菌以及植物乳杆菌。当可发酵性碳水化合物全部被利用完后，或 pH 太低时，乳酸菌的生长繁殖就会受到抑制。蔬菜原料的缓冲能力和可发酵性碳水化合物的含量是控制乳酸发酵和酵母发酵程度的重要因素。

3. 二次发酵阶段

主要生长繁殖的微生物是具有较强耐酸性的发酵性酵母。这些酵母在主发酵阶段就已存在，当乳酸菌的生长繁殖受到抑制时，这些酵母仍可继续生长繁殖，直到把可发酵性碳水化合物全部消耗完为止。

4. 后发酵阶段

此时可发酵碳水化合物已耗尽，仅暴露于卤水表面的部分微生物生长，例如产膜酵母、霉菌及腐败菌等，因此要注意密封。蔬菜自然发酵过程中微生物的消长规律如表 9 - 1 所示。

表 9 - 1　　　　　　　　蔬菜自然发酵过程中微生物的消长规律

发酵阶段	优势微生物
初始发酵阶段	各类革兰氏阳性、阴性菌
主发酵阶段	乳酸菌、酵母菌
二次发酵阶段	酵母菌
后发酵阶段	有氧时（敞口），表面生长氧化性酵母、霉菌、细菌；厌氧时（密闭），一般无杂菌

四、 生产工艺

（一）酸菜加工

以白菜或卷心菜为原料，发酵酸菜生产工艺如下：

原料→ 清洗、修剪 → 整棵/切丝/切半 → 加盐 → 加水（没过菜体） → 发酵 →成品。

1. 原料菜的选择

酸菜主要原料为白菜、甘蓝。选包心结实、菜叶白嫩的大白菜，切去菜根与老叶，纵切成 1kg 的块或切成丝。或将成熟后的圆白菜除去外层破损的，脏的菜叶（占总重的 30% 左右）。注意尽可能选择不含或少含绿叶的菜，因为绿叶在成品中为褐色，影响感官。

2. 预处理及盐腌

在家庭腌制时，将洗净白菜菜梗先伸进锅内沸水中，再徐徐把叶梢全部放入锅内烫漂 2min 左右。当菜柔软透明、菜梗变成乳白色时，迅速捞入冷水中冷却。然后，菜梗朝里，菜叶朝外。层层交叉放入缸内，用石块压实，加进清洁的冷水，使水漫过菜体 10cm 左右。生渍酸白菜不需烫漂。但在洗涤后，应将大白菜置阳光下晒 2 ~ 3h，期间翻菜一次。

目前，酸菜在我国已有大规模工业化生产，有些厂家先将菜根除去，切成 0.1 ~ 0.2cm 厚的碎片。切片后的圆白菜被传送带或手推车送到罐中，大的发酵罐是用夹层不锈钢或玻璃纤维制成，可装产品 20 ~ 180t，或者较小的发酵容器。之后添加 2% ~ 2.5% 盐，没过蔬菜 5 ~ 10cm。

3. 发酵

盐的浓度为 1.8% ~ 2.5%，如果接菌发酵，酸菜发酵的理想温度为 18 ~ 25℃，大约在 7d 之内完成发酵，自然发酵温度 10 ~ 30℃，发酵 20d 或更长时间后，口味微酸，质脆，即成酸白菜、酸甘蓝半成品。经过较短的时间，罐中氧气耗尽，乳酸菌开始生长，释放出 CO_2，形成厌氧环境。低温发酵生产的酸菜品质优于高温发酵的产品。

4. 包装

酸白菜的半成品一般用密封法保藏，即将酸白菜密封在池内或缸内。为了减少酸白菜、酸甘蓝在流通期间的腐烂损失，在进入市场前酸菜的包装可采用罐子、玻璃瓶或塑料袋，冷藏的酸菜不经过巴氏灭菌，而是加入 0.1%（质量分数）苯甲酸钠和偏亚硫酸氢钾作为防腐剂。或者酸菜经 74~82℃ 消毒约 3min，消毒后的热酸菜经包装线罐装或瓶装，密封，快速冷却以形成真空，可保证一定的储藏期。

（二）发酵酸黄瓜

黄瓜经过盐水腌制和完整的乳酸发酵而制成的。

1. 原料选择

选择不完全成熟的黄瓜，根据大小分类，去除破损的和所带的花朵，因为花朵中微生物含量很多，一些菌生成聚半乳糖酸酶会引起黄瓜组织的软化。

2. 预处理及腌制

将新鲜的黄瓜洗净，装入发酵罐中，加入盐水腌制，将发酵罐放于室外，盐溶液的最初浓度为 5%~8%。

3. 调酸及发酵

发酵在室温下（15~32℃）进行，盐水中经常加入些乙酸，调整 pH 到 4.5 或更低，以便除去 CO_2，加速乳酸菌的生长，因为过高的 CO_2 含量会引起黄瓜的肿胀漂浮。在发酵过程可向发酵罐中充入空气或氮气以除去 CO_2，并在盐水中加入山梨酸钾（0.035%）或乙酸（0.16%），以防止真菌生长和黄瓜软化。当盐浓度为 5%、温度为 20~27℃ 时，发酵可以快速进行，可发酵物质几乎全部转化为乳酸，发酵过程通常在 2~3 周内完成。发酵结束后，乳酸含量为 1.1%，最终 pH 3.3~3.5。

4. 脱盐及调配

发酵腌菜经脱盐后，再经多种处理制成甜腌菜、酸腌菜、混合腌菜、切片腌菜和调味品等。通过改变总糖量和添加香料及调味品，腌菜的口味变化多样。在脱盐过程中乳酸也被去除，取而代之的是乙酸。然而，保留乳酸风味更好。

（三）发酵橄榄生产

橄榄生产传统方法一般是使用木桶发酵，现今生产中多使用水泥、玻璃纤维、塑料或不锈钢材料的容器，且容器的外面涂有石蜡或用塑料包裹，容器的体积为 10000~20000L。生产中将这些容器置于室外或下半部埋于土中，以便于控制温度。

1. 碱处理浸于盐水中的绿橄榄（Sevillian 或西班牙绿色橄榄）

橄榄由绿色转为稻黄色时，就被采摘下来，此时的橄榄果肉与核容易分开，并且果实颜色没有变黑。果实用碱液处理以除去苦味，再经冲洗除去碱性物质。Sevillian 或西班牙橄榄的加工要经过完整的发酵过程。如果橄榄只经过部分发酵，就要加入有机酸防腐剂或经灭菌、巴氏杀菌、冷藏等方法保存。

橄榄的碱处理过程要在浓度为 1.3%~3.5% 的碱液中进行，温度为 12~21℃，时间为 5~12h。碱液的浓度和处理时间取决于果实成熟的程度、处理时的温度以及不同的生产过程。在碱液渗入果核前（大约浸入果肉的 2/3 或 3/4），碱处理过程即可停止，以使少量的苦味物质保留下来，增强成品的风味。碱处理后，橄榄经一次或多次冷水冲洗，除去过剩的碱性物质。在冲洗中可加入食用级盐酸或其他强酸与碱液中和。

为了避免果实收缩，经碱处理后的橄榄还要在 10%~13% 浓度的盐水中浸泡。开始时所用盐水浓度较低，以后每天要加入一定量的盐直至达到规定浓度。当盐水浓度较低时，由于梭状芽孢杆菌的生长会引起产品的腐败。因此，发酵过程中要添加氯化钠，以保证盐水浓度在

5% ~6%。为了避免腐败微生物的生长，在发酵结束时盐浓度可能达到7%或更高。发酵过程中的最适温度为24 ~27℃，发酵结束时pH通常为3.8 ~4.4，乳酸含量为0.8% ~1.2%。发酵时间取决于温度、盐水浓度和发酵初期乳酸菌含量，一般为3 ~4周或更长。

发酵后的橄榄用玻璃罐包装，再加入7%的盐溶液后密封保存。如果要制作夹心橄榄，就将发酵后的绿橄榄去核，在橄榄中填入经浓盐水浸泡的红色甘椒条或小洋葱、杏仁等。夹心橄榄可在8%的盐水中保存几周后再包装上市。若发酵结束时，发酵液的pH小于3.5，盐浓度大于5%，产品可直接在发酵液中保藏。当发酵不完全时，产品要在温度为60℃或80 ~82℃的热盐水中巴氏灭菌，以保证一定的保质期。

2. 未经处理的自然成熟黑橄榄（希腊橄榄）

希腊橄榄备受希腊、土耳其和北非人民的喜爱。橄榄在黑紫色和黑色时被采摘下来，此时果实已完全成熟，但没有过熟。在加工中，橄榄不经过碱处理过程，只是在盐水中漂洗以除去部分苦味，因此，成品具有天然的果实香并有淡淡的苦味。果实的保藏可以采用在盐水中发酵、灭菌或巴氏灭菌，或添加保鲜剂的方法。

将橄榄放入发酵罐中，加入6% ~10%的盐水直至浸没果实。参与发酵的微生物群有肠杆菌、酵母菌和乳杆菌。发酵液最终总酸含量小于0.5%，pH 4.3 ~4.5。但在有些条件下，自然成熟的黑橄榄经过完全发酵，总酸量可以达到0.8% ~1.0%。发酵过程中，如果盐浓度达到10%，产酸的耐盐酵母菌会发生乙酸发酵。若不是在厌氧条件下进行发酵，发酵液表面会形成霉菌、酵母菌和细菌的菌膜，使发酵液中糖量和酸量减少，pH升高。在发酵过程中，梭状芽孢杆菌、丙酸菌和还原硫酸盐的微生物的生长可能引起产品腐败。

（四）泡菜生产工艺

泡菜是将几种或多种新鲜蔬菜及佐料、香料浸没在低浓度的盐水中，通过乳酸发酵而腌制成的一种以酸味为主，兼具甜味及一些香辛料味道的发酵蔬菜。四川泡菜是泡菜中体系较完整、较有代表性的一种，具有酸鲜纯正、脆嫩可口的特点。泡菜发酵原理与酸菜相同，其生产工艺流程如图9 - 2。

图9 - 2　泡菜生产工艺流程

1. 原辅料的选择

适于制作泡菜的蔬菜很多，根茎类、叶类、果菜、花菜等均可作为泡菜原料，但以肉质肥厚、组织紧密、质地脆嫩、不易软化者为佳。要求原料鲜嫩适度，无破损、霉烂及病虫害现象。常用的佐料有白酒、料酒、甘蔗、醪糟汁、红糖、干红辣椒等。香料有白芷、甘草、八角、山奈、草果、花椒、胡椒等。

2. 清洗

将蔬菜浸入水中淘洗，以去除污泥及各种杂质。

3. 整形

切去不可食用的部分，并根据各类蔬菜的特点纵向或横向切割为条块状或片状。如萝卜、胡萝卜、莴笋以及一些果菜类等可切成厚 0.6cm、长 3cm 的长条，辣椒整个泡制，黄瓜、冬瓜等剖开去瓤，然后切成长条状，大白菜、芥菜剥片后切成长条。

4. 晾晒、出坯、腌制

家庭小作坊生产采用晾晒，将切割的蔬菜置于干净通风处晾晒 3h 左右，至表面无水珠，防止入坛后发霉变质。

工业化生产中，为了便于管理，一般在原料表面清洗之后再进行腌制，又称为出坯，出坯工序为泡头道菜之意，其目的是利用食盐的渗透压除去菜体中的部分水分、浸入盐味和防止腐败菌滋生，同时保持正式泡制时盐水浓度。将整形好的蔬菜放入配制好的高盐（25%）水池中，盐水需浸泡没过蔬菜，再压实密封；腌制时间约为 15d，腌制完成后盐水含盐约为 15%；腌制结束后，将蔬菜捞出，投入清水池中浸泡 1~2d，要求捞出脱盐后盐水含量 4% 左右，但出坯时间不宜过长，以免使原料的营养成分损失。

5. 泡菜盐水的配制

泡菜盐水是指经调配后，用来泡制成菜的盐水，泡菜盐水对泡菜的品质影响极大，而泡菜盐水质量的优劣，往往取决于其选用的主料、佐料和香料。泡菜盐水包括老盐水、洗澡盐水、新盐水和新老混合盐水。泡菜盐水含量一般为 20%~25%，长期泡菜的盐水浓度应保持在 20%，新盐水与洗澡盐水浓度在 25%~28%。

（1）老盐水 老盐水是指使用两年以上的泡菜盐水，其中蕴含着大量优良的乳酸菌，乳酸菌数量可达 10^8 CFU/mL 以上，pH 约为 3.7。这种盐水内常泡有辣椒，蒜苗秆，酸青菜和陈年萝卜等蔬菜以及香料、佐料，色、香、味俱佳。这种盐水多用于接种（接种量 3%~5%），即作为配制新盐水的基础盐水。

（2）洗澡盐水 洗澡盐水是指经短时间泡制即食用的泡菜使用的盐水。一般以凉开水配制浓度为 28% 的盐水，再渗入 25%~30% 的老盐水，并根据所泡制的原料酌情添加佐料及香料；洗澡盐水的 pH 一般在 4.5 左右。

（3）新盐水 新盐水是指新配制的盐水。其配制方法为配制浓度为 25% 的新盐水，再掺入 20%~25% 的老盐水，并根据所泡制的原料酌情添加佐料和香料，pH 约为 4.7。

（4）新老混合盐水 新老混合盐水是将新、老盐水各一半配制而成的盐水，pH 约为 4.2。

6. 入坛泡制

泡菜坛子使用前要洗涤干净、沥干，将脱盐捞出的蔬菜投入坛泡制。入坛有三种方法，一是干法装坛，二是间隔装坛，三是盐水装坛。干法装坛适合一些本身浮力较大，泡制时间较长的蔬菜，如泡辣椒类，在菜品装至八成满后再注入盐水。间隔装坛法如泡豇豆、泡蒜等，是把所要泡制的蔬菜与需用佐料间隔装至半坛，放上香包，接着又装至九成满，将其余的佐料放入盐水中搅匀后，徐徐灌入坛中。盐水装坛法适合茎根类蔬菜，这类蔬菜泡制时能自行沉没，所以直接将它们放入预先装好泡菜盐水的坛内。将坛口密封，并在水槽中加入清水。如此便形成了水封口，置于阴凉处。由于食盐的渗透压作用，坛内原料的体积缩小，盐水下落，此时宜再适当添加原料和盐水。顶隙过大，残留在坛内的空气多，液面可能会生膜、发臭。

7. 后续工序

工业生产一般将泡菜采用瓶装或蒸煮袋包装，然后进行杀菌处理，以延长产品的保藏期。可采用巴氏杀菌，即将包装后的泡菜在 85～100℃ 的温水中杀菌 5～10min，冷却后成为方便的即食产品。

五、 发酵蔬菜质量缺陷及控制

（一） 发酵白菜与甘蓝

酸菜会存在多种腐败现象，如失色（化学氧化）、失酸、口味寡淡、有异味（霉味、酵母味和酸臭味）、发黏、变软，有时呈粉红色。这些都是由于好氧菌、霉菌和酵母的生长所造成的。生产中应保证厌氧条件才可以使这些问题得以解决。

发黏或成丝现象被认为是酸菜的不足。酸菜发黏可能是由于肠膜明串珠菌可形成葡聚糖的原因，这种葡聚糖是通过可被蔗糖诱导的葡聚糖蔗糖酶作用而得到。

蔗糖可分解为果糖和葡萄糖，葡萄糖可形成一条葡聚糖链而形成多糖。如果酸菜中蔗糖含量低，除肠膜明串珠菌外的其他菌也能利用细胞外的一些其他多糖形成多糖。目前，人们对于酸菜中黏液形成的原因并不完全清楚，果胶分解作用也能使酸菜发黏，但是一般较为少见。

（二） 发酵黄瓜

在发酵中黄瓜的腐败大多是由微生物引起的。微生物可以通过代谢产生一些酶类使黄瓜组织软化；通过乳酸代谢形成异味；通过产生 CO_2 使果实内形成圆形中空孔，引起黄瓜肉质变形。对于肉质变形的黄瓜可以采用一些补救方法，将产品转化为其他的调味食品。但是，纤维素酶和果胶酶所引起的果实细胞组织破坏和软化意味着几乎全面经济损失。

在生产中，当 pH 过低时，乳酸菌会被抑制；当 pH 过高并且盐或酸含量过低时，梭菌和丙酸菌就会生长，造成产品的腐败。使用密封厌氧罐，并采用低 pH、高盐浓度进行生产时，这种腐败酵母也可以被抑制。

但是，发酵应该在较低的盐浓度下进行，因为大量高浓度盐水的倾倒将会影响环境，使环境中氯化物含量增加。生产者设计出了密封发酵罐，在罐中充入氮气以保证大罐顶部处于厌氧环境；在盐溶液中适当添加钙以保证黄瓜不会软化等。

（三） 发酵橄榄

发酵结束后，橄榄将储存在最后发酵液中。因此，适当地控制发酵液的酸度和盐度对于防止产品腐败是非常重要的。

在橄榄的储存时期应避免发生后发酵阶段。在产品出售前，橄榄储存于浓度大约为 8% 的发酵盐溶液中。如果橄榄不能及时出售或发酵液最终 pH 过高（ >4.0），在储存阶段就会有丙酸菌生长。这些菌种会消耗乳酸，产生丙酸和乙酸。如果此阶段持续下去，发酵液的 pH 将显著升高，并有梭状芽孢杆菌生长。

如果发酵中盐浓度过低或发酵速度过慢，可能引起大量杂菌菌群生长。大肠杆菌和酵母菌可以使橄榄发生腐烂。若橄榄在盐水中放置时间过长，在橄榄皮下形成小的凹坑，这可能是因为微生物的生长而造成的。橄榄的软化与"粉红酵母"中的红酵母、深红酵母有关，通过控制厌氧条件，或者人工去除酵母菌膜，可以抑制红酵母的生长。

产酸产硫化氢的变黑腐败会使橄榄在发酵中产生异味。最初常常会带有一种奶油味，但时间一长就会弥漫着恶臭味。在发酵液中 pH 低于 4.5 之前，在乳酸菌发酵停止时，就有可能引发产酸产硫化氢的变黑腐败。当 pH 低于 4.5 时，产酸产硫化氢的变黑腐败就不会发生。

在发生产酸产硫化氢的变黑腐败后，发酵液 pH 升高，乳酸和乙酸代谢产生大量的化合物，形成的有机酸中最多的为丙酸、丁酸、丁二酸、甲酸、戊酸、己酸和正辛酸，腐败的恶臭味可能是由环己烷羧酸、丁酸和其他挥发性酸形成的。研究者认为环己烷羧酸可能是由 4 - 羟基环己烷羧酸衍生而来的。在正常的乳酸发酵后，会有 4 - 羟基环己烷羧酸形成。丙酸杆菌和梭状芽孢杆菌的生长可能引起产酸产硫化氢的变黑腐败。

发酵过程中的拖延还会引起丁酸腐败，具有丁酸气味和风味的橄榄是不能食用的。要避免丁酸酸败现象的发生可以采用酸化发酵液和接种发酵种子的方法。

（四） 泡菜泡制

（1）及时向水槽中添加干净的水　发酵初期，坛内会有大量的气体经水槽溢出，坛内逐渐形成无氧状态。这种环境有利于同型乳酸菌的活动。如果坛内形成了一定的真空度，水槽的封口会更加严密。有时，因气温降低，坛内气体收缩而形成一定的负压，水槽内的水就会被吸入坛内，如果坛槽水不卫生，就会影响制品的品质。可通过向水槽内加入食盐使其浓度达到 15%～20% 或更换水槽的水来避免对泡菜的污染。此外每次揭盖取菜时也要避免水槽中的水进入坛内。

（2）泡菜的长期保存　泡菜若贮存的时间太久，泡菜的酸度不断增加，组织会逐渐变软，影响泡菜的品质。因此，大量生产时，每一坛内最好只泡同一种原料，只有质地紧密耐久存的才适宜长期保存。民间或家庭用泡菜由于经常揭盖取食或未及时加入新鲜蔬菜补充，坛内空气较多。因此，在泡菜盐水表面常常长有白膜状的微生物（称为酒花酵母菌）。这种微生物抗盐性和抗酸性均较强，属于好气性菌类，它可以分解乳酸，降低泡菜的酸度，使泡菜组织软化，甚至还会导致其他腐败性微生物的滋生，使泡菜品质变劣。可通过加入新鲜蔬菜装满，使坛内及早形成无氧状态。如果加入大蒜、洋葱之类的蔬菜，密封后，蒜类的杀菌作用可杀死酒花菌。如果将红皮萝卜加入泡菜坛内，红色花青素亦有显著的杀菌作用。坛内菌膜太多时，可先用小笊篱将菌膜捞去，再加入酒精或高浓度的白酒，并加盖、密封，以抑制其继续为害。

此外，在泡制和取食过程中，切忌带入油脂类物质，因油脂相对密度轻，浮于盐水表面，易被腐败性微生物所分解而使泡菜变臭。

（3）泡菜的软化　泡菜软化的原因主要是果胶物质的分解，水溶性果胶含量增加导致的。蔬菜中果胶物质的分解见图 9 - 3。

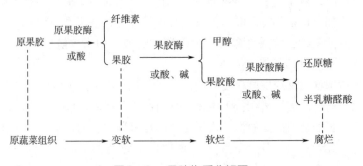

图 9 - 3　果胶物质分解图

在蔬菜未成熟时主要以原果胶形式存在于细胞壁中，整个组织比较坚硬，在逐渐成熟过程中，蔬菜组织中的原果胶在原果胶酶、稀酸的作用下，分解成可溶性果胶。蔬菜在泡制过程中，水溶性果胶的含量增加，导致泡菜变软。水溶性果胶在果胶酶或酸、碱的作用下，进一步分解成果胶酸，果胶酸可以与钙、镁离子等结合形成粘连度较大的不溶性果胶酸盐，使蔬（泡）菜脆度上升。因此为了解决泡菜软化问题，通常采用增加泡菜组织中果胶酸盐含量和人工接种乳酸菌的方法提高泡菜脆度。人工接种乳酸菌可缩短发酵周期，减少酸对菜料组织果胶物质作用的时间，降低果胶物质的分解程度，水溶性果胶含量减少，从而提高泡菜脆度。

六、 发酵蔬菜中亚硝酸盐含量的控制

（一） 发酵蔬菜中亚硝酸盐及其变化规律

1. 发酵蔬菜中的硝酸盐

蔬菜原料中的亚硝酸盐主要来源于自然界中的硝酸盐还原菌对硝酸盐的还原作用，自然界中的硝酸盐还原菌有大肠杆菌、金黄色葡萄球菌、芽孢杆菌等。在不适当的加工过程中或者贮藏条件下，蔬菜内的硝酸盐会大量转化为亚硝酸盐，成为人体摄入亚硝酸盐的主要途径之一。亚硝酸盐能使血液中的低铁血红蛋白氧化成高铁血红蛋白，使组织失去携氧能力而引起缺氧、呼吸中枢麻痹等症状。另一方面，亚硝酸盐与次级胺（仲胺、叔胺和酰胺）等反应生成强致癌物 N – 亚硝基化合物。

2. 亚硝酸盐的变化规律

蔬菜是容易积累硝酸盐的原料，蔬菜中硝酸盐的含量与蔬菜的种属、生长期、栽培条件、蔬菜部位及区域性等因素有关，例如叶菜类、根菜类、果实类的硝酸盐含量依次递减。在自然发酵前期硝酸盐会在细菌的作用下还原为亚硝酸盐，最后成品发酵蔬菜中硝酸盐含量会少于原料。一般认为在蔬菜发酵开始阶段亚硝酸盐含量相对较低，乳酸菌对杂菌的抑制能力较弱，杂菌对硝酸盐的还原作用强烈，可迅速将泡菜原料中的硝酸盐大量还原为亚硝酸盐。所以，在发酵初期可观察到亚硝酸盐含量呈现急剧增长趋势，出现不可消除的一个亚硝峰。在发酵中期乳酸菌开始占据主导，乳酸菌的快速生长繁殖一方面能抑制杂菌的生长代谢，另一方面乳酸菌生长代谢产物可消除相当部分的亚硝酸盐，故在发酵中后期，亚硝酸盐含量呈现下降趋势。

乳酸菌不含硝酸盐还原酶，所以在蔬菜的发酵过程中，不能把硝酸盐降解为亚硝酸盐。乳酸菌降解亚硝酸盐主要体现在两方面，一是酶降解途径，乳酸菌在蔬菜发酵的过程中会产生亚硝酸还原酶，降解发酵体系中的亚硝酸盐，在发酵前期，发酵液的 pH > 4.5 时，乳酸菌对亚硝酸盐的降解以亚硝酸盐还原酶降解为主；二是酸降解途径，乳酸菌利用糖类代谢产生大量酸，发酵环境的 pH 不断降低，使得亚硝酸盐还原酶的活力下降，亚硝酸盐的降解由酶降解转为酸降解。此外，乳酸菌代谢产生的细菌素是一类抗菌肽，可抑制食品腐败菌和致病菌的生长，降低蔬菜发酵过程中硝酸还原酶活性和亚硝酸盐含量。

（二） 影响亚硝酸盐含量的因素及控制方法

1. 发酵工艺条件

（1）发酵浸渍液酸度的优化　腌渍液酸度越高，亚硝峰出现越早且峰值越低，终产品的亚硝酸盐含量也越低。因此发酵过程中提高酸度可以降低 NO_2 的含量。

（2）发酵温度　高温发酵，亚硝酸盐生成快，亚硝峰出现早，峰值低且消失快。因此发酵初期温度不宜过高，以免引起丁酸发酵，发酵产生一定乳酸后，可适当提高温度。

（3）发酵液盐度　食盐质量分数低，抑菌作用小，亚硝酸盐的生成快，到达亚硝峰的时间短。食盐用量应在既不影响乳酸发酵，又能抑制有害微生物生长的范围内。

（4）发酵厌氧条件　厌氧环境下，乳酸发酵顺利进行，抑制有害菌生长。因此要注意保持发酵中的厌氧环境。将菜体排紧压实，发酵卤液要淹没菜体，并将发酵坛口水封。

（5）发酵过程中亚硝酸盐清除剂的添加　蔬菜发酵过程中添加一定量的维生素C具有防止亚硝酸盐形成的作用；发酵辅料如香辛料的添加可减少亚硝酸盐积累。

2. 贮藏条件

（1）贮藏温度　低温贮藏能抑制杂菌的活动和酶的活性，减少亚硝酸盐含量。

（2）包装及贮藏方式　真空包装有利于降低发酵蔬菜中亚硝酸盐含量。

（3）添加发酵液贮藏　发酵蔬菜产品包装过程中还可添加一定食盐含量的发酵液来抑制微生物的活动。

3. 生物学方法的应用

（1）发酵方式的优化　人工接种乳酸菌发酵或用陈卤发酵相比于自然发酵可降低亚硝酸盐含量，阻止"亚硝峰"的出现。

（2）降低产品中亚硝酸盐含量菌株的筛选和应用　利用不同菌株优劣互补，应用混合菌株进行发酵。

七、 发酵蔬菜相关标准

发酵蔬菜制品的相关标准见表9-2。

表9-2　　　　　　　　　　发酵蔬菜制品的各类标准

类别	标准名称
酱腌菜	GB 2714—2015《食品安全国家标准 酱腌菜》
	GB/T 5009.54—2003《酱腌菜卫生标准的分析方法》
	SB/T 10439—2007《酱腌菜》
	NY/T 437—2012《绿色食品 酱腌菜》
	SB/T 10213—1994《酱腌菜理化检验方法》
	SB/T 10297—1999《酱腌菜分类》
	SB/T 10214—1994《酱腌菜检验规则》
	SB/T 10301—1999《调味品名词术语 酱腌菜》
	DB41/T 820—2013《新县腌菜加工技术规程》
泡菜	SB/T 10756—2012《泡菜》
	QB/T 2743—2015《泡菜盐》
	SN/T 2303—2009《进出口泡菜检验规程》
	SN/T 1908—2007《泡菜等植物源性食品中寄生虫卵的分离及鉴定规程》
	DB51/T 1069—2010《四川泡菜生产规范》

续表

类别	标准名称
酸菜	DBS51/002—2016《食品安全地方标准 酸菜类调料》
	DBS22/025—2014《食品安全地方标准 酸菜》
	DBS50/025—2015《食品安全地方标准 酸菜鱼调料》
	T/GZSX 023—2017《盘州酸菜》
	T/XMSC 001—2019《窖腌酸菜》
	DB23/T 1818—2016《地理标志产品 红星酸菜》

八、 发展趋势

（一） 纯菌接种工业化生产

纯菌种发酵是人为地将标准菌种接种于蔬菜上进行发酵的过程。这种方式，提供了可控的人工发酵条件，和自然发酵相比，生产技术水平和产品质量得到提升。在恒温控制发酵过程中，纯菌种发酵能够大大提升发酵速度。在接种发酵的加工中，菌种选择、菌种搭配、接种技术、发酵方式等都会影响发酵蔬菜的品质。目前通常采用混合纯菌种发酵蔬菜，生产工艺分为两种，一种是在接种前对蔬菜原料进行热烫杀菌处理，然后在无菌条件下进行接种发酵；另一种不经热烫处理，发酵原料中的自然微生物参与发酵，而接种的纯菌种起优势主导作用。但是这种方法使用的菌种保存时间较短，且对菌体活性损伤大，在接种时还要对菌种进行活化、增殖、制备母发酵剂和生产发酵剂等复杂的流程。

1. 纯菌接种发酵剂

直投式发酵剂是指一系列高度浓缩和标准化的冷冻干燥发酵剂菌种，可直接加入到蔬菜原料中进行发酵，而无须对其进行活化、扩培等其他预处理工作。将直投式发酵剂用于发酵蔬菜的生产，可以省去菌种车间，减少工作人员、投资和空间，简化生产工艺，缩短发酵周期，使生产更加专业化、规范化、统一化，提高发酵蔬菜产品的质量和安全性，保障消费者的利益和健康。直投式发酵剂有两种应用类型：冷冻浓缩型和固体发酵剂。但在菌种选育、培养基的优化、高密度培养和菌体干燥等方面仍需克服生产技术上的不足。菌种选择方面要先筛选出安全、产酸、产香性能好，耐酸、耐胆盐，冷冻和抗干燥能力强的菌种，以适应其生产技术要求。培养基要求适合菌体生长，并在短期内能够获取大量有活力的菌体。高密度培养是指在特定的装置内，通过特定的手段，使菌体生长速率高于其正常生长状态，以此降低发酵剂的用量和生产成本。而菌株的干燥技术会影响乳酸菌的活菌数和存活率，并最终影响品质。

2. 接菌发酵

使用发酵剂进行酸菜发酵比生产中仅依靠天然微生物生产的产品质量更容易控制。

（1） 白菜与甘蓝发酵 用肠膜明串珠菌发酵生产的酸菜汁液口味柔和，香味纯正；而用短乳杆菌发酵生产的酸菜汁液口味粗糙，类似乙酸味；用植物乳杆菌和啤酒片球菌发酵的产品口味较差，而且物料损失大。在生产中采用纯菌种接种或肠膜明串珠菌、短乳杆菌、植物乳杆菌的混合培养物接种，最终产品质量与不接种生产的产品质量相比无多大变化。

值得注意的是，肠膜明串珠菌所生成的 D － 乳酸不能被人体代谢利用，婴儿和小孩不应食用。在德国，利用短乳杆菌菌株生产的 L － 酸菜，被作为一种保健食品出售。

（2）黄瓜 用粪肠球菌、肠膜明串菌、短乳杆菌和啤酒片球菌等接种，发酵后期的主要生产菌种仍然是植物乳杆菌，因为该菌耐酸性强。在接种前对黄瓜进行消毒，如通过 66 ~ 80℃ 热水漂洗或 γ 射线辐射对原料消毒，可以减少杂菌竞争。用乙酸钠可减缓耐酸的植物乳杆菌菌种产酸速度，使碳水化合物发酵完全。黄瓜中富含苹果酸（0.2% ~ 0.3%），植物乳杆菌可代谢苹果酸产生乳酸和 CO_2，其中 CO_2 可引起黄瓜漂浮，因此需对发酵黄瓜进行驱气处理，生产中可使用 N_2 驱气装置。

（3）橄榄 在发酵橄榄加工工艺中，通常采用传统方法，即在每 200L 盐渍橄榄中接种 1 ~ 2L "活性" 发酵液。这些 "活性" 发酵液的 pH 4.0，含有 10^6 CFU/mL 以上的植物乳杆菌菌种。

将纯植物乳杆菌、短乳杆菌、啤酒片球菌和肠膜明串球菌的混合菌株接种于经热处理（74℃、3min）和未经热处理的低盐（5% ~ 6%）橄榄中。在经热处理的橄榄中，这些微生物生长旺盛，成为主要的发酵微生物，植物乳杆菌菌种依然是发酵中的优势菌种。但在未经热处理的橄榄发酵过程中这些菌最终还是被自然菌株所取代。

（二） 发酵蔬菜汁的综合利用

发酵蔬菜的产量也呈逐年上升的趋势。泡菜在发酵过程中，发生了许多物理、生物及化学变化。发酵蔬菜腌渍成熟后，将有很多的发酵液剩余下来，这些发酵液中含有大量的有机酸类、醇类、酯类及其他乳酸菌代谢产物等。使得发酵蔬菜汁具有多种营养和保健功能性成分。因此发酵蔬菜产业的发酵汁进行综合利用具有重要意义，主要体现在如下几个方面：

（1）白菜经发酵后，其菜汁中含有大量的有机酸、细菌素、醇类及各种氨基酸等代谢物，产品既有蔬菜原料自身的营养、保健成分，具有独特的乳酸发酵风味，又有乳酸菌活菌的保健作用，对发酵汁中的有机酸进行回收及综合利用具有重要意义。

（2）乳酸菌的生长对营养的要求与其他细菌相比严格且复杂，在实验室分离、纯化乳酸菌时，通常在培养基中加入价格昂贵的酵母膏、牛肉浸膏、蛋白胨等营养物质，给乳酸菌制品工业化生产带来不便，泡菜汁作为乳酸菌价廉的生长基质，有待于开发利用。

（3）泡菜汁中乳酸菌活菌数很高，对其中的乳酸菌及其代谢产物进行综合利用，如开发为微生态制剂、开发功能性饮料、开发新型调味品等具有重要的意义，将会产生巨大的社会经济效益。

第二节　辣白菜加工

辣白菜是将白菜、萝卜等蔬菜类，经过初盐渍后拌入调制好的各种调料（如辣椒粉、大蒜、生姜、大葱及萝卜）在低温中发酵而制成的乳酸发酵制品。特点：为海鲜酱、调辅料和蔬菜综合发酵的产品，不破坏蔬菜的组织，不同风味聚集于一体。属于兼性厌氧型发酵。

一、辣白菜的原料及其特性

（一）辣白菜的原料组成

1. 主原料

植物性：白菜、萝卜、黄瓜、茄子、芥菜、英菜。

动物性：牡蛎、鲍鱼、鳕鱼、牛肉、鸡肉。

2. 辅助原料

植物性：萝卜、韭菜、水芹、胡萝卜、香菜。

坚果类：松子、栗子、银杏。

水果类：梨、苹果梨、苹果。

动物性：牡蛎、刀鱼、鱿鱼、鳕鱼、牛肉、鸡肉。

3. 香辛料

大蒜、大葱、香葱、生姜、辣椒粉、香菜籽粉、苏子粉、芝麻等。

4. 调味料

食盐、酱油、饴糖、蔗糖、发酵海鲜酱、各种鱼露等。

（二）原料特性

（1）白菜　白菜品种多主要生长在北方，白菜含有 B 族维生素、维生素 C、钙、铁、磷，微量元素锌的含量也是非常高的。中医认为白菜其性微寒无毒，经常食用具有养胃生津、除烦解渴、利尿通便、清热解毒的功效。白菜一般 10 月末至 11 月初收获，收获后仍进行呼吸，消耗糖类，品质下降，也可能因呼吸发热而引起微生物繁殖腐败。因此在贮藏方面要求去除白菜外叶，在 0 ~ 3℃温度下贮存，保持 95% 相对湿度。收获后制作泡菜或贮藏供过冬蔬菜用，能保存到下一年的 3 ~ 5 月份。

白菜品质的好坏直接影响辣白菜的制作。白菜的含水量、含糖量、纤维素、组织硬度、结球性等决定白菜的质量。一般秋季白菜质量最好。结球坚硬、内叶风味佳，白色部宽而薄，绿色部颜色深，内叶呈黄带甜味，叶片数多，重量重的白菜，适合于辣白菜制作。在泡菜成熟后能保持质脆、风味的同时，有利于贮藏。

（2）萝卜　萝卜在中国民间素有"小人参"的美称，现代营养学研究表明，萝卜营养丰富，含有丰富的碳水化合物和多种维生素，其中维生素 C 的含量比梨高 8 ~ 10 倍。一般用于制作辣白菜和过冬用蔬菜。在制作辣白菜时，一般选用组织坚硬、表面无坑、光泽油滑、甜味大、辣味少、未受风的萝卜。萝卜在贮藏时需注意应低温贮藏，若将萝卜放置在常温，则易受风，同时因呼吸和水分蒸发，引起化学成分的变化。最佳贮存条件是 0℃，保持 90% ~ 95% 相对湿度，去叶的萝卜可贮藏 2 ~ 4 个月。

（3）辣椒　辣椒，茄科、辣椒属。果实通常呈圆锥形或长圆形，未成熟时呈绿色，成熟后变成鲜红色、绿色或紫色，以红色最为常见。辣椒的果实因果皮含有辣椒素而有辣味，能增进食欲。辣椒中维生素 C 的含量在蔬菜中居第一位。辣椒依有无辣味分为两大类，一类是带有辣味的辣椒，另一类是不带辣味的甜椒，也称为青椒或柿子椒。辣椒的贮藏方式采用一般干燥保藏。

（4）蒜　大蒜味辛、性温，入脾、胃、肺，暖脾胃，消症积，解毒、杀虫的功效。蒜中含硫挥发物 43 种，硫化亚磺酸（如大蒜素）酯类 13 种、氨基酸 9 种、肽类 8 种、甙类 12

种、酶类 11 种。另外，蒜氨酸是大蒜独具的成分，当它进入血液时便成为大蒜素，这种大蒜素即使稀释 10 万倍仍能在瞬间杀死伤寒杆菌、痢疾杆菌、流感病毒等。六瓣蒜可用于辣白菜加工、多瓣蒜可用于酱腌菜、单瓣蒜可用于一般食品加工；红皮蒜可用于辣白菜加工，白皮蒜可用于酱腌菜。

（5）姜　姜属多年生草本植物，水分占 80% 左右，含丰富无机物，具有特有的香味和辛辣味道，辛辣味物质为生姜素，具有健胃发汗的特效，还有助于减肥。

（6）葱　葱原产自中国，可分为普通大葱、分葱、胡葱和楼葱。葱含有蛋白质、碳水化合物等多种维生素及矿物质，对人体有很大益处。解热，祛痰、促进消化吸收、抗菌，抗病毒。葱中所含大蒜素，具有明显的抵御细菌、病毒的作用，尤其对痢疾杆菌和皮肤真菌抑制作用更强，葱还有降血脂、降血压、降血糖的作用。

（7）水芹　水芹属于伞形科、水芹菜属，多年水生宿根草本植物。水芹还含有芦丁、水芹素和槲皮素等，其嫩茎及叶柄质鲜嫩，清香爽口，可生拌或炒食。水芹味甘辛，有清热解毒，降低血压等功效。

（8）胡萝卜　胡萝卜是一种质脆味美、营养丰富的家常蔬菜。胡萝卜富含糖类、脂肪、挥发油、胡萝卜素、维生素 A、维生素 B_1、维生素 B_2、花青素、钙、铁等人体所需的营养成分。具有治疗贫血、感冒、便秘、高血压，预防癌症，健胃，美容等功效。

（9）海鲜酱　海鲜酱是指将海鲜类用盐腌制后在一定条件下经发酵而制成的食品。能够抑腥提鲜，是烹饪过程中的优质调料，也可用于生鲜肉类的烹饪调味，分外香浓。海鲜酱发酵期间蛋白质分解为氨基酸，生成固有的味道和香气，鲜鱼的刺分解为易于吸收的钙，脂肪转化为挥发性脂肪酸，生成酱汁特有的味道和香气。在发酵过程中盐的添加量为 15% ~ 35% 不等，温度高时添加量适当高一些，温度为 13 ~ 15℃ 较好，高温下发酵快。

鱼虾酱汁作为优质的蛋白质和钙、脂肪的供应源，钙含量高的碱性食品，具有中和体液的重要作用。常见的海鲜酱有虾酱、凤尾鱼酱、鱿鱼酱、刀鱼酱、明太鱼酱、鱼子酱。海鲜酱制作工艺为：

原料→ 洗涤 → 沥干 → 腌制 → 成熟 →包装。

①原料：鱼类、甲壳类、软体类，除去内脏、消化系统；

②醢类：盐或酱油；

③食醢类：淀粉类，盐，麦芽糖，辣椒面。

二、 辣白菜的制作工艺

（一） 辣白菜的制作工艺流程及操作要点

辣白菜的制作工艺流程如图 9 - 4 所示。

具体操作要点如下：

（1）挑选新鲜白菜，择掉凋谢的叶子，从下部切开 1/3；

（2）用手掰开切开的部位；

（3）把颗粒盐撒在白菜帮上；

（4）用腌渍用盐水浸渍白菜；

（5）把撒完盐的白菜层层叠放起来腌渍；

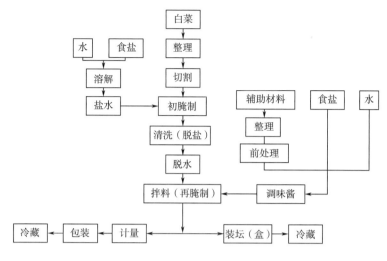

图9-4　辣白菜的制作工艺流程

（6）把萝卜切成1cm的圆片后，切成丝；

（7）葱白、芥菜、水芹择洗后以4cm大小切碎，大葱只把白色部分粗略地切碎；

（8）腌渍泡菜的调料馅：在萝卜丝中放入辣椒面，使它染成红颜色之后用盐调味；

（9）把捣碎的蒜、生姜、控干水分的虾酱及水芹、芥菜、葱白、大葱添加到搅拌好的生萝卜丝中；

（10）从腌渍好的白菜的底部开始，塞进搅拌好的泡菜馅；

（11）用外层叶子包扎整棵白菜后放入缸中；

（12）把白菜帮放在上部，然后撒颗粒盐。

（二）调味酱原料及其加工方法

调味酱原料作用及其处理如下：

1. 萝卜

萝卜可以增加甜味，可吸收各种辅料的风味，抑制风味的散发；吸收辣椒的红色素，把色素固定在萝卜条上。加工方法：

（1）去除萝卜头部和尾部的须子，清洗后控干水分；

（2）然后切成0.3~0.4cm的薄片，再切成0.3cm的丝。

2. 辣椒面

辣椒面作用是调味，增添辣味；调色，增添红色。其加工方法：

（1）选用当年辣椒，色泽鲜红，无腐烂或发霉；干燥。

（2）摘柄去籽，粉碎，细度适中，均匀。

（3）用温水泡发辣椒面，再放入虾酱或凤尾鱼酱进一步浸泡。

3. 海鲜酱

海鲜酱可增添浓厚幽香的味道，一般含有15%~20%的食盐可调节咸淡，减弱辣椒的红色。制作不好或贮藏时间长会出现腥味。使用时捞出干的部分，利用捣碎机粗略地捣碎。

4. 大蒜

大蒜可增进芳香和味道，有利于蔬菜草腥味的消除；具有杀菌作用，可以除去发酵初期的腐败菌；促进新陈代谢、提高免疫力、预防动脉硬化、血栓形成，抗疲劳、抗老化、降低胆固醇含量等。处理方法：剥皮，破碎，制成蒜泥。

5. 生姜

生姜可增进辛辣味，去腥膻，增加鲜味；具有杀菌作用，可以除去发酵初期的腐败菌；有温暖、兴奋、发汗、止呕、解毒等作用。处理方法：剥皮，绞碎。

（三）初腌制

为了使蔬菜（白菜）脱水，体积变小，使组织变软；高盐浓度抑制微生物生长繁殖，提高贮藏性，将适量浓度的盐均匀渗透到食品材料组织内部的过程。

1. 初腌制原理

（1）渗透作用　渗透作用指两种不同浓度的溶液隔以半透膜（允许溶剂分子通过，不允许溶质分子通过的膜），水分子或其他溶剂分子从低浓度的溶液通过半透膜进入高浓度溶液中的现象。或水分子从水势高的一方通过半透膜向水势低的一方移动的现象。在腌制时，由于产生渗透压，细胞内的水分渗出，盐和调料进入细胞内部，细胞原生质和膜分离，活细胞最终走向死亡。

（2）电离作用　NaCl 在水中电解出来氯离子，起杀菌作用。

2. 初腌制操作要点

初腌制的效果因腌制的方法不同而有所不同，常见的方法有：干腌法、湿腌法、混腌法。

（1）干腌法　将清洗后的半切白菜各叶片之间撒盐堆放的方法。缺点：难以数量上均匀处理，每棵白菜之间盐的浓度差异较大。

（2）混腌法　将白菜撒盐后堆放，再灌盐水，用重物压下。缺点：缸与缸之间、同一缸中上、下部之间，盐浓度差异较大。

（3）湿腌法　腌制缸中堆放白菜，用重物压上后，泡在一定浓度的盐水中。优点：缸与缸、上下部之间盐浓度较均匀，有利于标准化和自动化。缺点：白色部较难腌透。

3. 影响初腌制效果的因素

（1）盐浓度和腌制时间　初腌制效果受到盐浓度和腌制时间的影响，不同季节对应不同浓度和时间。具体如表9-3所示。

表9-3　　　　　　　　　　盐浓度和腌制时间对初腌制效果的影响

季节	盐浓度 （质量分数） /%	腌制时间/h
春	8.8	16.7
夏	7.5	16.2
秋	9.0	17.0
冬	11.0	20.5

工厂里进行初腌制时要注意，温度越高，盐浓度和时间要减少；家庭制作过程中，一般用盐浓度11%~13%可保持白菜固有甜味和新鲜度、组织脆度；用混腌法或干腌法时，要上下翻转。

（2）真空度　在腌制过程中需对白菜进行减压处理，真空度越高，汁液渗出量越多；但外观上白菜组织变透明变黑，带来固形物损失。

（3）白菜部位　白菜不同部位的腌制效果不同，腌制方法也随之不同。这是因为盐的渗透速度白色部比绿色部慢，所以利用干腌法和混腌法，在白色部多撒盐。

（4）白菜切割程度　一般对白菜进行切割时将切割速度控制为：四开 > 半开 > 整颗。特别注意切开越多，腌制速度越快，但会增加固形物损失。

（5）$CaCl_2$ 的添加比例　初腌制过程中 $CaCl_2$ 的添加比例一般为：10% 盐水 + 2% $CaCl_2$，10℃下 24h，可以延长贮存期 4 ~ 5d。

（6）柠檬酸　可提高风味和组织脆度。

（四）　再腌制　（发酵成熟）

朝鲜族泡菜的再腌制过程是产生风味物质的重要步骤；初腌制时有害微生物被抑制，有益微生物开始生长；拌料后再腌制阶段才开始真正的发酵。将已配制好的调味料均匀地涂抹在初腌制的蔬菜（白菜）表面，装在容器里密封发酵（乳酸菌）的过程。

辣白菜的发酵是多种乳酸菌共同作用，因此发酵条件不同其成熟程度也不一样。工厂化生产辣白菜，一般在 4 ~ 5℃冷藏室储存并发酵；适宜食用的泡菜 pH 4.5 ~ 5.1，盐浓度为 2.6% ~ 2.8%。

三、　辣白菜发酵的影响因素

辣白菜的发酵受温度、浓度、空气温度、调辅料和其他等因素影响。

（1）在温度方面，15℃拌好的泡菜放置在低温下，使温度缓慢下降；在 1 ~ 2℃保存最佳；2%、3% 盐浓度可促进成熟，大于 4% 抑制成熟；因乳酸菌是厌氧菌，要保持密封状态，家庭利用泡菜缸，泡菜冰箱。

（2）调辅料中辣椒、海鲜酱、蒜、糯米糊促进成熟，其中辣椒的影响最为明显，生姜、葱无促进作用；3.6% 海鲜酱，2.5% 盐，24℃下 12h 和 4℃下 84h 成熟时风味俱佳；早期短时间微波加热 15 ~ 30s；添加淀粉酶、纤维素酶，促进组织软化；添加发酵启动菌种，如肠膜状明串珠菌；添加微量元素，促进乳酸菌发酵。

四、　辣白菜发酵

辣白菜的发酵过程是碳水化合物、脂肪、蛋白质等有机化合物被微生物利用生成乳酸、苹果酸、草酸、肽、氨基酸、游离脂肪酸等有机化合物的过程。包括如下变化：

1. 辣白菜发酵涉及的主要微生物的变化

辣白菜发酵不同阶段优势微生物不同，如发酵初期主要涉及肠膜明串珠菌、粪链球菌、液化链球菌；发酵中期短乳杆菌、胚芽乳杆菌，肠膜明串珠菌，啤酒片球菌；发酵末期胚芽乳杆菌、植物乳杆菌、耐盐酵母、霉菌。

可以看出，发酵初期厌氧性细菌开始迅速增加，5d 以后开始减少；发酵初期好氧性细菌迅速增加，随着氧气的消耗，生长逐渐受到抑制，中期急速减少，后期再增加；发酵后期酵母菌属迅速增长。

2. 成分的变化

（1）有机酸及酸度的变化　有机酸种类：乳酸、苹果酸、草酸、丙二酸、琥珀酸、柠檬酸、乙酸，其中乳酸、琥珀酸、乙酸及二氧化碳对风味贡献最大。生成有机酸的种类和数量则受成熟条件、盐浓度、原料种类的影响。低温（6~7℃）长时间成熟比高温（22~23℃）短时成熟，其风味要好。因为在低温成熟时渗透到泡菜液及组织中的乳酸、琥珀酸、乙酸及二氧化碳含量也高。适合酸度：0.4%~0.6%乳酸含量。

（2）氨基酸的变化　微生物作用，使蛋白质降解，产生肽类、氨基酸等物质。海鲜酱添加到泡菜的动物性食品蛋白质含量很高；蛋白质在成熟过程中被微生物利用产生降解产物；游离氨基酸含量增高，提高风味。

（3）维生素的变化　维生素 A 在成熟过程中含量逐渐减少，维生素 B_1 和维生素 B_2 在 3 周后呈双倍增长，之后再减少到初期含量；维生素 B_{12} 初期减少 3 周后增加，4 周恢复原来含量；维生素 C 初期稍微增加后逐渐减少，随辣白菜品质下降其含量也下降，被空气氧化或加热破坏，酸败时其含量只有初期的 30%。

3. 感官状态的变化

感官状态的变化具体表现在酸度提高、风味形成、组织软化。

五、 包装与保藏

（一） 包装容器及方法

塑料软包装法、塑料容器、铁罐包装、瓷坛子包装、玻璃瓶子包装。

（二） 保藏方法

1. 冷藏法

冷藏法是维持泡菜质量的最好的方法。

冷藏原理：为了抑制泡菜的酸败，应抑制微生物及酶的活性；低温冷藏，可以抑制乳酸菌的生长；同时抑制其他微生物的生长，酶的活性减弱，泡菜可以长期保存。

在 0℃左右保存，可长期新鲜保存泡菜，而且从生产到贮存、运输、销售实现冷链化。

其中，家庭保存常用地窖、冰箱、阳台、辣白菜专用冰箱等简易保存；商业保存则是用辣白菜专用冷库和低温冷藏库。

2. 杀菌密封法

杀菌密封法原理：将泡菜中的微生物加热杀菌后密封流通的方法。但长期保存辣白菜，影响辣白菜的新鲜度、组织感等品质。具体方法有以下几种：

（1）85℃下 25min 可完全杀菌，但影响品质。

（2）60℃脱气后 60℃杀菌 30min。

（3）85℃加热 15min 以下，可以减缓对质量的影响。

综合分析，应同其他方法合并使用，可以提高储藏效果。

3. 添加防腐剂法

可使用的防腐剂的种类和量受到有关法规的严格限制，延长保存期所需防腐剂的量，会带有异味，影响质量，因此同其他方法结合，合并使用。防腐剂分为两大类：

（1）天然防腐剂　桂皮油、芥末油、山草、甘草、甜参等等中药材提取物、松叶汁提取物、蒜、鱿鱼骨、绿茶提取物等。抗菌性乙酸、乳酸、草酸。

（2）合成防腐剂　月桂酸、山梨酸（0.1%）、苯丁酸（0.01%）、苯甲酸（0.3g/L）、甲壳胺（0.1%~0.15%）、脱氢乙酸钠（0.01%）、己二酸（0.12%），保存期延长 10℃下 2.3 倍，20℃下 1.5 倍。抗菌性：乙酸 > 乳酸 > 草酸。

4. 其他方法

利用 X 射线或 γ 射线照射后，可以延长保存期限。但由于辣白菜液变色，经济效益、安全性等方面的问题，还未采用此方法；真空包装的保存期比常压包装长；加钙盐可使多聚半乳糖醛酸酶失活，抑制果胶分解。

第三节　发酵果蔬汁饮料

国家标准 GB/T 31121—2014《果蔬汁类及其饮料》将发酵果蔬汁饮料明确定义为：以水果或蔬菜，或果蔬汁（浆），或浓缩果蔬汁（浆）经发酵后制成的汁液、水为原料，添加或不添加其他食品原辅料和（或）食品添加剂的制品。2014 年，发酵果蔬汁饮料这一概念被正式被提出并日趋成熟，发酵果蔬汁饮料及酵素饮料最令人瞩目。

一、　发酵果蔬汁饮料的分类及其微生物

（一）　发酵果蔬汁饮料的分类

（1）根据原料不同，发酵果蔬汁饮料可以分为发酵苹果汁饮料、发酵葡萄汁饮料、发酵梨汁饮料、发酵山楂汁饮料、发酵蓝莓汁饮料等。

（2）根据发酵所用菌种不同，发酵果蔬汁饮料可分为醋酸菌发酵果蔬汁饮料、乳酸菌发酵果蔬汁饮料和酵母发酵果酒饮料。

（二）　发酵果蔬汁饮料的微生物

用于发酵果蔬汁饮料的微生物主要细菌和酵母菌，其中细菌主要有乳酸菌和醋酸菌两种。

1. 乳酸菌

乳酸菌（lactic acid bacteria）是一种已被广泛应用于果蔬发酵食品生产中的人体益生菌，可用于发酵果蔬的乳酸菌主要有乳酸杆菌、戊糖乳杆菌、乳酸奶球菌、链球菌、明串珠菌等。发酵果蔬汁的乳酸菌要求具有较强耐酸性，最适生长的 pH 为中性或者弱酸性，最适生长温度 30 ~ 37℃。

乳酸菌的发酵类型分为两类：第一类为同型乳酸发酵，即葡萄糖经过糖酵解途径（EMP）只生成乳酸一种代谢产物，反应方程式如下，代表乳酸菌有植物乳杆菌、嗜热链球菌等。

$$C_6H_{12}O_6（葡萄糖）\rightarrow 2C_3H_6O_3（乳酸）$$

乳酸菌的第二类发酵类型为异型乳酸发酵，主要通过戊糖磷酸途径发酵，发酵产物除乳酸外，还可以产生乙醇、乙酸和二氧化碳等其他产物，反应如下，代表菌种有肠膜明串珠菌、发酵乳杆菌等。

$$C_6H_{12}O_6（葡萄糖）\rightarrow C_3H_6O_3（乳酸）+ C_2H_6O（乙醇）+ CO_2$$

乳酸菌在发酵过程中除了可以产生乳酸外，还可以产生乙酸、丙酸等有机酸来赋予发酵果蔬汁饮料较柔和的酸味；也可以产生 2 - 庚酮、2 - 壬酮、氨基酸短肽等来赋予发酵果蔬汁饮料爽口、清香的口感；在丙酮酸乙偶姻脱氢酶作用下产生微量双乙酰可赋予制品奶油香

味，具有水果香味的低级饱和脂肪酸与脂肪醇所形成的酯类物质（其中由乙酸与乙醇形成的乙酸乙酯、乳酸与乙醇形成的乳酸乙酯等）。除此之外，乳酸菌代谢过程能合成 B 族维生素和维生素 K 等；在用单糖和寡糖进行代谢繁殖的同时合成释放出具有杀菌、抗肿瘤等功能的胞外多糖，并不再利用其作为碳源；能产生酚酸酯酶释放果蔬中的结合酚或产生酚酸脱羧酶实现酚类物质的转化，从而改变酚类物质的含量与组成。乳酸菌发酵后果蔬中的总酚、黄酮、维生素、矿物质、胞外多糖等功效成分得到调整和提升。

2. 酵母菌

酵母是一种兼性厌氧的单细胞真菌，发酵食品中常用的酵母品种为酿酒酵母，酿酒酵母能够利用糖类物质代谢产生酒精，用以生产含酒精类的饮品，反应如下：

$$C_6H_{12}O_6 \rightarrow 2C_2H_5OH + 2CO_2$$

酵母在有氧条件下适合其进行正常的生长繁殖，而在无氧的条件下则适合其进行酒精发酵。酿制果酒能够有效地解决在收获期果蔬过剩产生的资源浪费的现象，同时还能进一步进行发酵制得果醋，以此来增加果蔬带来的经济效益。发酵果蔬汁饮料要求所使用的的酵母菌具有较低的产酒精能力，一般不使用常规酿酒酵母，目前主要使用的是乳酸克鲁维酵母和脆壁克鲁维酵母。这类酵母产酒精能力很低，发酵所产生的风味较好，可以单独使用也可混合使用。

3. 醋酸菌

醋酸菌是指将乙醇氧化成乙酸的革兰氏阴性菌的总称。醋酸菌的形态多样，最适生长温度为 28℃左右，最适 pH 为 5.4～6.0。目前应用较多的优良菌种有醋酸杆菌属（*Acetobacter*）和葡萄糖杆菌属（*Gluconoacetobacter*）。在氧气、糖原充足的条件下，醋酸菌可以直接将葡萄糖分解成乙酸；当氧气充足，糖原缺少时，醋酸菌先将乙醇氧化成乙醛，再进一步氧化得到乙酸。

$$CH_3CH_2OH + 1/2O_2 \rightarrow CH_3CHO + H_2O$$
$$CH_3CHO + 1/2O_2 \rightarrow CH_3COOH$$

不同类型的醋酸菌对乙醇的最终代谢产物也有所不同，周生鞭毛醋酸杆菌能将乙醇氧化为乙酸，并进一步把乙酸氧化成二氧化碳和水，而极生鞭毛醋酸杆菌只能将乙醇氧化为乙酸，因而需要根据产品的品质要求严格控制发酵程度。

（三）影响微生物发酵的因素

1. 原料组成

为了满足消费者对发酵果蔬汁饮料的风味、色泽、口感的要求，往往单独一种果蔬不能达到这样的目的，这就需要根据果蔬的质地、色泽相近的果蔬进行混合发酵。不同的果蔬自身含有的对微生物生长繁殖所必需的碳源、氮源及其他营养成分种类和比例各不相同。微生物对同类不同种营养元素的利用具有偏爱性，同时不同的营养元素会刺激微生物利用不同的代谢通路来产生不同的代谢产物。因而，原料组成不同的果蔬汁会对微生物的发酵性能产生很大的影响。

2. 发酵菌种的种类与比例

为了使得发酵果蔬汁饮料具有更好的风味和口感，往往需要利用几种不同的微生物进行混合发酵。例如，果醋类饮料的发酵就需要酵母菌与醋酸菌同时作用。不同类菌属甚至同种菌属不同菌种的微生物在发酵过程中所利用的营养成分以及产生的代谢产物均不相同。因而，在工业生产中往往需要根据原料果蔬汁来选择合适的发酵菌种。同时，在不同菌种同时进行发酵过程中，发酵菌株之间也会产生相互影响，因而考虑不同菌株之间的交互作用也是菌种选择的重要部分。例如，当使用乳酸链球菌:干酪乳杆菌:酵母菌为 1:2:3 时，黄瓜、胡萝卜发酵果蔬汁具有良好的口感和风味。因而，根据原料来选取发酵菌株并进行菌种的比例调配是影响发酵果蔬汁发酵过程的关键因素。

3. 温度

温度，可以通过影响关键酶的活性来影响微生物的整个代谢过程。不同种发酵微生物的最优发酵温度各不相同。例如酵母菌的最适生长条件为 20~30℃，醋酸菌的最适生长条件为 25~30℃，而乳酸菌的最适生长温度为 30~37℃。根据不同的菌种以及菌种之间的混合比例来选择适合菌株发酵的温度。例如黄瓜、胡萝卜发酵果蔬汁的最适发酵温度为 30℃，樱桃苹果发酵果蔬汁饮料的最适发酵温度为 36℃。

4. pH

酵母菌能在 pH 3.0~7.5 的范围内生长，最适 pH 4.5~5.0；乳酸菌和醋酸菌的最适 pH 4.0~7.0，因而调节合适 pH 有利于微生物的发酵。随着发酵过程的降低，发酵液的 pH 会逐渐降低，当 pH 低于菌株最适 pH 时，微生物的发酵则会受到限制。过低的 pH 也会使得产品的酸味过大，影响饮料的口感，因而需要在合适的时机终止发酵过程。

二、 发酵果蔬汁的工艺流程和工艺要点

发酵果蔬汁生产工艺流程如下：

原料选择 → 预处理 → 制浆或榨汁 → 过滤 → 调配 → 灭菌 → 冷却 → 接种 → 发酵 → 过滤 → 调和 → 灌装密封 → 灭菌冷却 → 检验 → 成品。

1. 原料选择

原料应选择成熟度高、果实饱满、酸味适当、无病虫害和霉变、汁液丰富的果蔬。为了增加果蔬汁饮料的风味、口感和营养，可以考虑使用一种或者多种质地和颜色相近的果蔬进行混合发酵。

2. 调配

通常果蔬的营养成分不能够支持发酵微生物的正常代谢生长，因而需要根据具体情况对果蔬汁进行合理的调配。调配的方式主要有两种：一种是直接添加需要的营养素成分，如葡萄糖、脱脂奶粉等；另一种则是通过不同的果蔬汁的混合调配来实现。

3. 灭菌

发酵果蔬汁饮料的生产过程中需要两步灭菌，分别为发酵前灭菌和发酵后灭菌。参考杀菌条件为：酸性和高酸性果蔬汁，80~85℃、30min，或高温瞬时杀菌，快速升温至 93℃，维持 15~30s；低酸性果蔬汁，可采用高温瞬时杀菌，120℃、3~5s。传统的热杀菌和添加二氧化硫等抑菌手段尽管能达到杀菌的目的，但是会导致发酵果蔬汁饮料的风味和色泽的劣变；新型的灭菌方式包括膜过滤、超高压、高压脉冲电场等方法能够在有效灭菌的同时保留发酵果蔬汁饮料当中的热敏成分，尽可能地降低功能成分的损失。

4. 接种与发酵

发酵在接种前需要对果蔬汁进行灭菌处理，防止其他微生物生长繁殖。菌株接种量一般为果蔬汁的 4%~5%，发酵温度一般在 30~40℃，发酵终点通常控制在酸度达到 1.5%

左右。

5. 调和

往往单一的发酵果蔬汁饮品不具备我们所期待的风味、色泽和品质，通过合理的调和可以改进饮料的风味、增加饮料的营养来满足消费者的需求。糖、酸、着色剂和稳定剂等是常用的调和剂。

三、 植物酵素饮料制作工艺

酵素是以新鲜的蔬菜、水果、糙米、药食同源中药等植物为原料，经过榨汁或萃取等一系列工艺后，再添加酵母菌、乳酸菌等发酵菌株进行发酵所产生的含有丰富的糖类、有机酸、矿物质、维生素、酚类、萜类等营养成分以及一些重要的酶类等生物活性物质的混合发酵液。

（一） 植物酵素的工艺流程及要点

下面以黑加仑酵素为例，介绍酵素的生产流程：

黑加仑果→ 清洗、破碎 → 酶解 → 过滤 → 调糖 → 杀菌 → 冷却 → 接种 → 发酵 →黑加仑酵素。

（1）酶解 黑加仑清洗破碎后，按照 2.0mL/kg 的比例添加果胶酶，在 50℃ 条件下酶解 2h。

（2）调糖 在室温条件下，向黑加仑果汁中添加白砂糖，使得初始糖度为 16%～20%。

（3）菌种活化 将葡萄酒专用高效活性酵母按与蒸馏水 1:10 倍（g/mL）溶解，在 30℃ 恒温水浴锅中活化 30min，备用。

（4）接种 果汁灭菌后，按照 0.07% 的接种量接种酵母菌。

（5）发酵 在 28℃ 条件下发酵 96h。

（二） 植物酵素的生物活性

随着生活水平的提高，饮料的发展趋势也朝着功能、保健的方向发展。伴随着植物发酵饮料的发展，人们开始把目光移向果蔬发酵饮料。由于植物果蔬可选择的广泛性，也使得果蔬发酵饮料的口味和营养成分具有丰富性。另外，益生菌的加入也使得果蔬发酵饮料具有一系类的功能成分如多糖、肽类、多酚类、黄酮类、γ - 氨基丁酸、超氧化物歧化酶等。益生菌选择的多样性也决定了发酵果蔬汁饮料在风味、口感以及功能上的多样性足以满足绝大多数人的需求。

（1）抗氧化作用 酵素在发酵过程中会产生大量的酚类、黄酮类以及超氧化物歧化酶等物质，能够在机体内起到清除自由基的作用。

（2）降血脂及减肥作用 国内外大量研究表明酵素具有降血脂及减肥功效，但并未对其机理进行详细的阐述，有学者认为可能是酵素中的脂肪酶和微生物的共同作用达到了降血脂以及减肥效果。

（3）解酒与护肝作用 微生物酵素中的乙醇脱氢酶能够分解乙醇，降低谷草转氨酶、谷丙转氨酶和丙二醛等水平，从而达到解酒护肝的效果。

（4）美容美白作用 微生物酵素含有的酶类物质能够消解老化细胞，促进表皮细胞新陈代谢，清洁皮肤以及去油脂，使得皮肤细腻有光泽。

四、常见质量问题

1. 发酵果蔬汁饮料偏甜或者偏酸

造成的原因有：

（1）甜味剂的加入量不准确。

（2）发酵果蔬汁的酸度没有制定明确标准，不同批次之间的酸度存在偏差。

（3）发酵时间过短或者过长，导致微生物发酵产酸过少或者过多。

（4）活菌型发酵果蔬汁饮料在储存和销售过程中由于冷链的不完善使得微生物继续发酵产酸，使得饮料口感偏酸。

2. 发酵果蔬汁饮料灭菌不彻底

发酵前灭菌不彻底会导致在发酵过程中有杂菌污染，轻则导致产品风味、质地和品质出现问题，重则杂菌可能产生有害物质，危害消费者身体健康。发酵后如果灭菌不彻底会导致残存的微生物继续进行发酵，可导致饮料发酸、出现凝块等情况，因此要控制灭菌条件，保证产品品质。活菌型发酵果蔬汁饮料不需要进行发酵后灭菌，但需注意发酵后饮料的保存条件，防止菌体继续发酵影响产品品质。

3. 发酵果蔬汁饮料发酵过程中褐变

在发酵过程中，随着微生物的代谢，使得蛋白质分解产生大量的游离氨基酸，同样，糖类物质也会分解产生具有还原性的葡萄糖和果糖。这些糖类和游离氨基酸可以发生美拉德反应产生褐变。影响褐变的因素有很多，主要有温度、pH、蛋白质种类、酶及光线等，其中温度的影响最大。

为此，可以选用合理的杀菌工艺，原料的加热时间不宜过长、多添非还原性糖来代替还原性糖以及在避光的条件储存产品来减轻褐变反应。

4. 出现坏包

对于活菌型发酵果蔬汁饮料，引起坏包的主要原因有：

（1）发酵前杀菌不彻底导致微生物的污染；

（2）灌装过程污染；

（3）包装封口不严；

（4）贮存、运输过程温度过高。

对于非活菌型发酵果蔬汁饮料产生坏包的原因主要是在杀菌和包装过程中有微生物污染。因此，规范杀菌工艺和保持工厂环境清洁是保证饮料品质的关键因素。

第四节 果醋酿造

果醋是以鲜果或果汁等为原料，经乙醇发酵后再经乙酸发酵而制成的发酵产品。果醋的原料主要有苹果、山楂、葡萄、柿子、梨、杏、柑橘、猕猴桃、西瓜以及这些果品加工下脚料等。果醋兼有水果和食醋的营养保健功能，是集营养、保健、食疗等功能为一体的饮品。

一、 果醋的分类

1. 按原料分

果醋的加工方法可以归纳为鲜果制醋、鲜果浸泡制醋、果酒制醋三种方法。

（1）鲜果制醋是将果实先破碎榨汁，再进行酒精发酵和乙酸发酵。

（2）果汁制醋是直接用果汁进行酒精发酵和乙酸发酵。

（3）鲜果浸泡制醋是将鲜果浸泡在一定浓度的酒精溶液或者食醋溶液中，待鲜果的果香、果醋及部分营养物质进入酒精溶液或食醋溶液之后，再进行乙酸发酵。

（4）果酒制醋是以各种酿造好的果酒为原料进行乙酸发酵。

不论以鲜果为原料还是以果汁、果酒为原料制醋，都要进行乙酸发酵这一重要工序。

2. 按发酵方法分

果醋发酵的方法有固态发酵、液态发酵和固–液发酵法。这三种方法因水果的种类和品种不同而定，一般以梨、葡萄及沙棘等含水量多的、易榨汁的果实为原料时，宜选用液态发酵；而水分含量少、黏度大、不宜榨汁的果实为原料时宜选用固态发酵法。固–液发酵法选择的果实介于两者之间。

二、 果醋酿造微生物及酿造机制

（一） 果醋发酵微生物

1. 发酵微生物特点

果醋酿造的酒精发酵阶段常用的发酵微生物为酵母菌，有关酵母菌的介绍见葡萄酒酿造。

乙酸发酵阶段的发酵微生物为醋酸菌（*Acetic acid bacteria*），该菌大量存在于空气中，种类繁多，对乙醇的氧化速度有快有慢，醋化能力有强有弱，性能各异。生产果醋为了提高产量和质量，避免杂菌污染，采用人工接种的方式进行发酵。酿醋厂选用的菌种，应该氧化酒精速度快能力强，而分解乙酸能力弱、耐酸性强，产品风味好。目前国外有些厂采用混合醋酸菌发酵食醋，其特点是：发酵速度快，能形成其他有机酸和酯类等组分，增加产品香味和固形物成分。目前国内常用的醋酸菌有 AS1.41 醋酸菌和沪酿 1.01 醋酸菌。AS1.41 醋酸菌是中国科学院微生物研究所分离保藏的菌种，已在食醋生产中广泛应用多年，产酸率高，质量较好，是较优良菌株，其最适宜培养温度为 23~31℃，最适宜产酸温度为 28~33℃，最适宜 pH 为 3.5~6.0。耐酒精含量小于 8%，最高产酸量为 7%~9%（乙酸）。沪酿 1.01 醋酸菌是上海市酿造科学研究所和上海醋厂分离得到的菌种，已在生产中使用多年，产酸率高，性能稳定，也是一个优良菌种。其最适宜生长温度为 30℃，最适发酵温度为 32~35℃，最适宜 pH 5.4~6.3，能耐 12%（体积分数）酒精含量，在 pH 为 4.5 时氧化酒精能力较强。

2. 影响微生物的环境因素

（1）果酒中的酒精含量超过 14%（体积分数）时，醋酸菌生长缓慢，被膜变成不透明，灰白易碎，生成物以乙醛为多，乙酸产量甚少。而酒精含量若在 12%（体积分数）以下，醋化作用能很好进行，直到酒精全部变成乙酸。

（2）果酒中的溶解氧越多，醋化作用越快越完全，理论上 100L 纯酒精被氧化成乙酸需要 38.0m³ 纯氧，相当于空气量 183.9m³。实践上供给的空气量还需超过理论数的 15%~20% 才能醋化完全。反之，缺乏空气，则醋酸菌被迫停止繁殖，醋化作用也就受到阻碍。

（3）果酒中的二氧化硫对醋酸菌的繁殖有碍。若果酒中的二氧化硫含量过多，则不宜制醋。解除其二氧化硫浓度限制后，才能进行乙酸发酵。

（4）温度在10℃以下，醋化作用进行困难。20~32℃为醋酸菌繁殖的最适温度，30~35℃其醋化作用最快，达40℃时即停止发酵。

（5）果酒的酸度过大对醋酸菌的发育也有妨碍。醋化时，乙酸量陆续增加，醋酸菌的活动也逐渐减弱，至酸度达某限度时，其活动完全停止。一般能忍受8%~10%的乙酸浓度。

（二）果醋发酵机制

1. 发酵过程

果醋发酵需经过两个阶段，即先进行酒精发酵，然后进行乙酸发酵。酒精发酵理论已在葡萄酒酿造一章述及，以下仅简述乙酸发酵。乙酸发酵是依靠醋酸菌的作用，将酒精氧化生成乙酸的过程，其反应如下：

首先酒精氧化成乙醛：$CH_3CH_2OH + 1/2O_2 \rightarrow CH_3CHO + H_2O$

其次是乙醛吸收一分子水成水化乙醛：$CH_3CHO + H_2O \rightarrow CH_3CH(OH)_2$

最后水化乙醛再氧化成乙酸：$CH_3CH(OH)_2 + 1/2O_2 \rightarrow CH_3COOH + H_2O$

理论上100g纯酒精可生成130.4g乙酸，在生产实际过程中只能生成100g乙酸。其原因是醋化时酒精的挥发损失，特别是在空气流通和温度较高的环境下损失更多。其次醋化生成物中，除乙酸外，还有二乙氧基乙烷［$CH_3CH(OC_2H_5)_2$］，具有醚的气味，以及高级脂肪酸、琥珀酸等，这些酸类与酒精作用，会缓缓产生酯类，具有芳香。所以果醋也如果酒，经陈酿后品质变佳。

因醋酸菌含有乙酰CoA合成酶，因此，它能氧化乙酸为二氧化碳和水，即：$CH_3COOH + O_2 \rightarrow CO_2 + H_2O$

正是由于醋酸菌具有这样过氧化反应，所以当乙酸发酵完成后，一般要采用加热杀菌或加盐来阻止醋酸菌的繁殖，抑制其继续氧化发酵，防止乙酸分解。

2. 陈酿

果醋品质的优劣取决于色、香、味三要素，而色、香、味三要素的形成是十分复杂的，除了发酵过程中形成的风味外，很大一部分还与陈酿后熟有关。果醋在陈酿期间，主要发生以下物理化学变化。

（1）色泽变化　在陈酿贮藏期间，由于醋中的糖分和氨基酸结合会产生类黑色素等物质，使果醋的色泽加深。醋的贮藏期越长，贮藏温度越高，则色也变得越深。此外，果醋在制醋容器中接触了铁锈，经长期贮存与醋中的醇、酸、醛、成分反应会生成黄色、红棕色。原料中的单宁属多元酚的衍生物，也能被氧化缩合成黑色素。

（2）风味变化　在果醋贮存期间与风味有关的变化有如下两类反应：

①氧化反应：如酒精氧化生成乙醛，果醋在贮存三个月后，乙醛含量会由0.128mg/L上升到0.175mg/L。

②酯化反应：果醋中含有许多有机酸，与醇反应后会生成各种酯类。果醋陈酿的时间越长，形成的酯的量也越多。酯的生成还受温度、醋中前体物质的浓度及界面物质等因素的影响。气温越高，形成酯的速度越快；醋中含醇类成分越多，形成的酯也越多。

在果醋的贮存过程中，水和醇分子间会起缔合作用，减少醇分子的活度，可使果醋味变得醇和。为了确保成品醋的质量，新醋一般须经过1~6个月的贮存，不宜立即出厂。经过陈酿的果醋，风味会有明显的改善。

三、 果醋加工工艺

（一） 果醋加工方法

1. 固态发酵法工艺流程

果品原料→ 切除腐烂部分 → 清洗 → 破碎 → 加酵母菌种 → 固态酒精发酵 →

加麸皮、稻壳、醋酸菌 → 固态乙酸发酵 → 淋醋 → 陈酿 → 过滤 → 灭菌 →成品。

2. 液态发酵法工艺流程

液态发酵法如图9-5所示。

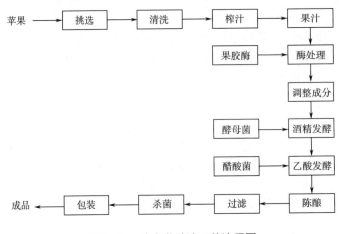

图9-5　液态发酵法工艺流程图

（二） 酒母及醋母制备

1. 酒母制备

酵母菌种及培养见葡萄酒酿造。

2. 醋母制备

醋酸菌种可以选购，还可以从优良的醋醪或生醋中采种繁殖。其扩大培养步骤如下：

（1）取麦芽汁或果酒100mL、葡萄糖3g、酵母膏1g、碳酸钙2g、琼脂2.0～2.5g，混合加热溶化，分装于干热灭菌的试管中，每管为8～12mL，在0.1MPa的压力下杀菌15～20min，取出，趁未凝固前加入含乙醇50%（体积分数）酒精0.6mL，冷却后，制成斜面固体培养基。在无菌操作下接种醋酸菌种，26～28℃恒温下培养2～3d即成。

（2）醋酸菌液体扩大培养　第一次扩大培养，取果酒100mL、葡萄糖0.3g、酵母膏1g，装入灭菌的500～800mL三角瓶中，消毒，接种前加入含乙醇75%酒精5mL，随即接入斜面固体培养的醋酸菌种，26～28℃恒温培养2～3d即成。在培养过程中每日定时摇瓶6～8次，或用摇床培养，以供给充足的空气。培养成熟的液体酵母，即可接入再扩大20～25倍的准备乙酸发酵的酒液中培养，制成醋母供生产用。

（三） 原料预处理

1. 挑选、清洗

为了不影响苹果醋的色、香、味，以及防止微生物污染，必须将病虫害果、腐烂果除去。选果后，为了将果实表面的泥土，农药等洗净，要用40℃以下的流动清水冲洗。

2. 添加果胶酶

添加果胶酶利于苹果中果胶物质溶出，利于提取色素和芳香物质。一般加入0.1%的果胶酶。

3. 成分调整

酒精发酵前调整成分主要是调整糖分和酸度（调整标准可参考果酒生产）。糖度为（用糖度计测定）10~15°Bx，pH 3.3~3.6。糖度不足时可补充浓缩苹果汁或者蔗糖。

（四）酿造

1. 固态酿制法

（1）酒精发酵 将鲜果洗净、破碎后，加入酵母液3%~5%，进行酒精发酵，在发酵过程中每日搅拌3~4次，经过5~7d发酵完成。

（2）制醋醅 将酒精发酵完成的果浆，加入50%~60%的麸皮或稻壳、米糠等原料，作为疏松剂，再加培养的醋母液10%~20%，充分搅拌均匀，装入醋化缸中，稍加覆盖，使其进行。乙酸发酵，醋化期间，控制品温在30~35℃。若温度升高至37~38℃时，则将缸中醋酸醅取出翻拌散热，若温度适当，每日定时翻拌1~2次，充分供给空气，促进醋化。经10~15天，醋化旺盛期将过，随即加入2%~3%的食盐，搅拌均匀，将醋醅压紧，加盖封严，待其陈酿后熟，经5~6d后，即可淋醋。

（3）淋醋 将后熟的醋醅放在淋醋器中。淋醋器用一底部凿有小孔的瓦缸或桶，距缸底6~10cm处放置滤板，铺上滤布。从上面徐徐淋入约与醋醅等量的冷却沸水，浸泡4h后，打开孔塞让醋液从缸底小孔流出，这次淋出的醋称为头醋。头醋淋完后，再加入凉水，再淋，即二醋，二醋含乙酸很低，供淋头醋用。

2. 液态酿制法

以果酒为原料酿制，酿制果醋的原料果酒，必须是酒精发酵完全、澄清透明的。

将果酒酒精度调整为7%~8%的原料果酒，装入乙酸发酵的容器（容积的1/3~1/2），接种醋母（活化后的醋酸菌）5%左右，用纱布罩盖好，如果温度适宜，24h后发酵液面上有醋酸菌的菌膜形成，发酵期间每天搅动1~2次，经10~20d醋化完成。取出大部分果醋，留下醋膜及少量醋液，再补充果酒继续醋化。

（五）果醋的陈酿和保藏

酿造后要陈酿，通过陈酿果醋变得澄清，风味更加纯正，香气更加浓郁。陈酿时将果醋装入桶或坛中，装满，密封，静置1~2个月即完成陈酿过程。

陈酿后的果醋经澄清处理后，用过滤设备进行精滤，在60~70℃温度下杀菌10min，即可装瓶保藏。

四、果醋常见质量问题与控制

1. 供氧不足对乙酸发酵的影响及控制

由于醋酸菌是好气性菌，在乙酸发酵中氧化酒精需要充足的氧气，故通风量的选择对于乙酸发酵起着重要作用。通风量一般为理论计算需氧量的2.8~3.0倍，发酵前、中、后期可根据发酵的实际情况调节，但绝不能中期中断供氧，否则导致菌体死亡，如在发酵中期（17~36h），停止通风2h以上，就会导致酸度过低或倒罐。前期（16h前）或后期（36h

后），短时间停止通风对醋酸菌影响较小。实践证明通风量前、后期为 1:0.13/min，中期为1:0.17/min 为宜，罐压均为 30kPa。

搅拌对醋酸菌发酵的影响很大，须与通风密切配合，使氧气均匀地溶解在发酵罐中，醋酸菌能够吸收充足的溶解氧。如无搅拌，只靠通风发酵，醋酸菌只能维持不死，其酸度几乎不增长或略有增长。

2. 泡沫对发酵的影响及控制

在通风发酵过程中，产生一定数量的泡沫是必然的正常现象。但是过多的持久性泡沫就会给发酵带来很多不利因素。如发酵罐的装料系数（装量与容量之比）的减少，若不加以控制，还会造成排气管大量料液的损失，泡沫升到罐顶有可能从轴封渗出，增加污染杂菌的机会，并使部分菌丝黏附在罐盖或管壁上而失去作用。泡沫严重时还会影响通气搅拌的正常进行，因而妨碍菌体的呼吸，造成代谢异常，导致终产物下降或菌体的提早自溶，后一过程任其发展会促进更多的泡沫生成。因此，如何控制发酵过程中产生的泡沫，是能否取得高产的因素之一。

乙酸发酵过程中时有泡沫产生，主要是由死亡醋酸菌体蛋白引发，为此发酵温度要严格控制在36℃以下。偶尔失控，要采取措施，防止泡沫溢出罐外或积累于罐中，在每次分割取醋时要把大部分泡沫除去。果醋是直接饮用食品，必要时可使用少量植物油消泡，也可用机械消泡，不允许用化学消泡剂。

3. 液态发酵法果醋风味的提高

深层液态发酵果醋风味差于固态法的主要原因是通常不挥发酸含量仅为固态法的15.7%，香气的主要成分乳酸乙酯几乎为零，因此虽然液体法生产效率高，但果醋的风味必须改进。可采取如下措施：①在酒精发酵中用乳酸菌与酵母混合发酵，以增加醋中乳酸含量，为生产乳酸乙酯创造条件；②做好乙酸发酵醪压滤前预处理工作。麸曲用量、后熟温度和时间要严格控制，使在后熟发酵中蛋白质进一步水解成氨基酸，淀粉水解成单糖，有利于提高食醋的风味。

第五节　红茶菌饮料

红茶菌苔又称红茶菇、海宝或胃宝，水溶液中既含有茶叶的营养保健成分，又有微生物本身及其代谢过程中产生的一系列对人体有益的成分，是一种营养保健饮品。红茶菌起源中国渤海一带，最早北魏贾思勰《齐民要术》中有类似记载，广泛流行于我国北方民间的一种传统发酵保健饮料，后传至高加索。1971 年，一位日本俄文女教师在苏联旅行途中探访了高加索的长寿村，发现村民超过百岁高龄的老人很多，都能下田耕作，而且当地也没有死于患癌症、高血压和心脏病等疾病的。她发现这得益于村里的一种红茶饮料，村民每日把它当茶水喝。于是她把这种红茶饮料带回了日本，这种红茶饮料就是红茶菌。红茶菌也从日本广泛流行于北美和东南亚等地。

一、发酵微生物及机制

（一）红茶菌微生物种类及特点

红茶菌苔是以醋酸菌为主体，酵母菌和乳酸菌等多种微生物共生形成膜状菌体复合物，形似海蜇皮，通常呈乳白色或灰白、橙黄色，如图9-6。

红茶菌苔　　　　　　　红茶菌培养　　　　　　　菌体分布

空气

菌体 { 醋酸菌多，酵母菌少
醋酸菌多，酵母菌也多
醋酸菌少，酵母菌多，乳酸菌也多

图9-6　红茶菌苔及菌体分布示意图

1. 红茶菌苔培养

红茶菌苔培养两三天后，菌液的颜色将逐渐变浅，变混浊，三种微生物在培养基中开始发酵作用。随着培养时间的延长，液面上便出现一层半透明的薄膜，逐渐增厚，菌膜也随之变为乳白色，菌膜下并伴随着许多气泡，开始由小而逐步增大，这些气泡的出现，表明三种菌生长得十分旺盛，在发酵的过程中进行着分解和氧化作用，产生二氧化碳气体。继续培养，菌液便由棕色变为棕黄色，而且逐步变清亮。红茶菌中的醋酸杆菌和乳酸杆菌所产生的乙酸和乳酸的浓度在逐渐增加，这些有机酸的浓度达到了一定等电点时，对菌液中的悬浮物，具有良好的沉降作用，而使得茶叶中的铁质和色素等能很好地沉降。同时，在酸度较高的条件下，三种菌的生长繁殖也将受到抑制，所以红茶菌液培养好以后，显得十分清亮。

2. 红茶菌微生物构成

红茶菌的主要菌种是醋酸菌和酵母菌。醋酸菌主要有木醋杆菌（*Acetobacter xylinus*）、拟木醋杆菌（*Acetobacter xylinoides*）、葡萄糖酸杆菌（*Bacterium gluconicum*）、产酮醋杆菌（*Acetobacter ketogenum*）、弱氧化醋酸菌（*Acetobacter suboxydans*）、葡萄糖醋酸菌（*Gluconobacter liquefaciens*）、醋化醋杆菌（*Acetobacter aceti*）、巴氏醋杆菌（*Acetobacter pasteurianus*），酵母菌主要有酿酒酵母（*Saccharomyces cerevisiae*）、不显酵母（*Saccharomyces inconspicus*）、路德类酵母（*Saccharomycodes ludwigii*）、粟酒裂殖酵母（*Schizosaccharomyces pombe*）、热带假丝酵母（*Candida tropicalis*）、克鲁斯假丝酵母（*Candida krusei*）、汉逊德巴利酵母（*Debaryomyces hansenii*）、酒香酵母（*Brettanomyces*）、克勒克酵母（*Kloeckera*）、拜耳结合酵母（*Zygosaccharomyces bailii*），其中最重要的醋酸菌是木醋杆菌。有的红茶菌还含少量乳酸菌，主要是保加利亚乳杆菌（*Lactobacillus bulgaricus*）。

醋酸菌是红茶菌的主体，细胞椭圆或短杆，端毛或周毛，专性好氧菌。醋酸杆菌属的重要特征是能将乙醇氧化成乙酸，并可将乙酸和乳酸氧化成二氧化碳和水。在红茶菌中它能将酵母菌所分解的酒精氧化成乙酸、水和二氧化碳。同时醋酸杆菌在红茶菌的培养中，也能氧化葡萄糖而生成葡萄糖酸，它可在6%~7%的酒精溶液中生长繁殖，通常最适宜的培养温度为 25~35℃。

酵母菌是一种卵圆形的单细胞真菌，兼性厌氧微生物，在缺氧的环境下进行无氧呼吸作用，将糖类分解成酒精和二氧化碳。酵母菌最适合生长温度为 25~30℃，最适生长 pH 4.5~5.0。

乳酸菌是能发酵糖类产乳酸的细菌。红茶菌液中的乳酸菌主要为保加利亚乳酸杆菌和嗜酸奶酸杆菌两种乳酸菌。对酸性环境的耐受力强，在 pH 3~4.5 的条件下仍能生存，其最适宜的生长温度为 30~45℃。乳酸菌产生的酸可以抑制杂菌，保证了红茶菌无杂菌污染。

3. 红茶菌菌种分布

菌体上层部分以醋酸菌（主要是木醋杆菌）为主，它能合成出纤维素，将菌体相连接，上层中酵母菌很少，到中层部分酵母菌数目逐渐增加，如图 9-6 所示。下层部分以酵母菌占大多数，而所含醋酸菌少。因为醋酸菌是好氧菌，所以在表层更容易繁殖生长，酵母菌则在含糖多的下层繁殖。乳酸菌的耐酸性强，多存在于下层部分。

（二） 红茶菌发酵机制及其变化

红茶菌中的醋酸菌、乳酸菌和酵母菌共居在一起，互相提供生存条件，因此说三种细菌具有特殊的"共生"作用。

1. 菌株的代谢反应

酵母菌自身有多种酶，可以利用培养液中的各种成分，尤其是糖类。在缺氧环境中，酵母菌进行无氧呼吸，将糖类生成酒精和二氧化碳。反应式如下：

$$C_6H_{12}O_6 \xrightarrow{\text{酒精酶}} 2C_2H_5OH + 2CO_2 + \text{能量}$$

酵母菌发酵过程中的代谢产物酒精，可供给醋酸菌通过乙酸酶，将酒精氧化成乙酸和水。同时醋酸菌还能进一步氧化部分乙酸，使之变成二氧化碳和水。反应式如下：

$$C_2H_5OH + O_2 \xrightarrow{\text{乙酸酶}} CH_3COOH + H_2O + \text{能量}$$

$$CH_3COOH + 2O_2 \xrightarrow{\text{氧化作用}} 2CO_2 + 2H_2O$$

醋酸杆菌在发酵的过程中，也能直接氧化糖类而产酸，可以氧化葡萄糖生成葡萄糖酸。乳酸杆菌在红茶菌中也有着重要地位。在红茶菌中乳酸菌难以单独生存，当它和酵母菌一起时，可获得酵母菌提供的维生素及氨基酸等物质，很好地发育生长。红茶菌中的三类微生物就是这样互惠互利，促进着各自的繁殖和代谢作用，不断地改变着红茶菌液中的成分。

2. 红茶菌主要成分

红茶菌的主要成分包括红茶菌体、茶叶中营养成分及菌体发酵代谢产物。发酵产物主要有葡萄糖醛酸、葡萄糖酸、D-葡萄糖二酸-1,4-内酯（DSL）、乙酸、多糖、乳酸、氨基酸、叶酸、地衣酸维生素 C 和多种 B 族维生素等。还有茶叶中本身含有的茶多酚和儿茶素等。红茶菌发酵还增加了茶水中的有益元素如锌、铜、铁、锰、镍和钴，减少了茶水中的有害元素如铅和铬。红茶菌液中营养成分和功能活性成分会因为菌种、茶叶种类、培养条件等的不同而产生区别。

二、 发酵加工工艺

红茶菌发酵当前主要有两种方式，一种为传统发酵工艺，另一种为工业化发酵工艺。

（一）传统发酵

红茶菌在民间广泛流传，民间制作红茶菌的方法简单、易行。然而红茶菌的民间传统发酵易受杂菌污染，纯种不易制备传代，产品安全性不容易保障。其工艺流程及技术要点：

制备茶水 → 加糖 → 接种 → 静置发酵 → 红茶菌

1. 发酵器具

发酵培养红茶菌，最好选用洗净的玻璃瓶或陶瓷制品，不能使用金属容器。选用的器具需要提前经过消毒处理，在开水中煮沸 10min 以上，也可直接用消毒水进行消毒。

2. 制备茶水

茶叶中红茶和绿茶最为常用。选用放置了一段时间的自来水或山泉水，按 0.1%~0.2% 的比例加茶，煮沸，或沸水冲泡浸提。滤掉茶渣，茶水中加入 10% 左右的白砂糖，搅拌溶解后置于玻璃瓶中，用干净的六层纱布密封瓶口。茶水不能完全装满玻璃瓶，占玻璃瓶 1/2~2/3 的高度，保留部分空间，利于供氧发酵。

3. 接种

待糖茶水冷却后，可接入红茶菌菌种。红茶菌的菌种可以用菌苔或发酵液，直接接入不少于一半玻璃瓶横截面面积的菌苔，或倒入 20% 左右的之前发酵好的红茶菌发酵液，也可同时接入菌苔和红茶菌发酵液。当前市面上有很多售卖红茶菌的菌苔，正常的菌苔多呈乳白色胶状物。发酵好的红茶菌菌液应较新鲜，无污染。

4. 静置发酵

接种后，继续用干净的多层纱布盖住瓶口，并用绳子扎紧，避光培养。如果培养过程中冒出气泡，则表明发酵正常。瓶内的培养液和空气的比例则应该有 4∶6，一般保持环境温度在 25~30℃，4~5d 茶液液面就会形成白色胶块、形状像海蜇皮的菌苔，茶液会变浑浊。发酵 6~7d，不断有小气泡上升，可嗅到酸甜味；第 8~9d 菌苔的胶块变厚，第 10d 发酵可完毕。当菌苔形成后，菌液不再冒气泡，菌液的颜色由褐黄色转变为金黄色或淡黄色，菌液澄清透明，瓶底会有絮状沉淀，味酸带香甜时，表明红茶菌发酵成熟，此时菌液 pH 一般在 3.0 左右，即可以开始饮用红茶菌了。培养的时间不宜过长，最多为 10~14d。

5. 成品

将发酵成熟的红茶菌发酵液倒入杯中或碗中，直接饮用即可，但需注意不得饮用过量。当红茶菌发酵液因放置时间长而过酸时，可加入白糖水调和饮用。

（二）工业化发酵

红茶菌已有工业化的生产，人工接种发酵红茶菌成为主流。工艺流程及其技术要点如下：

制备茶水和菌种 → 接种 → 发酵 → 过滤 → 调配 → 灌装 → 脱气 → 灭菌 → 冷却 → 成品

图 9-7　红茶菌饮料工艺流程

1. 茶水制备

选用去除杂质的中低档茶叶为原料，可复火提香后，粉碎成 40 目备用。按一定比例加水浸提制备茶液，多采用两次浸提法，去掉茶渣。茶液中按 10% 左右比例加糖，糖完全溶解后，100℃ 灭菌 15~20min。灭菌后的茶液需冷却，备用。

2. 菌种制备

人工接种发酵红茶菌中，可使用传统的菌苔、活菌液，也可以使用混合培养的菌种。使用红茶菌的菌苔和菌液作菌种，注意无菌操作，不得产生污染。菌苔上有老化的部分，清洗去除老化部分后再使用。

3. 接种与发酵

将制备好的菌种，接入茶液中进行发酵。茶液可以盛放于灭菌大瓦罐中进行静置发酵，也可以在发酵罐中搅拌通气发酵，还可以在摇床上振荡培养。静置发酵的发酵速度慢，周期较长；而搅拌通气发酵和振荡培养的发酵速度快，周期较短。发酵温度一般维持在 28 ~ 30℃，发酵时间 4 ~ 10d。

4. 过滤与调配

红茶菌发酵成熟后，进行过滤。依据过滤后的红茶菌发酵液品质，进行酸度和甜度的调整。调配完后，5000r/min 离心 20 ~ 30min，得澄清的红茶菌离心液。

5. 灌装与脱气

将澄清的红茶菌液进行灌装，选择玻璃瓶容器最佳，然后进行脱气。脱气后，进行密封。

6. 灭菌与冷却

罐装脱气后的红茶菌，用巴氏灭菌法进行灭菌，80 ~ 90℃ 灭菌 20min 左右。灭菌后，取出冷却，进行检查，合格的贴标签。

7. 成品

经这种方式发酵生产的红茶菌不含活菌，产品保质期长，可直接饮用，也可以调饮。

三、 产品质量控制

（一） 影响微生物生长的因素

1. 碳源

碳源是构成菌体成分和代谢产物的主要原料。培养基中碳源种类和不同添加量，对红茶菌液的发酵品质有直接影响。糖类是微生物最好的碳源，其中葡萄糖（单糖）是最容易吸收和利用的。红茶菌发酵中葡萄糖作为碳源优于果糖、蔗糖。用天然甘蔗汁代替传统红茶菌培养液中糖类，能促进红茶菌生长，增加红茶菌菌膜的重量，红茶菌风味更佳。培养基茶汁浓度为 0.3% ~ 0.79% 时，采用 5% 乙醇作为混合碳源发酵，膜的产量显著增加，但当乙醇浓度超过 10% 或只以乙醇为碳源时并不形成膜，这意味着膜的形成可能与糖代谢有密切的关系。

2. 茶叶

茶叶中含有多种蛋白质和氨基酸，红茶菌可利用茶叶中的蛋白质和氨基酸为氮源。红茶菌可发酵多种茶类，其中红茶与绿茶更适合红茶菌的生长，而乌龙茶和黑茶不适合红茶菌发酵。此外不同茶类发酵的红茶菌风味也不同，以红茶、绿茶发酵的红茶菌饮料品质最佳。用红茶发酵的红茶菌风味更好，也最为独特，用绿茶发酵则能获得更厚的菌膜，风味清香。

3. pH

酵母菌最适 pH 3 ~ 7，而生长最低 pH 2。乳酸杆菌和醋酸杆菌最适的 pH 4 ~ 7，最低生长 pH 1。可见红茶菌中的两种耐酸性细菌可在低 pH 的培养基中生存，但过酸、过碱均不利于红茶菌生长发酵。一般培养基的初始 pH 5.5 时，最适合红茶菌的生长发酵。通常，培养一周后的红茶菌液所含的酸度就可以杀死其他的杂菌。

4. 光照

微生物光照时间太长可能引起死亡，极短时间的照射，有时对微生物生命活动能起到促进的作用。培养基经光照后，可能生成氧化氢或臭氧气等有害的物质。而且光线直接作用于菌体，将会使其蛋白质凝固。

对于红茶菌来说，日光直接照射对其破坏力甚强。酵母对光线的抵抗力很弱，受日光直射容易死亡。而红茶菌中的醋酸杆菌和乳酸杆菌若受到直接日光照射，也会严重影响生长发育。日光照射还会影响红茶菌中维生素 B_2 的合成。因此，培养红茶菌时要特别注意，避光条件下培养。

5. 其他

红茶菌的最佳发酵温度为30℃。此温度下，底物为果糖与葡萄糖时的转化速度明显快于蔗糖为底物时。温度在25~35℃反应速度正常，为提高膜产量，控制在25~30℃为佳，而温度在20℃时发酵相当慢，在45℃基本不发生反应，膜也不形成。培养瓶中培养液和空气的比例则应该是4:6，即40%的培养液和60%的空气，若培养液过多，空气少，则会影响醋酸菌活性。还有在培养基中加入红枣、芦荟、玉米或乳制品等不同配料发酵，获得多种红茶菌饮料。

（二）影响产品质量因素

传统培养中，菌苔接入茶液中，一般会浮在液面，约0.5h后会开始产生气泡。能冒出气泡，则表明能正常发酵。如果不冒气泡，说明菌苔可能丧失发酵活力，应弃去菌苔，重新接种。只要培养的新红茶菌液面上开始长出一层透明的胶状质皮膜，则可判断红茶菌培养成功。而老的菌苔菌种会变黄发黑，需及时丢弃，以便让新菌种生长更快。如培养的红茶菌液表面长有黑色、绿色或红色等杂色菌，表明红茶菌受到污染，不可饮用。在红茶菌发酵过程中进行观察时，尽可能不要摇动玻璃瓶，以免影响菌苔的形成，会直接影响到发酵效果。培养时间最多为10~14d，因为传统装置有一个缺点，倘若培养时间过长，瓶内氧气减少，二氧化碳不断增加，最后导致发酵率降低或停止，同时也会使乳酸杆菌的含量减少。

安全方面，过量饮用红茶菌菌液（每天饮用量超过600mL），可能导致代谢性酸中毒；也有出现过敏反应，出现恶心、呕吐、头痛等其他症状。红茶菌切不可饮用过量。有些人刚开始饮用时，会出现不适，继续饮用一段时间后不适现象会消失。也有人饮用红茶菌后过敏，过敏者可服用常见脱敏药，并马上停止饮用红茶菌即可。

第六节 格瓦斯饮料

格瓦斯是以面包或谷物为原料，经酵母和乳酸菌发酵酿制而成的一种无酒精（酒精含量1%左右）清凉饮料。格瓦斯是苏联的传统产品，已有千余年酿造历史。古代人用面包原料制作格瓦斯时，是把谷物先粉碎成面粉，再加水做成面团，然后放在陶器里用烧红的石头加热，使部分淀粉糖化，之后再加水稀释自然发酵，即制成发酵格瓦斯。过去格瓦斯的原料主要是面包，由于这种原料损失率高且产品质量欠佳，现多已改为麦芽汁浓缩物。二次发酵法由于存在诸多弊端，如爆炸、沉淀、异味和卫生指标不合格等，现多已改为一次发酵法，生产工艺已全部实现机械化和自动化，生产设备也在不断更新。

一、 发酵微生物及机制

（一） 格瓦斯发酵微生物种类及特点

格瓦斯发酵对酵母的要求是发酵速度快，在低温下容易发生凝聚和沉淀。格瓦斯生产所用的酵母菌种有啤酒酵母（*Saccharomyces cerevisiae*），卵形酵母（*Saccharomyces oviformis*），面包发酵酵母（*Saccharomyces panisfermentat*）和葡萄酒酵母（*Saccharomyces ellipsoideus*）等。生产厂可根据其生产条件和设备条件，选用不同的酵母菌种。

乳酸菌可分为同质乳酸菌和异质乳酸菌两种。前者只能将葡萄糖发酵成乳酸，后者除产乳酸外，还产乙酸、乙醇、CO_2 和各种香味物质。为了赋予格瓦斯更好的风味和保健效果，格瓦斯发酵所用的乳酸菌为异质乳酸发酵菌，如发酵乳杆菌（*Lactobacillus fermentum*），短乳杆菌（*Lactobacillus brevis*），酸面包乳杆菌（*Lactobacillus panisacidi*）等。

（二） 发酵机制

酵母菌发酵时，麦芽汁中的蔗糖首先被酵母细胞壁的转化酶分解成葡萄糖和果糖，然后这两种糖扩散开，而麦芽汁里的麦芽糖进入到酵母细胞的原生质里。上述这些糖类物质，经过一系列的酶解过程便产生出最终产物酒精和 CO_2。

$$C_6H_{12}O_6 \rightarrow 2C_2H_5OH + 2CO_2 + 能量$$

与此同时，产生一些次产物如丙酮酸、柠檬酸、丁二酸、氨基酸、香味成分和风味物质——酚类化合物（如丙醇、戊醇和异戊醇等）。这些次产物，其中一部分物质便形成酵母细胞的新物质，如氨基酸和脂肪等。在碳水化合物的酶解过程中，磷酸的参与是至关重要的一个因素，因为这样就可以产生中间的磷酸酯类化合物。

乳酸菌发酵时，糖类和蛋白质的酶转化亲和能同酒精发酵相同均由己糖形成磷酸己糖，之后有机链断开形成丙糖磷酸酯，进而转化成乳酸和其他副产物如乙酸、乙醇和二氧化碳等。

$$C_6H_{12}O_6 \rightarrow 6-P-葡萄糖酸 \rightarrow CO_2 + 5-P-木酮糖 \rightarrow 乙酰磷酸 \rightarrow 乙醇$$
$$\downarrow$$
$$3-P-甘油醛 \rightarrow 丙酮酸 \rightarrow 乳酸$$

由于麦芽汁中有葡萄糖，酵母菌和乳酸菌的发酵过程几乎是同时开始的。酵母菌发酵产生的营养因子可以提供给乳酸菌，而乳酸菌的代谢产物又为酵母菌提供了能量来源。酵母菌、乳酸菌的增殖与代谢反应，将原料中的可发酵性糖转化为乙醇、CO_2 及各种有机酸，并伴随有一系列的酯化、氧化还原反应，如有机酸与乙醇结合生成芳香酯，各种高级醇与高级脂肪酸化合生成缩醛等产物，以使其中的醇、醛、酸、酯达到有机平衡。

（三） 影响微生物生长的因素

1. 原麦汁浓度

麦汁浓度过高麦汁中的醛类会导致有很强烈的麦汁风味，麦汁浓度过低、高级醇类和脂类等风味物质含量过低。为达到限制性发酵的目的，所使用的麦汁浓度应在 4.0% ~ 7.5%。

2. 发酵温度

在相对较高的温度（高于30℃）培养，酵母菌极易自溶，同时酵母菌凝聚性也会降低。温度过低格瓦斯的发酵周期延长，造成生产效率降低。为使发酵过程中产生较丰富的风味物质如酯、醛、酸等，格瓦斯酵母菌应在较低的温度下增殖与代谢。一般发酵温度控制的较低的温度（28℃以下）。

3. CO_2 气体

发酵过程中产生大量的 CO_2 会溶解到发酵液中形成碳酸，碳酸会降低发酵液的 pH，影响微生物在其中的生长。

4. 溶氧量

溶氧量过低会产生过量的乙醇和乳酸；溶氧量过高会使发酵不足，产生的风味物质的量过低。一般溶氧量控制在 1mg/L 左右。

二、 加工工艺

（一） 工艺流程

1. 格瓦斯传统生产工艺流程

面粉→ 醒发 → 烘烤 → 冷却 → 粉碎 → 糖化 → 冷却 → 自然发酵 → 过滤 → 灌装 → 杀菌 →成品

过去格瓦斯的原料主要是面包，由于这种原料损失率高且产品质量不稳定，现多已改为麦芽汁浓缩物（KKC）。

2. 格瓦斯现代生产工艺流程

麦芽→ 粉碎 → 糖化 → 冷却 → 发酵 → 过滤 → 灌装 → 杀菌 →成品

（二） 技术要点 （以 KKC 为原料）

1. 酵母种子液的制备：

所用培养基为麦芽汁，培养流程如下：

固体斜面试管 → 液体试管 （10mL），麦芽汁：30℃、24h → 三角瓶 （25mL，麦芽汁：30℃、24h）→ 三角瓶 （2L），麦芽汁：30℃、24h → 种子罐 （20 ~ 500L），30℃、12h →种子液。

2. 乳酸菌种子液的制备

所用培养基为麦芽汁，培养流程如下：

取 6 支试管 （每支装 10mL 麦芽汁），均接上乳酸菌，于 30℃培养 24h，然后将 6 支试管全部转接到装有 1L 麦芽汁的三角瓶中，再于 30℃培养 24h，之后再转接到装有 20L 麦芽汁的种子罐中，于 30℃培养 48h，待其酸度达到每 100mL 消耗 1mol/L NaOH 溶液 6.8 ~ 7.0mL 时，再转接到内装 400L 格瓦斯麦芽汁的培养罐内，于 30℃培养两天。其酸度同样达到上述标准时，再转接到共生体培养罐中进行共生培养。

共生体培养罐：先注入 3200L 无菌的格瓦斯麦芽汁，再接入上述 400L 乳酸菌种子液，待酸度同样达到上述标准时 （每 100mL 消耗 1mol/L NaOH 溶液 6.8 ~ 7.0mL），再接入 17 ~ 18L 上述酵母种子液进行两菌体的混合培养，培养 6h 后，即可作为种子液使用，以 2% ~ 4% 的接种量接入发酵罐内。

上述混合培养的种子液，用去多少升就再补加多少升的格瓦斯麦芽汁继续进行培养，如此反复操作循环培养和使用。但在共生培养时，酵母细胞数和乳酸菌之间的量比对格瓦斯质量的影响很大，在实际操作时应严格控制。

3. KKC 的制备

KKC 的制备分为三道工序：麦芽汁制备，麦芽汁真空浓缩和浓缩物的热处理。

格瓦斯麦芽汁的生产方法和啤酒麦芽汁基本上相同，不过前者是采用黑麦芽糖化，其方法是干谷物粉（一般用黑麦粉）加 1:(3～4) 的水进行高压蒸煮，使物料糊化，然后降温到 40℃加入黑麦芽或大麦芽以及酶制剂，于 40～50℃进行多糖分解，于 50～60℃进行蛋白质分解，于 63～75℃进行淀粉分解，这样即制成麦芽浆。

再用过滤机或离心机收集上清液即得麦芽汁，用水将过滤出的麦糟洗涤数次，将洗涤水和麦芽汁一同打入真空浓缩器。为了除去蛋白质，有时需将麦芽汁在真空浓缩罐中先行煮沸，以使蛋白质发生热凝固再除去之。之后在真空条件下，于 52～55℃进行浓缩，使其固形物含量达到 68%～70%。浓缩物再于 105～111℃进行热处理，使其发生糖－氨基酸反应产生类黑素，以提高其色度并使其芳香化，即制成格瓦斯麦芽汁浓缩物，即浓缩格瓦斯。

有的工厂为了省掉麦芽的干燥工序，以求降低生产成本，往往直接采用湿麦芽，并以玉米粉或黑麦粉代替 50% 的麦芽，但玉米粉的氨基酸含量较低。

4. 发酵

（1）分批式发酵法　发酵罐先加入一定量 30～35℃的水，在搅拌条件下加入总投料量 70% 的 KKC（其他 30% 在配制时加入）和总加糖量 25% 的糖（蔗糖），其他 75% 的糖也在配制时加入，这样配成的格瓦斯麦芽汁浓度为 2.6%（按糖度计），然后接种 2%～4% 的酵母和乳酸菌种子液，于 25～30℃进行发酵，当格瓦斯麦芽汁浓度下降 1度，并且酸度达到 100mL 发酵液消耗 2～2.5mL 1mol/L NaOH 溶液时（罐内压力为 98～117.6kPa）结束发酵（发酵期为 12～20h）。发酵过程中要进行间歇搅拌（每 1.5～2h 搅拌 2～3min）。

停止发酵后，向发酵罐夹套通盐水进行冷却，使格瓦斯降到 10℃，以延缓发酵过程，随着温度的降低，格瓦斯中溶解的 CO_2 逐渐增加，罐压降到 39.2～49kPa。然后继续冷却到 6℃，使酵母菌体和沉淀物等沉降下来，通过罐底闸门排走。罐内鲜格瓦斯进行配制：即加入其余的 30% KKC 和 75% 的糖，前后两次共加糖 5%。

（2）连续式发酵法　KKC 糖浆和水配成浓度 6.6%（按糖度计）的格瓦斯麦芽汁，接种酵母和乳酸菌的混合种子液，于 28～30℃进行发酵。在发酵过程中连续流加种子液，使其达到一定浓度以保证连续发酵的进行。连续排出的 CO_2 和挥发性香味物质收集起来重新用于发酵。发酵后的格瓦斯（浓度 5.6%～6.8%，pH 4.5～4.7）冷却到 6～8℃，分离出酵母即制成格瓦斯成品。

5. 杀菌

由于酵母和乳酸菌处于生活状态，而且格瓦斯仍有残糖和各种营养物质，所以菌体会继续发酵，因此糖继续发酵成酒精、CO_2 和有机酸，使酒精含量升高，甜酸失去平衡，还会出现其他异味。由此可见鲜格瓦斯的稳定性很差，一般在 20℃条件下只能保存 2d。一般瓶装格瓦斯需经巴氏灭菌，使质量稳定。灭菌温度为 60～70℃，时间为 30min，考虑到格瓦斯的风味恶化和瓶子的热稳定性，灭菌温不宜高于75℃。经巴氏灭菌后的格瓦斯，即使在33℃贮存两个月，理化指标和风味也不会发生变化。在较低的温度下，稳定性可达一年之久。

三、　常见问题与控制

（一）微生物的污染

格瓦斯的制作过程对卫生的要求较严格，为防止杂菌污染，使用的容器应煮沸杀菌，所用的纱布也应该煮沸消毒，尽量减少污染杂菌的机会。

1. 黏稠

格瓦斯有时会发现变黏、变稠，显得十分浓厚，甜度也大为下降，这种黏稠现象，是由于产黏液细菌，如明串珠菌和马铃薯杆菌等造成的，这些微生物在发酵过程中会把糖类变成黏性物质——糊精，所以使格瓦斯变黏发稠。

明串珠菌是最容易污染的一种微生物，这种微生物属于球菌。这种球菌从土壤传播到块茎植物，如果甜菜的泥土没有洗干净，便会在适宜的碱性条件下由甜菜传到糖里。而且这种细菌的活性非常高，能在10~12h内就能把糖液变得十分黏稠。在糖类基质中生长时，能产生甘露醇、CO_2、少量的乳酸、乙酸和乙醇。但不分解蛋白质。当基质中的酸度达到0.7%~1%时，这种细菌即被杀死。

另外，产孢子的马铃薯杆菌亦能使格瓦斯变黏发稠。这种细菌主要是分布在马铃薯块茎和粮谷上。为了避免面包格瓦斯污染上述产黏性物质的微生物，所用的糖浆必须煮沸30min，并在生产过程中严格遵守卫生制度。

由于酸性基质能致死上述微生物，所以当发现这种细菌或是格瓦斯出现发黏的征兆时，应立即采取消毒措施，并把格瓦斯的酸度提高到产品允许的范围，这样即可致死有害微生物。当生产出黏性格瓦斯时，必须对所有的生产设备进行严格消毒处理，如氯化处理，次氯酸钠处理，或用直接蒸汽进行杀菌等。

2. 乙酸发酵

有时格瓦斯发酵会变成乙酸发酵，这时格瓦斯酸度急剧增加，味道变坏，基质浓度下降，贮存的稳定性降低，而且酵母和乳酸菌活性受到抑制。

引起乙酸发酵的微生物是醋酸菌，这种细菌能把乙醇氧化成乙酸。这是一种不运动的短杆菌，呈短链状，不产生孢子，分裂繁殖时需要氧气，最适生长温度为30~34℃。当格瓦斯染醋酸菌后，其表面会形成一层薄膜，这是格瓦斯被醋酸菌污染的典型特点。醋酸菌由空气传播到敞口容器，如果容器里有适于其生长的培养基质时，便很快地生长繁殖。但由于这种细菌没有孢子，所以很容易被消毒剂杀死。

面包格瓦斯在发酵配制罐进行发酵和配制时，以及进行等压灌装时，一般不会污染醋酸菌。污染醋酸菌的典型特征是房间出现醋酸蝇（发酵蝇或果蝇），这些飞蝇会引起糖浆和果糖的腐败，飞蝇的出现是乙酸发酵的信号，而且这些飞蝇又会把醋酸菌传播到装有麦芽汁和格瓦斯的容器里。

3. 耐热细菌的危害

当格瓦斯麦芽汁和格瓦斯中浸入腐败性耐热细菌时，会变得混浊且出现腐败性气味。耐热细菌在繁殖的过程中产生大量酸，所以会使麦芽汁变酸。这类细菌热稳定性较高，当温室达到90℃时才会被杀死，其最适生长温度为30~37℃，但在较低的温度下也能很好地生长。

耐热细菌分布在谷物里，由此再传播到格瓦斯麦芽汁。在格瓦斯麦芽汁的发酵过程中，酵母能抑制这种细菌的活性。

4. 大肠杆菌污染

大肠杆菌本身是一种条件致病菌，存在于人和动物的大肠内。大肠杆菌一般是由水传到格瓦斯的，而格瓦斯又是这些细菌生长繁殖的适宜培养基，所以格瓦斯也易于污染大肠杆菌。面包格瓦斯中大肠杆菌值的容量卫生标准不应少于100mL，生产用水的卫生检测不应少于300mL，其指数不应高于3。

5. 醭酵母（野生酵母）的污染

野生酵母在自然界中分布极为广泛，空气，谷物、麦芽、果实和浆果中经常可以发现，野生酵母为好气性酵母，其细胞多半为长形，当其在麦芽汁中大量繁殖时，麦芽汁的表面会形成一层有皱褶的白色薄膜（产膜酵母）。其繁殖方法为芽殖，不产孢子，在密闭条件下发酵时，这种酵母则不能进行繁殖，会逐渐死亡。

醭酵母不能进行酒精发酵，可使酒精和有机酸分解成水和CO_2，它能抑制格瓦斯酵母的生长，并消耗其发酵产物。因此在格瓦斯发酵中污染醭酵母时，会损害格瓦斯的风味。生产的酵母纯培养物中，野生酵母的含量不应高于0.5%。

6. 霉菌污染

霉菌为单细胞和多细胞微生物，其分布范围非常广泛，在适宜条件下能污染大多数食品。霉菌生长时首先要有糖类和氨基酸，而变质的食品便有这些物质，所以霉菌可由此获取养料。

房间的天花板、墙壁（特别是地下室），残存有麦芽汁的设备壁面、皮管和桶里谷物、麦芽，格瓦斯面包上，到处都会有霉菌生长。为防止其生长繁殖，要求车间和仓库通风条件要好，设备应保持清洁，并用含氯药剂经常进行处理。

常见的霉菌有曲霉、青霉和根霉等。曲霉为棒形菌，早期的分生孢子为淡绿色，随着时间的延长逐渐变成灰绿色和灰褐色。青霉菌为绿色囊状霉菌，此菌在空气湿度大的条件下在食品里最易繁殖，其生长初期为白色，之后变为灰绿和灰褐色。青霉菌对麦芽的危害至为严重，当麦芽被此菌污染后，糖化力急剧下降，而酸度增加。根霉为黑色霉菌，麦芽车间很容易生长这种菌。感染此菌后初期形成网状菌丝，很快便形成丝状，并由此产生圆形白色孢子囊，之后逐渐变黑。

霉菌会使产品产生典型的霉味，味道很难闻，产品被霉菌污染后即不能再食用。无氧条件和热处理（煮沸、干燥）能杀灭霉菌。

（二） 微生物使用量

酵母菌用量大，发酵快，但容易有酵母异味，而酵母菌用量少时，发酵时间则较长，容易受杂菌的污染。所以酵母菌的用量应该控制在1%左右。为了去除异味，可以加入适量的酸奶，主要是通过利用乳酸菌和酵母菌的中和作用，来增加成品格瓦斯饮料的风味。加入的酸奶一定要用纯酸奶，但有时加入酸奶易引起沉淀（酸奶的凝块），使用时应注意。

（三） 发酵过程泡沫的稳定性

发酵时酵母产生酒精和CO_2，能够均匀地分布在培养液里，这时酒精为溶解状态。CO_2在开始时由于量少而呈溶解状态，当达到饱和时便产生气泡，气泡表面会由于表面活性物质（如果胶和蛋白质等）的存在而形成吸附膜，所以在格瓦斯麦芽汁的液面上产生出粗大的气泡。在密闭发酵条件下，泡沫很不稳定，主要取决于 CO_2 在发酵麦芽汁中的溶解度和酵母发酵的活性，所以采用冷却法加以控制。

第七节　面包制作

面包是以小麦面粉为主要原料，与酵母和其他辅料一起加水调制成面团，再经发酵、整形、成形、烘烤等工序加工制成的发酵食品。面包以其营养丰富组织蓬松、易于消化、食用方便等特点成为最大众化的酵母发酵食品，它在全世界的消费量占绝对压倒优势。虽然现在世界各国民众普遍食用面包，但是，从历史发展进程和饮食习惯来看，以面包为日常主要碳水化合物食物来源的国家还是集中在欧洲、北美、南美、澳洲、中东等。面包在大小、形状、组织结构和风味方面花样之多也占压倒优势，其种类之多，差异之大，在很大程度上与传统习惯有关。

一、　面包分类及原辅料

（一）　分类

1. 按照风味分类

（1）主食面包　当作主食来消费的面包。主食面包的配方特征是油和糖的比例较其他的产品低一些。根据国际上主食面包的惯例，以面粉量作基数计算，糖用量一般≤10%，油脂<6%。其主要根据是主食面包通常是与其他副食品一起食用，所以本身不必要添加过多的辅料。主食面包主要包括平顶或弧顶枕形面包、大圆形面包、法式面包。

（2）特色面包　特色面包的品种多，包括夹馅面包、表面喷涂面包、油炸面包圈及因形状而异的品种等几个大类。它的配方优于主食面包，其辅料配比属于中等水平。以面粉量作基数计算，糖用量12%～15%，油脂用量7%～10%，还有鸡蛋、牛奶等其他辅料。与主食面包相比，其结构更为松软，体积大，风味优良，除面包本身的滋味外，尚有其他原料的风味。

（3）调理面包　属于二次加工的面包，烤熟后的面包再一次加工制成，主要品种有：三明治、汉堡包、热狗等三种。实际上这是从主食面包派生出来的产品。

（4）丹麦酥油面包　这是近年来开发的一种新产品，由于配方中使用较多的油脂，又在面团中包入大量的固体脂肪，所以属于面包中档次较高的产品。该产品既保持面包特色，又近于馅饼及千层酥等西点类食品。产品问世以后，由于酥软爽口，风味奇特，更加上香气浓郁，备受消费者的欢迎，近年来获得较大幅度的增长。

2. 按照产品的物理性质和食用口感分类

根据国家标准 GB/T 20981—2021《面包质量通则》，按照产品的物理性质和食用口感可将面包分为软式面包、硬式面包、起酥面包、调理面包和其他面包五种，其中调理面包又分为热加工和冷加工两类。

（1）软式面包　组织松软、气孔较均匀的面包。

（2）硬式面包 表皮较硬或有裂纹，内部组织柔软的面包。

（3）起酥面包 层次清晰、口感酥软的面包。

（4）调理面包 烤制成熟前或后在面包坯表面或内部添加奶油、食用油脂制品、蛋制品、肉制品、可可制品、果酱等配料的面包。

（二）原辅料

1. 主料

小麦面粉是发酵面团生产中的主要原料。小麦中的蛋白质可以形成面筋，而其他谷物粉中的蛋白质则不能，因此在发酵面制品中的应用也就最广。面粉中的面筋不仅在数量而且在质量上决定着面制品的品质。面粉中的主要化学成分有水分、碳水化合物、蛋白质、脂肪、矿物质、纤维素、酶等，其含量随小麦品种、制粉方法及面粉等级而异。表9-4为小麦面粉的化学成分。

表9-4　　　　　　　　　　　小麦面粉化学成分　　　　　单位：%（质量分数）

品名	水分	糖类	脂肪	蛋白质	粗纤维	灰分	其他
特粉	11~13	73~75	1.2~1.4	9~12	0.2	0.5~0.75	少量维生素和酶
标粉	11~13	70~72	1.8~2	10~13	0.6	1.1~1.3	少量维生素和酶

（1）蛋白质 小麦中蛋白质含量为12%~14%，面粉中含量为9%~13%。小麦面粉中的蛋白质含量和品质不仅决定了面粉制品的营养价值，而且是构成面筋的主要成分。

蛋白质是小麦粉中一种极为重要的成分，在面包生产中，吸水形成面筋，因其具有延伸性及弹性，从而可保持发酵时产生的CO_2，构成面包骨架；蛋白质分解的氨基酸与糖在焙烤时反应，产生面包特有的色、香、味。

（2）碳水化合物 碳水化合物占面粉干重的80%左右，是面粉中含量最高的化学成分，主要包括淀粉糊精、糖、纤维素、戊聚糖等，后两者在制粉过程中大部分被除去。

小麦淀粉由直链淀粉和支链淀粉构成，前者占总量的20%，后者占80%。酵母生长的碳源主要是淀粉水解后的产物及面粉中的糖。所以在淀粉中必须有一定数量的损伤淀粉。但是损伤淀粉也不宜过多，否则易形成糊精，在面包焙烤后使面包心发黏。小麦粉中糖的含量较少，主要为葡萄糖、果糖、蔗糖及麦芽糖，约占2.5%。另外，在面粉中一般还含有2%~3%的戊聚糖，这些糖类主要作为发酵食品的碳源，并参与焙烤食品色、香、味的形成。

（3）脂肪 小麦中的脂肪主要存在于胚芽及糊粉层中，因在制粉中大量损失，小麦粉中脂肪含量甚少，通常为1%~2%。小麦中的脂肪主要由不饱和脂肪酸组成，故胚芽油有较高的营养价值。由于氧化酸败产生的脂肪酸会缩短面粉与面制品的贮藏期，并产生异味。另外，脂肪酸还会使面团延伸性变小、持气性减弱，影响焙烤食品的质量。但面粉中适量的脂肪可改善面团的组织结构，使焙烤制品细腻、柔软。在生产面包、饼干时，通常要添加油脂。

（4）纤维素 小麦面粉中纤维素含量极少，精粉中为0.2%、标粉中为0.6%，对加工工艺影响不大。纤维素坚韧、难溶、难消化，影响产品外观与口感，不易被人体消化吸收。一般认为，纤维含量少，产品质量较高。但现代营养学研究认为，纤维素有利于胃肠的蠕动，能促进其他营养素的吸收，而且能预防结肠癌等疾病。因此，目前纤维素又普遍受到重视，在面制品中添加纤维素生产的高纤维面包等已成为一种极受欢迎的产品。

2. 辅料

（1）食用油脂　常用的有如下几种：

①植物油：常用的植物油有大豆油、棉籽油、花生油、芝麻油、橄榄油、棕榈油、菜籽油、玉米油、米糠油、椰子油、可可油和葵花籽油等。

②动物油：黄油又称奶油，是从牛奶中分离出的油脂。含有各种脂肪酸；饱和脂肪酸的软脂酸含量最多，也含有只有 4 个碳原子的丁酸和其他挥发性脂肪酸；不饱和脂肪酸中以油酸最多亚油酸较少；熔点 31~36℃，口中熔化性好；含有多种维生素；具有独特的风味。

③起酥油：焙烤食品起酥油中常用的是面包用起酥油，又称超甘油化起酥油，它是含有多量单甘酯的油脂。面包用单酸甘油酯的原料为部分氢化或完全氢化的猪油，硬脂酸甘油酸效果最好。它的功能主要是使面团有好的延伸性，增加吸水性；使成品面包柔软，老化延迟；内部组织均匀、细腻，体积增大。

④人造奶油：人造奶油是一种塑性或液性乳化剂形式的食品，主要是油包水型。大部分用食用油脂生产得到，不是或者不主要是来源于牛奶。它与起酥油最大的区别是含有较多的水分（20%左右），也可以说是水溶于油的乳状液。

（2）蛋及蛋制品　鸡蛋在面包中作为辅料，其作用主要体现在如下几个方面：

①增加面包的营养价值：蛋中含有丰富的蛋白质，含量为全蛋的 11%~13%，蛋中含有丰富的维生素 A、维生素 D、维生素 E、维生素 K 和相当多的水溶性维生素 B 族。蛋黄中的脂质含量 30%~33%，其中磷脂质约占 10%，以及少量的固醇和脑苷脂等，富含钙、磷、铁。

②蛋白的起泡性：在面包生产中鸡蛋蛋白质的起泡性发挥了重要作用。蛋清的起泡性决定于球蛋白和伴白蛋白，而卵黏蛋白和溶菌酶则起稳定作用。因此，鸡蛋的应用可以改善面包内部组织，使产品柔软有弹性。

③蛋黄的乳化性：蛋黄蛋白质大部分是脂蛋白质形式存在，蛋黄的乳化性主要是与磷脂结合的脂蛋白质及其组分卵磷脂的作用。卵磷脂既具有能与油结合的疏水基，又有能与水结合的亲水基，可以使面包产品的储藏性和货架期延长，并可以延缓面包的老化。

（3）食盐　食盐不仅是食品的主要调味品，同时也是体内矿物质的重要来源。食盐的主要成分是氯化钠，同时含有少量水分、杂质及铁、磷、碘等元素，这些矿物质各自有着重要的生理功能。

（4）甜味剂　甜味剂是赋予食品甜味的食品添加剂，按来源可分为天然甜味剂和合成甜味剂两大类。天然甜味剂又可分为糖及其衍生物和非糖天然甜味剂两大类。甜味剂甜度的高低以蔗糖甜度（100）为标准的相对甜度来表示。

①糖：只有单糖和低聚糖才有甜味，蔗糖是最常用的天然甜味剂，用量最大。

②糖精及糖精钠：糖精学名为邻磺酰苯甲酰亚胺，属人工合成的非营养甜味剂，味极甜，即使稀释 1000 倍的水溶液也能尝到甜味，在水中溶解度很低。

③蛋白糖：蛋白糖即天门冬氨酰苯丙氨酸甲酯，或称天门冬氨酸甜精。它是天冬氨酸和苯丙氨酸与甲醇结合的二肽甲酯，白色粉末结晶，易溶于水，甜度为蔗糖的 100~200 倍。蛋白糖的干制品稳定性很好，但长时间高温会有分解现象，甜味减弱甚至消失。因此，烘烤食品时必须采用必要的技术措施，如采用瞬时加热或制品外涂层工艺来实现蛋白糖增甜。

（5）疏松剂　疏松剂又称膨发剂或膨松剂，是生产面包、饼干、糕点时使面坯在焙烤过程中膨松的食品添加剂。疏松剂通常在和面过程中加入，在焙烤加工时因受热分解，产生气体使面坯蓬松，在面坯内部形成均匀、致密的多孔性组织，从而使制品具有松软或酥脆的特征。疏松剂有化学疏松剂和生物疏松剂两大类，见表9－5。

表9－5　　　　　　　　　　　　　　常见疏松剂

名称	一级分类	二级分类	组成	备注
疏松剂	化学疏松剂	碱性疏松剂	碳酸氢钠、碳酸氢铵	价格低廉
		复合疏松剂	一般由碳酸盐类、酸类或酸性物质、淀粉和脂肪酸组成。	
	生物疏松剂		酵母、鸡蛋等	兼具营养功能

二、 面团发酵微生物及作用机制

乳酸菌和酵母菌等混合发酵的酸面团为传统的面包发酵剂，酸面团含有代谢活性的乳酸菌 $10^8 \sim 10^9$ CFU/g 和酵母菌 $10^6 \sim 10^7$ CFU/g，其乳酸菌与酵母的比例为 100:1 时具有较优的活性。

（一） 面团酵母菌及其发酵机制

1. 面团酵母菌

酵母菌是目前面包（发酵面团）生产中的主要微生物，酸面团含有 20 余种酵母菌，其中啤酒酵母最常见。目前生产上常以酵母乳、压榨酵母、活性干酵母和快速活性干酵母形式使用，根据面团含糖量的不同，又可分为高糖酵母、低糖酵母和无糖酵母，低糖酵母发酵时面团一般含糖量 7% 左右，高糖酵母发酵时含糖量则为 16%。面包酵母有圆形、椭圆形等多种形态。以椭圆形的用于生产较好。酵母为兼性厌氧性微生物，在有氧及无氧条件下都可以进行发酵。酵母生长与发酵的最适温度为 $26 \sim 30℃$，最适 pH $5.0 \sim 5.8$。酵母耐高温的能力不及耐低温的能力，60℃ 以上会很快死亡，而 $-60℃$ 下仍具有活力。

（1）酵母乳　酵母乳是指发酵结束后，经过浓缩、洗涤大量培养物所产生的液体酵母，其中含有固形物 16% ～20%，不含添加剂。酵母乳具有如下优点：①可以准确地控制酵母的活性；②对大型米面包厂使用方便，在这些厂的生产中可将酵母通过泵送到各个使用点；③能够准确地计算加入面团的酵母量。

（2）压榨酵母　采用酿酒酵母生产的含水分70% ～73%的块状产品。呈淡黄色，具有紧密的结构且易粉碎，有强的发面能力。在 4℃ 可保藏 1 个月左右，在0℃ 能保藏 2 ～3 个月。产品最初是用板框压滤机将离心后的酵母乳压榨脱水得到的，因而被称为压榨酵母，俗称鲜酵母。

（3）活性干酵母　采用酿酒酵母生产的含水分8% 左右、颗粒状、具有发面能力的干酵母产品。采用具有耐干燥能力、发酵力稳定的酵母经培养得到鲜酵母，再经挤压成型和干燥而制成，发酵效果与压榨酵母相近。产品用真空或充惰性气体（如氮气或二氧化碳）的铝箔袋或金属罐包装，货架寿命为半年到 1 年。与压榨酵母相比，它具有保藏期长，不需低温保藏，运输和使用方便等优点。

（4）快速活性干酵母　一种新型的具有快速高效发酵力的细小颗粒状（直径＜1mm）产品。水分含量为4%~6%。它是在活性干酵母的基础上，采用遗传工程技术获得高度耐干燥的酿酒酵母菌株，经特殊的营养配比和严格的增殖培养条件以及采用流化床干燥设备干燥而得。与活性干酵母相比颗粒较小，发酵力高，使用时不需先水化而可直接与面粉混合加水制成面团发酵，在短时间内发酵完毕即可焙烤成食品。

2. 面团酵母发酵机制

面团的发酵是个复杂的生化反应过程，在此过程中，淀粉经酶作用水解成糖，糖再由酵母中的酒精酶分解成酒精和二氧化碳。当二氧化碳产生时，被保持在调制面团时面筋网络形成的细小气孔中，造成气孔变大，面团膨胀。部分糖在乳酸菌和醋酸菌的作用下生成有机酸。少量蛋白质在发酵过程也产生部分水解，生成肽、氨基酸等低分子含氮化合物。这些产物互相作用后，构成面包特殊的芳香味及后阶段焙烤时产生色变反应的基质。其中所涉及的因素很多，尤其是水分、温度、湿度、酸度、酵母营养物质等环境因素对整个发酵过程影响较大。发酵过程面团发生如下变化：

（1）酵母的增殖　酵母利用面团中的面粉、糖、盐、水等成分作为营养物质，快速生长繁殖。在面团搅拌开始时，酵母就利用面粉中的单糖分子和含氮化合物迅速繁殖，生成大量新的细胞。在4~6h期间，面团内营养物质不断减少，部分酵母逐渐衰老、死亡，当面团内酵母细胞的增加数和死亡数几乎相等时，其发酵繁殖进入稳定期，面团膨胀的体积也达到最大，即发酵完成。酵母生长的快慢与面团中水分的多少也有相关性。在调制面团时，吸水率高，加水量大，酵母细胞增殖也快。二次发酵法种子面团一般加水较多，面团较软就是这个原因。

（2）糖的分解利用　酵母在发酵中所能利用的糖是单糖。在面团中含有的可溶性糖有单糖和双糖，单糖主要是葡萄糖和果糖，双糖有麦芽糖、蔗糖以及乳糖。

面团发酵中所需要的单糖有两个来源，一是淀粉经一系列水解生成的葡萄糖，另一个是调粉时加入的蔗糖，经转化酶水解生成的葡萄糖和果糖。在面团中单糖的含量很少，满足不了酵母的繁殖需求，加入适量的砂糖可以提供更多的可利用糖分。在面团的发酵过程中，酵母利用双糖时，首先分泌转化酶对蔗糖进行水解，然后才分泌麦芽糖酶对麦芽糖进行水解，面团搅拌大约5min，酵母分泌的转化酶就可以将蔗糖完全转化为葡萄糖和果糖。

酵母在利用糖发酵时，还产生出大量的气体。其原因一是酵母的呼吸作用，二是酒精发酵。在发酵初期，当酵母在养分和氧气供应充足的条件下，酵母的生命活动旺盛，进行着有氧呼吸。随着呼吸作用的进行，二氧化碳逐渐增多，面团体积逐渐膨大，面团中氧逐渐稀薄，于是酵母的有氧呼吸逐渐转变为厌氧呼吸，即酒精发酵。越在面团发酵后期，酒精发酵进行得越旺盛。它所产生的二氧化碳，使面包体积膨大，疏松多孔。而酒精和酸类可以形成酯类，使面包带有特殊的酒香和酯香。

在发酵过程中酵母对糖的发酵速度，随糖的浓度而不同，糖的浓度越大，发酵力的高峰也高，衰退也慢，如加入少量氯化铵，可以延缓衰退时间。

（3）淀粉的分解代谢　在常温下完整的淀粉粒不受淀粉酶的作用，而破损的淀粉粒会在淀粉酶的作用下，分解生成糊精及麦芽糖。面粉中的淀粉多在收割、贮藏和制粉过程中受到损伤，其数量与小麦的种类、质量和磨粉条件等因素有关，一般破损淀粉的数量占小麦淀粉总量的3%~11%。通常破损淀粉的含量用麦芽糖值来表示，测定面粉水溶液在一定温度和时间下，生成的麦芽糖含量。麦芽糖值高的面粉能促进调粉和发酵时的面团加速软化，产品成形速度快，焙烤弹性好，不易老化，但过高会使面包瓤心发黏，切片弹性差。

随着发酵作用的进行，由破损淀粉转化的麦芽糖逐渐增加，这对面团的整形、醒发速度以及入炉后的膨胀都有积极作用。面粉中的 β-淀粉酶多于 α-淀粉酶，但 α-淀粉酶对淀粉的作用更强一些，适当添加 α-淀粉酶或麦芽粉及其提取液，可以增加含糖量，提高产气能力，使淀粉液化结构松弛，改善面团的延伸性，使面包体积增大，皮色美观。但用量过高会使面团过于柔软、发黏。

（4）蛋白质及面筋的变化　面团在发酵过程中产生了大量的二氧化碳气体，形成膨胀压力。在这种压力的作用下，由面筋构成骨架的气室逐渐膨大，使得气室之间的面筋组织延伸形成薄膜状，并在延伸过程中，面筋蛋白质间产生相对运动，缓慢地进行结合和切断，不断转换—SH 基团和—S—S—基团。如果发酵过度，面筋被膨胀压力撕裂，就会发现面团的网状组织脆弱、易断。

在面团发酵过程中，空气中氧的氧化作用可促使面筋结合，但过度氧化又会使面筋衰退硬化。在发酵过程中，蛋白质及面筋由于机械的伸展和相对的移动而结合、切断，同时又由于氧化造成结合或硬化反应。

面团发酵中，蛋白质会受到面粉中蛋白酶的分解作用，而使面团软化，延伸性变差。所产生的氨基酸成为酵母的营养物质，并与糖发生美拉德反应，成为面包烘烤时产生褐变的重要基质。一般只在面粉自身蛋白酶的作用下，蛋白质不会分解过度，但当添加物中含有较多蛋白酶时，这种分解作用会使面团快速软化、发黏，破坏面筋结构，使面团失去弹性。

在酒精发酵开始后，随着乙醇在面团中逐渐积累，醇溶性的麦胶蛋白会部分溶解在乙醇里，使面筋结构变得松弛；麦谷蛋白在后期产生的有机酸作用下也会有部分溶解变化，面筋网络结构的强度会变弱。因此，在发酵工艺操作中，要严格控制发酵时间，避免发酵过度。

（5）酸度的变化　在面团发酵过程中，也发生其他的发酵过程，产生多种有机酸，如乳酸发酵，乙酸发酵，酪酸发酵等，因此面团酸度会有所升高。

面团中酸度约超过 60% 来自乳酸，其次是乙酸。乳酸发酵在温度偏高或糖量较高时，其发酵作用比较旺盛，乳酸的积累增高了面团的酸度，但它有一种增强食欲的酸味，且能够与乙醇共同发生酯化作用，改善了面包的风味。而乙酸发酵会产生刺激性酸味，酪酸发酵会给面包带来恶臭味，这两种发酵应该尽量避免。乙酸发酵多在后期出现，当酒精量达到一定浓度且面团温度随之上升时，这种发酵比较活跃。酪酸发酵并不多见，只有在过度发酵，水分又较多，温度较高，乳酸含量较高等条件下才会发生。

在面团发酵过程中，还有糖类产生的琥珀酸、柠檬酸，蛋白质水解的氨基酸和油脂被分解的脂肪酸等有机酸，以及二氧化碳溶于水中形成的碳酸和添加的氯化铵被酵母利用后剩下的盐酸，这些酸类物质都会引起面团 pH 的下降。

（6）风味物质的产生　面包发酵的目的之一是要形成风味物质。在发酵中形成的风味物质主要有酵母发酵产生的乙醇、乳酸以及少量的乙酸、蚁酸和酪酸。还有乙醇与有机酸反应生成的酯类芳香物质，一般为挥发性的醛、酮类等羰基化合物。

这些羰基化合物的生成过程比较复杂。面粉和面包配料中的油脂中的不饱和脂肪酸，在面粉中的脂肪分解酶和氧的作用下，生成过氧化物，这种过氧化物被酵母分泌的酶所分解，生成复杂多样的醛类、酮类等具有芳香味的物质。这一过程需要经过长期发酵如，一次发酵法、二次发酵法的面团中才能产生较多的羰基化合物，且香味具有较好的持久性，而短期发酵如快速发酵法的面团中则缺少这种风味。

（二）乳酸菌对面团发酵的作用

在非工业化酵母菌发酵面团中通常含有大量的乳酸菌，呈现出乳酸菌－酵母菌联合生长的现象。这里的乳酸菌可能来源于谷物自身，或者面包酵母的污染菌，或者面包房和磨粉的环境。已经从小麦面粉、黑麦面粉或发酵面团中分离出的乳酸菌株如表9－6所示。

表9－6　　　　　　　　　　　　　　发酵面团中的乳酸菌

杆菌		球菌	
同型发酵菌	异型发酵菌	同型发酵菌	异型发酵菌
棒状乳杆菌	纤维二糖乳杆菌	戊糖片球菌	粪肠膜明串珠菌
植物乳杆菌	短乳杆菌	小片球菌	
干酪乳杆菌	发酵乳杆菌	乳酸片球菌	
唾液乳杆菌		粪肠球菌	
弯曲乳杆菌		乳酸奶球菌	

这些乳酸菌对面团发酵的作用主要有如下几个方面：

（1）乳酸菌对风味形成的影响　酸面团发酵会产生两类风味化合物，非挥发性和挥发性化合物。非挥发性物是同型发酵和异型发酵乳酸菌产生的有机酸。挥发性物是在发酵过程中通过生物和生化反应产生的醇、醛、酮、酯和羰基化合物。这些风味复合物由乳酸菌和酵母单一或通过相互作用产生。

（2）乳酸菌对面团结构的影响　乳酸菌分泌到外环境的细菌多糖称作胞外多糖，分为同胞外多糖和异胞外多糖两类，同多糖仅有一种单糖组成，以蔗糖为糖基供体通过胞外葡聚糖和果糖基转移酶合成；异多糖由糖核苷前体在胞内合成。同多糖一般用于改善焙烤产品的特性，目前还没发现酸面团乳酸菌产生异多糖。

（3）乳酸菌改善酸面团的营养价值和健康价值　理想的感官特性是食品成功的基础，但消费者对食品的营养价值和健康价值也是特别关注的。

①减少抗营养因子：谷物是矿物质如钾、磷、镁或锌的重要来源。但是由于植酸的存在使得矿物质的利用受到限制。小麦和黑麦含2~58mg/g植酸，以镁－钾盐的形式存在于颗粒的糊粉层。植酸含量的降低依赖于植酸酶的活性。植酸酶存在于谷物及酸面团酵母菌和乳酸菌中。一般来说，低pH有利于植酸的降解，酸面团或酸化面团能增加植酸的分解以改善矿物质的生物利用。酸面团的pH 4.5时，植酸酶的活性最佳，水解肌醇六磷酸（IP6）为肌醇五磷酸（IP5），更进一步水解为低分子量的肌醇磷酸酯（IP4~IP1），这些物质较少与矿物质结合或形成较弱的矿物质复合物。

②转化有毒化合物：酸面包因其自然特性和传统特性而倍受欢迎，然而由于其含有谷蛋白，对脂肪痢（CS）患者来说是有毒的。脂肪痢又称谷蛋白敏感肠病、小肠黏膜自身免疫疾病，即谷蛋白的摄入会引起永久性黏膜红肿，导致吸收绒毛脱落和腺管增生。腔内表面的蛋白分解酶作用于醇溶蛋白，产生富含脯氨酸和甘氨酸的多肽，这些多肽会引起CS。由于以上

原因，CS 患者不能食用含谷蛋白的产品如面包或面条。Dicagno 等阐明：一些乳酸菌对各种富含脯氨酸肽包括33 - 色氨基肽具有水解活性。然而，酸面团生产非谷蛋白产品的完全适用性仍处于研究阶段。

（4）酸面团乳酸菌产生的抑菌物质 酸面团的抑菌活性不仅仅是由于酸的存在，酸含量是乳酸菌抑菌活性的决定因素，其他因素可能对其抑微生物活性也有显著作用。乳酸菌在发酵食品的防腐和微生物安全方面起着非常重要的作用，提高了发酵产品的微生物稳定性。传统上乳酸菌被用作自然的食品生物防腐剂；对食品的保护是由于产生了乳酸、乙酸、CO_2、乙醇、双乙酰、氢过氧化物、己酸、3 - 羟基脂肪酸、苯乳酸、缩二氨酸、路氏细胞周期蛋白和杀菌剂。抑菌物质的基本特征是食品条件下具有活性即产生量在活性浓度范围内及其影响作用不被食品成分所掩盖。

三、 面包制作工艺

面包产品种类繁多，每种产品及其工艺都各有特点，但这一过程通常都含有很多共同的步骤，如混料、面团调制、醒发、切割、整形、烘烤等。面包的制作方法很多，一般因搅拌及发酵方法的不同来区分，最基本的制作方法为一次发酵法和二次发酵法。面包加工的主要工艺流程如下图9 - 8。

面团调制→发酵→分割搓圆→中间醒发→压片→整形→装盘入模→最后醒发→烘焙→冷却→包装

图9 - 8 面包加工工艺流程

（一） 面团调制

对于一次发酵法和快速发酵法，调制面团时先将水投入和面机中，再加入处理过的糖、蛋和各类添加剂充分搅拌，乳化均匀后再加入面粉，开始搅拌，加入已活化好的酵母溶液，混合均匀，待面团稍形成，面筋还未充分扩展时加入油脂拌匀，再加适量的水，继续搅拌至面团成熟，即进入发酵阶段。食盐溶液一般在调粉后期，但面筋还未充分扩展之前或面团调制完成前的5~6min 加入。

二次发酵法调制面团是在第一次面团调制时，即将全部面粉的30%~70%加入调粉机中，再加入适量的水和全部活化的酵母溶液及少许糖，调成面团，待其发酵完毕后，再进行第二次调制面团。将第一次发酵好的面团，加入适量的水，搅拌调开，再加入剩余的面粉、糖和蛋、乳粉、添加剂等辅料，搅拌至面筋初步形成。加入油脂与面团混匀，最后加入食盐搅拌至形成均匀、光滑而有弹性的面团，进入第二次发酵阶段。

面团的调制时间的控制与面包的不同发酵方法有关，并应依照面团温度的高低来选择适当的发酵时间。调制后面团温度过高，酵母很快产生气体，面团快速发酵，则容易发酵过度，最终面包酸味较重，成品外观与形状不佳；而如果调制后面团温度过低，发酵时酵母繁殖较慢，产生气体不足，发酵不够，最终面包体积小，内部组织紧实，香味不够。一般情况下，常用发酵法的面团温度为25~28℃，快速发酵法的面团温度为30℃，酸面包制作法的温度为24~27℃。在没有自动温控系统的情况下，面团的温度主要依靠加水的温度来调节，在常用的材料中，水不仅热容比较大，而且容易加热和冷却。

（二）　面团发酵

1. 发酵温度及湿度

一般理想的发酵温度为 27℃，相对湿度 75%，温度太低，因酵母活性较弱而减慢发酵速度，延长了发酵所需时间；温度过高，则发酵速度过快，且易出现其他产酸菌的过度发酵。湿度的控制也非常重要，湿度低于 70%，面团表面由于水分蒸发过多而结皮，不但影响发酵，而且成品质量不均匀。适于面团发酵的相对湿度应等于或高于面团的实际含水量，即面粉本身的含水量（14%）加上搅拌时加入的水量（60%）。

2. 发酵时间

面团的发酵时间不能一概而论，而要按所用的原料性质、酵母用量、糖用量、搅拌情况、发酵温度及湿度、产品种类、制作工艺（手工或机械）等许多有关因素来确定。通常二次发酵法，鲜酵母用量为 2% 的种子面团，经 4~4.5h 即可完成发酵，或者观察面团的体积，当发酵至原来体积的 4~5 倍时即可认为发酵完成，种子面团胀到最高的时间约为总发酵时间的 65%~75%，种子面团发酵后进行主面团调粉，然后进入第二阶段延续发酵，一般需要 20~45min。一次发酵法面团温度比二次发酵法高一些，较高的温度可以促进发酵速度，与二次发酵法的发酵时间总和相比，一次发酵法短一些。

发酵时间与酵母使用量两者直接关联，减少酵母用量，发酵时间延长；增加酵母用量，发酵时间缩短。具体按下式计算：

$$Y_1 = Y_2 \cdot T_2 / T_1$$

式中　Y_1——正常酵母用量,% ;

　　　T_1——正常发酵时间;

　　　Y_2——新的发酵时间所需的酵母用量,% ;

　　　T_2——新的发酵时间。

（三）　面团整形

整形就是将发酵好的面团做成一定形状的面包坯，它包括分割，搓圆，中间醒发，整形，装盘或装模等几个步骤。整形在基本发酵和最后发酵之间，但在这一过程中面团的发酵仍在进行。由于发酵面团被分割成小块，对外界温度更加敏感，操作车间里应安装空调，且小块面团的表面积要比发酵时面团的表面积大得多，水分散发更快，表面容易硬结干燥。一般应控制温度在 25~28℃，相对湿度在 65%~70%。

（四）　面团最后醒发

最后醒发即面包生坯在进入烤炉前经过的最后一次发酵，使其膨胀成与成品相同的形状，这一步与整形工序不同，整形只将面团做出面包的基本形状，与最终产品的形态和体积均有很大差距。整形后的面团结构紧张，如果直接进入烤炉烘烤，产品体积小，密度大，内部组织粗糙。通过最后醒发，使面团在固定的基本形态下再一次膨胀。

醒发的温度以 35~40℃ 为宜，温度过高，面包坯表面干燥，油脂易溶化，酵母的活力减小，造成面包体积变小，影响产品的质量。同样，温度也不宜过低，否则面团醒发不良，面包内部结构过于紧密，醒发时间延长。

相对湿度为 80%~90%。湿度不可低于 75%，以免面坯表面干燥，影响面包的膨胀和面包皮的色泽。但湿度也不能过高，否则面坯表面凝结水滴，成品表面有白点或气泡出现。

醒发时间 30 ~ 60min。醒发时间不足，烤出的面包体积小，瓤心不够松软。醒发时间过长，面包酸度大，影响口感，而且若膨胀过度导致面筋断裂，则气体外逸，面包皮色泽和光滑度较差。

（五） 面包烘焙

烘烤面包的温度应根据具体情况而定。炉温过高，使成品体积小，内部蜂窝结构破裂，并聚结成壁厚、粗糙和不规则的面包瓤结构，而影响产品的质量。温度过低，造成面包体积过大，容易塌陷，并且面包的底部还易与烤盘粘连，难以脱模。通常面包的烘焙为三段式烘烤，各阶段的炉温和烘焙时间有所不同：

第一阶段即面包烘焙的初期阶段，一般上火不超过 120℃，下火为 180 ~ 185℃，有利于面包体积的增大。对于最普遍的 100 ~ 150g 的面包，第一阶段的烘焙时间为 5 ~ 6min。当面包瓤的温度达 50 ~ 60℃时，进入第二阶段。可将上下火同时升高温度，达到 200 ~ 210℃。对于常见的较小的面包，烘焙时间 3 ~ 4min。经过这个阶段的烘烤，面包就基本定型了。在第三阶段，面包已经定型且基本成熟，本阶段主要使面包表皮上色，增加香气，因此上火温度应该高于下火，上火温度 220 ~ 230℃，下火温度 140 ~ 160℃。

（六） 面包冷却和包装

烤熟的面包一从烤炉里取出，就会引起水分的急速移动，此时表面的水分蒸发仍在进行，水分的蒸发促使冷却的加速。主食面包脱模后表皮温度约130℃，中心温度接近100℃。表皮及外层水分大约为15%，而中心层水分达42%，所以此时面包表皮较硬，中心层又很黏稠。在冷却过程中水分由中心层向表皮移动，表皮蒸发水分的同时也会积累部分水分，因此表皮逐渐变得柔软、有弹性。中心层水分降低，黏性也随之下降，形成有弹性的蜂窝结构。在整个冷却过程中，水分蒸发量平均2% ~ 5%，蒸发量因面包重量和表面积大小而不同。

面包冷却场所的适宜条件为：温度 22 ~ 26℃，相对湿度 75%，空气流速 180 ~ 240m/min。一般面包的冷却方式有自然冷却、强制冷却和混合冷却等。通常当面包的中心部位冷却到 35℃左右时，应立即进行包装。否则长时间的暴露在空气中，易使面包老化、污染，且影响产品风味。

四、 面包的质量标准

（一） 感官要求

应具有面包的正常色泽、气味、滋味及组织状态，不得有酸败、发霉等异味，商品内外不能有霉变、生虫及其他外来污染物。具体应符合表 9 – 7 的规定。

表 9 –7　　　　　　　　　　　　　感官要求

项目	软式面包	硬式面包	起酥面包	调理面包	其他面包
形态	完整，饱满，具有产品应有的形态	完整，饱满，具有产品应有的形态，表面或有裂口	饱满，多层，具有产品应有的形态	面包坯完整，饱满，具有产品应有的形态	具有产品应有的形态

续表

项目	软式面包	硬式面包	起酥面包	调理面包	其他面包
表面色泽	具有产品应有的色泽				
组织	细腻，有弹性，气孔较均匀	内部组织柔软，有弹性	纹理较清晰，层次较分明	面包坯应具有该产品应有的组织结构	具有产品应有的组织
滋味与口感	具有发酵和熟制后的面包香味，松软适口，无异味	具有发酵和熟制后的面包香味，耐咀嚼，无异味	表皮松酥或酥软，肉质松软，无异味	具有产品应有的滋味与口感，无异味	具有产品应有的滋味与口感，无异味
杂质	正常视力范围内无可见的外来异物				

（二）理化指标

面包的理化指标要符合表9-8和表9-9的要求。

表9-8 面包总体理化指标

项目	指标	检验方法
酸价（以脂肪计）（KOH）/（mg/g）≤	5	GB 5009.229—2016《食品安全国家标准 食品中酸价的测定》
过氧化值（以脂肪计）/（g/100g）≤	0.25	GB 5009.227—2016《食品安全国家标准 食品中过氧化值的测定》

注：酸价和过氧化值指标仅适用于配料中添加油脂的产品；污染物限量应符合 GB 2762—2017《食品安全国家标准 食品中污染物限量》的规定。

表9-9 不同种类面包的其他理化指标

项目		软式面包	硬式面包	起酥面包	调理面包	其他面包
水分/%	≤	50	45	40	50	55
酸度/°T	≤	6				

第八节 馒头制作

馒头蓬松暄软、色白可口，易于消化吸收，有发酵的香味，是广大家庭早餐的基本主食。

一、馒头分类及原辅料

（一）分类

馒头的分类问题是馒头主食产业化发展进程中的重要问题。在长期的历史发展过程中，由于消费者的嗜好、原料品质和加工方法等各不相同，形成了众多风味各异、口感不同的馒头品种。对馒头中国馒头分类体系的第一层级的分类标准应当为消费用途，第二层级的分类标准应当为口感，形状、口味、气味并列作为第三层级标准。此外，为了有利于生产开发，还可以将馒头的具体品种特征作为补充性分类标准，比如地域特点、文化特征等，见表9－10。

表9－10　　　　　　　　　　　　　　中国馒头分类体系

标准层级	分类标准或依据	拟分类型	主要特点或代表品种	主要影响因素	判断方式
一层	消费用途	主食 非主食	日常餐食馒头 花色馒头、保健馒头	消费需求、数量与频度	消费群体嗜好调查
二层	口感（质构）	软式 中硬式 硬式	南方馒头、广东馒头 北方馒头、机制馒头 杠子馍、皇城枣花	面粉特性、水分、面团、发酵工艺、添加剂等	消费群体嗜好调查；密度、柔软性、筋道感、硬度、弹性等
三层	感官特性	形状（外观）　对称 非对称	圆馒头、方馒头等 包子、卷子等	成型工艺	感官评定
		口味（风味）　淡味 甜味 咸味 麦香	普通市售馒头 开花馒头、糖馒头 咸味馒头 纯酵香馒头	口味辅料	感官评定
		气味（风味）　醇味 兼香	米酒酵香馒头 老面酵香馒头	发酵剂及发酵工艺	感官评定

（二）原辅料

原料是制作馒头的基础，原料准备的好坏对面团的调制、发酵、产品性状及卫生指标等均会产生较大的影响。

1. 面粉

面粉是馒头生产的最基本原料，一般认为加工馒头对小麦粉的要求不很严格，其蛋白质含量在10%～13%，筋力中等或偏强。具体情况请参加"面包部分"。

2. 面肥及酵母制剂

（1）面肥　面肥是馒头加工常用的发酵剂之一。面肥的培养方法很多，如酵母接种法、自然通风培养法等。通常可以取剩下的酵面加水化开，加入一定量的面粉搅拌，在发酵缸内发酵成熟后即为面肥。面肥的使用量一般为 4% ~10%。

（2）酵母　酵母是馒头和面包加工中的重要生物疏松剂，具体内容参见"面包部分"。

3. 水

（1）水的硬度　8° ~12°为宜。过硬降低蛋白质溶解性，面筋硬化延迟发酵，增强韧性，口感粗糙干硬，易掉渣；过软使面筋柔软，面团水分过多，黏性增强，面包塌陷。

（2）酸碱度　水的 pH 为 5 ~6 为好。碱性水抑制酶活性，延缓发酵，使面团发软，微酸有利发酵，过大也不适宜。

4. 食用碱

中和因面团发酵产生的酸，一般加碱量为面粉质量的 0.5%。

5. 辅料

常用的辅料主要有植物油、蔬菜、糖、果酱和豆沙等。常用的植物油有花生油、棕榈油、棉籽油、椰子油、小磨芝麻油、色拉油等。蔬菜可以丰富产品的种类，用于馒头蔬菜品种很多，有芹菜、白菜、黄瓜、茄子、豆角、雪菜等。

馒头的原料和辅料与面包的非常相似，其他相关知识参见面包的原辅料部分。

二、　馒头制作的主要微生物及发酵机制

馒头发酵中的主要微生物与面包基本相同，此处只针对与面包生产中不同的术语和机制进行简单叙述。

（一）　馒头发酵微生物及作用

1. 馒头发酵剂

中国民间采用传统发酵剂发酵制作馒头出现于十三世纪，传统馒头发酵剂主要有老酵头和酵子，在天然发酵剂菌群中，除主要含有酵母菌外，还含有一定数量和种类的其他微生物群，其共同发酵产生二氧化碳、乙醇、乳酸、乙酸等物质以及少量的风味辅助物质。经加碱中和后，制品产生出特有的口感和风味。其中野生乳酸菌、醋酸菌等微生物群也在面团中发生着乳酸发酵和乙酸发酵等生命代谢过程，由此而产生出乳酸、乙酸等几种有机酸。并且乙醇和有机酸之间又进一步发生酯化反应，生成一定数量的芳香类物质——酯类，还会形成极少量的醛类、酮类等化合物，它们也是重要的风味物质和风味辅助物质。

传统发酵剂发酵的馒头由于特有的口感和风味，深受很多中国人喜爱，但其在馒头生产应用中存在缺陷：菌种质量不稳定，因是自行接种，除含有酵母菌和一些产风味酶的细菌和霉菌外，还含有一些有害的杂菌；制作工艺落后、培养条件不稳定；贮存过程品质变化明显等。由此导致使用时难以控制，难以应用于馒头的工业化生产。

自从中国1922年引进了酵母的生产，尤其是20世纪80年代中期，即发活性干酵母从国外引入中国市场，人们开始用酵母发酵蒸制馒头，酵母品质稳定，发酵力强，能明显缩短面团发酵时间，适合馒头等的工业化生产，既可提高效率，也可节约成本；不含杂菌，不会有微生物产酸现象，不必加碱中和，不会造成制品的营养损失；酵母本身具有很高的营养价值，富含蛋白质、维生素和矿物质。纯酵母为馒头制作带来极大的方便性，逐渐取代传统发酵剂。但酵母纯菌酶系单一，发酵产品风味平淡，香味不浓。

2. 乳酸菌在馒头发酵中的应用

酸面团对于改善产品的质构和风味是有用的，它还可能稳定或增加生物活性物质的水

平。在中国用传统发酵剂发酵（混合菌种发酵）馒头，具有悠久的历史，但从目前看，要使其迅速而稳定地发展，还有许多需要解决的问题如质量标准、食品功能评价、新产品开发等。

运用现代微生物技术纯菌接种，进行多菌种混合发酵生产馒头，即能解决传统主食发酵剂蒸制馒头存在的缺陷，又充分利用了乳酸菌的有用特性，同时还保留了面包酵母的优势。而乳酸菌在馒头面团中的代谢包括碳水化合物及蛋白质等的代谢作用有待进一步研究。

（二）馒头发酵基本原理

馒头面团发酵过程中会发生一系列化学变化：首先在 $\alpha-$ 淀粉酶作用下淀粉生成糊精、麦芽糖，再由酶的分解作用生成葡萄糖，葡萄糖经发酵生成丙酮酸，然后在酵母菌作用下脱掉 CO_2，生成乙醛，最后被还原为乙醇，使馒头具有淡淡酒香味，其中产生的 CO_2 作用于面筋结构，影响馒头体积。馒头面团发酵过程中的变化及基本发酵原理请参见面包发酵原理部分。

三、馒头制作工艺

馒头的发酵方法较多，有老面发酵法、酒曲发酵法、化学膨松法、酵母发酵法等等。经过实验证明，酵母发酵比较适合于馒头的工业化生产，其发酵速度快、产品质量稳定、馒头的营养价值、风味、口感、外观等指标都能令人满意。

（一）馒头的生产方法

馒头的生产主要有手工操作、半机械化操作、机械化操作等几种方式，馒头生产方式不同其所用的工艺也不同。

1. 直接成型法

直接成型法生产工艺见图9-9。

直接成型法是一次性将原辅料投入调粉机，搅拌调成面团，直接成型醒发，通过蒸制、冷却获得成品。

配料 → 面团调制 → 成型 → 醒发 → 蒸制 → 冷却 → 包装

图9-9 馒头制作直接成型法工艺

（1）直接成型法的优点：①生产周期短，效率高；②劳动强度低，操作简单；③面团黏性小，有利于成型。

（2）不足之处：①酵母用量较大，醒发时间较长；②面筋扩展和延伸不够充分，产品口感较硬实；③占用醒发设备较多，设备投资增大。

2. 一次发酵法

一次发酵法工艺见图9-10。

配料（大部分面粉、全部酵母和水）→ 第一次面团调制 → 面团发酵 →
第二次面团调制（加入剩余的原辅料）→ 成型 → 醒发 → 蒸制 → 冷却 → 包装

图9-10 馒头制作一次发酵法工艺流程

一次发酵法是将大部分面粉和全部的酵母和水调制成软质面团，在较短的时间内完成发酵，加入剩余面粉和其他辅料，面团调制后成型、醒发。

（1）一次发酵法的优点：①面团经过发酵其性状达到最佳状态，面筋得到充分扩展和延伸，面团柔软，有利于成型和醒发；②生产出的产品组织性状好、不易老化、柔软细腻且体积较大；③生产条件比较容易控制，原料成本也较低。

（2）缺点：①生产周期较长，生产效率有所下降；②劳动强度增加，操作较为烦琐；③增加调粉机数量，投资加大。

3. 二次发酵法

二次发酵法工艺见图 9 – 11。

配料→第一次面团调制→面团第一次发酵→第二次面团调制（加入剩余的原辅料）→
面团第二次发酵→成型→醒发→蒸制→冷却→包装

图 9 – 11　馒头制作二次发酵法工艺流程

二次发酵法是将原辅料分两次加入并进行两次发酵。将 60% 的面粉和全部的酵母及水调成软质面团发酵以扩大酵母菌的数量，再加入剩余的面粉和其他辅料进行第二次面团调制、发酵，使面筋充分扩展，面团充分起发并增加馒头的香味。用此法生产出的馒头品质较好．但生产周期较长，劳动强度加大。

4. 老面发酵法

老面发酵法工艺见图 9 – 12。

配料（酵头、部分原料）→面团调制（种子面团调制）→长时发酵→
加碱等原辅料调粉（主面团调制）→成型→醒发→蒸制→冷却→包装

图 9 – 12　馒头制作老面发酵法工艺流程

老面发酵法是用酵头作为菌种发酵的方法，其优点：①用酵头作为菌种发酵，节省了酵母用量，降低了原料成本；②产品具有传统馒头所具有的独特风味；③设备简单，发酵管理要求不高。缺点：①发酵时间长，成熟面团具有很浓的刺鼻酸味，需要加碱来中和有机酸；②发酵条件不固定，面团 pH 较难控制。

（二）　馒头加工技术

1. 面团调制的工艺技术要求

馒头面团调制的工艺技术要求请参见面包面团调制部分。

2. 面团发酵的工艺技术要求

发酵通常是在发酵室内控制温度、湿度的条件下完成的。家庭或小作坊生产无专用的发酵室，可将面团放在适宜的容器中，盖上盖子，置于温暖的地方发酵。家庭中大多采用一次发酵法，工业化生产时多采用二次发酵法。发酵时面团温度控制在 26 ~ 32℃，发酵室的温度一般不超过 35℃，相对湿度为 70% ~ 80%，发酵时间根据采用的生产方式以及实际情况而定。

发酵成熟面团表现为：用手轻压面团，感觉略有弹性，稍有下陷，面团表面较光滑、质地柔软，用鼻闻略有酸味，用刀切开面团，其断面孔洞分布均匀而紧凑、大小一致，用手拉开面团，内部呈丝瓜瓤状。

3. 加碱中和

面团发酵过程中产生的酸需要加入适量的碱来中和，以使成品符合人们的口味。通常使用纯碱进行中和，使用量因面团发酵程度不同而异，酵面老加碱多，酵面嫩则加碱少。一般加碱，为干面粉质量的 0.5%，加碱量过多，成品硬而黄、体积小，有苦涩味。加碱量过少则成品发酸、发硬、体积小且颜色发暗。

4. 成型

馒头成型是指将发酵成熟的面团经过挤压揉搓，定量切割制成一定大小的馒头坯。通常有机械成型和手工成型两种方式。工业化生产大多采用成型机成型，家庭则一般采用手工成型。

（1）馒头的机械成型设备　目前国内馒头成型机主要是双辊螺旋式馒头成型机和盘式馒头成型机。将在加工设备中详细介绍。

（2）馒头的手工成型　手工成型是家庭制作馒头的成型方式，馒头手工成型是通过揉、搓、包、捏以及借助必要的工具完成的。

（3）馒头的整形　为使馒头形状更符合工艺要求，还需对馒头进行整形。馒头整形可通过馒头整形机或手工来完成。

在馒头生产线上，馒头整形机与馒头成型机配合形成连续的生产工序。通过整形使馒头坯表面更加光滑，底部修成平面，整体形状更加挺立。手工整形在馒头排放前进行，根据馒头品种不同，可将成型的馒头坯放在案板上采用滚搓或双手对搓等方法达到整形目的。

5. 醒发

醒发是面团的最后一次发酵。通过醒发使整形后处于紧张状态的面坯变得柔软，面筋网络进一步扩展，面坯得以继续膨胀，其体积和性状达到最佳。一般醒发适宜的面坯外表光滑平整，且稍透明。手感柔软，有弹性，不黏手。馒头面团醒发过程控制请参见面包面团醒发部分。

6. 蒸制

（1）蒸制的基本原理　蒸制是将醒发好的生馒头坯放在蒸屉或蒸笼内，在常压或高压下经蒸汽加热使其变成熟馒头的过程。馒头在蒸制过程中发生了一系列物理、化学及微生物学的变化。这些变化使馒头在发酵、醒发的基础上蓬松、柔软、易于消化，并具有其特有风味。

（2）蒸制的技术要求　家庭或小作坊制作大多是将醒发好的馒头坯摆放在笼屉内，用蒸锅内沸水产生的蒸汽蒸制。工业化生产则直接用蒸汽蒸制。蒸制应注意如下几个问题：

①不同种类、大小的馒头不能同笼、同车蒸制，以防出现生熟不一。

②要按蒸制的技术要求进行操作。

③蒸制完成后卸笼时蒸锅内要先加入冷水或关掉蒸柜汽阀，以防烫伤。

7. 冷却包装

冷却的目的是便于短期存放和避免互相粘连。另外，包装前若未经适当的冷却，包装袋和馒头表面由于温度高而附着小水滴，不利于保存。一般冷却至 50～60℃ 时再行包装，此时馒头不烫手但仍有热度并保持柔软。一般小批量生产常用自然冷却的方法，气候不同冷却的时间也不同，通常在 20～30min。工业化连续性生产馒头多用吸风冷却箱进行冷却。

包装有利于馒头的保鲜，同时可防止污染和破损，美化商品便于流通。目前馒头主要采用简易包装，如塑料薄膜包装、透明纸包装，有单个包装，也有多个包装。

四、 馒头的质量标准

（一） 感官质量要求

（1）外观　形态完整，色泽正常，表面无皱缩、塌陷，无黄斑、灰斑、黑斑、白毛和黏斑等缺陷，无异物。

（2）内部　质构特征均一，有弹性，呈海绵状，无粗糙大孔洞、局部硬块、干面粉痕迹及黄色碱斑等明显缺陷，无异物。

（3）口感　无生感，不黏牙，不牙碜。

（4）滋味和气味　具有小麦粉经发酵、蒸制后特有的滋味和气味，无异味。

（二）理化指标

理化指标要求见表9-11。

表9-11　　　　　　　　　　　　理化指标

项目	指标
比热容/（mL/g）	≥1.7
水分/%	≤45.0
pH	5.6 ~ 7.2

（三）卫生指标

卫生指标要求见表9-12。其他卫生指标应符合国家卫生标准和有关规定。

表9-12　　　　　　　　　　　卫生指标

项目	指标
大肠菌群/（MPN/100g）	≤ 30
霉菌计数/（CFU/g）	≤ 200
致病菌（沙门氏菌、志贺氏菌、金黄色葡萄球菌等）	不得检出
总砷（以 As 计）/（mg/kg）	≤ 0.5
铅（以 Pb 计）/（mg/kg）	≤ 0.5

（四）其他要求

生产过程的卫生规范应符合 GB 14881—2013《食品安全国家标准　食品生产通用卫生规范》的规定。生产过程中不得添加过氧化苯甲酰、过氧化钙。不得使用添加吊白块、硫黄熏蒸等非法方式增白。

🔍 思考题

1. 控制发酵蔬菜产品中的亚硝酸盐含量有哪些措施？
2. 阐述发酵蔬菜生产中的主要微生物种类及其作用。
3. 阐述果醋加工中常见质量问题及其解决措施。
4. 面包一次发酵和二次发酵的优势与劣势。
5. 在面团发酵过程中，乳酸菌的作用机制。
6. 冷冻面团技术在发酵面制品中的应用现状。

第十章

CHAPTER

发酵食品的安全性及清洁生产

10

第一节 发酵食品的安全性

食品安全是指食品在生产、流通、食用这三个方面符合国家对食品的要求，可以正常、无害地满足人们的食欲。发酵食品的安全性直接关系到消费者的身体健康，一般认为发酵食品具有较高的食用安全性。尽管某些传统发酵食品生产的卫生条件极差，生产者也不具备微生物学等专业知识，但是其发酵产品确有较高的安全性记录。其安全因素有：有益微生物的生长，阻止了有害微生物的生长和繁殖；经微生物的代谢作用，产生了有机酸、乙醇等杀菌剂，抑制了有害微生物的生长；经微生物的代谢作用，蛋白质被水解为肽和氨基酸，并产生氨气，使环境的 pH 升高，抑制了有害微生物的生长；某些发酵食品生产伴随有腌渍过程，而且有抑菌作用；某些微生物具有脱毒作用，从而提高了食品的安全性等。但并非发酵食品就一定安全可靠，发酵食品的安全性问题主要体现在微生物菌种的安全性、发酵工艺带来的安全性影响、食品发酵过程中的有毒有害物残留等几方面。

一、 微生物菌种安全问题

我国食品发酵工业在菌种使用方面存在的主要的安全性问题是：生产菌种情况不清楚，菌种的使用放任自流；对于菌种的安全性问题认识不深，许多方面还存在大片空白。这就造成了发酵食品在食用安全方面存在着很大的隐患。

（一） 食品工业用菌种可能引起的安全性问题

微生物发酵食品的安全性，首先要考虑生产菌种的安全性。食品工业用菌种可能造成的安全问题主要包括以下 3 个方面：

1. 微生物的致病性

一般情况下，食品工业用菌种不会选择那些常见的致病微生物。对于像酶制剂这样的食品添加剂，其终产品中很少会含有存活的生产菌种或其他微生物，因此菌种的致病性不大会直接影响到食用安全。这时应主要关注生产菌种对车间生产工人的致病性和对菌种保藏及管理人员的致病性。

当使用细菌为发酵剂进行细菌型腐乳生产时，要对所使用的细菌进行严格的毒理学实验，证明其不产生毒素，无致病性；还要对其遗传学特性进行研究；考察其酶学特性，特别是脱羧酶和脱氨酶的活性要低，有利于降低生物胺和游离氨的含量，可以改善产品的风味。红腐乳中添加的红曲汁可能有黄曲霉毒素、橘青霉素，存在着安全隐患。

乳酸菌是发酵香肠生产中的优势菌，通常被认为是非致病的、安全的。而且香肠生产中乳酸菌的迅速发酵作用是产品安全性的保证。但同时研究又表明，大多数乳酸菌菌株具有氨基酸脱羧酶活性，在发酵香肠生产过程中能使游离氨基酸脱羧，从而产生生物胺，威胁到消费者的身体健康。因此，开发乳酸菌发酵剂一定要考虑到脱羧酶活性，筛选不具有氨基酸脱羧酶活性的乳酸菌菌株作为发酵剂。

非致病性葡萄球菌和微球菌是在发酵香肠生产中与乳酸菌常一起使用的另一类群细菌。这类菌能改善产品的风味，维护产品色泽的稳定，通常被认为是发酵香肠生产中的"成香"菌。其中以木糖葡萄球菌（*S. xylosus*）和肉葡萄球菌（*S. carnosus*）应用最普遍，生产的产品的风味也较好。这两种菌用于发酵香肠生产通常被认为是安全的。

2. 生产菌种代谢产物对人体的潜在危害问题

菌种所产生的毒素包括由细菌所产生的毒素和由丝状真菌所产生的毒素。由细菌所产生的毒素从本质上来说是一种蛋白质或多肽，能够引起急性食物中毒。由丝状真菌产生的毒素通常是一些相对分子质量小于1000u的有机分子，也就是通常所说的真菌毒素。如生产红曲制品的菌种红曲霉（*Monascusspecies*）的某些株可以产生橘青霉素，生产食品酶制剂的菌种黑曲霉（*Aspergillus niger*）和米曲霉（*A. oryzea*）中的某些株分别可以产生赭曲霉素 A 和 β - 硝基丙酸等。大多数真菌毒素可以引起人的急性中毒反应，低剂量持续摄入可以引起慢性中毒或者具有致癌性。生产菌种的有毒代谢产物可以随同终产品进入消费者体内，给消费者带来极大的危害，因此在评价菌种的安全性时，考虑菌种是否会产生有毒代谢产物是非常重要的一个方面。

3. 基因重组技术的生物安全问题

世界卫生组织（WHO）、联合国粮农组织（FAO）专家评议会认为，用传统方法（杂交、诱变）对食品工业用菌种进行改造而生产的食品是安全的。近年来，基因工程或 DNA 重组技术逐渐用于食品工业来改良各种生产菌种的属性。当基因重组微生物或其代谢产物用于食品生产时，这些食品的安全性必须重新进行论证，包括该生产菌种过去和现在在食品工业中使用的情况。

一种转基因食品在化学成分上与其自然存在的对应食品相似，并不能够说明人类食用该转基因食品是安全的。评价其安全性应着重从宿主、载体、插入基因、重组 DNA、基因表达产物和对食品营养成分的影响几个方面考虑。首先，必须明确提供目的基因的供体和接受基因改造的受体菌种在生物学上的分类和基因型及表型。进行基因改造的基因材料（目的基因和载体）的片段大小与序列必须清楚，不能编码任何有害物。其次，为了避免基因改造食品携带的抗生素基因在人体胃肠道向病原微生物转化而使之产生耐药性，要求对载体进行改造以尽可能地减少载体对其他微生物转化的可能性；对经基因改造后含活的微生物的食品，要求该微生物不能携带抗抗生素基因；对由携带该抗抗生素基因的微生物所产生的食品成分，要求其中不能含有该种活微生物与编码抗抗生素的遗传材料。引入外源基因的重组 DNA 应稳定，即外源基因的插入不会导致宿主某些功能基因的失活和某些基因的激活，从而可能导致一些毒性物质的产生，基因改造后的菌种不应产生任何有毒有害物质。最后，生物技术食品若含有活的基因改造微生物，摄入体内后该种活微生物在人体肠道内的增殖不应对肠道内的正常菌群产生不利影响。

转基因的安全问题争议很大，因此，作为人们食用的食品是否采用基因工程菌种应该采取谨慎的态度。

（二） 食品工业用菌种的管理

菌种是一个国家重要的自然资源。对菌种进行安全性评价和制定严格的使用和管理制度，不仅可以保护人们的身体健康和生命安全，而且还能够有效地防止菌种退化，维护企业的切身利益。菌种退化可以引起生产菌株原有的良好的生产性能丢失，使产量下降，同时还可以使生产菌株产生一些有毒代谢产物，对食用安全性产生极大的隐患。菌种退化与代代次数有关。随着传代次数增多，菌种退化的比例逐渐增多。为了防止菌种退化，从菌种管理的角度考虑，最有效的方法是定期使菌种复壮，在尚未出现菌种退化之前，定期进行纯种分离和性能测定，以使菌种生产性能保持稳定。

二、 发酵食品工艺安全问题

发酵食品工艺过程涉及许多环节，其中容易导致不安全的主要因素有生产环境和生产者的卫生状况、发酵食品原料和生产用水的品质、生产管道和设备的消毒与清洗状况、包装材料安全性及产品储藏条件等。

（一） 一般工艺性问题

1. 发酵方法的安全性

传统发酵食品在发酵形式上主要有液态或固态和自然或纯种发酵。在任何液态发酵中，大多都要求无菌操作，这是因为杂菌可以在含水量高的液体培养基中比主导发酵的微生物生长得更好。而对于固态发酵来说，其菌种一般可在含水量低的情况下快速生长，如果固态发酵所用微生物接种到已灭菌的底物上，此过程有利微生物的生长将优于杂菌，甚至可以排除杂菌的干扰。这意味着严格的无菌操作在固态发酵中不是十分重要，同时也反映了固态发酵要比液态发酵更容易掌握，也较为安全。另外，与液态发酵相比，固态发酵的生化反应器设计要求低，相对费用也低。但是，也有一些产品在固态发酵中呈现较高的潜能，只不过其微生物生长缓慢，杂菌生长却很旺盛。

2. 发酵生产环境以及添加物的安全性

发酵过程操作不当，从而造成不良微生物产生是发酵产品最大的潜在不安全因素之一。例如，有时泡菜会变暗或失去好看的颜色，这种现象，可能是安全的，也可能是不安全的。在安全的情况下，变色也应当有范围，而且是由铁所引起，而非其他金属，如铜、黄铜或铅。另外，在泡菜制作工艺中，产品会变成粉红色，其原因还是发酵过程中不良微生物如霉菌、酵母菌的危害。泡菜原料的表面在发酵前没有清洗干净（表面浮土未去除完全），不良微生物存在潜在危害。但是一般食源性致病菌可用巴氏杀菌法以及暴露在酸性环境下（pH<4.0），或者处于不利的条件中，例如降低水分活度（A_w），提高盐水浓度（超过10%），或是冷藏等都可以有效地降低病原微生物的存活。肉类及其制品中被检出亚硝基化合物的较多，盐腌鱼干中也含有亚硝基化合物，这些是因为采用了粗盐腌制或用硝酸及亚硝酸盐作保存剂。

3. 发酵副产物的安全性

发酵过程中，总会伴随一些副产物产生，如酒的主要成分是乙醇，但酿制过程中同时也产生甲醇和高级醇。甲醇损伤人的视觉神经，过量会使人双目失明甚至到人死亡，而高级醇同样会抑制神经系统，使人头痛或头晕。但酿酒过程中甲醇和高级醇的产生不可避免，按正规的生产工艺进行操作，用反复蒸馏和提取的方法可以降低其他醇类的含量。但在实际生产中，也难以避免，加之不良的生产操作，工艺不成熟等，将对人们造成危害。另外，含硝酸盐多的蔬菜在室温下长期存放，经过细菌及酶作用会产生亚硝酸盐。含硝酸盐高的蔬菜有甜菜、菠菜、芹菜、大白菜、萝卜、菜花、生菜等。

4. 发酵产品中存在的不良微生物带来的安全性影响

食品中不安全的生物因素主要包括细菌及其毒素、病毒、原虫和真菌毒素。这些生物因子在食品发酵过程中通过生产用水、原料、管道、人等途径污染食品，从而导致食源性疾病的发生。

发酵过程中，不同微生物进行生存竞争，而我们通常意义上的发酵食品指的是有利微生物对食品原料进行有益反应所得到的产品。但是不可能完全避免不良的微生物甚至是病原微生物的侵入，这必定会导致发酵食品的变质。例如，1994 年美国人发现发酵干香肠存在大肠杆菌 O157：H7，美国农业部对此在 1996 年做了其生产工艺的重要改进。丹贝在发酵过程中，如果表面没有真菌的菌丝体，潮湿，并有不良气味且味道发甜，表明已经被有害微生物污染了，这样的发酵丹贝不能食用；酵母发酵制成的果汁，如果其中存在不良气味和酸味就表明已被病原微生物污染，但是在没有这样典型理化性状表现出来之前，许多有害细菌就已经产生了。大多发酵食品一般不需要经过加热或是冷藏等手段便进入消费，从这个角度上来说，发酵食品对人类安全性的威胁更为巨大，而且具有很强的隐蔽性。

（二）常见发酵食品生产中的不安全因素

1. 白酒酿造不安全因素

（1）原料　酿酒用粮、制曲用粮、稻壳等如果发霉或腐败变质，将严重影响酿造及制曲过程中有益菌的生长繁殖，并可能给成品酒中带入不安全因素（如黄曲霉毒素等），严重影响成品酒的风味及品质。

（2）成品曲的质量　大曲是酿造白酒的糖化发酵剂，大曲的质量好坏是酿酒成败的关键。由于大曲采用自然接种微生物进行扩大培养，微生物主要来自环境、空气、器具、原料和覆盖物及制曲用水等，因此微生物种类复杂，优劣共存。虽然制曲过程中通过温度、湿度、空气和水分的调节，使有益微生物得到很好繁殖，抑制有害微生物的生长，但在操作中往往由于各种主客观原因而导致大曲发生病害。

（3）工艺操作　良好的操作工艺规程也是白酒生产成败的关键，如原料蒸煮不彻底，不仅没有杀死原料中的有害微生物，而且将影响酶的分解及微生物的利用，使发酵不彻底，造成原料利用率降低，生产成本上升。

2. 黄酒酿造不安全因素

（1）环境卫生　环境卫生差，往往造成杂菌污染，尤其发酵设备，管道阀门出现死角，造成灭菌不透，醪液黏结停留，成为杂菌污染源，发生发酵醪的酸败，这种情况较为普遍。

（2）曲、酒母质量　纯种麦曲在培养时常会污染有害微生物，所以，一方面要严格工艺操作，另外要对制曲的曲箱、风道等加强清洗和消毒，不合格的曲不用来发酵。酒母中的杂菌比曲的杂菌危害更大，多数是乳酸杆菌，其繁殖速度比酵母快，因而对酒母中的杂菌数控制更要严格。

（3）原料 各种食品原料采购时可能混有异物、虫害、霉变颗粒或未成熟颗粒；贮藏不当可出现霉变、生虫、被有毒有害物质污染等情况；被污染的食品原料不经过分选、清洗即进行蒸煮发酵，酿造用水被污染、重金属离子超标或硬度太大等，均可影响成品卫生质量。

（4）加工过程 发酵、压榨、陈酿、过滤过程中，设备、管道内残存物可导致发酵污染；环境、人为污染、空气不洁净均可影响产品的卫生质量和口感。

（5）消毒 在消毒各环节中，如温度、时间、冷却水质控制不当，灌装车间空气污染，灌装机使用前未经清洗、消毒，消毒后的瓶盖再次受到污染等，均可严重影响成品卫生质量。

3. 啤酒酿造不安全因素

（1）原料 酿造啤酒所需原料的质量直接影响生产的啤酒质量。原料主要是大麦、酒花、酵母以及辅料和水等。大麦（麦芽）以及大米、小麦、玉米等辅料存在潜在的霉变、农药残留物超标的危害；酿造用水处理不当，存在潜在的致病菌危害。

（2）空气 酵母菌种生长需要氧气，空气在啤酒工业中占有非常重要的地位。空气中悬浮有灰尘和微生物，直接影响到啤酒的质量。微生物一般以气溶胶的形式在大气中存在，一旦进入培养系统，会干扰或破坏啤酒发酵的进行。

（3）灭菌 采取巴氏灭菌时，操作不当或灭菌不彻底存在潜在的致病菌危害。

（4）管道、设备的 CIP 洗涤消毒 管道、设备未彻底洗涤消毒，可存在潜在的致病菌危害，和洗涤消毒剂残留及啤酒瓶爆炸的危害。

4. 葡萄酒酿造不安全因素

（1）原料 葡萄质量的好坏是决定能否酿制出优质葡萄酒的第一要素。酿制葡萄酒所用的葡萄如果生青、破损、长霉或腐败变质，将严重影响酿造过程中酵母菌的生长繁殖，并可能给成品酒中带入不安全因素（如黄曲霉毒素等），严重影响成品酒的风味及品质。

（2）设备 酿造葡萄酒所用工具及设备都应进行彻底清洗和杀菌，如生霉的、有酸味的、带色的贮酒木桶都应采取相应的方法进行清洗；金属设备必须经过涂层处理后才能使用，这样可以避免葡萄汁与金属直接接触。

（3）葡萄酒生产监控 葡萄酒营养丰富，极易受病菌的侵染。如果生产过程中监控措施不得力，很可能引起酒的失光浑浊、沉淀、酒的风味受到损害，使酒的质量降低。葡萄酒易感染的病菌有酒花菌、醋酸菌、苦味菌和乳酸菌。

5. 食醋酿造不安全因素

（1）原料 酿造食醋的原料与辅料是细菌、霉菌、寄生虫的寄主，在潮湿的环境中容易霉变。此外，污水灌溉的生产原料与辅料还可能存在农药残留、有毒重金属残留。

（2）蒸料与冷却 原料蒸煮时间、温度没有达到要求，使杂菌残存。蒸锅内残留原料未及时处理，可能污染下批原料。冷却管道不干净及冷却时间过长均会再受污染。

（3）酿造设备 车间卫生差或罐体、管道不干净导致杂菌污染。发酵温度控制不规范，导致杂菌生长，特别是耐酸的杂菌生长。

6. 酱油酿造不安全因素

（1）原料的处理 原料的处理潜在的危害是原料不洁或受污染，如引入石头、金属等环境物理危害物。大豆浸泡时，由于水或大豆被污染，会使微生物生长；大豆蒸熟后，可能会有残存的病原微生物和耐热霉菌，从而产生毒素；种曲接种时，也会污染产生毒素的霉菌。

（2）种曲制备　种曲或制曲环境中如果杂菌含量高，会直接影响成曲质量，造成不良后果，如产品出品率低，成本高，尤其污染了腐败的细菌，会使蛋白质过度（异常）发酵产生对人体有害的物质如铵盐类物质。

（3）发酵过程控制　盐水浓度达不到要求，可能会造成细菌的增长。发酵温度控制不当或盐水浓度不足，会致使杂菌繁殖，不但整个产品的品质会受到影响，也会对下一步淋油造成不良的后果，产生危害。

（4）灭菌　是指对淋出或压榨出的半成品酱油的灭菌，其危害是微生物超标，即灭菌温度达不到要求或灭菌时间短，杀菌不彻底，使得一些微生物及产生毒素的霉菌存活下来，在产品贮存和销售过程中造成危害。

7. 腐乳生产不安全因素

（1）大豆原料　霉变的大豆可能受到黄曲霉、青霉等真菌毒素的污染，其毒素的特性及致病性在相关章节中已有描述，在此不再赘述。除真菌污染外，大豆原料中还携带数量和种类几乎不可计数的细菌。据最新研究结果，引起豆制品腐败的主要微生物是屎肠球菌、革兰阳性芽孢杆菌，它们可以使豆制品在短时间内腐败变质。这些腐败菌主要来源于大豆原料中，在豆制品的加工过程中很难除去。另外，大豆原料的农药残留、转基因大豆的安全性等都是全球关注的焦点，也是必须要考虑的因素。

（2）发酵过程　在腐乳生产中，操作人员双手接触豆浆、辅料和器具等，带入大量细菌。此外，煮浆、过滤、添加凝固剂、灌装等工序均暴露在空气中进行，是二次污染的重要来源。生产设备只进行简单的清洗，内表面有大量细菌存在，由于设备内壁直接与豆浆接触，特别是夏天管道内的残存微生物迅速繁殖，成为重要的二次污染源。因此，尽管生产过程中采用了人工接种发酵，但腐乳生产的前、后发酵都是一个混合发酵过程，特别是后发酵过程中一定要严格按生产工艺进行操作，保证厌氧的发酵环境和适当的食盐浓度。

8. 丹贝生产不安全因素

在所有的丹贝工业规模生产的条件下，不可能达到严格的无菌培养过程，其中不仅存在细菌，而且它们至少会影响到食品的一些重要属性。印度尼西亚一些穷人将椰子肉榨油后剩下的椰子饼用于丹贝发酵，发酵有时会受到椰毒假单胞菌的污染，产生两种毒物，即毒黄素和毒性更大的米酵菌酸。

9. 纳豆生产不安全因素

纳豆是日本的传统发酵大豆制品，传统的方法是以稻草包裹煮熟的大豆，经自然发酵而成。这是一种全开放式的混菌发酵，微生物关系相当复杂，发酵初期其中含有大量的腐败微生物，有时甚至含有病原微生物，同时采用稻草进行包装，其中的农药残留和其他有害物质的污染，都增加了纳豆生产的不安全性。随着社会的进步，人们对传统纳豆生产的安全性提出了质疑。尽管大量的研究显示，纳豆菌及其发酵产物对大肠杆菌0157、金黄色葡萄球菌、沙门氏菌、痢疾杆菌、单核增生李斯特菌等病原微生物有一定的抑制作用，但对发酵过程有些病原微生物形成的毒素无能为力。

10. 发酵肉制品不安全因素

（1）发酵剂　肉制品发酵剂的安全包含两方面：一方面是发酵剂菌株本身安全；另一方

面是发酵剂是否受到杂菌污染。使用乳酸菌作为肉制品发酵剂，一定要筛选不具有氨基酸脱羧酶活性的乳酸菌株作为发酵剂。

（2）原料 动物肉中常见的寄生虫有弓形虫、肉孢子虫、旋毛虫等。弓形虫休眠孢子在发酵香肠生产中能很快失活。肉孢子虫休眠体存在于牛肉和猪肉中，虽然很少知道它们在香肠发酵中的耐性，但由于它们对冷敏感，所以有理由相信它们以与弓形虫相似的方式失活。

在发酵香肠中危害性相对较大的是旋毛虫。为了使德式香肠色拉米（Salami）、熏香肠（Cervelat）、下午肠香肠（Teewurst）中 100~800 个旋毛虫幼虫/g 鲜混合物失活，必须要成熟 6~21d，水分活度要达到 0.93~0.95。因此，生产半干和未干香肠的猪肉必须要冷冻保藏或加热到 58.3℃。

（3）生产过程 霉菌可在未烟熏的或轻度烟熏的空气干燥的发酵香肠表面形成菌落，也可在保存于温暖、潮湿环境中的烟熏香肠上生长。在发霉的发酵香肠上最常分离出的青霉菌有疣孢青霉、产黄青霉、常见青霉、纳地青霉和变幻青霉。曲霉仅在高贮存温度和低水活度下才能与青霉竞争。从香肠中已分离得到的曲霉有灰绿曲霉和杂色曲霉。杂色曲霉等产毒素霉菌在发酵香肠表面的生长、产生毒素，成为发酵香肠的安全性问题。对于防止真菌毒素在发酵香肠中产生的方法应从两个方面考虑：对于无霉成熟的香肠，应防止香肠在成熟干燥，以及贮藏和运输过程中的生长；对于霉成熟的香肠，可以通过筛选和构建不产毒素的菌株来接种香肠表面，竞争抑制自然环境中产毒菌株的生长。

发酵食品中可能含有大量的胺，它们是亚硝胺的前体，能引起人偏头痛或类似过敏症的病症。生物胺是发酵香肠在发酵和成熟干燥过程中由氨基酸脱羧酶作用于游离氨基酸而产生的一类有机化合物。发酵香肠中常见的生物胺有酪胺、组胺、精胺、亚精胺、腐胺、尸胺、苯乙胺和色胺，其中酪胺在发酵香肠中的含量最高。根据已有的研究资料，酪胺在某些发酵香肠中的最高含量可达 600mg/kg 以上，平均值也达 200mg/kg。因此，虽然相对毒性要小于腐胺、尸胺，但在发酵香肠中酪胺要更有意义。发酵香肠中的生物胺都是由相应的氨基酸前体经过脱羧作用而产生，通常被认为与乳酸菌和一些革兰氏阴性的腐败菌，如大肠杆菌有关。生物胺的形成需要三个条件，即：能分泌氨基酸脱羧酶的微生物的存在；这些微生物能利用的底物（氨基酸，可发酵糖）；适宜这些微生物生长和产生氨基酸脱羧酶的环境条件。因此，可以控制这三方面的因素来减少生物胺的产生，如控制原料的卫生质量；筛选不分泌脱羧酶的乳酸菌；加速乳酸菌的发酵；适当控制蛋白质的水解，即控制游离氨基酸的量等措施来降低发酵香肠在生产过程中生物胺的产生。

虽然目前还未见有食用发酵香肠而引起生物胺中毒的报道，但已发现的某些症状，如头痛、面色涨红等使人联想到生物胺中毒。因此，有人建议对发酵香肠中的生物胺的量应制定出限量标准，建议最高允许量为 100mg/kg。

11. 发酵乳制品不安全因素

（1）原料 挤乳和运输过程中杂菌、杂物污染奶源。饲养过程中饲料和饮水的污染导致污染物质在乳中残留。果料中农药残留、重金属残留。发酵菌种受到细菌、霉菌、酵母菌及嗜菌体污染。

（2）生产过程 生产管道、设备及包装容器清洗不干净，杀菌不彻底，导致清洗剂残留、杂菌生长。

12. 泡菜的不安全因素

（1）原料　加工泡菜用的原料本身带有病原菌、有害毒素和虫卵等生物性危害；蔬菜表面的农药残留为化学性危害，这些残留往往会导致泡菜产品残留农药含量高于食品法的规定；另外收获的蔬菜原料中常常含有很多泥土、石块和其他杂物等物理性危害。有时蔬菜的品种或成熟度等因素也会使原料的贮藏性能下降，影响成品卫生质量。

（2）氧气　泡菜的腌制是乳酸菌在厌氧条件下进行的发酵反应。为了保证泡菜质量，要努力创造缺氧环境；否则，一些耐酸的好氧微生物如酵母、霉菌就会生长繁殖，使泡菜发生腐败。

（3）杂菌　污染泡菜在腌制过程中常常由于一些产气微生物的影响而出现膨胀等现象。这些产气微生物包括酵母、乳酸菌、植物乳杆菌，甚至大肠杆菌，后者通常在食盐浓度低于5%或pH较高（4.8～8.5）时发生，可适当提高盐和酸的浓度来防止。

（4）亚硝酸盐超标　腌制泡菜一定要用新鲜蔬菜，并且腌制时间不可太短，食用时一定要检查咸菜是否腐烂、变质，以防止亚硝酸盐超标。泡菜制作过程中除了严格控制发酵条件外，据报道在发酵初期加入一定量的大蒜泥，可以阻断亚硝酸合成亚硝胺，同时也能抑制亚硝酸盐的生成。

三、 发酵食品中有毒有害物残留

（一） 兽药残留

兽药的使用无疑会导致动物体内药物的滞留、蓄积，并以残留的方式进入人体内和生态系统，给人体健康和环境带来潜在的危害。动物源食品中的药物残留量虽很低，但对人体健康的潜在危害却极为严重，这已引起人们越来越多的关注。药物残留对人体健康的危害，一般并不表现为急性毒性作用，但这种长期、低水平的接触方式可产生各种慢性、蓄积毒性，对健康和环境的危害往往具有隐蔽性，更易造成实质性和难以逆转的危害，有的也可能引起变态反应。动物源食品中药物残留的危害性主要表现在以下几个方面。

1. 发酵异常

动物性食品原料中药物残留，特别是抗生素的残留，可导致食品的发酵不能正常完成或出现异常发酵。如在发酵肉制品或酸奶生产中，应用的发酵剂是乳酸菌类，它们对抗生素具有高度的敏感性，如果原料肉或乳抗生素超标，食品发酵就不能正常完成。

2. 致毒作用

一些化学合成物，例如盐酸克伦特罗（瘦肉精），其脂溶性很高，毒性也很大。如果通过食物链进入人体，会对人的肝、肾等内脏器官产生一定的毒副作用，损害人体健康。西班牙、法国、意大利、中国香港和内地等均有关于盐酸克伦特罗中毒事件的报道。氯霉素对人体造血系统的毒性极大，能使白细胞减少，特别是杀伤颗粒性白细胞，影响红细胞成熟。长期摄入含有氯霉素残留的动物性食品，可引起再生障碍性贫血等，对敏感人群、新生儿、早产儿以及肝肾功能不全的病人影响更大。长期或超量使用硫酸庆大霉素，可引起尿毒症和耳聋等疾病。

3. 发育障碍

20世纪50年代英国等一些国家在乳牛饲料中添加雌激素，以提高产奶量。后来研究发现，儿童性早熟及肥胖症与此有很大的关系。长期摄入含有激素残留的动物源性食品，不仅破坏人体的激素平衡，而且有致癌的危险。环境激素对动物雌激素、甲状腺素、儿茶酚胺、睾酮等呈现显著的干扰效应，使人体内分泌失衡，临床上表现为生殖障碍、出生缺陷、发育异常、代谢紊乱以及某些癌症等。

4. 细菌耐药性

由于人们长期大量、不适当地使用抗生素添加剂，导致动物体内细菌耐药性不断增强，给畜禽疾病治疗带来了极大的困难。同时，这些耐药菌随着食物链进入人体内，往往对人类医学上使用的同种或同类抗生素也产生耐药或交叉耐药，甚至可能出现抗生素无法控制人体细菌感染的情况。超级细菌的出现，就是人类泛滥使用抗生素的结果。

（二） 农药残留

目前，农药污染与食品安全面临严峻形势。蔬菜中的农药残留超标已成为近年来威胁百姓餐桌的一大突出问题。据有关部门抽样调查，叶菜上使用高浓度农药的菜农占了种植户的32.18%。尽管国家有关部门三令五申禁止在蔬菜生产中使用高毒、高残留农药，但全国不少地区仍在使用久效磷、对硫磷、甲胺磷、氧乐果和克百威等高毒高残留农药。试验证实，清水冲、开水烫或者用洗洁精洗，都难以根除残留在蔬菜上的超标农药。

使用农药超标的蔬菜、瓜果作为发酵原料，肯定会危害消费者身体健康。

（三） 食品添加剂

食品添加剂使用量很少，但添加剂的种类日益增多，使用范围也越来越广，人们日常生活中常用的酱油、醋、料酒等副食品，几乎也都使用了食品添加剂。我国滥用食品添加剂的现象也较为常见，因此目前食品添加剂的安全问题尤为突出。食品添加剂对人体潜在的危害，一般要经过较长时间才能显露出来，其毒性主要有致癌性、致畸性、致突变性以及对脏器的直接损伤等作用。有的食品添加剂自身毒性虽低，但在体内转化、分解，或与食品成分相互作用，生成有毒物质；食品添加剂还具有叠加毒性。

（四） 包装材料

发酵食品包装材料、容器与设备直接接触食品，它们的安全性也是十分重要的。我国传统食品使用的包装材料和容具多为竹、木、金属、玻璃、搪瓷和陶瓷等材料，一般对人体是安全的，但现代食品为了生产、加工、贮存、运输和销售过程中方便、美观，在容器、用具、包装材料内壁涂上一层化学材料，或使用塑料、橡胶、天然或人工合成纤维以及多种复合材料等，在与食品接触中，材料中的某些成分（尤其是聚合材料的单体）有可能迁移到食品，造成食品的化学性污染，给人体健康带来危害。

第二节　发酵食品生产环境污染及治理

一、 发酵食品工业对环境污染

（一） 发酵食品工业废渣对环境的污染

发酵食品工业废渣主要是生产过程中产生的各种生物物质及循环使用多次的微生物发酵液。如直接排放，一是会造成废渣中有效物质不被利用就浪费，二是不经处理的微生物发酵液会对环境造成一定污染。

（二） 发酵食品工业废水对环境的污染

近年来，我国发酵食品工业发展迅速，这对改善人民的生活是大好事，但由于生产技术落后，使得本来就已严重的环境污染变得更为突出。食品工业造成对环境的污染，最为严重的是废水。食品加工业所产生的废水具有固体杂质多，有机物含量高，生化需氧量（BOD）、化学需氧量（COD）值高等特点，如不经处理就直接排放，将会对天然水体造成严重的污染。

二、 发酵食品工业废渣的利用与处理

（一） 发酵食品工业废渣的种类和特点

发酵食品工业废渣主要是各种酒厂、酿造厂、食品厂、抗生素厂等生产过程中产生的各种生物物质，比如酒糟、淀粉皮渣、葡萄渣、菌体等。这些废渣大部分无毒，营养丰富，一般可以直接作为家畜禽的饲料，也可以作为固体发酵产品或单细胞蛋白的生产原料。

（二） 废渣的利用与处理

生物物质作为能源利用的转换技术有许多种。沼气发酵可使生物物质转换成气体燃料（沼气）；酒精发酵可使生物物质转换成液体燃料（酒精）。这两种发酵都是微生物在厌氧条件下进行的。参与作用的微生物主要是厌氧性微生物或兼性厌氧性微生物，它们分解有机物质不彻底，形成的产物中仍蕴藏着大量的化学潜能，因此，可以作为能源物质利用。

有机物质在有氧的条件下，通过好氧微生物的作用，可以彻底分解，最终形成二氧化碳和水，同时，释放出大量的能量。例如，每克分子葡萄糖彻底分解（氧化）时，可以产生2866kJ的自由能，其中1272kJ（占全部自由能的44.5%）被ATP截获，供微生物生命活动之用，其余55.5%（1594kJ）是以热的形式散发的。平时我们见到的垃圾、堆肥发热现象，主要就是有机物质被好氧性微生物分解的结果。

根据以上原理，奥地利塞巴斯多夫研究中心戈尔诺·格拉菲博士等人研究以葡萄渣作为能源利用的途径。据估计，世界每年约产一千万吨葡萄废渣，绝大多数未加利用，反而造成环境污染。他们把葡萄渣填入一个槽中，用水回收热量，水温可连续保持在60℃。有时可达75℃，一次装填可使用4个月。葡萄渣用完后，占渣体积60%的籽保存下来，磨碎后加水，使含水量达到40%~45%就可以再次升温。1kg籽粉能产生相当1kW·h电的热量，足以供生产之用。

这种发酵的方法与堆肥十分相似，它们的微生物学过程非常复杂，是由许多种微生物参与作用的。发酵过程主要分三个阶段：发热阶段、高温阶段和降温阶段。发热阶段以中温性（<40℃）微生物为主，最常见的是细菌和霉菌。高温阶段，温度超过50℃以后，好热性微生物群逐渐代替中温性微生物群种类，主要是好热性细菌和好热性放线菌。在各种微生物协同作用下，最终把有机物质分解，并释放出大量能量。

利用好氧发酵法处理食品工业中产生的废渣并用水来回收热量，设备简单，操作方便，是一种值得重视的处理方法。

三、 发酵食品工业废水的处理

（一） 废水排放标准

为了人体的健康和人类的生存，对于废水的排放标准，世界各国都根据本国情况制订了

具体的要求。

按我国规定水系的水质，可按三种标准进行管理：第一种是供人饮用的水源和风景游览区的水源。必须保持水质清洁，严禁污染。第二种为农业灌溉区、养殖鱼类和其他水生生物的水源。必须保证动植物生存的基本条件，并使有害物质在动植物体内的积累不超过食用标准。第三种为工业用水，必须保证符合工业生产要求。工业废水排放标准的具体要求，则根据废水中有害物质最高允许排放浓度分为两类：第一类为能在环境或动植物体内积累并对人体产生长远影响的有害物质的废水，含这类有害物质的废水车间排出口浓度要符合污水综合排放标准的规定，并不得用稀释法代替必要的处理。第二类为长远影响小于第一类有害物质的废水。排放口的水质亦应符合污水综合排放标准的规定。规定还指出：为保护饮用水的水源，在城镇集中或生活饮用水水源的卫生防护地带和风景游览区，不得排入工业废水。

发酵食品工业废水的种类很多，成分也较复杂。多数废水中含有碳水化合物、蛋白质、脂肪和无机盐类等，其含量多少，因废水种类不同而有差异。其特点是：有机物质含量高，不含或很少含有有毒物质（表10-1）。

表10-1　　　　　　　　　各种废水的有机物含量和生化需氧量　（BOD）

废水种类	有机物含量/%	生化需氧量 （BOD） ／ （mg/kg）
酒精蒸馏废液	3.0~6.0	20000~55000
抗生素废水 （青霉素）	0.92	10000
抗生素废水 （卡那霉素）	1.57	22000
酵母废水	2.89	10280
制酱工厂废水	3.7	28000

（二） 废水的处理

废水处理的基本方法按处理原理可分为物化法、化学法和生化法三大类。在废水处理中既要付出较少的代价，又要取得较好的处理效果，这样往往需要将几种处理方法综合应用。例如处理悬浮物比较多的废水可先用沉降法将其中大部分悬浮物去除，减轻以后处理环节的负担。又如废水经生化处理后再用臭氧处理或活性炭处理，这样处理效果好，而且处理费用也不太高。因此将几种方法巧妙地组合起来，是废水处理的极好方法，这种组合也叫流程设计。目前，废水处理的组合流程可根据废水水质和处理量、排放要求等指标进行分级处理。一般先用成本低的方法除去大部分污染物，然后进一步用较高级的技术来提高排水口的水质。现在也有用三级处理：一级处理也叫预处理，其主要包括混悬物沉降、上浮除油等过程。二级处理常用生化处理，一般可去除80%以上的污染物。三级处理常用离子交换、臭氧氧化和活性炭吸附等法，这种逐步深化的流程成本低，水质好，被广泛采用。

在废水处理当中，生物学处理法是处理富含有机物质的发酵食品工业废水最适合的方法。生物学处理法常用的有好氧处理、厌氧处理和兼性厌氧处理。

利用好氧微生物或兼性微生物来分解氧化污染物的方法叫好氧生化处理法。好氧法处理废水，一般所需时间较短，在适合的条件下其生化需氧量（BOD）去除率可达80%~90%，甚至可达95%以上。

好氧处理法又以微生物生长形式不同而分两种，一是活性污泥法——将微生物悬浮生长在废水中，其实质即水体自净的人工化。另一种叫生物膜法——将微生物附着在固体物上生长，其实质即土壤自净的人工化。

活性污泥法是利用某些微生物在生长繁殖过程中形成表面积较大的菌胶团，它可以大量絮凝和吸附废水中悬浮的肢体状或溶解的污染物，并将这些物质吸收入细胞体内，在氧的参与下，将这些物质同化为菌体本身的组成部分，或将这些物质完全氧化释放出能量、二氧化碳和水。这种具有活性的微生物菌胶团或絮状泥粒状的微生物群体称之为活性污泥。以活性污泥为主体的废水处理法就叫活性污泥法。

生物膜法是模拟了自然界中土壤自净的一种污水处理法。当废水流经新设置的滤料表面，游离态的微生物及悬浮物通过吸附作用附着在滤料表面，构成了生物膜。随着污水的流入，微生物不断生长繁殖，从而使生物膜逐步增厚，经过10天到1月余，就可形成成熟的工作正常的生物膜。生物膜一般呈蓬松的絮状结构，微孔较多，表面积很大，因此具有很强的吸附作用，有利于微生物进一步对这些被吸附的有机物的分解和利用。

厌氧处理法又称厌氧消化法或沼气发酵法、甲烷发酵法，指有机物质在厌氧条件下通过微生物作用转化成沼气。此法具有许多优点，比如发酵后残渣中有机物含量减少而且是一种气味很小的固体或流体；产生清洁燃料——甲烷；发酵残渣可作为饲料；厌氧活性污泥可保存数月而无须投加营养物，因此受到世界各国的重视。

第三节　发酵食品的三废处理

发酵食品生产过程中产生的废水、废物等必须及时处理，以便减少对环境的破坏，这里仅对废水、固体废弃物（废渣）加以阐述。

一、发酵废水处理

（一）味精废水处理

目前流行的味精生产工艺是以淀粉质为原料，通过发酵法进行生产。淀粉质原料水解为葡萄糖，以谷氨酸发酵菌发酵生产谷氨酸，再经碱中和得谷氨酸钠结晶。其生产废水主要来自浸泡、过滤、发酵、离子交换四个工序。

味精废水是有机物浓度很高的酸性废水，且 BOD5 与重铬盐酸指数（COD_{c_r}）比值较高，一般可采取生物技术进行处理。但由于生产工艺的不同，有些味精废水含有很高的硫酸根（SO_4^{2-}），虽然 SO_4^{2-} 本身是无毒的，但众多的研究表明 SO_4^{2-} 是生物技术处理过程中的不利因素。味精废水中的 SO_4^{2-} 主要来自离子交换工序，而离子交换尾液的 COD_{c_r} 浓度是其他工序外排废水 COD_{c_r} 浓度的数十倍，因此味精废水的治理关键是离子交换废水的治理。如莲花味之素有限公司利用离子交换尾液生产的液肥含有有机质 41%～45%，氮 13%～14%，钾0.42%，是改善土壤有机质的较好肥料。其不仅对改善土壤有利，而且可以把谷氨酸生产过程中产生的主要污染物"吃干吃尽"，是一条较好的污染治理途径。

（二）啤酒废水处理

啤酒废水主要来源于麦芽制作、酿酒与发酵、包装三个工序，其主要成分有：糖类、果胶、发酵残渣、蛋白化合物、包装车间的有机物和少量无机盐类等。其水质范围：水温 20 ~ 25℃，pH 5.5 ~ 7.0，COD 为 1200 ~ 2300mg/L，BOD5 为 700 ~ 1400mg/L，悬浮物为 300 ~ 600mg/L，总氮（TN）为 30 ~ 70mg/L。

啤酒废水的主要特点之一是 BOD5/COD 值较高，一般在 0.45 以上，非常有利于生化法处理。生化法处理与普通物化法处理相比较，具有处理效率高（COD、BOD5 的去除率一般为 80% ~ 90%），并且成本低的特点。因此生物处理在啤酒废水处理中得到充分的重视和广泛的应用。

该工艺的特点是：①不设初沉池，利用细格栅起初步固液分离作用；②酸化池中不加填料；③选用加药反应气浮池，对悬浮物的去除效率高，可淘汰 80% ~ 90%，而一般沉淀池仅为 40% 左右；④HRT 小，气浮池的 HRT 约为 30min，而其他沉淀池的 HRT 为 1.2 ~ 2.0h，因此，气浮池占地面积小；⑤该工艺设备投资相对较大，并且存在着操作管理复杂的问题。

（三） 发酵肉类工业废水处理

肉类加工厂是屠宰和加工猪、牛、羊等牲畜和家禽，生产肉类食品和副食品的工厂。肉类加工生产中要排出大量血污、油脂、油块、毛、肉屑、内脏杂物、未消化的饲料和粪便等，废水的排放量逐年增多，废水中还含有大量与人体健康有关的微生物。肉类加工废水如不经处理直接排放，会对周围环境和人畜健康造成严重危害。

肉类加工废水中的内含物具有令人不适的血腥味。其水质受加工对象、生产工艺、用水量、废物清除方法等的影响，有较大的变化范围。即使是同一加工厂的不同时刻，废水的浓度也不同，除了水质的逐时变化外，肉类加工废水的水量大小一年里也有较大的变化，突出特征是具有明显的季节性（淡、旺季）。肉类加工废水中含有大量的以固态或是溶解态存在的蛋白质、脂肪和碳水化合物等，它们使肉类加工废水表现出很高的 BOD、COD、SS、油脂和色度等。同时，肉类加工废水的水量一般都较大，所以，生物处理工艺应是采用的主体工艺。另外，筛除、调节、撇除、沉淀、气浮和絮凝等方法也常常与生物处理工艺结合使用，作为生物处理工艺前的预处理。当需要深度处理时，要采用吸附、反渗透、离子交换、电渗析等方法。目前发酵肉类工业废水使用生物处理工艺有：①氧化沟工艺；②浅层暴气工艺；③厌氧塘。其中以活性污泥的浅层暴气工艺效果最佳。

（四） 酒糟废水处理

酒糟废水是一种高浓度、高温度、高悬浮物的有机废水。废水中主要含有残余淀粉、粗蛋白、纤维素、各种无机盐及菌蛋白等物质。酒糟废水处理包括以下三个方面。

（1）废水处理　酒糟废水经调节池调节水质、水量后，由提升泵提升到固液分离机，将糟渣分离出来；滤液在加碱中和池中和后，由潜污泵提升至升流式厌氧污泥床；经厌氧处理后消化液经混凝沉淀处理，其上清液进入生物接触氧化池进行生化处理；最后经气浮处理后达标排放。

（2）污泥处置　酒糟经固液分离后，糟渣可作为饲料出售，沉淀池和气浮池的污泥经浓缩干化后运出厂外。

（3）沼气利用　由升流式厌氧污泥床产生的沼气经过稳压气罩、水封罐、阻火器等进入相应管路系统的锅炉中燃烧。

（五） 发酵废水生产单细胞蛋白

食品发酵行业的各种发酵废弃物和废水，经过一定的处理，可以作为霉菌、酵母等微生物发酵基质，生产菌丝体，制备单细胞蛋白，作为动物饲料添加剂。

二、　发酵废渣处理

发酵食品工业废渣主要指发酵液经过过滤、压榨、提取和蒸馏后所产生的废物或废菌渣。

白酒酿造后的酒糟，可以干燥后作为动物饲料的配料。也可以作为食用菌或农业生产的肥料。

发酵肉制品企业的废弃物可以经过干燥处理，然后粉碎后作为饲料或肥料。

啤酒酿造的酵母泥，可以提取维生素等营养物质，然后在干燥处理作为肥料。

柠檬酸、氨基酸、味精等发酵的废菌渣，经过洗涤后干燥，可以制作各种饲料添加剂。

🔍 思考题

1. 发酵食品菌种存在哪些安全性问题？
2. 发酵食品生产工艺方面存在哪些安全性问题？
3. 简单了解主要发酵食品的安全性问题。
4. 如何利用与处理发酵食品工业废渣？
5. 如何处理发酵食品工业废渣。

参考文献

[1] 陈宁. 氨基酸工艺学 [M]. 北京：中国轻工业出版社，2018.

[2] 陈坚，周景文，刘龙. 新型有机酸的生物法制造技术 [M]. 北京：化学工业出版社，2015.

[3] 储炬，李友荣. 现代工业发酵调控学 [M]. 3 版. 北京：化学工业出版社，2016.

[4] 段葆兰. 健康之友 红茶菌 [M]. 北京：科学普及出版社，1982.

[5] 邓林. 豆制品加工实用技术 [M]. 成都：四川科学技术出版社，2018.

[6] 范文斌，池永红. 发酵工艺技术 [M]. 重庆：重庆大学出版社，2014.

[7] 樊明涛，张文学. 发酵食品工艺学 [M]. 北京：科学出版社，2014.

[8] 何庆国. 食品发酵与酿造工艺学 [M]. 2 版. 北京：中国农业出版社，2011.

[9] 何国庆，贾英明. 食品微生物学 [M]. 北京：中国农业大学出版社，2009.

[10] 洪光住. 中国食品科技史 [M]. 北京：中国轻工业出版社，2019.

[11] 韩纯然. 传统发酵食品工艺学 [M]. 北京：化学工业出版社，2010.

[12] 何建勇. 发酵工艺学 [M]. 2 版. 北京：中国医药科技出版社，2009.

[13] 侯红萍. 发酵食品工艺学 [M]. 北京：中国农业大学出版社，2016.

[14] 葛绍荣. 发酵工程原理与实践 [M]. 上海：华东理工大学出版社，2017.

[15] 金昌海. 食品发酵与酿造 [M]. 北京：中国轻工业出版社，2018.

[16] 顾学华. 健康长寿饮料 红茶菌 [M]. 福建科学技术出版社，1981.

[17] 贾树彪，李盛贤，吴国峰. 新编酒精工艺学 [M]. 北京：化学工业出版社，2004.

[18] 蒋爱民，张兰威，周佺. 畜产食品工艺学 [M]. 3 版. 北京：中国农业出版社，2019.

[19] 李华. 酿造酒工艺学 [M]. 北京：中国农业出版社，2016.

[20] 孔保华，陈倩. 肉品科学与技术 [M]. 3 版. 北京：中国轻工业出版社，2018.

[21] 李凤林，崔福顺. 乳及发酵乳制品工艺学 [M]. 北京：中国轻工业出版社，2007.

[22] 李艳. 发酵工程原理与技术 [M]. 北京：高等教育出版社，2007. 1.

[23] 李玉英. 发酵工程 [M]. 北京：中国农业大学出版社，2009.

[24] 刘井权. 豆制品发酵工艺学 [M]. 哈尔滨：哈尔滨工程大学出版社，2017.

[25] 刘素纯. 发酵食品工艺学 [M]. 北京：化学工业出版社，2019.

[26] 刘明华，全永亮. 食品发酵与酿造技术 [M]. 武汉：武汉理工大学出版社，2011.

[27] 刘冬. 发酵工程 [M]. 2 版. 北京：高等教育出版社，2015.

[28] B. B. 鲁道夫. 张柏青，译. 格瓦斯饮料新工艺 [M]. 北京：中国食品出版社，1987.

[29] 农业大词典编辑委员会. 农业大词典 [M]. 北京：中国农业出版社，1998.

［30］《乳业科学与技术》丛书编委会．发酵乳［M］．北京：化学工业出版社，2016．

［31］瑞明．白酒勾兑技术．北京：化学工业出版社．2007．

［32］潘力．食品发酵工程［M］．北京：化学工业出版社，2006．

［33］陶兴无．发酵产品工艺学［M］．北京：化学工业出版社．2008．

［34］欧阳平凯，曹竹安，马宏建，等．发酵工程关键技术及其应用［M］．北京：化学工业出版社，2005．

［35］周德庆．红茶菌与健康长寿［M］．北京：工商出版社，1981．

［36］王瑞芝．中国腐乳酿造［M］．2版．北京：中国轻工业出版社，2009．

［37］徐岩．发酵工程［M］．北京：高等教育出版社，2012．

［38］徐士菊．微生物学词典［M］．天津：天津科学技术出版社，2005．

［39］许开天．酒精蒸馏技术［M］．3版．北京：中国轻工业出版社．2008．

［40］谢广发．黄酒酿造技术［M］．3版．北京：中国轻工业出版社，2020．

［41］谢林．玉米酒精生产新技术［M］．北京：中国轻工业出版社，2001．

［42］韦革宏，杨祥．发酵工程［M］．北京：科学出版社，2018．

［43］于信令．味精工业手册［M］．2版．北京：中国轻工业出版社，2009．

［44］余乾伟．传统白酒酿造技术［M］．北京：中国轻工业出版社，2010．

［45］岳春编．食品发酵技术［M］．北京：化学工业出版社，2008．

［46］姚汝华．酒精发酵工艺学［M］．广州：华南理工大学出版社，1999．

［47］张兰威．发酵食品工艺学［M］．北京：中国轻工业出版社，2011．

［48］张兰威．发酵食品原理与技术［M］．北京：科学出版社，2019．

［49］张庆芳．发酵工程理论与实践［M］．北京：科学出版社，2020．

［50］赵蕾．食品发酵工艺学［M］．北京：科学出版社，2016．

［51］周德庆．微生物学教程［M］．3版．北京：高等教育出版社，2011．

［52］周光宏．畜产品加工学［M］．3版．北京：中农业出版社，2011．

［53］白雪，刘有智，袁志国．白酒催陈技术的发展与应用现状［J］．中国酿造，2009，11：1-5．

［54］冯红艳，贾然，王海楠．啤酒中风味物质的测定［J］．中外酒业·啤酒科技，2018（01）：62-65．

［55］胡华勇．啤酒非生物稳定性的影响因素与控制措施［J］．发酵科技通讯，2020，49（02）：109-112．

［56］黄琳，葛秀琪，张元夫，等．控制啤酒醇酯比的意义与措施［J］．中外酒业·啤酒科技，2019（15）：50-53．

［57］郭壮，李英，潘婷，等．原料种类对米酒滋味品质影响的研究［J］．中国酿造，2016，35（08）：100-103．

［58］顾学华．红茶菌［N］．武汉：武汉科技报，1981．

［59］焦晶凯．传统酿造米酒微生物多样性及优势菌特性的研究［D］．哈尔滨：哈尔滨工业大学，2012．

［60］蒋立文．红茶菌优势微生物的分离、鉴定及抗菌机理的研究［D］．长沙：湖南农业大学，2007．

［61］穆德伦，乌日娜，崔亮，等．大豆品种对毛霉菌发酵腐乳营养品质的影响［J］．食品科学，2020，41（23）：159－165.

［62］敖宗华，陕小虎，沈才洪，等．国内主要大曲相关标准及研究进展．酿酒科技．2010（2）：104－108.

［63］王爽，王楠，刘逸寒，等．精酿啤酒专用麦芽的研究进展［J］．中国酿造，2020，39（02）：7－12.

［64］王新，赵龙．啤酒非生物稳定性的一些改善措施［J］．酿酒，2021，48（01）：131－134.

［65］曹芳玲．浅析葡萄酒酿造中常见辅料的添加与使用［J］．中国高新技术企业，2016（03）：74－75.

［66］高亦豹，王海燕，徐岩．利用 PCR－DGGE 未培养技术对中国白酒高温和中温大曲细菌群落结构的分析［J］．微生物学通报．2010，37（7）：999－1004.

［67］李春雨，郑艳，宋玉华，等．中国米酒标准的现状、问题及建议［J］．食品与发酵工业，2011，37（05）：139－141.

［68］鲁瑞刚，王菊梅，毛青钟．黄酒酿造中不同方式发酵的特点［J］．山东食品发酵，2012（04）：49－52.

［69］毛青钟．黄酒醪的发酵特点［J］．山东食品发酵，2005（04）：34－39.

［70］宁亚丽，吴跃，何嫱，等．基于高通量测序技术分析朝鲜族传统米酒及其酒曲中微生物群落多样性［J］．食品科学，2019，40（16）：107－114.

［71］任亮．红茶菌发酵工艺的研究［D］．合肥：安徽农业大学，2013.

［72］孙方丹，金铁岩．2 种杀菌处理对朝鲜族米酒品质影响的研究［J］．延边大学农学学报，2019，41（01）：73－78，86.

［73］温承坤，陈孝，王奕芳，等．米酒功能性成分研究进展［J］．中国酿造，2019，38（12）：5－8.

［74］张玲．朝鲜族米酒最适杀菌方法研究［D］．延吉：延边大学，2016.

［75］An FY, Li M, Zhao Y, et al. Metatranscriptome-based investigation of flavor-producing core microbiota in different fermentation stages of dajiang, a traditional fermented soybean paste of Northeast China［J］. Food Chemistry, 2021, 343：128－509.

［76］Assamoi Allah Antoine, Destain Jacqueline, Philippe Thonart. Xylanase Production by Penicillium anescens on Soya Oil Cake in Solid-State Fermentation［J］. Appl Biochem Biotechnol, 2010, 160：50－62.

［77］Bornstein S, Plavnik I and Lipstein B. Evaluation of methanol grown bacteria and hydrocarbon grown yeast as sources of protein for poultry：trials with egg laying birds［J］. Br Poult Sci, 1982；23（6）：487－499.

［78］Christelle Saint-Marc, Benoît Pinson, Fanny Coulpier, et al. Phenotypic Consequences of Purine Nucleotide Imbalance in Saccharomyces cerevisiae［J］. Genetics, 2009, 183：529－538.

［79］James M. Jay, Martin J. Loessner, DavidA. Golden. Modern Food Microbiology［M］.7th Edition. Berlin：Springer-Verlag, 2005.

［80］Jayabalan R, Malba˘Sa R V, Lon˘Car E S, et al. A Review on Kombucha Tea-

Microbiology, Composition, Fermentation, Beneficial Effects, Toxicity, and Tea Fungus [J]. 2014, 13 (4).

[81] Liu C H, Hsu W − H, Lee F − L, et al. The isolation and identification of microbes from a fermented tea beverage, Haipao, and their interactions during Haipao fermentation [J]. 13 (6): 407 − 415.

[82] Matthias Hess, Alexander Sczyrba, Rob Egan, et al. Metagenomic Discovery of Biomass-Degrading Genes and Genomes from Cow Rumen [J]. Science. 2011, 331 (6016): 463 − 467.

[83] Wu JR, Tian T, Liu YM, et al. The dynamic changes of chemical components and microbiota during the natural fermentation process in Da-Jiang, a Chinese popular traditional fermented condiment [J]. Food Research International, 2018, 112: 457 − 467.

[84] Xie MX, An FY, Yue XQ, et al. Characterization and comparison of metaproteomes in traditional and commercial dajiang, a fermented soybean paste in northeast China [J]. Food Chemistry, 2019, 301: 125 − 270.

[85] Yan Xu, Dong Wang, Wen Lai Fan, et al. Traditional Chinese Biotechnology [J]. Advances in Biochemical Engineering/Biotechnology. 2010 (122): 189 − 233.